최신판

산업안전 (산업)기사

필기 + 기출

피앤피북

머리말

먼저 솔직히 두려움과 설레임이 교차합니다.

산업안전 자격증 제도는, 사업장에서 재해를 예방하고 인적, 물적 손실을 최소화하여 생산성을 향상시킬 뿐만 아니라 산업현장에서 발생할 수 있는 재해로부터 인간의 생명과 재산을 보호하기 위해 국가에서 전문인력을 확보하고자 구축해 온 제도입니다. 계획적이고 체계적인 제반 활동을 통해 산업현장에서 재해가 일어날 가능성이 있는 건설물, 기계, 재료, 설비 등의 손상을 예방하고 그 위험요인을 제거하여 안전한 상태를 유지하는 것이 방침입니다.

따라서 필자는 40여 년의 제조 산업현장의 경험적 노하우를 바탕으로 먼저 국가기술자격증 제도에 도전하여 자격증을 취득하였으며, 그때의 심정으로 수험생들의 학습에 고충을 덜어주고자 국내 여러 유수의 참고서적, 국가 법령집 등 5년여 걸쳐 나름 공부하며 강의한 반복되는 교사의 지식, 강의의 질을 생각하며 본 교재를 집필하였습니다.

방대한 산업안전 교재 내용에 대하여 산업인력공단, 한국기술능력대학 그리고 국가직무기술능력 NCS의 학습체계 방법 매뉴얼을 바탕으로 하루도 빠짐없이 보완 검토 법령의 개정 등을 업데이트하면서 자격증 취득을 갈망하는 독자의 심정으로 본 교재를 편집하고 예제문제를 첨부하며 해설내용 또한 쉽게 이해할 수 있도록 정리하였습니다.

본 교재는 이러한 독자의 어려움을 해소하고자 산업안전보건의 근본적 원리에 따라 산업안전보건법과 내용에 대해 그 기본과 원리를 이해하는 방향으로 쉽게 풀이하였으며, 독자들께서 자격시험에 합격할 수 있도록 쉽게 구성하였습니다.

이 책의 구성은 다음과 같습니다.
첫째, 본 교재의 목차는 출제기준에 따라 편성하여 수험생들의 학습에 도움이 되도록 하였다.
둘째, 계산문제는 공식과 더불어 예제, 기출문제 등을 수록하여 쉽게 이해하도록 여러 응용에 대해 두려움이 없도록 하였다.
셋째, 방대한 이론형식의 내용들은 가급적 일목요연하고 가독성이 돋보이도록 구성하였다.
넷째, 삽화와 그림 설명을 많이 삽입하여 독자들로 하여금 이해가 쉽도록 하였다.

마지막으로 필자로서 아직도 부족함이 많음을 인식하고 끊임없는 공부를 통하여 독자들로 하여금 사랑받는 필자가 되도록 노력할 것을 약속드리며 아울러 본 교재를 이해하고 국가기술자격증 시험에 반드시 합격하는데 조그만 등불이 되기를 기원 합니다. 교재 출판에 아낌없는 격려와 응원을 보내주신 ㈜지행재직업전문학교 임직원과 피앤피북 관계자분들께 깊은 감사를 드립니다.

저 자 씀

산업안전관리기사 출제기준(필기)

직무 분야	안전관리	중직무분야	안전관리	자격 종목	산업안전기사	적용 기간	2022.1.1.~2023.12.31.

○ 직무내용 : 제조 및 서비스업 등 각 산업현장에 소속되어 산업재해 예방계획의 수립에 관한 사항을 수행 하며, 작업환경의 점검 및 개선에 관한 사항, 유해 및 위험방지에 관한 사항, 사고사례 분석 및 개선에 관한 사항, 근로자의 안전교육 및 훈련 등을 수행하는 직무이다.

필기검정방법		객관식		문제수	120	시험시간	3시간
필기 과목명	문제수	주요항목	세부 항목		세세 항목		
안전 관리론	20	1. 안전보건관리 개요	1. 안전과 생산		1. 안전과 위험의 개념 2. 안전보건관리 제이론 3. 생산성과 경제적 안전도 4. 제조물책임과 안전		
			2. 안전보건관리 체제 및 운용		1. 안전보건관리조직 2. 산업안전보건위원회 등의 법적체제 3. 운용방법 4. 안전보건경영시스템 5. 안전보건관리규정 6. 안전보건관리계획 7. 안전보건개선계획		
		2. 재해 및 안전점검	1. 재해조사		1. 재해조사의 목적 2. 재해조사시 유의사항 3. 재해발생시 조치사항 4. 재해의 원인분석 및 조사기법		
			2. 산재분류 및 통계 분석		1. 재해관련 통계의 정의 2. 재해관련 통계의 종류 및 계산 3. 재해손실비의 종류 및 계산 4. 재해사례 분석절차		
			3. 안전점검 · 검사 인증 및 진단		1. 안전점검의 정의 및 목적 2. 안전점검의 종류 3. 안전점검표의 작성 4. 안전검사 및 안전인증 5. 안전진단		
		3. 무재해 운동 및 보호구	1. 무재해 운동 등 안전 활동 기법		1. 무재해의 정의 2. 무재해운동의 목적 3. 무재해운동 이론 4. 무재해 소집단 활동 5. 위험예지훈련 및 진행방법		

필기 과목명	문제수	주요항목	세부 항목	세세 항목
안전 관리론	20	3. 무재해 운동 및 보호구	2. 보호구 및 안전 보건표지	1. 보호구의 개요 2. 보호구의 종류별 특성 3. 보호구의 성능기준 및 시험방법 4. 안전보건표지의 종류·용도 및 적용 5. 안전보건표지의 색채 및 색도기준
		4. 산업안전심리	1. 산업심리와 심리검사	1. 심리검사의 종류 2. 심리학적 요인 3. 지각과 정서 4. 동기·좌절·갈등 5. 불안과 스트레스
			2. 직업적성과 배치	1. 직업적성의 분류 2. 적성검사의 종류 3. 직무분석 및 직무평가 4. 선발 및 배치 5. 인사관리의 기초
			3. 인간의 특성과 안전과 의 관계	1. 안전사고 요인 2. 산업안전심리의 요소 3. 착상심리 4. 착오 5. 착시 6. 착각현상
		5. 인간의 행동과학	1. 조직과 인간행동	1. 인간관계 2. 사회행동의 기초 3. 인간관계 메커니즘 4. 집단행동 5. 인간의 일반적인 행동특성
			2. 재해 빈발성 및 행동 과학	1. 사고경향 2. 성격의 유형 3. 재해 빈발성 4. 동기부여 5. 주의와 부주의
			3. 집단관리와 리더십	1. 리더십의 유형 2. 리더십과 헤드십 3. 사기와 집단역학
			4. 생체리듬과 피로	1. 피로의 증상 및 대책 2. 피로의 측정법 3. 작업강도와 피로 4. 생체리듬 5. 위험일

필기 과목명	문제수	주요항목	세부 항목	세세 항목
안전 관리론	20	6. 안전보건교육의 개념	1. 교육의 필요성과 목적	1. 교육목적 2. 교육의 개념 3. 학습지도 이론
			2. 교육심리학	1. 교육심리학의 정의 2. 교육심리학의 연구방법 3. 성장과 발달 4. 학습이론 5. 학습조건 6. 적응기제
			3. 안전보건교육계획 수 립 및 실시	1. 안전보건교육의 기본방향 2. 안전보건교육의 단계별 교육과정 3. 안전보건교육 계획
		7. 교육의 내용 및 방법	1. 교육내용	1. 근로자 정기안전보건 교육내용 2. 관리감독자 정기안전보건 교육내용 3. 신규채용시와 작업내용변경시 안전보건 교 육내용 4. 특별교육대상 작업별 교육내용
			2. 교육방법	1. 교육훈련기법 2. 안전보건교육방법(TWI, O.J.T, OFF.J.T등) 3. 학습목적의 3요소 4. 교육법의 4단계 5. 교육훈련의 평가방법
			3. 교육실시 방법	1. 강의법 2. 토의법 3. 실연법 4. 프로그램학습법 5. 모의법 6. 시청각교육법 등
		8. 산업안전 관계법규	1. 산업안전보건법	1. 법에 관한 사항
			2. 산업안건보건법 시행령	1. 시행령에 관한 사항
			3. 산업안전보건법 시행규칙	1. 시행규칙에 관한 사항
			4. 관련 기준 및 지침	1. 산업안전보건기준 관한 규칙 2. 관련 고시 및 지침에 관한 사항

필기 과목명	문제수	주요항목	세부 항목	세세 항목
인간 공학 및 시스템 안전 공학	20	1. 안전과 인간공학	1. 인간공학의 정의	1. 정의 및 목적 2. 배경 및 필요성 3. 작업관리와 인간공학 4. 사업장에서의 인간공학 적용분야
			2. 인간-기계체계	1. 인간-기계 시스템의 정의 및 유형 2. 시스템의 특성
			3. 체계설계와 인간 요소	1. 목표 및 성능명세의 결정 2. 기본설계 3. 계면설계 4. 촉진물 설계 5. 시험 및 평가 6. 감성공학
		2. 정보입력표시	1. 시각적 표시 장치	1. 시각과정 2. 시식별에 영향을 주는 조건 3. 정량적 표시장치 4. 정성적 표시장치 5. 상태표시기 6. 신호 및 경보등 7. 묘사적 표시장치 8. 문자-숫자 표시장치 9. 시각적 암호 10. 부호 및 기호
			2. 청각적 표시장치	1. 청각과정 2. 청각적 표시장치 3. 음성통신 4. 합성음성
			3. 촉각 및 후각적 표시장치	1. 피부감각 2. 조종 장치의 촉각적 암호화 3. 동적인 촉각적 표시장치 4. 후각적 표시장치
			4. 인간요소와 휴먼에러	1. 인간실수의 분류 2. 형태적 특성 3. 인간실수 확률에 대한 추정기법 4. 인간실수 예방기법
		3. 인간계측 및 작업 공간	1. 인체계측 및 인간의 체계제어	1. 인체계측 2. 인체계측 자료의 응용원칙 3. 신체반응의 측정 4. 표시장치 및 제어장치

정보

필기 과목명	문제수	주요항목	세부 항목	세세 항목
인간 공학 및 시스템 안전 공학	20	3. 인간계측 및 작업 공간	1. 인체계측 및 인간의 체계제어	5. 제어장치의 기능과 유형 6. 제어장치의 식별 7. 통제표시비 8. 특수 제어장치 9. 양립성 10. 수공구
			2. 신체활동의 생리학적 측정법	1. 신체반응의 측정 2. 신체역학 3. 신체활동의 에너지 소비 4. 동작의 속도와 정확성
			3. 작업 공간 및 작업자세	1. 부품배치의 원칙 2. 활동분석 3. 부품의 위치 및 배치 4. 개별 작업 공간 설계지침 5. 계단 6. 의자설계 원칙
			4. 인간의 특성과 안전	1. 인간 성능 2. 성능 신뢰도 3. 인간의 정보처리 4. 산업재해와 산업인간공학 5. 근골격계 질환
		4. 작업환경관리	1. 작업조건과 환경조건	1. 조명기계 및 조명수준 2. 반사율과 휘광 3. 조도와 광도 4. 소음과 청력손실 5. 소음노출한계 6. 열교환과정과 열압박 7. 고열과 한랭 8. 기압과 고도 9. 운동과 방향감각 10. 진동과 가속도
			2. 작업환경과 인간공학	1. 작업별 조도 및 소음기준 2. 소음의 처리 3. 열교환과 열압박 4. 실효온도와 Oxford 지수 5. 이상환경 노출에 따른 사고와 부상
		5. 시스템위험분석	1. 시스템 위험분석 및 관리	1. 시스템 위험성의 분류 2. 시스템 안전공학 3. 시스템 안전관리 4. 위험분석과 위험관리

필기 과목명	문제수	주요항목	세부 항목	세세 항목
인간 공학 및 시스템 안전 공학	20	5. 시스템위험분석	2. 시스템 위험 분석 기법	1. PHA 2. FHA 3. FMEA 4. ETA 5. CA 6. THERP 7. MORT 8. OSHA 등
		6. 결함수 분석법	1. 결함수 분석	1. 정의 및 특징 2. 논리기호 및 사상기호 3. FTA의 순서 및 작성방법 4. Cut Set & Path Set
			2. 정성적, 정량적 분석	1. 확률사상의 계산 2. Minimal Cut Set & Path Set
		7. 위험성평가	1. 위험성 평가의 개요	1. 정의 2. 위험성평가의 단계 3. 평가항목
			2. 신뢰도 계산	1. 신뢰도 및 불신뢰도의 계산
		8. 각종 설비의 유지 관리	1. 설비관리의 개요	1. 중요 설비의 분류 2. 설비의 점검 및 보수의 이력관리 3. 보수자재관리 4. 주유 및 윤활관리
			2. 설비의 운전 및 유지관리	1. 교체주기 2. 청소 및 청결 3. MTBF 4. MTTF 5. MTTR
			3. 보전성 공학	1. 예방보전 2. 사후보전 3. 보전예방 4. 개량보전 5. 보전효과평가
기계 위험 방지 기술	20	1. 기계안전의 개념	1. 기계의 위험 및 안전 조건	1. 기계의 위험요인 2. 기계의 일반적인 안전사항 3. 통행과 통로 4. 기계의 안전조건 5. 기계설비의 본질적 안전

필기 과목명	문제수	주요항목	세부 항목	세세 항목
기계 위험 방지 기술	20	1. 기계안전의 개념	2. 기계의 방호	1. 안전장치의 설치 2. 작업점의 방호 3. 작업점 가드
			3. 구조적 안전	1. 재료에 있어서의 결함 2. 설계에 있어서의 결함 3. 가공에 있어서의 결함 4. 안전율
			4. 기능적 안전	1. 소극적 대책 2. 적극적 대책
		2. 공작기계의 안전	1. 절삭가공기계의 종류 및 방호장치	1. 선반의 안전장치 및 작업시 유의사항 2. 밀링작업시 안전수칙 3. 플레이너와 세이퍼의 방호장치 및 안전수칙 4. 드릴링 머신 5. 연삭기
			2. 소성가공 및 방호장치	1. 소성가공기계의 종류 2. 소성가공기계의 방호장치 3. 수공구
		3. 프레스 및 전단기의 안전	1. 프레스 재해방지의 근본적인 대책	1. 프레스의 종류 2. 프레스의 작업점에 대한 방호방법 3. 방호장치 설치기준 4. 방호장치의 설치방법
			2. 금형의 안전화	1. 위험방지 방법 2. 파손에 따른 위험방지방법 3. 탈착 및 운반에 따른 위험방지방법
		4. 기타 산업용 기계기구	1. 롤러기	1. 가드설치 2. 방호장치 설치방법 및 성능조건
			2. 원심기	1. 원심기의 사용방법 2. 방호장치 3. 안전검사 내용
			3. 아세틸렌 용접장치 및 가스집합 용접장치	1. 용접장치의 구조 2. 방호장치의 종류 및 설치방법 3. 가스용접 작업의 안전
			4. 보일러 및 압력용기	1. 보일러의 구조와 종류 2. 보일러의 사고형태 및 원인 3. 보일러의 취급시 이상현상 4. 보일러 안전장치의 종류 5. 압력용기의 정의 6. 압력용기의 방호장치

필기 과목명	문제수	주요항목	세부 항목	세세 항목
기계 위험 방지 기술	20	4. 기타 산업용 기계기구	5. 산업용 로봇	1. 산업용 로봇의 종류 2. 산업용 로봇의 안전관리
			6. 목재 가공용 기계	1. 구조와 종류 2. 방호장치
			7. 고속회전체	1. 구조와 종류 2. 방호장치
			8. 사출성형기	1. 구조와 종류 2. 방호장치
		5. 운반기계 및 양중기	1. 지게차	1. 취급시 안전대책 2. 안정도 3. 헤드가드
			2. 컨베이어	1. 종류 및 용도 2. 안전조치사항 3. 안전작업 수칙 4. 방호장치의 종류
			3. 크레인 등 양중기 (건설용은 제외)	1. 양중기의 정의 2. 방호장치의 종류
			4. 구내 운반 기계	1. 구조와 종류 2. 방호장치
		6. 설비진단	1. 비파괴검사의 종류 및 특징	1. 육안검사 2. 누설검사 3. 침투검사 4. 초음파검사 5. 자기탐상검사 6. 음향검사 7. 방사선투과 검사
			2. 진동방지 기술	1. 진동방지 방법
			3. 소음방지 기술	1. 소음방지 방법
전기 위험 방지 기술	20	1. 전기안전일반	1. 전기의 위험성	1. 감전재해 2. 감전의 위험요소 3. 통전전류의 세기 및 그에 따른 영향
			2. 전기설비 및 기기	1. 배전반 및 분전반 2. 개폐기 3. 과전류 차단기 4. 보호계전기 5. 누전차단기

필기 과목명	문제수	주요항목	세부 항목	세세 항목
전기 위험 방지 기술	20	1. 전기안전일반	3. 전기작업안전	1. 감전사고에 대한 원인 및 사고대책 2. 감전사고시의 응급조치
		2. 감전재해 및 방지 대책	1. 감전재해 예방 및 조치	1. 안전전압 2. 허용접촉 및 보폭 전압 3. 인체의 저항
			2. 감전재해의 요인	1. 1차적 감전요소 2. 2차적 감전요소 3. 감전사고의 형태 4. 전압의 구분
			3. 누전차단기 감전예방	1. 누전차단기의 종류 2. 누전차단기의 점검 3. 누전차단기 선정시 주의사항 4. 누전차단기의 적용범위 5. 누전차단기의 설치 환경조건
			4. 아크 용접장치	1. 용접장치의 구조 및 특성 2. 감전방지기
			5. 절연용 안전장구	1. 절연용 안전보호구 2. 절연용 안전방호구
		3. 전기화재 및 예방 대책	1. 전기화재의 원인	1. 단락 2. 누전 3. 과전류 4. 스파크 5. 접촉부과열 6. 절연열화에 의한 발열 7. 지락 8. 낙뢰 9. 정전기 스파크
			2. 접지공사	1. 접지공사의 종류 2. 접지의 목적 3. 접지공사방법
			3. 피뢰설비	1. 뇌해의 종류 2. 피뢰기의 설치장소 3. 피뢰기의 종류 4. 피뢰침의 종류 5. 피뢰침의 보호각도 6. 피뢰침의 보호레벨 7. 피뢰침의 접지공사

필기 과목명	문제수	주요항목	세부 항목	세세 항목
전기 위험 방지 기술	20	3. 전기화재 및 예방 대책	4. 화재경보기	1. 화재경보기의 구성 2. 화재경보기의 설치 및 장소 3. 작동원리 4. 회로 결선방법 5. 시험방법
			5. 화재대책	1. 예방대책 2. 국소대책 3. 소화대책 4. 피난대책 5. 발화원의 관리
		4. 정전기의 재해방지대책	1. 정전기의 발생 및 영향	1. 정전기 발생원리 2. 정전기의 발생현상 3. 방전의 형태 및 영향 4. 정전기의 장해
			2. 정전기재해의 방지 대책	1. 접지 2. 유속의 제한 3. 보호구의 착용 4. 대전방지제 5. 가습 6. 제전기 7. 본딩
		5. 전기설비의 방폭	1. 방폭구조의 종류	1. 내압 방폭구조 2. 압력 방폭구조 3. 유입 방폭구조 4. 안전증 방폭구조 5. 특수 방폭구조 6. 본질안전 방폭구조 7. 분진 방폭의 종류
			2. 전기설비의 방폭 및 대책	1. 폭발등급 2. 발화도 3. 위험장소 선정 4. 방폭화 이론
			3. 방폭설비의 공사 및 보수	1. 방폭구조 선정 및 유의사항
화학 설비 위험 방지 기술	20	1. 위험물 및 유해화학 물질 안전	1. 위험물, 유해화학물질 의 종류	1. 위험물의 기초화학 2. 위험물의 정의 3. 위험물의 종류 4. 노출기준 5. 유해화학물질의 유해요인

필기 과목명	문제수	주요항목	세부 항목	세세 항목
화학 설비 위험 방지 기술	20	1. 위험물 및 유해화학 물질 안전	2. 위험물, 유해화학물질 의 취급 및 안전 수칙	1. 위험물의 성질 및 위험성 2. 위험물의 저장 및 취급방법 3. 인화성 가스취급시 주의사항 4. 유해화학물질 취급시 주의사항
		2. 공정안전	1. 공정안전 일반	1. 공정안전의 개요 2. 중대산업사고 3. 공정안전 리더십
			2. 공정안전 보고서 작성 심사 · 확인	1. 공정안전 자료 2. 위험성 평가 3. 안전운전 계획 4. 비상조치 계획
		3 폭발 방지 및 안전 대책	1. 폭발의 원리 및 특성	1. 연소파와 폭굉파 2. 폭발의 분류 3. 가스폭발의 원리 4. 폭발등급
			2. 폭발방지대책	1. 폭발방지대책 2. 폭발하한계 및 폭발상한계의 계산
		4 화학설비안전	1. 화학설비의 종류 및 안전기준	1. 반응기 2. 정류탑 3. 열교환기
			2. 건조설비의 종류 및 재해형태	1. 건조설비의 종류 2. 건조설비 취급시 주의사항
			3. 공정 안전기술	1. 제어장치 2. 안전장치의 종류 3. 송풍기 4. 압축기 5. 배관 및 피팅류 6. 계측장치
		5. 화재 예방 및 소화	1. 연소	1. 연소의 정의 2. 연소의 3요소 3. 인화점 4. 발화점 5. 연소의 분류 6. 연소범위 7. 위험도 8. 완전연소 조성농도 9. 화재의 종류 및 예방대책
			2. 소화	1. 소화의 정의 2. 소화의 종류 3. 소화기의 종류

필기 과목명	문제수	주요항목	세부 항목	세세 항목
건설 안전 기술	20	1. 건설공사 안전개요	1. 공정계획 및 안전성 심사	1. 안전관리 계획 2. 건설재해 예방대책 3. 건설공사의 안전관리
			2. 지반의 안정성	1. 지반의 조사 2. 토질시험방법 3. 토공계획 4. 지반의 이상현상 및 안전대책
			3. 건설업산업안전보건 관리비	1. 건설업산업안전보건관리비의 계상 및 사용 2. 건설업산업안전보건관리비의 사용기준 3. 건설업산업안전보건관리비의 항목별 사용 내역 및 기준
			4. 사전안전성검토 (유해위험방지 계획서)	1. 위험성평가 2. 유해위험방지계획서를 제출해야 될 건설공사 3. 유해위험방지계획서의 확인사항 4. 제출시 첨부서류
		2. 건설공구 및 장비	1. 건설공구	1. 석재가공 공구 2. 철근가공 공구 등
			2. 건설장비	1. 굴삭장비 2. 운반장비 3. 다짐장비 등
			3. 안전수칙	1. 안전수칙
		3. 양중 및 해체공사의 안전	1. 해체용 기구의 종류 및 취급안전	1. 해체용 기구의 종류 2. 해체용 기구의 취급안전
			2. 양중기의 종류 및 안전 수칙	1. 양중기의 종류 2. 양중기의 안전 수칙
		4. 건설재해 및 대책	1. 떨어짐(추락)재해 및 대책	1. 분석 및 발생원인 2. 방호 및 방지설비 3. 개인 보호구
			2. 무너짐(붕괴)재해 및 대책	1. 토석 및 토사 붕괴 위험성 2. 토석 및 토사 붕괴시 조치사항 3. 붕괴의 예측과 점검 4. 비탈면 보호공법 5. 흙막이공법 6. 콘크리트구조물 붕괴안전대책 7. 터널굴착
			3. 떨어짐(낙하), 날아옴 (비래)재해대책	1. 발생원인 2. 예방대책

필기 과목명	문제수	주요항목	세부 항목	세세 항목
건설 안전 기술	20	5. 건설 가시설물 설치 기준	1. 비계	1. 비계의 종류 및 기준 2. 비계 작업시 안전조치 사항
			2. 작업통로 및 발판	1. 작업통로의 종류 및 설치기준 2. 작업 통로 설치시 준수사항 3. 작업발판 설치기준 및 준수사항 4. 가설발판의 지지력 계산
			3. 거푸집 및 동바리	1. 거푸집의 필요조건 2. 거푸집 재료의 선정방법 3. 거푸집동바리 조립시 안전조치사항 4. 거푸집 존치기간
			4. 흙막이	1. 흙막이 설치기준 2. 계측기의 종류 및 사용목적
		6. 건설 구조물공사 안전	1. 콘크리트 구조물공사 안전	1. 콘크리트 타설작업의 안전
			2. 철골 공사 안전	1. 철골공사 작업의 안전
			3. PC(Precast Concrete) 공사 안전	1. PC 운반·조립·설치의 안전
		7. 운반, 하역작업	1. 운반작업	1. 운반작업의 안전수칙 2. 취급운반의 원칙 3. 인력운반 4. 중량물 취급운반 5. 요통 방지대책
			2. 하역공사	1. 하역작업의 안전수칙 2. 기계화 해야 될 인력작업 3. 화물취급작업 안전수칙

Contents

차 례

Contents

차 례

PART 04

전기 위험 방지기술

Contents

PART 05

화학설비
위험
방지기술

차 례

PART 06

건설안전 기술

[2권_ 문제편]

PART 07

기출문제

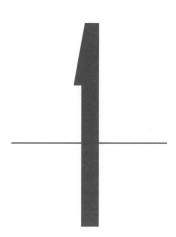

산업안전관리

산업안전기사

01 안전보건 관리 개요

01 | 안전관리 개요

1. 안전의 정의

1) 사전적 정의
안전이란 위험하지 않은 것으로 마음이 편안하고 몸이 온전한 상태

2) 하버드 대학의 로렌스 교수
안전이란 허용한도를 초과하지 않는 것으로 판단된 위험성

3) 네브라스카 대학의 스미스 교수
안전이란 그 사람의 마음 상태

4) 안전관리란?
재해를 예방하고 인적, 물적 손실을 최소화하여 생산성을 향상시키기 위해 행하여지는 것으로 산업현장에서 발생할 수 있는 재해로부터 인간의 생명과 재산을 보호하기 위한 계획적이고 체계적인 제반 활동을 말한다.

5) 안전관리의 근본이념
- 기업의 경제적 손실 예방　　• 생산성 향상 및 품질향상　　• 사회복지 증진

6) 산업안전
산업현장에서 산업재해가 일어날 가능성이 있는 건설물, 기계, 재료, 설비 등의 손상을 예방하고 그 위험요인을 제거하여 안전한 상태를 유지하는 것을 말한다.

7) 안전의 의미
① 광의의 의미 : 사회적 안전으로 공중의 시설물을 이용하는 시민이 사고로 인한 인명, 재산상의 손실을 예방하고 위험으로부터 안전한 상태를 유지하는 것
② 협의의 의미 : 산업안전으로 근로자가 생산활동을 하는 산업 현장에서 구체적 위험이나 잠재적

위험이 없는 상태와 생산현장의 재료, 설비, 기계 및 제품의 손상이 없는 상태

2. 사고의 정의

1) 사고(事故, Accident)
① 원하지 않는 사상(undesired event)
산업현장에서 발생하는 사망, 상해사건, 화재, 폭발, 근로시간 상실 및 단축 예방 가능한 각종 에너지 및 원자재의 손실, 기계장비의 과도한 마모, 오염물질의 방출, 혐오감을 줄 수 있는 악취, 제품의 불량, 시설의 훼손 등을 모두 사고로 보는 합리적인 정의
② 비능률적 사상(inefficient event) : 뉴욕대학교 cutter 박사
③ 변형된 사상(strained event) : 물체가 변형되는 것처럼 심리적으로 인간이 견딜 수 있는 스트레스의 한계를 넘어선 사상

2) 안전사고
불안전한 행동이나 조건이 선행되어 고의성 없이 작업을 방해하거나 일의 능률을 저하시켜 직·간접으로 인명이나 재산 손실을 가져올 수 있는 사건

3) 앗차사고(무재해사고 near miss, near accident)
인명상해나 물적 손실 등 일체의 피해가 없는 사고

3. 재해의 정의

1) 산업재해
근로자가 업무에 관계되는 건설물, 설비, 원재료, 가스, 증기, 분진 등에 의하거나 작업, 기타 업무에 기인하여 사망 또는 부상하거나 질병에 걸리는 것
산업안법상 재해 기준 : 3일 이상의 휴업을 요하는 부상 또는 질병

2) 재해(災害, loss injury)
사고의 결과로 발생하는 인명의 상해나 재산상의 손실을 가져올 수 있는 계획되지 않거나 예상하지 못한 사건

3) 상해(傷害) : 인명의 상해를 수반하는 경우

4) 중대재해 ★★★
① 사망자가 1인 이상 발생한 재해
② 3개월 이상의 요양을 요하는 부상자가 동시에 2인 이상 발생한 재해

③ 직업병의 질병자가 동시에 10명 이상 발생한 재해

02 | 안전관리 제이론

1. 하인리히 법칙(1 : 29 : 300) = 330

미국의 하인리히(H. W. Heinrich)가 발표한 이론으로 중상 혹은 사망자가 1명 발생하면 동일한 원인으로 29명의 경상자가 발생하고 부상을 입지 않은 무상해사고가 300번 발생한다는 것으로 이론의 핵심은 사고발생자체(무상해 사고)를 근원적으로 예방해야 한다는 원리를 강조하고 있다.

사고예방은 물리적 환경과 인간 및 기계의 관계를 통제하는 과학이자 기술이다.

이 비율은 50,000여 건의 사고를 분석한 결과 얻은 통계로서 재해발생은 설비적 결함, 관리적 결함 및 잠재된 위험의 상태에서 발생된다.

1 : 중상 사망, 29 : 경상, 300 : 무상해 사고

하인리히	1	29	300	= 330
	중상 • 사망	경상	무상해 사고	–
	0.3%	8.8	90.9%	100%

1) 재해예방 4원칙(산업재해 예방의 4원칙)

1	예방 가능의 원칙	재해는 원칙적으로 예방이 가능하다는 원칙
2	원인 계기의 원칙	재해의 발생은 직접 원인만으로 일어나는 것이 아니라 간접 원인이 연계되어 일어난다는 원칙
3	손실 우연의 원칙	사고에 의해서 생기는 상해의 종류 및 정도는 우연적이라는 원칙
4	대책 선정의 원칙	원인의 정확한 분석에 의해 가장 타당한 재해예방 대책이 선정되어야 한다는 원칙

2) 하인리히 사고방지 5단계(사고예방의 기본 원리)

1	안전조직	1) 안전목표 선정 3) 안전조직 구성 5) 조직을 통한 안전활동 전개	2) 안전관리자의 선임 4) 안전활동 방침 및 계획수립
2	사실의 발견 (현상파악)	1) 작업분석 및 불안전 요소 발견 3) 안전사고 및 활동기록검토	2) 안전점검 및 사고조사 4) 관찰 및 보고서의 연구
3	평가 및 분석	1) 작업공정분석 3) 사고기록 및 관계자료 분석	2) 사고원인 및 경향성 분석 4) 인적 물적 환경조건 분석
4	시정방법 선정 (대책의 선정)	1) 기술적 개선 3) 교육훈련의 분석 5) 인사 및 배치 조정	2) 안전운동 전개 4) 안전 행정의 분석 6) 규칙 및 수칙 제도의 개선

5	시정책 적용 (3E 적용)	1) 교육적 대책 (Education)	2) 기술적 대책(Engineering)
		3) 규제적 대책(Enforcement)	

3) 하인리히(Heinrichs)의 사고 연쇄성(도미노) 이론

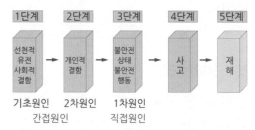

하인리히 사고 연쇄성 이론의 핵심요인은 불안전 상태와 불안전 행동 즉 직접 원인을 제거하여 사고와 재해로 이어지지 않도록 하는 것이다.

4) 하인리히의 재해발생이론

재해의 발생 : 불안전 행동 불안전 상태＋＠＝설비의 결함＋관리적 결함＋＠
　　　　　　　＝물적 불안전 상태＋인적 불안전한 행동＋잠재된 위험의 상태
　　　　　　　＝설비적 결함＋관리적 결함＋잠재된 위험의 상태

2. 버드(BIRD)의 법칙(1 : 10 : 30 : 600 = 641)

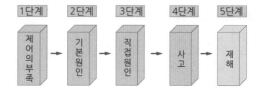

1) 버드의 도미노 이론

버드	1	10	30	600	641
	중상·사망	경상	무사고(물적사고)	무상해 무사고(아차사고)	–
	0.15%	1.56%	4.7%	93.6%	100%

2) 하인리히와 버드 법칙 비교

하인리히	1	29	300		330
	중상·사망	경상	무상해 사고		
버드	1	10	30	600	641
	중상·사망	경상	무사고(물적사고)	무상해 무사고(앗차사고)	

3. 아담스(Adams)의 사고요인

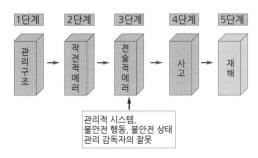

4. 사고발생 도미노(연쇄성) 이론

단계		1단계	2단계	3단계	4단계	5단계	재해코스트
하인리히	1 : 29 : 300 (=330) (중상 : 경상 : 무상해)	선천적 결함 사회 환경 유전적	개인적 결함	불안전한 행동 불안전한 상태	사고	재해	총 손실비용 (보상금) 직접비(1)+간접비(4) (=5)
버드	1 : 10 : 30 : 600 (=641) 중상 : 경상 : 물적 사고 무상해 : 무상해 무사고	제어 부족	기본 원인	직접 원인	사고	상해	
아담스		관리구조	작전적 에러	전술적 에러	사고	상해	
시몬스							보험(산재보험)+비보험 (휴업상해, 통원상해 응급처지, 무상해 사고)

5. 인간 에러(휴먼 에러)의 배후요인 4M

1	Man	인간	본인 외의 사람 직장의 인간관계
2	Machine	기계	기계, 장치 등의 물적 요인
3	Media	매체	작업정보, 작업방법 등
4	Management	관리	작업관리, 법규준수, 단속, 점검 등

6. 3S

1	Simplification	단순화
2	Standardization	표준화
3	Specification	전문화

7. 하베이의 3E

교육, 기술, 관리에 경제적으로 투자를 하여야 한다는 이론이다.

하베이(J.H Havey) 의 3E		
1	Education	교육적
2	Engineering	기술적
3	Enforcement	규제적, 관리적, 감독적

8. Fail safe와 Fool proof

구분	Fail safe 설계	Fool proof 설계
정의	① 기계 조작상의 오류로 기기 일부에 고장이 발생해도 다른 부분의 고장이 발생하는 것을 방지하거나 어떤 사고를 사전에 방지해 안전하게 작동하도록 설계하는 방법 ② 기계의 고장이 있어도 안전사고를 발생시키지 않도록 2중, 3중 통제를 가하는 설계	① 바보 같은 행동을 방지한다는 뜻으로 인간이 기계 등을 조작을 잘못하더라도 이로 인해 전체의 고장이 발생되지 아니하도록 하는 설계방법 ② 사람의 실수가 있어도 안전사고를 발생시키지 않도록 2중, 3중 통제를 가하는 설계

1) Fail safe의 구분

① Fail passive : 부품의 고장 시 기계는 정지 상태로 돌아간다.

② Fail active : 부품이 고장 나면 경보음을 울리며 짧은 시간 운전이 가능하다.

③ Fail operational : 부품이 고장이 있어도 다음 정기 점검까지 운전이 가능하다.

---

03 | 안전보건관리 체제 및 운용

1. 안전보건관리 체제

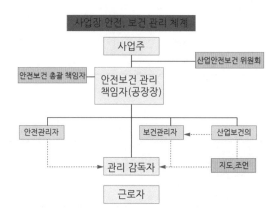

1) 이사회 보고 · 승인 대상 회사

① 상시근로자 500명 이상을 사용하는 회사

② 「건설산업기본법」에 따라 평가하여 공시된 시공능력의 순위 상위 1천 원 이내의 건설회사

2) 안전 및 보건에 관한 계획 수립 시 포함사항

① 안전 및 보건에 관한 경영방침

② 안전 · 보건관리 조직의 구성 · 인원 및 역할

③ 안전 · 보건 관련 예산 및 시설 현황

④ 안전 및 보건에 관한 전년도 활동실적 및 다음 연도 활동계획

2. 안전보건조직의 장단점

1) 라인형(Line System) 직계형

특징	① 안전보건관리 업무를 생산라인을 통하여 이루어지도록 편성된 조직 ② 생산라인에 모든 안전보건 관리 기능을 부여
장점	① 안전에 대한 지시 및 전달이 신속 · 용이하다. ② 명령계통이 간단 · 명료하다. ③ 참모식보다 경제적이다.
단점	① 안전에 관한 전문지식이 부족하고 기술의 축적이 미흡하다. ② 안전정보 및 신기술 개발이 어렵다. ③ 라인에 과중한 책임이 물린다.
비고	① 소규모(100인 미만) 사업장에 적용한다. ② 모든 명령은 생산계통을 따라 이루어진다.

2) 스태프형 조직(Staff System) 참모형

특징	① 안전에 관한 계획의 작성, 조사, 점검결과에 의한 조언, 보고의 역할
장점	① 안전에 관한 전문지식 및 기술의 축적이 용이하다. ② 경영자의 조언 및 자문역할 ③ 안전정보 수집이 용이하고 신속하다.
단점	① 생산부서와 유기적인 협조 필요(안전과 생산 별개 취급) ② 생산부분의 안전에 대한 무책임 · 무권한 ③ 생산부서와 마찰(권한 다툼)이 일어나기 쉽다.
비고	① 중규모(100~1,000인) 사업장에 적용

3) 라인 스태프형 조직(Line Staff system) 직계참모형

특징	① 라인형과 스테프형의 장점을 절충한 이상적인 조직 ② 안전보건 전담하는 스테프를 두고 생산라인의 부서장으로 하여금 안전보건 담당
장점	① 안전지식 및 기술 축적 가능 ② 안전지시 및 전달이 신속 · 정확하다. ③ 안전에 대한 신기술의 개발 및 보급이 용이하다. ④ 안전활동이 생산과 분리되지 않으므로 운용이 쉽다.
단점	① 명령계통과 지도 · 조언 및 권고적 참여가 혼동되기 쉽다. ② 스태프의 힘이 커지면 라인이 무력해진다.
비고	① 대규모(1,000명 이상) 사업장에 적용

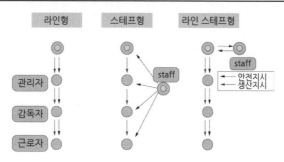

3. 안전관리 책임자를 두어야 할 사업장의 종류 및 규모

사업의 종류	규모
1. 토사석 광업 2. 식료품 제조업, 음료 제조업 3. 목재 및 나무제품 제조: 가구 제외 4. 펄프, 종이 및 종이제품 제조업 5. 코크스, 연탄 및 석유정제품 제조업 6. 화학물질 및 화학제품 제조업; 의약품 제외 7. 의료용 물질 및 의약품 제조업 8. 고무 및 플라스틱제품 제조업 9. 비금속 광물제품 제조업 10. 1차 금속 제조업 11. 금속가공제품 제조업; 기계 및 가구 제외 12. 전자부품, 컴퓨터, 영상, 음향 및 통신장비 제조업 13. 의료, 정밀, 광학기기 및 시계 제조업 14. 전기장비 제조업 15. 기타 기계 및 장비제조업 16. 자동차 및 트레일러 제조업 17. 기타 운송장비 제조업 18. 가구 제조업 19. 기타 제품 제조업 20. 서적, 잡지 및 기타 인쇄물 출판업	상시근로자 50명 이상

사업의 종류	규모
21. 해체, 선별 및 원료 재생업 22. 자동차 종합 수리업, 자동차 전문 수리업	상시근로자 50명 이상
23. 농업 24. 어업 25. 소프트웨어 개발 및 공급업 26. 컴퓨터 프로그래밍, 시스템 통합 관리업 27. 정보서비스업 28. 금융 및 보험업 29. 임대 부동산업 30. 전문 과학 및 기술 서비스업(연구개발업은 제외) 31. 사업지원 서비스업 32. 사회복지 서비스업	상시근로자 300명 이상
33. 건설업	공사금액 20억 원 이상
34. 제1호부터 제33호까지의 사업을 제외한 사업	상시근로자 100명 이상

4. 안전관리자를 두어야 할 사업의 종류, 규모 및 안전관리자 수

사업의 종류	사업장의 상시근로자 수	안전관리자의 수
1. 토사석 광업 2. 식료품 제조업, 음료 제조업 3. 목재 및 나무제품 제조; 가구 제외 4. 펄프, 종이 및 종이제품 제조업 5. 코크스, 연탄 및 석유정제품 제조업 6. 화학물질 및 화학제품 제조업; 의약품 제외 7. 의료용 물질 및 의약품 제조업 8. 고무 및 플라스틱제품 제조업 9. 비금속 광물제품 제조업 10. 1차 금속 제조업 11. 금속가공제품 제조업; 기계 및 가구 제외 12. 전자부품, 컴퓨터, 영상, 음향 및 통신장비 제조업 13. 의료, 정밀, 광학기기 및 시계 제조업 14. 전기장비 제조업 15. 기타 기계 및 장비 제조업 16. 자동차 및 트레일러 제조업 17. 기타 운송장비 제조업 18. 가구 제조업 19. 기타 제품 제조업 20. 서적, 잡지 및 기타 인쇄물 출판업 21. 해체, 선별 및 원료 재생업	상시근로자 50명 이상 500명 미만	1명 이상

사업의 종류	사업장의 상시근로자 수	안전관리자의 수
22. 자동차 종합 수리업, 자동차 전문 수리업 23. 발전업	상시근로자 500명 이상	2명 이상
24. 농업, 임업 및 어업 25. 제2호부터 제19호까지의 사업을 제외한 제조업 26. 전기, 가스, 증기 및 공기조절 공급업(발전업은 제외한다) 27. 수도, 하수 및 폐기물 처리, 원료 재생업 28. 운수 및 창고업 29. 도매 및 소매업 30. 숙박 및 음식점업	상시근로자 1,000명 이상	2명 이상
31. 영상ㆍ오디오 기록물 제작 및 배급업 32. 방송업 33. 우편 및 통신업 34. 부동산업 35. 임대업; 부동산 제외 36. 연구개발업 37. 사진처리업 38. 사업시설 관리 및 조경 서비스업 39. 청소년 수련시설 운영업 40. 보건업 41. 예술, 스포츠 및 여가관련 서비스업 42. 개인 및 소비용품수리업(제22호에 해당하는 사업은 제외한다) 43. 기타 개인 서비스업	상시근로자 50명 이상 1,000명 미만 다만, 제34호의 부동산업(부동산 관리업은 제외한다)과 제37호의 사진처리업의 경우에는 상시근로자 100명 이상 1000 미만으로 한다. 상시근로자 1000명 미만	1명 이상

사업의 종류	공사금액	안전관리자의 수
건설업	50억 이상(관계수급인은 100억 이상)~120억원 미만(토목공사 150억 미만)	1명
	120억 이상(토목공사업은 150억 이상)~800억원 미만	1명
	800억원 이상~1500억원 미만	2명
	1500억원 이상~2200억원 미만	3명
	2200억원 이상~3000억원 미만	4명
	3000억원 이상~3900억원 미만	5명
	3900억원 이상~4900억원 미만	6명
	4900억원 이상~6000억원 미만	7명
	6000억원 이상~7200억원 미만	8명
	7200억원 이상~8500억원 미만	9명
	8500억원 이상~1조원 미만	10명
	1조원 이상	11명

5. 안전보건 관리 담당자의 선임

1) 상시근로자 20명 이상 50명 미만인 사업장 : 안전보건담당자 1명 이상 선임

2) 상시근로자 20명 이상 50명 미만인 사업장
① 제조업
② 임업
③ 하수, 폐수 및 분뇨 처리업
④ 폐기물 수질, 운반, 처리 및 원료 재생업
⑤ 환경 정화 및 복원업

3) 보건관리자 업무의 위탁
① 건설업을 제외한 사업으로서 상시근로자 300명 미만을 사용하는 사업장
② 외딴곳 지역에 있는 사업장

6. 안전보건 총괄 책임자

정의	도급인은 관계수급인 근로자가 도급인의 사업장에서 작업을 하는 경우에는, 그 사업장의 안전보건 관리책임자를 도급인의 근로자와 관계 수급인인 근로자의 산업재해를 예방하기 위한 업무를 총괄하여 관리하는 안전보건 총괄책임자로 지정한다.
대상 사업장	① 관계 수급인에게 고용된 근로자를 포함한 상시근로자가 100명 이상인 사업 ② 선박 및 보트 건조업, 1차 금속 제조업 및 토사석 광업의 경우에는 50명 ③ 관계수급인의 공사금액을 포함한 해당 공사의 총공사금액이 20억 원 이상인 건설업으로 한다.
직무	① 산업재해가 발생할 급박한 위험이 있을 때 및 중대재해가 발생하였을 때의 작업의 중지 ② 도급 시의 안전 · 보건 조치 ③ 산업안전보건관리비의 관계수급인 간의 사용에 관한 협의 · 조정 및 그 집행의 감독 ④ 안전인증대상 기계 등과 자율안전확인대상 기계 등의 사용 여부 확인 ⑤ 위험성 평가의 실시에 관한 사항

7. 안전보건 조정자

1) 안전보건 조정자의 구성
① 2개 이상의 건설공사를 도급한 건설공사 발주자는 그 2개 이상의 건설공사가 같은 장소에서 행해지는 경우에 작업의 혼재로 인하여 발생할 수 있는 산업재해를 예방하기 위하여 건설공사 현장에 안전보건 조정자를 두어야 한다.
② 안전보건 조정자를 두어야 하는 건설공사는 각 건설공사의 합이 50억 이상인 경우를 말한다.

③ 안전보건 조정자를 두어야 하는 건설공사 발주자는 분리하여 발주되는 공사의 착공은 전날까지 안전보건 조정자를 지정하거나 선임해서 각각의 공사 도급인에게 그 사실을 알려야 한다.

2) 안전보건 조정자의 임무

① 같은 장소에서 행하여지는 각각의 공사 간에 혼재된 작업의 파악
② 혼재된 작업으로 인한 산업재해 발생의 위험성 파악
③ 혼재된 작업으로 인한 산업재해를 예방하기 위한 작업의 시기 · 내용 및 안전보건 조치 등의 조정
④ 각각의 공사 도급인의 안전보건관리책임자 간 작업 내용에 관한 정보공유 여부의 확인

8. 산업안전 보건 위원회

1) 설치 운영해야 할 사업의 종류 및 규모

사업의 종류	규모
① 토사석 광업 ② 목재 및 나무제품 제조업(가구 제외) ③ 화학물질 및 화학제품 제조업 : 의약품 제외 ④ 비금속 광물제품 제조업 ⑤ 1차 금속 제조업, 금속가공제품 제조업(기계 및 가구 제외) ⑥ 자동차 및 트레일러 제조업 ⑦ 기타 기계 및 장비 제조업 ⑧ 기타 운송장비 제조업(전투용 차량 제조업 제외)	상시 근로자 50명 이상
① 농업, 어업, 소프트웨어 개발 및 공급업 ② 컴퓨터 프로그래밍, 시스템 통합 및 관리업 ③ 정보서비스업 금융 및 보험업 임대업(부동산 제외) ④ 전문, 과학 및 기술 서비스업(연구개발업 제외) ⑤ 사업지원 서비스업 사회복지 서비스업	상시 근로자 300명 이상
건설업	공사금액 120원 이상「건설산업 기본법시행령」에 따른 토목공사업에 해당하는 공사의 경우에는 150억원 이상)
상기 사업장을 제외한 사업장	상시 근로자 100명 이상

2) 산업안전 보건위원회 및 노사 협의체의 운영에 관한 사항

산업안전 보건위원회의 운영	노사 협의체의 운영
① 정기회의 : 분기마다	① 정기회의 2개월마다
② 임시회의 : 위원장이 필요하다 인정할 경우	② 임시회의는 위원장이 필요하다 인정할 경우

3) 산업안전 보건위원회, 노사 협의체의 협의사항

산업안전 보건위원회의 심의 의결사항	노사 협의체의 협의사항
① 산업재해 예방계획의 수립에 관한 사항 ② 안전보건관리규정의 작성 및 변경에 관한 사항 ③ 근로자의 안전보건교육에 관한 사항 ④ 작업환경측정 등 작업환경의 점검 및 개선에 관한 사항 ⑤ 근로자의 건강진단 등 건강관리에 관한 사항 ⑥ 산업재해에 관한 통계의 기록 및 유지에 관한 사항 ⑦ 중대재해의 원인 조사 및 재발 방지대책 수립에 관한 사항 ⑧ 유해 · 위험한 기계 · 기구와 그 밖의 설비를 도입한 경우 안전보건 조치에 관한 사항	① 산업재해 예방방법 및 산업재해 발생한 경우 대피방법 ② 작업의 시작시간 및 작업장 간의 연락방법 ③ 그 밖의 산업재해와 관련된 사항

4) 산업안전 보건위원회, 노사 협의체의 구성

산업안전 보건위원회의 구성	노사 협의체의 구성
1. 근로자 대표 　① 근로자 대표 　② 명예산업안전감독관이 위촉된 사업장의 경우 근로자 대표가 지명하는 1명 이상의 명예감독관 　③ 근로자 대표가 지명하는 9명 이내의 해당 사업장의 근로자 2. 사용자 대표 　① 해당 사업의 대표자 　② 안전관리자 1명(안전관리 전문기관에 위탁한 경우 그 기관의 해당 사업장 담당자) 　③ 보건관리자 1명(보건관리 전문기관에 위탁한 경우 그 기관의 해당 사업장 담당자) 　④ 산업보건의(해당사업장에 선임되어 있는 경우로 한정) 　⑤ 해당사업의 대표자가 지명하는 9명 이내의 해당 사업장 부서의 장	1. 근로자 위원 　① 도급 또는 하도급 사업을 포함한 전체 사업의 근로자 대표 　② 근로자대표가 지명하는 명예감독관 1명 　③ 공사금액이 20억 이상인 관계수급인의 근로자 대표 2. 사용자 위원 　① 해당 사업의 대표자 　② 안전관리자 1명 　③ 보건관리자 1명(건설업으로 한정) 　④ 공사금액이 20억 이상인 관계수급인의 각 대표자

5) 노사 협의체의 설치 대상(개정)

건설공사 공사금액이 120억원(「건설산업기본법 시행령」에 따른 토목공사업은 150억원) 이상인 건설공사를 말한다.

6) 산업안전 보건위원회 회의

의결	근로자위원 및 사용자 위원 과반수 출석으로 시작하고 출석위원 과반수의 찬성으로 의결한다.
회의록 기록사항 (작성 비치)	• 개최 일시 및 장소 • 출석위원 • 심의내용 및 의결, 결정 사항 기록 • 그 밖의 토의사항

9. 안전보건 관리 조직

1) 사업주(경영자) 직무 ★★★

① 산업재해 예방을 위한 기준을 지킬 것

② 근로자의 신체적 피로와 정신적 스트레스 등을 줄일 수 있는 쾌적한 작업환경을 조성하고 근로 조건을 개선할 것

③ 해당 작업장의 안전보건에 관한 정보를 근로자에게 제공할 것

2) 근로자(작업자) ★★★

① 관리감독자의 지시 및 명령을 받아 스스로 안전하게 작업을 행할 책임이 있다.

② 법에서 정하는 산업재해예방에 필요한 사항을 지켜야 한다.

③ 사업주 또는 근로 감독관 관계자가 실시하는 산업재해 방지에 관한 조치를 따라야 한다.

3) 안전관리자의 업무

① 산업안전보건위원회 따른 안전 및 보건에 관한 노사협의체에서 심의 의결한 업무와 해당 사업장의 따른 안전보건관리규정 및 취업규칙에서 정한 업무

② 위험성 평가에 관한 보좌 및 지도 조언

③ 안전인증대상기계 자율안전확인 대상기계 구입 시 적격품의 선정에 관한 보좌 및 지도·조언

④ 해당 사업장 안전교육계획의 수립 및 안전교육 실시에 관한 보좌 및 지도 조언

⑤ 사업장 순회점검, 지도 및 조치 건의

⑥ 산업재해 발생의 원인 조사 분석 및 재발 방지를 위한 기술적 보좌 및 지도 조언

⑦ 산업재해에 관한 통계의 유지 관리 분석을 위한 보좌 및 지도 조언

⑧ 안전에 관한 사항의 이행에 관한 보좌 및 지도 조언

⑨ 업무수행 내용의 기록 유지

⑩ 그 밖에 안전에 관한 사항으로서 고용노동부장관이 정하는 사항

4) 보건관리자의 업무

① 산업안전보건위원회 또는 노사협의체에서 심의 의결한 업무와 안전보건관리규정 및 취업규칙에서 정한 업무

② 안전인증대상기계 등과 자율안전확인 대상기계 등 중 보건과 관련된 보호구 구입 시 적격품 선정에 관한 보좌 및 지도·조언

③ 위험성평가에 관한 보좌 및 지도·조언

④ 물질안전보건자료의 게시 또는 비치에 관한 보좌 및 지도·조언

⑤ 산업보건의의 직무

⑥ 해당 사업장 보건교육계획의 수립 및 보건교육 실시에 관한 보좌 및 지도·조언

⑦ 해당 사업장의 근로자를 보호하기 위한 다음 각 목의 조치에 해당하는 의료행위

　가. 자주 발생하는 가벼운 부상에 대한 치료

　나. 응급처치가 필요한 사람에 대한 처치

　다. 부상 · 질병의 악화를 방지하기 위한 처치

　라. 건강진단 결과 발견된 질병자의 요양지도 및 관리

　마. 가목부터 라목까지의 의료행위에 따르는 의약품의 투여

⑧ 작업장 내에서 사용되는 전체 환기장치 및 국소 배기장치 등에 관한 설비의 점검과 작업방법의 공학적 개선에 관한 보좌 및 지도 · 조언

⑨ 사업장 순회점검, 지도 및 조치 건의

⑩ 산업재해 발생의 원인 조사 · 분석 및 재발 방지를 위한 기술적 보좌 및 지도 · 조언

⑪ 산업재해에 관한 통계의 유지 · 관리 · 분석을 위한 보좌 및 지도 · 조언

⑫ 법 또는 법에 따른 명령으로 정한 보건에 관한 사항의 이행에 관한 보좌 및 지도 · 조언

⑬ 업무 수행 내용의 기록 · 유지

5) 안전 보건관리 책임자의 업무(산업위원 심의의결사항과 동일) ★★★

① 산업재해 예방계획의 수립에 관한 사항

② 안전보건관리규정의 작성 및 변경에 관한 사항

③ 근로자의 안전 · 보건교육에 관한 사항

④ 작업환경 측정 등 작업환경의 점검 및 개선에 관한 사항

⑤ 근로자의 건강진단 등 건강관리에 관한 사항

⑥ 산업재해의 원인 조사 및 재발 방지대책 수립에 관한 사항

⑦ 산업재해에 관한 통계의 기록 및 유지에 관한 사항

⑧ 안전장치 및 보호구 구입 시 적격품 여부 확인에 관한 사항

⑨ 위험성평가의 실시에 관한 사항

⑩ 근로자의 위험 또는 건강장해의 방지에 관한 사항

⑪ 관리책임자를 두어야 할 사업장의 종류 및 규모

　가. 토사석 광업 외 21개 사업 : 상시 근로자 50명 이상

　나. 농업 외 9개 사업 : 상시근로자 300명 이상

　다. 건설업 : 공사금액 20억원 이상

　라. 위 사업을 제외한 사업 : 상시 근로자 100명 이상

6) 안전보건관리 담당자의 업무

① 안전보건교육 실시에 관한 보좌 및 지도 · 조언

② 위험성평가에 관한 보좌 및 지도 · 조언

③ 작업환경측정 및 개선에 관한 보좌 및 지도 · 조언

④ 건강진단에 관한 보좌 및 지도 · 조언

⑤ 산업재해 발생의 원인 조사, 산업재해 통계의 기록 및 유지를 위한 보좌 및 지도 · 조언

⑥ 산업 안전 · 보건과 관련된 안전장치 및 보호구 구입 시 적격품 선정에 관한 보좌 및 지도 · 조언

7) 관리감독자의 직무 ★★★

① 기계 · 기구 또는 설비의 안전 · 보건 점검 및 이상 유무의 확인

② 근로자의 작업복 · 보호구 및 방호장치의 점검과 그 착용 · 사용에 관한 교육 지도

③ 산업재해에 관한 보고 및 이에 대한 응급조치

④ 작업장 정리 · 정돈 및 통로확보에 대한 확인 · 감독

⑤ 산업보건의, 안전관리자 및 보건관리자 안전보건관리담당자의 지도 조언에 대한 협조

⑥ 위험성평가를 위한 유해 · 위험 요인의 파악 및 개선조치의 시행에 대한 참여

⑦ 그 밖에 해당 작업의 안전 보건에 관한 사항

10. 도급작업

1) 도급작업 시의 산업재해예방

(1) 작업을 도급하여 자신의 사업장에서 수급인의 근로자가 작업을 하도록 해서는 아니되는 작업(도급 금지 작업)

① 도금작업

② 수은 납 또는 카드뮴을 제련, 주입, 가공 및 가열하는 작업

③ 허가대상물질을 제조하거나 사용하는 작업

(2) 작업을 도급하여 자신의 사업장에서 수급인의 근로자가 작업을 할 수 있는 작업(도급가능 작업)

① 일시적, 간헐적으로 하는 작업을 도급하는 경우

② 수급인이 보유한 기술이 전문적이고 사업주의 사업 운영에 필수 불가결한 경우로서 고용 노동부 장관의 승인을 받는 경우

2) 도급인이 지배 · 관리하는 장소

(도급인의 산업재해발생 건수 등에 관계수급인의 산업재해발생 건수 등을 포함하여 공표하여야 하는 장소)

① 토사 · 구축물 · 인공구조물 등이 붕괴될 우려가 있는 장소

② 기계 · 기구 등이 넘어지거나 무너질 우려가 있는 장소

③ 안전난간의 설치가 필요한 장소

④ 비계(飛階) 또는 거푸집을 설치하거나 해체하는 장소

⑤ 건설용 리프트를 운행하는 장소

⑥ 지반을 굴착하거나 발파작업을 하는 장소

⑦ 엘리베이터 홀 등 근로자가 추락할 위험이 있는 장소

⑧ 석면이 붙어 있는 물질을 파쇄하거나 해체하는 작업을 하는 장소

⑨ 공중 전선에 가까운 장소로서 시설물의 설치·해체·점검 및 수리 등의 작업을 할 때 감전의 위험이 있는 장소

⑩ 물체가 떨어지거나 날아올 위험이 있는 장소

⑪ 프레스 또는 전단기를 사용하여 작업을 하는 장소

⑫ 차량계(車輛系) 하역운반기계 또는 차량계 건설기계를 사용하여 작업하는 장소

⑬ 전기 기계·기구를 사용하여 감전의 위험이 있는 작업을 하는 장소

⑭ 「철도산업발전기본법」에 따른 철도차량에 의한 충돌 또는 협착의 위험이 있는 작업을 하는 장소

⑮ 그 밖에 화재·폭발 등 사고발생 위험이 높은 장소로

　　가. 화재·폭발 우려가 있는 다음의 어느 하나에 해당하는 작업을 하는 장소

　　　　㉠ 선박 내부에서의 용접·용단작업

　　　　㉡ 인화성 액체를 취급·저장하는 설비 및 용기에서의 용접·용단작업

　　　　㉢ 특수화학설비에서의 용접·용단작업

　　　　㉣ 가연물이 있는 곳에서의 용접·용단 및 금속의 가열 등 화기를 사용하는 작업이나 연삭숫돌에 의한 건식 연마작업 등 불꽃이 발생할 우려가 있는 작업

　　나. 양중기에 의한 충돌 또는 협착의 위험이 있는 작업을 하는 장소

　　다. 유기화합물 취급 특별장소

　　라. 방사선 업무를 하는 장소

　　마. 밀폐 공간

　　바. 위험물질을 제조하거나 취급하는 장소

　　사. 화학설비 및 그 부속설비에 대한 정비·보수 작업이 이루어지는 장소

3) 도급사업의 안전보건 조치사항

(1) 안전보건 조치사항

① 안전·보건에 관한 협의체의 구성 및 운영

② 작업장의 순회점검 등 안전·보건관리

③ 수급인이 근로자에게 하는 안전·보건교육에 대한 지도와 지원

④ 작업환경 측정대상 작업장에 대한 작업환경측정

⑤ 경보(싸이렌) 운영 사항의 통보

　　가. 작업 장소에서 발파작업을 하는 경우

　　나. 작업 장소에서 화재가 발생하거나 토석 붕괴 사고가 발생하는 경우

4) 도급작업 시 안전보건 협의체의 구성 및 운영

(1) 안전 및 보건에 관한 협의체는 도급인 및 그의 수급인 전원으로 구성해야 한다.

(2) 협의체 구성 및 운영

① 작업의 시작 시간

② 작업 또는 작업장 간의 연락방법

③ 재해발생 위험이 있는 경우 대피방법

④ 작업장에서의 위험성평가의 실시에 관한 사항

⑤ 사업주와 수급인 또는 수급인 상호 간의 연락 방법 및 작업공정의 조정

(3) 협의체는 매월 1회 이상 정기적으로 회의를 개최하고 그 결과를 기록·보존해야 한다.

5) 도급사업 시의 안전·보건조치

(1) 도급인은 작업장 순회점검

① 아래의 사업 : 2일에 1회 이상

가. 건설업

나. 제조업

다. 토사석 광업

라. 서적, 잡지 및 기타 인쇄물 출판업

마. 음악 및 기타 오디오물 출판업

바. 금속 및 비금속 원료 재생업

② 상기 외 사업 : 1주일에 1회 이상

(2) 관계수급인은 도급인이 실시하는 순회점검을 거부 방해 또는 기피해서는 안 되며 점검 결과 도급인의 시정요구가 있으면 이에 따라야 한다.

(3) 도급인은 관계수급인이 실시하는 근로자의 안전·보건교육에 필요한 장소 및 자료의 제공 등을 요청받은 경우 협조해야 한다.

6) 노사협의체 구성 설치 대상 사업장(산업안전보건위원회 건설업과 동일)

공사금액이 120억원 이상인 건설업(시행령에 따른 토목공사업은 150 억원)

7) 노사협의체 회의진행 : 정기회의는 2개월마다 노사협의체 위원장이 소집

8) 노사협의체 협의사항

① 산업재해 예방방법 및 산업재해가 발생한 경우의 대피방법

② 작업의 시작시간 및 작업 및 작업장 간의 연락 방법

③ 그 밖의 산업재해 예방과 관련된 사항

9) 도급사업장의 안전점검 및 위생시설

(1) 도급사업에 있어서의 합동 안전보건 점검
  ① 도급인의 사업주(사업장 최고책임자)
  ② 수급인의 사업주(사업장의 최고책임자)
  ③ 도급인 및 수급인의 근로자 각 1명

(2) 위생시설
  ① 휴게시설   ② 세면 · 목욕시설
  ③ 세탁시설   ④ 탈의시설
  ⑤ 수면시설

10) 도급인의 안전 · 보건 조치 장소

(1) 화재 폭발 우려가 있는 다음 각 목의 어느 하나에 해당하는 작업을 하는 장소
  가. 선박 내부에서의 용접 용단작업
  나. 인화성 액체를 취급 저장하는 설비 및 용기에서의 용접 용단작업
  다. 특수화학설비에서의 용접 용단작업
  라. 가연물이 있는 곳에서의 용접 용단 및 금속의 가열 등 화기를 사용하는 작업이나 연삭숫돌에
      의한 건식 연마작업 등 불꽃이 발생할 우려가 있는 작업

(2) 양중기에 의한 충돌 또는 협착의 위험이 있는 작업을 하는 장소
(3) 유기화합물 취급 특별장소
(4) 방사선 업무를 하는 장소
(5) 밀폐 공간
(6) 위험물질을 제조하거나 취급하는 장소
(7) 화학설비 및 그 부속설비에 대한 정비 보수 작업이 이루어지는 장소

11) 도급사업의 안전관리자 등의 선임

안전관리자 및 보건관리자를 두어야 할 수급인인 사업주는 도급인인 사업주가 다음의 요건을 모두
갖춘 경우에는 안전관리자 및 보건관리자를 선임하지 않을 수 있다.
(1) 도급인인 사업주 자신이 선임해야 할 안전관리자 및 보건관리자를 둔 경우
(2) 안전관리자 및 보건관리자를 두어야 할 수급인인 사업주의 사업의 종류별로 상시 근로자수를
    합계하여 그 상시근로자 수에 해당하는 안전관리자 및 보건관리자를 추가로 선임한 경우

12) 도급사업의 합동 정기 안전조건 점검실시

(1) 도급인이 작업장의 안전 및 보건에 관한 점검을 할 때는 다음의 사람으로 점검반을 구성해야 한다.
  ① 도급인

② 관계수급인

③ 도급인 및 관계수급인의 근로자 각 1명

(2) 정기 안전 보건점검의 실시 횟수는 다음의 구분에 따른다.

① 다음의 사업 : 2개월에 1회 이상

　가. 건설업

　나. 선박 및 보트 건조업

② 상기 사업을 제외한 사업 : 분기에 1회 이상

11. 안전보건 관리규정

1) 총칙

가. 안전보건관리규정 작성의 목적 및 적용 범위에 관한 사항

나. 사업주 및 근로자의 재해 예방 책임 및 의무 등에 관한 사항

다. 하도급 사업장에 대한 안전 · 보건관리에 관한 사항

2) 안전보건 관리규정의 작성대상 사업의 종류

사업의 종류	규모
① 농업 ② 어업 ③ 소프트웨어 개발 및 공급업 ④ 컴퓨터 프로그래밍 시스템 통합 관리업 ⑤ 정보서비스업 ⑥ 금융 및 보험업 ⑦ 임대업 : 부동산업제외 ⑧ 전문 과학 및 기술 서비스연구 (연구개발업은 제외) ⑨ 사업지원 서비스업 ⑩ 사회복지 서비스업	상시근로자 300명 이상을 사용하는 사업장
① 상기 사업을 제외한 사업	상시근로자 100명 이상을 사용하는 사업장

3) 안전보건 관리규정에 포함되어야 할 내용 ★★★

① 안전 · 보건 관리조직과 그 직무에 관한 사항

② 안전 · 보건교육에 관한 사항

③ 작업장 안전 및 보건관리에 관한 사항

④ 사고 조사 및 대책 수립에 관한 사항

⑤ 그 밖에 안전보건에 관한 사항

4) 안전보건관리규정의 작성

사업의 사업주는 안전보건관리규정을 작성해야 할 사유가 발생한 날부터 30일 이내에 안전보건관리규정을 작성해야 한다. 이를 변경할 사유가 발생한 경우에도 또한 같다.

안전보건관리규정을 작성할 때에는 소방 · 가스 · 전기 · 교통 분야 등의 다른 법령에서 정하는 안전관리에 관한 규정과 통합하여 작성할 수 있다.

5) 안전보건관리 계획

계획의 기본방향	① 현재 기준의 범위 내에서의 안전유지 방향 ② 기준의 재설정 방향 ③ 문제해결의 방향
계획의 작성형태	① 경영자로부터 목표 제시받아 작성 ② 이사회 안전보건위원회 결정에 의해 경영자의 결정을 얻어 작성 ③ 스태프의 자율발의로 경영자의 결정으로 작성
계획의 작성절차	① 제1단계 : 준비단계 ② 제2단계 : 자료분석 단계 ③ 제3단계 : 기본방침과 목표설정 ④ 제4단계 : 종합평가의 실시 ⑤ 제5단계 : 경영층의 최종결정
계획수립 시 유의사항	① 사업장의 실태에 맞도록 독자적인 방법으로 수립 및 실현가능성이 있도록 한다. ② 직장 단위로 구체적인 내용으로 작성한다. ③ 계획의 목표는 점진적으로 높은 수준이 되도록 한다.

12. 안전보건 개선계획

1) 안전보건 개선계획 수립대상 작업장

① 산업재해율이 같은 업종의 규모별 평균 산업재해율보다 높은 사업장

② 사업주가 안전보건조치 의무를 이행하지 아니하여 중대재해가 발생한 사업장

③ 직업성 질병자가 연간 2명 이상 발생한 사업장

④ 유해인자의 노출기준을 초과한 사업장

2) 안전보건진단을 받아 안전보건 개선계획을 수립할 대상

① 산업재해율이 같은 업종 평균 산업재해율의 2배 이상인 사업장

② 사업주가 안전보건조치 의무를 이행하지 아니하여 중대재해가 발생한 사업장

③ 직업성 질병자가 연간 2명 이상 발생한 사업장(상시근로자 1천 명 이상 사업장의 경우 3명 이상)

④ 그 밖에 작업환경 불량, 화재 · 폭발 또는 누출사고 등으로 사업장 주변까지 피해가 확산된 사업장

3) 안전보건개선계획서 포함 내용

① 시설   ② 안전 · 보건관리체제

③ 안전 · 보건교육   ④ 산업재해 예방 및 작업환경의 개선을 위하여 필요한 사항

4) 안전보건개선계획의 제출

① 안전보건개선계획서를 제출해야 하는 사업주는 안전보건개선계획서 수립 시행 명령을 받은 날 부터 60일 이내에 관할 지방 고용노동관서의 장에게 해당 계획서를 제출해야 한다.

② 안전보건개선계획서에는 시설, 안전보건관리체제, 안전보건교육, 산업재해 예방 및 작업환경의 개선을 위하여 필요한 사항이 포함되어야 한다.

5) 안전보건개선계획서의 검토

① 안전보건개선계획서를 접수한 경우에는 접수일부터 15일 이내에 심사하여 사업주에게 그 결과 를 알려야 한다.

② 안전보건개선계획서에 적정하게 포함되어 있는지 검토해야 한다. 이 경우 지방고용노동관서의 장은 안전보건개선계획서의 적정 여부 확인을 공단 또는 지도사에게 요청할 수 있다.

13. 안전관리자 증원 교체 임명 대상

① 사업장의 연간재해율이 같은 업종의 평균재해율의 2배 이상인 경우

② 중대재해가 연간 2건 이상 발생한 경우

③ 관리자가 질병이나 그 밖의 사유로 3개월 이상 직무를 수행할 수 없게 된 경우

④ 화학적 인자로 인한 직업성 질병자가 연간 3명 이상 발생한 경우. 이 경우 직업성질병자 발생일 은 요양급여의 결정일로 한다.

14. 사업장의 산업재해 발생건수 등 공표대상 사업장 ★★★

① 산업재해로 인한 사망자가 연간 2명 이상 발생한 사업장

② 사망만인율이 규모별 같은 업종의 평균 사망만인율 이상인 사업장

③ 중대산업사고가 발생한 사업장

④ 산업재해 발생 사실을 은폐한 사업장

⑤ 산업재해의 발생에 관한 보고를 최근 3년 이내 2회 이상 하지 않은 사업장

01 기계설비의 풀 프루프(Fool proof) 기능을 가장 적절히 설명한 것은?

① 작업자가 기계설비를 잘못 취급하더라도 사고가 일어나지 않도록 하는 기능
② 기계 등의 구조부나 부품의 파손 또는 고장이 일어나더라도 안전하게 작동되게 하는 기능
③ 고장이 발생하면 경보를 발생하고 필요한 대체 시스템으로 적절히 바뀌는 기능
④ 고장이 발생하면 이를 검출하여 기계 등을 안전하도록 바꾸는 기능

02 하인리히의 재해발생 빈도율에 따라 중대재해가 4건 발생하였다면 경상해의 발생빈도는 어느 정도인가?

① 16
② 116
③ 464
④ 1,200

03 다음 중 재해원인의 4M에 대한 내용으로 틀린 것은?

① Machine : 기계설비의 고장, 결함
② Media : 작업정보, 작업환경
③ Man : 동료나 상사, 본인 이외의 사람
④ Management : 작업방법, 인간관계

04 다음 중 산업안전보건법상 중대재해에 해당되지 않는 것은?

① 3개월 이상의 요양을 요하는 부상자가 동시에 2명 이상 발생한 재해
② 직업성 질병자가 동시에 5명 이상 발생한 재해
③ 직업성 질병자가 동시에 10명 이상 발생한 재해
④ 사망자가 1명 이상 발생한 재해

05 다음 중 안전관리조직의 종류와 설명이 올바르게 연결된 것은?

① Line형 : 명령과 보고관계가 간단명료하다.
② Line형 : 경영자의 조언과 자문역할을 하는 부서가 있다.
③ Staff형 : 명령계통과 조언권고적 참여가 혼동되기 쉽다.
④ Line & Staff형 : 생산부분은 안전에 대한 책임과 권한이 없다.

06 안전관리자의 직무에 해당되지 않는 것은?

① 당해 사업장 안전교육계획의 수립 및 실시에 관한 보좌 및 조언, 지도
② 직업병 발생의 원인 조사 및 대책 수립
③ 산업재해발생의 원인 조사 분석 및 재발방지를 위한 보좌 및 조언, 지도
④ 자율안전확인대상 기계기구 등의 구입 시 적격품 선정에 관한 보좌 및 조언, 지도

07 아담스의 사고연쇄반응이론 5단계에서 불안전행동 및 불안전상태는 어느 단계에 해당하는가?

① 제1단계 : 관리구조
② 제2단계 : 작전적 에러
③ 제3단계 : 전술적 에러
④ 제4단계 : 사고

정답 01 ① 02 ② 03 ④ 04 ② 05 ① 06 ② 07 ③

02 재해 및 안전점검

1. 재해발생 조치순서 ★★★

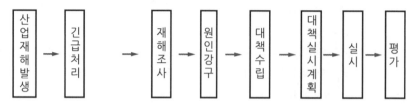

산업재해발생 → 긴급처리 → 재해조사 → 원인강구 → 대책수립 → 대책실시계획 → 실시 → 평가

※ 긴급처리 내용
① 피해기계의 정지 피해 확산 방지 ② 피해자 응급조치 ③ 관계자에 통보
④ 2차 피해 예방 ⑤ 현장 보존
※ 재해조사
누가 언제 어디서 어떤 작업을 하고 있을 때 어떠한 물 또는 환경에 어떠한 불안전한 행동과 상태가 있었기에
어떻게 재해가 발생하였는가?
※ 원인강구
① 사람 ② 물체 ③ 관리
※ 대책수립 : ① 동종재해 ② 유사재해 예방
※ 대책실시계획 : 6하원칙

2. 산업재해 보고 및 내용

산업재해 보고	대상재해	산업재해로 사망자가 발생하거나 3일 이상의 휴업이 필요한 부상을 입거나 질병에 걸린 사람이 발생한 경우
	보고방법	재해가 발생한 날부터 1개월 이내에 산업재해조사표를 작성하여 관할 지방고용노동관서의 장에게 제출
산업재해 발생시 사업주가 기록 보존해야 할 사항		① 사업장의 개요 및 근로자의 인적사항 ② 재해발생의 일시 및 장소 ③ 재해발생의 원인 및 과정 ④ 재해 재발방지 계획
중대재해 발생 시 보고	보고방법	중대재해 발생 사실을 알게 된 때에는 지체 없이 관할 고용노동관서의 장에게 전화, 팩스 또는 그 밖의 적절한 방법으로 보고 다만 천재지변의 부득이 한 사유가 발생한 경우에는 그 사유가 소멸된 때부터 지체 없이 보고
	보고사항	① 발생개요 및 피해 상황 ② 조치 및 전망 ③ 그 밖의 중요한 사항

3. 산업재해 조사표

<table>
<tr><td rowspan="6">Ⅰ.
사업장
정보</td><td colspan="2">① 산재관리번호
(사업개시번호)</td><td colspan="2">사업자등록번호</td><td></td><td></td></tr>
<tr><td colspan="2">② 사업장명</td><td colspan="2">③ 근로자 수</td><td colspan="2"></td></tr>
<tr><td colspan="2">④ 업종</td><td>소재지</td><td colspan="3">(−)</td></tr>
<tr><td colspan="2" rowspan="2">⑤ 재해자가 사내 수급인
소속인 경우(건설업 제외)</td><td>원도급인 사업장명</td><td rowspan="2">⑥ 재해자가 파견
근로자인 경우</td><td colspan="2">파견사업주 사업장명</td></tr>
<tr><td>사업장 산재관리번호
(사업개시번호)</td><td colspan="2">사업장 산재관리번호
(사업개시번호)</td></tr>
<tr><td rowspan="4">건설업만
작성</td><td>발주자</td><td></td><td colspan="3">[ ]민간 [ ]국가 · 지방자치단체 [ ]공공기관</td></tr>
</table>

<table>
<tr><td rowspan="4">건설업만
작성</td><td>⑦ 원수급 사업장명</td><td></td><td rowspan="2">공사현장 명</td><td colspan="2"></td></tr>
<tr><td>⑧ 원수급 사업장 산재관
리번호
(사업개시번호)</td><td></td><td colspan="2"></td></tr>
<tr><td>⑨ 공사종류</td><td></td><td>공정률</td><td>%</td><td>공사금액
백만원</td></tr>
</table>

<table>
<tr><td rowspan="7">Ⅱ.
재해
정보</td><td>성명</td><td></td><td>주민등록번호
(외국인등록번호)</td><td></td><td>성별</td><td colspan="2">[   ]남   [   ]여</td></tr>
<tr><td>주소</td><td colspan="3"></td><td>휴대전화</td><td colspan="2">−   −</td></tr>
<tr><td>국적</td><td colspan="6">[ ]내국인 [ ]외국인 [국적: ⑩ 체류자격:]</td></tr>
<tr><td>입사일</td><td colspan="2">년 월 일</td><td colspan="2">⑫ 같은 종류업무 근속기간</td><td colspan="2"></td></tr>
<tr><td>⑬ 고용형태</td><td colspan="6">[ ]상용 [ ]임시 [ ]일용 [ ]무급가족종사자 [ ]자영업자 [ ]그 밖의 사항 [ ]</td></tr>
<tr><td>⑭ 근무형태</td><td colspan="6">[ ]정상 [ ]2교대 [ ]3교대 [ ]4교대 [ ]시간제 [ ]그 밖의 사항 [ ]</td></tr>
<tr><td>⑮ 상해종류
(질병명)</td><td colspan="3"></td><td>상해부위
(질병부위)</td><td colspan="2"></td></tr>
</table>

<table>
<tr><td rowspan="5">Ⅲ.
재해
발생 개요
및 원인</td><td rowspan="4">재해
발생
개요</td><td>발생일시</td><td>[ ]년 [ ]월 [ ]일 [ ]요일 [ ]시 [ ]분</td></tr>
<tr><td>발생장소</td><td></td></tr>
<tr><td>재해관련 작업유형</td><td></td></tr>
<tr><td>재해발생 당시 상황</td><td></td></tr>
<tr><td colspan="2">재해발생원인</td><td></td></tr>
<tr><td>Ⅳ.
재발
방지
계획</td><td colspan="3"></td></tr>
</table>

작성자 성명

작성자 전화번호   작성일 년 월 일

사업주   (서명 또는 인)

근로자대표(재해자)   (서명 또는 인)

군산지방고용노동지청장 귀하

<table>
<tr><td rowspan="2">재해 분류자 기입란
(사업장에서는 작성하지 않습니다)</td><td>발생형태 □□□</td><td>기인물 □□□□□</td></tr>
<tr><td>작업지역 · 공정 □□□</td><td>작업내용 □□□</td></tr>
</table>

4. 산업재해조사표 작성 항목

1) 사업장 정보

2) 재해정보
① 고용형태   ② 근무형태   ③ 상해종류   ④ 상해부위

3) 재해발생 개요 및 원인
① 발생 일시   ② 발생 장소   ③ 재해관련 작업유형
④ 재해발생 당시 상황   ⑤ 재해발생원인

4) 재발 방지계획
* 기타 : 기인물

5. 재해의 직 · 간접 원인

1) 직접 원인
① 직접원인, 불안전한 행동 (인적 원인)

안전장치 무효화	안전장치를 없애거나 무효화시킴, 안전장치의 조정 착오
안전조치의 불이행	불의의 위험에 대한 조치 불이행, 기계 • 장치를 무의식중에 작동함 주위 확인 없이 기계 작동함
불안전한 상태 방치	기계 • 장치 등을 운전시켜 놓고 자리 이탈함 기계 • 장치를 불안전한 상태로 방치함. 공구, 치구, 등을 불안전한 장소에 방치
위험한 상태로 동작	화물을 과도하게 적재, 위험한 것을 혼합하여 운반기계
기계 •장치 •공구 등 잘못 사용	위험이 있는 기계 •장치 •공구를 사용, 기계 •장치 •공구를 용도 외 사용 제한속도 위반 운전, 정해진 방법대로 운전 안 함
운전 중 주유, 점검 등 실시	운전 중, 통전 중 전기장치, 구동장치. 가압 중 가압장치, 가열 중 가열 부분 위험물을 위험하게 취급
보호구 및 복장결함	보호구 선택, 사용방법 불량
위험장소에의 접근	위험기계 구동장치, 위험물, 추락 장소에 접근
불필요한 행위	도구 대신 손으로 가격, 확인 없이 작업, 불필요하게 뜀, 잘못된 자세로 운반 등

② 직접 원인, 불안전한 행동 (물적 원인)

물 자체의 결함	설계 불량, 재료 불량, 노후, 피로, 사용한계, 고장 미수리, 정비 불량
방호조치의 결함	방호장치 없음, 방호 불충분, 접지, 절연 불량, 차폐 미흡, 방호장치 재료결함
물의 배치 및 작업장소 불량	통로확보 미흡, 작업장소, 공간 부족, 기계설비 •계기 등 배치 결함, 재료적재 방법 미흡, 지정장소 표시 미흡
보호구 등 결함	비치 장소 지정, 목장갑 착용 등 금지(선삭 작업 등), 복장 및 보호구 착용방법 미흡
작업환경 결함	환 • 배기 결함, 정전기 발생, 유해 • 위험물질 관리 미흡
작업방법의 결함	부적절한 기계장치 사용, 부적당한 공구 사용, 작업순서 미정, 작업순서 착오, 기술적 및 육체적으로 무리한 방법 계속 등

2) 간접 원인

기술적 원인	① 건물 기계 등의 설계 불량 ③ 구조 재료의 불량	② 생산공정의 불합리 ④ 점검 및 보존상태 미흡
교육적 원인	① 안전의식 및 경험의 부족 ③ 경험 훈련의 미숙 ⑤ 유해 위험 작업의 교육 불충분	② 작업방법의 교육 불충분 ④ 안전수칙의 오해
작업관리상의 원인	① 안전관리 조직 결함 ③ 작업준비 불충분 ⑤ 안전수칙 미제정	② 작업지시 부적당 ④ 인원배치(적성배치) 부적당 ⑥ 작업기준의 불명확

6. 재해의 발생형태(등치성 이론)

구분	내용
① 단순자극형	상호 자극에 의하여 순간적으로 재해가 발생하는 유형으로 재해가 일어난 장소와 그 시기에 일시적으로 요인이 집중되는 현상
② 연쇄성	하나의 사고요인이 또 다른 사고요인을 일으키면서 재해를 발생시키는 유형(단순 연쇄형과 복합연쇄형)
③ 복합형	단순 자극형과 연쇄형의 복합적인 형태

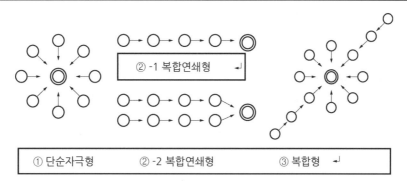

① 단순자극형   ② -2 복합연쇄형   ③ 복합형

7. 산재분류 및 통계분석(재해율의 종류 계산 공식)

1) 연천인율

$$연천인율 = \frac{연간\ 재해자\ 수}{연평균\ 근로자\ 수} \times 1,000$$

근로자 1,000명당 1년간 발생한 재해자 수의 비율
연천인율 = 도수율 × 2.4
[근로자 1인당 연간 근로시간이 2,400시간 계산]

2) 재해율

$$재해율 = \frac{재해자\ 수}{임금\ 근로자\ 수} \times 100$$

근로자 100명당 1년간 발생한 재해자 수의 비율

3) 사망 만인율

$$사망\ 만인율 = \frac{사망자\ 수}{연평균\ 근로자\ 수} \times 10,000$$

근로자 10,000명당 1년간 발생한 사망자의 수

4) 도수율(빈도율 FR Frequency Rate) : 1,000,000 근로시간당 재해 발생 건수 비율

(1) 도수율

$$도수율 = \frac{연간\ 총\ 재해\ 건수}{연간\ 총\ 근로시간\ 수} \times 1,000,000$$

(2) 도수율 = 연천인율 / 2.4
   [근로자 1인당 연간 근로시간이 2,400시간 계산]

5) 환산 도수율(빈도율)

(1) 평생 근로시간이 100,000 시간일 경우

$$도수율 = \frac{재해\ 건수}{평생\ 근로시간\ (100,000)} \times 1,000,000$$

(2) 환산도수율 (=재해 건수를 구하는 공식으로 변환)

$$환산도수율 = 도수율 \times \frac{100,000}{1,000,000} = 도수율 \times \frac{1}{10}$$

도수율 / 10 = 도수율 × 0.1

6) 강도율(SR : Severity Rate) : 1,000 근로시간당 근로손실일수 비율

$$강도율 = \frac{총 \ 근로손실일수(요양)}{연간 \ 총 \ 근로시간 \ 수} \times 1,000$$

$$근로손실일수 = \begin{array}{c} 장애등급에 \ 의한 \ 손실일수 \\ (사망, \ 장애등급 \ 1\sim14급) \end{array} + \left[\begin{array}{c} 휴업일수 \\ 요양일수 \\ 입원일수 \\ 의사진단일수 \\ 통원치료일수 \end{array} \right] \times \frac{300}{365}$$

신체 장애 등급	사망 1, 2, 3급	4급	5급	6급	7급	8급	9급	10급	11급	12급	13급	14급
근로손실일수	7,500	5,500	4,000	3,000	2,200	1,500	1,000	600	400	200	100	50

[재해분류에 의한 장해등급 및 근로손실일수]

재해분류	정의	휴업 일수
사망	안전사고로 부상의 결과로 사망한 경우	7,500
영구전 노동불능 상해 장해등급(1~3급)	부상의 결과 근로자로서의 근로기능을 완전히 잃은 경우	7,500
영구일부 노동불능 상해 장해등급(4~14급)	부상의 결과 신체의 일부 즉 근로기능을 일부 잃은 경우	5,500~50
일시전 노동불능 상해	의사의 진단에 따라 일정기간 일을 할 수 없는 경우	0
일시일부 노동불능 상해	의사의 진단에 따라 부상 다음날 혹은 이후 정규 근로를 할 수 있는 경우	0

7) 환산 강도율 : 평생 근로(10만 시간)하는 동안 발생할 수 있는 근로손실 일수

(1) 환산 강도율(일)

$$환산 \ 강도율 = 강도율 \times \frac{100,000}{1,000} = 강도율 \times 100$$

8) 종합재해지수

$$종합재해지수(F.S.I) = \sqrt{도수율 \times 강도율}$$

9) 안전활동률(1,000,000시간당 안전활동 건수)

$$안전활동률 = \frac{안전활동\ 건수}{평균\ 근로자\ 수 \times 근로시간\ 수} \times 1,000,000$$

10) Safe－T－Score

과거의 안전 성적과 현재의 안전 성적을 비교하는 방식

안전에 관한 중대성의 차이를 비교하고자 사용하는 방식

$$Safe-T-Score = \frac{현재빈도율 - 과거빈도율}{\sqrt{\dfrac{과거빈도율}{근로\ 총\ 시간\ 수(현재)} \times 1,000,000}}$$

판정 기준은 다음과 같다.

① +2.00 이상인 경우 : 과거보다 심각하게 나쁘다.

② +2.00～ -2.00 경우 : 심각한 차이 없다.

③ -2.00 이하 : 과거보다 좋다.

예제

1. 다음의 조건에 따른 강도율을 계산하시오.

연평균 300명 근무, 1일 8시간, 연근무 일수 300일, 요양재해 휴업일수 300일, 사망재해 2명, 4급 요양재해 1명, 10급 요양재해 1명 (단, 4급은 5,500일 10급은 600일)

해설 1) $강도율 = \dfrac{총\ 근로\ 손실일수(요양)}{연간\ 총\ 근로시간\ 수} \times 1,000$

2) $강도율 = \dfrac{(7500 \times 2) + 5500 + 600 + (300 \times 300/365)}{300 \times 8 \times 300} \times 1,000 = 29.6$

2. 강도율 : 0.4, 근로자 수 : 1,000명, 연 근로시간 수 : 2,400 상기 조건일 때 근로손실일 수를 구하시오.

해설 1) $강도율 = \dfrac{총\ 근로\ 손실일수(요양)}{연간총\ 근로시간\ 수} \times 1,000$

$0.4 = \dfrac{총\ 근로\ 손실일수(요양)}{1,000 \times 2400} \times 1,000 = 960(일)$

3. 사업장의 평균 근로자 수는 2,000명이고 재해 건수는 35건이며 재해로 인한 근로손실일수는 15,200일이었다. 다음 재해율을 구하시오.

해설

1) 연천인율공식 $= \dfrac{\text{재해자수}}{\text{평균 근로자 수}} \times 1,000$　　$\dfrac{35}{2000} \times 1,000 = 17.5$

2) 빈도율공식 $= \dfrac{\text{재해건수}}{\text{연총 근로시간수}} \times 1,000,000$　　$\dfrac{35}{2000 \times 2400} \times 1,000,000 = 7.29$

3) 강도율공식 $= \dfrac{\text{근로손실일수}}{\text{연총 근로시간수}} \times 1,000$　　$\dfrac{15,200}{2000 \times 2400} \times 1,000 = 3.17$

4) 종합재해지수 $= \sqrt{\text{도수율} \times \text{강도율}}$　　$\sqrt{729 \times 3.17} = 4.8$

5) 환산도수율 = 도수율/10 = 7.29/10 = 0.73

6) 환산강도율 = 강도율 x 100 = 3.17 x 100 = 317

4. 1년간 80건의 재해가 발생한 A사업장은 1000명의 근로자가 1주일당 48시간, 1년간 52주를 근무하고 있다. A사업장의 도수율은? (단, 근로자들은 재해와 관련 없는 사유로 연간 노동시간의 3%를 결근하였다.)

① 31.06　　　　　　　　　　　② 32.05

❸ 33.04　　　　　　　　　　　④ 34.03

해설

$$\text{도수율} = \dfrac{\text{재해건수}}{\text{연간총 근로시간수}} \times 1,000,000$$

$$\text{도수율} = \dfrac{80}{(1000 \times 48 \times 52) \times 0.97} \times 1,000,000 = 33.04$$

5. 연천인율 45인 사업장의 도수율은 얼마인가?

① 10.8　　　　　　　　　　　❷ 18.75

③ 108　　　　　　　　　　　　④ 187.5

해설　　도수율= 연천인율/2.4 = 45 / 2.4 = 18.75

6. 연간 근로자수가 1000명인 공장의 도수율이 10인 경우 이 공장에서 연간 발생한 재해건수는 몇 건인가?

① 20건　　　　　　　　　　　② 22건

❸ 24건　　　　　　　　　　　④ 26건

해설

$$\text{도수율} = \dfrac{\text{재해건수}}{\text{연간총 근로시간수}} \times 1,000,000$$

$10 = \dfrac{\text{재해건수}}{1000 \times 2400} \times 1,000,000$　　재해건수 = 24

7. 어떤 사업장의 상시근로자 1000명이 작업 중 2명 사망자가 발생하였을 시 의사진단에 의한 휴업일수 90일 손실을 가져온 경우의 강도율은? (단, 1일 8시간, 연 300일 근무)

① 7.32　　　　　　　　　　　❷ 6.28

③ 8.12　　　　　　　　　　　④ 5.92

해설 $강도율 = \dfrac{총근로손실일수(요양)}{연간총 근로시간수} \times 1,000$

$강도율 = \dfrac{(7500 \times 2) + (90 \times 300/365)}{1000 \times 8 \times 300} \times 1,000 = 6.28$

8. 강도율이 2.5이고, 연간 재해발생 건수가 12건, 연간 총 근로시간 수가 120만 시간일 때 이 사업장의 종합재해지수는 약 얼마인가?

① 1.6   ❷ 5.0
③ 27.6   ④ 230

해설 $도수율 = \dfrac{12}{1,200,000} \times 1,000,000 = 10$

$종합재해지수(FSI) = \sqrt{도수율 \times 강도율} \quad \sqrt{10 \times 2.5} = 5$

9. 도수율이 12.5인 사업장에서 근로자 1명에게 평생동안 약 몇 건의 재해가 발생하겠는가? (단, 평생근로년수는 40년, 평생근로시간은 잔업시간 400시간을 포함하여 80,000시간으로 가정한다.)

❶ 1건   ② 2건
③ 4건   ④ 12건

해설 $환산도수율 = 도수율 \times \dfrac{80,000}{1,000,000} = 12.5 \times \dfrac{80,000}{1,000,000} = 1$

10. 근로자 수가 300명인 어느 사업장에서 작년 한 해 동안 15건의 재해로 인하여 휴업일수 288일이 발생되었다. 사업장의 강도율을 계산하시오. (단, 연 근로일수 280일, 일 8시간 근로하였다.)

해설 $강도율 = \dfrac{근로손실일수}{연 총 근로시간수} \times 1,000, \quad \dfrac{288 \times \dfrac{280}{365}}{300 \times 280 \times 8} \times 1,000 = 0.33$

11. A사업장의 도수율이 4이고 지난 한 해 동안 5건의 재해로 인하여 15명의 재해자가 발생하였고 350일의 근로손실일수가 발생하였을 경우 강도율을 구하시오.

해설 $도수율 = \dfrac{재해건수}{연간총 근로시간수} \times 1,000,000$

$연간 총 근로시간수 = \dfrac{재해건수}{1000 \times 2400} \times 1,000,000, \quad \dfrac{5}{4} \times 1,000,000 = 1,250,000(시간)$

$강도율(S.R) = \dfrac{근로손실일수}{연간총 근로시간수} \times 1,000 = \dfrac{350}{1,250,000} \times 1,000 = 0.28$

12. 근로자 1,500명 중 사망자 2명과 영구전노동불능상해 2명, 기타 재해로 인한 부상자 72명의 근로손실일수가 1200일이었다. 강도율을 구하시오. (1일 작업시간 8시간, 연 근로일수 280일)

① 7.32   ❷ 9.29
③ 8.12   ④ 5.92

해설 $$강도율 = \frac{(7,500 \times 2) + (7,500 \times 2) + 1,200}{1,500 \times 8 \times 280} \times 1,000 = 9.2857 = 9.29$$

13. 근로자수 1,440명이며, 주당 40시간씩 연간 50주 근무하는 A 사업장에서 발생한 재해건수는 40건, 근로손실일수 1,200일, 사망재해 1건이 발행하였다면 강도율은 얼마인가? (단, 조기 출근 및 잔업시간의 합계는 100,000시간, 조퇴 5,000시간, 결근율 6[%]이다.)

해설 $$강도율 = \frac{7500 + 1200}{(1440 \times 40 \times 50 \times 0.94) + (100,000 - 5000)} \times 1,000 = 3.10$$

$$종합재해지수(\text{FSI}) = \sqrt{도수율 \times 강도율} \quad \sqrt{10 \times 2.5} = 5$$

14. 근로자 1,500명 중 사망자 2명과 영구전노동불능상해 2명, 기타 재해로 인한 부상자 72명의 근로손실일수가 1200일이었다. 강도율을 구하시오. (1일 작업시간 8시간, 연근로일수 280일)

❶ 1건   ② 2건
③ 4건   ④ 12건

해설 $$도수율 = \frac{재해건수}{연간 총 근로시간수} \times 1,000,000$$

$$도수율 = \frac{80}{(1000 \times 48 \times 52) \times 0.97} \times 1,000,000 = 33.04$$

15. 공장의 연평균 근로자수는 1500명이며 연간재해 건수가 60건 발생하며 이중 사망이 2건, 근로손실일수가 1200일인 경우의 연천인율을 구하시오. (3점)

해설 도수율을 구한 다음 연천인율을 구한다.

$$도수율 = \frac{60}{1500 \times 2400} \times 10^6 = 16.666 \times 2.4 = 40$$

재해 건수를 재해자 수로 볼 수 있는 경우

$$연천인율 = \frac{연간재해자수}{연평균 근로자수} \times 10^3 = \frac{60}{1500} \times 10^3 = 40$$

16. A사업장에 근로자수가(3월말 300명, 6월말 320명, 9월말 270명, 12월말 260명)이고, 연간 15건의 재해 발생으로 인한 휴업일수 288일 발생하였다. 도수율과 강도율을 구하시오.(단, 근무시간은 1일 8시간, 근무일수는 연간 280일이다.)

해설 $$1)\,평균 근로자수(분기별) = \frac{300 + 320 + 270 + 260}{4} = 287.5 = 288명$$

$$2)\,도수율 = \frac{재해 건수}{연근로시간수} \times 10^6$$

$$= \frac{15}{288 \times 8 \times 280} \times 10^6 = 23.251 = 23.25$$

$$3) \, 강도율 = \frac{총근로손실일수}{연근로시간수} \times 1,000$$

$$= \frac{288 \times \dfrac{280}{365}}{288 \times 8 \times 280} \times 1000 = 0.342 = 0.34$$

17. 도수율이 18.73인 사업장에서 어느 근로자가 평생 작업한다면 약 몇 건의 재해가 발행하겠는가? (단, 근로시간은 1일 8시간, 월 25일, 12개월 근무하며, 평생 근로년수는 35년, 연간 잔업시간은 240시간으로 한다.)

해설 $\quad 환산도수율 = 도수율 \times \dfrac{평생근로시간수}{1,000,000}$

$$18.73 \times \frac{(8 \times 25 \times 12 \times 35) + (240 \times 35)}{1,000,000} - 1.73$$

참고

연간 총 근로시간 수, 평생근로시간 수 산출 근거
- 연간 총 근로시간 수 산출
  1일 : 8시간(주 48시간)
  1개월 : 25일 기준
  1년 : 300일(연 50주 기준)   300×8=2,400시간
- 평생근로시간 수 산출
  평생근로년수 : 40년(20년 입사, 60년 퇴사)
  연간 근로시간 수 : 2,400시간
  연간 시간 외 근로시간(잔업) : 100시간(300×8×40) + (100×40)=100,000시간
- 빈도율과 연천인율 관계
  근로자 1인당 연간 근로시간을 2,400시간으로 계산
  도수율=연천인율/2.4
  연천인율=도수율×2.4
- 사망 및 영구 전 노동불능 상해의 근로손실 일수 7,500일 근거
  재해로 인한 사망자의 평균연령 : 30세
  근로 가능한 연령 : 55세
  연 근로일수 300일
  따라서 근로손실일수 : 25년 × 300일=7,500일

8. 산업재해 손실비의 산정방법

1) Heinrich 방식(보상비) : 재해손실비(5) = 직접손실(1) + 간접손실(4)

구분	정의	항목
직접손실	재해자에게 지급되는 법에 의한 산업재해 보상비	요양급여, 휴업급여, 장해급여, 간병급여, 유족급여, 상병 보상 연금, 장의비, 특별보상비
간접손실	재해손실, 생산중단 등으로 기업이 입는 손실	인적손실, 물적손실, 생산손실, 임금손실, 시간손실 등

> **예제**
>
> 사업장에서 근로자 1,000명 연 재해자 수 60건, 연 납부한 산재보험료는 18,000,000원 산재 보상금 12,650,000원을 받음. 하인리히 방식(보상금)을 구하시오.
>
> **해설** 총 재해 코스트 = 직접비(1)+ 간접비(4)
> $$= 12,650,000 + (4 \times 12,650,000) = 63,250,000$$

2) Simonds 방식(보험금)

총 재해 손실비 = 산재보험 코스트 + 비보험 코스트

비보험 코스트 = (휴업상해 건수 × A) + (통원상해 건수 × B) + (응급조치 건수 × C) + (무상해 사고 건수 × D)

※ A, B, C, D(상수)는 장해 정도별 비보험 코스트의 평균치임

분류	내용(사망, 영구 전 불능이 제외된 것이 단점임)
휴업상해	영구 부분 노동 불능, 일시 전 노동 불능
통원상해	일시 부분 노동 불능, 의사의 조치를 요하는 통원상해
응급처치	20달러 미만의 손실 또는 8시간 미만의 휴업손실 상해
무상해 사고	의료조치를 필요로 하지 않는 경미한 상해 사고 및 무상해 사고

[손실항목 세부항목 변수]

보험 코스트	비보험 코스트
① 보험금 총액 ② 보험회사의 보험에 관련된 제 경비와 이익금	① 작업중지에 따른 임금손실 ② 기계설비 및 재료의 손실비용 ③ 작업중지로 인한 시간 손실 ④ 신규 근로자의 교육훈련 비용 ⑤ 기타 제 경비

예제

연 납부한 산재보험료는 18,000,000원 산재보상금 12,650,000원을 받음. 또한, 휴업상해 건수는 10건, 통원상해 건수는 15건, 구급조치 건수는 8건, 무상해건수 20건이었으며 각각의 평균비용은 휴업상해 900,000원, 통원상해 290,000원, 구급조치상해 150,000원, 무상해 사고 200,000원이다. 이 경우 총 재해 코스트는 얼마인가?

해설 시몬스 방식
총 재해 코스트 = 보험코스트 + 비보험코스트
산재보험료 + 〈(A x 휴업 상해건수) + (B x 통원 상해건수) +
(C x 응급처치건수) + (D x 무상해 사고건수)〉
18,000,000 + (10 x 900,000) + (15 x 290,000) + (8 x 150,000) + (20 x 200,000)〉 = 36,550,000

9. 재해 통계 분석기법

1) 파레토도(Pareto diagram)
분류항목을 큰 값에서 작은 값의 순서로 도표화하는데 편리

2) 특성 요인도
특성과 요인 관계를 어골상으로 세분하여 연쇄 관계를 나타내는 방법

3) 관리도
재해발생건수 추이 파악, 목표관리 필요한 월별 관리 하한선 상한선으로 관리하는 방법

4) 크로스 분석
두 가지 이상 그 이상의 요인이 서로 밀접한 상호관계를 유지할 때 사용되는 방법

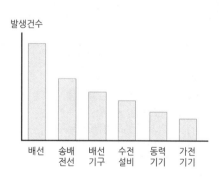

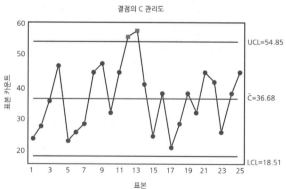

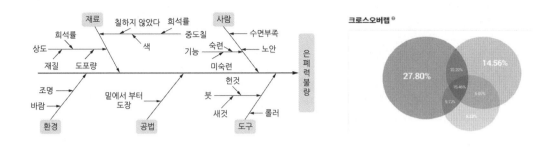

10. 기인물과 가해물

1) 기인물

재해발생의 주원인이며 재해를 가져오게 한 근원이 되는 기계, 장치, 물(物) 또는 환경 등(근본 원인물)

2) 가해물

직접 사람에게 접촉하여 피해를 주는 기계, 장치, 물(物) 또는 환경 등(직접 타격 파편)

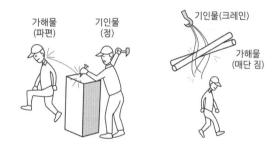

11. 재해사례 분석 연구 순서

순서	구분		내용
전제조건	재해상황 파악		① 발생일시 장소 ② 업종규모 ③ 상해상황 ④ 물적 피해 ⑤ 가해물, 기인물 ⑥ 사고의 형태 ⑦ 피해자 특성 등
1단계	사실의 확인	사람에 관한 사항	① 작업명 이름 ② 공동작업자의 역할 ③ 재해자의 인적사항 ④ 불안전 행동의 유무 등
		물(物)에 관한 사항	① 레이아웃 ② 물질 · 재료 ③ 복장 보호구 ④ 방호장치 ⑤ 불안전 상태 등
		관리에 관한 사항	① 안전보건관리 규정 ② 작업표준 ③ 복장, 보호구 ④ 순찰 점검 확인 ⑤ 연락 보고체계 등
		재해발생 경과	① 객관적 표현 ② 육하원칙에 의한 재해발생 경과
2단계	문제점 발견		① 기준에서 벗어난 사실을 문제점을 그 이유를 파악 ② 관계법규, 사내규정, 안전수칙 등의 관계사항 검출 ③ 관리자 및 책임자의 직무 권한 등에 대한 평가판단

순서	구분	내용
3단계	근본적 문제점의 결정	① 파악된 문제점 중 재해의 중심적 원인을 설정한다. ② 문제점을 인적, 물적, 관리적인 면으로 결정 ③ 재해원인 결정(관리적 내용에 중점)
4단계	대책수립	① 동종재해 및 유사재해 예방대책 ② 대책의 실시 계획 수립(육하원칙)

12. 재해 발생 형태별 분류

분류항목	세부 항목
떨어짐	사람이 중력에 의하여 건축물, 구조물, 가설물, 수목, 사다리 등의 높은 장소에서 떨어지는 것
넘어짐	사람이 거의 평면 또는 경사면, 층계 등에서 구르거나 넘어지는 경우
깔림. 뒤집힘	기대어져 있거나 세워져 있는 물체 등이 쓰러져 깔린 경우 및 지게차 등의 건설기계 등이 DNS 행 또는 작업 중 뒤집어진 경우
부딪힘, 접촉	사람이 움직임 동작으로 인하여 기인물에 접촉 또는 부딪히거나 물체가 고정부에서 이탈하지 않은 상태로 움직임 등에 의하여 부딪힘이나 접촉한 경우
맞음	구조물, 기계 등에 고정되어 있는 물체가 중력, 원심력, 관성력 등에 의하여 고정부에서 이탈하거나 또는 설비 등으로부터 물질이 분출되어 사람을 가하는 경우
무너짐	토사, 적재물, 구조물, 건축물, 가설물 등이 전체적으로 허물어져 내리거나 주요 부분이 꺾여져 무너지는 경우
끼임	두 물체 사이의 움직임에 의하여 일어난 것으로 직선운동 하는 물체 사이의 끼임, 회전부와 고정체 사이의 끼임, 반대 방향으로 두 개의 회전체 사이의 물리거나, 또는 회전체 돌기부 등에 감긴 경우
압박 진동	재해자가 물체의 취급과정에서 신체 특정 부위에 과도한 힘이 편중, 집중, 눌린 경우나 마찰 접촉 또는 진동 등으로 신체에 부담을 주는 경우
신체 반작용	물체의 취급과 관련 없이 일시적이고 급격한 행위, 동작, 균형상실에 따른 반사적 행위 또는 놀람, 정신적 충격, 스트레스 등
부자연스런 자세	물체의 취급과 관련 없이 작업 환경 또는 설비의 부적절한 설계 또는 배치로 작업자가 특정한 자세, 동작을 장시간 취하여 신체의 일부에 부담을 주는 경우
과도한 힘 동작	물체의 취급과 관련하여 근육의 힘을 많이 사용하는 경우로서 밀기, 당기기, 지탱하기, 들어올리기, 잡기, 운반하기 등과 같은 행위. 동작
소음 노출	폭발음을 제외한 일시적, 장기적인 소음에 노출된 경우
유해광선 노출	전리 또는 비전리 방사선에 노출된 경우
산소결핍. 질식	유해물질과 관련 없이 산소가 부족한 상태, 환경에 노출되었거나 이물질 등에 의하여 기도가 막혀 호흡 기능이 불충분한 경우
화재	가연물에 점화원이 가해져 비의도적으로 불이 일어난 경우를 말하며, 방화는 의도적이기는 하나 관리할 수 없으므로 화재에 포함한다.
폭발	건축물 용기 내 또는 대기 중에서 물질의 화학적, 물리적 변화가 급격히 진행되어, 열, 폭음, 폭발압이 동반하여 발생한 경우
이상 온도 노출 접촉	고온이나 저온에 접촉 또는 물체에 노출. 접촉된 경우
유해물접촉	유해 위험물질에 노출. 접촉 또는 흡입하거나 독성물질에 쏘이거나 물린 경우
전류접촉	전기설비의 충전부 등에 신체의 일부가 직접 접촉하거나 유도전류의 통전으로 근육의 수축, 호흡곤란, 심실세동 등이 발생한 경우 또는 특별고압 등에 접근함에 따라 발생한 섬락 접촉, 합선, 혼촉 등으로 인하여 발생한 아크에 접촉한 경우

13. 상해 종류별 분류

분류항목	세부 항목
골절	뼈가 부러진 상태
동상	저온 물 접촉으로 생긴 동상 상해
부종	국부의 혈액순환에 이상으로 몸이 퉁퉁 부어오르는 상해
찔림(자상)	자상 칼날 등 날카로운 물건에 찔린 상태
타박상(삐임)	타박, 충돌, 추락 등으로 피하조직 또는 근육부를 다친 상해
절단(절상)	신체 부위가 절단된 상해
중독. 질식	질식 음식 약물 가스등에 의한 중독이나 질식된 상해
찰과상	스치거나 문질러서 벗겨진 상해
베임(창상)	창, 칼 등에 베인 상해
화상	화재 또는 고온 물 접촉으로 인한 상해
뇌진탕	머리를 세게 맞았을 때 장해로 일어난 상해
익사	물속에 추락해서 익사한 상해
피부염	작업과 연관되어 발생 또는 악화되는 모든 상해
청력장애	청력이 감퇴 또는 난청이 된 상해
시력장애	시력이 감퇴 또는 실명이 된 상해

14. 두 가지 이상의 발생형태에 의한 분류 시 유의사항

(1) 재해자가 넘어짐으로 인하여 기계에 끼이는 사고로 신체 부위가 절단되었을 경우 : 끼임

(2) 재해자가 넘어짐으로 인하여 사람이 추락하여 두개골 골절이 된 경우 : 추락

(3) 재해자가 전주에서 작업 중 감전으로 추락한 경우

   ① 상해골절인 경우 : 추락   ② 전기쇼크인 경우 : 감전

(4) 유해위험물질 노출 접촉

   ① 개, 뱀 등 동물에 물린 경우

   ② 떨어지거나 날아온 물체 또는 물질의 특성에 의하여 상해를 입은 경우

   ③ 재해자가 넘어지거나 떨어져 물에 익사한 경우

03 안전점검 인증 및 진단

1. 안전점검

1) 안전 점검의 종류

점검 주기에 의한 분류	일상점검 (수시점검)	① 작업 시작 전 또는 작업 중 일상적으로 실시하는 점검 ② 작업담당자, 관리감독자가 실시 그 결과를 담당 책임자가 확인
	정기점검 (계획점검)	① 계획점검으로 일, 월, 년 단위로 정기적으로 점검 ② 기계, 장비의 외관, 구조, 기능의 검사 및 분해 검사
	임시점검	① 갑작스러운 이상 상황 발생시 임시로 점검 실기 ② 기계, 기구, 장비의 갑작스러운 이상 발생시 실시
	특별점검	① 기계, 기구 설비의 신설, 변경, 고장, 수리 등의 필요한 경우 ② 사용하지 않던 기계, 기구를 재사용하는 경우 ③ 천재지변, 태풍 등 기후의 이상현상 발생시
점검 방법에 의한 분류	외관점검	장비 기계의 배치, 부착상태, 변형, 균열, 손상, 부식, 볼트의 풀림 등의 유무를 시각, 촉각 등으로 조사 점검확인
	기능점검	간단한 조작으로 기능의 이상 유무 점검
	작동점검	방호장치, 누전차단기 등을 전해진 순서에 의해 작동시켜 그 결과를 관찰하는 점검 방법
	종합점검	정해진 기준에 따라 측정검사를 실시하고 정해진 조건하에서 운전시험을 실시하여 기계설비의 종합적인 판단을 하는 시험

2) 안전점검 체크리스트에 포함되어야 할 사항

① 점검대상

② 점검부분(점검 개소)

③ 점검항목(마모, 균열, 부식, 파손, 변형)

④ 점검주기 및 기간

⑤ 점검방법(육안, 기능, 기기, 정밀)

⑥ 판정기준(안전검사 기준, 법령에 의한 기준, KS 기준 등)

⑦ 조치사항(점검결과에 따른 결함의 시정사항)

3) 안전점검 체크리스트에 작성시 유의사항

① 사업장에 적합한 내용이며 독자적일 것

② 내용은 구체적이며 재해예방에 실효가 있을 것

③ 중요도가 높은 순으로 작성할 것

④ 일정양식 및 점검대상을 정하여 작성할 것

⑤ 가급적 쉬운 표현으로 작성할 것

2. 안전인증

1) 안전인증대상 기계기구 등으로 안전인증을 받아야 하나 안전인증을 일부 또는 전부가 면제되는 경우

① 연구개발을 목적으로 제조 수입하거나 수출을 목적으로 제조하는 경우

② 외국의 안전인증기관에서 인증을 받은 경우 (고용노동부장관이 정하여 고시)

③ 다른 법령에서 안전성에 관한 검사나 인증을 받은 경우

2) 안전인증의 취소 안전인증표시의 사용금지 개선을 명할 수 있는 경우

① 거짓이나 그 밖의 부정한 방법으로 안전인증을 받은 경우

② 안전인증을 받은 안전인증 대상 기계기구 등의 안전에 관한 성능 등이 안전인증 기준에 맞지 아니한 경우

③ 정당한 사유 없이 고용노동부 장관이 실시하는 안전인증 기준을 지키는지에 대한 확인을 거부, 기피 또는 방해하는 경우

3) 안전인증대상 기계 기구 등의 제조, 수입, 사용 등의 금지

① 안전인증을 받지 아니한 경우

② 안전인증기준에 맞지 아니하도록 개조된 경우

③ 안전인증이 취소되거나 안전인증표시의 사용 금지 명령을 받은 경우(상기 항목에 대하여 안전인증대상 기계기구 등을 제조, 수입, 양도, 대여의 목적으로 진열할 수 없다.)

4) 안전인증심사 처리기간

구분		처리기간
예비 심사		7일
서면 심사		15일(외국에서 제조한 경우 30일)
기술능력 및 생산체계 심사		30일(외국에서 제조한 경우 45일)
제품심사	개별 제품심사	15일
	형식별 제품심사	30일

※ 안전인증기관의 확인주기

① 안전인증기관은 안전인증을 받은 제조자가 안전인증 기준을 지키고 있는지에 대하여 2년에 1회 확인을 하여야 한다.

② 다음의 경우는 3년에 1회 이상 확인을 한다.
　　㉠ 최근 3년 동안 안전인증이 취소되거나 사용금지 또는 개선명령을 받은 사실이 없는 경우
　　㉡ 최근 2회의 확인결과 기술능력 및 체계가 고동노동부장관이 정하는 기준 이상인 경우

5) 자율안전확인

(1) 자율안전확인 대상 기계기구 등을 제조, 수입하는 자는 자율안전확인대상 기계 기구 등의 자율안전확인을 받아야 하나 일부 또는 전부가 면제되는 경우
　① 연구개발을 목적으로 제조 수입하거나 수출을 목적으로 제조하는 경우
　② 안전인증기관에서 인증을 받은 경우(고용노동부장관이 정하여 고시)
　③ 다른 법령에서 안전성에 관한 검사나 인증을 받은 경우

(2) 자율안전확인 대상 기계 기구 등의 제조, 수입, 양도, 대여의 목적으로 진열할 수 없는 경우
　① 자율안전확인 신고를 하지 아니한 경우
　② 거짓이나 그 밖의 부정한 방법으로 신고를 한 경우
　③ 고용노동부장관이 정하여 고시하는 자율안전기준에 맞지 아니한 경우
　④ 자율안전확인 표시의 사용금지 명령을 받은 경우

6) 자율안전검사기관의 지정 취소 등의 사유)

① 검사 관련 서류를 거짓으로 작성한 경우
② 정당한 사유 없이 검사업무의 수탁을 거부한 경우
③ 검사업무를 하지 않고 위탁 수수료를 받은 경우
④ 검사 항목을 생략하거나 검사방법을 준수하지 않은 경우
⑤ 검사 결과의 판정기준을 준수하지 않거나 검사 결과에 따른 안전조치 의견을 제시하지 않은 경우

7) 자율안전확인 표시의 사용금지 공고내용

(1) 지방고용노동관서의 장은 자율안전확인표시의 사용을 금지한 경우에는 이를 고용노동부장관에게 보고해야 한다.
(2) 고용노동부장관은 자율안전확인표시 사용을 금지한 날부터 30일 이내에 다음의 사항을 관보나 인터넷 등에 공고해야 한다.
　① 자율안전확인대상기계 등의 명칭 및 형식번호
　② 자율안전확인번호
　③ 제조자(수입자)
　④ 사업장 소재지
　⑤ 사용금지 기간 및 사용금지 사유

3. 안전검사

1) 안전검사의 신청

유해 위험한 기계 기구, 설비에 대하여 안전에 관한 성능 검사기준에 따라 검사주기 만료 30일 전 안전검사를 기관에 신청하여 30일 이내에 안전검사를 하여야 한다.

2) 안전검사 실적보고

① 안전검사기관 및 공단은 안전검사 및 심사 실시결과를 전산으로 입력하는 등 검사 대상품에 대한 통계관리를 하여야 한다.

② 안전검사기관은 분기마다 다음 달 10일까지 분기별 실적과 매년 1월 20일까지 전년도 실적을 고용노동부장관에게 제출하여야 하며, 공단은 분기마다 다음 달 10일까지 분기별 실적과 매년 1월 20일까지 전년도 실적을 고용노동부장관에게 제출하여야 한다.

3) 안전검사 대상 유해 위험 기계 및 검사 주기

안전검사 대상	안전검사	자율검사 프로그램인정
크레인 리프트 곤돌라	사업장에 설치가 끝난 날부터 3년 이내에 최초 안전검사를 실시, 그 이후부터 2년마다 실시 ※ 건설현장에서 사용하는 것은 최초로 설치한 날부터 6개월마다 실시	안전검사 주기의 2분의 1 ※ 다만, 크레인 중 건설 현장 외에서 사용하는 크레인의 경우 6개월 주기
이동식 크레인 이삿짐운반용 리프트 고소작업대	신규 등록 이후 3년 이내에 최초 안전검사를 실시하되, 그 이후부터 2년마다 실시	
압력용기 프레스 롤러기 컨베이어 산업용 로봇 사출성형기 원심기 국소배기장치 화학설비, 건조설비	사업장에 설치가 끝난 날부터 3년 이내에 최초 안전검사를 실시하되, 그 이후부터 2년마다 실시 ※ 공정안전보고서를 제출하여 확인을 받은 압력용기는 4년마다 실시	

4) 자율검사 프로그램

(1) 자율검사 프로그램에 따른 검사 시행 방법

　① 사업주가 스스로 검사 실시

　② 지정검사기관에 전부 위탁하여 검사 실시

　③ 지정검사기관에 일부 품목만 위탁하여 검사 실시

(2) 자율검사 프로그램 인정 유효기간 : 2년

(3) 자율안전확인을 필한 제품에 대한 부분적 변경의 허용범위

　① 자율안전 기준에서 정한 기준에 미달되지 않을 때

　② 주요 구조 부분의 변경이 아닌 경우

③ 방호장치가 봉일 종류로서 동등급 이상인 것

④ 스위치, 계전기, 계기류 등의 부품이 동등급 이상인 것

(4) **자율검사 프로그램 인정 요건**

① 자격을 갖춘 검사원을 고용할 것

② 검사를 실시할 수 있는 장비를 갖추고 이를 유지 관리할 수 있을 것

③ 안전검사 주기에 따른 검사주기의 1/2 해당하는 주기(크레인 중 건설 현장 외에서 사용하는 크레인 경우는 6개월마다 검사 실시할 것)

④ 자율검사 프로그램의 검사기준이 안전검사기준을 충족할 것

(5) **자율검사 프로그램 인정 취소 및 개선명령을 할 수 있는 경우**

① 거짓이나 그 밖의 부정한 방법으로 자율검사 프로그램을 인정받은 경우

② 자율검사 프로그램을 인정받고도 검사를 하지 아니한 경우

③ 인정받은 자율검사 프로그램의 내용에 따라 검사를 하지 아니한 경우

④ 자격을 가진 자 또는 지정검사기관이 검사를 하지 아니한 경우

(6) **자율검사 프로그램의 인정신청서의 첨부서류**

자율검사 프로그램에는 다음의 내용이 포함되어야 한다.

① 안전검사 대상기계 등의 보유 현황

② 검사원 보유 현황과 검사를 할 수 있는 장비 및 장비 관리방법

(자율안전검사기관에 위탁한 경우에는 위탁을 증명할 수 있는 서류를 제출한다)

③ 안전검사대상기계 등의 검사 주기 및 검사기준

④ 향후 2년간 안전검사대상기계 등의 검사수행계획

⑤ 과거 2년간 자율검사 프로그램 수행 실적 (재신청의 경우만 해당한다)

(7) **지정검사기관의 지정 취소 등의 사유**

① 검사업무를 하지 않고 대행 수수료를 받는 경우

② 검사 기관 서류를 거짓으로 작성한 경우

③ 정당한 사유 없이 검사업무의 대행을 거부한 경우

④ 검사 항목을 생략하거나 검사방법을 준수하지 않은 경우

⑤ 검사결과 판정기준을 준수하지 않거나 검사 결과에 따른 안전조치 의견을 제시하지 않은 경우

5) **자율안전확인 : 자율안전확인 표시의 사용금지 공고내용**

① 자율안전확인 대상기계 등의 명칭 및 형식번호

② 자율안전확인 번호　　　　　　③ 제조자(수입자)

④ 사업장 소재지　　　　　　　　⑤ 사용금지 기간 및 사용금지 사유

6) 안전검사기관의 지정 요건

① 공단

② 인력 · 시설 및 장비를 갖춘 기관

　가. 산업안전 · 보건 또는 산업재해 예방을 목적으로 설립된 비영리법인

　나. 기계 및 설비 등의 인증 · 검사, 생산기술의 연구개발 · 교육 · 평가 등의 업무를 목적으로 설립된 「공공기관의 운영에 관한 법률」에 따른 공공기관

7) 안전검사기관의 지정 취소 등의 사유

① 안전검사 관련 서류를 거짓으로 작성한 경우

② 정당한 사유 없이 안전검사 업무를 거부한 경우

③ 안전검사 업무를 게을리하거나 업무에 차질을 일으킨 경우

④ 안전검사 · 확인의 방법 및 절차를 위반한 경우

⑤ 법에 따른 관계 공무원의 지도 · 감독을 거부 · 방해 또는 기피한 경우

▲ 안전인증대상 및 자율안전 확인의 표시

• 테두리와 문자 : 파란색(2.5PB 4/10)

▲ 안전인증대상이 아닌 기계기구 등의 표시방법

• 그 밖의 부분 : 흰색(9.5)

8) 안전인증 대상 기계 기구 등

기계 및 설비	① 프레스 ② 전단기 절곡기 ③ 크레인 ④ 리프트 ⑤ 곤돌라 ⑥ 압력용기 ⑦ 롤러기 ⑧ 사출성형기 ⑨ 고소작업대
방호장치	① 프레스 및 전단기 방호장치　　② 양중기용 과부하방지장치 ③ 보일러 압력방출장치 안전밸브 ④ 압력용기 압력방출장치 안전밸브 ⑤ 압력용기 압력방출장치 파열판 ⑥ 절연용 방호구 및 활선작업용 기구 ⑦ 방폭구조 전기기계기구 및 부품 ⑧ 추락, 낙하, 붕괴 등의 위험방비 및 보호에 필요한 가설자재로서 고용노동부 장관이 정하여 고시하는 것 ⑨ 충돌 협착 등의 위험방지에 필요한 산업용 로봇 방호장치로서 고용노동부 장관이 정하여 고시하는 것
보호구	① 추락 및 감전 위험 방지용 안전모　② 안전화　③ 안전장갑　④ 방독마스크 ⑤ 방진마스크 ⑥ 송기마스크 ⑦ 전동식 호흡 보호구 ⑧ 보호복 ⑨ 안전대 ⑩ 용접용 보안면　⑪ 차광 및 비산물 위험 방지용 보안경　⑫ 방음용 귀마개 또는 귀덮개

9) 자율안전확인 대상 기계 기구 등

기계 및 설비	① 연삭기 또는 연마석(휴대용은 제외) ② 산업용 로봇 ③ 컨베이어 ④ 자동차 정비용 리프트 ⑤ 파쇄기 또는 분쇄기 ⑥ 혼합기 ⑦ 인쇄기 ⑧ 공작기계(선반, 밀링, 드릴기, 평삭기, 형삭기만 해당) ⑨ 고정형 목재가공용 기계(둥근톱, 대패, 루타기, 띠톱, 모떼기 기계만 해당) ⑩ 식품 가공용 기계(파쇄, 절단, 혼합, 제면기계만 해당)
방호장치	① 연삭기 덮개 ② 롤러기 급정지 장치 ③ 아세틸렌 용접장치 또는 가스집합 용접장치용 안전기 ④ 교류아크용접기용 자동전격 방지기 ⑤ 목재가공용 둥근톱 반발예방장치와 날접촉 예방장치 ⑥ 동력식 수동대패용 칼날 접촉 방지장치 ⑦ 추락 낙하 및 붕괴 등의 위험방지 및 보호에 필요한 가설기자재로서 고용 노동부 장관이 정하여 고시하는 것(안전인증 대상기계기구에 해당되는 사항 제외)
보호구	① 안전모(안전인증대상보호구에 해당되는 안전모는 제외) ② 보안경(안전인증대상보호구에 해당되는 안전모는 제외) ③ 보안면(안전인증대상보호구에 해당되는 안전모는 제외)

10) 안전인증 및 안전검사의 합격표시에 표시할 사항 ★★☆

안전인증(자율안전확인)	안전검사
① 형식 또는 모델명 ② 규격 또는 등급 ③ 제조사명 ④ 제조번호 및 제조년월일 ⑤ 안전인증 번호(자율안전확인 인증 번호)	① 검사대상 유해 위험 기계명 ② 신청인 ③ 형식번호(기호) ④ 합격번호 ⑤ 검사유효기간 ⑥ 검사기관

4. 안전진단

1) 자기진단(자율진단)

외부 전문가를 위촉하여 사업장자체에서 실시하는 진단

2) 명령에 의한 진단

[안전진단 대상 사업장]

① 중대재해 발생 사업장(사업주가 안전보건 주의 조치 의무를 이행하지 아니하여 발생한 중대재해)

② 안전보건 개선계획수립 및 시행 명령을 받은 사업장

③ 추락, 폭발, 붕괴 등 재해발생 위험이 현격히 높은 사업장으로 지방 노동관서의 장이 안전, 보건 진단이 필요하다고 인정하는 사업장

3) 안전진단 결과의 보고

안전보건진단을 실시한 경우에는 조사, 평가 및 측정 결과와 그 개선방법이 포함된 보고서를 진단 실시일부터 30일 전에 해당사업장의 사업주 및 관할 지방노동관서의 장에게 제출하여야 한다.

4) 안전보건진단의 종류

① 종합진단　　② 안전기술진단　　③ 보건기술진단

5. 안전보건진단

1) 안전보건진단기관의 지정 취소 등의 사유

① 안전보건진단 업무 관련 서류를 거짓으로 작성한 경우

② 정당한 사유 없이 안전보건진단 업무의 수탁을 거부한 경우

③ 인력기준에 해당하지 않은 사람에게 안전보건진단 업무를 수행하게 한 경우

④ 안전보건진단 업무를 수행하지 않고 위탁 수수료를 받은 경우

⑤ 안전보건진단 업무와 관련된 비치서류를 보존하지 않은 경우

⑥ 안전보건진단 업무 수행과 관련한 대가 외의 금품을 받은 경우

⑦ 법에 따른 관계 공무원의 지도 · 감독을 거부 · 방해 또는 기피한 경우

2) 안전보건진단의 종류 및 내용

(1) 안전보건진단 명령을 할 경우 기계 · 화공 · 전기 · 건설 등 분야별로 한정하여 진단을 받을 것을 명할 수 있다.

(2) 안전보건진단 결과보고서에 포함사항

① 산업재해 또는 사고의 발생원인,

② 작업조건

③ 작업방법에 대한 평가

6. 기계 및 재료에 대한 검사

1) 검사의 종류

(1) 파괴검사

① 인장검사　　　　② 굽힘 검사　　　　③ 견고도 검사

④ 크리프 검사　　　⑤ 내구 검사

(2) 비파괴 검사

① 육안 검사　　　　② 초음파 검사　　　③ 자기검사

④ 방사선 투과 검사　　　⑤ 내압검사　　　⑥ 자기탐상검사

⑦ 음향검사　　　⑧ 침투검사 등

(3) 인장검사로 알 수 있는 사항

① 항복점　　　② 내력　　　③ 인장강도

④ 신장률　　　⑤ 탄성계수　　　⑥ 탄성한도

⑦ 비례한도　　　⑧ 조임

7. 안전검사 실적보고

① 안전검사기관 및 공단은 안전검사 및 심사 실시결과를 전산으로 입력하는 등 검사 대상품에 대한 통계관리를 하여야 한다.

② 안전검사기관은 분기마다 다음 달 10일까지 분기별 실적과, 매년 1월 20일까지 전년도 실적을 고용노동부장관에게 제출하여야 하며, 공단은 분기마다 다음 달 10일까지 분기별 실적과, 매년 1월 20일까지 전년도 실적을 고용노동부장관에게 제출하여야 한다.

01 재해발생 시 조치할 사항을 옳게 연결한 것은?

① 재해조사 – 원인분석 – 대책수립 – 응급조치
② 긴급조치 – 재해조사 – 원인분석 – 대책수립
③ 대책수립 – 원인분석 – 긴급조치 – 재해조사
④ 재해조사 – 대책수립 – 원인분석 – 긴급조치

02 1,000인이 일하고 있는 사업장에서 1주 48시간씩 52주를 일하고, 1년간에 80건의 재해가 발생했다고 한다. 질병 등 다른 이유에 의해서 근로자는 총 노동시간의 3%를 결근했다. 이때 재해도수율은?

① 25.46 ② 33.04
③ 47.81 ④ 56.91

03 연평균 200명의 근로자가 작업하는 사업장에 연간 3건의 재해가 발생하여 사망1명, 30일 가료1명, 나머지 1명은 20일간 요양하였다. 이 사업장의 강도율은?(단, 연간 근로일수는 300일, 1일 근로시간은 8시간)

① 15.01 ② 15.71
③ 17.61 ④ 17.71

04 재해 코스트를 산정하는 방식으로 틀린 것은?

① 직접비와 간접비는 1 : 4로 계산한다.
② 직접비와 간접비를 모두 합한 수치이다.
③ 장해등급별 × 산재보험률 × 휴업상해건수 + 무상해 건수
④ 보험코스트 + 비보험 코스트

05 재해사례연구순서가 올바르게 나열된 것은?

① 재해상황 파악 – 문제점 발견 – 사실확인 – 근본 문제점 결정 – 대책수립
② 문제점 발견 – 재해상황 파악 – 사실확인 – 근본 문제점 결정 – 대책수립
③ 재해상황 파악 – 사실확인 – 문제점 발견 – 근본 문제점 결정 – 대책수립
④ 문제점 발견 – 재해상황 파악 – 대책수립 – 근본 문제점 결정 – 사실확인

06 작업자가 보행 중 바닥에 미끄러지면서 상자에 머리를 부딪혀 머리에 상해를 입었다면 이때 기인물에 해당하는 것은?

① 바닥 ② 상자
③ 전도 ④ 머리

07 다음 중 재해발생시 긴급처리의 조치순서로 가장 적절한 것은?

① 기계정지→ 현장보존 →피해자 구조→ 관계자 통보
② 현장보존 →관계자 통보 →기계정지→ 피해자 구조
③ 피해자 구조→ 현장보존→ 기계정지 →관계자 통보
④ 기계정지→ 피해자 구조→ 관계자 통보→ 현장 보존

08 안전점검의 주목적은 어느 것인가?

① 위험을 사전에 발견하여 시정하는 데 있다.
② 법 및 기준에의 적합 여부를 점검하여 예방책을 강구하는 데 있다.
③ 안전작업표준의 적절성을 점검하는 데 있다.
④ 시설 장비의 설계를 점검하는데 있다.

09 안전검사 합격표지에 표시되어야 하는 사항이 아닌 것은?

① 검사대상 유해 위험기계명
② 형식번호
③ 합격번호
④ 제조일

10 다음 중 안전인증 대상 유해 위험기계기구에 해당되지 않는 것은?

① 프레스　　　　② 원심기
③ 크레인　　　　④ 사출성형기

11 안전검사대상 유해 위험기계 등의 검사주기이다. 검사주기를 잘못 나타낸 것은?

① 크레인 – 사업장에 설치가 끝난 날부터 3년 이내에 최초 안전검사를 실시, 그 이후부터 2년 마다
② 리프트 – 사업장에 설치가 끝난 날부터 3년 이내에 최초 안전검사를 실시, 그 이후부터 2년마다
③ 건설현장에서 사용하는 곤돌라 – 사업장에 설치가 끝난 날부터 3년 이내에 최초 안전검사를 실시, 그 이후부터 2년 마다
④ 공정안전보고서를 제출하여 확인을 받은 압력용기는 4년 마다

정답　08 ①　09 ④　10 ②　11 ③

CHAPTER

04 무재해 운동

1. 무재해 운동의 목적

무재해 운동이란 인간존중의 이념을 바탕으로 사업주와 근로자가 다 같이 참여하여 자율적인 산업재해 예방 운동을 추진함으로써 안전의식을 고취하고 나아가 일체의 산업재해를 근절하여 인간중심의 밝고 안전한 사업장을 조성하기 위한 운동이다.

① 인간존중의 이념
② 산업재해 근절
③ 안전보건 선취
④ 직장의 각종 위험을 전원이 참가하여 해결
⑤ 합리적인 기업경영

2. 무재해 인정

① 작업 시간 중 천재지변 또는 돌발적인 사고로 인한 구조행위 또는 긴급피난 중 발생한 사고
② 작업 시간외에 천재지변 또는 돌발적인 사고우려가 많은 장소에서 사회통념상 인정되는 업무수행 중 발생한 사고
③ 출·퇴근 도중에 발생한 재해
④ 운동경기 등 각종 행사 중 발생한 사고
⑤ 제3자의 행위에 의한 업무상 재해
⑥ 업무상 재해 인정기준 중 뇌혈관질환 또는 심장질환에 의한 재해
⑦ 업무시간 외에 발생한 재해
⑧ 도로에서 발생한 사업장 밖의 교통사고, 소속작업장을 벗어난 출장 및 외부기관으로 위탁교육 중 발생한 사고, 전염병 등 사업주의 법 위반으로 인한 것이 아니라고 인정되는 재해

3. 무재해 운동의 3대 원칙

1) 무(無)의 원칙

무재해란 단순히 사망재해나 사고만 없으면 된다는 소극적인 사고가 아니고 사업장 내에 잠재 위험 요인을 적극적으로 사전에 발견, 파악, 해결함으로써 근원적으로 산업재해를 없애자는 것이다.

2) **선취(先取)의 원칙(= 안전제일의 원칙)**

무재해 운동에서 선취란 안전한 사업장을 조성하기 위한 궁극의 목표로서 사업장내에서 행동하기 전에 잠재위험 요인을 발견, 파악, 해결하여 재해를 예방하거나 방지하는 것을 말한다.

3) **참여(參與)의 원칙(= 참가의 원칙)**

무재해 운동에 있어서 참가란 작업에 따르는 잠재적인 위험요인을 사전에 발견, 파악, 해결하기 위하여 전원이 일치 협력하고 각자의 위치에서 의욕으로 문제점을 해결하겠다는 것을 말한다.

4. 무재해 운동의 3요소(3기둥) ★★★

① 최고경영자의 경영 자세
② 관리감독자의 안전 보건 추진
③ 직장 소집단의 자율 활동의 활성화

5. 브레인스토밍(Brain storming)의 4원칙

① 비판금지 : 좋다, 나쁘다고 비평하지 않는다.
② 자유분방 : 마음대로 편안히 발언한다.
③ 대량발언 : 무엇이건 좋으니 많이 발언한다.
④ 수정발언 : 타인의 아이디어에 수정하거나 덧붙여 말해도 좋다.

6. T. B. M.(Tool Box Meeting)

1) **정의**

현장에서 그때 그 장소의 상황에 적응하여 실시하는 위험예지 활동으로 즉시 즉응법이라고도 한다.

2) **방법**

10분 정도의 시간으로 10명 이하(최적 5~7명)

3) **진행 5단계**

① 도입   ② 점검 정비   ③ 작업지시   ④ 위험예측   ⑤ 확인

4) **위험예지의 3훈련**

① 감수성 훈련
② 단시간 미팅 훈련
③ 문제 해결 훈련

7. 위험예지 훈련 진행 방법

① 준비단계

② 도입단계

③ 위험예지 훈련의 4단계

1라운드	현상파악	어떠한 위험이 있는가?	현상을 파악하는 단계
2라운드	본질추구	이것이 위험의 포인트	문제점 발견 및 중요 문제를 결정하는 단계
3라운드	대책수립	당신이라면 어떻게 하겠는가?	문제점에 대한 대책을 수립하는 단계
4라운드	목표설정	우리는 이렇게 하자	대책에 대한 개선목표를 설정하는 단계

④ 발표 토론

⑤ 확인정리

⑥ 무재해 실천 기법(위험예지)

종류	내용
1인 위험 예지훈련	위험요인에 대한 감수성을 높이기 위해 원포인트 훈련으로 한 사람 한 사람이 4라운드의 순서로 위험예지훈련을 실시한 후 리더의 지시로 결과에 대하여 서로 발표하고 토론함으로 위험요소를 발견 파악한 후 해결능력을 향상시키는 훈련
터치 앤 콜 (Touch & Call)	스킨십(skinship)을 통한 팀 구성원 간의 일체감을 조성하고 위험요소에 대한 강한 인식과 더불어 사고예방에 도움이 되며 서로 손을 맞잡고 구호를 제창하고 안전에 동참하는 정신을 높일 수 있는 훈련 방법
지적확인	① 작업공정이나 산황 속에 위험요인이나 작업의 중요 포인트에 대해 자신의 행동을 통하여 '~좋아!'라고 큰소리로 제창하는 방법 ② 인간의 감각기관을 최대한 활용함으로 위험요소에 대한 긴장을 유발하고 불안전 행동이나 상태를 사전에 방지하는 효과 ③ 인간의 부주의, 착각, 방심 등으로 인한 오조작이나 착오에 의한 사고를 예방하기위해 실시하는 방법 ④ 인간의 의식을 강화하고 오류를 감소하며, 신속정확한 판단과 대책을 수립할 수 있으며 대뇌활동에도 영향을 미쳐 작업의 정확도를 향상시키는 훈편 방법
TBM (Tool Box Meeting)	① 현장에서 그때 그 장소의 상황에 적응하여 실시하는 위험예지 활동으로 즉시 즉응법이라 고도 한다. ② 방법 : 10분 정도의 시간으로 10명 이해(최적 5~7명) ③ 5단계 진행 요령 : 도입, 점검 정비, 작업지시, 위험예측, 확인
STOP	① 미국의 듀퐁사에서 개발한 것으로 현장의 관리감독자에게 효율적인 안전 관찰을 실시할 수 있도록 하는 훈련
Safety Training Observation Program	② 안전 관찰 사이클 결심(decide) → 정지(stop) → 관찰(observe) → 조치(act) → 보고(report)
원포인트 위험예지훈련	위험예지훈련 4라운드 중 1R을 제외한 2R, 3R, 4R을 원포인트로 요약하여 실시하는 방법으로 2~3분 내에 실시하는 현장 활동

⑦ 개선의 4원칙(ECRS)

Eliminate	(생략과 배제의 원칙) 불필요한 공정이나 작업의 배제, 생략
Combine	(결합과 분리의 원칙) 공정이나 공구, 부품 등의 결합으로 간단하고 단순화된 형태로 접근
Rearrange	(재편성, 재배열의 원칙) 공정, 작업순서의 변경, 재배열
Simplify	(단순화의 원칙) 공정, 작업수단, 방법 등을 간단하고 용이하게 하거나 이동거리를 짧게 중량을 가볍게 하는 등의 단순화

8. 어항방식(Fish Bowl System)

1) 정의

어항 속의 물고기는 자신이 헤엄치는 것을 볼 수 없다. 무재해 활동에 있어 강평이나 역할연기 훈련 등에서 관찰하는 팀은 역할 연기하는 주위에서 냉정한 사고로 관찰하여야 한다.

2) 관찰 시 주요관점 사항

① 리더의 지도력 ② 소요시간 ③ 구성원의 위험예지활동 내용 ④ 팀웍

1. 대상 작업장별 보호구

보호구 종류	작업장
안전모	물체가 떨어지거나 날아올 위험 또는 근로자가 추락할 위험이 있는 작업
안전대	높이 또는 깊이 2M 이상의 추락할 위험이 있는 장소에서 작업
안전화	물체의 낙하, 충격, 끼임, 감전 또는 정전기의 대전에 위험이 있는 작업
보안경	물체가 흩날릴 위험이 있는 작업
보안면	용접 시 불꽃이나 물체가 흩날릴 위험이 있는 작업
절연용 보호구	감전의 위험이 있는 작업
방열복	고열에 의한 화상 등의 위험이 있는 작업
방진 마스크	석면, 베릴륨 작업장 또는 금속흄, 기계작업에 의한 분진 발생 작업장
방한복, 방한모 방한화, 방한장갑	영하 18℃ 이하인 장소에서의 작업

1) 보호구의 구비 조건

① 착용 시 간편할 것

② 유해 위험물에 대한 방호성능이 충분할 것

③ 작업에 방해 요소가 없을 것

④ 재료의 품질이 우수할 것

⑤ 구조와 끝마무리가 양호할 것

⑥ 외관 및 전체 디자인이 양호할 것

⑦ 금속성 재료는 내식성일 것

⑧ 사용 목적에 적합해야 한다.

2) 유해 위험한 대상 보호구

안전 인증 대상	① 추락 및 감전 위험방지용 안전모 ② 안전화 ③ 안전장갑 ④ 방진마스크 ⑤ 방독마스크 ⑥ 송기마스크 ⑦ 전동식 호흡보호구 ⑧ 보호복 ⑨ 안전대 ⑩ 차광 및 비산물 위험방지용 보안경 ⑪ 용접용 보안면 ⑫ 방음용 귀마개 또는 귀덮개
자율 안전 확인 대상	① 안전모(안전인증 대상 제외) ② 보안경(안전인증 대상 제외) ③ 보안면(안전인증 대상 제외)

2. 안전모

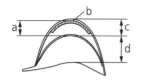

(a) 내부수직거리   (b) 충격흡수제
(c) 외부수직거리   (d) 착용높이

▲ 안전모의 거리 및 간격상세도

▲ 안전모의 명칭

번호	명칭	
①	모체	
②	착	머리받침끈
③	장	머리고정대
④	체	머리받침 고리
⑤	충격흡수재	
⑥	턱끈	
⑦	챙(차양)	

(a) 내부수직거리 : 25~50mm 미만
(c) 외부수직거리 : 80mm 미만
(d) 착용높이 : 85mm 이상

• 턱끈 폭 : 10mm 이상
• 머리 받침끈의 폭 : 15mm 이상
• 안전모의 수평간격 : 5mm 이상
• 안전모 돌출은 모체 표면에서 5mm 이내

1) 추락 및 감전방지용 안전모의 종류

종류(기호)	사용구분	모체의 재질	비 고
AB	물체의 낙하 또는 비래 및 추락(주2 – 1)에 의한 위험을 방지 또는 경감시키기 위한 것	합성수지	
AE	물체의 낙하 및 비래에 의한 위험을 방지 또는 경감하고, 머리부위 감전에 의한 위험을 방지하기 위한 것	합성수지	내전압성
ABE	물체의 낙하 또는 비래 및 추락에 의한 위험을 방지 또는 경감하고, 머리부위 감전에 의한 위험을 방지하기 위한 것	합성수지	내전압성

※ 추락이란 높이 2미터 이상의 고소작업, 굴착작업 및 하역작업 등에 있어서의 추락을 의미한다.
　내전압성이란 7,000볼트 이하의 전압에 견디는 것을 말한다.

2) 안전모의 구비 조건

① 안전모는 적어도 모체, 착장체 및 턱끈을 가져야 한다.
② 착장체의 머리고정대는 착용자의 머리 부위에 적합하도록 조절할 수 있어야 한다.
③ 착장체의 구조는 착용자의 머리에 균등한 힘이 분배될 수 있어야 한다.
④ 모체, 착장체 등 안전모의 부품은 착용자에게 상해를 줄 수 있는 날카로운 모서리 등이 없어야 한다.
⑤ 모체에 구멍이 없어야 한다. 단 착장체 및 턱끈의 설치 또는 안전등, 보안면 등을 붙이기 위한 구멍은 제외한다.
⑥ 턱끈은 모체 또는 착장체에 고정시키고 사용 중 모체가 탈락하든지 흔들리지 않도록 확실히 맬 수 있어야 한다.

⑦ 안전모를 머리에 장착한 경우 전면 또는 측면에 있는 머리고정대와 머리모형과의 착용높이는 85mm 이상이어야 한다.

⑧ 모체 내면과 머리와의 수직간격은 25mm 이상 내지 50mm 이하이어야 한다.

⑨ 모체와 착장체 머리고정대의 수평간격은 5mm 이상이어야 한다.

⑩ 안전모의 모체, 착장체 및 충격흡수재를 포함한 질량은 440g을 초과하지 않아야 한다.

⑪ 턱끈의 폭은 10mm 이상일 것

3) 안전모 성능시험기준

항목	성능
내관통성	AE, ABE종 안전모는 관통거리가 9.5mm 이하이고, A, AB종 안전모는 관통거리가 11.1mm 이하이어야 한다.
충격흡수성	최고 전달충격력이 4,450N(1,000Pounds)를 초과해서는 안 되며, 모체와 착장체의 기능이 상실되지 않아야 한다.
내전압성	종류AE, ABE종 안전모는 교류 20kV에서 1분간 절연 파괴 없이 견뎌야 하고, 이때 누설되는 충전전류는 10mA 이내이어야 한다.
내수성	종류 AE, ABE종 안전모는 질량증가율이 1% 미만이어야 한다.
난연성	불꽃을 내며 5초 이상 타지 않아야 한다.
턱끈풀림시험	150N 이상 250N 이하에서 턱끈이 풀려야 한다.

4) 안전모 내 관통성

가. 안전모를 나목의 규정에 의거 전처리한 후 시험장치에 시험하고자 하는 안전모를 머리 고정대가 느슨한 상태(머리고정대 길이가 57.79cm 이상)로 사람머리모형에 장착하고 질량 0.45kg(1Pound)의 철제 추를 낙하점이 모체 정부를 중심으로 직경 76mm 안이 되도록 높이 3.048m(10ft)에서 자유 낙하시켜 관통 거리를 측정한다.

이때 관통거리는 모체 두께를 포함하여 철제추가 관통한 거리를 말한다.

이 시험은 전처리한 후 1분 이내에 행하여야 한다.

나. 시험안전모의 전처리는 각각 −18±2℃, 49±2℃에서 적어도 2시간 이상 방치하여야 한다.

다. 사람머리모형은 공명이 적은 마그네슘 K−1, 나무, 알루미늄을 재료로 하고 질량은 3.64±0.45kg이어야 하며, 사람머리모형의 형상과 치수는 그림 2−2와 같다.

라. 철제 추의 치수와 형상은 질량이 0.45kg으로 원뿔형의 뾰족한 끝은 반경이 0.25mm 이하의 반구상이어야 한다.

마. 종류 AB, ABE종 안전모는 낙하점이 모체앞머리, 양옆머리, 뒷머리가 되도록 사람머리모형에 장착한 후 가목과 동일한 방법으로 관통 거리를 추가 측정한다.

5) 안전모 충격 흡수성

가. 안전모를 머리고정대가 느슨한 상태(머리고정대 길이가 58cm 이상)로 머리모형에 장착하고 질량 3,600g의 충격추를 낙하점이 모체정부를 중심으로 직경 76mm 이내가 되도록 높이 1.5m에서 자유 낙하시켜 전달충격력을 측정한다.

나. 시험에 사용되는 안전모는 전처리한다.

다. AB, ABE종 안전모는 낙하점이 모체앞머리, 양옆머리, 뒷머리가 각각 되도록 머리모형에 장착한 후 가목과 동일한 방법으로 전달충격력을 추가로 측정한다.

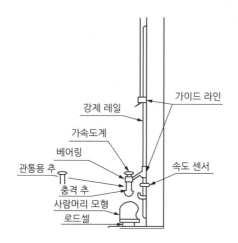

6) 안전모 전처리

가. 저온전처리는 (−10 ± 2)℃에서 4시간 이상 유지한다.

나. 고온전처리는 (50 ± 2)℃에서 4시간 이상 유지한다.

다. 침지전처리는 (20 ± 2)℃의 물에서 4시간 이상 침지한다.

라. 노화전처리는 제논아크램프를 사용하여 다음과 같이 할 것

① 시료는 제논아크램프의 복사에너지에 노출되어야 하며, 램프에서 복사되는 에너지는 지면에 닿는 햇빛과 가까운 스펙트럼 분포를 가질 것

② 충격흡수성 및 내관통성시험에 사용될 모체 표면이 램프를 향하도록 시편 고정대에 장착되어야 하며, 시편고정대는 분당 1~5회 회전할 것

③ 안전모 시편 표면에서 측정된 파장길이 280nm에서 800nm 대역의 복사 에너지의 총량은 1GJ/m²으로 할 것

④ 시험 시간은 120분을 주기로 102분은 살수하지 않은 상태로 노화시키고, 나머지 18분은 살수하면서 노화시킬 것. 이때 살수되는 물은 금속 및 미네랄이 없는 물(전도율 $5\mu S/cm$ 이하)이어야 한다.

⑤ 시험 챔버 내의 온도는 램프로부터 안전모 표면과 같은 거리에 설치된 온도계로 측정하였을 때 (70 ± 3)℃로 유지되어야 하며, 102분 동안의 상대습도는 (50 ± 5)%로 유지할 것

7) 안전모 내 전압성 시험(AE, ABE종)

가. 시험장치에 안전모 모체 내외의 수위가 동일하게 되도록 물을 채운다.

나. 모체의 내부 수면에서 최소연면거리는 전 부위에 챙이 있는 것은 챙 끝까지, 챙이 없는 것은 모체의 끝까지 30mm로 한다.

다. 이 상태에서 모체 내외의 수중에 전극을 담그고, 주파수 60Hz의 정현파에 가까운 20kV의 전압을 가하고 충전전류를 측정한다.

라. 전압을 가하는 방법은 규정 전압의 100분의 75까지 상승시키고, 이후에는 1초간에 약 1,000V의 비율로 전압을 상승시켜 20kV에 달한 후 1분간 이에 견디는지 확인한다.

마. 충전전류의 측정은 실효치 지시형 전류계를 사용함을 원칙으로 이것을 접지 측에 접속하여 실시한다.

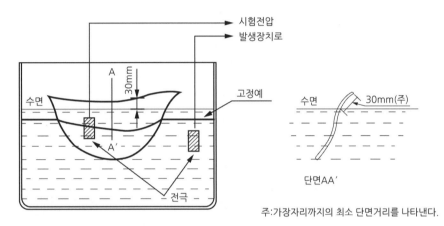

8) 안전모 내수성 시험

AE, ABE종 안전모의 내수성 시험은 시험 안전모의 모체를 (20~25)℃의 수중에 24시간 담가놓은 후, 대기 중에 꺼내어 마른천 등으로 표면의 수분을 닦아내고 질량증가율(%)을 산출한다.

안전모 내수성 질량증가율 공식

$$질량증가율(\%) = \frac{담근\ 후의\ 질량 - 담그기\ 전의\ 질량}{담그기\ 전의\ 질량} \times 100$$

9) 안전모 턱끈 풀림 시험

턱끈 풀림 시험은 안전모를 머리모형에 장착하고 직경이 (12.5±0.5)mm이고 양단 간의 거리가 (75±2)mm인 원형 롤러에 턱끈을 고정시킨 후 초기 150N의 하중을 원형 롤러부에 가하고 이후 턱끈이 풀어질 때까지 분당 (20±2)N의 힘을 가하여 최대하중을 측정하고 턱끈 풀림 여부를 확인한다.

10) 안전모 난연성 시험

난연성 시험은 고온 전처리하여 충격흡수성 시험을 마친 시편을 프로판 가스를 사용하는 분젠 버너 (직경 10mm)에 가스 압력을 (3,430 ± 50)Pa로 조절하고 청색 불꽃의 길이가 (45 ± 5)mm가 되도록 조절하여 시험한다. 이 경우 모체의 연소 부위는 모체 상부로부터 (50~100)mm 사이로 불꽃 접촉 면이 수평이 된 상태에서 버너를 수직 방향에서 45° 기울여서 10초간 연소시킨 후 불꽃을 제거한 후 모체가 불꽃을 내고 계속 연소되는 시간을 측정한다.

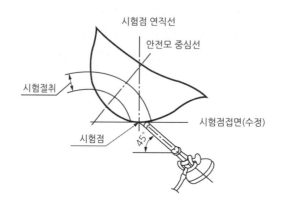

11) 안전모 측면 변형시험

가. 안전모의 측면을 가로 300mm, 세로 250mm이고 모서리가 반경 (10 ± 0.5)mm인 두 개의 평행한 금속판에 고정시킨다.

나. 테두리가 있는 안전모는 금속판을 가능한 한 테두리에 근접시키고 테두리가 없는 안전모는 금속판 사이에 설치한다.

다. 안전모 측면에 힘을 받도록 30N의 초기 하중을 금속판의 수직 방향으로 가한 상태에서 금속판 사이의 거리(L1)를 측정한다.

라. 분당 100N의 힘으로 430N이 될 때까지 힘을 가한 상태에서 30초간 유지시킨 후 금속판 사이의 거리(L2)를 측정한다.

마. 하중을 즉시 25N으로 감소시킨 후 다시 30N으로 가하여 30초간 유지시킨 후 금속판 사이의 거리(L3)를 측정한다.

바. 최대 측면변형은 L1과 L2 사이의 거리로 측정하며, 잔여변형은 L1과 L3 사이의 거리로 측정한다.

3. 안전화

1) 안전화 종류 및 구분

종류	성능
가죽제 안전화	물체의 낙하 충격 또는 날카로운 물체에 찔림 위험으로부터 발을 보호
고무제 안전화	물체의 낙하 충격 또는 날카로운 물체에 찔림 위험으로부터 발을 보호 내수성과 내화학성을 갖춤
정전기 안전화	물체의 낙하 충격 또는 날카로운 물체에 찔림 위험으로부터 발을 보호하고 정전기의 인체 대전을 방지함
발등 안전화	물체의 낙하 충격 또는 날카로운 물체에 찔림 위험으로부터 발과 발등을 보호
절연화	물체의 낙하 충격 또는 날카로운 물체에 찔림 위험으로부터 발을 보호하고 저압 감전을 방지함
절연장화	물체의 낙하 충격 또는 날카로운 물체에 찔림 위험으로부터 발을 보호 고압 감전 방지와 방수를 겸함
화학 물질용 안전화	• 물체의 낙하 충격 또는 날카로운 물체에 찔림 위험으로부터 발을 보호 • 화학물질로부터 발을 보호하는 것

2) 안전화의 등급

작업 구분	사용 장소
중 작업용 광업	건설업 · 철광업의 원료 취급 · 가공, 강재 취급 · 운반, 건설업 등의 중량물 운반, 중량이 큰 가공 대상물 취급작업을 하며 날카로운 물체에 찔릴 우려가 있는 장소 (내충격성, 내압박성 시험방법 : 1000mm 낙하 높이 15kN 압축 하중 시험)
보통 작업용	기계공업 · 금속가공업 · 운반업 · 건축업 등 공구 가공품을 손으로 취급하는 작업 및 차량 사업장, 기계 등을 운전 · 조작하는 일반작업장으로서 날카로운 물체에 찔릴 우려가 있는 장소 (내충격성, 내압박성 시험방법 : 500mm 낙하 높이 10kN 압축 하중 시험)
경 작업용	금속 선별, 전기제품 조립, 화학제품 선별, 반응장치 운전, 식품 가공업 등 비교적 가벼운 물체를 취급하는 작업장으로서 날카로운 물체에 찔릴 우려가 있는 장소 (내충격성, 내압박성 시험방법 : 250mm 낙하 높이 4.4kN 압축 하중 시험)

3) 안전화의 사용방법 및 관리

① 전화는 감전 위험장소에서 착용하지 않는다.

② 안전화는 훼손, 변형하지 않는다. 특히 뒤축을 꺾어 신지 않는다.

③ 절연화, 절연장화는 구멍이나 찢김이 있으면 즉시 폐기한다.

④ 내부가 항상 건조하도록 관리한다.

⑤ 가죽제 안전화는 물에 젖지 않도록 한다.

⑥ 안전화가 화학물질에 노출되었으면 물에 씻어 말린다.

4) 고무제 안전화의 구분

구분	사용 장소
일반용	일반작업장
내유용	탄화수소류의 윤활유 등을 취급하는 작업장
내산용	무기산을 취급하는 작업장
내알칼리용	알칼리를 취급하는 작업장
내산알칼리 겸용	무기산 및 알칼리를 취급하는 작업장

5) 정전기

정전기 안전화는 대전방지성능 및 선심의 유무, 신울 등의 재질에 따라 구분한다.

[안전화의 구분]

- 1종 : 착화 에너지가 0.1mJ 이상의 가연성 물질 또는 가스(메탄, 프로판 등)를 취급하는 작업장에서 사용하는 것
- 2종 : 착화 에너지가 0.1mJ 미만의 가연성 물질 또는 가스(수소, 아세틸렌 등)를 취급하는 작업장에서 사용하는 것

구분			대전방지성능
신울 등이 가죽제인 것	선심 있는 것	1종	$0.1M\Omega < R < 100M\Omega$
		2종	$0.1M\Omega < R < 10M\Omega$
	선심 없는 것	1종	$0.1M\Omega < R < 100M\Omega$
		2종	$0.1M\Omega < R < 10M\Omega$
신울 등이 고무제인 것	선심 있는 것	1종	$0.1M\Omega < R < 100M\Omega$
		2종	$0.1M\Omega < R < 10M\Omega$
	선심 없는 것	1종	$0.1M\Omega < R < 100M\Omega$
		2종	$0.1M\Omega < R < 10M\Omega$

6) 안전화 내 전압성 시험

구분	내전압 성능
절연화 절연장화	14,000V에 1분간 견디고 충전전류가 5mA 이하일 것(저압)
	20,000V에 1분간 견디고 이때의 충전전류가 20mA 이하일 것(고압)

7) 가죽제 안전화의 성능 시험종류

① 내충격성 시험　　　② 내압박성　　　③ 내답발성 시험
④ 박리저항 시험　　　⑤ 내유성 시험　　　⑥ 내부식성 시험
⑦ 인장강도시험 및 신장률 시험　　　⑧ 인열강도 시험

4. 절연장갑(절연장갑의 등급 및 색상)

등급	최대사용 전압		색상
	교류(V, 실효값)	직류(V)	
00	500	750	갈색
0	1,000	1,500	빨간색
1	7,500	11,250	흰색
2	17,000	25,500	노란색
3	26,500	39,500	녹색
4	36,000	54,000	등색
교류×1.5 = 직류			
절연장갑의 성능시험			
인장강도	1400N/cm² 이상 (평균값)		
신장률	100분의 600 이상 (평균값)		
영구 신장률	100분의 15 이하		

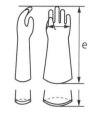

▲ 절연장갑의 모양
(e : 표준길이)

5. 호흡용 보호구

1) 방진마스크

(1) 선정기준(구비조건)

① 여과 효율이 좋을 것　　　　② 흡기 · 배기저항이 낮은 것

③ 중량이 가벼운 것　　　　　　④ 시야가 넓은 것

⑤ 안면 밀착성 좋아 기밀이 잘 유지되는 것　⑥ 사용적이 적을 것

⑦ 피부 접촉 부위의 고무질이 좋을 것

(2) 방진마스크의 일반구조

① 착용 시 압박감이나 고통을 주지 않을 것

② 전면형은 호흡시 투시부가 흐려지지 않을 것

③ 분리식 마스크는 여과재, 흡기밸브, 배기밸브 및 머리끈을 쉽게 교환할 수 있고 착용자 자신이 안면부와 밀착성 여부를 수시로 확인할 수 있을 것

④ 안면부 여과식은 여과재로 된 안면부가 사용 중 심하게 변형되지 않으며 여과제를 안면에 밀착시킬 수 있을 것

(3) 방진 마스크 재료의 조건

① 안면에 밀착하는 부분은 피부에 장해를 주지 않을 것

② 여과재는 여과성능이 우수하고 인체에 장해를 주지 않을 것

③ 방진 마스크에 사용하는 금속부품은 내식성을 갖거나 부식방지를 위한 조치가 되어 있을 것

④ 전면형의 경우 사용할 때 충격을 받을 수 있는 부품은 충격 시에 마찰 스파크가 발생되므로, 가연성의 가스혼합물을 점화시킬 수 있는 알루미늄, 마그네슘, 티타늄 또는 이의 합금을 사용하지 않을 것

⑤ 반면형의 경우 사용할 때 충격을 받을 수 있는 부품은 충격 시에 마찰 스파크가 발생되므로, 가연성의 가스혼합물을 점화시킬 수 있는 알루미늄, 마그네슘, 티타늄 또는 이의 합금을 최소한 사용할 것

(4) 방진 마스크 등급 및 사용장소

등급	특급	1급	2급
사용 장소	① 베릴륨 등과 같이 독성이 강한 물질들을 함유한 분진 등 발생장소 ② 석면 취급장소	① 특급 마스크 착용장소를 제외한 분진 등 발생장소 ② 금속 흄 등과 같이 열적으로 생기는 분진 등 발생장소 ③ 기계적으로 생기는 분진 등 발생장소(규소 등과 같이 2급 방진마스크를 착용하여도 무방한 경우는 제외한다)	① 특급 및 1급 마스크 착용장소를 제외한 분진 등 발생장소
	배기밸브가 없는 안면부 여과식 마스크는 특급 및 1급 장소에 사용해서는 안 된다.		

(5) 방진 마스크 포집률

구분		염화나트륨(NaCl) 및 파라핀 오일(Paraffin oil) 시험(%) 형태 및 등급
분리식	특급	99.95 이상
	1급	94.0 이상
	2급	80.0 이상
안면부 여과식	특급	99.0 이상
	1급	94.0 이상
	2급	80.0 이상

(6) 방진 마스크의 형태 및 구조 분류

[방진 마스크의 시야]

형태		시야(%)	
		유효시야	겹침시야
전면형	1안식	70 이상	80 이상
	2안식	70 이상	20 이상

(7) 방진마스크 성능시험

① 안면부 흡기저항 시험 ② 안면부의 배기저항 시험

③ 안면부 누설율 시험   ④ 투시부의 내충격성 시험

⑤ 시야 시험   ⑥ 불연성 시험

⑦ 안면부의 이산화탄소 실험

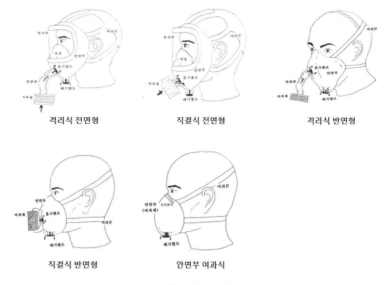

격리식 전면형   직결식 전면형   격리식 반면형

직결식 반면형   안면부 여과식

▲ 방진마스크 종류

2) 방독마스크

(1) 방독마스크 착용

① 작업내용에 적합해야 한다.

② 산소 농도 18% 미만, 유해가스 농도 2% 이상인 장소이거나 장시간 작업할 때는 송기마스크를 사용한다.

③ 사용설명서에 나와 있는 파과시간이 지나면 즉시 교체한다.

④ 밀봉된 상태로 서늘한 곳에 보관한다.

⑤ 면체, 배기밸브 등은 방진마스크 사용 · 관리법을 따른다.

(2) 정화통의 안전인증표시 외 추가표시사항

① 파과 곡선도   ② 사용시간 기록카드
③ 정화통의 외부측면의 표시색   ④ 사용상 주의사항

(3) 방독 마스크 정화통 외부 측면 표시색

기호	종류	표시색	시험가스	정화통
C	유기화합물용	갈색	시클로핵산, 이소부탄, 디메틸에테르	활성탄
A	할로겐화합물용	회색	염소가스, 염소증기	소라다임, 활성탄
E	일산화탄소용	적색	일산화 탄소가스	호프카 라이트
H	암모니아용	녹색	암모니아가스	큐프라 마이트

기호	종류	표시색	시험가스	정화통
I	아황산용	노란색	아황산가스	산화금속 알칼리 제재
J	시안화 수소용	회색	시안화 수소가스	산화금속 알칼리 제재
K	황화 수소용	회색	황화 수소가스	금속염류 알칼리 제재

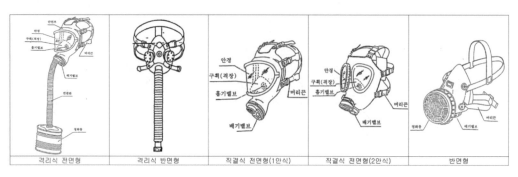

격리식 전면형　　격리식 반면형　　직결식 전면형(1안식)　　직결식 전면형(2안식)　　반면형

▲ 방독마스크 종류

(4) 시험가스조건(파과농도 파과시간)

표기	종류	색상	정화통 흡수제	등급	시험가스의 조건		파과농도 (ppm)	파과시간 (분)
					시험가스	농도(%)		
C	유기 화합물	갈색	활성탄	고농도 중농도 저농도 최저농도	시클로헥산	0.8 0.5 0.1 0.1	10	65 35 70 20
A	할로겐 화합물	회색	소다라임, 활성탄	고농도 중농도 저농도	염소가스	1 0.5 0.1	0.5	30 20 20
K	황화 수소용	회색	금속염류 알칼리재재	고농도 중농도 저농도	황화수소 가스	1 0.5 0.1	10	60 40 40
J	시안화 수소용	회색	산화금속 알칼리재재	고농도 중농도 저농도	시안화 수소 가스	1 0.5 0.1	10	35 25 25
I	아황산 가스용	노랑	산화금속 알칼리재재	고농도 중농도 저농도	아황산 가스	1 0.5 0.1	5	30 20 20
H	암모니아 가스용	녹색	큐프라마이트	고농도 중농도 저농도	암모니아 가스	1 0.5 0.1	25	60 40 50

(5) 방독마스크 종류별 함유 공기, 포집 효율

종류		시험가스(시험연기)함유 공기		농도 (ppm)	시간 (분)	분진 포집 효율
		시험가스 (시험연기)의 종류	농도			
할로겐가스용의 방독마스크 정화통 (Cl_2)	격리식	염소	0.5%	1	60	
	직결식	〃	0.3%	1	15	
	직결식소형	〃	0.02%	1	40	
유기가스용의 방독마스크 정화통 (CCl_4)	격리식	사염화탄소	0.5%	5	100	
	직결식	〃	0.3%	5	30	
	직결식소형	〃	0.03%	5	50	
일산화탄소 격리식 방독마스크 정화통(CO)		일산화탄소	1.0%	50	180	
암모니아용의 방독마스크 정화통 (NH3)	격리식	암모니아	2.0%	50	40	
	직결식	〃	1.0%	50	10	
	직결식소형	〃	0.1%	50	40	
아황산가스용의 방독마스크 정화통 (SO_2)	격리식	아황산가스	0.5%	5	50	
	직결식	〃	0.3%	5	15	
	직결식 소형	〃	0.03%	5	35	
아황산·황용의 방독마스크 정화통 (분진포함)	격리식	아황산가스	0.5%	5	30	
		담배연기	약 100~200mg/m³			95
	직결식	아황산가스	0.3%	5	15	
		담배연기	약 100~200mg/m³			80
	직결식 소형	아황산가스	0.03%	5	35	
		담배연기	약 100~200mg/m³			60

(6) 방독마스크의 등급 기준

등급	사용장소
고농도	가스 또는 증기의 농도가 100분의 2 이하의 대기 중에서 사용하는 것 암모니아는 100분의 3
중농도	가스 또는 증기의 농도가 100분의 1 이하의 대기 중에서 사용하는 것 암모니아는 100분의 1.5
저농도 및 최저농도	가스 또는 증기의 농도가 100분의 0.1 이하의 대기 중에서 사용하는 것으로 긴급용이 아닌 것

(7) 방독마스크 용어

용어	내용
파과	대응하는 가스에 대하여 정화통 내부의 흡착제가 포화 상태가 되어 흡착능력을 상실한 상태
파과시간	어느 일정 농도의 유해물질 등을 포함한 공기를 일정 유량으로 정화통에 통과하기 시작부터 파과가 보일 때까지의 시간
파과곡선	파과시간과 유해물질 등에 대한 농도와의 관계를 나타낸 곡선
전면형 방독마스크	유해물질로부터 안면부의 입, 코, 눈을 덮을 수 있는 구조
반면형 방독마스크	유해물질로부터 안면부의 입, 코만을 덮을 수 있는 구조
복합용 방독마스크	2종류 이상의 유해물질 등에 대한 제독 능력이 있는 구조
겸용 방독마스크	방독(복합용 포함), 방진마스크 성능이 포함된 방독마스크

(8) 방독마스크의 시야

형태		시야(%)	
		유효시야	겹침시야
전면형	1안식	70 이상	80 이상
	2안식		20 이상

(9) 방독마스크의 성능시험

① 안면부 흡기저항 시험 ② 안면부의 배기저항 시험
③ 정화통의 제독능력 시험 ④ 안면부 누설률 시험
⑤ 정화통 질량시험 ⑥ 투시부의 내충격성 시험
⑦ 시야 시험 ⑧ 불연성 시험
⑨ 정화통의 호흡저항시험
⑩ 안면부의 이산화탄소 실험(안면부 내부의 이산화탄소 농도가 부피분율 1% 이하일 것)

(10) 방독마스크 안면부 누설률(%)

형태		누설률(%)
격리 및 직결식	전면형	0.05 이하
	반면형	5 이하

(11) 방독마스크의 유효시간 계산

$$유효시간(파과시간) = \frac{시험가스농도 \times 표준\ 유효시간}{작업장\ 공기\ 중\ 유해가스\ 농도}\ (분)$$

3) 송기마스크

(1) 송기마스크 사용 시 준수사항

① 압축공기관 내 기름 제거용으로 활성탄을 사용하고, 그 밖의 분진, 유독가스를 제거하기 위한 여과장치를 설치한다.

② 송풍기는 산소농도가 18% 이상이고 유해가스나 악취가 없는 장소에 설치한다.

③ 폐력흡인형 호스마스크는 안면부 내에 음압이 되어 흡기밸브, 배기밸브를 통해 누설이 되어 유해물질이 침입할 우려가 있다. 위험도가 높은 장소에서는 사용하지 않는다.

④ 수동 송풍기형은 장시간 작업할 경우 2명 이상이 교대하면서 작업한다.

⑤ 공급되는 공기의 압력을 1.75kg/cm² 이하로 조절하며, 여러 사람이 동시에 사용할 경우에는 압력조절에 유의한다.

⑥ 격리된 장소, 행동반경이 크거나 공기의 공급장소가 멀리 떨어진 경우에는 공기호흡기를 지급한다.

⑦ 화재폭발 우려가 있는 지역에서는 전기기기는 방폭형을 사용한다.

⑧ 작업 중 송풍량이 감소하거나 가스냄새나 기름냄새가 날 경우 즉시 대피한다.

⑨ 가스농도 2%(암모니아 3%) 이상인 장소

⑩ 2종류 이상의 가스·분진 발생장소

⑪ 산소농도가 18% 미만인 장소에는 송기마스크를 반드시 비치해야 한다.

(2) 송풍기형 송기마스크의 포집효율

등급	포집효율(%)
전동	99.8 이상
수동	95.0 이상

(3) 송기마스크의 종류 및 등급

종류	등급		구분
호스마스크	폐력 흡인력		안면부
	송풍기형	전동	안면부, 페이스 실드, 후드
		수동	안면부
에어라인 마스크	일정 유량형		안면부, 페이스 실드, 후드
	디맨드형		안면부
	압력 디맨드형		안면부
복합식 에어라인 마스크	디맨드형		안면부
	압력 디맨드형		안면부

▲ 호스마스크   ▲ 에어라인 마스크

4) 전동식 방독마스크

(1) 전면형

전동기, 정화통, 여과재, 호흡호스, 안면부, 흡기밸브, 배기밸브 및 머리끈으로 구성되며 허리 또는 어깨에 부착한 전동기의 구동에 의해 유해물질 및 분진 등이 여과된 깨끗한 공기가 호흡호스를 통하여 흡기밸브로 공급하고 호흡에 의한 공기 및 여분의 공기는 배기밸브를 통하여 외기 중으로 배출하게 되는 것으로 안면부 전체를 덮는 구조

(2) 반면형

전동기, 정화통, 여과재, 호흡호스, 안면부, 흡기밸브, 배기밸브 및 머리끈으로 구성되며 허리 또는 어깨에 부착한 전동기의 구동에 의해 유해물질 및 분진 등이 여과된 깨끗한 공기가 호흡호스를 통하여 흡기밸브로 공급하고 호흡에 의한 공기 및 여분의 공기는 배기밸브를 통하여 외기 중으로 배출하게 되는 것으로 코, 입을 덮는 구조

6. 방열복

1) 방열복의 질량

보호복 종류	질량(kg)
방열 두건	2
방열 상의	3
방열 하의	2
방열 장갑	0.5
방열 덮개	0.5

2) 방열복 내열 원단 성능시험 기준

① 난연성시험   ② 절연저항시험
③ 인장강도시험   ④ 내열성시험
⑤ 내한성시험

▲ 방열상의(내장형) ▲ 방열두건/SCA1211NA ▲ 방열하의/SCA1212NC ▲ 방열장갑/SCA1212ND ▲ 방열덮개 및 소방용안전화

3) 방열 두건의 차광도 번호

차광도 번호	사용 구분
#2～#3	고로강판가열로, 조괴 등의 작업
#3～#5	전로 또는 평로 등의 작업
#6～#8	전기로 작업

7. 안전대

1) 안전대

고소작업 시 추락에 의한 위험을 방지하기 위해 사용하는 개인보호구

2) 구조

벨트, 안전그네, 지탱벨트, 죔줄, 보조죔줄, 수직구명줄, D링, 각링, 8자형링, 훅, 보조훅, 카라비나, 버클, 신축조절기, 추락방지대로 구성된다.

3) 안전대를 착용하여야 할 작업장

추락의 위험이 있는 장소에는 다음과 같은 안전대를 착용하여야 한다.

종류	사용 구분
밸트식	U자걸이 전용
	1개걸이 전용
안전그네식	안전 블럭
	추락방지대

4) 안전대의 종류 및 구조

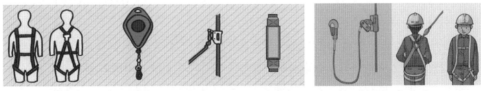

▲ 안전그네   ▲ 안전블럭   ▲ 추락방지대   ▲ 충격 흡수장치   ▲ 수직 구명줄   ▲ 안전대

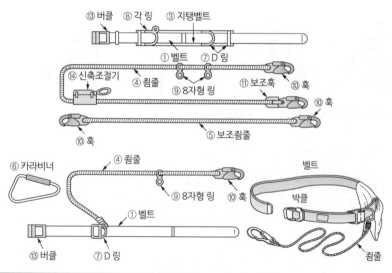

명칭	구조 및 치수
벨트	1. 강인한 실로 짠 직물로 비틀어짐, 흠 등 기타 결함이 없는 것 2. 벨트의 나비는 50mm 이상(U자 걸이로 사용할 수 있는 안전대는 40mm) 　　길이는 버클 포함 1,100mm 이상, 두께는 2mm 이상일 것
안전 그네	1. 강인한 실로 짠 직물로 비틀어짐, 헤어짐, 흠 등 기타 결함이 없을 것 2. 추락 시 받는 하중을 신체에 고루 분산시킬 수 있는 구조일 것 3. 힘을 받는 주요 부분인 어깨, 엉덩이, 허리 부분은 폭이 40mm 이상일 것
U자 걸이형	신출조절기가 로프로부터 이탈하지 말 것 동체 대기밸트, 각링 및 신축조절기가 있을 것 D링 및 각링은 안전대 착용자의 동체 양측에 해당하는 곳에 위치해야 한다.
지탱 벨트	1. 강인한 실로 짠 직물로 비틀어짐, 흠 등 기타 결함이 없는 것 2. 지탱벨트의 나비는 75mm 이상, 길이는 600mm 이상, 두께는 2mm 이상일 것
죔줄 및 보조죔줄	1. 재료가 합성섬유인 경우 비틀어짐, 헤어짐, 흠 등 기타 결함이 없을 것 2. 죔줄의 길이는 추락 방지대, 훅 등의 길이를 제외하고 　　• 1종 안전대는 3,000mm 이하　　　　• 2종 안전대는 2,500mm 이하 　　• 3종 안전대는 3,000mm 이하(보조 훅이 있는 안전대는 3,500mm 이하) 3. 보조 죔줄의 길이는 훅 등의 길이를 제외하고 1,500mm 이하일 것

5) 용어의 정의

(1) 벨트 : 신체 지지의 목적으로 허리에 착용하는 띠모양의 부품

(2) 지탱벨트 : U자 걸이를 사용할 때 벨트와 겹쳐서 몸체에 대는 역할을 하는 띠 모양의 부품을 말한다.

(3) D링 : 벨트 또는 안전그네와 죔줄을 연결하기 위한 D자형의 금속고리

(4) 각링 : 벨트 또는 안전그네와 신축조절기를 연결하기 위한 사각형의 금속고리

(5) 버클 : 벨트 또는 안전그네를 신체에 착용하기 위해 그 끝에 부착한 금속장치

(6) 훅 및 카라비나 : 죔줄과 걸이설비 또는 D링과 연결하기 위한 금속장치.

(7) **신축조절기** : 죔줄의 길이를 조절하기 위해 로프에 부착된 금속장치를 말한다.

(8) **8자형 링** : 안전대를 1개걸이로 사용할 때 혹 또는 카라비나를 죔줄에 연결하기 위한 8자형의 금속고리를 말한다.

(9) **죔줄** : 벨트 또는 안전그네를 구명줄 또는 구조물 등 기타 걸이 설비와 연결하기 위한 줄모양의 부품을 말한다.

(10) **보조죔줄** : 안전대를 U자 걸이로 사용할 때 U자 걸이를 위해 혹 또는 카라비나를 지탱벨트의 D링에 걸거나 떼어낼 때 잘못하여 추락하는 것을 방지하기 위하여 링과 걸이 설비 연결에 사용하는 혹 또는 카라 비나를 갖춘 줄모양의 부품을 말한다.

(11) **U자 걸이** : 안전대의 죔줄을 구조물 등에 U자 모양으로 돌린 뒤 혹 또는 카라비나를 D링에, 신축조절기를 각링 등에 연결하여 신체의 안전을 꾀하는 방법을 말한다.

(12) **1개 걸이** : 죔줄의 한쪽 끝을 D링에 고정시키고 혹 또는 카라비나를 구조물 또는 구명줄에 고정시켜 추락에 의한 위험을 방지하기 위한 방법을 말한다.

(13) **안전그네** : 신체 지지의 목적으로 전신에 착용하는 띠모양의 부품을 말한다.

(14) **추락방지대** : 신체의 추락을 방지하기 위해 자동잠김장치를 갖추고 죔줄과 수직 구명줄에 연결된 금속장치

(15) 안전블록

　① **정의** : 안전그네와 연결하여 추락발생시 추락을 억제할 수 있는 자동잠김장치가 갖추어져 있고 죔줄이 자동적으로 수축되는 금속장치를 말한다.

　② **안전블록이 부착된 안전대의 구조**

　　㉠ 안전블록을 부착하여 사용하는 안전대는 신체 지지의 방법으로 안전그네만을 사용하여야 한다.

　　㉡ 안전블록은 정격 사용 길이가 명시되어야 한다.

　　㉢ 안전블록의 줄은 로프, 웨빙, 와이어로프이어야 하며 와이어 로프인 경우 최소공칭지름이 4mm 이상이어야 한다.

(16) 수직 구명줄

　① **정의**

　　로프 또는 레일 등과 같은 유연하거나 단단한 고정줄로서 추락발생시 추락을 저지시키는 추락방지대를 지탱해 주는 줄 모 양의 부품을 말한다.

　② **추락방지대가 부착된 안전대의 구조**

　　㉠ 추락방지대를 부착하여 사용하는 안전대는 신체 지지의 방법으로 안전그네만을 사용하여야 하며 수직 구명줄이 포함되어야 한다.

　　㉡ 추락방지대와 안전그네 간의 연결 죔줄은 가능한 짧고 로프, 웨빙, 체인 등이어야 한다.

　　㉢ 수직 구명줄에서 걸이 설비와의 연결부위는 혹 또는 카라비나 등이 장착되어 걸이 설비와 확실히 연결되어야 한다.

ⓔ 수직 구명줄은 유연한 로프 등이어야 하며 구명줄이 고정되지 않아 흔들림에 의한 추락방지대의 오작동을 막기 위하여 적절한 방법을 이용하여 팽팽히 당겨져야 한다.
ⓜ 수직 구명줄은 와이어로프 등으로 하며 최소지름은 8mm 이상일 것

(17) 충격흡수장치
　　추락 시 신체에 가해지는 충격하중을 완화시키는 기능을 갖는 죔줄 또는 수직 구명줄에 연결되는 부품을 말한다.

6) 안전대 폐기기준

로프	① 소선에 손상이 있는 것 ② 페인트 기름, 약품 등에 오염된 것, 비틀림이 있는 것
벨트	끝 또는 폭 부분에 1mm 이상 손상 또는 변형이 있는 것
재봉부분	재봉실이 1개소 이상 절단되어 있는 것
D링	① 깊이가 1mm 이상 손상이 있는 것　② 부식된 것　③ 변형이 심한 것
후크, 버클	① 후크 외측에 깊이 1mm 이상의 손상이 있는 것 ② 부식된 것　　　　　　　　③ 변형 및 버클의 체결상태가 불량한 것

7) 안전대의 보관 장소
(1) 직사광선이 닿지 않는 곳　　　　(2) 통풍이 잘되며 습기가 없는 곳
(3) 부식성 물질이 없는 곳　　　　　(4) 화기 등이 근처에 없는 곳

8) 안전대의 최하사점 : 추락 시 보호 할 수 있는 로프의 한계길이

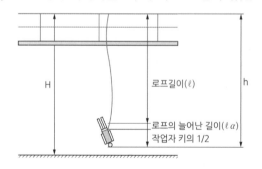

• H : 로프 지지위치에서 바닥면까지의 거리
• h : 로프 지지위치에서 인체 최하사점까지의 거리
• ℓ : 로프의 길이
• ℓα : 로프의 늘어난 길이(로프의 신장률)
• h : 로프길이 + 늘어난 길이 + 작업자 키의 1/2

8. 보안경

1) 보안경과 안면보호구를 착용해야 할 작업에 따른 보호구

작업의 종류	재해의 종류	보호구의 선택
산소아세틸렌		
불꽃용접, 용단, 용융	스파크, 해로운 빛, 쇳물(용융), 비산물	7, 8, 9
화공약품 작업	유해액체의 비산,	
	산에 의한 부식(burning) 유독연기	2(심할 경우 10을 겸용)
절단작업	비산물	1, 2, 3, 4, 5, 6, 7, 8
전기용접	스파크, 강한 불빛, 유해광선	11(필요할 경우 4, 5, 6을 유색렌즈로 겸용)
주물작업	쇳물, 열, 불꽃, 유해광선	7, 8, 9 (악조건의 작업이면 10을 겸용)
그라인딩(가벼운 것)	비산물	1, 3, 5, 6 (악조건의 작업이면 10을 겸용)
그라인딩(심한 것)	비산물	
금속의 용융	열, 화염, 유해광선, 스파크, 쇳물	
실험실	화공약품의 비산, 유리파편	2 (5, 6과 10을 겸용)
스파크 용접	비산물, 스파크	1, 3, 4, 5, 6(악조건의 작업이면 차광렌즈와 10을 겸용)

2) 차광보안경(안전인증대상)

종류	사용구분
자외선용	자외선이 발생하는 곳
적외선용	적외선이 발생하는 곳
복합용	자외선, 적외선이 발생하는 곳
용접용	산소용접 작업과 같이 자외선, 적외선 및 강렬한 가시광선이 발생하는 장소

3) 자율안전 확인 보안경 종류 및 사용구분

종류	사용구분
유리보안경	비산물로부터 눈을 보호하기위한 것으로 렌즈의 재질이 유리인 것
플라스틱보안경	비산물로부터눈을 보호하기위한 것으로 렌즈의 재질이 플라스틱인 것
도수렌즈보안경	비산물로부터 눈을 보호하기위한 것으로 도수가 있는 것

9. 보안면

1) 사용구분

(1) 일반형(자율안전확인)

작업 시 발생하는 비산물과 유해한 액체로부터 얼굴을 보호하기 위해 착용하는 것

(2) 용접용(의무안전인증)

용접작업 시 머리와 안면을 보호하기 위한 것으로 통상적으로 지지대를 이용하여 고정하며 적합한 필터를 통해서 눈과 안면을 보호하는 보호구

2) 형태

(1) 헬멧형   (2) 핸드 실드형

3) 보안면의 투과율성능기준

	구분		투과율(%)
일반 보안면	투명투시부		85 이상
	채색투시부	밝음	50±7
		중간밝기	23±4
		어두움	14±4
용접 보안면	커버플레이트 : 89% 이상 자동용접 필터 : 낮은 수준의 최소 시감투과율 0.16% 이상		

4) 보안면의 등급을 나누는 기준 : 차광도 번호

5) 투과율의 종류

① 자외선 최대 분광 투과율   ② 적외선 투과율
③ 시감투과율

6) 용접용 보안면의 시험성능 항목

① 내 충격성   ② 내 노후성
③ 내식성 시험   ④ 내 발화성 및 관통성 시험
⑤ 낙하시험   ⑥ 절연시험

10. 방음 귀마개

[방음용 귀마개 귀덮개]

구분	등급 종류	기호	성능
귀마개	1종	EP1	저음에서 고음까지 차음하는 것
	2종	EP2	주로 고음만 차음 저음은 차음하지 않는 것
귀덮개	EM		

음압수준은 데시벨로 나타내며 적분평균 소음계 또는 소음계에 규정하는 소음계의 'C' 특성을 기준으로 한다.

11. 안전보건표지

1) 안전보건표지의 설치

① 사업주는 안전보건표지를 설치하거나 부착할 근로자가 쉽게 알아볼 수 있는 장소 시설 또는 물체에 설치하거나 부착해야 한다.

② 사업주는 안전보건표지를 설치하거나 부착할 때에는 흔들리거나 쉽게 파손되지 않도록 견고하게 설치하거나 부착해야 한다.

③ 안전보건표지의 성질상 설치·부착하는 것이 곤란한 경우에는 해당 물체에 직접 도색할 수 있다.

2) 안전보건표지의 제작

① 안전보건표지는 그 종류별로 기본모형에 의하여 제작해야 한다.

② 안전보건표지는 그 표시내용을 근로자가 빠르고 쉽게 알아볼 수 있는 크기로 제작해야 한다.

③ 안전보건표지 속의 그림 또는 부호의 크기는 안전보건표지의 크기와 비례해야 하며, 안전보건표지 전체 규격의 30% 이상이 되어야 한다.

④ 안전보건표지는 쉽게 파손되거나 변형되지 않는 재료로 제작해야 한다.

⑤ 야간에 필요한 안전보건표지는 야광물질을 사용하는 등 쉽게 알아볼 수 있도록 제작해야 한다.

[안전표시의 종류 및 목적]

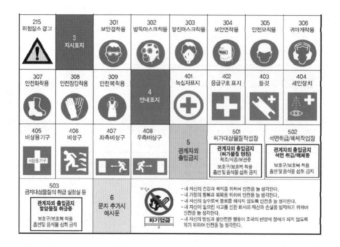

3) 안전보건표지의 종류 · 형태 · 색채 및 용도

① 안전보건표지의 종류와 형태는 그 용도, 설치, 부착장소, 형태 및 색채로 나타낸다.

② 안전보건표지의 표시를 명확히 하기 위하여 필요한 경우에는 그 안전보건표지의 주위에 표시사항을 글자로 덧붙여 적을 수 있다. 이 경우 글자는 흰색 바탕에 검은색 한글고딕체로 표기해야 한다.

③ 안전보건표지에 사용되는 색채의 색도 기준 및 용도는 별도 관리한다.

④ 안전보건표지에 관하여 법 또는 법에 따른 명령에서 규정하지 않은 사항으로서 다른 법 또는 다른 법에 따른 명령에서 규정한 사항이 있으면 그 부분에 대해서는 그 법 또는 명령을 적용한다.

[안전보건표지의 색채, 색도 기준 및 용도]

색채	색도 기준	용도	사용례	형태별 색채 기준
빨간색	7.5R 4/14	금지	정지신호, 소화설비 및 그 장소, 유해행위의 금지	바탕 : 흰색 모형 : 빨간색 부호 및 그림 : 검은색
		경고	화학물질 취급장소에서의 유해 위험경고	
노란색	5Y 8.5/ 12	경고	화학물질 취급장소에서의 유해 위험경고	바탕 : 노란색 모형 · 그림 : 검은색
			그 밖의 위험경고, 주의표지 또는 기계방호물	
파란색	2.5PB 4/10	지시	특정행위의 지시, 사실의 고지 보호구	바탕 : 파란색 그림 : 흰색
녹색	2.5G 4/10	안내	비상구 피난소, 사람 또는 차량의 통행표지	바탕 : 녹색 관련부호 및 그림 : 흰색
				바탕 : 흰색 그림 관련부호 : 녹색
흰색	N9.5			파란색, 녹색에 대한 보조색
검은색	N0.5			문자, 빨간색, 노란색의 보조색

(7.5R : 색상, 4/14 : 4는 명도, 14는 채도를 말한다)

안전보건표지 속의 그림 또는 부호의 크기는 안전보건표지의 크기와 비례해야 하며, 안전보건표지 전체 규격의 30% 이상이 되어야 한다.

[안전보건표지의 기본 모형]

번호	기본 모형	규격비율(크기)	표시 사항
1		$d \geqq 0.025L$, $d1=0.8d$ $0.7d \langle d2 \langle 0.8d$, $d3=0.1d$	금지
2		$a \geqq 0.034L$ $a_1 = 0.8a$ $0.7a \langle a_2 \langle 0.8a$	경고
2		$a \geqq 0.025L$ $a_1 = 0.8a$ $0.7a \langle a_2 \langle 0.8a$	경고
3		$d \geqq 0.025L$ $d1=0.8d$	지시
4		$b \geqq 0.0224L$ $b2=0.8b$	안내
5		$h \langle \ell$, $h2= 0.8h$ $\ell \times h \geqq 0.0005L2$ $h - h2 = \ell - \ell 2 = 2e2$ $\ell / h = 1, 2, 4, 8$ (4종류)	안내
6	A B C 모형 안쪽에는 A, B, C로 3가지 구역으로 구분하여 글씨를 기재한다.	1. 모형 크기 (가로 40cm, 세로 25cm 이상) 2. 글자 크기 (A: 가로 4cm, 세로 5cm 이상, B: 가로 2.5cm, 세로 3cm 이상, C: 가로 3cm, 세로 3.5cm 이상)	관계자 외 출입금지
7	A B C 모형 안쪽에는 A, B, C로 3가지 구역으로 구분하여 글씨를 기재한다.	1. 모형 크기 (가로 70cm, 세로 50cm 이상) 2. 글자 크기 (A: 가로 8cm, 세로 10cm 이상, B, C: 가로 6cm, 세로 6cm 이상)	관계자 외 출입금지

〈참 고〉
1. L은 안전 · 보건표지를 인식할 수 있거나 인식해야 할 안전거리를 말한다(L과 a, b, d, e, h, l은 같은 단위로 계산해야 한다).
2. 점선 안쪽에는 표시사항과 관련된 부호 또는 그림을 그린다.

01 안전보건 의식고취를 위한 추진방법 중 출근 시, 작업을 시작하기 전에 5~10분 정도의 시간을 내서 회합을 갖는 것은?

① OJT
② OFF JT
③ TWT
④ TBM

02 다음은 방진마스크를 선택할 때의 일반적인 유의사항에 관한 설명 중 틀린 것은?

① 중량이 가벼울수록 좋다.
② 흡기저항이 큰 것일수록 좋다.
③ 안면에의 밀착성이 좋아야 한다.
④ 손질하기가 간편할수록 좋다.

03 다음 중 고음만을 차음하는 방음보호구의 기호는?

① NRR
② EM
③ EP-1
④ EP-2

04 무재해운동을 추진하기 위한 조직의 3기둥으로 볼 수 없는 것은?

① 경영층의 엄격한 안전방침 및 자세
② 직장 자주활동의 활성화
③ 전 종업원의 안전요원화
④ 라인화의 철저

05 다음 중 안전인증 대상 안전모의 성능기준 항목이 아닌 것은?

① 내관통성
② 충격흡수성
③ 내열성
④ 내수성

06 사용장소에 따른 방진마스크의 등급을 구분할 때 석면취급장소에 가장 적합한 등급은?

① 특급
② 1급
③ 2급
④ 3급

06 산업안전 심리

- 정의

  심리학적 사실과 원리 또는 이론들을 기업이나 근로하고 있는 사람들에 관한 문제에 적용하거나 확장하는 것
- 목적

  사람의 심리를 조사, 분석, 관찰, 실험을 통하여 과학적 법칙을 도출하여 산업안전 관리에 적용시켜 사고를 예방하고 생산성을 높여 근로자의 복지를 향상시키는 것이 목적이라 할 수 있다.
- 산업심리학

  사람을 적재적소에 배치할 수 있는 과학적 판단과 배치된 사람이 만족하게 자기 책무를 다할 수 있는 여건을 만들어 주는 방법을 연구하는 학문

01 | 심리검사

1. 심리검사의 종류

① 지능검사   ② 적성검사   ③ 학력검사   ④ 흥미검사   ⑤ 성격검사

2. 심리검사(직무적성검사)의 구비조건(기준) ★★★

표준화	검사의 관리를 위한 조건과 절차의 일관성과 검사조건이 같아야 한다.
객관성	검사결과의 채점이 공정해야 한다.
규준	검사결과의 해석에 있어 상대적 위치를 결정하기 위한 척도
신뢰성	검사결과의 일관성을 의미하는 것으로 동일한 문항을 재측정할 경우 오차값이 적어야 한다.
타당성	검사에 있어 가정 중요한 요소로 측정하고자 하는 것을 실제로 측정하고 있는가를 나타내는 것이다.

3. 성격검사

1) Y.G 성격검사 프로필의 유형(Yatabe Guilford personality test 야다베 길포드 성격검사)

① A형(평균형)	조화적, 적응적
② B형(우편형)	정서불안적, 활동적, 외향적
③ C형(좌편형)	안전 소극형(온순, 소극적, 안정, 내향적, 비활동)
④ D형(우하형)	안정, 적응, 적극형(정서안정, 활동적, 사회적응, 대인관계 양호)
⑤ E형(좌하형)	불안정, 부적응, 수동형

2) Y.K 성격검사(Yutaka Kohata 유타카 코하타)

	작업성격 인자작업성격 유형	적성 직종의 일반적 경향
C,C형 담즙질 (진공성형)	① 운동, 결단, 기민 빠르다. ② 적응 빠름 ③ 세심 하지 않음 ④ 내구 집념 부족 ⑤ 자신감 강함	대인적 작업, 창조적 관리적 작업, 변화 있는 기술적 가공 작업, 물품을 대상으로 하는 불연속 작업
M,M형 흑 담즙질 (신경질형)	① 운동성 느림, 지속성 풍부 ② 적응력 느림 ③ 세심, 억제, 정확함 ④ 집념, 지속성, 담력 ⑤ 담력 자신감 강함	연속적, 신중적, 인내적 작업, 연구 개발적 과학적 작업, 정밀 복잡성 작업
S,S형 (다형질) 운동성형	①②,③,④는 C,C형과 동일 ⑤ 담력 자신감 약하다	변화하는 불연속적 작업, 사람 상대 상업적 작업, 기민한 동작을 요하는 작업
P,P형 점액질 (평범수동성형)	①②,③,④는 M,M형과 동일 ⑤ 담력 자신감이 약하다.	경리사무, 흐름작업 계기관리 연속작업 지속적 단순작업
Am형 (이상질)	① 극도로 나쁨 ② 극도로 느림 ③ 극도로 결핍 ④ 극도로 강하거나 약함	위험을 수반하지 않은 단순한 기술적 작업 작업상 부적응성적 성격자는 정신 위생적 치료 요함

02 | 인간의 특성과 안전과의 관계

1. 안전사고 요인

1) 정신적 요소에 의한 사고요인 ★★☆
① 안전의식 부족   ② 주의력 부족
③ 방심 및 공상   ④ 판단의 부족 또는 그릇된 판단

2) 개성적 결함 요소에 의한 사고요인

① 과도한 자존심 및 자만심
② 다혈질 및 인내력 부족
③ 약한 마음
④ 도전적 성격
⑤ 감정의 장기 지속
⑥ 경솔성
⑦ 과도한 집착성
⑧ 배타성 게으름

3) 정신력에 영향을 주는 생리적 현상

① 극도의 피로
② 시력 및 청각의 기능의 이상
③ 근육운동의 부적합
④ 육체적 능력의 초과
⑤ 생리 및 신경계통의 이상

2. 불안전한 행동(인간과의 관계)

1) 불안전한 행동의 직접원인

① 지식 부족
② 기능 미숙
③ 태도 불량
④ 인간 에러

2) 불안전한 행동의 배후요인

(1) 인적 요인

① 소질적 결함
② 망각
③ 주변적 동작
④ 의식의 우회
⑤ 지름길 반응
⑥ 생략 행위
⑦ 억측 판단
⑧ 착오(착각)
⑨ 피로

(2) 외적 요인(환경적 요인) : 4M ★★★

Man	인간관계요인(사람)	본인 외의 사람, 직장의 인간관계
Machine	설비적 요인(기계)	기계, 장치 등의 물적 요인
Media	작업적 요인(매체)	작업정보, 작업방법 등
Management	관리적 요인	작업관리, 법규준수, 단속, 점검 등

3. 산업안전의 심리 요소

1) 산업심리의 5대 요소 ★★★

① 동기(motive)
② 기질(temper)
③ 감정(emotion)
④ 습관(custom)

⑤ 습성(habits)

※ [습관에 영향을 주는 4요소] : ① 동기　② 기질　③ 감정　④ 습성

4. 인간의 심리적인 행동 특성

1) 인간의 특성

(1) 간결성의 원리

(2) 주위의 일정집중현상

(3) 순간적인 대피 방향

(4) 동조행동

(5) 리스크 테이킹(Risk Taking) (위험감수)

① 객관적인 위험을 자기 편리한 대로 판단하여 의지결정을 하고 행동에 옮기는 현상

② 안전태도가 양호한자는 리스크 테이킹 정도가 적다.

③ 안전태도수준이 같은 경우 작업의 달성 동기, 성격, 일의 능률, 적성배치, 심리상태 등 각종 요인의 영향으로 리스크 테이킹의 정도는 변한다.

④ 지름길을 택한다, 좌측통행을 한다, 신호를 무시한다.

(6) 감각 차단현상

5. 레윈(K. Lewin)의 행동법칙(인간의 행동법칙)

$B = F(P \times E)$

B : Behavior(인간의 행동)

F : Function(함수관계) $P \times E$에 영향을 줄 수 있는 조건

P : Person(연령, 경험, 심신상태, 성격, 지능, 소질 등)

E : Environment(심리적 환경-인간관계, 작업환경, 설비적 결함 등)

인간의 행동(B)은 인간이 가진 자질, 능력과 개체(P)와 주변 심리적 환경(E)에서의 상호함수(F) 관계에 있다.

6. 인간의 착각, 착시, 착오현상

1) 착각현상 ★★★

(1) **자동운동** : 암실에서 수 미터 거리에 정지된 광점을 놓고 그것을 한동안 응시하면 광점이 움직이는 것처럼 보이는 것을 말한다.

[발생하기 쉬운 조건]

- 광점이 작을수록
- 광의 강도가 작을수록
- 시야의 다른 부분이 어두울수록
- 대상이 단순할수록

(2) 유도운동

실제로는 정지해있는 것을 움직이는 것으로 느끼거나 반대로 운동하는 것을 정지해있는 것으로 느끼는 현상을 말한다.

(3) **가현운동** : 두 개의 정지대상을 0.06초의 시간 간격으로 다른 장소에 제시하면 마치 한 개의 대상이 이동한 것처럼 보이는 운동현상을 말한다. **예** 영화 영상 기법, β운동

2) 착시현상

Müler · Lyer의 착시 (뮬러 라이어)	가　나	(가)가 (나)보다 길게 보인다.
Helmholz의 착시 (헬호츠)	가　나	(가)는 세로로 길어 보이고 (나)는 가로로 길어 보인다.
Herling의 착시 (헤링)	가　나	(가)는 양단이 벌어져 보이고 (나)는 중앙이 벌어져 보인다.
Poggendorff의 착시 (포갠도프)	가 다 나	(가)와 (다)가 일직선으로 보인다. (실제는 (가)와 (나)가 일직선)
Köhler의 착시 (쿨러)		우선 평행의 호를 보고, 바로 직선을 본 경우 직선은 호와의 반대방향으로 휘어져 보인다(윤곽 착시).
Zöller의 착시 (출러)		세로의 선이 수직선인데 휘어져 보인다.

3) 인간의 착오요인 ★★★

인지과정의 착오	① 생리적, 심리적 능력의 한계 : 착시현상 ② 정보량 저장의 한계 : 처리 가능한 정보량 ③ 감각 차단 현상 (감성차단) : 정보량 부족으로 유사한 자극 반복(계기비행 단독 비행) ④ 심리적 요인 : 정서불안정, 불안, 공포
판단과정의 착오	① 합리화　② 능력 부족　③ 정보 부족　④ 환경 조건 불비
조작과정의 착오	① 작업자의 기술능력이 미숙하거나 경험 부족에서 발생
심리적 기타 요인	불안 공포 과로 수면 부족

4) 물건의 정리 군화의 법칙(게슈탈트의 법칙)

분류	내용	도해
근접의 요인	근접된 물건끼리 정리	○ ○　○ ○　○ ○　○ ○
동류의 요인	가장 비슷한 물건끼리 정리	● ○ ● ○ ● ○
폐합의 요인	밀폐된 것으로 정리	
연속의 요인	연속된 것으로 정리	(a) 직선과 곡선의 교차　(b) 변형된 2개의 조합

06 연습문제

01 인간행동의 함수관계를 나타내는 레윈의 공식 B＝f(PE)에 대하여 가장 올바른 설명은?

① 인간의 행동은 환경과의 함수관계이다.

② B는 행동, f는 행동의 결과로서 환경E의 산물이다.

③ B는 목적, P는 개성, E는 자극을 뜻하며, 행동은 어떤 자극에 의해 개성에 따라 나타나는 함수관계이다.

④ B는 행동, P는 자질, E는 환경을 뜻하며, 행동은 자질과 환경의 함수관계이다.

02 작업현장에서 소정의 작업용구를 사용하지 않고 근처의 용구를 사용해서 임시변통하는 인간심리 결함행위에 해당하는 것은?

① 무의식적 행동　　② 지름길 반응

③ 억측 판단　　　　④ 생략행위

03 다음 중 주의의 특성에 관한 설명으로 적절하지 않은 것은?

① 한 지점에 주의를 집중하면 다른 곳에 주의는 약해진다.

② 장시간 주의를 집중하려 해도 주기적으로 부주의의 리듬이 존재한다.

③ 의식이 과잉상태인 경우 최고의 주의집중이 가능해진다.

④ 여러 자극을 지각할 때 소수의 현란한 자극에 선택적 주의를 기울이는 경향이 있다.

정답　　01 ④　02 ④　03 ③

07 인간의 행동 과학

01 | 인간의 행동 성향

1. 인간관계

1) **호오돈 실험의 구조적 특질(미국서부발전 호오돈 공장의 메이요 교수의 실험)**

   [호오돈 실험의 결론]

   ① 조직 내에서 인간 관계론에 대한 중요성 강조 및 비공식적 조직의 중시 생산능률을 가져올 수 있다.

   ② 생산성 및 작업능률에 영향을 주는 것은 물리적인 환경조건(조명, 휴식시간, 임금 등)이 아니라 인간 요인(비공식집단, 감정 등)의 인간관계가 절대적인 요인으로 작용한다.

2) **테크니컬 스킬즈(Technical Skills)**

   사물을 처리함에 있어 인간의 목적에 유리하도록 처리하는 능력 기술

3) **쇼셜 스킬즈(Social Skills)**

   사람과 사람 사이의 커뮤니케이션을 양호하게 하고 사람들의 요구를 충족시키면서 감정을 제고시키는 능력 기술

2. 인간의 행동 성향(교육심리학의 적응기제)

[기본유형]

도피적 행동(Escap)	환상, 동일화, 퇴행, 억압, 반동형성, 고립 등
방어적 행동(Defence)	승화, 보상, 합리화, 투사, 동일시 등
사회적 기본형태	협력, 대립, 도피, 융합
공격적 행동(Aggressive)	책임전가, 자살 등
대표적 적응기제	억압, 반동형성, 공격, 동일시, 합리화, 퇴행, 투사, 도피, 보상, 승화

3. 인간행동 메커니즘 적응기제

승화	본능적인 에너지를 개인적으로나 사회적으로 용납되는 형태로 유용하게 돌려쓰는 것 강한 공격적 욕구를 가진 사람이 격투기 선수가 되는 경우
보상	자신이 가지고 있는 결함을 다른 것으로 보상받기 위해 자신의 감정을 지나치게 강조하는 것(다리가 짧은 사람이 걸음을 더 빠르게 걸으려 하는 현상)(지적으로 열등한 사람이 운동을 열심히 하는 것)
투사	자기 마음속의 억압된 것을 다른 사람의 것으로 생각하게 되는 것(대부분 증오, 비난 같은 정서나 감정의 표현으로 자신의 잘못을 남의 탓으로 돌리는 행동)
합리화	사회적으로 그럴듯한 설명이나 이유를 들어 자신의 실패를 정당화하는 방어적 기제(달콤한 레몬, 신포도 이론)
동일시	주위에 중요한 인물들이 태도와 행동은 다른 것(윗물이 맑아야 아랫물이 맑다)
퇴행	심한 스트레스나 좌절을 당했을 때 현재의 발달단계 보다 이전의 발달단계로 후퇴하는 것(동생이 태어난 후 대소변을 가리지 못하는 아이)
억압	어려운 과제가 있을 때 그 과제를 아예 잊어버린다. 의식에서 용납하기 어려운 생각 욕망 충동 등을 무의식 속에 머물도록 올려놓는 것
동일화	다른 사람의 행동양식이나 태도를 투입하거나 다른 사람 가운데서 자기와 비슷한 것을 발견하게 되는 것(자녀가 부모의 행동양식을 자연스럽게 배우게 되는 것)
반동형성	무의식 속에 받아들여질 수 없는 생각 소원 충동 등을 정반대의 것으로 표현하는 것 미운 놈 떡 하나 더 준다(어떤 학생이 교사에게 불만이 많은데 순종을 잘하는 경우)
취소	상대가 입은 피해를 원상복구시키려는 행위 바람을 피우는 유부남이 아내에게 친절하게 대하는 행위
투입	공격적인 충동이 자신에게 시작하는 것 싸움을 하다가 화가 난 남편이 자신의 머리를 벽에 부딪혀 차에 하는 경우
전치	전체가 부분에 의해 표현되거나 부분이 전체로 표현되는 또는 어떤 생각이나 감정 등을 표현해도 덜 위험한 대상에게 옮기는 것 종로에서 뺨 맞고 한강에서 화풀이한다.
부정	의식화하기 위해 불쾌한 생각 감정 현실 등을 무의식적으로 부정하는 것 학생이 자위행위를 하고 나서 손을 여러 번 씻는 경우 임종 말기 환자가 자신의 병을 의사가 오진했다고 주장하는 경우
전환	신체 감각기관과 수익은 계통 증상에 표현 입대 영장을 받고 나니 시각 장애를 일으키는 경우
신체화	신체부위의 증상으로 표현(땅을 사면 배가 아프다)
행동화	스트레스와 내부 갈등을 제거하기 위한 행동으로 무의식적 욕구나 욕망을 충동하는 행위 행동으로 충족하는 것 남편에게 구타를 예상한 아내가 먼저 남편을 자극하여 맞는 것
대치	목적하는 것을 못 가지는 데에서 오는 좌절과 불안을 최소화하기 위해 원래의 것과 비슷한 것을 가지므로 만족하는 것(꿩 대신 닭)
혜리	마음을 편치않게 하는 성격에 일부가 그 사람의 지배를 벗어나 하나의 독립된 성격이 되는 것처럼 행동하는 경우(이중인격 몽유병 지킬박사와 하이드)

4. 양립성(compatibility) ★★☆

안전을 근본적으로 확보하기 위해 자극과 반응의 관계가 인간의 기대와 모순되지 않도록 하는 성질

1) 정의

자극-반응들 간의 관계가(공간, 운동, 개념적) 인간의 기대와 일치되는 정도로서, 양립성 정도가 높을수록 정보처리 시 정보변환(암호화, 재암호화)이 줄어들게 되어 학습이 더 빨리 진행되고, 반응시간이 더 짧아지고, 오류가 적어지며, 정신적 부하가 감소하게 된다.

2) 양립성의 종류

공간적 양립성(spatial)	표시 장치나 조종정치가 물리적 형태 및 공간적 배치(주방의 조리대)
운동 양립성(movement)	표시 장치의 움직이는 방향과 조정장치의 방향이 사용자의 기대와 일치 ① 눈금과 손잡이가 같은 방향 회전(자동차의 핸들) ② 눈금 수치는 우측으로 증가 ③ 꼭지의 시계방향 회전 지시치 증가(수도꼭지)
개념적 양립성(conceptual)	이미 사람들이 학습을 통해 알고 있는 개념적 연상 (빨간 버튼 : 온수, 파란 버튼 : 냉수)
양식 양립성(modality)	직무에 알맞은 자극과 응답 양식의 존재에 대한 양립성 ① 소리로 제시된 정보는 말로 반응하게 하고 ② 시각적으로 제시된 정보는 손으로 반응하는 것이 양립성이 높다.

[운동 양립성이 큰 경우 동목형 표시 장치]
① 눈금과 손잡이가 같은 방향 회전
② 눈금 수치는 우측으로 증가
③ 꼭지의 시계방향 회전 지시치 증가

▲ 개념적 양립성 　　　 ▲ 운동 양립성 　　　 ▲ 공간적 양립성

5. 집단연구 방법

1) 사회 측정적 연구 방법

① 집단 내에서 개인 상호간의 감전상태와 관심도를 측정 집단구조와 사회적 관계의 관련성 연구

② 소시오메리트 : 사회측정법으로 집단에 있어 구성원 사이의 견인과 배척관계를 조사하여 어떤 개인의 집단 내부에서의 관계나 위치를 발견하고 평가하는 방법(집단의 인간관계를 조사하는 방법)
③ 소시오그램(교우도식) : 소시오메트리를 복잡한 도면으로 나타내는 것(상호 간의 관계를 선으로 연결)

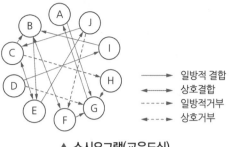

→	일방적 결합
↔	상호결합
⇢	일방적거부
⇠⇢	상호거부

▲ 소시오그램(교우도식)

6. 재해의 빈발성 및 행동과학

1) 재해 빈발설 ★★★

기회설	개인의 문제가 아니라 작업 자체의 위험성이 많기 때문(교육 훈련 실시, 작업환경개선대책)
암시설	재해를 한번 경험한 사람은 정신적, 심리적 압박으로 상황에 대한 대처능력이 떨어지기 마련이다.(자기 스스로 심리적 압박)
경향설 (빈발 경향자설)	재해 발생의 소질적 결함 요소를 가진 근로자가 존재한다.(유전적 인자를 갖고 있는 자)

2) 재해 누발자 유형(미.소.상.습)

미숙성 누발자	① 기능 미숙　　　　　　　　　② 작업환경 미적응
소질성 누발자	① 개인의 소질 중 재해원인 요소를 가진 자 　(주의력 부족, 소심한 성격, 저 지능, 흥분, 감각운동 부적합 등) ② 특수성격 소유자로서 재해발생 소질 소유자
상황성 누발자	① 작업 자체 어렵기 때문　　② 기계설비의 결함 ③ 주위 환경상 집중력 곤란　④ 심신에 근심 걱정이 있기 때문
습관성 누발자	① 경험한 재해로 인하여 대은 능력의 약화(겁쟁이, 신경과민) ② 여러 가지 원인에 의한 슬럼프 상태

7. 동기부여 이론

1) 매슬로의 인간욕구 5단계 이론

단계	매슬로의 욕구이론	
5단계	자아실현의 욕구	잠재능력의 극대화, 성취적 욕구
4단계	존중의 욕구	자존심, 성취감, 승진, 자존의 욕구
3단계	소속의 욕구	소속감, 애정의 욕구
2단계	안전의 욕구	자기존재, 보호받으려는 욕구
1단계	생리적 욕구	기본적 욕구, 강도가 가장 높은 욕구

2) 맥그리거의 X,Y 이론

X이론	Y이론
• 성악설 • 명령통제에 의한 관리 • 권위주의적 리더십 • 저개발국형 • 인간은 본래 게으르고 태만 수동적 • 남의 지배를 받기 바란다. • 부수적, 자기본위, 자기방어적, 어리석기 때문에 선동되고 변화와 혁신을 거부 • 조직의 욕구에 무관심	• 성선설 • 목표통합과 자기통제에 의한 관리 • 민주적 리더십 • 선진국형 • 인간은 본래 부지런하고 근면, 적극적 • 스스로 일을 자기 책임하에 자주적 • 자아실현을 위해 스스로 목표를 달성하려고 노력 • 조직의 방향에 적극적으로 관여하고 노력
X이론의 관리처방	**Y이론의 관리처방**
• 권위주의적 리더십 확보 • 세밀한 감독과 엄격한 통제 • 경제적 보상체계의 강화 • 상부책임제도의 강화(경영자의 간섭) • 설득, 보상, 벌, 통제에 의한 관리	• 분권회의 권한의 위임 • 민주적 리더십의 확보 • 직무확장 • 비공식적 조직의 활용 • 목표에 의한 관리 • 자체 평가제도의 활성화 • 조직목표달성을 위한 자율적인 통제

3) 헤르츠버그의 동기, 위생 이론

위생요인(직무환경, 저차적 욕구)	동기유발요인(직무내용, 고차적 욕구)
• 조직의 정책과 방침 • 작업조건 • 대인관계 • 임금, 신분, 지위 • 감독 등 • 생산능력의 향상 불사	• 직무상의 성취 • 인정 • 성장 발전 • 책임의 증대 • 직무내용 자체(보람된 직무 등) • 생산능력 향상기대

4) 알더퍼의 ERG 이론

생존(존재)의 욕구 (Existence needs)	• 유기체의 생존과 유지에 관련 의식주와 같은 기본욕구 포함 • 임금, 안전한 작업조건
관계 욕구 (Relatedness needs)	• 타인과의 상호작용을 통하여 만족을 얻으려는 대인 욕구 • 개인 간 관계, 소속감
성장 욕구 (Growth needs)	• 개인의 발전과 증진에 관한 욕구 • 주어진 능력이나 잠재능력을 발전시킴으로 충족 • 개인의 능력개발, 창의력 발휘

5) 데이비스의 동기부여 이론 [인간의 성과×물적인 성과＝경영의 성과]

① 인간의 성과(human performance)＝능력(ability) × 동기유발(motivation)

② 능력(ability) = 지식(knowledge) × 기능(skill)

③ 동기유발(motivation) = 상황(situation) × 태도(attitude)

6) 욕구이론의 상호 관련성

매슬로의 욕구이론	알더퍼의 ERG 이론	헤르츠버그 2요인 이론	맥클랜드의 성취 동기 이론
자아실현의 욕구	성장 욕구	동기요인	성취 욕구
존중의 욕구			권력 욕구
소속의 욕구	관계 욕구	위생요인	친화 욕구
안전의 욕구	존재 욕구		–
생리적 욕구			–

8. 인간의 의식 수준 단계

단계	의식수준	주의작용	생리적 상태	신뢰성	뇌파
0단계	무의식, 실신	0	수면, 뇌 발작	0	γ
I 단계	의식 흐림, 의식몽롱	활발치 못함	피로, 단조로움	졸음 낮음 (0.9 이하)	θ
II 단계	정상, 이완상태	수동적, passive 마음이 왼쪽으로 향함	안정 기거, 휴식 시, 정례작업 시 안정된 행동	다소 높다. 0.9~0.999999	α
III 단계	상쾌한 상태 정상(Normal) 분명한 의식	active 시야 넓다 능동적	판단을 동반한 행동 적극 활동 가장 좋은 의식상태	매우 높다. 0.999999 이상	β
IV 단계	과긴장상태	판단정지 주의의 치우침	긴급 방위 반응 당황, 패닉 상태	낮음 0.9 이하	β 전자파

9. 주의와 부주의

• 주의 : 행동하고자 하는 목적에 의식수준이 집중하는 심리상태

• 부주의 : 목적 수행을 위한 행동전개 과정 중 목적에서 벗어나는 심리적, 육체적인 변화의 현상으로 바람직하지 못한 상태

1) 인간주의 특성의 종류

선택성	동시에 두 개 이상의 방향에 집중하지 못한다.(중복 집중 불가)
변동성	주의는 리듬이 있어 일정한 수순을 지키지 못한다.
방향성	한 지점에 주의를 집중하면 주변 다른 곳의 주의는 약해진다.
단속성	고도의 주의는 장시간 지속될 수 없다

2) 부주의 현상

의식의 단절	의식수준의 0단계의 상태(특수한 질병의 경우 졸도, 의식 흐름의 단절)
의식의 우회	의식수준의 0단계의 상태(걱정, 고뇌, 욕구불만, 딴생각 등으로 의식의 우회)
의식수준의 저하	의식수준의 1단계 이하의 상태(심신피로, 단조로운 작업 시 의식의 저하요인 발생)
의식의 혼란	작업환경 불량, 작업순서 부적당, 작업정도, 기상조건(온도 습도) 등 외적 원인에 의한 의식의 혼란으로 작업에 잠재된 위험요인에 대응할 수 없는 상태 (자극이 애매하거나 너무 강하거나 약할 때 의식의 혼란)
의식의 과잉	의식수준의 4단계로 돌발사태 및 긴급 이상상태로 한 점에 집중하면 멍한 상태 즉 주의의 일점 집중현상이 발생

3) 부주의의 원인 및 대책

구분	원인	대책
외적 원인	① 작업환경조건 불량 ② 작업순서 부적당 ③ 작업강도 ④ 기상조건	• 환경정비 • 작업순서, 작업의 조절 • 작업량, 시간, 속도의 조절 • 온도, 습도, 조절
내적 원인	① 소질적 요인 ② 의식의 우회 ③ 경험부족 및 미숙련 ④ 피로도 ⑤ 정서 불안 등	• 적성 배치 • 상담 • 교육 • 충분한 휴식 • 심리적 안정 및 치료

---

02 | 집단관리와 리더십

1. 리더십의 개요

일반적으로 공통의 목표를 달성하기 위해 모든 사람들이 따라올 수 있도록 영향을 주는 것으로 리더십이란 주어진 상황에서 목표달성을 위해 리더와 추종자 그리고 상황에 의한 변수의 결합으로 함수로 표현

$L = f(l, f, s)$

L : Leadership l : leader(리더) f : follower(추종자) s : situation(추종자)

2. 리더십의 유형 형태

1) 헤드십과 리더십의 구분

구분	권한부여 및 행사	권한근거	상관과 부하의 관계	부하와의 사회적 관계	지휘행태
헤드십	위에서 위임 임명	법적 공식적	지배적 상사	넓다.	권위주의적
리더십	아래로부터의 동의에 의한 선출	개인능력	개인적인 경향 상사와 부하	좁다.	민주주의적

2) 리더십의 유형

독재적 권위주의적(맥그리거의 X 이론)	리더중심
민주적 리더십(맥그리거의 Y 이론)	집단중심
자유방임형 리더십(개방형)	종업원 중심

3) 리더십의 형태

독재적 리더십	• 강압적 지배하고 인위적인 술수 • 조직의 목표가 바로 개인의 목표 • 의사결정권은 경영자가 가짐
자유방임형 리더십	• 의사결정의 책임을 부하에게 전가 • 문제해결의 속도가 느리고 업무 회피형 • 자신감을 갖고 문제해결을 하는 경우도 있음
통합적 리더십(참여적)	• 경영자는 상위계층의 경영자 또는 기업 외부의 교량 역할 • 부하들의 당면문제들을 지원하는 역할 • 발생할 수 있는 갈등은 건전하고 창조적인 방향

3. 지도자에게 주어진 세력(권한)의 역할 ★★★

1) 조직의 지도자에게 부여하는 세력(합법적 권한)

보상세력(reward power)	적절한 보상을 통해 효과적인 통제를 유도(임금, 승진)
강압세력(coercive power)	적절한 처벌을 통해 효과적인 통제를 유도(승진탈락, 임금삭감, 해고 등)
합법세력(legitimate power)	조직에서 정하고 있는 규정에 의해 주어진 지도자의 권리를 합법화

2) 지도자 자신이 자신에게 부여하는 세력(부하들의 존경심)

준거세력(참조적 세력) (referent power)	지도자가 추구하는 계획과 목표를 부하직원이 자신의 것으로 받아들여 공감하고 자발적으로 참여
전문세력 (export power)	• 조직의 목표달성에 필요한 전문적인 지식의 정도 • 부하직원들이 전문성을 인정하면 지도자에 대한 신뢰감이 향상되고 능동적으로 업무에 스스로 동참

4. 관리 그리드 이론

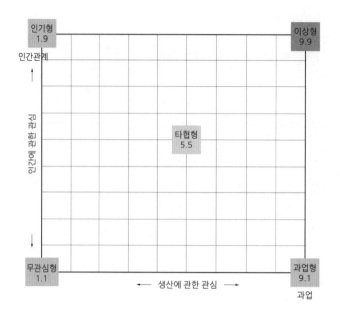

5. 모랄 서베이(Morale Survey)

1) 종업원의 근로의욕 또는 태도 등에 대한 측정조사

① 통계에 의한 방법(결근, 지각, 사고율 등)

② 사례연구법

③ 관찰법

④ 실험연구법

⑤ 태도조사(질문지법, 면접법, 집단토의법)

2) 모랄 서베이의 효용

① 경영관리개선의 자료 수집

② 종업원의 정화 작용 촉진

③ 근로자의 심리 욕구파악, 불만 해소, 근로의욕을 높인다.

03 | 피로의 증상 및 대책

1. 피로의 3증상

구분	현상
주관적 피로	① 피로감을 느끼는 자각증세 ② 지루함, 단조로움, 무력감 등을 동반 ③ 주의산만, 불안 초조, 직무수행 불가
객관적 피로	① 작업성적의 저하 ② 피로로 인한 느슨한 작업 자세로 나타나는 하품, 잡담 기타 불필요한 행동 등으로 인한 손실증가 발생
생리적(기능적) 피로	① 말초신경계에 나타나는 반응 패턴　　② 중추신경계에 나타나는 반응 패턴 ③ 대뇌피질에 나타나는 반응 패턴　　④ 작업능력 또는 생리적 기능의 저하 ⑤ 생리적, 기능적 피로를 대상으로 검사 하기 위해 생리 상태 검사

2. 생리학적 측정법 및 신체활동의 에너지 소비

1) 생리학적 측정방법 : 감각기능, 반사기능, 대사기능 등을 이용한 측정법
2) 심리학적 측정방법 : 동작부의 연속 반응시간, 자세 변화 주의력 집중력 등 측정
3) 생화학적 측정방법 : 혈액, 뇨(아드레날린, 스테로이드)

[생리학적 측정방법]

EMG(electromyogram) : 근전도	근육활동, 맥박수, 호흡량 등 전위차의 기록
ECG(electrocardiogram) : 심전도	심장근활동 전위차의 기록
ENG, EEG(electroencophalogram) : 뇌전도	신경활동 전위차의 기록
EOG(electrooculogram) : 안전도	안구운동 전위차의 기록
RMR(Relative Metabolic Rate) : 에너지소비량	가장 기본적인 에너지소비량과 특정 작업시 소비된 에너지의 비율
GSR(grlvanicskin reflex) : 피부전기반사	작업 부하의 정신적 부담이 피로와 함께 증가하는 현상을 전기저항의 변화로서 측정하는 것으로 정신 전류현상이다.
점멸융합 주파수 플리커 값 (flicker fusion frequency)	① 플리커 검사는 정신피로의 정도를 측정하는 방법 ② 광원의 빛을 단속시켜 단속광과 연속광의 경계에 빛의 단속주기를 플리커치라 한다. ③ 정신적으로 피로한 경우 주파수 값이 내려감 ④ 정신적 부담이 대뇌피질에 미치는 영향을 측정
산소소비량	생리학적 측정법으로 전신의 육체적인 활동을 측정

3. 작업강도 에너지 대사율(RMR : Relative Metabolic Rate)

1) 에너지 대사율의 정의

인간이 기본적인 생명을 유지하는데 필요한 기초대사량, 즉 가장 기본적인 에너지소비량과 특정 작업 시 소비된 에너지의 비율을 에너지 대사율이라 한다.

따라서 작업의 강도에 따라 에너지 소모가 다르게 나타나므로 에너지 대사율은 작업강도의 측정에 유효한 방법이다.

$$\text{에너지 대사율}(R) = \frac{\text{작업대사량}}{\text{기초대사량}} = \frac{\text{작업 시 소비 에너지} - \text{안정 시 소비 에너지}}{\text{기초대사량}}$$

4. RMR에 의한 작업강도

구분	작업	설명
0~2RMR	경(輕)작업	정신작업(정밀작업, 감시작업, 사무적인 작업 등)
2~4RMR	중(中)작업	손끝으로 하는 상체작업 또는 힘이나 동작 및 속도가 작은 하체 작업
4~7RMR	중(重)작업 강작업	힘이나 동작이 큰 상체작업 또는 일반적인 전신작업
7RMR 이상	초중(超重) 작업	과격한 작업에 해당하는 전신작업

7RMR 이상은 되도록 기계화

10RMR 이상은 반드시 기계화하여야 한다.

5. 허시(Hershey)의 피로방지대책(피로의 성질에 따른 경감법칙)

구분	방지대책
신체적 피로	활동을 제한하는 목적 외의 동작 배제, 기계력 사용, 작업교대 및 휴식
정신적 피로	충분한 휴식 및 양성훈련
신체적 피로	운동이나 휴식을 통한 긴장해소
정신적 긴장	용의주도하고 현명하며 동정적인 작업계획 수립 및 불필요한 마찰 배제
환경적 피로	작업장 내에서의 부적절한 관계 배제, 가정이나 생활의 위생에 관한 교육 실시
영양배설의 문제	조식, 중식 등의 관습감시, 건강식품준비, 신체 위생에 관한 교육
질병적 피로	신속한 의료를 받게 하는 행위, 보건상 유해한 작업조건 개선 및 예방법 교육
기후에 의한 피로	온도, 환기, 습도 조절
권태감의 피로	일의 가치 인식, 동작 교대 시 교육 및 휴식

6. 휴식시간

1) 대책

① 작업의 성질과 강도에 따라서 휴식시간이나 회수가 결정되어야 한다.

② 작업에 대한 평균 에너지 값은 4kcal/분이라 할 경우 이 단계를 넘으면 휴식시간이 필요하다.

2) 휴식시간 산출공식

- R : 휴식시간(분)
- E : 작업 시 필요한 에너지소비량(kcal/분)
- 60분 : 총 작업시간
- 1.5kcal/분 : 휴식시간 중의 에너지소비량
- 작업에 대한 평균 에너지 값 : 2,000kcal/day/480분 ＝ 약 4kcal/분

  (기초대사를 포함한 상한 값은 약 5kcal/분)

$$\text{휴식시간}(R) = \frac{60 \times (E-5)}{E-1.5}(\text{분})$$

> **참고**
>
> **Murrell 방법에서 최대신체 작업능력**
> (MPWC＝Maximum Physical Work Capacity)
> 남자일 경우 5kcal/min, 여자일 경우 : 3.5kcal/min

예제

1. 휴식 중 에너지소비량은 1.5kcal/min이고, 어떤 작업의 평균 에너지소비량이 6kcal/min 이라고 할 때 60분간 총 작업시간 내에 포함되어야 하는 휴식시간은 약 몇 분인가? (단, 기초대사를 포함한 작업에 대한 평균 에너지소비량의 상한은 5kcal/min이다.)

   ❶ 13.3분   ② 17.3분
   ③ 12.4분   ④ 15.7분

   해설 $\quad \text{휴식시간}(R) = \dfrac{60 \times (6-5)}{6-1.5} = 13.3\text{분}$

2. 신체 내에서 1L의 산소를 소비하면 5kcal의 에너지를 소모하게 된다. 어느 작업자의 산소 소비량을 측정한 결과 1.5L/min를 소비하였다면 이 작업자에게 60분 작업하는 동안 포함되어야 할 휴식시간을 계산하시오. (단, 작업에 대한 평균 에너지소비량은 5kal/min, 휴식시간의 에너지소비량은 1.5kcal/min이다)

   ❶ 25분   ② 35분
   ③ 45분   ④ 55분

해설 E(작업 시 필요한 평균 에너지소비량)값을 구한다.

1.5L/min × 5kcal = 7.5kcal/min

$$휴식시간(R) = \frac{60 \times (7.5 - 5)}{7.5 - 1.5} = 25분$$

3. 8시간 근무를 기준으로 남성 작업자 A의 대사량을 측정한 결과, 산소소비량이 1.3L/min으로 측정되었다. Murrell 방법으로 계산 시, 8시간의 총 근로시간에 포함되어야 할 휴식시간은?

① 114분   ② 133분
❸ 144분   ④ 155분

해설 $$휴식시간(R) = \frac{480 \times (6.5 - 5)}{6.5 - 1.5} = 144분$$

4. 작업 시 소모 열량이 시간당 420kcal일 때 휴식시간을 구하라. (단, 휴식 시 에너지 소모량은 1.5kcal/분, 작업 시 평균 에너지 소모량은 5kcal/분)

① 19.8분   ② 20.8분
❸ 21.8분   ④ 22.8분

해설 $$휴식시간(R) = \frac{60 \times (7 - 5)}{7 - 1.5} = 21.8분$$

∴ 주의 : E값은 분당 에너지 소모 열량으로 문제에서 1시간 420kcal로 주어졌으므로 분당 420kcal/60분= 7(E)이다.

7. 바이오 리듬의 종류

리듬 종류	신체적 상태	주기
육체적 리듬(신체적 리듬) (physical cycle)	몸의 물리적 상태를 나타내는 리듬으로 몸의 질병에 저항하는 면역력, 각종 체내 기관의 기능, 외부환경에 대한 신체 반사작용 등을 알아볼 수 있는 척도	23일
감성적 리듬 (sensitivity cycle)	기분이나 신경계통의 상태를 나타내는 리듬으로 정보력, 대인관계, 감정의 기복 등을 알아볼 수 있는 척도	28일
지성적 리듬 (intellectual cycle)	집중력, 기억력, 논리적인 사고력, 분석력 등의 기복을 나타내는 리듬 주로 두 뇌활동과 관련된 리듬	33일

07 연습문제

01 부주의 발생 원인별로 방지하는 방법이 옳게 짝 지워진 것은?

① 소질적 문제 – 안전교육
② 경험, 미경험 – 적성배치
③ 작업순서의 부자연성 – 인간공학적 접근방법
④ 의식 우회 – 작업환경 개선

02 생체리듬의 변화에 대한 설명 중 잘못된 것은?

① 야간에는 체중이 감소한다.
② 야간에는 말초운동기능이 저하된다.
③ 체온, 혈압, 맥박 수는 주간에 상승하고, 야간에 감소한다.
④ 혈액의 수분과 염분량은 주간에 증가하고 야간에 감소한다.

03 안전을 근원적으로 확보하기 위한 전략으로서 외부의 자극과 인간의 기대가 서로 모순되지 않아야 하는 것을 무엇이라 하는가?

① 중복성
② 일관성
③ 양립성
④ 표준화

04 부주의가 발생하는 현상이 아닌 것은?

① 의식의 단절
② 의식의 우회
③ 의식수준의 저하
④ 의식의 집중

05 매슬로의 욕구5단계에 해당되지 않는 것은?

① 생리적 욕구
② 안전욕구
③ 생태적 욕구
④ 자기존경의 욕구

06 인간은 "한번에 많은 종류의 자극을 지각 수용하기 곤란하다"는 것은 주의의 특성 가운데 무엇을 설명한 것인가?

① 방향성
② 1점 집중성
③ 선택성
④ 변동성

07 바이오리듬 가운데 상상력, 판단력, 추리능력과 가장 관계가 깊은 생체리듬의 종류는?

① 지성적 리듬
② 감성적 리듬
③ 육체적 리듬
④ 생활리듬

정답   **01** ③   **02** ④   **03** ③   **04** ④   **05** ③   **06** ③   **07** ①

08 안전보건교육의 개념

1. 안전보건교육의 단계별 교육 과정

교육의 구분	교육 특징	교육 단계 및 순서
1단계 지식교육	① 강의 시청각교육 등 지식의 전달 이해 ② 다수인원에 대한 교육 가능 ③ 광범위한 지식의 전달 가능 ④ 안전의식의 제고 용이 ⑤ 피교육자의 이해도 측정 곤란 ⑥ 교사의 학습방법에 따라 차이 발생	[지식교육의 4단계] ① 도입 ② 제시 ③ 적용 ④ 확인
2단계 기능교육	① 시범, 견학, 현장실습을 통한 경험체득 이해 ② 작업능력 및 기술능력 부여 ③ 작업동작의 표준화 ④ 교육기간의 장기화 ⑤ 다수인원 교육 곤란	[기능 교육의 단계] ① 학습준비 ② 작업설명 ③ 실습 ④ 결과 시찰 [기능교육의 3원칙] ① 준비 ② 위험작업의 규제 ③ 안전작업의 표준화
3단계 태도교육	① 생활지도 작업동작지도 안전의 습관화 일체감 ② 자아실현욕구의 충족기회 제공 ③ 상사 부하 간의 목표설정을 위한 대화 ④ 작업자의 능력을 초월하는 구체적, 정량적 목표설정	[기본과정(순서)] ① 청취 ② 이해 납득 ③ 모범 ④ 평가 ⑤ 장려 및 처벌 치관
사후지도	① 지식 – 기능 – 태도교육을 되풀이한다.	정기적으로 OJT를 실시한다.

2. 교육의 개념

1) 안전교육 지도 8원칙

① 피교육자 중심(상대방 입장에서)

② 동기 부여를 중요하게

③ 쉬운 부분부터 어려운 부분으로 진행

④ 반복에 의한 습관화 진행

⑤ 인상의 강화(사실적, 구체적 진행)

⑥ 오관(감각기관)의 활용

⑦ 기능적 이해(요점위주 교육)

⑧ 한 번에 한 가지씩 교육(양보다 질 중시)

오관의 효과치		이해도	
시각	60%	귀	20%
청각	20%	눈	40%
촉각	15%	귀+눈	60%
미각	3%	입	80%
후각	2%	머리+손 발	90%

3. 학습이론

1) 자극과 반응 이론(Stimulus Respons)＝S.R 이론

종류	학습의 원리 및 법칙	내용
파블로브 (Pavlov) 조건반사설	① 일관성의 원리 ② 강도의 원리 ③ 시간의 원리 ④ 계속성의 원리	동물이 환경에 적응하기 위하여 후천적으로 얻는 반사작용으로 일정한 자극과 훈련을 통하여 새로운 행동 반응을 알아내는 설 개의 소화작용 타액 실험 (음식과 타액, 종과 타액, 음식, 종 타액)
손다이크 (Thondike) 시행착오설	① 효과의 법칙 ② 연습의 법칙 ③ 준비성의 법칙	학습이란 시행착오의 과정을 통하여 선택되고 결집되는 것으로 추리 및 사고에 의하지 않고 맹목적 탐색하는 과정에서 잘못된 행동이 우연히 해결된다. 상자 속 고양이 실험 상자밖에 생선을 두고 탈출하게 하는 실험으로 반복할수록 시간이 줄어드는 결과
스키너 (Skinner) 조작적 조건 형성이론	① 강화의 원리 ② 소거의 원리 ③ 조형의 원리 ④ 자발적 회복의 원리 ⑤ 변별의 원리	어떤 반응에 대해 체계적이고 선택적으로 강화를 주어 그 반응이 반복해서 일어날 확률을 증가시키는 것 상자 속의 쥐를 대상으로 실험 쥐의 행동에 따라 음식물을 떨어트리는 실험

2) 인지이론(Sign Signification) : S.R의 부정 이론

종류	학습원리 및 법칙	내용
퀄러 통찰성	• 문제해결은 갑자기 일어나며 완전하다. • 통찰에 의한 수행은 원활하며 오류가 없다. • 통찰에 의한 문제해결은 상당 기간 유지된다. • 통찰에 의한 원리는 쉽게 다른 문제에 적용된다.	문제해결의 목적과 수단의 관계에서 통찰이 성립되어 일어나는 것이다. 병아리의 우회로 실험 원숭이의 바나나 실험 침팬지의 과일 따먹기 실험 손발실험, 막대기실험, 상자계단 이용
레윈 (Lewin) 장이론	장이란 역동적인 상호 관련 체제 형태 자체 및 인지된 환경은 장으로 생각할 수 있다.	학습에 해당하는 인지구조의 성립 및 변화는 심리적 생활공간에 의한다. (환경영역, 개인적 영역, 내적 욕구 동기 등)
톨만 (Tolman) 기호형태설	학습은 환경에 대한 인지도를 신경조직 속에 형성시키는 것이다. 형태주의 이론과 행동주의 이론의 혼합	어떤 구체적인 자극(기호)은 유기체의 측면에서 일정한 형의 행동결과로서의 자극대상을 도출한다.

4. 기억의 과정

기명	어떠한 자극을 받아들여 그 흔적을 대뇌에 기억시키는 첫 번째 단계
파지	• 기명으로 인해 발생한 흔적을 재생 가능하도록 유지시키는 기억의 단계 • 과거의 학습경험을 통해서 학습된 행동이 현재와 미래에 지속되는 것
재생	과거에 경험이 파지된 상태로 존재하다가 어떠한 필요에 의해 의식의 상태로 떠오르는 단계
재인	과거의 경험했던 상황과 비슷한 상태에 부딪히거나 지금 나타난 현상이 과거에 경험한 것과 같다는 것을 알아내는 단계

5. 망각

[에빙하우스(H. Ebbinghaus)의 망각곡선]
기억한 내용은 급속히 잊어버리게 되어 있지만, 시
간의 경과와 함께 잊어버리는 비율은 완만해진다.
- 1시간 경과 : 50% 이상 망각
- 48시간 경과 : 70% 이상 망각
- 31일 경과 : 80% 이상 망각

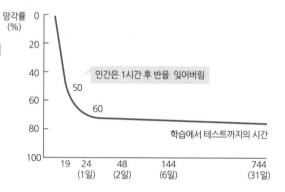

6. 슈퍼(SUPPER D. E) 역할 이론

1) **역할연기(Role playing)** : 자아 탐색인 동시에 자아실현의 수단
2) **역할조성 (Role shopping)** : 여러 개의 역할기대가 존재할 경우 불응, 거부, 변명 등
3) **역할기대(Role expectation)** : 직업에 충실한 사람은 자신의 역할을 기대하고 감수한다.
4) **역할갈등(Role conflict)** : 작업 중 상반된 역할기대로 발생하는 갈등

7. 학습지도 이론

1) 학습지도원리

자발성의 원리	학습자의 내적 동기유발을 위한 학습을 해야한다는 원리
계별화의 원리	학습자의 개별능력에 맞도록 지도해야 한다는 원리
사회화의 원리	공동체의 사회화를 도와주는 함께하는 학습을 해야 한다는 원리
통합의 원리	학습자의 제반 능력을 발달시켜 전인교육을 위한 원리

그 외 직관의 원리, 목적원리, 생활화의 원리, 자연화의 원리, 과학성의 원리 등

8. 타일러(Tyler)의 합리적 교육과정 개발 모형

1) 학습경험 선정의 원리

원리	내용
기회의 원리	스스로 경험의 기회를 제공
만족의 원리	학생이 만족감을 느낄 수 있도록 흥미를 반영
가능성의 원리	학생 수준에 맞는 내용을 선정하여 가능하도록 하는 것
다경험의 원리	교육목표 달성을 위해 여러 가지 경험을 할 수 있도록 선정
다성과의 원리	하나의 내용으로 여러 가지 분야에 전이 될 수 있도록 전이 효과가 높은 것을 선정
협동의 원리	함께 협동할 수 있는 기회를 제공하도록 선정

2) 학습경험 조직의 원리

원리	내용
수직적 관계	시간의 흐름에 따라 순차적으로 조직한다. (계속성, 계열성)
수평적 관계	한 교과의 영역이 다른 교과와 횡적으로 연결되어 나란히 배열한다. (통합성)

3) 학습경험 조직원리의 특성

원리	내용
계속성	동일요소를 학기 학년에 따라 계속 반복
계열성	깊이와 의미를 고려하여 범위 확장하는 것을 의미
통합성	관련된 내용을 묶어서 제시 수평적 원리를 바탕으로 함

08 연습문제

01 다음 중 안전보건교육의 단계별 종류에 해당하지 않는 것은?

① 지식교육   ② 기능교육

③ 태도교육   ④ 기초교육

02 다음 중 브레인스토밍 기법에 관한 설명으로 틀린 것은?

① 무엇이든지 좋으니 많이 발언한다.

② 타인의 의견을 수정하여 발언한다.

③ 누구든 자유롭게 발언하도록 한다.

④ 제시된 의견에 대하여 문제점을 제시한다.

03 다음 중 안전교육훈련지도방법의 4단계를 올바르게 나열한 것은?

① 도입 → 제시 → 적용 → 확인

② 도입 → 적용 → 제시 → 확인

③ 제시 → 도입 → 확인 → 적용

④ 제시 → 적용 → 확인 → 도입

정답   **01** ④   **02** ④   **03** ①

09 교육의 내용 및 방법

1. 교육 훈련기법

강의법	안전지식 전달방법으로 초보적인 단계에서 효과적인 방법
시범	기능이나 작업과정을 학습시키고자 필요로 하는 분명한 동작을 제시하는 방법
반복법	이미 학습한 내용을 반복해서 말하거나 실연토록 하는 방법
토의법	10~20인 정도로 초보가 아닌 안전지식과 관리에 대한 유경험자에게 적합한 방법
실연법	이미 설명을 듣고 시범을 보아서 알게 된 지식이나 기능을 교사의 지도 아래 직접 연습을 통해 적용해 보는 방법
프로그램 학습법	① 학습자가 학습진행, 정도에 맞도록 프로그램 자료를 통해 스스로 학습 ② 개인의 차를 충분히 고려할 수 있다. ③ 학습형성마다 피드백에 의하여 흥미를 가질 수 있다.
모의법	실제의 장면이나 상황을 인위적으로 비슷하게 만들어두고 학습하게 하는 방법
구안법	참가자 스스로 계획을 수립하고 행동하는 실천적인 학습활동 ① 과제에 대한 목표 결정 ② 계획수립 ③ 활동시킨다 ④ 행동 ⑤ 평가

2. 토의법의 유형

패널 디스커션 (panel discussion)	한두 명의 발제자가 주제에 대한 발표를 하고 4~5명의 패널이 참석자 앞에서 자유롭게 논의하고, 사회자에 의해 참가자의 의견을 들으면서 상호 토의하는 것 패널 길이 먼저 토론 논의한 후 청중에게 상호 토론하는 방식
심포지움 (symposium)	발제자 없이 몇 사람의 전문가가 과제에 대한 견해를 발표한 뒤 참석자들로부터 질문이나 의견을 제시하도록 하는 방법
포럼(forum) 공개토론회	사회자의 진행으로 몇 사람이 주제에 대해 발표한 후 참석자가 질문을 하고 토론회 나가는 방법으로 새로운 자료나 주제를 내보이거나 발표한 후 참석자로부터 문제나 의견을 제시하고 다시 깊이 있게 토론의 나가는 방법
버즈 세션(Buzz session)	사회자와 기록계를 지정하여 6명씩 소집단을 구성하여 소집단별 사회자를 선정한 후 6분간 토론 결과를 의견 정리하는 방식

3. 안전교육 방법 교육대상자 및 교육내용

종류	교육대상자	교육내용
TWI (Training With Industry) (기업 내, 산업 내 훈련)	관리감독자	① Job Instruction Training : 작업 지도 훈련(JIT) ② Job Methods Training : 작업 방법 훈련(JMT) ③ Job Relation Training : 인간관계 훈련(JRT) ④ Job Safety Training : 작업 안전 훈련(JST)
MPT (Management Training Program)	TWI보다 약간 높은 관리자	① 관리의 기능 　② 조직의 원칙 ③ 조직의 운영 　④ 시간관리 ⑤ 학습의 원칙
ATT (American Telephone & Telegram Co)	대상계층이 한정되어 있지 않다.	① 계획적인 감독 　② 인원배치 및 작업의 계획 ③ 작업의 감독 　④ 공구와 자료의 보고 기록 ⑤ 개인작업의 개선 　⑥ 인사관계 ⑦ 종업원의 기술향상 　⑧ 훈련 ⑨ 안전 등
ATP (Administration Training Program)	초기에는 일부 회사의 톱 매니지먼트에 대해서 시행하던 것이 널리 보급된 것	① 정책의 수립 ② 조직(조직형태, 경영부분, 구조 등) ③ 통제(품질관리, 조직통제 적용, 원가 통제 등) 및 운영(운영 조직, 협조에 의한 회사 운영)

4. 회의방식 운용

구분	role playing(역할 연기법)	case method(사례연구법)
특징	참석자가 정해진 역할을 직접 연기해 본 후 함께 토론해 보는 방법 흥미 유발, 태도 변화에 도움	사례해결에 직접 참가하여 해결해 가는 과정에서 판단력을 개발하고 관련 사실의 분석방법이나 종합적인 상황판단 및 대책 입안 등에 효과적인 방법
장점	① 통찰능력과 감수성이 향상 ② 각자의 단점과 장점을 쉽게 파악 ③ 사고력 및 표현력 향상 ④ 흥미를 가지고 적극적으로 참가	① 흥미가 있어 학습동기 유발 ② 사물에 대한 관찰력 및 분석력 향상 ③ 판단력 응용력 향상 ④ 현실적 문제 학습 가능
단점	① 다른 방법과 병행하지 않으면 효율성 저하 ② 높은 수준의 의사결정에는 효과적 ③ 목적이 불명확하고 철저한 계획이 없으면 학습에 연계 불가능	① 발표할 때와 하지 않을 때 원칙과 규칙의 체계적인 습득 필요 ② 적극적 참여와 의견의 교환을 위해 리더의 역할이 필요 ③ 적절한 사례 확보 곤란 및 진행 방법에 대한 철저한 연구 필요

5. 안전보건교육방법

항목	1	2	3	4	5
하버드교수법	준비시킨다	교시한다	연합한다	총괄시킨다	응용시킨다
교시법 4단계	준비단계	일을 하여 보이는 단계	일을 시켜 보이는 단계	보충지도의 단계	

6. O.J.T(On the Job Training) OFF J. T(OFF the Job Training)

1) O. J. T(현장 개인 지도)

현장에서의 개인에 대한 직속상사의 개별교육 및 지도로서 기능, 기술을 지도

2) OFF. J .T(집합교육)

현장을 떠나서 계층별, 직능별 집합교육(집체, 강의식)

3) O.J.T와 OFF.J.T의 특징

OJT 특징	OFF J T 특징
① 개개인에게 적절한 훈련이 가능하다.	① 다수의 근로자에게 훈련을 할 수 있다.
② 직장의 실정에 맞는 훈련이 가능하다.	② 훈련에만 전념할 수 있다.
③ 교육의 효과가 즉시 업무에 연결된다.	③ 특별 설비기구 이용이 가능하다.
④ 상호 신뢰 이해도가 높다.	④ 많은 지식이나 경험을 공유할 수 있다.
⑤ 훈련에 대한 업무의 계속성이 끊어지지 않는다.	⑤ 교육훈련 목표에 대하여 집단적 노력이 흐트러질 수 있다.

7. 안전교육의 3요소

교육의 주체	교육의 객체	교육의 매개체
강사	수강자 학생	교재

8. 교육방법의 4단계

단계	구분	내용
제1단계	도입	학습자의 동기부여 및 마음의 안정
제2단계	제시	강의 순서대로 진행하며 설명, 교재를 통해 듣고 말하는 단계
제3단계	적용	자율학습을 통해 배운 것 상호학습 및 토의 등으로 이해력 향상
제4단계	확인	잘못된 이해를 수정하고 요점을 정리 복습하는 단계

9. 학습의 목적과 성과

학습의 목적	구성 3요소	① 목표　② 주제　③ 학습정도
	진행 4단계	① 인지　② 지각　③ 이해　④ 적용
학습 성과	개념	학습목적을 세분화하여 구체적으로 결정 하는 것으로 구체화된 학습목적을 의미한다.
	유의할 사항	① 주제와 학습정도가 반드시 포함 ② 학습목적에 적합하고 타당할 것 ③ 구체적으로 서술하고, 수강자의 입장에서 기술할 것

10. 안전 교육 준비

1) 교육 준비
① 수강대상 그룹의 분석   ② 교육목표의 명확화
③ 주된 강조점 명확   ④ 교체준비
⑤ 자료 및 지도안 확정

2) 단계별 시간 배분(단위시간 1시간 경우)

구분	도입 (학습준비)	제시 (작업설명)	적용 (작업지시)	확인 (작업지시 후 확인)
강의식	5분	40분	10분	5분
토의식	5분	10분	40분	5분

3) 교육계획 수립

계획수립(단계)절차	① 교육의 요구사항 파악 ② 교육내용 및 교육방법 결정 ③ 교육의 준비 및 심사 ④ 교육의 성과평가
계획 수립 시 고려사항	① 교육목표 ② 교육의 종류 및 대상 ③ 교육 과목 및 내용 ④ 교육 장소 및 교육 방법 ⑤ 교육기간 및 시간 ⑥ 교육담당자 및 강사

11. 근로자 안전보건교육의 교육시간

1) 산업안전보건법령상 근로자 안전 교육

교육 과정	교육대상		교육시간
정기교육	사무직 종사 근로자		매분기 3시간 이상
	사무직 외의 근로자	판매직	매분기 3시간 이상
		판매직 외	매분기 6시간 이상
	관리 감독자		연간 16시간 이상
채용 시 교육	일용근로자		1시간 이상
	일용직 외 근로자		8시간 이상
작업내용 변경 시 교육	일용근로자		1시간 이상
	일용직 외 근로자		2시간 이상
건설업 기초안전 보건교육	건설 일용 근로자		4시간

교육 과정	교육대상	교육시간
특별교육	일용근로자	2시간 이상
	타워크레인 신호작업에 종사하는 일용 근로자	8시간 이상
	일용직 외 근로자	16시간 이상(최초 작업에 종사하기 전 4시간 이상 실시하고 12시간은 3개월 이내에서 분할하여 실시 가능)

1) 안전보건 관리 책임자 등에 관한 교육

교육대상	교육시간	
	신규	보수
안전보건관리 책임자	6시간 이상	6시간 이상
안전보건관리 담당자		8시간 이상
안전관리자, 안전관리 전문기관의 종사자	34시간 이상	24시간 이상
보건관리자, 보건관리 전문기관의 종사자	34시간 이상	24시간 이상
재해예방 전문지도기관의 종사자	34시간 이상	24시간 이상
석면조사기관의 종사자	34시간 이상	24시간 이상
안전검사기관, 자율안전검사기관 종사자	34시간 이상	24시간 이상
검사원 양성교육 과정 (성능검사교육)	28시간 이상	

2) 특수형태 근로종사자에 대한 안전보건교육[신규 개정 2021.1.1]

교육과정	교육시간
최초 노무제공 시 교육	① 2시간 이상 ② 단기간 또는 간헐적 작업 : 1시간 이상 ③ 특별교육을 실시한 경우 : 면제
특별교육	① 16시간 이상 ② 최초 작업에 종사하기 전 4시간 이상 실시하고 12시간은 3개월 분할 실시 가능 ③ 단기간 또는 간헐적 작업 : 2시간 이상

3) 교육의 대상별 교육내용

(1) 근로자 정기 안전보건교육 내용

① 산업안전 및 사고 예방에 관한 사항

② 산업보건 및 직업병 예방에 관한 사항

③ 건강증진 및 질병 예방에 관한 사항

④ 유해 위험 작업환경 관리에 관한 사항

⑤ 직무스트레스 예방 및 관리에 관한 사항

⑥ 직장 내 괴롭힘, 고객의 폭언 등으로 인한 건강장해 예방 및 관리에 관한사항

⑦ 산업안전보건법령 및 산업재해 보상보험 제도에 관한 사항

(2) 관리감독자 정기 안전보건교육 내용 ★★★

① 산업안전 및 사고 예방에 관한 사항

② 산업보건 및 직업병 예방에 관한 사항

③ 유해, 위험 작업환경 관리에 관한 사항

④ 산업안전보건법령 및 산재보상보험제도에 관한 사항

⑤ 직무스트레스 예방 및 관리에 관한 사항

⑥ 직장 내 괴롭힘, 고객의 폭언 등으로 인한 건강장해 예방 및 관리에 관한사항

⑦ 작업공정의 유해, 위험과 재해 예방대책에 관한 사항

⑧ 표준안전작업방법 및 지도 요령에 관한 사항

⑨ 관리감독자의 역할과 임무에 관한 사항

⑩ 안전보건교육 능력 배양에 관한 사항

(3) 채용 시의 교육 및 작업내용 변경시의 교육내용

① 산업안전 및 사고 예방에 관한 사항

② 산업보건 및 직업병 예방에 관한 사항

③ 산업안전보건법령 및 산재보상보험제도에 관한 사항

④ 직무스트레스 예방 및 관리에 관한 사항

⑤ 직장내 괴롭힘, 고객의 폭언 등으로 인한 건강장해 예방 및 관리에 관한사항

⑥ 기계 · 기구의 위험성과 작업의 순서 및 동선에 관한 사항

⑦ 작업 개시 전 점검에 관한 사항

⑧ 정리정돈 및 청소에 관한 사항

⑨ 사고 발생 시 긴급조치에 관한 사항

⑩ 물질안전보건자료에 관한 사항

(4) 물질안전보건자료에 관한 교육

① 대상화학물질의 명칭(또는 제품명)

② 물리적 위험성 및 건강 유해성

③ 취급상의 주의사항

④ 적절한 보호구

⑤ 응급조치 요령 및 사고시 대처방법

⑥ 물질안전보건자료 및 경고표지를 이해하는 방법

12. 건설업 기초안전 보건교육에 대한 내용 및 시간

구분	교육내용	시간
공통	① 산업안전보건법 주요 내용(건설 일용근로자 관련 부분)	1시간
	② 안전의식 제고에 관한 사항	
교육 대상별	① 작업별 위험요인과 안전작업방법(재해사례 및 예방대책)	2시간
	② 건설 직종별 건강 장해 위험요인과 건강관리	1시간

※ 교육대상별 교육시간 중 1시간 이상은 시청각 또는 체험·가상실습을 포함한다.

13. 특수형태근로종사자에 대한 안전보건교육(최초 노무제공 시 교육)

교육내용
• 아래의 내용 중 특수형태근로종사자의 직무에 적합한 내용을 교육해야 한다.

• 교통안전 및 운전안전에 관한 사항 　　　　　• 보호구 착용에 대한 사항
• 산업안전 및 사고 예방에 관한 사항 　　　　　• 산업보건, 건강증진 및 질병 예방에 관한 사항
• 유해·위험작업환경 관리에 관한 사항
• 기계·기구의 위험성과 작업의 순서 및 동선에 관한 사항
• 작업 개시 전 점검에 관한 사항 　　　　　• 정리정돈 및 청소에 관한 사항
• 사고 발생 시 긴급조치에 관한 사항 　　　　　• 물질안전보건자료에 관한 사항
• 직무 스트레스 예방 및 관리에 관한 사항
•「산업안전보건법」및 산업재해보상보험 제도에 관한 사항
• 직장 내 괴롭힘, 고객의 폭언 등으로 인한 건강장해 예방 및 관리에 관한 사항

14. 특수형태근로종사자로부터 노무를 제공받는 자 중 안전·보건교육을 실시하여야 하는 자

1. 「건설기계관리법」에 따라 등록된 건설기계를 직접 운전하는 사람
2. 「체육시설의 설치·이용에 관한 법률」에 따라 직장체육시설로 설치된 골프장 또는 체육시설업의 등록을 한 골프장에서 골프경기를 보조하는 골프장 캐디
3. 한국표준직업분류표의 세분류에 따른 택배원으로서 택배사업에서 집화 또는 배송 업무를 하는 사람 (소화물을 집화·수송 과정을 거쳐 배송하는 사업을 말한다)
4. 한국표준직업분류표의 세분류에 따른 택배원으로서 고용노동부장관이 정하는 기준에 따라 주로 하나의 퀵서비스업자로부터 업무를 의뢰받아 배송 업무를 하는 사람
5. 고용노동부장관이 정하는 기준에 따라 주로 하나의 대리운전업자로부터 업무를 의뢰받아 대리운전 업무를 하는 사람

15. 특수형태근로종사자 안전보건 조치사항

(가전제품 설치·수리기사에 대한 추락 및 감전방지 조치)

① 방문판매원　　　② 대여제품방문점검원　　　③ 가전제품 설치·수리기사
④ 화물차주　　　⑤ 소프트웨어기술자

16. 특별안전 보건 교육대상 작업별 교육내용

작업명	교육내용
〈개별내용〉 1. 고압실내작업	• 고기압 장해의 인체에 미치는 영향에 관한 사항 • 작업시간 · 작업방법 및 절차에 관한 사항 • 압기공법에 관한 기초지식 및 보호구작용에 관한 사항 • 이상 시 응급조치에 관한 사항 • 기타 안전보건관리에 필요한 사항
2. 아세틸렌용접장치 또는 가스집 합용접장치를 사용하여 행하는 금속의 용접 · 용단 또는 가열 작업	• 용접 흄 · 분진 및 유해광선 등의 유해성에 관한 사항 • 가스용접 · 압력조정기 · 호스 및 취관두 등의 기기 점검에 관한 사항 • 작업방법 · 작업순서 및 응급처치에 관한 사항 • 안전기 및 보호구 취급에 관한 사항 • 기타 안전보건관리에 필요한 사항
3. 밀폐된 장소에서 행하는 용접작 업 또는 습한 장소에서 행하는 전기용접장치	• 작업순서 · 안전 작업방법 및 수직에 관한 사항 • 환기설비에 관한 사항 • 전격방지 및 보호구 착용에 관한 사항 • 질식 시 응급조치에 관한 사항 • 작업환경점검에 관한 사항 • 기타 안전보건관리에 필요한 사항
4. 폭발성 · 발화성 및 인화성 물질 의 제조 및 취급작업	• 폭발성 · 발화성 및 인화성 물질의 성상이나 성질에 관한 사항 • 폭발한계 · 발화점 및 인화점 등에 관한 사항 • 취급방법 및 안전수칙에 관한 사항 • 이상발견시의 응급처치 및 대피요령에 관한 사항 • 화기 · 정전기 · 충격 및 자연발화 등의 위험방지에 관한 사항 • 작업순서, 취급주의사항 및 방호거리 등에 관한 사항 • 기타 안전보건관리에 필요한 사항
5. 액화석유가스, 수소가스 등 가 연성, 폭발성가스의 발생장치 취급작업	• 취급가스의 성상 및 성질에 관한 사항 • 발생장치 등의 위험 방지에 관한 사항 • 고압가스 저장설비 및 안전취급방법에 관한 사항 • 설비 및 기구의 점검요령 • 기타 안전보건관리에 필요한 사항
6. 화학설비 중 반응기, 교반기, 추 출기의 사용 및 세척작업	• 각 계측장치의 취급 및 주의에 관한 사항 • 투시창 · 수위 및 유량계 등의 점검 및 밸브의 조작 주위에 관한 사항 • 세척액의 유해 및 인체에 미치는 영향에 관한 사항 • 작업절차에 관한 사항 • 기타 안전보건관리에 필요한 사항
7. 화학설비의 탱크 내 작업	• 차단장치 · 정지장치 및 밸브개폐장치의 점검에 관한 사항 • 탱크 내의 산소농도측정 및 작업환경에 관한 사항 • 안전보호구 및 이상시 응급조치에 관한 사항 • 작업절차 · 방법 및 유해위험에 관한 사항 • 기타 안전보건관리에 필요한 사항

작업명	교육내용
8. 분말 · 원재료 등을 담은 호퍼, 사이로 등 저장탱크의 내부작업	• 분말 원재료의 인체에 미치는 영향에 관한 사항 • 저장탱크 내부작업 및 복장보호구 착용에 관한 사항 • 작업의 지정 · 방법, 순서 및 작업환경점검에 관한 사항 • 팬 · 풍기 조작 및 취급에 관한 사항 • 기타 안전보건관리에 필요한 사항

9. 다음 각목에 정하는 설비에 의한 물건의 가열 · 건조작업
  가. 건조작업 중 위험물 등에 관계되는 설비로 내용적이 1미터 이상인 것
  나. 건조설비 중 위험물 외의 물에 관계되는 설비로서 연료를 열원으로 사용하는 것 (그 최대연소 소비량이 매시간당 10킬로그램 이상인 것에 한한다)
  또는 전력을 열원으로 사용하는 것
	• 건조설비 내외면 및 기기 기능의 점검에 관한 사항
	• 복장보호구 착용에 관한 사항
	• 건조시의 유해가스 및 고열 등이 인체에 미치는 영향에 관한 사항
	• 건조설비에 의한 화재 · 폭발예방에 관한 사항

10. 집재장치의 조립, 해체, 변경 또는 수리작업 및 이들 설비에 의한 집재 또는 운반작업
  가. 원동기의 정격출력이 7.5킬로와트를 넘는 것
  나. 지간의 경사거리 합계가 350미터 이상인 것
  다. 최대사용하중이 200킬로그램 이상인 것
	• 기계의 브레이크 비상정지장치 및 운반경로 및 각종 기능점검에 관한 사항
	• 작업시작 전 준비사항 및 작업방법에 관한 사항
	• 취급물의 유해 · 위험에 관한 사항
	• 구조상의 이상시 응급처치에 관한 사항
	• 기타 안전보건관리에 필요한 사항

11. 동력에 의하여 작동되는 프레스기계를 5대 이상 보유한 사업장에서의 당해 기계에 의한 작업	• 프레스의 특성과 위험성에 관한 사항 • 방호장치 종류와 취급에 관한 사항 • 안전작업 방법에 관한 사항 • 프레스 안전기준에 관한 사항 • 기타 안전보건관리에 필요한 사항
12. 목재가공용기계를 5대 이상 보유한 사업장에서의 당해 기계에 의한 작업	• 목재가공용기계의 특성과 위험성에 관한 사항 • 방호장치 종류와 구조 및 취급에 관한 사항 • 안전기준에 관한 사항 • 안전작업방법 및 목재취급에 관한 사항 • 기타 안전보건관리에 필요한 사항
13. 운반 등 하역기계를 5대 이상 보유한 사업장에서의 당해 기계에 의한 작업	• 운반하역기계 및 부속설비의 점검에 관한 사항 • 작업순서와 방법에 관한 사항 • 안전운전방법에 관한 사항 • 작업신호 화물의 취급에 관한 사항 • 기타 안전보건관리에 필요한 사항

작업명	교육내용
14. 1톤 이상의 크레인을 사용하는 작업 또는 1톤 이하의 크레인 또는 호이스트를 5대 이상 보유한 사업장에서의 해당 기계에 의한 작업	• 방호장치의 종류, 기능 및 취급에 관한 사항 • 걸고리 · 와이어로프 및 비상정지장치 등의 기계 · 기구 점검에 관한 사항 • 화물의 취급 및 작업방법에 관한 사항 • 작업신호 및 공동작업에 관한 사항 • 기타 안전보건관리에 필요한 사항
15. 건설용 리프트, 곤도라를 이용한 작업	• 방호장치 기능 및 사용에 관한 사항 • 기계 · 기구 · 달기체인 및 와이어 등의 점검에 관한 사항 • 화물의 권상 · 권하 작업방법 및 안전작업지도에 관한 사항 • 기계 · 기구의 특성 및 동작원리에 관한 사항 • 기타 안전보건관리에 필요한 사항
16. 주물 및 단조작업	• 고열물의 재료 및 작업환경에 관한 사항 • 출탕 · 주조 및 고열물의 취급과 안전작업방법에 관한 사항 • 고열작업의 유해 · 위험 및 보호구 착용에 관한사항 • 안전기준 및 중량물 취급에 관한 사항 • 기타 안전보건관리에 필요한 사항
17. 전압이 75V 이상의 정전 및 활선작업	• 전기의 위험성 및 전격방지에 관한 사항 • 당해 설비의 보수 및 점검에 관한 사항 • 정전작업 · 활선작업시의 안전작업방법 및 순서에 관한 사항 • 절연용 보호구 및 활선작업용 기구 등의 사용에 관한 사항 • 기타 안전보건관리에 필요한 사항
18. 콘크리트 파쇄기를 사용하여 행하는 파쇄작업(2미터 이상인 구축물의 파쇄작업에 한한다)	• 콘크리트 해체요령과 방호거리에 관한 사항 • 작업안전조치 및 안전기준에 관한 사항 • 파쇄기의 조작 및 공통작업 신호에 관한 사항 • 보호구 및 방호가드 등에 관한 사항 • 기타 안전보건관리에 필요한 사항
19. 굴착면의 높이가 2미터 이상이 되는 지반굴착작업	• 지반의 형태구조 및 굴착요령에 관한 사항 • 지반의 붕괴재해 예방에 관한 사항 • 붕괴방지용 구조물 설치 및 작업방법에 관한 사항 • 보호구 종류 및 사용에 관한 사항 • 기타 안전보건관리에 필요한 사항
20. 흙막이지보공의 보강 또는 동바리의 설치 또는 해체작업	• 작업안전점검 요령과 방법에 관한 사항 • 동바리의 운반 · 취급 및 설치시 안전작업에 관한 사항 • 해체작업순서와 안전기준에 관한 사항 • 보호구 취급 및 사용에 관한 사항 • 기타 안전보건관리에 필요한 사항
21. 터널 안에서의 굴착작업 또는 동작업에 있어서의 터널거푸집 지보공의 조립 또는 콘크리트 작업	• 작업환경의 점검요령과 방법에 관한 사항 • 붕괴방지용 구조물설치 및 안전작업방법에 관한 사항 • 재료의 운반 및 취급설치의 안전기준에 관한 사항 • 보호구의 종류 및 사용에 관한 사항 • 기타 안전보건관리에 필요한 사항

작업명	교육내용
22. 굴착면의 높이가 2미터 이상이 되는 암석의 굴착작업	• 폭발물 취급요령과 대피요령에 관한 사항 • 안전거리 및 안전기준에 관한 사항 • 방호물의 설치 및 기준에 관한 사항 · 보호구 작업신호 등에 관한 사항 • 기타 안전보건관리에 필요한 사항
23. 높이가 2미터 이상인 물건을 쌓거나 무너뜨리는 작업	• 원부재료의 취급방법 및 요령에 관한 사항 • 물건의 위험성 · 낙하 및 붕괴재해 예방에 관한 사항 • 적재방법 및 전도방지에 관한 사항 • 보호구 착용에 관한 사항 • 기타 안전보건관리에 필요한 사항
24. 선박에 짐을 쌓거나 부리거나 이동시키는 작업	• 하역기계 · 기구의 운전조작방법에 관한 사항 • 운반 · 이송경로의 안전작업방법 및 기준에 관한 사항 • 중량물 취급요령과 신호요령에 관한 사항 • 작업안전점검과 보호구 취급에 관한 사항 • 기타 안전보건관리에 필요한 사항
25. 거푸집 동바리의 조립 또는 해체작업	• 동바리의 조립방법 및 작업절차에 관한 사항 • 조립재료의 취급방법 및 설치기준에 관한 사항 • 조립해체시의 사고예방에 관한 사항 • 보호구 착용 및 점검에 관한 사항 • 기타 안전보건관리에 필요한 사항
26. 비계의 조립, 해체 또는 변경작업	• 비계의 조립순서 방법에 관한 사항 • 비계작업의 재료취급 및 설치에 관한 사항 • 추락재해방지에 관한 사항 • 보호구 착용에 관한 사항 • 기타 안전보건관리에 필요한 사항
27. 건축물의 골조, 교량의 상부 구조 또는 탑의 금속제의 부재에 의하여 구성되는 것	• 건립 및 버팀대의 설치순서에 관한 사항 • 조립해체시의 추락재해 및 위험요인에 관한 사항 • 건립용 기계의 조작 및 작업신호에 관한 사항 • 안전장구 착용 및 해체순서에 관한 사항 • 기타 안전보건관리에 필요한 사항
28. 처마높이가 5미터 이상인 목조건축물의 구조 부재의 조립이나 건축물의 지붕 또는 벽밑에서의 설치작업	• 붕괴 · 추락 및 재해방지에 관한 사항 • 부재의 강도 · 재질 및 특성에 관한 사항 • 조립설치 순서 및 안전작업방법에 관한 사항 • 보호구 착용 및 작업점검에 관한 사항 • 기타 안전보건관리에 필요한 사항
29. 콘크리트공작물의 해체 또는 파괴작업	• 콘크리트 해체기계의 점검에 관한 사항 • 파괴시의 안전거리 및 대피요령에 관한 사항 • 작업방법 · 순서 및 신호요령에 관한 사항 • 해체 · 파괴시의 작업안전기준 및 보호구에 관한 사항 • 기타 안전보건관리에 필요한 사항

작업명	교육내용
30. 타워크레인을 설치(상승작업을 포함한다) · 해체하는 작업	• 붕괴 · 추락 및 재해방지에 관한 사항 • 설치 · 해체순서 및 안전작업방법에 관한 사항 • 부재의 구조 · 재질 및 특성에 관한 사항 • 신호방법 및 요령에 관한 사항 • 이상 시 응급조치에 관한 사항 • 그 밖에 안전보건관리에 필요한 사항
31. 보일러의 설치 및 취급작업 가. 물통 반지름이 750mm 이하이고 그 길이가 1,300mm 이하인 증기보일러 나. 전열면적이 3m² 이하인 증기보일러 다. 열면적이 14m² 이하인 증기보일러 라. 전열면적이 30m² 이하인 보일러	• 기계 및 기기 점화장치 계측기의 점검에 관한 사항 • 열관리 및 방호장치에 관한 사항 • 작업순서 및 방법에 관한 사항 • 기타 안전보건관리에 필요한 사항
32. 게이지압력이 매cm²당 1kg 이상으로 사용하는 압력용기의 설치 및 취급작업	• 안전시설 및 안전기준에 관한 사항 • 압력용기의 위험성에 관한 사항 • 용기취급 및 설치기준에 관한 사항 • 작업안전점검방법 및 요령에 관한 사항 • 기타 안전보건관리에 필요한 사항
33. 방사선업무에 관계되는 작업	• 방사선의 유해 · 위험 및 인체에 미치는 영향 • 방사선의 측정기기 기능의 점검에 관한 사항 • 방호거리 · 방호벽 및 방사선물질의 취급요령에 관한 사항 • 비상시 응급처치 및 보호구 착용에 관한 사항
34. 맨홀작업	• 장비 · 설비 및 시설 등의 안전점검에 관한 사항 • 산소농도측정 및 작업환경에 관한 사항 • 작업내용별 · 안전작업방법 및 절차에 관한 사항 • 보호구착용 및 보호장비 및 사용에 관한 사항
35. 밀폐공간작업	• 산소농도측정 및 작업환경에 관한 사항 • 사고 시의 응급처치 및 비상시 구출에 관한 사항 • 보호구 착용 및 사용방법에 관한 사항 • 밀폐공간작업의 안전작업방법에 관한 사항
36. 허가 및 관리대상 유해물질의 제조 또는 취급작업	• 취급물질의 성상 및 성질에 관한 사항 • 유해물질의 인체에 미치는 영향 • 국소배기장치 및 안전설비에 관한 사항 • 안전작업방법 및 보호구 사용에 관한 사항 • 기타 안전보건관리에 필요한 사항
37. 로봇작업	• 로봇의 기본원리 · 구조 및 작업방법에 관한 사항 • 이상 시 응급조치에 관한 사항 • 안전시설 및 안전기준에 관한 사항 • 조작방법 및 작업순서에 관한 사항

작업명	교육내용
38. 석면해체 · 제거작업	• 석면의 특성과 위험성 • 석면해체 · 제거의 작업방법에 관한 사항 • 장비 및 보호구 사용에 관한 사항 • 그 밖에 안전 · 보건관리에 필요한 사항
39. 가연물이 있는 장소에서 하는 화재위험작업	• 작업준비 및 작업절차에 관한 사항 • 작업장 내 위험물, 가연물의 사용 · 보관 · 설치 현황에 관한 사항 • 화재위험작업에 따른 인근 인화성 액체에 대한 방호조치에 관한 사항 • 화재위험작업으로 인한 불꽃, 불티 등의 흩날림 방지 조치에 관한 사항 • 인화성 액체의 증기가 남아 있지 않도록 환기 등의 조치에 관한 사항 • 화재감시자의 직무 및 피난교육 등 비상조치에 관한 사항 • 그 밖에 안전 · 보건관리에 필요한 사항
40. 타워크레인을 사용하는 작업 시 신호업무를 하는 작업	• 타워크레인의 기계적 특성 및 방호장치 등에 관한 사항 • 화물의 취급 및 안전작업방법에 관한 사항 • 신호방법 및 요령에 관한 사항 • 인양 물건의 위험성 및 낙하 · 비래 · 충돌재해 예방에 관한 사항 • 인양물이 적재될 지반의 조건, 인양하중, 풍압 등이 인양물과 타워크레인에 미치는 영향 • 그 밖에 안전 · 보건관리에 필요한 사항

16. 안전보건교육 면제

1) 전년도에 산업재해가 발생하지 않은 사업장의 경우 근로자 정기교육을 그 다음 연도에 한정하여 실시기준 시간의 100분의 50 범위에서 면제할 수 있다.

2) 안전관리자 및 보건관리자를 선임할 의무가 없는 사업장의 사업주가 노무를 제공하는 자의 건강 유지 증진을 위하여 설치된 근로자건강센터에서 실시하는 안전보건교육, 건강상담, 건강관리프로그램 등 근로자 건강관리 활동에 해당 사업장의 근로자를 참여하게 한 경우 해당 시간을 교육 중 해당 분기의 근로자 정기교육 시간에서 면제할 수 있다.

3) 관리감독자가 다음 각 호의 어느 하나에 해당하는 교육을 이수한 경우 근로자 정기교육시간을 면제할 수 있다.
   ① 직무교육기관에서 실시한 전문화교육
   ② 직무교육기관에서 실시한 인터넷 원격교육
   ③ 안전보건관리담당자 양성교육
   ④ 검사원 성능검사 교육
   ⑤ 그 밖에 고용노동부장관이 근로자 정기교육 면제대상으로 인정하는 교육

4) 사업주는 해당 근로자가 채용되거나 변경된 작업에 경험이 있을 경우 채용 시 교육 또는 특별교육 시간을 다음 각 호의 기준에 따라 실시할 수 있다.

(1) 통계청장이 고시한 한국표준산업분류의 세분류 중 같은 종류의 업종에 6개월 이상 근무한 경험이 있는 근로자를 이직 후 1년 이내에 채용하는 경우 채용 시 교육시간의 100분의 50이상
(2) 특별교육 대상작업에 6개월 이상 근무한 경험이 있는 근로자가 다음의 어느 하나에 해당하는 경우 특별교육 시간의 100분의 50 이상
  ① 근로자가 이직 후 1년 이내에 채용되어 이직 전과 동일한 특별교육 대상작업에 종사하는 경우
  ② 근로자가 같은 사업장 내 다른 작업에 배치된 후 1년 이내에 배치 전과 동일한 특별교육 대상작업에 종사하는 경우
(3) 채용 시 교육 또는 특별교육을 이수한 근로자가 같은 도급인의 사업장 내에서 전에 하던 업무와 동일한 업무에 종사하는 경우 소속사업장의 변경에도 불구하고 해당 근로자에 대한 채용 시 교육 또는 특별교육 면제

09 연습문제

01 근로자 정기 산업안전보건교육의 내용이 아닌 것은?

① 산업안전 및 사고예방에 관한 사항
② 유해 위험 작업환경관리에 관한 사항
③ 건강증진 및 질병예방에 관한 사항
④ 표준안전작업방법에 관한 사항

02 교육훈련방법 중 OJT의 특징이 아닌 것은?

① 직장의 실정에 맞는 구체적이고 실제적인 지도교육이 가능하다.
② 타 직장의 근로자와 지식이나 경험을 교류할 수 있다.
③ 외부의 전문가를 위촉하여 전문교육을 실시할 수 있다.
④ 다수의 근로자에게 조직적 훈련이 가능하다.

03 몇 사람의 전문가에 의하여 과정에 관한 견해가 발표된 뒤 참가자로 하여금 의견이나 질문을 하게 하여 토의하는 방법을 무엇이라 하는가?

① 자유토의   ② 패널 디스커션
③ 심포지엄   ④ 포럼

04 기업 내 정형교육 중 TWI의 교육내용 중 부하 통솔기법에 해당되는 것은?

① JIT   ② JMT
③ JRT   ④ JST

정답   01 ④   02 ④   03 ③   04 ③

10 산업안전 관계법규

01 | 작업시작 전 점검사항

1. 점검사항

작업의 종류	점검내용
1. 프레스 등을 사용하여 작업을 할 때	가. 클러치 및 브레이크의 기능 나. 크랭크축 · 플라이휠 · 슬라이드 · 연결봉 및 연결 나사의 풀림 여부 다. 1행정 1정지 기구 · 급정지장치 및 비상정지장치의 기능 라. 슬라이드 또는 칼날에 의한 위험방지 기구의 기능 마. 프레스의 금형 및 고정볼트 상태 바. 방호장치의 기능 사. 전단기(剪斷機)의 칼날 및 테이블의 상태
2. 로봇의 작동 범위에서 그 로봇에 관하여 교시 등의 작업을 할 때	가. 외부 전선의 피복 또는 외장의 손상 유무 나. 매니퓰레이터(manipulator) 작동의 이상 유무 다. 제동장치 및 비상정지장치의 기능
3. 공기압축기를 가동할 때	가. 공기저장 압력용기의 외관 상태 나. 드레인밸브(drain valve)의 조작 및 배수 다. 압력방출장치의 기능 라. 언로드밸브(unloading valve)의 기능 마. 윤활유의 상태 바. 회전부의 덮개 또는 울 사. 그 밖의 연결 부위의 이상 유무
4. 크레인을 사용하여 작업을 하는 때	가. 권과방지장치 · 브레이크 · 클러치 및 운전장치의 기능 나. 주행로의 상측 및 트롤리(trolley)가 횡행하는 레일의 상태 다. 와이어로프가 통하고 있는 곳의 상태
5. 이동식 크레인을 사용하여 작업을 할 때	가. 권과방지장치나 그 밖의 경보장치의 기능 나. 브레이크 · 클러치 및 조정장치의 기능 다. 와이어로프가 통하고 있는 곳 및 작업장소의 지반상태
6. 리프트(간이리프트를 포함한다)를 사용하여 작업할 때	가. 방호장치 · 브레이크 및 클러치의 기능 나. 와이어로프가 통하고 있는 곳의 상태
7. 곤돌라를 사용하여 작업을 할 때	가. 방호장치 · 브레이크의 기능 나. 와이어로프 · 슬링와이어(sling wire) 등의 상태

작업의 종류	점검내용
8. 양중기의 와이어로프 달기체인. 섬유로프·섬유벨트 또는 훅·샤클 등의 철구(이하 "와이어로프 등"이라 한다)를 사용하여 고리걸이 작업을 할 때	와이어로프 등의 이상 유무
9. 지게차를 사용하여 작업을 하는 때	가. 제동장치 및 조종장치 기능의 이상 유무 나. 하역장치 및 유압장치 기능의 이상 유무 다. 바퀴의 이상 유무 라. 전조등·후미등·방향지시기 및 경보장치 기능의 이상 유무
10. 구내운반차를 사용하여 작업을 할 때	가. 제동장치 및 조종장치 기능의 이상 유무 나. 하역장치 및 유압장치 기능의 이상 유무 다. 바퀴의 이상 유무 라. 전조등 후미등 방향지시기 및 경음기 기능의 이상 유무 마. 충전장치를 포함한 홀더 등의 결합상태의 이상 유무
11. 고소작업대를 사용하여 작업을 할 때	가. 비상정지장치 및 비상하강 방지장치 기능의 이상 유무 나. 과부하 방지장치의 작동 유무(와이어로프 또는 체인구동방식의 경우) 다. 아웃트리거 또는 바퀴의 이상 유무 라. 작업면의 기울기 또는 요철 유무 마. 활선작업용 장치의 경우 홈·균열·파손 등 그 밖의 손상 유무
12. 화물자동차를 사용하는 작업을 하게 할 때	가. 제동장치 및 조종장치의 기능 나. 하역장치 및 유압장치의 기능 다. 바퀴의 이상 유무
13. 컨베이어 등을 사용하여 작업을 할 때	가. 원동기 및 풀리(pulley) 기능의 이상 유무 나. 이탈 등의 방지장치 기능의 이상 유무 다. 비상정지장치 기능의 이상 유무 라. 원동기·회전축·기어 및 풀리 등의 덮개 또는 울 등의 이상 유무
14. 차량계 건설기계를 사용하여 작업을 할 때	브레이크 및 클러치 등의 기능
15. 이동식 방폭구조 전기기계·기구를 사용할 때	전선 및 접속부 상태
16. 근로자가 반복하여 계속적으로 중량물을 취급하는 작업을 할 때	가. 중량물 취급의 올바른 자세 및 복장 나. 위험물이 날아 흩어짐에 따른 보호구의 착용 다. 카바이드·생석회(산화칼슘) 등과 같이 온도상승이나 습기에 의하여 위험성이 존재하는 중량물의 취급방법 라. 그 밖에 하역운반기계 등의 적절한 사용방법
17. 양화장치를 사용하여 화물을 싣고 내리는 작업을 할 때	가. 양화장치(揚貨裝置)의 작동상태 나. 양화장치에 제한하중을 초과하는 하중을 실었는지 여부
18. 슬링 등을 사용하여 작업을 할 때	가. 훅이 붙어 있는 슬링·와이어슬링 등이 매달린 상태 나. 슬링·와이어슬링 등의 상태 (작업 시작 전 및 작업 중 수시로 점검)

2. 관리감독자의 유해위험방지 업무

작업의 종류	직무수행 내용
1. 프레스 등을 사용하는 작업	가. 프레스 등 및 그 방호장치를 점검하는 일 나. 프레스 등 및 그 방호장치에 이상이 발견되면 즉시 필요한 조치를 하는 일 다. 프레스 등 및 그 방호장치에 전환스위치를 설치했을 때 그 전환스위치의 열쇠를 관리하는 일 라. 금형의 부착·해체 또는 조정작업을 직접 지휘하는 일
2. 목재가공용 기계를 취급하는 작업	가. 목재가공용 기계를 취급하는 작업을 지휘하는 일 나. 목재가공용 기계 및 그 방호장치를 점검하는 일 다. 목재가공용 기계 및 그 방호장치에 이상이 발견된 즉시 보고 및 필요한 조치를 하는 일 라. 작업 중 지그(jig) 및 공구 등의 사용 상황을 감독하는 일
3. 크레인을 사용하는 작업	가. 작업방법과 근로자 배치를 결정하고 그 작업을 지휘하는 일 나. 재료의 결함 유무 또는 기구 및 공구의 기능을 점검하고 불량품을 제거하는 일 다. 작업 중 안전대 또는 안전모의 착용 상황을 감시하는 일
4. 위험물을 제조하거나 취급하는 작업	가. 작업을 지휘하는 일 나. 위험물을 제조하거나 취급하는 설비 및 그 설비의 부속설비가 있는 장소의 온도·습도·차광 및 환기 상태 등을 수시로 점검하고 이상을 발견하면 즉시 필요한 조치를 하는 일 다. 나목에 따라 한 조치를 기록하고 보관하는 일
5. 건조설비를 사용하는 작업	가. 건조설비를 처음으로 사용하거나 건조방법 또는 건조물의 종류를 변경했을 때에는 근로자에게 미리 그 작업방법을 교육하고 작업을 직접 지휘하는 일 나. 건조설비가 있는 장소를 항상 정리 정돈하고 그 장소에 가연성 물질을 두지 않도록 하는 일
6. 아세틸렌 용접장치를 사용하는 금속의 용접·용단 또는 가열작업	가. 작업방법을 결정하고 작업을 지휘하는 일 나. 아세틸렌 용접장치의 취급에 종사하는 근로자로 하여금 다음의 작업요령을 준수하도록 하는 일 　(1) 사용 중인 발생기에 불꽃을 발생시킬 우려가 있는 공구를 사용하거나 그 발생기에 충격을 가하지 않도록 할 것 　(2) 아세틸렌 용접장치의 가스누출을 점검할 때에는 비눗물을 사용하는 등 안전한 방법으로 할 것 　(3) 발생기실의 출입구 문을 열어 두지 않도록 할 것 　(4) 이동식 아세틸렌 용접장치의 발생기에 카바이드를 교환할 때에는 옥외의 안전한 장소에서 할 것 다. 아세틸렌 용접작업을 시작할 때에는 아세틸렌 용접장치를 점검하고 발생기 내부로부터 공기와 아세틸렌의 혼합가스를 배제하는 일 라. 안전기는 작업 중 그 수위를 쉽게 확인할 수 있는 장소에 놓고 1일 1회 이상 점검하는 일 마. 아세틸렌 용접장치 내의 물이 동결되는 것을 방지하기 위하여 아세틸렌 용접장치를 보온하거나 가열할 때에는 온수나 증기를 사용하는 등 안전한 방법으로 하도록 하는 일 바. 발생기 사용을 중지하였을 때에는 물과 잔류 카바이드가 접촉하지 않은 상태로 유지하는 일

작업의 종류	직무수행 내용

7. 가스집합 용접장치의 취급작업	가. 작업방법을 결정하고 작업을 직접 지휘하는 일
	나. 가스집합장치의 취급에 종사하는 근로자로 하여금 다음의 작업요령을 준수하도록 하는 일
	  (1) 부착할 가스용기의 마개 및 배관 연결부에 붙어 있는 유류·찌꺼기 등을 제거할 것
	  (2) 가스용기를 교환할 때에는 그 용기의 마개 및 배관 연결부 부분의 가스누출을 점검하고 배관 내의 가스가 공기와 혼합되지 않도록 할 것
	  (3) 가스누출 점검은 비눗물을 사용하는 등 안전한 방법으로 할 것
	  (4) 밸브 또는 콕은 서서히 열고 닫을 것
	다. 가스용기의 교환작업을 감시하는 일
	라. 작업을 시작할 때에는 호스·취관·호스밴드 등의 기구를 점검하고 손상·마모 등으로 인하여 가스나 산소가 누출될 우려가 있다고 인정할 때에는 보수하거나 교환하는 일
	마. 안전기는 작업 중 그 기능을 쉽게 확인할 수 있는 장소에 두고 1일 1회 이상 점검하는 일
	바. 작업에 종사하는 근로자의 보안경 및 안전장갑의 착용 상황을 감시하는 일

8. 거푸집 동바리의 고정·조립 또는 해체작업 지반의 굴착작업, 흙막이 지보공의 고정·조립 또는 해체작업, 터널의 굴착작업, 건물 등의 해체작업	가. 안전한 작업방법을 결정하고 작업을 지휘하는 일 나. 재료·기구의 결함 유무를 점검하고 불량품을 제거하는 일 다. 작업 중 안전대 및 안전모 등 보호구 착용 상황을 감시하는 일
9. 달비계 또는 높이 5미터 이상의 비계(飛階)를 조립해체하거나 변경하는 작업(해체작업의 경우 가목은 적용 제외)	가. 재료의 결함 유무를 점검하고 불량품을 제거하는 일 나. 기구·공구·안전대 및 안전모 등의 기능을 점검하고 불량품을 제거하는 일 다. 작업방법 및 근로자 배치를 결정하고 작업 진행 상태를 감시하는 일 라. 안전대와 안전모 등의 착용 상황을 감시하는 일
10. 발파작업	가. 점화 전에 점화작업에 종사하는 근로자가 아닌 사람에게 대피를 지시하는 일 나. 점화작업에 종사하는 근로자에게 대피장소 및 경로를 지시하는 일 다. 점화 전에 위험구역 내에서 근로자가 대피한 것을 확인하는 일 라. 점화순서 및 방법에 대하여 지시하는 일 마. 점화신호를 하는 일 바. 점화작업에 종사하는 근로자에게 대피신호를 하는 일 사. 발파 후 터지지 않은 장약이나 남은 장약의 유무, 용수(湧水)의 유무 및 암석·토사의 낙하 여부 등을 점검하는 일 아. 점화하는 사람을 정하는 일 자. 공기압축기의 안전밸브 작동 유무를 점검하는 일 차. 안전모 등 보호구 착용 상황을 감시하는 일
11. 채석을 위한 굴착작업	가. 대피방법을 미리 교육하는 일 나. 작업을 시작하기 전 또는 폭우가 내린 후에는 암석·토사의 낙하·균열의 유무 또는 함수(含水)·용수(湧水) 및 동결의 상태를 점검하는 일 다. 발파한 후에는 발파장소 및 그 주변의 암석·토사의 낙하·균열의 유무를 점검하는 일

작업의 종류	직무수행 내용
12. 화물취급작업	가. 작업방법 및 순서를 결정하고 작업을 지휘하는 일 나. 기구 및 공구를 점검하고 불량품을 제거하는 일 다. 그 작업장소에는 관계 근로자가 아닌 사람의 출입을 금지하는 일 라. 로프 등의 해체작업을 할 때에는 하대위의 화물의 낙하위험 유무를 확인하고 작업의 착수를 지시하는 일
13. 부두와 선박에서의 하역작업	가. 작업방법을 결정하고 작업을 지휘하는 일 나. 통행설비ㆍ하역기계ㆍ보호구 및 기구ㆍ공구를 점검ㆍ정비하고 이들의 사용 상황을 감시하는 일 다. 주변 작업자간의 연락을 조정하는 일
14. 전로 등 전기작업 또는 그 지지물의 설치, 점검, 수리 및 도장 등의 작업	가. 작업구간 내의 충전전로 등 모든 충전 시설을 점검하는 일 나. 작업방법 및 그 순서를 결정(근로자 교육 포함)하고 작업을 지휘하는 일 다. 작업근로자의 보호구 또는 절연용 보호구 착용 상황을 감시하고 감전재해 요소를 제거하는 일 라. 작업 공구, 절연용 방호구 등의 결함 여부와 기능을 점검하고 불량품을 제거하는 일 마. 작업장소에 관계 근로자 외에는 출입을 금지하고 주변 작업자와의 연락을 조정하며 도로작업 시 차량 및 통행인 등에 대한 교통통제 등 작업 전반에 대해 지휘ㆍ감시하는 일 바. 활선작업용 기구를 사용하여 작업할 때 안전거리가 유지되는지 감시하는 일 사. 감전재해를 비롯한 각종 산업재해에 따른 신속한 응급처치를 할 수 있도록 근로자들을 교육하는 일
15. 관리대상 유해물질을 취급하는 작업	가. 관리대상 유해물질을 취급하는 근로자가 물질에 오염되지 않도록 작업방법을 결정하고 작업을 지휘하는 업무 나. 관리대상 유해물질을 취급하는 장소나 설비를 매월 1회 이상 순회점검하고 국소배기장치 등 환기설비에 대해서는 다음의 사항을 점검하여 필요한 조치를 하는 업무. 단, 환기설비를 점검하는 경우에는 다음의 사항을 점검 (1) 후드(hood)나 덕트(duct)의 마모ㆍ부식, 그 밖의 손상 여부 및 정도 (2) 송풍기와 배풍기의 주유 및 청결 상태 (3) 덕트 접속부가 헐거워졌는지 여부 (4) 전동기와 배풍기를 연결하는 벨트의 작동 상태 (5) 흡기 및 배기 능력 상태 다. 보호구의 착용 상황을 감시하는 업무 라. 근로자가 탱크 내부에서 관리대상 유해물질을 취급하는 경우에 다음의 조치를 했는지 확인하는 업무 (1) 관리대상 유해물질에 관하여 필요한 지식을 가진 사람이 해당 작업을 지휘 (2) 관리대상 유해물질이 들어올 우려가 없는 경우에는 작업을 하는 설비의 개구부를 모두 개방 (3) 근로자의 신체가 관리대상 유해물질에 의하여 오염되었거나 작업이 끝난 경우에는 즉시 몸을 씻는 조치 (4) 비상 시에 작업설비 내부의 근로자를 즉시 대피시키거나 구조하기 위한 기구와 그 밖의 설비를 갖추는 조치

작업의 종류	직무수행 내용

15. 관리대상 유해물질을 취급하는 작업	(5) 작업을 하는 설비의 내부에 대하여 작업 전에 관리대상 유해물질의 농도를 측정하거나 그 밖의 방법으로 근로자가 건강에 장해를 입을 우려가 있는지를 확인하는 조치
	(6) 제(5)에 따른 설비 내부에 관리대상 유해물질이 있는 경우에는 설비 내부를 충분히 환기하는 조치
	(7) 유기화합물을 넣었던 탱크에 대하여 제(1)부터 제(6)까지의 조치 외에 다음의 조치
	  (가) 유기화합물이 탱크로부터 배출된 후 탱크 내부에 재 유입되지 않도록 조치
	  (나) 물이나 수증기 등으로 탱크 내부를 씻은 후 그 씻은 물이나 수증기 등을 탱크로부터 배출
	  (다) 탱크 용적의 3배 이상의 공기를 채웠다가 내보내거나 탱크에 물을 가득히 채웠다가 내보내거나 탱크에 물을 가득 채웠다가 배출
	마. 나목에 따른 점검 및 조치 결과를 기록·관리하는 업무

16. 허가대상 유해물질 취급작업	가. 근로자가 허가대상 유해물질을 들이마시거나 허가대상 유해물질에 오염되지 않도록 작업수칙을 정하고 지휘하는 업무 나. 작업장에 설치되어 있는 국소배기장치나 그 밖에 근로자의 건강장해 예방을 위한 장치 등을 매월 1회 이상 점검하는 업무 다. 근로자의 보호구 착용 상황을 점검하는 업무
17. 석면 해체·제거작업	가. 근로자가 석면분진을 들이마시거나 석면분진에 오염되지 않도록 작업방법을 정하고 지휘하는 업무 나. 작업장에 설치되어 있는 석면분진 포집장치, 음압기 등의 장비의 이상 유무를 점검하고 필요한 조치를 하는 업무 다. 근로자의 보호구 착용 상황을 점검하는 업무

18. 고압작업	가. 작업방법을 결정하여 고압작업자를 직접 지휘하는 업무
	나. 유해가스의 농도를 측정하는 기구를 점검하는 업무
	다. 고압작업자가 작업실에 입실하거나 퇴실하는 경우에 고압작업자의 수를 점검하는 업무
	라. 작업실에서 공기조절을 하기 위한 밸브나 콕을 조작하는 사람과 연락하여 작업실 내부의 압력을 적정한 상태로 유지하도록 하는 업무
	마. 공기를 기압조절실로 보내거나 기압조절실에서 내보내기 위한 밸브나 콕을 조작하는 사람과 연락하여 고압작업자에 대하여 가압이나 감압을 다음과 같이 따르도록 조치하는 업무
	  (1) 가압을 하는 경우 1분에 제곱센티미터당 0.8킬로그램 이하의 속도로 함
	  (2) 감압을 하는 경우에는 고용노동부장관이 정하여 고시하는 기준에 맞도록 함
	바. 작업실 및 기압조절실 내 고압작업자의 건강에 이상이 발생한 경우 필요한 조치를 하는 업무

19. 밀폐공간 작업	가. 산소가 결핍된 공기나 유해가스에 노출되지 않도록 작업 시작 전에 해당 근로자의 작업을 지휘하는 업무 나. 작업을 하는 장소의 공기가 적절한지를 작업 시작 전에 측정하는 업무 다. 측정장비·환기장치 또는 송기마스크 등을 작업 시작 전에 점검하는 업무 라. 근로자에게 송기마스크 등의 착용을 지도하고 착용 상황을 점검하는 업무

02 | 공장 설비의 안전성 평가

[공정 안전 보고서(P.S.M : Process Safety Management)]
유해 위험한 설비 및 물질을 소유한 사업주는
- 근로자가 사망 또는 부상을 입을 수 있거나
- 인근지역의 주민이 인적 피해를 입을 수 있는
- 유해 위험한 설비에서의 누출, 화재, 폭발 등에 관한 중대산업사고에 대하여
- 공정 안전 보고서를 고용노동부 장관에게 제출하여야 한다.

1. 공정 안전보고서 제출대상 사업장 보유 설비

(1) 원유정제 처리업
(2) 기타 석유정제물 재처리업
(3) 석유화학계 기초화학물 또는 합성수지 및 기타 플라스틱 물질 제조업.
(4) 질소 화합물, 질소 인산 및 칼리질 화학비료 제조업 중 질소질 비료 제조
(5) 복합비료 및 기타 화학비료 제조업 중 복합비료 제조(단순혼합 또는 배합에 의한 경우는 제외한다)
(6) 화학 살균 살충제 및 농업용 약제 제조업[농약 원제(原劑) 제조만 해당한다]
(7) 화약 및 불꽃제품 제조업

2. 유해 위험물질 규정 수량

번호	유해 · 위험물질명	규정수량(kg)
1	인화성 가스	취급 : 5,000, 저장 : 200,000
2	인화성 액체	취급 : 5,000, 저장 : 200,000
3	메틸이소시아네이트	150
4	포스겐	750
5	아크릴로니트릴	20,000
6	암모니아	200,000
7	염소	20,000
8	이산화황	250,000
9	삼산화황	75,000
10	이황화탄소	5,000
11	시안화수소	1,000
12	불화수소	1,000
13	염화수소	20,000
14	황화수소	1,000

번호	유해 · 위험물질명	규정수량(kg)
15	질산암모늄	500,000
16	니트로글리세린	10,000
17	트리니트로톨루엔	50,000
18	수소	50,000
19	산화에틸렌	10,000
20	포스핀	50
21	실란(Silane)	50

3. 공정 안전보고서 제출대상 제외 사업장

다음 사업장은 유해하거나 위험한 설비로 보지 않는다.

(1) 원자력 설비

(2) 군사시설

(3) 사업주가 해당 사업장 내에서 직접 사용하기 위한 난방용 연료의 저장설비 및 사용설비

(4) 도매 소매시설

(5) 차량 등의 운송설비

(6) 「액화석유가스의 안전관리 및 사업법」에 따른 액화석유가스의 충전 저장시설

(7) 「도시가스사업법」에 따른 가스공급시설

(8) 그 밖에 고용노동부장관이 누출 화재 폭발 등의 사고가 있더라도 그에 따른 피해의 정도가 크지 않다고 인정하여 고시하는 설비

4. 공정 안전 보고서의 내용(4가지)

(1) 공정 안전 자료

(2) 공정 위험성 평가서

(3) 안전 운전 계획서

(4) 비상조치 계획서

5. 공정안전 보고서의 확인결과

(1) 적합 : 현장과 일치

(2) 부적합 : 현장과 불일치

(3) 조건부 적합 : 조건부 확인일 이후에 조치하여도 안전상 문제가 없는 경우

6. 공정안전 보고서의 심사결과 구분

   (1) 적정 : 보고서의 심사기준을 충족시킨 경우

   (2) 부적정 : 보고서의 심사기준을 충족시키지 못한 경우

   (3) 조건부 적정 : 부분적인 보완이 필요하다고 판단되는 경우

7. 공정 안전 보고서 내용

1) 공정안전자료

   ① 취급 · 저장하고 있는 유해 · 위험물질의 종류 및 수량

   ② 유해 · 위험물질에 대한 물질안전보건자료(MSDS)

   ③ 유해 · 위험설비의 목록 및 사양

   ④ 운전방법을 알 수 있는 공정도면

   ⑤ 각종 건물 · 설비의 배치도

   ⑥ 방폭지역 구분도 및 전기단선도

   ⑦ 위험설비 안전설계 · 제작 및 설치 관련 지침서

   ⑧ 기타 노동부장관이 필요하다고 인정하는 서류

2) 공정위험성 평가서

   ① 체크리스트(Check List)   ② 상대 위험 순위 결정

   ③ 작업자 실수 분석 (HEA)   ④ 사고예상 질문 분석(What -if)

   ⑤ 위험과 운전 분석 (HAZOP)   ⑥ 이상 위험도 분석(FMECA)

   ⑦ 결함수 분석(FTA)   ⑧ 사건수 분석(ETA)

   ⑨ 원인결과 분석(CCA)

3) 안전운전계획

   ① 안전운전지침서

   ② 설비점검, 검사, 보수, 유지계획 및 지침서

   ③ 안전작업 허가지침

   ④ 도급업체 안전관리계획

   ⑤ 근로자 교육계획

   ⑥ 가동전 점검

   ⑦ 변경요서 관리계획

   ⑧ 자체감사 및 사고조사계획

   ⑨ 기타 안전운전에 필요한 사항

4) 비상조치계획

① 비상조치를 위한 장비, 인력소요 현황

② 사고발생시 비상조치를 위한 조직의 임무 및 수행절차

③ 사고발생시 각 부서, 관련기관과의 비상연락체계

④ 비상조치계획에 따른 교육계획

⑤ 주민홍보계획

8. 위험성 평가 기법 종류(참고)

1) 정성적 분석(Hazard Identification Method)

① 체크리스트 평가(Check List)

② 사고예상질문분석(What-if 분석)

③ 상대위험순위(Dow and Mond Indices)

④ 위험과 운전분석(Hazard & Operability studies : HAZOP)

⑤ 이상과 위험도분석 (Failure Modes Effects & Criticality Analysis)

⑥ 위험요인 도출하고 위험요인에 대한 안전대책 수립·시행

2) 정량적 분석(Risk Assessment)

① 결함수 분석(Fault Tree Analysis : FTA)

② 사건수 분석(Event Tree Analysis : ETA)

③ 원인-결과분석(Cause-Consequence Analysis : CCA)

9. 공정 안전 보고서 제출 절차

유해 위험설비 설치, 이전 주요구조 부분 변경 시

(1) 착공 30일 전까지 2부 공단에 제출

(2) 접수 후 30일 이내 심사 및 사업주에게 송부

(3) 5년간 서류 보존

10. 공정 안전 보고서의 이행 상태 평가

(1) 고용노동부 장관은 확인 후 1년이 경과한 날부터 2년 이내에 공정 안전 보고서 이행 상태의 평가 실시

(2) 이행 상태평가 후 4년마다 이행 상태 평가(사업주의 요청이나 변경 요소 관리 계획 미준수 등에 따라 1년 또는 2년마다 실시 가능)

(3) 이행 상태의 평가는 공정 안전보고서의 세부 내용에 관하여 실시

11. 공정 안전 보고서의 시기 확인

내용	확인 시기
신규로 설치될 유해 위험설비에 대해서는 설치 과정 및 설치 완료 후 시운전 단계	각 1회
기존에 설치되어 사용 중인 유해 위험설비에 대해서는 심사 완료 후	6개월 이내
유해 위험설비와 관련한 공정의 중대한 변경의 경우에는 변경 완료 후	1개월 이내
유해 위험설비 또는 이와 관련된 공정에 중대한 사고 또는 결함이 발생한 경우	1개월 이내

공단은 사업주로부터 확인요청을 받은 날부터 1개월 이내에 현장과 일치하는지 여부를 확인하고, 확인한 날부터 15일 이내에 그 결과를 사업주에게 통보하고 지방고용노동관서의 장에게 보고해야 한다.

12. 물질안전보건자료 (MSDS : Material Safty Data Sheet)

1) 물질안전보건자료 작성 및 제출

(1) 작성내용

① 제품명

② 구성성분의 명칭 및 함유량

③ 안전 및 보건상의 취급주의 사항

④ 건강 환경에 대한 유해성, 물리적 위험성

⑤ 물리 화학적 특성 등 고용노동부령으로 정하는 사항

가. 물리 · 화학적 특성

나. 독성에 관한 정보

다. 폭발 · 화재 시의 대처방법

라. 응급조치 요령

마. 그 밖에 고용노동부장관이 정하는 사항

2) 물질안전보건자료를 게시하거나 갖추어 두는 방법

(1) 대상 물질을 취급하는 작업공정이 있는 장소

(2) 작업장 내 근로자가 가장 보기 쉬운 장소

(3) 근로자가 작업 중 쉽게 접근할 수 있는 장소에 설치된 전산장비

3) 물질안전보건자료의 작성 · 제출 제외 대상 화학물질

(1) 「건강기능식품에 관한 법률」 따른 건강기능식품

(2) 「농약관리법」 따른 농약

(3) 「마약류 관리에 관한 법률」 따른 마약 및 향정신성의약품

(4) 「비료관리법」 따른 비료

(5) 「사료관리법」 따른 사료

(6) 「생활주변방사선 안전관리법」 따른 원료물질

(7) 「생활화학제품 및 살생물제의 안전관리에 관한 법률」에 따른 안전확인대상 생활화학제품 및 살생물제품 중 일반소비자의 생활용으로 제공되는 제품

(8) 「식품위생법」 따른 식품 및 식품첨가물

(9) 「약사법」 따른 의약품 및 의약외품

(10) 「원자력안전법」 따른 방사성물질

(11) 「위생용품 관리법」 따른 위생용품

(12) 「의료기기법」 따른 의료기기
    첨단재생의료 및 첨단바이오의약품 안전 및 지원에 관한 법률에 따른 첨단바이오의약품

(13) 「총포 도검 · 화약류 등의 안전관리에 관한 법률」 따른 화약류

(14) 「폐기물관리법」 따른 폐기물

(15) 「화장품법」 따른 화장품

(16) 고용노동부장관이 정하여 고시하는 연구 · 개발용 화학물질 또는 화학제품.

(17) 그 밖에 고용노동부장관이 독성 · 폭발성 등으로 인한 위해의 정도가 적다고 인정하여 고시하는 화학물질

4) 물질안전보건자료 대상 물질의 관리 요령 게시

(1) 작업공정별 관리 요령에 포함되어야 할 사항

① 제품명

② 건강 및 환경에 대한 유해성, 물리적 위험성

③ 안전 및 보건상의 취급주의 사항

④ 적절한 보호구

⑤ 응급조치 요령 및 사고 시 대처방법

(2) 작업공정별 관리 요령을 작성할 때에는 물질안전보건자료에 적힌 내용을 참고해야 한다.

(3) 작업공정별 관리 요령은 유해성 위험성이 유사한 물질안전보건자료 대상물질의 그룹별로 작성하여 게시할 수 있다.

5) 물질안전보건자료의 작성방법 및 기재사항

(1) 물질안전보건자료 대상물질을 제조 수입하려는 자가 물질안전보건자료를 작성하는 경우에는 그 물질안전보건자료의 신뢰성이 확보될 수 있도록 인용된 자료의 출처를 함께 적어야 한다.

(2) 그 밖에 물질안전보건자료의 세부 작성방법, 용어 등 필요한 사항은 고용노동부장관이 정하여 고시한다. [시행일 : 2021. 1. 16] 제156조

6) 물질안전보건자료 작성항목 16가지

(1) 화학제품과 회사에 관한 정보
(2) 구성성분의 명칭 및 함유량
(3) 위험 · 유해성
(4) 응급조치요령
(5) 폭발 · 화재시 대처방법
(6) 누출사고 시 대처방법
(7) 취급 및 저장방법
(8) 노출방지 및 개인보호구
(9) 물리 · 화학적 특성
(10) 안정성 및 반응성
(11) 독성에 관한 정보
(12) 환경에 미치는 영향
(13) 폐기 시 주의사항법
(14) 운송에 필요한 정보
(15) 법적규제 현황
(16) 기타 참고사항

7) 물질안전보건자료의 기재내용을 변경할 필요가 있는 사항 중 상대방에게 제공하여야 할 내용

(1) 화학제품과 회사에 관한 정보
(2) 구성성분의 명칭 및 함유량
(3) 위험 · 유해성
(4) 응급조치요령
(5) 폭발 · 화재 시 대처방법
(6) 누출사고 시 대처방법
(7) 취급 및 저장방법
(8) 노출방지 및 개인보호구
(9) 법적규제 현황

8) 물질안전보건자료에 교육해야 할 내용(화학물질을 함유한 제제를 양도하거나 제공받은 경우)

(1) 대상화학물질의 명칭
(2) 물리적 위험성 및 건강 유해성
(3) 취급상의 주의사항
(4) 적절한 보호구
(5) 응급조치요령 및 사고 시 대처방법
(6) 물질안전보건자료 및 경고표지를 이해하는 방법

13. 유해 위험 방지 계획서

1) 대상 사업장(제조업)

전기계약용량 300kW 이상인 13대 업종으로써 제품생산 공정과 직접적으로 관련된 건설물 · 기계 · 기구 및 설비 등 일체를 설치 · 이전 또는 전기정격용량의 합 100kW 이상 증설 · 교체 · 개조 · 이설하는 경우 유해 위험 방지 계획서를 작성 제출해야 한다.

① 1차 금속 제조업
② 금속가공제품 제조업 : 기계 및 가구 제외
③ 비금속 광물제품 제조업
④ 전자부품 제조업
⑤ 반도체 제조업
⑥ 자동차 및 트레일러 제조업
⑦ 목재 및 나무제품 제조업
⑧ 화학물질 및 화학제품 제조업
⑨ 기타 기계 및 장비 제조업
⑩ 고무제품 및 플라스틱제품 제조업
⑪ 식료품 제조업
⑫ 가구 제조업
⑬ 기타 제품 제조업

1-1) 제조업의 대상 기계기구 설비 제출서류

(제조업 등 유해위험방지계획서, 작업시작 15일 전까지 공단에 2부 제출)

① 건축물 각 층의 평면도

② 기계 · 설비의 개요를 나타내는 서류

③ 기계 · 설비의 배치도면

④ 원재료 및 제품의 취급, 제조 등의 작업방법의 개요

⑤ 그 밖에 고용노동부장관이 정하는 도면 및 서류

2) 대상사업장(기계기구 및 설비)

① 금속이나 그 밖의 용해로

② 화학설비

③ 건조설비

④ 가스집합 용접장치

⑤ 근로자의 건강에 상당한 장해를 일으킬 우려가 있는 물질로서 고용노동부령으로 정하는 물질의 밀폐, 환기, 배기를 위한 설비제조 등 금지물질 또는 허가대상물질 관련 설비

2-1) 제출서류

(해당 사업시작 15일 전까지 공단에 2부 제출)

① 설치장소와 개요를 나타내는 서류

② 설비의 도면

③ 그 밖의 고용노동부장관이 정하는 도면 및 서류

3) 대상사업장(건설업)

① 지상높이가 31미터 이상인 건축물 또는 인공구조물

② 연면적 3만m²만 제곱미터 이상인 건축물

③ 연면적 5천m² 이상

- 문화 및 집회시설(전시장 및 동물원, 식물원은 제외한다),
- 판매시설, 운수시설(고속철도의 역사 및 집배송 시설은 제외한다)
- 종교시설, 의료시설 중 종합병원, 숙박시설 중 관광숙박시설, 지하도 상가 또는
- 냉동 · 냉장창고시설의 건설 · 개조 또는 해체(이하 "건설 등"이라 한다)
- 냉동 · 냉장창고시설의 설비공사 및 단열공사

④ 최대 지간길이가 50미터 이상인 교량 건설 등 공사

⑤ 터널 건설 등의 공사

⑥ 다목적댐, 발전용 댐 및 저수용량 2천만 톤 이상의 용수 전용 댐, 지방상수도 전용 댐 건설 등의 공사

⑦ 깊이 10미터 이상인 굴착공사

3-1) 건설업 유해위험방지 계획서 제출서류

(착공 전날까지 공단에 2부 제출 15일 이내 심사 통지)

① 공사개요서
② 공사현장 주변환경 및 주변과의 관계를 나타내는 도면
③ 건설물, 사용 기계설비 등의 배치를 나타내는 도면
④ 전체 공정표
⑤ 산업안전관리비 사용 계획서
⑥ 안전관리 조직표
⑦ 재해 발생 위험시 연락 및 대피방법

4) 작업공사 종류별 유해 위험 방지계획

구분	작업 공사 종류대상공사
건축물 공사	① 가설공사 ② 구조물 공사 ③ 마감공사 ④기계설비공사 ⑤ 해체공사
냉동 · 냉장창고 설비공사	① 가설공사 ② 단열공사 ③ 기계설비공사
다리공사	① 가설공사 ② 다리 하부공사 ③ 다리 상부공사
터널공사	① 가설공사 ② 굴착 및 발파 공사 ③ 구조물 공사
댐 건설 공사	① 가설공사 ② 굴착 및 발파 공사 ③ 댐 축조 공사
굴착 공사	① 가설공사 ② 굴착 및 발파 공사 ③ 흙막이 지보공 공사

5) 유해위험방지계획서 심사결과 구분

(1) 적정 : 근로자의 안전과 보건을 위하여 필요한 조치가 구체적으로 확보되었다고 인정되는 경우
(2) 부적정 : 근로자의 안전과 보건을 확보하기 위하여 일부 개선이 필요하다고 인정된 경우
(3) 조건부 적정 : 기계 설비 또는 건축물의 심사기준에 위반되어 공사 착공 시 중대한 위험 발생의 우려가 있거나 계획에 근본적 결함이 있다고 인정되는 경우

6) 유해 위험한 기계, 기구 등의 방호 장치

다음의 대상 기계기구는 반드시 방호조치가 되어야 하고 방호조치 없이 양도, 대여, 설치, 사용금지 및 양도 대여 목적으로 진열 금지

번호	대상	방호조치
1	예초기	날 접촉 예방장치
2	원심기	회전체 접촉 예방장치
3	지게차	헤드가드, 백레스트, 전조등, 후미등, 안전벨트
4	금속절단기	날 접촉 예방장치
5	공기 압축기	압력 방출 장치
6	포장기계	구동부 방호장치

14. 근로자 보건관리

1) 작업환경측정 대상 작업장

(1) "고용노동부령으로 정하는 작업장"이란 작업환경측정 대상 유해인자에 노출되는 근로자가 있는 작업장을 말한다. 다만, 다음 각 호의 어느 하나에 해당하는 경우에는 작업환경측정을 하지 않을 수 있다.

① 관리대상 유해물질의 허용소비량을 초과하지 않는 작업장

② 임시 작업 및 단시간 작업을 하는 작업장

③ 분진작업의 적용 제외 작업장

④ 그 밖에 작업환경측정 대상 유해인자의 노출 수준이 노출기준에 비하여 현저히 낮은 경우로서 고용노동부장관이 정하여 고시하는 작업장

(2) 안전보건진단기관이 안전보건진단을 실시하는 경우에 작업장의 유해인자 전체에 대하여 고용노동부장관이 정하는 방법에 따라 작업환경을 측정하였을 때에는 사업주는 해당 측정주기에 실시해야 할 해당 작업장의 작업환경측정을 하지 않을 수 있다.

2) 작업환경측정 주기 및 횟수

(1) 사업주는 작업장 또는 작업공정이 신규로 가동되거나 변경되는 등으로 작업환 측정 대상 작업장이 된 경우에는 그 날부터 30일 이내에 작업환경측정을 하고, 그 후 반기에 1회 이상 정기적으로 작업환경을 측정해야 한다. 다만, 작업환경측정 결과가 다음 각 호의 어느 하나에 해당하는 작업장 또는 작업공정은 해당 유해인자에 대하여 그 측정일부터 3개월에 1회 이상 작업환경측정을 해야 한다.

① 화학적 인자의 측정치가 노출기준을 초과하는 경우

② 화학적 인자의 측정치가 노출기준을 2배 이상 초과하는 경우

(2) 사업주는 최근 1년간 작업공정에서 공정 설비의 변경, 작업방법의 변경, 설비의 이전, 사용 화학물질의 변경 등으로 작업환경측정 결과에 영향을 주는 변화가 없는 경우로서 다음의 어느 하나에 해당하는 경우에는 해당 유해인자에 대한 작업환경측정을 연(年) 1회 이상 할 수 있다.

① 작업공정 내 소음의 작업환경측정 결과가 최근 2회 연속 85데시벨(dB) 미만인 경우

② 작업공정 내 소음 외의 다른 모든 인자의 작업환경측정 결과가 최근 2회 연속 노출기준 미만인 경우

3) 작업환경측정 결과의 보고

① 작업환경측정을 한 경우에는 작업환경측정 결과보고서에 작업환경측정 결과표를 첨부하여 시료채취 방법으로 시료채취를 마친 날부터 30일 이내에 관할 지방고용노동관서의 장에게 제출해야 한다.

② 작업환경측정기관이 작업환경측정을 한 경우에는 시료채취를 마친 날부터 30일 이내에 작업환경측정 결과표를 전자적 방법으로 지방고용노동관서의 장에게 제출해야 한다.

③ 작업환경측정 결과 노출기준을 초과한 작업공정이 있는 경우에는 해당시설 설비의 설치 · 개선 또는 건강진단의 실시 등 적절한 조치를 하고 시료채취 마친 날부터 60일 이내에 해당 작업 공정의 개선을 증명할 수 있는 서류 또는 개선 계획을 관할 지방고용노동관서의 장에게 제출해야 한다.

4) 작업환경측정기관의 지정 취소 등의 사유

① 작업환경측정 관련 서류를 거짓으로 작성한 경우
② 정당한 사유 없이 작업환경측정 업무를 거부한 경우
③ 위탁받은 작업환경측정 업무에 차질을 일으킨 경우
④ 작업환경측정 방법 등을 위반한 경우
⑤ 작업환경측정기관의 측정 · 분석능력 확인을 1년 이상 받지 않거나 작업환경측정기관의 측정 · 분석능력 확인에서 부적합 판정을 받은 경우
⑥ 작업환경측정 업무와 관련된 비치서류를 보존하지 않은 경우
⑦ 법에 따른 관계 공무원의 지도 · 감독을 거부 · 방해 또는 기피한 경우

03 | 건강진단

1. 건강진단 종류별 진단방법

일반건강진단	• 일반건강진단은 상시 사용하는 근로자의 건강관리를 위하여 사업주가 주기적으로 실시하는 건강진단 • 사무직 근로자는 2년에 1회 이상, 그 밖의 근로자는 1년에 1회 이상 건강진단을 주기적으로 받아야 한다.
특수건강진단	• 특수건강진단은 유해물질, 분진, 소음, 야간작업 등 유해인자가 노출되는 공정에 종사하는 근로자를 대상으로 실시하는 건강진단 • 특수건강진단 대상 유해인자에 노출되는 업무 종사 근로자, 직업병 유소견 판정의 원인이 된 유해인자에 대한 건강진단이 필요하다는 의사의 소견이 있는 근로자 해당
배치 전 건강진단	배치 전 건강진단은 특수건강진단 대상업무에 종사할 근로자에 대하여 배치 예정업무에 대한 적합성 평가를 위한 건강진단
수시건강진단	수시건강진단은 특수건강진단 대상 업무로 인하여 해당 유해 인자에 의한 직업성 천식, 직업성 피부염, 건강장해를 의심하게 하는 증상을 보이거나 의학적 소견이 있는 근로자에게 진단
임시건강진단	임시건강진단은 특수건강진단대상 유해인자 등의 중독 여부, 질병에 걸렸는지 여부 또는 질병의 발생원인 등을 확인하기 위해 지방고용노동관서장의 명령에 의해 실시되는 건강진단

2. 특수건강진단의 시기 및 주기

구분	대상 유해인자	시기 배치 후 첫 번째 특수 건강진단	주기
1	N,N − 디메틸아세트 아미드, N,N − 디메틸포름아미드	1개월 이내	6개월
2	벤젠	2개월 이내	6개월
3	1,1,2,2 − 테트라클로로에탄, 사염화탄소, 아크릴로니트릴, 염화비닐	3개월 이내	6개월
4	석면, 면 분진	12개월 이내	12개월
5	광물성 분진, 나무 분진, 소음 및 충격소음	12개월 이내	24개월
6	제1호 내지 제5호의 대상 유해 인자를 제외한 산업안전보건법 시행규칙 별표 12의2 모든 대상 유해인자	6개월 이내	12개월

3. 건강진단 결과에 따른 사후관리

① 사업주는 건강진단 결과표에 따라 근로자의 건강을 유지하기 위하여 필요하면 조치를 하고, 근로자에게 해당 조치 내용에 대하여 설명해야 한다.
② 특수건강진단, 수시건강진단, 임시건강진단의 결과 특정 근로자에 대하여 근로 금지 및 제한, 작업 전환, 근로시간 단축, 직업병 확진 의뢰 안내의 조치가 필요하다는 건강진단을 실시한 의사의 소견이 있는 건강진단 결과표를 송부받은 사업주를 말한다.
③ 사업주는 건강진단 결과표를 송부받은 날부터 30일 이내에 사후관리 조치결과보고서에 건강진단 결과표, 조치의 실시를 증명할 수 있는 서류 또는 실시 계획 등을 첨부하여 관할 지방고용노동관서의 장에게 제출해야 한다.
④ 그 밖에 사후관리 조치결과 보고서 등의 제출에 필요한 사항은 고용노동부장관이 정한다.

4. 질병자 등의 근로 제한

1) 사업주는 건강진단 결과 유기화합물 · 금속류 등의 유해물질에 중독된 사람, 해당 유해물질에 중독될 우려가 있다고 의사가 인정하는 사람, 진폐의 소견이 있는 사람
또는 방사선에 피폭된 사람을 해당 유해물질 또는 방사선을 취급하거나 해당 유해물질의 분진 · 증기 또는 가스가 발산되는 업무 또는 해당 업무로 인하여 근로자의 건강을 악화시킬 우려가 있는 업무에 종사하도록 해서는 안 된다.
2) 사업주는 다음의 어느 하나에 해당하는 질병이 있는 근로자를 고기압 업무에 종사하도록 해서는 안 된다.
① 감압증이나 그 밖에 고기압에 의한 장해 또는 그 후유증
② 결핵, 급성상기도감염, 진폐, 폐기종, 그 밖의 호흡기계의 질병

③ 빈혈증, 심장판막증, 관상동맥경화증, 고혈압증, 그 밖의 혈액 또는 순환기계의 질병

④ 정신신경증, 알코올중독, 신경통, 그 밖의 정신신경계의 질병

⑤ 메니에르씨병, 중이염, 그 밖의 이관 협착을 수반하는 귀 질환

⑥ 관절염, 류마티스, 그 밖의 운동기계의 질병

⑦ 천식, 비만증, 바세도우씨병, 그 밖에 알레르기성 · 내분비계 · 물질대사 또는 영양장해 등과 관련된 질병

---

04 | 위험성 평가

1. 위험성 평가란?

유해 위험요인을 파악하고 해당 유해 위험요인에 의한 부상 또는 질병의 발생 가능성(빈도)과 중대성(강도)을 추정 결정하고 감소대책을 수립하여 실행하는 일련의 과정을 말한다.

2. 위험성 평가 절차

① 평가대상의 선정 등 사전준비
② 근로자의 작업과 관계되는 유해 위험 요인의 파악
③ 파악된 유해 위험요인별 위험성 추정
④ 추정한 위험성이 허용 가능한 위험성인지 여부 결정
⑤ 위험성 감소대책의 수립 및 실행
⑥ 위험성 평가 실시내용 및 결과에 관한 기록

3. 위험성 평가의 방법

1) 사업주는 다음과 같은 방법으로 위험성 평가를 실시하여야 한다.

① 안전보건관리책임자 등 해당 사업장에서 사업의 실시를 총괄 관리하는 사람에게 위험성 평가의 실시를 총괄 관리하게 할 것

② 사업장의 안전관리자, 보건관리자 등이 위험성 평가의 실시에 관하여 안전보건관리책임자를 보좌하고 지도 · 조언하게 할 것

③ 관리감독자가 유해 · 위험요인을 파악하고 그 결과에 따라 개선조치를 시행하게 할 것

④ 기계 · 기구, 설비 등과 관련된 위험성 평가에는 해당 기계 · 기구, 설비 등에 전문지식을 갖춘 사람을 참여하게 할 것

⑤ 안전 · 보건관리자의 선임의무가 없는 경우에는 제2호에 따른 업무를 수행할 사람을 지정하는 등 그 밖에 위험성 평가를 위한 체제를 구축할 것

2) 위험성 평가를 실시하기 위한 필요한 교육을 실시하여야 한다.

이 경우 위험성 평가에 대해 외부에서 교육을 받았거나, 관련 학문을 전공하여 관련 지식이 풍부한 경우에는 필요한 부분만 교육을 실시하거나 교육을 생략할 수 있다.

3) 위험성 평가를 실시하는 경우에는 산업안전 · 보건 전문가 또는 전문기관의 컨설팅을 받을 수 있다.

4) 사업주가 다음의 어느 하나에 해당하는 제도를 이행한 경우에는 그 부분에 대하여 이 고시에 따른 위험성 평가를 실시한 것으로 본다.

　① 위험성평가 방법을 적용한 안전 · 보건진단

　② 공정안전보고서

　　다만, 공정안전보고서의 내용 중 공정위험성 평가서가 최대 4년 범위 이내에서 정기적으로 작성된 경우에 한한다.

　③ 근골격계 부담작업 유해요인조사

　④ 그 밖에 법과 이 법에 따른 명령에서 정하는 위험성평가 관련 제도

4. 위험성 평가의 사전 준비

위험성 평가를 효과적으로 실시하기 위하여 최초 위험성 평가 시 다음 각 호의 사항이 포함된 위험성 평가 실시규정을 작성하여야 한다.

① 평가의 목적 및 방법

② 평가담당자 및 책임자의 역할

③ 평가시기 및 절차

④ 주지방법 및 유의사항

⑤ 결과의 기록 · 보존

5. 위험성 평가 실시내용 및 결과의 기록 · 보존

1) 위험성 평가의 결과와 조치 사항을 기록 보존 시 포함사항

　① 위험성 평가대상의 유해 · 위험요인

　② 위험성 결정의 내용

　③ 위험성 결정에 따른 조치의 내용

　④ 그 밖에 위험성 평가의 실시내용을 확인하기 위하여 필요한 사항으로서 고용노동부장관이 정하여 고시하는 사항

2) 자료를 3년간 보존해야 한다.

2

인간공학 및 시스템 안전공학

산업안전기사

01 안전과 인간공학

1. 인간공학 정의

1) 정의 ★☆☆

인간이 편리하게 사용할 수 있도록 기계설비 및 환경조건을 인간의 특성에 맞추어 설계하는 과정을 인간공학이라 한다.

2) 목적

(1) 사회적 인간적 측면

① 사용상의 효율성 및 편리성 향상

② 안정감 만족도 증강시켜 인간의 가치 기준을 향상

③ 인간 기계 시스템에 대하여 인간의 복지, 안락함, 효율을 향상시키는 것

(2) 인간공학의 연구목적(산업현장 및 작업장 측면) ★★☆

① 안전성 향상 및 사고예방

② 작업능률 및 생산성 증대

③ 작업환경의 쾌적성

3) 인간공학 연구방법

조사 연구	집단속성에 관한 특성을 연구
실험 연구	특정 현상을 정확히 이해하고 예측하기 위한 연구
평가 연구	실제의 제품이나 시스템이 추구하는 특성 및 수준이 달성되었는지를 비교, 분석하는 연구로서 시스템이나 제품의 영향평가

2. 인간 기계 체계(Man-Machine System)

1) 정의

주어진 입력(눈)으로부터 원하는 출력(행동기능)을 생성하기 위한 인간과 기계, 환경 및 부품의 상호작용이다.

2) 목적

안전의 최대화와 능률의 극대화 및 재해 예방

3. 인간 기계의 기능 비교

구분	인간이 기계보다 우수한 기능	기계가 인간보다 우수한 기능
감지기능	① 저 에너지 자극감시 ② 복잡 다양한 자극형태 식별 ③ 갑작스러운 이상 현상이나 예기치 못한 사건 감지	① 인간의 감지할 수 없는 범위 밖의 자극을 감지 ② 인간 및 기계에 대한 모니터 기능
정보기능	① 많은 양의 정보 장시간 저장	① 암호화된 정보를 신속하게 대량 보관
정보처리 및 결심	① 정성적(관찰을 통해 일반화 다양한 문제해결) ② 귀납적 추리 (여러 가지 사물을 통하여 결론을 내는 것)	① 정량적, 연역적 추리(결론부터 정해 놓고 그 이유를 설명해내는 방법) ② 반복작업의 수행에 높은 신뢰성 ③ 입력 신호에 신속하고 일관성 있게 반응
행동기능	① 과부하 상태에서는 중요한 일에만 전념 ② 다양한 종류의 운용 요건에 따라 신체적인 반응을 적용 ③ 전혀 다른 새로운 해결책을 찾아냄	① 과부하 상태에서도 효율적 작동, 장시간 중량 작업 ② 반복작업, 동시에 여러 가지 작업 기능

※ 인간은 융통성은 있으나 일관성 있는 작업은 어렵다.
　기계는 일관성 있는 작업은 가능하나 융통성은 없다.

4. 인간 기계 시스템의 유형 및 기능

1) 인간 기계의 기본기능 형태 비교

기본기능	형태
정보입력	① 물체, 정보, 에너지 등 원하는 결과를 얻기 위한 정보입력
정보감지	① 인간 : 오관(감각기관) ② 기계 : x선, 레이다, 초음파, 자동개폐장치 등
정보보관(기억)	① 인간 : 기억 ② 기계 : 키핀, 자기테이프, 기록, 데이터 자료표 ③ 저장방법 : 부호화 암호화(시각코드, 음성코드, 의미코드)
정보처리 및 의사결정	① 감지한 정보를 수행, 종류, 조작을 말한다. ② 인간의 정보처리 능력의 한계 0.5초(★) ③ 인간의 심리적 정성적 정보처리 ④ 기계 : 프로그램, 기어, 회로, 컴퓨터
행동기능	① 결정된 결과에 따라 행동(인간), 작동(기계) ② 신호, 통신에 의한 행동(음성, 신호, 제어)
저장(출력)	① 전달된 통신과 같은 체계의 성과나 결과로 저장 출력

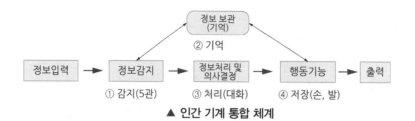

▲ 인간 기계 통합 체계

2) 인간 기계 통합 시스템의 유형 ★★★

수동 시스템	① 사람의 힘을 이용 작업통제 (동력원 제어방법 : 수공구, 보조물) ② 가장 다양성 있는 체계로 역할 할 수 있는 능력 발휘 ③ (장인과 공구)
반자동 시스템	① 반자동 시스템, 고도로 통합된 시스템으로 변화가 적은 기능들을 수행 ② (융통성 없는 체계) ③ 동력은 기계가 제공 조정장치를 사용한 통제는 인간이 담당 ④ (자동차, 공작기계)
자동 시스템	① 기계가 감지, 정보처리 및 의사결정 행동을 포함한 모든 임무수행 ② 대부분 폐회로 체계 ③ 신뢰성이 완전하지 못하여 감시, 프로그램 작성 및 수정, 감독, 보전정비유지 등은 인간이 담당(20% 담당) ④ (컴퓨터, 자동교환대)

3) 기계설비 고장 유형(욕조곡선)

– 욕조 모양 고장률(BTR : Bath–Tub failure Rate)

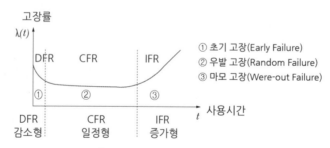

▲ 고장률 패턴과 수명 분포

유형	내용	대책
초기고장	• 감소형(DFR : Decreasing Failure Rate) • 설계상 구조상 결함, 등의 품질관리 미비로 생기는 고장형태	디버깅 기간, 번인 기간, 스크리닝(초기 점검)
우발고장	• 일정형(CFR : Constant Failure Rate) • 예측할 수 없을 때 생기는 고장형태로서 고장률이 가장 낮다.	내용수명(소집단 활동)
마모고장	• 증가형(IFR : Increasing Failure Rate) • 부품의 마모, 노화로 인한 고장률 상승형태	보전사항(PM)　정기진단(정기적인 안전검사)

4) 초기고장 예방보전

디버깅 (Debugging)	초기고장 경감을 위해 아이템 구성품을 사용 전 또는 사용개시 후의 초기에 동작시켜 결함을 검출 제거하여 바로잡는 것
번인 (Burn in)	장시간 모의상태 하에서 많은 구성품을 동작시켜 통과한 구성품만을 장치의 조립에 사용하는 것
에이징 (Aging)	사전 시운전으로 결함을 잡는 것(비행기에서 3년 시운전)
스크리닝 (Screening)	기기의 신뢰성을 높이기 위해 품질이 떨어지거나 고장발생 초기의 것을 선별 제거하는 것

5) 체계의 성격(자동제어의 종류)

(1) 개회로(Open loop sequence control)

정의	① 최초 정해진 입력상태 순서에 따라 제어를 차례로 행하는 것으로 수정이 불가능(세탁기, 신호기) ② 인원 감소, 품질의 균일, 생산량의 증가 효과
분류	① 제어의 순서, 시간이 기억되며 순서를 정해진 시간에 동작 수행 ② 검출기의 종류에 따라 제어 명령이 결정된다.

(2) 폐회로(Closed loop control)

정의	스스로 제어가 수행되며 제어결과에 따라 동작이나 상태를 비교 수정하여 나가는 제어방식(에어컨 난방기)
분류	① 서보 기구(Servo mechanism) : 물체의 위치 방향, 자세 등의 기계적 변위 제어 ② 프로세스 제어(Process control) : 온도 유량 습도 밀도 등의 제어 ③ 자동제어(Automatic Regulation) : 전압, 주파수, 속도 등의 제어

6) Man‒Machine System의 조작상 인간 에러 발생 빈도수의 순서

(1) **지식관련** : 자극의 과대과소

(2) **정보관련** : 불완전한 정보전달

(3) **표시장치** : 표시방법 및 위치의 부적당

(4) **제어장치** : 배치 및 식별의 부적당

(5) **조작환경** : 환경조건, 작업 공간의 부적당

(6) **시간관련** : 작업시간 부적당

5. 체계설계와 인간 요소

1) 체계 분석 및 설계의 인간공학적 가치

① 성능의 향상   ② 훈련 비용의 절감

③ 인력의 이용률 향상   ④ 사고 및 오용으로부터의 손실 감소

⑤ 생산 및 보전의 경제성 증대　　　⑥ 사용자의 수용도 향상

2) 체계설계의 주요 단계(인간 기계시스템의 설계 6단계) ★★★

① 1단계 : 목표 및 성능명세의 결정

② 2단계 : 체계의 정의

③ 3단계 : 기본설계(작업설계, 직무분석, 기능할당)

④ 4단계 : 계면설계(인터페이스)

⑤ 5단계 : 촉진물 설계

⑥ 6단계 : 시험 및 평가

3) 체계 기준 시스템(system criteria)

(1) 체계 기준

체계가 원래 의도하는 바를 얼마나 달성하는가를 나타내는 기준으로서 체계의 수명, 신뢰도, 정비도, 가용도, 운용비 운용연장도, 소요 인력, 사용상의 용이성 등이 있다.

(2) 체계 기준의 요건(인체공학 연구조사의 기준조건) ★★★

적절성	기준이 의도된 목적에 적합하다고 판단되는 정도
무오염성	• 측정 변수가 다른 외적 변수에 영향을 받지 않도록 하는 요건을 의미하는 특성 • 측정하고자 하는 변수 외의 다른 변수의 영향을 받아서는 안 된다.(통제변위)
기준척도의 신뢰성	반복실험 시 재현성이 있어야 한다.(척도의 신뢰성 = 반복성)
민감도	예상 차이점에 비례하는 단위로 측정하여야 한다.

(3) 체계기준 시스템의 인간기준 유형(인간 성능에 의한 판단 기준) ★☆☆

① 인간 성능 척도 : 여러 가지 감각 활동, 정신 활동, 근육 활동에 의한 판단 자극에 대한 반응 시간

② 생리학적 지표 : 맥박, 혈압, 뇌파, 호흡수 등으로 판단

③ 주관적인 반응 : 개인 성능 평점 체계설계에 대한 대안에 대한 평점 등 주관적 평가로 판단

④ 사고 빈도 : 사고나 상해 발생빈도에 의한 판단

4) 신뢰성 설계

① 중복설계(병렬계)　　　② 부품의 단순화와 표준화　　③ 인간공학적 설계와 보전성 설계

5) 작업설계

① 작업 확대 : 수평적 확대(넓이)

② 작업 윤택화 : 수직적 확대(깊이)

③ 작업 만족도 : 작업 설계시의 딜레마

④ 작업 순환 : 작업능률, 생산성 강조(인간요소의 접근방법)

6) 계면설계(Interface design 사람과 기계가 만나는 면)

사용자가 쉽고 친근하게 컴퓨터를 사용할 수 있도록 설계하는 것

(1) 인간 기계 계면

(2) 인간 소프트웨어 계면

(3) 포함사항
- ① 작업 공간
- ② 표시 장치
- ③ 조종장치
- ④ 제어(console)
- ⑤ 컴퓨터 대화(dialog)

7) 촉진물 설계

① 만족스러운 인간성능을 증진시킬 수 있는 보조물의 설계를 뜻한다.

② 포함사항 : 지시수첩, 성능 보조자료, 훈련도구와 계획

8) 시험 및 평가

① 체계개발 산물이 의도대로 작동되는가를 알아보는 방법

② 인간성능에 관계되는 속성이 적합하게 설계, 사용되는지 보증, 검토하는 단계

9) 체계설계 시 고려사항(인터페이스 설계 시 고려사항)

① 신체의 역학적 특성 및 인체측정학적 특성(신체적 조화성)

② 인간 요소적인면 고려(지성적 조화성)

③ 감성적 특성에 관한 정보(감성적 조화성)

10) 인간 기계 시스템의 인간성능(Human Performance) 평가 실험변수

(1) 독립변수 : 관찰하고자 하는 현상과 원인에 해당하는 변수(실험변수)
- ① 조작변인 : 실험을 하는데 변화를 주는 것
- ② 통제변인 : 실험을 하는데 변화를 주지 않는 것

(2) 종속변수(기준 : criterion)

실험의 결과 평가의 척도나 기준으로서 관심의 대상이 되는 변수, 즉 기준이 되는 것

인간 기계시스템에서 평가의 기준이 되는 변수는 종속변수이다

예 압력을 일정하게 유지 온도를 변화시켜 부피를 측정하는 실험의 예

기압 : 1atm   온도 : 30℃   부피의 변화 : 50ℓ

기압 : 1atm   온도 : 50℃   부피의 변화 : 80ℓ

  (압력)　　　　(온도)　　　　　(부피)

(통제변인)　(조작변인)　　(종속변수)

01 연습문제

01 고장형태 중 감소형은 어느 고장기간에 나타나는가?

① 초기고장기간　　② 우발고장기간
③ 마모고장기간　　④ 피로고장기간

02 기계의 정보처리기능은 다음 중 어느 것인가?

① 귀납적 처리기능　　② 연역적 처리기능
③ 응용능력적 기능　　④ 임시응변적 기능

03 인간－기계 통합체계의 유형이 아닌 것은?

① 수동체계　　　　② 자동체계
③ 기계화체계　　　④ 특수체계

04 다음 중 인간－기계 통합체계의 인간 또는 기계에 의해서 수행되는 기본기능의 유형에 해당하지 않는 것은?

① 감지　　　　　　② 정보보관
③ 궤환　　　　　　④ 행동

05 다음 중 인간공학 연구조사에 사용되는 기준의 구비조건과 가장 거리가 먼 것은?

① 적절성　　　　　② 무오염성
③ 부호성　　　　　④ 기준척도의 신뢰성

정답　**01** ①　**02** ②　**03** ④　**04** ③　**05** ③

CHAPTER
02 정보 입력 표시

01 | 시각적 표시 장치

1. 표시 장치

1) 시각전달 경로

빛 → 각막 → 동공 → 수정체 → 유리체 → 망막 → 시세포 → 시신경 → 대뇌

(1) 망막의 감각요소

원추체(cone) 밝은 곳에서의 기능 색 구별, 황반에 집중 색맹

간상체 (rod) 조도 [수준이 낮을 때 기능, 흑백의 음영 구분, 망막 주변 야맹증

(2) 암조응(Adaptation)

눈이 어두움에 적응하는 시간 밝은 곳에서 어두운 곳으로 갈 때 보통 30~40분 소요

(3) 명조응 : 눈이 빛에 적응하는 시간으로 수초 내지 1~3분 소요

2) 눈의 구조 및 기능(카메라와의 비교)

구조	기능	카메라	구조 모양
각막	최초로 빛이 통과하는 곳으로 눈을 보호		
홍채	동공의 크기를 조절하여 빛의 양을 조절	조리개	
모양체	수정체의 두께를 조절하여 원근의 거리를 조절		
수정체	카메라 렌즈의 역할로서 빛을 굴절시킴	렌즈	
망막	상이 맺히는 곳	필름	
맥락막	망막을 둘러싼 검은 막으로 카메라의 어둠상자 역할	어둠상자	

3) 정량적 표시 장치

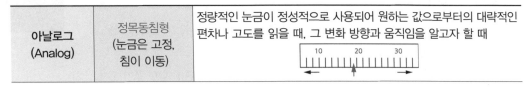

아날로그 (Analog)	정목동침형 (눈금은 고정, 침이 이동)	정량적인 눈금이 정성적으로 사용되어 원하는 값으로부터의 대략적인 편차나 고도를 읽을 때, 그 변화 방향과 움직임을 알고자 할 때

아날로그 (Analog)	정침동목형 (침은 고정 눈금이 이동)	나타내고자 하는 값의 범위가 클 때, 비교적 작은 눈금판에 모두 나타내고자 할 때 
디지털 (Digital)	계수형 (숫자로 표기)	수치를 정확하게 충분히 읽어야 할 경우 원형 표시장치보다 판독 오차가 적고 판독시간도 짧다.(원형 : 3.54초, 계수형 : 0.94초) 

2. 정성적 표시 장치

온도, 압력, 속도처럼 연속적으로 변하는 변수의 대략값인 변화추세율 등을 알고자 할 때

3. 상태표시기 : 신호등 경보등

① 색광이 빠른 순서 : 적색, 녹색, 황색, 백색
② 점멸속도 : 초당 3~10회
③ 점멸속도 지속시간 : 0.05초

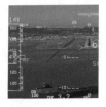

4. 묘사적 표시 장치

① 배경에 변화되는 상황을 중첩하여 나타내는 표시 장치(항공기 표시 장치)
② 항공기 이동형(외견형) : 밖에서 보이는 것
③ 지평선 이동형(내견형) : 비행기 안에서 밖을 보는 것(대부분의 항공기표시 장치)

5. 부호 기호

1) 부호의 유형 ★★☆

① 묘사적 부호	사물이나 행동을 단순하고 정확하게 묘사(위험표지판, 해골과 뼈 모양)
② 추상적 부호	전언의 기본요소를 도식적으로 압축한 부호(원 개념과 약간의 유사성)
③ 임의적 부호	이미 고안된 부호이므로 학습해야 하는 부호 (안전표지판의 삼각형 : 주의표시, 사각형 : 안내표지 등)

2) 암호체계의 일반적 사항 ★★☆

① 암호의 검출성	암호한 자극은 검출이 가능할 것(감지장치로 검출)
② 암호의 변별성	다른 암호와 구별될 수 있을 것
③ 암호의 양립성	자극과 반응이 인간의 기대와 모순되지 않는 것
④ 암호의 표준화	암호를 표준화

6. 양립성 종류 ★★☆

1) 정의

자극 – 반응들간의 관계가(공간, 운동, 개념적) 인간의 기대와 일치되는 정도로서, 양립성 정도가 높을수록 정보처리 시 정보변환(암호화, 재암호화)이 줄어들게 되어 학습이 더 빨리 진행되고, 반응시간이 더 짧아지고, 오류가 적어지며, 정신적 부하가 감소하게 된다.

공간적 양립성 (spatial)	표시 장치나 조종정치가 물리적 형태 및 공간적 배치(주방의 조리대)
운동적 양립성 (movement)	표시 장치의 움직이는 방향과 조정장치의 방향이 사용자의 기대와 일치 ① 눈금과 손잡이가 같은 방향 회전(자동차의 핸들) ② 눈금 수치는 우측으로 증가 ③ 꼭지의 시계방향 회전 지시치 증가(수도꼭지)
개념적 양립성 (conceptual)	이미 사람들이 학습을 통해 알고 있는 개념적 연상 (빨간 버튼 : 온수, 파란 버튼 : 냉수)
양식 양립성 (modality)	직무에 알맞은 자극과 응답 양식의 존재에 대한 양립성 ① 소리로 제시된 정보는 말로 반응하게 하고 ② 시각적으로 제시된 정보는 손으로 반응하는 것이 양립성이 높다.

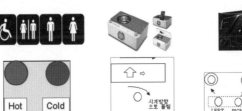

▲ 개념적 양립성 ▲ 운동 양립성 ▲ 공간적 양립성

7. 정보수용을 위한 작업자의 시각 영역

유도 시야	제시된 정보의 존재를 판별할 수 있는 정도의 식별 능력 밖에 없지만, 인간의 공간좌표 감각에 영향을 미치는 범위
판별 시야	시력, 색 판별 등의 시각 기능이 뛰어나며 정밀도가 높은 정보를 수용할 수 있는 범위
보조 시야	인간의 시각적 감각을 측정하는 데 쓰이는 장비가 관찰할 수 있는 범위 주변의 시야. 색상이 없고 회색 차원의 빛을 임의로 정한 휘도를 갖게끔 만든다.
유효 시야	안구운동만으로 정보를 주시하고 순간적으로 특정 정보를 수용할 수 있는 범위

02 | 청각적 표시 장치

정의 : 데이터를 청각으로 표시하는 장치로서 신호원 자체가 '음'일 때, 연속적으로 변하는 정보를 제시할 때 사용한다.

1. 청각 과정

1) 음파 진동수

① 초당 교번수 : Hz ② 초당 주파수 : CPS
③ 인간의 가청 주파수 범위 : 20~20,000Hz

2) 음의 강도

$$\text{dB 수준} = 20\log 10\left(\frac{P1}{P0}\right)$$

$P1$: 측정하고자 하는 음의 강도
$P0$: 순음의 가청할 수 있는 최초 음압

전압, 전류 또는 음압 세기가 2배일 경우 dB = 20log10(2배) → 6dB
전력 세기의 비율이 2배일 경우 dB = 10log10(2배) → 3dB

3) 경계 및 경보신호 선택 시 지침 ★★☆

① 귀는 중음역에 가장 민감하므로 500~3,000Hz의 진동수를 사용
② 고음은 멀리 가지 못하므로 300m 이상 장거리용으로는 1,000Hz 이하의 진동수사용

③ 신호가 장애물을 돌아가거나 칸막이를 통과해야 할 대는 500Hz 이하의 진동수 사용

④ 주변소음에 대한 은폐효과를 막기 위해 500~1,000Hz 신호를 사용하여 30dB 이상 차이가 나야 함

⑤ 배경소음의 진동수와 다른 신호를 사용하고 신호는 최소한 0.5~1초 동안 지속

4) 청각적 표시의 설계원리 ★★☆

① 양립성 : 자연스런 신호선택. 긴급용일 때 높은 주파수 사용

② 근사성 : 복잡한 정보를 나타내고자 할 때는 주의신호 및 지정신호를 고려한다.

③ 분리성 : 청각신호는 기존입력과 쉽게 구별되는 것으로 한다.

④ 검약성 : 조작자에 대한 입력신호는 꼭 필요한 정보만 제공한다.

⑤ 불변성 : 동일한 신호는 동일한 정보를 지정하도록 한다.

5) 청각장치와 시각장치의 비교 ★★☆

번호	청각장치 사용	시각장치 사용
①	전언이 간단하다.	전언이 복잡하다.
②	전언이 짧다.	전언이 길다.
③	전언이 후에 재 참조되지 않는다.	전언이 후에 재 참조된다.
④	전언이 시간적 사상을 다룬다.	전언이 공간적 위치를 다룬다.
⑤	전언이 즉각적 행동을 요구한다.	전언이 즉각적 행동을 요구하지 않는다.
⑥	수신장소가 너무 밝거나 암조응 유지가 필요시	수신장소가 너무 시끄러울 때
⑦	직무상 수신자가 자주 움직일 때	직무상 수신자가 한곳에 머물 때
⑧	수신자가 시각계통이 과부하일 때	수신자가 청각계통이 과부하일 때

6) 신호 검출 이론(Signal Detection Theory : SDT)

(1) 개념

인간이 자극을 감지하여 신호를 판단할 경우 잡음이나 소음이 있는 상황에서 이루어질 때, 잡음이 신호 검출에 미치는 영향을 다루는 이론을 신호검출 이론이라 한다.(Beta 값이 1일 경우가 최적의 값이 된다.)

(2) SDT 의의

① 잡음이 섞인 신호의 분포는 잡음만의 분포와 명확히 구분되어야 하며, 중첩 부득이한 경우 어떠한 과오가 좀 더 묵인할 수 있는지 결정하여 관측자의 판정기준에 도움이 되도록 한다.

② 잡음이 발생할 경우 신호검출의 역치가 상승하며, 신호가 정확히 전달되기 위해서는 신호의 강도가 이 역치의 상승분을 초과해야 한다.

※ 역치 : 자극에 대하여 어떠한 반응을 일으키는데 필요한 최소한의 자극의 세기이며, 역치가 작을수록 예민하다.

7) 음성통신에 있어 소음환경

① AI : 명료도 지수(회화의 정확도를 나타내는 지수로 이해도를 추정)

② PSIL : 음성간섭수준(소음으로 인한 회화방해 정도)

③ PNC : 선호 소음판단 기준곡선(음질의 불쾌감 평가)

참고

신호 검출 이론(SDT : Signal Detection Theory)

작업장에서 잡음(소음)과 비상벨 소리(신호)를 검출(찾아)해내는 이론

자극 \ 판정	신호 발생(S)	신호 없음(N)
소음(Noise) 신호(Signal)	P(S/S) 자극 : 신호를 주었다. 판정 : 신호음으로 판정 결론 : 맞음 (긍정, 적중 : Hit)	P(S/N) 자극 : 신호를 주었다. 판정 : 신호가 없다. 결론 : 틀림. (허위, 거짓 : False alarm)
소음(Noise)	P(N/S) 자극 : 소음을 주었다. 판정 : 신호로 판정 결론 : 누락, 잘못 판정(Miss)	P(N/N) 자극 : 소음을 주었다. 판정 : '신호가 없음'으로 판정 결론 : 소음으로 알아차렸다. 정기각(부정 : Correct rejection)

신호 검출 이론의 응용 분야

① 품질검사　　　② 의료진단　　　③ 교통통제

---

03 | 촉각 및 후각적 표시 장치

1. 촉각적 표시 장치

손, 손가락 이용

2. 조정장치의 촉각적 암호화

① 형상 암호 : 형상을 구별하여 사용하는 경우

② 표면 촉각 암호 : 표면 촉감을 사용하는 경우

③ 크기 암호 : 크기를 구별하여 사용하는 경우

3. 촉각적 암호화의 종류

1) 형상 암호화된 조정장치

① 만져서 식별이 되는 손잡이

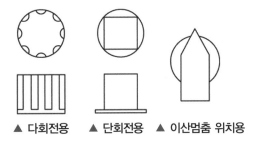

▲ 다회전용   ▲ 단회전용   ▲ 이산멈춤 위치용

2) 표면 촉감을 이용한 조정장치

① 매끄러운면   ② 세로홈(flute)   ③ 깔쭉면(knurl)

3) 크기를 이용한 조정장치

- 크기 차이를 쉽게 구별할 수 있도록 설계

① 직경 : 1.3cm   ② 두께 : 0.95cm

- 촉감으로 식별 가능한 18개의 손잡이 구성 요소

① 세 가지 표면 가공 ② 세 가지 직경 : 19, 3.2, 5~4.5cm ③ 두 가지 두께 : 0.95, 1.9cm

4) 후각적 표시장치(olfactory display)

감각기관 중 가장 예민하고 빨리 피로하기 쉬운 기관으로 후각적 장치는 잘 쓰지 않는다.

5) 피부감각

압각, 통각, 열각(냉온)

감각점의 민감도 순서 : 통각 〉 압각 〉 냉각 〉 온각

4. 인간의 정보처리

1) bit

실현 가능성이 같은 2개의 대안 중 하나가 명시되었을 때 얻을 수 있는 정보량(2진법의 최소단위)

2) 정보량

실현 가능성이 같은 N개의 대안이 있을 때 총정보량

$H = \log 2N$

각 대안의 실현 확률(N의 역수)로 표현할 수도 있다.

실현 확률을 P라 하면

$$정보량(H) = \log_2\left(\frac{1}{P}\right)$$

3) 평균 정보량(H)

$$평균(총) 정보량(H) = \sum p_i \log_2\left(\frac{1}{P_i}\right)$$

p_i : 각 대안의 실현 확률

4) 전달된 정보량

(1) 자극과 반응에 관련된 정보량

① 손실 : 입력정보가 손실되어 출력에 반영. 입력정보 → 달 → 출력정보

　예 10회의 신호를 주었는데 8회의 반응이었다면 2회 손실되었다는 것

② 소음 : 불필요한 소음정보가 추가되어 반응으로 발생

　예 10회의 신호를 주었는데 12회의 반응이었다면 2회의 불필요한 소음이 추가되었다는 것

(2) 전달된 정보량 및 소음, 손실 정보량의 계산

① 결합정보량H(A, B)은 자극과 반응 정보량의 합집합을 나타낸다.

② 계산식

　㉠ 전달된 정보량 : T(A, B) = H(A) + H(B) − H(A.B)

　㉡ 손실 정보량 : H(A) − T(A, B) = H(A, B) − H(B)

　㉢ 소음 정보량 : H(B) − T(A, B) = = H(A, B) − H(A)

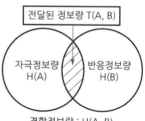

결합정보량 : H(A, B)

예제

1. 동전 던지기에서 앞면이 나올 확률 P(앞) 0.6이고 뒷면이 나올 확률 P(뒤)가 0.4일 때 앞면과 뒷면이 나올 사건의 정보량을 각각 맞게 나타낸 것은?

① 앞면 : 0.10 bit　뒷면 : 1.00 bit　　❷ 앞면 : 0.74 bit　뒷면 : 1.32 bit

③ 앞면 : 1.32 bit　뒷면 : 0.74 bit　　④ 앞면 : 2.00 bit　뒷면 : 1.00 bit

해설　1) 앞면이 나올 확률

$$정보량(H) = \log_2\left(\frac{1}{0.6}\right) = \log_2(1.666) = \left(\frac{\log 1.666}{\log 2}\right) = 0.74$$

2) 뒷면이 나올 확률

$$정보량(H) = \log_2\left(\frac{1}{0.4}\right) = \log_2(2.5) = \left(\frac{\log 2.5}{\log 2}\right) = 1.32$$

2. 빨강, 노랑, 파랑, 화살표 등 모두 4종류의 신호등이 있다. 신호등은 한 번에 하나의 등만 켜지도록 되어 있다. 1시간 동안 측정한 결과 4가지 신호등이 모두 15분씩 켜져 있었다. 이 신호등의 총 정보량은 얼마인가?

① 1 bit   ❷ 2 bit

③ 3 bit   ④ 4 bit

해설   1) 파란등 : 15/60=0.25   빨간등 : 15/60=0.25   노란등 : 15/60=0.25   화살표 : 15/60=0.25

2) $0.25 \times \log_2\left(\frac{1}{0.25}\right) + 0.25 \times \log_2\left(\frac{1}{0.25}\right) + 0.25 \times \log_2\left(\frac{1}{0.25}\right) + 0.25 \times \log_2\left(\frac{1}{0.25}\right)$

3) (0.25×2) + (0.25×2) + (0.25×2) + (0.25×2) =2

04 | 인간 요소와 휴먼 에러

1. 휴먼 에러의 분류

[정의]

① 사람의 부주의로 인해 행동이 기준이나 기대되는 결과로부터 벗어난 것

② 인간이 본래 어떤 특성을 가지고 있고, 그 특성이 어떤 환경 안에서 행동이 결정되어, 그 행동이 기준이나 기대되는 결과로부터 벗어난 것

③ 의도하지 않은 행동을 하거나 틀린 줄 모르고 수행하는 과정에서 착오와 실수로 원하지 않는 결과를 초래하는 인간의 모든 행위

2. 스웨인(A.D Swain)의 독립행동에 의한 분류(휴먼 에러의 심리적 분류)

[작위, 부작위에 의한 에러]

생략 에러(omission error) 부작위 에러	필요한 작업 또는 절차를 수행하지 않는데 기인한 에러 → 일의 단계를 누락 또는 생략시킬 때 발생(절차 생략)
착각수행 에러(commission error) 작위 에러	필요한 작업 또는 절차의 불확실한 수행으로 인한 에러 → 불확실한 수행(선택, 순서, 시간 등 착각, 착오)
시간적 에러(time error)	필요한 작업 또는 절차의 수행 지연으로 인한 에러 → 임무수행 지연
순서 에러(sequential error)	필요한 작업 또는 절차의 순서착오로 인한 에러 → 순서착오
과잉행동 에러(extraneous error)	불필요한 작업 또는 절차를 수행함으로 인한 에러 → 불필요한 작업(작업장에서 담배를 피우다 사고)

다음 보기에서 omission error와 commission error를 구분하시오

① 납 접합을 빠트렸다.---------- omission error
② 전선의 연결이 바뀌었다.------ commission error
③ 부품을 빠트렸다.------------- omission error
④ 틀린 부품을 사용하였다.-------- commission error
⑤ 부품을 꺼꾸로 배열했다. ----- commission error

3. 인간실수의 행동과정을 통한 분류

① 입력 에러(in put error) : 감지 결함
② 정보처리 에러(information processing error) : 정보처리 절차 과오(착각)
③ 의사결정 에러(decision making error) : 의사결정 과오
④ 출력 에러(out put error) : 출력 과오
⑤ 피드백 에러(feed back error) : 제어 과오

4. 휴먼 에러 원인의 레벨적 분류

primary error(1차 실수)	작업자 자신으로부터 발생한 에러 안전교육으로 예방(사람 에러)
secondary error(2차 실수)	작업형태, 작업조건, 중에서 다른 문제가 발생하여 필요한 직무나 절차를 수행할 수 없는 에러(기계, 장비, 설비 에러)
command error(지시과오)	작업자가 움직이려 해도 필요한 물건, 정보, 에너지 등이 공급되지 않아서 작업자가 움직일 수 없는 상황에서 발생한 에러(정전, 원료문제, 재료문제)

5. 인간의 정보처리 과정에서 발생되는 에러

Mistake(착오, 착각)	• 인지과정과 의사결정과정에서 발생하는 에러 • 상황해석을 잘못하거나 틀린 목표를 착각하여 행하는 경우
Lapse(건망증)	• 어떤 행동을 잊어버리고 하지 않는 경우 • 저장단계에서 발생하는 에러
Slip(실수 미끄러짐)	• 실행단계에서 발생하는 에러 • 상황, 목표, 해석은 제대로 하였으나 의도와는 다른 행동을 하는 경우
Violation(위반)	알고 있음에도 의도적으로 따르지 않거나 무시한 경우

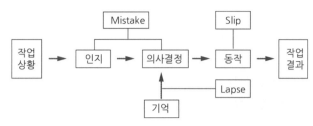

▲ 휴먼 에러의 모형

6. 인간실수 확률에 대한 추정기법

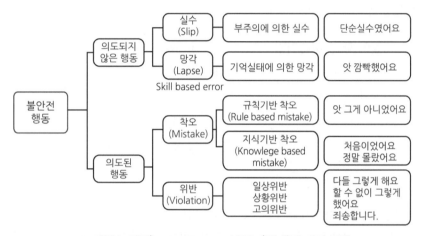

▲ 제임스 리즌(Jamse Reason 1938~)의 휴먼 에러 모델

1) 제임스 리즌(Jamse Reason)의 휴먼 에러

① 숙련기반 에러(Skill based error)

- 실수(slip) : 자동차에서 내릴 때 마음이 급해 창문 닫는 것을 잊고 내리는 경우
- 망각(lapse) : 전화 통화 중에 상대의 전화번호를 기억했으나 전화를 끊은 후 옮겨 적을 펜을 찾는 중에 기억을 잃어버리는 것

② 규칙기반 에러(Rule based mistake)

자동차는 우측 운행한다는 규칙을 가지고, 좌측 운행하는 일본에서 우측 운행을 하다 사고를 낸 경우

③ 지식기반 착오(Knowledge based mistake)

외국에서 자동차를 운전할 때 그 나라의 교통 표지판의 문자를 몰라서 교통 규칙을 위반하게 되는 경우

④ 고의사고(Violation)

정상인임에도 고의로 장애인 주차 구역에 주차를 시켜 벌금을 문 경우

2) 인간실수의 측정

① 이산적 직무에서의 인간실수확률
  - 인간실수확률(HEP : Human Error Probability) : 특정한 직무에서 하나의 착오가 발생할 확률
    (할당된 시간은 내재적이거나 명시되지 않는다)
  - 직무의 성공적 수행확률(직무 신뢰도) : 1 − HEP

② 연속적 직무에서의 인간실수율

$$실수율(\lambda) = \frac{실수의 수}{총 직무기간}$$

연속적 직무의 형태 : 경계, 안정화, 추적

3) 인간실수 확률에 대한 추정기법 : 위급사건기법(CIT : Critical Incident Technique)

인간 : 기계 엔지니어로부터 사고, 위기, 조작, 실수, 불안전한 행동과 조건 등 정보를 수집하기 위해 면접하는 방법

$$인간과오율(HEP) = \frac{인간의 실수 수}{전체 발생 기회의 수}$$

> **예제**
>
> 검사공정의 작업자가 제품의 완성도에 대한 검사를 하고 있다. 어느 날 10,000개의 제품에 대한 검사를 실시하여 200개의 부적합품을 발견하였으나 이 로드에는 실제로 500개의 부적합품이 있었다. 이때 인간과오확률(HEP)은 얼마인가?
>
> ① 0.02   ❷ 0.03
> ③ 0.04   ④ 0.05
>
> **해설** HEP = 300 / 10000 = 0.03

4) THERP(Technique For Human Error Rate Prediction) 인간실수율 예측기법

① 인간신뢰도 분석에서 인간의 과오율을 예측하기 위한 기법
② 시스템에서 인간의 과오를 정량적으로 평가하기 위해 개발된 기법
③ 인간 기계 시스템에서 여러 가지의 인간의 실수에 의해 발생하는 위험성의 예측과 개선을 위한 기법
④ 분석하고자 하는 작업을 기본 행위로 분할하여 각 행위의 성공 또는 실패 확률을 결합하여 성공확률을 추정하는 정량적 분석 방법이다.
  ㉠ 분석하고자 하는 작업을 기본적 행위로 분할하여 각 행위의 성공과 실패확률을 결합하여 성공확률을 추정하는 정량적 분석 방법

ⓛ A가 먼저 수행되고 B가 수행되므로 작업 B에 대한 확률은 모두 조건부로 표현

ⓒ 작업의 성공은 소문자 작업의 실패는 대문자로 표기

ⓔ 각 가지에(직렬, 병렬) 성공 또는 실패의 조건부 확률이 주어지면 각 경로의 확률을 계산할 수 있다.

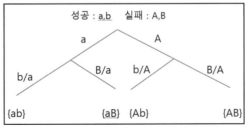

[THERP 분석사례]

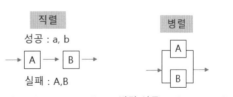

직렬 성공 : {ab} 1개   병렬 성공 : {ab}, {aB}, {Ab} 3개

5) **직무위급도 분석** : 안전, 경미, 중대, 파국적으로 구분

6) **결함수 분석(FTA)** : 결함을 분석하는 것

7) **조작자 행동 나무(OAT)** : 제품 사용 중에 발생할 수 있는 여러 상황 분석

8) **Monte Carlo 모의실험(확정적 모의실험)** : 인간신뢰도 예측을 위한 컴퓨터 모의실험

7. 인간실수 예방기법

[인간공학적 설계와 보전성 설계(Fail safe와 Fool proof)]

구분	Fail safe 설계	Fool proof 설계
정의	① 기계 조작상의 과오로 기기의 일부에 고장이 발생해도 다른 부분의 고장이 발생하는 것을 방지하거나 어떤 사고를 사전에 방지하고 안전 측으로 작동하도록 설계하는 방법 ② 기계의 고장이 있어도 안전사고를 발생시키지 않도록 2중, 3중 통제를 가하는 설계	① 바보 같은 행동을 방지한다는 뜻으로 사용자가 비록 잘못된 조작을 하더라도 이로 인해 전체의 고장이 발생되지 아니하도록 하는 설계방법 ② 사람의 실수가 있어도 안전사고를 발생시키지 않도록 2중, 3중 통제를 가하는 설계

> **참고**
>
> **Fail Safe의 기능면에서의 분류 3단계**
> 1) Fail Passive : 부품이 고장 났을 경우 통상 기계는 정지하는 방향으로 이동
> 2) Fail Active : 부품이 고장 났을 경우 기계는 경보를 울리며 짧은 시간 동안 운전 가능
> 3) Fail Operational : 부품이 고장이 있어도 기계는 추후 보수가 이루어질 때까지 안전한 기능유지 병렬구조 등으로 되어 있으며 운전상 가장 선호하는 방법이다.

02 연습문제

01 기계에 고장이 발생하였을 경우 어느 기간 동안 기계의 기능이 계속되어 재해로 발전되는 것을 막는 기구를 무엇이라 하는가?

① fool－proof
② fail－safe
③ safe－life
④ man－machine system

02 페일 세이프의 개념 중 고장에너지를 최저화 시키는 개념의 용어는?

① fail－passive
② fail－active
③ fail－operational
④ fail－negative

03 정보가 음성으로 전달되어야 효과적일 때 어느 경우인가?

① 정보가 긴급할 때
② 정보가 어렵고 추상적일 때
③ 정보가 영구적인 기록이 필요할 때
④ 여러 종류의 정보를 동시에 제시해야 할 때

04 고음은 멀리 가지 못한다. 300미터 이상의 장거리 신호는 몇 Hz 이하의 진동수를 사용하여야 하는 가?

① 500Hz
② 1,000Hz
③ 3,000Hz
④ 5,000Hz

05 다음 중 상황해석을 잘못하거나 틀린 목표를 착각하여 행하는 인간의 실수는?

① 착오
② 실수
③ 건망증
④ 위반

06 프레스 작업 중에 금형 내에 손이 오랫동안 남아 있어 발생한 재해의 경우 다음의 휴먼에러 중 어느 것에 해당하는가?

① 시간오류
② 작위오류
③ 순서오류
④ 생략오류

정답 **01** ② **02** ① **03** ① **04** ② **05** ① **06** ①

CHAPTER

03 인간계측 및 작업 공간

01 | 인체체계 및 인간의 체계제어

1. 인체계측 자료의 응용 3원칙

1)	극단치 설계	① 최대 집단치 : 출입문, 통로(정규 분포도상 95% 이상의 설계) ② 최소 집단치 : 버스, 지하철의 손잡이(정규 분포도상 5% 이하의 설계)
2)	조절 범위	① 가장 좋은 설계(5~95% tile) ② 최초 고려사항 : 자동차 시트(운전석) 측정자료 : 데이터베이스화
3)	평균치 설계	(정규분포도상에 5%~95% 구간 설계) ① 가게 은행 계산대

2. 점멸 융합 주파수(flicker fusion frequency)

① 시각 혹은 청각의 계속되는 자극이 점멸하지 않고 연속적으로 느껴지는 주파수

② 정신적으로 피곤한 경우 주파수 값이 내려감

③ 시각적 점멸 융합 주파수의 영향 변수

3. 조종 장치의 유형

① 누름단추(push button) : 손, 발

② 똑딱 스위치(toggle switch)

③ 회전 전환 스위치(rotary selector switch)

④ L 자형 손잡이(crank)

⑤ Wheel

⑥ Lever(조종간)

⑦ Pedal

⑧ Key board(건반)

⑨ 손잡이(knob)

4. 조종 장치의 촉각적 암호화

① 촉각을 활용하는 길 중에 하나는 조종 꼭지(knob)나 연관 장치의 설계 시 촉각적인 배려를 하는 것이다.

② 물론 이들은 전통적인 의미에서의 '표시 장치'는 아니지만, 이들을 정확하게 식별할 필요성을 생각해 보면 표시 장치의 테두리 안에 넣어 생각할 수 있다.

③ 이런 장치들을 촉각적으로 식별하기 위하여 암호화할 때에는 형상, 표면 촉감 및 크기를 사용할 수 있다.

5. 형상 암호화된 조종 장치의 식별

조종장치를 선택할 때는 일반적으로 상호간에 혼동이 안 되도록 해야 한다.

이런 점을 염두에 두어 미 공군에서는 아래 그림과 같은 15종류의 꼭지를 고안하였는데, 그 용도에 따라

① 多(multiple) 회전용

② 단(fractional) 회전용

③ 이산 멈춤 위치(detent positioning)용

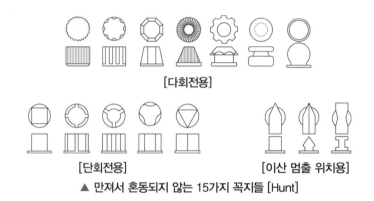

▲ 만져서 혼동되지 않는 15가지 꼭지들 [Hunt]

6. 조정 반응 비율

1) 조종 이동장치 이동 비율(Control display ratio) = 통제 표시비(C/D, C/R)

C/R = Control Response ratio

(1) 선형 조종장치가 선형 표시 장치를 움직일 때 각각 직선 변위의 비(제어 표시비)

$$C/D비 = \frac{조종장치(제어, 통제기기)의\ 이동거리(X)}{표시\ 장치(표시기기)의\ 반응거리(Y)} = \frac{통제기기의\ 변위량(X)}{표시계기\ 지침의\ 변위량(Y)}$$

(2) 회전운동을 하는 조종장치가 선형 표시장치를 움직일 경우

$$C/D비 = \frac{\frac{\alpha}{360} \times 2\pi L}{Y}$$

L : 조종장치의 반경(지레의 길이)

a : 조종장치가 움직인 각도

Y : 표시기기가 움직이는 거리

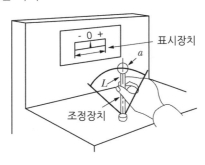

(3) 최적 C/D 비는 1.18~2.42

C.D 비가 작을수록 이동시간은 짧고, 조종은 어려워 민감한 조정장치이다.

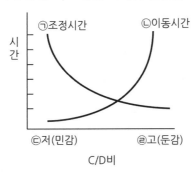

예제

반경 20cm의 조정구를 20° 움직였을 때 표시장치를 2cm 이동하였다면 통제표시비(C/D) 값이 적당한지 판단하시오.

① 0.02 ❷ 0.03
③ 0.04 ④ 0.05

해설

$$C/D비 = \frac{a/360 \times 2\pi L}{\text{표시장치의 이동거리}}, \quad C/D비 = \frac{\frac{20}{360} \times 2\pi \times 20}{2} = 3.49$$

최적 C/D비는 1.18~2.42이다

따라서 문제의 C/D비는 3.49이므로 부적합하다고 판단할 수 있다.

7. 조정장치의 종류

1) 통제기(조작기)의 종류

(1) 개폐에 의한 조작기

① 버튼(Push botton) : 손(hand), 발(foot)

② 스위치 : 똑딱 스위치, 회전식 스위치

③ 레버(lever), 핸들(hand wheel)

(2) 통제기의 특성

① 연속적, 불연속적 조절에 따른 조작기의 특성이 각각 다르다.

② 안전장치와 통제장치는 겸하여 설치하는 것이 효율적이다.

③ Push botton toggle switch의 설치는 중심선으로부터 30° 이하, 20° 위치일 때가 작동기간이 가장 짧다.

2) 조정장치의 식별

① 판별성을 향상시키기 위하여 암호화하며 반드시 표준화하는 것이 중요하다.

② 조정장치의 종류 : 모양, 표면 촉감, 크기, 위치, 색

3) 수동 조작구 조작할 때 적합한 팔꿈치 각도 : 90°~135°

▶ 완력 검사에서 당기는 힘을 측정할 때 가장 큰 힘을 낼 수 있는 팔꿈치 각도 : 150°

4) 조종 반응 비율(통제표시비) 설계 시 고려사항

계기의 크기	계기의 조절시간이 짧게 소요되는 사이즈 선택, 너무 작으면 오차 발생이 증대되므로 상대적으로 고려
공차	짧은 주행시간 내에 공차의 인정범위를 초과하지 않는 계기 마련
목측거리	눈의 가시거리가 길면 길수록 조절의 정확도는 감소하며 시간이 증가
조작시간	조작시간의 지연은 직접적으로 조종반응비가 가장 크게 작용(필요할 경우 통제비 감소조치)
방향성	조종시기의 조작방향과 표시기기의 운동방향이 일치하지 않으면 작업자의 혼란초래(조작의 정확성이 감소)

5) Display가 형성하는 목시각

구분	최적 조건	제한 조건
수평	15° 좌우	95° 좌우
수직	0~30°(하한)	75°(상한)~85°(하한)

정상적인 의치에서 모든 작업의 display를 보기 위한 작업자의 시계 : 60°~90°

8. 수공구

1) 부상을 가장 많이 발생하는 도구 : 칼, 렌치, 망치

2) 누적 외상병(CTD : cumulative trauma disorders)

(1) 외부의 스트레스에 의한 장기간동안 반복적인 작업이 누적되어 발생하는 부상 또는 질병

(2) 종류

    ㉠ 손목관 증후군   ㉡ 건염

    ㉢ 건피염   ㉣ 테니스 엘보(tennis elbow),

    ㉤ 방아쇠 손가락(trigger finger) 등

(3) 원인

    ㉠ 부적절한 자세   ㉡ 무리한 힘의 사용

    ㉢ 과도한 반복작업   ㉣ 연속작업(비휴식)

    ㉤ 낮은 온도 등

(4) 예방

    ① 관리적인 면 : 짧은 간격의 작업 전환, 준비운동, 수공구의 적절한 사용

    ② 공학적인 면 : 자동화 작업, 작업장 재설계, 수공구의 재설계, 작업의 순환배치

    ③ 치료적인 면 : 충분한 휴식, 영양분 섭취, 초음파 적용, 보호구 사용, 적절한 투약, 외과수술

3) 수공구 설계원칙

(1) 손목을 곧게 펼 수 있도록

    손과 팔이 일직선일 때 가장 이상적이다.

(2) 손가락으로 지나친 반복동작을 하지 않도록

    (방아쇠 당기기 트리거 핑거)

(3) 손바닥 면에 압력이 가해지지 않도록

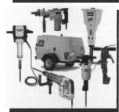

    신경과 혈관에 장애 (무감각증, 떨림 현상)

(4) 기타

    ① 안전측면을 고려한 설계

    ② 적절한 장갑 사용

    ③ 왼손잡이 및 장애인을 위한 배려

    ④ 공구의 무게를 줄이고 균형 유지

1. 신체활동의 에너지 소비

1) **에너지 대사율(RMR = Relative Metabolic Rate)** : 작업의 강도기준을 나타낸다.
   작업강도 단위로서 산소 호흡량을 측정하여 에너지의 소모량을 결정하는 방식이다.

   > • 에너지 대사율(RMR : Relative Metabolic Rate) : 작업강도 단위로서 산소소비량으로 측정
   >
   > $$R = \frac{\text{작업 시 소비에너지} - \text{안정 시 소비에너지}}{\text{기초대사량}} = \frac{\text{작업대사량}}{\text{기초대사량}}$$

2) **휴식시간**

   $$R(\text{분}) = \frac{60(E-5)}{E-1.5}$$

   작업의 평균 에너지 값이 Ekcal/분일 경우 60분간의 총 작업시간 내에 포함되어야 할 휴식시간 R(분)
   ① 하루에 보통사람이 낼 수 있는 에너지는 약 4,300kcal/일
   ② 기초대사와 여가에 필요한 2,300kcal/일
   ③ 평상 작업에 가용한 에너지 : ① − ② = 2,000kcal/일
   ④ 이것을 480분(8시간 근무 시)으로 나누면 4kcal/분
   ⑤ 기초대사를 포함한 작업에 필요한 평균 에너지가의 상한 5kcal/분

   > **참고**
   >
   > **Murrell 방법**
   > • 최대신체 작업능력(MPWC : Maximum Physical Work Capacity)
   > • 8시간 계속 작업 시 최대신체 작업능력은 성인 남자 : 5kcal/min, 성인 여자 : 3.5kcal/min
   >   따라서 작업 시 평균 에너지 소비는 1.3L/min × 5 = 6.5

2. 생리학적 측정법 및 신체활동의 에너지 소비

1) **심리학적 측정방법** : 동작부의 연속 반응시간, 자세변화, 주의력, 집중력 등 측정
2) **생화학적 측정방법** : 혈액, 뇨(아드레날린, 스테로이드)
3) **생리학적 측정방법** : 감각기능, 반사기능, 대사기능 등을 이용한 측정법

[생리학적 측정방법]

EMG(electromyogram) : 근전도	근육활동, 맥박수, 호흡량 등 전위차의 기록
ECG(electrocardiogram) : 심전도	심장근활동 전위차의 기록
RMR(Relative Metabolic Rate) : 에너지소비량	가장 기본적인 에너지소비량과 특정 작업시 소비된 에너지의 비율
GSR(grlvanicskin reflex) : 피부전기반사	작업 부하의 정신적 부담이 피로와 함께 증가하는 현상을 전기저항의 변화로서 측정하는 것으로 정신 전류현상이다.
점멸융합 주파수 플리커 값	① 플리커 검사는 정신피로의 정도를 측정하는 방법 ② 광원의 빛을 단속시켜 단속광과 연속광의 경계에 빛의 단속주기를 플리커 값이라 한다. ③ 정신적으로 피로한 경우 주파수 값이 내려감. ④ 정신적 부담이 대뇌피질에 미치는 영향을 측정
산소소비량	생리학적 측정법으로 전신의 육체적인 활동을 측정

4) 신체활동의 생리학적 측정법

정적 근력 작업	에너지 대사량과 맥박수의 상관성, 근전도
동적 근력 작업	에너지 대사량과 산소소비량 및 호흡량, 맥박수, 근전도
신경적 작업	매회 평균 호흡진폭, 맥박수, 피부 전기 반사
심적 작업	플리커 값

5) NIOSH lifting guideline 권장 무게한계 (RWL) 계수산출에 사용되는 계수

일일 8시간 주 40시간 중량물 취급기준

RWL 지수 = 중량 상수 × 수직계수 × 수평계수 × 비대칭계수 × 이동거리계수 × 작업빈도계수 × 물체 잡는 데 따르는 계수

들기작업 시 권장무게한계(RWL) 평가요소					
정의	수평계수	수직계수	거리계수	비대칭계수	빈도계수	커플링계수
기호	HM	VM	DM	AM	FM	CM

3. RMR에 따른 작업 분류

RMR	1~2	2~4	4~7	7 이상
작업	경작업	보통작업(中)	무거운 작업(重)	초중(무거운 작업)

- RMR이 3 : 약 3시간 가량의 연속작업이 가능하다.
- RMR이 7 : 약 10분 이상 지속할 수 없다. 자동화 기계화를 하여야 한다.
- RMR이 10 : 무조건 자동화 기계화를 설치하여야 한다.

4. 동작의 속도와 정확성

1) 피츠(Fitts)의 법칙

떨어진 영역을 클릭하는데 걸리는 시간은 영역의 거리, 폭에 따라 달라지며 멀리 있을수록, 버튼이 작을수록 시간이 더 걸린다는 이론

2) Hick의 법칙

사람이 어떤 물건을 선택하는데 걸리는 시간은 선택하려는 종류에 따라 결정된다는 법칙

3) Weber의 법칙

물건의 구매에 따른 판매자와 구매자와의 심리를 나타내는 가격을 결정하는 법칙

(1) 변화 감지역

① 두 자극 사이의 차이를 알아낼 수 있는 방법을 변화 감지역으로 나타낸다.

② 변화 감지역이 작을수록 변화 검출이 용이하다.

(2) 웨버의 법칙

① 감각기관의 기준자극과 변화 감지역의 연관 관계

② 변화 감지역은 사용되는 기준자극의 크기에 비례

$$\text{웨버 비}(k) = \frac{\text{변화 감지역}}{\text{기준 자극의 크기}} = \frac{\Delta I}{I}$$

5. 동작시간 및 반응시간

(1) 반응시간 : 자극(오감각을 통하여 대뇌로 전달될 때 동작으로 이어지는 것으로 인지)이 주어진 시간부터 동작을 개시할 때까지의 총시간

(2) 단순반응시간 : 하나의 특정 자극만이 발생할 수 있을 때 걸리는 시간(0.15~0.2초 정도)

(3) 선택 반응시간

① 여러 개의 자극이 왔을 때 선택적 반응시간

② 단순반응시간보다 시간이 더 늘어난다.

③ 대안에 따라 시간이 다르다.

④ 1개의 대안 0.2초 2개의 선택 : 0.35, 3개의 대안 0.4 이후로는⋯⋯⋯0.05씩 증가

(4) 동작시간 : 신호에 따라서 동작을 실행하는데 걸리는 시간(0.3초 정도)

(5) 예상 반응시간 : 자극을 예상하지 못할 경우 반응할 때와 반응하지 않을 때의 반응시간 (0.1초 증가)

(6) 총 반응시간

① 인간의 정보처리능력의 한계 시간 0.5초가 걸린다.(동작시간 0.3초 + 단순반응시간 0.2초)

② 감각기관별 반응시간

청각 : 0.17초, 촉각 : 0.18초, 시각 : 0.20초, 미각 : 0.29초, 통각 : 0.70초

(7) 사정효과(range effect)

인간의 위치 동작에 있어 눈으로 보지 않고 손을 수평면상에서 움직이는 경우, 짧은 거리는 지나치고, 긴 거리는 못 미치는 현상

03 | 작업 공간 및 작업 자세

1. 부품배치의 원칙

①	중요성의 원칙	목표달성의 긴요한 정도에 따른 우선순위
②	사용빈도의 원칙	사용되는 빈도에 따른 우선순위
③	기능별 배치의 원칙	기능적으로 관련된 부품을 모아서 배치
④	사용순서의 원칙	순서적으로 사용되는 장치들을 순서에 맞게 배치

2. 부품의 배치

1) 배치의 원칙

사용순서에 따라 배치, 기능에 따라 배치

2) 조정장치의 간격

① knob 사용 시 인접 knob와의 접촉 방지

② 선번 면적이 작을 경우 직경이 작은 knob가 적당

③ 오른쪽 knob의 접촉 오차가 상대적으로 크다.

3) lay-out 원칙

① 인간과 기계의 흐름을 라인화

② 집중화(이동거리 단축, 기계배치의 집중화)

③ 기계화(운반 기계활용, 기계활동의 집중화)

④ 중복 부분 제거(돌거나 되돌아 나오는 부분 제거)

3. 개별작업 공간 설계지침

1) 설계지침

순위	지침
1	주된 시각적 임무
2	주 시각 임무와 교호 작용하는 주 조정장치
3	조정장치, 표시 장치 간의 관계(관련되는 장치는 가까이, 양립성 있는 운동 관계
4	순차적으로 사용되는 부품의 배치
5	자주 사용되는 부품을 편리한 위치에
6	체계 내 혹은 다른 체계의 여타 배치와 일관성 있게

2) 자세에 따른 작업 범위

(1) 작업 공간

① 포락면 : 한 장소에 앉아서 수행하는 작업에서 사용하는 공간

② 파악한계 : 앉은 작업자가 특정한 수작업 기능을 수행할 수 있는 공간의 외곽한계

③ 특수 작업영역 : 특정 공간에서 작업하는 구역

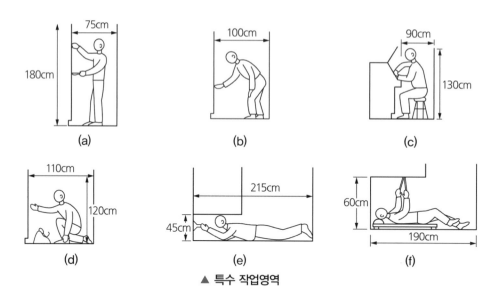

▲ 특수 작업영역

4. 작업대

1) 수평작업대

(1) 정상 작업영역(표준 영역)

위팔(상완)을 자연스럽게 수직으로 늘어뜨리고, 아래팔(전완)만으로 편하게 뻗어 파악할 수 있는 영역

(2) 최대 작업영역(최대영역)

아래팔(전완)과 위팔(상완)을 모두 곧게 펴서 파악할 수 있는 영역

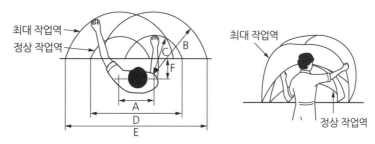

▲ 신체부위의 운동

[신체의 기본동작]

굴곡(flexion 굽히기)	관절각이 감소하는 움직임
신전(extension 펴기)	관절각이 증가하는 움직임
외전(abduction 벌리기)	신체 중심선으로부터 밖으로 이동
내전(adduction 모으기)	신체 중심선으로 이동
외선(external rotation)	신체 중심선으로 향하는 회전
내선(internal rotation)	신체 중심선으로부터 회전

5. 작업대 높이

1) 최적 높이 설계지침

(1) 작업면의 높이는 상완이 자연스럽게 수직으로 늘어뜨리고 전완은 수평 또는 약간 아래로 비스듬하여 작업면과 적절하고 편안한 관계를 유지할 수 있는 수준

(2) 작업대가 높은 경우 : 앞가슴을 위로 올리는 경향 겨드랑이를 벌린 상태 등

(3) 작업대가 낮은 경우 : 가슴이 압박받음 상체에 무게가 양 팔꿈치 걸림 등

2) 착석식(의자식) 작업대 높이

(1) 조절식으로 설계하여 개인에 맞추는 것이 가장 바람직

(2) 작업 높이가 팔꿈치 높이와 동일

(3) 섬세한 작업(미세부품조립 등)일수록 높아야 하며(팔꿈치 높이보다 5~15cm) 거친 작업에는 약간 낮은 편이 유리

(4) 작업면 하부 여유 공간이 가장 큰 사람의 대퇴부가 자유롭게 움직일 수 있도록 설계

(5) 작업대 높이 설계 시 고려사항

① 의자의 높이 ② 작업대 두께 ③ 대퇴 여유

3) 입식 작업대 높이

(1) 경조립 또는 이와 유사한 조작 작업 팔꿈치 높이보다 5~10cm 낮게

　　중작업 또는 이와 유사한 조작 작업 팔꿈치 높이보다 10~20cm 낮게

(2) 섬세한 작업일수록 높아야 하며 거친 작업은 약간 높게 설치(5~10cm)

(3) 고정높이 작은 면은 가장 큰 사용자에게 맞도록 설계(발판 발 받침대 등 사용)

(4) 높이 설계 시 고려사항

　① 근전도(EMC)

　② 인체계측(신장 등)

　③ 무게중심 결정(물체의 무게 및 크기 등)

6. 동작 경제의 3원칙(The Principles of Motion Economy)

바안즈(Ralph M.Barns)	길브레드(Gilbrett)
① 인체 사용에 관한 원칙 ② 작업장 배치에 관한 원칙 ③ 공구 및 설비의 설계에 관한 원칙	① 동작 개선의 원칙 ② 작업량 절약의 원칙 ③ 동작 능력 활용의 원칙

1) 인체 사용에 관한 원칙

(1) 두 손의 동작은 같이 시작하고 같이 끝나도 록 한다.

(2) 휴식시간을 제외하고는 양손이 동시에 쉬지 않도록 한다.

(3) 두 팔의 동작은 동시에 서로 반대 방향으로 대칭적으로 움직이도록 한다.

(4) 손과 신체 동작은 작업을 원만하게 처리할 수 있는 범위에서 가장 낮은 동작 등급을 사용하도록 한다.

(5) 가능한 한 관성을 이용하여 작업을 하되 작업자가 관성을 억제하여야 하는 경우에는 발생되는 관성을 최소화하도록 한다.

(6) 손의 동작은 원활하고 연속적인 동작이 되도록 하며 방향이 급작스럽게 크게 변화하는 모양의 직선 동작은 피하도록 한다.

(7) 탄도 동작은 제한되거나 통제된 동작보다 더 신속하고 용이하며 정확하다.

(8) 가능하다면 쉽고도 자연스러운 리듬이 작업 동작에 생기도록 작업을 배치한다.

(9) 눈의 초점을 모아야 작업을 할 수 있는 경우는 가능하면 없애고 불가피한 경우에는 눈의 초점이 모아져야 하는 두 작업 지점 간의 거리를 최소화한다.

2) 작업장 배치에 관한 원칙

(1) 모든 공구나 재료는 제 위치에 있도록 한다

(2) 공구 재료 및 제어기기는 사용 위치에 가까이 두도록 한다

(3) 중력 이송원리를 이용한 부품 상자나 용기를 이용하여 부품을 부품 사용장소에 가까이 보낼 수 있도록 한다

④ 가능하다면 낙하식 운송방법을 사용한다.

⑤ 공구나 재료는 작업 조작이 원활하게 수행되도록 그 위치를 정한다.

⑥ 작업자가 잘 보면서 작업을 할 수 있도록 한다. 이를 위해서는 적절하게 조명을 해 주는 것이 첫 번째 요건이다.

⑦ 작업자가 작업 중 자세의 변경 즉 앉거나 서는 것을 임의로 할 수 있도록 작업대와 의자높이가 조정되도록 한다

⑧ 작업자가 좋은 자세를 취할 수 있도록 의자는 높이 뿐만 아니라 디자인도 좋아야 한다

3) 공구 및 설비 디자인에 관한 원칙

① 치구나 발로 작동시키는 기기를 사용할 수 있는 작업에서는 이러한 기기를 활용하여 양손이 다른 일을 할 수 있도록 한다.

② 공구의 기능은 결합하여 사용하도록 한다.

③ 공구와 자재는 가능한 한 사용하기 쉽도록 미리 위치를 잡아준다.

④ 각 손가락이 서로 다른 작업을 할 때는 작업량을 각 손가락의 능력에 맞도록 분배해야 한다.

⑤ 레버, 핸들 및 통제 기기는 작업자가 몸의 자세를 크게 바꾸지 않더라도 조작하기 쉽도록 배열한다.

7. 의자 설계의 원칙

항목	원칙
체중 분포	① 의자에 앉을 때 체중이 주로 좌골 결절에 실려야 한다. ② 체중 분포는 등압선으로 표시
좌판의 높이	① 좌판 앞부분이 대퇴를 압박하지 않도록 오금높이보다 높지 않게 설계(치수는 5% 오금 높이로 한다) ② 좌판의 높이는 개인별로 조절할 수 있도록 하는 것이 바람직하다. ③ 사무실 의자에 좌판과 등판 각도 • 좌판의 각도 : 3° • 등판의 각도 : 100° • 등판의 굴곡 : 전만곡
좌판의 길이와 폭	① 좌판의 폭은 큰 사람에게 맞도록 설계 ② 길이는 대퇴를 압박하지 않도록 작은 사람에게 맞도록 설계 의자가 길거나 옆으로 붙어 있는 경우 팔꿈치 폭 고려 – 95%치 적용(콩나물 효과)
몸통의 안전	① 등판의 지지가 미흡하면 압력이 한쪽에 치우쳐 척추병의 원인이 된다. ② 좌판과 등판의 각도와 등판의 굴곡시 중요

8. 의자 설계 시 고려해야 할 사항(Sanders 와 McCormick의 의자설계원칙)

1) 등받이에 굴곡은 요추의 굴곡(전만곡)과 일치해야 한다.

2) 좌면의 높이는 사람의 신장에 따라 조절 가능해야 한다.

3) 정적인 부화 고정된 작업 자세를 피해야 한다.

4) 의자의 높이는 오금의 높이보다 같거나 낮아야 한다.

9. VDT(영상 표시 단말기) 작업의 안전

1) 작업 자세

① **시선** : 시야 범위는 수평선상으로부터 $10\sim15°$ 밑으로 오도록 하며 화면과의 거리는 40cm 이상 확보

② **무릎의 내각** : $90°$ 전후로 종아리 대퇴부에 무리한 압박이 없도록

③ **팔꿈치 내각은 $90°$ 이상, 아래팔은 손등과 수평 키보드 조작**

2) 조명과 채광

[주변 환경의 조도기준]

① 화면의 바탕 색상 검은색 계통일 경우 : $300\sim500lux$

② 흰색 계통일 경우 : $500\sim700lux$

3) 온도와 습도

① 온도 : $18\sim24°C$ ② 습도 : $40\sim70\%$

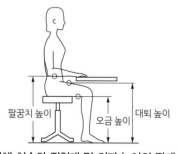

▲ 신체 치수와 작업대 및 의자 높이의 관계

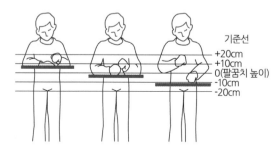

04 | 인간의 특성과 안전

1. 신뢰도

1) 인간 기계 체계의 신뢰도

(1) 시스템의 신뢰도＝인간의 신뢰도×기계의 신뢰도

① 직렬 : $Rs = R1 \times R2$

② 병렬 : $Rs = r1 + r2(1-r2)$

(2) 시스템(설비)의 신뢰도

① 직렬 : $R = R1 \times R2 \times R3 \times \cdots \times Rn$

$$\bullet\!-\!\boxed{R1}\!-\!\boxed{R2}\!-\!\boxed{R3}\!-\!\boxed{Rn}\!-\!\bullet$$

② 병렬(페일 세이프티)

$$R = \{1 - (1-R1)(1-R2)(1-R3) \cdots (1-Rn)\}$$

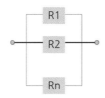

2) 성능 신뢰도

(1) 인간의 신뢰성 요인

① 주의력

② 긴장수준

③ 의식수준(경험, 지식, 기술)

(2) 기계의 신뢰성 요인

① 재질

② 기능

③ 작동방법

※ 리던던시 : 일부에 고장이 발생해도 전체 고장이 일어나지 않도록 여력인 부분을 추가하여 중복 설계한다(병렬설계).

다음 그림과 같이 7개의 기기로 구성된 시스템의 신뢰도는 약 얼마인가? (단, A=G : 0.75, B=C=D=E : 0.8   F : 0.9)

① 0.5427

② 0.6234

❸ 0.5552

④ 0.9740

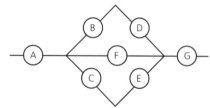

해설 (1) (B x D) (C x E)를 직렬로 먼저 계산한다.

   (0.8 x 0.8) = 0.64, (0.8 x 0.8) = 0.64

(2) (B x D) x F x (C x E) 병렬로 계산한다.

(3) 1-(1-0.64) x (1-0.9) x (1-0.64) = 0.987

(4) A X (3) X G를 직렬 계산한다 → 0.75 X 0.987 X 0.75 = 0.5552

2. 근골격계 질환(누적 외상성질환) 정의

1) 반복적인 동작, 부적절한 작업 자세, 무리한 힘의 사용

① 날카로운 면과의 신체접촉, 진동 및 온도 등의 요인에 의하여 발생하는 건강장해로서 목, 어깨, 허리, 상 하지에 신경 근육 및 그 주변 신체 조직 등에 나타나는 질환

② 중량물 작업의 대상 : 5kg 이상의 중량물을 들어 올리는 작업

2) 근골격계 질환의 원인

① 부적절한 작업 자세

② 무리한 반복작업

③ 과도한 힘

④ 부족한 휴식시간

⑤ 신체적 압박

⑥ 차가운 온도 무더운 온도의 작업환경

⑦ 연속적인 작업

근골격계 부담작업

1. 하루에 4시간 이상 집중적으로 자료입력 등을 위해 키보드 또는 마우스를 조작하는 작업
2. 하루에 총 2시간 이상 목, 어깨, 팔꿈치, 손목 또는 손을 사용하여 같은 동작을 반복하는 작업
3. 하루에 총 2시간 이상 머리 위에 손이 있거나, 팔꿈치가 어깨 위에 있거나, 팔꿈치를 몸통으로부터 들거나, 팔꿈치를 몸통 뒤쪽에 위치하도록 하는 상태에서 이루어지는 작업
4. 지지되지 않은 상태이거나 임의로 자세를 바꿀 수 없는 조건에서, 하루에 총 2시간 이상 목이나 허리를 구부리거나 트는 상태에서 이루어지는 작업
5. 하루에 총 2시간 이상 쪼그리고 앉거나 무릎을 굽힌 자세에서 이루어지는 작업
6. 하루에 총 2시간 이상 지지되지 않은 상태에서 1kg 이상의 물건을 한 손의 손가락으로 집어 옮기거나, 2kg 이상에 상응하는 힘을 가하여 한 손의 손가락으로 물건을 쥐는 작업
7. 하루에 총 2시간 이상 지지되지 않은 상태에서 4.5kg 이상의 물건을 한 손으로 들거나 동일한 힘으로 쥐는 작업
8. 하루에 10회 이상 25kg 이상의 물체를 드는 작업
9. 하루에 25회 이상 10kg 이상의 물체를 무릎 아래에서 들거나, 어깨 위에서 들거나, 팔을 뻗은 상태에서 드는 작업
10. 하루에 총 2시간 이상, 분당 2회 이상 4.5kg 이상의 물체를 드는 작업
11. 하루에 총 2시간 이상 시간당 10회 이상 손 또는 무릎을 사용하여 반복적으로 충격을 가하는 작업

근골격계 질환 작업분석 평가기법

OWAS (OvakoWorking Posture Analysis System) 분석

OWAS 기법은 프랑스 철강회사 Ovako사 에서 작업자들의 부적절한 작업자세를 정의하고 평가하기 위해 개발한 대표적인 작업자세 평가 기법이다.

- 작업자세 평가요소 : 허리, 상지(팔), 하지(다리), 하중(무게)

01 양립성이란, 인간의 기대가 자극들, 반응들, 혹은 자극−반응조합과 모순되지 않는 관계를 말한다. 다음 중 양립성의 분류에 속하지 않은 것은?

① 공간적 양립성
② 양식적 양립성
③ 개념적 양립성
④ 운동양립성

02 조작자와 제어 버튼 사이의 거리, 선반의 높이, 조작에 필요한 힘 등을 정할 때 적용되는 인체측정자료 응용원칙은 어느 것인가?

① 평균치 설계
② 최대치 설계
③ 최소치 설계
④ 조절식 설계

03 양팔을 뻗지 않은 상태에서 작업하는데 사용하는 공간을 무엇이라 하는가?

① 정상작업 파악한계
② 정상작업 포락면
③ 작업 공간 파악한계
④ 작업 공간 포락면

04 다음 중 동작경제의 원칙이 아닌 것은?

① 동작개선의 원칙
② 동작량 절약의 원칙
③ 동작능력 활용의 원칙
④ 동작 순환의 원칙

05 통제표시비(C/D비)에 대한 설명 중 틀린 것은?

① C/D비 = X/Y(X : 통제장치 변위량, Y : 표시 장치 변위량)
② 통제 표시비는 연속 조종장치에 적용되는 개념이다.
③ C/D비가 클수록 이동시간은 작다.
④ 최적 C/D비는 1.08~2.20으로 알려져 있다.

정답   **01** ②   **02** ③   **03** ④   **04** ④   **05** ③

CHAPTER

04 작업환경 관리

01 | 작업환경

1. 반사율과 휘광

1) 반사율

$$반사율(\%) = \frac{광도(fL)}{조도(fc)} \times 100$$

[추천반사율]

바닥	가구 책상 사무용 기기	창문 · 벽	천장
20~40%	25~45%	40~60%	80~90%

2) 휘광(눈부심)

(1) 광원으로부터의 직사 휘광 처리

① 광원의 휘도를 줄이고 수를 늘린다.

② 광원을 시선에서 멀리 위치시킨다.

③ 휘광원 주위를 밝게 하여 광도비를 줄인다.

④ 가리개(shield) 갓(hood), 차양(visor)을 사용한다.

(2) 창문으로부터의 직사 휘광 처리

① 창문을 높이 단다.

② 창위(옥외) 드리우개(overhang)를 설치한다.

③ 창문에 수직 날개(fin)를 달아 직시선을 제한한다.

④ 차양(shade) 혹은 발(blind)을 사용한다.

(3) 반사 휘광의 처리

① 발광체의 휘도를 줄인다.

② 일반 간접 조명 수준을 높인다.

③ 산란광, 간접광, 조절판(baffle), 창문에 차양(shade) 등을 사용한다.

④ 반사광이 눈에 비치지 않게 광원을 위치시킨다.

⑤ 무광택 도료 빛을 산란시키는 표면색을 한 사무용 기기, 윤을 없앤 종이 등을 사용한다.

2. 조도, 광도

1) 조도

물체의 표면에 도달하는 빛의 밀도(표면 밝기의 정도)를 나타내며, 거리가 멀수록 역자승의 법칙에 의해 감소한다.

LUX : 1c.d의 점광원으로부터 1m 떨어진 구면에 비치는 빛의 양

$$조도(\text{lux}) = \frac{광도(fc)}{거리^2}$$

2) 광도

단위면적당 표면에서 반사 또는 방출되는 광량을 말한다.

광도의 단위는 조명에 쓰이는 단위

3) 대비

표적과 배경의 밝기 차이를 말한다.

$$대비(\%) = \frac{배경의\ 광도(Lb) - 표적의\ 광도(Lt)}{배경의\ 광도(Lb)} \times 100$$

예제

2M에서 조도가 120Lux일 때, 3M에서 조도는 몇 Lux인가?

 $$조도 = \frac{광도}{거리^2}$$

1) 2M에서의 광도를 구한다. $120 = \dfrac{광도}{2^2}$, 광도=조도×거리^2 = 120×4=480

2) 3M에서의 조도를 구한다. 조도 $= \dfrac{480}{3^2} = 53.33\text{Lux}$

> **참고**
> - 광속 (Luminous Flux) : 태양에서 모든 방향에서 나오는 빛의 양 (F =lm 루멘)
> - 광도(Luminous Intensity): 특정 방향으로 나오는 빛의 양(cd 칸델라))
>   대비란 표적의 광도와 배경의 광도와 차이를 배경 광도로 나눈 값을 말한다.
> - 조도(Illuminance) : 특정한 물체 (Object)에 입사하는 빛의 양(Lux 럭스)
> - 휘도(Luminance) : 반사되는 빛의 양 (cd/㎡)
> - 반사율 : 물체의 표면에 도달하는 조도와 광도의 비율(%)
>   광속이 특정 방향으로 발산되면 광도이고 조도가 반사되면 휘도이다.

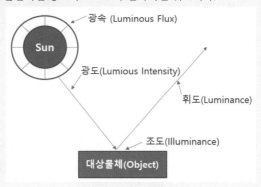

3. 반사율, 광도, 조명, 대비, 공식

(1) 반사율(%) : $\dfrac{\text{광도(광속 발산도 : } FL)}{\text{조명}(fc)} \times 100$

(2) 광도(광속 발산도 : FL) : $\dfrac{\text{조명} \times \text{반사율}}{100} \times 100$

(3) 광도(광속 발산도 : FL) : 조명의 휘도 $\times \pi$

(4) 조명의 휘도(화면의 밝기) : $\dfrac{\text{광속 발산도(광도)}}{\pi}$

(5) 표적 물체의 총 밝기 : 글자의 밝기 + 조명의 휘도

(6) 대비 : $\dfrac{\text{배경의 밝기} - \text{표적 물체의 밝기}}{\text{배경의 밝기}}$

(7) 대비율(%) : $\dfrac{\text{배경의 밝기}(Lb) - \text{표적 물체의 밝기}(Lt)}{\text{배경의 밝기}(Lb)}$

(8) 조도(lux) : $\dfrac{광도(fc)}{거리^2}$

예제

아래 그림에서 4m 거리에서 Landolt ring을 1.2mm까지 구분할 수 있는 시력은?

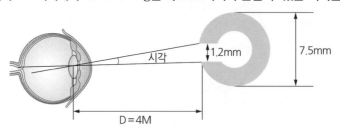

$$시각 = \frac{57.3 \times 60 \times L}{D}$$

D : 물체와 눈 사이의 거리, L : 시선과 직각으로 측정한 물체의 크기
57.3, 60 : Radian 단위를 분으로 환산하는 상수 (글자의 크기일 경우는 획폭이라 한다)

해설 시각 = 1.2 × 57.3 × 60 / 4000 = 1.03
시력 = 1/시각, 따라서 1/1.03 = 0.97

---

02 | 작업환경과 인간공학

1. 작업장의 조도 기준

초정밀 작업	정밀 작업	보통 작업	그 밖의 작업
750 LUX 이상	300 LUX 이상	150 LUX 이상	75 LUX 이상

[주변환경의 조도기준]

바탕색	검정	흰색
조도기준	300~500Lux	500~700Lux

2. 소음작업 기준

1) 소음작업

1일 8시간 작업을 기준으로 85dB 이상의 소음이 발생하는 작업을 말한다.

구분	강렬한 소음작업						충격소음작업		
소음기준(dB)	90 이상	95	100	105	110	115	120	130	140
1일 발생횟수							1만회 이상	1천회	1백회
OSHA 허용노출시간	8시간 이상	4	2	1	0.5	0.25	0.125	0.063	0.031

※ 충격소음작업 : 120dB 이상인 소음이 1초 이상의 간격으로 발생하는 작업
※ 청력손실은 4,000Hz에서 가장 크게 나타난다.

2) 소음의 처리

(1) 소음통제 방법

① 소음원 제거 : 가장 적극적 대책이 가장 좋은 방법

② 소음원 통제 : 안전설계, 정비 및 주유, 고무 받침대 사용, 소음기 사용

③ 소음의 격리 : 씌우개, 방이나 장벽 이용(창문을 닫으면 10dB 감음 효과)

④ 차음장치 및 흡음제 사용

⑤ 음향 처리제 사용

⑥ 적절한 배치(lay out)

3) 소음과 청력

청력손실의 성격 : 청력손실은 4,000Hz에서 가장 크게 나타난다.

음압수준(dB-A)	80	85	90	95	100	105	110	115	120	125	130
허용시간	32	16	8	4	2	1	0.5	0.25	0.125	0.063	0.031

4) 소음노출수준 공식

$$소음노출수준 = \frac{C1}{T1} + \frac{C2}{T2} + \frac{C3}{T3} \cdots$$

C : 실제노출시간, T : 1일 노출기준

> **예제**
>
> 어느 실내 작업장에서 소음측정결과 8시간 작업하는 동안 85dB(A)에 2시간 90dB(A)에 4시간 95dB(A)에 2시간 소음이 각각 노출되었다. 이럴 경우
> 1) 총 소음 노출 수준(TND = Total Noise Dose)은?
> 2) 소음 노출 초과 여부 판정은?
>
> **해설**   1) 소음 노출 수준 = (2/16 + 4/8 + 2/4)x100 = 112.5%
> 2) 판정 : 소음 노출 기준 100%를 초과하였으므로 "초과"로 부적합

5) 음의 강도 척도 : bel의 1/10인 decibel(dB)

(1) dB 수준 = $20\log(P1/P0)$

　　$P1$: 음압으로 표기된 주어진 음의 강도

　　$P0$: 표준치(1,000Hz 순음의 가청 최소 음압)

(2) $P1$과 $P0$의 음압을 갖는 두 음의 강도차

　　$dB2 - dB1 = 20\log(P2/P0) - 20\log(P1/P0) = 20\log(P2/P1)$

(3) 거리에 따른 음의 강도 변화

　① 점음원으로부터의 단위면적당 출력은 거리가 증가함에 따라 역자승의 법칙에 의해 감소한다.

$$면적당\ 출력 = \frac{출력}{4(거리)^2}$$

　② $d1$에서 단위면적당 출력을 갖는 음의 거리 $d2$에서는

　　※ dB 수준으로는

$$dB2 = dB1 - 20\log\left(\frac{d2}{d1}\right)$$

> **예제**
>
> 소음이 심한 기계로부터 2m 떨어진 곳의 음압 수준이 100dB이라면 이 기계로부터 4.5M 떨어진 곳의 음압 수준은 약 몇 dB인가?
>
> **해설** $dB2 = dB1 - 20\log\left(\dfrac{d2}{d1}\right), \ dB2 = 100 - 20\log\left(\dfrac{4.5}{2}\right) = 92.956$

6) 음량의 수준

(1) Phone과 Sone

① Phone의 음량 수준

  ㉠ 정량적 평가를 위한 음량 수준 척도

  ㉡ 어떤 음의 phone 값으로 표시한 음량 수준은 이음과 같은 크기로 들리는 1,000Hz 순음의 음압 수준(1dB)

② Sone의 음량 수준

  ㉠ 다른 음의 상대적인 주관적 크기 비교

  ㉡ 40dB의 1,000Hz 순음의 크기(=40phone)를 1sone

  ㉢ 기준음보다 10배 크게 들리는 음은 10sone의 음량

③ 인식소음 수준(Perceived magnitude)

  ㉠ PNdB의 척도는 같은 소음으로 들리는 910~1090Hz대의 소음 음압 수준으로의 정의

  ㉡ PLdB(Perceived level of noise) 인식소음 수준 척도는 3,150Hz에 중심을 둔 1/3 옥타브 대의 음을 기준으로 사용

7) Phone과 Sone의 관계

$$\text{Sone치(S)} = \frac{(P-40)^2}{10}$$

음량 수준이 10phone 증가하면 음량(Sone)은 2배로 증가한다.

8) 은폐(Masking) 효과

(1) 음의 한 성분이 다른 성분에 대한 귀의 감수성을 감소시키는 상황으로 한쪽 음의 강도가 약할 때 강한 음에 가로막혀 들리지 않게 되는 현상

(2) 복합소음(두 음의 수준차가 10dB 이내일 때)

  같은 소음 수준의 기계가 2대일 때 : 3dB 소음이 증가하는 현상

  (0~3) : 3dB, (3~6) : 2dB, (6~10)

(3) 두 음의 차이가 10dB 이상일 경우 Masking 효과가 발생한다.

  1,000Hz 40dB=40phon 1sone이다.

40dB	$2^{(40-40)/10}$	2^0	=	1
50dB	$2^{(50-40)/10}$	2^1	=	2
60dB	$2^{(60-40)/10}$	2^2	=	4
70dB	$2^{(70-40)/10}$	2^3	=	8
80dB	$2^{(80-40)/10}$	2^4	=	16

9) 합성소음

작업장에서 여러 대의 설비에서 각각의 소음이 발생되고 있을 때 합성소음의 수준을 구한다.

$$SPL = 10\log\left[\sum_{i=1}^{n} 10^{spi/10}\right]$$

spi : 각각의 소음 측정

예제

작업장 설비 3대에서 각각 80dB, 86dB, 78dB의 소음이 발생되고 있을 때, 작업장의 음압 수준은 얼마인가?

① 약 81.3dB   ② 약 85.5dB   ❸ 약 87.5dB   ④ 약 90.3dB

해설
$$10\log[10^{80/10} + 10^{86/10} + 10^{78/10}] = 87.49dB$$

[SPL(sound pressure level)]

음압수준(소리압수준). 소리의 강도를 음압으로 구한 식으로, 단위는 데시벨(dB)이고 소음의 크기를 나타낸다.

10) 시간가중 평균소음(TWA)

누적소음 노출량 평가는 8시간 동안 측정치가 폭로량으로 산출되었을 경우에는 표를 이용하여 8시간 시간가중 평균치로 환산하여 노출기준과 비교하며 표에 없는 경우에는 다음 식을 이용하여 계산한다.

$$TWA = 16.61 \log(D/100) + 90$$

TWA : 시간가중평균 소음수준[dB(A)]
D : 누적소음노출량(%) = 가동시간/기준시간
T : 측정시간

예제

자동차를 생산하는 공장의 어떤 근로자가 95dB의 소음수준에서 하루 8시간 작업하며, 조용한 휴게실에서 20분씩 휴식을 취한다고 가정하였을 때 매 시간가중평균(TWA)은 몇 dB인가? (단, 소음은 누적소음 노출측정기로 측정하였으며, OSHA에서 정한 95dB의 허용시간은 4시간이다.)

① 약 91dB(A)　　　❷ 약 92dB(A)　　　③ 약 93dB(A)　　　④ 약 94dB(A)

해설　• 누적소음 노출량(D) = 가동시간(95dB)/기준시간

$$= \frac{8 \times (60 - 20)}{60} \div 4 \times 100 = 133$$

　　• 시간가중 평균(TWA) $= 16.61 \log(D/100) + 90 = 16.61 \times \log(133/100) + 90 = 92.06$

참고

음성통신과 소음환경 관련

① AI(Articulation Index) : 명료도 지수(회화의 정확도를 나타내는 지수로 이해도를 추정)

　음성을 아주 작은 주파수 대역폭의 성분으로 나누고 각각 음절 명료도에 공헌하는 정도를 명확히 하여 여러 가지 경우의 음절 명료도를 계산할 수 있도록 고안된 것

　명료도 계산 : 옥타브대의 음성과 잡음의 dB값에 가중치를 곱하여 합계를 내는 방법

② MAA(Minimum Audible Angle) : 최소가청각도

　음향의 속도에 의해 영향을 받으며 소음의 환경보다는 소리의 방위각과 관련이 있다. (위치가 정면으로 갈수록 작아지고 측면으로 갈수록 둔감해진다)

③ PSIL(Preferred-Octave Speech Interference Level) : 음성간섭수준

　옥타브 밴드로 측정된 음압레벨(dB)에서 계산된 음향 매개변수로 통화 이해도에 끼치는 잡음의 영향을 추정하는 지수

④ PNC(Preferred Noise Criteria Curves) : 선호 소음판단 기준 곡선

　소음을 1/1옥타브 밴드로 분석한 결과에 따라 실내소음(회의실, 사무실, 공장)을 평가하는 지표

예제

말소리의 질에 대한 객관적 측정방법으로 명료도 지수를 사용하고 있다. 그림에서와 같은 경우 명료도 지수는 약 얼마인가?

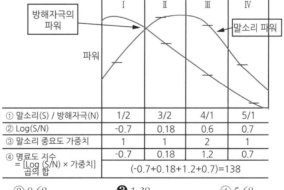

	Ⅰ	Ⅱ	Ⅲ	Ⅳ
① 말소리(S) / 방해자극(N)	1/2	3/2	4/1	5/1
② Log(S/N)	-0.7	0.18	0.6	0.7
③ 말소리 중요도 가중치	1	1	2	1
④ 명료도 지수 = [Log (S/N) × 가중치] 곱의 합	-0.7	0.18	1.2	0.7
	(-0.7+0.18+1.2+0.7)=138			

① 0.38　　　　② 0.68　　　　❸ 1.38　　　　④ 5.68

3. 실효온도(체감온도, 감각온도)

영향 인자 : 온도, 습도, 공기의 유동(바람)

상대습도 100%일 때 건구온도에서 느끼는 것과 동일한 온감(기준값)

1) oxford 지수(습건지수)

습건(WD)지수라고도 하며, 습구온도(W)와 건구온도(D)의 가중 평균치로 정의

$WD = 0.85W + 0.15D$

2) 습구흑구온도(WBGT : Wet Bulb Globe Temperature) 지수

(NWB는 자연습구, GT는 흑구온도, DB는 건구온도)

① 옥외 : $WBGT = 0.7NWB + 0.2GT + 0.1DB$

② 옥내 : $WBGT = 0.7NWB + 0.3GT$

[허용한계]

정신작업	경작업	중작업
60~64℉	55~60℉	50~55℉

[신 실효온도(New ET), 수정 실효온도(CET)]

구분	ET	NET
온도	대기온도	흑구온도
상대습도	100%	50%

3) 노출기준의 표시 단위

(1) 가스 및 증기 : PPM

(2) 분진 : mg/m^3

석면 및 내화성 세라믹 섬유는 cm^3당 개수(EA/cm^3)

4. 이상 환경 노출에 의한 사고와 부상

1) 유해광선

[전리 방사선의 특징]

(1) α선

① 투과력은 약하고 흡수가 되기 쉽다.

② 광범위하게 전리작용을 하기 때문에 에너지 소멸이 쉽다.

③ 사진 감광작용, 인광작용이 가장 세다.

④ 인체에 유해, 피부 각질층에서 전부 흡수

⑤ α선이 묻은 분진은 체내에 유해

(2) β선

① β선을 흡수한 물질에 의해 체내조사의 위험성이 있다.

② 전리성이 거의 없다.

③ α선보다 가벼워 물질에 부딪히면 진로는 바뀌나 멀리 나간다.

(2) γ선

① 인체에 강력한 투과력을 가진 일종의 전자파이다.

② 사진 감광작용 인광작용에 가장 약하다.

[비전리 방사선]

구분	자외선	가시광선	적외선
파장 범위	300~400nm 이하	400~700nm	700~4,000nm
		보, 남, 파, 초, 노, 주, 빨	
발생원	태양, 수은등, 전기용접, 용광로 작업	태양 조명기구	유리제조업, 고열물
작용	• 피부 : 홍반 작용 • 눈 : 전기성 안염	• 피부 : 화상 • 눈 : 열선 백내장	안정피로, 두통, 피로감, 안구진탕증

5. 온도변화에 따른 신체의 조절작용

적정온도에서 고온으로 변화	① 많은 양의 혈액이 피부를 통하여 온도가 상승한다. ② 직장의 온도가 내려간다. ③ 발한(發汗)이 시작된다.
적정온도에서 저온으로 변화	① 피부를 통하는 혈액의 양이 감소하고 많은 양의 혈액이 몸의 중심으로 순환 ② 직장의 온도는 올라가며 피부온도는 내려간다. ③ 오한(惡寒)이 발생된다.

01 음량수준을 측정할 수 있는 세 가지 척도에 해당되지 않는 것은?

① Phone에 의한 음량수준
② 지수에 의한 수준
③ 인식소음수준
④ Sone에 의한 음량수준

02 직사휘광을 제거하는 방법이 아닌 것은?

① 가리게, 갓 또는 차양을 사용한다.
② 광원을 시선에서 멀리 위치시킨다.
③ 광원의 휘도를 줄이고 수를 늘인다.
④ 휘광원 주위를 어둡게 하여 광속 발산도를 줄인다.

03 다음과 같은 실내 표면에서 반사율이 낮아야 하는 순서는?

① 바닥 – 가구 – 벽 – 천장
② 바닥 – 벽 – 가구 – 천장
③ 벽 – 바닥 – 천장 – 가구
④ 벽 – 천장 – 바닥 – 가구

04 다음 중 습구온도와 건구온도의 단순가중치를 나타내는 것은?

① 실효온도　② 옥스포드 지수
③ WBGT 지수　④ 열압박 지수

정답　**01** ④　**02** ④　**03** ①　**04** ②

05 시스템 위험 분석

1. 시스템 안전의 정의

① 시스템 : 여러 개의 요소 또는 요소의 집합에 의해 구성되고 그것이 서로 상호관계를 가지면서 정해진 조건에서 어떤 목적을 달성하기 위해 작용하는 집합체이다.

① 스스템 안전 : 어떤 시스템에 있어서 기능, 시간, 코스트 등의 제약조건하에서 인원 및 설비가 당하는 상해, 손상을 최소화로 줄이는 것이다.

② 시스템의 계획, 설계, 제조, 운용 등의 단계를 통하여 스스로 시스템안전관리 및 시스템 안전공학을 정확히 적용시키는 것

2. 시스템 안전성 확보책(달성 4단계) ★★☆

① 1단계 : 위험상태의 존재 최소화

② 2단계 : 안전장치의 채택

③ 3단계 : 경보장치의 채택

④ 4단계 : 특수 수단 개발 표식의 규격화

3. 시스템 안전관리

① 안전활동의 계획과 조직의 관리

② 다른 시스템 프로그램 영역과 조정

③ 시스템 안전에 필요한 사항의 동일성 식별

④ 시스템 안전의 프로그램 해석과 검토 및 평가

4. 시스템 안전 프로그램(SSPP)에 포함해야 할 사항 ★★☆

① 계획의 개요   ② 계약의 조건

③ 안전조직   ④ 안전기준

⑤ 안전해석   ⑥ 안전성의 평가

⑦ 안전데이터의 수집과 분석   ⑧ 경과 및 결과의 분석

⑨ 관련 부분과의 조정

5. 위험 처리기술

위험의 회피 (Avoidance)		예상되는 위험을 차단하기 위해 위험과 관계된 활동을 하지 않는 경우
위험의 제거 (Eliminate)	위험 방지	위험의 발생 건수를 감소시키는 예방과 손실의 정도를 감소시키는 경감을 포함
	위험 분산	시설, 설비 등의 집중화를 방지하고 분산하거나 재료의 분리저장 등으로 위험 단위를 증대
	위험 결합	각종 협정이나 합병 등을 통하여 규모를 확대하므로 위험 단위를 증대
	위험 제한	계약서, 서식 등을 작성하여 기업의 위험을 제한하는 방법
위험의 보류(Retention)		무지로 인한 소극적 보유, 위험을 확인하고 보유하는 적극적 보유
위험의 전가(Transfer)		회피와 제거가 불가능할 경우 전가하려는 경향(보험, 보증, 공제, 기금제도 등)

6. 위험성 분류

[위험성의 분류(미국방성 MIL-STD-882B, PHA 분류)]

범주 I	파국적(catastrophic : 대재앙)	인원의 사망, 중상, 또는 완전한 시스템 손상
범주 II	위험(critical : 심각한)	인원의 상해, 중대한 시스템의 손상으로 인원이나 시스템 생존을 위해 즉시 시정 조치 필요
범주 III	한계적(marginal : 경미한)	인원의 상해 또는 중대한 시스템의 손상 없이 배제 또는 제어 가능
범주 IV	무시(negligible : 무시할만한)	인원의 손상이나 시스템의 손상은 초래하지 않는다.

※ SSPP : System Safety Program Plan 미 국방부 시스템 안전성

7. 시스템의 수명주기 단계별 특성 ★★★

생산 시스템의 구상단계에서 시작하여 완전히 폐기될 때까지의 안전성을 평가함에 있어 고려되어야 하는 전체 수명기간

단계	안전 관련 활동
구상 (concept)	시작 단계로 시스템의 사용 목적과 기능, 기초적인 설계 사항에 구상, 시스템과 관련된 기본적 사항 검토 등
정의 (definition)	시스템 개발의 가능성과 타당성 확인, SSPP 수행, 위험성 분석의 종류 결정 및 분석, 생산물의 적합성 검토, 시스템 안전 요구사항 결정 등
개발 (development)	시스템 개발의 시작 단계, 제품 생산을 위한 구체적인 설계사항 결정 및 검토, FMEA 진행 및 신뢰성공학 과외 연계성 검토, 시스템의 안전성 평가 생산 계획 추진 최종 결정 등
생산(제조) (production)	품질관리 부서와의 상호협력, 안전교육의 시작, 설계 변경에 따른 수정 작업, 이전단계의 안전 수준이 유지되는지 확인 등
배치 및 운용(운전) (deployment)	시스템 운용 및 보전과 관련된 교육 실행, 발생한 사고, 고장 사건 등의 자료 수집 및 조사 운용 활동 및 프로그램 절차에 평가, 실증에 의한 문제점 규명하고 이를 최소화하는 조치를 마련
폐기(disposal)	정상적 시스템 수명을 폐기절차와 긴급 폐기절차의 검토 및 감시 등

8. 시스템에 의한 분석

1) 예비위험분석(PHA : Preliminary Hazard Analysis)

모든 시스템 안전 프로그램의 구성단계인 최초 단계의 분석법으로 시스템 내의 위험요소가 얼마나
위험한 상태에 있는가를 정성적으로 평가하는 것이다.

2) 결함(고장)위험분석(FHA : Fault Hazard Analysis)

서브 시스템의 분석에 사용되는 것으로 고장난 경우에 직접 재해 발생으로 연결되는 것밖에 없다는
것이다.

[FHA 기재사항]
① 서브 시스템 요소   ② 그 요소의 고장형
③ 고장형에 대한 고장률   ④ 요소 고장 시 시스템 운용형식
⑤ 서브 시스템에 의한 고장의 영향

3) 고장형태 영향 분석(FMEA : Failure Mode and Effects Analysis)

(1) 정의

시스템 안전분석에 이용되는 전형적인 정성적, 귀납적 분석방법으로 시스템에 영향을 미치는
전체 요소의 고장을 형태별로 분석하여 그 영향을 검토하는 것으로 각 요소 간 영향 해석이 어려
워 2가지 이상 동시 고장은 해석이 곤란하다.

(2) 장단점

① 장점 : 서식이 간단하고 적은 노력으로도 분석이 가능하다.
② 단점 : 논리성이 부족하다.

[영향에 따른 발생확률]

영향에 따른 발생확률	발생확률
실체의 손실	$\beta = 1.00$
예상되는 손실	$0.10 \leq \beta < 1.00$
가능한 손실	$0 < \beta < 0.10$
영향 없음	$\beta = 0$

4) ETA(Event Tree Analysis) : 사건 수 분석법

(1) 정의

① 사상의 안전도를 사용한 시스템의 안전도를 나타내는 시스템 모델의 하나로 정량적 귀납적 해석 기법

② 특정한 장치의 이상 또는 운전자의 실수에 의해 발생되는 잠재적인 사고결과를 정량적으로 평가 분석하는 기법

(2) 작성방법

① 시스템 다이어그램에서 좌에서 우로 진행

② 각 요소를 나타내는 시점에 있어서 통상 성공사상은 위에 실패사상은 아래에 분기한다.

③ 분기마다 그 발생확률을 표시

④ 최후에 각각의 곱의 합으로 해서 시스템의 신뢰도를 계산한다.

⑤ 분기된 각 사상의 확률의 합은 항상 "1"이다.

(3) DT(decision tree)

요소의 신뢰도를 이용하여 시스템의 신뢰도를 나타내는 다이어그램으로 귀납적, 정량적인 분석 방법이다.

	①	②	③	④	⑤	시스템의 가동확률	결과
	고장	작동 0.7	작동 0.9	작동 0.8		$0.7 \times 0.9 \times 0.8 = 0.504$	작동
		작동 0.7	작동 0.9	고장 0.2	작동 0.6	$0.7 \times 0.9 \times 0.2 \times 0.6$ $= 0.0756$	작동
					고장 0.4		고장
		작동 0.7	고장 0.1		작동 0.6	$0.7 \times 0.1 \times 0.6 = 0.043$	작동
					고장 0.4		고장
		고장 0.3					고장

①번 부품을 고장난 것을 전제로 하여 시스템이 작동할 수 있는 확률을 구하시오.
단, 고장난 확률은
②번 0.3, ③번 0.1, ④번 0.2, ⑤번 0.4이다.

※ $0.504 + 0.0756 + 0.042 = 0.6216$

5) CA(Criticality Analysis) 치명도 해석

① 위험성이 높은 요소 특히 고장의 직접 시스템의 손해나 인원의 사상에 연결되는 요소에 대하여 특별한 주의와 해석이 필요한 기법

② 고장이 시스템에 얼마나 치명적인 영향을 끼치는지에 대한 고장을 정량적으로 분석하는 기법이다.

6) THERP(Technique For Human Error Rate Prediction)

(Swain의 인간 실수 예측 기법)(예측된 인적 오류 확률기법)

① 시스템에서 인간의 과오를 정량적으로 평가하기 위해 개발된 기법

② 인간 기계시스템에서 여러 가지의 인간의 실수에 의해 발생되는 위험성의 예측과 개선을 위한 기법

③ 시스템의 국부적인 상세한 분석으로 나뭇가지처럼 갈라지는 형태의 논리구조

7) MORT(Management Oversight and Risk Tree)

① 1970년 미국에너지 연구 개발청에 의해 개발 원자력 산업

② 관리, 설계, 생산, 보전 등의 광범위한 안전을 도모하기 위한 연역적이고 정량적인 분석법

8) OSHA(Operation and Support Hazard Analysis)(운용 및 지원 위험 해석)

시스템의 모든 사용단계에서 생산, 보전, 시험, 저장, 운전, 비상탈출, 구조, 훈련 및 폐기 등에 사용되는 인원, 순서, 설비에 관하여 위험을 동정하고 제어하며 그들의 안전 요건을 결정하기 위하여 실시하는 해석

9) 위험요소 및 운전성 검토(HAZOP : Hazard and Operability Review)

개념 : 위험의 운전성 검토

① 5~7명의 각 분야별 전문가와 안전기사로 구성된 팀원들의 상상력을 동원하여 유인어(Guide Word)로서 위험요소를 점검

② 공정에 존재하는 위험요소들을 공정의 효율을 떨어뜨릴 수 있는 운전상의 문제점을 찾아내어 그 원인을 제거하는 방법

③ HAZOP의 장단점

장점	단점
① 학습 및 적용이 쉽다. ② 기법적용에 전문성을 요구하지 않는다. ③ 다양한 관점을 가진 팀 단위수행이 가능하다. ④ 체계적인 검토로 위험요소를 확인할 수 있다. ⑤ 공정안전에 대한 근로자에게 신뢰성을 제공 ⑥ 공정의 운전정지시간을 단축 ⑦ 생산물의 품질이 향상 및 폐기물 발생을 줄일 수 있다.	① 팀 구성 검토 등 소요시간이 많이 걸린다. ② 접근방법이 오래 걸린다. ③ 위험과 무관한 잠재적인 위험요소를 확인하는 공정이 발생

9-1) 유인어의 의미 ★★★

Guide Word	의미	해설
NO 혹은 NOT	설계 의도의 완전한 부정	설계 의도의 어떤 부분도 성취되지 않으며 아무것도 일어나지 않음
MORE LESS	양의 증가 혹은 감소(정량적)	가압, 반응, 등과 같은 행위뿐만 아니라 Flow rate 그리도 온도 등과 같은 양과 성질을 함께 나타낸다.
AS WELL AS	성질상의 증가(정성적 증가)	모든 설계 의도와 운전조건이 어떤 부가적인 행위와 함께 일어남
PART OF	성질상의 감소(정성적 감소)	어떤 의도는 성취되나 어떤 의도는 성취되지 않음
REVERSE	설계 의도의 논리적인 역 (설계 의도와 반대 현상)	이것은 주로 행위로 일어남. 역반응이나 역류 등 물질에도 적용될 수 있음. 예 해독제 대신 독물
OTHER THAN	완전한 대체의 필요	설계 의도의 어느 부분도 성취되지 않고 전혀 다른 것이 일어남

10) 작업자 실수분석(HEA : Human Error Analysis)

(1) 정의

정 운전원, 보수반원, 기술자 등의 실수에 의해 작업에 영향을 미칠 수 있는 요소를 평가하고 그 실수의 원인을 파악 · 추적하여 이를 개선하기 위한 정성적 위험성 평가기법을 말한다.

(2) 사고예상질문분석(What – if) 기법

공장 전반에 대하여 적용할 수 있으며, 주로 공정 및 설비의 이상과 공정의 변화에 대하여 적용

① 공정장치의 설계 ② 공정장치의 운전
③ 원재료, 중간제품 및 최종 제품의 취급, 저장 및 관리
④ 안전관리 ⑤ 환경관리
⑥ 검사 및 정비 ⑦ 공공의 안전 및 공해방지
⑧ 기타 사고예상질문분석 기법을 통하여 위험의 확인이 가능한 항목

11) 시스템 분석 기법 중 인간 과오에 의한 분석기능 도구(5가지)

(1) FTA(Fault Tree Analysis) : 고장의 다양한 조합 및 작업자의 실수 원인을 연역적으로 분석하는 방법

(2) THERP(Technique For Human Error Rate Prediction)

(인간 실수 예측기법)(예측된 인적 오류 확률기법)

시스템에서 인간의 과오를 정량적으로 평가하기 위해 개발된 기법

(3) ETA(Event Tree Analysis) : 사건수 분석법

특정한 장치의 이상 또는 운전자의 실수에 의해 발생되는 잠재적인 사고결과를 정량적으로 평가 분석하는 기법

(4) HEA(Human Error Analysis) : 인적 오류 분석

공장의 운전자 정비원 기술자 등 작업에 영향을 미치는 영향요소를 평가하는 방법

(5) HEP(Human Error Probability) : 인간 실수 확률

특정한 직무에서 하나의 실수가 발생할 확률

05 연습문제

01 시스템 내의 위험요소가 얼마나 위험한 상태에 있는가를 정성적으로 평가하는 시스템 안전분석 기법은?

① PHA ② FHA
③ FMEA ④ MORT

02 시스템 안전 분석법 중 예비위험 분석의 식별된 4가지 사고 카테고리에 해당되지 않는 것은?

① 선별적 상태 ② 중대 상태
③ 무시 가능 상태 ④ 파국적 상태

03 인간의 과오를 정량적으로 평가하기 위한 기법으로서 인간의 과오율 추정법 등 5개의 스탭으로 되어 있는 기법은?

① THERP ②FTA
③ FMEA ④ ETA

04 시스템 안전해석 방법 중 "HAZOP"에서 "완전 대체"를 의미하는 유인어는?

① NOT ② REVERSE
③ PART OF ④ OTHER THAN

정답 01 ③ 02 ① 03 ① 04 ④

CHAPTER

06 결함수 분석법

01 | 결함수 분석

1. FTA(Fault Tree Analysis)

(1) 정의 : 결함수법, 결함관련수법, 고장의 나무 해석법 등으로 사고의 원인이 되는 장치의 이상이나 고장의 다양한 조합 및 작업자의 실수 원인을 분석하는 방법이다.

(2) 특징

① 연역적(Top Down)이고 정량적인 해석 방법

② 분석에는 게이트, 이벤트 부호 등의 그래픽기호를 사용하여 결함단계를 표현하며 각각의 단계에 확률을 부여하여 어떤 상황의 실패 확률 계산 가능

③ 고장을 발생시키는 사상과 원인과의 관계를 논리기호(AND와 OR)를 사용하여 시스템의 고장 확률을 구하여 시스템의 신뢰도를 개선하는 정량적 고장해석 및 신뢰성 평가방법

④ 상황에 따라 정성적 분석도 가능하다.

(3) FTA에 의한 재해사례 연구순서 ★★★

제1단계	제2단계	제3단계	제4단계
톱 사상의 선정	사상마다 재해원인 요인의 규명	FT도의 작성	개선계획의 작성
시스템의 안전보건 문제점 파악	톱 사상의 재해 원인의 결정	부분적 FT도를 다시 본다.	안전성이 있는 개선안의 검토
사고, 재해의 모델화	중간사상의 재해 원인의 결정	중간사상의 발생 조건의 재검토	제약의 검토와 타협
문제점의 중요도 우선순위의 결정	말단 사상까지의 전개	전체의 FT도의 완성	개선안의 결정
해석할 톱 사상의 결정			개선안의 실시 계획

(4) FTA의 장단점

장점	단점
• 사고원인 규명의 간편화 • 사고원인 분석의 일반화 • 사고원인 분석의 정량화 • 노력, 시간의 절감 • 시스템의 결함 진단 • 안전점검 체크리스트 작성	• 숙련된 전문가 필요 • 시간 및 경비의 소요 • 고장률 자료 확보 • 단일 사고의 해석 • 논리게이트 선택의 신중

(5) FTA 기법의 절차

① 분석현상이 된 시스템을 정의한다.

② 정상사상의 원인이 되는 기초사상을 분석한다.

③ 정상사상과의 관계는 논리게이트를 이용하여 도해한다.

④ 이전단계에서 결정된 사상이 조금 더 전개 가능한지를 검사한다.

⑤ FT를 간소화한다.

⑥ 정성적, 정량적으로 평가한다.

(6) FTA의 순서 및 작성 방법

① 해석하려는 시스템의 공정과 작업내용 파악 및 예상되는 재해의 조사

② 재해 위험도를 검토하여 해석할 재해 결정(필요하면 PHA 실시)

③ 재해의 위험도를 고려하여 발생확률의 목표 값 결정

④ 재해에 관련된 기계의 불량이나 작업자 에러에 대한 원인과 영향 조사

⑤ FT를 작성하고 수식화하여 간소화

⑥ 기계 불량 상태 또는 작업자 에러의 발생확률 FT에 표시

⑦ 해석하는 재해의 발생확률을 계산하고 과거 자료와 비교

⑧ 코스트나 기술 등의 조건을 고려하여 유효한 재해방지 대책 수립

(7) 불(BOOL) 대수의 대수법칙

동정법칙	$A+A=A$, $AA=A$
교환법칙	$AB=BA$, $A+B=B+A$
흡수법칙	$A(AB)=(AA)B=AB$ $A+AB=A\cup(A\cap B)=(A\cup A)\cap(A\cup B)=A\cap(A\cup B)=A$ $A(A+B)=(AA)+AB=A+AB=A$
분배법칙	$A(B+C)=AB+AC$, $A+(BC)=(A+B)\cdot(A+C)$
결합법칙	$A(BC)=(AB)C$, $A+(B+C)=(A+B)+C$

$A(A\overline{B})=\overline{A}$　　$A(A+B)=A(1)=A$

$A+\overline{A}B=A+BB=A+B$

$A+\overline{A}=A+B=1$　　$\overline{A}=B$

논리의 합·곱

※ 불대수(Boolean algebra)

0	1	(·) 논리곱 : AND ⊃−	
거짓	참	(+) 논리합 : OR ⊃−	

1) 논리의 합 : $A + 0 = A$ $A + A = A$ $\underline{A} + 1 = 1$ $A + \overline{A} = 1$

2) 논리의 곱 : $A \cdot 0 = 0$ $A \cdot A = A$ $\underline{A} \cdot 1 = A$ $A \cdot \overline{A} = 0$

3) $\overline{\overline{A}} = A$

(8) 수정 게이트

우선적 AND 게이트	입력사상 중 어떤 사상이 다른 사상보다 먼저 일어날 때 출격사상이 발생
조합 AND 게이트	3개의 입력사상 중 어느 것이나 2개가 일어나면 출력사상이 발생
배타적 OR 게이트	입력사상 중 2개 이상이면 출력사상이 발생하지 않음
위험지속기호	입력사상이 생겨 어떤 일정한 시간이 지속했을 경우만 출력사상이 발생

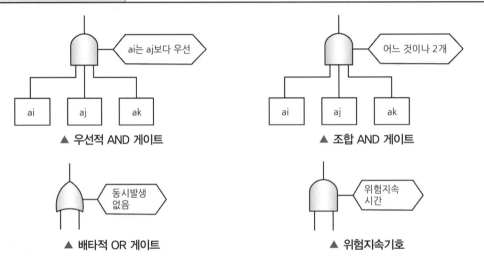

▲ 우선적 AND 게이트   ▲ 조합 AND 게이트

▲ 배타적 OR 게이트   ▲ 위험지속기호

(9) 논리기호 및 사상기호

번호	기호	명칭	설명
1		결함사상 (사상기호)	개별적 결함 사상
2		기본사상 (사상기호)	더이상 전개되지 않는 기본적인 사상
3		생략사상 (사상기호)	정보 부족, 해석기술 불충분으로 더 이상 전개할 수 없는 사상
4		통상사상 (사상기호)	통상 발생이 예상되는 사상

번호	기호	명칭	설명
5	IN	이행(전이)기호	FT도상에서 다른 부분에의 이행 또는 연결을 나타냄
6	OUT	이행(전기)기호	5와 동일 옆선은 정보의 전출을 나타냄
7		AND 게이트(논리기호)	모든 입력 사상이 공존할 때만이 출력 사상이 발생한다(논리의 곱) 결함의 원인을 찾는 것
8		OR 게이트(논리기호)	입력사상 중 어느 것이나 존재할 때 출력사상이 발생한(논리의 합)
9	출력 / 조건 / 입력	억제(제약)게이트 논리 기호	입력사상 중 어느 것이나 이 게이트로 나타내는 조건이 만족하는 경우에만 출력사상이 발생한다(조건부 확률)
10		우선적 AND 게이트	OR 게이트의 특별한 경우로서 입력사상 중 오직 한 개의 발생으로만 출력사상이 발생하는 논리 게이트
11		배타적 OR 게이트	AND 게이트의 특별한 경우로서 입력사상 중 오직 한 개의 발생으로만 출력사상이 발생하는 논리 게이트
12		공사상	한국산업표준상 결함 나무 분석(FTA) 시 사용되는 사상기호
13	A	부정 게이트	입력사상의 반대사상이 출력

2. 컷셋 & 패스셋

1) **컷셋(cut set)** : 결함 발생이 일어나는 것
   ① 정상사상을 발생시키는 기본사상의 집합으로 그 안에 포함되는 모든 기본사상이 발생할 때 정상사상을 발생시킬 수 있는 기본사상의 집합
   ② 정상적으로 발생시키는 것

2) **패스셋(path set)** : 결함 발생이 일어나지 않도록 하는 것
   ① 모든 기본사상이 일어나지 않을 때 처음으로 정상사상이 일어나지 않는 기본사상의 집합
   ② 안 일어나는 것이 정상이다.

02 | 정성적 정량적 분석

1. 미니멀 컷셋 미니멀 패스셋(Minimal Cut Sets and Minimal Path Sets)

1) 미니멀 컷셋(Minlmal cut set)
① 컷셋의 집합 중에서 정상사상을 일으키기 위하여 필요한 최소한의 집합(시스템의 위험성 또는 안전성을 나타냄)
② 일반적으로 시스템에서 최소 컷셋의 개수가 늘어나면 위험 수준이 높아진다.
③ 일반적으로 Fussel algorithm을 이용한다.
④ 컷셋 중 다른 컷셋을 포함하고 있는 것을 배제하고 남은 컷셋들을 말한다.

2) 미니멀 패스셋(Minlmal path set)
그 안에 포함되는 모든 기본사상이 일어나지 않을 때 처음으로 정상사상이 일어나지 않는 기본사상의 집합의 패스셋에서 필요한 최소한의 것을 미니멀 패스셋이라 한다.(시스템의 신뢰성을 나타냄)

3) 미니멀 컷을 구하는 법
① AND 게이트 : 컷의 크기를 증가
② OR 게이트 : 컷의 수를 증가
③ 정상사상에서 차례로 하단의 사상으로 치환하면서 AND 게이트는 가로로 OR 게이트는 세로로 나열(기본사상에 도달했을 때 이들의 각 행이 미니멀 컷이 된다.)

4) 쌍대 FT와 미니멀 패스를 구하는 법
① 쌍대 FT란 원래 FT의 이론곱은 이론합으로 이론합은 이론곱으로 치환해 모든 사상은 그것들이 일어나지 않는 경우에 대해 생각한 FT이다.
② 쌍대 FT에서 미니멀 컷을 구하면 그것은 원래 FT의 미니멀 패스가 된다.

2. FTA의 최소 컷셋과 관련이 있는 알고리즘

(1) Fussel Algorithm : 정상 사상의 사고 확률을 계산하고 미니멀 컷셋을 자동으로 계산하기 위해 알고리즘을 (minimal cut sets) Fussel을 적용한다.
(2) Boolean Algorithm : 참, 거짓의 정수나 문자와 같이 하나의 데이터 값으로 비교연산결과를 나타내는 것에 사용 불 대수
(3) Limnios & Ziani Algorithm : 반복되는 사건이 많은 경우 사용하는 것이 유리한 경우

01 FTA의 특징과 관계없는 것은?

① 재해의 정량적 예측 가능
② 간단한 FT도의 작성으로 정성적 해석 가능
③ 컴퓨터 처리 가능
④ 귀납적 해석 가능

02 입력현상 중에서 어떤 현상이 다른 현상보다 먼저 일어난 때에 출력현상이 생기는 수정게이트는?

① AND 게이트
② 우선적 AND 게이트
③ 조합 AND 게이트
④ 배타적 OR 게이트

03 FTA에서 시스템의 기능을 살리는데 필요한 최소한의 요인의 집합을 무엇이라 하는가?

① Boolean indicated cut set
② minimal gate
③ minimal path
④ critical set

04 FTA에 의한 재해사례연구 순서 중 제1단계는?

① 사상의 재해원인의 규명
② FT도의 작성
③ 톱 사상의 선정
④ 개선계획의 작성

05 FT도에서 시스템의 신뢰도는 얼마인가?(단, 모든 부품의 발생확률은 0.1이다.)

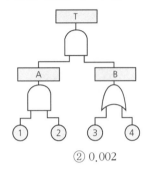

① 0.0033　　　② 0.002
③ 0.9981　　　④ 0.9936

06 다음 그림의 결함수에서 최소 패스셋(minmal-path sets)과 그 신뢰도 R(t)는?(단, 각각의 부품 신뢰도는 0.9이다.)

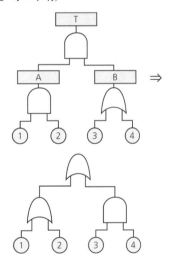

① 최소 패스셋 : {1}, {2}, {3, 4}R(t) = 0.9081
② 최소 패스셋 : {1}, {2}, {3, 4}R(t) = 0.9981
③ 최소 패스셋 : {1, 2, 3}, {1, 2, 4}R(t) = 0.9081
④ 최소 패스셋 : {1, 2, 3}, {1, 2, 4}R(t) = 0.9981

07
그림과 같은 FT도에서 정상사상 T의 발생 확률은?(단, X_1, X_2, X_3의 발생 확률은 각각 0.1, 0.15, 0.1이다.)

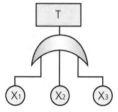

① 0.3115
② 0.35
③ 0.496
④ 0.9985

08
다음의 FT도에서 사상 A의 발생 확률값은?

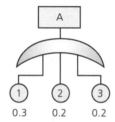

① 게이트기호가 OR이므로 0.012
② 게이트기호가 AND이므로 0.012
③ 게이트기호가 OR이므로 0.552
④ 게이트기호가 AND이므로 0.552

09
다음 그림과 같이 FTA로 분석된 시스템에서 현재 모든 사상에 대한 부품이 고장난 상태이다. 부품 X_1부터 부품 X_5까지 순서대로 복구한다면 어느 부품을 수리 완료하는 순간부터 시스템이 정상 가동되겠는가?

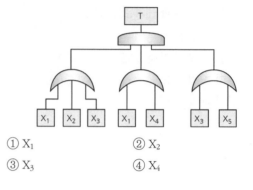

① X_1
② X_2
③ X_3
④ X_4

10
다음 FT 도에서 최소 컷셋을 구하시오.

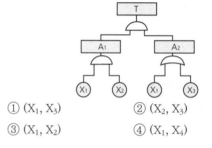

① (X_1, X_3)
② (X_2, X_3)
③ (X_1, X_2)
④ (X_1, X_4)

11
다음 FT도에서 컷셋을 모두 구하시오.

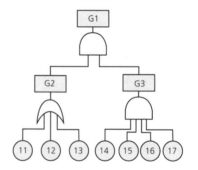

G1 → G2 G3

    11 G3

    12 G3

    13 G3

    (11), (14 15 16 17)

    (12), (14 15 16 17)

    (13), (14 15 16 17)

① 11), (14 15 16 17)

② (12), (14 15 16 17)

③ (11), (14 15 16 17), (12), (14 15 16 17), (13), (14 15 16 17)

④ (11 12), (14 15 16 17), (11. 12), (14 15 16 17), (11, 13), (14 15 16 17)

12 다음 FT도에서 컷셋을 구하시오.

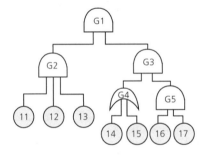

G1 = G2. G3 = 11.12.13, G3

        11.12.13, G4.G5

        11.12.13. 14. G5

        11.12.13. 15. G5

        (11.12.13) (14) (16.17)

        (11.12.13) (15) (16.17)

그러므로 cut set은 (11.12.13) (14) (16.17)

                   (11.12.13) (15) (16.17)

① (11.12.13) (14) (1516.17)

② (11), (14 15 16 17), (12), (14 15 16 17)

③ (11.12.13) (14) (16.17) (11.12.13) (15) (16.17)

④ (11.12.13) (14,15) (16.17)

13 아래 그림과 같은 독립인 기초사상들의 확률이 $P_1 = 0.3$, $P_2 = 0.2$. $P_3 = 0.1$일 때 정상사상의 발생확률은?

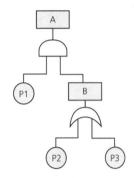

① 0.064   ② 0.074

③ 0.084   ④ 0.094

14 다음 FT도에서 정상사상 T의 고장발생확률을 구하시오.(단, X_1, X_2, X_3의 발생확률은 각각 0.1이다.)

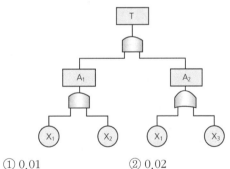

① 0.01   ② 0.02

③ 0.03   ④ 0.04

15 다음 FT도에서 시스템의 신뢰도는 약 얼마인가?(단, 발생확률은 ①,④=0.15, ②,③=0.1)

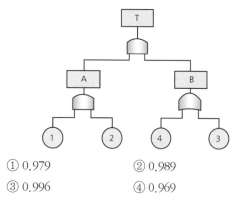

① 0.979

② 0.989

③ 0.996

④ 0.969

16 다음 FT 도에서 최소컷셋(Minimal cut set)으로만 올바르게 나열한 것은?

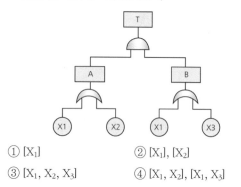

① [X₁]

② [X₁], [X₂]

③ [X₁, X₂, X₃]

④ [X₁, X₂], [X₁, X₃]

17 다음 FT도에서 최소 컷셋을 올바르게 구한 것은?

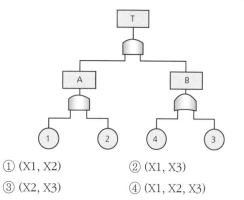

① (X1, X2)

② (X1, X3)

③ (X2, X3)

④ (X1, X2, X3)

18 FT도에서 미니멀 패스셋을 모두 구하시오.

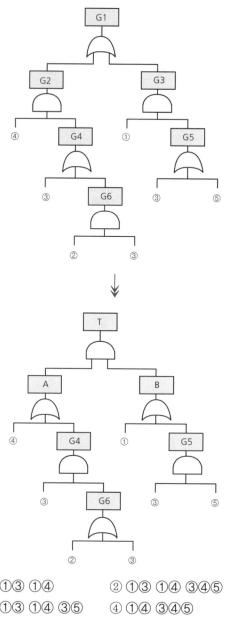

① ①③ ①④

② ①③ ①④ ③④⑤

③ ①③ ①④ ③⑤

④ ①④ ③④⑤

19 다음 그림을 보고 시스템 고장(전등 켜지지 않음)을 정상사상으로 하는 FT도의 작성하시오.

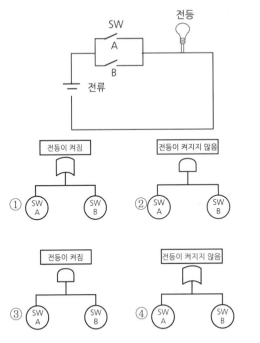

22 다음 시스템에 대하여 톱사상(top event)에 도달할 수 있는 최소 컷셋(minimal cutsets)을 구할 때 올바른 집합은?(단, X_1, X_2, X_3, X_4는 각 부품의 고장확률을 의미하며 집합$\{X_1, X_2\}$는 X_1 부품과 X_2 부품이 동시에 고장 나는 경우를 의미한다.)

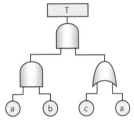

① (a,b), R(t)＝99.99%

② (a,b,c),　R(t)＝98.99%

③ (ac), (ab) R(t)＝98.99%

④ (ac), (abc) R(t)＝98.99%

20 각 부품 고장확률이 0.12인 A, B, C 3개의 부품이 병렬로 만들어진 시스템이 있다. 시스템 작동 안 됨을 정상사상으로 하고, A 고장, B고장, C고장을 기본사상으로 하는 FT도를 그리고 정상사상 발생확률을 구하시오.

① 0.0017

② 0.0018

③ 0.017

④ 0.018

21 다음 FTA에서 a, b, c의 부품 고장률이 각각 0.01일 때 최소 컷셋과 신뢰도는?

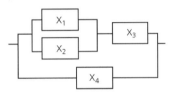

① $\{X_1, X_2\}$, $\{X_3, X_4\}$

② $\{X_1, X_3\}$, $\{X_2, X_4\}$

③ $\{X_1, X_2, X_4\}$, $\{X_3, X_4\}$

④ $\{X_1, X_3, X_4\}$, $\{X_2, X_3, X_4\}$

23 그림과 같은 FT도에서 $F_1 = 0.015$, $F_2 = 0.02$, $F_3 = 0.05$이면, 정상사상 T가 발생할 확률은 약 얼마인가?

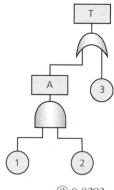

① 0.0002

② 0.0283

③ 0.0503

④ 0.9500

24 그림의 FT도에서 최소 패스셋(minimal path -set)은?

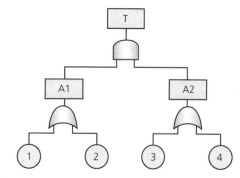

① {1, 2}, {3, 4}

② {1, 3}, {2, 4}

③ {1, 2, 3}, {1, 2, 4}

④ {1, 3, 4}, {2, 3, 4}

CHAPTER

07 안전성 평가

01 | 안전성 평가

1. 정의

설비, 공법 등의 설계 및 계획단계에서 나타날 수 있는 위험에 대하여 정성적, 정량적인 평가에 따른 대책을 강구하는 방법이다.

2. 안전성 평가의 4가지 기법(미국 듀폰사의 화학공장) ★★★

① 체크리스트에 의한 평가　　　　　② 위험이 예측평가(Lay-out 검토)
③ FMEA(고장형태 영향분석)　　　　④ FTA(결함수 분석법)

[안전성 평가와 종류]

① 기술개발의 종합평가	Technology Assessment
② 안전성 평가	Safety Assessment
③ 위험성 평가	Risk Assessment
④ 인간과 사고의 평가	Human Assessment

3. 안전성 평가 6단계

단계		내용
1단계	관계자료의 정비 검토	1. 제조공정 훈련 계획　　　2. 입지조건　　　3. 건조물의 도면 4. 기계실, 전기실의 도면　　　5. 공정계통도
2단계	정성적 평가	1. 설계관계 : ① 입지조건 ② 공장 내의 배치 ③ 건조물 소방설비 2. 운전관계 : ① 원재료 ② 중간제품의 위험성 ③ 프로세스 운전조건 　　　　　　　④ 수송 저장 등에 대한 안전대책 ⑤ 프로세스 기기의 선정조건
3단계	정량적 평가	1. 구성요소의 물질 2. 화학설비의 용량, 온도, 압력, 조작 3. 상기 5개 항목에 대해 평가 → 합산 결과에 의한 위험도 등급
4단계	안전대책 수립	1. 설비대책　　　　　　　2. 관리대책
5단계	재해사례에 의한 평가	재해사례 상호교환
6단계	FTA에 의한 재평가	위험도 등급 Ⅰ에 해당하는 플랜트에 대해 FTA에 의한 재평가하여 개선부분 설계 반영

등급	점수	내용
I 등급	16점 이상	FTA 재평가 위험도 높다.
II 등급	11~15점 이하	
III 등급	10점 이하	다른 설비와 관련해서 위험도가 낮다.

4. 위험성 평가기법 종류

1) 정량적 평가(Hazard Assessment Method)

(1) 결함수 분석(FTA : Fault tree analysis)

① 하나의 특정한 사고에 집중한 연역적 기법으로 사고의 원인을 규명하기 위한 평가기법을 제공한다.

② 결함 수는 사고를 낳을 수 있는 장치의 이상과 고장의 다양한 조합을 표시하는 위험성 평가기법이다.

(2) 사건수 분석(ETA : Event tree analysis)

정량적 분석방법으로 초기화 사건으로 알려진 특정한 장치의 이상이나 근로자의 실수로부터 발생되는 잠재적인 사고결과를 예측·평가하는 기법이다.

(3) 원인 – 결과분석(CCA : Cause – consequence analysis)

잠재된 사고의 결과와 이러한 사고의 근본적인 원인을 찾아내고 사고 결과와 원인의 상호관계를 예측하는 위험성 평가기법이다.

(4) 인간실수예측기법(THERP : Technique For Human Error Rate Prediction)

① 시스템에서 인간의 과오를 정량적으로 평가하기 위해 개발된 기법

② 인간 과오율의 추정법 등 5개의 스텝으로 구성 시스템의 국부적인 상세한 분석에 적합

[시스템 안전 MIL – STD – 882B 분류기준의 위험성 평가 발생빈도 매트릭스]

구분	발생빈도	발생 주기
6	자주, 빈번히 발생(Frequent)	주 단위
5	발생가능성이 있다(Probable)	월 단위
4	가끔 발생(Occassional)	6개월 단위
3	거의 발생되지 않음. 보통발생(Remote)	연간 단위
2	발생빈도가 낮음(improbable)	10년 이내
1	극히 발생하지 않음(Extremely improbable)	10년 이상~100년

Chapanis가 정의한 위험의 확률수준과 그에 따른 위험발생률

발생빈도	평점	발생확률
자주(Frequent)	6	10^{-2}/day
보통(Probable)	5	10^{-3}/day
가끔(occasional)	4	10^{-4}/day
거의(remote)	3	10^{-5}/day
극히 (extremely unlikely)	2	10^{-6}/day
전혀(impossible)	1	10^{-8}/day

2) 정성적 평가(Hazard Identification Method)

(1) 체크리스트 평가(Check list)

공정 및 설비의 오류, 결함 상태, 위험 상황 등을 목록화한 형태로 작성하여 경험적으로 비교함으로써 위험성을 정성적으로 파악하는 위험성 평가기법이다.

(2) 사고예상 질문분석(What－If 분석)

공정에 잠재하고 있으면서 원하지 않은 나쁜 결과를 초래할 수 있는 사고에 대하여 예상 질문을 통해 사전에 확인함으로써 그 위험과 결과 및 위험을 줄이는 위험성 평가기법이다.

(3) 상대위험순위(Dow and mond indices)

설비에 존재하는 위험에 대하여 수치적으로 상대위험 순위를 지표화하여 그 피해 정도를 나타내는 상대적 위험 순위를 정하는 위험성 평가기법이다.

(4) 위험과 운전분석(HAZOP : Hazard & operability studies)

대상공정에 관련된 여러 분야의 전문가들이 모여서 공정에 관련된 자료를 토대로 정해진 연구(Study) 방법에 의해 공장(공정)이 원래 설계된 운전목적으로부터 이탈(Deviation)하는 원인과 그 결과를 찾아보며 그로 인한 위험(Hazard)과 조업도(Operability)에 야기되는 문제에 대한 가능성이 무엇인가를 조사(Investigation)하고 연구(Study)하는 위험성 평가기법이다.

(5) 이상과 위험도분석(FMECA : Failure modes effects & criticality analysis)

공정 및 설비의 고장의 형태 및 영향, 고장형태별 위험도 순위 등을 결정하는 위험성 평가기법이다.

3) 기계설비의 안전성

기계설비 배치 시 안전성 고려사항	① 작업공정 검토 ② 기계설비의 주위 간격 충분히 유지 ③ 공장 내외 안전통로 설치 ④ 원재료 제품 등의 저장 적재장소 확보 ⑤ 기계 장비 점검 보수가 쉽도록 한다. ⑥ 위험성이 높은 설비와 타 설비와의 관계를 적정하게 한다. ⑦ 장래 확장을 고려하여 설계

LAY OUT 법칙	① 라인화 인간과 기계의 흐름을 라인화한다.
	② 집중화(이동거리. 기계배치 집중화)
	③ 기계화(기계활동의 집중화 운반기계 동선 유용하게
	④ 중복부분 제거(작업 시 동선의 중복부분)

5. 위험성 평가 절차

1) 평가대상의 선정 등 사전준비

2) 근로자의 작업과 관계되는 유해 위험 요인의 파악

3) 파악된 유해 위험 요인별 위험성의 추정

4) 추정한 위험성이 허용 가능한 위험성 인지 여부의 결정

5) 위험성 감소대책의 수립 및 실행

6) 위험성 평가 실시내용 및 결과에 관한 기록

02 | 신뢰도 및 안전도 계산

- 신뢰도(Rt) : 시스템 또는 부품 등이 규정된 사용조건하에 의도하는 기간, 조건에서 규정된 기능을 발휘할 수 있는 확률

$$R(t) = e^{-\lambda t}$$

- 불신뢰도(Ft) : $F(t) = 1 - R(t)$

- 고장 확률 밀도함수와 고장률 함수

고장률이 사용시간에 관계없이 일정할 경우

$$평균고장률\ \lambda(t) = \frac{\gamma(그\ 기간\ 중의\ 총\ 고장수)}{T(총\ 동작시간)}$$

1. 평균수명과 신뢰도 관계

1) MTBF(mean time between failure/평균고장간격)

평균수명으로 시스템을 수리해 가면서 사용하는 경우 한번 고장난 후 다음 고장이 날 때까지 평균적으로 얼마나 걸리는지를 나타내는 것으로 동작의 평균치이다.

(1) 고장률(λ) = $\dfrac{총\ 고장건수(r)}{총\ 가동시간(t)}$

(2) $MTBF = \dfrac{1}{\lambda}$

(3) 신뢰도 $= R(t) = e^{-\lambda t}$

(4) 불 신뢰도 $= F(t) = 1 - R(t)$

2) MTTF(mean time to failure / 평균고장수명)

평균수명으로 시스템을 수리하여 사용할 수 없는 경우 사용 시작으로부터 고장이 날 때까지의 동작 시간의 평균치

3) 평균고장시간

신뢰도 : $R(t) = e^{-\frac{t}{t_o}}$

여기서, t_o : 평균고장시간(평균수명)

t : 앞으로 고장 없이 사용할 시간, 고장을 일으키지 않을 시간

4) MTTR(mean time to repair / 평균수리시간)

설비의 고장이 발생한 시점부터 다시 운영 가능한 상태로 회복시킬 때까지 수리에 소요되는 시간

$$MTTR = \dfrac{1}{\text{평균수리율}(\mu)} \qquad MTTR = \dfrac{\text{고장수리시간(hr)}}{\text{고장횟수}}$$

※ 고장발생 시 수리하는 데 소요되는 시간

[보전의 분류]

예방보전(PM)	계획적으로 일정한 사용시간마다 실시하는 보전으로 항상 사용 가능한 상태로 유지
사후보전(BM)	기계설비의 고장이나 결함 등이 발생했을 경우 이를 수리 또는 보수하여 회복시키는 활동
계량보전(CM)	설비를 안정적으로 가동하기 위해 고장이 발생한 후 설비 자체의 체질을 개선하는 보전
보전예방(MP)	설비의 계획단계 및 설치 시부터 고장 예방을 위한 여러 가지 연구가 필요하다는 보전
일상보전((RM)	수명연장을 위하여 매일 설비의 점검, 청소, 주유 등 행하는 보전 활동

용어	내용	도해 설명	설명
MTBF (Mean Time Between Failure)	평균수명 평균고장 간격	고장 ●━━● 재고장	한번 고장난 후 고장까지의 평균 시간(시스템을 수리해 가면서 사용하는 경우)
MTTF (Mean Time To Failure)	평균고장 수명	정상 ●━━● 고장	수리 불가능한 장비로부터 고장 날 때까지의 시간(시스템을 수리하여 사용할 수 없는 경우)
MTTR (Mean Time To Refair)	평균수리 시간	고장 ●━━● 재가동	고장에서 재가동까지의 걸리는 시간

예제

1. 프레스에 설치된 안전장치의 수명은 지수분포를 따르면 평균수명은 100시간이다. 새로 구입한 안전장치가 50시간 동안 고장 없이 작동할 확률(A)과 이미 100시간을 사용한 안전장치가 앞으로 100시간 이상 견딜 확률(B)은 약 얼마인가?

   ① A : 0.368, B : 0.368   ❷ A : 0.607, B : 0.368
   ③ A : 0.368, B : 0.607   ④ A : 0.607, B : 0.607

해설

$$R(t) = e^{-\frac{t}{t_o}}$$

t_o : 평균고장시간(평균수명)

t : 앞으로 고장 없이 사용할 시간, 고장을 일으키지 않을 시간

$$R(t) = e^{-\lambda t} = e^{-\frac{t}{t_o}}$$

$$R(t) = e^{-\frac{50}{100}} = e^{-0.5} = 0.607$$

$$R(t) = e^{-\frac{100}{100}} = e^{-1} = 0.368$$

2. 수리가 가능한 어떤 기계의 가용도(availability = 설비 가동률)는 0.9이고, 평균수리시간(MTTR)이 2시간일 때, 이 기계의 평균수명(MTBF)은?

   ① 15 시간   ② 16 시간
   ③ 17 시간   ❹ 18 시간

해설   MTBF = 가용도 X (MTBF + MTTR)
                = 0.9 X (MTBF + 2) = 0.9 MTBF + 0.9 X 2
       MTBF = 0.9 MTBF + 1.8   MTBF - 0.9 MTBF = 1.8
              0.1 MTBF = 1.8   MTBF = 1.8 / 0.1 = 18시간

5) 계의 수명

- 병렬계의 수명 $= MTTF(MTBF) \times \left(1 + \dfrac{1}{2} + \dfrac{1}{3} + \cdots \dfrac{1}{n}\right)$

- 직렬계의 수명 $= MTTF(MTBF) \times \dfrac{1}{요소\ 갯수(n)}$

- $MDT = \dfrac{총\ 보전\ 작업시간}{총\ 보전\ 작업건수}$

※ 평균정지시간(MDT) : 설비의 보전을 위해 설비가 정지된 시간의 평균을 평균 정지 시간이라 함

01 안전성 평가는 6단계 과정을 거쳐 실시되는 데 이에 해당되지 않는 것은?

① 작업조건의 측정
② 정성적 평가
③ 안전대책
④ 관계자료의 정비검토

02 화학설비의 안정성 평가에서 정량적 평가의 항목에 해당되지 않는 것은?

① 압력   ② 온도
③ 공정   ④ 설비용량

03 어느 부품 1,000개를 100,000 시간 동안 가동하였을 때 5개의 불량품이 발생하였을 경우 평균 동작시간(MTTF)은?

① 1×10^6 시간   ② 2×10^7 시간
③ 1×10^8 시간   ④ 2×10^9 시간

04 FTA에서 사용되는 최소 컷셋에 대한 설명으로 옳지 않은 것은?

① 일반적으로 Fussell Algorithm을 이용한다.
② 정상사상(Top event)을 일으키는 최소한의 집합이다.
③ 반복되는 사건이 많은 경우 Limnios와 Ziani Algorithm을 이용하는 것이 유리하다.
④ 시스템에 고장이 발생하지 않도록 하는 모든 사상의 집합이다.

05 설비의 고장과 같이 발생확률이 낮은 사건의 특정시간 또는 구간에서의 발생횟수를 측정하는 데 가장 적합한 확률분포는?

① 이항분포(Binomial distribution)
② 푸아송분포(Poisson distribution)
③ 와이블분포(Weibulll distribution)
④ 지수분포(Exponential distribution)

06 수리가 가능한 어떤 기계의 가용도(availability = 설비 가동률)는 0.9이고, 평균 수리시간(MTTR)이 2시간일 때, 이 기계의 평균 수명(MTBF)은?

① 15 시간   ② 16 시간
③ 17 시간   ④ 18 시간

정답   **01** ①   **02** ③   **03** ②   **04** ④   **05** ②   **06** ④

3

기계 위험 방지 기술

산업안전기사

01 기계안전의 개념

01 | 기계의 위험 및 안전조건

1. 기계의 위험요인

1) 운동 동작에 의한 위험 분류
① 회전운동 : 접촉 및 말려듦, 회전체 자체 위험 고정부와 회전체 사이에 끼임, 협착)
  (플라이휠, 축, 풀리 등)
② 횡축운동 : 운동부와 고정부 사이의 위험 형성 (작업점과 기계적 결합 부분)
③ 왕복운동 : 운동부와 고정부 사이의 위험 형성 (프레스)

2. 기계 설비에 의해 형성되는 위험점 ★★★

1) 협착점(squeeze point)
왕복운동을 하는 동작부분과 고정부분 사이에 형성되는 위험점
① 프레스, 금형조립부위
② 전단기 및 성형기의 누름판 및 칼날 부위
③ 선반 및 평삭기의 베드 끝 부위

▲ 협착위치

▲ 프레스 금형 조립 부위

▲ 프레스 브레이크 금형 조립 부위

2) 끼임점(shear point)
고정부분과 회전 부분이 함께 만드는 위험점
① 회전 풀리와 고정베드 사이
② 연삭숫돌과 작업대(워크레스트) 또는 덮개 사이
③ 교반기의 교반날개와 몸체 사이

▲ 끼임 위치

▲ 회전 풀리와 베드 사이

▲ 연삭숫돌과 작업대 사이

3) 절단점(cutting point)

회전하는 운동 부분 자체의 위험이나 운동하는 기계 자체의 위험에서 초래되는 위험점

① 목공용 띠톱 부분   ② 밀링 커터 부분   ③ 둥근톱 날

▲ 절단 위치

▲ 목공용 띠톱 부분

▲ 밀링 커터 부분

4) 물림점(Nip point)

회전하는 두 개의 회전축에 의해 형성되는 위험점

회전체가 서로 반대 방향으로 맞물려 회전하는 경우

① 기어와 기어의 물림   ② 롤러와 롤러의 물림

▲ 물림 위치

▲ 기어 물림점

▲ 롤러 회전에 의한 물림점

5) 접선 물림점(Tangential nip point)

회전하는 운동부의 접선 방향으로 물려 들어가는 위험점

① 벨트와 풀리   ② 기어와 랙

▲ 점선 물림 위치

▲ 벨트와 풀리

▲ 체인과 체인기어

6) 회전 말림점(Trapping point)

회전하는 물체에 작업복이 말려 들어가는 위험점

① 회전축   ② 드릴축

▲ 회전 말림 위치   ▲ 나사 회전부   ▲ 드릴

3. 위험요소(사고체인의 5요소) 분류 시 체크 사항

(1) 함정(Trap) : 기계의 운동에 의해 함정 발생에 대한 위험요소 점검사항

(2) 충격(Impact) : 작동하는 기계요소와 사람의 충돌 사고 발생 사항
   ① 고정된 물체와 사람과의 충돌에 대한 위험요소 점검사항
   ② 움직이는 물체와 사람과의 충돌에 대한 위험요소 점검사항
   ③ 물체와 사람과의 동시 충돌에 대한 위험요소 점검사항

(3) 접촉(contact) : 날카로운 부분, 뜨겁거나 차가운 부분, 전류가 흐르는 부분에 대한 위험요소 점검
   사항

(4) 얽힘, 말림(entanglement) : 작동되는 회전체에 의한 옷소매, 장갑, 작업복 등이 장비에 말려들 위험
   에 대한 점검사항

(5) 튀어나옴(ejection) : 기계, 공구, 가공체가 기계로부터 튀어나올 위험에 대한 점검사항

4. 기계의 일반적 안전사항

1) 원동기 회전축 등의 위험방지 ★★★

기계의 원동기, 회전축, 기어, 풀리, 프라이휠, 벨트 및 체인 등의 위험부위	① 덮개 ② 울 ③ 슬리브 ④ 건널다리
회전축, 기어, 풀리 및 플라이휠 등에 부속되는 키, 핀 등의 기계요소	① 묻힘형 ② 해당 부위 덮개
벨트의 이음부분	돌출된 고정구 사용금지
건널다리 구조	① 안전난간 ② 미끄러지지 않는 구조의 발판

2) 기계 등의 위험예방에 관한 기준

운전시작 전 확인사항	① 근로자 배치 및 교육 ② 작업방법 ③ 방호장치 ④ 운전조작 시에는 신호방법 및 신호자 지정
정비 등의 작업 시 운전정지	① 기동장치에 잠금장치(열쇠 별도 관리) ② 표지판 설치 ③ 작업방법 불량으로 갑작스런 가동 위험 : 작업지휘자 배치 ④ 압축된 기체, 액체의 사전 방출
운전위치의 이탈금지	① 양중기 ② 항타기 항발기(권상장치에 하중을 건 상태) ③ 양화장치(화물을 적재한 상태)
회전체 취급	모든 회전체 취급 시 장갑 착용 금지
탑승의 제한	① 크레인 작업 시 근로자 운반 및 근로자를 달아올린 상태. 작업 금지 ② 내부에 비상정지장치, 조작스위치 등 탑승 조작장치가 설치되지 않은 리프트의 운반구에 근로자 탑승 제한 ③ 간이 리프트의 운반구, 화물용 승강기, 화물자동차 적재함, 이삿짐 운반용 리프트 운반구, 차량계 하역 운반기계를 사용하여 운반하는 경우 승차석이 아닌 위치 등에 탑승금지 ④ 곤돌라의 운반구 탑승금지

3) 기계의 동력 차단장치

① 스위치 ② 클러치

③ 밸브 이동장치

4) 리미트 스위치 ★☆☆

① 과부하 방지장치 ② 권과방지장치

③ 과전류 차단장치 ④ 압력제한장치

5) 기계설비의 안전성(기계설비 배치 시 안전성 고려사항)

① 작업공정 검토 ② 기계 설비의 주위 간격 충분히 유지

③ 공장 내외 안전 통로 설치 ④ 원재료 제품 등의 저장 적재장소 확보

⑤ 기계 장비 점검 보수가 쉽도록 한다.

⑥ 위험성이 높은 설비와 타 설비 간의 관계를 적정하게 한다.

⑦ 장래 확장을 고려하여 설계

6) LAY OUT 법칙 ★☆☆

① 라인화 : 인간과 기계의 흐름을 라인화 한다.

② 집중화 : 이동거리. 기계배치 집중화

③ 기계화 : 기계활동의 집중화 운반기계 동선 유용하게

④ 중복부분 제거 : 작업 시 동선의 중복부분

5. 통행과 통로

1) 통로란?

보행자뿐만 아니라 운반장비, 차량 등이 다닐 수 있도록 구획된 공장의 바닥, 가설물, 접근설비 등을 말하며 옥내 통로, 가설 통로, 사다리식 통로, 갱내 통로, 선박과 안벽 사이의 통로 등이 있다.

2) 통로의 안전 설치 및 사용 기본요건

① 작업장으로 통하는 장소 또는 작업장 내에는 안전한 통로를 설치하고, 항상 사용 가능한 상태로 유지할 것 통로의 주요한 부분에는 통로를 표시할 것(비상구 · 비상용 통로, 비상용기구에 비상용표시)

② 근로자가 안전하게 통행할 수 있도록 75럭스 이상의 채광 또는 조명시설 설치할 것

※ 갱도 또는 지하실 등에 휴대용 조명기구를 사용 시 제외

③ 통로 설치 시 걸려 넘어지거나 미끄러지는 등의 전도 위험이 없을 것

④ 통로 바닥으로부터 높이 2m 이내에 장애물이 없을 것

6. 기계설비의 안전조건 (근원적 안전) ★★★

① 외관상 안전화	② 기능적 안전화
③ 구조의 안전화	④ 작업의 안전화
⑤ 보수유지의 안전화	⑥ 표준화

1) 외관상의 안전화

① 가드설치   ② 별실 또는 구획된 장소에 격리

③ 안전색채 조절

급정지스위치	적색	대형기계	밝은 연녹색	기름배관	암황적색
시동스위치	녹색	증기배관	암적색	물배관	청색
고열을 내는 기계	청녹색, 회청색	가스배관	황색	공기배관	백색

2) 기능적 안전화

① 전압강하에 따른 오동작 방지   ② 정전 및 단락에 따른 오동작 방지

③ 사용압력 변동 시 등의 오동작 방지

3) 구조부분의 안전화

① 설계상의 결함방지   ② 재료의 결함방지

③ 가공결함 방지

$$안전율(F) = \frac{파괴 하중}{최대사용하중} = \frac{극한강도}{최대설계능력} = \frac{파단하중}{안전하중}$$

4) 작업의 안전화

작업환경을, 작업방법을 검토하고 작업위험분석을 실시하여 작업을 표준화한다.

① 급정지장치 설치   ② 적당한 수공구 사용

③ 작업의 표준화   ④ 조작이 쉽게 설계

5) 보수 유지의 안전화 (보전성 향상을 위한 고려)

① 보전용 통로 작업장 확보   ② 기계는 분해하기 쉽게

③ 부품교환이 용이하게   ④ 보수 점검이 용이하게

⑤ 주유방법 쉽게

6) 표준화(비상구 설치 기준) 〈사례〉

① 출입구와 같은 방향에 있지 아니하고, 출입구로부터 3m 이상 떨어져 있을 것

② 작업장의 각 부분으로부터 하나의 비상구 또는 출입구까지의 수평거리가 50m 이하가 되도록 할 것

③ 비상구의 너비는 0.75m 이상으로 하고, 높이는 1.5m 이상으로 할 것

④ 비상구의 문은 피난 방향으로 열리도록 하고, 실내에서 항상 열 수 있는 구조로 할 것

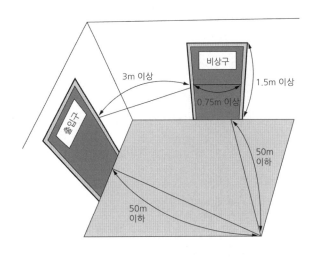

7. 기계설비의 본질적 안전(본질 안전 조건 4가지) ★★★

1) 안전기능이 기계 내에 내장되어 있을 것

기계의 설계단계에서 안전기능이 이미 반영되어 제작

2) 풀 프루프(fool proof)

① 인간의 실수가 있어도 안전장치가 설치되어 사고나 재해로 연결되지 않는 구조

② 바보가 작동을 하여도 안전하다는 뜻

    내리막에 차를 세워두고 아이가 만지더라도 전혀 움직이지 않도록 설계

3) 페일 세이프(fail safe)

① 고장이 생겨도 어느 기간 동안 정상 가동이 유지되는 구조
② 병렬계통이나 대기 여분을 갖춰 항상 안전하게 유지되는 기능
   낙하산이 펴지지 않을 때 보조 장치가 작동되어 안전하게 착지하도록 설계

4) 인터록(interlock) 장치(연동장치) 요건

① 가드가 완전히 닫히기 전에는 기계가 작동되어서는 안 된다.
② 가드가 열리는 순간 기계의 작동은 반드시 정지되어야 한다.

8. 대표적 풀 푸르프 기구

종류	형식	기능
가드(Guard)	고정 가드	개구부로부터 사람의 손, 발 등 위험영역에 머무르지 않는 형태
	조정 가드	가공물에 적합한 기구, 공구에 맞도록 형상과 크기를 조절하는 형태
	경고 가드	손이 위험영역에 들어가기 전에 경고를 하는 형태
	인터록 가드	기계 작동 중에 개폐되는 경우 정지하는 형태 목공용 톱의 덮개 등
록(lock) 기구	인터록(interlock)	서로 반대되는 행정이나 동시에 동작해서는 안 되는 회로 구조
	키식 인터록 (key type interlock)	열쇠를 이용하여 한쪽을 잠그지 않으면 다른 쪽이 열리지 않는 형태
	키이록(key lock)	1개 또는 다른 여러 개의 열쇠를 사용하며, 전체의 열쇠가 열리지 않으면 기계가 조작되지 않는 형태
오버런(over run) 기구	검출식	검출 스위치를 끈 후 잔류전하를 검지하여 위험이 있는 동안 가드가 열리지 않는 형태
	타이밍식	타이머를 이용하여 스위치를 끈 후 일정시간이 지나지 않으면 가드가 열리지 않은 형태
트립(trip) 기구	접촉식, 비접촉식	신체 일부가 위험구역에 접근하면 기계가 정지하는 구조
밀어내기 (push & pull)	① 자동 가드 ② 손을 밀어냄 손을 끌어당김	① 가드의 가동 부분이 열렸을 경우 자동으로 신체를 밀어내거나 끌어당기는 구조 ② 위험상태가 되기 전 손을 위험지역 밖으로 밀어내거나 끌어당기는 구조
기동방지 기구	① 안전블록 ② 안전 플러그 ③ 레버록	① 기계의 가동을 기계적으로 받침대, 받침목 등의 안전 블록의 사용 형태 ② 제어회로 등으로 전기적으로 차단하는 구조 ③ 레버를 중립에 위치하면 자동으로 잠기는 구조

02 | 기계의 방호

1. 방호장치의 분류

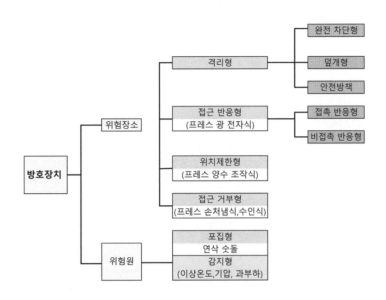

2. 유해 위험한 기계 · 기구 등의 방호장치

1) 방호조치는 다음의 방호조치를 말한다.
① 작동 부분의 돌기부분은 묻힘형으로 하거나 덮개를 부착할 것
② 동력전달부분 및 속도조절부분에는 덮개를 부착하거나 방호망을 설치할 것
③ 회전기계의 물림점에는 덮개 또는 울을 설치할 것

번호	대상	방호조치
1	예초기	날 접촉 예방장치
2	원심기	회전체 접촉 예방장치
3	지게차	헤드가드, 백레스트, 전조등, 후미등, 안전벨트
4	금속절단기	날 접촉 예방장치
5	공기압축기	압력 방출 장치
6	포장기계	구동부 방호장치

대상 기계기구는 반드시 방호조치가 되어야 하고 방호조치 없이 양도, 대여, 설치, 사용금지 및 양도 대여 목적으로 진열 금지

3. 방호장치의 인간공학적 설계

1) 수직 방호 높이 위험지역 내의 접근을 방지하기 위하여 고정 방벽을 설치하는 경우 방벽의 높이는 2,500mm

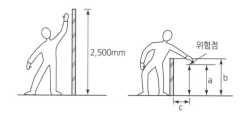

2) 가드에 필요한 최소공간(공간 함정(Trap) 방지를 위한 최소 틈새)

가드 : 기계의 운동부(위험점)에 신체 접촉을 방지하기 위하여 설치한 장치

몸	다리	발
500mm	180mm	120mm

팔	손	손가락
120mm	100mm	25mm

3) 롤러 개구부 작업점 가드

(1) 설치기준

① 충분한 강도를 유지할 것   ② 구조가 단순하고 조정이 용이할 것

③ 작업, 점검, 주유 시 장애가 없을 것   ④ 위험한 방호가 확실할 것

⑤ 개구부 등의 간격(틈새)이 적정할 것

(2) 개구부 간격

가드	$x < 160$mm	$y = 6 + 0.15x$(mm)
	$x \geq 160$mm	$y = 30$mm
대형기계의 동력전달부분	$x < 760$mm	$y = 6 + (0.1x)$mm
일발평형보호망		$y = 6 + 0.1x$(mm)

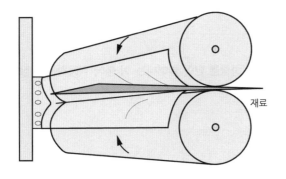

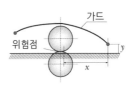

4) 고정 가드의 종류

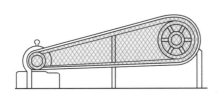

▲ 완전 밀폐형

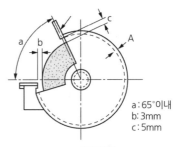

a : 65°이내
b : 3mm
c : 5mm

▲ 작업점용

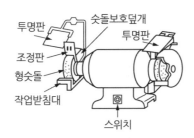

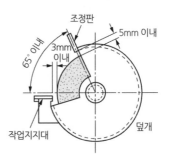

4. 응력 강도의 계산

• 응력(강도) $\sigma = \dfrac{Pt}{A} = \dfrac{하중}{단면적}$ (kgf/cm²)

• 인장응력(강도) $= \dfrac{인장하중}{단면적}$

• 지름 d가 주어질 경우 $A = \dfrac{\pi \times d^2}{4}$

• 전단응력(강도) $= \dfrac{전단하중}{단면적}$

• 압축응력(강도) $= \dfrac{압축하중}{단면적}$

예제

지름 20mm인 연강봉이 3,140kg의 하중을 받아 늘어나는 이 봉에 작용하는 인장능력은?

해설

- 인장응력(강도) $= \dfrac{인장하중}{단면적}$

- 인장응력(강도) $\sigma = \dfrac{Pt}{A} = \dfrac{하중}{단면적}$ (kgf/cm²)

- 인장응력(강도) $\sigma = \dfrac{3,140}{\dfrac{\pi \times 20^2}{4}} = 10$ (kg/mm²)

5. 페일 세이프의 구분

(1) Fail Passive : 부품이 고장 났을 경우 통상 기계는 정지하는 방향으로 이동

(2) Fail Active : 부품이 고장 났을 경우 기계는 경보를 울리며 짧은 시간 동안 운전 가능

(3) Fail Operational : 부품이 고장이 있더라도 기계는 추후 보수가 이루어질 때까지 안전한 기능 유지 병렬구조 등으로 되어 있으며 운전상 가장 선호하는 방법이다.

$$안전율 = \dfrac{극한강도}{허용응력}\ \dfrac{극한강도}{최대설계응력}\ \dfrac{극한강도}{사용응력}\ \dfrac{피괴하중}{최대사용하중}\ \dfrac{파단하중}{안전하중}\ \dfrac{극한하중}{정격하중}$$

[하중의 종류]

종류		내용
정하중		정지상태에서 힘을 가했을 때 변화하지 않는 하중 또는 서서히 변하는 하중
동하중	반복하중	하중이 주기적으로 반복하여 작용하는 하중
	교번하중	하중의 크기 및 방향이 변화하는 인장력과 압축력이 서로 연속적으로 거듭되는 하중
	충격하중	비교적 짧은 시간에 급격히 작용하는 하중(안전율을 가장 크게 해야 함)

※ 하중에 따른 안전율의 크기 순서 : 충격하중 > 교번하중 > 반복하중 > 정하중

01 연습문제

01 기계의 왕복운동을 하는 운동부와 고정부 사이에 위험이 형성되는 기계의 위험점에 적합한 것은?

① 끼임점　　　　　② 절단점
③ 물림점　　　　　④ 협착점

02 동력으로 작동되는 기계에 설치해야 할 방호장치 중 동력에 대한 장치가 아닌 것은?

① 동력차단장치　　② 클러치
③ 벨트이동장치　　④ 울

03 기계설비의 이상 시에 기계를 급정지시키거나 안전장치가 작동되도록 오동작을 방지하거나 별도의 완전한 회로에 의해 정상기능을 찾을 수 있도록 하는 것은?

① 구조부분의 안전화
② 기능적 안전화
③ 본질적 안전화
④ 외관상의 안전화

04 산업안전보건법령상 양중기에서 절단하중이 100톤인 와이어로프를 사용하여 화물을 직접적으로 지지하는 경우, 화물의 최대허용하중(톤)은?

① 20　　　　　　② 30
③ 40　　　　　　④ 50

05 가드(guard)의 종류가 아닌 것은?

① 고정식　　　　　② 조정식
③ 자동식　　　　　④ 반자동식

정답 01 ④　02 ④　03 ②　04 ①　05 ④

02 공작 기계의 안전

01 | 절삭가공 기계의 종류 및 방호장치

1. 선반

정의 : 회전하는 축에 공작물을 장착하고 고정되어 있는 절삭공구를 사용하여 공작물을 가공하는 기계

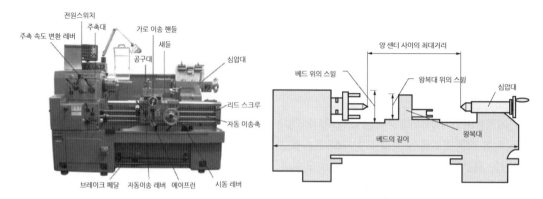

1) **선반의 구조** : 주축대, 심압대, 왕복대, 베드

2) **선반의 종류**

    (1) **터릿선반** : 절삭작업이 복잡하게 이루어질 경우 비능률적인 요소를 해결하기 위해 특수한 공구대를 사용해서 공정순서에 따라 순차적으로 공구가 가공 위치에 오도록 제작된 선반

    (2) **자동선반** : 터릿 선반보다 더 능률적으로 작업하도록 제작된 선반

    (3) **보통선반(3s선반)** : 가장 널리 사용되는 선반으로 베드, 주축대, 심압대, 왕복대 이송장치 등으로 구성되어 있으며 기본적으로는 Sliding(슬라이딩), Surfacing(단면절삭), Screw Cutting(나사 절삭)

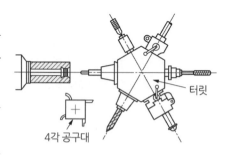

▲ 터릿에 설치한 공구

(4) 탁상선반 : 소형 선반으로 베드의 길이가 1,000mm 이하의 작업대 위에 올려놓고 의자에 앉아서 작업

3) 선반의 각종 기구 ★★★

(1) 맨드릴 : 구멍을 먼저 가공한 후 그 구멍을 기준으로 바깥지름을 구멍과 직각으로 절삭하고자 할 때 사용

(2) 방진구(진동을 방지하는 기구) : 공작물이 단면지름에 비해 길이가 너무 길 경우(일감의 길이가 직경의 12배 이상)자중 또는 절삭저항에 의해 굽어지거나 가공 중 발생하는 진동을 방지하기 위해 사용하는 지지구(고정식, 이동식)

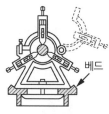
▲ 고정 방진구

▲ 이동 방진구

(3) Chuck : 기계 선반 등의 쐐기 바퀴 등을 고정시키는 물림쇠(고정용 바이스)

4) 선반의 방호 장치 ★★★

실드(shield)	공작물의 칩이 비산되어 발생하는 위험을 방지하기 위해 사용하는 덮개
척 커버(chuck cover)	척에 고정시킨 가공물의 돌출부에 작업자가 접촉하여 발생하는 위험을 방지하기 위하여 설치하는 것으로 인터록 시스템으로 연결
칩 브레이커(chip breaker)	길게 형성되는 절삭 칩을 바이트를 사용하여 절단해 주는 장치
브레이크(break)	작업 중인 선반에 위험 발생 시 급정지시키는 장치(비상정지장치)

※ Chuck : 기계 선반 등의 쐐기 바퀴 등을 고정시키는 물림쇠(고정용 바이스)

5) 선반 작업 시 유의사항(선반의 안전작업 방법)

① 긴 물건 가공 시 주축대 쪽으로 돌출된 회전가공물에 덮개 설치

② 바이트(커트 날)는 짧게 장치하고 일감의 길이가 직경의 12배 이상일 때 방진구 사용

③ 작업 중 면장갑 사용금지

④ 바이트에 칩 브레이크를 설치하고 보안경 착용

⑤ 치수 측정 시 및 주유, 청소 시 반드시 기계정지

⑥ 기계 운전 중 백기어 사용 금지

⑦ 절삭 칩 제거는 반드시 브러시 사용

⑧ 리드 스크류에는 몸의 하부가 걸리기 쉬우므로 조심

6) 선반 작업 시 안전 기준

① 가공물 조립 시 반드시 스위치 차단 후 바이트 충분히 연 다음 실시

② 가공물 장착 후에는 척 렌치(공구)를 바로 벗겨 놓는다.

③ 무게가 편중된 가공물은 균형추를 부착

④ 바이트 설치는 반드시 기계 정지 후 실시

⑤ 심압대 스핀들은 지나치게 길게 나오지 않도록 한다.

2. 밀링(Milling Machine)

1) 정의

밀링 머신은 많은 절삭날의 회전 절삭 공구인 커터로서 공작물을 테이블에서 이송시키면서 절삭하는 절삭가공 기계이다.

(a) 올려깎기　　　　　(b) 내려깎기

▲ 밀링의 절삭 방향

2) 밀링 절삭 방법

구분	상향 절삭	하향 절삭
개념	밀링 커터의 회전방향과 공작물의 이송 방향이 반대인 절삭	밀링 커터의 회전 방향과 공작물의 이송 방향이 같은 방향 절삭
장점	① 칩이 절삭을 방해하지 않는다. ② 절삭이 순조롭다 ③ 백래시(틈새)가 제거된다.(날과 날 사이에 들어오는 틈)	① 공작물의 고정이 간단하다. ② 커터날의 마모가 적다. ③ 절삭면이 정밀하다 ④ 커터날의 가열이 적다.
단점	① 공작물을 확실히 고정해야 한다. ② 커터날의 수명이 짧다. ③ 동력의 소비가 크다. ④ 절삭면이 거칠다.	① 칩이 끼여 절삭을 방해한다. ② 아버(arvor 주형 내의 지주)가 휘기 쉽다. ③ 백래시(back lash : 틈새) 제거장치가 필요하다.

> **참고**
>
> **아버(Arvor)**
> 공작 기계로서 절삭 공구를 부착하는 작은 축, 그 한쪽 끝은 기계의 주측 끝에 삽입할 수 있도록 테이퍼 가공이 되어 있다. 밀링머신에 장치하여 사용된다.

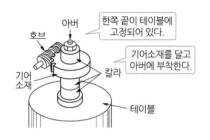 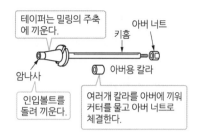

3) 밀링 작업의 방호장치

(1) 밀링 커터의 회전으로 작업자의 소매가 감겨 들어가거나 칩이 비산하여 작업자의 눈에 들어갈
   수 있으므로 상부의 암(ARM)에 적합한 덮개를 설치한다.

(2) 작업 시 안전대책

① 상하 이송장치의 핸들은 사용 후 반드시 빼둘 것

② 가공물 측정 및 설치 시에는 반드시 기계정지 후 실시

③ 가공 중 손으로 가공면 점검금지 및 장갑착용 금지

④ 밀링 작업의 칩은 가장 가늘고 예리하므로 보안경 착용 및 기계정지 후 브러시로 제거

⑤ 커터는 될 수 있는 한 컬럼에서 가깝게 설치한다.

⑥ 급송 이송은 백래시(back lash) 제거장치가 작동하지 않음을 확인한 후 실시

   (백래시 : 두 개의 맞물림 기어가 있을 경우 틈새(유격, 간격)를 뜻한다.

   즉 급송 이송은 백래시 장치가 작동하지 않음을 확인한다.

4) 선반, 밀링 작업에 사용되는 공식

$$절삭 \ 속도(V) = \frac{\pi DN}{1,000} \qquad N = \frac{1,000\,V}{\pi D}$$

여기서, V : 밀링커터의 원주속도(m/min)

$\qquad D$: 밀링커터의 지름(mm)

$\qquad N$: 회전수(rpm)

3. 플레이너와 세이퍼

1) 세이퍼(형삭기)

소형 공작물을 절삭하는 공작기계공작물을 테이블 위에 고정시키고 램에 의하여 절삭공구가 상하
로 운동하면서 공작물의 수직면을 절삭하는 공작기계(플레이너보다 작은 공작물의 가공)

(1) 주요구조 : ① 공구대   ② 공작물 테이블   ③ 아버(밀링 커터 도구이름)

(2) 방호장치 : 방호울, 칩 받이, 칸막이, 가드)

2) 플레이너(평삭기)

공작물을 테이블에 고정시키고 절삭공구를 수평 왕복시키면서 공작물의 평면을 절삭하는 공작
기계

주요구조 : ① 공구대   ② 공작물 테이블   ③ 아버 (밀링 커터 도구이름)

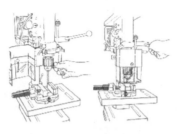

▲ 세이퍼(Shaper 형삭기)

▲ 플레이너(Planer 평삭기)

4. 드릴링 머신(Drilling Machine)

1) 일감 고정 방법

① 바이스 : 일감이 작을 때

② 볼트와 고정구 : 일감이 크고 복잡할 때

③ JIG : 대량생산과 정도를 요구할 때

2) 안전대책

① 일감은 견고하게 고정 손으로 잡고 하는 작업 금지

② 드릴 끼운 후 척 렌치는 반드시 빼둘 것

③ 칩은 브러시로 제거 장갑 착용 금지

④ 구멍이 관통된 후에는 기계정지 후 손으로 돌려서 드릴을 빼낼 것

⑤ 보안경 착용 안전덮개(shild) 설치

⑥ 큰 구멍은 작은 구멍을 뚫은 후 작업

⑦ 이동식 드릴은 반드시 접지할 것, 회전 중 이동 금지

⑧ 일감설치, 테이블 고정 및 조정은 기계 정지 후 실시

3) 방호장치

① 방호울(가드)   ② 브러시

③ 재료의 회전 방지장치   ④ 투명 플라스틱 방호판 등

4) 드릴 작업의 종류

보링(boring)	드릴로 구멍을 뚫거나 키우는 작업
리밍(reaming)	드릴로 뚫은 구멍을 다듬질하는 작업
스폿 페이싱 ★☆☆ (spot facing)	너트와 볼트머리의 접촉면을 고르게 하기 위해 깎는 작업
카운터 씽킹 (counter sinking)	접시꼴 나사의 자리를 만들기 위하여 구멍의 끝을 원추형으로 만드는 작업
태핑(tapping)	• 날을 이용하여 암나사를 만드는 작업 • 드릴머신은 역회전을 못함으로 탭핑 시에 역회전전용 태핑 어태치먼트(tapping attachment)를 사용해야 한다.

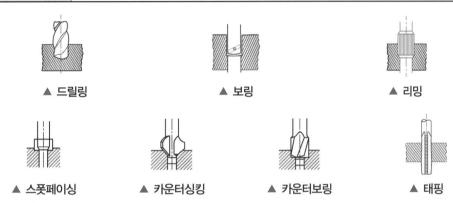

▲ 드릴링 　　　　▲ 보링 　　　　▲ 리밍

▲ 스폿페이싱 　　▲ 카운터싱킹 　　▲ 카운터보링 　　▲ 태핑

5. 연삭기

1) 연삭기 재해 유형

(1) 상해 형태

　① 그라인더 접촉 　　　　　② 연삭분이 눈에 튀어 들어가는 경우
　③ 그라인더 몸체 파열 　　　④ 가공물을 떨어뜨리는 경우

(2) 숫돌의 파괴원인 ★★★

　① 숫돌의 회전 속도가 너무 빠를 때 　　② 숫돌 자체 균열이 있을 때
　③ 숫돌에 과격한 충격을 가할 때 　　　④ 숫돌의 측면을 사용하여 작업할 때
　⑤ 숫돌의 불균형이나 베어링마모에 약한 진동이 있을 때
　⑥ 숫돌 반경 방향의 온도 변화가 심할 때 　⑦ 플랜지가 현저히 작을 때
　⑧ 작업에 부적당한 숫돌을 사용할 때 　⑨ 숫돌의 치수가 부적당할 때

2) 연삭기 구조면에 있어서의 안전대책 ★★★

　① 구조규격에 적당한 덮개를 설치
　② 플랜지의 직경은 숫돌직경의 1/3 이상인 것을 사용하며 양쪽을 모두 같은 크기로 할 것(플랜지 안

쪽에 종이나 고무판을 부착하여 고정 시, 종이나 고무판의 두께는 0.5~1mm 정도가 적합하며, 숫돌의 종이 라벨은 제거하지 않고 고정)

③ 숫돌 결합 시 축과는 0.05~0.15mm 정도의 틈새를 유지

④ 칩 비산 방지 투명판(shield), 국소 배기 장치를 설치할 것

⑤ 탁상용 연삭기는 워크레스트(작업대)와 조정편을 설치할 것
   (워크레스트와 숫돌의 간격은 1~3mm 이내)

⑥ 숫돌과 조정편과의 거리

   외경이 125mm 이상인 연삭기 또는 연마기 : 숫돌의 절단면과 가드 사이의 거리가 5mm 이내이고, 측면과의 간격은 10mm 이내가 되도록 조정한 것

⑦ 작업 받침대의 높이는 숫돌의 중심과 거의 같은 높이로 고정

⑧ 숫돌의 검사방법 : 외관검사, 타음검사, 시운전검사

⑨ 최고 회전속도 이내에서 작업할 것

▲ 연삭기 덮개와 숫돌과의 거리

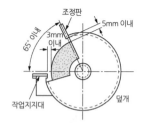

▲ 조정편과 숫돌과의 간격

3) 연삭숫돌의 안전기준

① 덮개의 설치 기준 : 직경이 50mm 이상인 연삭숫돌

② 작업시작 전에는 1분 이상 시운전, 숫돌의 교체 시에는 3분 이상 시운전 실시

③ 시운전에 사용하는 연삭숫돌은 작업시작 전에 결함 유무 확인

④ 연삭숫돌의 최고 사용회전속도를 초과하여 사용 금지

⑤ 측면을 사용하는 것을 목적으로 하는 연삭숫돌 이외에는 측면을 사용 금지

⑥ 폭발성 가스가 있는 곳에서는 연삭기 사용금지

⑦ 연삭작업은 숫돌의 측면에서 작업

⑧ 연삭할 때 방진마스크, 보안경 착용

⑨ 연삭기의 덮개를 벗긴 채 사용 금지

   ㉠ 연삭기의 표시사항 : 숫돌 사용 주속도, 숫돌 회전 방향

   ㉡ 덮개의 작동시험

      • 연삭숫돌과 덮개의 접촉 여부

      • 덮개의 고정상태, 작업의 원활성, 안전성, 덮개 노출의 적합성 여부

      • 탁상용 연삭기는 덮개, 워크레스트 및 조정편, 부착상태의 적합성 여부

4) 연삭기 덮개의 노출각도

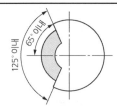 ① 일반 연삭작업 등에 사용하는 것을 목적으로 하는 탁상용 연삭기의 덮개 각도	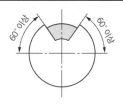 ② 연삭숫돌의 상부를 사용하는 것을 목적으로 하는 탁상용 연삭기의 덮개 각도
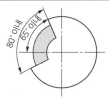 ③ ① 및 ② 이외의 탁상용 연삭기, 기타 이와 유사한 연삭기의 덮개 각도	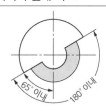 ④ 원통연삭기, 센터리스 연삭기, 공구연삭기, 만능연삭기, 기타 이와 비슷한 연삭기의 덮개 각도
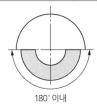 ⑤ 휴대용 연삭기, 스윙연삭기, 슬라브 연삭기, 기타 이와 비슷한 연삭기의 덮개 각도	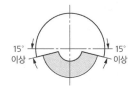 ⑥ 평면연삭기, 절단연삭기, 기타 이와 비슷한 연삭기의 덮개 각도

5) 연삭숫돌의 현상 및 수정

구분		글레이징(glasing)	로딩(loading)
현상	현상	숫돌의 결합도가 높아 입자가 탈락 및 절삭이 잘되지 않고 마모에 의해 납작하게 된 상태에서 연삭되는 현상	연삭작업 중 숫돌입자의 표면이나 가공에 쇳가루가 차 있는 상태
	원인	① 숫돌의 결합도가 크다. ② 숫돌의 회전속도가 너무 빠르다. ③ 숫돌의 재료가 공작물의 재료와 부적합	① 숫돌의 입자가 너무 잘다. ② 조직이 너무 치밀하다. ③ 연삭 깊이가 깊다. ④ 회전속도가 너무 느리다.
	결과	① 연삭성이 불량 ② 공작물이 발열 ③ 연삭소실이 발생	① 연삭성이 불량 ② 연삭면이 거칠다. ③ 숫돌입자가 마모되기 쉽다.
수정방법	드레싱	숫돌면의 표면층을 깎아서 절삭성이 불량한 숫돌면을 새롭게 날카로운 날이 생기도록 하는 방법	
	트루잉	숫돌의 연삭면을 숫돌과 축에 대하여 평행 또는 일정한 형태로 성형시켜 주는 방법	

① 눈탈락(shedding) : 과도한 자생작용 발생 시

② 눈무딤(glazing) : 자생작용의 부족으로 입자의 표면이 평탄해지는 상태

③ 눈메움(loading) : 연성재료 연삭 시 가공면이 쇳밥으로 메워지는 현상

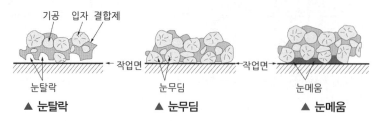

▲ 눈탈락   ▲ 눈무딤   ▲ 눈메움

6. 목재가공 둥근톱

1) 방호장치

(1) 목재 가공용 둥근톱 기계 방호장치 : 톱날 접촉 예방장치, 반발 예방장치

[반발예방장치의 종류]

① 분할날   ② 반발 방지기구

③ 반발 방지 롤   ④ 밀대

⑤ 평행 조정기   ⑥ 직각 정규

⑦ 보조 안내판

(2) 원형톱 기계 방호장치 : 톱날 접촉예방장치

(3) 대패기계 : 날접촉 예방장치,

(4) 동력식 수동대패 : 칼날 접촉 방지장치

(5) 띠톱기계 : 덮개, 울, 날접촉 예방장치

(6) 모떼기 기계 : 날접촉 예방장치

2) 목재가공용 둥근톱의 덮개 및 분할날

구분	종류	구조
덮개	가동식 날접촉 예방장치	덮개가 가공물의 크기에 따라 상하로 움직이며 그 덮개의 하단이 송급되는 가공재의 윗면에 항상 접하는 구조이며 가공재를 절단하고 있지 않을 때는 덮개가 테이블 면까지 내려가 어떠한 경우라도 근로자의 손등이 톱날에 접촉되는 것을 방지하도록 되는 구조
	고정식 날접촉 예방장치	작업 중에는 덮개가 움직일 수 없도록 고정된 덮개로 비교적 얇은 판재를 가공할 때 이용하는 구조
분할날	겸형식 분할날 2/3 이상	분할날은 가공재에 쐐기작용으로 하여 공작물의 반발을 방지할 목적으로 설치된 것으로 둥근톱의 크기에 따라 2가지로 구분한다.
	현수식 분할날톱의 직경이 610mm	

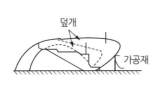

▲ 가동식 날 접촉 예방방지

▲ 고정식 날 접촉 예방장치

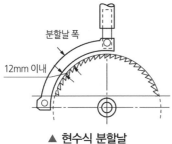

▲ 현수식 분할날

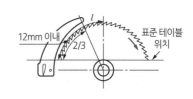

▲ 겸형식 분할날

3) 분할날(Spreader)

① 톱 후면날(Back) 바로 가까이에 설치되고 절삭된 가공재의 홈 사이로 들어가면서 가공재의 모든 두께에 걸쳐서 쐐기작용을 하여 가공재의 톱날을 조이지 않게 하는 것을 말한다.

② 분할날의 두께는 사용하는 톱니 두께의 1.1배 이상으로 되어 있다.

③ 분할날의 부착 위치는 표준테이블에서 후면날의 2/3를 덮어야 하며 톱니와의 간격은 12mm 이내가 되어야 한다.

④ $1.1t_1 \leq t_2 < b$

여기서, t_1 : 톱 두께 　 t_2 : 분할날 두께 　 b : 치진폭

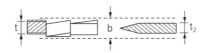

⑤ 분할날의 최소길이 　$L = \dfrac{\pi \times D}{6} \, mm$

4) 반발 예방장치

목재를 가공하기 위하여 송급해서 둥근톱으로 세로켜기를 할 때 절삭의 진행과 동시에 목재의 내부 입력의 균형이 무너져 둥근 톱날의 부분이 조여지며 또한 작게 절단된 나뭇조각이 비탈날(후면날)에 걸려 송급하는 목재나 나무가공조각이 반발할 것을 말한다.

따라서 가공재의 톱의 후면날(비탈날) 부분이란 톱의 회전에 의해서 가공재를 밀어 올리는 힘이 작용하는 부분을 말한다.

> **예제**
>
> 1. 둥근톱의 톱날 직경이 420mm일 경우 분할날의 최소길이는?
>
>   ① 400mm   ② 240mm
>   ❸ 220mm   ④ 340mm
>
>   해설 $L = \pi \, D \times 1/4 \times 2/3 = \pi \, D \times 1/6 = 3.14 \times 420/6 = 220mm$
>
> 2. 목재 가공용 둥근톱날의 두께가 3mm일 때 분할날의 두께는 얼마인가?
>
>   ① 3.6mm   ❷ 3.3mm
>   ③ 4.5mm   ④ 4.8mm
>
> 3. 그림과 같이 목재가공용 둥근톱 기계에서 분할날(t2) 두께가 4.0mm일 때 톱날 두께 및 톱날 진폭과의 관계로 옳은 것은?
>
>   ❶ b >4.0mm, t ≤ 3.6mm   ② b >4.0mm, t ≤ 4.0mm
>   ③ b <4.0mm, t ≤ 4.4mm   ④ b >4.0mm, t ≥ 3.6mm
>
>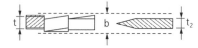

---

02 | 소성가공 기계의 종류 및 방호장치

1. 소성가공

① 조합된 재료를 가열하여 여러 형태로 가공하는 것이다.
② 재료에 힘을 가해 원하는 형상의 소성 변형을 일으켜 제품을 만드는 가공

2. 소성가공의 종류

1) 단조가공(hammering)

금속을 가열한 상태 또는 상온 상태에서 프레스 및 해머 가압, 소정의 치수, 형상으로 소성 변형하는 가공방법 해머나 프레스와 같은 공작기계로 타격을 하여 변형하는 작업이다.

2) 압연가공(rolling)

회전하는 2개의 롤러 사이에 재료를 통과시켜 가공하는 방법이다. 2개의 롤러를 회전시켜 소용의 두께를 얻는 작업으로서 핀, 레일, 형강, 봉강 등을 제조할 수 있으며 주로 연강을 이용한다.

3) **인발가공(drawing/die forming)**

재료 다이(die)를 통해 잡아당기면서 일정한 단면으로 가공하는 방법이다.

4) **압출가공(extrusion)**

재료를 일정한 용기 속에 넣고 밀어붙이는 힘에 의하여 다이를 통과시켜 소정의 모양으로 가공하는 방법이다.

5) **전조가공(form rolling)**

다이 또는 롤러를 사용하여, 재료에 외력을 가해 눌러 붙여 성형하는 가공법으로 나사, 볼, 기어 등을 가공한다.

6) **프레스가공**

판재에 행하는 가공법으로 절단, 압축, 굽힘을 행하여 얻고자 하는 제품의 형상으로 가공하는 방법이다.

7) **제관가공(bending(pipe))**

이음매 없는 파이프를 가공하는 방법이다.

3. 금속의 온도에 따른 분류

1) **열간가공(hot working)**
   - 재결정 온도보다 높은 온도에서 이루어지는 소성가공
   - 소재의 변형이 쉬우므로, 가공에 필요한 힘이 적게 듦
   - 가공물의 치수 정밀도가 상대적으로 낮고 표면이 거칠어질 수 있음

2) **냉간가공(cold working)**
   - 재결정 온도보다 낮은 온도에서 이루어지는 소성가공
   - 소재의 변형이 어려우므로, 가공에 필요한 힘이 많이 듦
   - 가공물의 치수 정밀도가 상대적으로 높고 표면이 깨끗함

3) **온간가공**

열간, 냉간가공 사이의 온도에서 가공하는 것

4. 단조

금속을 가열한 상태 또는 상온 상태에서 프레스 및 해머 가압, 소정의 치수, 형상으로 소성 변형하는 가공방법

1) 강의 열처리

(1) 담금질 : 고온으로 가열한 후 물 또는 기름 속에서 급랭시켜 재료의 경도와 강도를 높이는 열처리 방법

(2) 뜨임 : 담금질 현상의 단점을 보완하기 위한 작업으로 적당한 온도까지 가열한 후 공기 중에서 서서히 냉각시켜 열처리하는 방법

(3) 풀림 : 재료를 일정한 온도까지 가열한 후 노 중에서 서서히 냉각시켜 재료를 연화시키고 내부 응력을 제거하는 열처리

(4) 불림 : 재료를 적당한 온도로 가열한 다음 공기 중에서 냉각시켜 결정 조직을 미세화하고 내부 변형을 제거하여 조직이나 성질을 표준화하는 열처리 법

2) 단조용 공구

(1) 해머
① 수공구에 의한 재해 중 가장 많이 발생
② 해머의 두부는 열처리로 경화하여 사용
③ 장갑 사용금지

(2) 정 : 담금질된 재료는 절대로 사용해서는 안 된다.

(3) 앤빌 : 단조나 판금작업에서 공작물을 올려놓고 작업하는 주철 또는 주강재의 성형용의 작업대로서 단강 제품을 보통으로 하고 강철도 사용한다.

02 연습문제

01 다음 중 연삭숫돌의 파괴원인과 거리가 먼 것은?

① 회전력이 결합력보다 클 때
② 내외면의 플랜지 직경이 같을 때
③ 충격을 받았을 때
④ 플랜지가 현저히 작을 때

02 선반의 방호장치 중 적당하지 않은 것은?

① 슬라이딩　　② 실드
③ 척커버　　　④ 칩브레이크

03 목재가공용 둥근톱 작업에서 반발예방장치가 아닌 것은?

① 반발방지기구
② 반발장지롤
③ 분할 날
④ 립소

04 슬라이드가 내려옴에 따라 손을 쳐내는 막대가 좌우로 왕복하면서 위험점으로부터 손을 보호하여 주는 프레스의 안전장치는?

① 손쳐내기식 방호장치
② 수인식 방호장치
③ 게이트가드식 방호장치
④ 양손 조작식 방호장치

05 지름이 5센티미터 이상을 갖는 회전 중인 연삭숫돌의 파괴에 대비하여 필요한 방호장치는?

① 받침대　　　② 플랜지
③ 덮개　　　　④ 프레임

06 연삭숫돌의 상부를 사용하는 것을 목적으로 하는 탁상용 연삭기의 안전덮개 노출 각도로 다음 중 가장 적절한 것은?

① 90도 이내　　② 65도 이상
③ 60도 이내　　④ 125도 이내

정답　01 ②　02 ①　03 ④　04 ①　05 ③　06 ③

03 프레스 전단기의 안전

1. 프레스 방호장치 설치기준

금형 안에 손이 들어가지 않는 구조 (No Hand In die TYPE)	금형 안에 손이 들어가는 구조 (Hand In die TYPE)
1. 안전울이 부착된 프레스 2. 안전 금형을 부착한 프레스 3. 전용 프레스 4. 자동 송급, 배출기구가 있는 프래스 5. 자동 송급, 배출장치를 부착한 프레스	1. 프레스기의 종류, 압력능력, SPM 행정길이, 　작업방법에 상응하는 방호장치 　가) 가드식 　나) 수인식 　다) 손쳐내기식 2. 정지성능에 상응하는 방호장치 　(급정지기구 : 센서장치) 　가) 양수 조작식 　나) 감응식, 광전자식 (비접촉)
개구부의 틈새 간격 : 8mm 이하 유지	접촉(Inter Lock)

2. 프레스 기계 및 행정 길이에 따른 방호장치

구분	종류	사용방법	
수공구	수공구	① 누름봉, 갈고리류 ③ 플라이어류 ⑤ 진공컵류	② 핀셋류 ④ 마그넷 공구류
방호장치	일행정 일정지식	양수 조작식, 게이트 가드식	
	행정길이 40mm 이상 SPM 120 이하	수인식, 손처내기식	
	슬라이드 작동 중 정지기능	광전자식(감응식), 안전 블록	
금형의 개선	안전금형 (안전울사용)	상형울과 하형울 사이의 간극 12mm 정도 겹치게	
		상사점에서 상형과 하형, 가이드 포스트와 가이드 개구부 사이 틈새는 8mm 이하	
그 밖의 방호장치	급정지장치, 비상정지장치, 패달의 U 자형 덮개 등		

※ SPM = Stroke Per Minute : 슬라이드가 1분간 상하운동을 행한 수

3. 방호장치 설치방법

1) 양수조작식(B)

① 정상 동작 표시등은 녹색 위험 표시등은 붉은색으로 하며 쉽게 근로자가 볼 수 있는 곳에 설치

② 슬라이드 하강중 정전 또는 방호장치의 이상 시 정지할 수 있는 구조

③ 방호장치는 릴레이, 리미트스위치 등에 전기 부품 고장 전원전압의 변동 및 정전에 의해 슬라이드가 불시에 동작하지 않아야 하며 사용전원전압 ±(100분의 20) 변동에 대하여 정상으로 작동

④ 1행정 1정지 기구에 사용할 수 있어야 한다.

⑤ 누름 버튼을 양손으로 동시에 조작하지 않으면 작동시킬 수 없는 구조이어야 하며 양쪽 버튼을 작동 시간 차이는 최대 0.5초 이내에 프레스가 동작

⑥ 일행정마다 누름 버튼에서 양손을 떼지 않으면 다음 작업에 동작을 할 수 없는 구조

⑦ 램의 하행정 중 버튼에서 손을 뗄 시 정지하는 구조

⑧ 누름 버튼의 상호간 내측거리는 300mm 이상

⑨ 누름 버튼 매립형 구조 눈은 버튼의 전 구간 360도에서 매립된 구조

⑩ 누름 버튼 방호장치 상부 표면 또는 버튼을 둘러싼 개방된 외함의 수평으로부터 하단 2mm 이상의 위치

⑪ 버튼 및 레버는 작업 점에서 위험 한계를 벗어나게 설치

⑫ 양수조작식 방호장치는 푸트 스위치를 병행하여 사용할 수 없는 구조

1-2)설치 안전거리

(1) 양수조작식 : (급정지기구 설치 필요)

$$D = 1,600 \times (Tc + Ts)$$

D : 안전거리(mm)

Tc : 방호장치의 작동시간, 즉 누름 버튼으로부터 한 손이 떨어졌을 때부터 급정지기구가 작동을 개시할 때까지의 시간(초 sec)

Ts : 프레스의 급정지시간, 급정지기구가 작동을 개시했을 때부터 슬라이드가 정지할 때까지의 시간(초 sec)

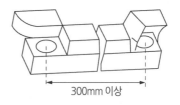

300mm 이상

(2) 양수기동식의 안전거리(급정지기구가 없는 확동식 클러치(Positive Clutch) 누름 버튼에서 손이
떠나 위험한계에 도달하기 전 슬라이드가 하사점에 도달, SPM 120 이상인 프레스에 주로 사용

$Dm = 1.6\,Tm$

Dm : 안전거리(mm)

Tm : 양손으로 누름단추 누르기 시작할 때부터 슬라이드가 하사점에 도달하기까지 소요시간
(ms)

$$Tm = (\frac{1}{클러치\ 맞물림\ 개소수} + \frac{1}{2}) \times \frac{60,000}{매분행정\ 수}\ (ms)$$

2) 게이트 가드식(C)

① 슬라이드의 하강 중에 안으로 손이 들어가지 못하도록 하여야 하
며 가드를 닫지 않으면 슬라이드를 작동시킬 수 없는 구조(인터록
연동구조)

② 작동방식에 따라 하강식, 상승식, 도립식, 횡슬라이드식이 있다.

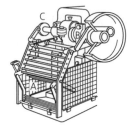

▲ 가드식 방호장치

3) 손쳐내기식(push away sweep guard)(D)

① 슬라이드에 캠 등으로 연결된 손쳐내기식 봉에 의해 위험한계 내의 손을 쳐내는 방식

② SPM 120 이하 슬라이드 행정길이 40mm이상의 프레스에 사용 가능

③ 슬라이드 하행정 거리의 3/4 위치에서 손을 완전히 밀어내야 한다.

④ 손쳐내기봉의 행정(Stroke) 길이를 금형의 높이에 따라 조정할 수 있고 진동폭은 금형폭 이상이
어야 한다.

⑤ 방호판과 손쳐내기봉은 경량이면서 충분한 강도를 가져야 한다.

⑥ 방호판의 폭은 금형 폭의 1/2 이상이어야 하고, 행정길이가 300mm 이상의 프레스기계에는 방호
판 폭을 300mm로 해야 한다.

⑦ 손쳐내기봉은 손 접촉 시 충격을 완화할 수 있는 완충재를 부착해야 한다.

⑧ 부착볼트 등의 고정금속부분은 예리하게 돌출되지 않아야 한다.

4) 수인식(E)

① 확동식 클러치를 갖는 크랭크 프레스기에 적합

② 작업자의 손과 수인기구가 슬라이드와 직결되어 연속낙하로 인한 재해방지

③ SPM 120 이하 슬라이드 행정길이 40mm 이상의 프레스에 사용 가능

④ 양수조작기구 병용 가능

⑤ 수인끈의 당김량은 볼스터 전후 길이의 1/2 이상

수인식 방호장치의 구비조건
① 수인끈의 길이는 작업자에 따라 임의로 조정할 수 있어야 한다.
② 수인끈의 안내통은 끈의 마모와 손상을 방지할 수 있는 조치를 해야 한다
③ 손목밴드(wrist band)의 재료는 유연한 내유성 피혁 또는 이와 동등한 재료를 사용해야 한다.
④ 손목밴드는 착용감이 좋으며 쉽게 착용할 수 있는 구조이어야 한다.
⑤ 수인끈은 합성섬유이며 직경이 4mm 이상

▲ 수인식 방호장치

5) 광전자식 방호장치(A)

• 정상동작표시램프는 녹색, 위험표시램프는 붉은색으로 하며, 쉽게 근로자가 볼 수 있는 곳에 설치해야 한다.
• 슬라이드 하강 중 정전 또는 방호장치의 이상 시에 정지할 수 있는 구조이어야 한다.
• 방호장치는 릴레이, 리미트 스위치 등의 전기부품의 고장, 전원전압의 변동 및 정전에 의해 슬라이드가 불시에 동작하지 않아야 하며, 사용전원전압의 ±(100분의 20)의 변동에 대하여 정상으로 작동되어야 한다.
• 방호장치의 정상작동 중에 감지가 이루어지거나 공급전원이 중단되는 경우 적어도 두 개 이상의 독립된 출력신호 개폐장치가 꺼진 상태로 돼야 한다.
• 방호장치의 감지기능은 규정한 검출영역 전체에 걸쳐 유효하여야 한다.
• 방호장치에 제어기가 포함되는 경우에는 이를 연결한 상태에서 모든 시험을 한다.
• 방호장치를 무효화하는 기능이 있어서는 안 된다.

(1) 광전자식 설치 안전거리

$$D = 1,600 \times (Tc + Ts)$$

D : 안전거리(mm)

Tc : 방호장치의 작동시간, 즉 손이 광선을 차단했을 때부터 급정지기구가 작동을 개시할 때까지의 시간(초)

Ts : 프레스의 급정지시간, 급정지기구가 작동을 개시했을 때부터 슬라이드가 정지할 때까지의 시간(초)

(2) 프레스 광전자식 안전장치의 형식구분별 광축의 범위

형식구분	광축의 범위
(A)	12광축 이하
(B)	13~56 광축 미만
(C)	56광축 이상

(3) 광 전자식(감응식) (A)

① 하강 중 신체의 접근을 검출기구가 감지하여 슬라이드를 정지시키는 슬라이드 방식

② 감응방식에 따라 초음파식, 용량식, 광선식 등

③ 마찰식 클러치 사용 가능, 확동식 클러치에는 부적합하다.

(4) 광전자식 안전 기준

① 연속차광폭 및 방어 높이는 투광기 수광기의 사이에서 연속차광을 할 수 있는 차광봉의 직경이 30mm 이하이고 방호높이는 그 변화량의 차이가 15% 이내일 것(단 12광축 이상으로 광축과 작업 점과의 수평거리가 500mm를 초과하는 프레스는 연속 차광폭 40mm 이하)

② 지동 시간은 차광 상태를 검출하여 프레스 기계의 슬라이드에 정지신호를 발할 때까지의 전기적 동작 시간(Tc)은 20ms 이하

③ 급정지 시간은 광선을 차단한 시간부터 슬라이드가 정리될 때까지 시간
300ms 이하(A−1 형의 경우)

④ 외부광선에 대한 감응 시험

• 교류 100V 100W 백열전구 빛의 간섭시험에서 감지 현상이 없을 것

• 태양광선이 투광기 수광기에 접했을 시 감지 현상이 없을 것

6) 프레스기 작업의 안전수칙

① 장갑을 끼고 작업하지 말 것

② 손질 및 급유를 할 때는 반드시 기기를 멈출 것

③ 금형에 설치나 조정을 할 때는 반드시 동력을 끊고 페달의 방호장치를 할 것

④ 작업 시작 전에 공회전시켜 클러치 상태 스프링 및 브레이크 안전도를 점검할 것

⑤ 공동작업을 할 때는 페달을 밟을 사람을 정해 놓고 서로 신호를 정확하게 지킬 것

⑥ U자형의 이중상자로 덮고 연속작업 외에는 1회전마다 발을 페달에서 빼서 상자 위에 놓을 것

7) 프레스 기와 관련된 주요사항

(1) 급정지기구가 부착되어 있어야만 유효한 방호장치
① 양수조작식 방호장치, 양손으로 작동하지 않고 양손을 떼는 순간 기계가 알아차리고 멈추는 장치
② 감응식 방호장치

(2) 급정지 기구가 부착되어 있지 않아도 유효한 방호장치
① 양수기동식 방호장치 : 손을 떼어도 상부 금형이 내려와 하부 금형에 닿은 다음 올라가는 구조
② 게이트가드식 방호장치
③ 수인식 방호장치 손처내기식 방호장치

(3) 슬라이드 불시 하강 방지 조치 안전 블록

(4) 페달의 U자 덮개 : 페달의 불시 작동에 의한 사고 예방

(5) 제품을 꺼낼 때 칩 제거
① 압축공기 사용(공기 분사장치)　　② PICK OUT 사용

(6) 프레스 작업에서 가장 중요한 점검사항 : 클러치 상태

8) 금형의 안전화
① 프레스의 금형 설치 시 점검사항
② 다이홀더와 펀치의 직각도, 상크홀과 펀치의 직각도(그림 ①)
③ 펀치와 다이의 평행도, 펀치와 볼스타의 평행도(그림 ②)
④ 다이와 볼스타의 평행도(그림 ③)

9) 프레스의 작업시작 전 점검사항
① 클러치 및 브레이크의 기능
② 크랭크축 플라이휠, 슬라이드, 연결봉 및 연결나사의 풀림 여부
③ 1행정 1기구, 급정지장치 및 비상정지장치의 기능
④ 슬라이드 또는 칼날에 의한 위험방지 기구의 기능
⑤ 프레스의 금형 및 고정볼트 상태
⑥ 방호장치의 기능
⑦ 전단기의 칼날 및 테이블의 상태

10) 방호장치의 구분 및 용도

구분	종류	용도
광전자식	A-1	프레스공, 유압용 전단기
	A-2	동력 프레스 및 전단기(핀 클러치)
양수 조작식	B-1	유공압식 프레스(공기 밸브식)
	B-2	전기 버튼식(프레스, 전단기)
게이트가드식	C-1	프레스, 전단기(가드식)
	C-2	프레스 (게이트 가드식)
손쳐내기식	D	프레스 120SPM 이하
수인식	E	프레스 STOCK 40mm 이하

11) 금형의 안전화

(1) 금형 설치시 안전조치

① 안전금형(안전울 사용)

② 상사점에서 상형과 하형, 가이드 포스트와 가이드
개구부 사이 틈새는 8mm 이하

(2) 금형의 안전화

금형을 부착, 해체, 조정작업을 할 때 신체의 일부가 위
험점 내에서 슬라이드 불시 하강으로 인한 위험을 방지하기 위하여 안전지주 안전블록을 설치
한다.

(3) 금형 설치 해체작업 시 안전사항

① 금형의 설치 용구는 프레스의 구조에 적합한 형태로 한다.

② 고정볼트는 고정 후 가능하면 나사산이 3~4개 정도 짧게 남
겨 슬라이드 면과의 사이에 협착이 발생되지 않도록 해야 한
다.

③ 금형 고정용 브래킷(물림판)을 고정시킬 때에는 고정용 브
래킷은 수평이 되게 하고 고정 볼트는 수직이 되게 고정하여
야 한다.

④ 금형을 설치하는 프레스의 T홈 안길이는 설치 볼트 직경의 2
배 이상으로 한다.

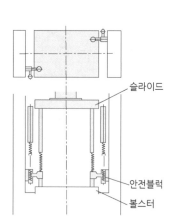

01 프레스기의 안전대책 중 손을 금형 사이에 집어 넣을 필요가 없도록 하는 본질적 안전화를 위한 방식(no-hand in die)에 해당하는 것은?

① 방호울식   ② 수인식
③ 손쳐내기식   ④ 광전자식

02 산업안전보건법령상 프레스를 사용하여 작업을 할 때 작업시작 전 점검 항목에 해당하지 않는 것은?

① 전선 및 접속부 상태
② 클러치 및 브레이크의 기능
③ 프레스의 금형 및 고정볼트 상태
④ 1행정 1정지기구 · 급정지장치 및 비상정지장치의 기능

03 프레스의 분류 중 동력 프레스에 해당하지 않는 것은?

① 크랭크 프레스   ② 토글 프레스
③ 마찰 프레스   ④ 아버 프레스

04 프레스를 사용하여 작업을 할 때 작업시작 전 점검 항목에 해당하지 않는 것은?

① 전선 및 접속부 상태
② 클러치 및 브레이크의 기능
③ 프레스의 금형 및 고정볼트 상태
④ 1행정 1정지기구 · 급정지장치 및 비상정지장치의 기능

05 프레스의 금형 앞쪽(위험점)으로부터 20cm 떨어진 위치에 광전자식 안전장치 부착하고자 한다. 급정지에 소요되는 시간 중 전기적 지동 시간이 25ms라고 할 때 기계적 지동 시간의 범위는?

① 0.1초 이하   ② 0.125초 이하
③ 12.5ms 이하   ④ 0.1225초 이하

06 광전자식 방호장치의 광선에 신체의 일부가 감지된 후로부터 급정지기구가 작동개시 하기까지의 시간이 40ms이고, 광축의 최소 설치 거리(안전거리)가 200mm일 때 급정지 기구가 작동개시한 때로부터 프레스기의 슬라이드가 정지될 때까지의 시간은 약 몇 ms인가?

① 60m   ② 85ms
③ 105ms   ④ 130ms

07 클러치 맞물림 개소수 4개, 300SPM (stroke per minute)의 동력 프레스기 양수기동식 안전장치의 안전거리는?

① 360mm   ② 315mm
③ 240mm   ④ 225mm

CHAPTER

04 기타산업용 기계기구

01 | 롤러

1. 가드 설치

1) Guard(울)

가공물을 롤러에 넣을 때 신체의 일부가 말려 들어가는 것을 방지하기 위한 접촉 예방장치

안전 간극은 9.5mm

2) 개구부 간격

가드	x<160mm	y=6+0.15x(mm)
	x≥160mm	y=30mm
대형기계의 동력전달부분	x<760mm	y=6+0.1x(mm)
일반평형 보호망 위험점이 전동체인 경우		

(단 x≥160mm일 때, y=30mm)

x : 개구면에서 위험점까지의 최단거리(mm)

y : x에 대한 개구부 간격(mm)

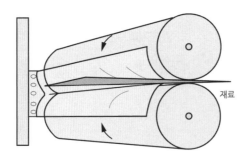
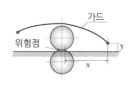

2. 롤러의 방호장치(급정지장치)

1) 급정지장치의 구성(조작부, 비상안전 스위치, 제동장치)

(1) 손으로 조작하는 로프식

① 수직 접선에서 50mm 이내 위치

282 제3편 기계 위험 방지 기술

② 직경 4mm 이상의 와이어로프 또는 직경 6mm 이상이고 절단하중이 2.94kN 이상의 합성섬유 로프 사용

(2) 복부 조작식

조작부는 로프보다 강철봉 또는 막대로 복부의 압력을 정확하게 브레이크 계통에 전달할 수 있을 것

(3) 무릎 조작식

정해진 범위 내의 어느 부분에 닿아도 급정지 장치가 작동할 수 있도록 직사각형의 판조작부 사용

2) 종류 및 설치 위치 ★★★

조작부의 종류	설치 위치	비고
손 조작식	밑면에서 1.8m 이내	위치는 급정지 장치의 조작부 중심에서 기준함
복부 조작식	밑면에서 0.8m 이상 1.1m 이내	
무릎 조작식	밑면에서 0.6m 이내	

3. 성능조건(롤러의 표면속도에 따른 급정지거리) ★★★

앞면 롤러의 표면 속도(m/분)	급정지거리	
30 미만	앞면 롤러 원주의 1/2.5	$\pi \times D \times \dfrac{1}{2.5}$
30 이상	앞면 롤러 원주의 1/3	$\pi \times D \times \dfrac{1}{3}$

$$표면속도(V) = \frac{\pi DN}{1,000} \, (\text{m/min})$$

D : 롤러 원통의 직경(mm), N : rpm

4. 롤러기의 재해 발생 유형 및 대책

사고유형	가장 많은 재해가 롤러 서로 맞물리는 점, 즉 바이트에 밀어 넣는 과정에서 일부 손 또는 옷이 말려 들어가는 협착사고	
방지대책	① 방호 가드의 설치 ③ 재료의 자동이동 장치 ⑤ 장기적인 자체검사와 점검 강화	② 급정지장치의 설치 ④ 안전교육의 실시 ⑥ 조작반의 안전조직과 성능 보장 장치

1. 동력전달부분의 전방 35cm 위치에 일반평형 보호망을 설치하고자 할 때 이 보호망의 구멍 (개구부)은 몇 mm로 하여야 하나?

   ❶ 41 ② 45
   ③ 51 ④ 65

   해설 동력전달 부분의 일반평형 보호망의 개구부 = 6 + 0.1x
   따라서, 6 + 0.1 x 350 = 41mm

2. 롤러 맞물림점의 전방 80mm의 거리에 가드를 설치하고자 할 때 가드 개구부의 간격은?

   ① 16mm ② 17mm
   ❸ 18mm ④ 19mm

   해설 Y = 6 + 0.15X = 6 + (0.15 x 80) = 18mm

3. 앞면 롤러의 지름이 600mm이고 회전수가 20rpm의 경우 롤러에 설치하는 급정지거리는 얼마인가?

   ① 942mm ❷ 753mm
   ③ 628mm ④ 600mm

   해설 $V = \dfrac{\pi DN}{1000}(m/\min) = \dfrac{3.14 \times 600 \times 20}{1000} = 37.68 m/\min$

   원주속도가 30m /min 이상이므로
   급정지 거리는($\pi \times D \times 1/2.5$)에서 3.14 × 600/2.5 = 753.6mm

---

02 | 원심기

1. 방호장치 : 덮개, 회전체 접촉 예방장치

2. 고속회전체의 위험 방지

(1) 고속회전체(원심 분리기 등의 회전체로 원주속도가 25m/sec 초과)의 회전시험 시 파괴로 인한 위험 방지 전용의 견고한 시설물 내부 또는 견고한 장벽 등으로 격리된 장소에서 실시(견고한 덮개 설치)

(2) 고속회전체의 회전시험 시 미리 비파괴검사 실시하는 대상 : 회전축의 중량이 1톤 초과하고 원주속도가 매초당 120m 이상인 것

3. 원심기의 제작 및 안전기준

(1) 조작용 전기회로의 전압 : 150V

(2) **접지상태** : 전동기, 제어반, 프레임 등은 접지하며

(3) 접지저항이 400V 이하인 경우 100Ω 이하 / 접지저항이 400V 이상이면 10Ω 이하

(4) 소음기준은 방음 덮개에서 1M 지점에서 측정하여 85dB 이하

원심기 덮개

4. 안전표지의 부착

(1) 제조자 또는 공급자의 주소 또는 상호   (2) 자율 안전 확인 표시

(3) 형식번호   (4) 제조번호

(5) 제조년월   (6) 최고회전 속도(rpm, m/s)

(7) 최대부하(kg)

---

03 | 아세틸렌 용접장치 및 가스집합장치

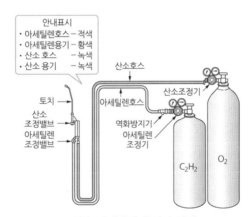

▲ 산소 아세틸렌 용접기 전경

1. 아세틸렌 용접 장치 및 가스집합 용접장치 (안전기 : 역화 방지기)

1) 아세틸렌가스 제조 공정

$$CaC_2 + 2H_2O = Ca(OH)_2 + C_2H_2$$

(탄화칼슘 + 물 = 수산화칼슘(소석회) + 아세틸렌 가스 발생)

2) 성질

① 탄소와 수소와 화합물로 불안정한 가스이며, 공기보다 가볍다.

② 순수한 아세틸렌은 무색무취이다.

③ 석유(2배), 아세톤(25배) 등에 잘 용해된다.

④ 연소범위 : (2.5%~80%)

⑤ 압축을 하면 폭발을 하기 때문에 보관할 용기 내에 아세톤을 넣는다.

3) 위험성

① 505~515℃ 정도에서 폭발한다.

② 아세틸렌 15%, 산소 85% 정도에서 폭발성이 크다.

③ 구리, 은, 수은 등과 접촉하면 폭발성 화합물을 만든다.

④ 1.5kg/cm² 이상이면 위험하고 2kg/cm² 압축하면 폭발한다.(법 규정 : 1.3kg/cm² 초과 금지)

2. 가스의 역류 및 역류 방지책

역류란 : 산소가 아세틸렌 호스 쪽으로 흘러가는 현상

1) 역류 원인

① 팁 끝이 막혔을 경우　　　② 산소압력이 아세틸렌압력보다 높을 경우

2) 역화 원인

① 팁 끝이 막혔을 경우　　　② 팁 끝이 파열되었을 경우

③ 가스압력과 유량이 적당하지 않을 경우　④ 팁의 조임이 풀렸을 경우

⑤ 압력 조정기가 불량일 경우　　　⑥ 토치 성능이 좋지 않을 경우

3) 방지

팁을 물에 담갔다가 냉각시키면 방지된다.

3. 안전기(역화방지기) 성능시험

① 역화방지시험　　　② 역류방지시험

③ 기밀시험　　　④ 내압시험

▲ 역화방지기

4. 아세틸렌 용접장치의 구조

1) 아세틸렌 용접장치(자율안전 확인 방호장치 : 안전기)

① 아세틸렌 발생기 : 반응을 용기 내에서 행하여 발생한 가스를 일정량 저장

② 안전기 : 용접 시 가스폭발을 방지하기 위해 설치(역화방지기 Flash Back Arrestor)

③ 도관 : 발생기로부터 얻어진 아세틸렌 가스를 용접장치로 공급

④ 취관 : 선단에 부착된 노즐로부터 가스의 유량을 조절

⑤ 청정기 : PH_3 NH_3, H_2S 등의 불순물이 순도저하 및 충전 시 용해를 방해하므로 제거하기 위하여 사용

2) 아세틸렌 안전기 설치방법

① 아세틸렌 용접장치의 취관마다 안전기를 설치하여야 한다. 다만, 주관 및 취관에 가장 가까운 분기관마다 안전기를 부착한 경우에는 그러하지 아니하다.

② 가스용기가 발생기와 분리되어 있는 아세틸렌 용접장치에 대하여 발생기와 가스용기 사이에 안전기를 설치하여야 한다.

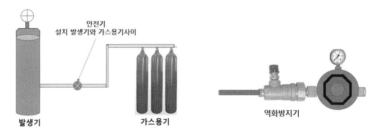

안전기
설치 발생기와 가스용기사이

발생기   가스용기   역화방지기

3) 아세틸렌 용접장치의 압력제한

금속의 용접 용단 또는 가열작업을 하는 경우에는 게이지 압력이 127kpa을 초과하는 압력의 아세틸렌을 발생시켜 사용해서는 안 된다.(127킬로 파스칼＝1.3bar＝1.3kg/cm²)

4) 아세틸렌 발생기 ★★★

① 투입식 발생기 : 다량의 물에 카바이트를 소량 투하하는 방식

② 주수식 발생기 : 카바이트에 물을 작용시키는 방식

③ 침지식 발생기 : 카바이트 통에 든 카바이트가 수실의 물에 잠겨서 발생시키는 방식

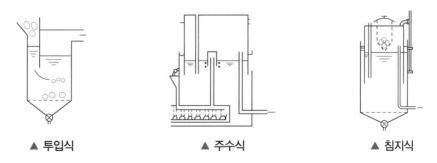

▲ 투입식   ▲ 주수식   ▲ 침지식

5. 용접장치의 방호장치

1) 저압용 수봉식 안전기

① 게이지 압력이 0.07(kg/㎠) 이하의 저압식 아세틸렌 용접장치 안전기의 성능기준

② 주요 부분 두께는 2mm 이상의 강판 사용

③ 도입부는 수봉식 유효수주는 25mm 이상 유지

④ 수봉 배기관을 갖추도록 할 것

⑤ 아세틸렌 접촉부는 동판 사용을 금지할 것

2) 중압용 수봉식 안전기

① 압력이 0.07~1.3(kg/cm²)

② 도입부는 수봉식으로 하고 유효수주는 50mm 이상

③ 도입관에 밸브 및 코크를 부착할 것

④ 주요부분은 강관 및 강관 접합부분은 용접, 볼트 등으로 확실하게 체결할 것

⑤ 수봉배기관을 갖추든지 또는 도입관에 역류 방지 밸브를 부착할 것

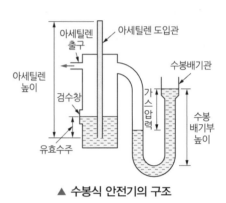

▲ 수봉식 안전기의 구조

6. 아세틸렌 발생기실의 설치장소 및 구조 ★★★

1) 설치장소

① 아세틸렌 용접장치의 아세틸렌 발생기(이하 "발생기")를 설치하는 경우 전용의 발생기실에 설치

② 발생기실은 건물 최상층에 위치, 화기를 사용하는 설비로부터 3m를 초과하는 장소에 설치

③ 발생기실을 옥외에 설치한 경우 그 개구부를 다른 건축물로부터 1.5m 이상 이격

2) 구조

① 벽은 불연성 재료로 하고 철근 콘크리트, 그 밖에 이와 동등 또는 이상의 강도를 가진 구조로 설치

② 지붕과 천장에는 얇은 철판이나 가벼운 불연성 재료를 사용

③ 바닥면적의 16분의 1 이상의 단면적을 가진 배기통을 옥상으로 돌출시키고 그 개구부를 창이나 출입구로부터 1.5m 이상 떨어지도록 할 것

④ 출입구 문은 불연성 재료로 하고 두께 1.5mm 이상의 철판 또는 그 이상의 강도를 가진 구조로 설치

⑤ 벽과 발생기 사이는 발생기 조정 또는 카바이드 공급 등 작업을 방해하지 않도록 간격을 확보

7. 아세틸렌 용접장치의 관리

① 발생기의 종류, 형식, 제작업체명, 매 시 평균 가스발생량 및 1회 카바이드 공급량을 발생기실 내의 보기 쉬운 장소에 게시

② 발생기실에 관계 근로자가 아닌 사람이 출입하는 것을 금지

③ 발생기에서 5m 이내 또는 발생기실에서 3m 이내의 장소에서 흡연, 화기의 사용 또는 불꽃이 발생할 위험한 행위를 금지

④ 도관에 산소용과 아세틸렌용의 혼동을 방지하기 위한 조치를 할 것

⑤ 아세틸렌 용접장치의 설치장소에 적당한 소화설비를 갖출 것

⑥ 이동식 아세틸렌용접장치의 발생기는 고온의 장소, 통풍이나 환기가 불충분한 장소 또는 진동이 많은 장소 등에 설치하지 않도록 조치

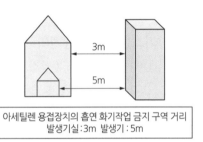

아세틸렌 용접장치의 흡연 화기작업 금지 구역 거리
발생기실 : 3m 발생기 : 5m

8. 가스집합 용접장치

1) 가스집합장치의 위험방지

① 가스집합장치에 대하여는 화기를 사용하는 설비로부터 5m 이상 떨어진 장소에 설치하여야 한다.

② 가스집합장치를 설치하는 때에는 전용의 방에 설치하여야 한다.

③ 가스 장치실에서 가스집합장치의 가스용기 교환작업 시 가스장치실의 부속설비 또는 다른 가스용기에 충격을 가할 우려가 있는 경우에는 고무판 등을 설치하는 등 충격방지 조치를 하여야 한다.

2) 가스장치실의 구조

① 가스가 누출된 때에는 당해 가스가 정체되지 않도록 조치

② 지붕 및 천장에는 가벼운 불연성의 재료를 사용

③ 벽면은 불연성 재료를 사용

3) 구리의 사용제한

용해 아세틸렌 가스집합 용접장치의 배관 및 부속기구는 구리나 구리함유량이 70% 이상인 합금 사용 금지

4) 가스집합 용접장치의 배관 안전기 설치방법

① 플랜지 · 밸브 · 코크 등의 접합부에는 개스킷을 사용하고 접합면을 상호 밀착시키는 등의 조치를 할 것
② 주관 및 분기관에는 안전기를 설치할 것. 이 경우 하나의 취관에 2개 이상의 안전기를 설치할 것

5) 가스집합 용접 장치의 관리(사업주가 준수하여 할 사항)

① 사용하는 가스의 명칭 및 최대가스 저장량을 가스장치실의 보기 쉬운 장소에 게시
② 가스용기를 교환하는 때에는 관리감독자의 참여하에 교환
③ 밸브 · 콕 등의 조작 및 점검요령을 가스장치실의 보기 쉬운 장소에 게시
④ 가스 장치실에는 관계 근로자 외 출입을 금지
⑤ 가스집합 장치로부터 5m 이내의 장소에서는 흡연, 화기의 사용 또는 불꽃을 발생시킬 우려가 있는 행위를 금지
⑥ 도관에는 산소용과의 혼동을 방지하기 위한 조치
⑦ 가스집합장치의 설치장소에는 적당한 소화설비를 설치
⑧ 이동식 가스집합 용접장치의 가스집합장치는 고온의 장소, 통풍이나 환기가 불충분한 장소 또는 진동이 많은 장소에 설치하지 아니하도록 조치
⑨ 당해 작업을 행하는 근로자는 보안경 및 안전장갑을 착용

9. 금속의 용접, 용단, 가열에 사용되는 가스등의 용기취급 시 준수사항

1) 다음의 장소에서는 사용하거나 해당 장소에 설치, 저장, 방치하지 아니하도록 할 것

① 통풍이나 환기가 불충분한 장소
② 화기를 사용하는 장소 및 그 부근
③ 위험물 또는 인화성 액체를 취급하는 장소 및 그 부근

2) 용기 취급 시 준수사항

① 용기의 온도를 40℃ 이하로 유지   ② 전도의 위험이 없도록 할 것

③ 충격을 가하지 않도록 할 것   ④ 운반하는 경우 캡을 씌울 것

⑤ 밸브의 개폐는 서서히 열 것   ⑥ 용해 아세틸렌의 용기는 세워 둘 것

3) 충전가스 용기의 색상

① 산소 : 녹색   ② 수소 : 주황색

③ CO_2 : 청색   ④ 암모니아 : 백색

⑤ 아세틸렌 : 황색   ⑥ 염소 : 갈색

10. 안전기에 자율안전 확인표시 외 추가 표시사항

① 가스 흐름 방향   ② 가스 종류

③ 자율안전 확인

11. 토치 취급상 주의사항

① 점화 시 아세틸렌 밸브를 열고 점화 후 산소 밸브를 열어 조절

② 작업종료 후 또는 역화, 역류발생 시 산소밸브를 먼저 잠근다.

③ 팁이 막혔을 경우에는 팁 클리너로 청소할 것

12. 안전기 설치 방법

아세틸렌 용접장치	① 취관마다 안전기를 설치. 다만, 주관 및 취관에 가장 가까운 분기관(分岐管)마다 안전기를 부착한 경우에는 그러하지 아니하다. ② 가스용기가 발생기와 분리되어 있는 아세틸렌 용접장치에 대하여 발생기와 가스용기 사이에 안전기를 설치하여야 한다.
가스집합 용접장치의 배관	① 플랜지 · 밸브 · 코크 등의 접합부에는 개스킷을 사용하고 접합면을 상호 밀착시키는 등의 조치를 할 것 ② 주관 및 분기관에는 안전기를 설치할 것. 이 경우 하나의 취관에 2개 이상의 안전기를 설치하여야 한다.

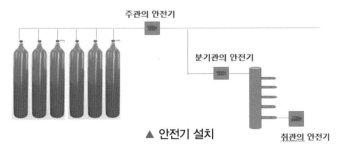

▲ 안전기 설치

04 | 보일러 압력용기

정의 : 연료를 연소시켜 그 연소열에 의해서 물을 끓여 수증기로 바꾸는 장치

1. 보일러 취급 시 이상현상 ★★★

프라이밍 (priming) (비수현상)	① 보일러 수가 극심하게 끓여서 수면에서 계속하여 수분이 증기와 분리되지 않아 물방울이 비산하여 증기와 함께 송출되는 현상 ② 증기부에 물방울이 포함됨에 따라 수위가 불안정하게 되는 현상
포밍 (foaming)	① 보일러 수의 불순물이 많이 포함되었을 경우 보일러 수의 비등과 함께 수면 부위에 거품층을 형성 ② 이 거품이 드럼실 전체로 확대되어 수위가 불안정하게 되는 현상
캐리오버 (carry over) (기수공발)	① 보일러에서 증기기관 쪽에 보내는 증기에 대량의 고형물과 물방울이 포함되어 증기의 흐름과 함께 시스템으로 넘어가는 현상 ② 프라이밍이나 포밍이 생기면 필연적으로 발생 ③ 캐리오버는 과열기 또는 터빈날개에 불순물을 퇴적시켜 부식 및 과열의 원인으로 증기과열기 및 터빈의 고장 원인이 된다.
워터해머 (water hammer) (수격운동)	증기기관 내에서 증기를 보내기 시작할 때 해머로 치는 듯한 소리를 내며 관이 진동하는 현상 워터 해머는 캐리오버에 기인한다.(영향 요소 : 관내의 유동, 압력파동, 밸브의 개폐, 캐리오버)

1) 보일러 이상현상의 발생원인 및 대책

이상현상	발생원인	대책
프라이밍	① 수면이 너무 높을 경우 ② 증기부하 과대할 경우 ③ 증기수분의 분리장치 불안전할 경우 ④ 증기수면이 좁을 경우	① 드럼 수위의 적정화 ② 규정부하 압력 유지
포밍	① 보일러 수의 고농도 상태 ② 불순물 혼입	① 보일러 수 확인 및 수처리 ② 불순물 혼입 방지
캐리오버	① 보일러 고수위 운전 ② 보일러 관수의 농축 ③ 주증기 밸브의 급변 ④ 보일러 증기 과부하	① 적절한 수위 관리 ② PH 농도 조절 ③ 급격한 밸브 개폐 금지 ④ 배관의 세척
워터해머	① 증기관의 냉각상태 ② 진공화 상태 ③ 프라이밍과 포밍에 의해 발생	① 증기관 보온 ② 드레인 작업 철저 ③ 급격한 밸브 개폐 금지

2. 보일러 사고형태 및 원인

사고형태		사고의 원인
보일러의 압력상승		① 안전장치 기능의 결함 및 부정확 ② 압력계의 고장 및 기능 불량 ③ 압력계 판독 미스 및 감시 소홀 ④ 안전장치 미설치
보일러의 과열 ★★☆		① 보일러 수의 감소 ② 스케일 퇴적(물때) 및 청소 불량 ③ 수면계의 기능 불량 ④ 관수 중 유지분이 혼합되어 있거나 화염이 국부적으로 진행 시
보일러의 부식 ★★☆		① 불순물에 의한 수관 부식 ② 급수에 불순물 흡입 ③ 급수처리 하지 않는 물 사용(PH 10~11 정도의 약알칼리성이 적당)
보일러의 파열	규정압력 이상 상승	① 압력장치 미설치 ② 안전장치 작동 불량
	최고사용 압력 이하에서 파열 ★★☆	① 구조상의 결함(설계, 강도) ② 구성 재료의 결함, ③ 장치 및 부품의 부식

3. 보일러 구조

연소장치와 연소실	연료를 연소시켜 발생하는 장치 고체연료 : 화격자 연소장치, 액체연료 : 버너 연소 장치
본체	내부에 물을 넣어서 외부에서 연소열을 이용하여 가열 정해진 압력의 증기를 발생하는 몸체
과열기	본체에서 발생하는 포화온도 이상으로 재가열하여 과열증기로 만드는 장치
절탄기	본체에 넣어진 물을 가열하기 위하여 연도(굴뚝)에서 버려지는 배기연소가스의 여열을 이용하기 보일러에 공급되는 급수를 예열하는 장치
공기예열기	연소실로 보내는 연소 공기를 연도(굴뚝)에서 버려지는 연소가스가 갖고 있는 여열로 예열하기 위한 장치

4. 보일러의 종류별 특징

원통 보일러	노통이나 연관 또는 노통과 연관이 함께 설치된 구조로 간단하여 구조가 간단하여 취급이 용이한 반면, 보유수량이 많아 증기발생시간이 길고 파열 시 피해가 크다.
수관 보일러	전열면이 다수의 지름이 작은 수관으로 되어있어 수관 외부의 고온가스로부터 보일러수가 열을 받아 증발, 시동시간이 짧고, 과열의 위험성이 적어 고압 대용량에 적합
특수 보일러	열원, 원료, 유체의 종류 그리고 가열방법이 보통 보일러와 다르게 되어 있는 보일러로 폐열 보일러, 전기보일러, 특수 연료 보일러 등이 있다.

1) 보일러의 기타 안전사항

(1) 보일러 폭발의 주요 원인
① 급수 불량(저수위)
② 압력상승에 의한 폭발
③ 연료가스 누설에 의한 화재 폭발

(2) 보일러 저수위 사고 방지 : 자동 급수 제어장치 점검 철저(수시 점검사항)

(3) 과잉 증기 압력에 의한 보일러 폭발 주원인 : 안전 장치의 결함(안전밸브로 배출)

(4) 보일러에 물이 부족하여 급속하게 급수할 때 폭발하는 원인 : 급격 수축 때문이다.

(5) 보일러 시동 전 점검사항
① 급수 탱크의 수위
② 연료의 상태
③ 급수펌프의 운전 상태

(6) 보일러수가 90℃ 이하로 된 다음 보일러 수 배출

(7) 보일러의 메인 밸브의 개방 : 1회에 15분 이상 초과하지 않도록 할 것
보일러의 안전율 : 4.5 이상

5. 보일러 안전장치의 종류(방호장치) ★★★

고저 수위 조절 장치	① 고저 수위 지점을 알리는 경보등 경고음 장치 등을 설치 - 동작 상태 쉽게 감시 ② 자동으로 급수 또는 단수되도록 설치 ③ 플로트, 전극식, 차압식 등
압력 방출장치 ★★★	① 보일러 규격에 적합한 압력방출장치를 1개 또는 2개 이상 설치하고 최고사용압력 이하에서 작동되도록 한다. ② 압력방출장치가 2개 이상 설치된 경우 최고사용압력 이하에서 1개가 작동되고 다른 압력방출장치는 최고사용압력 1.05배 이하에서 작동되도록 설치 ③ 매년 1회 이상 교정을 받은 압력계를 이용하여 설정 압력에서 압력방출 장치가 적정하게 작동하는지 검사 후 납으로 봉인 공정안전보고서 이행 상태 평가 결과가 우수한 사업장은 4년마다 1회 이상 설정 압력에서 압력방출장치가 적정하게 작동하는지 검사할 수 있다. ④ 스프링식, 중추식, 지렛대식
압력제한 스위치	보일러의 과열 방지를 위해 최고사용압력과 상용 압력 사이에서 버너 연소를 차단할 수 있도록 압력제한 스위치 부착 사용
화염검출기	연소 상태를 항상 감시하고 그 신호를 프레임 릴레이가 받아서 연소 차단 밸브개폐를 통한 폭발사고를 막아주는 안전장치

> **참고**
>
> 화염검출 방법에 따라 다음의 3가지로 나눈다.
> (1) 화염의 발열을 검출하는 방식의 바이메탈식 화염 검출기(스택 스위치).
> (2) 화염의 전기적 성질을 이용하는 방식의 플레임 로드(flamelod).
> (3) 화염 빛의 유무에 따라 화염 검출을 하는 전자관식 화염 검출기(flame eye).

6. 압력용기 및 공기 압축기

1) 압력용기란(Pressure Vessel)?

용기의 내면 또는 외면에서 일정한 유체의 압력을 받는 밀
폐된 용기로서 기체 액체를 저장하는 모든용기(화학공장의
탑류, 반응기, 열교환기, 저장용기, 교반기, 구형탱크)

2) 압력용기 종류

(1) 갑종 압력용기

    ① 설계압력이 게이지 압력으로 0.2Mpa을 초과하는 화학공정의 유체 취급 용기

    ② 설계압력이 게이지 압력으로 1Mpa을 초과하는 공기 또는 질소 취급용기

(2) 을종 압력 용기 : 그 외의 모든 것

3) 압력용기 방호장치

자율안전 확인 인증 대상 방호장치 : 압력방출용 안전밸브, 압력방출용 파열판
(최고사용압력, 제조연월일, 제조회사명 각인표시)

4) 안전밸브와 파열판 설치

안지름이 150mm 이하인 압력 용기는 제외 관형 열교
환기는 관의 파열로 인하여 상승압력이 압력용기의
최고사용압력 초과할 우려가 있는 경우

▲ 안전밸브   ▲ 파열판

5) 압력용기의 방호장치(압력 방출 장치)

회전 부위 덮개 또는 울 설치	원동기, 축이음, 밸브, 풀리의 회전부등 근로자에게 위험을 미칠 우려가 있는 부위
안전밸브 등의 설치 (압력 방출 장치) ★★★	① 과압으로 인한 폭발 방지를 위해 설치 ② 다단형 압축기 또는 직렬로 접속된 공기 압축기 각 단 또는 각 공기압축기별로 안전밸브 등을 설치 ③ 안전밸브는 설비의 최고사용압력 이전에 작동되도록 설정 ④ 안전밸브 검사 주기 압력계를 이용하여 설정압력에서 안전밸브가 적정하게 작동하는지 검사 후 납으로 봉인하여 사용 • 화학공정 유체와 안전밸브의 디스크 또는 시트가 직접 접촉이 가능하도록 설치된 경우는 매년 1회 이상 • 안전밸브 전단에 파열판의 설치된 경우 2년마다 1회 이상 • 공정안전보고서 이행상태 평가 결과가 우수한 사업장에 안전밸브의 경우 4년마다 1회 이상
최고사용압력 표시	식별이 가능하도록 최고사용압력, 제조연월일, 제조회사명, 등을 각인 표시된 것 사용

6) 공기 압축기

① 정의 : 동력을 사용하여 피스톤, 임펠라, 스크류 등에 의하여 대기압 의 공기를 필요한 압력으로 압축시키는 기계

② 유해 위험한 기계, 기구 등의 방호 장치 : 압력 방출 장치

7) 공기압축기 작업시작 전 점검사항 ★★★

① 공기저장 압력용기의 외관상태   ② 드레인 밸브의 조작 및 배수
③ 압력 발출장치의 기능   ④ 언로드 밸브의 기능
⑤ 윤활유의 상태   ⑥ 회전부의 덮개 또는 울
⑦ 그 밖의 연결부위의 이상 유무

8) 공기 압축기의 안전기준

(1) 언로드 밸브

설정압력에서 확실하고 또한 탱크의 공기 취출구의 스톱 밸브를 닫아도 공기탱크의 압력이 상 승하지 않는 것으로 복귀압력에 도달하였을 때 확실히 작동

(2) 안전 밸브의 설정 압력 : 압력용기의 설계압력을 초과해서는 안 된다.

(3) 압력계 : 눈금판 최대 지시도는 사용압력의 1.5배~3배의 압력을 지시

9) 파열판

입구 측의 압력이 설정압력에 도달하면 파열되면서 유체가 분출되도록 설계된 금속판 또는 흑연제 품의 안전장치. 설계압력보다 낮은 압력에서 터지도록 하여 본체파열을 예방한다.

10) 파열판 장치 설치 장소 ★★★

① 반응폭주급등으로 압력상승의 우려가 있는 경우
② 급성독성물질의 누출로 환경오염의 우려가 있는 경우
③ 안전밸브의 작동이 되지 아니할 우려가 있는 경우

11) 파열판의 추가 표시 사항

① 호칭지름
② 요구성능(용도)
③ 설정 파열 압력(Mpa) 및 설정온도(℃)
④ 파열판의 재질
⑤ 유체의 흐름 방향 지시

05 | 산업용 로봇

1) 운전 중 위험방지 조치

① 안전매트(감지기, 제어부 및 출력부로 구성)

② 높이 1.8m 이상의 방책 설치

울타리(1.8M)

광전자식 안전장치

안전매트

2) 주요 방호장치

① 동력 차단장치

② 비상 정지장치

③ 방호 울타리(로봇장비와 울타리 간격 40cm)

④ 안전매트

3) 산업용 로봇의 작업 시 안전 조치사항

① 로봇의 조작방법 및 순서　　　　② 작업 중의 매니플레이트의 속도

③ 2인 이상 근로자에게 작업을 시킬 때의 신호　　④ 이상 발견 시 조치

⑤ 이상 발견 시 로봇을 정지시킨 후 이를 재가동시킬 때의 조치

4) 로봇의 작업 시작 전 점검사항

① 외부전선의 피복 및 외장의 손상 유무

② 메니플레이트 작동의 이상 유무

③ 제동장치 및 비상정지장치의 기능 이상 유무

5) 로봇작업에 대한 특별안전교육내용

① 로봇의 기본원리, 구조, 작업방법에 관한 사항　　② 이상발생시 응급조치에 관한 사항

③ 안전시설, 안전기준에 관한 사항　　　　④ 조작방법 작업순서에 관한 사항

6) 산업용 로봇의 주요 방호장치의 설치기준 ★★★

구분	내용
동력차단장치	① 스위치 클러치 유공압 제어 밸브 등의 동력 차단장치는 다른 기기와 독립되어 있을 것 ② 접촉이나 진동에 의하여 작동 또는 복귀하지 않을 것 ③ 작동 후 자동으로 복귀하지 않아야 하며 사람의 부주의로 복귀 되지 않아야 할 것

구분	내용
비상정지장치	① 비상 정지 누름버튼 스위치 조작 시 로봇을 신속 정확하게 정지시키는 능력을 가질 것 ② 비상 정지 누름버튼 스위치는 빨간색으로 하여 확인 조작이 쉽게 할 것 ③ 작업 위치를 벗어나지 않고 조작할 수 있는 위치에 비상정지장치를 설치할 것 ④ 작동 후 자동으로 복귀하지 않아야 하며 사람의 부주의로 복귀되지 않아야 할 것
방호울타리 (방책)	① 작업 중에 발생하는 진동 충격 그 외의 환경조건에 견디는 강도를 갖고 조종하거나 철거 및 넘어갈 수 없는 구조로 할 것 ② 예리한 가장자리나 돌기 등의 위험 부분이 없을 것 ③ 원칙적으로 고정식으로 할 것 울타리에 출입문을 설치할 경우 문을 개방하는 것과 로봇에 장치를 연동시킬 것 ④ 안전 플러그 설치 : 뽑아야 문이 열리고 이때 구동원을 차단하여 로봇이 정지하도록
안전매트	① 위험지역 접근 시 비상정지장치 작동시킬 수 있을 것 ② 이상 시 즉시 운전정지가 가능하고 정지한 경우 재가동 조작을 해야만 운전이 되도록 할 것 ③ 산업용 로봇 위험한 한계 범위 내를 충분히 방호할 수 있는 크기로 설치할 것

7) 로봇의 수리, 검사, 조정, 청소, 급유 또는 결과에 대한 확인작업 시의 조치

① 로봇의 운전을 정지한다.

② 작업을 하고 있는 동안 로봇의 기동스위치를 열쇠로 잠근 후 열쇠를 별도 관리한다.

③ 로봇의 기동스위치에 작업 중이란 내용의 표지판을 부착한다.

④ 작업에 종사하고 있는 근로자가 아닌 사람이 해당 기동스위치를 조작할 수 없도록 필요한 조치를 하여야 한다.

8) 로봇에 설치되는 제어장치 요건

① 누름버튼은 오작동 방지를 위한 가드가 설치되어 있는 등 불시기동을 방지할 수 있는 구조일 것

② 전원공급램프, 자동운전, 결함검출 등 작동제어의 상태를 확인할 수 있는 표시장치가 설치되어 있을 것

③ 조작버튼 및 선택스위치 등 제어장치에는 해당 기능을 명확하게 구분할 수 있도록 표시되어 있을 것

9) 로봇 운전모드 점검사항

① 로봇 시스템에는 키 선택 스위치 등 운전모드 선택장치가 있을 것

② 운전모드 선택 위치는 명확하게 확인 가능하고, 하나의 운전모드만 선택 가능할 것

③ 운전모드 선택 스위치는 운전 스위치로 사용되어서는 아니되며, 별도 운전 스위치 조작에 의해서만 로봇 시스템이 작동될 것

④ 조작장치에는 운전모드를 구분할 수 있는 표시(문자표시 등)가 되어 있을 것

CHAPTER

04 연습문제

01 보일러 발생증기의 이상현상이 아닌 것은?

① 역화현상 　② 프라이밍 현상
③ 포밍현상 　④ 캐리오버현상

02 공기압축기의 운전정지 시 탱크 내 공기의 역류방지기는?

① 안전밸브 　② 파열판
③ 체크밸브 　④ 언로드밸브

03 로봇의 매니플레이트와 안전방책과의 간격은 최소 얼마를 두어야 협착을 방지하는가?

① 40센티미터 　② 30센티미터
③ 20센티미터 　④ 10센티미터

04 보일러의 안전한 가동을 위하여 압력방출장치를 2개 설치한 경우에 올바른 작동방법은?

① 최고사용압력 이상에서 2개 동시 작동
② 최고사용압력 이하에서 2개 동시 작동
③ 최고사용압력 이하에서 1개 작동, 다른 것은 최고사용압력의 1.03배 이하에서 작동
④ 최고사용압력 이하에서 1개 작동, 다른 것은 최고사용압력의 1.06배 이하에서 작동

05 산업용 로봇에는 위험한계 내에 근로자가 들어갈 때 압력 등을 감지할 수 있는 방호조치는 어느 것인가?

① 가드 　② 감지기
③ 제어기 　④ 안전매트

06 아세틸렌 용접 시 역화가 일어날 때 가장 먼저 취해야 할 행동은?

① 토치에 아세틸렌 밸브를 닫아야 한다.
② 아세틸렌밸브를 즉시 잠그고 산소밸브를 잠근다.
③ 산소밸브를 즉시 잠그고, 아세틸렌 밸브를 잠근다.
④ 아세틸렌 사용압력을 1kgf/cm² 이하로 즉시 낮춘다.

정답　**01** ①　**02** ③　**03** ①　**04** ③　**05** ④　**06** ③

05 운반기계, 건설기계 및 양중기

01 | 안전수칙

1. 운반기계의 안전수칙

1) 차량계 하역운반기계의 안전수칙

전도방지조치	① 유도자 배치 ② 부동침하방지 ③ 갓길의 붕괴 방지
운전자 위치이동 조치사항	① 포크, 버킷, 디퍼 등의 장치를 가장 낮은 위치 또는 지면에 내려 둘 것 ② 원동기를 정지시키고 브레이크를 확실히 거는 등 갑작스러운 주행이나 이탈을 방지하기 위한 조치를 할 것 ③ 운전석을 이탈하는 경우에는 시동키를 운전대에서 분리시킬 것 다만, 운전석에 잠금장치를 하는 등 운전자가 아닌 사람이 운전하지 못하도록 조치한 경우에는 그러하지 아니하다.
화물적재 시 조치	① 하중이 한쪽으로 치우치지 않도록 적재할 것 ② 구내 운반차 또는 화물자동차의 경우 화물의 붕괴 또는 낙하에 의한 위험을 방지하기 위하여 화물에 로프를 거는 등 필요한 조치를 할 것 ③ 운전자의 시야를 가리지 않도록 화물을 적재할 것 ④ 화물을 적재하는 경우에는 최대적재량을 초과해서는 아니 된다.
작업 시 작업지휘자의 임무	① 작업순서 및 그 순서마다 작업방법을 정하고 작업을 지휘할 것 ② 기구와 공구를 점검하고 불량품을 제거할 것 ③ 해당 작업을 하는 장소에 관계 근로자가 아닌 사람이 출입하는 것을 금지할 것 ④ 로프 풀기 작업 또는 덮개 벗기기 작업은 적재함의 화물이 떨어질 위험이 없음을 확인한 후에 하도록 할 것
붐 하강 및 수리 등의 위험방지	① 작업지휘자 선정 작업순서를 결정하고 작업을 지휘할 것 ② 안전지주 사용 ③ 안전블록 등을 사용
작업계획서	① 해당 작업 이에 따른 추락 낙하 전도 협착 및 붕괴 등의 위험 예방대책 ② 차량계 하역운반기계 등의 운행경로 및 작업방법
작업지휘자 지정	화물자동차를 가용하는 도로상의 주행작업은 제외한다.
탑승 제한	승차석 외의 위치에 근로자 탑승금지
이송작업	① 싣거나 내리는 작업은 평탄하고 견고한 장소에서 할 것 ② 발판을 사용하는 경우에는 충분한 길이·폭 및 강도를 가진 것을 사용하고 적당한 경사를 유지하기 위하여 견고하게 설치할 것 ③ 가설대 등을 사용하는 경우에는 충분한 폭 및 강도와 적당한 경사를 확보할 것 ④ 지정운전자의 성명·연락처 등을 보기 쉬운 곳에 표시하고 지정운전자 외에는 운전하지 않도록 할 것

2) 차량계 건설기계작업 안전수칙

구조	① 전조등 설치 ② 암석이 떨어질 우려가 있는 등 위험한 장소에서 차량계 건설기계의 견고한 낙하물 보호구조를 갖추어야 한다 (불도저, 트랙터, 굴착기, 로더(loader), 스크레이퍼, 덤프트럭, 모터그레이더)로 한정한다)
작업계획서 내용	① 종류 및 능력　　② 운행경로　　③ 작업방법
전도방지 조치	① 유도자 배치　　　　　　② 부동침하방지 ③ 갓길의 붕괴방지　　　　④ 도로 폭의 유지
운전자 위치이동 조치사항	① 포크, 버킷, 디퍼 등의 장치를 가장 낮은 위치 또는 지면에 내려둘 것 ② 원동기를 정지시키고 브레이크를 확실히 거는 등 갑작스러운 주행이나 이탈을 방지하기 위한 조치를 할 것 ③ 운전석을 이탈하는 경우에는 시동키를 운전대에서 분리시킬 것. 다만, 운전석에 잠금장치를 하는 등 운전자가 아닌 사람이 운전하지 못하도록 조치한 경우에는 그러하지 아니하다
이송 시 준수사항	① 싣거나 내리는 작업은 평탄하고 견고한 장소에서 할 것 ② 발판을 사용하는 때에는 충분한 길이, 폭 및 강도를 가진 것을 사용하고 적당한 경사를 유지하기 위하여 견고하게 설치할 것 ③ 마대 · 가설대 등을 사용할 때에는 충분한 폭, 강도와 적당한 경사를 확보할 것
붐 등의 하강에 대한 위험방지	붐 · 암 등을 올리고 그 밑에서 수리 · 점검 등을 하는 때에는 불시 하강을 방지하기 위하여 ① 안전지주 사용　　　　② 안전블록 등을 사용
수리 등의 작업	① 작업지휘자 선정 작업순서를 결정하고 작업을 지휘할 것 ② 안전 지주, 안전블록 등을 사용

3) 화물 적재 시 조치

① 하중이 한쪽으로 치우치지 않도록 적재할 것

② 구내운반차 또는 화물자동차의 경우 화물에 붕괴 또는 낙하에 의한 위험을 방지하기 위하여 화물에 로프를 거는 등 필요한 조치를 할 것

③ 운전자의 시야를 가려 않도록 화물을 적재할 것

4) 제한속도의 지정

최대 제한속도가 매시 10km 이하인 것은 제외한다.

5) 작업 계획서 내용

① 해당 작업 이에 따른 추락 낙하 전도 협착 및 붕괴 등의 위험 예방대책

② 차량계 하역운반기계 등의 운행경로 및 작업 방법

6) 탑승 제한

승차 스퀘어 위치의 근로자 탑승금지(화물자동차 제외)

7) 중량물 취급 시 준수사항(싣거나 내리는 작업)

작업지휘자 지정 단위화물의 무게가 100kg 이상인 화물을 차량계 하역운반기계 등에 싣거나 내리는 작업

① 작업 순서 및 그 순서마다의 작업 방법을 정하고 작업을 지휘할 것
② 치구와 공구를 점검하고 불량품을 제거할 것
③ 해당 작업을 하는 장소에 관계 근로자가 아닌 사람이 출입하는 것을 금지시킬 것
④ 로프 풀기 작업 또는 덮개 벗기기 작업은 적재함의 화물이 떨어질 위험이 없음을 확인한 후에 하도록 할 것

8) 수리 등의 작업 시 작업 지휘자 준수사항

① 작업 순서를 결정하고 작업을 지휘할 것
② 안전지주 또는 안전블록 등의 사용 상황 등을 점검할 것

9) 구내 운반차 제동장치 등의 준수사항

① 핸들의 중심에서 차체 바깥측까지의 거리가 65cm 이상일 것
② 주행을 제공하거나 정지 상태를 유지하기 위하여 유효한 제동장치를 갖출 것
③ 경음기를 갖출 것
④ 운전자석이 차 실내 있음. 있는 것은 좌우에 한 개씩 방향 지시기를 갖출 것

2. 지게차

1) 헤드가드

헤드가드(head guard)를 갖추지 아니한 지게차를 사용해서는 아니 된다.

① 강도는 지게차의 최대하중의 2배 값(4톤을 넘는 값에 대해서는 4톤으로 한다)의 등분포정하중(等分布靜荷重)에 견딜 수 있을 것
② 상부 틀의 각 개구의 폭 또는 길이가 16cm 미만
③ 운전자가 앉아서 조작하거나 서서 조작하는 지게차의 헤드가드는 좌승식 좌석기준점으로부터 903mm 이상 입승식 조종사가 서 있는 플랫폼으로부터 1,880mm 이상

2) 지게차의 안정성

지게차의 안정성을 유지하기 위해서는 지게차의 중량과 앞바퀴부터 차의 중심까지 거리를 곱한 값이 화물의 중량과 앞바퀴부터 중심까지의 거리 곱의 값이 같거나 커야 한다.

$$Wa \leq Gb$$

W : 화물의 중량
G : 지게차의 중량

a : 앞바퀴부터 하물의 중심까지의 거리

b : 앞바퀴부터 차의 중심까지의 거리

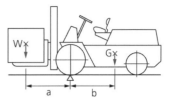

▲ 포크 리프트의 안전

3) 지게차의 안정도

하역작업 시의 전 · 후 안정도 : 4% 이내 (5t 이상 : 3.5%)	
하역작업 시의 좌 · 우 안정도 : 6% 이내	
주행 시의 전 · 후 안정도 : 18% 이내	
주행 시의 좌 · 우 안정도(15+1.1V)% 이내 최대 40%(V : 최고속도 km/h)	

$$안정도 = \frac{h}{L} \times 100\%$$

4) 들어 올리는 작업 시 안전기준

① 지상에서 5~10cm 지점까지 들어 올린 후 정지할 것

② 화물의 안전상태, 포크에 대한 편심 하중 및 기타 이상 유무 확인

③ 마스트는 후방향 쪽으로 경사를 둘 것

④ 지상에서 10~30cm의 높이까지 들어 올릴 것

⑤ 들어올린 상태로 출발, 주행할 것

⑥ 전경사각 : 마스터의 수직위치에서 앞으로 기울인 경우 최대경사각 5~6°

⑦ 후경사각 : 마스터의 수직위치에서 앞으로 기울인 경우 최대경사각 10~12°

5) 지게차 취급 시 안전대책

① 전조등 및 후미등　　　② 백레스트
③ 팔레트 또는 스키드의 안전기준　　　④ 사용의 제한
⑤ 좌석 안전띠 착용

6) 지게차의 작업 시작 전 점검사항

① 제동장치 및 조종장치 기능에 이상 유무
② 하역장치 및 유압장치 기능의 이상 유무
③ 바퀴의 이상 유무
④ 전조등 후미등 방향 지시기 및 경보장치 기능이 이상 유무

7) 주행 시의 안전기준

(1) 화물을 적재한 상태에서 주행할 때에는 안전속도로 할 것
(2) 비포장도로, 좁은 통로, 언덕길 등에서는 급 출발이나 급 브레이크 조작, 급 선회 등을 하지 않는다.
(3) 지게차는 전방 시야가 나쁘므로 전 좌우를 충분히 관찰할 것
(4) 적재화물이 크고 운전자의 시야를 현저하게 방해할 때에는 다음과 같은 조치를 한다.
　　① 유도자를 배치하여 안전작업이 되도록 한다.
　　② 후진으로 진행한다.
　　③ 경적을 울리면서 운행한다.
(5) 화물적재 상태에서 30cm 이상으로 들어올리거나 마스트를 수직이나 앞으로 기울인 상태에서 주행하지 않는다.
(6) 선회하는 경우에는 후륜이 바깥쪽으로 크게 회전하므로 사람이나 건물에 접촉 또는 충돌하지 않도록 천천히 선회한다.
(7) 경사면을 주행할 때에는
　　① 급경사의 언덕길을 오를 때에는 포크의 선단 또는 파레트의 바닥부분이 노면에 접촉되지 않도록 하고, 되도록 지면에 가까이 접근시켜 주행한다.
　　② 언덕길의 경사면을 따라 옆으로 향하여 주행하거나 방향을 전환하지 않는다.
　　③ 급경사의 언덕길을 올라가거나 내려갈 때에는 후진 운전을 하고 엔진브레이크를 사용한다.

3. 구내 운반차

1) 화물 운반 시 조치

① 하중이 한쪽으로 치우치지 않도록 적재할 것
② 구내운반차 또는 화물자동차의 경우 화물에 붕괴 또는 낙하에 의한 위험을 방지하기 위하여 화물에 로프를 거는 등 필요한 조치를 할 것

③ 운전자의 시야를 가려 않도록 화물을 적재할 것

2) 제한속도의 지정
최대 제한속도가 매시 10km 이하인 것은 제외한다.

3) 작업 계획서 내용
① 해당 작업 이에 따른 추락 낙하 전도 협착 및 붕괴 등의 위험 예방대책
② 차량계 하역운반기계 등의 운행경로 및 작업 방법

4) 탑승제한
승차 스퀘어 위치의 근로자 탑승금지(화물자동차 제외)

5) 구내 운반차 제동장치 등의 준수 사항 (2021.11.9.)
구내 운반차(작업장 내 운반을 주목적으로 하는 차량으로 한정한다)를 사용하는 경우에 다음 각 호의 사항을 준수해야 한다.
① 주행을 제공하거나 정지 상태를 유지하기 위하여 유효한 제동장치를 갖출 것
② 경음기를 갖출 것
③ 운전 자석이 차 실내 있음 있는 것은 좌우에 한 개씩 방향 지시기를 갖출 것
④ 전조등과 후미등을 갖출 것. 다만, 작업을 안전하게 하기 위하여 필요한 조명이 있는 장소에서 사용하는 구내운반차에 대해서는 그러하지 아니하다

6) 구내운반차를 작업시작 전 점검사항
① 제동장치 및 조종장치 기능의 이상 유무
② 하역장치 및 유압장치 기능의 이상 유무
③ 바퀴의 이상 유무
④ 전조등 · 후미등 · 방향지시기 및 경음기 기능의 이상 유무
⑤ 충전장치를 포함한 홀더 등의 결합상태의 이상 유무

7) 중량물 취급 시 준수사항(싣거나 내리는 작업)
작업지휘자 지정 단위화물의 무게가 100kg 이상인 화물을 차량계 하역운반기계 등에 싣거나 내리는 작업
① 작업 순서 및 그 순서마다의 작업 방법을 정하고 작업을 지휘할 것
② 치구와 공구를 점검하고 불량품을 제거할 것
③ 해당 작업을 하는 장소에 관계 근로자가 아닌 사람이 출입하는 것을 금지시킬 것
④ 로프 풀기 작업 또는 덮개 벗기기 작업은 적재함의 화물이 떨어질 위험이 없음을 확인한 후에 하도록 할 것

8) 수리 등의 작업 시 작업 지휘자 준수사항

　① 작업 순서를 결정하고 작업을 지휘할 것

　② 안전 지주 또는 안전 블록 등의 사용 상황 등을 점검할 것

4. 고소작업대 설치 등의 조치

1) 설치 기준

　① 와이어로프 또는 체인의 안전율은 5 이상일 것

　② 권과 방지장치를 갖추거나 압력에 이상 상승을 방지할 수 있는 구조일 것

　③ 붐에 최대지면 경사각을 초과 운전하여 전도되지 않도록 할 것

　④ 작업대에 정격하중 안전율 5 이상을 표시할 것

　⑤ 작업대에 게임 충돌 등 재해를 예방하기 위한 가드 또는 과상승방지장치를 설치할 것

　⑥ 조작판의 스위치는 눈으로 확인할 수 있도록 명칭 및 방향 표시를 유지할 것

2) 설치 시 준수사항

　① 바닥과 고소 작업 때는 가능하면 수평을 유지하도록 할 것

　② 갑작스러운 이동을 방지하기 위하여 아웃트리거(outrigger) 또는 브레이크 등을 확실히 사용할 것

3) 이동 시 준수사항

　① 작업대를 가장 낮게 내릴 것

　② 이동 통로에 요철 상태 또는 장애물의 유무 등을 확인할 것

　③ 작업대를 올린 상태에서 작업자를 태우고 이동하지 말 것

4) 하중과 힘 설계 시 고려해야 할 하중

　① 정격하중　　　　　　　② 구조물 하중

　③ 풍하중　　　　　　　　④ 인력(manual Forces)

　⑤ 특수 하중과 힘

5) 고소작업대 작업 시작 전 점검사항

　① 비상정지장치 및 비상하강 방지장치 기능의 이상 유무

　② 과부하 방지장치의 작동 유무(와이어로프 또는 체인구동 방식의 경우)

　③ 아웃트리거 또는 바퀴의 이상 유무

　④ 작업면의 기울기 또는 요철 유무

　⑤ 활선작업용 장치의 경우 홈 · 균열 · 파손 등 그 밖의 손상 유무

6) 악천후 시 작업 중지

비, 눈 그 밖의 기상상태의 불안전으로 인하여 날씨가 몹시 나쁠 때에 10m 이상의 높이에서 고소작업대를 사용함에 있어서 근로자가 위험을 미칠 우려가 있을 때에는 작업을 중지하여야 한다.

7) 고소작업대 사용 시 준수사항

① 작업자가 안전모·안전대 등의 보호구를 착용하도록 할 것
② 관계자가 아닌 사람이 작업구역에 들어오는 것을 방지하기 위하여 필요한 조치를 할 것
③ 안전한 작업을 위하여 적정수준의 조도를 유지할 것
④ 전로(電路)에 근접하여 작업을 하는 경우에는 작업감시자를 배치하는 등 감전사고를 방지하기 위하여 필요한 조치를 할 것
⑤ 작업대를 정기적으로 점검하고 붐·작업대 등 각 부위의 이상 유무를 확인할 것
⑥ 전환스위치는 다른 물체를 이용하여 고정하지 말 것
⑦ 작업대는 정격하중을 초과하여 물건을 싣거나 탑승하지 말 것
⑧ 작업대의 붐대를 상승시킨 상태에서 탑승자는 작업대를 벗어나지 말 것

5. 화물자동차

승강설비 설치	바닥으로부터 짐 윗면까지의 높이가 2미터 이상인 화물자동차에 짐을 싣는 작업 또는 내리는 작업을 하는 경우 근로자의 추락 위험을 방지하기위해 근로자가 바닥과 적재함의 짐 윗면을 오르내리기를 위한 설비를 설치
섬유로프 등의 사용금지	① 꼬임이 끊어진 것 ② 심하게 손상 또는 부식된 것
섬유로프 등의 작업시작 전 조치사항	① 작업순서와 순서별 작업방법을 결정하고 작업을 직접 지휘하는 일 ② 기구와 공구를 점검하고 불량품을 제거하는 일 ③ 해당 작업을 하는 장소에 관계 근로자가 아닌 사람의 출입을 금지하는 일 ④ 로프 풀기 작업 및 덮개 벗기기 작업을 하는 경우에는 적재함의 화물에 낙하위험이 없음을 확인한 후에 해당 작업의 착수를 지시하는 일
화물빼내기 금지	화물을 내리는 작업을 하는 경우 쌓여있는 화물의 중간에서 화물을 빼내기 금지할 것
작업시작 전 점검사항	① 제동장치 및 조종장치 기능의 이상 유무 ② 하역장치 및 유압장치 기능의 이상 유무 ③ 바퀴의 이상 유무

6. 컨베이어

▲ 롤러 컨베이어

▲ 측면 방호울 설치

1) 작업 시작하기 전 점검사항

① 원동기 및 풀리(pulley) 기능의 이상 유무

② 이탈 등의 방지장치 기능의 이상 유무

③ 비상정지장치 기능의 이상 유무

④ 원동기 · 회전축 · 기어 및 풀리 등의 덮개 또는 울 등의 이상 유무

기계의 원동기 · 회전축 · 기어 · 풀리 · 플라이휠 · 벨트 및 체인 등 근로자가 위험에 처할 우려가 있는 부위에 덮개 · 울 · 슬리브 및 건널다리 등을 설치하여야 한다.

2) 컨베이어 안전조치 사항 ★★★

이탈등의 방지	역전 방지장치 및 브레이크	기계적인 것 : 라쳇식, 롤러식, 밴드식, 웜기어 등
		전기적인 것 : 전기 브레이크, 스러스트 브레이크 등
	화물 또는 운반구의 이탈방지장치	컨베이어 구동부 측면에 롤러형 안내 가이드 설치
	화물 낙하 위험 시	덮개, 낙하 방지 울 설치
비상정지장치 부착	비상시 즉시 정지할 수 있는 장치	
낙하물에 의한 위험방지	화물이 떨어져 근로자가 위험해질 우려가 있는 경우 덮개 또는 울 설치	
통행의 제한	운전 중인 컨베이어 등의 위로 근로자를 넘어가도록 하는 건널다리 설치 동일선상에 구간별 설치된 컨베이어에 중량물을 운반하는 경우 충돌에 대비한 스토퍼를 설치하거나 작업자를 출입금지	
트롤리 컨베이어	트롤리와 체인 및 행거가 쉽게 벗겨지지 않도록 확실하게 연결	

3) 안전 작업 수칙

(1) 보수작업 시

① 전원을 끄고 개폐기 자물쇠 장치를 할 것

② 기점과 종점에는 부수작업 중 펫말을 게시할 것

(2) 작업 중 켄베이어를 타고 넘어가지 말 것

(3) 안전커버 벗긴 채로 작업 금지

(4) 운전 중 켄베이어에 근로자 탑승 금지

(5) 스위치를 넣을 때는 전 근로자가 알 수 있도록 분명한 신호를 할 것

(6) 운전 중에는 밸트나 기계부분 청소 및 일체의 보수나 급유 금지

(7) 정전기가 발생할 우려가 있는 장소에서는 정전기 제거기를 설치하고 접지할 것

(8) 마지막 쪽의 컨베이어부터 시동하고 처음 쪽의 컨베이어부터 정지하도록 할 것

4) 방호장치의 종류

(1) 비상정지장치   (2) 역전 방지장치

(3) 브레이크   (4) 이탈 방지장치

(5) 덮개 또는 낙하 방지용 울 등

▲ 건널다리   ▲ 트롤리 컨베이어   ▲ 낙하물 방지망

02 │ 크레인 등 양중기

1. 양중기의 정의

1) 크레인

동력을 사용하여 중량물을 매달아 상하 및 좌우(수평 또는 선회를 말한다)로 운반하는 것을 목적으로 하는 기계 또는 기계장치

2) 호이스트

혹이나 그 밖의 달기구 등을 사용하여 화물을 권상 및 횡행 또는 권상동작만을 하여 양중하는 것을 말한다.

3) 이동식 크레인

원동기를 내장하고 있는 것으로서 불특정 장소에 스스로 이동할 수 있는 크레인으로 동력을 사용하여 중량물을 매달아 상하 및 좌우로 운반하는 설비로서 화물ㆍ특수자동차의 작업부에 탑재하여 화물운반 등에 사용하는 기계 또는 기계장치를 말한다.

4) 리프트

동력을 사용하여 사람이나 화물을 운반하는 것을 목적으로 하는 기계설비로서

(1) **건설작업용 리프트** : 동력을 사용하여 가이드레일을 따라 상하로 움직이는 운반구를 매달아 사람이나 화물을 운반할 수 있는 설비 또는 이와 유사한 구조 및 성능을 가진 것으로 건설현장에서 사용하는 것

(2) **자동차정비용 리프트** : 동력을 사용하여 가이드레일을 따라 움직이는 지지대로 자동차 등을 일정한 높이로 올리거나 내리는 구의 리프트로서 자동차 정비에 사용하는 것

(3) **이삿짐운반용 리프트** : 연장 및 축소가 가능하고 끝단을 건축물 등에 지지하는 구조의 사다리형 붐에 따라 동력을 사용하여 움직이는 운반구를 매달아 화물을 운반하는 설비

5) 곤돌라

달기발판 또는 운반구, 승강장치, 그 밖의 장치 및 이들에 부속된 기계부품에 의하여 구성되고, 와이어로프 또는 달기강선에 의하여 달기발판 또는 운반구가 전용 승강장치에 의하여 오르내리는 설비를 말한다.

6) 승강기

건축물이나 고정된 시설물에 설치되어 일정한 경로에 따라 사람이나 화물을 승강장으로 옮기는 데에 사용되는 설비

(1) **승객용 엘리베이터** : 사람의 운송에 적합하게 제조·설치된 엘리베이터

(2) **승객화물용 엘리베이터** : 사람의 운송과 화물 운반을 겸용하는 데 적합하게 제조·설치된 엘리베이터

(3) **화물용 엘리베이터** : 화물 운반에 적합하게 제조·설치된 엘리베이터로서 조작자 또는 화물취급자 1명은 탑승할 수 있는 것(적재용량이 300킬로그램 미만인 것은 제외한다)

(4) **소형화물용 엘리베이터** : 음식물이나 서적 등 소형 화물의 운반에 적합하게 제조·설치된 엘리베이터로서 사람의 탑승이 금지된 것

(5) **에스컬레이터** : 일정한 경사로 또는 수평로를 따라 위·아래 또는 옆으로 움직이는 디딤판을 통해 사람이나 화물을 승강장으로 운송시키는 설비

2. 양중기의 종류와 정의(크 리 곤 승)

크레인(호이스트 포함)	동력을 이용하여 중량물을 상하좌우로 운반하는 것
이동식 크레인	원동기를 내장하고 있는 것으로 불특정 장소에 스스로 이동하면서 중량물을 상하좌우 운반하는 것

리프트	건설작업용	동력을 사용하여 가드레일(운반구를 지지하여 상승 및 하강 동작을 안내하는 레일)을 따라 상하로 움직이는 운반구를 매달아 사람이나 화물을 운반할 수 있는 설비 또는 이와 유사한 구조 및 성능을 가진 것으로 건설현장에서 사용하는 것을 말한다.
	산업용	동력을 사용하여 가드레일을 따라 상하로 움직이는 운반구를 매달아 사람이 탑승하지 않고 화물을 운반할 수 있는 설비 또는 이와 유사한 구조 및 성능을 가진 것으로 건설현장 외의 장소에서 사용하는 것을 말한다.
	자동차 정비용	동력을 사용하여 가드레일을 따라 움직이는 지지대로 자동차 등을 일정한 높이로 올리거나 내리는 구조의 리프트로서 자동차 정비에 사용하는 것을 말한다.
	이삿짐 운반용 리프트	연장 축소가 가능하고 사다리형 붐을 따라 동력으로 움직이는 운반구를 사용하는 기계로서 적재하중이 0.1톤 이상인 것으로 한정
곤도라		달기발판 또는 운반구, 승강장치 그 밖의 장치 및 이들에 부속된 기계부품에 의하여 와이어로프 달기강선에 의하여 달기 발판 또는 운반구가 전용의 승강장치에 의하여 오르내리는 설치
승강기	승용승강기	사람 전용
	인화공용 승강기	사람, 화물 공용
	화물용 승강기	화물전용
	에스컬레이터	동력에 의하여 운반되는 것으로 사람을 운반하는 연속계단이나 보도상태의 승강기

▲ 크레인

▲ 이동식 크레인

▲ 자동차 정비용 리프트

▲ 건설용 리프트

▲ 산업용 리프트

3. 양중기 방호장치

1) 크레인, 이동식 크레인
① 과부하 방지장치   ② 권과방지장치   ③ 비상정지장치 및 제동장치
④ 제동장치   ⑤ 훅 해지장치   ⑥ 안전밸브(유압식)

2) 승강기
① 파이널 리미트 스위치   ② 속도 조절기   ③ 출입문 인터록

3) 리프트
① 과부하 방지장치   ② 권과방지장치   ③ 비상정지장치
④ 제동장치   ⑤ 조작반 잠금장치

4) 곤돌라
① 과부하 방지장치   ② 권과방지장치
③ 비상정지장치   ④ 제동장치

4. 와이어로프 안전계수 ★★★

근로자가 탑승하는 운반구를 지지하는 달기 와이어, 달기체인	10
화물의 하중을 직접 지지하는 달기와이어 또는 달기체인	5
훅 샤클, 클램프, 리프팅의 빔	3
그 밖의 경우	4

▲ 훅   ▲ 샤클   ▲ 클램프   ▲ 리프팅 빔

1) 양중기 권과방지장치
권과 방지장치는 훅, 버킷 등 달기 구의 윗면이 드럼, 상부 도르래, 트롤리 프레임 등 권상장치의 아랫면과 접촉할 우려가 있는 경우에 그 간격이 0.25M(25cm) 이상 직동식 권과 방지장치는 0.05M(5cm) 이상이 되도록 조정하여야 한다.

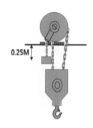

▲ 권과방지장치

2) 크레인 훅 해지장치

훅 걸이용 와이어로프 등이 훅으로부터 벗겨지는 것을 방지하기 위한 장치로서 반드시 설치되어 있어야 한다.

3) 통로의 설치

(1) 주행 크레인 또는 선회 크레인과 건설물 또는 설비와의 사이에 통로를 설치하는 경우 그 폭을 0.6미터 이상으로 하여야 한다.

(2) 통로 중 건설물의 기둥에 접촉하는 부분에 대해서는 0.4미터 이상으로 할 수 있다.

(3) 다음 각 호의 간격을 0.3미터 이하로 하여야 한다.

　① 크레인의 운전실 또는 운전대를 통하는 통로의 끝과 건설물 등의 벽체의 간격

　② 크레인 거더(girder)의 통로 끝과 크레인 거더의 간격

　③ 크레인 거더의 통로로 통하는 통로의 끝과 건설물 등의 벽체의 간격

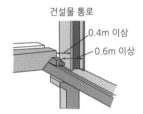

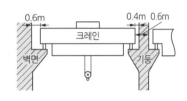

5. 풍속 영향에 따른 작업 관계 ★★★

1) 순간 풍속이 매초당 30m 초과

(1) 바람이 예상될 경우

주행 크레인 이탈 방지장치 작동 점검

(2) 바람이 불어온 후

　㉠ 작업 전 크레인의 이상 유무 점검　　　㉡ 건설용 리프트에 이상 유무 점검

2) 순간 풍속이 매초당 35m 초과

[바람이 불어올 우려가 있을 시]

　㉠ 건설용 리프트의 받침 수 증가 등 붕괴 방지 조치

　㉡ 옥외용 승강기에 받침 수 증가 등 도괴 방지 조치

6. 크레인 설치, 조립, 수리, 점검 또는 해체작업 시 조치사항

① 작업순서를 정하고 그 순서에 따라야 한다.

② 작업할 구역에는 관계 근로자 외의 출입을 금지하고 그 취지를 보기 쉬운 곳에 게시해야 한다.

③ 비, 눈 그 밖의 기상상태의 불안정으로 날씨가 몹시 나쁠 때는 작업을 중지해야 한다.

④ 작업장소는 충분한 공간을 확보하고 장애물이 없어야 한다.

⑤ 들어올리거나 내릴 때는 균형을 유지하여야 한다.

7. 크레인 작업 시의 조치사항

① 인양할 화물을 바닥에서 끌어당기거나 밀어내는 작업을 하지 말 것

② 유류 드럼 가스통 등 운반 도중 떨어져 폭발하거나 누출될 가능성이 있는 위험물 용기는 보관함에 담아 운반할 것

③ 고정된 물체를 직접 분리, 제거하는 작업을 하지 말 것

④ 인양 중인 물체나 화물이 작업자의 머리 위로 통과하지 않도록 할 것

⑤ 인양할 물건이 보이지 않을 경우에는 어떠한 동작도 하지 말 것

8. 양중기 와이어로프 및 체인 사용금지 조건 ★★★

1) 양중기 와이어로프

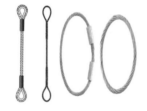
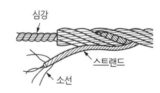

① 이음매가 있는 것

② 와이어로프의 한 꼬임(스트랜드)에서 끊어진 소선의 수가 10% 이상인 것

　　(비 자전로프의 경우에는 끊어진 소선의 수가 와이어로프 호칭지름의 6배, 길이 이내에서 4개 이상이거나 호칭지름 30배 길이 이내에서 8개 이상)인 것

③ 지름의 감소가 공칭지름의 7%를 초과한 것

④ 꼬인 것

⑤ 심하게 변형 또는 부식된 것

⑥ 열과 전기충전에 손상된 것

※ 비자전로프(Non Rotating Rope)

다수의 소선과 스트랜드를 나선상으로 꼬아 만든 로프로 하중을 가하면 로프축을 중심으로 로프가 풀리는 방향으로 회전하는 성질이 있는데 이를 자전성이라 한다. 이 자전성을 적게 하기 위해 별도로 제조한 로프를 비자전성 로프라 한다.

2) 양중기 달기 체인

① 달기 체인의 길이가 달기 체인이 제조된 때의 길이의 5%를 초과한 것

② 링의 단면 지름이 달기 체인이 제조된 때의 해당 링의 지름의 10%를 초과하여 감소한 것

③ 균열이 있거나 심하게 변형된 것

길이가 5% 초과

3) 변형되어 있는 훅, 샤클 등의 사용금지

① 변형 균열된 것

② 안전율이 3 이상 확보된 중량물 취급용구를 사용하거나 자체 제작한 중량물 취급용구에 대해 비파괴 시험 실시

지름의 감소
10% 초과

4) 양중기 섬유 로프

① 꼬임이 끊어진 것

② 심하게 손상되거나 부식된 것

③ 2개 이상의 작업용 섬유로프 또는 섬유벨트를 연결한 것

④ 작업 높이보다 길이가 짧은 것

 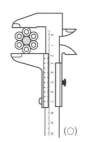 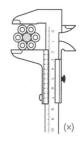

▲ 와이어 로프의 직경 측정법

9. 리프트 전도방지조치

1) 아웃트리거가 정해진 작동 위치 또는 최대 전개 위치에 있지 않은 경우 사다리 붐 조립체를 펼친 상태에서 화물 운반작업을 하지 않을 것

2) 사다리 붐 조립체를 펼친 상태에서 이삿짐 운반용 리프트를 이동시키지 않을 것

3) 지반의 부동침하 방지 조치를 할 것

※ 갠트리크레인
레일 거더 양옆 40cm 접근금지

10. 타워크레인

1) 타워크레인 운전작업 안전조치사항

① 순간 풍속이 초당 15m 초과 시 타워크레인의 운전작업 중지

② 순간 풍속이 초당 10m 초과 시 설치 수리 점검 및 해체 작업 중지

③ 성능 및 안전장치 기능을 숙지하고 반드시 유자격자가 운전

④ 충분한 기초 입력을 갖는 기초 설치

⑤ 작업 순서에 의해 작업하고 작업반경 내 관계 근로자의 출입금지

⑥ 신호 수업 신호에 따라 정격하중 이내에서 작업

⑦ 권상 하중을 작업자 위로 통과 금지

⑧ 권상, 권하, 선회, 주행 등의 조작 시 급격한 기동 및 정지 금지

⑨ 동작 시 이상음이나 이상 진동이 있을 경우 즉시 운전을 정지하고 점검 및 보수 리미트스위치 및 제동장치는 작업 시작 전 반드시 점검

2) 타워크레인의 설치 · 조립 · 해체작업을 하는 때에는 다음 사항이 모두 포함된 작업계획서를 작성하고 이를 준수한다.

① 타워크레인의 종류 및 형식   ② 설치 · 조립 및 해체순서

③ 작업도구 · 장비 · 가설설비 및 방호설비   ④ 작업인원의 구성 및 작업근로자의 역할 범위

⑤ 타워크레인의 지지 규정에 의한 지지방법

3) 타워크레인 지지

(1) 자립고 이상의 높이로 설치

건축물 등의 벽체에 지지하거나 와이어로프의 의하여지지(다만 지지할 벽체가 없는 등 부득이한 경우에는 와이어로프에 의해 지지할 수 있다)

(2) 벽체 지지

① 서면심사에 관한 서류는 제조사에 설치 작업 설명서 등에 따라 설치할 것

② 서면심사 서류 등이 없거나 매우 하지 아니한 경우에는 국가기술자격법에 의한 건축 구조 건설기계 기계안전 건설안전기술사 또는 건설 안전 분야 산업안전지도사의 확인을 받아 설치하거나 기종별 모델별 공인된 표준방법을 설치할 것

③ 콘크리트 구조물의 고정시키는 경우에는 매립이나 관통 또는 이와 동등 이상의 방법으로 충분히 지지되도록 할 것

④ 건축 중인 시설물에 지지하는 경우에는 동 시설물에 구조적 안정성의 영향이 없도록 할 것

(3) 와이어 로프 지지

① 겹치게 지지하는 경우에 일 또는 이후에 조치를 할 것

② 와이어로프를 고정하기 위한 전용지지 프레임을 사용할 것
③ 와이어로프 설치 각도는 수평면에서 60도 이내로 하되 지점은 4개소 이상으로 하고 같은 각도로 설치할 것
④ 와이어로프와 그 고정부위는 충분한 강도의 장력을 갖도록 설치하고 와이어로프를 클립, 샤클 등의 고정 기구를 사용하여 견고하게 고정시켜 풀리지 아니하도록 하며 사용 중에는 충분한 강도와 장력을 유지하도록 할 것
⑤ 와이어로프가 가공 전선에 근접하지 아니하도록 할 것

11. 양중기용 와이어로프의 구성

▲ 보통꼬임   ▲ 랭꼬임

참고

와이어로프의 꼬임 및 특징

구분	보통꼬임(Ordinary lay)	랭꼬임(Lang's lay)
개념	스트랜드의 꼬임방향과 로프의 꼬임방향이 반대로 된 것	스트랜드의 꼬임방향과 로프의 꼬임방향이 같은 방향으로 된 것
특징	① 소선의 외부길이가 짧아 쉽게 마모 ② 킹크가 잘 생기지 않으며 로프 자체변형이 작다. ③ 하중에 대한 저항성이 크다. ④ 선박, 육상 등에 많이 사용된다. ⑤ 취급이 용이하다.	① 소선의 외부길이가 보통 꼬임에 비해 길다. ② 꼬임이 풀리기 쉽고 킹크가 생기기 쉽다. ③ 내마모성, 유연성, 내피로성이 우수하다.

12. 와이어로프 안전율

1) 와이어로프에 걸리는 하중

$$총하중(W) = 정하중(W1) + 동하중(W2) = W1 + \left(\frac{W1}{g}\right) \times a$$

W : kgf = 9.8N g : 중력 가속도 (9.8m/s²) a : 가속도 (m/s²)

2) 와이어로프 한 가닥에 걸리는 하중(kgf)

$$\frac{W}{2} \div \cos\frac{\theta}{2}$$

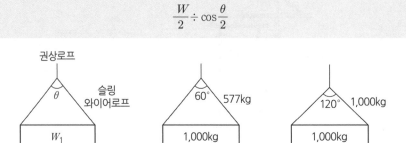

[단말가공 효율]

종류	형태
소켓 (Socket)	Open Closed
팀블 (Thimble)	
웨지 (Wedge)	
아이 스플라이스 (Eye Splice)	
클립 (Clip)	

05 연습문제

01 권상용 와이어로프의 사용제한 사항이 아닌 것은?

① 이음매가 있는 것
② 로프의 한 가닥에서 소선의 수가 7%정도 절단된 것
③ 지름의 감소가 공칭지름의 7%를 초과한 것
④ 심하게 변형 또는 부식된 것

02 지게차 헤드가드의 강도는 지게차의 최대하중의 2배 값의 등분포 정하중에 견딜 수 있어야 한다. 최대하중의 2배의 값이 8톤일 경우에 헤드가드의 강도는?

① 2   ② 4
③ 8   ④ 16

03 지게차의 안정도에 대한 내용 중 잘못된 것은?

① 하역작업 시 전후안정도 10%
② 주행 시의 전후 안정도 18%
③ 하역작업 시 좌우안정도 6%
④ 주행 시의 좌우안정도(15 + 1.1v)%

04 다음 중 지게차를 이용한 작업을 안전하게 수행하기 위한 장치와 가장 거리가 먼 것은?

① 헤드가드
② 전조등 및 후미등
③ 훅 및 샤클
④ 백레스트

05 질량이 100kg인 물체를 그림과 같이 길이가 같은 2개의 와이어로프에 매달아 옮기고자 할 때 와이어로프 Ta에 걸리는 장력은 약 몇 N인가?

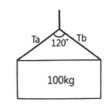

① 200   ② 400
③ 490   ④ 980

06 크레인 로프에 2t의 중량을 걸어 20m/s2 가속도로 감아올릴 때 로프에 걸리는 총하중은 약 몇 kN인가?

① 42.8   ② 59.6
③ 74.5   ④ 91.3

정답   01 ②   02 ②   03 ①   04 ③   05 ④   06 ②

CHAPTER

06 설비 진단

1. 비파괴검사

1) 개요

(1) 목적

건설공사에서 철강 및 비철금속의 용접부에 대한 품질검사의 방법으로 이용하는 비파괴시험의 절차와 기준을 수립하여 양질의 용접품질이 확보되도록 하기 위함

(2) 기준제정 범위

① 방사선 투과시험 : Film 판독 및 등급 분류는 KS 기준에 따라, 합격기준을 제정하여 적용한다.

② 액체 침투 탐상, 자분탐상 및 초음파탐상 시험 : KS 기준에 따른다.

2) 육안검사

계측기 사용, 확대경, 전용 게이지 등을 사용 균열, 유무 확인

2. 비파괴검사의 종류

1) 침투탐상시험(Liquid penetrant testing, PT)

[액체 침투탐상제]

① 침투액 1개(450cc)

② 세척액 3개(450cc)

③ 현상액 2개(450cc)

※ 검사 순서 : 1차 세척 후 ① 침투액 ② 세척액 ③ 현상액 ④ 관찰 ⑤ 후처리

2) 자기탐상시험(Magnetic particle testing, MT)

종류 : 직각 통전법, 극간법, 축 통전법, 전류 관통법

3) 방사선투과시험(Radiographic testing, RT)

4) 초음파탐상시험(Ultrasonic testing, UT)

5) 와류탐상시험(Eddy current testing, ET) 등

3. 비파괴검사의 종류 및 특징

검사방법		기본원리	검출대상 및 적용	특 징
내부 결함 검출	방사선 투과검사 (RT)	투과성 방사선을 시험체에 조사하였을 때 투과한 방사선의 강도의 변화 즉, 건전부와 결함부의 투과선량의 차에 의한 필름상의 농도차로부터 결함을 검출	용접부, 주조품 등의 내·외부 결함 검출	반영구적인 기록 가능, 거의 모든 재료에 적용 가능, 표면 및 내부 결함 검출 가능 방사선 안전관리 요구
	초음파 탐상검사 (UT)	펄스반사법 시험체 내부에 초음파 펄스를 입사시켰을 때 결함에 의한 초음파 반사 신호의 해독	용접부, 주조품, 압연품, 단조품 등의 내부 결함 검출, 두께측정	균열에 높은 감도, 표면 및 내부 결함 검출 가능 높은 투과력, 자동화 가능
	음향방출 시험(AE)	고체가 변형 또는 파괴시에 발생하는 음을 탄성파로 방출하는 현상이며, 이 탄성파를 AE 센서로 검출하고 평가하는 방법을 AE법이라고 한다. AE는 재료가 파괴되기 이전부터 작은 변형이나 균열(Crack)의 진행과정에서 발생하기 때문에 AE의 발생 경향을 진단하여 재료와 구조물의 결함 및 파괴를 발견 및 예상할 수 있다.		
표면 결함 검출	침투탐상 검사 (PT)	침투작용 시험체 표면에 개구해 있는 결함에 침투한 침투액을 흡출시켜 결함지시 모양을 식별	용접부, 단조품 등의 비기공성 재료에 대한 표면개구 결함 검출	금속, 비금속 등 거의 모든 재료에 적용 가능, 현장적용이, 제품이 크기 형상에 등에 크게 제한받지 않음
	자분탐상 검사 (MT)	자기흡인작용 철강 재료와 같은 강자성체를 자화시키면 결함누설자장이 형성되며, 이 부위에 자분을 도포하면 자분이 흡착	강자성체 재료 (용접부, 주강품, 단강 품 등)의 표면 및 표면 직하 결함 검출	강자성체에만 적용 가능, 장치 및 방법이 단순, 결함의 육안식별이 가능, 비자성체에는 적용 불가, 신속하고 저렴함
	와류탐상 검사 (ET)	전자유도작용 시험체 표층부의 결함에 의해 발생한 와전류의 변화 즉 시험 코일의 임피던스 변화를 측정하여 결함을 식별	철강, 비철재료의 파이프, 와이어 등의 표면 또는 표면 근처의 결함검출, 박막 두께 측정, 재질식별	금비접촉탐상, 고속탐상, 자동탐상 가능, 표면결함 검출능력 우수, 표피효과, 열교환기 튜브의 결함 탐지

1) 초음파 검사(U.T)의 종류

반사식	검사할 물체에 극히 짧은 시간에 충격적으로 초음파를 발사하여 결함부에서 반사되는 신호를 받아 그 사이의 시간 지연으로 결함까지의 거리 측정
투과식	검사할 물체의 한쪽면의 발진장치에서 연속적으로 초음파를 발사하여 반대편의 수진장치에서 신호를 받을 때 결함이 있을 경우 초음파의 도착에 이상이 생기는 것으로 결함의 위치와 크기 등을 판정(50mm 정도까지 적용)
공진식	발진장치의 파장을 순차로 변화하여 공진이 생기는 파장을 수하면 결함이 존재할 경우 결함까지 거리가 파장의 1/2의 정수배가 될 때 공진이 생기므로 결함위치를 파악(보통 결함의 깊이 측정에 사용, 결함이 옆으로 있을 때 적합)

2) 초음파 검사의 탐촉자 개수에 따른 분류

1탐촉자 방식	한 개의 검출기가 송신용과 수신용으로 겸용(일반적인 방법)
2탐촉자 방식	두 개의 검출기 사용 한쪽을 송신용 다른 한쪽을 수신용으로 사용(용접부의 횡 결함 검출)
다 탐촉자 방식	4개 이상의 탐촉자 사용(원자로, 압력용기 사용)

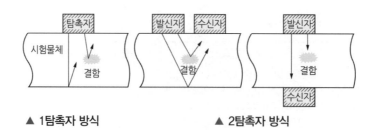

▲ 1탐촉자 방식   ▲ 2탐촉자 방식

3) 방사선 투과 시험방법

직접촬영	X선 감마선 투과상을 직접 X선 필름에 촬영하는 방법
간접촬영	X선 감마선 투과상을 형광판이나 가시상으로 바꾸어 간접적으로 카메라의 필름에 촬영하는 방법
투과법	X선 감마선 투과상을 형광판 또는 형광중배관에 의해 가시상으로 바꾸어 육안 또는 카메라 등으로 관찰하는 방법

▲ 방사선 투과시험

3. 재료시험

1) 파괴(Fracture)

용융점보다 낮은 온도에서 물체가 나누어지는 현상

(1) 연성 파괴 : 소성 변형 진행 후 파괴, 흡수 에너지 큼, 균열 천천히 진행

(2) 취성 파괴 : 소성 변형 거의 없이 파괴, 흡수 에너지 작음, 균열 매우 빠르게 전파

2) 파괴시험종류

(1) 인장시험

시험편을 시험기에 장치하고 서서히 인장하여 시험편이 파괴될 때까지 하중과 신장관계를 그래프로 나타내고 재료의 항복점, 인장 강도, 신장 등을 조사

(2) 충격시험

재료의 점성강도와 취성을 조사할 목적으로 시험기는 사르피, 아이조드 2종류

(3) 경도시험

금속재료의 기계적 성질 중에서 재료의 내마모성, 절삭 능력 등을 판정하는 것

4. 진동방지기술

1) 진동작업 : 반복운동에 흔들림 현상

(1) 진동작업에 쓰이는 기계기구의 종류

① 착암기 　　　　　　　② 동력을 이용한 해머

③ 체인톱 　　　　　　　④ 엔진 커터

⑤ 동력을 이용한 연삭기 　⑥ 임펙트 렌치

(2) 보호구 착용

방진장갑 등 진동 보호구 착용

(3) 근로자에게 알려야 할 사항

① 인체에 미치는 영향 및 증상 　② 보호구 선정 및 착용방법

③ 진동기계기구, 기구 관리방법 　④ 진동장해 예방방법

2) 신체장애 예방법

① 노출시간의 단축(1일 2시간 초과 금지)

② 진동완화를 위한 기계설계

3) 부분장애 증상

(1) 레이나우드(Raynaud Phenomenon) : 혈관 신경계 이상으로 혈액순환이 안 되어 레이나우드 현상 유발(손가락의 말초혈관 운동 장애) 손가락이 창백해지고 동통 추위 노출 시 더욱 악화되어 Dead Finger, white Finger(백납병)라는 병이 된다.

(2) Raynaud Disease : Raynaud 현상이 혈관의 기질적 변화로 협착 또는 폐쇄될 경우 손가락, 피부의 괴저가 일어나기도 하는데 이를 '레이나우드' 병이라 한다.

06 연습문제

01 기계설비의 안전화를 위해서는 기계, 장비 및 배관 등에 안전색채를 구별하여 칠해야 한다. 다음 중 알맞지 않은 것은?

① 시동단추식 스위치 : 녹색
② 정지단추식 스위치 : 적색
③ 가스배관 : 황색
④ 물배관 : 백색

02 비파괴 검사방법이 아닌 것은?

① 음향 탐상 시험   ② 초음파 탐상시험
③ 와류 탐상 시험   ④ 인장시험

03 설비고장 형태 중 사용조건상의 결함에 의해 발생하는 것은?

① 마모고장   ② 우발고장
③ 초기고장   ④ 피로고장

04 침투탐상검사에서 일반적인 작업 순서로 옳은 것은?

① 전처리 → 침투처리 → 세척처리 → 현상처리 → 관찰 → 후처리
② 전처리 → 세척처리 → 침투처리 → 현상처리 → 관찰 → 후처리
③ 전처리 → 현상처리 → 세척처리 → 침투처리 → 관찰 → 후처리
④ 전처리 → 침투처리 → 현상처리 → 세척처리 → 관찰 → 후처리

정답   01 ④   02 ④   03 ②   04 ①

4

전기 위험
방지기술

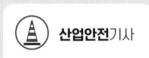 산업안전기사

CHAPTER

01 전기 일반 안전

01 | 전기의 위험성

1. 전기의 위험성 심실세동전류

1) 감전의 정의

사람이나 가축의 몸을 통과하는 전류로 인한 생리적 영향으로 정의되며, 이 생리적 영향은 전류 감지, 근육 반응, 심실세동, 화상 등을 말한다.

2) 감전의 원인

① 노출된 충전부의 접촉에 의한 감전(직접 접촉)
② 누전에 의한 감전(간접 접촉)
③ 특별고압, 충전전로 근접접근 시 감전(비접촉)
④ 낙뢰에 의한 감전(화염, 화상)
⑤ 정전기에 의한 감전

3) 감전 재해의 특징

일반재해보다 사망률이 높고 일생 동안 장해가 남을 가능성이 높다.
① 심실세동(심장마비) 의한 혈액순환기능의 상실
② 호흡중추신경 마비에 따른 호흡기능 상실
③ 신체의 기능장해와 추락 등의 2차 재해 유발 근육수축
④ 근육수축 쇼크
⑤ 화상
⑥ 쇼크

4) 감전방지대책

① 전기설비의 필요한 부위의 보호접지
② 노출된 충전부에 절연용 방호구 설치 및 충전부 절연, 격리한다.
③ 설비의 전압을 될 수 있는 한 낮춘다.
④ 전기기기에 누전차단기를 설치한다.

⑤ 전기기기설비를 개선한다.

⑥ 전기설비를 적정한 상태로 유지하기 위하여 점검, 보수한다.

⑦ 근로자의 안전교육을 통하여 전기의 위험성을 강조한다.

⑧ 전기 취급근로자에게 절연용 보호구를 착용토록 한다.

⑨ 유자격자 이외는 전기기계, 기구의 조작을 금한다.

5) 감전보호를 위한 방법 ★☆☆

구분	기본 보호	고장 보호	특별 저압 보호
정의	정상운전 중인 전기설비의 충전부에 접촉하는 경우의 감전을 보호하는 방법	전기설비 누전 등 고장이 발생한 기기에 접촉하는 경우의 감전을 보호하는 방법	인체에 위험을 초래하지 않을 정도의 전압(저압)으로 보호하는 방법
보호 방법	• 충전부 절연 • 격벽 또는 외함 • 접촉범위 밖 배치	• 이중절연 또는 강화절연 • 보호 등전위 본딩 • 전원 자동차단 • 전기적 분리 • 비도전성 장소	• 비접지회로 적용(SELV) • 접지회로 적용(PELV) • 기능적 특별저압 사용 시 적용 (FELV)

6) 통전전류의 세기 및 그에 따른 영향 ★★★

분류	인체에 미치는 전류의 영향	통전 전류 (60Hz 교류에서 성인남자 기준)
최소감지전류	전류의 흐름을 느낄 수 있는 최소 전류	1~2mA
고통한계전류	고통을 참을 수 있는 한계 전류	7~8mA
마비한계전류(이탈가능전류) (가수전류)	신경마비, 신체를 움직일 수 없으며 말을 할 수가 없다.	10~15mA
불수전류(이탈불능전류)	인체로부터 이탈할 수 없는 전류	15~50mA
심실세동전류	심장의 맥동에 영향을 주어 심장마비 유발	$I = \dfrac{165}{\sqrt{T}}[\text{mA}]$

※ • 가수전류 : 인체가 자력으로 이탈할 수 있는 전류
　• 불수전류 : 인체가 자력으로 이탈할 수 없는 전류(교착전류)

2. 심실세동의 정의

신체가 감전되어 통전전류가 심장을 통하여 흐르게 되면 심장의 생체전기계통에 혼란이 발생되어 일종의 마비증상이 나타나게 된다. 즉 심장은 불규칙한 세동(細動)을 일으키게 되고 결국 그 기능을 상실하게 되는데 이러한 현상을 일반적으로 심실세동이라 부른다.

3. 심실세동의 요건

1) 통전시간과 전류의 크기

심실세동을 발생시키는 전류의 크기는 여러 가지 동물실험을 통하여 얻은 결과를 사람에게 추정하여 산정하고 있다.

가장 일반적으로 인정되고 있는 통전시간과 전류의 관계식은 다음과 같다.

2) 심장 맥동주기가 전격이 인가되었을 때

심실세동을 일으키는 확률이 가장 높은 부분 "T"

- P : 심방 수축 파형
- Q-R-S 파 : 심실 수축 파형
- T 파 : 심실의 수축종료 후 심실의 휴식 시 발생하는 파형
- R-R : 심장의 맥동 주기

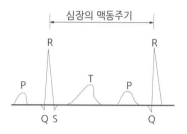

4. 감전에 대한 인체 상해

감전사	심장 호흡정지. 인체의 훼손
감전 지연사	전기화상, 급성 신부전, 폐혈증, 소화기 합병증, 2차적 출혈
감전 후유증	심근경색, 운동 및 언어 장애
국소 증상	① 피부의 광성 변화 　선간단락, 지락사고 등으로 가열 용융된 전선이나 단자 등의 금속분자가 피부 속으로 녹아 들어가는 현상 ② 표피 박탈(아크 등으로 발생한 고열로 인체 표피가 벗겨지는 것) ③ 전류반점(전류의 유출입으로 푸르스름하거나 회백색 반점 현상) ④ 전문(전류의 유출입으로 회백색 또는 붉은색 수지상 선이 발생) ⑤ 감전성 궤양

02 | 전기설비 및 기기

[전선의 색상 식별]

KEC 111					
구분	L1	L2	L3	N (중성선)	PE (접지선)
식별	갈색	흑색	회색	청색	황녹색

※ 중성선 : 삼상회로에서 중성점으로부터 나간 도선으로 발전기의 중심점과 부하의 중심을 잇는 도선

1. 배전반 분전반의 기구 및 전선의 시설 기준

  (1) 노출된 충전부가 있는 배전반 및 분전반은 취급자 이외의 사람이 쉽게 출입할 수 없는 장소에 설치하여야 한다.

  (2) 한 개의 분전반에는 한 가지 전원(1회선의 간선)만 공급하여야 한다. 다만, 안전확보가 충분하도록 격벽을 설치하고 사용전압을 쉽게 식별할 수 있도록 그 회로의 과전류 차단기 가까운 곳에 그 사용전압을 표시하는 경우에는 그러하지 아니하다.

  (3) 주택용 분전반의 구조는 충전부에 직접 접촉할 우려가 없어야 하며, 점검이 용이한 구조이어야 한다.

    ① 수전반 : 한전으로부터 전기를 인수받는 곳

    ② 배전반 : 한전으로부터 받은 전기를 계통별, 용도별로 나누어 주는 곳

    ③ 분전반 : 부하별로 분기해 주는 곳(아파트)

    ④ 수배전반 : 한전으로부터 전기를 인수하면서 바로 배전하는 역할을 겸하는 곳(소규모 공장, 가정집)

2. 배전반 및 분전반

1) 배전반 정의

송전선으로부터 고압의 전력을 받아 변압기에 의해 저압으로 변환하여 각종 전기설비 계통으로 배전을 하기 위한 장치를 말한다.

2) 배전반의 안전장치

배전반에는 안전장치, 계기, 계전기, 개폐기 따위를 배치하여 전로의 개폐나 기기의 제어와 감시를 쉽게 한다.

3) 분전반의 정의

배전반으로부터 다시 전력을 받아서 공장 안의 각종 기기 등으로 배전하는 장치

옥내 배선에 있어서 간선으로부터 각 분기 회로로 갈라지는 곳에 각 분기 회로마다의 스위치를 설치해 놓은 것이다.

4) 과전류 차단기

과전류로 인한 재해를 방지하기 위하여 과전류 차단장치를 설치하여야 한다.(차단기, 퓨즈 및 보호계전기)

  (1) 과전류 차단기는 반드시 접지선이 아닌 전로에 직렬로 연결하여 과전류 발생시 전로를 자동으로 차단하도록 설치할 것

  (2) 차단기 퓨즈는 계통에서 발생하는 최대과전류에 대해서 충분하게 차단할 수 있는 성능을 가질 것

  (3) 과전류 차단장치가 전기계통에서 상호협조, 보완되어 과전류를 효과적으로 차단하도록 할 것

5) 보호장치의 종류 및 특성

(1) 과부하전류 및 단락전류 겸용 보호장치

과부하전류 및 단락전류 모두를 보호하는 장치는 그 보호장치 설치 점에서 예상되는 단락전류를 포함한 모든 과전류를 차단 및 투입할 수 있는 능력이 있어야 한다.

(2) 과부하전류 전용 보호장치

과부하전류 전용 보호장치의 차단용량은 그 설치 점에서의 예상 단락전류 값 미만으로 할 수 있다.

(3) 단락전류 전용 보호장치

① 단락전류 전용 보호장치는 과부하 보호를 별도의 보호장치에 의하거나 과부하 보호장치의 생략이 허용되는 경우에 설치할 수 있다.

② 예상 단락전류를 차단할 수 있어야 하며, 차단기인 경우에는 이 단락전류를 투입할 수 있는 능력이 있어야 한다.

6) 과전류에 대한 보호

전로의 필요한 곳에는 과전류에 의한 과열손상으로부터 전선 및 전기기계기구를 보호하고 화재의 발생을 방지할 수 있도록 과전류로부터 보호하는 차단장치를 시설하여야 한다.

7) 과전류 차단장치의 시설 제한(KEC 규정)

접지공사의 접지도체, 다선식 전로의 중성선 및 전로의 일부에 접지공사를 한 저압 가공전선로의 접지측 전선에는 과전류 차단기를 설치하여서는 안 된다. 다만, 다선식 전로의 중선선에 시설한 과전류 차단기가 동작한 경우에 각 극이 동시에 차단될 때 또는 저항기. 리액터 등을 사용하여 접지공사를 한 때에 과전류 차단기의 동작에 의하여 그 접지도체가 비접지 상태로 되지 아니할 때는 적용하지 않는다.

8) 퓨즈

(1) 정의

일정값 이상의 전류가 흐르면 용단되어 회로 및 기기를 보호한다.

(2) 재료 : 납, 주석, 아연, 알루미늄 및 이들의 합금

(3) 선택 시 고려사항

① 정격전류

② 정격전압

③ 차단용량

④ 사용장소

(4) 저압전로에 사용하는 퓨즈 (퓨즈의 용단 특성)

정격전류의 구분	시 간	정격전류의 배수	
		불용단전류	용단전류
4A 이하	60분	1.5배	2.1배
4A 초과 16A 미만	60분	1.5배	1.9배
16A 이상 63A 이하	60분	1.25배	1.6배
63A 초과 160A 이하	120분	1.25배	1.6배
160A 초과 400A 이하	180분	1.25배	1.6배
400A 초과	240분	1.25배	1.6배

(5) 고압 및 특고압 전로 중의 과전류 차단기의 시설 ★☆☆

퓨즈의 종류	정격 용량	용단 시간
고압용 포장 퓨즈	정격전류의 1.3배	2배의 전류로 120분
고압용 비포장 퓨즈	정격전류의 1.25배	2배의 전류로 2분

3. 개폐기(차단기 ON, OFF Switch)

전기회로를 이었다 끊었다 하는 장치로서 이상 전류를 막아주는 장치

1) 자동개폐기의 종류

① 전자 개폐기　　② 압력 개폐기　　③ 시한 개폐기　　④ Snap Switch

2) 개폐기 종류

종류	특성
부하 개폐기	평상시의 부하전류 정도의 전류를 개폐하는 장치. 차단기와 겸용하면 경제적
선로 개폐기	보수 점검 시 전로를 구분하기 위하여 시설하며 반드시 무부하 상태에서 개방하고 조작봉에 의해 조작
저압 개폐기	저압 회로에 사용
전자 개폐기	전자 접촉기의 과부하 보호장치 등을 하나의 용기 내에 수용한 것으로 전동기 회로 등의 개폐에 사용
제어 개폐기	전력 개폐기에서 원격으로 다른 장치를 제어하기 위한 제어. 계측 측정, 보호 계전, 혹은 조정장치를 포함하는 전력 개폐기의 한 형태
제한 개폐기	어떤 위험이 생길 때 자동적으로 정지시킬 목적으로 사용하는 개폐기
주상 개폐기	배전선로의 지지물에 설치되는 유입개폐기 및 배전 전압기의 1차측에 설치하여 변압기 보호를 위해 사용되는 애자형 개폐기의 총칭
퓨즈 개폐기	전력 개폐기에서 퓨즈 링크나 퓨즈 단위를 가지고 있는 개폐기
나이프스위치	저압전로에 사용되는 개폐기(600V 이하의 교류 및 직류 회로)

종류	특성
주상 유입 개폐기 (P.O.S)	① 선로의 개폐기 절연유를 매질로 하여 동작하는 개폐기로서 전주에 설치하며 전주 아래에서 조작 로프에 의해 개폐하도록 하는 구조 ② 고압 개폐기로 배전선의 개폐, 타 계통으로의 변환, 접지사고의 차단, 부하전류의 차단 및 콘덴서의 개폐 등에 사용 ③ 반드시 개폐 표시가 있어야 함 ④ 교류 1000V 이상 7000V 이하의 고압 전선로 ⑤ 유도 전압조정기의 최대 사용 전압이 7kV 이하인 전로의 경우 절연내력 시험은 10 분간 최대 사용 전압의 1.5배의 전압을 가한다.

> **참고**
>
> ■ 개폐기, 차단기, 유도 전압조정기의 최대 사용 전압이 7kV 이하인 전로의 절연 내력 시험
>   ① 시험전압 : 1.5배(최저 500V)
>   ② 시험방법 : 권선과 대지 간에 연속하여 10분간 인가
>
> ■ 절연내력 시험전압
>   ① 비접지식 : 7kV 미만 시 1.5배(최소 500V)   7kV 초과 시 1.25배(최소 10,500V)
>   ② 다중접지식(중성점 접지) : 25kV 미만 0.92배   60kV 초과 1.1배(최소 75,000)
>   ③ 직접접지 : 60kV 초과 170kV 이하 0.72배   170kV 초과 0.64배

4. 단로기(DS : Disconnecting or isolating switch) ★★☆

전기회로 내의 접속을 바꾸기 위해 회로 또는 장치를 전원으로부터 절연하기 위해 이용되는 기계적인 개폐장치를 말한다.

1) 개요

고압 이상 전로에서 단독으로 전로의 접속 또는 분리를 목적으로 무전압이나 무전류(무부하상태)에 가까운 상태에서 안전하게 전로를 개폐하는 장치(기기의 점검을 위해 회로를 일시 전원에서 끊기 위한 개폐기로서 부하전류는 개폐할 수 없음)

2) 단로기 사용방법

① 전원 차단 시(단로기를 끊을 경우) : 차단기를 투입한 후에 단로기 개로
② 전원 투입 시(단로기를 넣을 경우) : 단로기 폐로 한 후 차단기 투입

3) 유입(OCB) 차단기의 투입 및 차단순서 ★★★

①D.S
단로기   ②OCB
유입차단기   ③D.S
단로기

투입순서 ③①②   차단순서 ②③①

4) 인터록 장치

차단기가 개로 상태(끊은 상태)가 아니면 단로기를 조작할 수 없도록 또는 사람의 실수로 인하여 단로기를 조작하지 않도록 차단기와 단로기는 전기적, 기계적인 연동장치(인터록)로 설치

5) 단로기 조작 방식

① 후크봉 보작식 ② 원방 수동 조작식 ③ 전동 조작식 ④ 압축 공기 조작식

5. 차단기(Circuit Breaker)의 종류

종류	특성
OCB : 유입 차단기 (Oil Circuit Breaker)	전로의 차단이 절연유를 매질로 하여 동작하는 차단기
GCB : 가스 차단기 (Gas Circuit Breaker)	전로의 차단이 6불화유황(SF6 : Sulfar Hexafluoride)과 같은 특수한 기체, 즉 불활성 Gas를 매질로 하여 동작하는 차단기를 말한
ABB : 공기 차단기 (Air – Blast Circuit Breaker), ACB	공기차단기는 전로의 차단이 압축공기를 매질로 하여 동작하는 차단기를 말한다. 즉, 압축공기를 소호 매체로 하는 것으로 그 특성은 압축공기에 의해 결정된다.
(MCCB, Molded Case Circuit Breaker) 배선용 차단기	과전류 과부하 및 단락사고 시 자동으로 전로를 차단하는 개폐기로서 전류 이상을 감지하여 선로가 열에 의해 타서 손상되기 전, 선로를 차단하여 주는 배선 보호용 기기 · 전자 기기가 정상적으로 작동하고 있을 때 흐르는 전류의 값을 '정격전류'이 전류가 흐를 때는 작동되지 않지만, 정격전류가 아닌 이상 상태에서는 위험을 감지하고 전자기기들을 보호하기 위해 전류를 차단하는 장치
VCB : 진공 차단기 (Vacuum Circuit Breaker)	진공 중의 높은 절연내력을 이용 아크 생성물을 급속한 확산을 이용하여 소호하는 차단기로서 차단시간이 짧고 구조가 간단하여 보수가 용이하다. 소호 후의 절연회복이 빠르다.
ELB : 누전차단기 (Earth Leakage Circuit Breaker)	부하단의 누전에 의하여 지락전류가 발생할 때, 이를 검출하여 회로를 차단하는 방식의 전류 동작형 누전차단기
ACB : 기중차단기 Air Circuit Breaker	공기 중에서 아크를 자연 방전으로 소멸하는 차단기

※ 누전차단기 외는 모두 과전류 차단기이다.
※ 소호 : 차단기의 차단동작 시 가동자와 고정자 사이에 arc가 발생을 하게 된다. 차단기가 전류를 차단할 때 아크가 발생하는데 이 아크를 없애 주는 것. 이러한 것을 예방하기 위하여 아크를 빠른 시간 내에 흡수하거나 아크를 전단(짤라냄)하는 것이다.
※ 소호매질 : 소호에 의한 아크를 제거하는데 쓰이는(공기, 진공, 고체, SF3, 절연류를 사용하는데) 이러한 여러 가지의 매질을 소호매질이라 한다. SF6 가스 또는 자기력을 이용하거나 진공의 상태를 유지시키는 등 여러 가지 방법이 있으며 소호매질에 따라 차단기의 명칭과 차단용량별 소호매질 선정도 결정된다.

6. 발전소 변전소 등의 안전시설

1) 안전시설

① 울타리 · 담 등을 시설할 것
② 출입구에는 출입금지의 표시를 할 것

③ 출입구에는 자물쇠장치 기타 적당한 장치를 할 것

2) 울타리·담의 시설

① 울타리·담 등의 높이는 2m 이상으로 하고 지표면과 울타리·담 등의 하단 사이의 간격은 15cm 이하로 할 것

② 울타리·담 등과 고압 및 특별고압의 충전부분이 접근하는 경우에는 울타리·담 등의 높이와 울타리·담 등으로부터 충전부분까지 거리의 합계는 다음 표에서 정한 값 이상으로 할 것

3) 울타리 담 등으로부터 거리

사용 전압의 구분	울타리·담 등의 높이와 울타리·담 등으로부터 충전부분까지의 거리의 합계
35,000V 이하	5m
35,000V 초과 160,000V 이하	6m
160,000V 초과	6m에 160,000를 넘는 10,000V 또는 그 단수마다 12cm를 더한 값

4) 가공전선로의 시설기준

(1) 특고압 가공 전선의 높이

사용전압의 구분	지표상의 높이
35,000V 이하	5m(철도 또는 궤도를 횡단하는 경우에는 6.5m, 도로를 횡단하는 경우에는 6m, 횡단보도교의 위에 시설하는 경우로서 전선이 특별고압 절연전선 또는 케이블인 경우에는 4m)
35,000V 초과 160,000V 이하	6m(철도 또는 궤도를 횡단하는 경우에는 6.5m, 산지(山地) 등에서 사람이 쉽게 들어갈 수 없는 장소에 시설하는 경우에는 5m, 횡단보도교의 위에 시설하는 경우 전선이 케이블인 때는 5m)('99.2.22 개정)
160,000V 초과	6m(철도 또는 궤도를 횡단하는 경우에는 6.5m 산지 등에서 사람이 쉽게 들어갈 수 없는 장소를 시설하는 경우에는 5m)에 160,000V를 넘는 10,000V 또는 그 단수마다 12cm를 더한 값

(2) 특고압 가공전선과 저압가공전선과의 이격거리

사용전압의 구분	이격거리
35,000V 이하	1.2m(특별고압 가공전선이 케이블인 경우에는 50m)
35,000V를 넘고 60,000V 이하	2m(특별고압 가공전선이 케이블인 경우에는 1m)
60,000V를 넘는 것	2m(특별고압 가공전선이 케이블인 경우에는 1m)에 60,000V를 넘는 10,000V 또는 그 단수마다 12cm를 더한 값

(3) 저압 및 고압 가공전선과 건조물과의 이격거리

가공전선의 종류	이격거리
저압 가공전선	60cm(전선이 고압 절연전선, 특별고압 절연전선 또는 케이블인 경우에는 30cm)
고압 가공전선	80cm(전선이 케이블인 경우에는 40cm)

(4) 저압 및 고압 가공전선과 도로와의 이격거리

도로 등의 구분	이격거리
도로 · 횡단보도교 · 철도 또는 궤도	3m
삭도나 그 지주 또는 저압 전차선	60cm(전선이 고압 절연전선, 특별고압 절연전선 또는 케이블인 경우에는 30cm)
저압 전차선로의 지지물	30cm

(5) 저압 및 고압 가공전선과 건조물의 조영재 사이의 이격거리

건조물의 조영재의 구분	이격거리
상부 조영재	위쪽은 2m(전선이 케이블인 경우에는 1m), 옆쪽 또는 아래쪽은 1.2m(전선에 사람이 쉽게 접촉할 우려가 없도록 시설한 경우에는 80cm, 케이블인 경우에는 40cm)
기타의 조영재	1.2m(전선에 사람이 쉽게 접촉할 우려가 없도록 시설한 경우에는 80cm, 케이블인 경우에는 40cm)

※ 조영재 : 지붕, 기둥, 천장

5) 옥내 전로의 대지전압

(1) 백열등

백열전등 또는 방전 등에 전기를 공급하는 옥내선로의 대지전압은 300V 이하.(다만, 대지전압 150V 이하인 경우에는 제외)

① 백열전등 또는 방전 등 이에 부속하는 전선은 사람의 접촉 우려가 없도록 시설할 것

② 백열전등 (기계장치에 부속하는 것을 제외한다) 또는 방전등용 안정기는 저압의 옥내배선과 직접 접속하여 시설할 것

③ 백열전등의 전구소켓은 키나 그 밖의 점멸기구가 없는 것일 것

(2) 주택의 옥내선로

주택의 옥내선로의 대지 전압은 300V 이하이어야 하며 다음 각호에 의하여 시설하여야 한다.(대지 전압 150V 이하의 전로인 경우 제외)

① 사용전압은 400V 미만일 것

② 주택의 전로 인입구에는 전기용품 안전관리법의 적용을 받는 인체 보호용 누전차단기를 시설할 것

③ 백열전등의 전구소켓은 키나 그 밖의 절멸기구가 없는 것일 것

④ 정격소비전력 2KW 이상의 전기 기계 기구는 옥내 배선과 직접 접속하고 이것에만 전기를 공급하기 위한 전로에는 전용의 개폐기 및 과전류 차단기를 시설할 것

(3) 옥내 저압용 전구선 및 이동전선 시설 기준

사용전압이 400V 미만인 전구선 및 이동전선은 비닐 코드 이외의 코드 또는 비닐캡타이어 케이블 이외의 캡 타이어 케이블로서 단면적이 0.75mm² 이상이어야 한다.

(4) 주택 이외의 곳 옥내에 시설

주택 이외의 곳인 옥내에 시설하는 가정용 전기 기계기구에 전기를 공급하는 옥내 전로의 대지전압은 150볼트 이하이어야 한다.

다만, 가정용 전기기계 기구와 이에 전기를 공급하기 위한 옥내의 전선 및 이에 시설하는 배선기구 (개폐기·차단기·접속기 기타 이와 유사한 기구를 말한다. 이하 같다.)를 시설하는 경우 또는 취급자 이외의 자가 쉽게 접촉할 우려가 없도록 시설하는 경우에는 300볼트 이하로 할 수 있다.

(5) 아크를 발생하는 기구의 시설 (격리 거리) ★★☆

목재의 벽 또는 천장 기타의 가연성 물체로부터

① 고압용의 것은 1m 이상,

② 특별고압용의 것은 2m 이상

(사용 전압이 35,000V 이하의 특별고압용의 기구 등으로서 동작 시에 생기는 아크의 방향과 길이를 화재가 발생할 우려가 없도록 제한하는 경우에는 1m 이상)

다만, 내화성 물체로 양자의 사이를 격리한 경우에는 그러하지 아니하다.

---

03 | 전기 안전 작업

1. 감전사고 사고대책

1) 직접 접촉에 의한 감전방지 대책 (전기기계 기구 등의 충전부 방호) ★★★

① 충전부가 노출되지 않도록 폐쇄형 외함(外函)이 있는 구조로 할 것

② 충전부에 충분한 절연효과가 있는 방호망이나 절연 덮개를 설치할 것

③ 충전부는 내구성이 있는 절연물로 완전히 덮어 감쌀 것

④ 발전소·변전소 및 개폐소 등 구획되어 있는 장소로서 관계 근로자가 아닌 사람의 출입이 금지되는 장소에 충전부를 설치하고, 위험표시 등의 방법으로 방호를 강화할 것

⑤ 전주 위 및 철탑 위 등 격리되어 있는 장소로서 관계 근로자가 아닌 사람이 접근할 우려가 없는 장소에 충전부를 설치할 것

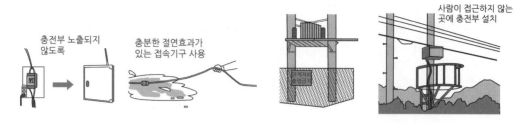

충전부 노출되지
않도록

충분한 절연효과가
있는 접속기구 사용

사람이 접근하지 않는
곳에 충전부 설치

※ 충전부(Live Part) : 통상적인 운전 상태에서 전압이 걸리도록 되어 있는 도체 또는 도전부를 말한다.

2) 전기 기계·기구의 조작 시 등의 안전조치

① 전기기계·기구의 조작부분을 점검하거나 보수하는 경우에는 근로자가 안전하게 작업할 수 있도록 전기 기계·기구로부터 폭 70cm 이상의 작업공간을 확보하여야 한다.

② 전기적 불꽃 또는 아크에 의한 화상의 우려가 있는 고압 이상의 충전전로 작업에 근로자를 종사시키는 경우에는 방염처리된 작업복 또는 난연성능을 가진 작업복을 착용시켜야 한다.

3) 간접접촉에 의한 방지대책

보호절연	누전발생기에 접촉되더라도 인체 전류의 통전경로를 절연시킴으로 전류를 안전한계 이하로 낮추는 방법
이중절연 구조	충전부를 2중으로 절연한 구조로서 기능절연과는 별도로 감전방지를 위한 보호 절연을 한 경우(누전차단기 없이 콘센트 사용가능)
접지	누전이 발생한 기계 설비에 인체가 접촉하더라도 인체에 흐르는 감전전류를 억제하여 안전한계 이하로 낮추고 대부분의 누설전류를 접지선을 통해 흐르게 하므로 감전사고를 예방하는 방법
비접지식 전로의 채용	전기기계 기구의 전원 측의 전로에 설치한 절연 변압기의 2차 전압이 300V 이하이고 정격용량이 3KVA 이하이며 절연 변압기의 부하측 전로가 접지되어 있지 아니한 경우
누전차단기의 설치	전기기계 기구 중 대지전압이 150V를 초과하는 이동형 휴대형 등에 설치하여 누전을 자동으로 감지하여 0.03초 이내에 전원을 차단하는 장치
안전전압 이하 기기 사용	안전기준의 적용에서 제외되는 30V 이하인 전기기계·기구의 사용

4) 배선 및 이동전선으로 인한 위험방지

(1) 배선 등의 절연피복 손상 방지조치

(2) 통로 바닥에서의 전선 등 사용금지

(3) 습윤한 장소의 이동전선 등은 충분한 절연효과가 있는 것 사용

(4) 꽂음 접속기의 설치 및 사용 시 주의사항

① 서로 다른 전압의 꽂음 접속기는 서로 접속되지 아니한 구조의 것을 사용할 것

② 습윤한 장소에 사용되는 꽂음은 방수형 등 그 장소에 적합한 것을 사용할 것

③ 근로자가 해당 꽂음 접속기를 접속시킬 경우에는 땀 등으로 젖은 손으로 취급하지 않도록 할 것

④ 해당 꽂음 접속기에 잠금 장치가 있는 경우에는 접속 후 잠그고 사용할 것

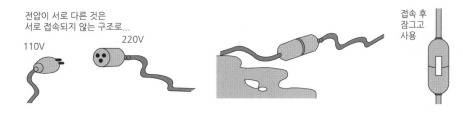

5) 감전사고 시의 응급조치 ★★★

(1) 구조 순서

① 피재자가 접촉된 충전부나 누전되고 있는 기기의 전원 차단

② 피재자를 위험지역으로부터 신속히 이탈

③ 즉시 인공호흡, 병원 후송

④ 2차 재해 방지조치

(2) 증상의 관찰

의식의 유무 → 호흡의 유무 → 맥박상태 → (출혈 유무 → 골절상태)

(3) 응급처치

① 기도확보(입속의 이물질 제거 머리를 뒤로 젖히고 기도확보)

② 인공호흡(매분 12~15회로 30분 이상 실시)

③ 심장 마사지(심폐소생법)

호흡정지에서 인공호흡 게시까지의 시간(분)	소생률(%)(100 명당)	사망률(%)(100명당)
1	95	5
2	90	10
3	75	25
4	50	50
5	25	75

6) 정전 전로에서의 전기 작업

(1) 정전작업 시 전로 차단 절차 ★★★

① 전기기기 등에 공급하는 모든 전원을 관련 도면, 배선도 등으로 확인한다.

② 전원을 차단한 후 각 단로기를 개방한다.

③ 문서화된 절차에 따라 잠금장치 및 꼬리표를 부착한다.

④ 개로된 전로에서 유도전압 또는 전기 에너지의 축적으로 근로자에게 전기위험이 있는 전기기기 등은 접촉하기 전에 접지시켜 완전히 방전시킨다.

⑤ 검전기를 이용하여 작업 대상 기기의 충전 여부를 확인한다.

⑥ 전기기기 등이 다른 노출 충전부와의 접촉 등으로 인해 전압이 인가될 우려가 있는 경우에는 충분한 용량을 가진 단락 접지기구를 이용하여 접지에 접속한다.

(2) 전로 차단의 예외

① 생명 유지 장치, 비상경보설비, 폭발위험장소의 환기설비, 비상조명설비 등과 같이 전로차단으로 위험이 증가되거나 추가되는 경우

② 기기의 설계상 또는 작동상 제한으로 전로 차단이 불가능한 경우

③ 감전, 아크 등으로 인한 화상, 화재·폭발의 위험이 없는 것이 확인된 경우

7) 정전작업 시 5대 안전수칙

① 작업 전 전원 차단　　　　　　② 전원 투입 방지

③ 작업장소의 무전압 여부 확인　　④ 단락접지

⑤ 작업장소의 보호

8) 정전전로 작업 중에서 작업 중, 종료 후 조치사항 ★★★

작업 중	작업종료 후
① 작업지휘는 작업지휘 담당자가 한다. ② 개폐기에 대한 관리를 철저히 한다. ③ 단락 접지 상태를 수시로 한다. ④ 근접 활선에 대한 방호 상태를 유지한다.	① 작업기구, 단락 접지기구 등을 제거하고 전기기기 등이 안전하게 통전될 수 있는지를 확인 ② 모든 작업자가 작업이 완료된 전기기기 등에서 떨어져 있는지를 확인 ③ 잠금장치와 꼬리표는 설치한 근로자가 직접 철거 ④ 모든 이상 유무를 확인한 후 전기기기 등의 전원을 투입

2. 충전 전로에서의 전기 작업(활선작업) ★★★

① 충전전로를 정전시키는 경우에는 충전전로에서의 전기작업에 따른 조치를 할 것

② 충전전로를 방호, 차폐하거나 절연 등의 조치를 하는 경우에는 근로자의 신체가 전로와 직접 접촉하거나 도전재료, 공구 또는 기기를 통하여 간접 접촉되지 않도록 할 것

③ 충전전로를 취급하는 근로자에게 그 작업에 적합한 절연용 보호구를 착용시킬 것

④ 충전전로에 근접한 장소에서 전기작업을 하는 경우에는 해당 전압에 적합한 절연용 방호구를 설치할 것

⑤ 고압 및 특별고압의 전로에서 전기작업을 하는 근로자에게 활선작업용 기구 및 장치를 사용하도록 할 것

⑥ 근로자가 절연용 방호구의 설치·해체작업을 하는 경우에는 절연용 보호구를 착용하거나 활선작업용 기구 및 장치를 사용하도록 할 것

⑦ 유자격자가 아닌 근로자가 충전전로 인근의 높은 곳에서 작업할 때에 근로자의 몸 또는 긴 도전성 물체가 방호되지 않은 충전전로에서 대지전압이 50kv 이하인 경우에는 300cm 이내로, 대지전압이 50kv를 넘는 경우에는 10kv당 10cm씩 더한 거리 이내로 각각 접근할 수 없도록 할 것

⑧ 유자격자가 충전전로 인근에서 작업하는 경우에는 다음의 경우를 제외하고는 노출 충전부에 다음 표에 제시된 접근한계거리 이내로 접근하거나 절연 손잡이가 없는 도전체에 접근할 수 없도록 할 것

　㉠ 근로자가 노출 충전부로부터 절연된 경우 또는 해당 전압에 적합한 절연장갑을 착용한 경우

　㉡ 노출 충전부가 다른 전위를 갖는 도전체 또는 근로자와 절연된 경우

　㉢ 근로자가 다른 전위를 갖는 모든 도전체로부터 절연된 경우

[접근한계거리]

충전전로의 선각전압(kV)	충전전로 접근한계거리(cm)	충전전로의 선각전압(kV)	충전전로 접근한계거리(cm)
0.3 이하	접촉금지	88 초과 121 이하	130
0.3 초과 0.75 이하	30	121 초과 145 이하	150
0.75 초과 2 이하	45	145 초과 169 이하	170
2 초과 15 이하	60	169 초과 242 이하	230
15 초과 37 이하	90	242 초과 362 이하	380
37 초과 88 이하	110	362 초과 5500 이하	550

3. 충전전로 인근에서의 차량 · 기계장치 작업 ★★★

① 충전전로 인근에서 차량, 기계장치 등의 작업이 있는 경우에는 차량 등을 충전전로의 충전부로부터 300cm 이상 이격시켜 유지시키되, 대지전압이 50kv를 넘는 경우 이격시켜 유지하여야 하는 거리는 10kv증가할 때마다 10cm씩 증가시켜야 한다. 다만, 차량 등의 높이를 낮춘 상태에서 이동하는 경우에는 이격거리를 120cm 이상으로 할 수 있다.

② 충전전로의 전압에 적합한 절연용 방호구 등을 설치한 경우에는 이격 거리를 절연용 방호구 앞면까지로 할 수 있으며, 차량 등의 가공 붐대의 버킷이나 끝부분 등이 충전전로의 전압에 적합하게 절연되어 있고 유자격자가 작업을 수행하는 경우에는 붐대의 절연되지 않은 부분과 충전전로 간의 이격거리는 충전 전로에서의 전기작업 표에 따른 접근 한계거리까지로 할 수 있다.

③ 다음의 경우를 제외하고는 근로자가 차량 등의 그 어느 부분과도 접촉하지 않도록 방책을 설치하거나 감시인 배치 등의 조치를 하여야 한다.

　㉠ 근로자가 해당 전압에 적합한 절연용 보호구 등을 착용하거나 사용하는 경우

　㉡ 차량 등의 절연되지 않은 부분이 접근 한계거리 이내로 접근하지 않도록 하는 경우

④ 충전전로 인근에서 접지된 차량 등이 충전전로와 접촉할 우려가 있을 경우에는 지상의 근로자가 접지점에 접촉하지 않도록 조치하여야 한다.

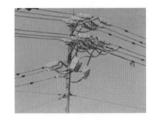

01 연습문제

01 정전작업 시 조치사항으로 부적합한 것은?

① 개로된 전로의 충전여부를 검전 기구에 의하여 확인한다.

② 개폐기에 시건 장치를 하고 통전금지에 관한 표지판은 제거한다.

③ 예비동력원의 역송전에 의한 감전의 위험을 방지하기 위한 단락접지기구를 사용하여 단락 접지할 것

④ 잔류전하를 확실히 방전한다.

02 단로기를 사용하는 주된 목적은?

① 변성기의 개폐   ② 이상전압의 차단

③ 과부하차단   ④ 무부하선로의 개폐

03 다음 기기 성능 중 부하에서 차단이 가능한 개폐기는?

① OLB   ② PF

③ DS   ④ LS

04 전로 또는 지지물의 신설, 증설, 수리 등의 전기공사를 안전하게 하기 위하여 정전작업을 할 경우에 올바른 작업순서는?

① 개폐기 시건장치 → 잔류전하방전 → 전로검진 → 단락접지설치 → 작업

② 개폐기 시건장치 → 위험표시부착 → 보호용구착용 → 단락접지설치 → 전로

③ 주회로개방 → 단락접지설치 → 전로검진 → 개폐기시건장치 → 작업

④ 주회로개방 → 전로검진 → 단락접지설치 → 위험물표시 → 작업

정답   **01** ②   **02** ④   **03** ①   **04** ①

5

CHAPTER

02 전격재해 및 방지대책

01 | 전격재해 예방 및 조치

단위 환산

1m＝1,000mm　　1ℓ＝1,000mℓ　　1A＝1,000mA　　1J＝1,000mJ　1s＝1,000ms1kv＝1,000v

1J＝0.24cal　　1Kgf ＝9.8N　　1m³＝1,000ℓ　　1N＝mm²　　1cal：4.2J

1. 전류, 전압, 저항 관계식

옴의 법칙	$V = I \times R$　　V : 전압(V)　　I : 전류(A)　　R : 저항(Ω)
줄의 법칙	$Q(\text{J}) = I^2 \times R \times T$ Q : 전기 발생 에너지(J) I : 전류(A)　　R : 저항(Ω)　　T : 통전시간(초 : S)
전하량	$Q = I \times T$　　Q : 전하량(C)　　I : 전류(A)　T : 시간(초)
심실 세동전류	T : 통전시간(초)　　$I = \dfrac{165}{\sqrt{T}}[\text{mA}]$
위험한계 에너지	$Q = I^2 \times R \times T = (\dfrac{165}{\sqrt{T}} \times 10^{-3})^2 \times R \times T$

2. 전기에너지에 의한 발열

1) Joule의 법칙(위험한계 에너지)

$Q(\text{J}) = I^2 \times R \times T$　　$Q(\text{J}),\ I(\text{A}),\ R(\Omega),\ T(\text{sec})$

1kcal＝4,186J　　1J ≒ 0.24cal

$Q = 0.24 I^2 R T \times 10^{-3}(\text{kcal})$

$T(\text{sec})$를 시간(hour)으로 환산하면　　$Q = 0.860 I^2 R T$

$Q(\text{J}) = I^2 R T$

500Ω : $(165 \times 10^{-3})^2 \times 500 = 13.6(\text{J})$

800Ω : $(165 \times 10^{-3})^2 \times 800 = 21.8(\text{J})$

1,000Ω : $(165 \times 10^{-3})^2 \times 1,000 = 27.2(\text{J})$

전류 : I(A) 심신세동전류 : I(mA) 따라서 1A＝1,000mA임으로(10^{-3}＝0.001)

T는 주어지지 않으면 1초(sec)이다.

2) 전기 에너지에 의한 주위 가연물의 탄화

보통 목재 착화 온도 : 220~270℃

탄화된 목재의 착화 온도 : 180℃

예제

1. 인체의 전기저항이 5000Ω이고, 심실세동전류와 통전시간과의 관계를 $\dfrac{165}{\sqrt{T}}$mA라 할 경우, 심실세동을 일으키는 위험 에너지는 약 몇 J인가?(단, 통전시간은 (T)1초로 한다)

① 5 ② 30
❸ 136 ④ 825

해설

$$Q(J) = I^2RT = (\frac{165}{\sqrt{T}} \times 0.001)^2 \times 5000 \times T$$
$$= (165 \times 0.001)^2 \times 5000 = 136(J)$$

위 조건에서 500Ω, 800Ω, 1000Ω일 때의 풀이 정답

$Q(J) = I^2RT = (165 \times 0.001)^2 \times 500 = 13.6(J)$
$= (165 \times 0.001)^2 \times 800 = 21.8(J)$
$= (165 \times 0.001)^2 \times 1000 = 27.2(J)$

전류 : I(A), 심실세동전류 : I(mA)

따라서, 1A = 1000mA이므로 (10^{-3} =0.001)

T는 주어지지 않으면 1초(sec)이다.

---

3. 안전 전압 : 한국의 안전전압은 30V

4. 허용 접촉 전압

1) 인체가 전원에 접촉하는 형태

(1) 직접 접촉

① 충전된 충전부에 신체의 일부가 직접 접촉하여 전압이 비 인가된 형태

② 활선작업 중 발생하는 부주의나 정전 작업 중 전원 스위치를 투입할 때 발생

(2) 간접 접촉

① 충전되어 있지 않은 기기의 금속 체험들이 누전된 상태에서 신체의 일부가 외함과 접촉하여 전압이 인가되는 형태

② 전선의 피복 손상이나 아크에 발생에 의하여 나타나는 현상

③ 누전된 기기의 외함과 누전되지 않은 경우에 육안으로 식별이 불가능하기 때문에 접촉할 가

능성이 높다. 따라서 안전에 관한 대책 수립이 반드시 있어야 한다.

2) 허용 접촉 전압

전원과 인체의 접촉으로 인하여 인체에 인가되는 전압

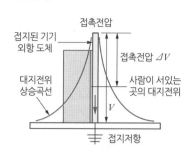

(1) 접촉 전압

① 인체의 손과 다른 신체의 일부 사이에 인가되는 위험 전압

② 허용 접촉 전압

종별	접촉상태	허용접촉전압
제1종	인체의 대부분이 수중에 있는 경우	2.5V 이하
제2종	• 인체가 현저하게 젖어 있는 경우 • 금속성의 전기 기계장치나 구조물의 인체의 일부가 상시 접촉되어 있는 경우	25V 이하 자동 전격 방지 전압
제3종	제1종 제2종 이외의 경우로 통상의 인체 상태 있어서 접촉 전압이 가해지면 위험성이 높은 경우	50V 이하
제4종	• 제1종 제2종 이외의 경우로 통상의 인체에 상태 있어서 접촉 전압이 가해지더라도 위험성이 낮은 경우 • 접촉 전압이 가해질 우려가 없는 경우	제한 없음

③ 변전소 등 고장 전류 유입 시 도전성 구조물과 지표상의 전위차 **허용접촉전압**

$$허용접촉전압(E) = \left(Rb + \frac{3Rs}{2}\right) \times I\kappa$$

Rb : 인체의 저항률, Rs : 지표상층 저항률, $I\kappa$: 심실세동전류, 3 : 상수

④ 변전소 등 지락 전류 발생 시 지표면상 두 점의 전위차 **허용값**

$$허용보폭전압(E) = (Rb + 6Rs) \times I\kappa$$

Rb : 인체의 저항률, Rs : 지표상층 저항률, $I\kappa$: 심실세동전류

(2) 보폭 전압

① 인체의 양발 사이에 인가되는 전압

② 접지 의해 대지로 전류가 흐를 때 접지극 주위에 지표면이 전위 분포를 갖게 되어 양발 사이의 전위차가 발생

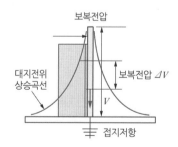

(3) 인체 저항값의 변화 요인

① 전원의 종별　　　　　② 전압의 크기

③ 접촉점의 상황(접촉면적)　　　　　④ 접촉 시간 등(인가시간)

5. 인체의 전기저항

1) 옴의 법칙

$V = IR$

I : 전류(A) R : 저항(Ω) E(V) : 전압(V)

2) 인체의 전기저항

단위 : (Ω)

피부	내부조직	발과 신발 사이	신발과 대지	인체의 전기저항
2,500	300(500)	1,500	700(500)	5,000

위 조건에서

습기 많은 경우	1/10 감소
땀에 젖은 경우	1/12 감소
물에 젖은 경우	1/25 감소

전압이 높으면 피부저항은 감소한다. 전원전압이 200V일 때 인체에 흐르는 전류는 40mA로 위험하다. 이때 손발이 젖은 경우 0.3초 이내 사망 가능하다.

예제

1. 전압이 300V인 충전 부분이 물에 젖은 손이 접촉 감전 사망하였다. 인체에 통전된 1) 심실세동전류(mA)와 2) 통전시간(ms)를 계산하시오. 단, 인체 저항은 1000 Ω으로 한다.

해설 옴의 법칙 V=IR에서 전류 I = V /R
① 심실세동전류 I = 300 / 1000 x(1/25)=7.5A =7500mA
② 심실세동전류의 통전시간은? (T는 주어지지 않으면 1초(sec)이다.)

$I = \dfrac{165}{\sqrt{T}} , 7500 = \dfrac{165}{\sqrt{T}} , \sqrt{T} \dfrac{165}{7500}$

$T = (\dfrac{165}{7500})^2 = 0.000484(S) = 0.48ms$

---

02 | 전격재해의 요인

1. 1차적 감전요소(위험도 결정 조건)

통전전류크기 > 통전시간 > 통전경로 > 전원의 종류(직류보다 교류가 더 위험)

1) 통전전류의 크기

인체에 흐르는 전류의 양에 따라 위험성이 결정되므로 비록 저압의 전기라 하더라도 취급에 있어 주의하여야 한다.

2) 통전 시간

심실세동 전류는 통전 시간에 크게 관계되며 시간이 길수록 위험하다.

3) 통전 경로

같은 전류값이라도 통전경로에 따라 위험성이 다르다.

사람의 심장은 왼쪽에 있으므로 왼손으로 전기기구를 취급하면 전류가 심장을 통해 흐르게 되어 오른손으로 사용할 경우보다 더욱 위험하게 된다.

4) 전원의 종류

전압이 동일한 경우에도 교류는 직류보다 위험하다.

2. 2차적 감전 요소

① 인체의 조건 : 땀에 젖었거나 물에 젖어 있는 경우 인체에 저항이 감소하므로 위험성이 높아진다.
② 전압 : 전압값도 인체 저항값의 변화 요인으로 위험하다.
③ 계절 : 여름에는 땀을 많이 흘리는 계절이므로 인체에 저항값이 감소하여 위험성이 높아진다.

3. 전압의 구분(2021년 개정)

전압의 구분	교류(A.C)	직류((D.C)
저압	1,000V 이하	1,500V 이하
고압	1,000V 초과 7,000V 이하	1,500V 초과 7,000V 이하
특고압	7,000V 초과	7,000V 초과

[통전 경로 별 위험도] ★★★

순서	통전 경로	위험도	순서	통전 경로	위험도
1	왼손 − − − 가슴	1.5	6	왼손 − − − 등	0.7
2	오른손 − − − 가슴	1.3	7	한손 또는 양손 − − − 앉아있는 자리	0.7
3	왼손 − − − 한발 또는 양발	1.0	8	왼손 − − − 오른손	0.4
4	양손 양발	1.0	9	오른손 − − − 등	0.3
5	오른손 − − − 한발 또는 양발	0.8			

1. 누전차단기의 종류

구분	동작시간	구분	정격감도전류(mA)
고속형	정격감도 전류에서 0.1초 이내 (감전보호용은 0.03초 이내)	고감도형	5, 10, 15, 30
		중감도형	50, 100, 200, 500, 1000
		저감도형	3, 5, 10, 20(A)
시연형	정격감도 전류에서 0.1초~2초	고감도형	5, 10, 15, 30
		중감도형	50, 100, 200, 500, 1,000
		저감도형	3, 5, 10, 20(A)
반한시형	• 정격감도 전류에서 0.2초~1초 • 정격감도 전류의 1.4배에서 0.1초~0.5초 • 정격감도 전류의 4.4배에서 0.05초 이내	고감도형	5, 10, 15, 30

2. 누전차단기 접속 시 준수사항

① 전기기계 · 기구에 설치되어 있는 누전차단기는 정격감도전류가 30mA 이하이고 작동시간은 0.03초
이내일 것

다만, 정격전부하전류가 50A 이상인 전기기계 · 기구에 접속되는 누전차단기는 오작동을 방지하기
위하여 정격감도전류는 200mA 이하로, 작동시간은 0.1초 이내로 할 수 있다.

② 분기회로 또는 전기기계 기구마다 누전차단기를 접속할 것

③ 누전차단기는 배전반 또는 분전반 내에 접속하거나 꽂음접속기형 누전차단기를 콘센트에 접속하는
등 파손이나 감전사고를 방지할 수 있는 장소에 접속할 것

④ 지락보호전용 기능만 있는 누전차단기는 과전류를 차단하는 퓨즈나 차단기 등과 조합하여 접속할 것

3. 누전차단기 선정 시 주의사항

1) 사용 목적에 따른 누전차단기 선정기준

선정기준(목적)	구분	
	감도전류에 따른 종류	동작 시간에 따른 종류
감전 보호를 목적으로 하는 경우 (분기 회로마다 사용하는 것이 좋다)	고속형	고감도형
보호 협조를 목적으로 사용하는 경우	시연형	
불요 동작을 방지 안전 보호하는 경우	반한시형	

선정기준(목적)	구분	
	감도전류에 따른 종류	동작 시간에 따른 종류
간선의 사용하여 보호 접지저항을 규정 값 이하로 하여 감전 보호를 하는 경우	고속형	중감도형
전로 거리가 긴 경우나 회로 용량이 큰 경우 보호 협조를 목적하여 사용하는 경우는 분기회로의 고 감도 고속 형을 간선의 지연형을 사용하면 보호 협조가 된다. 누전화재를 목적으로 하는 경우	시연형	
아크 지압 손상 보호를 목적으로 하는 경우	고속형	저감도형
	시연형	

2) 설치장소에 따른 누전차단기 선정기준

설치장소	선정기준
물기 있는 장소 이외의 장소에 시설하는 저압용의 개별 기계기구에 전기를 공급하는 전로	인체감전 보호용 누전차단기 정격 감도전류 30mA 이하 동작시간 0.03초 이하의 전류 동작형
욕조, 샤워실 내의 실내 콘센트	인체감전 보호용 누전차단기 정격감도전류15mA 이하, 동작시간 0.03초 이하의 전류동작형의 것 또는 절연 변압기(정격용량 3KVA 이하인 것)로 보호된 전로에 접속하거나 인체 감전보호용 누전차단기가 부착된 콘센트 시설
의료장소 접지	정격감도전류 30mA 이하, 동작시간 0.03초 이내의 누전차단기 설치
주택의 전로 인입구	인체감전 보호용 누전차단기를 시설할 것 다만 전로의 전원측에 정격용량이 3kVA 이하인 절연변압기(1차 전압이 저압이고 2차 전압이 300V 이하인 것)를 사람이 쉽게 접촉할 우려가 없도록 시설하고 또한 그 절연변압기의 부하측 전로를 접지하지 아니하는 경우에는 그러하지 아니하다.

3) 누전차단기의 장점

① 고감도 고속 형은 감전보호에 매우 유효
② 사용 조건이나 환경 전로의 규모나 중요성 등에 따라서 최적의 것을 규정
③ 누전차단기(전류동작형)의 설치점 이후에 모든 전로의 보호 가능
④ 진로에 절연 측정이나 점검의 주기 연장 근무 지원 가능
⑤ 룸 에어컨 냉난방 순환기 옥외용 자동판매기 등 누전 시 위험이 큰 시설도 안전성 증대

4) 저압전로에서 지락 보호 방식

① 보호접지 방식　　　　　② 전류차단 방식
③ 누전차단 방식　　　　　④ 누전 경보 방식
⑤ 절연 변압기 방식

5) 누전차단기 기본원리

구성요소 : 누전검출부, 영상변류기, 차단장치

(1) 전압 동작형 : 부하 기기의 절연 상태에 따라 기계 자체가 충전되면 대지와의 사이에 접지선을 통하여 전압이 발생하며 이것을 입력신호로 전로를 차단하는 방식

(2) 전류 동작형 : 지락 전류를 영상변류기로 직 검출하고 검출한 것을 입력신호로 하여 전로를 차단하는 방식

4. 누전차단기의 적용범위

1) 누전차단기 설치대상 장소 및 기계기구 ★★★

① 대지전압이 150V를 초과하는 이동형 또는 휴대형 전기기계 · 기구

② 물 등 도전성이 높은 액체가 있는 습윤장소에서 사용하는 저압용 전기기계 · 기구

③ 철판 · 철골 위 등 도전성이 높은 장소에서 사용하는 이동형 또는 휴대형 전기기계 · 기구

④ 임시배선의 전로가 설치되는 장소에서 사용하는 이동형 또는 휴대형 전기기계 · 기구

2) 누전차단기 설치 적용 제외 ★★★

① 전기용품 안전관리법에 따른 이중절연구조 또는 이와 동등 이상으로 보호되는 전기기계 · 기구

② 절연대 위 등과 같이 감전위험이 없는 장소에서 사용하는 전기기계 · 기구

③ 비접지방식의 전로에 접속하여 사용되는 전기기계, 기구

3) 누전차단기의 설치 환경조건

(1) 과전류 보호용 차단기

구분	규격적용범위	기준값	시험허용오차
주위온도	−5℃～영상 40℃까지	20℃	±5℃
고도	2,000m 이하		
최대값 40℃에서의 상대습도	50%		
외부 자기장	임의 방향에서 지구 자기장의 5배 이하	지구 자기장	
주파수	기준값±5%	정격값	±2%

(2) 전류 동작형 누전차단기의 일상 사용 상태

① 주위 온도 : −10℃～40℃

② 표고 : 2,000m 이하

③ 상대습도 : 45～85%

④ 이상한 진동이나 충격을 받지 않은 상태

5. 교류 아크 용접기의 안전

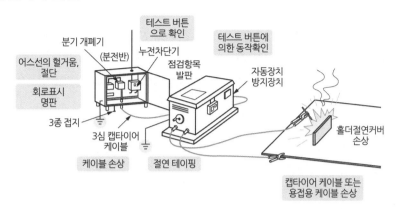

1) 방호장치 : 자동 전격 방지기 ★★★

용접기의 주회로를 제어하는 장치를 가지고 있어 용접봉의 조작에 따라 용접할 때에만 용접기의 주회로를 형성하고 그 외에는 용접기의 출력측의 무부하전압을 25V 이하로 저하시키도록 동작하는 장치이며 내장형과 외장형으로 구분한다.

[종류] SP－3A－H(외장형)   SPB(내장형)
- SP : 외장형
- 3 : 300A
- A : 콘덴서 유무 관계 없이 사용할 수 있는 것
- H : 고저항 시동형
- L : 저저항 시동형

2) 교류아크 용접기의 방호장치 성능조건

① 아크발생을 중지하였을 경우 지동시간이 1.0초 이내에 2차 무부하 전압이 25V 이하로 감압시켜 안전을 유지할 수 있어야 한다.
② 시동시간은 0.04초 이내에서 또한 자동전격방지기를 시동시키는데 필요한 용접봉의 접촉 소요 시간은 0.03초 이내일 것

3) 교류아크 용접기의 허용 사용률

$$허용사용률 = \frac{(정격\ 2차\ 전류)^2}{(실제사용\ 용접전류)^2} \times 정격\ 사용률(\%)$$

4) 교류아크 용접기에 자동

전격방지기를 설치하여야 하는 장소 ★★☆

① 선박의 이중선체 내부, 밸러스트 탱크, 보일러 내부, 도전체 등으로 둘러싸여 있어 용접작업 시 신체의 일부분이 쉽게 접촉될 수 있는 장소
② 추락위험이 있는 높이 2m 이상의 장소로 철골 등 도전성이 높은 고소작업 장소에서의 근로자가 접촉할 우려가 있는 장소
③ 근로자가 물, 땀 등으로 도전성이 높은 습윤상태에서 작업하는 장소

5) 자동전격방지기 설치 방법
① 직각(불가피한 경우는 연직에서 20도 이내)으로 설치할 것
② 용접기의 이동, 전자접촉기의 작동 등으로 인한 진동, 충격에 견딜 수 있도록 할 것
③ 표시등은 보기 쉬운 곳에 설치할 것
④ 테스트 스위치는 조작하기 쉬운 곳에 설치할 것
⑤ 접속부분을 절연테이프, 절연 커버 등으로 절연시킬 것
⑥ 전격방지기의 외함은 접지시킬 것

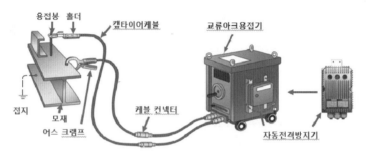

6) 아크 용접기 시설 기준
① 용접 변압기는 절연 변압기일 것
② 용접 변압기의 1차측 전로 외 대지 전압은 300V 이하일 것
③ 용접 변압기의 1차측 전로에는 용접 변압기에 가까운 곳에 쉽게 개폐할 수 있는 개폐기를 시설할 것
④ 용접 변압기의 2차측 전로 중 용접 변압기로부터 용접 전극에 이르는 부분 및 용접 변압기로부터 피용접재에 이르는 부분은 다음에 의하여 시설할 것
  ㉠ 전선은 용접용 케이블 또는 캡타이어 케이블일 것
  ㉡ 전로는 용접시 흐르는 전류를 안전하게 통할 수 있는 것일 것
  ㉢ 중량물이 압력 또는 현저한 기계적 충격을 받을 우려가 있는 곳에 시설하는 전선에는 적당한 방호장치를 할 것
⑤ 피용접재 또는 이와 전기적으로 접속되는 받침대·정반 등의 금속체에는 제3종 접지공사를 할 것

04 | 절연용 안전 장구

1. 절연용 보호구

1) 절연용 안전모

종류	사용구분	비고
AE	물체의 낙하 및 비래에 의한 위험을 방지 또는 경감하고 머리 부위 감전의 의한 위험을 방지하기 위한 것	내전압성
ABE	물체의 낙하 및 비래 및 추락에 의한 위험을 방지 또는 경감하고 머리 부위 감전에 의한 위험을 방지하기 위한 것	내전압성

※ 내전압성이란 7,000V 이하의 전압에 견디는 것을 말한다.

2) 안전화 일반구조

정전기 안전화	① 안전화는 인체에 대전된 정전기를 겉창을 통하여 대지로 누설시키는 전기회로가 형성될 수 있는 재료와 구조로 할 것 ② 겉창은 전기저항 변화가 적은 합성고무 등을 사용할 것 ③ 안창이 도전로가 되는 경우에는 적어도 그 일부분에 겉창보다 전기저항이 적은 재료 사용
절연화	저압 직류 1500볼트 이하 또는 교류 1000볼트 이하의 전압 전기를 취급하는 작업을 할 때 전기의한 감전으로부터 신체를 보호하기 위한 안전화는 밤 규정에 적합해야 한다. ① 발가락을 보호하기 위한 선심이나 강재 내답판을 제외하고는 안전화 어느 부분에 도전성 재료를 사용금지 ② 안전화의 겉창은 절연체 사용 ③ 안전화에 선심이나 강재의 내답판을 사용하는 경우에는 기타 다른 부분과는 완전히 절연
절연장화	고압 직류 1500 볼트 또는 교류 1000볼트 초과하는 7천 볼트 이하의 전압 전기를 취급하는 작업을 할 때 전기에 의한 감전으로부터 신체를 보호하기 위해 사용하는 절연 장화는 다음에 조건에 적합해야 한다. ① 절연 정화는 절연성능이 뛰어난 양질의 고무를 사용해야 하며 균일한 재질로서 적당한 유연성 및 탄력성 보유 ② 고무의 내면은 평활하고 눈에 보이지 않는 구멍이나 홈 기포 및 기타 사용상 유해한 결점이 없어야 하며 절연성능을 저하시키는 불순물의 혼합금지 ③ 절연 장화에는 금속이나 또는 도전성이 뛰어난 재료 사용금지 ④ 절연장화의 모든 접합 부분은 접착이 완전하고 물이 새지 않는 구조이어야 하며 내면에는 면 등을 부착 금지

2. 활선장구

1) 활선시메라(절연용 방호구의 설치 해체 시 작업용 기구 공구)

① 충전 중인 전선의 변경 및 장선 작업 교환 등을 활선작업으로 할 경우

② 애자 교환 등을 활선작업으로 할 경우

③ 사용상 주의사항

㉮ 고압 고무장갑 반드시 착용

㉯ 충전부에 접촉 방지

㉰ 로프 및 절연 손잡이 취급에 주의하고 손상방지

2) 활선 커터

① 충전된 고압 전선이 절단 작업에 사용

② 활선작업 이외에 작업에 사용금지

③ 고압 고무장갑 반드시 착용

3) 조작봉

(1) DS 조작봉

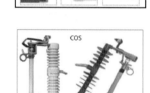

① 단로기 개폐 시에 사용(66kV 이하의 DS 개폐 시)

② 사용 전 표면에 습기 및 먼지 제거

③ 충전부와 손으로 잡은 부분에 거리가 3m 이상 유지

(2) 컷 아웃 스위치(Cut OUT Switch : C.O.S) 조작봉

① 고압 컷 아웃 스위치 개폐 시 섬광에 의한 화상 등 재해 방지

② 반드시 안전 허리띠 및 고무장갑을 사용하고 정면에서의 조작 금지

③ 변압기 및 주요 기기의 1차측에 설치 사용하며 단락이나 지락사
고 또는 과부하 등에 의한 과전류로부터 기기를 보호하기 위해 사용한다.

4) 점퍼선

고압 이하의 활선작업 시 부하전류를 일시적으로 측로로 통과시키기 위해 사용

5) 기타

디스콘 스위치 조작봉, 활선 작업대, 주상 작업대, 활선 작업차 등

3. 절연용 보호구 등의 사용하여야 하는 작업

절연용 보호구, 절연용 방호구, 활선작업용 기구, 활선작업용 장치에 대하여 각각의 사용목적에 적합한
종별 · 재질 및 치수의 것을 사용하여야 한다.

① 밀폐공간에서의 전기작업

② 이동 및 휴대장비 등을 사용하는 전기작업

③ 정전 전로 또는 그 인근에서의 전기작업

④ 충전전로에서의 전기작업
⑤ 충전전로 인근에서의 차량·기계장치 등의 작업

[절연계급(Insulation Class)]
전류에 의해 발생한 손실열을 유효하게 방출하여 절연물이 손상되지 않도록 하느냐 하는 것이 모터의
수명을 결정하는 매우 중요한 사항이기 때문에 전류에 의한 열 작용에 따른 절연물의 온도상승 내력을
알고 있는 것이 필요하게 된다.
모터에 적용된 절연물의 최고 사용 허용 온도를 기준으로 구분한 것을 절연 계급이라 하며 다음과 같이
7개의 종류로 대별된다.

절연계급	최고 허용 온도	사용재료
Y	90℃	면, 견, 종이, 요소수지, 폴리아미드섬유 등
A	105℃	상기 재료와 절연유 혼합
E	120℃	에폭시수지, 폴리우레탄, 합성수지 등
B	130℃	유리, 마이카, 석면 등과 바니시 조합
F	155℃	상기재료와 에폭시수지 등과의 조합
H	180℃	상기재료와 실리콘수지 등과의 조합
C	180℃ 이상	열 안정 유기재료[200℃ 이상]

01 감전방지용 누전차단기의 정격감도전류 및 동작시간은 얼마인가?

① 30mA, 0.1초   ② 30mA, 0.03초
③ 50mA, 0.1초   ④ 50mA, 0.03초

02 인체 피부의 전기저항에 영향을 주는 인자와 거리가 먼 것은?

① 통전경로   ② 접촉면적
③ 전압의 크기   ④ 인가시간

03 다음의 통전경로 중 가장 위험도가 높은 것은?

① 왼손 – 가슴
② 왼손 – 오른발 또는 오른손 – 왼발
③ 왼손 – 오른손 또는 오른손 – 왼손
④ 등 – 양손발

04 보통 인체의 전기저항 중 피부저항은 약 Ω 인가?

① 300   ② 700
③ 1,500   ④ 2,500

05 누전차단기의 설치장소로 알맞지 않은 것은?

① 주위온도는 $-10 \sim 40℃$의 범위 내에 설치
② 표고 1,000미터 이상의 장소에 설치
③ 상대습도가 $45 \sim 80\%$ 사이의 장소에 설치
④ 전원전압이 정격전압의 $85 \sim 110\%$ 사이에서 사용

정답   **01** ②   **02** ③   **03** ①   **04** ④   **05** ②

CHAPTER

03 전기화재 및 예방대책

01 | 전기화재의 원인

1. 전기화재의 종류

1) 단락   2) 누전
3) 과전류   4) 스파크
5) 접촉부 과열   6) 절연열화에 의한 발열
7) 지락   8) 낙뢰
9) 정전기 스파크

2. 전기화재 및 폭발의 원인

기기별 화재발생 비율		원인별(경로별) 화재발생비율	
① 이동용 전열기	② 전등, 전화 등의 배선	① 단락	② 스파크
③ 전기 기기	④ 전기 장치	③ 누전	④ 접촉부 과열
⑤ 배선 기구	⑥ 고정용 전열기	⑤ 절연 열화에 의한 발열	⑥ 과전류

1) 단락

(1) 원인

① 전기기기 내부나 배선회로 상에서 절연체가 정지 또는 기계적 원인으로 파괴되어 합선에 의해 발화

② 충전부 회로가 금속체 등에 의해 합선되면 단락전류가 순간적으로 흘러 매우 많은 열이 발생되어 화재로 이어짐

③ 과전류에 의해 단락점이 용융되어 단선되었을 경우 발생하는 불꽃으로 절연피복 또는 주위의 가연물에 착화의 가능성

(2) 대책

① 규격에 맞는 적당한 퓨즈 및 배선용 차단기 설치하여 단속 예방

② 고압 또는 특고압 진로와 직업 진로를 결합하는 변압기의 저압측 중성점에 접지를 하여 혼촉 방지

2) 누전

(1) 원인

① 전기기기 또는 전선의 절연이 파괴되어 규정된 룰을 이탈하여 전기가 흐르는 것

② 누전 전류가 장시간 흐르면 이로 인한 발열이 주위 인화물에 화재발생

③ 허용 누설전류

$$누설전류 = 최대공급전류 \times \frac{1}{2,000} (A)$$

단 3상변압기의 최대 공급 전류를 계산할 경우 : 상수값($\sqrt{3}$ 대입)

(2) 대책

① 절연열화 및 파괴의 원인이 되는 습기, 과열, 부식 등의 사전 예방

② 금속체인 구조재 수도관 가스관 등과 충전부 및 절연물 이격

③ 확실한 접지 조치 및 누전차단기 설치

(3) 누설전류는 전류의 크기가 300~500mA일 때 누설전류에 의해 발화가 일어날 수 있다.

(4) 누설전류로 인하여 화재가 발생될 수 있는 누전화재의 3요소

① 누전점   ② 접지점   ③ 출화점

예제

1. 6600/100V, 15kVA의 변압기에서 공급하는 저압 전선로의 허용 누설전류는 몇 A를 넘지 않아야 하는가?

① 0.025   ② 0.045
❸ 0.075   ④ 0.085

 1) 누설전류(A) = 최대공급전류 $\times \frac{1}{2000}$

전력 : W = V (전압)×A(전류)   A = W/V

$\frac{15000}{100} \times \frac{1}{2000} = 0.075$

---

3) 과전류

(1) 원인

① 전선의 전류가 흐리면서 발생한 열이 전선에서 발열 보다 커져 과부하가 발생하면 화재 발생

② 전선 피복 변질 또는 탈락 발연, 발화 등의 현상

③ 과전류에 의한 전선의 발화 단계(전선의 연소과정)

(2) 단계

단계	인화단계	착화단계	발화단계	순시·용단 단계
전류밀도 A/mm²	40~43	43~60	60~120	120 이상
현상	허용전류의 3배 정도	점화원 없이 착화	심선이 용단	심선 용단 및 도선 폭발

(3) 주택용 배선차단기 순시작동범위

[순시 트립(Instantaneous Trip) 전류에 따른 차단기 분류]

타입	순시 트립 범위	일반적인 적용
B	$3I_n$ 초과~$5I_n$ 이하	일반가정 및 저항성 부하
C	$5I_n$ 초과~$10I_n$ 이하	소형 전동기, 소형 변압기 등 소형 유동성 부하
D	$10I_n$ 초과~$20I_n$ 이하	대형 전동기, 대형 변압기 등 대형 유동성 부하

※ I_n : 차단기 정격전류, I_B : 설계전류, I_z : 도체허용전류, I_s : 단락전류

※ 순시 트립
모터의 기동 등 갑작스런 이상전압에 대해서 보호계전기를 동작시켜 차단기를 차단시키는 동작을 말한다.

※ 순시 : 매우 짧은 순간적 시간
일반적으로 단락보호 동작의 의미로서 단락사고 발생 시 적당한 시간이 지연된 뒤 보호해서는 이미 사고가 중대해진 뒤가 되므로 이상 전류가 검출될 경우 짧은 시간에 동작하는 보호 동작을 말한다.

(4) 과전류 차단장치

① 과전류 차단장치는 반드시 접지선이 아닌 전로에 직렬로 연결하여 과전류 발생시 전로를 자동으로 차단하도록 설치할 것.

② 차단기 퓨즈는 계통에서 발생하는 최대의 과전류에 대하여 충분하게 차단할 수 있는 성능을 가질 것

③ 과전류 차단장치가 정상에서 상호협조 포함되어 과전류를 효과적으로 차단하도록 할 것

저압전로 사용 퓨즈	저압전로 사용 배선용 차단기
① 정격전류 1.1배의 전류에 견딜 것 ② 정격전류 1.6 및 2배의 전류를 통한 경우에 다음 표에서 정한 시간 안에 용단 될 것	① 과전류 차단기로 저압전로에 사용하는 범용 퓨즈(gG)의 용단전류는 정격전류의 2.1배 ② 전격전류의 1.25배 및 2배의 전류를 통한 경우에는 정격전류 구분에 따른 시간 내에 자동으로 작동할 것 ③ 정격전류의 1배의 전류로 자동으로 작동하지 아니할 것

(5) 과전류 차단기의 저압전로에 사용하는 퓨즈의 용단 특성

정격전류의 구분	시 간	
	정격전류의 1.6배의 전류를 통한 경우	정격전류의 2배의 전류를 통한 경우
30 A 이하	60분	2분
30 A 초과 16 A 이하	60분	4분
60 A 초과 100 A 이하	120분	6분
100 A 초과 200 A 이하	120분	6분
200 A 초과 400 A 이하	120분	10분
400 A 초과 600 A 이하	120분	12분
600 A 초과	180분	24분

(6) 과전류 차단기로 저압 전로에 상용하는 배선용 차단기

① 정격전류의 1배의 전류로 자동적으로 동작하지 아니할 것

② 정격전류의 1.25배 및 2배의 전류를 통한 경우에 다음 표에서 정한 시간 안에 자동적으로 동작할 것. 과전류 차단기 동작시간

정격전류의 구분	시간	
	정격전류의 1.25배의 전류를 통한 경우	정격전류의 2배의 전류를 통한 경우
30A 이하	60분	2분
30A 초과 60A 이하	60분	4분
60A 초과 100A 이하	120분	6분
100A 초과 200A 이하	120분	8분
200A 초과 400A 이하	120분	10분
400A 초과 600A 이하	120분	12분
600A 초과	120분	14분

(7) 저압전로에 시설하는 단락보호 전용 차단기 및 퓨즈

단락보호 전용 차단기	단락보호 전용 퓨즈
① 정격전류가 1배의 전류에서 자동적으로 작동하지 아니할 것 ② 정정전류는 정격전류 13배 이하일 것 ③ 정정전류값의 1.2배의 전류를 통하였을 경우에 0.2초 이내에 자동적으로 작동할 것	① 정격전류의 1.3배의 전류에 견딜 것 ② 정정전류 10배의 전류를 통하였을 경우에 20초 이내에 용단될 것

(8) 고압 전로에 사용하는 퓨즈

포장 퓨즈	비포장 퓨즈
① 정격전류 1.3배의 전류에 견딜 것 ② 2배의 전류로 120분 안에 용단 되는 것	① 정격전류 1.25배의 전류에 견딜 것 ② 2배의 전류로 2분 안에 용단 되는 것 ③ 비포장 퓨즈는 고리 퓨즈를 사용

(9) 과전류 차단기로 저압 전로에 상용하는 배선용 차단기

① 정격전류의 1배의 전류로 자동적으로 동작하지 아니할 것.

② 정격전류의 1.25배 및 2배의 전류를 통한 경우에 다음 표에서 정한 시간 안에 자동적으로 동작할 것. 과전류 차단기 동작시간

4) 스파크

(1) 원인

① 스위치의 개폐 시에 발생되는 스파크가 주위 가연성 물질에 인화

② 콘센트에 플러그를 꽂거나 뽑을 경우 스파크로 인하여 주위 가연물에 착화 될 가능성

(2) 대책

① 개폐기 차단기 피뢰기 등 아크를 발생하는 기구의 시설
ㄱ 고압용 목재의 벽 또는 천정 기타 가연성 물체로부터 1m 이상 격리
ㄴ 특고압용 목재의 벽 또는 천정 기타 가연성 물체로부터 2m 이상 격리
② 개폐기를 불연성 의뢰함 내장하거나 통형 퓨즈 사용
③ 접촉 부분이 산화 변형 퓨즈의 나사 풀림으로 인한 접촉저항의 증가 방지
④ 가연성 증기 분진 등 위험한 물질이 있는 곳은 방폭형 개폐기 사용
⑤ 유입 개폐기는 절연유의 열화 강도 유량에 주의하고 내화벽

5) 접촉부 과열

(1) 원인

① 전선의 규정된 허용전류를 초과한 전류가 발생하여 생기는 과열로 인한 위험
② 전설로의 전류가 흘러서 발생하는 전열은 대기 중으로 방열하게 되는데 이 열이 평행을 이루지 못하고 과전류로 인하여 발열량이 커지면 피부가 변질하거나 발화 현상 발생
③ 전선 등의 접속상태가 불완전할 경우 접촉저항이 커져 발열하게 되어 주위 가연성 물질에 착화

(2) 대책

① 전격 용량에 맞는 퓨즈 및 규격에 맞는 전선의 사용
② 가연성 물질의 전열기구 부근 방치 금지
③ 하나의 콘센트에 여러 가지 전기기구 사용금지
④ 과전류 차단기를 사용하고 차단기 정격전류는 전선의 허용전류 이하의 것으로 선택

6) 절연열화에 의한 발열

(1) 원인

① 옥내배선이나 배선 기구의 절연피복이 노화되어 절연성이 저하되면 국부적으로 탄화 현상이 발생하고 이것이 촉진되면 전기 화재를 유발
② 탄화 시 착화 온도
ㄱ 보통 목재의 착화 온도 220~270℃
ㄴ 탄화 목재의 착화 온도 180℃
- 트래킹 현상 : 충전 전극 사이의 절연물 표면에 습기, 수분, 먼지 기타오염 물질 등으로 유기절연체의 표면에 발생하는 미소한 불꽃에 의해 탄화경로가 생기는 현상
- 탄화현상(가네하라 현상) : 목재나 플라스틱 등의 유기절연체의 표면에 누전 스파크 등에 의하여 탄화 경로가 생성되고 그 부분에 전류가 흐르게 되면 열에 의해 발화되는 현상

[저압전로의 절연성능]

전로의 사용전압	DC시험전압	절연저항
SELV(Safety Extra Low Voltage = 특별안전전압) 비접지회로(2차 전압이 AC 50V, DC 120V 이하)	250V	0.5MΩ
PELV(Protective Extra Low Voltage = 특별보호전압) 접지회로(1차와 2차 절연된 회로)		
FELV(Functional Extra Low Voltage = 특별저전압) 500V 이하	500V	1MΩ
500V 초과	1,000V	1MΩ

[주]

1) 특별저압(extra low voltage : 2차 전압이 AC50V, DC120V 이하)으로 SLEV(비접지회로) 및 PELV(접지회로)는 1차와 2차가 전기적으로 절연된 회로를 말한다. FLEV는 1차와 2차가 전기적으로 절연되지 않은 회로를 말한다.

2) 측정 시 영향을 주거나 손상을 받을 수 있는 SPD 또는 기타 기기 등은 측정 전에 분리시켜야 하고 부득이 하게 분리가 어려운 경우에는 시험전압 250VDC로 낮추어 측정할 수 있지만 절연저항 값은 1MΩ 이상이어야 한다.

(2) 전로의 절연저항 및 절연내력

① 사용전압이 저압인 전로의 절연성능은 기술기준을 충족하여야 한다. 다만, 저압 전로에서 정전이 어려운 경우 등 절연저항 측정이 곤란한 경우 저항성분의 누설전류가 1mA 이하이면 그 전로의 절연성능은 적합한 것으로 본다.

② 고압 및 특고압의 전로(회전기, 정류기, 연료전지 및 태양전지 모듈의 전로, 변압기의 전로, 기구 등의 전로 및 직류식 전기철도용 전차선을 제외한다)는 시험전압을 전로와 대지 사이(다심케이블은 심선 상호 간 및 심선과 대지 사이)에 연속하여 10분간 가하여 절연내력을 시험하였을 때에 이에 견디어야 한다. 다만, 전선에 케이블을 사용하는 교류 전로로서 시험전압의 2배의 직류전압을 전로와 대지 사이(다심케이블은 심선 상호 간 및 심선과 대지 사이)에 연속하여 10분간 가하여 절연내력을 시험하였을 때에 이에 견디는 것에 대하여는 그러하지 아니하다.

[전로의 종류 및 시험전압]

종류	시험 전압
1. 최대 사용전압이 7kV 이하인 전로	최대 사용전압의 1.5배의 전압
2. 최대 사용전압 7kV 초과 25 kV 이하인 중성점 접지식 전로(중성선을 가지는 것으로서 그 중성선에 다중접지하는 것에 한한다)	최대 사용전압의 0.92배의 전압
3. 최대 사용전압 7kV 초과 60kV 이하인 전로(2란의 것을 제외한다)	최대 사용전압의 1.25배의 전압 (10.5kV 미만으로 되는 경우에는 10.5kV)
4. 최대 사용전압 60kV 초과 중성점 비접지식 전로(전위변성기를 사용하여 접지하는 것을 포함한다)	최대 사용전압의 1.25배의 전압

종류	시험 전압
5. 최대 사용전압 60kV를 초과 중성점 접지식 전로(전위변성기를 사용하여 접지하는 것 및 6란과 7란의 것을 제외한다)	최대 사용전압의 1.1배의 전압 (75kV 미만으로 되는 경우에는 75 kV)
6. 최대 사용전압 60kV를 초과 중성점 직접접지식 전로(7란의 것을 제외한다)	최대 사용전압의 0.72배의 전압
7. 최대 사용전압이 170kV 초과 중성점 직접접지식 전로로서 그 중성점이 직접 접지 되어 있는 발전소 또는 변전소 혹은 이에 준하는 장소의 전로에 시설하는 것	최대 사용전압의 0.64배의 전압
8. 최대 사용전압이 60kV를 초과하는 정류기에 접속되고 있는 전로	교류측 및 직류 고전압측에 접속되고 있는 전로는 교류측의 최대 사용전압의 1.1배의 직류전압
	직류측 중성선 또는 귀선이 되는 전로(직류 저압측 전로)는 규정하는 계산식으로 구한 값 $E= V \times \dfrac{1}{\sqrt{2}} \times 0.5 \times 1.2$ E : 교류시험 전압(V) V : 역변환기의 전류 실패 시 중성선 또는 귀선이 되는 전로에 나타나는 교류성 이상 전압의 파고값(V를 단위로 한다.) 다만, 전선에 케이블을 사용하는 경우 시험전압은 E의 2배의 직류전압으로 한다.

7) 지락

(1) 원인

① 전기회로를 통하여 전류가 대지로 흐르는 현상

② 금속제 등에 지락될 때에 스파크 또는 목재 등에 전류가 흐를 때의 발화 현상

(2) 지락 차단장치 등의 시설

① 설치 대상

금속제 외함을 가지는 사용 전압 50V를 초과하는 저압의 기계 기구로 접촉할 우려가 있는 전로에는 자기가 생겼을 때 자동으로 전로를 차단하는 장치를 설치하여야 한다.

※ 지락차단장치 : 직류 전로의 지락사고에 의한 화재방지를 위해 이를 검출하고 차단하는 장치

(3) 지락 차단장치 설치 제외 대상

① 기계기구를 발전소 변전소 개폐소 또는 이에 준하는 곳에 시설하는 경우

② 기계기구를 건조한 곳에 시설하는 경우

③ 대지전압 150V 이하인 기계기구를 물기가 있는 곳 이외의 곳에 시설하는 경우

④ 전기용품안전관리법에 적용을 받는 2종 절연 기구의 기계기구를 시설하는 경우

⑤ 전로의 전원 측에 절연변압기를 시설하고 또한 절연변압기 부하 측 전로에 접지하지 아니하는 경우

⑥ 기계 기구가 고무 합성수지 기타 절연물로 피복된 경우

⑦ 기기의 기구가 유도 전동기 2차 측 전로에 접속되는 것일 경우

⑧ 전기욕기 전기로 전기보일러 등 절연할 수 없는 경우

⑨ 기계기구 내에 누전차단기를 설치하고 또한 기계기구의 전원 연결선이 손상을 받을 우려가 없도록 시설해 놓은 경우

(4) 기타 지락 차단장치 설치 장소

① 특고압 전로 또는 고압 전로의 변압기에 의하여 결합되는 사용전압 400V 이상의 저압전로 또는 발전기에서 공급하는 사용 전압 400V 이상의 저압전로

② 고압 및 특고압 전로 중 다음에 장소

㉠ 발전소 변전소 또는 이에 준하는 곳의 인출구

㉡ 다른 전기 사업자로부터 공급받는 수전점

㉢ 배전용 변압기의 시설 장소

8) 낙뢰

(1) 원인

구름과 대지 간의 방전 현상으로 낙뢰가 발생하면 전기회로의 이상전압이 발생하여 절연 파괴 및 화재발생

(2) 대책

① 높이가 20m를 넘는 건축물 등 낙뢰의 가능성이 있는 시설은 규정된 피뢰설비를 설치

② 나무 아래로 대피하는 것은 위험 실내에서도 기둥 근처는 피하는 것이 좋다. 피뢰설비로부터 1.5m 떨어진 장소가 안전 범위

③ 몸에 있는 금속 물을 제거하고 돌출된 곳에서 최소한 2m 이상 떨어진다.

④ 가급적 낮은 곳으로 이동하여 자세를 낮춘다.

9) 정전기 스파크

(1) 원인

이물질의 마찰 혹은 정전유도에 의해 발생되어 방전할 때 에너지에 의해 인화성 물질 등의 착화

(2) 대책

① 도체에 대전 방지를 위해서는 도체와 대지 사이를 접지하여 정전기 축적 방지

② 부도체에서의 정전기 대책은 정전기 발생 억제가 기본이며 인위적인 중화 방법으로 제

③ 대전방지제, 제전기 사용, 가습 정치 시간을 확보. 액체의 유속 제한 등의 적절한 방법을 작업 공정에 맞도록 선택하여 제거

02 | 접지 시스템

1. 정의

접지(ground, earth) : 전기회로나 전기기기를 도체로 땅에 연결하여 이상전압 발생 시에도 고장 전류를 땅으로 흘려보내 기기와 인체를 보호한다.

2. 독립접지의 문제점

① 고압계통에서 지락이 발생되면 저압계통의 전위가 상승한다.
② 접지극 사이를 무한대만큼 떨어뜨려야 하지만 현실적으로 불가능하다.
③ 독립접지는 누전차단기가 동작하지 않을 경우 인체가 위험할 수 있다.

3. 접지 시스템의 구분 및 종류 ★☆☆

1) 접지 시스템은 계통접지, 보호접지, 피뢰시스템 접지 등으로 구분한다.

계통접지(System Earthing) ★★☆	전력계통에서 돌발적으로 발생하는 이상 현상에 대비하여 대지와 계통을 연결하는 것으로, 중성점을 대지에 접속하는 것을 말한다. • TN방식(TN-S, TN-C, TN-C-S방식) • TT방식 • IT방식
보호접지(Protective Earthing)	고장 시 감전에 대한 보호를 목적으로 기기의 한 점 또는 여러 점을 접지하는 것을 말한다.
피뢰 시스템 접지	뇌격전류를 안전하게 대지로 방류하기 위한 접지를 말한다.

2) 접지 시스템의 시설 종류에는 단독접지, 공통접지, 통합접지가 있다.

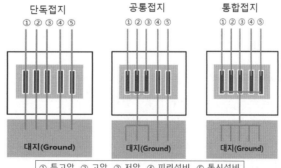

① 특고압 ② 고압 ③ 저압 ④ 피뢰설비 ⑤ 통신설비

단독접지	고압, 특고압 계통의 접지극과 저압 계통의 접지극을 독립적으로 설치하는 것을 말한다.
공통접지	등전위가 형성되도록 고압, 특고압계통과 저압접지 계통을 공통으로 접지하는 것을 말한다.
통합접지	전기설비 접지계통, 피뢰설비 및 전기통신설비 등의 접지극을 통합하여 접지 시스템을 구성하는 것, 설비 사이의 전위차를 해소하여 등전위를 형성하는 접지방식을 말한다.

4. 접지 시스템의 구성요소

1) 접지 시스템은 접지극, 접지도체, 보호도체 및 기타 설비로 구성된다. ★☆☆

2) 접지극은 접지도체를 사용하여 주접지 단자에 연결하여야 한다.

5. 접지극의 매설

① 접지극은 매설하는 토양을 오염시키지 않아야 하며, 가능한 다습한 부분에 설치한다.

② 접지극은 동결 깊이를 감안하여 시설하되 고압 이상의 전기설비와 변압기 중성점 접지에 시설하는 접지극의 매설 깊이는 지표면으로부터 지하 0.75m 이상으로 한다. 다만, 발전소. 변전소. 개폐소 또는 이와 준하는 곳에 접지극을 시설하는 경우에는 그러하지 아니하다.

③ 접지 도체를 철주 기타의 금속체를 따라서 시설하는 경우에는 접지극을 철주의 밑면으로부터 0.3m 이상의 깊이에 매설하는 경우 이외에는 접지극을 지중에서 그 금속체로부터 1m 이상 떼어 매설하여야 한다.

6. 접지극의 시설 및 접지저항

접지극은 다음의 방법 중 하나 또는 복합하여 시설하여야 한다.

① 콘크리트에 매입 된 기초 접지극

② 토양에 매설된 기초 접지극

③ 토양에 수직 또는 수평으로 직접 매설된 금속전극(봉, 전선, 테이프, 배관, 판 등)

④ 케이블의 금속외장및 그 밖에 금속피복

⑤ 지중 금속구조물(배관 등)

⑥ 대지에 매설된 철근콘크리트의 용접된 금속 보강재. 다만, 강화콘크리트는 제외한다

7. 접지시스템 요구사항

1) 접지시스템은 다음에 적합하여야 한다.

　① 전기설비의 보호 요구사항을 충족하여야 한다.

　② 지락전류와 보호도체전류를 대지에 전달할 것. 다만, 열적, 열 · 기계적, 전기 · 기계적 응력 및 이러한 전류로 인한 감전 위험이 없어야 한다.

　③ 전기설비의 기능적 요구사항을 충족하여야 한다.

2) 접지저항 값은 다음에 의한다.

　① 부식, 건조 및 동결 등 대지환경 변화에 충족하여야 한다.

　② 인체 감전보호를 위한 값과 전기설비의 기계적 요구에 의한 값을 만족하여야 한다.

8. 접지도체의 선정 (KEC)

1) 접지도체는 지하 0.75m부터 지표상 2m까지 부분은 합성수지관(두께 2mm 미만의 합성수지체 전선관 및 가연성 콤바인 덕트관은 제외한다) 또는 이와 동등 이상의 절연효과와 강도를 가지는 몰드로 덮어야 한다.

2) 접지도체의 단면적

접지공사의 경우	접지선의 단면적
(1) 접지도체에 큰 고장전류가 흐르지 않을 경우	① 구리 : 6㎟ 이상 ② 철제 : 50㎟ 이상
(2) 접지도체에 피뢰시스템이 접속되는 경우	① 구리 : 16㎟ 이상 ② 철제 : 50㎟ 이상
(3) 고장 시 고장전류가 안전하게 통할 수 있는 경우	아래 도표 참고
(4) 이동하는 전기기계기구의 외함접지	아래 도표 참고

[고장 시 고장전류가 안전하게 통할 수 있는 경우]

접지공사의 종류	접지선의 단면적
특고압 · 고압용 접지도체	단면적 $6mm^2$ 이상의 연동선
중성점 접지용 접지도체	공칭단면적 $16mm^2$ 이상의 연동선
㉠ 7kV 이하의 전로, ㉡ 사용전압이 25kV 이하인 특고압가공전선로	공칭단면적 $6mm^2$ 이상의 연동선

[이동하여 사용하는 전기기계기구의 금속제 외함 등의 접지선 단면적]

접지공사의 종류	접지선의 종류	접지선의 단면적
특고압고압 전기설비용 및 중성점 접지용 접지도체	클로로플랜 캡타이어케이블(3종, 4종)	$10mm^2$
	클로로설포네이트폴리에틸렌 캡타이어케이블(3종,4종)의 1개 또는 다심 캡타이어 케이블의 차폐, 기타의 금속	
저압전기설비용 접지도체	다심 코드 또는 다심 캡타이어 케이블의 1개	$0.75mm^2$
	이외의 유연성이 있는 연동연선 1개	$1.5mm^2$

3) 특고압, 고압 전기설비 및 변압기 중성점 접지 시스템의 경우 접지도체가 사람이 접촉할 우려가 있는 곳에 시설되는 고정설비인 경우에는 다음에 따라야 한다.

다만, 발전소. 변전소. 개폐소 또는 이에 준하는 곳에서는 개별 요구사항에 의한다.

① 접지도체는 절연전선(옥외용 비닐절연전선은 제외) 또는 케이블(통신용 케이블은 제외)을 사용하여야 한다. 다만, 접지도체를 철주 기타의 금속체를 따라서 시설하는 경우 이외의 경우에는 접지도체의 지표상 0.6m를 초과하는 부분에 대하여는 절연전선을 사용하지 않을 수 있다.

4) 접지도체의 굵기는 고장 시 흐르는 전류를 안전하게 통할 수 있는 것으로서 다음에 의한다. ★★★

① 특고압 · 고압 전기설비용 접지도체는 단면적 6㎟ 이상의 연동선 또는 이와 동등 이상의 단면적 및 강도를 가져야 한다.

② 중성점 접지용 접지도체는 공칭단면적 16mm² 이상의 연동선 또는 동등 이상의 단면적 및 강도를 가져야 한다. 다만, 다음의 경우에는 공칭단면적 6mm² 이상의 연동선 또는 동등 이상의 단면적 및 강도를 가져야 한다.

㉠ 7kV 이하의 전로

㉡ 사용전압이 25kV 이하인 특고압 가공전선로. 다만, 중성선 다중접지 방식의 것으로서 전로에 지락이 생겼을 때 2초 이내에 자동적으로 이를 전로로부터 차단하는 장치가 되어있는 것

9. 보호도체의 최소 단면적

1) 보호도체의 단면적

선도체의 단면적 S (mm², 구리)	보호도체의 최소 단면적(mm², 구리)	
	보호도체의 재질	
	선도체와 같은 경우	선도체와 다른 경우
$S \leq 16$	S	$(k_1/k_2) \times S$
$16 < S \leq 35$	16	$(k_1/k_2) \times 16$
$S > 35$	$S/2$	$(k_1/k_2) \times (S/2)$

여기서, k_1 : 도체 및 절연의 재질에 따라 KS C IEC 60364-5-54(저압전기설비-제5-54부 : 전기기기의 선정 및 설치-접지설비 및 보호도체)의 "표 A54.1(여러 가지 재료의 변수 값)" 또는 KS C IEC 60364-4-43(저압전 기설비-제4-43부 : 안전을 위한 보호-과전류에 대한 보호)의 "표 43A(도체에 대한 k값)"에서 선정된 선 도체에 대한 k값

k_2 : KS C IEC 60364-5-54(저압전기설비-제5-54부 : 전기기기의 선정 및 설치-접지설비 및 보호도체) 의 "표 A.54.2(케이블에 병합되지 않고 다른 케이블과 묶여 있지 않은 절연 보호도체의 k값)~표 A.54.6(제 시된 온도에서 모든 인접 물질에 손상 위험성이 없는 경우나 도체의 k값)"에서 선정된 보호도체에 대한 k값

a : PEN 도체의 최소단면적은 중성선과 동일하게 적용한다[KS C IEC 60364-5-52(저압전기설비-제5-52 부 : 전기기기의 선정 및 설치-배선설비) 참조].

2) 계산에 의한 방법(차단시간이 5초 이하인 경우)

$$S = \frac{\sqrt{I^2 \cdot t}}{k}$$

여기서, S : 단면적(mm²)

I : 보호장치를 통해 흐를 수 있는 예상 고장전류 실효값(A)

t : 자동차단을 위한 보호장치의 동작시간(s)

k : 보호도체, 절연, 기타 부위의 재질 및 초기 온도와 최종온도에 따라 정해지는 계수

3) 보호도체가 케이블의 일부가 아니거나 선도체와 동일 외함에 설치되지 않으면 단면적은 다음의 굵기 이상으로 하여야 한다.

구분	구리	알루미늄
(1) 기계적 손상에 대해 보호된 경우	2.5 ㎟ 이상	16 ㎟ 이상
(2) 기계적 손상에 대해 보호가 안 된 경우	4 ㎟ 이상	16 ㎟ 이상
(3) 케이블의 일부가 아니라도 전선관 및 트렁킹 내부에 설치되거나, 이와 유사한 방법으로 보호되는 경우 기계적으로 보호되는 것으로 간주한다.		

4) 보호도체가 두 개 이상의 회로에 공통으로 사용되면 단면적은 다음과 같이 선정하여야 한다.

　① 회로 중 가장 부담이 큰 것으로 예상되는 고장전류 및 동작시간을 고려하여 선정한다.

　② 회로 중 가장 큰 선도체의 단면적을 기준으로 선정한다.

5) 보호도체의 보호

　① 기계적인 손상, 화학적 · 전기화학적 열화, 전기역학적 · 열역학적 힘에 대해 보호되어야 한다.

　② 나사접속 · 클램프 접속 등 보호도체 사이 또는 보호도체와 타 기기 사이의 접속은 전기적 연속성 보장 및 충분한 기계적 강도와 보호를 구비하여야 한다.

　③ 보호도체를 접속하는 나사는 다른 목적으로 겸용해서는 안 된다.

　④ 접속부는 납땜(soldering)으로 접속해서는 안 된다.

6) 보호도체의 접속부는 검사와 시험이 가능하여야 한다. 다만 다음의 경우는 예외로 한다.

　① 화합물로 충전된 접속부　　　　② 금속관, 덕트 및 버스덕트에서의 접속부

　③ 캡슐로 보호되는 접속부　　　　④ 기기의 한 부분으로서 규정에 부합하는 접속부

　⑤ 압착 공구에 의한 접속부　　　　⑥ 용접(welding)이나 경납땜(brazing)에 의한 접속부

7) 보호도체에는 어떠한 개폐장치를 연결해서는 안 된다. 다만, 시험목적으로 공구를 이용하여 보호도체를 분리할 수 있는 접속점을 만들 수 있다.

8) 접지에 대한 전기적 감시를 위한 전용장치(동작센서, 코일, 변류기 등)를 설치하는 경우, 보호도체 경로에 직렬로 접속하면 안 된다.

10. 보호도체의 단면적 보강

1) 보호도체는 정상 운전상태에서 전류의 전도성 경로(전기자기 간섭 보호용 필터의 접속 등으로 인한)로 사용되지 않아야 한다.

2) 전기설비의 정상 운전상태에서 보호도체에 10 mA를 초과하는 전류가 흐르는 경우, 다음에 의해 보호도체를 증강하여 사용하여야 한다.

구분	구리	알루미늄
(1) 보호도체가하나인 경우 단면적	10 ㎟ 이상	16 ㎟ 이상
(2) 추가로 보호도체를 위한 별도의 단자가 구비된 경우 단면적	10 ㎟ 이상	16 ㎟ 이상

11. 전기수용가 접지

1) 저압수용가 인입구 접지

① 수용장소 인입구 부근에서 다음의 것을 접지극으로 사용하여 변압기 중성점 접지를 한 저압전선로의 중성선 또는 접지측 전선에 추가로 접지공사를 할 수 있다.

㉠ 지중에 매설되어 있고 대지와의 전기저항값이 3Ω 이하의 값을 유지하고 있는 금속제 수도관로

㉡ 대지 사이의 전기저항값이 3Ω 이하인 값을 유지하는 건물의 철골

② 접지도체는 공칭단면적 6㎟ 이상의 연동선 또는 이와 동등 이상의 세기 및 굵기의 쉽게 부식하지 않는 금속선으로서 고장 시 흐르는 전류를 안전하게 통할 수 있는 것이어야 한다.

2) 주택 등 저압수용장소 접지

① 저압수용장소에서 계통접지가 TN-C-S 방식인 경우에 보호도체는 다음에 따라 시설하여야 한다.

㉠ 중성선 겸용 보호도체(PEN)는 고정 전기설비에만 사용할 수 있고, 그 도체의 단면적이 구리는 10㎟ 이상, 알루미늄은 16㎟ 이상이어야 하며, 그 계통의 최고전압에 대하여 절연되어야 한다.

② 제1에 따른 접지의 경우에는 감전보호용 등전위 본딩을 하여야 한다. 다만, 이 조건을 충족시키지 못하는 경우에 중성선 겸용 보호도체를 수용장소의 인입구 부근에 추가로 접지하여야 하며, 그 접지저항 값은 접촉전압을 허용접촉전압 범위 내로 제한하는 값 이하로 하여야 한다.

12. 계통접지(저압 전기설비의 접지방식)

저압전로의 보호도체 및 중성선의 접속 방식에 따라 계통접지는 다음과 같이 분류한다. ★★★

TN 계통	전원측의 한 점을 직접접지하고 설비의 노출도전부를 보호도체로 접속시키는 방식 ① TN-S 방식　　② TN-C 방식　　③ TN-C-S 방식
TT 계통	전원의 한 점을 직접 접지하고 설비의 노출도전부는 전원의 접지전극과 전기적으로 독립적인 접지극에 접속시킨다.
IT 계통	① 충전부 전체를 대지로부터 절연시키거나, 한 점을 임피던스를 통해 대지에 접속시킨다.(전기설비의 노출도전부를 단독 또는 일괄적으로 계통의 PE 도체에 접속시키며 배전계통에서 추가접지가 가능하다.) ② 계통은 충분히 높은 임피던스를 통하여 접지할 수 있다. (이 접속은 중성점, 인위적 중성점, 선도체 등에서 할 수 있고 중성선은 배선할 수도 있고, 배선하지 않을 수도 있다.)

1) KEC 계통접지의 문자

① 제1문자 : 전원계통과 대지의 관계

T(Terra) : 한 점을 대지에 직접 접속

I(Insulation) : 모든 충전부를 대지와 절연 또는 임피던스로 한 점을 직접 접속

② 제2문자 : 설비의 노출도전부와 대지의 관계

T(Terra) : 노출도전부와 대지에 직접 접속

N(Neutral) : 노출도전부를 계통 중성선에 접속

③ 제3문자 : 중성선과 보호도체의 관계

S(Separate) : 중성선과 보호도체 분리

C(Combined) : 중성선과 보호도체 겸용

2) 접지계통 분류에서 TN 접지방식

[계통접지]

이니셜	영단어	뜻
T	Terra	땅, 대지, 흙
N	Natural	중성선
I	Insulation or Impedance	절연 또는 임피던스
C	Combine	결합
S	Separator	구분, 분리

T-T, T-N, I-T

- 첫 번째 문자 : 전원측 변압기의 접지상
- 두 번째 문자 : 설비의 접지상태 용어설명

> **참고**
>
> **용어설명**
> - L1, L2, L3 : 각 상
> - N : 중성선
> - PE : 보호도체(감전에 대한 보호 등 안전을 목적으로 하는 도체)

3) KEC 계통접지 방법

계통접지	접지방법
TN	전원 측의 한 점을 직접 접지하고 설비의 노출 도전부를 보호도체로 접속시키는 방식 ① TN-C ② TN-S ③ TN-C-S
TT	전원의 한 점을 직접접지하고 설비의 노출 도전부는 전원의 접지전극과 전기적으로 독립적인 접지극에 접속시킨다.
IT	① 충전부 전체를 대지로부터 절연시키거나 한 점을 임피던스를 통해 대지에 접속시킨다. (전기설비의 노출 도전부를 단독 또는 일괄계통의 P.E 도체에 접속시키며, 배전계통에서 추가 접지가 가능하다.) ② 계통은 충분히 높은 임피던스를 통하여 접지할 수 있다. (이 접속은 중성점, 인위적 중성점,선도체 등에서 할 수 있고 중성선은 배선할 수도 있으며, 배선하지 않을 수도 있다.)

4) 접지방식

(1) TN방식(다중접지 방식) : T(대지) − N(중성선)을 연결하는 방식

TN−S 방식	• T(대지) − N(중성선)을 연결하는 방식 다중 접지 방식이라고도 한다. • 전력공급 측을 계통접지하고 설비측은 PE로 연접시키는 시스템으로 과전류 차단기로 간접접촉 보호가 가능하며 누전차단기가 필요없으며, 주로 전위상승이 적어 저압간선에 사용한다. ① 변압기는 접지되어 있고(TN) 중성선(N)과 보호도체(PE)는 각각 분리(S)되어 사용하는 방식을 말한다. ② 통신기기, 전산센터, 병원 등 예민한 전기설비가 있는 경우 많이 사용된다. ③ 계통 전체를 중성선과 접지선(PE)로 분리하는 방식으로 불평형 전류가 N상만 흐른다.	
TN−C 방식	① 변압기는 접지되어 있고(TN) 중성선(N)과 보호도체(PE)는 각각 결합(C)되어 사용하는 방식을 말한다. ② 현재 우리나라 배전선로에 사용되고 있는 방식이다. ③ 누전차단기를 설치할 수 없다. ④ 계통 전체에 걸쳐 중성선과 보호도체를 하나의 도선으로 결합시킨 방식으로 불평형 전류가 접지 및 보호도체용 도선에 흐른다. ⑤ 일반적으로 통신에 구애받지 않은 전력계통에 적합하다.	
TN−C−S 방식	계통이 일부분은 C 방식 일부는 S방식을 말하며, ① TN−S방식과 TN−C 방식이 결합된 형태로 전원부는 TN−C를 적용하고 간선계통에서는 TN−S를 사용하는 방식을 말한다. ② 수변전실을 갖춘 대형 건축물에서 많이 사용된다. ③ 계통이 일부분은 C 방식 일부는 S방식을 말하며, 누전차단기 사용시 TN−C는 TN−S 뒤에 사용할 수 없다.	

(2) TT방식

TT방식	전력공급 측을 계통 접지하여 설비의 노출 도전성 부분을 계통접지와 전기적으로 독립 접지하는 방식으로, 단상 삼상을 모두 사용시 N 상과 별도로 접지를 설치하는 방법임 ① 변압기 측과 전기설비 측을 개별 접지하는 방식을 말한다. ② 전봇대 주상변압기 접지선과 각 수용가의 접지선이 따로 있는 상태에 해당한다. ③ 반드시 누천차단기를 설치해야 한다.	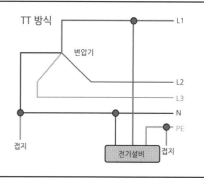

(3) IT방식

IT방식	충전부 전체를 대지로 절연하고 한 점에 임피던스를 삽입하여 대지에 접속시키고 노출도전성 부분을 단독 또는 일괄 접지하는 방식으로 대형 플랜트에 사용한다. 고압간선 라인 또는 송전선로에 사용한다. 정전용량이 큰 154KV 또는 345KV 계통에서 사용함 ① 변압기가 있는 전원부의 중성점에는 접지를 안 하고 (절연 또는 임피던스) 설비 쪽은 접지하는 방식 ② 병원과 같이 전원이 차단되어서는 안 되는 곳에 사용함	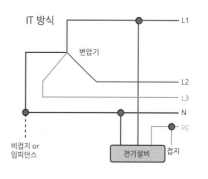

13. 변압기 중성점 접지

1) 변압기의 중성점 접지저항 값은 다음에 의한다. ★★★

① 일반적으로 변압기의 고압 · 특고압측 전로 1선 지락전류로 150을 나눈 값과 같은 저항값 이하
($\frac{150}{1선지락전류}\Omega$ 이하)

② 변압기의 고압 · 특고압측 전로 또는 사용전압이 35kV 이하의 특고압전로가 저압측 전로와 혼촉하고 저압전로의 대지전압이 150V를 초과하는 경우는 저항값은 다음에 의한다.

㉠ 1초 초과 2초 이내에 고압 · 특고압 전로를 자동으로 차단하는 장치를 설치할 때는 300을 나눈 값 이하($\frac{300}{1선지락전류}\Omega$ 이하)

㉡ 1초 이내에 고압 · 특고압 전로를 자동으로 차단하는 장치를 설치할 때는 600을 나눈 값 이하 ($\frac{600}{1선지락전류}\Omega$ 이하)

2) 전로의 1선 지락전류는 실측값에 의한다. 다만, 실측이 곤란한 경우에는 선로 정수 등으로 계산한 값에 의한다.

14. 공통접지 및 통합접지

1) 고압 및 특고압과 저압 전기설비의 접지극이 서로 근접하여 시설되어 있는 변전소 또는 이와 유사한 곳에서는 공동접지 시스템으로 할 수 있다.
2) 전기설비의 접지설비, 건축물의 피뢰설비 · 전자통신설비 등의 접지극을 공용하는 통합접지 시스템에는 낙뢰에 의한 과전압 등으로부터 전기전자기기 등을 보호하기 위해 서지보호장치를 설치하여야 한다.

15. 등전위 본딩

등전위를 형성하기 위해 도전부 상호 간을 연결하는 것을 말한다.
※ 등전위(equipotential) : 전계 내에서 복수점이 동일 전위인 것 즉 등위가 같은 것
　　전위 : 전기장 내에서 단위 전하가 갖는 위치 에너지(V)
　　본딩 : 건축, 기기공간을 대상
　　접지 : 대지를 대상

종류	적용	보호대상
감전보호	① 보호 등전위본딩 ② 보조 보호 등전위본딩 ③ 비접지국부 등전위본딩	감전보호
피뢰용	① 외부 피뢰 등전위본딩 ② 내부 피뢰 등전위본딩	뇌격으로부터 보호 불꽃방전과 화재방지
정보기기	정보기술관련 기기의 등전위본딩	기능보증, 기준점 확보

15-1. 감전보호용 등전위 본딩

1) 목적 : 위험전압의 저감 및 등전위화를 도모하여 내부시설기기의 기능을 보장하고 인체의 안전을 확보하기 위함
2) 개념 : 등전위본딩은 등전위성을 얻기 위해 건축물의 공간에서 금속도체를 서로 접속하여 전위를 같게 하는 것
3) 적용
　(1) 건축물 · 구조물에서 접지도체, 주접지 단자와 다음의 도전성 부분은 등전위 본딩하여야 한다. 다만, 이들 부분이 다른 보호도체로 주접지 단자에 연결된 경우는 그러하지 아니하다.
　　① 수도관 · 가스관 등 외부에서 내부로 인입되는 금속 배관

② 건축물 · 구조물의 철근, 철골 등 금속 보강재

③ 일상생활에서 접촉이 가능한 금속제 난방배관 및 공조설비 등 계통 외 도전부

(2) 주접지 단자에 보호 등전위본딩도체, 접지도체, 보호도체, 기능성 접지도체를 접속하여야 한다.

15-2 감전보호용 등전위 본딩

등전위를 형성하기 위하여 도전부(금속체, 수도관, 철골 등) 상호관을 연결하여 감전을 막아준다. 만약 본딩을 하지 않으면 전류가 사람을 통하여 흐르게 되어 감전의 위험이 있다.

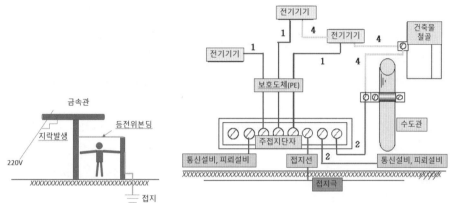

1 : 보호도체(P.E)   2 : 보호 등전위본딩   4 : 보조 보호 등전위본딩

15-3) 보호 등전위본딩 장소

(1) 건축물 · 구조물의 외부에서 내부로 들어오는 각종 금속제 배관의 등전위본딩

① 1개소에 집중하여 인입하고, 인입구 부근에서 서로 접속하여 등전위본딩바에 접속하여야 한다.

② 대형건축물 등으로 1개소에 집중하여 인입하기 어려운 경우에는 본딩도체를1 개의 본딩바에 연결한다.

(2) 수도관 · 가스관의 경우 내부로 인입된 최초의 밸브 후단에서 등전위본딩을 하여야 한다.

(3) 건축물 · 구조물의 철근, 철골 등 금속보강재는 등전위본딩을 하여야 한다.

15-4) 보호 등전위본딩 도체

(1) 주접지 단자에 접속하기 위한 등전위본딩 도체는 설비 내에 있는 가장 큰 보호접지도체 단면적의 1/2 이상의 단면적을 가져야 하고 다음의 단면적 이상이어야 한다.

① 구리 도체 6㎟   ② 알루미늄 도체 16㎟

③ 강철 도체 50㎟

(2) 주접지 단자에 접속하기 위한 보호본딩도체의 단면적

① 구리도체 25㎟   ② 다른 재질의 동등한 단면적을 초과할 필요는 없다.

15-5) 보조 보호 등전위본딩

(1) 보조 보호 등전위본딩의 대상은 전원 자동차단에 의한 감전보호방식에서 고장 시 자동차단시간

이 계통별 최대차단시간을 초과하는 경우이다.

(2) 차단시간을 초과하고 2.5 m 이내에 설치된 고정기기의 노출도전부와 계통외 도전부는 보조 보호등전위본딩을 하여야 한다. 다만, 보조 보호등전위본딩의 유효성에 관해 의문이 생길 경우 동시에 접근 가능한 노출도전부와 계통외 도전부 사이의 저항 값(R)이 다음의 조건을 충족하는지 확인하여야 한다.

$$\text{교류계통} : R \leq \frac{50V}{I_a}(\Omega) , \quad \text{직류계통} : R \leq \frac{120V}{I_a}(\Omega)$$

I_a : 보호장치의 동작전류(A)

(누전차단기의 경우 $I\Delta n$(정격감도전류), 과전류보호장치의 경우 5초 이내 동작전류)

(3) 보조 보호 등전위본딩 도체의 굵기

① 두 개의 노출도전부를 접속하는 경우 도전성은 노출도전부에 접속된 더 작은 보호도체의 도전성보다 커야 한다.

② 노출도전부를 계통외도전부에 접속하는 경우 도전성은 같은 단면적을 갖는 보호도체의 1/2 이상이어야 한다.

③ 케이블의 일부가 아닌 경우 또는 선로 도체와 함께 수납되지 않은 본딩 도체는 다음 값 이상이어야 한다.

구분	구리	알루미늄
기계적 보호가 된 경우	2.5 ㎟ 이상	16 ㎟ 이상
기계적 보호가 안된 경우	4 ㎟ 이상	16 ㎟ 이상

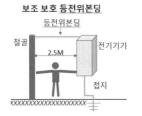

보조 보호 등전위본딩

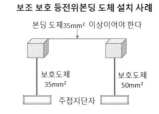

보조 보호 등전위본딩도체 설치 사례

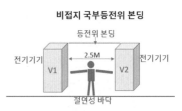

보조 보호 등전위본딩 도체 설치 사례

15–6) 비접지 국부등전위 본딩

(1) 절연성 바닥으로 된 비접지 장소에서 다음의 경우 국부등전위본딩을 하여야 한다.

가. 전기설비 상호 간이 2.5 m 이내인 경우

나. 전기설비와 이를 지지하는 금속체 사이

(2) 전기설비 또는 계통외 도전부를 통해 대지에 접촉하지 않아야 한다.

비접지의 두 기기에 V1 - V2 전위차에 의한 본딩이 되지 않을 경우 감전위험이 있으므로 기기를 본딩하여야 한다.

16. 접지를 해야 하는 대상 부분

1) 전기기계기구의 금속제 외함 금속제 외피 및 철대
2) 고정 설치되거나 고정 배선에 접속된 전기기계기구에 노출된 비충전 금속재의 중 충전될 우려가 있는 다음에 해당하는 비충전 금속재
    ① 지면이나 접지된 금속체로부터 수직거리 2.4m, 수평거리 1.5m 이내의 것
    ② 물기 또는 습기가 있는 장소에 설치되어 있는 것
    ③ 금속으로 되어 있는 기기 접지용 전선의 피복 외장 또는 배선관
    ④ 사용 전압이 대지전압 150V를 넘는 것

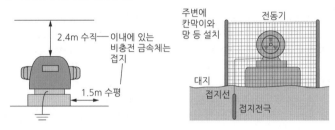

3) 코드와 플러그를 접속하여 사용하는 전기기계기구 중 다음에 해당하는 노출된 비충전 금속제
    ① 사용 전압이 대지전압 150V를 넘는 것
    ② 냉장고 세탁기 컴퓨터 및 주변 기기 등과 같은 고정형 전기 기계 기구
    ③ 고정형, 이동형 또는 휴대용 전동 기계기구
    ④ 물 또는 도전성이 높은 곳에서 사용하는 전기기계기구 비접지형 콘센트
    ⑤ 휴대형 손전등

17. 접지를 하지 않아도 되는 안전한 부분

1) 이중절연구조 또는 이와 동등 이상으로 보호되는 전기기계기구
2) 절연대 위 등과 같이 감전 위험이 없는 장소에서 사용하는 전기기계기구
3) 비접지방식 전로에 접속하여 사용되는 전기기계기구(전기기계기구의 전원 측에 전로에 설치한 절연 변압기 2차 전압이 300V 이하 전격 용량이 3kvA 이하이고 그 절연 변압기의 부하 측에 전로가 접지되어 있지 아니한 것)

18. 접지저항을 감소시키는 방법

1) **약품법** : 도전성 물질을 접지극 주변 토양의 주입
2) **병렬법** : 접지 수를 증가하여 병렬접속
3) **심타매설** : 접지 전극을 대지에 깊이 박는 방법(75cm 이상 깊이)
4) 접지극의 규격을 크게

19. 접지공사 방법

접지공사의 접지선 시설 기준	① 접지극은 지하 75cm 이상으로 하되 동결 깊이를 감안하여 매설할 것 ② 접지선을 철주 기타의 금속체를 따라서 시설하는 경우에는 접지극을 철주의 밑면으로부터 30cm 이상의 깊이에 매설하는 경우 이외에는 접지극을 지중에서 그 금속체로부터 1m 이상 떼어 매설할 것 ③ 접지선에는 절연전선(옥외용, 비닐절연전선 제외), 캡 타이어 케이블 또는 케이블(통신용 케이블 제외)을 사용할 것 ④ 접지선의 지하 75cm로부터 지표상 2m까지의 부분을 합성수지관 또는 이와 동등 이상의 절연 효력 및 강도를 가지는 몰드로 덮을 것
수도관 등에 접지	① 접지선과 금속제 수도관로의 접속은 안지름75mm 이상인 부분 또는 이로부터 분기한 안지름 75mm 미만인 수도관의 분기점으로부터 5m 이내에 부분에서 할 것. 다만, 금속제 수도관로와 대지 사이의 전기저항 값이 2Ω 이하인 경우에는 분기점으로부터의 거리는 5m을 넘을 수 있다. ② 접지도체와 금속제 수도관로의 접속부를 수도계량기로부터 수도 수용가 측에 설치하는 경우에는 수도계량기를 사이에 두고 양측 수도관로를 등전위본딩하여야 한다. ③ 접지도체와 금속제 수도관로의 접속부를 사람이 접촉할 우려가 있는 곳에 설치하는 경우에는 손상을 방지하도록 방호장치를 설치하여야 한다. ④ 접지도체와 금속제 수도관로의 접속에 사용하는 금속제는 접속부에 전기적 부식이 생기지 않아야 한다. ⑤ 건축물·구조물의 철골 기타의 금속제는 이를 비접지식 고압전로에 시설하는 기계기구의 철대 또는 금속제 외함의 접지공사 또는 비접지식 고압전로와 저압전로를 결합하는 변압기의 저압전로의 접지공사의 접지극으로 사용할 수있다. 다만, 대지와의 사이에 전기저항값이 2Ω 이하인 값을 유지하는 경우에 한한다.
접지봉에 매설 방법	① 직경 2m 이상 깊이 1~2m의 구멍을 파고 접지봉을 7개 정도 비슷한 간격으로 박아 넣는다. ② 흙으로 덮은 다음 중심부분에 접지봉 매설 표식을 한다
접지판 매설방법	① 2~3m 정도 구덩이를 파고 접지판을 수평으로 놓고 흙으로 덮어 다진다. ② 접지판 아래쪽에 0.6m 정도의 범위에 촉매제나 숯 등을 넣으면 더욱 효과적

20. 접지방식(중성점을 접지하는 방식)

직접접지	변압기의 중성점을 직접 도체로 접지시키는 방식으로 이상전압 발생이 가장 적은 접지방식
저항접지	중성점에 저항기를 삽입하여 접지하는 방식 저항값의 대·소에 따라 고·저 저항접지 방식으로 나눈다.
소호리액터 접지	• 변압기의 중성점을 대지 정전 용량과 공진하는 리액턴스를 갖는 리액터를 통해서 접지하는 방식 • 지락 고장이 발생해도 무정전으로 송전을 계속 할 수 있는 지락전류가 거의 '0'에 가까워 안정도가 높다.
리액터접지	접지용의 리액터 또는 변압기를 통하여 접지하는 방식

21. 접지저항을 감소시키는 방법

(1) 약품법: 도전성 물질을 접지극주변 토양의 주입

(2) 병렬법: 접지 수를 증가하여 병렬접속

(3) 심타매설: 접지 전극을 대지에 깊이 박는 방법 (75cm 이상 깊이)

(4) 접지극의 규격을 크게

접지봉 매설 방법	① 직경 2m 이상 깊이 1~2m의 구멍을 파고 접지봉을 7개 정도 비슷한 간격으로 박아 넣는다. ② 흙으로 덮은 다음 중심부분에 접지봉 매설 표식을 한다.
접지판 매설방법	① 2~3m 정도 구덩이를 파고 접지 판을 수평으로 놓고 흙으로 덮어 충분히 다짐 ② 접지판 아래쪽에 0.6m 정도의 범위에 촉매제나 숯 등을 넣으면 더욱 효과적

03 | 피뢰설비

1. 피뢰시스템의 구성

외부피뢰 시스템	직격뢰로부터 대상물을 보호
	① 수뢰부 시스템
	  뇌격전류를 받아들이기 위한 외부피뢰 설비를 말한다.
	  ▶ 수뢰부(피뢰침)의 종류
	    ㉠ 돌침, ㉡ 수평도체, ㉢ 매시도체
	② 인하도선(피뢰도선) 시스템
	  수뢰부와 접지극을 연결하여 수뢰부로부터 접지부로 뇌격전류를 흘리기 위한 외부
	  피뢰설비
	③ 접지극 시스템
	  뇌전류를 대지로 방류시키기 위한 것이다. 접지극은 지표면에서 0.75m 이상의 깊이
	  로 매설하여야 한다.

내부피뢰 시스템	간접뢰, 유도뢰로부터 대상물을 보호한다. ① 등전위 본딩설비 ② 외부 피뢰설비와의 전기적 절연

2. 피뢰기의 설치 장소(고압 및 특고압에 전로 중)

1) 발전소 변전소 또는 이에 준하는 장소의 가공전선 인입구 및 인출구

2) 가공 전선로에 접속하는 배전용 변압기의 고압측 및 특별고압측

3) 고압 또는 특고압의 가공 전선로로부터 공급을 받는 수전 전력의 용량이 500kw 이상의 수용장소의
인입구

4) 특고압 가공 전선로로부터 공급을 받는 수용장소의 인입구

5) 배선전로 차단기, 개폐기의 전원측 및 부하측

6) 콘덴서의 전원측

피뢰기 : 전력계통에 발생 혹은 유도된 이상전압의 파고값을 저감시키기 위해 방전시키고 도전로를
차단하여 선로의 절연을 회복시키는 기능을 가진 보호장치

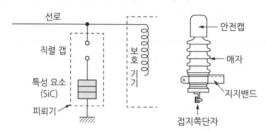

7) 실효값 : 속류를 차단할 수 있는 최고의 교류전압을 피뢰기의 정격전압이라고 하며 이 값은 통상적으
로 실효값으로 나타낸다.

3. 피뢰침 설치 시 준수사항

1) 피뢰침의 보호각은 45° 이하로 할 것
2) 피뢰침을 접지하기 위한 접지극과 대지 간의 접지저항은 10Ω 이하로 할 것
3) 피뢰침과 접지극을 연결하는 피뢰도선은 단면적이 30mm² 이상인 동선을 사용하여 확실하게 접속할 것
4) 피뢰침은 가연성 가스 등이 누설될 우려가 있는 밸브·게이지 및 배기구 등은 시설물로부터 1.5m 이
상 떨어진 장소에 설치할 것
5) 다만, 금속판을 전기적으로 접속하여 통전시켜도 불꽃이 발생
되지 아니하도록 되어 있는 밀폐구조의 저장탑·저장조 등의 시
설물이 두께 3.2mm 이상의 금속판으로 되어 있고, 당해 시설물
의 대지 접지저항이 5Ω 이하인 경우에는 그러하지 아니하다.

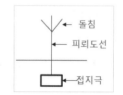

3. 피뢰기의 종류

저항형 피뢰기	• 각형 피뢰기 • 밴드만 피뢰기 • 멀티탭 피뢰기 등
밸브형 피뢰기	• 알루미늄 쉘 피뢰기 • 산화막 피뢰기 • 오토 밸브 피뢰기 • 벨트형 산화막 피뢰기
밸브 저항형 피뢰기	• 레지스트 밸브(resist valve) 피뢰기 • 드라이밸브 피뢰기(dry valve) • 싸이 라이트(thyrite) 피뢰기
방출형 피뢰기	간이형으로 배전용 주상변압기의 보호에 사용

※ 피뢰기의 구성은 직렬 캡과 특성요소로 구성된다. ★☆☆

4. 피뢰침의 종류

돌침 방식 (피뢰침 보호용)	① 돌침이란 피뢰침의 최상단 부분으로 뇌격을 잡기 위한 금속체이다. ② 뇌격선단이 뾰족한 금속도체로서 선단과 대지 사이를 연결한 도체를 이용 내격전류를 안전하게 대지로 안전하게 방류하는 방식 ③ 주위가 필요 보호하려는 대상물의 면적이 좁을수록 유리
수평도체 방식	① 보호하고자 하는 건축물 상부에 수평도체를 가설하여 뇌격을 흡입하게 한 후 인하도선을 통해 대지 사이를 연결하는 도체를 이용 ② 대지로 방류하는 방식(송전선의 가공지선)
케이지 방식 (매시방식)	① 피보호물 주위를 적당한 간격과 그물망을 가진 망상도체로 감싸는 방식으로 등전위를 만드는 것이다. ② 철골조 또는 철근 콘크리트조 빌딩 자체가 케이지 형성에서는 전등 전화선 등에 대한 별도의 보호 필요 ③ 가장 완벽한 피뢰방식

5. 피뢰침의 보호각도

1) 수뢰부 시스템의 배치방법

회전구체법	복합 모양의 구조물에 적합 회전구체법은 보호각법 사용이 제외된 구조물의 일부와 영역의 보호 공간을 확인하는 데 사용
보호각법	• 단순한 구조물이나 큰 구조물의 작은 일부분에 적합(간단한 형상의 건물) • 이 방법은 선정된 피뢰시스템 보호레벨 회전구체법 반경보다 높은 건축물은 적합하지 않다.
매시법	보호대상 구조물의 표면이 평평한 경우에 적합

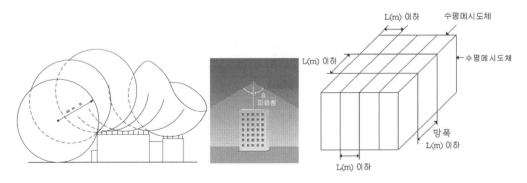

2) 매시법의 보호 조건

(1) 수뢰 도체를 배치하는 위치

① 지붕 가장자리 선

② 지붕 돌출부

③ 지붕 경사가 1/10을 넘는 경우 지붕마루선 높이 60m 이상인 구조물의 경우 구조물의 높이의 80%를 넘는 부분에 측면

(2) 수뢰망의 메시 치수는 정해진 값 이하로 한다.

(3) 수뢰부 시스템 망은 전류가 항상 최소한 두 개 이상의 금속 루트를 통하여 대지에 접속되도록 구성해야 하며 수뢰부 시스템으로 보호되는 영역 밖으로 금속체 설비가 돌출되지 않도록 한다.

(4) 수뢰도체는 가능한 짧고 직선 경로로 한다.

3) 피뢰시스템의 레벨별 회전구체 반경 및 메시 치수와 보호각의 최대값

피뢰시스템의 레벨	보호법	
	회전구체 반경r(M)	메시 치수W(m)
Ⅰ(원자력, 화학공장)	20	5 × 5
Ⅱ(주유소, 정유공장)	30	10 × 10
Ⅲ(발전소)	45	15 × 15
Ⅳ(일반건축물)	60	20 × 20

4) 피뢰설비의 보호 능력

완전 보호	어떠한 뇌격에 대해서도 완벽하게 건물과 사람을 보호하는 구조(케이지 방식으로 시공)
증강 보호	뇌격의 받을 것으로 예상되는 부분의 수평 도체를 설치하여 피뢰설비를 설치하는 구조
보통 보호	일반 건축물 및 위험물 저장소에 대하여 기본으로 설치하는 구조
간이 보호	우뢰가 많은 지역에서 높이 20m 이하 건물에 대한 피뢰설비 설치를 고려한 경우

5) 피뢰기의 구비 성능

피뢰기는 직렬 캡과 특성요소로 구성된다.

(1) **직렬 캡** : 정상 시에는 방전을 하지 않고 절연상태를 유지하며 이상 과전압 발생 시에는 신속히 이상전압을 대지로 방전하고 속류를 차단하는 역할을 한다.

(2) **특성요소** : 뇌전류 방전 시 피뢰기 자신의 전위상승을 억제하여 자신의 절연파괴를 방지하는 역할을 한다.

(3) 피뢰기의 일반적 구비 성능

① 충격 방전 개시전압이 낮을 것   ② 제한전압이 낮을 것

③ 뇌전류의 방전능력이 크고 속류의 차단이 확실하게 될 것

④ 상용 주파 방전개시 전압이 높아야 할 것.

⑤ 구조가 견고하며 특성이 변화하지 않을 것

⑥ 점검 보수가 간단할 것   ⑦ 반복 동작이 가능할 것

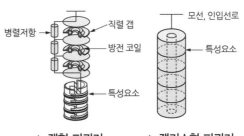

▲ 갭형 피뢰기   ▲ 갭리스형 피뢰기

6) 피뢰기의 접지저항 및 접지 도체의 단면적

① 고압 및 특고압의 전로에 시설하는 피뢰기의 접지저항은 10Ω 이하로 하여야 한다.

② 접지 도체의 단면적

접지도체에 피뢰시스템이 접속되는 경우	① 구리 : 16㎟ 이상 ② 철제 : 50㎟ 이상

7) 피뢰침 보호 여유도

$$피뢰기 보호 여유도 = \frac{충격절연강도 - 제한전압}{제한전압} \times 100$$

> **예제**
>
> 1. 피뢰기의 여유도가 33%이고, 충격절연강도가 1000kV라고 할 때 피뢰기의 제한전압은 약 몇 kV인가?
>
> ① 852   ❷ 752   ③ 652   ④ 552
>
> **해설** $33 = \frac{(1,000-x)}{x} \times 100$
>
> $33x = (1,000-x) \times 100 = 100,000 - 100x, \ 133x = 100,000$
>
> $x = \frac{100,000}{133} = 752$

04 | 화재경보기

1. 구성 요소

1) 누전 경보기
① 변류기 : 경계전로의 누설전류를 자동적으로 검출하여 누전경보기의 수신부에 송신하는 장치
② 수신기 : 변류기로부터 검출된 신호를 수신하여 누전의 발생을 경보하여 주는 장치. 공칭작동 전류치 : 200mA

2) 자동화재탐지설비
① 감지기 : 화재 발생 시 발생하는 연기 불꽃 또는 연소 생성물을 자동적으로 감지하여 수신기의 발생하는 장치
② 발신기 : 화재 발생 신호를 수신기에 수동으로 발신하는 장치
③ 중계기 : 감지기 발신기 등의 작동에 따른 신호를 받아 수신기의 제어판에 전송하는 장치
④ 수신기 : 감지기 나 발신기에서 발하는 화재신호를 직접 수신하거나 중계기를 통하여 수신하여 화재의 발생을 표시 및 경고하여 주는 장치

2. 화재감지기 ★★★

열 감지기 (온도)	차동식 감지기	단위시간당 감지온도의 상승률이 기준값 이상인 경우 화재발생으로 감지하여 수신기로 송출하는 방식 ① 공기식 스폿형(spot) : 특정위치 온도변화 감지 ② 분포형 : 실내의 급격한 온도변화 감지 　(ㄱ) 공기관식 분포형 : 열반도체식 반도체 열 센서를 이용 감지 　(ㄴ) 열전대식 분포형 : 한쪽의 온도를 일정하게 유지하면서 다른 쪽 온도를 변화시킬 때 열기전력이 발생 ※ 제벡 효과 : 온도차로 열이 전기로 바뀌는 현상으로 전위차를 측정하는 것으로 이를 제벡 효과라 함.
	정온식 감지기	일정 온도 이상이 될 때 동작 하는 것으로 스포트형과 감지선형으로 분류
	보상식 감지기	주변의 온도 변화에 의한 감도가 변화하는 것으로 차동식과 정온식의 기능을 갖는 것이 있다.
연기 감지기	광전식	연기에 의한 빛의 양 변화를 광전기 같은 전기적 변화에 의해 화재발생을 감지하는 방법
	이온화식	연기에 의한 이온화 전류가 변화되는 것을 이용하는 것으로 연기의 혼입으로 이온화 전류가 감소되어 전압 변화가 일어나 연기를 감지하는 방법

3. 화재경보기에 설치 및 장소

1) 누전 경보기 설치방법

① 정격전류가 60A를 초과하는 전로 : 1급 누전 경보기

② 정격전류가 60A 이하의 전로 : 1급 또는 2급 누전 경보기

2) 변류기 설치

경계전류의 누설전류를 자동적으로 검출하여 누설경보기의 수신부에 송출하는 장치로서 옥외 인입선의 제1지점의 부하 측 또는 제2종 접지선 측의 점검이 쉬운 위치에 설치

3) 수신부 설치

변류기로부터 검출된 신호를 수신하여 누전의 발생을 경보하여 주는 장치로서 옥내 점검이 편리한 장소에 설치

4. 자동화재탐지설비

1) 연기 감지기 설치장소

① 계단 밑 경사로(15m 미만의 것 제외)

② 복도(30m 미만의 것 제외)

③ 엘리베이터 권상기실, 파이프 덕트 기타 이와 유사한 곳

④ 천장 또는 반자의 높이가 15m 이상 20m 미만의 장소

5. 화재 대책

1) 예방 대책 : 사전예방 방지 대책

2) 국한 대책

① 방화벽, 방화문 등 방화시설 설치   ② 불연성 재료의 사용

③ 위험물 시설의 지하매설   ④ 가연성 물질의 직접 방지 및 일정한 공지의 확보

3) 소화 대책

① 소화설비 활용   ② 수동식 소화기, 스프링클러

③ 물분무 소화장치, 옥내외 소화전

4) 피난 대책

① 유도등, 유도표지 설치

② 방열복, 공기호흡기 등 인명 구조기구 비치

③ 미끄럼대, 피난사다리, 구조대, 인강기, 피난밧줄 등 피난기구 구비

④ 비상조명등, 휴대용 비상조명등 구비

5) 발화원의 관리

03 연습문제

01 300A의 전류가 흐르는 저압 가공전선로의 한 선에서 허용 가능한 누설전류는 얼마인가?

① 0.1A   ② 0.15A

③ 1.0A   ④ 1.5A

02 전기기계, 기구의 누전에 의한 감전위험을 방지하기 위하여 접지를 해야 하는데 접지를 하지 않아도 무관한 것은?

① 전기기계, 기구의 금속제 외함

② 크레인 등 이와 유사한 장비의 고정식 궤도 및 프레임

③ 전기기계, 기구의 금속제 외피

④ 비접지식 전로의 전기기기 외함

03 피뢰기가 갖추어야 할 이상적인 성능 중 잘못된 것은?

① 제한전압이 낮아야 한다.

② 반복동작이 가능하여야 한다.

③ 뇌전류 방전능력이 크고 속류차단이 확실해야 한다.

④ 충격방전 개시전압이 높아야 한다.

04 전기설비의 경로별 재해 중 가장 높은 것은?

① 단락   ② 누전

③ 접촉부 과열   ④ 과전류

05 속류를 차단할 수 있는 최고의 교류전압을 피뢰기의 정격전압이라고 하는데 이 값은 통상적으로 어떤 값으로 나타내고 있는가?

① 최대값   ② 평균값

③ 실효값   ④ 파고값

정답   **01** ②   **02** ④   **03** ④   **04** ①   **05** ③

04 정전기의 재해방지 대책

01 | 정전기의 영향 및 발생원인

1. 정전기 발생 원리

1) 서로 다른 두 물체를 마찰하면 각각의 물체에서 전하분리 현상이 일어나서 같은 종류의 전기 사이에는 반발력이 다른 종류의 전기 사이에는 흡입력이 발생하여 각각 정과 부의 전기를 띠게 되는데 이렇게 발생한 전기를 마찰전기라 하며 물체가 전기를 띠게 되는 현상을 대전이라 한다.

2) 물질을 이루고 있는 원자를 정(正)전기를 띠고 있는 원자핵과 부(負)전기를 띠고 있는 전자로 구성되어 있으며 이 두 가지의 양이 보통 때는 같아서 중성상태를 이루고 있다가 접촉이나 마찰 등에 의해 전자의 이동이 생기면서 정전기가 발생하게 된다.

3) 정전기란 전화에 공간적 이동이 적고 전기의 영향은 크나 자기의 영향이 상대적으로 미미한 전기 전하를 말한다.

2. 정전기 발생형태

1) 접촉분리

① 2가지 물체의 접촉으로 물체의 경계면에서 전하의 이동이 생겨 정 또는 부의 전하가 나란하게 형성되었다가 분리되면서 전하 분리가 일어나 극성이 서로 다른 정전기가 발생

② 마찰, 박리, 충돌, 액체의 유동에 의한 정전기가 여기에 해당된다.

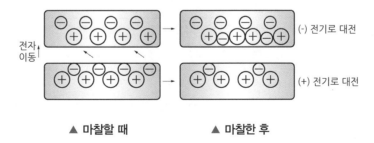

▲ 마찰할 때　　　　　▲ 마찰한 후

3. 정전기의 성질

1) 역학 현상

① 정기적인 작용에 의해 대전체 가까이에 있는 물체를 끌어당기거나 반발하게 하는 성질

② 대전체의 표면전하에 의해 작용하므로 표면적이 큰 종이, 필름, 섬유 등에서 발생하기 쉽고 각종 생산 장애를 유발한다.

2) 정전유도현상

대전체 가까이에 절연된 도체가 있을 경우 전기력의 의한 자유전자의 이동으로 대전체 쪽의 도체 표면에는 대전체와 반대의 전화가, 반대쪽에는 같은 전하가 대전되는 현상

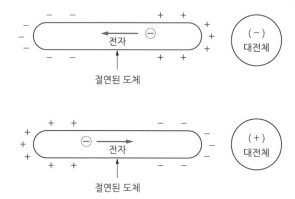

4. 정전기 발생 현상의 분류 ★★★

구분	내용
마찰 대전	두 물체에 마찰이나 마찰에 의한 접촉 위치의 이동으로 전하의 분리 및 재배열이 일어나서 정전기가 발생하는 현상을 말하며 접촉과 분리의 과정을 거쳐 정전기가 발생
박리 대전	서로 밀착되어 있는 물체가 떨어질 때 전하의 분리가 일어나 정전기가 발생하는 현상
유동 대전	액체류를 파이프 등 내부에서 유동할 때 액체와 관벽 사이에 정전기가 발생한다. 액체류의 유동속도가 정전기 발생에 큰 영향을 준다.
분출 대전	분체류, 액체류, 기체류가 단면적이 작은 분출구를 통해 공기 중으로 분출될 때 분출하는 물질과 분출구와의 마찰로 인해 정전기가 발생
충돌 대전	분체류와 같은 입자상호 간이나 입자와 고체와의 충돌에 의해 빠른 접촉, 분리가 행하여짐으로써 정전기가 발생하는 현상
유도 대전	유도대전은 대전물에 가까이 대전될 물체가 있을 때 이것이 정전유도를 받아 전하의 분포가 불균일하게 되며 대전된 것이 등가로 되는 현상
비말 대전	비말(물보라, Spray)은 공간에 분출한 액체류가 가늘게 비산해서 분리되고, 많은 물방울이 될 때 새로운 표면을 형성하기 위해 정전기가 발생하는 현상
파괴 대전	고체, 분체류와 같은 물체가 파괴되었을 때 전하분리 또는 전하의 균형이 깨지면서 정전기가 발생

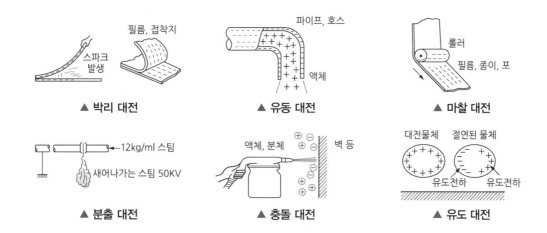

▲ 박리 대전   ▲ 유동 대전   ▲ 마찰 대전

▲ 분출 대전   ▲ 충돌 대전   ▲ 유도 대전

5. 정전기 발생의 영향 요인

물체의
특성
	① 마찰, 접촉분리하는 두 가지 물체의 상호 특성에 의해 결정
	② 대전열
	   ㉠ 물체를 마찰시킬 때 전자를 잡아당기는 힘의 차이가 발생
	     전자를 잃기 쉬운 순서대로 나열한 것
	   ㉡ 대전열에서 멀리 있는 두 물체를 마찰할수록 대전이 잘된다.
	     (+) 털가죽 유리 명주 나무 고무 플라스틱 애보나이트(−)

물체의 표면상태	① 표면이 거칠면 거칠수록 매끄러운 것보다 정전기가 크게 발생한다. ② 표면이 수분 기름 등의 오염되거나 산화 부식되어 있으면 정전기가 크게 발생한다.
물체의 이력	물체가 이미 대전된 이력이 있을 경우 정전기 발생의 영향이 작아지는 경향이 있다.(처음 접촉, 분리일 때가 최고이며 반복될수록 감소)
접촉면적 및 압력	접촉면적과 압력이 클수록 정전기가 크게 발생한다.
분리속도	분리 속도가 클수록 주어지는 에너지가 크게 되므로 정전기 발생량도 증가하는 경향이 있다.
완화시간	완화 시간이 길면 길수록 정전기 발생량은 증가한다.

참고

용어의 정의

대전	서로 다른 두 물체를 마찰하면 각각의 물체에서 전하분리 현상이 일어나서 같은 종류의 전기 사이에는 반발력이 다른 종류의 전기 사이에는 흡입력이 발생하여 각각 정과 부의 전기를 띠게 되는데 이렇게 발생 한 전기를 마찰전기라 하며 물체가 전기를 띠게 되는 현상을 대전이라 한다
방전	전위차가 있는 2개의 대전체가 특정거리에 접근하게 되면 등전위가 되기 위하여 전하가 절연공간을 깨고 순간적으로 빛과 열을 발생하여 이동하는 현상
충전	축전지(蓄電池)나 축전기(蓄電器)에 전기 에너지를 축적하는 일
전하	전자기장 내에서 전기현상을 일으키는 주체적인 원인으로, 특히 공간에 있는 가상의 점이 갖는 전하를 점전 하라고 하고, 전하의 양을 전하량(Q)이라고 한다. 전하의 국제단위는 쿨롱이며, 단위기호는 "C" 이다.
열전	고체상태에서 열과 전기 사이의 가역적, 직접적인 에너지 변환 현상이다. 열을 전기로 전기를 열로 변환되는 현상

6. 방전의 형태 및 영향

1) 방전 현상

(1) 정전기의 전기적 작용에 의해 일어나는 전기 작용

(2) 방전이 일어나면 대전체의 에너지는 공간으로 방출되면서 열 발광 전자파 등으로 변환 소멸

(3) 방전되는 에너지가 클 경우 화재 폭발 등으로 여러 가지 장애 및 재해의 원인

(4) 방전은 대기 중에서 발생하는 기중방전 대전체 표면을 따라 발생하는 연면방전이 있다.

2) 정전기 방전형태

코로나 방전 (corona)	① 일반적으로 대기 중에서 발생하는 방전으로 방전 물체에 날카로운 돌기 부분이 있는 경우 이 선단 부분에서 쉿 하는 소리와 함께 미약한 발광이 일어나는 방전 현상으로 공기 중에서 오존(O_3)을 생성한다. ② 방전 에너지의 밀도가 작아서 장해나 재해의 원인이 될 가능성이 비교적 작다.
스트리머 방전 (Streamer)	① 비교적 대전 양이 큰 대전 물체 부도체와 비교적 평활한 형상을 가진 접지 도체와의 사이에서 강한 파괴음과 수지상에 발광을 동반하는 방전현상 ② 코로나 방전에 비해 방전 에너지 밀도가 높기 때문에 착화원으로 될 확률과 장해 및 재해의 원인이 될 가능성이 크다.
불꽃 방전 (spark)	① 대전 물체와 접지 도체의 형태가 비교적 평활하고 간격이 좁을 경우 강한 발광과 파괴음을 동반하며 발생하는 방전현상 오존생성 ② 접지 불량으로 절연된 대전 물체 또는 인체에서 발생하는 불꽃 방전은 방전 에너지 밀도가 높아 재해나 장해의 원인이 되고 있다.
연면 방전 (surface)	① 정전기가 대전된 부도체에 접지 도체가 접근할 경우 대전 물체와 접지도체 사이에서 발생하는 방전과 동시에 부도체의 표면을 따라 수지상의 발광을 동반하여 발생하는 방전현상(star – check mark) ② 부도체의 대전 양이 매우 클 경우 불꽃방전과 마찬가지로 전 에너지가 높아 재해나 장해의 원인이 되기도 한다. ③ 옆면 방전은 대전된 부도체의 표면에 가까이 접지체가 있는 경우 방전 에너지 밀도가 높아 장해 및 재해의 원인이 될 확률이 높다.
브러시 방전 (brush)	① 비교적 평활한 대전 물체가 만드는 불평등 전계 중에서 발생하는 나뭇가지 모양의 방전 ② 코로나 방전보다 진전하여 수지상 발광과 파괴음을 수반하는 일종으로 방전 에너지는 통상의 코로나 방전보다 크고 가연성 가스나 증기 또는 분진에서 화재 폭발을 일으킬 수 있는 주요 원인이 된다.
뇌상 방전 (Lighting discharge)	방전 에너지가 높아 화폭의 원인이 되며 공기 중 뇌상으로 부유하는 대전입자가 커졌을 때 대전운에서 발광을 수반하는 방전
낙뢰 방전	뇌 구름 상하부에 분리된 전하 분포군이 도중에 공기층의 절연파괴를 매개로 방전을 일으키면서 중화되는 방전

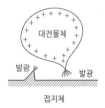

▲ 코로나 방전

▲ 브러시 방전

▲ 불꽃 방전

▲ 뇌상 방전

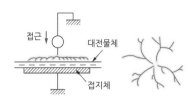

▲ 연면 방전 스타 체크 방전

7. 방전의 영향

1) 화재 폭발

① 정전기로 인한 방전 현상의 결과로 가연성 물질이 되어 일어나는 현상

② 정전기 방전 현상이 발생해도 방전 에너지가 가연성 물질 최소 착화 에너지보다 작으면 안전

③ 대전 물체가 도체인 경우 방전 발생 시 대부분의 전하가 모두 방출하게 되어 전기 에너지가 최소 착화 에너지가 될 경우 화재 및 폭발이 발생할 수 있다.

④ 최소 착화 에너지가 낮은 물질일수록 화재 및 폭발위험이 높으므로 정전기 예방대책을 철저히 수립하여야 한다.

$$E = \frac{1}{2}CV^2$$

$$C = \frac{2E}{V^2}$$

$$2E = CV^2$$

$$V^2 = \frac{2E}{C}$$

$$V = \sqrt{\frac{2E}{C}}$$

$$E(\mathrm{J}) = \frac{1}{2}CV^2 = \frac{1}{2}QV = \frac{Q^2}{2C}$$

E : 정전기 에너지(J), C : 도체의 정전 용량(F), V : 대전 전위(v), Q : 대전 전하량(c)

대전 전하량 : $Q = C \times V$

[F(페럿)의 단위]

$1\mathrm{F} = 10^6 \mu\mathrm{F} = 10^9 \mathrm{nF} = 10^{12} \mathrm{pF}$

• μF (마이크로페럿) : 10^{-6} • nF(나노페럿) : 10^{-9} • pF(피코페럿) : 10^{-12}

$$1\mu\mathrm{F} \times \frac{1\mathrm{F}}{10^6 \mu\mathrm{F}} = 10^{-6}$$

2) 정전기 화재 · 폭발의 원인

① 정전기 방전이 발화원이 되어 가연성 물질이 연소를 개시, 화염이 전파됨으로써 발생하며, 정전기 방전에 의한 점화는 전하의 발생, 전하의 축적, 절연파괴 방전으로 진행된다.

② 화재 · 폭발이 발생하기 위해서는 폭발한계 범위 내에 가연성 혼합물이 존재하고 또한 가연성 물질의 최소 착화 에너지보다 큰 방전 에너지의 발생이 필요하다.

③ 대전 물체가 도체인 경우에는 방전이 발생할 때 거의 대부분의 전하가 방출된다. 따라서 정전유

도에 의해서 축적되어 있던 정전기 에너지가 최소 착화 에너지보다 같거나 클 경우 화재·폭발이 발생한다.

④ 대전물체가 부도체인 경우에는 방전이 발생하더라도 축적된 모든 에너지가 일시에 전부 방출되는 것은 아니다. 따라서 보유에너지보다는 대전 전하의 분포에 관계가 있다.

3) 전격

대전물체에서 인체 또는 대전된 인체에서 도체로 방전되어 인체 내로 전류가 흘러 나타나는 현상

4) 액체 및 고체

(1) 액체 : 액체의 저항률이 1010(Ω·cm) 또는 그 이하인 경우의 액체는 정전기로 인한 위험이 없다.

(2) 고체

① 표면저항이 23℃, 상대습도 50% 이하에서 10^9 또는 그 이하로 측정되었을 경우 정전기 대전으로 인한 위험은 일반적으로 없다고 볼 수 있다.

② 표면저항이 $10^9\Omega$ 초과하거나 폭발위험이 항상 존재하는 장소에서 $10^9\Omega$ 이하로 통제하여야 하며 불가능할 경우 별도의 안전대책을 강구하여야 한다.

8. 정전기 장해

역학현상에 의한 생산장해	① 정전기의 흡인력 또는 반발력에 의해 생성 ② 분진의 막힘, 실의 엉킴, 인쇄의 얼룩 등
방전현상에 의한 생산장해	① 방전 전류 : 반도체소자 등의 전자제품의 파괴 및 오동작 현상 ② 전자파 : 전자기기, 장치 등의 오동작 또는 잡음 현상 ③ 발광 : 사진 필름의 감광 현상
신체장해	사망으로 이어질 만큼 강렬하지는 않으나 전격의 충격으로 고소에서의 추락 등 2차적 재해 유발
인체의 대전량	인체의 전하량이 2~3×10^{-7}(C) 이상이면 방전으로 인한 통증을 감지하게 되어 이때의 정전용량은 보통 100(pF)로 인체 전위는 약 3KV가 된다.

> **예제**
>
> 1. 폭발한계에 도달한 메탄가스가 공기에 혼합되었을 경우 착화한계전압(V)은 약 얼마인가?
>   (단, 메탄의 착화최소 에너지는 0.2mJ, 극간 용량은 10pF으로 한다.)
>
>   ❶ 6325   ② 5225
>   ③ 4135   ④ 3035
>
>   **해설**
> $$E(\text{J}) = \frac{1}{2}CV^2, \quad V = \sqrt{\frac{2E}{c}}$$
> $$V^2 = 2 \times 0.2 \times 10^{-3} / (10 \times 10^{-12})$$
> $$V = \sqrt{2 \times 0.2 \times 10^{-3} / 10 \times 10^{-12}}$$
> $$V = 6325$$

2. 인체의 표면적이 0.5㎡이고 정전용량은 0.02pF/㎠이다. 3300V의 전압이 인가되어 있는 전선에 접근하여 작업할 때 인체에 축적되는 정전기 에너지(J)는?

① 5.445×10^{-2} ❷ 5.445×10^{-4}

③ 2.723×10^{-2} ④ 2.723×10^{-4}

해설 $E(\text{J}) = \frac{1}{2} CV^2, 2E = CV^2$

$2E = 0.02 \times 10^{-12} \times 0.5 \times (100\text{cm})^2 \times (3,300)^2$

$= 2 \times 10^{-14} \times 5000 \times 10,890,000 = 1.089 \times 10^{-3}$

$= 1.089 \times 10^{-3} / 2 = 5.445 \times 10^{-4}$

3. 정전용량 C = 10uF인 물체에 정전전압 V= 1000V로 충전하였을 때 물체가 가지는 정전에너지는 몇 Joule인가?

① 2   ② 3   ③ 4   ❹ 5

해설 $E = \frac{1}{2} CV^2, E = \frac{1}{2} \times (10 \times 10^6) \times (1000)^2 = 5$

4. 다음 중 두 물체의 마찰로 3000V의 마찰전압이 생겼다. 폭발성 위험의 장소에서 두 물체의 정전용량은 약 몇 pF이면 폭발로 이어지겠는가? (단, 착화 에너지는 0.25mJ이다.)

① 13.75   ② 27.5   ③ 45   ❹ 55.5

해설 $C = \frac{2E}{V^2}, C = \frac{2 \times (0.25 \times 10^{-3})}{(3,000)^2} 5.55 \times 10^{-11}$

따라서 pF= 10^{-12} 이므로 $5.55 \times 10^{-11} / 10^{-12} = 55.5$

5. 정전용량 C=20 μ F, 방전 시 전압 V=2kV 일 때 정전 에너지는 몇 J인가?

❶ 40   ② 80   ③ 400   ④ 800

해설 $E = \frac{1}{2} \times (20 \times 10^{-6}) \times (2000)^2 = 40 (J)$

6. 어떤 도체에 20초 동안에 100C의 전하량이 이동하면 이때 흐르는 전류(A)는?

① 200   ② 50   ③ 10   ❹ 5

해설 전하량(C)= 전류의 세기(A) × 시간(T)

전류 = 전하량 / 시간 = 100 / 20 = 5

02 | 정전기 재해 방지대책

1. 접지

1) 정전기로 인한 화재폭발 등 방지

(1) 접지, 도전성 재료 사용 가습 및 점화원이 될 우려가 없는 제전장치 사용 등 대상설비

① 위험물을 탱크로리 탱크차 및 드럼 등의 주입하는 설비

② 탱크로리 탱크차 및 드럼 등 위험물저장 설비

③ 인화성 액체를 합류하는 도료 및 접착제 등을 제조 저장 취급 또는 도포하는 설비

④ 위험물 건조설비 또는 그 부속설비

⑤ 인화성 고체를 저장하거나 취급하는 설비

⑥ 유압 압축공기 또는 고전위 정전기 등을 이용하여 인화성 액체나 인화성 고체를 분무하거나 이송하는 설비

⑦ 고압가스를 이동하거나 저장 취급하는 설비

⑧ 화학류 제조설비

⑨ 발파공에 장전된 화약류를 점화시키는 경우에 사용하는 발파기

(2) 인체에 대전된 정전기에 의한 화재 또는 폭발위험이 있는 경우 정전기 바닥에 대전방지용 안전화착용, 제전복 착용, 정전기 제전용구 사용 작업장 바닥에 도전성을 갖추도록 하는 등의 조치

(3) 접지저항

정전기 방지를 위한 저항은 $1 \times 106\,\Omega$ 이하이면 충분하나 전동기 등의 전기기계일 경우 감전위험을 고려하여 $100\,\Omega$ 이하의 낮은 전압값으로 접지를 하여야 한다.

2) 부도체의 대전방지

(1) 간접적 대책

부도체는 전하의 이동이 쉽게 일어나지 않기 때문에 접지로는 기대하기 어렵다.

따라서 정전기 발생 억제가 기본이며 정전기를 중화시켜 제거하여야 한다.

3) 대전 방지 대책 ★★★

① 접지

② 습기부여 (공기 중 습도 60~70% 유지)

③ 도전성 재료 사용

④ 대전방지제 사용

⑤ 유속 조절(석유류 제품 1m/s 이하)

⑥ 제전기 사용(제전기 설치 시 제전효율 90% 이상)

4) 인체에 대전된 정전기위험 방지 대책 ★★★

① 정전기용 안전화 착용

② 제전복 착용

③ 정전기 제전용구 착용　　　　④ 작업장 바닥 도전성 재료를 갖추도록 하는 등의 조치

5) 정전기 발생에 영향을 미치는 요소

① 물질의 특성　　　　　　② 물질의 표면상태

③ 물질의 이력　　　　　　④ 접촉면적과 압력

⑤ 분리속도

2. 유속의 제한

1) 액체 취급 시 공동대책

분위기 형성 및 확산 방지, 탱크 용기 배관 노즐 등의 도체 부분 접지

2) 배관 이송충전

(1) 액체의 비산방지

(2) 초기 배관 내 유속 제한

① 도전성 물질로서 저항률이 $10^{10}(\Omega \, cm)$ 미만의 배관 유속을 7m/s 이하

② 비수용성이면서 물기가 기체를 혼합한 위험물은 1m/s 이하

③ 저항률이 $10^{10}(\Omega \, cm)$ 이상 위험물의 배관 내 유속은 주입구가 액면 아래로 충분히 침하될 때까지 배관 내 유속은 1m/s 이하

④ 에테르, 이황화탄소 등과 같이 유동대전이 심하고, 폭발 위험성이 높은 것은 1 m/s 이하

⑤ 저항률이 $10^{10}\Omega \cdot cm$ 이상인 위험물의 배관 내 유속은 관내경이 0.05m이면 3.5m/s 이하로 할 것

(3) 최대 유속 제한 : 어떠한 경우라도 최대 유속은 10m/s 이하로 제한한다.

(4) 배관의 관경과 유속

관내경(mm)	유속((m/s)	관내경(mm)	유속((m/s)
12.5	8	200	1.8
25	4.9	400	1.3
50	3.5	600	1.0
100	2.5	–	–

3. 정전기 재해 보호구 착용

① 대전 방지 작업화(정전화 : 전기를 흐르게 하는 것)

작업화의 바닥저항 $10^{8} \sim 10^{5} \Omega$ 정도로 하여 인체의 누설저항을 저하시켜 대전 방지

② 정전 작업복 착용 : 전도성 섬유를 첨가하여 코로나 방전을 유도 대전된 전기에너지를 열에너지로 변화하여 정전기를 제거

③ 손목 띠 착용

4. 가습

① 공기 중의 상대습도를 60~70% 정도 유지하기 위해 가습방법을 사용

② 가습방법 : 물 분무법, 증발법, 습기분무법 등

③ 플라스틱 섬유 및 제품은 습도의 증가로 표면저항이 감소하므로 대전방지 효과

5. 제전기

1) 제전기의 종류 및 선정기준

종류	선정기준
전압인가식	① 7000V 정도의 전압으로 코로나방전을 일으키고 발생된 이온으로 대전체의 전하를 중화시킨다. ② 제전 능력이 크고 적용 범위가 넓어서 많이 사용 ③ 방폭 지역에서는 방폭형으로 사용 ④ 대전 물체의 극성이 일정하며 대전 양이 크고 빠른 속도로 움직이는 물체에는 직류형 전압인가식 제전기가 효과적
자기방전식	① 제전 대상물체의 정전 에너지를 이용하여 제전에 필요한 이온을 발생시키는 장치로 50kV 정도에 높은 대전을 제거할 수 있으나 2kV 정도의 대전이 남는 단점이 있다. ② 제전 능력은 보통이며 적용범위가 좁다. ③ 상대습도 80% 이상인 장소, 플라스틱 섬유 필름 공장 등에 적합 ④ 점화원이 될 염려가 없어 안전성이 높은 장점
방사선식	① 방사성동위원소의 전리작용을 이용하여 제전에 필요한 이온을 만드는 제전장치 ② 상대습도 80% 이상인 곳에 적합 ③ 이동하지 않는 가연성 물질의 제전에 적합 ④ 제전 능력이 작고 적용 범위도 좁으며 방사선 장해에 대한 주의가 요구된다.
이온 스프레이식	① 코로나 방전에 의해 발생한 이온을 blow로 대전체에 내뿜는 방식이다. ② 제전효율은 낮으나 폭발 위험이 있는 곳에 적당하다.

04 연습문제

01 제전기는 공기 중 이온을 생성해서 제전을 하는데 다음 중 제전능력이 가장 뛰어난 제전기는?

① 이온제어식　　② 전압인가식
③ 방사선식　　　④ 자기방전식

02 두 물질 사이의 접촉과 분리 과정이 계속될 때 이에 따른 기계적 에너지에 의해 자유전자가 방출 흡입되어 정전기가 발생하는 현상은?

① 박리대전　　　② 유동대전
③ 파괴대전　　　④ 마찰대전

03 정전기 발생의 요인으로 관계가 가장 적은 것은?

① 물체의 표면상태
② 접촉면적 및 압력
③ 분리속도
④ 물의 음이온

04 정전기가 대전된 물체를 제전시키려고 한다. 제전에 효과가 없는 것은?

① 접지　　　　② 건조
③ 가습　　　　④ 제전기

05 다음의 방전종류 중 해당되지 않는 것은?

① 불꽃 방전　　② 코로나 방전
③ 연면 방전　　④ 적외선 방전

정답　**01** ②　**02** ④　**03** ④　**04** ②　**05** ④

05 전기설비의 방폭

01 | 방폭 구조의 종류

1. 내압(內壓)방폭구조(d)

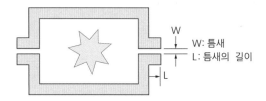

W: 틈새
L: 틈새의 길이

(1) 용기 내부에서 폭발성 가스 또는 증기의 폭발시 용기가 그 압력에 견디며, 또한, 접합면, 개구부 등을 통해서 외부의 폭발성 가스에 인화될 우려가 없도록 한 구조
(2) 전폐구조의 특수 용기에 넣어 보호한 것으로, 용기 내부에서 발생되는 점화원이 용기 외부의 위험원에 점화되지 않도록 하고, 만약 폭발 시에는 이때 발생되는 폭발압력에 견딜 수 있도록 한 구조이다.
(3) 폭발 후에는 크레어런스(틈새)가 있어 고온의 가스를 서서히 방출시키므로 냉각
(4) 최대안전틈새(MESG)의 특성을 적용한 방폭구조
(5) 원통형 나사 접합부의 체결 나사산 수는 5산 이상이어야 한다.

(6) 내용적에 따른 내압강도

내용적 폭발등급	2cm 초과 100cm 이하	100cm를 초과하는 것
1	785kpa(8kgf/cm) 이상	981kpa(10kgf / cm) 이상
2		
3	폭발예비시험에 따라서 측정한 폭발 압력의 1.5배 이상	폭발예비시험에 따라서 측정한 폭발 압력의 1.5배 이상
	다만 최소값은 785kpa/cm	다만 최소값은 981kpa/cm

(7) 내압방폭구조 플랜지 접합부와 장애물 간 최소 이격거리

가스그룹	최소 이격거리(mm)
가스 및 증기 그룹 ⅡA	10
가스 및 증기 그룹 ⅡB	30
가스 및 증기 그룹 ⅡC	40

(8) 내압방폭구조의 성능시험 순서
  ① 폭발압력 측정
  ② 폭발강도 시험(기계적 강도시험)
  ③ 폭발인화 시험

2. 압력(壓力) 방폭구조(pressurezed type, p)

(1) 용기 내부에 보호가스(공기, 질소, 탄산가스 등의 불연성 가스)를 압입하여 내부압력을 외부압력보다 높게 유지함으로 폭발성 가스 또는 증기가 용기 내부로 유입되지 않도록 한 구조 (전폐형 구조).

(2) 압력방폭구조는 용기 내로 위험물질이 침입하지 못하도록 점화원을 격리하는 것으로 정상운전에 필요한 운전실과 같이 큰 용기와 기기에 사용된다.

(3) 종류

봉입식	용기 내부에서 외부로 보호가스의 누설량에 따라서 보호가스를 보호하여 압력을 유지하는 방식
통풍식	용기 내부에 연속적으로 보호가스를 공급하여 압력을 유지하는 방식
연속 희석식	가연성 가스 증기의 내부 방출원이 있는 용기에 존재할 가능성이 있는 가연성 가스나 증기를 희석할 목적으로 보호 기체를 연속적으로 공급하는 방식

- 용기 내부에 보호가스(공기질소, 탄산가스 등) 충전시켜, 외부가스 미침입
- 용기 내의 압력 50pa(0.05kg/cm²)
- 위험원의 위치에 따라
  외부 : 봉입식, 순환식
  내부 : 연속희석식

▲ 압력 방폭구조(p)

3. 유입(油入) 방폭구조(oil immersed type, o)

(1) 전기기기의 불꽃, 아크 또는 고온이 발생하는 부분을 기름 속에 넣어 기름면 위에 존재하는 폭발성가스 또는 증기에 인화될 우려가 없도록 한 구조(함침식)

(2) 변압기(transformers), 스위치, 개폐장치, 대형 전기기기에 주로 사용

4. 안전증 방폭구조(increased safety type, e)

(1) 정상운전 중에 폭발성 가스 또는 증기에 점화원이 될 전기불꽃, 아크 또는 과도한 온도상승 발생을 방지하기 위하여 기계적, 전기적인 구조상 또는 온도상승에 대해서 특히 안전도를 증가시킨 구조

(2) 안전증 방폭구조는 "N"형 방폭구조와 함께 범용으로 사용되는 구조이며, "n" 형은 영국에서 낮은 등급의 방폭지역(2종 지역)에서 전기기기의 전류에 의해 작동하는 계장기기에 적용되도록 개발

(3) 코일의 절연성능 강화 및 표면온도 상승을 더욱 낮게 설계하여 공극 및 연면거리를 크게 하여 안전도 증강

(4) "e" 방폭형과 "N" 방폭형과의 차이점

    ① "N"형 전기기기는 정상 운전상태에서 전기기기의 스파크가 발생되는 부위를 비점화형으로 하거나 특수 용기로 밀폐시킨 구조이다.

    ② "e"형은 전동기, 변압기 등의 고장 시와 과부하 상태를 고려하나 "N"은 고려하지 않는다.

    ③ "e"형구조는 온도제한과 전기기기의 전동기 권선 등에서 온도상승 속도를 고려하나, "N"은 고려하지 않는다.

    ④ "e"형 구조는 1종 지역에서 사용 가능한 방법이나, "N"형은 2종장소용으로 개발된 것이다.

5. 본질안전방폭구조(intrinsic safety type, ia or ib)(제일 좋은 방폭 구조)

(1) 정상 시 및 사고 시 단선, 단락, 지락 등에 발생하는 전기불꽃, 아크 또는 고온의 의하여 폭발성 가스 또는 증기에 점화되지 않는 것이 점화 시험 기타에 의하여 확인된 구조

(2) 열전대의 지락 단선 등으로 발생한 불꽃이나 과열로 인하여 생기는 열에너지가 충분히 작아 폭발성 가스에 착화하지 않는 것이 확인된 구조

(3) 본질안전방폭구조의 특징

    ① 기본적 개념은 점화 능력의 본질적인 억제

    ② 온도 액면 유량 압력 등의 검출용 측정기는 대표적인 본질안전방폭구조의 예

    ③ 유지보수 시에는 전원 차단을 하지 않아도 안전하다.

    ④ 정상 운전 상태에서 단락 차단 등으로 전류가 발생해도 점화 에너지가 되지 못함

- 점화원의 에너지 본질적 억제(30V, 50mA 이하)
- Exia, Exib

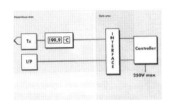 

▲ 본질압력 방폭구조(i)

(4) Ex "ia"

정상운전 상태에서 단독고장, 각각의 병행고장 시 점화원이 발생되지 않도록 한 구조로서 안전요소는 단독고장은 1.5, 병행고장 시 1.0을 고려한다.

0종 장소에 일반적으로 사용하고 있으며

(5) Ex "ib"

정상상태에서 또는 단순고장 상태에서 점화원이 발생되지 않는 구조로 "ib" 구조는 0종 장소에서는 사용할 수 없다.

(6) **최소점화전류**(minimum igniting current)

본안 회로 이에 따른 불꽃 전화 시험 장치에서 시험 가스의 점화를 일으키는 저항성 또는 유도성 회로의 최소 전류를 말한다.

(7) **최소 점화 전압**(minimum igniting voltage)

본안 회로에 따른 불꽃 점화 시험 장치에서 시험 가스의 점화를 일으키는 용량성 회로의 최소전압을 말한다.

6. 충전방폭구조(filled, q)

위험 분위기가 전기 기기에 접촉되는 것을 방지할 목적으로 모래, 분체 등의 고체 충진물로 채워서 위험원과 차단, 밀폐시키는 구조로 충진물은 불활성물질이 사용되어야 한다.

7. 비 점화 방폭구조(nonsparking type, n)

일반적으로 석유화학공장은 위험 지역 중 90% 이상이 2종 지역으로 구분되며, "n"형 방폭구조는 2종 장소 전용 방폭기구로 이 2종 위험지역은 위험성의 빈도, 기간 등에 의해 비정상적인 조건이 연간 몇 시간에 불과함으로 이런 조건에서 정상 작동 시 점화원이 되지 않도록 전기기기를 보호하는 방법이다.

이 보호방법은 정상운전 중인 고전압 등까지도 적용 가능하며 특히 계장설비에 에너지 발생을 제한한 본질안전구조의 대용으로 적용 가능하다.

8. 몰드(캡슐)방폭구조(mold type, m)

(1) 보호기기를 고체로 차단시켜 열적 안정을 유지한 것으로, 유지 보수가 필요 없는 기기를 영구적으로 보호하는 방법에 효과가 매우 크다.

(2) 기기의 스파크 또는 열로 인해 폭발성 위험 분위기에 점화되지 않도록 컴파운드를 충전해서 보호한 방폭 구조를 말한다.

9. 특수방폭구조(special type, s)

(1) 폭발성 가스 또는 증기에 점화 또는 위험분위기로 인화를 방지할 수 있는 것이 시험, 기타에 의하여 확인된 구조로, 특수 사용조건 변경 시에는 보호방식에 대한 완벽한 보장이 불가능하므로, 0종, 및 1종 장소에서는 사용할 수 없다.

(2) 이들 방폭구조로는 용기 내부에 모래 등의 입자를 채우는 충전방폭구조, 또는 협극방폭구조 등이 있다.

참고

설비의 방폭의 기본

점화원의 방폭적 격리	입력, 유입 방폭구조	점화원을 가연성 물질과 격리
	내압 방폭구조	설비 내부 폭발이 주변 가연물질로 파급되지 않도록 격리
안전도 증강	안전증 방폭구조	안전도를 증가시켜 고장발생률을 제로(0)에 접근
점화능력의 본질적 억제	본질안전 방폭구조	본질적으로 점화능력이 없는 상태로서 사고가 발생하여도 착화위험이 없어야 한다.

방폭구조

내압	압력	안전증	유입	본질안전	비점화	충격	몰드	특수
d	p	e	o	ia, ib	n	q	m	s

10. 분진의 발화도

발화도	발화 온도
11	270도 넘을 것
12	200도 이상 270 이하일 것
13	150도 이상 200도 이하

11. 분진 방폭 구조의 종류

특수 방진 방폭구조	전폐 구조로서 틈새 깊이를 일정치 이상으로 하거나 또는 접합면의 일정치 이상의 깊이가 있는 패킹을 사용하여 분진이 용기 내부로 침입하지 않도록 하는 구조
보통 방진 방폭구조	전폐 구조로서 틈새 깊이를 일정치 이상으로 하거나 또는 접합 위원회 패킹을 사용하여 분진이 용기 내부로 침입하기 어렵게 한 구조
방진 특수 방폭구조	위의 두 가지 고조의 위에 방폭구조로서 방진방폭 성능을 시험 기타에 의하여 확인된 구조

12. 분진방폭구조 KSCICE 61241

밀폐 방진 용기 (Dust tight enclosure)	관찰할 수 있는 모든 분진 입자의 침투를 방지할 수 있는 용기
일반 방진 용기 (Dust protection enclosure)	분진의 침투를 완전히 방지할 수 없으나 장비의 안전운전을 저해할 정도의 양이 침투할 수 없는 용기

02 | 전기설비의 방폭 및 대책

1. 폭발 등급

구분	안전간격	대상가스
1급	0.6mm 초과	일산화탄소, 에탄, 메탄, 암모니아, 프로판, 부탄
2급	0.4mm 초과 0.6mm 이하	에틸렌, 석탄가스
3급	0.4mm 이하	수소, 아세틸렌, 이황화탄소

내용적이 8리터이고 간극의 깊이 25mm에서 화염주기가 생기는 문제의 최소치

화염주기의 한계 : 폭발성 분위기에 있는 용기의 접합면 틈새를 통해 화염이 내부에서 외부로 전파되는 것을 저지할 수 있는 틈새의 최대 간격치

2. 안전의 틈새 한계(MESG: Maximum Experimental Safe Gap)

[내압방폭구조의 폭발등급(KSCIEC)]		내압방폭구조의 플랜지 접합부와 장애물과의 이격거리
가스 및 증기그룹 IIA	0.9mm 이상	10mm
가스 및 증기그룹 IIB	0.5mm 초과 0.9mm 미만	30mm
가스 및 증기그룹 IIC	0.5mm 이하	40mm

[최대안전 틈새]
① 대상으로 하는 가스 또는 증기와 공기와의 혼합가스에 대하여 화염주기가 일어나지 않는 틈새의 최대치
② 내용적이 8리터이고 틈새 깊이가 25mm인 표준용기 안에서 가스가 폭발할 때 발생한 화염이 용기 밖으로 전파하여 가연성가스에 점화되지 않는 최대값
③ 내압방폭구조의 플랜지 접합부와 장애물과의 이격거리
  예 : 강재, 벽, 기후보호물(weather guard), 장착용 브래킷, 배관 기타 전기기기

3. 발화도(증기 또는 가스의 발화도)

발화도 등급	G1	G2	G3	G4	G5	G6
발화점 범위(℃)	450 초과	300~450	200~300	135~200	100~135	85~100

4. 그룹 Ⅱ 전기 기기에 대한 최고표면온도의 분류

최고표면 온도등급	T1	T2	T3	T4	T5	T6
최고 표면온도(℃)	450~300	300~200	200~135	135~100	100~85	85 미만

최고표면온도 : 방폭기기가 사양범위 내의 최악의 조건에서 사용된 경우에 폭발성 분위기에 점화될 우려가 있는 해당 전기 기기의 구성 부품이 도달하는 표면 온도 중 가장 높은 온도

5. 폭발성 가스의 분류

발화도 폭발등급	G1	G2	G3	G4	G5	G6
1(ⅡA)	아세톤 암모니아 일산화탄소 에탄 초산 초산에틸 톨루엔 프로판 벤젠 메타놀 메탄	에타놀 초산인펜틸 1-부타놀 무수초산 부탄 클로로벤젠 에틸렌 초산비닐 프로필렌	가솔린 핵산 2-부타놀 이소프렌 헵탄 염화부틸 이소프렌	아세트- 아데히드, 디에틸- 에틸르 옥탄		아질산에틸
2(ⅡB)	석탄가스 부타디엔	에틸렌 에틸렌옥시드	황화수소			
3(ⅡC)	수소	아세틸렌			이황화탄소	질산에틸

6. KS C IEC60079－6 유입방폭구조의 IP 등급 : IP66

Explanation of "IP－XX" Rations(보호등급에 대한 설명)

－IP규격

국제전기표준회의(IEC)에 의해 설치된 표준 규격증 ICE144,529와 DIN 40050은 기기의 보호 구조에 대하여 IP라는 방진 방수성 등급과 시험방법을 규정하였다. 이 IP규격은 제1특성으로 인체 또는 고형 이물질에 대항하는 보호 등급, 제2특성은 물의 침투에 대항하는 보호 등급을 등급별로 분류규정하고 있으며 국제적으로 적용하고 있다. IP 보호 등급의 호칭 표시는 보호특성기호 IP 뒤에 2개의 숫자를 표기하는 것에 의해 구분되며, 첫 번째 숫자는 제1특성을, 두 번째 숫자는 제2특성을 나타낸다. 어느 한쪽만을 표시하는 경우에는 나타내지 않는 한쪽을 X로 표기하며 IP2X, IP6 등으로 표시할 수도 있다.

보호특성기호   제1특성   제2특성

IP   □   □

－제1특성기호(인체 또는 고형물질 침입에 대한 보호등급 0〜6)

표준적인 보호구조조합										
x2	x1	물의 침입에 대한 보호								
		0	1	2	3	4	5	6	7	8
인체 고형 이물질에 대한 보호	0	IP00	—	—	—	—	—	—		
	1	IP10	IP11	IP12					—	—
	2	IP20	IP11	IP22	IP23				—	—
	3	IP30	IP31	IP32	IP33	IP34			—	—
	4	IP40	IP41	IP42	IP43	IP44	IP45		—	—
	5	IP50	IP51	IP52	IP53	IP54	IP55	IP56	—	—
	6	IP60					IP65	IP66	IP67	IP68

EX	O
방폭구조	기호
내압	d
압력	p
안전증	e
유입	o
본질안전	ia,ib
특수	s

II O	
Removed Tag Filterd	기호
산업용	A
(II)	B
가스 증기	C

OO	
분류	기호
온도등급	T1
	T2
	T3
	T4
	T5
	T6

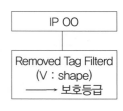

IP OO

Removed Tag Filterd (V : shape)
⟶ 보호등급

예제

KS C IEC 60079 – 6에 따른 유입방폭구조 "o" 방폭장비의 최소 IP 등급은?

① IP44   ② IP54   ③ IP55   ❹ IP66

7. 방폭설비의 공사 및 구조 [방폭구조 선정의 유의사항]

기기보호등급 EPL과 위험장소(방폭 전기기기의 선정 원칙)

위험장소	기기 보호등급기호
0종	EPL – Ga
1종	EPL – Ga 또는 Gb
2종	EPL – Ga, Gb 또는 Gc

※ (국가 표준인증 KS C IEC 60079–0)

기기보호등급 : EPL(Equipment Protection Level)로 표기되며 점화원이 될 수 있는 가능성에 기초하여 기기에 부여된 보호등급

가스폭발 보호등급기호	가스폭발 보호등급
EPL Ga	폭발성 가스 분위기에 설치되는 기기로서 정상작동, 예상된 오작동, 드문 오작동 중에 점화원이 될수없는 매우높은 등급기기이다.
EPL Gb	폭발성 가스 분위기에 설치되는 기기로서 정상작동, 예상된 오작동, 드문 오작동 중에 점화원이 될수없는 높은 등급기기이다.
EPL Gc	폭발성 가스 분위기에 설치되는 기기로서 정상작동중에점화원이 될 수 없고 정기적인 고장발생 시 점화원으로 비활성 상태의 유지를 보장하기 위하여 추가적인 보호장치가 있을 수 있는 강화된 보호등급기기

※ KS C IES 60079–0 방폭기기 설명

Equipment Protection Level은 EPL로 표기되며 점화원이 될 수 있는 가능성에 기초하여 기기에 부여된 보호등급이다. EPL의 등급 중 EPL Ga는 정상 작동, 예상된 오작동, 드문 오작동 중에 점화원이 될 수 없는 "매우 높은" 보호등급의 기기이다. (0종 장소)

9. 방폭설비의 보호등급

제1 특성 숫자는 " 분진 침투에 대한 " 보호 등급

제2 특성 숫자는 " 위험한 영향을 주는 물의 침투에 대한 " 보호 등급

특성 숫자가 명시될 필요가 없다면, 그 자리를 문자 " X " 로 대신할 수 있다.

제1 특성 숫자	외부 분진에 대한 보호 등급	
	간단한 설명	정의
0	비보호	–
1	지름 50mm 이상의 외부 분진에 대한 보호 / 손등	지름이 50mm인 구 모양의 분진 검사용 프로브는 완전히 통과하지 않아야 한다.
2	지름 12.5mm 이상의 외부 분진에 대한 보호 / 핑거	지름이 12.5mm인 구 모양의 분진 검사용 프로브는 완전히 통과하지 않아야 한다.
3	지름 2.5mm 이상의 외부 분진에 대한 보호 / 공구	지름이 2.5mm인 구 모양의 분진 검사용 프로브는 조금도 통과하지 않아야 한다.
4	지름 1.0mm 이상의 외부 분진에 대한 보호 / 전선	지름이 1.0mm인 분진 검사용 프로브는 조금도 통과하지 않아야 한다.
5	먼지 보호 / 전선	먼지 침투를 완전히 막는 것은 아니나, 기기의 만족스러운 운전을 방해하거나 안전을 해치는 양의 먼지는 통과시키지 않는다.
6	방진 / 전선	먼지 침투 없음

제2 특성 숫자	방수에 대한 보호 등급	
	간단한 설명	정의
0	비보호	–
1	수직으로 떨어지는 물방울에 대한 보호	수직으로 떨어지는 물방울은 해로운 영향을 미치지 않아야 한다.
2	외함이 15° 이하로 기울어져 있을 경우, 수직으로 떨어지는 물방울에 대한 보호	외함이 수직면에 대해 양쪽으로 15° 이하 각도로 기울어져 있을 경우, 수직으로 떨어지는 물방울은 해로운 영향을 미치지 않아야 한다.
3	물 분무에 대한 보호	수직면에 양쪽 60° 까지의 각도로 분무된 물은 해로운 영향을 미치지 않아야 한다.
4	물 튀김에 대한 보호	모든 방향에서 외함으로 튀긴 물은 해로운 영향을 미치지 않아야 한다.
5	물 분사에 대한 보호	모든 방향에서 외함에 분사하여 내뿜어진 물은 해로운 영향을 미치지 않아야 한다.
6	강한 물 분사에 대한 보호	모든 방향에서 외함에 강한 분사로 내뿜어진 물은 해로운 영향을 미치지 않아야 한다.
7	일시적인 침수의 영향에 대한 보호	외함이 표준화된 압력과 시간 조건하에서 물에 일시적으로 침수될 경우, 해로운 영향을 일으킬 수 있는 양의 물의 침투가 없어야 한다.
8	연속 침수의 영향에 대한 보호	외함이 7보다 심하지만, 제조사와 사용자 간에 협의한 조건하에서 물에 연속적으로 침수하는 경우 해로운 영향을 일으킬 수 있는 양의 물의 침투가 없어야 한다.
9	고압 및 고온 물 분사에 대한 보호	모든 방향에서 외함에 대해 고압 및 고온으로 분사된 물은 해로운 영향을 미치지 않아야 한다.

10. EPL(Equipment Protection Level)

기기보호등급을 의미한다. 점화원이 될 수 있는 가능성에 기초하여 기기에 부여된 보호등급이다. 폭발성 가스 분위기, 폭발성 분진 분위기, 폭발성 광산 내 분위기의 차이를 구별한다.

1) EPL Ma : '폭발성 갱내 가스'에 취약한 광산'에 설치되는 기기. 정상 작동, 예상된 오작동 또는 드문 오작동 중에 그리고 특히 가스 누출이 발생된 상황에서도 설치된 기기가 충전된 상태로 있더라도 점화원이 될 가능성이 거의 없는 "매우 높은" 보호 등급의 기기

2) EPL Mb : '폭발성 갱내 가스'에 취약한 광산'에 설치 되는 기기. 정상 작동, 예상된 오작동 중에 가스의 누출 발생 그리고 기기의 전원이 차단되는 동안에도 점화원이 될 가능성이 거의 없는 충분한 안전성을 갖고 있는 "높은" 보호 등급의 기기

3) EPL Ga : '폭발성 가스 분위기'에 설치되는 기기로 정상 작동, 예상된 오작동 또는 드문 오작동 중에 점화원이 될 수 없는 "매우 높은" 보호 등급의 기기

4) EPL Gb : '폭발성 가스 분위기'에 설치되는 기기로 정상 작동, 예상된 오작동 또는 드문 오작동 중에 점화원이 될 수 없는 "높은" 보호 등급의 기기

5) EPL Gc : '폭발성 가스 분위기'에 설치되는 기기로 정상 작동 중에 점화원이 될 수 없고 정기적인 고장(예: 램프의 고장) 발생 시 점화원으로서 비활성 상태의 유지를 보장하기 위하여 추가적인 보호장치가 있을 수 있는, "강화된(Enhanced)" 보호 등급의 기기

6) EPL Da : '폭발성 분진 분위기'에 설치되는 기기로 정상 작동, 예상된 오작동 또는 드문 오작동 중에 점화원이 될 수 없는 "매우 높은" 보호 등급의 기기

7) EPL Db : '폭발성 분진 분위기'에 설치되는 기기로 정상 작동, 예상된 오작동 또는 드문 오작동 중에 점화원이 될 수 없는 "높은" 보호 등급의 기기

8) EPL Dc : '폭발성 분진 분위기'에 설치되는 기기로 정상 작동 중에 점화원이 될 수 없고 정기적인 고장(예: 램프의 고장) 발생 시 점화원으로서 비활성 상태의 유지를 보장하기 위하여 추가적인 보호장치가 있을 수 있는, "강화된(Enhanced)" 보호 등급의 기기

11. Level of Protection

보호등급(Level of Protection) 은 앞서 설명한 기기보호등급(Equipment Protection Level) 과 상관관계가 있다. 기기보호등급을 고려하여 방폭구조(Type of Protection) 세분화한다. 예로 본질안전 방폭구조 "i" 는 보호등급 "ia", "ib", "ic"로 구분된다.

12. 기기 그룹 (Equipment Grouping)

1) Group I : '폭발성 갱내 가스에 취약한 광산'에서의 사용을 목적으로 한다.

2) Group II : Group I 장소 이외의 '폭발성 가스 분위기'가 존재하는 장소에서 사용하기 위함. Group II

의 세부 분류로써 IIA 대표 가스는 프로판, IIB 대표

가스는 에틸렌, IIC 대표 가스는 수소 및 아세틸렌 등이다. 참고로 IIB로 표시된 기기는 IIA 지역에 사용할 수 있다. IIC로 표시된 기기는 IIA 또는 IIB 지역에 사용할 수 있다.

3) Group III - '폭발성 분진 분위기'가 존재하는 장소에서 사용하기 위함. Group III의 세부 분류로써 IIA 가연성 부유물, IIIB 비도전성 분진, IIIC 도전성 분진과 같이 분진 분위기 특성에 따라 구분된다. 참고로 IIIB로 표시된 기기는 IIIA 지역에 사용할 수 있다. IIIC로 표시된 기기는 IIIA 또는 IIIB 지역에 사용할 수 있다.

13. Maximum Surface Temperature

최고 표면 온도를 의미하며 기기 사용 중 가장 불리한 조건 (단, 규정된 허용 오차 이내) 하에서 방폭기기의 일부 또는 표면에서 도달하는 가장 높은 온도, 최고 표면 온도를 결정하기 위한 시험은 기기 정격 전압의 90% 또는 110% 중 최고 표면 온도를 발생시키는 가장 불리한 정격으로 수행해야 한다.

14. 위험장소의 분류

분류		적요	예
가스 폭발 위험 장소	0종 장소	인화성 액체의 증기 또는 가연성가스에 의한 폭발 위험이 지속적 또는 장기간 존재하는 항상 위험한 장소	탱크용기, 장치, 배관 등의 내부 등
	1종 장소	정상 작동 중 인화성 액체의 증기 또는 가연성가스의 의한 폭발위험 분위기가 존재하기 쉬운 장소	맨홀, 벤트, 피트 등의 주위
	2종 장소	정상 작동 중 인화성 액체의 증기 또는 가연성가스의 의한 폭발위험 분위기가 존재할 우려가 없으나 존재할 경우 그 빈도가 아주 작고 단기간만 존재하는 장소	단기간만 존재할 수 있는 장소 가스켓, 패킹 등의 주위
분진 폭발 위험 장소	20종 장소	정상 운전 중 분진 운 형태의 가연성 분진이 폭발 농도를 생성할 정도로 충분한 양의 정상 작동 중에 연속적으로 또는 자주 존재하거나 제어할 수 없을 정도의 양 및 두께의 분진 층이 형성될 수 있는 장소	호퍼, 분진 저장소, 집진장치 필터 등의 내부
	21종 장소	20종 장소 외의 장소로서 분진운 형태의 가연성 분진이 폭발 농도를 형성할 정도의 충분한 양의 정상작동 중에 존재할 수 있는 장소	집진장치, 백필터, 배기구 등의 주위
	22종 장소	21종 장소 외에 장소로서 가연성 분진 형태가 드물게 발생 또는 단기간 존재할 우려가 있거나 이상 작동 상태하에서 가연성 분진 층이 형성될 수 있는 장소	21종 장소에서 예방조치가 취하여 전 지역 환기설비 등과 같은 안전장치 배출구 주위

15. 방화폭 이론

1) 인화성액체 등을 수시로 취급하는 장소

2) 인화성액체 인화성가스 등으로 폭발위험 분위기가 조성되지 않도록 해당 물질의 공기 중 농도가 인화한계 25%를 넘지 않도록 충분히 환기를 유지할 것

3) 조명등은 고무 실리콘 등의 패키지나 실링 재료를 사용하여 완전히 밀봉할 것

4) 가열성 전기기계기구를 사용하는 경우에는 세척 또는 도장용 스프레이건과 동시에 작동되지 않도록 연동장치 등의 조치를 할 것

5) 방폭구조 위에 스위치 콘센트 등의 전기기기는 밀폐 공간 외부에 설치되어 있을 것

[주요 가연성 가스의 폭발 범위]

가연성 가스	폭발 하한값(%)	폭발 상한값(%)	위험도
아세틸렌(C_2H_2)	2.5	81	31.4
산화에틸렌(C_2H_4O)	3	80	25.6
수소(H)	4	75	17.75
일산화탄소(CO)	12.5	74	4.92
암모니아(NH_3)	15	28	0.86
프로판(C_3H_8)	2.1	9.5	3.52
에탄(C_2H_6)	3	12.5	3.17
메탄(CH_4)	5	15	2
부탄(C_4H_{10})	1.8	8.4	3.66
휘발유	1.4	7.9	4.42
디에틸에테르	1.9	48	23

16. 전기설비의 점화원 억제

1) 전기설비의 점화원

구분	현재의 점화원	잠재적 점화원
개념	정상적인 운전 상태에서 점화원이 될 수 있는 것	정상적인 상태에서 안전하지만, 이상 상태에서 점화원이 될 수 있는 것
종류	① 직류전동기의 정류자 ② 개폐기 차단기의 접점 ③ 유도전동기의 슬립 링 ④ 이동형 전열기 등	① 전기적 광원 ② 케이블 배선 ③ 전동기의 권선 ④ 마그네트 코일 등

2) 전기설비의 방폭 기본

점화원의 방폭지역 격리	압력 유입방폭구조	점화원을 가연성 물질과 격리
	유입방폭구조	설비 내부 폭발이 주변 가연성 물질로 파급되지 않도록 격리
전기설비의 안전도 증강	안전증방폭구조	안전도를 증가시켜 고장 발생 확률 제로에 접근
점화 능력의 본질적 억제	본질안전방폭구조	본질적으로 전화 능력이 없는 상태에서 사고가 발생하여 착화 위험이 없어야 한다.

3) 폭발위험장소에서의 전기설비

① 배선은 단락, 지락사고 시 유해한 영향과 과부하로부터 보호하여야 한다.

② 단락보호 및 지락보호장치는 고장 상태에서 자동 개폐로 되지 않아야 한다.

③ 전기기기의 자동차 단위 점화 위험 그 자체보다 더 큰 위험을 가져올 수 있는 경우에는 신속한 응급조치를 취할 수 있도록 자동 차단장치 대신 경보장치를 사용할 수 있다.

4) 방폭구조 전기설비 설치 시 표준 환경 조건

주변 온도	(−20∼40℃)
표고	1,000m 이하
상대습도	45∼85%
압력	80∼110kpa
산소함유율	21%v/v
공해 부식성 가스 등	전기설비에 특별한 고려를 필요로 하는 정도의 공해 부식성 가스 진동 등이 존재하지 않는 환경

5) 방폭 지역의 결정 기준

① 인화성 또는 가연성 가스가 쉽게 존재할 가능성이 있는 지역

② 인화점 40℃ 미만의 액체가 저장 취급되고 있는 지역

③ 인화점 100℃ 미만 액체의 경우 해당 액체의 인화점 이상으로 저장 취급되고 있는 지역

④ 인화점 100℃ 이상의 액체는 인화점 이상으로 취급해도 설비 주위는 방폭 지역으로 고려할 필요가 없으며 설비 내부만 방폭 지역으로 고려할 필요가 있다.

6) 방폭구조의 선정 기준 ★★★

폭발위험장소의 분류		방폭구조 전기기계기구의 선정 기준
가스폭발 위험장소	0종 장소	본질안전방폭구조(ia)
	1종 장소	내압방폭구조(d), 압력방폭구조(p), 충전 방폭구조(Q) 유입방폭구조(O), 안전증 방폭구조(e), 본질안전방폭구조(ia ib), 몰드 방폭구조(m)
	2종 장소	0종 장소 및 1종 장소에 사용 가능한 방법 구조 비점화방폭구조(n)
분진폭발 위험장소	20종 장소	밀폐 방진 방폭구조(DIP A20 또는 DIP B20
	21종 장소	밀폐 방진 방폭구조(DIP A20 또는 A21, DIP B20 또는 B21) 특수 방진 방폭구조(SDP)
	22종 장소	20종 장소 및 21종 장소에서 사용 가능한 방폭구조 일반 방진 방폭구조(DIP A22, DIP B22) 보통 방진 방폭구조 DP

7) 방폭구조 선정 시 유의 사항

① 분위기의 위험도에서 적용 정도를 충분히 고려할 것

② 방폭구조의 득실을 신중히 할 것 ③ 환경조건에서 적응성을 검토할 것

④ 난이도에 대해 고려할 것 ⑤ 경제적 타당성에 대하여 고려할 것

8) 방폭기기의 표기

(1) IEC : Ex d IIB T4 IP44(현재 국내 및 일본, 유럽지역에서 사용)

(2) 방폭 표기의 의미

Ex	d	II	B	T4	IP44
방폭기기	방폭구조	기기분류	가스등급	온도등급	보호등급
방폭기기	내압 방폭구조	산업용	가스등급B	최고표면온도 100℃ 초과 135℃ 이하	φ1mm의 고체와 튀기는 물에 대해 보호

> **참고**
>
> **절연물의 종류와 최고 허용 온도**
>
> | Y종 | A종 | E종 | B종 | F종 | H종 | C종 |
> |---|---|---|---|---|---|---|
> | 90℃ | 105℃ | 120℃ | 130℃ | 155℃ | 180℃ | 180℃ 초과 |

가스그룹이 ⅡB인 지역에 내압방폭구조 "d"의 방폭기기가 설치되어 있다. 기기의 플랜지 개구부에서 장애물까지의 최소 거리는 30mm이다.

유입방폭구조에서 변압기의 최소 IP 등급은 IP66이다.

방폭인증서에서 방폭 부품을 나타내는 인증번호의 접미사는 "U"

※ 유입방폭구조에서 변압기의 최소 IP 등급은 IP66이다.

※ 방폭부품 인증번호의 접미사

① "U 기호(symbol "U")" : 방폭용 장비가 아닌 장비의 부품(구성품)으로서만 사용 가능한 경우

② "X 기호" : 사용상 설치 조건 등이 어떤 부가조건이 특정된 경우의 방폭형 장비의 인증번호의 접미사

③ 접미사가 없는 경우 : 제품이 그 자체로 인증되어 추가 검사 없이 그대로 위험지역에서 사용 가능한 방폭형장비

※ 충격전압시험 시의 표준충격파형을 1.2×50μs로 나타내는 경우 1.2와 50이 뜻하는 것은 전류 파형

1.2 : 파두장, 50 : 파미장

01 폭발성 가스의 폭발등급 측정에 사용되는 표준용기는 내용적이 ( )L, 틈의 안길이 ( )mm인 용기로써 틈의 폭w(mm)를 변화시켜서 화염일주한계를 측정한 것이다. ( ) 안에 들어갈 값은?

① 0.6, 0.4   ② 0.4, 0.6
③25, 8   ④ 8, 25

02 폭발성 가스의 발화도가 450℃를 초과하고, 설비의 허용 최대 표면온도가 320℃이상인 가스의 발화도 등급은?

① G1   ② G2
③ G3   ④ G4

03 전기설비의 방폭구조의 기호와 기호의 의미가 서로 맞지 않는 것은?

① 압력방폭구조 : p   ② 내압방폭구조 : s
③ 유입 방폭구조 : o   ④ 안전증 방폭구조 : e

04 방폭전기기기의 등급에서 위험장소의 등급분류에 해당되지 않는 것은?

① 3종 장소   ② 2종 장소
③ 1종 장소   ④ 0종 장소

05 전기기기를 가연성가스에 의한 폭발위험장소에서 사용할 때 1종 장소에 해당하는 폭발위험장소는?

① 호퍼 내부   ② 벤트 주위
③ 가스켓 주위   ④ 패킹 주위

06 KS C IEC 60079 – 6에 따른 유입방폭구조 "o" 방폭장비의 최소 IP 등급은?

① IP44   ② IP54
③ IP55   ④ IP66

07 충격전압시험 시의 표준충격파형을 1.2×50 μs로 나타내는 경우 1.2와 50이 뜻하는 것은?

① 파두장 – 파미장
② 최초섬락시간 – 최종섬락시간
③ 라이징타임 – 스테이블타임
④ 라이징타임 – 충격전압인가시간

정답 **01** ④ **02** ① **03** ② **04** ① **05** ② **06** ④ **07** ①

5

화학설비
위험 방지기술

산업안전기사

CHAPTER 01 위험물 및 유해 화학물질 안전

01 | 위험물의 기초 화학

1. 위험물의 기초 화학

1) **화학식**

① **실험식** : 화합물 중에 포함되어 있는 원소의 종류와 원자수를 가장 간단한 정수비로 나타낸 식

　H_2O_2 실험식은 HO이고 C_2H_2, C_6H_6의 실험식은 CH

② **분자식** : 한 개의 분자 속에 들어있는 원자의 종류와 그 수를 원소기호로 표시한 식

　$C_2H_{12}O_6$(포도당), H_2O(물)

③ **시성식** : 분자의 성질을 표시할 수 있는 라디칼을 표시하여 그 결합상태를 나타낸 식

　CH_3COOH(초산), C_2H_5OH(에틸알코올)

④ **구조식** : 분자 내의 원자와 원자의 결합상태를 원자가와 같은 수의 결합
선으로 연결하여 나타낸 식

　CO_2　　$O=C=O$　　　CH_4

[주기율표]

이온	+1	+2	+3	±4	−3	−2	−1 기체	0 고체
주기 \ 족	1	2	13	14	15	16	17	18
1	1	분자량						4
	H	원소기호						He
	1	원소번호						2
2	7	9	11	12	14	16	19	20
	Li	Be	B	C	N	O	F	Ne
	3	4	5	6	7	8	9	10
3	23	24	27	28	30	32	35.3	40
	Na	Ma	Al	Si	P	S	Cl	Ar
	11	12	13	14	15	16	17	18
4	39	40						Kr
	K	Ca						
	19	20						
5							Br	
6							I	

제1장 **위험물 및 유해 화학물질 안전**　**417**

- 1족 : 알칼리 금속(Li, Na, K)
- 7족 : 할로겐 족(F, Cl, Br, I)
- 고체 : Li, Be, B, C, Na, Mg, Al, Si, P, S, K, Ca
- 액체 : Br, Hg
- 2족 : 알칼리 토금속(Be, Mg, Ca)
- 8족 : 비활성 가스(He, Ne, Ar)
- 기체 : H, He, Ne, Ar , N, F, O, Cl

[금속의 이온화 경향 세기(물과 반응하여 수소를 발생시키는 순서)]

강 ◄───────── ─────────► 약

Li Ba K Ca Na Mg Al Zn Fe Ni Sn Pb (H) Cu Hg Ag Au

화학반응식	$2H_2 + O_2 \rightarrow 2H_2O$	질량(g)	$2 \times 2g + 32g \rightarrow 2\{(1 \times 2) + (8 \times 2)\} = 36g$
물질	수소 + 산소 → 물	부피(ℓ)	$(2 \times 22.4\ell) + (1 \times 22.4\ell) \rightarrow 2 \times 22.4\ell$
Mol	2몰 + 1몰 → 2몰	분자수(개)	$2 \times (6 \times 10^{23}) + 6 \times 10^{23} \rightarrow 2 \times (6 \times 10^{23})$

분자수 : 1몰 6×10^{23}개	
부피 : 1몰 22.4ℓ	

2) 화합물의 조성

(1) 몰과 분자량

① 몰(mol)의 개념 : 물질을 구성하는 기초적인 입자 6.02×10^{23} 개의 모임을 몰이라 한다. 물질의 양적을 취급할 때의 단위

② 원자량(g) : 질량수 12인 탄소원자(c)의 질량을 12라 정하고 이것을 기준으로 비교한 다른 원자의 상대적인 질량의 값

※ 원자번호 짝수 : 원자번호 × 2 = 원자량
※ 원자번호 홀수 : 원자번호 × 2 + 1 = 원자량

예외) H 원자번호 1 → 1g   Be   원자번호 4 → 9g
      N 원자번호 7 → 14g   Cl   원자번호 17 → 35.5g
      Ar 원자번호 18 → 40g

③ 분자량(g) : 질량수 12인 탄소(C) 원자의 질량의 값을 12로 정하고 이것과 비교한 각 분자의 상대적인 질량의 값으로 분자량은 그 분자에 들어있는 성분 원소의 원자량의 합과 같다.

※ 각각의 원자량의 합이 분자량

예 $H_2SO_4 = (1 \times 2) + (32) + (16 \times 4) = 98g$
      $CO_2 = (12) + (16 \times 2) = 44g$
      $C_3H_8 = (12 \times 3) + (1 \times 8) = 44g$

- 원자 : 화학적 방법으로 더이상 쪼갤 수 없는 입자(개수)
- 원소 : 더이상 분해할 수 없는 물질(종류)
- 분자 : 물질의 성분을 지닌 가장 기본이 되는 단위
- 원자(개수) : 6개   □ □ □ □ ○ ○
- 원소(종류) : 2개   사각형 □, 동그라미 ○
- 분자(물질) : 사각형과 원형으로 어떤 물건이 만들어진다.

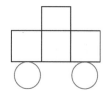

(2) 농도

- 용액 중에 포함되어 있는 용질의 양
- 용액(소금물) 100g 속에 녹아 있는 용질(소금)의 g수로서 %로 표시
- 소금(용질) + 물(용매) = 소금물(용액)
- 용해는 소금과 물이 합쳐 소금물이 되는 것을 용해라 한다.
- 용매는 녹이는 물질 물은 소금을 녹이는 것으로 용매이다.
- 용질은 녹는 물질 소금은 물에 녹는 것으로 용질이라 한다.

(3) 용해도

- 포화용액에서 용매 100g에 용해되는 용질의 g 수를 그 온도에서의 용해도라 한다.
- $\%농도 = \dfrac{용질 g}{(용매 + 용질) g} \times 100$

  여기서, 농도 : 용액 속에 들어있는 용질의 량

예제

소금 10g + 물 90g = 소금물 100g일 때 % 농도는?

해설 $\%농도 = \dfrac{10}{(10 + 90) g} \times 100 = 10\%$

---

3) **압력** : 단위면적에 누르는 힘(힘/넓이)

게이지 압력	① 압력계에 지시되는 압력으로 표준 대기압을 "0"으로 하고 그 이상의 압력을 나타낸다. ② 단위는 $kg/cm^2 g$ 또는 kg/cm^2(g를 붙이지 않고 그대로 사용하기도 한다.)
절대압력	① 가스의 실제 압력으로 완전 진공일 때를 "0"으로 하고 표준 대기압을 1.033으로 한다. ② 단위는 $kg/cm^2 a$(절대압력에는 반드시 a를 붙여서 사용한다.)
표준대기압	① 대기권에서부터 지구의 평균표면(해면)까지 공기가 누르는 힘 ② 760mmHg, 1.033 $kg/cm^2 a$, 1atm,
압력에 관한 계산	① 절대압력 = 게이지 압력 + 대기압 ② 게이지 압력 = 절대압력 - 대기압

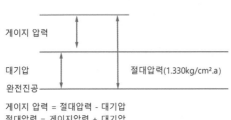

게이지 압력 = 절대압력 - 대기압
절대압력 = 게이지압력 + 대기압

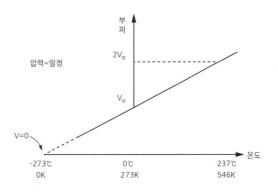

물질의 상태변화에 따른 열량

기화열

현열(액체) 현열 : 온도는 변화하나 물질은 변하지 않는다

잠열 : 온도는 관계없이 상태만 변화한다

상태변화중으로 고체와 액체 혼합

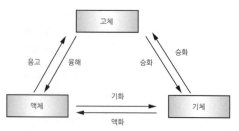

2. 보일의 법칙

일정량의 기체의 부피는 일정한 온도에서 압력에 반비례한다.

일정량의 기체에 대해서 $P1$, $V1$이 최초상태이고, $P2$, $V2$가 최종상태라면,

$$P1 \times V1 = P2 \times V2$$

$P1$: 처음압력 $P2$: 나중압력 $V1$: 처음부피 $V2$: 나중부피

> **예제**
>
> 30℃에서 풍선의 부피가 5L이고 압력은 1기압이다. 풍선을 2기압의 압력으로 눌렀을 때 풍선의 부피는?
>
> **해설** $P1 \times V1 = P2 \times V2$ 보일의 법칙 공식
>
> 처음압력 × 처음부피 = 나중압력 × 나중부피 $1 \times 5 = 2 \times V2$ $V2 = 2.5L$

3. 샤를의 법칙

일정한 압력에서 일정한 질량의 부피는 절대온도에 비례한다.

$$\frac{V1}{T1} = \frac{V2}{T2}$$

$V1$: 처음부피 $V2$: 나중부피 $T1(°K)$: 처음온도(273 + ℃) $T2(°K)$: 나중온도(273 + ℃)

> **예제**
>
> 일정한 압력에서 27℃의 부피 20L의 용기가 있다. 부피가 40L일 때 온도는?
>
> **해설** 1) 온도를 절대온도로 바꿔 주어야 한다. $273 + 27 = 300K$
>
> 그리고 부피가 20L
>
> 2) 공식에 대입하면 20L/300K = 40L/$T2$℃ 따라서 $T2 = 600$
>
> 여기서 절대온도 273을 빼 줘야 한다.
>
> ∴ $600℃ - 273℃ = 327℃$
>
> ∴ $T2 = 327℃$

4. 보일 샤를의 법칙

온도와 압력이 동시에 변하는 조건에서 일정량의 기체의 체적은 압력에 반비례하고 절대온도에 비례한다.

$$\frac{P1 \times V1}{T1} = \frac{P2 \times V2}{T2}$$

$P1$: 처음압력 $P2$: 나중압력

$V1$: 처음부피 $V2$: 나중부피

$T1(^{\circ}K)$: 처음온도($273 + ℃$)

$T2(^{\circ}K)$: 나중온도($273 + ℃$)

예제

1atm 20℃에서 10L 기체를 2atm 27℃일 때 부피는 몇 L인가?

해설
$$\frac{P1 \times V1}{T1} = \frac{P2 \times V2}{T2}$$

$$\frac{1 \times 10}{273 + 20} = \frac{2 \times V2}{273 + 27} \Rightarrow \frac{10}{293} = \frac{2 \times V2}{300}$$

$$2V2 = \frac{3,000}{293} = 10.2 \Rightarrow V2 = \frac{10.2}{2} = 5.1(L)$$

---

5. 이상기체 상태방정식

1) 이상기체 법칙(理想氣體法則)

이상기체의 상태를 나타내는 양의 상관관계 방정식이다.

2) 기체 1몰은 표준상태(0℃, 1atm)에서 22.4L의 부피를 갖는다.

이 값을 대입하여 이상 기체 법칙의 비례 상수, 즉 기체 상수 R을 구할 수 있다.

3) 이상 기체 상태 방정식

이상 기체 n몰에 대하여 이상 기체 법칙은 다음의 식으로 나타낼 수 있다.

$$V = \frac{nRT}{P} \qquad P = \frac{nRT}{V}$$

$$PV = nRT$$

여기서, P : 기체의 압력(atm), V : 기체의 부피(L), n : 기체의 몰 수(mol)

$\qquad R$: 기체 상수(0.082atm · L/mol · K), T : 절대온도(K)

$$k = \frac{PV}{nT} = \frac{1\text{atm} \times 22.4\text{L}}{1\text{moltims}273\text{K}} \fallingdotseq 0.082\text{atm} \cdot \text{L/mol} \cdot \text{K}$$

6. 위험물의 분류(위험물 안전관리법)

1) 제1류 위험물(산화성 고체, 강 산화제)

산화성 고체 (강 산화제)	1. 염소산염류 2. 아염소산염류 3. 과염소산염류 4. 무기과산화물 5. 취소산염류 (브롬산염류) 6. 질산염류 7. 옥소산(요오드산)염류 8. 과망간산염류 9. 중크롬산염류 • 무기과산화물 이외는 물소화 • 불연성, 조연성, 수용성
염소산염류	$HClO_3$: $NaClO_3$, $KClO_3$, NH_4ClO_3
아염소산류	$HClO_2$: $NaClO_2$, $KClO_2$, NH_4ClO_2
과염소산염류	$HClO_4$: $NaClO_4$, $KClO_4$, NH_4ClO_4
무기과산화물	물접촉 물소화 금지 건조사 소화 1) 알칼리 금속의 무기과산화물 : 1족 금속, 알코올과 반응하면 수소(H_2) 발생 　① 과산화나트륨 Na_2O_2 알코올에 녹지 않는다. 　② 과산화칼륨(K_2O_2) 갈색 유리병에 저장 용기밀봉 오렌지색 2) 알칼리 금속 외 무기과산화물 : 2족 금속(Be, Mg, Ca, Ba) 　① 과산화마그네슘(MgO_2) 　② 과산화칼슘(CaO_2) 　③ 과산화바륨(BaO_2) 자신은 불연성이나 물(H_2O)을 만나면 산소(O_2) 발생

2) 제2류 위험물(가연성 고체, 환원제)

가연성 고체	1. 황화린 2. 적린 3. 유황 4. 철분 5. 마그네슘 6. 금속분 7. 인화성 고체 　-. 산화성 물질(1. 6류) 접촉 금지
	전체 건조사 소화
금속분	철분, 마그네슘, 금속분은 물(H_2O)을 만나면 수소(H_2) 발생 물, 습기를 만나면 자연발화 금속 분류는(Al, Zn) 산소(O_2)를 만나면 수소(H_2)를 발생
황	황화린(P_4S) : CO_2, 건조사, 분말 소화기 사용 가능 유황(S), 적린(P) : 물소화 ① 적린(P) 물속에 보관 ② 유황은 산소(O_2)를 만나면 SO_2(아황산가스)를 발생하며 푸른빛을 낸다. 　(성냥 · 화약), 삼황화린(P_4S_3), 오황화린(P_2S_5), 칠황화린(P_4S_7)
인화성 고체	고형 알코올, 제삼 부틸알코올, 메타알데히드 : 건조분말, CO_2 소화 가능

3) 제3류 위험물

금수성 물질 자연발화성 물질 물 반응성물질	1. 칼륨 2. 나트륨 3. 알킬알루미늄 4. 알킬리튬 5. 황린. 6. 알칼리 금속(칼륨 및 나트륨제외) 및 알칼리 토금속 7. 유기금속 화합물(알킬알루미늄 및 알킬 리튬 제외) 8. 금속의 수소화물 9. 금속의 인화물 10. 칼슘 또는 알루미늄의 탄화물
	공기 및 물 접촉 금지, 물 반응성 물질, 자연발화성 물질
황린(P4)	발화점 34℃ 물속에 저장(Ph9), 황린 외는 물 접촉 금지
칼륨, 나트륨	등유, 석유, 경유, 파라핀유 저장
금수성 물질	금수성 물질은 물을 만나면 수소 발생 $2K + 2H_2O \rightarrow 2KOH + H_2 \uparrow$, $2Na + 2H_2O \rightarrow 2NaOH + H_2 \uparrow$
알킬 알루미늄	알킬알루미늄, 알킬리튬, 유기금속 화합물은 건조사, 팽창질석, 팽창진주암 소화 $(C_2H_5)_3Al + 3H_2O \rightarrow Al(OH)_3 + 3C_2H_6 \uparrow$ (에탄)
금속의 인화물	인화 알루미늄 : $AlP + 3H_2O \rightarrow Al(OH)_3 + PH_3 \uparrow$ (포스핀) 인화칼슘 : $Ca_2P_3 + 6HCl \rightarrow 3CaCl_2 + 2PH_3$(포스핀) $\uparrow$
금속의 탄화물	탄화칼슘 : $CaC_2 + 2HO_2 \rightarrow Ca(OH)_2 + C_2H_2$(아세틸렌) $\uparrow$ 탄화 알루미늄 : $Al_4C_3 + 12H_2O \rightarrow 4Al(OH)_3 + 3CH_4$(메탄) $\uparrow$

※ 금수성 물질 소화제 : 탄산수소염류 분말 소화기, 마른 모래

4) 제4류 위험물

인화성액체	1. 특수인화물 2. 제1석유류 3. 알코올류 4. 제2석유류 5. 제3석유류 6. 제4석유류 7. 동식물 유류
특수인화물	• 비수용성 : 디에틸에테르($C_2H_5OC_2H_5$), 이황화탄소(CS_2), 아세트알데히드(CH_3CHO), 산화 프로필렌(CH_3CHOCH_2) • 수용성으로 구리, 은, 마그네슘 용기 사용금지
제1 석유류	• 비수용성 : 가솔린, 벤젠(C_6H_6), 톨루엔($C_6H_5CH_3$), 메틸에틸케톤($CH_3COC_2H_5$), 초산에스테 르(CH_3COOH), 의산에스테르($HCOOH$), 시클로헥산 • 수용성 : 아세톤(CH_3COCH_3) 피리딘(C_5H_5N), 시안화수소(HCN)
알코올류	• 메틸알코올(CH_3OH) : 수용성 독성이 있다. • 에틸알코올(C_2H_5OH) : 수용성 독성이 없다.
제2 석유류	• 비수용성 : 등유, 경유, 테레핀유, 장뇌유, 송근유, 클로로벤젠(C_6H_5Cl), 크실렌($C_6H_4(CH_3)_2$) • 수용성 : 의산, 초산
제3 석유류	• 비수용성 : 중유, 아닐린($C_6H_5NH_2$), 니트로벤젠, 메타크레졸, 크레오소트유 • 수용성 : 에탄올아민, 에틸렌글리콜($C_2H_4(OH)_2$), 글리세린($C_3H_5(OH)_3$)
제4 석유류	실린더유(윤활유), 기계류
동, 식물류	• 건성유(요오드 값 130 이상), 반건성유($I = 100 \sim 130$ 미만), 불건성유($I = 100$ 미만) • 불건성유(야자유, 소기름, 고래기름, 피마자유, 올리브유)

※ 물소화 금지, 화기엄금, 증기는 공기보다 가볍다(시안화수소는 제외), CO_2 소화제 사용, 물보다 가볍고 물에 녹기 어렵다.

5) 제5류 위험물

자기 연소성 물질 폭발성 물질 자기 반응성 물질	1. 유기과산화물 2. 질산에스테르류 3. 니트로화합물 4. 니트로소화합물 5. 아조화합물 6. 디아조화합물 7. 하이드라진유도체 8. 히드록실아민 9. 히드록실아민염류
유기과산화물	과산화벤조일$(C_6H_5CO)_2O_2$ 과산화 메틸에틸케톤$(CH_3COC_2H_5)_2O_2$
질산 에스테르류	• NC : 트리니트로 셀룰로오즈$(C_6H_7O_2(ONO_2)_3$ – 알코올에 적셔 보관 • NG : 트리니트로 글리세린$(C_3H_5(ONO_2)_3$ – 알코올에 적셔 보관 • Ng : 니트로글리콜$(C_2H_4(ONO_2)_2$ • 질산메틸(CH_3ONO_2), 질산에틸$(C_2H_5ONO_2)$
니트로 화합물	• TNT : 트리니트로톨루엔$(C_6H_2CH_3(NO_2)_3$ • TNP : 트리니트로페놀$(C_6H_2(OH)(NO_2)_3$

※ 니트로소화합물, 아조화합물, 디아조화합물, 하이드라진유도체(N_2H_4), 히드록실아민, 히드록실아민염류
　(공통 성질 : 화기엄금, 충격주의, 냉각소화)

6) 제6류 위험물

산화성 액체강 산화제	1. 과염소산 2. 과산화수소 3. 질산
과염소산	$HClO_4$
과산화수소	H_2O_2 : 표백살균, 구멍 뚫린 마개 사용 농도가 36%(중량) 이상인 것
질산 비중이 1.49 이상	HNO_3 : 진한 질산은 Fe, Ni, Cr, Al과 반응하여 부동태를 형성하여 녹이 발생하지 않는다.

※ 불연성, 조연성, 소화제 : 마른 모래, CO_2

7) 위험물을 2가지 이상 서로 혼합 접촉하면 발화 발열되는 현상

혼재 가능한 위험물

① 4. 2. 3 (4+2, 4+3)　　② 5. 2. 4 (5+2, 5+4)　　③ 6. 1　 (6+1)

8) 위험물 외부 표시 및 주의사항

위험물	표시사항 암기법	표시내용
제1류 위험물	1 알 물 가. 화. 충	
	① 알칼리 금속의 과산화물	물 엄금, 가연물 접촉 주의, 화기주의, 충격주의
	② 그 밖의 물질	가연물 접촉 금지, 화기주의, 충격주의
제2류 위험물	2 인 화 철마금 물. 화	
	① 인화성 고체	화기엄금
	② 철마금	물 엄금, 화기주의
	③ 그 외	화기주의
제3류 위험물	3 자 화. 공.　금수 물	
	① 자연발화성 물질	화기엄금, 공기접촉금지
	② 금수성 물질	물 엄금

위험물	표시사항 암기법	표시내용
제4류 위험물	4 인 화	전체 화기엄금
제5류 위험물	5 폭 화. 충	화기엄금, 충격주의
제6류 위험물	6 산액 가	가연물 접촉주의

9) 위험물의 종류(산업안전보건법)

구분	종류 및 기준량
폭발성 물질 및 유기과산화물(제5류)	유기과산화물, 니트로화합물, 니트로소화합물, 아조화합물, 디아조화합물 하이드라진 유도체, 질산에스테르류 히드록실아민, 히드록실아민 염류
물반응성 물질(3류) 및 인화성 고체(2류)	리튬, 칼륨, 나트륨, 알킬알루미늄, 알킬리튬, 칼슘탄화물, 알루미늄 탄화물, 황린, 금속의 수소화물, 금속의 인화물, 유기금속 화합물(알킬알루미늄, 알킬리튬은 제외) 황, 황화인 적린, 셀룰로이드류 마그네슘 분말(금수성물질) 금속 분말, 알칼리 금속
산화성 액체(6류) 및 산화성 고체(1류)	과염소산, 과산화수소, 질산 차아염소산 및 그 염류, 아염소산 및 그 염류, 염소산 및 그 염류, 브롬산 및 그 염류. 요오드산 및 그 염류. 과망간산 및 그 염류. 중크롬산 및 그 염류 무기과산화물, 질산 및 그 염류
인화성 액체(4류)	① 에틸에테르, 가솔린, 아세트알데히드, 산화프로필렌, 그 밖에 인화점이 23℃ 미만이고 초기 끓는점이 35℃ 이하인 물질 ② 노르말헥산, 아세톤. 메틸에틸케톤, 메틸알코올, 에틸알코올, 이황화탄소, 그 밖의 인화점이 23℃ 미만이고 초기 끓는점이 35℃를 초과인 물질 ③ 크렌실, 아세트산아밀, 등유, 경유, 테레핀유, 이소아밀알코올, 아세트산, 하이드라진, 그 밖에 인화점이 23℃이상 60℃ 이하인 물질
인화성 가스	수소, 아세틸렌, 에틸렌, 메탄, 에탄, 프로판, 부탄 유해위험물질 규정 양에 따른 인화성 가스
부식성 물질	부식성 산류 농도가 20% 이상인 염산 황산 질산 농도가 60% 이상인 인산 아세트산 불산 부식성 염기류 농도가 40% 이상인 수산화나트륨 수산화칼륨 그 밖의 이와 같은 정도 이상의 부식성을 가지는 염기류
급성 독성물질	① 쥐에 대한 경구 투입 실험에 의하여 실험 동물의 50%를 사망시킬 수 있는 물질의 양, 즉 Ld50 (경구 쥐)이 300mg/kg(체중) 이하인 화학물질 ② 쥐 또는 토끼에 대한 경피 흡수 실험에 의하여 실험동물의 50%를 사망시킬 수 있는 물질의 양 Ld50(경피 토끼 또는 쥐)이 1,000mg/kg(체중) 이하인 화학물질 ③ 쥐에 대한 4시간 동안에 흡입 실험에 의하여 실험동물의 50%를 사망시킬 수 있는 물질의 농도 즉 가스 Lc50(쥐 4시간 흡입)이 2,500ppm 이하인 화학물질 증기 Lc50(쥐 4시간 흡입)이 10mg/ℓ 이하인 화학물질 분진 또는 미스트 1mg/ℓ 이하인 화학물질

※ Lc50(Lethal concentration 50)
　실험동물의 50%를 사망하게 하는 공기 중의 가스농도 및 액체 중에 물질의 농도이며 50%의 치사 농도로 반수 치사 농도라 한다.
※ Ld50(Lethal dose 50)
　50% 치사량과 같은 비슷한 개념으로 유해물질의 대기 중 양을 나타낸다.

7. 허용농도(기준치)

허용농도(TLV : Threshold Limit Value)는 보통의 사람에게 건강상 나쁜 영향을 미치지 않는 농도를 말함.

1) 유독물질의 지정기준

구분	적정 기준
설치류에 대한 급성 경구독성	시험 동물수의 반을 죽일 수 있는 양(LD50)이 300mg/Kg 이하인 화학물질
설치류에 대한 급성 경피독성	시험 동물수의 반을 죽일 수 있는 양(LD50)이 1,000mg/kg 이하인 화학물질
설치류에 대한 급성 흡입독성	기체로 노출시킨 경우 시험 동물수의 반을 죽일 수 있는 농도 LC50 4hr 2,500PPM 이하이거나 증기 노출 10mg/ℓ 이하인 화학물질 분진이나 미립자로 노출시킨 경우 시험 동물 수의 반을 죽일 수 있는 농도 LC50 4hr 1.0mg/ℓ 이하인 화학물질
피부 부식성 자극성	피부에 3분 동안 노출시키는 경우 1시간 이내에 표피에서 진피까지 괴사를 일으키는 화학물질

2) 흡입독성의 단위 및 환산식

① 흡입독성의 단위
② 기체 또는 증기로 노출시키는 경우 ppm
③ 분진 또는 미립자를 노출시키는 경우 mg/ℓ

3) 환산식

$$mg/\ell = \frac{ppm \times 분자량}{24.45} \times \frac{1}{1,000}$$

> **예제**
>
> 25℃ 1기압에서 벤젠 (C6H6)의 허용 농도가 10ppm일 때 각 단위로 나타내시오.
> ① mg/m^3 ② g/m^3 ③ mg/ℓ 인가?
>
> **해설** [풀이 1]
> 벤젠의 분자량을 먼저 구한다. $C_6H_6 = 12 \times 6 + 1 \times 6 = 78g$
> ① $mg/m^3 = \dfrac{농도(ppm) \times 분자량(g)}{25℃ 1atm(표준상태)}$, $mg/m^3 = \dfrac{10 \times 78}{25} = 31.9$
> ② $g/m^3 = 31.9 \times = \dfrac{1}{1,000} = 0.319$
> ③ $mg/\ell = 31.9 \times 1,000 = 31,900$
> [풀이 2]
> $$\frac{농도(ppm) \times 분자량(g)}{부피(mol)\ 22.4\ell} \times \frac{절대온도(273)}{절대온도(273) + ℃} = \frac{10 \times 78}{22.4\ell} \times \frac{273 + 0}{(273 + 25)} = 31.9mg/m^3$$

[단위환산]

- $mg/m^3 = \dfrac{농도(ppm) \times 분자량(g)}{25℃\ 1atm\ (표준상태)}$, $1g = 1,000mg$, $1m^3 = 1,000l$

- $mg/m^3 = \dfrac{농도(ppm) \times 분자량(g)}{25℃\ 1atm} \times \dfrac{1}{1,000} = g/m^3$

- $mg/m^3 = 1/1,000g/m^3$ $g/m^3 \times 1,000 = g/l$

8. 화학물질 및 물리적 인자의 노출기준

[인자의 노출기준]

- 인체에 유해한 가스, 증기, 미스트, 흄이나 분진과 소음 및 고온 등 화학물질 및 물리적 인자(이하 "유해인자"라 한다)에 대한 작업환경평가와 근로자의 보건상 유해하지 아니한 기준을 정함으로써 유해인자로부터 근로자의 건강을 보호하는 데 목적
- 근로자가 유해인자에 노출되는 경우 노출기준 이하 수준에서는 거의 모든 근로자에게 건강상 나쁜 영향을 미치지 아니하는 기준을 말하며, 1일 작업시간 동안의 시간 가중평균 평균 노출기준이다.

1) 시간가중평균 노출기준(TWA 농도 : Time Weighted Average)

"시간가중평균 노출기준(TWA)"이란 1일 8시간 작업을 기준으로 하여 유해인자의 측정치에 발생시간을 곱하여 8시간으로 나눈 값으로

$$TWA\ 환산값 = \frac{C1 \cdot T1 + C2 \cdot T2 + \cdots\cdots + Cn \cdot Tn}{8}$$

C : 유해인자의 측정치(단위 : ppm, mg/m³ 또는 ea/cm³)
T : 유해인자의 발생시간(단위 : 시간)

2) 단시간 노출기준(STEL : Short Term Exposure Limit)

정의 : 1회 15분간의 유해인자에 노출되는 경우의 기준으로 시간 가중평균 노출값으로서 노출농도를 말한다. 1회 노출 지속시간이 15분 미만이어야 하고 이러한 상태가 1일 4회 이하로 발생하여야 하며, 각 노출의 간격은 60분 이상이어야 한다.

3) 최고 노출기준(Celling (C))

근로자가 1일 작업시간 동안 잠시도 노출되어서는 안 되는 기준. 노출기준 앞에 "C"를 붙여 표시한다.

4) 혼합물일 경우

화학물질이 2종 이상 혼재하는 경우에 유해작용은 가중되므로 노출기준은 다음 식에 따라 산출하되, 산출되는 수치가 1을 초과하지 아니하는 것으로 한다.

① 혼합물의 노출기준

$$R = \frac{C1}{t1} + \frac{C2}{T2} + \cdots \frac{Cn}{Tn}$$

여기서, C : 화학물질 각각의 측정치, T : 화학물질 각각의 노출기준, R : 1이 초과하지 않을 것

② 혼합물의 허용농도(혼합물의 TLV − TWA)

$$\text{TLV} - \text{TWA} = \frac{C1 + C2 + \cdots\cdots + Cn}{R}$$

여기서, C : 화학물질의 측정치, R : 혼합물의 노출기준

예제

공기 중 아세톤의 농도가 200ppm(TLV 500ppm), 메틸에틸케톤(MEK)의 농도가 100ppm(TLV 200ppm)일 때 혼합 물질의 허용농도는 약 몇 ppm인가?(단, 두 물질은 서로 상가작용을 하는 것으로 가정한다.)

① 150　　　　② 200　　　　③ 270　　　　❹ 333

해설　1) 혼합물의 허용노출기준 및 허용 농도

허용노출기준(R) $= \dfrac{C1}{T1} + \dfrac{C2}{T2} = \dfrac{200}{500} + \dfrac{100}{200} = 0.9$

노출기준이 1을 초과하지 않음으로 허용기준 이내이다.

2) 혼합물의 허용농도(혼합물의 TLV − TWA)

$\dfrac{C1 + C2(측정치)}{R(노출기준)} = \dfrac{300}{0.9} = 333.33(\text{ppm})$

---

5) 노출기준의 표시단위

가스 및 증기	ppm
분진	mg/m³, 석면 및 내화성 세라믹 섬유 cm³당 개수(EA/cm³)
고온	습구 흑구 온도지수(WBGT) 옥외 태양광선이 내리는 장소 　WBGT(℃) = (0.7×자연 습구온도) + (0.2×흑구 온도) + (0.1×건구온도) 옥내 또는 옥외 태양광선이 내려지지 않는 장소 　WBGT = (0.7×자연습구 온도) + (0.3×흑구 온도)

(1) TLV : Threshold Limit Value(허용기준농도)

신체가 영향을 받지 않는다고 생각되는 평균농도

(2) TWA : Time Weighted Average(시간 가중 평균노출 기준)

1일 8시간 작업을 기준으로 하여 유해인자의 측정치

(3) TWA가 가장 낮은 물질(위험도가 가장 높다)

① 불소 : 0.1ppm
② 벤젠, 과산화수소, 염화수소 : 1ppm
③ 염소, 사염화탄소 : 5ppm
④ 황화수소 : 10ppm
⑤ 암모니아 : 25ppm
⑥ 메탄올 : 200ppm
⑦ 에탄올 : 1,000ppm

02 | 위험물 유해화학물질의 취급 및 안전수칙

1. 위험물의 성질 및 위험성

1) 발화성 물질의 저장법
① 나트륨 칼륨 : 석유, 등유 / 나트륨 : 유동 파라핀 속
② 황린 : 물속(PH9)
③ 적린, 마그네슘 칼륨 : 격리 저장
④ 질산은($AgNO_3$) 용액 : 차광 저장(광분해 반응)
⑤ 벤젠 : 산화성 물질과 격리
⑥ 탄화칼슘($CaCO_2$ 카바이트) : 건조한 곳
⑦ 니트로셀룰로오스 : 알코올 속에 저장(건조하면 폭발)

2) 중독증세
① 수은 : 구내염, 혈뇨, 손떨림
② 납중독 : 신경근육계통 장애
③ 크롬중독 : 비중격 천공증
④ 벤젠 : 조혈기관장애(백혈병)

2. 위험물의 성질 및 위험성

1) NFPA(미국 방화협회 표시법)에 의한 위험물 등급 표시
① 화재의 위험성 : 적색
② 건강의 위험성 : 청색
③ 반응의 위험성 : 황색
④ 0 : 전혀 위험이 없음~4 : 치명적 위험
(등급이 높을수록 위험도가 높다.)

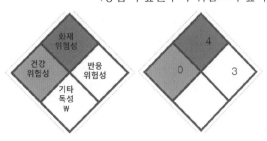

2) 위험물 취급 방법

(1) 물과의 접촉 금지

① 대상(금수성 물질) : 발화성 물질 중 물과 접촉하여 쉽게 발화되고 가연성 가스를 발생할 수 있는 물질

    ㉠ K, Na : 물과 반응하여 수소(H_2)를 발생한다.

    ㉡ 물 반응성 물질 : Ca_3P_2(인화칼슘) : 물 반응으로 포스핀 생성

$$Ca_3P_2 + 6H_2O \;\Rightarrow\; 3Ca(OH)_2 + 2PH_3$$

    ㉢ 석유(등유) 속에 저장 : 금속칼륨(K), 금속나트륨(Na)(유동 파라핀에 저장)

    ㉣ 벤젠(C_6H_6)(조혈기능장애), 헥산 등에 희석제 사용 : 알킬 알루미늄 산화성 물질과 격리 저장

    ㉤ 발화성 물질인 황린(P_4)은 물에 녹지 않으므로 PH9 정도로 물속에 저장

    ㉥ 적린(P), 마그네슘(Mg), 칼륨(k) : 격리 저장, 적린 : 냉암소 격리 저장

    ㉦ 질산은($AgNO_3$) : 갈색 유리병에 보관

    ㉧ 탄화칼슘(CaC_2 : 카바이트) : 물과 격렬한 반응으로 건조한 곳에 보관

    ㉨ 질산(NO_3) : 통풍이 잘되는 곳(물접촉 금지)

        KNO_3(질산칼륨) : 흑색화약의 원료

        $AgNO_3$(질산은) : 갈색 유리병에 보관, 광분해물질(햇빛을 피할 것 햇빛에 의해 광분해 반응을 일으킨다)

    ㉩ 니트로셀룰로오즈($C_6H7O_2(ONO_2)$) : 건조하면 분해폭발 함으로 알코올에 적셔 보관

    ㉪ 니트로글리세린($C_3H_5(ONO_2)$) : 알코올에 적셔 보관, 주수소화

② 조치

    ㉠ 완전 밀폐형 용기의 저장 및 취급

    ㉡ 빗물 등이 스며들지 아니하는 건축물 내에 보관 및 취급

(2) 가솔린이 남아 있는 설비의 등유 등의 주입 시 조치사항

① 등유나 경유를 주입하는 경우에는 그 액 표면에 높이가 주입관의 선단의 높이를 넘을 때까지 주입속도를 1m/s 이하로 할 것

② 등유나 경유를 주입하기 전에 탱크 드럼 등과 주입 설비 사이의 접속선이나 접지선을 연결하여 전위차를 줄이도록 할 것

(3) 기타사항

① 아산화질소(N_2O) : 웃음가스, 가연성 마취제

② 잠함병 원인 : 질소(N_2)

③ 암모니아 가스 : 네슬러 시약에 갈색으로 변색

④ 불꽃 반응색

㉠ 리튬(Li) : 붉은색(적색)　　　㉡ 나트륨(Na) : 노란색(황색)

　　　㉢ 칼륨(K) : 보라색　　　　　　㉣ 구리(Cu) : 청록색

　　　㉤ 칼슘(Ca) : 주황색　　　　　　㉥ 납(Pb) : 심청색

　⑤ 흡열반응물질 : 물과 반응하여 열을 흡수하는 물질 : 질산암모늄(NH_4NO_3)

　⑥ 중합반응으로 발열을 일으키는 물질 : 동일 분자를 2개 이상 결합시켜 분자량이 큰 화합물을 생성하는 반응(액화 시안화수소)

　⑦ 물에 잘 용해 : 아세톤(CH_3COCH_3)

　⑧ 마그네슘(Mg) : 분진폭발 유발 (하트만식 실험)

　⑨ 진한 질산은 공기 중에 갈색 증기를 발생 : NO_2

　⑩ CO_2, 하론 소화기 사용금지 위험물 : 1류, 5류, 6류

(4) 독성이 강한 가스

　① $COCl_2$(포스겐) : 0.1ppm　　　② Cl_2(염소) : 1ppm

　③ H_2S(황화수소) : 0ppm　　　　④ NH_4(암모늄) : 25ppm

　⑤ CO(일산화탄소) : 30ppm

(5) 인화점 낮은 순서

　① 에테르($C_2H_5OC_2H_5$) : -45℃　　② 아세트알데히드(CH_3CHO) : -38℃

　③ 이황화탄소(CS_2) : -30℃　　　　④ 가솔린 : -20∼-43℃

　⑤ 아세톤(CH_3COCH_3) : -18℃　　⑥ 아세트산에틸($CH_3COOC_2H_5$) : -4℃

　⑦ 에탄올(C_2H_5OH) : 13℃　　　　⑧ 등유 : 38∼40℃

　⑨ 아세트산(CH_3COOH) : 41.7

(6) 차광성 물질(빛 엄금)

　① 1류, 5류, 6류 : 산소(O_2)를 갖고 있기 때문

　② 3류 : 자연발화성　　　　　③ 4류 : 특수인화물

(7) 차수성 물질(물 엄금)

　① 1류 : 무기과산화물(과산화 칼륨 K_2O_2, 과산화나트륨 Na_2O_2)

　② 2류 : 철분 마그네슘, 금속분

　③ 3류 : 금수성 물질(리튬, 칼륨, 나트륨, 알킬알루미늄, 알킬리튬)

　④ 4류 : 이황화탄소(발화점이 가장 낮다)

(8) 산화에틸렌 등의 취급 시 조치사항

　설비 내부의 불활성 가스 외의 가스나 증기를 불활성 가스로 바꾸는 안전 조치 후 작업 실시

(9) 폭발 화재 등 예방조치

　① 인화성 물질 증기 가연성가스 가연성 분진으로 인한 폭발 화재예방

ⓒ 통풍 및 환기　　　　　　　　ⓒ 제진 조치

② 폭발 화재의 사전 감지 위한 조치 가스 검지 및 경보장치 설치

3. 가스의 종류와 특징

종류	특징
액화가스	상온에서 낮은 압력으로 쉽게 액화 프로판(C_3H_8), 부탄(C_4H_{10}), 암모늄(NH_4), 이산화탄소(CO_2), 염소(Cl), 포스겐($COCl_2$) $CCl_4 + CO_2 \rightarrow 2COCl_2$(포스겐) ↑
압축가스	상온에서 압축하여도 쉽게 액화되지 않는 가스 헬륨(He), 네온(Ne), 아르곤(Ar), 수소(H_2), 산소(O_2), 질소(N_2), 일산화탄소(CO), 메틴(CH_4), 공기
용해가스	액화하기 위해 압축하면 분해를 발하므로 용기에 다공 물질을 채우고 용제에 용해하여 충전한 가스 아세틸렌(C_2H_2) (C_2H_2) 탄화칼슘 : $CaC_2 + 2HO_2 \rightarrow Ca(OH)_2 + C_2H_2$(아세틸렌) ↑

1) 금속의 용접 용단 또는 가열에 사용되는 가스 용기 취급 시 준수사항

① 아래 장소에서는 사용하거나 해당 장소에 설치, 저장 또는 방치하지 아니하도록 할 것

　ⓒ 통풍이나 환기가 불충분한 장소

　ⓒ 화기를 사용하는 장소 및 그 부근

　ⓒ 위험물 또는 인화성 액체를 취급하는 장소 및 그 부근

② 용기의 온도를 섭씨 40℃ 이하로 유지할 것 전도의 위험이 없도록 할 것

③ 충격을 가하지 않도록 할 것

④ 운반하는 경우에는 캡을 씌울 것

⑤ 사용하는 경우에는 용기의 마개에 부착되어 있는 유류 및 먼지를 제거할 것

⑥ 밸브의 개폐는 서서히 할 것

⑦ 용해 아세틸렌의 용기는 세워둘 것

⑧ 사용 전 또는 사용 중인 용기와 그 밖의 용기를 명확히 구별하여 보관할 것

⑨ 용기의 부식 마모 또는 변형 상태를 점검한 후 사용할 것

2) 인화성 가스에 의한 폭발 화재방지 조치(지하 작업장, 가스도관 부근 굴착작업)

(1) 가스의 농도 측정자를 먼저 지명하고 다음의 경우에 해당 가스의 농도측정

① 매일 작업을 시작하기 전

② 가스의 누출이 의심되는 경우

③ 가스가 발생하거나 정체할 위험이 있는 장소가 있는 경우

④ 장시간 작업을 계속하는 경우는 4시간마다 가스 농도를 측정

(2) 가스의 농도가 인화 하한계에 25% 이상으로 밝혀진 때는 근로자를 안전한 장소에 대피시키고 화기나 그 밖의 점화원이 될 우려가 있는 기계기구 등의 사용을 중지하며 통풍 환기 등을 할 것

3) 유해 위험물질 규정의 정의

① 인화성 가스란 인화한계 농도의 하한이 13%이하 또는 상하한의 차가 12% 이상인 것으로서 표준
압력(101.3 ㎪)하의 20℃에서 가스상태인 물질을 말한다.

② 인화성 액체란 표준압력(101.3 ㎪) 하에서 인화점이 60℃ 이하이거나 고온·고압의 공정운전조
건으로 인하여 화재·폭발위험이 있는 상태에서 취급되는 가연성 물질을 말한다.

③ 인화점의 수치는 타구밀폐식 또는 펜스키말테식 등의 인화점 측정기에 의하여 표준압력(101.3
㎪)에서 측정한 수치 중 적은 수치임

④ 유해·위험물질의 규정수량이라 함은 제조·취급 등 설비에 있어서 공정과정 중에 저장되는 양
을 포함하여 하루 동안 최대로 제조 또는 취급할 수 있는 수량을 말함

⑤ 수량에 기재된 수치는 화학물질의 순도 100%를 기준으로 하여 산출한 수치임

⑥ 2종 이상의 유해·위험물질을 취급하는 경우에는 당해 유해·위험물질 각각의 취급량을 구한
후 다음 공식에 의해 산출한 값 R이 1 이상인 경우 유해·위험설비로 본다.

⑦ 가스를 전문으로 저장·판매하는 시설 내의 가스를 제외한다.

4) 용융 고열물 취급 피트의 수증기 폭발 방지조치

① 지하수가 내부로 새어드는 것을 방지할 수 있는 구조로 할 것

② 작업용수 또는 빗물 등이 내부로 새어드는 것을 방지할 수 있는 격벽 등의 설비를 주위에 설치할 것

5) 용융 고열 물 취급설비 건축물의 구조

① 바닥은 물이 고이지 아니하는 구조로 할 것

② 지붕 벽창 등은 빗물이 되어 드리지 아니하는 구조로 할 것

6) 위험물 제조 취급 작업장의 비상구 설치기준(출입구 외에 1개 이상의 비상구)

① 출입구와 같은 방향에 있지 아니하고
출입구로부터 3미터 이상 떨어져 있을
것

② 작업장의 각 부분으로부터 하나의 비상
구 또는 출입구까지 수평거리가 50m 이
하가 되도록 할 것

③ 비상구에 너비는 0.75m 이상으로 하고
높이는 1.5m 이상으로 할 것

④ 비상구의 문은 피난 방향으로 열리도록
하고 실내에서 항상 열 수 있는 구조로
할 것

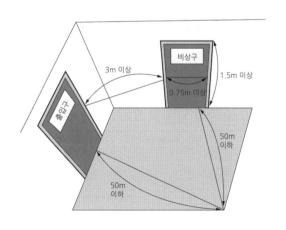

7) 인화성 가스 누출에 대한 안전조치 설치기준 설치 위치

설치 위치	① 가능한 가스의 누출이 우려되는 노출 부위 가까이 설치 ② 가스 누출은 예상되지 않으나 누출 가스가 체류하기 쉬운 곳은 다음과 같은 지점에 설치 　㉠ 건축물 밖에 설치되는 가스누출감지 경보기는 풍향 풍속 가스 비중 등을 고려하여 가스가 체류하기 쉬운 지점에 설치 　㉡ 건축물 내에 설치되는 가스누출감지 경보기는 감지대상 가스의 비중이 공기보다 무거운 경우에는 건축물 내의 하부에 공기보다 가벼운 경우에는 건축물의 환기구 부근 또는 당해 건축물 내의 상부에 설치
경보 설정치 및 정밀도	① 설정치 가연성 가스는 감지대상 가스 폭발 하한계 25% 이하 독성 가스는 허용농도 이하 ② 정밀도 경보 설정 시에 대하여 ±25% 이하 독성 가스는 ±30% 이하
성능	① 가연성 가스누출감지 경보기는 담배 연기 등의 독성 가스누출감지 경보기는 담배 연기 기계 세척유 가스 등의 증발가스, 증기가스 및 탄화수소계 가스와 그 밖에 가스에는 경보가 울리지 않아야 한다. ② 가스누출감지경보기 가스 감지에서 경보 발생까지 걸리는 시간은 경보 농도의 1.6배 시 보통 30초 이내일 것 　다만 암모니아 일산화탄소 또는 이와 유사한 가스등을 감지하는 가스누출감지경보기는 1분 이내로 한다. ③ 경보 정밀도는 전원의 전압변동률이 플러스마이너스 10%까지 저하되지 않아야 한다. ④ 지시계의 눈금의 범위는 가연성 가스용은 0에서 폭발 하한계값 독성 가스는 0에서 허용농도 3배값(암모니아를 실내에서 사용하는 경우에는 150이어야 한다) ⑤ 경보를 발신한 후에는 가스 농도가 변화하여도 계속 경보를 울려야 하며, 그 확인 또는 대책을 조치할 때에는 경보가 정지되어야 한다.

4. 인화성 가스 취급 시 주의사항

1) 안전밸브의 종류 및 특징 ★★★

스프링식	일반적으로 가장 널리 사용 용기 내에 압력이 설정된 값을 초과하면 스프링을 밀어내어 가스를 분출시켜 폭발을 방지(프로판)
파열판식	용기 내 압력이 급격히 상승할 경우 용기 내의 가스 배출 한번 작동 후 교체 스프링식보다 토출 용량이 많아 압력 상승이 급격히 변하는 곳에 적당(산소용)
중추식	밸브 장치에 무게가 있는 추를 달아서 설정 압력이 되면 추를 위로 올려 가스 분출
가용전식	설정 온도에서 용기 내 온도가 규정 온도 이상이면 녹아서 용기 내에 전체 가스를 배출 • 일반용 75℃ 이하　• 아세틸렌용 : 105℃±5℃　• 긴급 차단용 : 110℃(염소용)

2) 용기의 도색 및 표시

가스의 종류	도색 구분	가스의 종류	도색 구분
수소	주황색	산소	녹색
아세틸렌	황색	질소	회색
액화탄산가스	청색	액화석유가스	회색
액화암모니아	백색	그 밖의 가스	회색
액화염소	갈색	소방용 용기	소방법에 의한 도색

3) 고압 가스용기 운반 기준

경계표시 밸브의 손상방지 용기의 취급 운반 중에 충전 용기는 항상 40℃ 이하를 유지할 것

4) 유해화학물질 취급 시 주의사항

(1) 유해물질 취급 작업장의 게시사항[관리 (허가)대상 유해물질]

- 관리대상 (허가대상) 유해물질 명칭
- 인체에 미치는 영향
- 취급상의 주의사항
- 착용하여야 할 보호구
- 응급조치(처치)와 긴급 방제요령

(2) 유해성 등에 관한 근로자 주지사항

유해성 등에 관한 근로자 주지 사항	• 허가 및 금지 유해물질 • 물리적 화학적 특성 • 발암성 등 인체에 미치는 영향과 증상 • 취급상의 주의사항 • 착용하여야 할 보호구와 착용방법 • 위급 상황 시 대처방법과 응급조치 요령 • 그 밖의 근로자의 건강장해 예방에 관한 사항
관리대상 유해물질	• 관리대상 유해물질 명칭 및 물리적 화학적 특성 • 인체에 미치는 영향과 증상 • 취급상의 주의사항 • 착용하여야 할 보호구와 착용방법 • 위급 상황 시 대처방법과 응급조치 요령 • 그 밖의 근로자의 건강장해 예방에 관한 사항

(3) 관리대상 유해물질 적용 제외

① 작업 시간 1시간당 소비하는 관리대상 유해물질 양이 작업장

② 공기의 부피 m³ 15로 나눈 양(허용소비량) 이하인 경우

(4) 작업장 공기의 부피

① 바닥에서 4m가 넘는 높이에 있는 공간을 제외한 세제곱미터(m³)를 단위로 하는 실내 작업장의 공간 부피

② 다만 공기의 부피가 150m³ 초과하는 경우에는 150m³ 공기의 부피로 한다.

5. 베릴륨 제조 · 사용 작업의 특별 조치

알칼리 토금속 (Be) 인체 유해 특급 방진 마스크 착용

사업주는 베릴륨을 제조하거나 사용하는 경우에 다음의 사항을 지켜야 한다.

1) 베릴륨을 가열 응착하거나 가열 탈착하는 설비는 다른 작업장소와 격리된 실내에 설치하고 국소배기장치를 설치할 것

2) 베릴륨 제조설비는 밀폐식 구조로 하거나 위쪽·아래쪽 및 옆쪽에 덮개 등을 설치할 것

3) 가동 중 내부를 점검할 필요가 있는 것은 덮여 있는 상태로 내부를 관찰할 것

4) 베릴륨을 제조하거나 사용하는 작업장소의 바닥과 벽은 불 침투성 재료로 할 것

5) 아크로 등에 의하여 녹은 베릴륨으로 베릴륨합금을 제조하는 작업장소에는 국소배기장치를 설치할 것

6) 수산화베릴륨으로 고순도 산화베릴륨을 제조하는 설비는 다음의 사항을 갖출 것

    가. 열분해로(爐)는 다른 작업장소와 격리된 실내에 설치할 것

    나. 그 밖의 설비는 밀폐식 구조로 하고 위쪽·아래쪽 및 옆쪽에 덮개를 설치하거나 뚜껑을 설치할 수 있는 형태로 할 것

7) 베릴륨의 공급·이송 또는 운반은 해당 작업에 종사하는 근로자의 신체에 해당 물질이 직접 닿지 않는 방법으로 할 것

8) 분말 상태의 베릴륨을 사용하는 경우에는 격리실에서 원격조작 방법으로 할 것

9) 분말 상태의 베릴륨을 계량하는 작업, 용기에 넣거나 꺼내는 작업, 포장하는 작업을 하는 경우로서 근로자의 신체에 베릴륨이 직접 닿지 않는 방법으로 할 것

6. 석면 취급 안전사항

1) 석면제조, 사용 작업, 해체, 제거작업 및 유지 시 안전수칙

① 국소배기장치 설치   ② 다른 작업장소와 격리

③ 밀폐된 장소 설치   ④ 바닥은 불침투성 재료를 사용하고 경사지게 설치

⑤ 석면이 날리지 않도록 습기유지   ⑥ 특급 방진마스크 착용

2) 석면 해체작업 시 특별교육

① 석면의 특성 위험성 교육   ② 석면 해체 제거 작업방법교육

③ 장비, 보호구 사용에 관한 교육   ④ 그 외 안전보건관리에 필요한 교육

3) 석면 해체작업 시 관리감독자의 임무

① 작업방법을 정하고 지휘   ② 석면 분진 포집장치 음압기 등의 장비 이상 유무 점검

③ 근로자의 보호구 착용상태 점검

4) 석면 해체, 제거작업 시 작업계획에 포함되어야 할 사항

① 석면 해체 제거작업의 절차와 방법   ② 석면 흩날림 방지 및 폐기방법

③ 근로자 보호 조치

5) 석면 해체 제거작업 시 첨부서류 허가 신청서

① 석면 해체 제거작업 계획서

② 석면 해체제거 설비 및 보호구 등에 관한 서류

③ 석면의 비산방지 및 폐기방법 등에 관한 서류

6) 국소배기장치의 사용 전 점검 사항

(1) 국소배기장치

① 닥터 및 배풍기 분진 상태

② 닥터 접속부의 이완 유무

③ 흡기 및 배기 능력

④ 그 밖에 국소배기장치의 성능을 유지하기 위하여 필요한 사항

(2) 공기정화장치

① 공기정화장치 내부의 분진 상태

② 여과제진 장치에 있어서는 여과재의 파손 유무

③ 공기정화장치 분진 처리능력

④ 그 밖의 공기정화장치의 성능 유지를 위하여 필요한 사항

7) 석면 작업 시 보호구 ★★★

① **마스크** : 특급방진마스크, 송기마스크, 전동식 호흡보호구

② **보안경** : 고글(Goggles)형 보호안경

③ **보호복** : 신체를 감싸는 보호복, 보호장갑 및 보호신발

7. 밀폐공간 내 작업 시의 조치

1) 밀폐공간 작업으로 인한 건강장해의 예방

(1) **밀폐공간** : 산소결핍, 유해가스로 인한 질식·화재·폭발 등의 위험이 있는 장소

(2) **유해가스** : 탄산가스·일산화탄소·황화수소 등의 기체로서 인체에 유해한 영향을 미치는 물질을 말한다.

(3) **적정공기**

① 산소농도의 범위 : 18% 이상 23.5% 미만

② 탄산가스의 농도 : 1.5% 미만

③ 일산화탄소의 농도 : 30PPM 미만

④ 황화수소의 농도 : 10PPM 미만인 수준의 공기를 말한다.

(4) **산소결핍** : 공기 중의 산소농도가 18% 미만인 상태를 말한다.

(5) **산소결핍증** : 산소가 결핍된 공기를 들이마심으로써 생기는 증상을 말한다.

2) 산소 및 유해가스 농도의 측정

밀폐공간에서 근로자에게 작업하도록 하는 경우 미리 해당 밀폐공간의 산소 및 유해가스 농도를 측정하여 적정공기가 유지되고 있는지를 평가하도록 하여야 한다.

(1) 측정할 수 있는 사람, 기관

① 관리감독자   ② 보건관리자
③ 안전관리전문기관   ④ 보건관리전문기관
⑤ 지정측정기관

3) 환기

산소 및 유해가스 농도를 측정한 결과 적정공기가 유지되고 있지 아니하다고 평가된 경우 작업장을 환기, 근로자에게 공기호흡기 또는 송기마스크를 지급, 착용하도록 하는 조치

4) 인원의 점검

근로자가 밀폐공간에서 작업을 하는 경우에 그 장소에 근로자를 입장시킬 때와 퇴장시킬 때마다 인원을 점검하여야 한다.

5) 출입의 금지

사업장 내 밀폐공간을 사전에 파악하여 밀폐공간에는 관계 근로자가 아닌 사람의 출입을 금지하고, 출입금지 표지를 밀폐공간 근처의 보기 쉬운 장소에 게시하여야 한다.

6) 감시인의 배치

① 근로자가 밀폐공간에서 작업을 하는 동안 작업 상황을 감시할 수 있는 감시인을 지정하여 밀폐공간 외부에 배치하여야 한다.
② 감시인은 밀폐공간에 종사하는 근로자에게 이상이 있을 경우에 구조요청 등 필요한 조치를 한 후 이를 즉시 관리감독자에게 알려야 한다.
③ 근로자가 밀폐공간에서 작업을 하는 동안 그 작업장과 외부의 감시인 간에 항상 연락을 취할 수 있는 설비를 설치하여야 한다.

7) 안전대 착용

① 밀폐공간 작업 시 근로자가 산소결핍이나 유해가스로 인하여 추락할 우려가 있는 경우 안전대, 구명밧줄, 공기호흡기 또는 송기마스크를 지급 착용 조치
② 안전대나 구명밧줄을 안전하게 착용할 수 있는 설비 등을 설치
③ 근로자는 지급된 보호구를 착용하여야 한다.

8) 대피용 기구의 비치

근로자가 밀폐공간에서 작업을 하는 경우에 공기호흡기 또는 송기마스크, 사다리 및 섬유 로프 등 비상시에 근로자를 피난시키거나 구출하기 위하여 필요한 기구를 갖추어 두어야 한다.

8. 밀폐공간 프로그램

① 사업장에서의 밀폐공간 위치파악 및 관리 방안
② 밀폐공간 내 질식, 중독을 일으킬 수 있는 유해 위험요인 파악 및 관리 방안
③ 밀폐공간 작업 시 사전 확인이 필요한 사항에 대한 확인절차
④ 밀폐공간 작업자의 건강장해 예방에 관한 사항
⑤ 안전보건교육 및 훈련

1) 국소배기장치의 후드 및 닥터 설치 요령 ★★☆

후드	① 유해물질이 발생하는 곳마다 설치 ② 유해인자의 발생 형태와 비중 작업 방법 등을 고려하여 당해 분진 등의 발산을 제어할 수 있는 구조로 설치할 것 ③ 후드 형식은 가능하면 포위식 또는 부스식 후드를 설치할 것 ④ 외부식 또는 리시버식 후드는 해당 분진 등의 발산원에 가장 가까운 위치에 설치할 것
덕트	① 가능하면 길이는 짧게 하고 굴곡부의 수는 적게 할 것 ② 접속부의 안쪽은 돌출된 부분이 없도록 할 것 ③ 청소구를 설치하는 등 청소하기 쉬운 구조로 할 것 ④ 덕트 내부의 오염물질이 쌓이지 않도록 이송속도를 유지할 것 ⑤ 연결 부위 등은 외부공기가 들어오지 않도록 할 것
배풍기	국소배기장치에 공기청화 장치를 설치하는 경우 정화 후의 공기가 통하는 위치에 배풍기를 설치하여야 한다.
배기구	배기구를 직접 외부로 향하도록 개방하여 실외에 설치하는 등 배출되는 분진이 작업장으로 재 유입되지 않는 구조로 하여야 한다.
공기정화 장치	배출하는 분진으로 인하여 건장장애가 발생하지 않도록 흡수, 연소, 집진 또는 그 밖의 적절한 방식에 의한 공기정화장치를 설치하여야 한다.

2) 밀폐공간 작업 시 특별안전 교육

① 산소농도 측정 및 작업환경에 관한 사항
② 사고 시 응급처리 비상시 구출에 관한 사항
③ 보호구 착용 및 보호장비 사용에 관한 사항
④ 작업내용 안전작업방법 및 절차에 관한 사항
⑤ 장비, 설비 및 시설 등의 안전점검에 관한 사항
⑥ 그 밖의 안전 보건 관리에 관한 사항

3) 밀폐공간 작업시작 전 점검사항

① 작업 일시, 기간, 장소 및 내용 등 작업 정보

② 관리감독자, 근로자, 감시인 등 작업자 정보

③ 산소 및 유해가스 농도의 측정결과 및 후속조치 사항

④ 작업 중 불활성가스 또는 유해가스의 누출 · 유입 · 발생 가능성 검토 및 후속조치 사항

⑤ 작업 시 착용하여야 할 보호구의 종류

⑥ 비상연락체계

⑦ 밀폐공간에서의 작업이 종료될 때까지 상기 내용을 해당 작업장 출입구에 게시하여야 한다.

4) 밀폐공간 작업 시 관리 감독자의 임무

① 산소가 결핍된 공기와 유해 위험 가스가 노출되지 않도록 작업 시작 전에 해당근로자의 작업을 지휘하는 업무

② 작업을 해야 하는 장소의 공기가 적절한지를 작업 시작 전에 측정하는 업무

③ 측정장지, 환기장치, 공기호흡기, 송기마스크를 작업시작 전에 점검하는 업무

④ 근로자가 공기호흡기, 송기마스크 착용을 하고 있는지 착용상태를 점검하는 업무

5) 밀폐공간 용접작업 시 특별 안전 교육

① 작업순서 안전작업방법 및 수칙에 관한 사항

② 환기설비에 관한 사항

③ 질식 시 응급조치에 관한 사항

④ 전격방지 및 보호구 착용에 관한 사항

⑤ 작업환경 점검에 관한 사항

6) 밀폐공간 작업 시 안전조치사항

① 작업할 장소의 적정 공기상태가 유지되도록 환기를 하여야 한다.

② 작업자의 투입, 퇴장 인원 점검을 하여야 한다.

③ 관계작업자 외 출입금지시키고 준수사항을 게시하여야 한다.

④ 외부 감시인과 상호 연락을 하도록 설비를 갖추어야 한다.

⑤ 산소결핍이 우려되거나 폭발 우려가 발생 시 즉시 작업을 중단시키고 해당근로자를 대피시켜야 한다.

⑥ 송기마스크, 들것, 섬유로프, 도르래, 사다리 등 구조장비를 대기시켜야 한다.

⑦ 구출작업자도 송기마스크를 착용하여야 한다.

01 연습문제

01 다음 중 흡인 시 인체에 구내염과 혈뇨, 손 떨림 등의 증상을 일으키는 물질은?

① 산소 　　　　　② 석회석
③ 이산화탄소 　　　④ 수은

02 고압의 공기 중에서 장시간 작업하는 경우에 일어나는 잠함병 또는 잠수병은 어떤 물질에 의하여 중독현상이 일어나는가?

① 아황산가스 　　　② 황화수소
③ 일산화탄소 　　　④ 질소

03 다음 위험물 중 산화성 액체 및 산화성 고체가 아닌 것은?

① 질산 및 그 염류
② 염소산 및 그 염류
③ 과염소산 및 그 염류
④ 유기금속산화물

04 다음의 반응 또는 조작 중에서 발열을 동반하지 않는 것은?

① 질소와 산소의 반응
② 탄화칼슘과 물과의 반응
③ 물에 의한 진한 황산의 희석
④ 생석회와 물과의 반응

05 산업안전보건법에 의한 위험물질의 분류와 해당 위험물질이 바르게 짝지어진 것은?

① 부식성 물질 – 과산화수소
② 산화성 액체 – 93% 농도의 황산
③ 인화성 가스 – 암모니아
④ 물반응성 물질 및 인화성 고체 – 칼륨

06 다음 중 제3류 위험물에 해당하지 않는 것은?

① 나트륨 　　　　　② 알킬알루미늄
③ 황린 　　　　　　④ 니트로글리세린

07 다음 중 수분과 반응하여 유독성 가스인 포스핀이 발생되는 물질은?

① 금속나트륨 　　　② 알루미늄분말
③ 인화칼슘 　　　　④ 수소화리튬

정답　01 ④　02 ④　03 ④　04 ①　05 ④　06 ④　07 ③

02 공정안전 보고서

유해 위험한 설비 및 물질을 소유한 사업주는

- 근로자가 사망 또는 부상을 입을 수 있거나
- 인근지역의 주민이 인적 피해를 입을 수 있는
- 유해 위험한 설비에서의 누출, 화재, 폭발 등에 관한 중대산업사고에 대하여
- 공정안전 보고서를 고용노동부 장관에게 제출하여야 한다.

1. 공정 안전보고서 제출대상 사업장 보유 설비

1) 원유정제처리업
2) 기타 석유정제물 재처리업
3) 석유화학계 기초화학물 또는 합성수지 및 기타 플라스틱 물질 제조업
4) 질소 화합물, 질소 인산 및 칼리질 화학비료 제조업 중 질소질 비료 제조
5) 복합비료 및 기타 화학비료 제조업 중 복합비료 제조(단순혼합 또는 배합에 의한 경우는 제외한다)
6) 화학 살균 살충제 및 농업용 약제 제조업[농약 원제(原劑) 제조만 해당한다]
7) 화약 및 불꽃제품 제조업

2. 유해 위험물질 규정 수량

번호	유해 · 위험물질명	규정수량(kg)	번호	유해 · 위험물질명	규정수량(kg)
1	인화성 가스	취급:5,000, 저장:200,000	11	시안화수소	1,000
2	인화성 액체	취급:5,000, 저장:200,000	12	불화수소	1,000
3	메틸이소시아네이트	150	13	염화수소	20,000
4	포스겐	750	14	황화수소	1,000
5	아크릴로니트릴	20,000	15	질산암모늄	500,000
6	암모니아	200,000	16	니트로글리세린	10,000
7	염소	20,000	17	트리니트로톨루엔	50,000
8	이산화황	250,000	18	수소	50,000
9	삼산화황	75,000	19	산화에틸렌	10,000
10	이황화탄소	5,000	20	포스핀	50
			21	실란(Silane)	50

3. 공정 안전보고서 제출 대상 제외 사업장

1) 원자력 설비

2) 군사시설

3) 사업주가 해당 사업장 내에서 직접 사용하기 위한 난방용 연료의 저장설비 및 사용설비

4)도매 소매시설

5) 차량 등의 운송설비

6) 「액화석유가스의 안전관리 및 사업법」에 따른 액화석유가스의 충전 저장시설

7) 「도시가스사업법」에 따른 가스공급시설

8) 그 밖에 고용노동부장관이 누출 화재 폭발 등의 사고가 있더라도 그에 따른 피해의 정도가 크지 않다 고 인정하여 고시하는 설비

4. 공정안전 보고서의 내용(4가지)

① 공정 안전 자료　　　　　② 공정 위험성 평가서
③ 안전 운전 계획서　　　　　④ 비상조치 계획서

5. 공정안전 보고서의 확인결과

① 적합 : 현장과 일치　　　　　② 부적합 : 현장과 불일치
③ 조건부 적합 : 조건부 확인일 이후에 조치하여도 안전상 문제가 없는 경우

6. 공정안전 보고서의 심사결과 구분

① 적정 : 보고서의 심사기준을 충족시킨 경우
② 부적정 : 보고서의 심사기준을 충족시키지 못한 경우
③ 조건부 적정 : 부분적인 보완이 필요하다고 판단되는 경우

7. 공정안전 보고서 내용

1) 공정안전자료

① 취급 · 저장하고 있는 유해 · 위험물질의 종류 및 수량
② 유해 · 위험물질에 대한 물질안전보건자료(MSDS)
③ 유해 · 위험설비의 목록 및 사양 - 운전방법을 알 수 있는 공정도면
⑤ 각종 건물 · 설비의 배치도

⑥ 방폭 지역 구분도 및 전기단선도

⑦ 위험설비 안전설계·제작 및 설치 관련 지침서

⑧ 기타 노동부장관이 필요하다고 인정하는 서류

2) 공정위험성 평가서

① 체크리스트(Check List)   ② 상대 위험 순위 결정

③ 작업자 실수 분석(HEA)   ④ 사고예상 질문 분석(What-if)

⑤ 위험과 운전 분석(HAZOP)   ⑥ 이상 위험도 분석(FMECA)

⑦ 결함수 분석(FTA)   ⑧ 사건수 분석(ETA)

⑨ 원인결과 분석(CCA)

3) 안전운전계획

① 안전운전지침서   ② 설비점검, 검사, 보수, 유지계획 및 지침서

③ 안전작업 허가지침   ④ 도급업체 안전관리계획

⑤ 근로자 교육계획   ⑥ 가동 전 점검

⑦ 변경요소 관리계획   ⑧ 자체감사 및 사고조사계획

⑨ 기타 안전운전에 필요한 사항

4) 비상조치계획

① 비상조치를 위한 장비, 인력소요 현황

② 사고발생시 비상조치를 위한 조직의 임무 및 수행절차

③ 사고발생시 각 부서, 관련기관과의 비상연락체계

④ 비상조치계획에 따른 교육계획

⑤ 주민홍보계획

8. 위험성 평가 기법 종류(참고)

1) 정성적 분석(Hazard Identification Method)

• 체크리스트 평가(Check List), 사고예상질문분석(What-if 분석)

• 상대위험순위(Dow and Mond Indices)

• 위험과 운전분석(HAZOP : Hazard & Operability studies)

• 이상과 위험도분석(Failure Modes Effects & Criticality Analysis)

• 위험요인 도출하고 위험요인에 대한 안전대책 수립·시행

2) 정량적 분석 (Risk Assessment)

- 결함수 분석(FTA : Fault Tree Analysis), 사건수 분석(ETA : Event Tree Analysis)
- 원인 – 결과분석(CCA : Cause – Consequence Analysis)

9. 공정안전 보고서 제출 절차

유해 위험설비 설치, 이전 주요구조 부분 변경 시

① 착공 30일 전까지 2부 공단에 제출

② 접수 후 30일 이내 심사 및 사업주에게 송부

③ 5년간 서류 보존

10. 공정안전 보고서의 이행 상태 평가

① 고용노동부장관은 확인 후 1년이 경과한 날부터 2년 이내에 공정안전 보고서 이행상태의 평가 실시

② 이행 상태평가 후 4년마다 이행상태 평가

　(사업주의 요청이나 변경 요소 관리 계획 미준수 등에 따라 1년 또는 2년마다 실시 가능)

③ 이행상태의 평가는 공정 안전보고서의 세부내용에 관하여 실시

11. 공정안전 보고서의 시기 확인

내용	확인시기
신규로 설치될 유해 위험설비에 대해서는 설치 과정 및 설치 완료 후 시운전 단계	각 1회
기존에 설치되어 사용 중인 유해 위험설비에 대해서는 심사 완료 후	6개월 이내
유해 위험설비와 관련한 공정의 중대한 변경의 경우에는 변경 완료 후	1개월 이내
유해 위험설비 또는 이와 관련된 공정에 중대한 사고 또는 결함이 발생한 경우	1개월 이내

공단은 사업주로부터 확인요청을 받은 날부터 1개월 이내에 현장과 일치하는지 여부를 확인하고, 확인한 날부터 15일 이내에 그 결과를 사업주에게 통보하고 지방고용노동관서의 장에게 보고해야 한다.

12. 물질안전 보건자료(MSDS : Material Safty Data Sheet)

1) 물질안전 보건자료 작성 및 제출

(1) 작성내용

① 제품명　　　　　　　　　　② 구성성분의 명칭 및 함유량

③ 안전 및 보건상의 취급주의 사항　④ 건강 환경에 대한 유해성, 물리적 위험성

⑤ 물리 화학적 특성 등 고용노동부령으로 정하는 사항

　　가. 물리 · 화학적 특성　　　　나. 독성에 관한 정보

　　다. 폭발 · 화재 시의 대처방법　　라. 응급조치 요령

　　마. 그 밖에 고용노동부장관이 정하는 사항

(2) 물질안전보건자료를 게시하거나 갖추어 두는 방법

　① 대상 물질을 취급하는 작업공정이 있는 장소

　② 작업장 내 근로자가 가장 보기 쉬운 장소

　③ 근로자가 작업 중 쉽게 접근할 수 있는 장소에 설치된 전산장비

(3) 물질안전보건자료의 작성 · 제출 제외 대상 화학물질

　① 「건강기능식품에 관한 법률」 따른 건강기능식품

　② 「농약관리법」 따른 농약

　③ 「마약류 관리에 관한 법률」 따른 마약 및 향정신성의약품

　④ 「비료관리법」 따른 비료

　⑤ 「사료관리법」 따른 사료

　⑥ 「생활주변방사선 안전관리법」 따른 원료물질

　⑦ 「생활화학제품 및 살생물제의 안전관리에 관한 법률」 에 따른 안전확인 대상
　　생활화학제품 및 살생물제품 중 일반소비자의 생활용으로 제공되는 제품

　⑧ 「식품위생법」 따른 식품 및 식품첨가물

　⑨ 「약사법」 따른 의약품 및 의약외품

　⑩ 「원자력안전법」 따른 방사성물질

　⑪ 「위생용품 관리법」 따른 위생용품

　⑫ 「의료기기법」 따른 의료기기
　　첨단재생의료 및 첨단바이오의약품안전 및 지원에 관한법률에 따른 첨단바이오의약품

　⑬ 「총포도검 · 화약류등의 안전관리에 관한 법률」 따른 화약류

　⑭ 「폐기물관리법」 따른 폐기물

　⑮ 「화장품법」 따른 화장품

　⑯ 제1호부터 제15호까지의 규정 외의 화학물질 또는 혼합물로서 일반소비자의 생활용으로 제
　　공되는 것 (일반소비자의 생활용으로 제공되는 화학물질 또는 혼합물이 사업장 내에서 취급
　　되는 경우를 포함한다)

2) 물질안전보건자료 대상 물질의 관리 요령 게시

(1) 작업공정별 관리 요령에 포함되어야 할 사항

　① 제품명　　　　　　　　　② 건강 및 환경에 대한 유해성, 물리적 위험성

　③ 안전 및 보건상의 취급주의 사항　④ 적절한 보호구

⑤ 응급조치 요령 및 사고 시 대처방법

(2) 작업공정별 관리 요령을 작성할 때에는 물질안전보건자료에 적힌 내용을 참고해야 한다.

(3) 작업공정별 관리 요령은 유해성 위험성이 유사한 물질안전보건자료 대상물질의 그룹별로 작성하여 게시할 수 있다.

3) 물질안전보건자료의 작성방법 및 기재사항

(1) 물질안전보건자료 대상물질을 제조 수입하려는 자가 물질안전보건자료를 작성하는 경우에는 그 물질안전보건자료의 신뢰성이 확보될 수 있도록 인용된 자료의 출처를 함께 적어야 한다.

(2) "물리 · 화학적 특성 등 고용노동부령으로 정하는 사항"이란 다음 각 호의 사항을 말한다.

① 물리 · 화학적 특성　　　② 독성에 관한 정보
③ 폭발 · 화재 시의 대처방법　　　④ 응급조치 요령
⑤ 그 밖에 고용노동부장관이 정하는 사항

(3) 그 밖에 물질안전보건자료의 세부 작성방법, 용어 등 필요한 사항은 고용노동부장관이 정하여 고시한다. [시행일 : 2021. 1. 16] 제156조

4) 물질안전보건자료 작성항목 16가지

1. 화학제품과 회사에 관한 정보	9. 물리 · 화학적 특성
2. 구성성분의 명칭 및 함유량	10. 안정성 및 반응성
3. 위험 · 유해성	11. 독성에 관한 정보
4. 응급조치요령	12. 환경에 미치는 영향
5. 폭발 · 화재 시 대처방법	13. 폐기 시 주의사항법
6. 누출사고 시 대처방법	14. 운송에 필요한 정보
7. 취급 및 저장방법	15. 법적규제 현황
8. 노출방지 및 개인보호구	16. 기타 참고사항

5) 물질안전보건자료의 기재 내용을 변경할 필요가 있는 사항 중 상대방에게 제공하여야 할 내용

1. 화학제품과 회사에 관한 정보
2. 구성성분의 명칭 및 함유량
3. 위험 · 유해성
4. 응급조치요령
5. 폭발 · 화재 시 대처방법
6. 누출사고 시 대처방법
7. 취급 및 저장방법
8. 노출방지 및 개인보호구
9. 법적규제 현황

6) 물질안전보건자료에 교육해야 할 내용

(화학물질을 함유한 제제를 양도하거나 제공받은 경우)

> 1. 대상화학물질의 명칭
> 2. 물리적 위험성 및 건강 유해성
> 3. 취급상의 주의사항
> 4. 적절한 보호구
> 5. 응급조치요령 및 사고 시 대처방법
> 6. 물질안전보건자료 및 경고표지를 이해하는 방법

7) 변경이 필요한 물질안전보건자료의 항목 및 제출시기

(1) 항목

① 제품명(구성성분의 명칭 및 함유량의 변경이 없는 경우로 한정한다)

② 물질안전보건자료 대상물질을 구성하는 화학물질 중 분류기준에 해당하는 화학물질의 명칭 및 함유량

③ 건강 및 환경에 대한 유해성, 물리적 위험성

(2) 제출시기

물질안전보건자료 대상 물질을 제조하거나 수입하는 자는 물질안전보건자료를 지체 없이 공단에 제출해야 한다.[시행일 : 2021. 1. 16] 제159조]

8) 물질안전보건자료에 관한 교육의 시기 · 내용 · 방법

(1) 작업장에서 취급하는 물질안전보건자료 대상물질의 물질안전보건자료에서 해당되는 내용을 근로자에게 교육해야 한다. 이 경우 교육받은 근로자에 대해서는 해당 교육 시간만큼 안전 · 보건 교육을 실시한 것으로 본다.

① 물질안전보건자료 대상 물질을 제조 사용 운반 또는 저장하는 작업에 근로자를 배치하게 된 경우

② 새로운 물질안전보건자료 대상물질이 도입된 경우

③ 유해성 · 위험성 정보가 변경된 경우

(2) 사업주는 제1항에 따른 교육을 하는 경우에 유해성 위험성이 유사한 물질안전보건자료 대상물질을 그룹별로 분류하여 교육할 수 있다.

(3) 사업주는 제1항에 따른 교육을 실시하였을 때에는 교육시간 및 내용 등을 기록하여 보존해야 한다.[시행일 : 2021. 1. 16] 제169조]

01 화학공장의 공정위험평가기법에서 공정변수와 가이드워드를 사용하여 비정상상태가 일어날 수 있는 원인을 찾고 결과를 예측함과 동시에 대책을 세워나가는 방법은?

① FTA   ② HAZOP

③ ETA   ④ FMEA

02 공정안전보고서의 내용 중 공정안전자료에 해당되지 않는 것은?

① 유해위험설비의 목록 및 사양

② 안전운전지침서

③ 각종 건물 설비의 배치도

④ 위험설비의 안전설계, 제작 및 설치관련 지침서

03 다음 중 산업안전보건법상 공정안전보고서에 포함되어야 할 사항으로 가장 거리가 먼 것은?

① 공정안전자료

② 비상조치계획

③ 평균안전율

④ 공정위험성 평가서

04 다음 중 밀폐 공간 내 작업 시의 조치사항으로 가장 거리가 먼 것은?

① 산소결핍이나 유해가스로 인한 질식의 우려가 있으면 진행 중인 작업에 방해되지 않도록 주의하면서 환기를 강화하여야 한다.

② 해당 작업장을 적정한 공기상태로 유지되도록 환기하여야 한다.

③ 그 장소에 근로자를 입장시킬 때와 퇴장시킬 때마다 인원을 점검하여야 한다.

④ 그 작업장과 외부의 감시인 간에 항상 연락을 취할 수 있는 설비를 설치하여야 한다.

05 공정안전보고서에 포함하여야 할 세부내용 중 공정안전자료의 세부내용이 아닌 것은?

① 유해 · 위험설비의 목록 및 사양

② 폭발위험장소 구분도 및 전기단선도

③ 유해 · 위험물질에 대한 물질안전보건자료

④ 설비점검 · 검사 및 보수계획, 유지계획 및 지침서

정답   01 ②   02 ②   03 ③   04 ①   05 ④

CHAPTER
03 폭발방지 및 안전대책

01 | 폭발의 원리 및 특성

폭발 : 가연성 기체 또는 액체에서 열의 발생속도가 열의 방산속도를 상회하는 경우 발생하는 현상

1. 화재의 종류

화재급수	종류	색상	정의
A급 화재	일반화재	백색	물을 사용하는 냉각 효과가 제일 우선하는 것으로 목재 섬유류 나무 종이 플라스틱처럼 타고난 후 재를 남기는 화재
B급 화재	유류화재	황색	가연성 액체인 에테르 가솔린 등유 경유 등 고체 유지류 포함과 프로판 가스와 같은 가연성 가스 등에서 발생하는 것으로 연소 후 아무것도 남기지 않는 유류 가스 화재
C급 화재	전기화재	청색	소화 전기 절연성을 갖는 소화제를 사용하여야 하는 변압기 전기다리미 등 전기기구에 전기가 통하고 있는 기계기구 등에서 발생하는 화재
D급 화재	금속화재	무색	금속의 열전도에 다른 화재나 금속분에 의한 분진의 폭발 등 철분 마그네슘 금속 분류에 의한 화재로 일반적으로 건조사에 의한 소화방법 사용

[화재분류 및 소화 방법] ★★★

분류	A급 화재	B급 화재	C급 화재	D급 화재
명칭	일반 화재	유류 · 가스화재	전기 화재	금속 화재
가연물	목재, 종이, 섬유	유류, 가스 등	전기	Mg분, AL분
주된 소화효과	냉각 효과	질식 효과	질식, 냉각	질식 효과
적응 소화제	① 물 소화기 ② 강화액 소화기 ③ 산, 알칼리 소화기	① 이산화탄소 소화기 (CO_2 소화기) ② 할로겐화합물 소화기 ③ 분말 소화기 ④ 포 소화기	① 이산화탄소 소화기 (CO_2 소화기) ② 할로겐화합물 소화기 ③ 분말 소화기 ④ 무상강화액 소화기	① 건조사 ② 팽창 질석 ③ 팽창 진주암
구분색	백색	황색	청색	무색

2. 폭발의 종류

화학적 폭발	폭발성 혼합가스에 점화할 경우 또는 화약의 폭발
산화폭발	연소가 비정상적 상태로 되는 경우로서 가연성 가스, 증기, 분진, 미스트 등이 공기와 혼합이 되어 발생
중합폭발	염화비닐, 초산비닐, 시안화수소 등이 폭발적으로 중합이 발생되면 격렬하게 발열하여 압력이 급상승하며 폭발을 일으킨다.
촉매폭발	촉매에 의해 폭발하는 것으로 수소-산소, 수소-염소에 빛을 쬐면 폭발하는 것에 해당
분해폭발 (압력폭발)	가스분자의 분해에 의해 폭발을 일으킨다.(보일러 폭발, 고압가스용기)

[폭발의 분류]

공정별 분류	핵폭발	원자핵의 분열이나 융합에 의한 강열한 에너지의 방출
	물리적 폭발	화학적 변화 없이 물리 변화를 주체로 한 폭발
	화학적 폭발	분해폭발, 산화폭발, 중합폭발
물리적 상태	기상폭발	가스폭발, 분무폭발, 분진폭발
	응상폭발	수증기폭발, 증기폭발, 전선폭발

* 기상폭발 : 기체상태의 폭발   * 응상폭발 : 고체와 액체상태의 폭발

3. 연소파와 폭굉파

폭굉 : 폭발범위 내의 특정 농도범위에서 연소속도가 폭발에 비해 수백 수천 배 빠르게 발생하는 현상

1) 연소파

가연성 가스에 적당한 공기를 혼합하여 폭발범위 내에 이르면 화염의 전파속도가 빠르게 된다.

※ 연소파 : 진행속도가 0.1~10m/sec 정도로 정상적인 연소속도

2) 폭굉파

충격파의 일종으로 화염의 전파속도가 음속 이상일 경우이다.

※ 폭굉파 : 진행속도가 1,000~3,500m/sec에 달하는 경우

3) 폭굉 유도 거리(DID : Detonatoin Inducement Distance)

완만한 연소 속도가 격렬한 폭굉으로 발전하는 거리

※ DID가 짧아지는 요건 ★★☆
  ① 정상의 연소속도가 큰 혼합가스일 경우
  ② 관속에 방해물 있거나 관경이 가늘수록
  ③ 압력이 높을수록
  ④ 점화원의 에너지가 강할수록

4) 반응폭주

온도 압력 등 제어상태가 규정의 조건을 벗어나는 것에 의해 반응속도가 지수 함수적으로 증대되고, 용기 내의 온도, 압력이 상승하여 규정 조건을 벗어나고 반응이 과격화 되는 현상

4. 폭발원인물질의 상태에 의한 분류

1) 기상폭발

(1) **가스폭발** : 가연성 가스와 조연성 가스(산소)가 일정 비율로 혼합되어 있는 혼합가스가 점화원과 가스폭발을 일으킨다.

수소(H), 일산화탄소(CO), 메탄(CH_4), 에탄(C_2H_6), 프로판(C_3H_8), 아세틸렌(C_2H_2) 등

(2) **분무폭발** : 공기 중에 분출된 가연성 액체의 미세한 액적이 무상으로 되어 공기 중에 부유하고 있을 때 발생하는 폭발

(3) **분진폭발**

① 금속분진, 알루미늄, 마그네슘 등 소맥분, 분말 등 $100\mu m$ 이하의 가연성고체를 미분으로 공기 중에 부유시켜 연소 폭발하는 현상

② 불휘발성 액체 또는 고체가 미립자 상태로 공기 중에서 폭발 범위 내로 존재할 경우 착화에너지에 의해 일어나는 현상

③ 분진, 미스트 등이 일정농도 이상으로 공기와 혼합 시 발화원에 의해 분진폭발을 일으킨다.

④ 분진폭발 대상물질

　㉠ 광물질 : 마그네슘, 알루미늄, 아연, 철분 등

　㉡ 농산물 : 밀가루 전분, 솜, 담뱃가루 등

　㉢ 폭발 입경 : ㉠ 고체 $100\mu m$　　　㉡ 액체 $20\mu m$

　㉣ 폭발 범위 : ㉠ 하한 $25mg/\ell$ ~$45mg/\ell$　㉡ 상한 $80mg/\ell$

⑤ 분진폭발의 성립조건

　㉠ 입자들이 주어진 최소크기 이하여야 한다.

　㉡ 부유된 입자 농도가 어떤 한계 범위에 존재해야 한다.

　㉢ 부유된 분진은 거의 유일하게 분포해야 한다.

⑥ 분진폭발 과정 ★★★

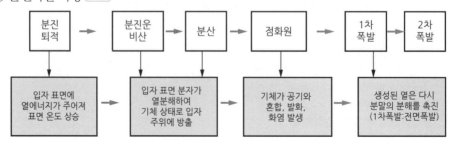

⑦ 분진폭발의 영향인자 ★★★

분진의 화학적 성질과 조성	발열량이 클수록 폭발성이 크다.
입도와 입도분포	① 평균 입자의 직경이 작고 밀도가 작은 것일수록 비교면적은 크게 되고 표면 에너지도 크게 된다. ② 보다 적은 입경에 입자를 함유하는 분진이 폭발성이 높다.
입자의 형상과 표면의 상태	산소에 의한 신선한 표면을 갖고 폭로 시간이 짧은 경우 폭발성은 높게 된다.
수분	① 수분은 분진의 부유성을 억제 ② 마그네슘 알루미늄 등은 물과 반응하여 수소기체 발생

⑧ 분진폭발의 방지 대책

　㉠ 분진의 농도가 폭발하한 농도 이하가 되도록 철저히 관리

　㉡ 분진이 존재하는 매체 즉 공기 등을 질소 이산화탄소 등으로 치환

　㉢ 착화원의 제거 및 격리

⑨ 분진폭발의 특징 ★★★

연소속도 및 폭발 압력	① 가스폭발에 비교하여 작지만, 연소시간이 길고 발생 에너지가 크기 때문에 파괴력과 타는 정도가 크다. ② 발화 에너지는 상대적으로 훨씬 크다.
화염의 파급 속도	① 폭발 압력 후 1/10~2/10초 후에 화염이 전파되며 ② 속도는 초기에 2－3m/s 정도이며 압력 상승으로 가속도적으로 빨라진다.
압력의 속도	① 압력의 속도는 300m/s 정도이며 ② 화염 속도보다는 압력 속도가 훨씬 빠르다.
화상의 위험	가연물에 탄화로 인하여 인체에 닿을 경우 심한 화상을 입는다.
연소 폭발	폭발에 의한 폭풍이 주위 분진을 날려 2차 3차 폭발로 인한 피해가 확산된다.
불완전연소	가스에 비해 불완전연소의 가능성이 커서 일산화탄소의 존재로 인한 가스 중독의 위험이 있다.
불균일한 상태의 반응	가스폭발처럼 균일한 상태의 반응이 아니라 불균일한 상태의 반응이라서 가스폭발과 화약 폭발이 중간 상태에 해당하는 폭발이다.

(4) 시험장치의 종류 분진폭발의 특성 측정

hartman 식	역사적으로 오래된 장치로 초기에는 수직 또는 수평의 유리관이 사용되었으나 강철제 압력용기로 계량 가연성 혼합 가스 폭발 한계에도 이용
20L 구형 폭발장치	고압용 용기로 분열을 분산시키는 장치와 압력측정장치 부착

(5) 가스폭발과 분진폭발의 비교

　가) 가스폭발

　　① 화염이 크다.

　　② 연소속도가 빠르다.

나) 분진폭발

　　① 폭발압력, 에너지가 크다.

　　② 연소시간이 길다.

　　③ 불완전연소로 인한 일산화탄소가 발생한다.

2) 응상폭발 : 고체와 액체상태의 폭발

(1) 수증기 폭발 : 액체의 폭발적인 비등현상으로 상태 변화가 일어나며 발생하는 폭발

　　※ 수증기 폭발의 예방 대책 : 기본은 물과 고열물과의 직접적인 접촉 방지
　　　① 로 내에 물의 침투방지
　　　② 작업장 바닥에 건조 상태 유지
　　　③ 고온 폐기물의 건조한 장소 처리
　　　④ 주수 분쇄설비의 안전설계

(2) 증기폭발

　　① 액화 가스 용융된 금속 또는 비등점이 낮은 액체가 과열 상태가 되면 액체가 급격히 증발하여 대량의 증기가 형성되면서 그 쇼크로 인해 장치의 파괴와 폭발 현상이 발생하는 것

　　② 증기 폭발의 단계

　　　㉠ 1단계 : 다량의 가연성 증기 급격한 방출

　　　㉡ 2단계 : 증기의 분산으로 공기와 혼합

　　　㉢ 3단계 : 증기의 점화

　　③ 증기 폭발의 특징

　　　㉠ 증기의 크기가 클수록 점화 확률 증가

　　　㉡ 증기에 의한 재해는 일반적으로 폭발보다 화재가 보통

　　　㉢ 연소 에너지 약 20%가 폭풍파로 전환되어 폭발 효율감소

　　　㉣ 착화원이나 가연물을 필요로 하지 않는 상태 변화에 기인하는 폭발(액체가 기체로 변화)

　　④ 증기 폭발이 일어나는 설비

　　　㉠ 용광로　　　　　　　　㉡ 용융로

　　　㉢ 전기로　　　　　　　　㉣ 회수로

　　　㉤ 도가니, 주형, 가마 등

(3) 전선폭발

3) 화학적 폭발

(1) 분해폭발 : 가스분자의 분해에 의해 폭발을 일으킨다.

　　• 아세틸렌　　　　　C_2H_2

　　• 산화에틸렌　　　　C_2H_4O　$\rightarrow$　$CH_4 + CO$

　　• 에틸렌　　　　　　C_2H_4

　　• 질소산화물

- 니트로 셀룰로오즈
- 유기 과산화물
- 분해폭발

> **참고**
>
> 아세틸렌 C_2H_2 $2C+H_2$
> ① 발열량(54kcal/mol)이 크므로 화염의 온도가 3,100℃ 정도 된다.
> ② 배관 중에서 아세틸렌의 폭발이 일어나면 화염은 가속되어 폭굉으로 되기 쉽다.
> ③ 동, 은 등의 금속과 반응하여 폭발성 acetylide를 생성하며 이것은 작은 충격으로도 폭발하여 발화할 수 있
>   으므로 아세틸렌을 취급하는 장치의 동이나 동합금 등을 사용하여서는 아니 된다.

(2) **산화폭발** : 연소가 비정상적 상태로 되는 경우로서 가연성가스, 증기, 분진, 미스트 등이 공기와
    혼합이 되어 발생

(3) **중합폭발** : 염화비닐, 초산비닐, 시안화수소 등이 폭발적으로 중합이 발생되면 격렬하게 발열하
    여 압력이 급상승하며 폭발을 일으킨다.

(4) **촉매폭발** : 촉매에 의해 폭발하는 것으로 수소－산소, 수소－염소에 빛을 쐬면 폭발하는 것에
    해당

5. 폭발현상

슬롭오버 (Slop over)		위험물 저장탱크 화재 시 물 또는 포를 화염이 왕성한 표면에 방사할 때 위험물과 함께 탱크 밖으로 흘러넘치는 현상
보일오버 (Boil over)		탱크 저부에 물 또는 물－기름 에멀전(유화액)이 수증기로 변해 갑작스러운 탱크 외부로의 분출을 발생시키는 현상
프로스오버 (Froth over)		저장 탱크 속의 물이 점성을 가진 뜨거운 기름의 표면 아래에서 끓을 때 급격한 부피팽창에 의하여 화재를 수반하지 않고 유류가 탱크 밖으로 분출하는 현상
UVCE	정의	(unconfined vapor Cloud explosion)(개방계 증기운 폭발)
		가연성 가스 또는 기화하기 쉬운 가연성 액체 등이 저장된 고압가스용기 저장 탱크의 파괴로 인하여 대기 중으로 유출된 가연성 증기가 구름을 형성한 상태에서 점화원이 증기운에 접촉하여 폭발(가스 폭발)하는 현상
	방지 대책	물질의 방출을 방지해야 하며 누설을 감지할 수 있는 감지기 등을 설치하여야 한다.
BLEVE	정의	Bleve(boiling liquid expanding vapor explosion) 　　　(비등,　액체,　팽창,　증기,　폭발)
		비등점이 낮은 인화성 액체 저장탱크가 화재로 인해 화염에 장시간 노출되어 탱크 내 액체가 급격히 증발하여 비등하고 증기가 팽창하면서 탱크 내 압력이 설계 압력을 초과하여 폭발을 일으키는 현상
	방지 대책	용기 압력상승을 방지하여 용기 내 입력이 대기압 근처에서 유지되도록 하고 살수설비로 용기를 냉각하여 온도 상승을 방지하여야 한다.
	영향 인자	① 저장된 물질의 종류와 형태　　② 저장용기의 재질 ③ 저장된 물질의 인화성 여부　　④ 주위온도와 압력

6. 혼합위험에 의한 폭발

혼합위험의 분류	① 혼합에 의해 즉시 반응이 일어나 연소 또는 폭발하거나 폭발성 물질을 만드는 경우 ② 혼합에 의해 발화에 이르지는 않으나 본래의 물질보다 발화하기 쉬운 조건이 되는 경우
혼합위험에 영향을 미치는 인자	① 온도 어떤 상황의 온도보다 발화 온도가 낮으면 발화 지연이 아주 짧아져서 혼합하자마자 폭발하는 경우도 있다. ② 압력 가압 하에서는 발화 지연이 짧다(가스 발생 속도가 열의 확산 속도보다 크기 때문) ③ 혼합 정도 혼합 위험에서 어느 한쪽의 혼합물일 경우 단일 화합물의 혼합보다 발화 지연이 짧아지는 혼합비가 존재한다. ④ 빛(일광), 촉매 유무 광분해 반응을 수반하는 경우 빛이나 촉매의 영향도 받는다. ⑤ 기타 용기의 형상, 재질, 크기, 용량과 시료량과의 관계 등

7. 가스 폭발의 원리

1) 가스 폭발의 정의

가연성 가스가 공기 중에서 혼합되어 폭발범위 내에 존재할 때 착화 에너지에 의해 폭발하는 현상

2) 가스 폭발 범위의 영향 요소

① 가스의 온도가 높을수록 폭발 범위도 일반적으로 넓어진다.

② 가스압력이 높아지면 하한값은 큰 변화가 없으나 상한값은 높아진다.

③ 폭발한계농도 이하에서는 폭발성 혼합가스의 생성이 어렵다.

④ 압력이 상압인 1atm보다 낮아질 때 폭발 범위는 큰 변화가 없다.

⑤ 저압일 경우 발화 온도에는 영향이 있을 수 있다.

⑥ 일산화탄소는 압력이 높을수록 폭발 범위가 좁아지고 수소는 10기압까지는 좁아지지만, 그 이상의 압력에서는 넓어진다.

⑦ 산소 중에서의 폭발 범위는 공기 중에서 보다 넓어지며 발화점 과정은 낮아지고 연소속도도 더 빠르게 진행된다.

⑧ 불활성기체가(질소, 이산화탄소) 첨가될 경우 혼합가스의 농도가 희석되어 폭발 범위가 좁아진다.

⑨ 최소발화에너지는 화학양론농도 보다 조금 높은 농도일 때 극소값이 된다.

3) 가스누출감지 경보기의 선정기준

① 가스누출감지 경보기를 설치할 때에는 감지대상 가스의 특성을 충분히 고려하여 가장 적절한 것을 선정하여야 한다.

② 하나의 감지대상 가스가 가연성이면서 독성인 경우에는 독성가스를 기준하여 가스누출감지 경보기를 선정하여야 한다.

4) 가스누출감지 경보기의 설치하여야 할 장소

① 건축물 내·외에 설치되어 있는 가연성 및 독성물질을 취급하는 압축기, 밸브, 반응기, 배관 연결부위 등 가스의 누출이 우려되는 화학설비 및 부속설비 주변
② 가열로 등 발화원이 있는 제조설비 주위에 가스가 체류하기 쉬운 장소
③ 가연성 및 독성물질의 충진용 설비의 접속부의 주위
④ 방폭 지역 안에 위치한 변전실, 배전반실, 제어실 등
⑤ 그 밖에 가스가 특별히 체류하기 쉬운 장소

5) 가스누출감지 경보기의 설치 위치

(1) 가스누출감지 경보기는 가능한 한 가스의 누출이 우려되는 누출부위 가까이 설치하여야 한다. 다만, 직접적인 가스누출은 예상되지 않으나 주변에서 누출된 가스가 체류하기 쉬운 곳은 다음 각 호와 같은 지점에 설치하여야 한다.
   ① 건축물 밖에 설치되는 가스누출감지 경보기는 풍향, 풍속 및 가스의 비중 등을 고려하여 가스가 체류하기 쉬운 지점에 설치한다.
   ② 건축물 안에 설치되는 가스누출감지 경보기는 감지대상가스의 비중이 공기보다 무거운 경우에는 건축물 내의 하부에, 공기보다 가벼운 경우에는 건축물의 환기구 부근 또는 해당 건축물 내의 상부에 설치하여야 한다.
(2) 가스누출감지 경보기의 경보기는 근로자가 상주하는 곳에 설치하여야 한다.

6) 가스누출 경보기의 경보설정치

(1) 가연성 가스누출감지 경보기 : 감지대상 가스의 폭발하한계 25% 이하
(2) 독성가스 누출감지경보기 : 해당 독성가스의 허용농도 이하에서 경보가 울리도록 설정하여야 한다.
(3) 가스누출감지경보의 정밀도는 경보 설정치에 대하여
   ① 가연성 가스누출감지경보기 : ±25% 이하
   ② 독성가스누출감지경보기 : ±30% 이하

7) 경보기의 성능

(1) 가연성 가스누출감지 경보기는 담배연기 등에, 독성가스 누출감지경보기는 담배연기, 기계 세척유가스, 등유의 증발가스, 배기가스, 탄화수소계 가스와 그 밖의 가스에는 경보가 울리지 않아야 한다.
(2) 가스 누출감지 경보기의 가스 감지에서 경보 발신까지 걸리는 시간은 경보농도의 1.6배인 경우 보통 30초 이내일 것
   다만, 암모니아, 일산화탄소 또는 이와 유사한 가스 등을 감지하는 가스 누출감지 경보기는 1분 이내로 한다.
(3) 경보정밀도는 전원의 전압 등의 변동률이 ±10%까지 저하되지 않아야 한다.

(4) 지시계 눈금의 범위는

　① 가연성 가스용은 0에서 폭발 하한계값

　② 독성가스는 0에서 허용농도의 3배 값(암모니아를 실내에서 사용하는 경우 150)이어야 한다.

(5) 경보를 발신한 후에는 가스농도가 변화하여도 계속 경보를 울려야 하며, 그 확인 또는 대책을 조치할 때에는 경보가 정지되어야 한다.

8) 경보기의 구조

① 충분한 강도를 지니며 취급 및 정비가 쉬워야 한다.

② 가스에 접촉하는 부분은 내식성의 재료 또는 충분한 부식방지 처리를 한 재료를 사용하고 그 외의 부분은 도장이나 도금처리가 양호한 재료이어야 한다.

③ 가연성 가스(암모니아는 제외) 누출감지경보기는 방폭 성능을 갖는 것이어야 한다.

④ 수신회로가 작동상태에 있는 것을 쉽게 식별할 수 있어야 한다.

⑤ 경보는 램프의 점등 또는 점멸과 동시에 경보를 울리는 것이어야 한다.

9) 인화성 가스에 의한 폭발 화재 방지 조치(지하 작업장, 가스도관부근 굴착작업)

(1) 가스의 농도를 측정하는 사람을 지명하고 다음의 경우에 해당 가스의 농도 측정

　① 매일 작업을 시작하기 전

　② 가스의 누출이 의심되는 경우

　③ 가스가 발생하거나 정체할 위험이 있는 장소가 있는 경우

　④ 장시간 작업을 계속하는 경우는 4시간마다 가스 농도를 측정

(2) 가스의 농도가 인화 하한계에 25% 이상으로 밝혀진 때에는 즉시 근로자를 안전한 장소에 대피시키고 화기나 기타 점화원이 될 우려가 있는 기계기구 등의 사용을 중지하며 통풍 환기 등을 할 것

8. 폭발등급

1) 폭발의 성립조건(실기문제)

(1) 가연성가스 전기 분진 등이 공기 또는 산소와 접촉 혼합되어 있을 경우

(2) 혼합되어 있는 가스 및 분진이 어떤 구획된 공간이나 용기 등의 공간에 존재하고 있는 경우

(3) 혼합된 물질의 일부의 점화원이 존재하고 그것이 매개체가 되어 최소착화에너지 이상의 에너지를 줄 경우

2) 폭발의 영향을 주는 인자

① 온도 　　　　　　　　　　② 초기압력(초기압력의 7.8배)

③ 용기의 모양과 크기 　　　④ 초기 농도 및 조성 폭발 범위 (%)

3) 폭발 등급과 안전 간격

(1) 안전 간격(Safety Gap : 화염일주 한계)

　불꽃이 밖으로 나가는 한계(safety gap),

　화염이 틈새를 통하여 바깥쪽의 폭발성 가스에 전달되지 않는 한계의 틈새

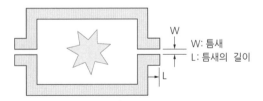

W: 틈새
L: 틈새의 길이

　내용적이 8리터이고 간극의 깊이 25mm에서 화염주기가 생기는 문제의 최소치

(2) 폭발 등급 ★★☆

구분	안전간격	대상가스
1급	0.6mm 초과	일산화탄소, 에탄. 메탄, 암모니아, 프로판, 부탄
2급	0.4mm 초과 0.6mm 이하	에틸렌, 석탄가스
3급	0.4mm 이하	수소, 아세틸렌, 이황화탄소

[최대 안전의 틈새 한계(MESG : Maximum Experimental Safe Gap)](내압방폭구조의 폭발등급) (KSCIEC)

가스 및 증기그룹 ⅡA	0.9mm를 초과하는 최대안전틈새
가스 및 증기그룹 ⅡB	0.5mm 이상 0.9mm 이하의 최대안전틈새
가스 및 증기그룹 ⅡC	0.5mm 미만의 최대안전틈새

※ 최대안전틈새
　① 대상으로 하는 가스 또는 증기와 공기와의 혼합가스에 대하여 화염주기가 일어나지 않는 틈새의 최대치
　② 내용적이 8리터이고 틈새 깊이가 25mm인 표준용기 안에서 가스가 폭발할 때 발생한 화염이 용기 밖으로 전파하여 가연성 가스에 점화되지 않는 최대값

4) 발화도(증기 또는 가스의 발화도)

발화도 등급	G1	G2	G3	G4	G5	G6
발화점 범위℃)	450 초과	300~450	200~300	135~200	100~135	85~100

5) 최고표면온도의 분류(그룹 Ⅱ 전기 기기에 대한)

최고표면 온도등급	T1	T2	T3	T4	T5	T6
최고 표면온도(℃)	450~300	300~200	200~135	135~100	100~85	85

최고표면온도 : 방폭기기가 사양 범위 내의 최악의 조건에서 사용된 경우에 폭발성 분위기에 점화될 우려가 있는 해당 전기 기기의 구성 부품이 도달하는 표면온도 중 가장 높은 온도

02 | 폭발 방지 대책

1. 방지 대책

1) 불활성화

(1) 가연성 혼합가스의 불활성 가스를 주입 산소농도를 최소산소농도 이하로 하여 연소를 방지하는 공정

(2) 불활성 가스 : 질소, 이산화탄소, 헬륨, 수증기

(3) 최소산소농도(MOC)
    ① 대부분의 가스는 10% 정도   ② 분진일 경우 약 8% 정도

2) 폭발예방대책

    ① 폭발 분위기 형성방지   ② 불활성 물질 주입
    ③ 착화원 관리   ④ 가스농도 감지 측정

3) 퍼지(환기 청소)의 종류 ★★★

진공 퍼지 (vacuum purging)	① 용기에 대한 가장 일반화된 이너팅 장치 ② 용기를 진공으로 한 후 불활성 가스 주입(질소) ③ 저압에만 견딜 수 있도록 설계된 큰 저장 용기에서는 사용될 수 없다.
압력 퍼지 (pressure purging)	① 가압 하에서 불활성 가스(이너트 가스)를 주입하여 퍼지(압력용기에 주로 사용) ② 주입한 가스가 용기 내에 충분히 확산된 후 대기 중으로 방출 ③ 진공 퍼지보다 시간이 크게 감소하나 대량의 이너트 가스가 소모

스위퍼 퍼지
(sweep through
porting)
	① 용기의 한쪽 개구부로 퍼지 가스를 가하고 다른 개구부로 혼합 가스 방출
	② 용기나 장치에 가입하거나 진공으로 할 수 없는 경우 사용
	③ 대형 저장 용기를 치환할 경우 많은 양의 불활성 가스를 필요로 하며 경비가 많이 소요
	   되므로 액체를 용기 내에 채운 다음 용기 상부에 잔류 산소를 제거하는 스위퍼 치환
	   방법의 사용이 바람직

사이폰 퍼지 (Siphon purging)	① 용기에 물 또는 비가연성 비반응성에 적합한 액체를 채운 후 액체를 뽑아내면서 증기 층에 불활성 가스를 주입하는 방법 ② 산소의 농도를 매우 낮은 수준으로 줄일 수 있음 ③ 큰 저장용기를 퍼지할 때 경비 최소화

> **참고**
>
> **퍼지(환기, 정화)의 목적** ★★★
> ① 가연성 가스 및 지연성 가스의 경우 : 화재폭발사고 방지 및 산소결핍에 의한 질식사고 방지
> ② 독성 가스의 경우 : 중독사고방지
> ③ 불활성 가스의 경우 : 산소결핍에 의한 질식사고 방지

4) 방폭구조의 정의

방폭구조	정의	기호
내압방폭구조	점화원에 의해 용기 내부에서 폭발이 발생할 경우 용기가 폭발 압력에 견딜 수 있고 화염의 용기 외부의 폭발성 분위기로 전파되지 않도록 한 방폭구조	d (Flameproof enclosure)
압력방폭구조	용기 내부에 보호가스(공기, 질소, 탄산가스 등의 불연성 가스)를 압입하여 내부압력을 외부압력보다 높게 유지함으로 폭발성 가스 또는 증기가 용기내부로 유입되지 않도록 한 구조(전폐형 구조).	p
안전증방폭구조	전기기기의 과도한 온도 상승 아크 또는 스파크 발생 위험을 방지하기 위해 추가적인 안전조치를 통한 안전도를 증가시키는 방폭구조	e
유입방폭구조	유체 상부 또는 용기 외부에 존재할 수 있는 폭발성 분위기가 발화할 수 없도록 전기설비 또는 전기설비의 부품을 보호액에 함침시키는 방법구조의 형식(변압기)	o (Oil immersion)
비점화방폭구조	전기 기기가 정상 작동과 규정된 특정한 비정상 상태에서 주위의 폭발성가스 분위기를 점화시키지 못하도록 만든 방폭 구조로서 nA(스파크를 발생하지 않는 장치) nC(장치와 부품) nL(에너지 제한기기) 등에 해당하는 것	n (Type of protection)
몰드방폭구조	전기기기의 스파크 또는 열로 인해 폭발성 위험 분위기에 점화되지 않도록 컴파운드를 충전해서 보호한 방폭구조	m (Encapsulation)
충전방폭구조	폭발성 가스 분위기를 점화시킬 수 있는 부품을 고정하여 설치하고 그 주위를 충전제로 완전히 둘러쌈으로써 외부에의 폭발성가스 분위기를 점화시키지 않도록 하는 방폭구조	Q (Powder filling)
특수방폭구조	기타의 방법으로 폭발성 가스 또는 증기에 인화를 방지시킨 구조	s
본질안전 방폭구조	정상 작동 및 고장 상태에서 발생한 불꽃이나 고온 부분이 해당 폭발성가스 분위기에 점화를 발생시킬 수 없는 회로 본안 회로	ia, ib Intrinsically safe circuit

5) 가스 또는 분진폭발 위험장소의 건축물

(1) 다음에 해당하는 부분은 내화구조로 하여야 한다.

　① 건축물의 기둥 및 보 : 지상 1층 지상 1층에 높이가 6m를 초과하는 경우에는 6m까지

　② 위험물 저장 취급 용기의 지지대(높이가 30cm 이하인 것 외)에는 지상으로부터 지지대의 끝부분까지

　③ 배관 전선관 등의 지지대 : 지상으로부터 1단의 높이가 6m를 초과하는 경우에는 6m까지

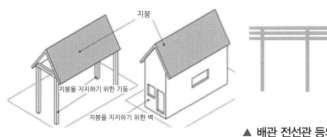

▲ 건축물의 기둥 보

▲ 배관 전선관 등의 지지대

▲ 위험물 저장 취급 용기의 지지대

(2) 물 분무시설 또는 폼 헤드 설비 등의 자동소화설비를 설치하여 화재 시 2시간 이상 안전성을 유지할 경우 내화구조로 하지 아니할 수 있다.

6) 건축물 내부 가연물로 인하여 화재 폭발 예방을 위한 준수사항

① 작업준비 및 작업절차 수립
② 작업장 내 위험물사용 보관 현황 파악
③ 화기작업에 따른 인근 인화성 액체에 대한 방호조치 및 소화기 비치
④ 용접불티 비산방지용 덮개, 용접 방화포 등 불꽃, 불티 등 비산방지 조치
⑤ 인화성 액체의 증기가 남아 있지 않도록 환기 조치
⑥ 작업근로자에 대한 화재예방 및 피난 교육 실시

7) 화학설비 및 부속설비 용도변경 할 경우 점검사항

① 설비 내부 폭발이나 화재의 우려가 있는 물질이 있는지 확인
② 안전밸브, 긴급차단장치 등의 방호장치 기능의 이상 유무 확인
③ 냉각장치, 가열장치, 교반장치, 압축장치 등은 계측장치 및 제어장치 기능의 이상 유무 확인

2. 폭발 하한계 및 상한계

폭발연소범위와 관련된 계산식(폭발 상한계, 하한계)

1) 르샤틀리에의 법칙(혼합가스의 폭발 범위 계산)

$$L = \frac{100}{\dfrac{V1}{L1} + \dfrac{V2}{L2} + \dfrac{V3}{L3}}$$

L1, L2, L3 : 각 가스 성분의 단일 연소한계, 혼합기체의 연소 범위(폭발 상한계 또는 하한계)
V1, V2, V3 : 각 성분의 기체의 부피(%)

2) 주요 가연성 가스의 폭발 범위

가연성 가스	폭발 하한값(%)	폭발 상한값(%)	위험도
아세틸렌(C_2H_2)	2.5	81	31.4
산화에틸렌(C_2H_4O)	3	80	25.6
수소(H)	4	75	17.75
일산화탄소(CO)	12.5	74	4.92
암모니아(NH_3)	15	28	0.86
프로판(C_3H_8)	2.1	9.5	3.52
에탄(C_2H_6)	3	12.5	3.17
메탄(CH_4)	5	15	2
부탄(C_4H_{10})	1.8	8.4	3.66
휘발유	1.4	7.9	4.42
디에틸에테르	1.9	48	23

3) 완전 연소 조성 농도(화학양론농도)

(1) 화학양론농도(완전연소농도)

$$Cst = \frac{100}{1 + 4.773\left(n + \frac{m-f-2\lambda}{4}\right)}$$

n : 탄소 m : 수소

f : 할로겐 원소의 원자수 λ : 산소의 원자수

(2) 폭발 하한값

> **예제**
>
> 1. 메탄 1vol%, 헥산 2vol%, 에틸렌 2vol%, 공기 95vol%로 된 혼합가스의 폭발하한계값 (vol%)은 약 얼마인가?(단, 메탄, 헥산, 에틸렌의 폭발하한계 값은 각각 5.0, 1.1, 2.7vol%이다.)
>
> ❶ 1.8   ② 3.5   ③ 12.8   ④ 21.7
>
> **해설**
> $$L = \frac{100}{\frac{V1}{L1} + \frac{V2}{L2} + \frac{V3}{L3}}$$
> $$L = \frac{5}{\frac{1}{5} + \frac{2}{1.1} + \frac{2}{2.7}} = 1.8(Vol\%)$$
>
> 2. 프로판(C_3H_8) 가스가 공기 중 연소할 때의 화학양론농도는 약 얼마인가?(단, 공기 중의 산소농도는 21vol% 이다.)
>
> ① 2.5vol%   ❷ 4.0vol%   ③ 5.6vol%   ④ 9.5vol%
>
> **해설** 화학양론농도(완전연소조성농도)
> $$Cst = \frac{100}{1 + 4.773\left(n + \frac{m-f-2\lambda}{4}\right)} \times 0.55 = 폭발하한값$$

(3) 최소산소농도(M.O.C)

$$폭발\ 하한값 \times 산소\ moL\ 수 = 최소산소농도(MOC)$$

- 폭발 하한계＝화학양론농도×0.55
- 최소산소농도(MOC)＝폭발하한계×산소의 몰 수

4) Gas 별 완전 연소식(화학양론농도)

① $CH_4 + 2O_2 \rightarrow CO_2 + 2H_2O$ 메탄

② $C_2H_6 + 3.5O_2 \rightarrow 2CO_2 + 3H_2O$ 에탄

③ $C_3H_8 + 5O_2 \rightarrow 3CO_2 + 4H_2O$ 프로판

④ $C_4H_{10} + 6.5O_2 \rightarrow 4CO_2 + 5H_2O$ 부탄

5) 위험도

- 폭발범위를 이용한 가연성 가스 및 증기의 위험성 판단 방법
- 위험도 값이 클수록 위험하다.

$$위험도(H) = \frac{폭발상한계(UFL) - 폭발하한계(LFL)}{폭발하한계(LFL)}$$

(1) 위험도 증가요인

① 하한 농도가 낮을수록 위험도 증가

② 폭발 상한값과 하한값의 차이가 클수록 위험도 증가

(2) 위험도가 큰 물질

① 이황화탄소(CS_2)   ② 아세틸렌(C_2H_2)

③ 산화에틸렌(C_2H_4O)   ④ 수소(H_2)

(3) 위험도가 작은 물질

① 브롬화메틸(CH_3Br)   ② 염화메틸(CH_3Cl)

③ 암모니아(NH_4)

01 고압가스용기의 파열사고의 주요한 원인 중의 하나는 용기의 내압력 부족이다. 내압력 부족의 원인이 아닌 것은?

① 용기 내벽의 부식 ② 강재의 피로
③ 과잉 충전 ④ 용접불량

02 폭발압력과 가연성가스의 농도와의 관계에 대해 설명한 것 중 옳은 것은?

① 가연성 가스의 농도가 너무 희박하거나 진하여도 폭발압력은 높아진다.
② 폭발압력은 양론농도보다 약간 높은 농도에서 최대폭발압력이 된다.
③ 최대폭발압력의 크기는 공기와의 혼합기체에서보다 산소의 농도가 큰 혼합기체에서 더 낮아진다.
④ 가연성가스의 농도와 폭발압력은 반비례관계이다.

03 다음은 증기 또는 가스의 공기혼합가스에 불활성가스를 주입하여 산소의 농도를 MOC 이하로 낮게 하는 불활성화 공정에 관한 사항이다. 큰 용기에 사용할 수 없는 불활성화 방법은?

① 진공 퍼지 ② 압력 퍼지
③ 스위프 퍼지 ④ 사이폰 퍼지

04 다음 폭발 중 기상폭발에 해당되는 것이 아닌 것은?

① 혼합가스폭발 ② 분진폭발
③ 분무폭발 ④ 증기폭발

05 폭발방호대책 중 이상 또는 과잉압력에 대한 안전장치로 볼 수 없는 것은?

① 안전밸브 ② 릴리프밸브
③ 파열판 ④ 프레임 어레스터

06 다음 중 분진 폭발을 일으킬 위험이 가장 높은 물질은?

① 염소 ② 마그네슘
③ 산화칼슘 ④ 에틸렌

07 다음 중 응상폭발이 아닌 것은?

① 분해폭발
② 수증기폭
③ 전선폭발
④ 고상간의 전이에 의한 폭발

정답　01 ③　02 ②　03 ①　04 ④　05 ④　06 ②　07 ①

04 화학설비 안전

01 | 화학설비의 종류 및 안전기준

1. 화학설비의 종류

① 반응기, 혼합조 등 화학물질 반응 또는 혼합장치

② 증류탑, 흡수탑, 추출탑, 감압, 탑등 화학물질 분리장치

③ 저장탱크, 계량 탱크, 호퍼, 사일로 등 화학물질 저장설비 또는 계량설비

④ 응축기, 냉각기, 가열기, 증발기 등 열교환기

⑤ 고로 등 전화기를 직접 사용하는 열교환 기류

⑥ 캘린더, 혼합기, 발포기, 인쇄기, 압출기 등 화학제품 가공 설비

⑦ 분쇄기, 분체 분리기, 용융기 등 분체 화학물질 분리장치

⑧ 결정조, 유동탑, 탈습기, 건조기 등 분체 화학물질 분리장치

⑨ 펌프류, 압축기, 이젝터 등의 화학물질 이상 또는 압축 설비

2. 화학설비의 부속설비

① 배관 · 밸브 · 관 · 부속류 등 화학물질 이송 관련 설비

② 온도 · 압력 · 유량 등을 지시 · 기록 등을 하는 자동제어 관련 설비

③ 안전밸브 · 안전판 · 긴급차단 또는 방출밸브 등 비상조치 관련 설비

④ 가스누출감지 및 경보 관련 설비

⑤ 세정기, 응축기, 벤트스택(Vent stack), 플레어스택(flare stack) 등 폐가스 처리설비

　벤트스택 : 탱크 내의 압력을 정상상태로 유지하기 위한 안전장치

　플레어 스택 : 석유화학 공정 운전 시 폐가스를 완전 연소시키는 시설물

⑥ 사이클론, 백필터(bag filter), 전기집진기 등 분진처리설비

⑦ 상기의 설비를 운전하기 위하여 부속된 전기 관련 설비

⑧ 정전기 제거장치, 긴급 샤워설비 등 안전 관련 설비

3. 화학설비의 건축물 구조

화학설비 및 그 부속설비를 건축물 내부에 설치하는 경우에는 건축물의 바닥·벽·기둥·계단 및 지붕 등에 불연성 재료를 사용하여야 한다.

4. 화학설비의 부식 방지

화학설비 또는 그 배관(화학설비 또는 그 배관의 밸브나 코크는 제외한다) 중 위험물 또는 인화점이 60℃ 이상인 물질이 접촉하는 부분에 대해서는 위험물질 등에 의하여 그 부분이 부식되어 폭발·화재 또는 누출되는 것을 방지하기 위하여 위험물질 등의 종류·온도·농도 등에 따라 부식이 잘되지 않는 재료를 사용하거나 도장 등의 조치를 하여야 한다.

5. 화학설비의 덮개 등의 접합부

화학설비 또는 그 배관의 덮개·플랜지·밸브 및 코크의 접합부에 대해서는 접합부에서 위험물질 등이 누출되어 폭발·화재 또는 위험물이 누출되는 것을 방지하기 위하여 적절한 가스켓(gasket)을 사용하고 접합면을 서로 밀착시키는 등 적절한 조치를 하여야 한다.

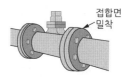
접합면 밀착

6. 화학설비의 밸브들의 개폐방향의 표시

화학설비 또는 그 배관의 밸브·코크 또는 이것들을 조작하기 위한 스위치 및 누름버튼 등에 대하여 오조작으로 인한 폭발·화재 또는 위험물의 누출을 방지하기 위하여 열고 닫는 방향을 색채 등으로 표시하여 구분되도록 하여야 한다.

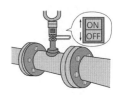
ON
OFF

7. 설비의 안전설계 안전밸브

과압에 따른 폭발을 방지하기 위하여 폭발 방지 성능과 규격을 갖춘 안전밸브 또는 파열판을 설치하여야 한다. 다만, 안전밸브 등에 상응하는 방호장치를 설치한 경우에는 그러하지 아니하다.

1) 안전밸브 파열판 설치 대상(설비 최고사용압력 이전에 작동되도록 설정)
① 압력용기
   안지름이 150mm 이하인 압력용기는 제외 관형 열교환기는 관의 파열로 인하여 상승압력이 압력용기의 최고사용압력 초과할 우려가 있는 경우
② 정변위 압축기

③ 정변위 펌프(토출 축에 차단 밸브가 설치된 것)

④ 배관(2개 이상의 밸브에 의하여 차단되어 대기 온도에서 액체의 열팽창에 의하여 파열될 것이 우려되는 것)

⑤ 그 밖의 화학 설비 및 그 부속설비로서 해당 설비의 최고사용압력을 초과할 우려가 있는 것

2) 안전밸브 등을 설치하는 경우

다단형 압축기 또는 직렬로 접속된 공기압축기에 대해서는 각 단 또는 각 공기압축기별로 안전밸브 등을 설치하여야 한다.

3) 안전밸브 검사

안전밸브에 대해서는 검사주기마다 국가 교정기관에서 교정을 받은 압력계를 이용하여 설정압력에서 안전밸브가 적정하게 작동하는지를 검사한 후 납으로 봉인하여 사용하여야 한다.

다만, 공기나 질소취급용기 등에 설치된 안전밸브 중 안전밸브 자체에 부착된 레버 또는 고리를 통하여 수시로 안전밸브가 적정하게 작동하는지를 확인할 수 있는 경우에는 검사하지 아니할 수 있고 납으로 봉인하지 아니할 수 있다. 〈개정 2019. 12. 26.〉

4) 안전밸브 검사주기

① 화학공정 유체와 안전밸브의 디스크 또는 시트가 직접 접촉될 수 있도록 설치된 경우 : 매년 1회 이상

② 안전밸브 전단에 파열판이 설치된 경우 : 2년마다 1회 이상

③ 공정안전보고서 제출대상으로서 고용노동부장관이 실시하는 공정안전보고서 이행상태 평가결과가 우수한 사업장의 안전밸브의 경우 : 4년마다 1회 이상

8. 파열판(rupture disc)

안전밸브에 대체할 수 있는 방호장치로 판 입구 측의 압력이 설정 압력에 도달하면 판이 파열하면서 유체가 분출하도록 용기 등에 설치된 얇은 판이다.

1) 압력용기 배관 덕트 등의 밀폐 장치가 압력의 과다 또는 진공에 의해 파손될 위험 발생시 이를 예방하기 위한 안전장치 구조

2) 구조

① 파열판과 이것을 지지하기 위한 홀더로 구성 holder

② 파열판 두께는 파열 압력과 상용압력에 의해 좌우되며 상용압력은 파열압력 이하로 유지

③ 상용압력이 일정하지 않고 맥동하는 경우 최대 상용압력은 파열 압력의 60% 이하로 유지

3) 설치방법

① 운전 압력, 압력의 변화가 운전 온도 등에 의해 크리프 및 피로가 발생하며 장기간 운전시 파열 가능성이 있으므로 정기적 교체 필요

② 신뢰성 확보가 곤란할 경우 안전밸브와 병행하거나 두 개의 파열판 장착

4) 안전밸브와 파열판의 일반적인 비교 ★★☆

안전밸브	① 압력 상승의 우려가 있는 경우 ② 반응생성물 생성에 따라 안전밸브 설치가 적절한 경우 ③ 액체의 열팽창에 의한 압력상승 방지를 위한 경우
파열판	① 급격한 압력 상승의 우려가 있는 경우 ② 순간적으로 많은 방출이 필요한 경우 ③ 반응생성물 생성에 따라 안전밸브를 설치하는 것이 부적당한 경우 　㉠ 내부 물질이 액체와 분말의 혼합 상태이거나 비교적 점성이 큰 물질 　㉡ 중합을 일으키기 쉬운 물질 　㉢ 심한 침전물이나 응착물 등 ④ 적은 양의 유체라도 누설이 허용되지 않을 때
안전밸브 파열판 병용	① 압력 변동이 심하고 부식성이 심한 물질을 취급하거나 저장하는 경우 ② 독성물질을 취급하거나 저장하는 경우

▲ 안전밸브의 형식표시

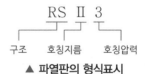

▲ 파열판의 형식표시

5) 파열판 설치방법

파열판 및 안전밸브의 직렬설치	급성 독성물질이 지속적으로 외부에 유출될 수 있는 화학 설비 및 그 부속 설비에 직렬로 설치하고 그 사이에는 압력지시계 또는 자동경보장치 설치	압력지시계 또는 자동경보장치를 설치해야
파열판과 안전밸브를 병렬로 반응기 상부에 설치	반응 폭주 현상이 발생했을 때 반응기 내부 과압을 분출하고자 할 경우	

6) 설치 대상설비 중 파열판을 설치해야 하는 경우 ★★★

① 반응폭주 등 급격한 압력 상승의 우려가 있는 경우

② 급성독성 물질의 누출로 인하여 주위에 작업 환경을 오염시킬 우려가 있는 경우

③ 운전 중 안전밸브의 이상 물질이 누적되어 안전밸브가 작동되지 아니 할 우려가 있는 경우

7) 안전밸브 작동 요건 및 배출용량 ★★★

작동 요건	① 안전밸브 등을 통하여 보호하려는 설비의 최고사용압력 이하에서 작동 ② 다만 안전밸브 등이 2개 이상 설치된 경우에 1개는 최고 사용압력 1.05배 외부 화재를 대비한 경우 1.1배 이하에서 작동되도록 설치
배출용량	작동 원리에 따라 소요 분출량을 계산 가장 큰 수치를 배출 용량으로 선정
배출물질 처리방법	① 연소 ② 세정 ③ 포집 ④ 회수 ⑤ 흡수

8) 차단밸브 설치 금지

안전밸브 등의 전단 · 후단에 차단밸브를 설치금지

9) 안전밸브 등의 전단 · 후단에 차단밸브를 설치할 수 있는 경우

① 인접한 화학설비 및 그 부속설비에 안전밸브 등이 각각 설치되어 있고, 해당 화학설비 및 그 부속설비의 연결배관에 차단밸브가 없는 경우

② 안전밸브 등의 배출용량의 1/2 이상에 해당하는 용량의 자동압력조절밸브와 안전밸브 등이 병렬로 연결된 경우

③ 화학설비 및 그 부속설비에 안전밸브 등이 복수방식으로 설치되어 있는 경우

④ 예비용 설비를 설치하고 각각의 설비에 안전밸브 등이 설치되어 있는 경우

⑤ 열팽창에 의하여 상승된 압력을 낮추기 위한 목적으로 안전밸브가 설치된 경우

⑥ 하나의 플레어 스택(flare stack)에 둘 이상의 단위공정의 플레어 헤더(flare header)를 연결하여 사용하는 경우로서 각각의 단위공정의 플레어헤더에 설치된 차단밸브의 열림 · 닫힘 상태를 중앙제어실에서 알 수 있도록 조치한 경우

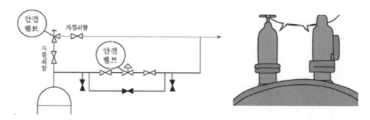

▲ 안전밸브가 병렬로 설치된 경우

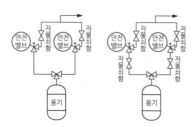

▲ 안전밸브가 복수로 설치된 경우

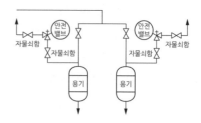

▲ 예비용 설비에 설치된 경우

10) 배출물질의 처리

안전밸브 등으로부터 배출되는 위험물은 연소 · 흡수 · 세정 · 포집 또는 회수 등의 방법으로 처리하여야 한다.

11) 배출물질을 외부로 유출할 수 있는 경우

① 배출물질을 연소 · 흡수 · 세정 · 포집 또는 회수 등의 방법으로 처리할 때에 파열판의 기능을 저해할 우려가 있는 경우

② 배출물질을 연소처리할 때에 유해성 가스를 발생시킬 우려가 있는 경우

③ 고압상태의 위험물이 대량으로 배출되어 연소 · 흡수 · 세정 · 포집 또는 회수 등의 방법으로 완전히 처리할 수 없는 경우

④ 공정설비가 있는 지역과 떨어진 인화성 가스 또는 인화성 액체 저장탱크에 안전밸브 등이 설치될 때에 저장탱크에 냉각설비 또는 자동소화설비 등 안전상의 조치를 하였을 경우

⑤ 그 밖에 배출량이 적거나 배출 시 급격히 분산되어 재해의 우려가 없으며, 냉각설비 또는 자동소화설비를 설치하는 등 안전상의 조치를 하였을 경우

12) 통기밸브(외부압력과 같게 해 주는 것)

① 인화성 액체를 저장 취급하는 대기압 탱크에는 통기관 또는 통기밸브(breather valve) 등을 설치하여야 한다.

② 통기설비는 정상운전 시에 대기압 탱크 내부가 진공 또는 가압되지 않도록 충분한 용량의 것을 사용하여야 하며, 철저하게 유지 보수를 하여야 한다.

13) 화염방지기(Flame arrest)의 설치 등

사업주는 인화성 액체 및 인화성 가스를 저장 취급하는 화학설비에서 증기나 가스를 대기로 방출하는 경우에는 외부로부터의 화염을 방지하기 위하여 화염방지기를 그 설비 상단에 설치하여야 한다.
다만, 대기로 연결된 통기관에 통기밸브가 설치되어 있거나, 인화점이 38℃ 이상 60℃ 이하인 인화성 액체를 저장취급할 때에 화염방지 기능을 가지는 인화방지망을 설치한 경우에는 그러하지 아니하다.

14) 내화 기준

가스폭발 위험장소 또는 분진폭발 위험장소에 설치되는 건축물 등에 대해서는 다음 각 호에 해당하는 부분을 내화구조로 하여야 하며, 그 성능이 항상 유지될 수 있도록 점검 보수 등 적절한 조치를 하여야 한다. 다만, 건축물 등의 주변에 화재에 대비하여 물 분무시설 또는 폼 헤드(foam head) 설비 등의 자동소화설비를 설치하여 건축물 등이 화재 시에 2시간 이상 그 안전성을 유지할 수 있도록 한 경우에는 내화구조로 하지 아니할 수 있다.

15) 내화기준으로 하여야 하는 부분

① 건축물의 기둥 및 보 : 지상 1층(지상 1층의 높이가 6m를 초과하는 경우에는 6m)까지

② 위험물 저장 취급용기의 지지대(높이가 30cm 이하인 것은 제외한다) : 지상으로부터 지지대의 끝 부분까지

③ 배관 전선관 등의 지지대 : 지상으로부터 1단(1단의 높이가 6m를 초과하는 경우에는 6m)까지

16) 방유제 설치

위험물을 액체상태로 저장하는 저장탱크를 설치하는 경우에는 위험물질이 누출되어 확산되는 것을 방지하기 위하여 방유제를 설치하여야 한다.

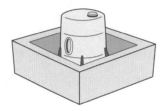

17) 화학설비와 그 부속설비의 개조 수리 및 청소작업 시 조치

화학설비와 그 부속설비의 개조 수리 및 청소 등을 위하여 해당 설비를 분해하거나 해당 설비의 내부에서 작업하는 경우 준수사항

① 작업책임자를 정하여 해당 작업을 지휘하도록 할 것

② 작업장소에 위험물 등이 누출되거나 고온의 수증기가 새어 나오지 않도록 할 것

③ 작업장 및 그 주변의 인화성 액체의 증기나 인화성 가스의 농도를 수시로 측정할 것

18) 사용 전의 점검

(1) 설비의 안전검사 내용을 점검한 후 사용하여야 하는 경우

①처음으로 사용하는 경우

② 분해하거나 개조 또는 수리를 한 경우

③ 계속하여 1개월 이상 사용하지 아니한 후 다시 사용하는 경우

(2) 해당 화학설비 또는 그 부속설비의 용도를 변경하는 경우에도 해당 설비의 사항을 점검한 후 사용하여야 한다.

① 그 설비 내부에 폭발이나 화재의 우려가 있는 물질이 있는지 여부

② 안전밸브 긴급차단장치 및 그 밖의 방호장치 기능의 이상 유무

③ 냉각장치, 가열장치, 교반장치, 압축장치, 계측장치 및 제어장치 기능의 이상 유무

19) 화학설비 안전거리 기준

구분	안전거리
단위공정 시설 및 설비로부터 다른 단위공정 시설 및 설비의 사이	설비의 바깥면으로부터 10m 이상
플레어스택으로부터 단위공정 시설 및 설비 위험물질 저장탱크 또는 위험물질 하역설비의 사이	플레어스택으로부터 반경 20m 이상
위험물질 저장 탱크로부터 단위공정 시설 및 설비 보일러 또는 가열로의 사이	저장탱크의 바깥면으로부터 20m 이상
사무실, 연구실, 실험실, 정비실 또는 식당으로부터 단위공정 시설 및 설비, 위험물질 저장탱크, 위험물질 하역설비, 보일러 또는 가열로의 사이	사무실 등의 바깥면으로부터 20m 이상

※ 위험물질을 액체상태로 저장하는 저장탱크 설치 시 유출 확산 방지를 위한 방유제 설치

02 | 특수화학설비

1. 정의 : 위험물을 기준량 이상으로 제조 또는 취급하는 화학설비

① 발열 반응이 일어나는 반응장치
② 증류, 정류, 증발. 추출 등 분리하는 장치
③ 가열시켜주는 물질의 온도가 가열되는 위험물질의 분해 온도 또는 발화점보다 높은 상태에서 운전되는 설비
④ 반응 폭주 등 이상 화학 반응에 의하여 위험물질이 발생할 우려가 있는 설비
⑤ 온도가 350℃ 이상이거나 게이지 압력 이후 980kpa 이상인 상태에서 운전되는 설비
⑥ 가열로 또는 가열기

2. 특수화학설비 방호장치 설치(안전장치) ★★★

계측장치 설치	특수화학설비의 내부 이상상태를 조기에 파악하기 위하여 계측장치를 설치 ① 온도계　　　　② 유량계　　　　③ 압력계 등
자동경보장치	특수화학설비의 내부 이상상태를 조기에 파악하기 위하여 필요한 자동경보장치를 설치
긴급차단장치	이상 상태에 발생에 따른 폭발, 화재 또는 위험물 누출방지 ① 원재료 공급의 긴급차단　　　　② 제품 등의 방출 ③ 불활성 가스 주입이나 냉각용수 등의 공급 등의 장치 설치
예비동력원	① 동력원의 이상에 의한 폭발이나 화재를 방지하기 위하여 즉시 사용할 수 있는 예비 동력원을 갖추어 둘 것 ② 밸브, 콕, 스위치 등에 대해서는 오 조작을 방지하기 위하여 잠금장치를 하고 색채 표시등으로 구분할 것

3. 반응기(Chemical reactor)

물질 2개를 섞을 경우 일어나는 현상을 반응기라 한다.
원료물질을 화학적 반응을 통하여 성질이 다른 물질로 전환하는 설비로서 이와 관련된 제어, 계측 등 일련의 부속장치를 포함하는 장치를 말한다.

1) 조작방식에 의한 분류

회분식(batch) 반응기	여러 물질을 반응하는 교반을 통하여 새로운 생성물을 회수하는 방식으로 1회로 조작이 완성되는 반응기 소량다품종 생산에 적합
반회분식 반응기 (semi-batch) 반응기	반응물질의 1회 성분을 넣은 다음 다른 성분을 연속적으로 보내 반응을 진행한 후 내용물을 취하는 형식 처음부터 많은 성분을 전부 넣어서 반응에 의한 생성물 한 가지를 연속적으로 빼내면서 종료 후 내용물을 취하는 형식
연속식 반응기 (continuous)	원료 액체를 연속적으로 투입하면서 다른 쪽에서 반응생성물 액체를 취하는 형식 농도 온도 압력에 시간적인 변화는 없다.

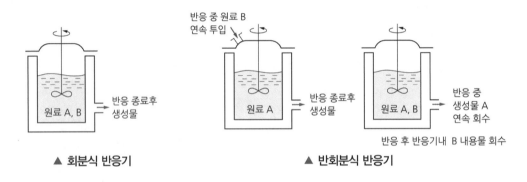

▲ 회분식 반응기   ▲ 반회분식 반응기

2) 구조방식에 의한 분류

관형 반응기 (tubular reactor plug-flow)	반응기 의한 쪽으로 원료를 연속적으로 보내어 반응을 진행시키면서 다른 쪽에서 생성물을 연속적으로 취하는 형식(대규모 생산에 사용)
탑형 반응기 (Tower type reactor)	직립 원통형으로 탑의 위나 아래쪽에서 원료를 보내고 다른 쪽에서 생성물을 연속적으로 취하는 형식(불완전 합류해서 사용)
교반조형 반응기 (stirred reactor)	교반기를 부착한 것으로 회분식, 반회분식, 연속식이 있으며 반응물 및 생성물의 농도가 일정하며 단점으로는 반응물 일부가 그대로 유출

> **참고**
>
> **반응기의 운전을 중지할 때 필요한 주의사항**
> ① 급격한 유량 변화를 피한다.
> ② 가연성 물질이 새거나 흘러나올 때의 대책을 사전에 세운다.
> ③ 급격한 압력 변화 또는 온도변화를 피한다.

3) 반응기의 세 가지 역할
① 열의 전달   ② 교반 실시   ③ 상간 혼합 interphase(간기)

4) 반응기 설계 시 주요사항(반응을 위한조건) ★☆☆
① 온도   ② 압력
③ 부식성   ④ 상의 형태
⑤ 체류시간

5) 반응기 일상의 점검 사항 ★☆☆
① 보온재, 보냉재의 파손 상황   ② 도장의 열화 정도
③ 볼트의 풀림 여부   ④ 플랜지 맨홀 용접부 등에서의 누출 여부
⑤ 증기배관의 열팽창에 의한 과도한 힘이 가해지지 않는지 여부

4. 증류탑

1) 증류탑의 정의
증기압이 다른 액체 혼합물에서 끓는점 차이를 이용해서 특정 성분을 분리해내는 장치

2) 증류탑의 종류
① 충전탑   ② 단탑
③ 포종탑   ④ 다공판탑
⑤ 트레이드 탑(nipple tray)

3) 운전 시 주의사항
① 원액의 농도와 공급단   ② 환류량의 증감
③ 압력구배   ④ 온도구배
⑤ 증류탑의 적정 운전 부하

4) 증류탑의 종류 ★★★
용액의 성분을 증발시켜 끓는점의 차이를 이용하여 증발분을 응축하여 원하는 성분별로 분류하는 기기

(1) 충전탑
증기와 액체와의 접촉 면적을 크게 하기 위하여 탑 속에 충전물을 채운 형태의 탑
(2) 단탑
빈 탑 속에 수개 또는 수십 개의 단으로 세워져 있고 각각의 단을 단위로 하여 증기의 액체를 접

촉시켜 증류, 흡수, 추출하는 장치

(3) 포종탑

탑 속의 각 단면에 포종을 설치, 유해성분의 흡수효율을 높인 장치로서 액체가 상단에서 하단으로 유출

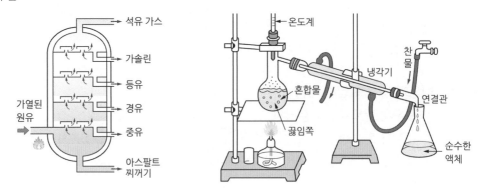

5) 증류탑 설계 시 주요사항(운전 시 주의사항) ★☆☆

① 온도   ② 압력
③ 부식성   ④ 상의 형태
⑤ 체류시간

6) 증류탑 일상의 점검 사항 ★☆☆

① 보온재, 보냉재의 파손 상황   ② 도장의 열화 정도
③ 볼트의 풀림 여부   ④ 플랜지 맨홀 용접부 등에서의 누출 여부
⑤ 증기배관의 열팽창에 의한 과도한 힘이 가해지지 않는지 여부

7) 특수한 증류 방법 (참고)

감압증류 (진공증류)	상압에서 끓는점까지 가열할 경우 분해할 우려가 있는 물질의 종류를 감압하여 물질의 끓는점을 내려서 증류하는 방법
추출증류	분리하여야 하는 물질의 끓는점이 비슷한 경우 용매를 사용하여 혼합물로부터 어떤 성분을 뽑아냄으로 특정 성분을 분리
공비증류	일반적인 증류로 순수한 성분을 분리시킬 수 없는 혼합물일 경우 제3의 성분을 첨가하여 수분을 제거하는 증류방법으로 별개의 공비혼합물을 만들어 끓는점이 원용액의 끓는점보다 충분히 낮아지도록 하여 증류함으로 증류 잔류물에 순수한 성분이 되게 하는 방법
수증기증류	물에 용해되지 않는 휘발성 액체의 수증기를 직접 불어넣어 가열하면 액체는 원래의 끓는점보다 낮은 온도에서 유출

5. 열교환기

1) 정의
고온의 유체와 저온의 유체와의 사이에서 열을 이동시키는 장치
열은 높은 온도에서 낮은 온도로 흐른다.

2) 사용목적에 의한 분류
① 열교환기 : 폐열의 회수를 목적으로 하는 경우
② 냉각기 : 고온측 유체의 냉각을 목적으로 하는 경우
③ 가열기 : 저온측 유체의 가열을 목적으로 하는 경우
④ 응축기 : 증기의 응축을 목적으로 하는 경우
⑤ 증발기 : 저온측 유체의 증발을 목적으로 하는 경우

3) 구조에 의한 분류
① 다관식 열교환기   ② 이중관식 열교환기   ③ Coil 식 열교환기

4) 열교환기의 일상점검 항목
① 보온재, 보냉재 파손 여부 상태   ② 도장의 열화 상태(노후상태)
③ 용접부 노출 상태   ④ 기초볼트의 풀림 상태(체결상태)

5) 열교환기 손실열량

$$열교환기손실열량(Q) = 전열계수(K) \times 면적(A) \times \frac{온도변화량(\varDelta T)}{두께(\varDelta X)}$$

> **예제**
>
> 열교환탱크 외부를 두께 0.2m의 석면(k=0.037kcal/mhr℃)으로 보온하였더니 석면의 내면은 40℃, 외면은 20℃이었다. 면적 1m² 당 1시간에 손실되는 열량[kcal]은?
>
> ① 0.0037   ② 0.037   ③ 1.37   ❹ 3.7
>
> **해설** $열교환기 손실열량(Q) = 전열계수(K) \times 면적(A) \times \frac{온도변화량(\varLambda T)}{두께(\varLambda X)}$
>
> $손실열량(Q) = 0.037 \times 1 \times \frac{40-20}{0.2} = 3.7 \mathrm{kcal/m^2hr}$

6. 건축물 내부 가연물로 인하여 화재 폭발 예방을 위한 준수사항
① 작업준비 및 작업절차 수립
② 작업장 내 위험물사용 보관 현황 파악

③ 화기작업에 따른 인근 인화성 액체에 대한 방호조치 및 소화기 비치

④ 용접 불티 비산방지용 덮개, 용접 방화포 등 불꽃, 불티 등 비산방지 조치

⑤ 인화성 액체의 증기가 남아 있지 않도록 환기 조치

⑥ 작업근로자에 대한 화재예방 및 피난 교육 실시

03 | 건조설비의 종류 및 재해 형태

[건조설비 정의]
수분을 포함한 재료로부터 열에 의하여 고체 중의 수분을 기화, 증발시키는 장비 설치

1. 위험물 건조설비 중 건조실을 설치하는 건축물의 구조 ★★★

1) 위험물 건조설비의 종류(독립된 단층구조로 하여야 하는 경우)

건조실을 독립된 단층구조로 하여야 하는 경우	
① 위험물 또는 위험물이 발생하는 물질을 가열건조하는 경우	내용적이 1㎥ 이상인 건조설비
② 위험물이 아닌 물질을 가열건조하는 경우	㉠ 고체 또는 액체연료의 최대 사용량이 시간당 10kg 이상
	㉡ 기체 연료의 최대 사용량이 시간당 1㎥ 이상
	㉢ 전기 사용 전격 용량이 10kW 이상

2) 건조설비의 구조

① 건조설비의 바깥 면은 불연성 재료로 만들 것

② 건조설비 내면과 내부의 선반이나 틀은 불연성 재료로 만들 것

③ 건조물 위험설비의 측벽이나 바닥은 견고한 구조로 할 것

④ 위험물 건조설비는 그 상부를 가벼운 재료로 만들고 주위 상황을 고려하여 폭발구를 설치할 것

⑤ 위험물 건조설비는 건조하는 경우에 발생하는 가스 증기 또는 분진을 안전한 장소로 배출시킬 수 있는 구조로 할 것

⑥ 액체연료 또는 인화성가스를 열원의 연료로 사용하는 건조설비는 점화하는 경우에는 폭발이나 화재를 예방하기 위하여 연소실이나 그 밖에 점화하는 부분을 환기시킬 수 있는 구조로 할 것

⑦ 건조설비의 내부는 청소하기 쉬운 구조로 할 것 건조

⑧ 설비 감시창 출입구 및 배기구 등과 같은 개구부는 발화 시에 불이 다른 곳으로 번지지 아니하는 위치에 설치하고 필요한 경우에는 즉시 밀폐할 수 있는 구조로 할 것

⑨ 건조설비는 내부의 온도가 국부적으로 상승하지 아니하는 구조로 설치할 것

⑩ 위험물 건조설비 열원으로서 직화를 사용하지 아니할 것

⑪ 위험물 건조설비가 아닌 건조설비 열원으로서 직화를 사용하는 경우에는 불꽃 등에 의한 화재를 예방하기 위하여 덮개를 설치하거나 격벽을 설치할 것

2. 위험물 건조설비 사용 시 화재 예방을 위한 준수사항

1) 위험물 건조설비를 사용하는 경우에는 미리 내부를 청소하거나 환기할 것

2) 위험물 건조설비를 사용하는 경우에는 그로 인하여 발생하는 가스 증기 또는 분진에 의하여 폭발 화재의 위험이 있는 물질을 안전한 장소로 배출시킬 것

3) 위험물 건조설비를 사용하여 가열 건조하는 건조물은 쉽게 이탈되지 않도록 할 것

4) 고온으로 가열 건조한 인화성 액체는 발화의 위험이 없는 온도로 냉각 후에 격납시킬 것

5) 건조설비에 가까운 장소에서 인화성 액체를 두지 않도록 할 것

3. 건조설비의 구조

구조부분	몸체(철골부, 보온판, shell부 등), 내부구조, 내부구동장치 등
가열장치	열원장치, 순환용 송풍기 등
부속설비	환기장치, 온도조절장치, 안전장치, 소화장치, 전기설비 등

04 | 공정안전기술

1. 제어장치

1) 자동제어 시스템

(1) 개방회로 제어 시스템(Open – loop control system)(시퀀스 제어)

① 미리 정해진 순서에 따라 제어의 각 단계를 차례로 진행해 가는 제어를 말한다.

② 회로가 열려 일방통행으로 되어 있다. 따라서 시퀀스 제어를 개회로 제어이다.

③ 선풍기, 자동판매기, 엘리베이터 공장의 가공공정 자동화

(2) 폐회로 제어 시스템(Closed – loop control system)

① 출력신호를 입력신호로 피드백하여 출력값을 비교한 후에 출력값이 목표값에 이르도록 제어하는 것으로서 피드백제어 시스템(Feedback control system)

② 공정안전기술

2) 개 · 폐회로 작동순서

2. 안전장치의 종류

1) 안전밸브의 종류 및 특징 ★★★

스프링식	일반적으로 가장 널리 사용 용기 내에 압력이 설정된 값을 초과하면 스프링을 밀어내어 가스를 분출시켜 폭발을 방지(프로판)
파열판식	용기 내 압력이 급격히 상승할 경우 얇은 금속판이 파열되며 용기 내의 가스를 외부로 배출 한번 작동 후 교체 스프링식보다 토출 용량이 많아 압력 상성이 급격히 원하는 곳에 적당(산소용)
중추식	밸브 장치에 무게가 있는 추를 달아서 설정 압력 이상이 되면 추를 위로 올려 가스 분출
지렛대식	지렛대 사이에 추를 설치하여 추의 위치에 따라 가스배출량이 결정되는 방식
가용전식	설정 온도에서 용기 내 온도가 규정 온도 이상이면 가용금속이 녹아서 용기 내에 전체 가스를 배출(일반용 : 75℃ 이하, 아세틸렌용 : 105℃±5℃, 긴급 차단용 : 110℃(염소용))

2) 안전밸브의 종류 구분 ★★★

Safety valve (스팀 공기 기체)	압력이 설정 압력에 도달하면 자동적으로 작동하여 유체가 분출되고 일정 압력 이하가 되면 정상상태로 복원되는 방호장치 스팀 공기 순간적으로 개방
Relief valve (액체)	회로의 압력이 설정 압력에 도달하면 유체의 일부 또는 전량을 배출시켜 회로 내의 압력을 설정값 이하로 유지하는 압력제어 밸브. 압력 증가에 의해 천천히 개방
Safety relief valve (가스의 증기 및 액체)	중간 정도의 속도로 개방

3) 배기에 의한 안전밸브의 분류

① 개방형 안전밸브 : 보일러 등에 사용

② 밀폐형 안전밸브 : 화학설비 등의 사용

③ bellows형 안전밸브 : 부식성 및 독성이 강한 가스 등의 사용

4) 자동 격리식 압력 제거 시스템

유독성 물질 보관용기의 폭발 가능성이 있고 연소로에 처리가 부적절할 경우 사용

5) 체크밸브(check valve)(역류 안전밸브)

유채의 역류를 방지하기 위한 밸브이며 리프트 lift 형과 스윙 swing 형이 있다.

6) 블로우밸브(blow valve)

수동이나 자동제어에 의한 과잉의 압력을 방출할 수 있도록 한 안전장치로서 자압형, solenoid형, diaphragm형 등이 있다.

7) 대기밸브(통기밸브 breather valve) : (탱크 내에 압력을 동일하게 하기 위한 것)

인화성 물질에 저장한 탱크 내에 압력과 대기압 사이에 차가 발생할 경우 대기를 탱크 내에 흡입하기도 하고 탱크 내 압력을 밖으로 방출하여 탱크 내의 압력을 대기압과 평형한 상태로 유지하게 하는 밸브

8) Flame arrester(인화 방지, 화염 차단)

가연성 증기가 발생하는 유류저장탱크에서 증기를 방출하거나 외기를 흡입하는 부분에 설치하는 안전장치로서 화염의 차단을 목적으로 하며 40mesh 이상의 가는 눈금의 금망이 여러 개 겹쳐져 있다.

9) 용어 해설

① 밴트 스택(Vent stack) : 탱크 내의 압력을 정상상태로 유지하기 위한 안전장치
② 스팀 트랩(Steam trap) : 증기 배관 내에 생성하는 응축수를 제거할 때 증기가 배출되면 열효율이 나빠지게 되므로 증기가 배출되지 않도록 하면서 응축수를 자동적으로 배출하기 위한 장치
③ 블로 다운(Blow down) : 배기밸브 또는 배기구가 열리고 실린더 내의 가스가 뿜어 나오는 현상
④ 릴리프 밸브(Relief valve) : 회로의 압력이 설정 압력에 도달하면 유체의 일부 또는 전량을 배출시켜 회로 내의 압력을 설정값 이하로 유지하는 압력제어 밸브
⑤ 플레어 스택(flare stack) : 석유화학 공정 운전시 폐가스를 완전 연소시키는 시설물

3. 송풍기

1) 정의 : 공기 또는 기체를 수송하는 장치로서 토출 압력이 1kg/cm2 이하의 저압 공기를 다량으로 이용하는 경우에 송풍기가 사용된다.

2) 송풍기의 상사의 법칙(같이 적용되는 법칙) ★★★

(1) 토출량 유량 : 유량은 회전수에 비례

$$Q' = Q \times (\frac{N'}{N})$$

(2) 양정(정압) 물높이 : 양정은 회전수의 제곱 비례

$$H' = H \times (\frac{N'}{N})$$

(3) 동력 : 동력은 회전수 세제곱에 비례

$$P' = P \times (\frac{N'}{N})^3$$

4. 압축기

토출 압력이 1kg/cm² 이상의 공기 또는 기체를 수송하는 장치로서 기체의 온도가 압축에 의해 상승함으로 냉각을 고려할 필요가 있다.

1) 압축기의 종류

구분	용적형	터보형
정의	일정한 용적의 실린더 내의 기체를 흡입하고, 흡입구를 닫아 기체 용적을 줄여서 압력을 높이고 토출구로 압출	기계적인 에너지를 회전에 의해 기체의 압력과 속도 에너지로 전환하여 압력을 높이는 방식
종류	회전식, 왕복식, 다이어프램형	원심식, 축류식

2) 단열압축

외부와 열교환 없이 압력을 높게 하여 온도가 올라가는 현상(온도는 절대온도 273℃ + ℃)

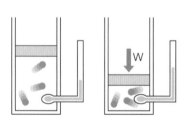

$$\frac{T2}{T1} = (\frac{P2}{P1})^{\frac{r-1}{r}}$$

$T1$: 처음온도(°K = 273 + ℃)
$T2$: 나중온도(°K = T2 − 273)
$P1$: 처음압력
$P2$: 나중압력
r : 단열비

5. 배관 및 피팅류

1) 배관의 종류 및 용도

재료	용도	재료	용도
강관	증기기관 압력기 채용관	활동관	증류기의 관
주철관	수도관	동관	급유관, 증류기 전열 부분 관
연관	상수 오수류의 관		

2) 강관의 종류

배관용 탄소강관	SPP	수도용 아연도금강관	SHPW
압력배관용 탄소강관	SSPS	배관용 합금 강관	SPA
고압 배관용 탄소강관	SPPH	저온 배관용 강관	SPLT
배관용 스테인리스 강관	STS	고온 배관용 탄소강관	SPHT

3) 배관이음 : 나사 이음, 플랜지 이음, 용접 이음

4) 패킹(Packing) 및 가스켓(gasket)

화학설비 또는 배관의 덮개 플랜지 등에 접속 부분에서 위험물 누설을 방지하는 목적으로 사용
① 패킹 : 운동 부분에 삽입하여 누설방지
② 가스켓 : 정지 부분에 삽입하여 누설방지

6. 밸브 : 유체의 유량. 흐름의 단속, 방향 전환, 압력조절에 사용

종류와 기능	
글로브 밸브, 스톱 밸브	① 유체 흐름 방향과 평행하게 밸브가 개폐 ② 마찰저항이 크고 섬세한 유량 조절에 사용
슬루스(sluice) 밸브	① 밸브가 유체의 흐름에 직각으로 개폐 ② 마찰저항이 잡고 개폐용으로 사용
체크밸브	① 역류방지를 목적으로 사용 ② 스윙형 수직 수평 저항의 적다 리프트형 수평배관
콕(coke)	90도 회전하면서 가스의 흐름을 조절
볼(ball) 밸브	밸브 디스크가 공 모양이고 콕과 유사한 밸브
버터플라이 밸브	몸통 속에서 밸브 대를 축으로 하여 원 모양의 밸브 디스크가 회전하는 밸브

7. 피팅류

두 개의 관을 연결할 때	플랜지(flange), 유니온(union), 커플링(coupling), 니플(nipple), 소켓(socket)
관로의 방향을 바꿀 때	엘보(elbow), Y지관, T관(tee) 십자관(cross)
관로의 크기를 바꿀 때	축소관(reducer), 부싱(bushing)
가지관을 설치할 때	Y지관, T관(tee) 십자관(cross)
유로를 차단할 때	플러그(plug), 캡(cap)
유량조절	밸브(valve)

명칭	형	명칭	형
Socket		Nipple	
Elbow		Plug	
Tee		Bushing	
Cross		Union	
Cap			

1) 배관의 재료 선택 및 밸브 등의 조치사항

배관의 재료 선택	① 화학 설비를 내부에 설치하는 건축물의 바닥 벽 기둥 계단 및 지붕에는 불연성 재료 사용 ② 화학 설비 또는 배관 중 위험물 또는 인화점이 60℃ 이상인 물질이 접촉하는 부분은 부식에 의한 폭발화재 또는 누출방지를 위해 부식방지 재료 사용 또는 도장 등의 조치
덮개 또는 밸브 등 의 조치사항	① 접합부에서의 위험물 누출로 인한 폭발 화재방지를 위한 가스켓 사용 및 접합면 상호 접합면 상호 밀착 조치 ② 밸브 등의 스위치 누름버튼 등에 대한 오조작 방지를 위한 개폐방향의 표시 색채 ③ 밸브 등은 개폐의 빈도 위험물질의 종류 온도 농도 등에 따라 내구성 재료 사용

8. 펌프 배관의 이상현상

1) 캐비테이션(공동 현상) ★★★

(1) 정의

① 배관 속에 물속이 기체로 변할 때 공기 방울이 발생하는 현상

② 물이 관속을 유동하고 있을 때 물속에 어느 부분에 정압이 그때 물의 온도에 해당하는 증기압 이하로 되면서 증기가 발생하는 현상

(2) 방지법
① 펌프의 설치 높이를 낮추어 흡입 양정을 짧게
② 펌프 임펠러를 수중에 완전히 잠기게 한다.
③ 흡입 배관의 관지름을 굵게 하거나 굽힘을 적게 한다.
④ 펌프 회전수를 낮추어 흡입 비교 회전도를 적게
⑤ 양 흡입펌프 사용 또는 두 대 이상의 펌프 사용
⑥ 펌프 흡입관의 마찰손실 및 저항을 작게
⑦ 유효 흡입 헤드를 크게

2) 워터해머(수격현상) ★★★

(1) 정의

펌프에서 물을 압송하고 있을 때 정전 등으로 급히 펌프가 멈추거나 유량조절밸브를 급히 폐쇄할 때 관속에 유속이 급속히 변화하면서 압력의 변화가 생기는 현상

(2) 방지책
① 유속을 낮게 하며 관경을 크게
② Fly wheel를 설치하여 급격한 속도변화 억제
③ 조합 수조를 관선에 설치
④ 밸브는 펌프 송출구 가까이에 설치하고 적당히 제어

3) 서징(맥동현상) ★★★

(1) 정의

송출 압력과 송출 유량 사이에 주기적인 변동으로 입구와 출구에 진공계 압력계에 침이 흔들리고 동시에 송출 유량이 변화하는 현상

(2) 방지법
① 풍량 감소
② 배관의 경사를 완만하게 한다.
③ 교축밸브를 기계에서 근접하게 설치한다.
④ 토출가스를 흡입 측에 by-pass 시키거나 방출밸브에 의해 대기로 방출시킨다.

4) 펌프의 종류

(1) 원심펌프
(2) 왕복펌프 : ① 피스톤펌프, ② 플런저펌프, ③ 버킷펌프

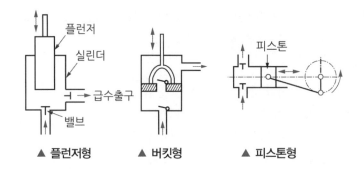

▲ 플런저형   ▲ 버킷형   ▲ 피스톤형

(3) 기어펌프

(4) 제트펌프

9. 계측장치 설치

1) 목적

화학설비의 안전한 작업을 위해 온도 압력 유량 액면 등을 화학 설비 내부에 관한 자료 또는 정보를 정확히 파악하는 것

2) 계측장치 설치 대상 특수화학설비 ★★★

① 발열 반응이 일어나는 반응장치

② 증류, 정류, 증발. 추출 등 분리를 하는 장치

③ 가열시켜주는 물질의 온도가 가열되는 위험물질의 분해 온도 또는 발화점보다 높은 상태에서 운전되는 설비

④ 반응 폭주 등 이상 화학 반응에 의하여 위험물질이 발생할 우려가 있는 설비

⑤ 온도가 350℃ 이상이거나 게이지 압력 이후 980kpa 이상인 상태에서 운전되는 설비

⑥ 가열로 또는 가열기

3) 계측 장치의 종류 ★★★

(1) 온도계

① 온도계 구성요소 : 감응부, 지시부, 연결부

② 종류 : 접촉식, 비접촉식

(2) 압력계

① 1차 압력계   ② 2차 압력계

(3) 유량계

① 차입식 유량계   ② 유속식 유량계

③ 용적식 유량계   ④ 면적식 유량계

01 인화성 액체 및 가연성 가스를 저장 취급하는 화학설비로부터 증기 또는 가스를 대기로 방출할 때에 외부로부터의 화염을 방지하기 위해 설비상단에 설치해야 하는 것은?

① 화염방지기   ②안전밸브
③긴급차단장치   ④ 안전기

02 다음 관 부속품 중 유로를 차단할 때 쓰일 수 있는 부속품은?

① 유니언   ② 소켓
③ 플러그   ④ 엘보

03 고압가스장치 중 안전밸브의 설치위치가 아닌 것은?

① 압축기 각 단의 토출 측
② 저장탱크 상부
③ 펌프의 흡입측
④ 감압밸브 뒤 배관

04 펌프 사용 시 공동현상을 방지하려 한다. 다음 조치사항 중 틀린 것은?

① 펌프의 회전수를 높인다.
② 흡입비 속도를 작게 한다.
③ 펌프의 흡입관의 두 손실을 줄인다.
④ 펌프의 설치위치를 되도록 낮추고 유효흡인 헤드를 크게 한다.

05 다음 안전장치 중 가연성 물질 저장탱크내의 내압상승과 대기압과의 차이가 발생되는 경우 작동되는 안전설비는?

① 통기밸브   ② 체크밸브
③ 파열판   ④ 안전밸브

06 압축기와 송풍의 관로에 심한 공기의 맥동과 진동을 발생하면서 불안정한 운전이 되는 서징(surging) 현상의 방지법으로 옳지 않은 것은?

① 풍량을 감소시킨다.
② 배관의 경사를 완만하게 한다.
③ 교축밸브를 기계에서 멀리 설치한다.
④ 토출가스를 흡입 측에 바이패스시키거나 방출밸브에 의해 대기로 방출시킨다.

07 다음 관(pipe) 부속품 중 관로의 방향을 변경하기 위하여 사용하는 부속품은?

① 니플(nipple)   ② 유니온(union)
③ 플랜지(flange)   ④ 엘보(elbow)

08 다음 중 파열판에 관한 설명으로 틀린 것은?

① 압력 방출속도가 빠르다.
② 한번 파열되면 재사용할 수 없다.
③ 한번 부착한 후에는 교환할 필요가 없다.
④ 높은 점성의 슬러리나 부식성 유체에 적용할 수 있다.

정답   **01** ①   **02** ③   **03** ③   **04** ①   **05** ①   **06** ③   **07** ④   **08** ③

CHAPTER

05 화재예방 및 소화방법

01 | 연소 및 소화

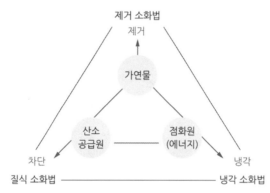

소화는 화재(연소)의 3요소 중 하나 이상을 제거하면 된다.

▲ **화재예방 및 소화방법**

연소의 정의 : 가연성 물질이 공기 중 산소와 결합하여 산화반응을 하면서 빛과 열을 발생한다.

1. 연소의 3요소

① 가연물　　　　　② 산소공급원　　　③ 점화원

2. 가연물의 구비조건 ★★★

① 산소와 친화력이 좋고 표면적인 넓을 것　② 반응열 (발열량)이 클 것

③ 열전도율이 작을 것　　　　　　　　　　④ 활성화 에너지가 작을 것

1) 가연물이 될 수 없는 조건 ★★★

(1) 흡열반응 물질 : 질소(N)

(2) 불활성 기체 헬륨, 네온, 알곤(He Ne, Ar) 등

(3) 산소와 더는 반응할 수 없는 완전 산화물(CO_2, H_2O)

2) 산소공급원

(1) 공기 중의 산소 약 21%

(2) 자기 연소성 물질 제5류 위험물

(3) 할로겐 원소 및 질산칼륨(KNO_3) 등의 산화제

3) 점화원

(1) 연소 반응을 일으킬 수 있는 최소의 에너지(활성화 에너지)

(2) 불꽃, 단열압축, 산화 열의 축적

(3) 정전기 불꽃, 아크 불꽃 등

3. 인화점

① 점화원에 의하여 인화될 수 있는 최저 온도

② 연소 가능한 가연성 증기를 발생시킬 수 있는 최저 온도

4. 발화점

외부에서의 직접적인 점화원 없이 열의 축적에 의하여 발화되는 최저 온도

1) 발화점의 조건 및 영향 인자

발화점이 낮아지는 조건	① 분자의 구조가 복잡할수록 ③ 반응 활성도가 클수록 ⑤ 산소와의 친화력이 좋을수록	② 발열량이 높을수록 ④ 열전도율이 낮을수록 ⑥ 압력이 클수록
발화점에 영향을 주는 인자	① 가연성 가스와 공기와의 혼합비 ③ 기벽의 재질 ⑤ 압력 ⑦ 유속 등	② 용기의 크기와 형태 ④ 가열속도와 지속시간 ⑥ 산소농도

2) 발화 온도

① 측정법　　　　② 승온법　　　　③ 정온법

3) 자연발화

물질이 서서히 산화되면서 축적된 열로 인하여 온도가 상승하고 발화 온도에 도달하여 점화원 없이 바로 발화하는 현상

자연발화의 형태	① 산화열에 의한 발열(석탄, 건성유)
	② 분해열에 의한 발열(셀룰로이드, 니트로셀룰로오스)
	③ 흡착열에 의한 발열 활성탄.(목탄, 분말)
	④ 미생물에 의한 발열(퇴비, 먼지)
	⑤ 중합열에 의한 발열(시안화수소)
자연발화의 조건	① 표면적이 넓은 것　　② 열전도율이 작을 것
	③ 발열량이 클 것　　④ 주위의 온도가 높을 것(분자운동 활발)
자연발화의 인자	① 열의 축적　　② 발열량
	③ 열전도율　　④ 수분
	⑤ 퇴적 방법　　⑥ 공기의 유동
자연발화 방지법	① 통풍이 잘되게 할 것
	② 저장실 온도를 낮출 것
	③ 열이 축적되지 않는 퇴적 방법을 선택할 것
	④ 습도가 높지 않도록 할 것

5. 가연물의 연소(화재) 형태

분류	기체연소	확산연소	가스와 공기가 확산에 의해 혼합되어 연소범위 농도에 이르러 연소하는 현상(발열연소)
		예혼합연소	수소
		폭발연소	
	액체연소	증발연소 액적연소	알코올 에테르 등에 인화성 액체가 증발하여 증기를 생성한 후 공기와 혼합하여 연소하게 되는 현상(알코올)
	고체연소	표면연소	목재의 연소에서 열분해로 인해 탄화작용이 생겨 탄소의 고체 표면에 공기와 접촉하는 부분에서 착화하는 현상으로 고체 표면에서 반응을 일으키는 연소 (금속, 숯, 목탄, 코크스, 알루미늄)
		분해연소	목재 석탄 등의 고체 가연물이 열분해로 인하여 가연성 가스가 방출되어 착화되는 현상 (비휘발성 종이, 나무, 석탄)
		증발연소	증기가 심지를 타고 올라가는 연소(황, 파라핀 촛농, 나프탈렌)
		자기연소	공기 중 산소를 필요로 하지 않고 자신이 분해되며 타는 것(다이너마이트, 니트로화합물)

6. 화재감시자 배치

다음과 같은 화재를 발생시킬 수 있는 장소에서 용접·용단 작업을 하는 경우, 화재의 위험을 감시하고 화재 발생 시 사업장 내 근로자의 대피를 유도하는 업무를 담당하는 화재감시자를 지정하여 용접·용단 작업장소에 배치하여야 한다. 다만, 같은 장소에서 상시·반복적으로 용접·용단작업을 할 때 경보용 설비·기구, 소화설비 또는 소화기가 갖추어진 경우에는 화재감시자를 지정·배치하지 않을 수 있다.

(1) 작업 반경 11미터 이내에 건물구조 자체나 내부(개구부 등으로 개방된 부 분을 포함한다)에 가연성 물질이 있는 장소

(2) 작업 반경 11미터 이내의 바닥 하부에 가연성 물질이 11미터 이상 떨어져 있지만, 불꽃에 의해 쉽게 발화될 우려가 있는 장소

(3) 가연성 물질이 금속 칸막이, 벽, 천정 또는 지붕의 반대쪽 면에 인접하여 열전도 또는 열복사에 의해 발화될 수 있을 때

(4) 밀폐된 공간에서 작업할 때

(5) 기타 화재발생의 우려가 있는 장소에서 작업할 때

02 | 소화이론

1. 제거 소화

가연물을 연소하고 있는 구역에서 제거하거나 공급을 중단시켜 소화하는 방법

(1) 촛불 입김으로 불어서 가연성 증기를 제거

(2) 유전의 화재 폭탄을 투여하여 순간적인 폭풍을 이용한 소화

(3) 가스 화재 주 밸브를 차단하여 가스 공급을 중단시켜 소화

(4) 산불화재 화재가 진행하고 있는 방향의 나무를 제거하여 소화

2. 질식 소화

1) 정의 : 공기 중의 산소농도 21%를 15% 이하로 낮추어 연소를 중단시키는 방법

2) 대상 소화기 종류

① 포말 소화기 : A급, B급   ② 분말 소화기 : B급, ABC급

③ 탄산가스, CO_2 소화기 : B급, C급   ④ 간이 소화제

3) 질식소화 방법

① 포(거품)를 사용하여 연소물을 덮는 방법

② 소화 분말로 연소물을 덮는 방법

③ 할로겐 화합물 증기로 연소물을 덮는 방법

④ 이산화탄소로 연소물을 덮는 방법

⑤ 불연성 고체로 연소물을 덮는 방법

4) B급 화재인 제4류 위험물 소화에 가장 적당

3. 냉각 소화

1) 정의
① 액체 또는 고체 화재에 물 등을 사용하여 가연물을 냉각시켜 인화점 및 발화점 이하로 낮추어 소화시키는 방법
② 주로 물이 사용되는데 이는 물에 기화잠열(539kcal)이 크기 때문

2) 대상 소화기
① 물 소화기 A급　② 강화액 소화기 ABC급 ③ 산알칼리 소화기 A급

4. 억제 소화

1) 정의
① 연소의 연속적인 관계를 억제하는 부촉매효과 상승효과인 질식 및 냉각 효과
② 부촉매 : 반응이 잘 일어나지 않도록 방해하는 물질

2) 할로겐 소화물
① C, F, Cl, Br 산소를 끌어들이는 힘이 매우 강하다.

Halon1301,　　Halon2402,　　　Halon1211

CF_3Br　　　　$C_2F_4Br_2$　　　　CF_2ClBr

---

03 | 소화기의 종류

1. 포 소화기

발포기구를 사용하며 화학적 또는 물리적으로 물과 특수한 약제를 혼합하여 거품으로 변환시켜 소화효과를 나타냄

1) 포 소화약제 종류
① 중탄산나트륨($NaHCO_3$)
② 황산알루미늄($Al_2(SO_4)_3$)

2) 화학포(Chemical Foam) 소화약제
황산알루미늄[$Al_2(SO_4)_3$]과 중탄산나트륨[$NaHCO_3$]을 혼합하여 형성

3) 분말 소화기(축압식, 가스 가압식) ★★☆

① 제1종 분말 소화제(백색 : B,C) : 중탄산나트륨(탄산수소나트륨)

$2NaHCO_3 \rightarrow Na_2CO_3 + CO_2(질식) + H_2O(냉각)$

② 제2종 분말 소화제(보라색 : B,C) : 중탄산칼륨(탄산수소칼륨)

$2KHCO_3 \rightarrow K_2CO_3 + CO_2 + H_2O(냉각)$

③ 제3종 분말 소화제 (담홍색 : A,B,C) : 제1인산암모늄

$NH_4H_2PO_4 \rightarrow HPO_3 + NH_3 + H_2O(냉각)$

④ 제4종 분말 소화제(회백색 : B,C) : (요소 + 중탄산칼륨)

$[(NH_2)_2CO + 2KHCO_3] \rightarrow K_2CO_3 + 2NH_3 + 2CO_2$

⑤ 인산암모늄은 ABC 소화제라 하며 부착성이 좋은 메타인산을 만들어 다른 소화 분말보다 30% 이상 소화 능력이 향상

⑥ 전기에 대한 절연성이 우수한 금속 화재용으로 염화바륨, 염화나트륨, 염화칼슘, 등이 사용 ($Bacl_2$, $Nacl$, $Cacl_2$)

4) 탄산가스 소화기 : ① 기체 CO_2 ② 액체 CO_2 ③ 고체 CO_2

(1) 특징

① 이음매 없는 고압가스용기 사용

② 용기 내의 백화 탄산가스를 줄 톰슨 효과에 의해 드라이아이스로 방출

③ 질식 및 냉각효과이며 전기화재에 가장 적당 유류화재에도 사용

④ 소화 후 증거보전 용이하나 방사 거리가 짧은 단점

⑤ 반도체 및 컴퓨터 설비 등의 사용 가능

(2) 성질

① 더이상 산소와 반응하지 않는 안전한 가스이며 공기보다 무겁다.

② 전기에 대한 절연성이 우수하다.

③ 액체로 저장할 경우 자체 압력으로 방사할 수 있다.

④ 저장에 의한 변질이 없어 장기간 저장이 용이한 편이다.

(3) 이산화탄소를 사용하는 소화설비 및 소화용기에 대한 조치

이산화탄소를 사용한 소화설비를 설치한 지하실, 전기실, 옥내 위험물 저장창고 등 방호구역과 소화약제로 이산화탄소가 충전된 소화용기 보관장소(이하 이 조에서 "방호구역 등"이라 한다)에 다음의 조치를 해야 한다.

① 방호구역 등에는 점검, 유지 · 보수 등(이하 이 조에서 "점검등"이라 한다)을 수행하는 관계 근로자가 아닌 사람의 출입을 금지할 것

② 점검등을 수행하는 근로자를 사전에 지정하고, 출입일시, 점검기간 및 점검내용 등의 출입기록을 작성하여 관리하게 할 것. 다만, 다음 각 목의 어느 하나에 해당하는 경우는 제외한다.

　　　　⊙ 「개인정보보호법」에 따른 영상정보처리기기를 활용하여 관리하는 경우

　　　　ⓛ 카드키 출입방식 등 구조적으로 지정된 사람만이 출입하도록 한 경우

　　③ 방호구역 등에 점검등을 위해 출입하는 경우에는 미리 다음 각 목의 조치를 할 것

　　　　⊙ 적정공기 상태가 유지되도록 환기할 것

　　　　ⓛ 소화설비의 수동밸브나 콕을 잠그거나 차단판을 설치하고 기동장치에 안전핀을 꽂아야 하며, 이를 임의로 개방하거나 안전핀을 제거하는 것을 금지한다는 내용을 보기 쉬운 장소에 게시할 것. 다만, 육안 점검만을 위하여 짧은 시간 출입하는 경우에는 그렇지 않다.

　　　　ⓒ 방호구역 등에 출입하는 근로자를 대상으로 이산화탄소의 위험성, 소화설비의 작동 시 확인 방법, 대피방법, 대피로 등을 주지시키기 위해 반기 1회 이상 교육을 실시할 것

　　　　　다만, 처음 출입하는 근로자에 대해서는 출입 전에 교육을 하여 그 내용을 주지시켜야 한다.

　　　　ⓔ 소화용기 보관장소에서 소화용기 및 배관·밸브 등의 교체 등의 작업을 하는 경우에는 작업 자에게 공기호흡기 또는 송기마스크를 지급하고 착용하도록 할 것

　　　　ⓜ 소화설비 작동과 관련된 전기, 배관 등에 관한 작업을 하는 경우에는 작업일정, 소화설비 설치 도면 검토, 작업방법, 소화설비 작동금지 조치, 출입금지 조치, 작업 근로자 교육 및 대피로 확 보 등이 포함된 작업계획서를 작성하고 그 계획에 따라 작업을 하도록 할 것

　　④ 점검 등을 완료한 후에는 방호구역 등에 사람이 없는 것을 확인하고 소화설비를 작동할 수 있 는 상태로 변경할 것

　　⑤ 소화를 위하여 작동하는 경우 외에는 소화설비를 임의로 작동하는 것을 금지하고, 그 내용을 방호구역 등의 출입구 및 수동조작반 등에 누구든지 볼 수 있도록 게시할 것

　　⑥ 출입구 또는 비상구까지의 이동 거리가 10m 이상인 방호구역과 이산화탄소가 충전된 소화용 기를 100개 이상(45kg 용기 기준) 보관하는 소화용기 보관장소에는 산소 또는 이산화탄소 감지 및 경보장치를 설치하고 항상 유효한 상태로 유지할 것

　　⑦ 소화설비가 작동되거나 이산화탄소의 누출로 인한 질식의 우려가 있는 경우에는 근로자가 질 식 등 산업재해를 입을 우려가 없는 것으로 확인될 때까지 관계 근로자가 아닌 사람의 방호구 역 등 출입을 금지하고 그 내용을 방호구역 등의 출입구에 누구든지 볼 수 있도록 게시할 것

　　⑧ 배치된 화재감시자에게 업무 수행에 필요한 확성기, 휴대용 조명기구 및 화재 대피용 마스크 등 대피용 방연장비를 지급해야 한다.

5) 증발성 액체소화기(할로겐 화합물 소화기)(부촉매효과)

　(1) 할로겐 화합물 소화제 사용금지 장소

　　① 지하층, 무창층, 거실 또는 사무실로서 바닥면적이 20m² 미만

　　② 산소를 끌어들이는 힘이 매우 강하다.

　(2) 할로겐 원소

　　① 부촉매(억제연소) 효과 : F< Cl < Br < I

② 안정성 : F > Cl > Br > I

(3) 할로겐(하론) 소화약제(C. F. Cl. Br)

Halon1301,   Halon2402,   Halon1211,   Halon1011,   Halon1040

CF_3Cl C_2F4Br_2 CF_2ClBr $CClBr$ CCl_4

6) 강화액 소화기 : $K_2CO_3 + H_2SO_4 \rightarrow K_2SO_4 + CO_2 + H_2O$

① 물에 탄산칼륨을 보강시킨 소화기

② 방출 방식 : 가스 가압식, 축압식, 반응식(파병식)

③ 탄산칼슘으로 빙점을 $-30℃ \sim -25℃$까지 낮춘 한랭지 또는 겨울철 사용 소화기

7) 산 알칼리 소화기

$2NaHCO_3 + H_2SO_4 \rightarrow Na_2SO_4 + CO_2(질식) + H_2O(냉각)$

8) 간이 소화제

① 마른 모래 A B C D 급 화재에 유효   ② 모래는 반드시 건조되어 있을 것

③ 가연물이 합류되어 있지 않을 것

④ 모래는 반절된 드럼 또는 벽돌담 안에 저장하며 양동이 삽 등에 부속기구를 상비할 것

⑤ 팽창질석, 팽창진주암, 질석을 고온처리에 발화점이 낮은 알킬알루미늄 화재에 적합

9) 소화기 유지관리

① 소화기는 바닥면에서 높이가 1.5m 이하가 되는 지점의 설치할 것

② 소화기 사용 시 일반적인 주의사항   ③ 소화기는 적응 화재에만 사용할 것

④ 성능에 따라서 불 가까이 접근 사용할 것

⑤ 소화 작업은 바람을 등지고 바람이 부는 위쪽에서 바람이 불어가는 아래쪽을 향해 방사할 것

⑥ 소화기는 양옆으로 쓸듯이 골고루 방사할 것

10) 화재분류 및 소화 방법 ★★★

분류	A급 화재	B급 화재	C급 화재	D급 화재
명칭	일반 화재	유류·가스화재	전기 화재	금속 화재
가연물	목재, 종이, 섬유	유류, 가스 등	전기	Mg분, Al분
주된 소화효과	냉각 효과	질식 효과	질식, 냉각	질식 효과
적응 소화제	① 물 소화기 ② 강화액 소화기 ③ 산, 알칼리 소화기	① 이산화탄소 소화기 ② 할로겐화합물 소화기 ③ 분말 소화기 ④ 포 소화기	① 이산화탄소 소화기 ② 할로겐화합물 소화기 ③ 분말 소화기 ④ 무상강화액 소화기	① 건조사 ② 팽창 질석 ③ 팽창 진주암
구분색	백색	황색	청색	무색

11) 소화기 적응 화재 및 소화효과 방법 ★★★

소화기 명	적응 화재	소화 효과	형식	약제
분말 소화기	B, C급 (단, 인산염 A,B,C급)	질식, 냉각	축압식, 가스가압식	$NaHCO_3$, $KHCO_3$, $NH_4H_2PO_4$ $(NH_2)_2CO + 2KHCO_3$
증발성 액체 소화기	B, C급	억제, 희석, 냉각	축압식, 자기증기압식	CCl_4, CH_2ClBr, $CBr_2F_{22}BrF_2$
이산화탄소 소화기	B, C급	질식, 냉각	고압가스용기	탄산가스
포말 소화제	A, B급	질식, 냉각	전도식, 반응식	가수분해 단백질, 계면활성제, 물
강화액 소화기	A, C급	냉각	축압식, 가스가압식	K_2CO_3
산, 알칼리 소화기	A급	냉각	전도식, 반응식	황산, 중탄산나트륨 Na_2SO_4

[소화설비의 적응성(대형, 소형 수동식 소화기)]

소화설비의 구분		대상물 구분			
		전기설비	인화성 액체	자기반응성 물질	산화성 액체
봉상수 소화기				○	○
무상수 소화기		○		○	○
봉상강화액 소화기				○	○
무상강화액 소화기		○	○	○	○
포 소화기			○	○	○
이산화탄소 소화기		○	○		
할로겐 화합물 소화기		○	○		
분말소화기	인산염류 소화기	○	○		○
	탄산수소염류 소화기	○	○		

12) 소방설비의 종류

① 소화설비
② 경보설비
③ 피난설비
④ 소화용수설비

13) 소화 설비 설치기준

(1) 옥내소화전설비

① 제조소 등의 건축물의 층마다 당해층의 각 부분에서 하나의 호스 접속구까지의 수평거리가 25m 이하가 되도록 설치

② 수원의 수량 가장 많이 설치된 층에 옥내 소화전 설치 개수 × 7.8m² 이상 설치 개수가 5개 이상인 경우 5개

③ 각층을 기준으로 모든 옥내 소화전을 동시에 사용할 경우 노즐 선단의 방수압력 350kpa 이상 방수량 1분당 260ℓ 이상

(2) 옥외 소화전 설비

① 대상물에 각 부분에서 하나의 호수 접속구까지의 수평거리가 40m 이하가 되도록 설치

② 수원의 수량

- 옥외 소화전 설치 개수 4개 이상인 경우 4개 × 13.5m² 이상

- 방수량 1분당 350L 이상

③ 스프링클러

- 스프링클러 헤드까지 수평거리가 1.7m 이하가 되도록 설치

- 방수량 1분당 80ℓ 이상, 선단의 방사 압력 100kpa 이상

(3) 물 분무 소화설비

① 수원의 수량

② 표면적 1m²당 20ℓ/분의 비율로 계산한 양으로 30분간 방사할 수 있는 양 이상

③ 방사 압력은 350kpa 이상

(4) 포 소화제 혼합장치

① 관로 line 혼합장치　　② 차압 pressure 혼합장치

③ 펌프 pump 혼합장치　　④ 압입 pressure side 혼합장치

04 | 소화기 구조

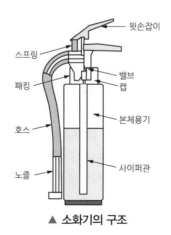

▲ 소화기의 구조

1. 가압식 소화기

1) 정의

(1) 소화약제의 방출원이 되는 압축가스를 소화약제가 담긴 본체 용기와는 별도로 전용 용기(압력 봄베)에 봉입하여 장치하고 압력 봄베의 봉판을 파괴하는 등의 조작을 통해 방출하는 방식의 소화기

(2) 봄베(Bombe) : 압축가스 액화가스저장용의 내압성 고압가스 용기의 통칭

(3) 특징

① 소화기 몸체에 별도의 게이지 없음

② 한번 약제가 방출되면 계속해서 약제가 방출되는 단점이 있음

③ 저장 용기가 노화됐을 경우 폭발위험 있음

2. 축압식 소화기

1) 정의

소화기 몸체에 별도의 게이지가 부착되어 가스 충압 여부를 확인할 수 있으며, 별도의 용기 없이 저장용기 내에 분말약제와 가압가스를 같이 축압시키고 있다가 안전핀을 제거한 후 손잡이를 누르면 가압가스에 의해 약제를 밖으로 방출시키게 되는 소화기

2) 특징

① 소화기 몸체에 별도의 게이지 부착

② 가스 충압 여부 확인

③ 손잡이를 누를 때만 소화 약제가 방출

④ 축압이 빠지면 약제를 방출할 수 없음

3. 소화약제의 종류 및 소화원리

1) 물 소화약제에 의한 소화

① 물의 높은 비열(1kcal/kg) 및 증발잠열(539kcal/kg)을 이용한 냉각효과

② 물의 증발 시 1700배로 부피가 팽창하므로 산소농도희석 및 질식효과 등을 이용

③ 기타, 물에 첨가제를 투입함으로써 그 효과를 증대시킴

④ 장점 : 소화효과가 우수하며 가격이 싸고 쉽게 구할 수 있음

⑤ 단점 : 유류화재 및 전기화재에 사용할 수 없고 물로 인한 피해가 발생

2) 물의 주수방법상 분류

① 봉상주수 : 막대모양의 물줄기로 주수 (예 옥내소화전, 옥외소화전설비 등)

② 적상주수 : 물방울의 형태로 주수 (예 스프링클러설비 등)

③ 무상주수 : 안개와 같은 분무상태로 주수 (예 물분무소화설비 등)

4. 할로겐 화합물 청정소화약제의 종류

Freon N	상품명	화학식(성분)
1G−01	Argotec	Ar(Argon)
1G−100	NN100	N_2(Nitrogen)
1G−541	Inergen	N_2(Nitrogen) : 52%
		Ar(Argon) : 40%
		CO_2(Carbon dioxide) : 8%
1G−55	Argonite	N_2(Nitrogen) : 50%
		Ar(Argon) : 50%

01 다음 연소한계의 설명 중 맞는 것은?

① 연소하한값은 온도의 증가와 함께 증가한다.
② 연소상한값은 온도의 증가와 함께 증가한다.
③ 연소하한값은 저온에서는 약간 증가하나 고온에서는 일정하다.
④ 연소한계는 온도에 관계없이 일정하다.

02 다음 중 유류화재나 전기화재 시 사용할 수 있는 소화기는 어느 것인가?

① 산, 알칼리 소화기　② 분말소화기
③ 강화액 소화기　　④ 방화수

03 최소발화 에너지와 압력과의 관계는?

① 압력이 클수록 최소발화 에너지는 감소한다.
② 압력이 클수록 최소발화 에너지는 증가한다.
③ 압력에 관계없이 일정하다.
④ 압력과는 관계없다.

04 소화효과에 대한 다음 설명 중 맞지 않는 것은?

① 물에 의한 소화는 냉각소화이다.
② 불연성 가스에 의한 소화는 질식효과이다.
③ 할로겐화물 탄화수소를 사용하는 경우의 주요 소화효과는 산소의 공급차단에 의한 질식효과이다.
④ 소화분말을 사용하는 경우의 주요 소화효과는 연소의 억제, 냉각, 질식의 상승효과이다.

05 다음 중 전기설비에 의한 화재발생시 적절하지 않은 소화기는?

① 포소화기　　　② 무상수 소화기
③ 이산화탄소 소화기　④ 할로겐화합물소화기

06 다음 중 메타인산(HPO_3)에 의한 소화효과를 가진 분말소화약제의 종류는?

① 제1종 분말소화약제
② 제2종 분말소화약제
③ 제3종 분말소화약제
④ 제4종 분말소화약제

07 다음 중 물질의 자연발화를 촉진시키는 요인으로 가장 거리가 먼 것은?

① 표면적이 넓고, 발열량이 클 것
② 열전도율이 클 것
③ 주위온도가 높을 것
④ 적당한 수분을 보유할 것

08 물의 소화력을 높이기 위하여 물에 탄산칼륨(K_2CO_3)과 같은 염류를 첨가한 소화약제를 일반적으로 무엇이라 하는가?

① 포 소화약제
② 분말 소화약제
③ 강화액 소화약제
④ 산알칼리 소화약제

정답　**01** ②　**02** ②　**03** ①　**04** ③　**05** ①　**06** ③　**07** ②　**08** ③

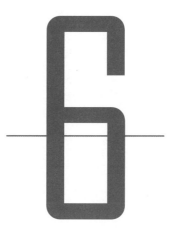

건설안전기술

산업안전기사

01 건설공사 안전개요

01 │ 지반의 안전성

1. 지반의 조사

지반을 구성하는 지층의 분포, 흙의 성질, 지하수의 상태 등을 알아내어 구조물의 설계, 시공에 필요한 기초적인 자료를 얻기 위한 조사이다.

2. 건설공사 안전관리의 문제점

작업성의 특수성	옥외공사, 지형, 지질, 기후, 영향 등의 사전 재해위험예측의 어려움
작업 자체의 위험성	고소작업, 작업이 동시복합적으로 이루어지므로 재해위험성이 높음
공사계획의 편무성	무리한 수주, 하도급업체의 불안전성, 근로조건의 열악화, 계약조건 등에 따라 재해위험 요인 잠재
고용의 불안전성과 노무자의 잦은 이동	고용관계 불확실성, 안전보건관리상의 책임소재 불확실
하도급 안전관리체계 미흡	수차례의 재하도급에 따른 안전관리 소홀
근로자 안전의식 미흡	근로시간의 불분명, 휴무일 작업으로 인한 피로누적, 안전의식부족 등
기타	신공법, 고기술에 따른 안전관리 기술 부족

3. 지반의 조사

1) 예비조사

① 자료조사 : 지질도, 수리학적 조사, 지형도

② 현지답사 : 일반적인 지형, 배수구, 지하수 상황, 식생

③ 물리적 탐사 : 탄성파 탐사법, 전기 비저항법

2) 본 조사

① 보링(boring)

② 사운딩(sounding)

3) 굴착작업 시 지반조사

굴착면 높이가 2m 이상이 되는 지반의 굴착작업

사전조사내용 ★★☆	작업계획서 내용
① 형상, 지질 및 지층의 상태 ② 균열, 함수 용수 및 동결의 유무 또는 상태 ③ 매설물 등의 유무 상태 ④ 지반의 지하수의 상태	① 굴착작업 및 순서, 토사 반출 방법 ② 필요한 인원 및 장비사용 계획 ③ 매설물 등에 대한 이설 · 보호 대책 ④ 사업장 내 연락방법 및 신호방법 ⑤ 흙막이 지보공 설치방법 및 계측 계획 ⑥ 작업지휘자의 배치 ⑦ 그 밖의 안전 · 보건에 관한 사항

4. 공극비(간극비)와 함수비

공극비(e)	흙속에서 공기와 물에 의해 차지되고 있는 입자 간의 간격(흙 입자의 체적에 대한 간극의 체적의 비)	$e = \dfrac{V_v}{V_s}$ V_n : 공극의 체적 V_s : 흙 입자의 체적
공극률(n)	흙 전체의 체적에 대한 공극의 체적을 백분율로 표시	$n = \dfrac{V_v}{V} \times 100\%$
함수비(w)	흙만의 중량에 대한 물의 중량을 백분율로 표시	$w = \dfrac{W_w}{W_s} \times 100\%$ W_w : 물의 중량 W_s : 흙 입자의 중량
함수율(w')	흙 전체의 중량에 대한 물의 중량을 백분율로 표시	$w' = \dfrac{W_w}{W} \times 100\%$
포화도(s)	간극 부피 중에서 물이 차지하는 부피의 비를 백분율로 표시	$S = \dfrac{물의\ 부피(V_w)}{간극의\ 부피(V_v)} \times 100\%$

예제

1. 흙의 함수비 측정시험에서 용기의 무게가 10g인 용기에 흙의 시료를 용기에 넣은 후의 총 무게는 40g 그대로 건조시킨 후의 무게가 30g이라면 이 흙의 함수비는 얼마인가?

① 25g   ② 30g   ❸ 50g   ④ 60g

해설   함수비(w) : 흙의 중량에 대한 물의 중량을 백분율로 표시
① 물의 중량 : 40 - 30 = 10g
② 흙입자와 물의 중량 : 40 - 10 = 30g
③ 순수 흙입자의 중량 : 30 - 10 = 20g

$$W = \frac{물의\ 중량(Ww)}{흙입자의\ 중량(Ws)} \times 100(\%) \rightarrow W = \frac{10}{20} \times 100(\%) = 50$$

2. 포화도 80%, 함수비 28%, 흙입자의 비중 2.7일 때 공극비를 구하면?

① 0.940　　　　❷ 0.945　　　　③ 0.950　　　　④ 0.955

해설

$$S = \frac{\text{물의 부피}(Vw)}{\text{간극의 부피}(Vv)} \times 100(\%) \to 80 = \frac{80}{100} \times 100(\%)$$

$$W = \frac{\text{물의 중량}(Ww)}{\text{흙입자의 중량}(Ws)} \times 100(\%) \to 28 = \frac{80}{\text{흙입자의 중량}(Ws)} \times 100(\%)$$

$$\text{흙입자의 중량} = \frac{80 \times 100}{28} = 287.5$$

따라서 공극비는,

$$e = \frac{\text{간극의 체적}(Vv)}{\text{흙입자의 체적}(Vs)} \to e = \frac{\text{흙의 비중} 2.7 \times 100}{287.5} = 0.945$$

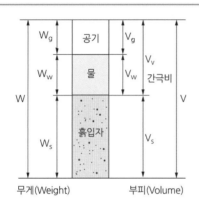

- 간(공)극비 $= \dfrac{\text{간극의 체적}(Vv)}{\text{흙입자의 체적}(Vs)}$

- 간(공)극률 $= \dfrac{\text{간극의 용적}(Vv)}{\text{흙전체의 용적}(V)} \times 100(\%)$

- 포화도 $= \dfrac{\text{물의 용적}(Vw)}{\text{간극의 용적}(Vv)} \times 100(\%)$

- 함수비 $= \dfrac{\text{물의 중량}(Ww)}{\text{흙입자의 중량}(Ws)} \times 100(\%)$

5. 흙의 연경도(Consistency)

1) 정의

함수량의 변화에 의해 점착성이 있는 흙의 상태가 변해가는 성질

2) 애터버그 한계(Atterberg) : 연경도 각각의 변화 한계

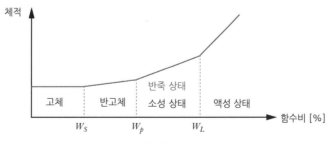

W_S : 수축 한계　　　W_p : 소성 한계　　　W_L : 액성 한계

3) 연경도에서 구하는 지수 공식

소성지수	흙이 소성상태로 존재할 수 있는 함수비의 범위	$I_P = W_L - W_P$
수축지수	흙이 반고체상태로 존재할 수 있는 함수비의 범위	$I_S = W_P - W_S$
액성지수	흙이 자연상태에서 함유하고 있는 힘수비의 정도 (W_n : 자연함수비)	$I_L = \dfrac{W_n - W_P}{W_L - W_P} = \dfrac{W_n - W_P}{I_P}$

4) 소성한계

반죽된 흙을 손으로 밀어 지름 3mm의 국수 모양으로 만들어 보슬해질 때의 함수비

5) 액상화

모래지반에서 지진, 순간 진동 등에 의해 간극수압의 상승으로 유효응력이 감소되어 전단저항을 상실해서 액체와 같이 변형하는 현상

6) 물을 넣을수록 함수비가 증가

① 함수비가 증가할수록 체적이 증가
② 흙의 소성상태를 존재할 수 있는 함수비의 범위 : 반죽상태

6. 토질 분석

구분	점토	사질토	구분	점토	사질토
투수성	소(小)	대(大)	침하시간	장기침하	단기침하
공극률	소(小)	대(大)	침하량	대(大)	소(小)
마찰력	소(小)	대(大)	시료채취	불교란시료	교란시료
접착력	대(大)	소(小)	토질시험	베인테스트	표준 관입시험
함수량	다(多)	소(小)	탈수공법	샌드 드레인, 펙 드레인, 페이퍼 드레인	well point

7. 토질 시험 방법

1) 지하 탐사법

① 짚어보기 : 직경 9mm 철봉으로 땅을 찔러보기
② 터 파보기 : 소규모 공사 삽으로 파기 간격 5~10cm 깊이 : 1.5~3m
③ 물리적 탐사 : 전기 저항식 , 강제 진동식, 탄성파식

2) 보링(Boring)

지중에 철판을 꽂아 천공하면서 토사를 채취하여 지반을 조사하는 방법

종류	특징	적용토질	방식
오거식 보링	연약 점성토 및 중간 정도의 점성토 분석 송곳 추 이용 깊이 10m 이내 시추	공벽 붕괴 없는 지반	인력, 기계식
수세식 보링	충격을 가하며, 펌프로 압송한 물의 수압에 의해 물과 함께 배출 깊이 30m 이내 시추	매우 연약한 점토	기계식
회전식 보링	Bit 끝에 회전시켜 천공하며 비교적 자연상태 그대로 채취 가능(정확성이 뛰어남), 40~50rpm/분	토사 및 암반	기계식
충격식 보링	Bit 끝에 천공구를 부착하여 상하 충격에 의해 천공 토사 암반에도 이용 분석 가능	거의 모든 지층	기계식

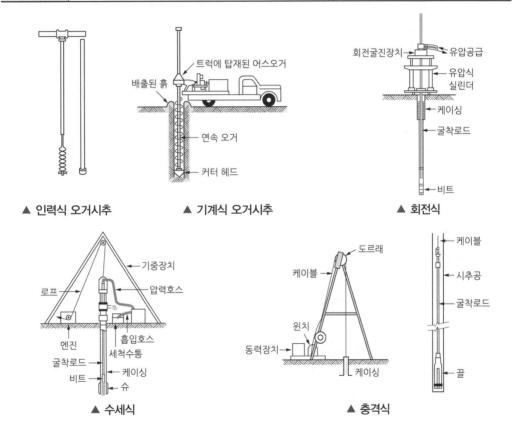

▲ 인력식 오거시추   ▲ 기계식 오거시추   ▲ 회전식

▲ 수세식   ▲ 충격식

3) Sounding

(1) 표준 관입 시험(Standard Penetration Test) 사질토 시험

① 시추공을 먼저 굴착 후 분리형 원통 샘플러(Split Spoon Sampler)를 시추공 바닥까지 밀어 넣음.

② 그 후 샘플러에 연결된 ROD상단을 63,5Kg의 해머로 76cm에서 낙하, 타격하여 마지막 30cm 관입에 필요한 타격횟수를 구하여 표준관입 시험치(N값)으로 함.

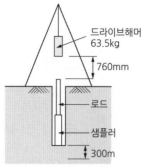

▲ 표준관입시험

(2) Vane test

연약 점토 지반에 십자형 날개 달린 rod를 흙 속에 관입 흙의 끈적한 정도를 알아내는 방법으로 점토 지반의 저단 강도측정

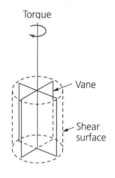

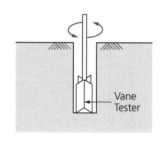

▲ Vane Test

4) 지내력 시험

(1) 평판재하시험(P.B.T)

① 무거운 평판을 지면에 올려놓고 하중을 가하여 하중과 변위량의 관계에서 지반 강도 특성을 파악

② 단기하중은 장기하중의 2배

③ 평판 면적 0.2m²

④ 예정하중 0.5~1톤

⑤ 2시간에 0.1mm 이하로 침하하면 정지된 것으로 판단

(2) 말뚝재하시험

(3) 말뚝박기시험

평판 재하 시험과 같은 원리 말뚝의 지지력을 실물 재하에 의한 판단

5) 예민비

자연상태의 점성토를 함수비 변화 없이 압축시험 했을 경우 강도가 감소되는 성질을 예민비라 함 (흙의 예민한 정도 파악하는 것으로 예민비가 클수록 붕괴위험이 크다). 예민비가 큰 점토를 quick clay라 하며 사면 활동 등 붕괴위험이 크다.

예민비 = 자연상태 흙의 일축압축 강도 / 교란시킨 흙의 일축압축 강도

6) 시료채취(Sampling)

구분	샘플러(Sampler)	시험	특징	비고
교란시료	Split spoon sample	토성시험	Auger에 의한 연속적 샘플 채취	SPT
불교란시료	Thin Sampler Tube	역학적 특성	자연상태로 채취	주로 점성토

7) 흙의 전단시험(soil test)

(1) 정의

흙쌓기의 설계나 안전계산 또는 지반 위에 구조물이 재하되었을 때 지반의 안전성 저항각을 알아보기 위한 시험방법(흙의 힘을 받고 파괴될 때의 세기)

(2) 시험방법의 종류

① 베인테스트   ② 1축 압축시험
③ 3축 압축시험   ④ 압밀시험
⑤ 1면 전단시험

(3) 1축 압축 강도시험

① 점성토의 일축 압축 강도 또는 예민비를 구하기 위하여 행한다.
② 불교란 공시체에 직접 하중을 가해 파괴시험을 하여 흙의 전단강도를 알아내는 시험
③ 흙의 일축 압축 강도는 측압을 받지 않는 공시체 최대의 압축응력을 말한다.

(4) 3축 압축 강도시험

자연과 거의 같은 조건에서 일정한 측압을 가하고 수직하중을 가해 공시체를 파괴하며 물의 응력원에 의해 간극수압과 점착력, 내부 마찰각을 산출하는 시험으로 이 시험결과에서 점착력을 구하여 기초지반의 지지력 계산과 사면의 안정계산 등을 할 수 있다.

8) 지반의 이상현상 및 안전대책 ★★★

(지반의 이상현상이 발생할 때 아래 공법을 이용하여 단단하게 다지는 방법)

(1) 사질토 연약지반 개량공법

진동 다짐공법 (vibro floatation)	수평 방향으로 진동하는 vibro float를 이용 사수와 진동을 동시에 일으켜 느슨한 모래지반을 개량
모래 다짐 말뚝 공법	충격, 진동, 타입에 의해서 지반에 모래를 삽입하여 모래 말뚝을 만드는 방법
폭파 다짐 공법	다이나마이트를 이용 인공지진을 일으켜 느슨한 사질지반을 다지는 공법
전기충격 다짐	지반 속에 방전 전극을 삽입한 후 대전류를 흘려 지반 속에서 고압방전을 일으켜 발생하는 충격력으로 다지는 방법
약액주입 방법	지반 내에 주입관을 삽입, 화학 약액을 지중에 충진하여 gel time이 경과한 후 지반을 고결하는 방법
동다짐 공법	무거운 추를 자유낙하 하여 연약 지반을 다지는 공법
웰포인트 공법	

(2) 점성토 연약지반 개량 공법

치환공법	굴착치환	굴착기계로 연약층 제거 후 양질의 흙으로 치환
	미끄럼치환	양질토를 연약지반에 재하하여 미끄럼 활동으로 치환
	폭파치환	연약지반이 넓게 분포할 경우 폭파에너지 이용, 치환
재하공법 (압밀)	preloading 공법	연약지반에 하중을 가하여 압밀시키는 공법(샌드 드레인 공법 병용)
	사면 선단 재하 공법	성토한 비탈면 옆 부분을 더 돋움하여 전단강도를 증가 후 제거하는 공법
	압성토 공법 (sur charge)	토사의 측방에 압성토 하거나 반면 구배를 적게 하여 활동에 저항하는 모맨트 증가
탈수공법 배수공법	sand drain 공법	지반에 sand pile을 형성한 후 성토하중을 가하여 간극수를 단시간 내 탈수하는 현상
	paper drain 공법	드레인 페이퍼를 특수기계로 타입하여 설치하는 공법
	pack drain 공법	샌드 드레인 결점인 절단, 잘록함을 보완, 개량형인 포대에 모래를 채워 말뚝을 만드는 공법
	Deep well 공법	우물관을 설치하여 수중펌프로 배수하는 공법
	Well point 공법	투수성이 좋은 사질지반에 well point를 설치하여 배수하는 공법
기타 공법		고결공법(생석회 말뚝, 동결, 소결), 동치환 공법, 전기침투공법

① 압성토 공법 : 계획 높이 이상으로 성토하여 강재침하 다짐으로 지내력을 증가시키는 방법
② 사면선단 재하 공법 : 사면의 비탈 부분을 계획보다 넓게 하여 비탈면 단부의 전단강도를 증대시키는 방법

③ 압밀재하공법(점성토) 탈수방법

      ㉠ 샌드 드레인 : 모래투입　　　　　　　　㉡ 페이퍼 드레인 : 종이 투입
      ㉢ 펙 드레인 : 포대 투입

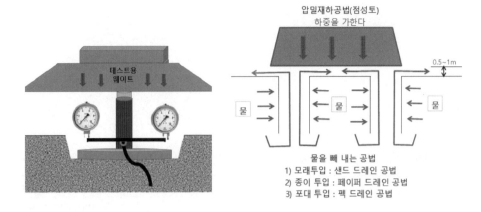

④ Deep well 공법

    ㉠ 건설 또는 토목공사를 할 때 지하수의 수위를 저하시키기 위해 적용되는 공법으로, 깊이
       가 깊은 우물을 판 후 펌프를 설치하여 지하수를 배수시키는 것이다.

    ㉡ 딥웰 공법은 투수성이 큰 지반에서 큰 폭의 수위저하를 유도하고자 할 때 적용된다.

    ㉢ 지하수를 저하하려는 구역의 주위에 지름 20~80cm 정도의 우물을 설치하고 펌프로 양수
       하여, 지하수위를 저하시킨다.

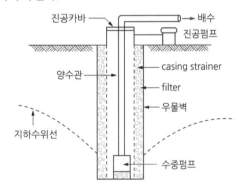

⑤ 웰포인트 공법(일시적인 사질토 개량공법)

    ㉠ 정의 : 투수성이 좋은 사질토, 모래 지반에서 사용하는 가장 경제적인 지하수위 저하 공법
       으로, 중력 배수가 유효하지 않은 경우에 널리 사용

    ㉡ 방법

      • 웰포인트라는 양수관을 다수 박아 넣고, 상부를 연결하여 진공흡입펌프에 의해 지하수
        를 양수하도록 하는 강제배수 공법

      • 공사현장의 지중 간극수위를 임시로 저하시키기 위해 파이프 선단에 여과기를 부착한
        well point를 진공흡입펌프로 양수토록 한 강제 배수공법

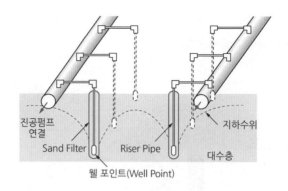

진공펌프
연결
Sand Filter   Riser Pipe
웰 포인트(Well Point)
지하수위
대수층

9) 지반의 이상현상 및 안전대책(흙막이 굴착 시 주의사항)

구분	정의	방지대책
히빙 현상 (Heaving)	연약성 점토지반 굴착 시 굴착외측 토압(흙의 중량)에 의해 굴착 저면의 흙이 활동 전단 파괴되어 굴착 내측으로 부풀어 오르는 현상	① 흙막이 근입깊이를 깊게 ② 표토제거 하중 감소 ③ 지반개량 굴착면 하중 증가 ④ 어스앵커 설치 등
보일링 현상 (Boiling)	투수성이 좋은 사질토 지반의 흙막이 지면에서 수두차로 인한 상향의 침투압이 발생하여 유효 응력이 감소하여 전단강도가 상실되는 현상으로 지하수가 모래와 같이 솟아오르는 현상	① 흙막이 근입깊이를 깊게 ② Filter 및 차수벽 설치 ③ 지하수위 저하 ④ 약액주입 등에 굴착면 고결 ⑤ 압성토 공법
파이핑 현상 (Piping)	사질지반의 지하수위 이하 굴착 시 수위차로 인해 상향의 침투류가 발생하여 전단강도가 상실. 흙이 물과 함께 분출하는 Quick sand의 진전된 현상으로 보일링 현상이 심 할 때 발생한다.	① 흙막이 근입깊이를 깊게 ② Filter 및 차수벽 설치 ③ 지하수위 저하 ④ 약액주입 등에 굴착면 고결
액상화 현상 (Liquid faction)	느슨하고 포화된 사질토가 진동에 의해 간극수압이 발생하여 유효응력이 감소하고 전단강도가 상실되는 현상	① 간극 수압제거 ② 웰포인트 등의 배수공법 ③ 치환 및 다짐공법 ④ 지중 연속벽 설치 등

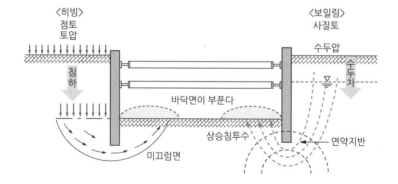

〈히빙〉
점토
토압
침하
미끄럼면

〈보일링〉
사질토
수두압
물
수두차
바닥면이 부푼다
상승침투수
연약지반

02 | 공사계획 및 안전성 검사

1. 안전관리 계획

1) 입지 및 환경조건
2) 안전관리 중점 목표
3) 공종, 공정별 위험요소와 재해예측
4) 사고예방을 위한 구체적 실시 계획
5) 안전관리 조직
6) 안전 행사 계획
7) 안전업무 분담표
8) 긴급 연락망
9) 긴급 시 업무 분담

2. 굴착 시 주의사항

1) 굴착면이 높은 경우는 계단식으로 굴착하고 소단의 폭은 수평거리 2미터 정도로 하여야 한다.
2) 사면경사 1:1 이하이며 굴착면이 2미터 이상일 경우는 안전대 등을 착용
3) 흙막이 지보공을 설치하지 않는 경우 굴착 깊이는 1.5미터 이하로 하여야 한다.
4) 굴착 깊이가 1.5m 이상일 경우 사다리, 계단 등 승강설비 설치
5) 매설물 설치 후 뒤채움을 할 경우 30cm 이내마다 충분히 다지고 물 다짐 등 실시

3. 굴착면의 기울기

구분	보통흙		암반		
지반의 종류	건지	습지	풍화암	연암	경암
기울기	1 : 05~1 : 1	1 : 1~1 : 1.5	1 : 1.0	1 : 1.0	1 : 0.5

4. 발파 시 암질 판별 기준

1) **RMR(Rock Mass Rating)**

   암반의 단단함을 나타내는 암질상태 파악 기준

2) **RQD(Rock Quality Designation, 암질지수)**

   10cm 이상 코어의 길이의 합을 백분율로 표시한 것
   - 장점 : 신속하고 적은 비용 소요
   - 단점 : 절리의 방향성, 밀착성, 충전물 고려하지 못함

3) 탄성파 속도(m/sec)

4 일축 압축 강도(kgf/cm^2)

5) 진동치 속도(cm/sec)

[발파허용 진동치]

건물분류	문화재	주택 아파트	상가	철골콘크리트 빌딩 및 상가
건물기초에서 허용 진동치(cm/sec)	0.2	0.5	1.0	1.0~4.0

5. 공사별 작업계획 내용

1) 채석작업

2) 중량물 취급 작업

① 추락위험을 예방할 수 있는 안전대책

② 낙하

③ 전도

④ 협착

⑤ 붕괴

3) 궤도와 그 밖의 관련 설비의 보수 점검작업 입환 작업

6. 건설업 등의 산업재해 예방(산업안전보건법)

1) 건설공사발주자의 산업재해 예방조치

① 총 공사금액이 50억원 이상인 건설공사발주자는 산업재해 예방을 위하여 건설공사의 계획, 설계 및 시공 단계에서 다음의 구분에 따른 조치를 하여야 한다.

건설공사 계획단계	해당 건설공사에서 중점적으로 관리하여야 할 유해 · 위험요인과 이의 감소방안을 포함한 기본 안전보건대장을 작성할 것
건설공사 설계단계	기본안전보건대장을 설계자에게 제공하고, 설계자로 하여금 유해 · 위험요인의 감소방안을 포함한 설계안전보건대장을 작성하게 하고 이를 확인할 것
건설공사 시공단계	건설공사발주자로부터 건설공사를 최초로 도급받은 수급인에게 설계안전보건대장을 제공하고, 그 수급인에게 이를 반영하여 안전한 작업을 위한 공사안전보건대장을 작성하게 하고 그 이행 여부를 확인할 것

2) 기계 · 기구 등에 대한 건설공사 도급인의 안전조치

건설공사 도급인은 자신의 사업장에서 타워크레인 등 대통령령으로 정하는 기계 · 기구 또는 설비 등이 설치되어 있거나 작동하고 있는 경우 또는 이를 설치 · 해체 · 조립하는 등의 작업이 이루어지고 있는 경우에는 필요한 안전조치 및 보건조치를 하여야 한다.

3) 설치 해체 조립하는 등의 작업을 하는 경우 건설공사 도급인이 안전보건조치를 하여야 하는 기계 · 기구

① 타워크레인   ② 건설용 리프트   ③ 항타기 및 항발기

4) 타워크레인, 건설용 리프트, 항타기 등을 설치 · 해체 · 조립하는 등의 작업을 하는 경우 실시 · 확인 또는 조치해야 하는 사항

① 작업시작 전 기계 · 기구 등을 소유 또는 대여하는 자와 합동으로 안전점검 실시
② 작업을 수행하는 사업주의 작업계획서 작성 및 이행 여부 확인
③ 작업자가 법에서 정한 자격 · 면허 · 경험 또는 기능을 가지고 있는지 여부 확인
④ 그 밖에 해당 기계 · 기구 또는 설비 등에 대하여 안전보건규칙에서 정하고 있는 안전보건 조치
⑤ 기계 · 기구 등의 결함, 작업방법과 절차 미준수, 강풍 등 이상 환경으로 인하여 작업수행 시 현저한 위험이 예상되는 경우 작업중지 조치

03 | 산업안전 보건 관리비

1. 산업안전 관리비

건설업에 도급사업 시 총 공사금액에서 산업안전 관리를 위해 법적으로 안전 관리비를 정해 놓고 사용에 대해 관리 하는 금액

2. 적용 범위

① 산업재해 보상 보험법의 적용을 받는 공사 중 총공사금액 2천만원 이상인 공사에 적용
② 다음의 단가 계약에 의하여 행하는 공사에 대하여는 총계약금액을 기준으로 적용한다.
     ㉠ 전기공사로서 저압 · 고압 또는 특별고압 작업으로 이루어지는 공사
     ㉡ 정보통신공사법에 따른 정보통신공사
③ 재해예방 전문기관의 지도를 받아 안전관리비를 사용해야 하는 사업
     ㉠ 공사금액 1억원 이상 120억 미만 공사, 토목공사는 150억원

3. 제외 공사

① 공사기간이 1개월 미만인 공사
② 육지와 연결되지 아니한 섬 지역에서 이루어지는 공사

③ 사업주가 산업안전 관리자의 자격을 가진 사람을 선임하여 안전관리자의 직무만을 전담하도록 하는 공사
④ 유해 위험 방지계획서를 제출하여야 하는 공사

4. 안전관리비 계상기준

① 건설공사발주자와 건설공사의 시공을 주도하여 총괄·관리하는 자는 안전보건관리비를 계상하여야 한다.
② 발주자가 재료를 제공하거나 물품이 완제품의 형태로 제작 또는 납품되어 설치되는 경우에 해당 재료비 또는 완제품의 가액을 대상액에 포함시킬 경우 안전보건관리비는 해당 재료비 또는 완제품의 가액을 포함시키지 않은 대상액을 기준으로 계상한 안전보건관리비의 1.2배를 초과할 수 없다.
   ■ 발주자의 해당 재료비, 완제품을 포함하는 경우 ≤ 포함하지 않는 안전관리비 ×1.2
③ 대상액이 5억원 미만, 50억 이상일 경우 : 대상액 × 계상기준표 비율
④ 대상액이 5억원 이상 50억 미만일 경우 : 대상액 × 계상기준표 비율 + 기초액
⑤ 대상액이 구분되지 아니한 공사
   도급계약 또는 자체 사업계획상의 총 공사금액의 70%를 대상액으로 안전관리비를 계상

5. 공사진척에 따른 안전관리비 사용기준 ★★★

공정율	50% 이상 70% 미만	70% 이상 90% 미만	90% 이상
사용기준	50% 이상	70% 이상	90% 이상

6. 설계변경 시 안전관리비 조정·계상 방법

① 설계변경에 따른 안전관리비는 다음 계산식에 따라 산정한다.
   설계변경에 따른 안전관리비 = 설계변경 전의 안전관리비 + 설계변경으로 인한 안전관리비 증감액
② 설계변경으로 인한 안전관리비 증감액은 다음 계산식에 따라 산정한다.
   설계변경으로 인한 안전관리비 증감액 = 설계변경 전의 안전관리비 × 대상액의 증감 비율
③ 대상액의 증감 비율은 다음 계산식에 따라 산정한다. 이 경우, 대상액은 예정가격 작성 시의 대상액이 아닌 설계변경 전후의 도급계약서상의 대상액을 말한다.
   대상액의 증감 비율 = [(설계변경 후 대상액 − 설계변경 전 대상액) / 설계변경 전 대상액] × 100%

7. 공사종류 및 규모별 안전 관리비 계상 기준표 ★★☆

구분 공사종류	대상액 5억원 미만	대상액 5억원 이상 50억원 미만		대상액 50억원 이상	보건관리자 선임 대상 건설공사
		비율(X)	기초액(C)		
일반건설공사(갑)	2.93%	1.86%	5,349,000원	1.97%	2.15%
일반건설공사(을)	3.09%	1.99%	5,499,000원	2.10%	2.29%
중 건설공사	3.43%	2.35%	5,400,000원	2.44%	2.66%
철도 · 궤도신설공사	2.45%	1.57%	4,411,000원	1.66%	1.81%
특수 및 기타건설공사	1.85%	1.20%	3,250,000원	1.27%	1.38%

안전관리비 대상액 = 공사 원가계산서 구성항목 중 직접재료비, 간접재료비, 직접노무비를 합한 금액

8. 산업안전관리비의 항목별 사용기준

① 안전관리자 등의 인건비 및 각종 직무수당 등
② 안전시설비 등　　　　　③ 개인보호구 및 안전장구 구입비 등
④ 사업장의 안전진단비 등　　⑤ 안전보건교육비 등
⑥ 근로자 건강장해예방비 등　⑦ 건설재해예방 전문지도기관 기술지도비
⑧ 본사 전담조직 근로자 임금 등　⑨ 위험성평가 등에 따른 소요비용

9. 산업안전관리비의 사용기준

1) 수급인 또는 자기공사자는 안전보건관리비를 항목별 사용기준에 따라 건설사업장에서 근무하는 근로자의 산업재해 및 건강장해 예방을 위한 목적으로만 사용하여야 한다.

2) 사용 가능한 항목

(1) 안전관리자 등의 인건비 및 각종 업무 수당 등

① 전담 안전 · 보건관리자의 인건비, 업무수행 출장비 및 건설용 리프트의 운전자 인건비
다만, 유해 · 위험방지계획서 대상으로 공사금액이 50억원 이상 120억원 미만
토목공사의 경우 150억원 미만인 공사현장에 선임된 안전관리자가 겸직하는 경우 해당 안전관리자 인건비의 50%를 초과하지 않는 범위 내에서 사용 가능

② 공사장 내에서 양중기 · 건설기계 등의 움직임으로 인한 위험으로부터 주변 작업자를 보호하기 위한 유도자 또는 신호자의 인건비나 비계 설치 또는 해체, 고소작업대 작업 시 낙하물 위험예방을 위한 하부통제, 화기작업 시 화재감시 등 공사현장의 특성에 따라 근로자 보호만을 목적으로 배치된 유도자 및 신호자 또는 감시자의 인건비

③ 작업을 직접 지휘 · 감독하는 직 · 조 · 반장 등 관리감독자의 직위에 있는 업무를 수행하는 경우에 지급하는 업무수당(월 급여액의 10% 이내)

(2) 안전시설비 등

각종 안전표지 · 경보 및 유도시설, 감시시설, 방호장치, 안전 · 보건시설 및 그 설치비용

(3) 개인보호구 및 안전장구 구입비 등

① 각종 개인 보호장구의 구입 · 수리 · 관리 등에 소요되는 비용

② 안전보건 관계자 식별용 의복 및 안전 · 보건관리자 및 안전보건보조원 전용 업무용 기기에 소요되는 비용(근로자가 작업에 필요한 안전화 · 안전대 · 안전모를 직접 구입 · 사용하는 경우 지급하는 보상금을 포함한다.

(4) 사업장의 안전 · 보건진단비 등

① 외부 전문가 또는 전문기관을 활용하여 실시하는 각종 진단, 검사, 심사, 시험, 자문, 작업환경 측정, 유해 · 위험방지계획서의 작성 · 심사 · 확인에 소요되는 비용

② 자체적으로 실시하기 위한 작업환경 측정장비 등의 구입 · 수리 · 관리 등에 소요되는 비용

③ 전담 안전 · 보건관리자용 안전순찰차량의 유류비 · 수리비 · 보험료 등의 비용

(5) 안전보건교육비 및 행사비 등

① 각종 안전보건교육에 소요되는 비용(현장내 교육장 설치비용을 포함한다)

② 안전보건관계자의 교육비, 자료 수집비 및 안전기원제 · 안전보건행사에 소요되는 비용(기초 안전보건교육에 소요되는 교육비 · 출장비 · 수당을 포함한다. 단, 수당은 교육에 소요되는 시간의 임금을 초과할 수 없다.)

(6) 근로자의 건강관리비

① 근로자의 건강관리에 소요되는 비용(중대재해 목격에 따른 심리치료 비용을 포함한다)

② 작업의 특성에 따라 근로자 건강보호를 위해 소요되는 비용

(7) 기술지도비 : 재해예방전문지도기관에 지급하는 기술지도 비용

(8) 본사 사용비

① 안전만을 전담으로 하는 별도 조직을 갖춘 건설업체의 본사에서 사용하는 항목

② 본사 안전전담부서의 안전전담직원 인건비 · 업무수행 출장비(계상된 안전보건관리비의 5%를 초과할 수 없다.)

3) 산업안전관리비를 사용할 수 없는 항목

① 공사 도급내역서 상에 반영되어 있는 경우

② 다른 법령에서 의무사항으로 규정하고 있는 경우. 다만, 「화재예방, 소방시설, 설치 · 유지 및 소화기 구매에 소요되는 비용은 사용할 수 있다.

③ 작업방법 변경, 시설 설치 등이 근로자의 안전 · 보건을 일부 향상시킬 수 있는 경우라도 시공이나 작업을 용이하게 하기 위한 목적이 포함된 경우

④ 환경관리, 민원 또는 수방대비 등 다른 목적이 포함된 경우

⑤ 근로자의 근무여건 개선, 복리 · 후생 증진, 사기진작 등의 목적이 포함된 경우

4) 수급인 또는 자기공사자는 안전보건관리비를 사용하되, 발주자 또는 감리원은 해당 공사의 특성 등을 고려하여 사용기준을 달리 정할 수 있다.

5) 안전전담부서는 안전관리자의 자격을 갖춘 사람 1명 이상을 포함하여 3명 이상의 안전전담직원으로 구성된 안전만을 전담하는 과 또는 팀 이상의 별도조직을 말하며, 본사에서 안전보건관리비를 사용하는 경우 1년간(1.1 ~ 12.31) 본사 안전보건관리비 실행예산과 사용금액은 전년도 미사용금액을 합하여 5억원을 초과할 수 없다.

6) 수급인 또는 자기공사자는 사업의 일부를 타인에게 도급한 경우 그의 관계수급인이 사용한 비용을 산업안전보건관리비 범위에서 적정하게 지급할 수 있다.

항목	사용 불가 내역
1. 안전관리자 등의 인건비 및 각종 업무 수당 등(제7조 제1항 제1호 관련)	가. 안전 · 보건관리자의 인건비 등 1) 안전 · 보건관리자의 업무를 전담하지 않는 경우(영 별표3 제46호에 따라 유해 · 위험방지계획서 제출 대상 건설공사에 배치하는 안전관리자가 다른 업무와 겸직하는 경우의 인건비는 제외한다) 2) 지방고용노동관서에 선임 신고하지 아니한 경우 3) 영 제17조의 자격을 갖추지 아니한 경우 　※선임의무가 없는 경우에도 실제 선임 · 신고한 경우에는 사용할 수 있음(법상 의무 선임자 수를 초과하여 선임 · 신고한 경우, 도급인이 선임하였으나 하도급 업체에서 추가 선임 · 신고한 경우, 재해예방전문기관의 기술지도를 받고 있으면서 추가 선임 · 신고한 경우를 포함한다) 나. 유도자 또는 신호자의 인건비 1) 시공, 민원, 교통, 환경관리 등 다른 목적을 포함하는 등 아래 세목의 인건비 가) 공사 도급내역서에 유도자 또는 신호자 인건비가 반영된 경우 나) 타워크레인 등 양중기를 사용할 경우 유도 · 신호업무만을 전담하지 않은 경우 다) 원활한 공사수행을 위하여 사업장 주변 교통정리, 민원 및 환경관리 등의 목적이 포함되어 있는 경우 　※도로 확 · 포장 공사 등에서 차량의 원활한 흐름을 위한 유도자 또는 신호자, 공사현장 진 · 출입로 등에서 차량의 원활한 흐름 또는 교통통제를 위한 교통정리 신호수 등 다. 안전 · 보건보조원의 인건비 1) 전담 안전 · 보건관리자가 선임되지 아니한 현장의 경우 2) 보조원이 안전 · 보건관리업무 외의 업무를 겸임하는 경우 3) 경비원, 청소원, 폐자재 처리원 등 산업안전 · 보건과 무관하거나 사무보조원(안전보건관리자의 사무를 보조하는 경우를 포함한다)의 인건비
2. 안전시설비 등(제7조 제1항 제2호 관련)	원활한 공사수행을 위해 공사현장에 설치하는 시설물, 장치, 자재, 안내 · 주의 · 경고 표지 등과 공사 수행 도구 · 시설이 안전장치와 일체형인 경우 등에 해당하는 경우 그에 소요되는 구입 · 수리 및 설치 · 해체 비용 등 가. 원활한 공사수행을 위한 가설시설, 장치, 도구, 자재 등 1) 외부인 출입금지, 공사장 경계표시를 위한 가설울타리 2) 각종 비계, 작업발판, 가설계단 · 통로, 사다리 등 　※ 안전발판, 안전통로, 안전계단 등과 같이 명칭에 관계없이 공사 수행에 필요한 가시설들은 사용 불가 　－ 다만, 비계 · 통로 · 계단에 추가 설치하는 추락방지용 안전난간, 사다리 전도방지장치, 틀비계에 별도로 설치하는 안전난간 · 사다리, 통로의 낙하물방호선반 등은 사용 가능함 3) 절토부 및 성토부 등의 토사유실 방지를 위한 설비 4) 작업장 간 상호 연락, 작업 상황 파악 등 통신수단으로 활용되는 통신시설 · 설비

항목	사용 불가 내역
	5) 공사 목적물의 품질 확보 또는 건설장비 자체의 운행 감시, 공사 진척상황 확인, 방범 등의 목적을 가진 CCTV 등 감시용 장비 ※ 다만 근로자의 재해예방을 위한 목적으로만 사용하는 CCTV에 소요되는 비용은 사용 가능함 나. 소음 · 환경관련 민원예방, 교통통제 등을 위한 각종 시설물, 표지 1) 건설현장 소음방지를 위한 방음시설, 분진망 등 먼지 · 분진 비산 방지시설 등 2) 도로 확 · 포장공사, 관로공사, 도심지 공사 등에서 공사차량 외의 차량유도, 안내 · 주의 · 경고 등을 목적으로 하는 교통안전시설물 ※ 공사안내 · 경고 표지판, 차량유도등 · 점멸등, 라바콘, 현장경계휀스, PE드럼 등 다. 기계 · 기구 등과 일체형 안전장치의 구입비용 ※ 기성제품에 부착된 안전장치 고장 시 수리 및 교체비용은 사용 가능. 1) 기성제품에 부착된 안전장치 ※ 톱날과 일체식으로 제작된 목재가공용 둥근톱의 톱날접촉예방장치, 플러그와 접지 시설이 일체식으로 제작된 접지형 플러그 등 2) 공사수행용 시설과 일체형인 안전시설 라. 동일 시공업체 소속의 타 현장에서 사용한 안전시설물을 전용하여 사용할 때의 자재비(운반비는 안전관리비로 사용할 수 있다)
3. 개인보호구 및 안전장구 구입비 등(제7조 제1항제3호 관련)	근로자 재해나 건강장해 예방 목적이 아닌 근로자 식별, 복리 · 후생적 근무여건 개선 · 향상, 사기 진작, 원활한 공사수행을 목적으로 하는 다음 장구의 구입 · 수리 · 관리 등에 소요되는 비용 가. 안전 · 보건관리자가 선임되지 않은 현장에서 안전 · 보건업무를 담당하는 현장관계자용 무전기, 카메라, 컴퓨터, 프린터 등 업무용 기기 나. 근로자 보호 목적으로 보기 어려운 피복, 장구, 용품 등 1) 작업복, 방한복, 방한장갑, 면장갑, 코팅장갑 등 ※ 다만, 근로자의 건강장해 예방을 위해 사용하는 미세먼지 마스크, 쿨토시, 아이스조끼, 핫팩, 발열조끼 등은 사용 가능함 2) 감리원이나 외부에서 방문하는 인사에게 지급하는 보호구
4. 사업장의 안전진단비 제7조제1항제3호 관련)	다른 법 적용사항이거나 건축물 등의 구조안전, 품질관리 등을 목적으로 하는 등의 다음과 같은 점검 등에 소요되는 비용 가. 「건설기술진흥법」, 「건설기계관리법」 등 다른 법령에 따른 가설구조물 등의 구조검토, 안전점검 및 검사, 차량계 건설기계의 신규등록 · 정기 · 구조변경 · 수시 · 확인검사 등 나. 「전기사업법」에 따른 전기안전대행 등 다. 「환경법」에 따른 외부 환경 소음 및 분진 측정 등 라. 민원 처리 목적의 소음 및 분진 측정 등 소요비용 마. 매설물 탐지, 계측, 지하수 개발, 지질조사, 구조안전검토 비용 등 공사 수행 또는 건축물 등의 안전 등을 주된 목적으로 하는 경우 바. 공사도급내역서에 포함된 진단비용 사. 안전순찰차량(자전거, 오토바이를 포함한다) 구입 · 임차 비용 ※ 안전 · 보건관리자를 선임 · 신고하지 않은 사업장에서 사용하는 안전순찰차량의 유류비, 수리비, 보험료 또한 사용할 수 없음
5. 안전보건교육비 및 행사비 등(제7조제1항 제5호 관련)	산업안전보건법령에 따른 안전보건교육, 안전의식 고취를 위한 행사와 무관한 다음과 같은 항목에 소요되는 비용 가. 해당 현장과 별개 지역의 장소에 설치하는 교육장의 설치 · 해체 · 운영비용 ※ 다만, 교육장소 부족, 교육환경 열악 등의 부득이한 사유로 해당 현장 내에 교육장 설치 등이 곤란하여 현장 인근지역의 교육장 설치 등에 소요되는 비용은 사용 가능

항목	사용 불가 내역
	나. 교육장 대지 구입비용
	다. 교육장 운영과 관련이 없는 태극기, 회사기, 전화기, 냉장고 등 비품 구입비
	라. 안전관리 활동 기여도와 관계없이 지급하는 다음과 같은 포상금(품)
	1) 일정 인원에 대한 할당 또는 순번제 방식으로 지급하는 경우
	2) 단순히 근로자가 일정기간 사고를 당하지 아니하였다는 이유로 지급하는 경우
	3) 무재해 달성만을 이유로 전 근로자에게 일률적으로 지급하는 경우
	4) 안전관리 활동 기여도와 무관하게 관리사원 등 특정 근로자, 직원에게만 지급하는 경우
	마. 근로자 재해예방 등과 직접 관련이 없는 안전정보 교류 및 자료수집 등에 소요되는 비용
	1) 신문 구독 비용
	※ 다만, 안전보건 등 산업재해 예방에 관한 전문적, 기술적 정보를 60% 이상 제공하는 간행물 구독에 소요되는 비용은 사용 가능
	2) 안전관리 활동을 홍보하기 위한 광고비용
	3) 정보교류를 위한 모임의 참가회비가 적립의 성격을 가지는 경우
	바. 사회통념에 맞지 않는 안전보건 행사비, 안전기원제 행사비
	1) 현장 외부에서 진행하는 안전기원제
	2) 사회통념상 과도하게 지급되는 의식 행사비(기도비용 등을 말한다)
	3) 준공식 등 무재해 기원과 관계없는 행사
	4) 산업안전보건의식 고취와 무관한 회식비
	사. 「산업안전보건법」에 따른 안전보건교육 강사 자격을 갖추지 않은 자가 실시한 산업안전보건 교육비용

6. 근로자의 건강관리비 등
(제7조제1항제6호 관련)
	근무여건 개선, 복리 · 후생 증진 등의 목적을 가지는 다음과 같은 항목에 소요되는 비용
	가. 복리후생 등 목적의 시설 · 기구 · 약품 등
	  1) 간식 · 중식 등 휴식 시간에 사용하는 휴게시설, 탈의실, 이동식 화장실, 세면 · 샤워시설
	    ※분진 · 유해물질사용 · 석면해체 제거 작업장에 설치하는 탈의실, 세면 · 샤워시설 설치비용은 사용 가능
	  2) 근로자를 위한 급수시설, 정수기 · 제빙기, 자외선차단용품(로션, 토시 등을 말한다)
	    ※작업장 방역 및 소독비, 방충비 및 근로자 탈수방지를 위한 소금정제 비, 6~10월에 사용하는 제빙기 임대비용은 사용 가능
	  3) 혹서 · 혹한기에 근로자 건강 증진을 위한 보양식 · 보약 구입 비용
	    ※작업 중 혹한 · 혹서 등으로부터 근로자를 보호하기 위한 간이 휴게시설 설치 · 해체 · 유지비용은 사용 가능
	  4) 체력단련을 위한 시설 및 운동 기구 등
	  5) 병 · 의원 등에 지불하는 진료비, 암 검사비, 국민건강보험 제공비용 등
	    ※다만, 해열제, 소화제 등 구급약품 및 구급용구 등의 구입비용은 사용 가능
	나. 파상풍, 독감 등 예방을 위한 접종 및 약품(신종플루 예방접종 비용을 포함한다)
	다. 기숙사 또는 현장사무실 내의 휴게시설 설치 · 해체 · 유지비, 기숙사 방역 및 소독 · 방충비용
	라. 다른 법에 따라 의무적으로 실시해야하는 건강검진 비용 등

7. 건설재해예방기술 지도비	–
8. 본사 사용비 (제7조제1항제6호 관련)	가. 본사에 제7조제4항의 기준에 따른 안전보건관리만을 전담하는 부서가 조직되어 있지 않은 경우 나. 전담부서에 소속된 직원이 안전보건관리 외의 다른 업무를 병행하는 경우

① 공사 도급내역서 상에 반영되어 있는 경우

② 다른 법령에서 의무사항으로 규정하고 있는 경우. 다만, 「화재예방, 소방시설, 설치 · 유지 및 소화기 구매에 소요되는 비용은 사용할 수 있다.

③ 작업방법 변경, 시설 설치 등이 근로자의 안전 · 보건을 일부 향상시킬 수 있는 경우라도 시공이나 작업을 용이하게 하기 위한 목적이 포함된 경우

④ 환경관리, 민원 또는 수방대비 등 다른 목적이 포함된 경우

⑤ 근로자의 근무여건 개선, 복리 · 후생 증진, 사기진작 등의 목적이 포함된 경우

4) 수급인 또는 자기공사자는 안전보건관리비를 사용하되, 발주자 또는 감리원은 해당 공사의 특성 등을 고려하여 사용기준을 달리 정할 수 있다.

5) 안전전담부서는 안전관리자의 자격을 갖춘 사람 1명 이상을 포함하여 3명 이상의 안전전담직원으로 구성된 안전만을 전담하는 과 또는 팀 이상의 별도조직을 말하며, 본사에서 안전보건관리비를 사용하는 경우 1년간(1.1~12.31) 본사 안전보건관리비 실행예산과 사용금액은 전년도 미사용금액을 합하여 5억원을 초과할 수 없다.

6) 수급인 또는 자기공사자는 사업의 일부를 타인에게 도급한 경우 그의 관계수급인이 사용한 비용을 산업안전보건관리비 범위에서 적정하게 지급할 수 있다.

10. 안전보건 관리비의 사용 내역 확인

① 수급인 또는 자기공사자는 안전보건관리비 사용내역에 대하여 공사 시작 후 6개월마다 1회 이상 발주자 또는 감리원의 확인을 받아야 한다.
다만, 6개월 이내에 공사가 종료되는 경우에는 종료 시 확인을 받아야 한다.

② 발주자 또는 고용노동부의 관계 공무원은 안전보건관리비 사용내역을 수시 확인할 수 있으며, 수급인 또는 자기공사자는 이에 따라야 한다.

③ 발주자 또는 감리원은 안전보건관리비 사용내역 확인 시 기술지도 계약 체결 여부, 기술지도 실시 및 개선 여부 등을 확인하여야 한다.

11. 산업안전관리비의 사용

① 건설공사 도급인은 도급금액 또는 사업비에 계상된 산업안전 보건 관리비의 범위에서 그의 관계수급인에게 해당 사업의 위험도를 고려하여 적정하게 산업안전 관리비를 지급하여 사용하게 할 수 있다.

② 건설공사 도급인은 산업안전 보건 관리비를 사용하는 해당 건설공사의 금액이 4천만원 이상인 때

에는 고용노동부 장관이 정하는 바에 따라 매월(건설공사가 1개월 이내에 종료되는 사업의 경우에는 해당 건설공사가 끝나는 날이 속하는 달) 사용명세서를 작성하고 건설공사 종료 후 1년 동안 보존해야 한다.

예제

1. 사급자재비가 30억, 직접노무비가 35억, 관급자재비가 20억인 빌딩신축공사를 할 경우 계상해야 할 산업안전보건 관리비는 얼마인가? (단, 공사종류는 일반건설공사(갑)임)
   ① 122,000,000원 ② 146,640,000원
   ❸ 153,850,000원 ④ 159,800,000원

   해설 1) 관급자재비를 포함할 경우
   = 대상액(재료비 + 관급자재비 + 직접노무비)×요율(%)+기초액(30억+35억+20억)×0.0197
   = 167,450,000원
   2) 관급자재비를 포함하지 않은 경우
   = {(30억 + 35억) x 0.0197 } x 1.2= 153,850,000원
   따라서 1), 2) 중 적은 값이 안전관리비가 된다.

2. 재료비 : 25억, 관급자재비 : 3억, 직접노무비 10억, 관리비 (간접비 포함) 10억일 경우 산업안전관리비를 계산하시오.(일반건설공사(갑) 법적 요율: 1.86%, 기초액: 5,349,000원)
   ① 84,538,000원 ② 76,640,000원
   ❸ 76,029,000원 ④ 84,800,000원

   해설 1) 관급자재비를 포함할 경우 산업안전보건관리비
   = 대상액(재료비 + 관급자재비 + 직접노무비) × 요율(%) + 기초액
   = (25억 + 3억 + 10억) × 0.0186 + 5,349,000 = 76,029,000원
   2) 관급자재비를 포함하지 않을 경우
   = (25억 + 10억) × 0.0186 + 5,349,000 = 70,449,000원 × 1.2 = 84,538,000원
   따라서 1), 2) 중 적은 값을 안전관리비로 기준한다.

---

04 | 사전 안전성 검토(유해 위험 방지계획서)

1. 유해위험 방지계획서 제출대상 사업장의 건설공사

1) 지상높이가 31m 이상인 건축물
2) 연면적 3만m² 이상인 건축물
3) 연면적 5천m² 이상인 시설로서 다음의 어느 하나에 해당하는 시설
   ① 문화 및 집회시설(전시장 및 동물원·식물원은 제외한다)
   ② 판매시설, 운수시설(고속철도의 역사 및 집배송시설은 제외한다)

③ 종교시설

④ 의료시설 중 종합병원

⑤ 숙박시설 중 관광숙박시설

⑥ 지하도 상가

⑦ 냉동 · 냉장 창고시설

4) 연면적 5천m² 이상인 냉동 · 냉장 창고시설의 설비공사 및 단열공사

5) 최대 지간(支間) 길이가 50m 이상인 다리의 건설 등 공사

6) 터널의 건설 등 공사

7) 다목적댐, 발전용댐, 저수용량 2천만톤 이상의 용수전용 댐 및 지방상수도 전용 댐의 건설 등 공사

8) 깊이 10m 이상인 굴착공사

2. 건설업 유해 위험 방지계획서 제출서류(포함사항)

1) 공사개요 및 안전보건관리 계획

① 공사개요서

② 공사현장의 주변 현황 및 주변과의 관계를 나타내는 도면(매설물 현황 포함)

③ 건설물, 사용 기계설비 등의 배치를 나타내는 도면

④ 전체 공정표

⑤ 산업안전보건관리비 사용계획

⑥ 안전관리 조직표

⑦ 재해 발생 위험시 연락 및 대피방법

2) 건설공사의 작업공사 종류별 유해 위험 방지계획

대상 공사	작업 공사 종류
건축물 공사	① 가설공사 ② 구조물 공사 ③ 마감공사 ④ 기계설비공사 ⑤해체공사
냉동 · 냉장창고 설비공사	① 가설공사 ② 단열공사 ③ 기계설비공사
다리공사	① 가설공사 ② 다리 하부공사 ③ 다리 상부공사
터널공사	① 가설공사 ② 굴착 및 발파 공사 ③ 구조물 공사
댐 건설공사	① 가설공사 ② 굴착 및 발파 공사 ③ 댐 축조 공사
굴착공사	① 가설공사 ② 굴착 및 발파 공사 ③ 흙막이 지보공 공사

3. 재해 위험성이 높다고 판단되어 설계변경 요청을 할 수 있는 경우

※ 건설공사도급인은 건설공사 중에 가설구조물의 붕괴 등 산업재해가 발생할 위험이 있다고 판단되면 건축 · 토목 분야의 전문가의 의견을 들어 건설공사 발주자에게 해당 건설공사의 설계변경을 요청할

수 있는 가설구조물의 기준

① 높이 31m 이상인 비계

② 작업발판 일체형 거푸집 또는 높이 5m 이상인 거푸집 동바리

　(타설된 콘크리트가 일정강도에 이르기까지 하중 등을 지지하기 위하여 설치된 부재)

③ 터널의 지보공 또는 높이 2m 이상인 흙막이 지보공

④ 동력을 이용하여 움직이는 가설 구조물

4. 건설업 유해위험방지계획서 자체심사 및 확인업체 선정 기준 강화

① 건설업 유해위험방지계획서 자체심사 및 확인업체는 3년간 평균사망 만인율, 안전전담 조직 유무 등을 고려하여 선정하되,

② 선정일 직전 1년간 동시 2명 이상 사망사고 발생 업체를 제외하던 것을 "직전 2년간 사망사고가 1건이라도 발생한 업체를 제외"하는 것으로 기준을 강화했다.

5. 전기 계약용량이 300KW 이상인 경우

1) 대상 사업장

① 금속가공제품 제조업 : 기계 및 가구 제외

② 비금속 광물제품 제조업 　　　　③ 기타 기계 및 장비 제조업

④ 자동차 및 트레일러 제조업 　　　⑤ 식료품 제조업

⑥ 고무제품 및 플라스틱제품 제조업 　⑦ 목재 및 나무제품 제조업

⑧ 기타 제품 제조업 　　　　　　　⑨ 1차 금속 제조업

⑩ 가구 제조업 　　　　　　　　　⑪ 화학물질 및 화학제품 제조업

⑫ 반도체 제조업 　　　　　　　　⑬ 전자부품 제조업

2) 제조업의 대상 기계기구 설비 제출서류

(작업시작 15일 전까지 공단에 2부 제출)

① 건축물 각 층의 평면도 　　　　② 기계 · 설비의 개요를 나타내는 서류

③ 기계 · 설비의 배치도면 　　　　④ 원재료 및 제품의 취급, 제조 등의 작업방법의 개요

⑤ 그 밖에 고용노동부장관이 정하는 도면 및 서류

6. 기계 · 기구 및 설비

1) 대상 사업장

① 금속이나 그 밖의 광물의 용해로 　② 화학설비

③ 건조설비   ④ 가스집합 용접장치

⑤ 근로자의 건강에 상당한 장해를 일으킬 우려가 있는 물질로서 고용노동부령으로 정하는 물질의
밀폐, 환기, 배기를 위한 설비제조 등 금지물질 또는 허가대상물질 관련 설비

2) 제출서류(해당 사업시작 15일 전까지 공단에 2부 제출)

① 설치장소와 개요를 나타내는 서류   ② 설비의 도면

③ 그 밖의 고용노동부장관이 정하는 도면 및 서류

7. 유해위험방지계획서 심사결과 구분

(1) **적정** : 근로자의 안전과 보건을 위하여 필요한 조치가 구체적으로 확보되었다고 인정되는 경우

(2) **부적정** : 근로자의 안전과 보건을 확보하기 위하여 일부 개선이 필요하다고 인정된 경우

(3) **조건부 적정** : 기계 설비 또는 건축물의 심사기준에 위반되어 공사 착공 시 중대한 위험 발생의 우려
가 있거나 계획에 근본적 결함이 있다고 인정되는 경우

8. 공정위험성 평가서의 심사결과 구분

공정 위험성 평가서가 현장과 일치하는지를 확인한 경우에는 그 결과를 통보하여야 한다.

(1) **적합** : 현장과 일치

(2) **부적합** : 현장과 불일치

(3) **조건부 적합** : 조건부 확인일 이후에 조치하여도 안전상 문제가 없는 경우

9. 공정안전 보고서의 심사결과 구분

(1) **적정** : 보고서의 심사기준을 충족시킨 경우

(2) **부적정** : 보고서의 심사기준을 충족시키지 못한 경우

(3) **조건부 적정** : 부분적인 보완이 필요하다고 판단되는 경우

10. 사전조사 및 작업계획서 작성 및 내용

1) 사전조사 및 작업계획서를 작성하여야 하는 작업

사업주는 근로자의 위험을 방지하기 위하여 해당 작업, 작업장의 지형 · 지반 지층 상태 등에 대한
사전조사를 하고 그 결과를 기록 · 보존하여야 하며, 조사결과를 고려하여 작업계획서를 작성하고
그 계획에 따라 작업을 하도록 하여야 한다.

① 타워크레인을 설치 · 조립 · 해체하는 작업

② 차량계 하역운반기계 등을 사용하는 작업

③ 차량계 건설기계를 사용하는 작업

④ 화학설비와 그 부속설비를 사용하는 작업

⑤ 전기작업(해당 전압이 50V를 넘거나 전기 에너지가 250VA를 넘는 경우로 한정한다)

⑥ 굴착면의 높이가 2m 이상이 되는 지반의 굴착작업

⑦ 터널굴착작업

⑧ 교량의 설치·해체 또는 변경 작업(상부구조가 금속 또는 콘크리트로 구성되는 교량으로서 그 높이가 5m 이상이거나 교량의 최대 지간 길이가 30m 이상인 교량으로 한정한다)

⑨ 채석작업

⑩ 건물 등의 해체작업

⑪ 중량물의 취급작업

⑫ 궤도나 그 밖의 관련 설비의 보수·점검작업

⑬ 열차의 교환·연결 또는 분리 작업(이하 "입환작업"이라 한다)

2) 사전조사 및 작업계획서 작성

(1) 타워크레인 설치 조립 해체하는 작업 작업 계획서 내용

    ① 타워크레인의 종류 및 형식

    ② 설치 조립 및 해체 순서

    ③ 작업도구 장비 가설 설비 및 방호 설비

    ④ 작업 인원의 구성 및 작업 근로자의 역할 범위

    ⑤ 타워크레인의 지지 방법

(2) 차량계 건설기계를 사용하는 작업

    ① 사용하는 차량계 건설기계 종류 및 성능

    ② 차량계 건설기계 운행경로

    ③ 차량계 건설기계에 의한 작업 방법

(3) 굴착 작업

    ① 형상 지질 및 지반의 상태   ② 균열 함수 용수 및 동결의 유무 상태

    ③ 매설물 등의 유무 상태   ④ 지반에 지하수위 상태

(4) 터널 굴착 작업

    ① 굴착의 방법   ② 터널 지보공 및 복구의 시공방법과 용수의 처리방법

    ③ 환기 또는 조명시설을 설치할 때 그 방법

(5) 건물 등의 해체 작업

    ① 작업해체 방법 및 해체 순서도면   ② 가설설비 방화 설비 환기설비 및

    ③ 살수 방화 설비 등의 방법   ④ 사업장 내 연락 방법

⑤ 해체 물의 처분 계획

⑥ 해체작업용 기계 기구 등의 작업 계획서

⑦ 해체 작업용 화약류 등의 사용 계획서

(6) **교량작업**

① 작업 방법 및 순서

② 부재 낙하 전도 및 붕괴를 방지하기 위한 방법

③ 작업에 종사하는 근로자에 추락 위험을 방지하기 위한 안전조치 방법

④ 공사에 사용되는 가설 철 구조물 등의 설치 사용 해체 시 안전성 검토 방법

⑤ 사용하는 기기 등의 종류 및 성능 작업방법

⑥ 작업 지휘자 배치계획

3) 작업지휘자를 지정해야 하는 작업

① 차량계 하역운반기계 등을 사용하는 작업

② 굴착면의 높이가 2미터 이상이 되는 지반의 굴착작업

③ 교량의 설치 · 해체 또는 변경 작업(상부구조가 금속 또는 콘크리트로 구성되는 교량으로서 그 높이가 5m 이상이거나 교량의 최대 지간 길이가 30미터 이상인 교량으로 한정한다)

④ 중량물의 취급작업

⑤ 항타기나 항발기를 조립 · 해체 · 변경 또는 이동하여 작업을 하는 경우

4) 건축물 해체작업에서 해체장비와 해체구조물 사이의 거리간격

① 안전거리 ≥ 0.5H(구조물의 높이) 예 구조물의 높이가 7m 경우 $0.5 \times 7 = 3.5m$

② 끌어당겨서 무너뜨릴 경우

안전거리 ≥ 1.5H(구조물의 높이) 예 $1.5 \times 7 = 10.5m$

5) 일정한 신호방법을 정하여야 하는 작업

① 양중기를 사용하는 작업

② 차량계 하역운반기계의 유도자를 배치하는 작업

③ 차량계 건설기계의 유도자를 배치하는 작업

④ 항타기 또는 항발기의 운전작업

⑤ 중량물을 2명 이상의 근로자가 취급하거나 운반하는 작업

⑥ 양화장치를 사용하는 작업

⑦ 궤도작업차량의 유도자를 배치하는 작업

⑧ 입환(入換)작업

01 연습문제

01 산업안전보건관리비계상기준에 따른 일반건설공사(갑), 대상액 「5억원 이상~50억원 미만」의 안전관리비 비율 및 기초액으로 옳은 것은?

① 비율 : 1.86%, 기초액 : 5,349,000원
② 비율 : 1.99%, 기초액 : 5,499,000원
③ 비율 : 2.35%, 기초액 : 5,400,000원
④ 비율 : 1.57%, 기초액 : 4,411,000원

02 토질시험 중 연약한 점토 지반의 점착력을 판별하기 위하여 실시하는 현장시험은?

① 베인테스트(Vane Test)
② 표준관입시험(SPT)
③ 하중재하시험
④ 삼축압축시험

03 다음 중 연약지반처리공업이 아닌 것은?

① 폭파치환공법
② 샌드드레인공법
③ 우물통공법
④ 모래다짐말뚝공법

04 히빙현상 방지대책으로 틀린 것은?

① 흙막이 벽체의 근입 깊이를 깊게 한다.
② 흙막이 벽체 배면의 지반을 개량하여 전단강도를 높인다.
③ 부풀어 솟아오르는 바닥면의 토사를 제거한다.
④ 소단을 두면서 굴착한다.

05 다음 중 유해위험방지계획서의 첨부서류에서 공사개요 및 안전보건관리계획에 해당되지 않는 것은?

① 산업안전보건관리비 사용·계획
② 전체 공정표
③ 재해발생 위험시 연락 및 대피방법
④ 근로자 건강진단 실시계획

06 표준관입시험에 관한 설명으로 옳지 않은 것은?

① N치(N − value)는 지반을 30cm 굴진하는데 필요한 타격횟수를 의미한다.
② N치 4~10일 경우 모래의 상대밀도는 매우 단단한 편이다.
③ 63.5kg 무게의 추를 76cm 높이에서 자유낙하하여 타격하는 시험이다.
④ 사질지반에 적용하며, 점토지반에서는 편차가 커서 신뢰성이 떨어진다.

07 사질지반 굴착 시, 굴착부와 지하수위차가 있을 때 수두차에 의하여 삼투압이 생겨 흙막이벽 근입부분을 침식하는 동시에 모래가 액상화되어 솟아오르는 현상은?

① 동상현상
② 연화현상
③ 보일링현상
④ 히빙현상

정답   01 ①   02 ①   03 ③   04 ③   05 ④   06 ②   07 ③

CHAPTER

02 건설공구 및 장비

01 | 셔블계 굴착기계

1. 셔블계 굴착기

셔블 또는 크레인을 기본형으로 하고 각종 부수장치의 교환으로 굴착작업과 크레인 작업을 할 수 있음

(1) 파워셔블(Power shovel) : 굴착공사와 싣기에 많이 사용
  ① 버킷이 외측으로 움직여 기계위치보다 높은 지반굴착에 적합
  ② 작업대가 견고하여 굳은 토질의 굴착에도 용이

(2) 드래그셔블(백호 Back hoe)
  ① 버킷이 내측으로 움켜서 기계 위치보다 낮은 지반, 기초 굴착
  ② 파워셔블의 몸체에 앞을 긁을 수 있는 arm, bucket을 달고 굴착
  ③ 기초굴착, 수중굴착, 좁은 도랑 및 비탈면 절취 등의 작업 등에 사용됨

(3) 클램셸(Clam shell)
  ① 지반 아래 협소하고 깊은 수직굴착에 주로 사용
  ② 수면 아래 수중굴착 및 구조물의 기초바닥. 자갈 모래 굴착
  ③ 건축구조물의 기초 등 정해진 범위의 깊은 굴착에 적합하다.
  ④ 우물통(잠함 내) 기초의 내부 굴착 등

(4) 드래그 라인(Drag line)
  ① 연약한 토질을 광범위하게 굴착할 때 사용되며 굳은 지반의 굴착에는 부적합
  ② 골재채취 등에 사용되며 기계의 위치보다 낮은 곳 또는 높은 곳도 가능

(5) 굴착기 인양작업 시 조치사항
  ① 사업주는 다음 사항을 모두 갖춘 굴착기의 경우 굴착기를 사용하여 화물 인양작업을 할 수 있다.
    - 굴착기의 퀵커플러 또는 작업장치에 달기구(훅, 걸쇠 등을 말한다)가 부착되어 있는 등 인양작업이 가능하도록 제작된 기계일 것
    - 굴착기 제조사에서 정한 정격하중이 확인되는 굴착기를 사용할 것
    - 달기구에 해지장치가 사용되는 등 작업 중 인양물의 낙하 우려가 없을 것

② 사업주는 굴착기를 사용하여 인양작업을 하는 경우에는 다음의 사항을 준수해야 한다.
- 굴착기 제조사에서 정한 작업설명서에 따라 인양할 것
- 사람을 지정하여 인양작업을 신호하게 할 것
- 인양물과 근로자가 접촉할 우려가 있는 장소에 근로자의 출입을 금지시킬 것
- 지반의 침하 우려가 없고 평평한 장소에서 작업할 것
- 인양 대상 화물의 무게는 정격하중을 넘지 않을 것
③ 굴착기를 이용한 인양작업 시 와이어로프 등 달기구의 사용에 관해서는 "양중기" 또는 "크레인"은 "굴착기"로 본다.

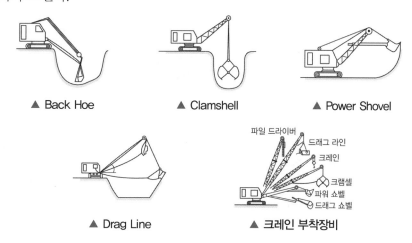

▲ Back Hoe   ▲ Clamshell   ▲ Power Shovel

▲ Drag Line   ▲ 크레인 부착장비

2. 불도저

1) 불도저(Bulldozer)

트랙터에 배토판을 장착한 것으로 굴착, 운반, 절토, 집토, 정지 작업이 가능한 만능 토공기계

(1) Blade(블레이드 : 배토판)의 형태 및 작동방법에 의한 분류

    ① Straight Dozer : 트랙터의 종방향 중심축에 배토판을 직각으로 설치하여 직선적인 굴착 및 압토작업

    ② Angle Dozer : 배토판을 20~30도의 수평방향으로 돌릴 수 있도록 만든 장치 측면 굴착 유리

    ③ Tilt Dozer : 배토판 좌우를 상하 25~30까지 기울일 수 있어 도랑파기. 경사면 굴착에 유리

(2) Ripper Dozer : 후미에 리퍼를 장착하여 연암, 풍화암, 포장도로의 노반파쇄, 제거 및 압토작업

2) 모터 그레이더(Motor grader)

(1) 구성 : 앞, 뒷바퀴의 중앙부에 흙을 깎고 미는 배토판을 장착한 것

(2) 적용 : 운동장 및 광장의 정지작업, 도로변의 끝손질, 옆도랑 파기, 사면 끝손질, 잔디 벗기기 등 끝마무리작업에 사용

3) 스크레이퍼(Scraper)

굴착, 적재, 운반, 사토, 흙깎기, 정지작업을 연속적으로 할 수 있는 중 · 장거리용 기계

(1) 특징 : 고속 운전이 가능하고 대량의 토사를 원거리에 운반 가능

(2) 적용 : 택지 조성, 공항 건설, 고속도로 건설 등의 대토목 공사

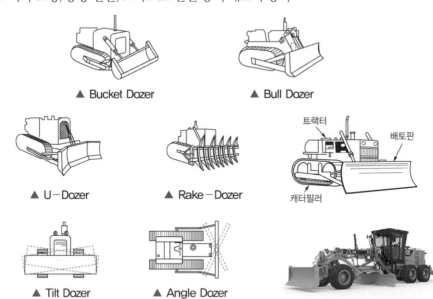

▲ Bucket Dozer　　　　　▲ Bull Dozer

▲ U-Dozer　　　　▲ Rake-Dozer

트랙터 / 배토판 / 캐터필러

▲ Tilt Dozer　　　　▲ Angle Dozer

3. 다짐기계

1) 종류

(1) 전압식 : 점토질　(2) 충격식　　(3) 진동식 : 사질토

진동식

2) 다짐기계의 특성별 분류

	머캐덤 롤러 (Macadam Roller)	3륜으로 구동 쇄석기층 및 자갈층 다짐에 효과적 장비
전압식	탠덤 롤러 (Tandem Roller)	도로용 롤러이며 2륜으로 아스팔트 포장의 끝손질, 점성토 다짐에 사용
	탬핑 롤러 (Tamping Roller)	롤러표면에 돌기를 만들어 부착, 땅 깊숙이 다짐가능
		토립자를 이동 혼합하여 함수비 조절용이
		고함수비의 점성토지반에 효과적
		흙덩어리(풍화암)의 파쇄효과 및 맞물림 효과가 크다.
충격식	사질토의 다짐에 효과적	
진동식	점토질이 함유되지 않는 사질토의 다짐에 적합하며 도로, 제방, 활주로 등의 보수공사에 사용	

02 | 건설기계, 장비 안전수칙

1. 차량계 건설기계의 안전수칙

구조	① 전조등 설치 ② 암석이 떨어질 우려가 있는 등 위험한 장소에서 차량계 건설기계에 견고한 낙하물 보호구조를 갖추어야 한다 (불도저, 트랙터, 굴착기, 로더(loader), 스크레이퍼, 덤프트럭, 모터그레이더)로 한정한다)
작업계획서 내용	① 사용하는 차량계 건설기계의 종류 및 성능 ② 차량계 건설기계의 운행경로 ③ 차량계 건설기계에 의한 작업방법
차량계 건설기계의 전도방지 조치	① 유도자 배치 ② 부동침하방지 ③ 갓길의 붕괴방지 ④ 도로 폭의 유지
운전자 위치이동 조치사항	① 포크, 버킷, 디퍼 등의 장치를 가장 낮은 위치 또는 지면에 내려 둘 것 ② 원동기를 정지시키고 브레이크를 확실히 거는 등 갑작스러운 주행이나 이탈을 방지하기 위한 조치를 할 것 ③ 운전석을 이탈하는 경우에는 시동키를 운전대에서 분리시킬 것. 다만, 운전석에 잠금장치를 하는 등 운전자가 아닌 사람이 운전하지 못하도록 조치한 경우에는 그러하지 아니하다
차량계 건설기계 이송시 준수사항	① 싣거나 내리는 작업은 평탄하고 견고한 장소에서 할 것 ② 발판을 사용하는 때에는 충분한 길이, 폭 및 강도를 가진 것을 사용하고 적당한 경사를 유지하기 위하여 견고하게 설치할 것 ③ 마대 · 가설대 등을 사용할 때에는 충분한 폭, 강도와 적당한 경사를 확보할 것
붐 등의 하강에 대한 위험방지	붐 · 암 등을 올리고 그 밑에서 수리 · 점검 등을 하는 때에는 불시 하강을 방지하기 위하여 ① 안전지주 사용 ② 안전블록 등을 사용
수리 등의 작업 조치	작업을 지휘하는 사람을 지정하여 다음 사항을 준수하도록 하여야 한다. ① 작업순서를 결정하고 작업을 지휘할 것 ② 안전지지대 또는 안전블록 등의 사용 상황 등을 점검할 것

차량용 건설기계의 범위
① 도저형 건설기계(불도저, 스트레이트도저, 틸트도저, 앵글도저, 버킷도저 등)
② 모터그레이더
③ 로더(포크 등 부착물 종류에 따른 용도 변경 형식을 포함한다)
④ 스크레이퍼
⑤ 크레인형 굴착기계(크램쉘, 드래그라인 등)
⑥ 굴착기(브레이커, 크러셔, 드릴 등 부착물 종류에 따른 용도변경 형식을 포함한다)
⑦ 항타기 및 항발기
⑧ 천공용 건설기계(어스드릴, 어스오거, 크롤러드릴, 점보드릴 등)
⑨ 지반 압밀침하용 건설기계(샌드드레인머신, 페이퍼드레인머신, 팩드레인머신 등)
⑩ 지반 다짐용 건설기계(타이어롤러, 매커덤롤러, 탠덤롤러 등)
⑪ 준설용 건설기계(버킷준설선, 그래브준설선, 펌프준설선 등)
⑫ 콘크리트 펌프카   ⑬ 덤프트럭
⑭ 콘크리트 믹서 트럭   ⑮ 도로포장용 건설기계

2. 차량계 하역운반 기계의 안전

작업계획서	① 해당 작업 이에 따른 추락 낙하 전도 협착 및 붕괴 등의 위험예방대책 ② 차량계 하역운반기계 등의 운행경로 및 작업방법
전도방지조치	① 유도자 배치 ② 부동침하방지 ③ 갓길의 붕괴방지
운전자 위치이동 조치사항	① 포크, 버킷, 디퍼 등의 장치를 가장 낮은 위치 또는 지면에 내려 둘 것 ② 원동기를 정지시키고 브레이크를 확실히 거는 등 갑작스러운 주행이나 이탈을 방지하기 위한 조치를 할 것 ③ 운전석을 이탈하는 경우에는 시동키를 운전대에서 분리시킬 것 다만, 운전석에 잠금장치를 하는 등 운전자가 아닌 사람이 운전하지 못하도록 조치한 경우에는 그러하지 아니하다
화물적재 시 조치	① 하중이 한쪽으로 치우치지 않도록 적재할 것 ② 구내 운반차 또는 화물자동차의 경우 화물의 붕괴 또는 낙하에 의한 위험을 방지하기 위하여 화물에 로프를 거는 등 필요한 조치를 할 것 ③ 운전자의 시야를 가리지 않도록 화물을 적재할 것 ④ 화물을 적재하는 경우에는 최대적재량을 초과해서는 아니 된다
붐 등의 하강에 대한 위험방지	붐·암 등을 올리고 그 밑에서 수리·점검작업 등을 하는 경우 붐·암 등이 갑자기 내려옴으로써 발생하는 위험을 방지하기 위하여 해당 작업에 종사하는 근로자에게 안전지지대 또는 안전블록 등을 사용하도록 하여야 한다.
수리 등의 작업	① 작업 지휘자를 지정하고 작업순서를 결정하고 작업을 지휘할 것 ② 안전 지주, 안전블록 등을 사용
작업지휘자 지정	화물자동차를 가용하는 도로상의 주행작업은 제외한다.
탑승 제한	승차석 외의 위치에 근로자 탑승금지
이송작업	① 싣거나 내리는 작업은 평탄하고 견고한 장소에서 할 것 ② 발판을 사용하는 경우에는 충분한 길이, 폭 및 강도를 가진 것을 사용하고 적당한 경사를 유지하기 위하여 견고하게 설치할 것 ③ 가설대 등을 사용하는 경우에는 충분한 폭 및 강도와 적당한 경사를 확보할 것

	④ 지정운전자의 성명·연락처 등을 보기 쉬운 곳에 표시하고 지정운전자 외에는 운전하지 않도록 할 것
작업지휘자의 준수사항	작업지휘자 지정 단위화물의 무게가 100kg 이상인 화물을 차량계 하역운반기계 등에 싣거나 내리는 작업 ① 작업순서 및 그 순서마다의 작업 방법을 정하고 작업을 지휘할 것 ② 기구와 공구를 점검하고 불량품을 제거할 것 ③ 해당 작업을 하는 장소에 관계 근로자가 아닌 사람이 출입하는 것을 금지할 것 ④ 로프 풀기 작업 또는 덮개 벗기기 작업은 적재함의 화물이 떨어질 위험이 없음을 확인한 후에 하도록 할 것

3. 항타기 항발기의 안전수칙 ★★★

1) 무너짐 방지 준수사항

① 연약한 지반에 설치하는 경우에는 아웃트리거·받침 등 지지구조물의 침하를 방지하기 위하여 깔판·깔목 등을 사용할 것

② 시설 또는 가설물 등에 설치하는 경우에는 내력을 확인하고 내력이 부족하면 그 내력을 보강할 것

③ 아웃트리거·받침 등 지지구조물이 미끄러질 우려가 있는 경우에는 말뚝 또는 쐐기 등을 사용하여 해당 지지구조물을 고정시킬 것

④ 궤도 또는 차로 이동하는 항타기 또는 항발기에 대해서는 불시에 이동하는 것을 방지하기 위하여 레일 클램프(rail clamp) 및 쐐기 등으로 고정시킬 것

⑤ 상단 부분은 버팀대·버팀줄로 고정하여 안정시키고, 그 하단 부분은 견고한 버팀·말뚝 또는 철골 등으로 고정시킬 것

2) 권상용 와이어로프 ★★★

사용 제한 조건	① 이음매가 있는 것 ② 와이어로프의 한 가닥에서 소선의 수가 10% 이상 절단된 것 (비 자전로프의 경우에는 끊어진 소선의 수가 와이어로프 호칭지름의 6배 길이 이내에서 4개 이상이거나 호칭지름 30배 길이 이내에서 8개 이상)인 것 ③ 지름의 감소가 공칭지름의 7%을 초과하는 것 ④ 꼬인 것 ⑤ 심하게 변형 또는 부식된 것 ⑥ 열과 전기충격에 의해 손상된 것
안전계수	항타기, 항발기의 권상용 와이어로프의 안전계수는 5.0 이상
사용상 준수사항	① 권상용 와이어로프는 낙추 또는 해머가 최저의 위치에 있는 때 또는 널말뚝을 빼어내기 시작한 때를 기준으로 하여 권상장치의 드럼에 적어도 2회 이상 감기고 남을 수 있는 충분한 길이일 것 ② 권상용 와이어로프는 권상장치의 드럼에 클램프, 클립 등을 사용하여 견고하게 고정할 것 ③ 항타기의 권상용 와이어로프에 있어서 낙추, 해머 등과의 부착은 클램프, 클립 등을 사용하여 견고하게 할 것

3) 항타기 항발기 해체 시 점검사항 ★★★

① 사업주는 항타기 또는 항발기를 조립하거나 해체하는 경우 다음의 사항을 준수해야 한다.
- 항타기 또는 항발기에 사용하는 권상기에 쐐기장치 또는 역회전방 지용 브레이크를 부착할 것
- 항타기 또는 항발기의 권상기가 들리거나 미끄러지거나 흔들리지 않도록 설치할 것
- 그 밖에 조립·해체에 필요한 사항은 제조사에서 정한 설치·해체 작업 설명서에 따를 것

② 항타기, 항발기 조립, 해체 시 점검사항
- 본체 연결부의 풀림 또는 손상 유무
- 상용 와이어로프 및 풀리 장치 부착상태의 이상 유무
- 권상장치 브레이크 및 쐐기장치 기능의 이상 유무
- 권상기 설치상태 및 이상 유무
- 리더(leader)의 버팀 방법 및 고정상태의 이상 유무
- 본체·부속장치 및 부속품의 강도가 적합한지 여부
- 본체·부속장치 및 부속품에 심한 손상·마모·변형 또는 부식이 있는지 여부

4) 항타기 항발기 도르래의 위치

① 권상장치의 드럼 축과 권상장치로부터 첫 번째 활차축과의 거리는 권상장치 드럼 폭의 15배 이상으로 하여야 한다.

② 도르래는 권상장치의 드럼의 중심을 지나야 하며 축과 수직면상에 있어야 한다.

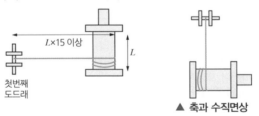

▲ 축과 수직면상

5) 항타기 항발기 사용 시의 조치

증기 또는 압축공기를 동력원으로 하는 항타기 또는 항발기를 사용하는 때에는 다음의 사항을 준수하여야 한다.

(1) 해머의 운동에 의하여 증기호스 또는 공기호스와 해머와의 접속부가 파손되거나 벗겨지는 것을 방지하기 위하여 당해 접속부 외의 부위를 선정하여 증기호스 또는 공기호스를 해머에 고정시킬 것

(2) 증기 또는 공기를 차단하는 장치를 해머의 운전자가 쉽게 조작할 수 있는 위치에 설치할 것

(3) 꼬인 때의조치

   항타기 또는 항발기의 권상장치의 드럼에 권상용 와이어로프가 꼬인 때에는 와이어로프에 하중을 걸어서는 아니된다.

(4) 권상장치정지 시의 조치

   항타기 또는 항발기의 권상장치에 하중을 건 상태로 정지하여 두는 때에는 쐐기장치 또는 역회전방지용 브레이크를 사용하여 제동하여 두는 등 확실하게 정지시켜 두어야 한다.

4. 컨베이어 안전

▲ 롤러 컨베이어   ▲ 측면 방호 울 설치

1) 작업 시작하기 전 점검사항

① 원동기 및 풀리 기능의 이상 유무

② 이탈 등의 방지장치 기능의 이상 유무

③ 비상정지장치 기능의 이상 유무

④ 원동기 · 회전축 · 기어 및 풀리 등 덮개 또는 울 등의 이상 유무

2) 컨베이어 안전조치 사항

이탈 등의 방지 (정전, 전압강하 등에 의한 화물 또는 운반구의 이탈 및 역주행 방지장치)	역전 방지장치 및 브레이크	• 기계적인 것 : 라쳇식, 롤러식, 밴드식, 웜기어 • 전기적인 것 : 전기 브레이크, 스러스트 브레이크
	화물 또는 운반구의 이탈방지 장치	컨베이어 구동부 측면에 롤러형 안내 가이드 설치
	화물 낙하위험 시	덮개, 낙하 방지 울 설치
비상정지 장치	비상시 즉시 정지할 수 있는 장치	
낙하물에 의한 위험방지	화물이 떨어져 근로자가 위험해질 우려가 있는 경우 덮개 또는 울 설치	
통행의 제한	운전 중인 컨베이어 등의 위로 근로자를 넘어가도록 하는 건널 다리 설치 동일선상에 구간별 설치된 컨베이어에 중량물을 운반하는 경우 충돌에 대비한 스토퍼를 설치하거나 작업자를 출입금지	
트롤리 컨베이어	트롤리와 체인 및 행거가 쉽게 벗겨지지 않도록 확실하게 연결	

3) 안전 작업 수칙

(1) 보수작업 시

① 전원을 끄고 개폐기 자물쇠 장치를 할 것

② 기점과 종점에는 부수작업 중 펫말을 게시할 것

(2) 작업 중 컨베이어를 타고 넘어가지 말 것

(3) 안전커버 벗긴 채로 작업 금지

(4) 운전 중 컨베이어에 근로자 탑승 금지

(5) 스위치를 넣을 때는 전 근로자가 알 수 있도록 분명한 신호를 할 것

(6) 운전 중에는 벨트나 기계 부분 청소 및 일체의 보수나 급유 금지

(7) 정전기가 발생할 우려가 있는 장소에서는 정전기 제거기를 설치하고 접지할 것

(8) 마지막 쪽의 컨베이어부터 시동하고 처음 쪽의 컨베이어부터 정지하도록 할 것

5. 고소작업대 설치 등의 조치

1) 설치기준

① 와이어로프 또는 체인의 안전율은 5 이상일 것

② 권과 방지장치를 갖추거나 압력에 이상 상승을 방지할 수 있는 구조일 것

③ 붐에 최대지면 경사각을 초과 운전하여 전도되지 않도록 할 것

④ 작업대에 정격하중 안전율 5 이상을 표시할 것

⑤ 작업대에 게임 충돌 등 재해를 예방하기 위한 가드 또는 과상승 방지장치를 설치할 것

⑥ 조작판의 스위치는 눈으로 확인할 수 있도록 명칭 및 방향 표시를 유지할 것

2) 설치 시 준수사항

① 바닥과 고소작업 때는 가능하면 수평을 유지하도록 할 것

② 갑작스러운 이동을 방지하기 위하여 아웃트리거(outrigger) 또는 브레이크 등을 확실히 사용할 것

3) 이동 시 준수사항

① 작업대를 가장 낮게 내릴 것

② 이동 통로에 요철 상태 또는 장애물의 유무 등을 확인할 것

③ 작업대를 올린 상태에서 작업자를 태우고 이동하지 말 것

4) 하중과 힘 설계 시 고려해야 할 하중

① 정격하중   ② 구조물 하중

③ 풍하중   ④ 인력(manual Forces)

⑤ 특수 하중과 힘

5) 고소작업대 작업 시작 전 점검사항

① 비상정지장치 및 비상하강 방지장치 기능의 이상 유무

② 과부하 방지장치의 작동 유무(와이어로프 또는 체인 구동 방식의 경우)

③ 아웃트리거 또는 바퀴의 이상 유무
④ 작업면의 기울기 또는 요철 유무
⑤ 활선작업용 장치의 경우 홈ㆍ균열ㆍ파손 등 그 밖의 손상 유무

6) 악천후 시 작업 중지

비, 눈 그 밖의 기상상태의 불안전으로 인하여 날씨가 몹시 나쁠 때에 10m 이상의 높이에서 고소작업대를 사용함에 있어서 근로자가 위험을 미칠 우려가 있을 때는 작업을 중지하여야 한다.

7) 고소작업대 사용 시 준수사항

① 작업자가 안전모ㆍ안전대 등의 보호구를 착용하도록 할 것
② 관계자가 아닌 사람이 작업구역에 들어오는 것을 방지하기 위하여 필요한 조치를 할 것
③ 안전한 작업을 위하여 적정수준의 조도를 유지할 것
④ 전로(電路)에 근접하여 작업을 하는 경우에는 작업감시자를 배치하는 등 감전사고를 방지하기 위하여 필요한 조치를 할 것
⑤ 작업대를 정기적으로 점검하고 붐ㆍ작업대 등 각 부위의 이상 유무를 확인할 것
⑥ 전환스위치는 다른 물체를 이용하여 고정하지 말 것
⑦ 작업대는 정격하중을 초과하여 물건을 싣거나 탑승하지 말 것
⑧ 작업대의 붐대를 상승시킨 상태에서 탑승자는 작업대를 벗어나지 말 것

6. 구내 운반차

1) 화물 운반 시 조치

① 하중이 한쪽으로 치우치지 않도록 적재할 것
② 구내운반차 또는 화물자동차의 경우 화물에 붕괴 또는 낙하에 의한 위험을 방지하기 위하여 화물에 로프를 거는 등 필요한 조치를 할 것
③ 운전자의 시야를 가려 않도록 화물을 적재할 것

2) 제한속도의 지정

최대 제한속도가 매시 10km 이하인 것은 제외한다.

3) 작업계획서 내용

① 해당 작업 이에 따른 추락 낙하 전도 협착 및 붕괴 등의 위험 예방대책
② 차량계 하역운반기계 등의 운행경로 및 작업 방법

4) 탑승 제한

승차 스퀘어 위치의 근로자 탑승금지(화물자동차 제외)

5) 구내 운반차 제동장치 등의 준수사항 (2021.11.9.)

구내 운반차(작업장 내 운반을 주목적으로 하는 차량으로 한정한다)를 사용하는 경우에 다음 각 호의 사항을 준수해야 한다.

① 주행을 제공하거나 정지 상태를 유지하기 위하여 유효한 제동장치를 갖출 것

② 경음기를 갖출 것

③ 운전 자석이 차 실내 있음 있는 것은 좌우에 한 개씩 방향 지시기를 갖출 것

④ 전조등과 후미등을 갖출 것. 다만, 작업을 안전하게 하기 위하여 필요한 조명이 있는 장소에서 사용하는 구내운반차에 대해서는 그러하지 아니하다.

6) 구내 운반차를 작업시작 전 점검사항

① 제동장치 및 조종장치 기능 이상 유무 ② 하역장치 및 유압장치 기능 이상 유무

③ 바퀴의 이상 유무   ④ 전조등 · 후미등 · 방향지시기 및 경음기 기능 이상 유무

⑤ 충전장치를 포함한 홀더 등의 결합상태의 이상 유무

7) 중량물 취급 시 준수사항 (싣거나 내리는 작업)

작업지휘자 지정 단위화물 무게가 100kg 이상인 화물을 차량계 하역운반기계 등에 싣거나 내리는 작업

① 작업 순서 및 그 순서마다의 작업방법을 정하고 작업을 지휘할 것

② 치구와 공구를 점검하고 불량품을 제거할 것

③ 해당 작업을 하는 장소에 관계 근로자가 아닌 사람이 출입하는 것을 금지시킬 것

④ 로프 풀기 작업 또는 덮개 벗기기 작업은 적재함의 화물이 떨어질 위험이 없음을 확인한 후 할 것

8) 수리 등의 작업 시 작업 지휘자 준수사항

① 작업 순서를 결정하고 작업을 지휘할 것

② 안전지주 또는 안전블록 등의 사용 상황 등을 점검할 것

7. 화물자동차

승강설비 설치	바닥으로부터 짐 윗면까지의 높이가 2미터 이상인 화물자동차에 짐을 싣는 작업 또는 내리는 작업을 하는 경우 근로자의 추락위험을 방지하기 위해 근로자가 바닥과 적재함의 짐 윗면을 오르내리기를 위한 설비를 설치
섬유로프 등의 사용금지	① 꼬임이 끊어진 것　　　　② 심하게 손상 또는 부식된 것
섬유로프 등의 작업시작 전 조치사항	① 작업순서와 순서별 작업방법을 결정하고 작업을 직접 지휘하는 일 ② 기구와 공구를 점검하고 불량품을 제거하는 일 ③ 해당 작업을 하는 장소에 관계 근로자가 아닌 사람의 출입을 금지하는 일 ④ 로프 풀기작업 및 덮개 벗기기 작업을 하는 경우 적재함의 화물에 낙하위험이 없음을 확인한 후에 해당 작업의 착수를 지시하는 일
화물빼내기 금지	화물을 내리는 작업을 하는 경우 쌓여 있는 화물의 중간에서 화물을 빼내기 금지할 것
작업시작 전 점검사항	① 제동장치 및 조종장치 기능의 이상 유무 ② 하역장치 및 유압장치 기능의 이상 유무 ③ 바퀴의 이상 유무

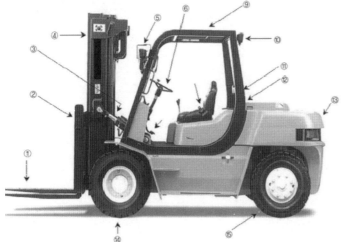

[지게차의 명칭]
① 포크　　　　　② 백레스트
③ 틸트 실린더　　④ 마스트
⑤ 전조등　　　　⑥ 조향핸들
⑦ 안전벨트　　　⑧ 브레이크
⑨ 헤드가드　　　⑩ 후미등
⑪ 방향지시기　　⑫ 후진경보장치
⑬ 카운터 웨이트　⑭ 전륜
⑮ 후륜

1) 헤드가드

헤드가드를 갖추지 아니한 지게차를 사용해서는 아니 된다

① 강도는 지게차의 최대하중의 2배 값(4톤을 넘는 값에 대해서는 4톤으로 한다)의 등분포정하중에 견딜 수 있을 것

② 상부 틀의 각 개구의 폭 또는 길이가 16cm 미만

③ 운전자가 앉아서 조작하거나 서서 조작하는 지게차의 헤드가드는 좌승식 좌석기준점으로부터 903mm 이상 입승식 조종사가 서 있는 플랫폼으로부터 1,880mm 이상

2) 지게차의 안정성

지게차의 안정성을 유지하기 위해서는 지게차의 중량과 앞바퀴부터 차의 중심까지 거리를 곱한 값이 화물의 중량과 앞바퀴부터 중심까지의 거리 곱의 값이 같거나 커야 한다.

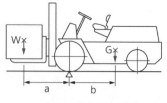

▲ 포크 리프트의 안전

$$Wa \le Gb$$

W : 화물의 중량 G : 지게차의 중량

a : 앞바퀴부터 하물의 중심까지의 거리 b : 앞바퀴부터 차의 중심까지의 거리

3) 지게차의 안정도

하역작업 시의 전 · 후 안정도 : 4% 이내 (5t 이상 : 3.5%)	
하역작업 시의 좌 · 우 안정도 : 6% 이내	
주행 시의 전 · 후 안정도 : 18% 이내	
주행 시의 좌 · 우 안정도(15+1.1V)% 이내 최대 40%(V : 최고속도 km/h)	

$$안정도 = \frac{h}{L} \times 100\%$$

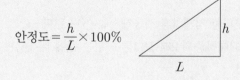

4) 들어 올리는 작업 시 안전기준

① 지상에서 5~10cm 지점까지 들어 올린 후 정지할 것

② 화물의 안전상태, 포크에 대한 편심 하중 및 기타 이상 유무 확인

③ 마스트는 후방향 쪽으로 경사를 둘 것

④ 지상에서 10~30cm의 높이까지 들어 올릴 것

⑤ 들어올린 상태로 출발, 주행할 것

⑥ 전경사각 : 마스터의 수직위치에서 앞으로 기울인 경우 최대경사각 5~6°

⑦ 후경사각 : 마스터의 수직위치에서 앞으로 기울인 경우 최대경사각 10~12°

5) 지게차 취급 시 안전대책

① 전조등 및 후미등　　　　　　② 백레스트

③ 팔레트 또는 스키드의 안전기준　④ 사용의 제한

⑤ 좌석 안전띠 착용

6) 지게차의 작업 시작 전 점검사항

① 제동장치 및 조종장치 기능의 이상 유무　② 하역장치 및 유압장치 기능의 이상 유무

③ 바퀴의 이상 유무　　　　　　　　　　④ 전조등 후미등 방향지시기 및 경보장치 기능 이상 유무

7) 주행 시의 안전기준

(1) 화물을 적재한 상태에서 주행할 때에는 안전속도로 할 것

(2) 비포장도로, 좁은 통로, 언덕길 등에서는 급출발이나 급브레이크 조작, 급선회 등을 하지 않는다.

(3) 지게차는 전방 시야가 나쁘므로 전후좌우를 충분히 관찰할 것

(4) 적재화물이 크고 운전자의 시야를 현저하게 방해할 때에는 다음과 같은 조치를 한다.

　① 유도자를 배치하여 안전작업이 되도록 한다.

　② 후진으로 진행한다.　　　　　③ 경적을 울리면서 운행한다.

(5) 화물적재 상태에서 30cm 이상으로 들어올리거나 마스트를 수직이나 앞으로 기울인 상태에서 주행하지 않는다.

(6) 선회하는 경우에는 후륜이 바깥쪽으로 크게 회전하므로 사람이나 건물에 접촉 또는 충돌하지 않도록 천천히 선회한다.

(7) 경사면을 주행할 때

　① 급경사의 언덕길을 오를 때에는 포크의 선단 또는 파렛트의 바닥부분이 노면에 접촉되지 않도록 하고, 되도록 지면에 가까이 접근시켜 주행한다.

　② 언덕길의 경사면을 따라 옆으로 향하여 주행하거나 방향을 전환하지 않는다.

　③ 급경사의 언덕길을 올라가거나 내려갈 때는 후진 운전을 하고 엔진브레이크를 사용한다.

02 연습문제

01 다음 중 다짐용 전압롤러로 점착력이 큰 진흙 다짐에 가장 적합한 것은?

① 탬핑롤러　　　　② 타이어롤러
③ 진동롤러　　　　④ 탠덤롤러

02 장비 자체보다 높은 장소의 굴착에 유효하여 굴착과 운반차량과의 조합 시공에 적절한 장비는?

① 불도저　　　　　② 파워셔블
③ 파일 드라이버　　④ 클램셸

03 차량계 건설기계를 사용하여 작업 시 작업계획에 포함되어야 할 사항이 아닌 것은?

① 차량계 건설기계의 운행경로
② 차량계 건설기계의 신호방법
③ 차량계 건설기계에 의한 작업방법
④ 사용하는 차량계 건설기계의 종류 및 능력

04 다음 중 차량계 건설기계가 아닌 것은?

① 모터 그레이더　　② 브레이커
③ 어스드릴　　　　④ 롤러

05 강관비계 중 단관비계의 수직방향의 조립간격 기준으로 옳은 것은?

① 3미터　　　　　② 4미터
③ 5미터　　　　　④ 6미터

06 굴착과 싣기를 동시에 할 수 있는 토공기계가 아닌 것은?

① Power shovel　　② Tractor shovel
③ Back hoe　　　　④ Motor grader

07 다음 중 해체작업용 기계 기구로 가장 거리가 먼 것은?

① 압쇄기　　　　　② 핸드 브레이커
③ 철제 해머　　　　④ 진동롤러

정답　01 ①　02 ②　03 ②　04 ②　05 ③　06 ④　07 ④

CHAPTER

03 양중기 및 해체용 기구의 안전

01 | 해체용 기구의 종류 및 취급안전

1. 해체용 기구의 종류

1) **압쇄기** : 셔블에 설치하여 유압조직에 의해 콘크리트 등에 강력한 압축력을 가해 파쇄하는 것

2) **대형 브레이크** : 통상 셔블에 부착하여 사용하는 것

3) **철제 해머** : 해머를 크레인 등에 부착하여 구조물에 충격을 주어 파쇄하는 것

4) **핸드 브레이크** : 압축공기, 유압의 급속한 충격력에 의거 콘크리트 등을 해체할 때 사용하는 것(국소진동부 발생, 직업병 관찰)

5) **팽창제** : 광물의 수화반응에 의한 팽창압을 이용하여 파쇄하는 공법
   ① 천공 직경은 30~50mm 정도 유지
   ② 천공 간격은 30~70cm
   ③ 개봉된 팽창제(화학류는 아님)는 사용 금지

6) 절단기(톱)

7) 쐐기타입기

8) 화염방사기

9) 절단 줄톱

10) **압쇄기 건물 해체 순서** : 슬래브(바닥) → 보 → 벽체 → 기둥

▲ 굴착용 압쇄기　　▲ 브레이커　　▲ 핸드브레이커

2. 해체용 기구 사용 시 준수사항

1) 화약 발파 공법

① 전기 뇌관 결선 시 결선 부위는 방수 및 누전 방지를 위해 절연테이프를 감아야 한다.

② 발파 방식은 순발 및 지발을 구분하여 계획하고 사전에 필히 도통시험에 의한 도화선 연결 상태 점검

③ 발파작업 시 출입금지 구역 설정

④ 전화 신호 (깃발 및 사이렌 등의 신호) 확인

⑤ 폭발 여부가 확실하지 않을 때는 전기뇌관 발파 시는 5분, 그 밖의 발파에서는 15분 이내에 현장에 접근해서는 안 된다.

⑥ 발파 시 발생하는 폭풍압과 비산석을 방지할 수 있는 방호막 설치

⑦ 1단 발파 후 후속 발파 전에 반드시 전회의 불발 장약을 확인하고 발견 시 제거 후 후속 발파 실시

⑧ 장진구는 마찰 · 충격 · 정전기 등에 의한 폭발이 발생할 위험이 없는 것을 사용할 것

⑨ 발파공의 충진재료는 점토 · 모래 등 발화성, 인화성의 위험이 없는 재료를 사용할 것

⑩ 전기뇌관에 의한 발파의 경우 점화하기 전에 화약류를 장전한 장소로부터 30m 이상 떨어진 안전한 장소에서 전선에 대하여 저항측정 및 도통시험을 할 것

> **참고**
>
> ※ 도통시험 : 발파기와 전기뇌관을 잇는 발파 회로의 전기저항을 측정하여 발파 모선이나 보조 모선의 단락, 단선 등이 없는 것을 확인하는 통전 시험
> ※ 순발뇌관 : 뇌관의 기폭과 동시에 폭약을 폭굉시킴
> ※ 지발뇌관 : 뇌관 내의 지연작용에 의해 일정시간 지연 후 폭굉. 뇌관 내부에 연시장치가 있음
>   - 폭굉 : 폭속이 2,000m/sec 이상의 폭발

2) 건축물 해체작업 시 작업계획서 내용

① 해체 방법 및 해체 순서도면

② 가설설비, 방호설비, 환기설비 및 살수 방화설비 등의 방법

③ 사업장 내 연락 방법

④ 해체물의 처분계획

⑤ 대체작업용 기계기구 등 작업계획서

⑥ 그 밖에 안전보건에 관련된 사항

3. 양중기 종류

① 크레인(호이스트 포함)　　　　　　② 이동식 크레인
③ 리프트(이삿짐 운반용 리프트의 경우 적재하중 0.1톤 이상인 것)
④ 곤돌라　　　　　　　　　　　　　⑤ 승강기

1) 양중기의 방호장치

방호장치의 조정 대상	① 크레인　　　　　　　　　② 이동식 크레인 ③ 자동차 관리법에 따라 차량 작업부에 탑재되는 이삿짐 운반용 리프트 ④ 간이리프트(자동차 정비용 리프트 제외) ⑤ 곤돌라　　　　　　　　　⑥ 승강기
방호장치의 종류	① 권과방지장치　　　　　　② 과부하방지장치 ③ 비상정지장치 및 제동장치 ④ 그 밖의 방호장치(승강기의 파이널 리미트 스위치, 속도조절기, 출입문 인터록 등)

02 | 크레인

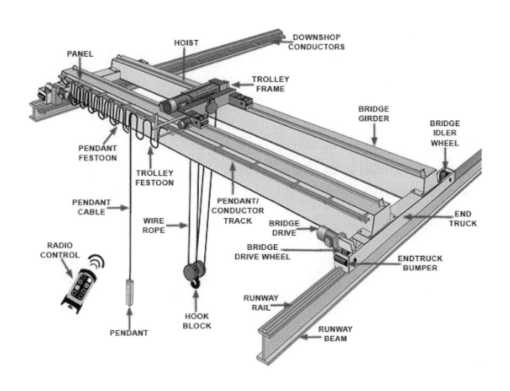

1. 양중기의 종류와 정의(크 리 곤 승) ★★★

크레인(호이스트 포함)		동력을 이용하여 중량물을 상하좌우로 운반하는 것
이동식 크레인		원동기를 내장하고 있는 것으로 불특정 장소에 스스로 이동하면서 중량물을 상하 좌우 운반하는 것
리프트	건설작업용	동력을 사용하여 가이드레일(운반구를 지지하여 상승 및 하강 동작을 안내하는 레일)을 따라 상하로 움직이는 운반구를 매달아 사람이나 화물을 운반할 수 있는 설비 또는 이와 유사한 구조 및 성능을 가진 것으로 건설 현장에서 사용하는 것을 말한다.
	산업용	동력을 사용하여 가드레일을 따라 상하로 움직이는 운반구를 메달아 사람이 탑승하지 않고 화물을 운반할 수 있는 설비 또는 이와 유사한 구조 및 성능을 가진 것으로 건설 현장 외의 장소에서 사용하는 것을 말한다.
리프트	자동차정비용	동력을 사용하여 가이드레일을 따라 움직이는 지지대로 자동차 등을 일정한 높이로 올리거나 내리는 구조의 리프트로서 자동차 정비에 사용하는 것을 말한다.
	이삿짐운반용	연장 축소가 가능하고 사다리형 붐을 따라 동력으로 움직이는 운반구를 사용하는 기계로서 적재하중이 0.1톤 이상
곤돌라		달기발판 또는 운반구, 승강장치 그 밖의 장치 및 이들에 부속된 기계부품에 의하여 와이어로프 달기강선에 의하여 달기발판 또는 운반구가 전용의 승강장치에 의하여 오르내리는 설치
승강기	승용승강기	사람 전용
	인화공용승강기	사람, 화물 공용
	화물용승강기	화물 전용
	에스컬레이터	동력에 의하여 운반되는 것으로 사람을 운반하는 연속계단이나 보도상태의 승강기

2. 와이어로프 안전계수 ★★★

근로자가 탑승하는 운반구를 지지하는 달기 와이어, 달기체인	10
화물의 하중을 직접 지지하는 달기와이어 또는 달기체인	5
훅 샤클, 클램프, 리프팅의 빔	3
그 밖의 경우	4

▲ 훅

▲ 샤클

▲ 클램프

▲ 리프팅 빔

3. 양중기 방호장치 ★★★

1) 크레인, 이동식 크레인
① 과부하 방지장치
② 권과방지장치
③ 비상정지장치 및 제동장치
④ 제동장치
⑤ 혹 해지장치
⑥ 안전밸브(유압식)

2) 승강기
① 파이널 리미트 스위치
② 속도 조절기
③ 출입문 인터록

3) 리프트
① 과부하 방지장치
② 권과방지장치
③ 비상정지장치
④ 제동장치
⑤ 조작반 잠금장치

4) 곤돌라
① 과부하 방지장치
② 권과방지장치
③ 비상정지장치
④ 제동장치

4. 폭풍 등에 의한 안전 조치 사항 ★★★

1) 순간 풍속이 매초 30m 초과
(1) 바람이 예상될 경우 : 주행 크레인 이탈 방지장치 작동 점검

(2) 바람이 불어온 후
① 작업 전 크레인의 이상 유무 점검
② 건설용 리프트에 이상 유무 점검

2) 순간 풍속이 매초 35m 초과
(1) 바람이 불어올 우려가 있을 시
① 건설용 리프트의 받침 수 증가 등 붕괴방지 조치
② 옥외용 승강기에 받침 수 증가 등 도괴방지 조치

5. 양중기 와이어로프 및 체인 사용금지 조건 ★★★

1) 양중기 와이어로프

① 이음매가 있는 것

② 와이어로프의 한 꼬임(스트랜드)에서 끊어진 소선의 수가 10% 이상인 것

  (비 자전로프의 경우에는 끊어진 소선의 수가 와이어로프 호칭지름의 6배 길이 이내에서 4개 이
상이거나 호칭지름 30배 길이 이내에서 8개 이상)인 것)

③ 꼬인 것   ④ 지름의 감소가 공칭지름의 7%를 초과한 것

⑤ 심하게 변형 또는 부식된 것   ⑥ 열과 전기충전에 손상된 것

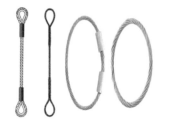 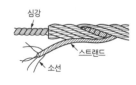

※ 비자전로프(Non Rotating Rope)

다수의 소선과 스트랜드를 나선상으로 꼬아 만든 로프로 하중을 가하면 로프축을 중심으로 로프가 풀리는 방향으로 회전
하는 성질이 있는데 이를 자전성이라 한다. 이 자전성을 적게 하기 위해 별도로 제조한 로프를 비자전성 로프라 한다.

2) 양중기 달기 체인

① 달기 체인의 길이가 달기 체인이 제조된 때의 길이의 5%를 초과한 것

② 링의 단면지름이 달기 체인이 제조된 때의 해당 링의 지름의 10%를 초과하여 감소한 것

③ 균열이 있거나 심하게 변형된 것

3) 변형되어 있는 훅, 샤클 등의 사용금지

① 변형 균열된 것

② 안전율이 3 이상 확보된 중량물 취급 용구를 사용하
거나 자체 제작한 중량물 취급 용구에 대해 비파괴 시험 실시

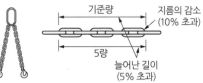

4) 양중기 섬유로프

① 꼬임이 끊어진 것

② 심하게 손상되거나 부식된 것

③ 2개 이상의 작업용 섬유 로프 또는 섬유 벨트를 연결한 것

④ 작업 높이보다 길이가 짧은 것

6. 양중기 안전수칙

(1) 정격하중표시

    ① 정격하중   ② 운전 속도   ③ 경고표시등을 부착

(2) 신호

(3) 운전 위치로부터 이탈 금지

7. 건설용 리프트

동력을 사용하여 가이드레일을 따라 상하로 움직이는 운반구를 매달아 화물을 운반할 수 있는 설비 또는 이와 유사한 구조 및 성능을 가진 것으로서 건설 현장에서 사용하는 것

8. 크레인 방호장치

① 권과방지장치 : 양중기 권상용 와이어로프 또는 기부 등의 붐 권상용 와이어로프 과다감기방지
② 과부하 방지장치 : 정격하중 이상의 하중부하 시 자동으로 상승 정지되면서 경고음이나 경보 등 발생
③ 비상정지 장치 : 돌발사태 발생 시 안전 유기 위한 전원 차단 및 크레인 급정지시키는 장치
④ 제동장치 : 운동 기체의 기계적 접촉의 의해 운동 채널 정지상태로 유지하는 기능을 가진 장치
⑤ 훅 해지장치 : 와이어로프의 이탈을 방지하기 위한 장치
⑥ 기타 방호장치 : 스토퍼(stopper), 이탈 방지장치, 안전밸브 등

9. 방호장치 설명

1) 양중기 권과 방지장치

권과방지장치는 후크, 버킷 등 달기구의 윗면이 드럼, 상부 도르래, 트롤리 프레임 등 권상장치의 아랫면과 접촉할 우려가 있는 경우에 그 간격이 0.25M(25cm) 이상 직동식 권과 방지장치는 0.05M(5cm) 이상이 되도록 조정하여야 한다.

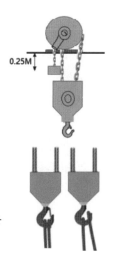

2) 크레인 훅 해지장치

후크 걸이용 와이어로프 등이 후크로부터 벗겨지는 것을 방지하기 위한 장치로서 반드시 설치되어 있어야 한다.

3) 건설물 등 설비 사이 통로 설치

(1) 주행 크레인 또는 선회 크레인과 건설물 또는 설비와의 사이에 통로를 설치하는 경우 그 폭을 0.6미터 이상으로 하여야 한다.

(2) 통로 중 건설물의 기둥에 접촉하는 부분에 대해서는 0.4미터 이상으로 할 수 있다.

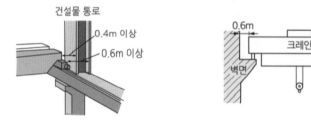

(3) 다음 각 호의 간격을 0.3 미터 이하로 하여야 한다.
    ① 크레인의 운전실 또는 운전대를 통하는 통로의 끝과 건설물 등의 벽체의 간격
    ② 크레인 거더(girder)의 통로 끝과 크레인 거더의 간격
    ③ 크레인 거더의 통로로 통하는 통로의 끝과 건설물 등의 벽체의 간격

10. 크레인의 작업 시작 전 점검사항

    ① 권과방지장치, 브레이크, 클러치 및 운전장치의 기능
    ② 와이어로프가 통하는 곳의 상태
    ③ 주행로의 상측 및 트롤리가 횡행하는 레일의 상태

11. 이동식 크레인 작업 시작 전 점검사항

    ① 권과방지장치, 그 밖의 경보장치의 기능
    ② 브레이크, 클러치 및 조정장치의 기능
    ③ 와이어로프가 통하는 곳 및 작업장소의 지반상태

12. 크레인 설치, 조립. 수립, 점검, 해체작업 시 조치사항

    ① 작업순서를 정하고 그 순서에 따라 작업할 것
    ② 관계근로자 외 출입을 금하고 그 취지를 보기 쉬운 곳에 게시할 것
    ③ 비, 눈 등의 기상상태의 불안정으로 날씨가 몹시 나쁜 경우 작업을 중지할 것
    ④ 작업장소는 충분한 공간을 확보하고 장애물이 없도록 할 것
    ⑤ 들어올리거나 내리는 작업은 균형을 유지하면서 작업할 것
    ⑥ 충분한 응력을 갖는 구조로 기초를 설치하고 침하 등이 일어나지 않도록 할 것
    ⑦ 규격품인 조립 볼트를 사용하고 대칭되는 곳을 차례로 분해 결합할 것

03 | 타워크레인

1. 타워크레인 작업 시 안전조치사항

① 순간 풍속이 초당 15m 초과 시 타워크레인의 운전작업 중지

② 순간 풍속이 초당 10m 초과 시 설치 수리 점검 및 해체작업 중지

③ 성능 및 안전장치 기능을 숙지하고 반드시 유자격자가 운전

④ 충분한 기초 입력을 갖는 기초 설치

⑤ 작업 순서에 의해 작업하고 작업반경 내 관계 근로자의 출입금지

⑥ 신호 수업 신호에 따라 정격하중 이내에서 작업

⑦ 권상 하중을 작업자 위로 통과 금지

⑧ 권상, 권하, 선회, 주행 등의 조작 시 급격한 기동 및 정지 금지

⑨ 동작 시 이상음이나 이상 진동이 있을 경우 즉시 운전을 정지하고 점검 및 보수 리미트 스위치 및 제동장치는 작업 시작 전 반드시 점검

2. 타워크레인의 설치 · 조립 · 해체작업 시 작업계획서 작성 준수사항

① 타워크레인의 종류 및 형식

② 설치 · 조립 및 해체 순서

③ 작업도구 · 장비 · 가설설비 및 방호설비

④ 작업인원의 구성 및 작업근로자의 역할 범위

⑤ 타워크레인의 지지 규정에 의한 지지방법

3. 타워크레인 안전작업

1) 타워크레인의 강풍 시 작업제한

(1) 순간 풍속이 매초 10미터를 초과하는 경우 타워크레인의 설치 · 수리 · 점검 또는 해체작업을 중지

(2) 순간 풍속이 매초 15미터를 초과하는 경우 타워크레인의 운전작업을 중지하여야 한다.

2) 타워크레인 지지

(1) 자립고 이상의 높이로 설치

건축물 등의 벽체에 지지하거나 와이어로프의 의하여 지지(다만 지지할 벽체가 없는 등 부득이한 경우에는 와이어로프에 의해 지지할 수 있다)

(2) 벽체 지지

① 서면심사에 관한 서류는 제조사에 설치 작업 설명서 등에 따라 설치할 것

② 서면심사 서류 등이 없거나 매우 하지 아니한 경우에는 국가기술자격법에 의한 건축 구조 건설기계 기계안전 건설안전기술사 또는 건설 안전 분야 산업안전지도사의 확인을 받아 설치하거나 기종별 모델별 공인된 표준방법을 설치할 것

③ 콘크리트 구조물의 고정시키는 경우에는 매립이나 관통 또는 이와 동등 이상의 방법으로 충분히 지지되도록 할 것

④ 건축 중인 시설물에 지지하는 경우에는 동 시설물에 구조적 안정성의 영향이 없도록 할 것

(3) 와이어로프 지지

① 겹치게 지지하는 경우에 일 또는 이후에 조치를 할 것

② 와이어로프를 고정하기 위한 전용지지 프레임을 사용할 것

③ 와이어로프 설치 각도는 수평면에서 60도 이내로 하되 지점은 4개소 이상으로 하고 같은 각도로 설치할 것

④ 와이어로프와 그 고정부위는 충분한 강도의 장력을 갖도록 설치하고 와이어로프를 클립, 샤클 등의 고정 기구를 사용하여 견고하게 고정시켜 풀리지 아니 하도록 하며 사용 중에는 충분한 강도와 장력을 유지하도록 할 것

⑤ 와이어로프가 가공 전선에 근접하지 아니하도록 할 것

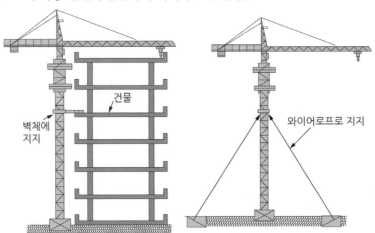

3) 기타 양중기

데릭 : 동력을 이용하여 물건을 달아 올리는 기계장치(마스트, 붐)

(1) 가이 데릭(guy derrick)

① 훅, 붐의 경사 회전 등은 윈치로 조정되며 360도 회전 가능

② 보통 붐은 마스터 높이 80% 정도의 길이까지 사용 가능

③ 하역작업, 항만 하역설비 등에 사용

(2) 3각 데릭(stiff leg derrick, triangle derrick)
　　① 마스터를 2개의 다리로 지지한 것으로 붐은 2개의 다리가 있으며 하부는 삼각형 받침대로 되어있으며 270도 회전 가능
　　② 빌딩의 옥상, 협소한 장소에 사용 가능

(3) 진폴 데릭(gin pole derrick)
　　1본의 마스트의 선단에 하중을 매단 데릭. 속칭 보스라고도 함

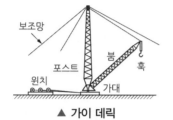
▲ 가이 데릭

▲ 3각 데릭

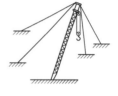
▲ 진폴 데릭

03 연습문제

01 양중기 와이어로프의 부적격한 와이어로프의 사용금지 기준이 아닌 것은?

① 이음매가 있는 것
② 지름의 감소가 공칭지름의 7%를 초과하는 것
③ 심하게 변형 또는 부식된 것
④ 길이의 증가가 제조 길이의 10%를 초과하는 것

02 다음 중 해체작업용 기계기구로 거리가 가장 먼 것은?

① 압쇄기
② 핸드브레이커
③ 철 해머
④ 진동 롤러

03 옥외에 설치되어 있는 주행 크레인에 대하여 이탈방지장치를 작동시키는 등 그 이탈을 방지하기 위한 조치를 하여야 하는 매초 순간 풍속에 대한 기준으로 옳은 것은?

① 10미터 초과
② 20미터 초과
③ 30미터 초과
④ 40미터 초과

04 승강기 강선의 과다 감기를 방지하는 장치는?

① 비상정지장치
② 권과방지장치
③ 해지장치
④ 과부하방지장치

05 다음 중 산업안전기준에 관한 규칙에서 정의하는 양중기에 해당하지 않는 것은?

① 크레인
② 리프트
③ 곤돌라
④ 최대하중이 0.1톤인 승강기

06 크레인의 운전실 또는 운전대를 통하는 통로의 끝과 건설물 등의 벽체의 간격은 최대 얼마 이하로 하여야 하는가?

① 0.2m
② 0.3m
③ 0.4m
④ 0.5m

07 타워크레인을 자립고(自立高) 이상의 높이로 설치할 때 지지 벽체가 없어 와이어로프로 지지하는 경우의 준수사항으로 옳지 않은 것은?

① 와이어로프를 고정하기 위한 전용 지지프레임을 사용할 것
② 와이어로프 설치 각도는 수평면에서 $60°$ 이내로 하되, 지지점은 4개소 이상으로 하고, 같은 각도로 설치할 것
③ 와이어로프와 그 고정부위는 충분한 강도와 장력을 갖도록 설치하되, 와이어로프를 클립·샤클(shackle) 등의 기구를 사용하여 고정하지 않도록 유의할 것
④ 와이어로프가 가공전선에 근접하지 않도록 할 것

CHAPTER

04 건설재해 및 대책

01 | 건설재해

1. 추락 방호망 설치

1) 방망의 구조 및 치수

소재	합성섬유 또는 그 이상의 물리적 성질을 갖는 것
그물코	사각 또는 마름모로서 그 크기는 10cm 이하
방망의 종류	매듭방망, 단매듭 원칙
달기로프 결속	3회 이상 엮어 묶는 방법
시험용사	방망 폐기 시 방망사의 강도 점검을 위해 테두리 로프에 연결하여 방망에 재봉한 방망사

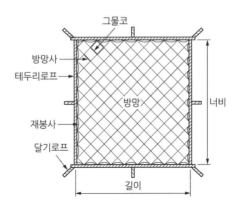

2) 방망사의 인장강도 ★★★

그물코의 크기 (단위 : cm)	방망의 종류(kg)			
	매듭 없는 방망		매듭 방망	
	신품	폐기 시	신품	폐기 시
10cm	240	150	200	135
5cm			110	60

지지점 등의 강도 : 600kg의 외력에 견딜 수 있는 강도 보유

외력계산 : $F(Kg) = 200 \times B$, B : 지지점 간격(m)

3) 방망의 정기시험

기간	사용개시 후 1년 이내 그 후 6개월마다 1회씩
시험방법	시험용사에 대한 등속 인장 시험

4) 방망의 표시사항

① 제조자명   ② 제조연월
③ 재봉 치수   ④ 그물코
⑤ 방망의 강도

5) 방망의 사용방법

(1) 방망의 허용 낙하높이

높이 종류 조건	낙하높이(H_1)		방망과 바닥면 높이(H_2)		방망의 처짐길이
	단일 방망	복합 방망	10cm 그물코	5cm 그물코	
$L < A$	$\frac{1}{4}(L+2A)$	$\frac{1}{5}(L+2A)$	$\frac{0.85}{4}(L+3A)$	$\frac{0.95}{4}(L+3A)$	$\frac{1}{4}(L+2A)\times\frac{1}{3}$
$L \geq A$	$\frac{3}{4}L$	$\frac{3}{5}L$	$0.85L$	$0.95L$	$\frac{3}{4}L\times\frac{1}{3}$

(2) L과 A의 관계

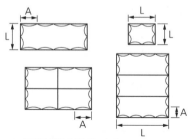
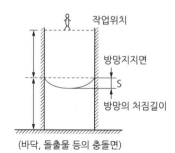

L : 단변방향길이(단위 : 미터)
A : 장변방향 방망의 지지간격(단위 : 미터)

(바닥, 돌출물 등의 충돌면)

2. 추락 재해 예방대책

1) 추락의 방지(작업 발판의 끝 개구부 등 제외)

① 추락하거나 넘어질 위험이 있는 장소 또는 기계설비 선박 블록 등에서 작업할 때
  ㉠ 비계를 조립하는 등의 방법으로 작업발판, 안전난간 설치
  ㉡ 작업 발판 설치가 곤란한 경우 안전 방망 설치
  ㉢ 안전방망 설치가 곤란한 경우 안전대 착용 등 추락위험 방지 조치

2) 안전방망 설치기준

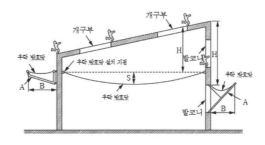

▲ 추락 방호망의 설치 방법

① 안전방망의 설치 위치는 가능하면 작업 면으로부터 가까운 지점에서 설치하여야 하며 작업 면으로부터 망의 설치지점까지의 수직거리는 10미터를 초과하지 아니할 것

② 안전방망은 수평으로 설치하고, 망의 처짐은 짧은 변 길이의 12% 이상이 되도록 할 것

③ 건축물 등의 바깥쪽으로 설치하는 경우 망의 내민 길이는 벽면으로부터 3m 이상 되도록 할 것 다만 그물코가 20mm 이상을 사용한 경우에는 낙하물에 의한 위험방지에 따른 낙하물 방지망을 설치한 것으로 본다.

3) 높이가 2m 이상인 곳의 위험방지 조치사항

① 안전대의 부착설비 : 지지로프 설치 시 처지거나 풀리는 것을 방지하기 위한 조치

② 조명의 유지 : 작업수행에 필요한 조명 유지

③ 승강설비 설치 : 높이 또는 깊이가 2m 초과하는 장소에서의 안전작업을 위한 승강설비 설치

4) 지붕 위에서의 위험방지

슬레이트 선라이트 등 강도가 약한 재료로 덮은 지붕 위에서의 위험방지

① 지붕의 가장자리에 안전난간을 설치할 것

② 채광창(skylight, 일명 선라이트)에는 견고한 구조의 덮개 설치할 것

③ 슬레이트 등 강도가 약한 재료로 덮은 지붕에는 폭 30cm 이상의 발판을 설치할 것

④ 작업환경 등을 고려할 때 지붕 가장자리에 안전난간의 설치가 곤란한 경우 추락방호망을 설치할 것

⑤ 작업 환경 등을 고려할 때 추락방호망을 설치하기 곤란한 경우에는 근로자에게 안전대를 착용하도록 하는 등 추락위험을 방지하기 위하여 필요한 조치를 해야 한다.

5) 울타리 설치

① 대상 : 작업 중 또는 통행 시 전락으로 인한 화상, 질식 등의 위험에 처할 우려가 있는 케틀(kettle), 호퍼(hopper), 피트(pit) 등

② 조치사항 : 높이 90cm 이상의 울타리 설치

6) 안전대 부착설비의 기준

① 높이 2m 이상의 장소에서 안전대 착용 시 안전대 부착설비 설치

② 지지로프 등의 처지거나 풀림방지를 위한 필요한 조치

③ 철골작업 시 전용지주나 지지로프 반드시 설치

④ 지지로프는 1인 한 가닥 사용이 원칙

3. 건축물 바깥쪽으로 추락 방호망을 설치하는 경우

1) 추락방호망의 설치위치는 가능하면 작업면으로부터 가까운 지점에 설치하여야 하며, 작업면으로부터 망의 설치지점까지의 수직거리는 10미터를 초과하지 않아야 한다.

2) 설치 형태는 수평으로 설치하고 방망의 중앙부 처짐(S)은 짧은 변 길이(N)의 12% 이상이 되어야 한다.

3) 추락 방호망을 고정시키기 위한 지지대(A) 간의 수평 간격(L)은 10m를 초과하지 않도록 하여야 한다. 또한 방망의 짧은 변 길이(N)가 되는 내민 길이(B)는 벽면으로부터 3m 이상이 되어야 한다.

4. 추락위험 방지 조치

추락 위험 방지조치		작업발판, 통로, 개구부의 추락 방지조치	
① 작업발판 설치	② 추락방호망 설치	① 안전난간 설치	② 울타리 설치
③ 안전대 착용	④ 안전난간 설치	③ 수직형 추락방망 설치	④ 덮개 설치

5. 개구부 등의 방호장치

1) 작업 발판 및 통로의 끝이나 계곡으로 추락위험 장소

① 안전 난간 울타리 수직형 추락방망 또는 덮개 등의 방호조치를 충분한 강도를 가진 구조로 튼튼하게 설치하고, 덮개 설치 시 뒤집어지거나 떨어지지 않도록 설치(어두운 장소에서 알아 볼 수 있도록 개구부임을 표시)

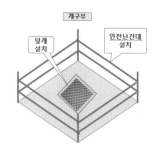

② 안전 난간 등의 설치가 매우 곤란하거나 작업 필요상 임의로 난간 등을 해체하는 경우 안전방망 설치(안전방망 설치가 곤란한 경우 안전대 착용 등의 추락위험 방지조치를 할 것)

6. 안전 난간대 설치기준

구성	상부난간대 중간난간대 발끝막이판 및 난간 기둥으로 구성 중간난간대 발끝막이판 및 난간 기둥은 이와 비슷한 구조 및 성능을 가진 것으로 대체 가능
상부난간대	바닥면 발끝 또는 경사로의 표면으로부터 90cm 이상 지점에 치하고 상부난간대를 120cm 이하의 설치하는 경우에는 중간난간대는 상부난간대와 바닥면 등의 중간에 설치하여야 하며 120cm 지점에 설치하는 경우에는 중간난간대를 2단 이상으로 균등하게 설치하고 난간에 상하간격은 60cm 이하가 되도록 할 것

발끝막이판	바닥면 등으로부터 10cm 이상의 높이를 유지할 것 물체가 떨어지거나 날아올 위험이 없거나 그 위험을 방지할 수 있는 망을 설치하는 등 필요한 예방조치를 한 장소에는 제외
난간기둥	상부난간대와 중간난간대를 견고하게 떠받칠 수 있도록 적정 간격을 유지할 것
상부난간대와 중간난간대	난간 길이 전체에 걸쳐 바닥면 등과 평행을 유지할 것
난간대	지름이 2.7cm 이상의 금속제 파이프나 그 이상의 강도 있는 재료일 것
하중	안전 난간은 구조적으로 가장 취약한 지점에서 가장 취약한 방법으로 작용하는 100kg 이상의 하중에 견딜 수 있는 튼튼한 구조일 것

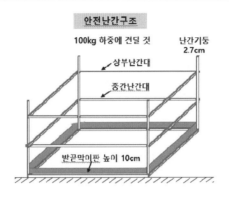

7. 안전대

고소작업 시 추락에 의한 위험을 방지하기 위해 사용하는 개인보호구

1) 구조

벨트, 안전그네, 지탱 벨트, 죔줄, 보조죔줄, 수직구명줄, D링, 각링, 8자형 링, 훅, 보조 훅, 카라비나, 버클, 신축조절기, 추락방지대로 구성된다.

2) 안전대를 착용하여야 할 작업장

안전대는 높이 2m 이상의 추락 위험이 있는 작업에는 반드시 착용하여야 하며, 추락의 위험이 있는 장소는 다음과 같다.

3) 안전대의 종류 및 구조

종류	사용구분
벨트식	U자 걸이 전용
	1개 걸이 전용
안전그네식	안전 블럭
	추락방지대

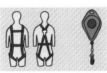
안전그네   안전블럭

추락방지대 + 수직구명줄

충격흡수장치

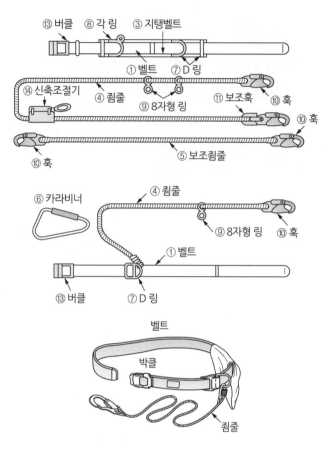

명칭	구조 및 치수
벨트	1. 강인한 실로 짠 직물로 비틀어짐, 흠 등 기타 결함이 없는 것 2. 벨트의 나비는 50mm 이상(U자 걸이로 사용할 수 있는 안전대는 40mm), 길이는 박클 포함 1,100mm 이상, 두께는 2mm 이상일 것
안전 그네	1. 강인한 실로 짠 직물로 비틀어짐, 헤어짐, 흠 등 기타 결함이 없을 것 2. 추락 시 받는 하중을 신체에 고루 분산시킬 수 있는 구조일 것 3. 힘을 받는 주요 부분인 어깨, 엉덩이, 허리부분은 폭이 40mm 이상일 것
U자 걸이형	1. 신출조절기가 로프로부터 이탈하지 말 것 2. 동체 대기벨트, 각링 및 신축조절기가 있을 것 3. D링 및 각링은 안전대 착용자의 동체 양측에 해당하는 곳에 위치해야 한다.
지탱 벨트	1. 강인한 실로 짠 직물로 비틀어짐, 흠 등 기타 결함이 없는 것 2. 지탱벨트의 나비는 75mm이상, 길이는 600mm 이상, 두께는 2mm 이상일 것

죔줄 및
보조 죔줄
	1. 재료가 합성 섬유인 경우 비틀어짐, 헤어짐, 흠 등 기타 결함이 없을 것
	2. 죔줄의 길이는 추락 방지대, 훅 등의 길이를 제외하고
	  • 1종 안전대는 3,000mm 이하
	  • 2종 안전대는 2,500mm 이하
	  • 3종 안전대는 3,000mm 이하(보조 훅이 있는 안전대는 3,500mm 이하)
	3. 보조 죔줄의 길이는 훅 등의 길이를 제외하고 1,500mm 이하일 것

5) 용어의 정의

(1) **벨트** : 신체 지지의 목적으로 허리에 착용하는 띠 모양의 부품

(2) **지탱 벨트** : U자 걸이를 사용할 때 벨트와 겹쳐서 몸체에 대는 역할을 하는 띠 모양의 부품을 말한다.

(3) **D링** : 벨트 또는 안전그네와 죔줄을 연결하기 위한 D자형의 금속고리

(4) **각링** : 벨트 또는 안전그네와 신축조절기를 연결하기 위한 사각형의 금속고리

(5) **박클** : 벨트 또는 안전그네를 신체에 착용하기 위해 그 끝에 부착한 금속장치

(6) **훅 및 카라비너** : 죔줄과 걸이설비 또는 D링과 연결하기 위한 금속장치

(7) **신축조절기** : 죔줄의 길이를 조절하기 위해 로프에 부착된 금속장치를 말한다.

(8) **8자형 링** : 안전대를 1개 걸이로 사용할 때 혹 또는 카라비너를 죔줄에 연결하기 위한 8자형의 금속고리를 말한다.

(9) **죔줄** : 벨트 또는 안전그네를 구명줄 또는 구조물 등 기타 걸이 설비와 연결하기 위한 줄모양의 부품을 말한다.

(10) **보조 죔줄** : 안전대를 U자 걸이로 사용할 때 U자 걸이를 위해 혹 또는 카라비너를 지탱 벨트의 D링에 걸거나 떼어낼 때 잘못하여 추락하는 것을 방지하기 위하여 링과 걸이 설비 연결에 사용하는 혹 또는 카라 비나를 갖춘 줄 모양의 부품을 말한다.

(11) **U자걸이** : 안전대의 죔줄을 구조물 등에 U자 모양으로 돌린 뒤 혹 또는 카라비너를 D링에, 신축조절기를 각링 등에 연결하여 신체의 안전을 꾀하는 방법을 말한다.

(12) **1개걸이** : 죔줄의 한쪽 끝을 D링에 고정시키고 혹 또는 카라비너를 구조물 또는 구명줄에 고정시켜 추락에 의한 위험을 방지하기 위한 방법을 말한다.

(13) **안전그네** : 신체 지지의 목적으로 전신에 착용하는 띠 모양의 부품을 말한다.

(14) **추락 방지대** : 신체의 추락을 방지하기 위해 자동 잠김 장치를 갖추고 죔줄과 수직 구명줄에 연결된 금속장치

(15) **안전블록**

① 정의 : 안전그네와 연결하여 추락발생시 추락을 억제할 수 있는 자동 잠김 장치가 갖추어져 있고 죔줄이 자동적으로 수축되는 금속장치를 말한다.

② 안전블록이 부착된 안전대의 구조

㉠ 안전블록을 부착하여 사용하는 안전대는 신체 지지의 방법으로 안전그네만을 사용하여야 한다.

㉡ 안전블록은 정격사용 길이가 명시되어야 한다.

㉢ 안전블록의 줄은 로프, 웨빙, 와이어로프이어야 하며 와이어 로프인 경우 최소공칭지름이 4mm 이상이어야 한다.

(16) 수직 구명줄
① 정의
로프 또는 레일 등과 같은 유연하거나 단단한 고정 줄로서 추락발생시 추락을 저지시키는 추락 방지대를 지탱해 주는 줄 모 양의 부품을 말한다.
② 추락방지대가 부착된 안전대의 구조
㉠ 추락방지대를 부착하여 사용하는 안전대는 신체 지지의 방법으로 안전그네만을 사용하여야 하며 수직 구명줄이 포함되어야 한다.
㉡ 추락방지대와 안전그네 간의 연결 죔줄은 가능한 짧고 로프, 웨빙, 체인 등이어야 한다.
㉢ 수직 구명줄에서 걸이 설비와의 연결부위는 훅 또는 카라비너 등이 장착되어 걸이 설비와 확실히 연결되어야 한다.
㉣ 수직 구명줄은 유연한 로프 등이어야 하며 구명줄이 고정되지 않아 흔들림에 의한 추락방지대의 오작동을 막기 위하여 적절한 방법을 이용하여 팽팽히 당겨져야 한다.
㉤ 수직 구명줄은 와이어로프 등으로 하며 최소지름은 8mm 이상일 것

(17) 충격흡수장치
추락 시 신체에 가해지는 충격하중을 완화시키는 기능을 갖는 죔줄 또는 수직 구명줄에 연결되는 부품을 말한다.

6) 안전대의 보관 장소
(1) 직사광선이 닿지 않는 곳
(2) 통풍이 잘되며 습기가 없는 곳
(3) 부식성 물질이 없는 곳
(4) 화기 등이 근처에 없는 곳

7) 안전대의 최하사점
추락 시 보호할 수 있는 로프의 한계길이

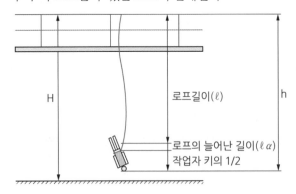

• H : 로프 지지 위치에서 바닥면까지의 거리
• h : 로프 지지 위치에서 인체 최하사점까지의 거리
• ℓ : 로프의 길이
• $\ell\alpha$: 로프의 늘어난 길이(로프의 신장률)
• h : 로프길이 + 늘어난 길이 + 작업자 키의 1/2

02 | 붕괴재해 및 대책

1. 토석붕괴원인 ★★★

내적 원인	① 절토사면의 토질. 암질 ② 성토사면의 토질구성 ③ 토석의 강도저하
외적 원인	① 사면 법면의 경사 및 기울기 증가 ② 절토 및 성토의 높이증가 ③ 공사에 의한 진동 및 반복 하중의 증가 ④ 지표 및 지하수 침투에 의한 토사 중량의 증가 ⑤ 지진, 차량 구조물의 하중 증가 ⑥ 토사 및 암반층의 혼합층 두께

1) 토석붕괴 위험방지 조치

굴착작업을 하는 경우 지반의 붕괴 또는 토석의 낙하에 의한 근로자의 위험을 방지하기 위하여

[관리감독자 작업 시작 전 점검사항]
① 부식 · 균열의 유무
② 함수(含水) · 용수(湧水) 및 동결상태의 〈개정 2019. 12. 26.〉

2) 지반붕괴 등에 의한 위험방지 조치

① 흙막이 지보공의 설치
② 방호망의 설치 및 근로자의 출입금지
③ 비가 올 경우를 대비하여 측구(側溝)를 설치하거나 굴착경사면에 비닐을 덮는 등 빗물 등의 침투에 의한 붕괴재해를 예방하기 위하여 필요한 조치를 하여야 한다. 〈개정 2019. 10. 15.〉

3) 매설물 등 파손에 의한 위험방지 조치

① 매설물 · 조적벽 · 콘크리트벽 또는 옹벽 등의 건설물에 근접한 장소에서 굴착작업을 할 때에 해당 가설물의 파손 등에 의하여 근로자가 위험해질 우려가 있는 경우에는 해당 건설물을 보강하거나 이설하는 등 해당 위험을 방지하기 위한 조치를 하여야 한다.
② 굴착작업에 의하여 노출된 매설물 등이 파손됨으로써 근로자가 위험해질 우려가 있는 경우에는 해당 매설물 등에 대한 방호조치를 하거나 이설하는 등 필요한 조치를 하여야 한다.
③ 매설물 등의 방호작업에 대하여 관리감독자에게 해당 작업을 지휘하도록 하여야 한다. 〈개정 2019. 12. 26.〉

4) 토사붕괴예방 대책 ★★★

① 적절한 경사면 기울기 계획

② 경사면 기울기가 당초 계획과 차이 발생 시 즉시 재검토 및 계획 변경

③ 활동할 가능성이 있는 포석은 제거

④ 경사면 하단부에 압성토 및 보강 공법으로 활동에 대한 저항 대책 강구

⑤ 말뚝(강관 h 형강 철근 콘크리트)을 타입하여 지반 강화

[굴착면의 기울기] ★★★

구분	보통 흙		암반		
지반의 종류	건지	습지	풍화암	연암	경암
기울기	1 : 0.5~1 : 1	1 : 1~1 : 1.5	1 : 1.0	1 : 1.0	1 : 0.5

5) 잠함 또는 우물통

잠함 또는 우물통의 내부에서 굴착작업 시 급격한 침하로 인한 위험 방지조치

① 침하관계도에 따라 굴착방법 및 재하량 등을 정할 것

② 바닥으로부터 천장 또는 보까지의 높이는 1.8미터 이상으로 할 것

6) 잠함 내부에서의 굴착작업 시 준수사항

(1) 잠함, 우물통, 수직갱, 그 밖에 이와 유사한 건설물 또는 설비의 내부에서 굴착작업을 하는 경우에 다음의 사항을 준수하여야 한다.

① 산소 결핍 우려가 있는 경우에는 산소의 농도를 측정하는 사람을 지명하여 측정하도록 할 것

② 근로자가 안전하게 오르내리기 위한 승강설비를 설치할 것

③ 굴착 깊이가 20m를 초과하는 경우에는 해당 작업장소와 외부와의 연락을 위한 통신설비 등을 설치할 것

④ 측정 결과 산소 결핍이 인정되거나 굴착 깊이가 20m를 초과하는 경우에는 송기를 위한 설비를 설치하여 필요한 양의 공기를 공급해야 한다.

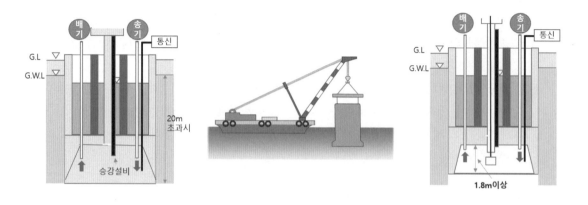

참고

케이슨(잠함) 기초

- 케이슨은 항만공사의 방파제, 안벽, 호안, 물양장 및 교량기초 등에 널리 이용되는 주요구조물 중의 하나이다.
- 특히 항만공사에서의 케이슨은 육상에서 제작하여 해상의 필요한 위치로 예항해서 속채움을 실시하여 소정의 구조물을 만들기 위한 콘크리트로 만든 Box형 콘크리트 구조물을 말한다.

우물통 기초 (open caisson)	우물통처럼 상하가 개방된 케이슨을 지반위에 놓고 내부토사를 굴착하여 소정의 위치까지 침하하여 콘크리트, 자갈, 모래 등으로 속을 채우는 방법(침하깊이에 제한이 없으며 공사비가 저렴하다)
공기 케이슨 (pneumatic caisson) 뉴메틱 케이슨	케이슨 하부에 압축공기 작업실을 두고 여기에 압축공기를 주입하여 지하수 침입차단 및 보일링. 히빙 등을 예방하면서 인력 굴착으로 케이슨을 침하하는 방법(공정이 빠르고 지지력 측정이 가능하나 케이슨병이 발생한다)
상자형 케이슨 (box caisson)	지상에서 제작된 box형 케이슨을 해상에서 소정의 위치로 예인한 후 침하시키는 방법(횡 하중을 받는 항만 구조물에 사용되며, 품질확보가 쉽고 설치가 간편하다)

7) 굴착면의 높이가 2M 이상이 되는 지반의 굴착작업

사전조사내용	작업계획서 내용
① 형상, 지질 및 지층의 상태 ② 균열, 함수 용수 및 동결의 유무 또는 상태 ③ 매설물 등의 유무 상태 ④ 지반의 지하수의 상태	① 굴착방법 및 순서, 토사 반출 방법 ② 필요한 인원 및 장비사용 계획 ③ 매설물 등에 대한 이설 · 보호 대책 ④ 사업장 내 연락방법 및 신호방법 ⑤ 흙막이 지보공 설치방법 및 계측 계획 ⑥ 작업지휘자의 배치 ⑦ 그 밖의 안전 · 보건에 관한 사항

2. 토석 붕괴 예측 계측장치의 설치(지반굴착작업계측) ★★★

건물 경사계(Tilt meter)	지상 인접구조물의 기울기를 측정
지표면 침하계(Level and staff)	주위 지반에 대한 지표면의 침하량을 측정
지중 경사계(Inclino meter)	지중 수평 변위를 측정하여 흙막이 기울어진 정도를 파악
지중 침하계(Extension meter)	수직 변위를 측정하여 지반에 침하 정도를 파악하는 기기
변형계(Strain gauge)	흙막이 버팀대 변형 정도를 파악하는 기기
하중계(Load cell)	흙막이 버팀대의 작용하는 토압 어스앵커의 인장력 등을 측정
토압계(Earth pressure meter)	흙막이에 작용하는 토압의 변화를 파악
간극 수압계(Piezo meter)	굴착으로 인한 지하에 간극 수압을 측정
지하 수위계(Water level meter)	지하수의 수위 변화를 측정

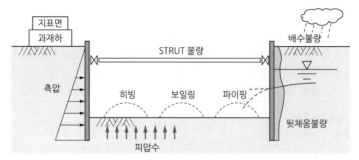

▲ 흙막이 주변 침하 발생원인

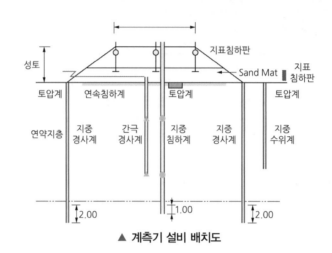

▲ 계측기 설비 배치도

3. 토사붕괴 예방을 위한 점검사항

① 전 지표면의 답사   ② 경사면의 지층 변화부 상황 확인

③ 부석의 상황 변화의 확인   ④ 용수 발생 유무 또는 용수량의 변화 확인

⑤ 결빙과 해빙에 대한 상황의 확인   ⑥ 각종 경사면 보호공의 변위, 탈락, 유무

⑦ 점검 시기는 작업 전, 작업 중, 작업 후, 비온 후 인접 작업구역에서 발파한 경우에 실시

4. 흙막이 지보공 설치 시 점검 항목

① 부재의 손상·변형·부식·변위 탈락의 유무 및 상태

② 부재의 긴압 정도

③ 부재의 접속부 및 교차부의 상태

④ 침하의 유무 및 상태

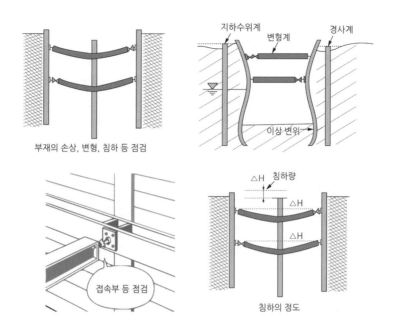

부재의 손상, 변형, 침하 등 점검

접속부 등 점검

침하의 정도

5. 흙의 안식각(Angle df Repose) (= 흙의 자연경사각, 휴식각)

① 흙을 쌓아올릴 때 시간에 따라 급경사면이 붕괴되어 자연적으로 안정된 사면을 이루어가는데, 이때 자연경사면이 수평면과 이루는 각도를 안식각이라 하며 이 구배를 자연 구배 또는 자연 경사라고 한다.

② 경사면을 안식각 이하로 하면 안정성은 증대되나 용지의 확보 및 토공 공사비 증대 등으로 비효율적일 수 있다.

6. 토석의 붕괴형태

토사의 미끄러져 내림은 광범위한 붕괴현상으로 이어진다.

1) 유한사면 활동 : 비교적 급경사에서 급격히 변형하여 붕괴가 일어나는 현상

① 원호 활동

사면선단 파괴(Toe failure)	경사가 급하고 비 점착성 토질
사면저부(바닥) 파괴(Base failure)	견고한 지층이 얕은 경우
사면내 파괴 (Slope failure)	경사가 완만하고 점착성인 경우

② 대수나선 활동 : 토층이 불균일할 때

③ 복합곡선 활동 : 연약한 토층이 얕은 곳에 존재할 때

2) 무한사면 활동 : 완만한 사면에 이동이 서서히 일어나는 활동

7. 비탈면 보호공법

식생공법	떼붙임공	떼를 일정한 간격으로 심어서 비탈면을 보호하는 공법
	식생공	법면에 식물을 번식시켜 법면의 침식과 표면 활동 방지
	식수공	떼붙임공, 식생공으로 부족할 경우 나무를 심어 사면보호
	파종공	종자 비료 안정제 양성재 흙 등을 혼합하여 압력으로 비탈면의 뿜어 붙이는 공법
구조물 보호공법	블록(돌)붙임공	법면의 풍화, 침식 방지를 목적으로 완구배 점착력이 없는 토사 및 비탈면
	블록(돌)쌓기공	비교적 급구배의 높은 비탈면 보호에 사용(메쌓기, 찰쌓기)
	콘크리트 블록 격자공	점착력이 없고 용수가 있는 붕괴하기 쉬운 비탈면에 채택하는 공법
	뿜어 붙이기공	비탈면의 용수가 없고 큰 위험은 없으나 풍화되기 쉬운 암 토사 등에서 식성이 곤란할 때 사용
응급대책	배수공	사면 내에 물은 지반의 강도를 저하시켜 사면의 활동을 촉진시키므로 지표수 배제공 또는 지하수배제공으로 배수시키는 공법
	배토공	활동예상 토사를 제거하여 활동 모멘트를 경감시켜 안정화시키는 공법
	압성토공	자연 사면의 선단부에 압성토하여 활동에 대한 저항력을 증가시키는 공법
항구대책	soil nailing 공법	비탈면에 강철봉을 타입해서 전단력과 인장력에 저항하도록 하는 공법
	earth anchor 공법	고강도 강재를 비탈면에 삽입하고 그라우팅을 하여 지반에 정착시킨 후 앵커에 인장력을 가해 주는 방법

8. 흙막이 공법의 종류

경사면 open cut 공법		① 굴착구역의 주변에 경사면을 취하여 흙막이벽 또는 가설구조물 없이 굴착하는 공법이다. ② 토질이 양호하고 부지에 여유가 충분할 경우 ③ 굴착 단면을 안정경사각으로 하여 지하수가 낮아야 함 ④ 지보공 불필요
흙막이 open cut 공법	자립식	① 흙막이 벽체에 강성에만 의존 ② 근입 깊이가 충분해야 하며 얕은 굴착에 가능, 깊이 3~4m 이내
	타이로드 앵커식	① 어스앵커를 설치하여 타이로드로 끌어당긴 후 지지 ② 굴착 면적이 넓고 굴착 깊이를 깊게 해야 할 경우
	버팀대식	① 널말뚝을 타설하고 수평버팀대 지지 말뚝을 설치하여 토압 수압에 저항 ② 지반의 종류에는 무관하나 지보공에 의한 작업에 제약이 있다 ③ 스트러트 공법 (strut) – 흙막이벽 가로 띠장과 반대편 가로 띠장을 스트러트로 연결 지지하는 방식
부분굴착 공법	아일랜드공법	① 1단계 중앙부를 굴착하여 그 중앙부에 콘크리트 구조물을 구축한 2단계로 주변부를 굴착해나가는 공법 ② 축조한 구조물에서 사면버팀대로 흙막이벽을 지지하고, 주변부를 굴착한 후 그 부분의 구조물을 축조한다.
	트랜치 컷 공법 trench cut	아일랜드 공법과 반대로 주변부를 먼저 시공한 후 이것을 흙막이로 하여 중앙부를 굴착하는 공법

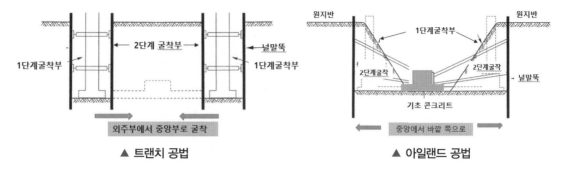

▲ 트랜치 공법   ▲ 아일랜드 공법

[기타 흙막이 공법]

역타공법 Top down	① 흙막이벽을 설치한 후 본체 구조의 1층바닥을 축조하고, 이것으로 흙막이벽을 지지한다. ② 아래쪽으로 굴토하여 지하각층 바닥과 보를 가설구조물로 하여 차례로 굴착해가며, 동시에 구체 시공도 추진하는 공법이다
엄지 말뚝식 흙막이공법	천공하여 H 형강을 박고 굴착을 진행하면서 토류판을 엄지말뚝 사이에 끼워 넣어 벽체를 형성하는 공법
널말뚝 sheet pile 흙막이공법	① 연약지반이나 모래 집안에 적합한 공법 ② 일반적으로 유형 강을 말뚝을 타입하여 흙막이 형성
강관을 말뚝 pipe pile 공법	① 강 널말뚝의 강성 부족을 보완할 수 있는 공법 ② 수중의 물막이 공사 토압이 큰 연약지반 등에 적합한 공법
주열식 흙막이공법	Pip 공법, CIP 공법, MIP 공법, scw 공법
지중연속벽 slurry wall 공법	① 굴착면의 붕괴를 맞고 지하수의 침입 차단을 위해 벤토나이트 현탄액 주입 ② 지중해 연속된 철근 콘크리트 벽체를 형성하는 공법 ③ 진동과 소음이 적어서 도심지 공사에 적합 ④ 대부분의 지반조건에 적용 가능하며 높은 차수성 및 업체의 가능성이 크다. ⑤ 영구 구조물로 이용 가능하며 임의의 형상이라 취소 시 시공 가능
Earth anchor 식	① 버팀대를 대신하여 어스앵커에 의해 흙막이벽에 가해지는 측업을 지탱하며 굴착하는 공법 ② 버팀대가 없어 굴착 공간확보가 용이 ③ 인접한 구조물기초 남의 썰물이 있는 경우 ④ 부적합 사질토 지반과 굴착 심도가 깊을 경우 부적합

> **참고**
>
> **흙막이 공법의 지지방법**
> 1) 지지방식에 의한 분류
>   ① 자립공법   ② 버팀대공법(경사버팀대, 수평버팀대)
>   ③ 어스앵커공법   ④ 타이로드공법
> 2) 구조방식에 의한 분류
>   ① 널말뚝 공법   ②H−Pile 공법
>   ③ 지하연속벽 공법   ④ Top down method 공법

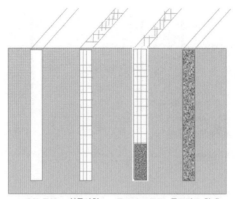

▲ 지하연속벽 공법(Slurry Wall)

9. 언더피닝 공법(Under pinning)

1) 개념

기존 구조물의 지지력이 부족하여 기초를 보강하거나 새로운 기초를 설치하여 건물을 보호하기 위하여 설치하는 공법

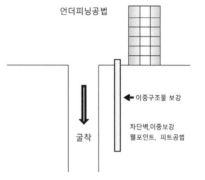

2) 공법의 작용

구조물 침하 복원 공사 : 구조물을 이동할 경우 기존 구조물의 지지력이 부족한 경우

3) 공법의 종류

- 이중 널말뚝 공법
- 차단벽 공법
- 웰 포인트 공법
- Pit 공법
- 현장 콘크리트 말뚝공법
- 강재 pile 공법
- 약액 주입공법

---

03 | 콘크리트의 구조물 붕괴안전 대책, 터널굴착

1. 콘크리트 구조물 붕괴 안전 대책

1) 콘크리트 구조물 비파괴 검사

① Schumit hammer법 (반발경도법, 타격법) : 해머를 콘크리트 표면에 밀어붙여 스프링에 의해 추를 밀어내는 스프링의 반발하는 힘을 눈금을 읽어내는 방법

② 인발법 : 철근과 콘크리트 부착효과를 조사하여 철근의 지름이나 표면상태가 미치는 영향을 시험

2) 낙반 붕괴에 의한 위험방지

(1) 대상 : 갱내에서의 낙반 또는 측벽의 붕괴

(2) 조치사항

　　① 터널 지보공 설치

　　② 부석의 제거

　　③ 록 볼트 설치

2. 터널 굴착 공사 안전기준

1) 사전조사

작업 계획서 내용	① 굴착에 방법 ② 터널 지보공 및 복공에 시공방법과 용수의 처리방법 ③ 환기 또는 조명시설을 설치할 때에는 그 방법	
지반조사 사항	① 시추(보링) 위치 ③ 투수계수 ⑤ 지반의 지지력	② 토층 분포상태 ④ 지하수위
자동경보장치의 작업시작 전 점검 사항	① 기계의 이상 유무 ③ 경보장치의 작동상태	② 검지부의 이상 유무

2) 터널 붕괴방지를 위한 점검사항 ★★★

① 부재의 손상, 변형, 부식, 변위, 탈락의 유무 및 상태

② 부재의 긴압 정도

③ 부재의 접속부 및 교차부의 상태

④ 기둥 침하의 유무 및 상태

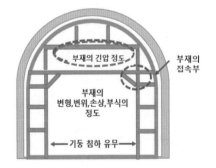

3) 터널에 뿜어붙이기 콘크리트 효과(Shotcrete)

① 원지반에 이완방지

② 요철부를 채워 응력집중 방지

③ Arch를 형성 전단저항력 증대

④ 암반의 이동 및 붕괴방지

⑤ 암반의 이동 및 crack 방지 Rock blot의 힘 지반에 분산

4) 터널의 뿜어붙이기

[터널의 뿜어붙이기 콘크리트의 최소 두께]

지반 및 암반 상태	약간 취약한 암반	약긴 파괴되기 쉬운 암반	파괴되기 쉬운 암반	매우 파괴되기 쉬운 암반	팽창성의 암반
최소두께	2cm	3cm	5cm	7cm (철망병용)	15cm(강재 지보공과 철망 병용)

5) 터널 숏크리트 효과

① 원 지반의 이완 방지
② 요철부위를 채워 응력 집중 방지
③ 아치를 형성 전단저항력 증대
④ 지반침식 붕괴 방지
⑤ 암반의 이동 및 크랙 방지
⑥ Rock bolt의 힘 지반에 분산

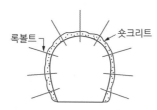

▲ Shotcrete 및 Rock bolt

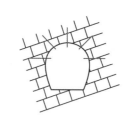

▲ Rock bolt의 일체 및 보강효과

3. 터널 굴착작업 계측의 종류

일상관리 계측	내공변위 측정	변위량, 변이속도 등을 파악하여 주변지반 안정성 확인 2차 복공 실시 시기 등에 판단
	천단침하 측정	터널 천정 부위 침하 측정으로 안정성 여부 판단
	지표침하 측정	터널 굴착에 따른 지표면의 영향 및 안정성 파악 침하 방지대책 수립 등
	록 볼트 인발 시험, 관찰조사 등	
대표 위치 계측	지중침하 측정	지중 매설물 안정성 및 터널의 이완 범위 등 파악
	지중변위 측정	터널 내부에 설치하여 터널 주변에 이완 정도 및 지반의 안정성 파악
	지하수위 측정	굴착으로 인한 지하수위의 변화량 판단(차수효과 판단 등)
	간극수압 측정	지중에 작용하는 수압의 측정(차수공법으로 인한 압력 판단)
	숏크리트 응력측정, 록 볼트 측정, 지중수평 변위 측정 등	

4. 폭파 화약의 종류

흑색 화약	유황 목탄 초석(질산칼륨)의 미세 분말을 10 : 15 : 70의 비율로 혼합 폭파력이 가장 약하고 수중폭파 불가
니트로글리세린	무색무취 투명의 액상 충격 및 마찰이 예민하고 가장 강력한 폭발
다이너마이트	옥상에 니트로글리세린을 취급이 용이하고 안전하게 하기 위하여 고체에 흡수시킨 것
칼리트(carlit)	과염소산 암모니아를 주성분으로 규소철 목분 등을 조합한 미세 분말 폭발 위력은 다이너마이트보다 높고 흑색 화약 4배 정도
	충격에 둔하고 자연 분해하여 폭발하는 경우가 없어 보관에 편리하다.
컴마이트(calmmite)	화약류 사용이 곤란한 경우 팽창제를 주입하여 팽창압으로 파쇄하는 무진동, 무소음의 무공해 공법
AN-FO(초유 폭약)	초안과 경유를 혼합한 것으로 저렴하고 취급이 간단하고 폭속이 낮고 다습한 곳에서 사용불가
슬러리 폭약 함수 폭약	초안을 주성분으로 TNT에 물을 혼합 AN-FO 다이너마이트보다 위력이 크다. 내수성이 우수하고 충격과 마찰에 안정성

5. 터널 굴착방법

구분	개념	특징
NATM 공법	터널 굴착 시 재래의 지보공 대신 터널암반 자체를 지보재로 활용하고 rock bolt, shotcrete, wire mesh 강지보공 등의 지보재를 사용하여, 암반 자체의 강도를 이용하여 지반과 지보재가 평형을 이루도록 하는 발파공법	① 지반변화 터널하중 안정성 좋음 ② 지반 자체가 터널의 주 지보재 ③ 지표면 표면 침하억제 ④ 터널하중에 대한 안정성이 좋다(산악터널).
TBM 공법	자동화된 전단면을 대형원통형 굴착기계를 이용해 터널을 굴착하고 컨베어밸로 버럭을 처리하가면서 원지반의 변형을 최소화하는 기계굴착 방식	① 굴착 속도가 빠르고 안정성이 높다. ② 기계굴착으로 작업량이 적고 단순 ③ 지질에 따라 적용범위가 제한적이며 초기투자비가 크다(단단한 경암).
Shield 공법	철제로된 원통형의 큰 쉴드라는 강재통을 이용 추진시켜 굴착하고 쉴드 후방에서 조립된 아치형 세그먼트를 반복설치하는 터널 굴진 방법	① 용수를 동반하는 연약지반에 적합 ② 강, 도시 터널에 많이 사용 ③ 공기단축, 공사비가 많이 투입 ④ 굴착 단면 변경이 곤란
Pilot 터널 공법	본 터널굴착 전에 여러 가지 다양한 조사를 목적으로 Pilot 터널을 선시공(선진 도갱 공법이라 한다)	① 연속적인 지진 및 성상에 관한 조사 ② 지하수 배출을 위한 수로 및 환기구 역할 ③ 지반변형 최소화로 안전성 확보가능

정부(頂部)도갱
(Top Heading)

저설(底設)도갱
(Bottom Heading)

중심(中心)도갱
(Center Heading)

저하(低下)도갱
(Under Heading)

측벽도갱
(Side Heading)

평행도갱
(Parallel Heading)

▲ 도갱의 종류

6. 교량 작업 시 준수사항

교량(상부구조가 금속 또는 콘크리트로 구성되는 교량으로서 그 높이가 5미터 이상이거나 교량의 최대 지간 길이가 30미터 이상인 교량으로 한정한다)의 설치·해체 또는 변경작업

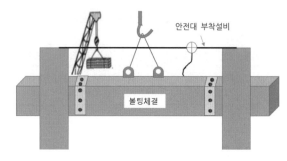

① 작업을 하는 구역에는 관계 근로자가 아닌 사람의 출입을 금지할 것

② 재료, 기구 또는 공구 등을 올리거나 내릴 경우에는 근로자로 하여금 달줄, 달포대 등을 사용하도록 할 것

③ 중량물 부재를 크레인 등으로 인양하는 경우에는 부재에 인양용 고리를 견고하게 설치하고, 인양용 로프는 부재에 두 군데 이상 결속하여 인양하여야 하며, 중량물이 안전하게 거치되기 전까지는 걸이로프를 해제시키지 아니할 것

④ 자재나 부재의 낙하·전도 또는 붕괴 등에 의하여 근로자에게 위험을 미칠 우려가 있을 경우 출입금지 구역의 설정, 자재 또는 가설시설의 좌굴(挫屈) 또는 변형 방지를 위한 보강재 부착 등의 조치를 할 것

7. 채석작업 시 지반붕괴 위험방지 조치

채석작업을 하는 경우 지반의 붕괴 또는 토석의 낙하로 인하여 근로자에게 발생할 우려가 있는 위험을 방지하기 위하여 다음 각 호의 조치를 하여야 한다.

① 점검자를 지명하고 당일 작업 시작 전에 작업장소 및 그 주변 지반의 부석과 균열의 유무와 상태, 함수·용수 및 동결상태의 변화를 점검할 것

② 점검자는 발파 후 그 발파 장소와 그 주변의 부석 및 균열의 유무와 상태를 점검할 것

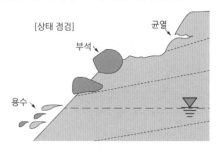

04 | 낙하비래 재해 대책

1. 물체의 낙하에 의한 위험방지

1) 대상

높이 3m 이상인 장소에서 물체 투하 시

2) 조치 사항

① 투하 설비 설치   ② 감시인 배치

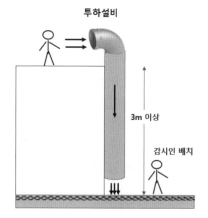

투하설비

3m 이상

감시인 배치

2. 일반적인 낙하위험 방지 대책

1) 필요한 법적 조치사항

① 낙하물 방지망 설치

② 수직 보호망 설치

③ 방호 선반 설치

④ 출입금지 구역 설정

⑤ 보호구 착용

3. 비래 재해 발생원인

1) 발생원인

① 고소 작업장의 자재 공구 등의 정리정돈 불량

② 작업장 바닥의 폭 및 간격 등이 불량

③ 소화설비 미설치

④ 위험구역 내 출입금지 표지판 및 감시인 미배치

⑤ 안전모 등 보호구 미착용

⑥ 낙하비래 위험장소의 방지시설 미설치

2) 예방대책

① 고소작업 공간 및 안전한 자재 적치 장소 확보

② 낙하비래 물에 대한 방호시설 설치

③ 안전한 작업방법 및 자재 취급방법에 대한 안전 교육 실시

4. 낙하 재해예방 설비

1) 수직 보호망

현장에서 비계 등 가설구조물의 외측 면에 수직으로 설치하여 외부로 물체가 낙하하는 것을 방지하기 위한 설비

2) 설치 방법

① 강관 비계 : 비계기둥과 띠장 간격에 맞추어 제작 설치
② 강관 틀비계 : 수평 지지대 설치 간격을 5.5m 이하로 설치
③ 철골 구조물 : 수직 지지대 설치 간격을 4 m 이하로 설치

3) 낙하물 방지망

(1) 작업 중 재료나 공구 등의 낙화로 인하여 근로자 통행인 및 통행차량 등에 발생할 수 있는 체계를 예방하기 위하여 설치하는 설비
(2) 설치기준
　① 그물코는 사각 또는 마름모로서 크기는 가로 세로 각 2cm 이하
　② 방지망의 설치 간격은 매 10m 이내 첫 단의 설치 높이는 근로자를 방어할 수 있는 가능한 낮은 위치에 설치
　③ 방지망이 수평면과 이루는 각도는 20° 이상 30° 이하
　④ 내민길이는 비계 외측으로부터 수평거리 2m 이상
　⑤ 방지망을 지지하는 결재의 강도는 15kN 이상의 인장력에 견딜 수 있는 로프 사용
　⑥ 방지망의 겹침 폭은 30cm 이상
　⑦ 최하단의 방지망은 작은 못, 볼트 등의 낙하물이 떨어지지 못하도록 방망이 그물코 크기가 0.3cm 이하인 망을 설치 낙하물 방호선반 설치 시 예외
　　설치 후 3개월 이내마다 정기 점검 실시

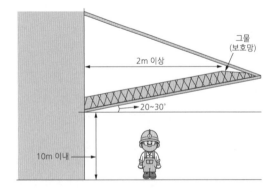

4) 낙하물 방호 선반

"방호 선반"이라 함은 작업 중 재료나 공구 등의 낙하로 인한 피해를 방지하기 위하여 강판 등의 재료를 사용하여 비계 내측 및 외측 그리고 낙하물의 위험이 있는 장소에 설치하는 가설물을 말한다.

(1) 설치기준

① 풍압 진동 충격 등으로 탈락하지 않도록 견고하게 설치

② 방호 선반의 바닥판은 틈새가 없도록 설치

③ 내민 길이는 비계의 외측으로부터 수평거리 2m 이상 돌출되도록 설치

④ 수평으로 설치하는 선반의 끝단에는 수평면으로부터 높이 60cm 이상의 난간 설치

⑤ 수평면과 이루는 각도는 방호 선반의 최외측에 구조물 쪽보다 20° 이상 30° 이내

⑥ 설치 높이는 근로자를 낙하물에 의한 위험으로부터 방어할 수 있도록 가능한 낮은 위치에 설치하여야 하며 8m를 초과하여 설치할 수 없다.

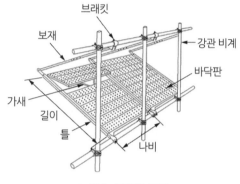

▲ 방호 선반의 구조

01 추락방지용 방망의 그물코가 10센티미터인 신제품 매듭방망사의 인장강도(kgf)는?

① 80   ② 110
③ 150   ④ 200

02 추락으로 인하여 근로자에게 위험이 발생할 우려가 있을 때는 높이가 몇 미터 이상인 장소에서 발판을 설치하여야 하여야 하는가?(단, 작업발판의 끝, 개구부 등은 제외)

① 1미터 이상   ② 2미터 이상
③ 3미터 이상   ④ 3.5미터 이상

03 지반의 붕괴방지를 위한 굴착면의 기울기 기준으로 옳지 않은 것은?

① 보통흙의 습지 1 : 1～1 : 1.5
② 보통흙의 건지 1 : 0.5～1 : 1
③ 풍화암 1 : 0.5
④ 경암 1 : 0.5

04 암반을 천공하고 화약을 충전하여 발파한 후 스틸리브 및 와이어 매시를 설치하고 숏크리트 공법을 타설하여 시공하는 터널공법은?

① NATM공법   ② TBM공법
③개착식공법   ④실드공업

05 터널작업에 있어서 자동경보장치가 설치된 경우에 이 자동경보장치에 대하여 당일의 작업시작 전 점검하여야 할 사항이 아닌 것은?

① 계기의 이상 유무
② 검지부의 이상 유무
③ 경보장치의 작동상태
④환기 또는 조명시스템의 이상 유무

정답   **01** ④   **02** ②   **03** ③   **04** ①   **05** ④

05 건설 가 시설물 설치기준

01 | 비계(Scaffolding, 飛階) 설치기준

- 비계란 건축공사에서 높은 곳에 작업을 할 수 있도록 설치한 임시가설물로 통로 및 작업용 발판이다.
- 비계의 종류
  - ① 통나무비계
  - ② 강관비계
  - ③ 강관 틀 비계
  - ④ 달비계
  - ⑤ 달대비계
  - ⑥ 말비계
  - ⑦ 시스템 비계
  - ⑧ 이동식 비계

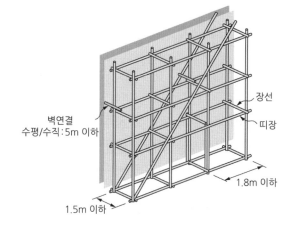

벽연결
수평/수직 : 5m 이하

장선

띠장

1.8m 이하

1.5m 이하

1. 통나무 비계

1) 통나무 비계의 조립순서

① 비계기둥의 간격은 2.5미터 이하로 하고 지상으로부터 첫 번째 띠장은 3m 이하의 위치에 설치할 것

② 비계기둥이 미끄러지거나 침하하는 것을 방지하기 위하여 비계기둥의 하단부를 묻고, 밑둥잡이를 설치하거나 깔판을 사용하는 등의 조치를 할 것

③ 비계기둥의 이음이 겹침이음인 경우에는 이음 부분에서 1미터 이상을 서로 겹쳐서 두 군데 이상을 묶고, 비계기둥의 이음이 맞댄이음인 경우에는 비계기둥을 쌍기둥 틀로 하거나 1.8미터 이상의 덧댐목을 사용하여 네 군데 이상을 묶을 것

④ 비계기둥 · 띠장 · 장선 등의 접속부 및 교차부는 철선이나 그 밖의 튼튼한 재료로 견고하게 묶을 것

⑤ 교차 가새로 보강할 것

⑥ 외줄비계 · 쌍줄비계 또는 돌출비계에 대해서는 다음 각 목에 따른 벽 이음 및 버팀을 설치할 것

　　㉠ 간격은 수직 방향에서 5.5미터 이하, 수평 방향에서는 7.5미터 이하로 할 것

　　㉡ 강관 · 통나무 등의 재료를 사용하여 견고한 것으로 할 것

　　㉢ 인장재와 압축재로 구성되어 있는 경우에는 인장재와 압축재의 간격은 1m 이내로 할 것

2) 통나무 비계 사용기준

지상 높이 4층 이하 또는 12미터 이하인 건축물 · 공작물 등의 건조 · 해체 및 조립 등의 작업에만 사용할 수 있다.

3) 비계의 결속 재료 및 사용 철선

① 직경 3.4mm의 #10 내지 직경 4.2mm의 #8번(철선 길이 1개소 150cm 이상)
② 또는 #16번 내지 #18번의 아연도금철선(칠선 길이 1개소 500cm 이상) 사용

4) 비계용 통나무 재료

① 형상이 곧고 나무결이 바르며 큰 옹이 부식 갈라짐 등 흠이 없고 건조된 것으로 썩거나 다른 결함이 없어야 한다.
② 통나무 요이 직경은 밑둥에서 1.5m 되는 지점에서의 지름이 10cm 이상이고 끝마구리에 지름은 4.5cm 이상이어야 한다.
③ 휨 정도의 길이는 1.5% 이내에 한다.
④ 밑둥에서 끝마무리까지의 지름의 감소는 1m 당 0.5∼0.7cm가 이상적이나 최대 1.5cm를 초과하지 않아야 한다.
⑤ 결손과 갈라진 길이는 전체 길이의 1/5 이내이고 깊이는 통나무 직경의 1/4를 넘지 않아야 한다.

통나무 비계		
기둥	비계기둥 간격 첫 번째 띠장	2.5m 이하 3m 이하
벽연결	수직방향 수평방향	5.5m 이하 7.5m 이하
높이제한	4층 이하 12m 이하 건물	
비계이음	① 맞댐이음 : 1.8미터 이상의 덧댐목을 사용하여 네 군데 이상을 묶을 것 ② 겹침이음 : 1m 이상 두 군데 묶음	

2. 강관비계

1) 강관비계 조립 시 준수사항

① 비계기둥에는 미끄러지거나 침하하는 것을 방지하기 위하여 밑받침 철물을 사용하거나 깔판·깔목 등을 사용하여 밑둥잡이를 설치하는 등의 조치를 할 것

② 강관의 접속부 또는 교차부는 적합한 부속철물을 사용하여 접속하거나 단단히 묶을 것

③ 교차 가새로 보강할 것

④ 외줄비계, 쌍줄비계 또는 돌출비계의 벽 이음 및 버팀을 설치

   ㉠ 강관비계의 조립 간격은 수직방향에서 5M 이하, 수평방향에서 5M 이하

   ㉡ 강관·통나무 등의 재료를 사용하여 견고한 것으로 할 것

   ㉢ 인장재와 압축재로 구성된 경우에는 인장재와 압축재의 간격을 1미터 이내로 할 것

⑤ 가공전로(架空電路)에 근접하여 비계를 설치하는 경우에는 가공전로를 이설(移設)하거나 가공전로에 절연용 방호구를 장착하는 등 가공전로와의 접촉을 방지하기 위한 조치를 할 것

2) 강관비계 설치구조(강관을 이용한 단관비계의 구조) ★★☆

① 비계기둥 간격 : 띠장방향에서는 1.85m 이하, 장선방향에서는 1.5m 이하로 할 것

   (다만, 선박 및 보트 건조작업의 경우 안전성에 대한 구조검토를 실시하고 조립도를 작성하면 띠장 방향 및 장선 방향으로 각각 2.7미터 이하로 할 수 있다)

② 띠장간격 : 2.0미터 이하로 설치할 것

   (다만, 작업의 성질상 이를 준수하기가 곤란하여 쌍기둥 틀 등에 의하여 해당 부분을 보강한 경우에는 그러하지 아니하다)

③ 비계기둥의 제일 윗부분으로부터 31m 되는 지점 밑 부분의 비 계기둥은 2본의 강관으로 묶어 세울 것(다만, 브래킷(bracket, 까치발) 등으로 보강하여 2개의 강관으로 묶을 경우 이상의 강도가 유지되는 경우에는 그러하지 아니하다)

④ 비계기둥 간의 적재하중은 400kg을 초과하지 않도록 할 것

구분		준수사항
비계기둥	띠장방향	1.85m 이하
	장성방향	1.5m 이하
띠장 간격		2.0m 이하로 설치할 것
벽연결		수직으로 5m 이하 수평으로 5m 이내마다 연결
높이제한		비계기둥의 제일 윗부분으로부터 31m 되는 지점 밑 부분의 비계기둥은 2본의 강관으로 묶어 세울 것
가새		기둥간격 10m마다 45° 각도 처마방향 가새
작업대		안전난간 설치
하단부		깔판 받침목 등 사용 밑둥잡이 설치
적재 하중		비계기둥 간의 적재하중은 400kg을 초과하지 않도록 할 것

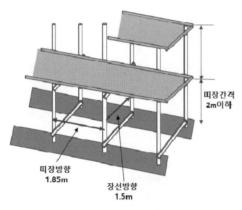
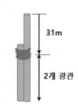

▲ 비계기둥 및 띠장 간격

3. 강관 틀비계

1) 강관 틀비계 조립 시 준수사항

① 비계기둥의 밑둥에는 밑받침 철물을 사용하여야 하며 밑받침에 고저차가 있는 경우에는 조절형 밑받침 철물을 사용하여 각각의 강관틀비계가 항상 수평 및 수직을 유지하도록 할 것

② 높이가 20m를 초과하거나 중량물의 적재를 수반하는 작업을 할 경우에는 주틀 간의 간격을 1.8m 이하로 할 것

③ 주틀 간에 교차 가새를 설치하고 최상층 및 5층 이내마다 수평재를 설치할 것

④ 수직방향으로 6m, 수평방향으로 8미터 이내마다 벽이음을 할 것

⑤ 길이가 띠장 방향으로 4m 이하이고 높이가 10m를 초과하는 경우에는 10m 이내마다 띠장 방향으로 버팀기둥을 설치할 것

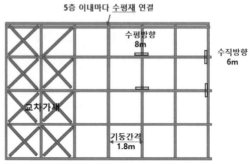

구분	준수사항
벽이음	수직방향 6m 수평방향 8m 이내마다
높이제한	전체 높이 40m 초과 금지
가새 및 수평재	주틀 간 교차가새 최상층 및 5층 이내마다 수평재 설치
주틀간격	높이가 20미터를 초과하거나 중량물의 적재를 수반하는 작업을 할 경우에는 주틀 간의 간격을 1.8m 이하로 할 것
비계기둥 밑둥	밑받침 철물을 사용하여야 하며 밑받침에 고저차가 있는 경우에는 조절형 밑받침 철물을 사용하여 각각의 강관틀비계가 항상 수평 및 수직을 유지하도록 할 것
버팀기둥	길이가 띠장 방향으로 4m 이하이고 높이가 10m를 초과하는 경우에는 10m 이내마다 띠장 방향으로 버팀기둥을 설치할 것

4. 달비계

건물에 고정된 돌출부에 밧줄이나 와이어 등으로 매어 달아 놓은 비계

1) 곤돌라형 달비계의 구조

① 달기강선 및 달기강대는 심하게 손상·변형 또는 부식된 것을 사용하지 않도록 할 것

② 달기 와이어로프, 달기 체인, 달기 강선, 달기 강대 또는 달기 섬유 로프는 한쪽 끝을 비계의 보 등에, 다른 쪽 끝을 내민 보, 앵커볼트 또는 건축물의 보 등에 각각 풀리지 않도록 설치할 것

③ 작업발판은 폭을 40센티미터 이상으로 하고 틈새가 없도록 할 것

④ 작업발판의 재료는 뒤집히거나 떨어지지 않도록 비계의 보 등에 연결하거나 고정시킬 것

⑤ 비계가 흔들리거나 뒤집히는 것을 방지하기 위하여 비계의 보·작업발판 등에 버팀을 설치하는 등 필요한 조치를 할 것

⑥ 선반 비계에서는 보의 접속부 및 교차부를 철선·이음철물 등을 사용하여 확실하게 접속시키거나 단단하게 연결시킬 것

⑦ 근로자의 추락 위험을 방지하기 위하여

ㄱ. 달비계에 구명줄을 설치할 것

ㄴ. 근로자에게 안전대를 착용하도록 하고 근로자가 착용한 안전줄을 달비계의 구명줄에 체결하도록 할 것

ㄷ. 달비계에 안전난간을 설치할 수 있는 구조인 경우에는 안전난간을 설치할 것

2) 작업의자형 달비계 설치 시 주의사항

작업대	① 달비계의 작업대는 나무 등 근로자의 하중을 견딜 수 있는 강도의 재료를 사용하여 견고한 구조로 제작할 것 ② 작업대의 4개 모서리에 로프를 매달아 작업대가 뒤집히거나 떨어지지 않도록 연결할 것
작업용 섬유 로프	① 작업용 섬유 로프는 콘크리트에 매립된 고리, 건축물의 콘크리트 또는 철재 구조물 등 2개 이상의 견고한 고정점에 풀리지 않도록 결속(結束)할 것 ② 근로자가 작업용 섬유 로프에 작업대를 연결하여 하강하는 방법으로 작업을 하는 경우 근로자의 조종 없이는 작업대가 하강하지 않도록 할 것
작업용 섬유 로프와 구명줄	① 작업용 섬유 로프와 구명줄은 다른 고정점에 결속되도록 할 것 ② 작업하는 근로자의 하중을 견딜 수 있을 정도의 강도를 가진 작업용 섬유 로프, 구명줄 및 고정점을 사용할 것 ③ 작업용 섬유 로프 또는 구명줄이 결속된 고정점의 로프는 다른 사람이 풀지 못하게 하고 작업 중임을 알리는 경고표지를 부착할 것 ④ 작업용 섬유 로프와 구명줄이 건물이나 구조물의 끝부분, 날카로운 물체 등에 의하여 절단되거나 마모(磨耗)될 우려가 있는 경우에는 로프에 이를 방지할 수 있는 보호 덮개를 씌우는 등의 조치를 할 것

작업용 섬유 로프 또는 안전대의 섬유 벨트 사용금지 조건	① 꼬임이 끊어진 것 ② 심하게 손상되거나 부식된 것 ③ 2개 이상의 작업용 섬유 로프 또는 섬유 벨트를 연결한 것 ④ 작업높이보다 길이가 짧은 것
근로자 추락 위험방지조치	① 달비계에 구명줄을 설치할 것 ② 근로자에게 안전대를 착용하도록 하고 근로자가 착용한 안전줄을 달비계의 구명줄에 체결(締結)하도록 할 것

3) 곤돌라형 달비계의 와이어로프, 달기체인, 달기강선 달기강대 사용금지 조건

와이어로프	① 이음매가 있는 것 ② 와이어로프의 한 꼬임 스트랜드(strand)에서 끊어진 소선(素線)의 수가 10% 이상인 것 (비자전 로프의 경우에는 끊어진 소선의 수가 와이어로프 호칭지름의 6배 길이 이내에서 4개 이상이거나 호칭지름 30배 길이 이내에서 8개 이상) ③ 지름의 감소가 공칭지름의 7%를 초과하는 것 ④ 꼬인 것 ⑤ 심하게 변형되거나 부식된 것 ⑥ 열과 전기충격에 의해 손상된 것
달기체인	① 달기 체인의 길이가 달기 체인이 제조된 때의 길이의 5%를 초과한 것 ② 링의 단면지름이 달기 체인이 제조된 때의 해당 링의 지름의 10%를 초과하여 감소한 것 ③ 균열이 있거나 심하게 변형된 것
달기강선 및 달기강대	심하게 손상·변형 또는 부식된 것

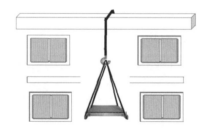

4) 달비계 종류 세분화 및 안전조치 강화

달비계 안전기준을 종류별(곤돌라형, 작업의자형)로 구분했으며, 작업의자형 달비계 관련 최근 사망 사고를 반영하여,

① 견고한 달비계 작업대 제작 및 4개 모서리에 안전한 로프 연결

② 작업용 섬유로프, 구명줄의 견고한 고정점 결속

③ 달비계 작업 중임을 알리는 경고 표지 부착

④ 작업용 섬유로프와 구명줄의 절단·마모 보호조치(보호덮개) 실시 등

5) 달비계 와이어로프 안전계수 ★★★

달기 와이어로프 및 달기 강선		10 이상
달기 체인, 달기 훅		5 이상
달기 강대와 달비계의 하부 및 상부 지점	강대	2.5 이상
	목재	5 이상

6) 달비계 종류 세분화 및 안전조치 강화

달비계 안전기준을 종류별(곤돌라형, 작업의자형)로 구분했으며, 작업의자형 달비계 관련 최근 사망사고를 반영하여,

① 견고한 달비계 작업대 제작 및 4개 모서리에 안전한 로프 연결

② 작업용 섬유로프, 구명줄의 견고한 고정점 결속

③ 달비계 작업 중임을 알리는 경고표지 부착

④ 작업용 섬유로프와 구명줄의 절단·마모 보호조치(보호덮개) 실시 등

5. 달대비계

1) 설치 목적

철골구조의 리벳치기 작업이나 볼트 작업을 위해 작업 발판을 철골에 매달아 사용하는 것으로 바닥에 외부 비계의 설치가 부적절한 높은 곳의 작업공간을 확보하기 위함

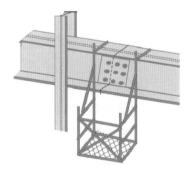

2) 조립 시 준수사항

① 달대비계를 매다는 철선은 #8 소성 철선을 사용하며 4가닥 정도로 꼬아서 하중에 대한 안전계수가 8 이상 확보되어야 한다.

② 철근을 사용할 경우 19mm 이상을 쓰며 작업자는 반드시 안전모와 안전대를 착용해야 한다.

6. 말비계 조립 시 준수사항

① 지주부재의 하단에는 미끄럼 방지장치를 하고, 근로자가 양측 끝부분에 올라서서 작업하지 않도록 할 것

② 지주부재와 수평면의 기울기를 75° 이하로 하고, 지주부재와 지주부재 사이를 고정시키는 보조부재를 설치할 것

③ 말비계의 높이가 2미터를 초과하는 경우에는 작업발판의 폭을 40cm 이상으로 할 것

작업발판
40cm 이상

2m 이상

75° 이하

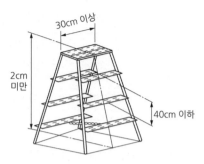

30cm 이상

2cm
미만

40cm 이하

7. 이동식 비계(일시적으로 이동하면서 실시하며 작업에 효율적)

1) 조립하여 작업하는 경우 준수사항

① 이동식 비계의 바퀴에는 뜻밖의 갑작스러운 이동 또는 전도를 방지하기 위하여 브레이크·쐐기 등으로 바퀴를 고정시킨 다음 비계의 일부를 견고한 시설물에 고정하거나 아웃트리거(outrigger)를 설치하는 등 필요한 조치를 할 것

② 승강용 사다리는 견고하게 설치할 것

③ 비계의 최상부에서 작업을 하는 경우에는 안전난간을 설치할 것

④ 작업발판은 항상 수평을 유지하고 작업발판 위에서 안전난간을 딛고 작업을 하거나 받침대 또는 사다리를 사용하여 작업하지 않도록 할 것

⑤ 작업발판의 최대적재하중은 250kg을 초과하지 않도록 할 것

⑥ 비계의 최대높이는 밑변 최소 폭의 4배 이하

⑦ 최대 적재 하중 표시

8. 시스템 비계의 구조

① 수직재, 수평재, 가새재를 견고하게 연결하는 구조가 되도록 할 것

② 비계 밑단의 수직재와 받침철물은 밀착되도록 설치하고, 수직재와 받침철물의 연결부의 겹침길이는 받침철물 전체 길이의 1/3 이상이 되도록 할 것

③ 수평재는 수직재와 직각으로 설치하여야 하며, 체결 후 흔들림이 없도록 견고하게 설치할 것

④ 수직재와 수직재의 연결철물은 이탈되지 않도록 견고한 구조로 할 것

⑤ 벽 연결재의 설치간격은 제조사가 정한 기준에 따라 설치할 것

1) 시스템 비계의 조립작업 시 준수사항

① 비계기둥의 밑둥에는 밑받침 철물을 사용하여야 하며, 밑받침에 고저차가 있는 경우에는 조절형 밑받침 철물을 사용하여 시스템 비계가 항상 수평 및 수직을 유지하도록 할 것

② 경사진 바닥에 설치하는 경우에는 피벗형 받침 철물 또는 쐐기 등을 사용하여 밑받침 철물의 바닥면이 수평을 유지하도록 할 것

③ 가공전로에 근접하여 비계를 설치하는 경우에는 가공 전로를 이설하거나 가공 전로에 절연용 방호구를 설치하는 등 가공 전로와의 접촉을 방지하기 위하여 필요한 조치를 할 것

④ 비계 내에서 근로자가 상하 또는 좌우로 이동하는 경우에는 반드시 지정된 통로를 이용하도록 주지시킬 것

⑤ 비계 작업 근로자는 같은 수직면상의 위와 아래 동시 작업을 금지할 것

⑥ 작업발판에는 제조사가 정한 최대적재 하중을 초과하여 적재해서는 아니 되며, 최대적재 하중이 표기된 표지판을 부착하고 근로자에게 주지시키도록 할 것

9. 걸침비계의 구조

선박 및 보트 건조작업에서 걸침비계를 설치하는 경우에는 다음의 사항을 준수하여야 한다.

① 지지점이 되는 매달림 부재의 고정부는 구조물로부터 이탈되지 않도록 견고히 고정할 것

② 비계재료 간에는 서로 움직임, 뒤집힘 등이 없어야 하고, 재료가 분리되지 않도록 철물 또는 철선으로 충분히 결속할 것. 다만, 작업발판 밑 부분에 띠장 및 장선으로 사용되는 수평부재 간의 결속은 철선을 사용하지 않을 것

③ 매달림 부재의 안전율은 4 이상일 것

④ 작업발판에는 구조검토에 따라 설계한 최대적재 하중을 초과하여 적재하여서는 아니 되며, 그 작업에 종사하는 근로자에게 최대적재 하중을 충분히 알릴 것

10. 비계 조립 시 안전조치 사항

1) 비계 조립 해체 및 변경(달비계 또는 높이 5m 이상 비계)

① 근로자가 관리감독자의 지시에 따라 작업하도록 할 것

② 조립 해체 또는 변경의 시기 범위 및 절차를 그 작업에 종사하는 근로자에게 교육할 것

③ 조립 해체 또는 변경 작업 구역 내에는 해당 작업에 종사하는 근로자가 아닌 사람의 출입을 금지하고 그 내용을 보기 쉬운 장소에 게시할 것

④ 비, 눈 그 밖의 기상상태에 불안정으로 날씨가 몹시 나쁜 경우에는 그 작업을 중지시킬 것

⑤ 비계 재료의 연결 해체작업을 하는 때에는 폭 20cm 이상의 발판을 설치하고 근로자로 하여금 안전대를 사용하도록 하는 등 추락을 방지하기 위한 조치를 할 것

⑥ 재료기구 또는 공구 등을 올리거나 내리는 경우에는 근로자가 달줄 또는 달포대 등을 사용하게 할 것

11. 비계 점검 및 보수

1) 점검 보수 시기
① 비, 눈, 그 밖의 기상상태의 악화로 작업을 중지시킨다.
② 비계를 조립ㆍ해체하거나 변경한 후에 그 비계에서 작업을 하는 경우에는 해당 작업을 시작하기 전에 다음 각 호의 사항을 점검하고, 이상 사항을 발견하면 즉시 보수하여야 한다.

2) 작업시작 전 점검사항 ★★★
① 발판 재료의 손상 여부 및 부착 또는 걸림 상태
② 해당 비계의 연결부 또는 접속부의 풀림 상태
③ 연결 재료 및 연결 철물의 손상 또는 부식 상태
④ 손잡이의 탈락 여부
⑤ 기둥의 침하, 변형, 변위(變位) 또는 흔들림 상태
⑥ 로프의 부착 상태 및 매단 장치의 흔들림 상태

3) 가설구조물의 좌굴(buckling) 현상
① 단면적에 비해 상대적으로 길이가 긴 부재가 압축력에 의해 하중 방향과 직각방향으로 변화가 생기는 현상
② 좌굴 발생의 요인 : 압축력, 단면보다 상대적으로 긴 부재

4) 가설구조물 비계 등의 안전

구조적인 특성	구조물 개념	구조물에 대한 개념이 확보하지 않아 조립 정밀도가 낮다.
	연결재	연결 제가 적은 구조가 되기 쉽다. 부지의 결합 의견 합의하여 불완전 결합이 되기 쉽다.
	부재의 상태	부재 과소 단면이거나 결함이 있는 재료를 사용하기 쉽다.
	구조계산의 기준	구조 계산의 기준이 부족하여 구조적인 문제점이 많다.
구비요건 (가설재의 3요소)	안전성	파괴 및 도계 등에 대한 충분한 강도를 가질 것
	작업성 시공성	넓은 작업 발판 및 공간 확보 안전한 작업 자세유지
	경제성	가설 철거비 및 가공비 등

비계설치 기준표 묶음

	통나무비계		강관비계			강관틀비계			이동식 비계
기둥간격	비계기둥간격	2.5m 이하	띠장간격 방향 비계 기둥 간격	띠장방향 띠장간격	1.85m 이하 2m 이하	주틀간격	높이 20m 초과시 1.8m 이하		
	첫 번째 띠장	3m 이하		장선방향	1.5m 이하				
벽연결	수직방향	5.5m 이하	조립간격	수직방향	5m	벽이음	수직방향	6m	
	수평방향	7.5m 이하		수평방향	5m		수평방향	8 m 이내 마다	
높이제한	4층 이하 12m 이하 건물		31m 이하 부분 비계기둥 2개 묶음			40m 초과 금지			비계의 최대높이는 밑변 최소폭의 4배 이하
기타	① 맞댐이음 1.8미터 이상의 덧댐목을 사용하여 네 군데 이상을 묶을 것 ② 겹침이음 1m 이상 두 군데 묶음		중량 400kg 이하			① 주틀 간에 교차가새를 설치하고 최상층 및 5층 이내마다 수평재를 설치할 것 ② 길이가 띠장 방향으로 4m이하이고 높이가 10미터를 초과하는 경우에는 10미터 이내마다 띠장 방향으로 버팀기둥을 설치			중량 250kg 이하

02 | 작업통로 설치기준

1. 통로란?

보행자뿐만 아니라 운반장비, 차량 등이 다닐 수 있도록 구획된 공장의 바닥, 가설물, 접근설비 등을 말하며 옥내통로, 가설통로, 사다리식 통로, 갱내 통로, 선박과 안벽 사이의 통로 등이 있다.

2. 통로의 안전 설치 및 사용 기본요건

① 작업장으로 통하는 장소 또는 작업장 내에는 안전한 통로를 설치하고, 항상 사용 가능한 상태로 유지할 것
② 통로의 주요한 부분에는 통로를 표시할 것(비상구·비상용 통로, 비상용기구에 비상용표시)
③ 근로자가 안전하게 통행할 수 있도록 75럭스 이상의 채광 또는 조명시설 설치할 것
※ 갱도 또는 지하실 등에 휴대용 조명기구를 사용 시 제외

④ 통로 설치 시 걸려 넘어지거나 미끄러지는 등의 전도 위험이 없을 것

⑤ 통로 바닥으로부터 높이 2m 이내에 장애물이 없을 것

3. 작업장 및 작업통로 설치 시 준수사항

1) 작업장 출입구 설치 시 준수사항

① 출입구의 위치, 수 및 크기가 작업장의 용도와 특성에 맞도록 할 것

② 출입구에 문을 설치하는 경우에는 근로자가 쉽게 열고 닫을 수 있도록 할 것

③ 주된 목적이 하역운반기계용인 출입구에는 인접하여 보행자용 출입구를 따로 설치할 것

④ 하역운반기계의 통로와 인접하여 있는 출입구에서 접촉에 의하여 근로자에게 위험을 미칠 우려가 있는 경우에는 비상등 비상벨 등 경보장치를 할 것

⑤ 계단이 출입구와 바로 연결된 경우에는 작업자의 안전한 통행을 위하여 그 사이에 1.2미터 이상 거리를 두거나 안내표지 또는 비상벨 등을 설치할 것
다만, 출입구에 문을 설치하지 아니한 경우에는 그러하지 아니하다.

2) 동력으로 작동되는 문의 설치조건

① 동력으로 작동되는 문에 근로자가 끼일 위험이 있는 2.5미터 높이까지는 위급하거나 위험한 사태가 발생한 경우에 문의 작동을 정지시킬 수 있도록 비상정지장치 설치 등 필요한 조치를 할 것. 다만, 위험구역에 사람이 없어야만 문이 작동되도록 안전장치가 설치되어 있거나 운전자가 특별히 지정되어 상시 조작하는 경우에는 그러하지 아니하다.

② 동력으로 작동되는 문의 비상정지장치는 근로자가 잘 알아볼 수 있고 쉽게 조작할 수 있을 것

③ 동력으로 작동되는 문의 동력이 끊어진 경우에는 즉시 정지되도록 할 것. 다만, 방화문의 경우에는 그러하지 아니하다.

④ 수동으로 열고 닫을 수 있도록 할 것. 다만, 동력으로 작동되는 문에 수동으로 열고 닫을 수 있는 문을 별도로 설치하여 근로자가 통행할 수 있도록 한 경우에는 그러하지 아니하다.

⑤ 동력으로 작동되는 문을 수동으로 조작하는 경우에는 제어장치에 의하여 즉시 정지시킬 수 있는 구조일 것

3) 유해위험 물질 취급장소의 비상구(인화성 물질, 부식성, 독극성, 폭발성 물질 등)

위험물질을 제조 취급하는 작업장과 그 작업장이 있는 건축물에 출입구 외에 안전한 장소로 대피할 수 있는 비상구 1개 이상을 다음 각 호의 기준을 모두 충족하는 구조로 설치해야 한다. 다만, 작업장 바닥면의 가로 및 세로가 각 3미터 미만인 경우에는 그렇지 않다. 〈개정 2019. 12. 26.〉

① 출입구와 같은 방향에 있지 아니하고, 출입구로부터 3m 이상 떨어져 있을 것

② 작업장의 각 부분으로부터 하나의 비상구 또는 출입구까지의 수평거리가 50m 이하가 되도록 할 것

③ 비상구의 너비는 0.75m 이상으로 하고, 높이는 1.5m 이상으로 할 것

④ 비상구의 문은 피난 방향으로 열리도록 하고, 실내에서 항상 열 수 있는 구조로 할 것

4. 작업장 통로의 종류 및 설치기준

1) 가설통로

① 견고한 구조로 할 것

② 경사는 30° 이하로 할 것. 다만, 계단을 설치하거나 높이 2m 미만의 가설통로로서 튼튼한 손잡이를 설치한 경우에는 그러하지 아니하다.

③ 경사가 15°를 초과하는 경우에는 미끄러지지 아니하는 구조로 할 것

④ 추락할 위험이 있는 장소에는 안전난간을 설치할 것

⑤ 수직갱에 가설된 통로의 길이가 15m 이상인 경우에는 10m 이내마다 계단참을 설치할 것

⑥ 건설공사에 사용하는 높이 8m 이상인 비계다리에는 7m 이내마다 계단참을 설치할 것

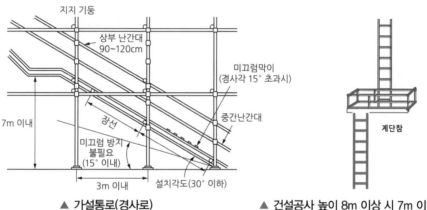

▲ 가설통로(경사로)

▲ 건설공사 높이 8m 이상 시 7m 이내 설치
수직갱 깊이 15m 이상 시 10m 계단참 설치

2) 사다리 통로

① 견고한 구조로 할 것

② 심한 손상·부식 등이 없는 재료를 사용할 것

③ 발판의 간격은 일정하게 할 것

④ 발판과 벽과의 사이는 15cm 이상의 간격을 유지할 것

⑤ 폭은 30cm 이상으로 할 것

⑥ 사다리가 넘어지거나 미끄러지는 것을 방지하기 위한 조치를 할 것

⑦ 사다리의 상단은 걸쳐놓은 지점으로부터 60cm 이상 올라가도록 할 것

⑧ 사다리식 통로의 길이가 10m 이상인 경우에는 5m 이내마다 계단참을 설치할 것

⑨ 사다리식 통로의 기울기는 75° 이하로 할 것.

　　다만, 고정식 사다리식 통로의 기울기는 90° 이하로 하고, 높이가 7m 이상인 경우에는 바닥으로부

터 높이가 2.5m 되는 지점부터 등받이울을 설치할 것

⑩ 접이식 사다리 기둥은 사용 시 접혀지거나 펼쳐지지 않도록 철물 등을 사용하여 견고하게 조치할 것

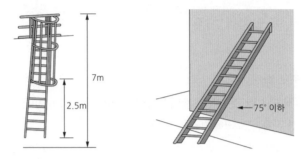

3) 경사로 [설치 및 사용 시 준수사항]

① 시공하중 또는 폭풍, 진동 등 외력에 대하여 안전한 설계

② 경사로는 항상 정비하고 안전통로를 확보하여야 한다.

③ 경사로의 폭은 최소 90cm 이상   ④ 높이 7m 이내마다 계단참 설치

⑤ 추락방지용 안전 난간대 설치   ⑥ 경사로 지지 기둥은 3m 이내마다 설치

⑦ 목재는 미송, 육송 또는 그 이상의 재질을 가진 것이어야 한다.

⑧ 발판의 폭은 40cm 이상으로 하고 틈은 3cm 이내로 설치

⑨ 발판이 이탈하거나 한쪽 끝을 밟으면 다른 쪽이 올라오지 않도록 결속하여야 한다.

⑩ 결속용 못이나 철선이 발에 걸리지 않아야 한다.

4) 계단

1	계단의 폭 계단의 난간	① 폭이 1m 이상이며 손잡이 외 다른 물건 설치, 적재 금지 ② 높이 1m 이상인 계단의 개방된 측면에 안전 난간대를 설치
2	천장의 높이	바닥면으로부터 높이 2m 이내의 장애물이 없을 것
3	계단참의 높이	높이가 3m를 초과하는 계단에 높이 3m 이내마다 너비 1.2m 이상의 계단참을 설치
4	안전율	안전율은 4 이상
5	계단 및 계단참의 강도	① 매m²당 500kg 이상의 하중에 견딜 수 있는 강도를 가진 구조로 설치 ② 계단 승강구 바닥을 구멍이 있는 재료로 만드는 경우 렌치나 그 밖의 공구 등이 낙하할 위험이 없는 구조로 할 것

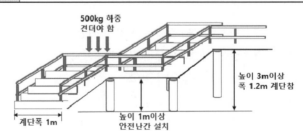

5) 이동식 사다리 구조

상부길이 60cm

① 길이가 6m를 초과해서는 안 된다.

② 다리의 벌림은 벽 높이의 1/4 정도가 적당하다.

③ 벽면 상부로부터 최소한 60cm 이상의 연장 길이가 있어야 한다.

참고

계단참 묶음

통로	계단참
가설통로	① 수직갱에 가설된 통로의 길이가 15m 이상인 경우에는 10m 이내마다 계단참을 설치할 것 ② 건설공사에 사용하는 높이 8m 이상인 비계다리에는 7m 이내마다 계단참을 설치할 것
사다리식 통로	① 통로의 길이가 10m 이상인 경우에는 5m 이내마다 계단참을 설치할 것
경사로	높이 7M 계단참
계단	① 높이가 3M를 초과하는 계단에 높이 3M 이내마다 너비 1.2M 이상의 계단참을 설치

6) 사다리의 안전기준

사다리 종류	안전기준
옥외용 사다리	① 철재 틀 원칙 ② 길이가 10m 이상일 때 5m 이내의 간격으로 계단참 설치 ③ 사다리 전면 75cm 이내에는 장애물이 없어야 함
목재 사다리	① 재질은 건조된 것 사용 ② 발 받침대의 간격은 25~35cm 이상 ③ 벽면과의 이격거리는 20cm 이상 ④ 수직재와 발 받침대는 장부족 맞춤으로 하고 사개를 파서 제작 ⑤ 이음 또는 맞춤부분은 20cm 이상
철재 사다리	① 수직재와 발 받침대는 충분한 강도를 가진 것 사용 ② 발 받침대는 미끄럼 방지장치 ③ 받침대의 간격은 25~35cm ④ 사다리 몸체 또는 전면에 기름 등과 같은 미끄러운 물질이 묻어있어서는 안 된다.
기계 사다리	① 추락방지용 보호 손잡이 및 발판구비 ② 안전대 사용 ③ 사다리가 움직이는 동안 작업자가 움직이지 않도록 충분한 교육
연장 사다리	① 총길이 15m 초과 금지 ② 사다리 길이를 고정시키는 잠금쇠와 브래킷 구비 ③ 도르래 및 로프는 충분한 강도를 가진 것

03 | 작업발판 설치기준

1. 작업발판

비계높이 2m 이상 장소의 작업발판설치기준(달비계 달대비계 제외)

① 발판재료는 작업할 때의 하중에 견딜 수 있도록 견고한 것으로 할 것

② 작업발판의 지지물은 하중에 의하여 파괴될 우려가 없는 것을 사용하여야 한다.

③ 작업발판의 폭은 40cm 이상, 두께는 3.5cm 이상, 길이는 3.6m 이내 발판의 틈은 3cm 이하이어야 한다.(다만 선박 및 보트 건조작업의 경우 선박블록 또는 엔진실 등의 좁은 공간에 작업발판을 설치하기 위하여 필요하면 작업발판의 폭을 30cm 이상으로 할 수 있고 걸침 비계의 경우 강관 기둥 때문에 발판 재료 간의 틈을 3cm 이하로 유지하기 곤란한 경우 5cm로 할 수 있다.)

④ 작업발판 1개당 최소 3개소 이상 장선에 지지하여 전위하거나 탈락하지 않도록 철선 등으로 고정하여야 한다.

⑤ 발판 끝부분의 돌출길이는 10cm 이상 20cm 이하가 되도록 한다.

⑥ 추락의 위험이 있는 장소에는 안전난간을 설치하여야 한다.(90~120cm)

다만 작업여건상 안전난간을 설치하는 것이 곤란한 경우 작업의 필요상 임시로 안전난간 해체 시 안전방망 또는 안전대 사용 등 추락에 의한 위험방지조치를 해야 한다.

⑦ 작업발판을 작업에 따라 이동시킬 때에는 위험방지에 필요한 조치를 하여야 한다.

사다리 발판

구분	달비계 달대비계	비계높이 2m 이상 (달비계 달대비계 제외)	말비계 높이 2m 이상	비계 해체, 연결작업 시	슬레이트 지붕 위 선박, 보트 엔진 협소공간
발판 폭	40cm	40cm	40cm	20cm	30cm
틈새	틈새 없어야 함	3cm			3cm

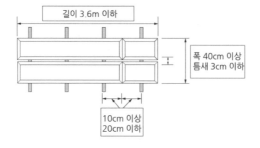

2. 통로발판

사업주는 통로발판을 설치하여 사용함에 있어서 다음의 사항을 준수하여야 한다.

① 근로자가 작업 및 이동하기에 충분한 넓이가 확보되어야 한다.

② 추락의 위험이 있는 곳에는 안전난간이나 철책을 설치하여야 한다.

③ 발판을 겹쳐 이음하는 경우 장선 위에서 이음을 하고 겹침길이는 20cm 이상으로 하여야 한다.

④ 발판 1개에 대한 지지물은 2개 이상이어야 한다.

⑤ 작업발판의 최대폭은 1.6m 이내이어야 한다.

⑥ 작업발판 위에는 돌출된 못, 옹이, 철선 등이 없어야 한다.

⑦ 비계발판의 구조에 따라 최대 적재하중을 정하고 이를 초과하지 않도록 하여야 한다.

04 | 거푸집 지보공 설치기준

- **거푸집 동바리** : 거푸집과 동바리가 합성된 용어로서 바닥과 보의 밑판 거푸집은 일반적으로 널, 장선, 멍에로 구성되며, 기둥과 보의 측판 및 벽 거푸집은 일반적으로 널과 띠장(수직, 수평)으로 구성되며 동바리는 상부하중 및 층 높이 등의 조건에 따라 단일부재 또는 연결 및 조립부재로 구성됨

- **거푸집(form)** : 생 콘크리트가 응결 경화하여 소요강도가 발현되기까지 일정한 형상과 치수를 유지시키며, 생 콘크리트가 경화하는 동안 수분의 누출방지 및 외기의 영향으로부터 보호하는 역할을 함. 거푸집은 콘크리트 구조물을 일정한 형태나 크기로 만들기 위하여 굳지 않은 콘크리트를 부어 넣어 원하는 강도에 도달할 때까지 양생 및 지지하는 가설 구조물이다. 형틀이라고도 한다.

- **동바리(floor post)** : 바닥 및 보의 밑판 거푸집을 소정의 위치에 유지시키며 상부하중을 하부구조로 전달하는 기둥과 같은 역할을 함.
  동바리는 타설된 콘크리트가 소정의 강도를 얻기까지 고정하중 및 시공하중 등을 지지하기 위하여 설치하는 가설 부재를 말한다.

> **참고**
>
> **거푸집 동바리의 구조검토**
> 1) 하중계산 : 거푸집 동바리에 작용하는 하중 및 외력의 종류, 크기를 산정해야 한다.
> 2) 응력계산 : 하중, 외력에 의한 각 부재에 발생되는 응력을 구한다.
> 3) 단면, 배치간격 : 각 부재에 발생하는 응력에 대하여 단면 배치간격을 결정한다.

1. 거푸집의 재료

① 목재거푸집   ② 강재거푸집

③ 동바리재   ④ 연결재

2. 거푸집 조립 순서

① 기둥철근 배근　　② 벽의 내측 거푸집　　③ 벽제 철근 배근

④ 벽의 외측 조립　　⑤ 보 및 바닥판　　　⑥ 거푸집조립

⑦ 보철근 배근　　　⑧ 바닥 철근 배근　　⑨ 콘크리트 타설

(① 기둥 → ② 보받이 내력 → ③ 큰보 → ④ 작은보 → ⑤ 바닥판 → ⑥ 내벽 외벽)

3. 거푸집 해체순서 : 바닥 → 보 → 벽 → 기둥

4. 거푸집 동바리 조립 시 안전조치 사항

1) 깔목의 사용, 콘크리트 타설, 말뚝박기 등 동바리의 침하를 방지하기 위한 조치를 할 것

2) 개구부 상부에 동바리를 설치하는 경우에는 상부하중을 견딜 수 있는 견고한 받침대를 설치할 것

3) 동바리의 상하 고정 및 미끄러짐 방지 조치를 하고, 하중의 지지상태를 유지할 것

4) 동바리의 이음은 맞댄이음이나 장부이음으로 하고 같은 품질의 재료를 사용할 것

5) 강재와 강재의 접속부 및 교차부는 볼트·클램프 등 전용철물을 사용하여 단단히 연결할 것

6) 거푸집이 곡면인 경우에는 버팀대의 부착 등 그 거푸집의 부상(浮上)을 방지하기 위한 조치를 할 것

7) 동바리로 사용하는 강관(파이프 서포트(pipe support)는 제외한다)에 대해서는 다음의 사항을 따를 것

　　① 높이 2미터 이내마다 수평연결재를 2개 방향으로 만들고 수평연결재의 변위를 방지할 것

　　② 멍에 등을 상단에 올릴 경우에는 해당 상단에 강재의 단판을 붙여 멍에 등을 고정시킬 것

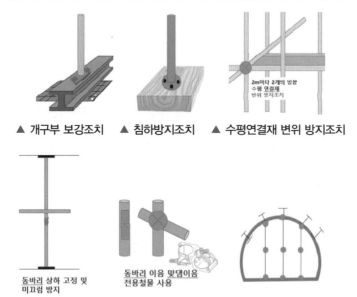

▲ 개구부 보강조치　　▲ 침하방지조치　　▲ 수평연결재 변위 방지조치

▲ 동바리고정　　▲ 동바리이음방법　　▲ 부상 방지조치 당김줄

8) **동바리로 사용하는 파이프 서포트 사용 시 준수사항**

① 파이프 서포트를 3개 이상 이어서 사용하지 않도록 할 것

② 파이프 서포트를 이어서 사용하는 경우에는 4개 이상의 볼트 또는 전용철물을 사용하여 이을 것

③ 높이가 3.5미터를 초과하는 경우 높이 2미터 이내마다 수평연결재를 2개 방향으로 만들고 수평연결재의 변위를 방지할 것

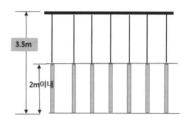

▲ 4개 이상의 전용 철물로 연결   ▲ 높이 3.5m 초과 경우 2m마다 수평연결재 변위방지

9) **동바리로 사용하는 강관틀에 대해서는 다음 각 목의 사항을 따를 것**

① 강관틀과 강관틀 사이에 교차 가새를 설치할 것

② 최상층 및 5층 이내마다 거푸집 동바리의 측면과 틀면의 방향 및 교차가새의 방향에서 5개 이내마다 수평 연결재를 설치하고 수평연결재의 변위를 방지할 것

③ 최상층 및 5층 이내마다 거푸집 동바리의 틀면의 방향에서 양단 및 5개 틀 이내마다 교차 가새의 방향으로 띠장 틀을 설치할 것

10) **동바리로 사용하는** 조립 강주**에 대해서는 다음의 사항을 따를 것**

높이가 4미터를 초과하는 경우에는 높이 4미터 이내마다 수평 연결재를 2개 방향으로 설치하고 수평 연결재의 변위를 방지할 것

11) **시스템 동바리(규격화 · 부품화된 수직재, 수평재 및 가새재 등의 부재를 현장에서 조립하여 거푸집으로 지지하는 동바리 형식을 말한다)는 다음 각 목의 방법에 따라 설치할 것**

① 수평재는 수직재와 직각으로 설치하여야 하며 흔들리지 않도록 견고하게 설치할 것

② 연결철물을 사용하여 수직재를 견고하게 연결하고, 연결 부위가 탈락 또는 꺾어지지 않도록 할 것

③ 수직 및 수평하중에 의한 동바리 본체의 변위가 발생하지 않도록 각각의 단위 수직재 및 수평재에는 가새재를 견고하게 설치하도록 할 것

④ 동바리 최상단과 최하단의 수직재와 받침철물은 서로 밀착되도록 설치하고 수직재와 받침철물의 연결부의 겹침 길이는 받침철물 전체 길이의 1/3 이상 되도록 할 것

12) 동바리로 사용하는 목재에 대해서는 다음 각 목의 사항을 따를 것

목재를 이어서 사용하는 경우에는 2개 이상의 덧댐목을 대고 4군데 이상 견고하게 묶은 후 상단을 보나 멍에에 고정시킬 것

▲ 2본 이상의 덧댐목을 부착하고 4개소 이상 견고하게 묶기

13) 보로 구성된 것은 다음의 사항을 따를 것

① 보의 양끝을 지지물로 고정시켜 보의 미끄러짐 및 탈락을 방지할 것

② 보와 보 사이에 수평연결재를 설치하여 보가 옆으로 넘어지지 않도록 견고하게 할 것

14) 거푸집을 조립하는 경우에는 거푸집이 콘크리트 하중이나 그 밖의 외력에 견딜 수 있거나, 넘어지지 않도록 견고한 구조의 긴결재, 버팀대 또는 지지대를 설치하는 등 필요한 조치를 할 것

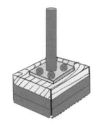

15) 계단 형상으로 조립하는 거푸집 동바리 준수사항

① 거푸집 형상에 따른 부득이한 경우를 제외하고는 깔판 깔목 등을 2단 이상 끼우지 아니하도록 할 것 깔판 발목 등을 넣어서 사용하는 경우에는 그 깔판 깔목 등을 단단히 연결할 것

② 동바리는 상하부의 동바리가 수직선상에 위치하도록 하여 깔판 깔목 등에 고정시킬 것

▲ 깔판, 깔목 2단 이상 설치금지

> **참고**
>
> **동바리 수평 연결재 묶음**
>
> | 동바리 | 수평 연결재 |
> |---|---|
> | 파이프가 아닌 경우(강관) | 높이 2미터 이내마다 수평 연결재를 2개 방향으로 설치 |
> | 파이프 서포트 | 높이가 3.5미터를 초과하는 경우
높이 2미터 이내마다 수평 연결재를 2개 방향으로 설치 |
> | 강관틀 | 최상층 및 5층 이내마다 거푸집 동바리의 측면과 틀면의 방향 및 교차가새의 방향에서 5개 이내마다 수평 연결재를 설치 |
> | 조립강주 | 높이가 4미터를 초과하는 경우
높이 4미터 이내마다 수평 연결재를 2개 방향으로 설치 |

5. 조립, 해체 작업 시 준수사항

1) 기둥 보 벽체 슬래브 등의 거푸집 동바리 등

① 해당 작업을 하는 구역에는 관계 근로자가 아닌 사람의 출입을 금지할 것

② 비, 눈, 그 밖의 기상상태의 불안정으로 날씨가 몹시 나쁜 경우에는 그 작업을 중지할 것

③ 재료, 기구 또는 공구 등을 올리거나 내리는 경우에는 근로자로 하여금 달줄·달포대 등을 사용하도록 할 것

④ 낙하·충격에 의한 돌발적 재해를 방지하기 위하여 버팀목을 설치하고 거푸집 동바리 등을 인양 장비에 매단 후에 작업하도록 하는 등 필요한 조치를 할 것

2) 철근 조립 등의 작업

① 양중기로 철근을 운반할 경우에는 두 군데 이상 묶어서 수평으로 운반할 것

② 작업위치의 높이가 2미터 이상일 경우에는 작업발판을 설치하거나 안전대를 착용하게 하는 등 위험 방지를 위하여 필요한 조치를 할 것

6. 작업발판 일체형 거푸집의 종류 및 작업 시 안전조치

종류	조립, 이동, 양중, 해체작업을 할 경우 준수해야 할 사항
갱 폼 (gang form)	① 조립 등의 범위 및 작업절차를 미리 그 작업에 종사하는 근로자에게 주지시킬 것 ② 근로자가 안전하게 구조물 내부에서 갱폼의 작업 발판으로 출입할 수 있는 이동 통로를 설치할 것 ③ 갱폼의 지지 또는 고정철물의 이상 유무를 수시 점검하고 이상이 발견된 경우에는 교체하도록 할 것 ④ 갱폼을 조립하거나 해체하는 경우에는 갱폼을 인양 장비에 매단 후에 작업을 실시하도록 하고 인양 장비에 매달기 전에 지지 또는 고정철물을 미리 해체하지 않도록 할 것 ⑤ 갱폼 인양 시 작업 발판을 케이지에 근로자가 탑승한 상태에서 갱폼의 인양작업을 하지 아니할 것
• 슬립 폼(slipform) • 클라이밍 폼 (climming form) • 터널 라이닝 폼 (tunnel lining form) • 그밖에 거푸집과 작업 발판이 일체로 제작된 거푸집 등	① 조립 등 작업 시 부식, 변형 여부와 연결 및 지지재의 이상 유무를 확인할 것 ② 조립 등 작업과 관련한 이동, 양중, 운반, 장비고장, 오조작 등으로 인해 근로자에게 위험을 미칠 우려가 있는 장소에는 근로자의 출입 금지하는 등 위험방지 조치를 할 것 ③ 거푸집이 콘크리트 면에 지지될 때에 콘크리트의 굳기 정도와 거푸집의 무게 풍압 등의 영향으로 거푸집의 갑작스런 이탈 또는 낙하로 인해 근로자가 위험해질 우려가 있는 경우에는 설계 도서에서 정한 콘크리트 양생 기간을 준수하거나 콘크리트 이면에 견고하게 지지하는 등 필요한 조치를 할 것 ④ 연결 또는 지지 형식으로 조립된 부재의 조립 등 작업을 하는 경우에는 거푸집을 인양 장비에 매단 후에 작업을 하도록 하는 등 낙하 붕괴 전도의 위험방지를 위하여 필요한 조치를 할 것

7. 작업 발판 일체형 거푸집 안전 조치

(거푸집 발판을 일체형으로)

거푸집 설치 해체, 철근 조립, 콘크리트 타설, 콘크리트 면처리, 작업 등을 위하여 거푸집을 작업 발판과 일체로 제작하여 사용하는 거푸집

8. 거푸집의 종류

1) 갱폼(Gang Form)

주로 고층 아파트에서와 같이 평면상 상·하부 동일 단면 구조물에서 외부 벽체 거푸집과 거푸집 설치·해체작업 및 미장·견출 작업발판용 케이지(Cage)를 일체로 제작하여 사용하는 대형거푸집을 말함

> **참고**
>
> **케이지(Cage)**
> 갱폼에서 외부벽체 거푸집 부분을 제외한 부분으로 작업발판, 안전난간 등으로 구성되어 갱폼 거푸집에 결합된 부분

2) 슬립 폼(Slip Form)(슬라이딩 폼)

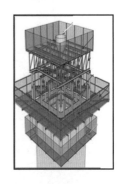

활동식 거푸집(Sliding Form)의 일종으로 콘크리트 타설 후 콘크리트가 자립할 수 있는 강도 이상이 되면 거푸집을 상방향으로 이동시키면서 연속적으로 철근조립, 콘크리트 타설 등을 실시하여 구조물을 완성시키는 공법으로서 구조물의 단면이 가능한 일정하고 초고소화된 구조물에 적용되고 있으며, 교량의 교각(Pier), 건축현장에서는 건축물 코어(Core) 부분 구조물공사, 사일로(Silo), 굴뚝공사에 최근 많이 활용되고 있다.

3) 클라이밍 폼

벽체용 거푸집으로 갱폼에 거푸집 설치를 위한 비계틀과 기 타설된 콘크리트의 마감작업용 비계를 일체로 제작한 거푸집

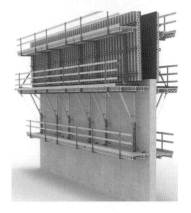

4) 터널 라이닝 폼

콘크리트 구조물이므로 이를 타설하기 위해서는 라이닝 폼을 설치하여 굴착 면과 라이닝 폼 사이에 콘크리트를 채운 후 양생을 시켜야 한다. 이렇게 콘크리트를 타설하기 위해 사용하는 거푸집을 라이닝 폼이라 한다. 통상적으로 사용되고 있는 라이닝 폼은 외측면을 이루는 거푸집과 이 거푸집을 지지하기 위한 구조체로 구성된다.

9. 지보공 조립, 설치 시 점검 사항

흙막이 지보공	붕괴 등의 방지를 위한 점검사항 (정기적으로 점검)	① 부재의 손상 변형 부식 변위 및 탈락의 유무 상태 ② 버팀대의 긴압의 정도 ③ 부재의 접속부, 부착부 및 교차부의 상태 ④ 침하의 정도
	조립도 명시사항	흙막이판 말뚝 버팀대 밑 띠장 등 부재의 배치 치수 재질 및 설치 방법과 순서
터널 지보공	붕괴 등의 방지를 위한 점검사항 (수시로 점검)	① 부재의 손상 변형 부식 변위 탈락의 유무 상태 ② 부재의 긴압의 정도 ③ 부재의 접속부, 부착부 및 교차부의 상태 ④ 기둥 침하의 유무 상태
	조립도 명시사항	재료의 재질, 단면규격, 설치 간격 및 이용방법 등

10. 거푸집 동바리 설계 및 선정 기준

연직 수직 방향 하중	거푸집 동바리 콘크리트 철근 작업원 타설용 기계기구 가설 설비 등의 중량 및 충격하중
횡방향 하중 풍압	작업할 때의 진동 충격 시공오차 등에 기인되는 횡방향 하중이 위에 필요에 따라 통합 풍압 유수압 지진 등
콘크리트의 측압	굳지 않은 콘크리트 측압
특수 하중	시공 중에 예상되는 특수한 하중

■ 거푸집 동바리의 안전성 검토
1) 연직방향 하중 = 고정하중 + 활하중
(1) 고정하중 = 철근콘크리트 + 거푸집 중량

(2) 활하중 = 시공하중(작업원, 장비, 자재, 공구) + 충격하중

수평 투영면적(연직 방향투영)당 최소 $2.5kN/m^2$ 이상

전동식 카트장비 이용 시 $3.7kN/m^2$ 이상

(3) 연직하중(고정하중 + 활하중)
　　① 슬래브 두께에 관계 없이 최소 5.0kN/m² 이상
　　② 전동식 카트장비 이용 시 6.25kN/m² 이상

2) 수평방향 횡하중
(1) 동바리에 작용하는 수평방향하중(횡하중)
　　① 고정하중(사하중)의 2% 이상
　　② 동바리 상단 수평방향의 단위길이당 1.5kN/m² 이상 중에서 큰 쪽이 동바리 머리 부분에 작용하는 것으로 가정
(2) 옹벽 거푸집 : 거푸집 측면에 0.5kN/m² 이상 작용

11. 거푸집 존치 기간(건축공사 표준 시방서)

1) 기초, 보 옆, 기둥, 벽의 측벽 등의 존치 : 압축강도 : 5Mpa = 5N/mm²
2) 바닥 슬래브 밑, 지붕 슬래브 밑, 보 밑의 거푸집관계는 원칙적으로 받침기둥 해체 후 떼어낸다.
3) 받침기둥 존치 기간은 슬래브 밑, 보 밑, 모두 설계 기준 정도의 100% 이상 콘크리트 압축강도가 얻어진 것이 확인될 때까지로 한다.(다만 해체 가능한 압축강도는 계산결과 관계없이 12Mpa = 12N/mm² 이상이어야 한다.)
4) 기초, 보 옆, 기둥, 벽의 측벽 등의 존치 기간

시멘트의 종류		① 조강포틀랜드 시멘트	① 보통 포틀랜드 시멘트 ② 고로슬래그시멘트 특급 ③ 포틀랜드 포졸란 시멘트 A종 ④ 플라이애시 시멘트 A종	① 고로슬래그시멘트1급 ② 포틀랜드 포졸란 시멘트 B종 ③ 플라이애시 시멘트 B종
평균기온 콘크리트의 재령(일)	20℃ 이상	2	4	5
	20℃ 미만 10℃ 이상	3	6	8
압축강도		5N/mm² 이상		

12. 거푸집 동바리 해체(개정 콘크리트 표준 시방서)

1) 콘크리트 압축강도를 시험할 경우
① 부재 : 확대기초, 보 옆, 기둥, 벽의 측벽의 압축강도는 5Mpa 이상
② 슬래브 및 보의 밑면 : 14Mpa = 140kg/cm²

01 달비계란 와이어로프, 강재 등으로 상부 지점으로부터 간단한 물품이나, 작업자가 승강할 수 있는 발판이다. 달비계의 작업발판의 폭은 얼마 이상이어야 하는가?

① 30센티미터   ② 40센티미터
③ 50센티미터   ④ 60센티미터

02 다음 중 작업발판의 안전지침으로 옳지 않은 것은?

① 근로자가 작업 또는 이동하기에 충분한 넓이가 확보되어야 한다.
② 발판의 폭은 30센티미터 이상이어야 한다.
③ 발판재료는 2개 이상의 지지물에 부착시켜야 한다.
④ 발판재료 간의 틈은 3센티미터 이하로 한다.

03 계단 및 계단참을 설치하는 때의 강도(kg/제곱미터)는 얼마 이상이어야 하는가?

① 200   ② 300
③ 400   ④ 500

04 강관비계의 수직방향 벽이음 조립간격(m)으로 옳은 것은?(단, 틀비계이며 높이가 5m 이상일 경우)

① 2m   ② 4m
③ 6m   ④ 9m

05 사다리식 통로 설치 시 길이가 10미터 이상인 때에는 몇 미터 이내마다 계단참을 설치해야 하는가?

① 5미터   ② 7미터
③ 9미터   ④ 10미터

06 건설현장에 설치하는 사다리식 통로의 설치기준으로 옳지 않은 것은?

① 발판과 벽과의 사이는 15cm 이상의 간격을 유지할 것
② 발판의 간격은 일정하게 할 것
③ 사다리의 상단은 걸쳐놓은 지점으로부터 60cm 이상 올라가도록 할 것
④ 사다리식 통로의 길이가 10m 이상인 경우에는 3m 이내마다 계단참을 설치할 것

07 말비계를 조립하여 사용하는 경우 지주부재와 수평면의 기울기는 얼마 이하로 하여야 하는가?

① 65°   ② 70°
③ 75°   ④ 80°

정답   01 ②   02 ②   03 ④   04 ③   05 ①   06 ④   07 ③

06 건설공사의 구조물 안전

01 | 콘크리트 슬라브 구조 안전

1. 콘크리트 타설 작업 시 준수사항 ★★★

1) 당일의 작업을 시작하기 전에 해당 작업에 관한 거푸집 동바리 등의 변형 · 변위 및 지반의 침하 유무 등을 점검하고 이상이 있으면 보수할 것
2) 작업 중에는 거푸집 동바리 등의 변형 · 변위 및 침하 유무 등을 감시할 수 있는 감시자를 배치하여 이상이 있으면 작업을 중지하고 근로자를 대피시킬 것
3) 콘크리트 타설 작업 시 거푸집 붕괴의 위험이 발생할 우려가 있으면 충분한 보강조치를 할 것
4) 설계도상의 콘크리트 양생기간을 준수하여 거푸집 동바리 등을 해체할 것
5) 콘크리트를 타설하는 경우에는 편심이 발생하지 않도록 골고루 분산하여 타설할 것

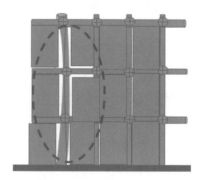

▲ 동바리, 거푸집의 변형 변위

2. 콘크리트 타설 시 발생하는 이상 현상 ★★★

블리딩(bleeding)	일종의 재료분리 현상으로 콘크리트 타설 후 혼합수가 골재와 시멘트 입자의 침강의 의해 윗 방향으로 떠오르는 현상
레이턴스(laitance)	블리딩 혼합수의 증발에 따라 콘크리트 슬라브 표면에 가라앉아 엷은 막을 형성하는 부유 침전물
콜드조인트(cold joint)	콘크리트 타설 시간의 지연으로 응결하기 시작한 콘크리트에 이어지기를 한 경우 발생하는 줄눈, 줄금, 크랙

[콘크리트 배합 설계]
- 설계기준강도 : 구조계산에서 요구하는 28일 압축 강도
- 소요강도 = 3 × 장기 허용 응력도
  = 1.5 × 단기 허용 응력도

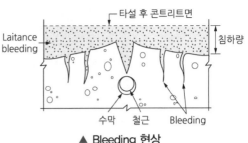

▲ Bleeding 현상

3. 콘크리트 타설 ★★★

타설 시 점검사항	① 거푸집 부상 및 이동 방지조치 ② 건물의 보 요철 부분 내민 부분의 조립 상태 및 콘크리트 타설 시 이탈방지장치 ③ 청소구의 유무 확인 및 콘크리트 타설 시 청소구 폐쇄 조치 ④ 거푸집 흔들림을 방지하기 위한 턴버클 가새 등의 필요한 조치
타설 시 주의사항	① 친 콘크리트를 거푸집 안에서 횡방향으로 이동금지 ② 한 구획 내에 콘크리트는 치기가 완료될 때까지 연속해서 타설(크랙 발생 방지) ③ 최상부의 슬래브는 이어 붓기를 피하고 동시에 전체를 타설 ④ 콘크리트는 그 표면이 한 구역 내에서는 거의 수평이 되도록 치는 것이 원칙 ⑤ 콘크리트를 2층 이상으로 나누어질 경우 하층 콘크리트가 경화되기 전에 쳐서 상층과 하층이 일체화되도록 타설 ⑥ 주입 높이는 될 수 있는 대로 낮은 곳에서 주입 보통 1.5m, 최대 2m, 2m 이상 높은 곳으로 깔때기 등을 사용 ⑦ 콘크리트 부어 넣기는 낮은 곳에서부터 기둥, 벽, 계단, 보, 바닥판의 순서로 실시. 콘크리트를 비비는 곳에서 먼 곳으로부터 부어 넣기 시작 ⑧ 신속하게 운반하여 즉시 타설 외기 온도 25℃ 이상 1.5 시간 이하, 외기 온도 25℃ 미만은 2시간 이하로 신속하게 타설할 것

4. 콘크리트 펌프 또는 펌프카 사용시 준수사항

1) 작업을 시작하기 전에 콘크리트 펌프용 비계를 점검하고 이상을 발견하였으면 즉시 보수할 것
2) 건축물의 난간 등에서 작업하는 근로자가 호스의 요동·선회로 인하여 추락하는 위험을 방지하기 위하여 안전난간 설치 등 필요한 조치를 할 것
3) 콘크리트 펌프카의 붐을 조정하는 경우에는 주변의 전선 등에 의한 위험을 예방하기 위한 적절한 조치를 할 것
4) 작업 중에 지반의 침하, 아웃트리거의 손상 등에 의하여 콘크리트 펌프카가 넘어질 우려가 있는 경우에는 이를 방지하기 위한 적절한 조치를 할 것

▲ 비계점검

펌프카호스

▲ 전선 위험 방지조치

5. 특수 콘크리트의 종류 ★★★

한(寒)중 콘크리트	하루에 평균 기온이 4℃ 이하일 경우 시공(초기동결에 주의)
서(暑)중 콘크리트	하루에 평균 기온이 25℃ 이상일 경우 시공(콜드조인트(크랙) 방지 대책)
수중 콘크리트	해양 등수 중에 탓을 하는 것으로 재료 분리가 적도록 시공
수밀 콘크리트	수밀을 요구하는 구조물의 사용하며 이음부의 수밀성이 주의
유동화 콘크리트	콘크리트에 유동성을 일시적으로 크게 하기 위하여 유동화제를 첨가한 콘크리트 slump는 18cm 이하로 가능한 적게
PS(PCS) 콘크리트	콘크리트 인장응력을 상쇄하기 위해 PS 강선 등을 이용하여 미리 압축응력을 도입한 콘크리트
매스 콘크리트	부재 최소 두께가 슬리브에서는 80~100cm 이상인 댐 교각 옹벽 등의 대형 구조물의 사용. 온도 균열에 대한 대책 수립
숏크리트 Shotcrete	압축공기로 모르타르나 콘크리트를 뿜어 붙이는 공법으로 터널 등의 라이닝 비탈면 등의 통화 방지 및 보수 보강 공사(터널 공사)

6. 다지기

1) 일반적인 사항

① 콘크리트 다지기는 내부 진동기 사용을 원칙으로 한다. 얇은 벽등 내부 진동기 사용이 곤란한 장소에서는 거푸집 진동기 사용

② 콘크리트는 친 후 바로 충분히 다져서 밀실한 콘크리트가 되도록 해야 한다

③ 2층 이상 진동다짐일 경우 진동기 vibrator를 아래층 콘크리트에 10cm 정도 찔러 넣는다.

④ 진동 다짐기계 사용원칙 슬럼프 15cm 이하의 된비빔 콘크리트에 사용

⑤ 붓기 높이 : 붓기 1회에 높이는 30~60cm를 표준으로 한다.

2) 진동 기어의 종류

① 내부 진동기 : 막대 식 진동 기록 가장 많이 사용

② 거푸집 진동기 : 외부로 진동을 가하는 형틀 진동기

③ 표면 진동기 : 콘크리트 표면에 직접 진동시키는 것

7. 진동기 사용 시 주의사항

① 가능한 수직으로 사용하고 철근에 닿지 않도록 한다.

② 간격은 진동이 중복되지 않는 범위에서 50cm 이하로 한다.

③ 진동 시간은 5~15초가 적당하다(건축공사 표준시방서에는 30~40초).

④ 콘크리트 구멍이 남지 않도록 서서히 빼낸다.

⑤ 굳기 시작하는 콘크리트 외에는 사용하지 않는다.

⑥ 콘크리트를 횡방향으로 이동시킬 목적으로 사용해서는 안 된다.

⑦ 내부진동기를 하측의 콘크리트 속으로 10cm 정도 찔러 넣는다.

[굵은 골재와 잔골재의 기준(개정 시방서 기준)]

종류	시방 배합	현장 배합
굵은 골재	5mm체에 다 남는 골재	5mm체에 거의 다 남는 골재
잔골재	5mm체를 다 통과하고 0.08mm체에 남는 골재	5mm 체에 거의 다 통과하고 0.08mm체에 거의 다 남는 골재

8. 콘크리트 양생

1) 개요

시멘트와 수화반응을 촉진시키기 위한 방법으로 양질의 콘크리트를 얻기 위해서는 콘크리트 타설 후 경화 초기 단계에 적절한 방법에 의한 양생이 필요하다.

2) 양생에 영향을 주는 요소

① 양생 온도   ② 습도

③ 양생 중에 진동   ④ 과대하중

3) 양생의 종류

습윤양생	스프링클러 또는 살수 등을 이용하여 습윤상태 유지, 3일간 보행금지 충격 및 중량물 적재 금지
증기양생	거푸집을 제거하고 단시일 내에 소요 강도를 발현하기 위해 고온의 증기를 이용하는 방법
전기양생	콘크리트 중에 저압 교류를 통하게 하여 전기저항에 의해 생기는 열을 이용하는 방법
피막양생	콘크리트 표면에 피막 양생제를 뿌려 콘크리트 중에 수분 증발을 방지하는 방법

4) 양생 시 주의사항

① 콘크리트를 친 후 경화를 시작할 때까지 직사광선이나 바람에 의해 수분이 증발하지 않도록 보호

② 콘크리트가 충분히 경화될 때까지 충격 및 하중으로부터 보호

③ 콘크리트를 치기 시작한 후 5일 이상 습윤양생(조강 포틀랜드 시멘트는 3일 이상)

④ 적정한 양성을 위해 최소한 2℃ 온도 유지

9. 콘크리트의 내구성 저하요인 및 대책

구분	개념	영향	특징 및 대책
중성화	경화된 콘크리트가 공기 중의 탄산가스의 영향으로 탄산석회로 바뀌는 현상 (Ph8~10) $Ca(OH)_2 + CO_2$ $CaCO_3 + H_2O$ 탄산칼슘(탄산석회)	콘크리트의 알칼리성 상실로 부동태 피막 파괴 및 철근이 부식하고 체적이 팽창되며 균열이 발생한다.	① 물 시멘트의 비가 적은 밀실한 콘크리트 사용 ② 피복두께증가 혼합재 사용 ③ 조강 포틀랜드 시멘트 사용 ④ 탄산가스 농도와 온도가 높을수록 중성화 속도가 빠름
골재의 알칼리성 반응	골재에 함유된 반응성 물질과 시멘트에 포함된 알칼리의 수분이 반응하여 겔(gel)상의 불용성 화합물 생성	콘크리트의 과도 팽창으로 균열이 발생하고 내구성이 저하	① 비 반응성 골재 사용 ② 저 알칼리 시멘트 사용 ③ 수분흡수 방지 및 염분침투 방지
염해	콘크리트 중에 존재하는 염화로 인하여 강재의 부식 및 콘크리트 구조물의 손상을 가져오는 현상	해사의 염화물 이온이 일정량 이상 존재하여 철근에 녹을 발생시키고 철근 체적 팽창이 (2.5)배로 균열이 발생하며 내구성이 저하된다.	① 밀실한 콘크리트는 알칼리성이 높아 부동태 피막 형성 강제 부식 방지 ② 피복두께를 충분히 하여 균열 폭을 작게 ③ 철근 및 콘크리트 면을 도장처리하여 염해를 억제
Bleeding 현상	콘크리트 타설 후 시멘트 골재의 침하로 물 분리 상승으로 표면에 고이는 현상	상부 콘크리트에 공극이 많이 발생하여 강도, 수밀성, 내구성 감소로 시멘트와 물과의 부착 강도 약화	① 단위 수량은 적게 하고 골재의 입도를 알맞게 ② 굵은 골재최대치수를 크게 ③ 철저한 다짐

10. 슬럼프 테스트(Slump Test : 반죽 질기 시험)

1) 개요

① 콘크리트 시공 연도를 측정하는 방법

② 슬럼프는 운반, 치기, 다짐 등의 작업에 알맞은 범위 내에서 가능한 작은 값으로 정한다.

2) 시험 방법 및 순서

① 시험용 몰드 밑지름 20cm 윗지름 10cm 높이 30cm

② 시험용 몰드에 콘크리트를 3회 나누어 넣고 25회씩 다짐한다.

③ 몰드를 들어 올렸을 때 콘크리트가 가라앉은 높이를 측정

3) Workability(시공 연도)

(1) 반죽질기 정도에 따른 작업의 난이도 및 재료분리에 저항하는 정도를 나타내는 굳지 않은 콘크리트 성질

(2) 측정 방법

① 슬럼프 테스트 (Slump Test)

② 흐름 시험 (Flow Test)

③ Kelly Ball 관입시험

④ Vee−Bee 시험

⑤ Remolding

⑥ 다짐계수 시험 등

4) 슬럼프의 표준값

종류		슬럼프 값(cm)
철근 콘크리트	일반적인 경우	8~18
	단면이 큰 경우	6~15
무근 콘크리트	일반적인 경우	8~18
	단면이 큰 경우	5~15

5) 구조물 종류에 따른 슬럼프 값(cm)

장소	진동다짐이 아닐 때	진동다짐일 때
기초, 바닥판, 보	15~19	5~10
기둥, 벽	19~22	10~15

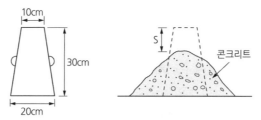

▲ 슬럼프 테스트

02 | 철골공사 안전

1. 철골작업 안전기준

철골 조립 시 위험방지	① 철구 접합부가 충분히 지지되도록 볼트 체결 ② 견고한 구조가 되기 전에는 들어 올린 철골을 걸어 로프로부터 분리 금지
승강로 설치	① 수직 방향으로 이동하는 철골부재 답 단 간격이 30cm 이내인 고정된 승강로 설치 ② 수평 방향 철골과 수직 방향 철골 연결 부분 연결작업을 위한 작업 발판 설치
가설통로 설치	철골작업 중 근로자의 주요 이동통로에는 고정된 가설통로 설치 또는 안전대 부착설비 설치
작업을 제한 작업중지 조건	① 풍속이 초당 10m 이상인 경우 ② 강우량이 시간당 1mm 이상인 경우 ③ 강설량이 시간당 1cm 이상인 경우

2. 철골공사

1) 공작도 포함사항(고소 작업 등 예상) ★★★

① 외부 비계받이 및 화물 승강설비 설비용 브래킷

② 기둥 승강용 트랩   ③ 구명줄 설치용 고리

④ 건립에 필요한 와이어 걸이용 고리   ⑤ 난간 설치용 부재

⑥ 기둥 및 보 중앙의 안전대 설치용 고리 ⑦ 방망 설치용 부재

⑧ 비계 연결용 부재   ⑨ 방호 선반 설치용 부재

⑩ 양중기 설치용 보강재

2) 철골공사 전 검토사항 ★★★

[외압(강풍에 의한 풍압)에 대한 내력 설계 확인 구조물(구조 안전의 위험이 큰 구조물)]

(외부에서 오는 힘에 견디어 내는 힘을 내력이라 함)

① 높이 20m 이상 구조물

② 구조물 폭과 높이에 비가 1대 4 이상의 구조물

③ 연면적당 철골 양이 50kg/m² 이하의 구조물

④ 단면 구조의 현저한 차이가 있는 구조물

⑤ 기둥이 타이플레이트 형인 구조물

⑥ 이음부가 현장 용접인 구조물

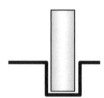

타이플레이트
기둥에 까워 넣는 구조

3) 철골건립 작업 시 재해 방지설비

(1) 용도 사용 장소 조건에 따른 재해 방지설비(후면 도표 참조)

(2) 고소작업 시 추락방지설비

    ① 방망 설치   ② 안전대 및 안전대 부착설비 설치

(3) 구명줄 설치

    ① 한 가닥의 여러 명 동시 사용 금지   ② 마닐라 로프 직경 16mm를 기준

(4) 낙하 비래 및 비산방지 설비

    ① 지상층 철골 건립 개시 전 설치   ② 20m 이하일 경우 1단 이상

    ③ 20m 이상일 경우 2단 이상의 방호선반 설치

    ④ 건물 외부 비계 방어 시트에서 수평거리 2m 이상 돌출, 20도 이상 각도 유지

(5) 철골 건물 내에 낙하비래 방지시설을 설치한 경우 3층 간격마다 수평으로 철망 설치

(6) 화기 사용 시 불연재료 울타리 및 석면포 설치

(7) 승강설비 설치

    ① 기둥 승강용 트랩은 16mm 철근으로

    ② 30cm 이내에 간격   ③ 30cm 이상 폭

참고

승강 설비 설치
(기둥 승강용 트랩은 16mm 철근으로 30cm 이내 간격 30cm 이상 폭)

▲ 낙하비래 방지시설의 설치기준   ▲ 기둥 승강용 트랩

03 | 콘크리트 측압

1. 콘크리트 측압을 구하는 요소

1) 개요

    ① 콘크리트가 유동하는 동안 중량의 유체압으로서 수직재 거푸집에 작용하는 압력

    ② 거푸집은 측압에 견딜 수 있도록 설계되어야 하므로 거푸집 설계의 중요한 의미

③ 측압은 콘크리트 윗면에서의 거리와 단위용적 중량의 곱으로 표시

2) 콘크리트 헤드

[정의]

① 콘크리트를 부어 넣는 윗면에서부터 아래로 최대 측압이 작용하는 깊이

② 콘크리트를 연속하여 타설할 경우 높이가 상승함에 따라 측압이 증가하나 일정한 높이에 도달하면 측압이 상승하지 않고 저하되게 된다.

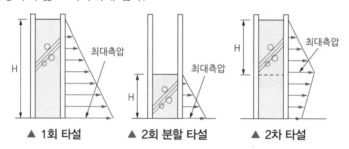

▲ 1회 타설　　　　▲ 2회 분할 타설　　　　▲ 2차 타설

[콘크리트 헤드 및 측압값]

구분	콘크리트 헤드(m)	콘크리트 측압의 최대값(t/㎡)
벽	0.5	약 1.0
기둥	1	약 2.5

2. 측압이 커지는 조건 ★★★

| 영향
요소 | ① 거푸집 수평 단면이 클수록
② 콘크리트 슬럼프 치가 클수록
③ 거푸집 표면이 평탄할수록
④ 철골 철근 양이 적을수록
⑤ 콘크리트 시공 연도가 좋을수록
⑥ 다짐이 충분할수록
⑦ 외기의 온도가 낮을수록 | ⑧ 타설 속도가 빠를수록
⑨ 타설 시 상부에서 직접 낙하할 경우
⑩ 부배합일수록
⑪ 콘크리트 비중이(단위중량) 클수록
⑫ 거푸집의 강성이 클수록
⑬ 벽 두께가 얇을수록
⑭ 습도가 낮을수록 |

3. 측압 저감대책

1) 가수금지

2) 기둥 벽 등 수직부재는 2회 나누어 타설

3) 과도한 다짐 금지

4) 수평, 수직 띠장 간격 유지 철저

5) 핀 체결의 확인 철저

6) 거푸집형태상의 취약부위 보강

4. 측압의 측정 방법

종류	방법
수압판에 의한 방법	금속제 수압판을 거푸집 면 바로 아래에 장착하여 콘크리트와 직접 접촉시켜 측압에 의한 탄성 변형으로 측정
수압계를 이용하는 방법	수압판에 직접 스트레인 게이지를 부착, 그 수압판의 탄성 변형량을 정기적으로 측정하여 실제 수치를 파악하는 방법
죄임 철물의 변형에 의한 방법	거푸집 죄임 철물(separator)이나 죄임 본체인 bolt에 strain gauge를 부착하여 응력 변형을 일으킨 양을 정기적으로 파악 측압을 측정하는 방법
O.K식 측압계	거푸집 죄임 철물 본체에 유압 jack을 장착하여 전달된 측압을 bourdon gauge에 의해 측정하는 방법

5. 철골 세우기용 기계

데릭 : 동력을 이용하여 물건을 달아 올리는 기계장치(마스트, 붐)

1) 가이 데릭(guy derrick)
① 훅, 붐의 경사 회전 등은 윈치로 조정되며 360도 회전 가능
② 보통 붐은 마스터 높이 80% 정도의 길이까지 사용 가능
③ 하역작업, 항만 하역설비 등에 사용

2) 스티프 레그 데릭(3각 데릭 stiff leg derrick, triangle derrick)
① 마스터를 2개의 다리로 지지한 것으로 붐은 2개의 다리가 있으며 하부는 삼각형 받침대로 되어 있으며 270도 회전 가능
② 빌딩의 옥상, 협소한 장소에 사용 가능

3) 진 폴 데릭(gin pole derrick)
1본의 마스트의 선단에 하중을 매단 데릭. 속칭 보스라고도 함

6. 옹벽의 안정

안정조건	안전율을 높이는 방법
전도에 대한 안정(overturning)	① 저항 모멘트 / 전도모멘트 ≥ 2.0 저항 모멘트는 전도모멘트 2배 이상이 되어야 안정 ② 옹벽 높이를 낮게 뒷굽 길이를 길게 ③ 하중 합력의 작용점이 제어판의 중앙 3분의 1 이내의 위치하는 것이 바람직

안정조건	안전율을 높이는 방법
활동에 대한 안정(sliding)	① 수평 저항력 / 토압의 수평력 ≥ 1.5 　 수평 저항력은 토압의 수평력보다 1.5배 이상이 되어야 안정 ② 제어판의 폭을 크게 ③ 활동 방지벽 shear key 설치
지반 지지력 침하에 대한 안정(settlement)	① 지반 폭을 크게 ② 양질의 재료로 치환 ③ 말뚝기초 시공 　 허용 지지력이 최대 지반 반력보다 크거나 같아야 안정 　 허용 지지력 / 최대 지반반발력 ≥1.0

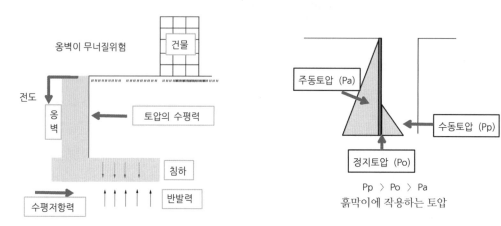

흙막이에 작용하는 토압

- 전도 : 저항 모멘트 / 전도모멘트 ≥ 2.0
- 활동 : 수평 저항력 / 토압의 수평력 ≥ 1.5
- 침하 : 허용 지지력 / 최대 지반반발력 ≥1.0

7. 철골 건립 작업

건립 순서 계획 시 검토사항	① 현장 건립 순서와 공장 제작 순서가 일치되도록 계획 ② 어느 한 면만을 2절점 이상 동시에 세우는 것은 피해야 하며 1스팬 이상 수평 방향으로도 조립이 진행되도록 계획 ③ 건립 기계의 작업 일정과 진행방향을 고려하여 조립 순서 결정 ④ 연속 기둥 설치 시 기둥을 두 개 세우면 기둥 사이의 보를 동시에 설치 ⑤ 가 볼트 체결 기간을 단축시킬 수 있도록 후속 공사 계획
철골보의 인양작업 시 준수사항	① 인양 와이어로프에 매달기 각도는 양변 60°를 기준으로 2열로 매달고 와이어 체결 지점은 수평부재의 1/3 지점을 기준하여야 한다. ② 클램프를 부재로 체결 시 준수사항 　㉠ 클램프는 부재를 수평으로 하는 두 곳의 위치에 사용 　㉡ 부득이 한 군데만 사용 시 부재 길이의 1/3 지점을 기준 　㉢ 두 곳을 인양 시 와이어로프의 내각은 60도 이하

용도 사용장소, 조건에 다른 재해 방지 설비 ★☆☆

구분	기능	용도, 사용 장소, 조건	설비
추락 방지	안전한 작업이 가능한 작업	높이 2m 이상의 장소로서 추락의 우려가 있는 작업	비계, 달비계, 수평통로, 안전 난간대
	추락자를 보호할 수 있는 것	작업대 설치 및 개구부 주위로 난간설치가 어려운 곳	추락방지용 방 망
	추락의 위험이 있는 장소에서 작업자의 행동을 제한하는 곳	개구부 및 작업대의 끝	난간, 울타리
	작업자의 신체를 유지시키는 것	안전한작업대 및 난간 설비를 할수 없는곳	안전대 부착설비, 안전대, 구명줄
비래 낙하 비산 방지	위에서 낙하되는 것을 막는 것	철골 건립, 볼트체결 및 기타 상하 작업	방호철망, 방호 울타리, 가설 앵커 설비
	제3자의 위해 방지	볼트, 콘크리트 덩어리, 형틀재, 일반 자재, 먼지 등이 비산 할 우려가 있는 작업	방호철망, 방호울타리, 방호시트, 방호선반, 안전망
	불꽃의 비산방지	용접 용단을 수반하는 작업	석면포 ★☆☆

8. 앵커볼트 매립 시 주의사항(참고)

① 기둥 중심은 기준선 및 인접 기둥의 중심에서 5mm 이상 벗어나지 않을 것

② 인접 기둥 간 중심거리 오차는 3mm 이하일 것

③ 앵커 볼트는 기둥 중심에서 2mm 이상 벗어나지 않을 것

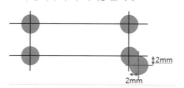

④ Base plate에 하단은 기준 높이 및 인접 기둥의 높이에서 3mm 이상 벗어나지 않을 것

⑤ 앵커 볼트는 견고하게 고정시키고 이동 변형이 발생되지 않도록 주의하면서 콘크리트 타설

9. 철골접합 방법 종류

① 리벳 접합

② 볼트접합

③ 고장력 볼트 접합

④ 용접접합

10. 용접부의 결함

① 슬래그(slag) 잠입

② 언더컷(under cut)

③ 오버랩(overlap)

④ 블로 홀(blow hole)

[철골 용접부 결함]

종류	원인	상태	
슬래그(slag) 감싸들기	슬래그 제거 불완전, 운봉방법 불량, 용접 과전류, 용접속도 미준수	용착금속 내 모재와 융합부에 슬래그가 혼입되어 있는 상태	Slag
언더컷 (under cut)	과전류, 용접속도가 너무 빠를 때	용접 시 모재를 파먹는 현상으로 홈이 발생	언더컷
오버랩 (over lap)	용접 전류가 너무 낮을 때, 운봉 속도 방법의 문제	용융된 금속이 모재 혹은 금속에 겹쳐지는 상태	오버랩
블로 홀 (blow hole)	용접부 바람의 영향으로 보호 가스 막이가 불량하거나 모재의 불순물, 모재 청결유지 불량	용착금속에 기공이 발생	블로 홀
균열 (crack)	과대전류, 정규속도 미준수, 층간온도 미준수	용착금속 내부 실금이 발생 파괴의 원인이 됨	균열
피트(pit)	모재의 합금원소 부조화(망간, 탄소), 녹, 이물질	용접 부위 비드에 작은 구멍, 홈 미세한 균열 발생	피트
스패터 (spatter)	전류가 높을 때, 습기가 많은 용접 와이어 사용	용접 시작은 금속 알갱이가 모재에 붙어있는 상태	
용입부족	낮은 속도, 전류, 전압, 속도 미준수	용융금속의 두께가 모재에 용입이 적게 된 상태	용입부족

04 | P.C(Precast Concrete) 공법의 안전

1. P.C (Precast Concrete) 공법

1) 개요

건축물의 기둥, 보, 슬래브를 현장 작업을 공장에서 생산하여 현장에서 기계화에 의해 조립 시공하는 시스템

2) PC공법의 필요성

① 대량생산 필요   ② 노동력 부족
③ 인건비 상승 및 건축생산비 증가   ④ 인적 재해 예방 및 건설공해 방지

3) PC공법의 장점

• 공기단축   • 경제성   • 공사관리   • 인적재해예방   • 건설공해방지

4) PC공법의 단점

• 기술적 문제   • 경영적 문제   • 사회적 문제

2. 프리스트레스(prestressed) 콘크리트(PSC)(= 사전 응력을 준 콘크리트)

1) 정의

하중에 의하여 콘크리트에 일어나는 인장응력을 상쇄시키기 위해 psc 강재를 사용하여 압축응력을 도입한 콘크리트

2) 프리스트레스 콘크리트 종류(후면 그림 참조)

프리텐션 공법 pre – tension	콘크리트를 타설하기 전에 psc 강재를 미리 긴장시키고 콘크리트를 타설하여 경화되면 긴장력을 풀어서 콘크리트에 프리 스트레스를 주는 방법으로 강재와 콘크리트와 부착력에 의해 프리스트레스가 도입되는 방식
포스트텐션 공법 post – tension	거푸집 내에 sheath(덮개)관을 삽입하고 콘크리트 타설 경화 후 psc 강재에 인장력을 작용하여 콘크리트에 압축력을 주는 방식

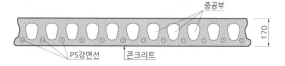

▲ 중공식 콘크리트 슬래브 단면

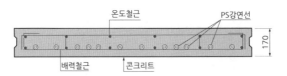

▲ PSC 콘크리트 슬래브 단면

3) PSC 콘크리트 교량가설공법

F.C.M 공법 (Free Cantilever Method)	이동 작업 차를 이용하여 교각을 중심으로 좌우로 1 세그먼트식 콘크리트를 타설한 후 프리스트레스를 도입하여 일체화하는 공법(일반적인 고속도로 교각 공사)
I.L.M 공법 (Incremental Launching Method)	육지에서 미리 제작해놓은 세그먼트를 교대 후방에 제작장에서 길이 15~20m 정도의 세그먼트를 제작한 후 전방에 미리 가설된 압출 장비를 이용하여 밀어내는 연속압출식 공법
M.S.S 공법 (Movable Scaffolding System)	거푸집이 부착된 특수한 이동식 동바리를 이용하여 거푸집을 이동시키며 진행방향으로 슬래브 slab를 타설하는 공법(이동식 동바리 공법)
P.S.M 공법 (Precast Segment Mathod)	Precast segment 공장에서 제작하여 가설 현장으로 운반 후 크레인을 이용하여 가설 위치에 거치 후 joint 등에 접합을 하여 상부구조를 완성하는 공법(교량공사)

▲ F.C.M 공법

▲ I.L.M 공법

▲ M.S.S 공법

"프리캐스트 세그먼트 공법(Precast segment method)"이라 함은 교량 상부구조 가설공법으로 일정한 길이로 분할된 세그먼트를 별도의 제작장에서 제작·운반하여 인양기계를 이용하여 가설한 후 세그먼트를 접합하여 연결함으로써 상부구조를 가설하는 공법이다.

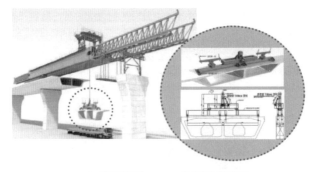

▲ 세그먼트(segment) 인양 개요도

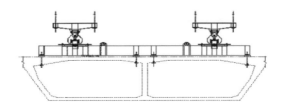

▲ 세그먼트(segment) 인양 개요도

4) 교량의 설치 해체 또는 변경 작업 시 준수 사항

① 작업을 하는 구역에는 관계 근로자가 아닌 사람의 출입을 금지할 것

② 재료기구 또는 공구 등을 올리거나 내릴 경우에는 근로자로 하여금 달줄 또는 달포대 등을 사용하도록 할 것

③ 중량물 부재를 크레인 등으로 인양하는 경우에는

    ㉠ 부재의 인양용 고리를 견고하게 설치하고

    ㉡ 인양용 로프는 부재의 두 군데 이상 결속하여 인양하여야 하며

    ㉢ 중량물의 안전하게 거치되기 전까지는 고리 로프를 해체시키지 아니 할 것

④ 자재나 부재의 낙하 전도 또는 붕괴 등에 의하여 근로자에게 위험을 미칠 우려가 있을 경우에는 출입 금지구역 설정 자재 또는 가설시설에 좌굴 또는 변형 방지를 위한 보강재 부착 등의 조치를 할 것

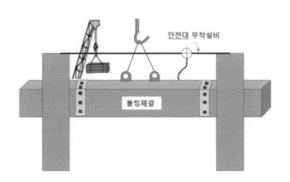

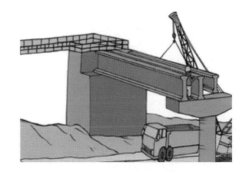

06 연습문제

01 콘크리트 옹벽의 안정 검토사항이 아닌 것은?

① 전도에 대한 안정
② 활동에 대한 안정
③ 침하에 대한 안정
④ 균열에 대한 안정

02 콘크리트 타설시 거푸집이 받는 측압에 대한 설명으로 틀린 것은?

① 대기의 온도, 습도가 높을수록 크다.
② 슬럼프가 클수록 크다.
③ 타설 속도가 빠를수록 크다.
④ 콘크리트의 단위중량(밀도)이 클수록 크다.

03 철골공사에서 철골의 자립도를 검토해야 할 사항으로 옳지 않은 것은?

① 높이 10미터 이상의 건물
② 기둥이 타이플레이트형의 건물
③ 이음부가 현장용접인 건물
④ 구조물의 폭과 높이의 비가 1:4 이상의 건물

04 콘크리트 측압 산정 시 그 영향을 고려하지 않아도 되는 요소는?

① 타설높이   ② 작업하중
③ 타설속도   ④ 철근량

05 다음은 콘크리트의 크리프특성에 대한 설명이다. 옳지 않은 것은?

① 물-시멘트비가 큰 콘크리트는 물-시멘트비가 작은 콘크리트보다 크리프가 크게 일어난다.
② 하중이 실릴 때의 콘크리트 재령이 클수록 크리프는 적게 일어난다.
③ 부재 치수가 작을수록 크리프가 크게 일어난다.
④ 콘크리트가 놓이는 주위의 온도가 높을수록, 습기가 낮을수록 변형은 작아진다.

06 거푸집 동바리 등을 조립하는 경우에 준수하여야 할 사항으로 옳지 않은 것은?

① 깔목의 사용, 콘크리트 타설, 말뚝박기 등 동바리의 침하를 방지하기 위한 조치를 할 것
② 개구부 상부에 동바리를 설치하는 경우에는 상부하중을 견딜 수 있는 견고한 받침대를 설치할 것
③ 거푸집이 곡면인 경우에는 버팀대의 부착 등 그 거푸집의 부상(浮上)을 방지하기 위한 조치를 할 것
④ 동바리의 이음은 맞댄이음이나 장부이음을 피할 것

07 운반, 하역작업

01 | 운반작업

1. 운반 하역작업

1) 운반작업 시 안전 수칙

① 화물의 운반은 수평거리 운반 원칙

　여러 번 들어 움직이거나 중계 운반 및 반복 운반 금지

② 운반 시 시선은 진행방향을 향하고 뒷걸음 운반 금지

③ 어깨 높이 보다 높은 위치에서 화물을 들고 운반 금지

④ 쌓여있는 화물을 운반할 경우 중간 또는 하부에서 뽑아내기 금지

2) 길이가 긴 장척물 운반 시 준수사항

① 단독으로 어깨에 메고 운반할 때에는 화물 앞부분 끝을 근로자

　심장보다 약간 높게 하여 모서리 곡선 등에 충돌하지 않도록 주의할 것

② 공동으로 운반할 때에는 근로자 모두 동일한 어깨에 메고 지휘자의 지시에 따라 작업할 것

③ 하역할 때에는 튀어 오름 굴러 내림 등의 돌발사태에 주의할 것

④ 두 개 이상을 어깨에 경우 양끝 부분을 끈으로 묶어 운반할 것

3) 운반기계 선정의 기준

① 컨베이어 방식 : 두 점 간의 계속적 운반

② 크레인 방식 일정 : 지역 내에서의 계속적인 운반

③ 트럭 방식 : 불특정지역을 계속적으로 운반

4) 운반작업 시 일반적인 안전기준

① 운반자의 화물 적재 높이는 구미 여러 나라에서는 $1,500 \pm 50mm$

② 우리나라는 한국인의 체격에 맞게 1,020mm를 중심으로 하는 것이 적당

2. 취급 운반의 원칙 ★★★

1) 3조건
① 운반 거리를 단축할 것   ② 운반 하역을 기계화 할 것
③ 손이 많이 가지 않는 운반하역 방식으로 할 것

2) 5원칙
① 운반은 직선으로 할 것   ② 계속적으로 연속 운반을 할 것
③ 운반 하역작업을 집중화 할 것   ④ 생산을 향상시킬 수 있는 운반하역 방법을 고려할 것
⑤ 최대한 수작업을 생략하여 힘들지 않는 방법을 고려할 것

3. 인력운반

1) 인양할 때 몸의 자세
① 등은 항상 직립 유지 등을 굽히지 말 것 가능한 한 지면과 수직이 되도록 할 것
② 무릎은 직각 자세를 취하고 몸은 가능한 한 인양물에 근접하여 정면에서 인양할 것
③ 팔은 몸에 밀착시키고 끌어당기는 자세를 취하며 가능한 한 수평거리를 짧게 할 것
④ 체중의 중심은 항상 양다리 중심에 있게 하여 균형을 유지할 것
⑤ 인양하는 최초의 힘은 뒷발 쪽에 두고 인양할 것
⑥ 대퇴부의 부하를 주는 상태에서 무릎을 굽히고 필요한 경우 무릎을 펴서 인양할 것

2) 운반의 일반적 하중기준
① 일반적으로 체중의 40%의 중량 유지
② 작업자의 육체적 조건 작업 경험 또는 기능훈련 의해 향상 가능
③ 연속적 작업 일 경우 남자는 20~25kg 여자는 약 15kg 한도
④ 단독 작업 일 경우 30kg 이하   ⑤ 55kg 이상이면 2인 이상 공동 운반

4. 중량물 취급 시 준수사항

1) 작업지휘자 지정
(단위화물의 무게가 100kg 이상인 화물을 차량계 하역운반기계 등에 싣거나 내리는 작업)
① 작업 순서 및 그 순서마다의 작업 방법을 정하고 작업을 지휘할 것
② 지구와 공구를 점검하고 불량품을 제거할 것
③ 해당 작업을 하는 장소에 관계 근로자가 아닌 사람이 출입하는 것을 금지시킬 것
④ 로프 풀기 작업 또는 덮개 벗기기 작업은 적재함의 화물이 떨어질 위험이 없음을 확인한 후에 하도록 할 것

02 | 하역작업

1. 화물 취급 작업 안전 수칙

1) 부두 등 하역 작업장 조치사항

① 작업장 및 통로의 위험한 부분에는 안전하게 작업할 수 있는 조명을 유지할 것

② 부두 또는 암벽의 선을 따라 통로를 설치하는 때에는 폭을 90cm 이상으로 할 것

③ 육상에서의 통로 밑 작업 장소로서 다리 또는 선거에 관문을 넘는 보도 등의 위험한 부분에는 안전난간 또는 울 등을 설치할 것

2) 하적단의 간격

① 바닥으로부터 높이 2M 이상

② 하적단은 인접 하적단과 간격을 하적단 밑부분에서 10cm 이상 유지

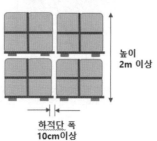

3) 화물 적재 시 준수사항

① 침하에 무리가 없는 튼튼한 기반 위에 적재할 것

② 건물의 칸막이나 벽 등이 화물에 압력에 견딜 만큼의 강도를 지내지 아니한 때에는 칸막이 나 벽에 기대어 적재하지 아니하도록 할 것

③ 불안정할 정도로 높이 쌓아 올리지 말 것

④ 편하중이 생기지 아니하도록 적재할 것

2. 항만 하역작업 시 안전수칙

1) 통행 설비 설치

갑판의 윗면에서 선창 밑바닥까지 깊이가 1.5m 초과하는 선창 내부에서 화물 취급 작업할 경우 통행설비 설치

2) 통행금지

화물의 낙하 또는 충돌 우려가 있는 경우 양화장치 사용

3) 조명의 유지

해당 작업 면의 조도를 75LUX 이상으로 유지

제7장 운반, 하역작업 625

4) 근로자 출입 금지 장소

① 해치 커버에 개폐 설치 또는 해치 빔의 부착 또는 해체작업을 하고 있는 장소의 아래로서 해치보드 또는 해치 빔 등의 낙하에 의하여 근로자에게 위험을 미칠 우려가 있는 장소

② 양화장치 붐이 넘어짐으로써 위험을 미칠 우려가 있는 장소

③ 양화장치 등에 매달린 화물이 떨어져 근로자에게 위험을 미칠 우려가 있는 장소

5) 선박의 승강설비 설치

① 300톤급 이상의 선박에서 하역작업 : 현문 사다리(승강설비) 설치 및 안전망 설치

② 현문 사다리 구조 : 견고한 재료로서 너비 55cm 이상 양측에 82cm 이상의 높이로 울타리설치 및 미끄러지지 아니하는 재료로 설치

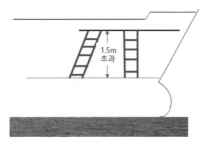

▲ 선창높이 1.5m 사다리 설치

▲ 현문 사다리 : 너비 55cm 이상, 높이 82cm 이상

3. 하역작업 시 안전수칙

1) 섬유 로프의 사용금지 조건

   ① 꼬임이 끊어진 것   ② 심하게 손상 또는 부식된 것

2) 하적단 중간에서 화물 빼내기 금지

3) 하적단 붕괴에 대한 위험방지 하적단 로프로 묶기 망 설치

4) 관계 근로자의 출입금지 조치 및 필요한 조명 유지

5) 바닥으로부터 높이 2M 이상인 하적단 위에서 작업 시 추락재해 방지를 위해 안전모 등 필요한 보호구 착용

4. 운반하역 작업 중 걸이작업 준수사항

① 와이어로프 등은 크레인의 후크 중심에 걸어야 한다.

② 인양 물체의 안정을 위하여 2줄 걸이 이상을 사용하여야 한다.

③ 매다는 각도는 60° 이내로 하여야 한다.

④ 근로자를 매달린 물체 위에 탑승시키지 않아야 한다.

CHAPTER

07 연습문제

01 선창의 내부에서 화물취급작업을 하는 때에는 갑판의 윗면에서 선창 밑바닥까지 깊이가 몇 미터를 초과하는 경우에 당해 작업 근로자가 안전하게 통행할 수 있는 설비를 설치하여야 하는가?

① 1미터 ② 1.2미터
③ 1.3미터 ④ 1.5미터

02 화물취급작업 시 안전담당자의 유해, 위험방지업무와 가장 거리가 먼 것은?

① 관계자 외 출입금지
② 기구 및 공구점검
③ 대피방법 사전교육
④ 작업방법 및 순서결정

03 인력운반작업에 대한 안전사항으로 가장 거리가 먼 것은?

① 보조기구를 효과적으로 사용한다.
② 긴 물건은 뒤쪽으로 높이고, 원통인 물건은 굴려서 운반한다.
③ 물건을 들어올릴 때에는 팔과 무릎을 이용하며 척추는 곧게 한다.
④ 무거운 물건은 공동 작업으로 한다.

04 산업안전보건법상 화물취급작업 시 관리감독자의 유해위험방지업무와 가장 거리가 먼 것은?

① 관계근로자 외의 자의 출입을 금지시키는 일
② 기구 및 공구를 점검하고 불량품을 제거하는 일
③ 대피방법을 미리 교육하는 일
④ 작업방법 및 순서를 결정하고 작업을 지휘하는 일

05 취급 운반의 원칙으로 옳지 않은 것은?

① 연속 운반을 할 것
② 생산을 최고로 하는 운반을 생각할 것
③ 운반작업을 집중하여 시킬 것
④ 곡선운반을 할 것

memo

7

기출문제

산업안전기사

01 기업 내 정형교육 중 TWI(Training Within Industry)의 교육내용이 아닌 것은?

① Job Method Training
② Job Relation Training
③ Job Instruction Training
④ Job Standardization Training

해설

TWI(Training Within Industry)의 교육내용

종류	교육대상자	교육내용
TWI (Training With Industry)	관리감독자	① Job Instruction Training : 작업 지도 훈련(JIT) ② Job Methods Training : 작업방 법 훈련(JMT) ③ Job Relation Training : 인간관 계 훈련(JRT) ④ Job Safety Training : 작업 안전 훈련(JST)

02 재해사례연구의 지행단계 중 다음 ( ) 안에 알맞은 것은?

> 재해 상황의 파악 → (㉠) → (㉡) → 근본적 문제점의
> 결정 → (㉢)

① ㉠사실의 확인, ㉡문제점의 발견, ㉢대책수립
② ㉠문제점의 발견, ㉡사실의 확인, ㉢대책수립
③ ㉠사실의 확인, ㉡대책수립, ㉢문제점의 발견
④ ㉠문제점의 발견, ㉡대책수립, ㉢사실의 확인

해설

재해사례연구 순서
재해상황 파악 → 사실의 확인 → 문제점 발견 → 근본문제점의
결정(3E) → 대책수립

03 교육심리학의 학습이론에 관한 설명 중 옳은 것은?

① 파블로프(Pavlov)의 조건반사설은 맹목적 시행을 반복하는 가운데 자극과 반응이 결합하여 행동하는 것이다.
② 레빈(Lewin)의 장설은 후천적으로 얻게 되는 반사작용으로 행동을 발생시킨다는 것이다.
③ 톨만(Tolman)의 기호형태설은 학습자의 머릿속에 인지적 지도 같은 인지구조를 바탕으로 학습하려는 것이다.
④ 손다이크(Thomdike)의 시행착오설은 내적, 외적의 전체구조를 새로운 시점에서 파악하여 행동하는 것이다.

해설

1) 자극과 반응 이론(Stimulus Respons)＝S.R 이론

종류	학습의 원리 및 법칙	내용
파블로프 (Pavlov) 조건반사설	① 일관성의 원리 ② 강도의 원리 ③ 시간의 원리 ④ 계속성의 원리	행동의 성립을 조건화 에 의해 설명, 즉 일정 한 훈련을 통하여 반응 이나 새로운 행동의 반 응을 가져올 수 있다
손다이크 (Thondike) 시행착오설	① 효과의 버칙 ② 연습의 법칙 ③ 준비성의 법칙	학습이란 시행착오의 과정을 통하여 선택되 고 결집되는 것(성공 한 행동은 각인되고 실 패한 행동은 배제된 다.
스키너 (Skinner) 조직적 조건 형성이론	① 강화의 원리 ② 소거의 원리 ③ 조형의 원리 ④ 자발적 회복의 원리 ⑤ 변별의 원리	어떤 반응에 대해 체계 적이고 선택적으로 강 화를 주어 그 반응이 반 복해서 일어날 확률을 증가시키는 것

2) 인지이론(Sign Signification) : S.R의 부정 이론

04 레빈(Lewin)의 법칙 $B=f(P \cdot E)$ 중 B가 의미하는 것은?

① 인간관계　　　　② 행동
③ 환경　　　　　　④ 함수

해설

레빈(K. Lewin)의 행동법칙(인간의 행동법칙)

$B=F(P \times E)$

B : Behavior(인간의 행동)

F : Function(함수관계) P*E에 영향을 줄 수 있는 조건

P : Person(연령, 경험, 심신 상태, 성격, 지능 등)

E : Environment(심리적 환경 – 인간관계, 작업환경, 설비적 결함 등)

인간의 행동(B)은 인간이 가진 자질, 능력과 개체(P)와 주변 심리적 환경(E)에서의 상호함수(F) 관계에 있다.

05 학습지도의 형태 중 몇 사람의 전문가에 의해 과정에 관한 견해를 발표하고 참가자로 하여금 의견이나 질문을 하게 하는 토의방식은?

① 포럼(Forum)
② 심포지엄(Symposium)
③ 버즈 세션(Buzz session)
④ 자유토의법(Free discussion method)

해설

교육법의 유형

패널 디스커션 panel discussion	한두 명의 발제자가 주제에 대한 발표를 하고 4~5명의 패널이 참석자 앞에서 자유롭게 논의하고, 사회자에 의해 참가자의 의견을 들으면서 상호 토의하는 것 패널 길이 먼저 토론 논의한 후 청중에게 상호 토론하는 방식
심포지엄 (symposium)	발제자 없이 몇 사람의 전문가가 과제에 대한 견해를 발표한 뒤 참석자들로부터 질문이나 의견을 제시하도록 하는 방법
포럼(forum) 공개토론회	사회자의 진행으로 몇 사람이 주제에 대해 발표한 후 참석자가 질문을 하고 토론회 나가는 방법으로 새로운 자료나 주제를 내보이거나 발표한 후 참석자로부터 문제나 의견을 제시하고 다시 깊이 있게 토론의 나가는 방법
버즈 세션 (Buzz session)	사회자와 기록계를 지정하여 6명씩 소집단을 구성하여 소집단별 사회자를 선정한 후 6분간 토론 결과를 의견 정리하는 방식

06 산업안전보건법령상 지방고용노동관서의 장이 사업주에게 안전관리자·보건관리자 또는 안전보건관리담당자를 정수 이상으로 증원하게 하거나 교체하여 임명할 것을 명할 수 있는 경우의 기준 중 다음 (　) 안에 알맞은 것은?

- 중대 재해가 연간 (㉠)건 이상 발생한 경우
- 해당 사업장의 연간재해율이 같은 업종의 평균재해율의 (㉡)배 이상인 경우

① ㉠ 3, ㉡ 2　　　　② ㉠ 2, ㉡ 3
③ ㉠ 2, ㉡ 2　　　　④ ㉠ 3, ㉡ 3

해설

안전관리자 증원 교체 임명 대상

① 사업장의 연간재해율이 같은 업종의 평균재해율의 2배 이상인 경우
② 중대재해가 연간 2건 이상 발생한 경우
③ 관리자가 질병이나 그 밖의 사유로 3개월 이상 직무를 수행할 수 없게 된 경우
④ 화학적 인자로 인한 직업성 질병자가 연간 3명 이상 발생한 경우. 이 경우 직업성 질병자 발생일은 요양급여의 결정일로 한다.

07 하인리히(Heinrich)의 재해구성비율에 따른 58건의 경상이 발생한 경우 무상해 사고는 몇 건이 발생하겠는가?

① 58건　　　　② 116건
③ 600건　　　　④ 900건

해설

하인리히의　법칙=1(중상, 사망) : 29(경상) : 300(무상해 사고)=330

08 상해 정도별 분류 중 의사의 진단으로 일정 기간 정규 노동에 종사할 수 없는 상해에 해당하는 것은?

① 영구 일부노동 불능상해
② 일시 전노동 불능상해

정답 　04 ② 　05 ② 　06 ③ 　07 ③ 　08 ②

③ 영구 전노동 불능상해

④ 구급처치 상해

해설

재해분류	정의	휴업일수
사망	안전사고로 부상의 결과로 사망한 경우	7,500
영구전노동불능상해	부상의결과 근로자로서의 근로기능을 완전히 잃은 경우	7,500
영구일부노동불능상해	부상의결과 신체의 일부 즉 근로기능을 일부 잃은 경우	5,500~50
일시전노동불능상해	의사의 진단에 따라 일정기 간 일을 할 수 없는 경우	0
일시일부노동불능상해	의사의 진단에 따라 부상 다 음날 혹은 이후 정규 근로를 할 수 있는 경우	0

09 데이비스(Davis)의 동기부여이론 중 동기유 발의 식으로 옳은 것은?

① 지식 × 기능
② 지식 × 태도
③ 상황 × 기능
④ 상황 × 태도

해설

데이비스의 동기 부여 이론

인간의 성과 × 물적인 성과 = 경영의 성과

① 지식(knowledge) × 기능(skill) = 능력(ability)
② 상황(situation) × 태도(attitude) = 동기유발(motivation)
③ 능력(ability) × 동기유발(motivation) = 인간의 성과(human performance)

10 안전보건관리조직의 유형 중 스태프형(Staff) 조직의 특징이 아닌 것은?

① 생산부문은 안전에 대한 책임과 권한이 없다.
② 권한 다툼이나 조정 때문에 통제 수속이 복잡해 지며 시간과 노력이 소모된다.
③ 생산부분에 협력하여 안전명령을 전달, 실시하 므로 안전지시가 용이하지 않으며 안전과 생산 을 별개로 취급하기 쉽다.

④ 명령 계통과 조언 권고적 참여가 혼동되기 쉽다.

해설

안전보건관리조직의 유형

라인형 조직 (Line System) 직계형	장점	① 안전에 대한 지시 및 전달이 신속·용이하다. ② 명령계통이 간단·명료하다. ③ 참모식보다 경제적이다.
	단점	① 안전에 관한 전문지식이 부족하고 기술의 축적이 미흡하다. ② 안전정보 및 신기술 개발이 어렵다. ③ 라인에 과중한 책임이 물린다.
	비고	① 소규모(100인 미만) 사업장에 적용 ② 모든 명령은 생산계통을 따라 이루어진다.
스태프형 조직 (Staff System) 참모형	장점	① 안전에 관한 전문지식 및 기술의 축적이 용이하다. ② 경영자의 조언 및 자문역할 ③ 안전정보 수집이 용이하고 신속하다.
	단점	① 생산부서와 유기적인 협조 필요(안전과 생산 별개 취급) ② 생산부분의 안전에 대한 무책임·무권한 ③ 생산부서와 마찰(권한다툼)이 일어나기 쉽다.
	비고	① 중규모(100인~1,000인) 사업장에 적용
라인 스태프형 조직 (Line Staff System) 직계참모형	장점	① 안전지식 및 기술 축적 가능 ② 안전지시 및 전달이 신속·정확하다. ③ 안전에 대한 신기술의 개발 및 보급이 용이하다. ④ 안전활동이 생산과 분리되지 않으므로 운용이 쉽다.
	단점	① 명령 계통과 지도·조언 및 권고적 참여가 혼동되기 쉽다. ② 스태프의 힘이 커지면 라인이 무력해진다.
	비고	① 대규모(1,000명 이상) 사업장에 적용

11 자율검사프로그램을 인정받기 위해 보유하여 야 할 검사장비의 이력카드 작성, 교정주기와 방법 설정 및 관리 등의 관리 주체는?

① 사업주
② 제조사
③ 안전관리전문기관
④ 안전보건관리책임자

해설

사업주는 자율검사프로그램을 인정받기 위해 보유하여야 할 검사장비의 이력카드 작성, 교정주기와 방법 설정 및 관 리 등의 관리 주체이다.

정답 09 ④ 10 ④ 11 ①

12 다음의 방진마스크 형태로 옳은 것은?

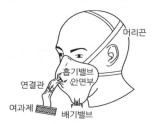

① 직결식 전면형   ② 직결식 반면형
③ 격리식 전면형   ④ 격리식 반면형

해설

- 반면형 : 입, 코
- 전면형 : 얼굴 전체
- 직결식 : 마스크와 여과장치가 부착되어 있음
- 격리식 : 여과기를 분리할 수 있다.

13 작업자 적성의 요인이 아닌 것은?

① 성격(인간성)   ② 지능
③ 인간의 연령   ④ 흥미

해설

작업자의 적성요인
지능, 성격, 직업 흥미, 인성, 학력, 신체조건 등

14 산업안전보건법령상 근로자 안전 · 보건교육 기준 중 관리감독자 정기안전 · 보건교육의 교육내용으로 옳은 것은?(단, 산업안전보건법 및 일반관리에 관한 사항은 제외한다.)

① 산업안전 및 사고 예방에 관한 사항
② 사고 발생 시 긴급조치에 관한 사항
③ 건강증진 및 질병 예방에 관한 사항
④ 산업보건 및 직업병 예방에 관한 사항

해설

관리감독자 정기 안전보건교육 내용
① 작업공정의 유해, 위험과 재해 예방대책에 관한 사항
② 표준안전작업방법 및 지도 요령에 관한 사항

③ 관리감독자의 역할과 임무에 관한 사항
④ 안전보건교육 능력 배양에 관한 사항
⑤ 산업보건 및 직업병 예방에 관한 사항
⑥ 직무스트레스 예방 및 관리에 관한 사항
⑦ 유해, 위험 작업환경 관리에 관한 사항
⑧ 산재보상보험제도에 관한 사항
⑨ 산업안전보건법령 및 일반관리에 관한 사항

15 산업안전보건법령상 안전 · 보건표지의 색채와 색도기분의 연결이 틀린 것은?(단, 색도기준은 한국산업표준(KS)에 따른 색의 3속성에 의한 표시방법에 따른다.)

① 빨간색 − 7.5R 4/14
② 노란색 − 5Y 8.5/12
③ 파란색 − 2.5PB 4/10
④ 흰색 − NO.5

해설

안전보건표지의 색채, 색도 기준 및 용도

색채	색도기준	용도	사용례	형태별 색채가준
빨간색	7.5R 4/14	금지	정지신호, 소화설비 및 그 장소, 유해행위의 금지	바탕 : 흰색 모형 : 빨간색 부호 및 그림 : 검은색
		경고	화학물질 취급장소에서의 유해 위험경고	
노란색	5Y 8.5/12	경고	화학물질 취급장소에서의 유해 위험경고	바탕 : 노란색 모형, 그림 : 검은색
			그 밖의 위험경고, 주의표지 또는 기계방호물	
파란색	2.5PB 4/10	지시	특정행위의 지시, 사실의 고지 보호구	바탕 : 파란색 그림 : 흰색
녹색	2.5G 4/10	안내	비상구 피난소, 사람 또는 차량의 통행표지	바탕 : 녹색 관련 부호 및 그림 : 흰색
				바탕 : 흰색 그림 관련 부호 : 녹색
흰색	N9.5			파란색, 녹색에 대한 보조색
검은색	N0.5			문자, 빨간색, 노란색의 보조색

16 강도율에 관한 설명 중 틀린 것은?

① 사망 및 영구 전노동불능(신체장해등급 1~3급)의 근로손실일수는 7,500일로 환산한다.
② 신체장애 등급 중 제14급은 근로손실일수를 50일로 환산한다.
③ 영구 일부 노동불능은 신체 장해등급에 따른 근로손실일수에 300/365을 곱하여 환산한다.
④ 일시 전노동 불능은 휴업 일수에 300/365을 곱하여 근로손실일수를 환산한다.

해설

강도율 : 1,000 근로시간당 근로손실일수
① 사망 및 영구 전노동불능(신체장해등급1~3급)의 근로손실일수는 7,500일로 환산한다.
② 신체장애 등급 중 제14급은 근로손실일수를 50일로 환산한다.
③ 영구 일부 노동불능은 신체 장해등급에 따른 근로손실일수를 적용한다.
④ 일시 전노동 불능은 휴업일수에 300/365을 곱하여 근로손실일수를 환산한다.

17 산업안전보건법령상 안전ㆍ보건표지의 종류 중 경고표지의 기본모형(형태)이 다른 것은?

① 폭발성 물질경고
② 방사성 물질경고
③ 매달린 물체경고
④ 고압전기경고

해설

• 마름모형 : 폭발성 물질경고, 인화성 물질경고, 산화성 물질경고 등
• 삼각형 : 방사성 물질경고, 매달린 물체경고, 고압전기경고 등

18 석면 취급장소에서 사용하는 방진 마스크의 등급으로 옳은 것은?

① 특급
② 1급
③ 2급
④ 3급

해설

석면, 베릴륨 작업장 : 특급 방진 마스크

19 적응기제 중 도피기제의 유형이 아닌 것은?

① 합리화
② 고립
③ 퇴행
④ 억압

해설

• 도피적 행동(Escap) : 환상, 동일화, 퇴행, 억압, 반동형성, 고립 등
• 방어적 행동(Defence) : 승화, 보상, 합리화, 투사, 동일시 등

20 생체 리듬(Bio Rhythm) 중 일반적으로 33일을 주기로 반복되며, 상상력, 사고력, 기억력 또는 의지, 판단 및 비판력 등과 깊은 관련성을 갖는 리듬은?

① 육체적 리듬
② 지성적 리듬
③ 감성적 리듬
④ 생활 리듬

해설

바이오 리듬의 종류

리듬 종류	신체적 상태	주기
육체적 리듬 (신체적 리듬) (physical cycle)	몸의 물리적 상태를 나타내는 리듬으로 몸의 질병에 저항하는 면역력, 각종 체내 기관의 기능, 외부환경에 대한 신체 반사작용 등을 알아볼 수 있는 척도	23일
감성적 리듬 (sensitivity cycle)	기분이나 신경계통의 상태를 나타내는 리듬으로 정보력, 대인관계, 감정의 기복 등을 알아볼 수 있는 척도	28일
지성적 리듬 (intellectual cycle)	집중력, 기억력, 논리적인 사고력, 분석력 등의 기복을 나타내는 리듬 주로 두뇌 활동과 관련된 리듬	33일

21 에너지 대사율(RMR)에 대한 설명으로 틀린 것은?

① $R = \dfrac{\text{운동대사량}}{\text{기초대사량}}$

② 보통작업 시 RMR은 4~7임

③ 가벼운 작업 시 RMR은 0~2임

④ $R = \dfrac{\text{운동시 산소소모량} - \text{안정시 산소소모량}}{\text{기초대사량(산소소비량)}}$

해설

RMR에 따른 작업분류

RMR	0~2	2~4	4~7	7 이상
작업	경작업	보통작업(中)	무거운작업(重)	초중(무거운작업)

22 FMEA의 특징에 대한 설명으로 틀린 것은?

① 서브시스템 분석 시 FTA보다 효과적이다.

② 시스템 해석기법은 정성적·귀납적 분석법 등에 사용된다.

③ 각 요소 간 영향 해석이 어려워 2가지 이상 동시 고장은 해석이 곤란하다.

④ 양식이 비교적 간단하고 적은 노력으로 특별한 훈련 없이 해석이 가능하다.

해설

FMEA의 특징

① 시스템 안전분석에 이용되는 전형적인 정성적, 귀납적 분석방법 등에 사용된다.

② 시스템에 영향을 미치는 전체 요소의 고장을 형태별로 분석

③ 서식이 간단하고 적은 노력으로도 분석이 가능하다.

④ 논리성이 부족하여 2가지 이상 동시 고장은 해석이 곤란하다.

23 A사의 안전관리자는 자사 화학 설비의 안전성 평가를 위해 제2단계인 정성적 평가를 진행하기 위하여 평가 항목 대상을 분류하였다. 주요 평가 항목 중에서 설계관계항목이 아닌 것은?

① 건조물   ② 공장 내 배치

③ 입지조건   ④ 원재료, 중간제품

해설

안전성 평가의 정성적 평가 내용

1. 설계관계
   ① 입지조건
   ② 공장 내의 배치
   ③ 건조물 소방설비
2. 운전관계
   ① 원재료
   ② 중간제품의 위험성
   ③ 프로세스 운전조건,
   ④ 수송 저장 등에 대한 안전대책
   ⑤ 프로세스 기기의 선정조건

24 기계설비 고장 유형 중 기계의 초기결함을 찾아내 고장률을 안정시키는 기간은?

① 마모고장 기간

② 우발고장 기간

③ 에이징(aging) 기간

④ 디버깅(debugging) 기간

해설

기계설비 고장 유형

유형	내용	대책
초기고장	• 감소형(DFR : Decreasing Failure Rate) • 설계상 구조상 결함, 등의 품질관리 미비로 생기는 고장형태	디버깅 기간, 번인 기간, 스크리닝(초기 점검)
우발고장	• 일정형(CFR : Constant Failure Rate) • 예측할 수 없을 때 생기는 고장형태로서 고장률이 가장 낮다.	내용수명 (소집단 활동)
마모고장	• 증가형(IFR : Increasing Failure Rate) • 부품의 마모, 노화로 인한 고장률 상승형태	보전사항(PM) 정기 진단(정기적인 안전 검사)

정답   21 ②   22 ①   23 ④   24 ④

25 들기 작업 시 요통재해예방을 위하여 고려할 요소와 가장 거리가 먼 것은?

① 들기 빈도
② 작업자 신장
③ 손잡이 형상
④ 허리 비대칭 각도

정의	수평계수	수직계수	거리계수	비대칭계수	빈도계수	커플링계수
기호	HM	VM	DM	AM	FM	CM

작업자 신장은 들기작업 시 권장무게 한계 및 요통재해와 무관하다.

26 일반적으로 작업장에서 구성요소를 배치할 때, 공간의 배치 원칙에 속하지 않는 것은?

① 사용빈도의 원칙
② 중요도의 원칙
③ 공정개선의 원칙
④ 기능성의 원칙

부품배치의 원칙
① 중요성의 원칙 : 목표달성의 긴요한 정도에 따른 우선순위
② 사용빈도의 원칙 : 사용되는 빈도에 따른 우선순위
③ 기능별 배치의 원칙 : 기능적으로 관련된 부품을 모아서 배치
④ 사용순서의 원칙 : 순서적으로 사용되는 장치들을 순서에 맞게 배치

27 반사율이 60%인 작업 대상물에 대하여 근로자가 검사작업을 수행할 때 휘도(luminance)가 90fL이라면 이 작업에서의 소요조명(fc)은 얼마인가?

① 75
② 150
③ 200
④ 300

$$반사율(\%) = \frac{광도(광속 발산도 : FL)}{조명(fc)} \times 100$$
$$= 90/60 \times 100 = 150$$

28 산업안전보건법령상 유해하거나 위험한 장소에서 사용하는 기계·기구 및 설비를 설치·이전하는 경우 유해·위험방지계획서를 작성, 제출하여야 하는 대상이 아닌 것은?

① 화학설비
② 금속 용해로
③ 건조설비
④ 전기용접장치

기계기구 설비의 유해위험방지계획서 작성 제출대상
① 화학설비
② 금속 용해로
③ 건조설비

29 동작경제의 원칙에 해당하지 않는 것은?

① 공구의 기능을 각각 분리하여 사용하도록 한다.
② 두 팔의 동작은 동시에 서로 반대방향으로 대칭적으로 움직이도록 한다.
③ 공구나 재료는 작업동작이 원활하게 수행되도록 그 위치를 정해준다.
④ 가능하다면 쉽고도 자연스러운 리듬이 작업동작에 생기도록 작업을 배치한다.

공구의 기능은 결합하여 사용하도록 한다.

30 휴먼 에러 예방 대책 중 인적 요인에 대한 대책이 아닌 것은?

① 설비 및 환경 개선
② 소집단 활동의 활성화
③ 작업에 대한 교육 및 훈련
④ 전문인력의 적재적소 배치

설비 및 환경 개선은 관리적 요인 또는 물적 요인이다.

31 다음 시스템에 대하여 톱사상(top event)에 도달할 수 있는 최소 컷셋(minimal cutsets)을 구할 때 올바른 집합은?(단, X_1, X_2, X_3, X_4는 각 부품의 고장확률을 의미하며 집합{X_1, X_2}는 X_1 부품과 X_2 부품이 동시에 고장 나는 경우를 의미한다.

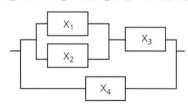

① {X_1, X_2}, {X_3, X_4} ② {X_1,X_3}, {X_2, X_4}
③ {X_1, X_2, X_4}, {X_3, X_4} ④ {X_1, X_3, X_4}, {X_2, X_3, X_4}

해설

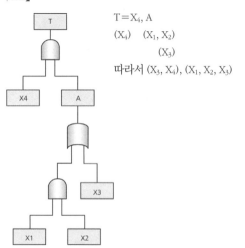

$T = X_4$, A
(X_4) (X_1, X_2)
         (X_3)
따라서 (X_3, X_4), (X_1, X_2, X_3)

32 운동관계의 양립성을 고려하여 동목(moving scale)형 표시장치를 바람직하게 설계한 것은?

① 눈금과 손잡이가 같은 방향으로 회전하도록 설계한다.
② 눈금의 숫자는 우측으로 감소하도록 설계한다.
③ 꼭지의 시계 방향 회전이 지시치를 감소시키도록 설계한다.
④ 위의 세 가지 요건을 동시에 만족시키도록 설계한다.

해설

양립성 종류

1) 공간적 양립성(spatial)
   표시장치나 조종정치가 물리적 형태 및 공간적 배치 (조리대)
2) 운동 양립성(movement)
   표시장치의 움직이는 방향과 조정장치의 방향이 사용자의 기대와 일치
   [운동 양립성이 큰 경우 동목형 표시장치]
   ① 눈금과 손잡이가 같은 방향 회전
   ② 눈금 수치는 우측으로 증가
   ③ 꼭지의 시계방향 회전 지시치 증가
3) 개념적 양립성(conceptual)
   이미 사람들이 학습을 통해 알고 있는 개념적 연상(빨간 버튼 : 온수 파란 버튼 : 냉수)
4) 양식 양립성(modality)
   ① 소리로 제시된 정보는 말로 반응하게 하고
   ② 시각적으로 제시된 정보는 손으로 반응하는 것이 양립성이 높다.

33 신뢰성과 보전성 개선을 목적으로 한 효과적인 보전기록자료에 해당하는 것은?

① 자재관리표 ② 주유지시서
③ 재고관리표 ④ MTBF 분석표

해설

보전성 개선을 목적으로 한 효과적인 보전기록자료
① MTBF 분석표
② 설비이력카드
③ 고장원인 분석
④ 고장원인 대책

34 보기의 실내면에서 빛의 반사율이 낮은 곳에서부터 높은 순서대로 나열한 것은?

| A : 바닥 B : 천장 C : 가구 D : 벽 |

① A<B<C<D ② A<C<B<D
③ A<C<D<B ④ A<D<C<B

해설

추천반사율

바닥	가구 책상 사무용 기기	창문 · 벽	천장
20~40%	25~45%	40~60%	80~90%

35 다음 시스템의 신뢰도는 얼마인가?(단, 각 요소의 신뢰도는 a, b가 각 0.8, c, d 가 각 0.6이다.)

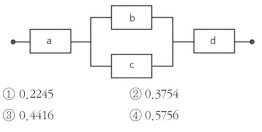

① 0.2245
② 0.3754
③ 0.4416
④ 0.5756

해설

신뢰도 $0.8 \times [1-(1-0.8)(1-0.6)] \times 0.6 = 0.4416$

36 FTA(Fault Tree Analysis)에 사용되는 논리기호와 명칭이 올바르게 연결된 것은?

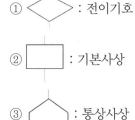

① : 전이기호

② : 기본사상

③ : 통상사상

④ : 결함사상

해설

결함사상	기본사상	통상사상	생략사상

37 HAZOP 기법에서 사용하는 가이드워드와 그 의미가 잘못 연결된 것은?

① Other than : 기타 환경적인 요인
② No/Not : 디자인 의도의 완전한 부정
③ Reverse : 디자인 의도의 논리적 반대
④ More/Less : 정량적인 증가 또는 감소

해설

유인어의 의미

Guide Word	의미
NO 혹은 NOT	설계의도의 완전한 부정
MORE LESS	양의 증가 혹은 감소(정량적)
AS WELL AS	성질상의 증가(정성적 증가)
PART OF	성질상의 감소(정성적 감소)
REVERSE	설계의도의 논리적인 역(설계의도와 반대 현상)
OTHER THAN	완전한 대체의 필요

38 경계 및 경보신호의 설계지침으로 틀린 것은?

① 주의를 환기시키기 위하여 변조된 신호를 사용한다.
② 배경소음의 진동수와 다른 진동수의 신호를 사용한다.
③ 귀는 중음역에 민감하므로 500~3,000Hz의 진동수를 사용한다.
④ 300m 이상의 장거리용으로는 1,000Hz를 초과하는 진동수를 사용한다.

해설

경계 및 경보 신호 선택 시 지침
① 귀는 중음역에 가장 민감하므로 500~3,000Hz의 진동수를 사용
② 고음은 멀리 가지 못하므로 300m 이상 장거리용으로는 1,000Hz 이하의 진동수사용
③ 신호가 장애물을 돌아가거나 칸막이를 통과해야 할 때는 500Hz 이하의 진동수사용
④ 주변소음에 대한 은폐효과를 막기 위해 500~1,000Hz 신호를 사용하여 30dB 이상 차이가 나야 함
⑤ 배경소음의 진동수와 다른 신호를 사용하고 신호는 최소한 0.5~1초 동안 지속

정답 **35** ③ **36** ③ **37** ① **38** ④

39 동작의 합리화를 위한 물리적 조건으로 적절하지 않은 것은?

① 고유 진동을 이용한다.
② 접촉면적을 크게 한다.
③ 대체로 마찰력을 감소시킨다.
④ 인체표면에 가해지는 힘을 적게 한다.

해설

동작의 합리화를 위해서는 접촉면적을 적게 한다.

40 정량적 표시장치에 관한 설명으로 맞는 것은?

① 정확한 값을 읽어야 하는 경우 일반적으로 디지털보다 아날로그 표시장치가 유리하다.
② 동목(moving scale)형 아날로그 표시장치는 표시장치의 면적을 최소화할 수 있는 장점이 있다.
③ 연속적으로 변화하는 양을 나타내는 데에는 일반적으로 아날로그보다 디지털 표시장치가 유리하다.
④ 동침(moving pointer)형 아날로그 표시장치는 바늘의 진행 방향과 증감 속도에 대한 인식적인 암시 신호를 얻는 것이 불가능한 단점이 있다.

해설

정량적 표시장치

아날로그 (Analog)	정목동침형 (눈금은 고정침이 이동)	정량적인 눈금이 정상적으로 사용되어 원하는 값으로 부터의 대략적인 편차나 고도를 읽을 때 그 변화방향과 움직임을 알고자 할 때
	정침동목형 (침은 고정눈금이 이동)	나타내고자 하는 값의 범위가 클때 비교적 작은 눈금판에 모두 나타내고자 할 때
디지털 (Digital)	계수형 (숫자로 표기)	수치를 정확하게 충분히 읽어야 할 경우 원형 표시장치보다 판독 오차가 적고 판독시간도 짧다. (원형 : 3.54초, 계수형 : 0.94초)

41 로봇의 작동범위 내에서 그 로봇에 관하여 교시 등(로봇의 동력원을 차단하고 행하는 것을 제외한다.)의 작업을 행하는 때 작업시작 전 점검 사항으로 옳은 것은?

① 과부하방지장치의 이상 유무
② 압력제한 스위치 등의 기능의 이상 유무
③ 외부전선의 피복 또는 외장의 손상 유무
④ 권과방지장치의 이상 유무

해설

로봇의 작업 시작 전 점검사항
① 외부전선의 피복 및 외장의 손상 유무
② 매니플레이트 작동의 이상 유무
③ 제동장치 및 비상정지장치의 기능 이상 유무

42 방사선 투과검사에서 투과사진에 영향을 미치는 인자는 크게 콘트라스트(명암도)와 명료도로 나누어 검토할 수 있다. 다음 중 투과사진의 콘트라스트(명암도)에 영향을 미치는 인자에 속하지 않는 것은?

① 방사선의 선질　　② 필름의 종류
③ 현상액의 강도　　④ 초점 – 필름간 거리

해설

초점 – 필름간 거리 : 명료도에 영향을 준다.

43 보기와 같은 기계요소가 단독으로 발생시키는 위험점은?

밀링커터, 둥근톱날

① 협착점　　　　② 끼임점
③ 절단점　　　　④ 물림점

해설

절단점 : 회전운동부분 자체와 운동하는기계 자체에 의해 형성, 둥근톱날, 밀링컷트

44 프레스 및 전단기에서 위험한계 내에서 작업하는 작업자의 안전을 위하여 안전블록의 사용 등 필요한 조치를 취해야 한다. 다음 중 안전 블록을 사용해야 하는 작업으로 가장 거리가 먼 것은?

① 금형 가공작업　　　② 금형 해체작업
③ 금형 부착작업　　　④ 금형 조정작업

해설

안전 블록을 사용해야 하는 작업
① 금형 조정작업
② 금형 해체작업
③ 금형 부착작업

45 아세틸렌 용접장치를 사용하여 금속의 용접 · 용단 또는 가열작업을 하는 경우 아세틸렌을 발생시키는 게이지 압력은 최대 몇 kPa 이하이어야 하는가?

① 17　　　　　　　② 88
③ 127　　　　　　　④ 210

해설

아세틸렌 용접장치의 압력제한
금속의 용접 용단 또는 가열작업을 하는 경우에는 게이지 압력이 127kpa을 초과하는 압력의 아세틸렌을 발생시켜 사용해서는 아니된다.

46 산업안전보건법령상 프레스 작업시작 전 점검해야 할 사항에 해당하는 것은?

① 언로드 밸브의 기능
② 하역장치 및 유압장치 기능
③ 권과방지장치 및 그 밖의 경보장치의 기능
④ 1행정 1정지기구 · 급정지장치 및 비상정지 장치의 기능

해설

프레스의 작업시작전 점검사항
① 클러치 및 브레이크의 기능
② 크랭크축 플라이휠, 슬라이드, 연결봉 및 연결나사의 풀림 여부
③ 1행정 1기구, 급정지장치 및 비상정지장치의 기능

④ 슬라이드 또는 칼날에 의한 위험방지 기구의 기능
⑤ 프레스의 금형 및 고정볼트 상태
⑥ 방호장치의 기능
⑦ 전단기의 칼날 및 테이블의 상태

47 화물 중량이 200kgf, 지게차의 중량이 400kgf, 앞바퀴에서 화물의 무게중심까지의 최단거리가 1m일 때 지게차의 무게중심까지 최단거리는 최소 몇 m를 초과해야 하는가?

① 0.2m　　　　　　② 0.5m
③ 1m　　　　　　　④ 2m

해설

$Wa \leq Gb$
$Wa \leq Gb \rightarrow 200 \times 1 = 400 \times b$　　　　　$b = 0.5$
여기서, b : 앞바퀴부터 중심에서 차의 중심까지의 거리

48 다음 중 셰이퍼에서 근로자의 보호를 위한 방호장치가 아닌 것은?

① 방책　　　　　　② 칩받이
③ 칸막이　　　　　④ 급속귀환장치

해설

셰이퍼 방호장치
① 방책　　　　　② 칩받이
③ 칸막이　　　　④ 가드

49 지게차 및 구내 운반차의 작업시작 전 점검 사항이 아닌 것은?

① 버킷, 디퍼 등의 이상 유무
② 재동장치 및 조종장치 기능의 이상 유무
③ 하역장치 및 유압장치
④ 전조등, 후미등, 경보장치 기능의 이상 유무

해설

지게차의 작업 시작 전 점검사항
① 제동장치 및 조정장치 기능에 이상 유무

② 하역장치 및 유압장치 기능의 이상 유무
③ 바퀴의 이상 유무
④ 전조등 후미등 방향 지시기 및 경보장치 기능이 이상 유무

50 다음 중 선반에서 절삭가공 시 발생하는 칩을 짧게 끊어지도록 공구에 설치되어 있는 방호장치의 일종인 칩 제거기구를 무엇이라 하는가?

① 칩 브레이커
② 칩 받침
③ 칩 쉴드
④ 칩 커터

해설

선반작업 시 발생되는 칩 제거기구 : 칩 브레이크

51 아세틸렌 용접장치에 사용하는 역화방지기에서 요구되는 일반적인 구조로 옳지 않은 것은?

① 재사용 시 안전에 우려가 있으므로 역화방지 후 바로 폐기하도록 해야 한다.
② 다듬질 면이 매끈하고 사용상 지장이 있는 부식, 흠, 균열 등이 없어야 한다.
③ 가스의 흐름방향은 지워지지 않도록 돌출 또는 각인하여 표시하여야 한다.
④ 소염소자는 금망, 소결금속, 스틸울(steelwool), 다공성 금속물 또는 이와 동등 이상의 소염성능을 갖는 것이어야 한다.

해설

역화방지기의 일반적인 구조
① 역화방지기는 역화방지 후 복원이 되어 계속 사용할 수 있어야 한다.
② 다듬질 면이 매끈하고 사용상 지장이 있는 부식, 흠, 균열 등이 없어야 한다.
③ 가스의 흐름방향은 지워지지 않도록 돌출 또는 각인하여 표시하여야 한다.
④ 소염소자는 금망, 소결금속, 스틸울(steelwool), 다공성 금속물 또는 이와 동등 이상의 소염성능을 갖는 것이어야 한다.

52 초음파 탐상법의 종류에 해당하지 않는 것은?

① 반사식
② 투과식
③ 공진식
④ 침투식

해설

초음파 탐상법의 종류
① 반사식 ② 투과식 ③ 공진식

53 다음 목재가공용 기계에 사용되는 방호장치의 연결이 옳지 않은 것은?

① 둥근톱기계 : 톱날접촉에방장치
② 띠톱기계 : 날접촉예방장치
③ 모떼기기계 : 날접촉예방장치
④ 동력식 수동대패기계 : 반발예방장치

해설

동력식 수동대패기계 : 칼날접촉예방장치

54 급정지기구가 부착되어 있지 않아도 유효한 프레스의 방호장치로 옳지 않은 것은?

① 양수기동식
② 가드식
③ 손쳐내기식
④ 양수조작식

해설

급정지기구가 부착되어야 하는 방호장치 : 양수조작식, 광전자식

55 인장강도가 350MPa인 강판의 안전율이 4라면 허용응력은 몇 N/mm²인가?

① 76.4
② 87.5
③ 98.7
④ 102.3

해설

허용응력 $= \dfrac{350}{4} = 87.5\text{MPa} = 87.5\text{N/mm}^2$

안전계수 $= \dfrac{\text{인장강도}}{\text{허용응력}}$

$1\text{MPa} = \text{N/mm}^2$

56 그림과 같이 50kN의 중량물을 와이어로프를 이용하여 상부에 60°의 각도가 되도록 들어 올릴 때, 로프 하나에 걸리는 하중(T)은 약 몇 kN인가?

① 16.8
② 24.5
③ 28.9
④ 37.9

해설

$$\frac{W}{2} \div \cos\frac{\theta}{2}$$

$$\frac{50}{2} \div \cos\frac{60}{2} = 28.9$$

57 다음 중 휴대용 동력 드릴 작업시 안전사항에 관한 설명으로 틀린 것은?

① 드릴의 손잡이를 견고하게 잡고 작업하여 드릴 손잡이 부위가 회전하지 않고 확실하게 제어 가능하도록 한다.
② 절삭하기 위하여 구멍에 드릴날을 넣거나 뺄 때 반발에 의하여 손잡이 부분이 튀거나 회전하여 위험을 초래하지 않도록 팔을 드릴과 직선으로 유지한다.
③ 드릴이나 리머를 고정시키거나 제거하고자 할 때 금속성 망치 등을 사용하여 확실히 고정 또는 제거한다.
④ 드릴을 구멍에 맞추거나 스핀들의 속도를 낮추기 위해서 드릴날을 손으로 잡아서는 안 된다.

해설

드릴이나 리머를 고정시키거나 제거하고자 할 때 금속성 망치 등을 사용하면 변형 및 파손될 우려가 있으므로 고무나 나무 등을 사이에 두고 두드려야 한다.

58 보일러에서 폭발사고를 미연에 방지하기 위해 화염 상태를 검출할 수 있는 장치가 필요하다. 이 중 바이메탈을 이용하여 화염을 검출하는 것은?

① 프레임 아이
② 스택 스위치
③ 전자 개폐기
④ 프레임 로드

해설

스택 스위치

화염의 열을 이용한 바이메탈식 온도 스위치로 열적 화염 검출기에 해당되며 소형 또는 가정용 보일러에 이용된다.

59 밀링작업 시 안전수칙에 관한 설명으로 옳지 않은 것은?

① 칩은 기계를 정지시킨 다음에 브러시 등으로 제거한다.
② 일감 또는 부속장치 등을 설치하거나 제거할 때는 기계를 정지시키고 작업한다.
③ 커터는 될 수 있는 한 컬럼에서 멀게 설치한다.
④ 강력 절삭을 할 때는 일감을 바이스에 깊게 물린다.

해설

밀링작업 시 안전 수칙

① 칩은 기계를 정지시킨 다음에 브러시 등으로 제거한다.
② 일감 또는 부속장치 등을 설치, 제거할 때는 반드시 기계를 정지시키고 작업한다.
③ 커터는 될 수 있는 한 컬럼에서 가깝게 설치한다.
④ 강력 절삭을 할 때는 일감을 바이스에 깊게 물린다.

60 다음 중 방호장치의 기본목적과 가장 관계가 먼 것은?

① 작업자의 보호
② 기계기능의 향상
③ 인적 · 물적 손실의 방지
④ 기계위험 부위의 접촉방지

해설

기계의 방호장치는 작업자를 보호하고, 인전물적 손실을 예방하고, 기계부위의 접촉을 방지하기 위함이며 기계기능의 향상과는 거리가 멀다.

61 화재·폭발 위험분위기의 생성방지 방법으로 옳지 않은 것은?

① 폭발성 가스의 누설 방지
② 가연성 가스의 방출 방지
③ 폭발성 가스의 체류 방지
④ 폭발성 가스의 옥내 체류

> **해설**
>
> 폭발성 가스를 옥내 체류 시에는 폭발위험이 더욱 많아지므로 위험하다.

62 우리나라에서 사용하고 있는 전압(교류와 직류)을 크기에 따라 구분한 것으로 알맞은 것은?

① 저압 : 직류는 700V 이하
② 저압 : 교류는 600V 이하
③ 고압 : 직류는 800V를 초과하고, 6kV 이하
④ 고압 : 교류는 700V를 초과하고, 6kV 이하

> **해설**
>
> **전압의 구분** [법령 개정에 의한 도표만 참고]
>
> | 전압의 구분 | 교류(A.C) | 직류((D.C) |
> |---|---|---|
> | 저압 | 1,000V 이하 | 1,500V 이하 |
> | 고압 | 1,000V 초과
7,000V 이하 | 1,500V 초과
7,000V 이하 |
> | 특고압 | 7,000V 초과 | 7,000V 초과 |

63 내압방폭구조의 주요 시험항목이 아닌 것은?

① 폭발강도
② 인화시험
③ 절연시험
④ 기계적 강도시험

> **해설**
>
> **내압방폭구조의 성능시험 순서**
> ① 폭발압력 측정
> ② 폭발강도 시험(기계적 강도시험)
> ③ 폭발인화 시험

64 교류아크 용접기의 접점방식(Magnet식)의 전격방지장치에서 지동시간과 용접기 2차측 무부하 전압(V)을 바르게 표현한 것은?

① 0.06초 이내, 25V 이하
② 1±0.3초 이내, 25V 이하
③ 2±0.3초 이내, 50V 이하
④ 1.5±0.06초 이내, 50V 이하

> **해설**
>
> **교류 아크 용접기의 방호장치 성능조건**
> 아크 발생을 중지하였을 경우 지동시간이 1±0.03초 이내에 2차 무부하 전압이 25V 이하로 감압시켜 안전을 유지할 수 있어야 한다.

65 누전차단기의 시설방법 중 옳지 않은 것은?

① 시설장소는 배전반 또는 분전반 내에 설치한다.
② 정격전류용량은 해당 전로의 부하전류 값 이상이여야 한다.
③ 정격감도전류는 정상의 사용상태에서 불필요하게 동작하지 않도록 한다.
④ 인체감전 보호형은 0.05초 이내에 동작하는 고감도 고속형이어야 한다.

> **해설**
>
> **누전차단기**
>
> | 구분 | 동작시간 | 구분 | 정격감도전류(mA) |
> |---|---|---|---|
> | 고속형 | 정격감도 전류에서 0.1초 이내 (감전보호용은 0.03초 이내) | 고감도형 | 5, 10, 15, 30 |
> | | | 중감도형 | 50, 100, 200, 500, 1000 |
> | | | 저감도형 | 3, 5, 10, 20(A) |

66 방폭전기기기의 온도등급에서 기호 T_2의 의미로 맞는 것은?

① 최고표면온도의 허용치가 135℃ 이하인 것
② 최고표면온도의 허용치가 200℃ 이하인 것
③ 최고표면온도의 허용치가 300℃ 이하인 것
④ 최고표면온도의 허용치가 450℃ 이하인 것

> **정답** 61 ④ 62 ② 63 ③ 64 ② 65 ④ 66 ③

해설

최고 표면온도의 분류

최고표면 온도등급	T1	T2	T3	T4	T5	T6
최고표면 온도(℃)	450~300	300~200	200~135	135~100	100~85	85 이하

67 사업장에서 많이 사용되고 있는 이동식 전기 기계·기구의 안전대책으로 가장 거리가 먼 것은?

① 충전부 전체를 절연한다.

② 절연이 불량인 경우 접지저항을 측정한다.

③ 금속제 외함이 있는 경우 접지를 한다.

④ 습기가 많은 장소는 누전차단기를 설치한다.

해설

이동식 전기기계·기구의 감전방지대책

① 충전부 전체를 절연한다.

② 금속제 외함이 있는 경우 접지를 한다.

③ 습기가 많은 장소는 누전차단기를 설치한다.

④ 안전전압 이하 전기기기 사용

68 감전사고를 방지하기 위해 허용보폭전압에 대한 수식으로 맞는 것은?

> −E : 허용보폭전압
> −R_b : 인체의 저항
> −P_s : 지표상층 저항률
> −L_k : 심실세동전류

① $E = (R_b + 3p_0)I_k$

② $E = (R_b + 4p_0)I_k$

③ $E = (R_b + 5p_0)I_k$

④ $E = (R_b + 6p_0)I_k$

해설

• 허용보폭 전압 $(E) = (R_b + 6P_s) \times l_k$

• 허용접촉 전압 $(E) = (R_b + \dfrac{3P_s}{2}) \times l_k$

69 인체저항이 $5,000\,\Omega$ 이고, 전류가 3mA가 흘렀다. 인제의 정전용량이 $0.1\,\mu F$라면 인체에 대전된 정전하는 몇 μC인가?

① 0.5

② 1.0

③ 1.5

④ 2.0

해설

1) $V = IR$ $V = 0.003 \times 5,000 = 15$

2) 대전 전하량 : $Q(\mu C) = C \times V$ $0.1\mu F \times 15 = 1.5\mu C$

70 저압전로의 절연성능 시험에서 전로의 사용전압이 380V인 경우 전로의 전선 상호간 및 전로와 대지 사이의 절연저항은 최소 몇 $M\Omega$ 이상이어야 하는가?

① $0.4M\Omega$

② $0.3M\Omega$

③ $0.2M\Omega$

④ $0.1M\Omega$

해설

전로의 절연성능

전로의 사용전압	DC 시험전압	절연 저항
SELV(Safety Extra Low Voltage = 특별안전전압) 비접지회로(2차 전압이 AC 50V, DC 120V 이하)	250V	0.5MΩ 이상
PELV(Protective Extra Low Voltage = 특별보호전압) 접지회로(1차와 2차 절연된 회로)		
FELV(Functional Extra Low Voltage = 특별저전압) 500V 이하	500V	1MΩ 이상
500V 초과	1,000V	1MΩ 이상

※ 본 문제는 2021년 적용되는 법 개정으로 맞지 않는 내용임으로 도표만 참고하시면 됩니다.

71 방폭전기기기의 등급에서 위험장소의 등급분류에 해당되지 않는 것은?

① 3종 장소

② 2종 장소

③ 1종 장소

④ 0종 장소

위험장소의 분류

분류		적요
가스	0종 장소	인화성액체의 증기 또는 가연성가스에 의한 폭발 위험이 지속적 또는 장기간 존재하는 항상 위험한 장소
	1종 장소	정상 작동 상태에서 인화성 액체의 증기 또는 가연성 가스의 의한 폭발위험 분위기가 존재하기 쉬운 장소
	2종 장소	정상 작동 상태에서 인화성 액체의 증기 또는 가연성가스의 의한 폭발위험 분위기가 존재할 우려가 없으나 존재할 경우 그 빈도가 아주 작고 단기간만 존재하는 장소
분진	20 종 장소	분진 운 형태의 가연성 분진이 폭발 농도를 생성할 정도로 충분한 양의 정상 작동 중에 연속적으로 또는 자주 존재하거나 제어할 수 없을 정도의 양 및 두께의 분진 층이 형성될 수 있는 장소
	21 종 장소	20종 장소 외의 장소로서 분진운 형태의 가연성 분진이 폭발 농도를 형성할 정도의 충분한 양의 정상 작동 중에 존재할 수 있는 장소

72 다음은 무슨 현상을 설명한 것인가?

전위치가 있는 2개의 대전체가 특정거리에 접근하게 되면 등전위가 되기 위하여 전하가 절연공간을 깨고 순간적으로 빛과 열을 발생하며 이동하는 현상

① 대전   ② 충전
③ 방전   ④ 열전

방전 : 대전된 물체에서 전하가 방출(이동)되는 현상으로 충전의 반대개념이다.

73 다음 그림은 심장맥동주기를 나타낸 것이다. T파는 어떤 경우인가?

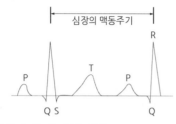

① 심방의 수축에 따른 파형
② 심실의 수축에 따른 파형
③ 심실의 휴식 시 발생하는 파형
④ 심방의 휴식 시 발생하는 파형

"T"파는 심장 맥동주기가 전격이 인가되었을 때 심실세동을 일으키는 확률이 가장 높은 파형으로 심실의 휴식 시 발생하는 파형이다
P : 심방 수축 파형 Q−R−S 파 : 심실 수축파형

74 교류 아크 용접기의 자동전격장치는 전격의 위험을 방지하기 위하여 아크 발생이 중단된 후 약 1초 이내에 출력측 무부하 전압을 자동적으로 몇 V 이하로 저하시켜야 하는가?

① 85   ② 70
③ 50   ④ 25

아크 발생을 중지하였을 경우 자동시간이 1.0초 이내에 2차 무부하 전압이 25V 이하로 감압시켜 안전을 유지할 수 있어야 한다.

75 인체의 대부분이 수중에 있는 상태에서 허용 접촉전압은 몇 V 이하인가?

① 2.5V   ② 25V
③ 30V   ④ 50V

허용접촉 전압

종별	접촉상태	허용접촉전압
제1종	인체의 대부분이 수중에 있는 경우	2.5V 이하
제2종	• 인체가 현저하게 젖어 있는 경우 • 금속성의 전기 기계장치나 구조물의 인체의 일부가 상시 접촉되어 있는 경우	25V 이하 자동 전격 방지 전압
제3종	제1종 제2종 이외의 경우로 통상의 인체 상태 있어서 접촉 전압이 가해지면 위험성이 높은 경우	50V 이하
제4종	• 제1종 제2종 이외의 경우로 통상의 인체에 상태 있어서 접촉 전압이 가해지더라도 위험성이 낮은 경우 • 접촉 전압이 가해질 우려가 없는 경우	제한 없음

정답   72 ③   73 ③   74 ④   75 ①

76 우리나라의 안전전압으로 볼 수 있는 것은 약 몇 V인가?

① 30V   ② 50V

③ 60V   ④ 70V

해설

우리나라의 안전전압은 30V

77 22.9kV 충전전로에 대해 필수적으로 작업자와 이격시켜야 하는 접근한계 거리는?

① 45cm   ② 60cm

③ 90cm   ④ 110cm

해설

접근한계 거리

충전전로의 선각전압(kv)	충전전로 접근한계거리(cm)
0.3 이하	접촉금지
0.3 초과 0.75 이하	30
0.75 초과 2 이하	45
2 초과 15 이하	60
15 초과 37 이하	90
37 초과 88 이하	110
88 초과 121 이하	130
121 초과 145 이하	150
145 초과 169 이하	170
169 초과 242 이하	230
242 초과 362 이하	380
362 초과 5500 이하	550

78 개폐조작 시 안전절차에 따른 차단 순서와 투입 순서로 가장 올바른 것은?

① DS   ② VCB   ③ DS

① 차단 ② → ① → ③, 투입 ① → ② → ③

② 차단 ② → ③ → ①, 투입 ① → ② → ③

③ 차단 ② → ① → ③, 투입 ③ → ② → ①

④ 차단 ② → ③ → ①, 투입 ③ → ① → ②

해설

• 차단 ② → ③ → ①

• 투입 ③ → ① → ②

79 정전기에 대한 설명으로 가장 옳은 것은?

① 전하의 공간적 이동이 크고, 자계의 효과가 전계의 효과에 비해 매우 큰 전기

② 전하의 공간적 이동이 크고, 자계의 효과와 전계의 효과를 서로 비교할 수 없는 전기

③ 전하의 공간적 이동이 적고, 전계의 효과와 자계의 효과가 서로 비슷한 전기

④ 전하의 공간적 이동이 적고, 자계의 효과가 전계에 비해 무시할 정도의 적은 전기

해설

정전기는 전하의 공간적 이동이 적고, 자계의 효과가 전계에 비해 상대적으로 아주 적은 전기

80 인체저항을 $500\,\Omega$ 이라 한다면, 심실세동을 일으키는 위험 한계 에너지는 약 몇 J인가?(단, 심실세동전류값 $I = \dfrac{165}{\sqrt{T}}\,\mathrm{mA}$ 의 Dalziel의 식을 이용하며, 통전시간은 1초로 한다.)

① 11.5   ② 13.6

③ 15.3   ④ 16.2

해설

$$Q = I^2 \times R \times T = (\frac{165}{\sqrt{T}}\,\mathrm{mA} \times 10^{-3})^2 \times R \times T$$

$$Q = I^2 \times R \times T = (165 \times 10^{-3})^2 \times 500 = 13.6(J)$$

81 다음 물질 중 물에 가장 잘 용해되는 것은?

① 아세톤　　　　② 벤젠
③ 톨루엔　　　　④ 휘발유

해설

아세톤은 물에 잘 용해된다.

82 다음 중 최소발화 에너지가 가장 작은 가연성 가스는?

① 수소　　　　② 메탄
③ 에탄　　　　④ 프로판

해설

최소발화에너지

단위 : (10^{-3})J

가연성 가스	최소발화에너지	가연성 가스	최소발화에너지
수소	0.019	메탄	0.28
에탄	0.31	프로판	0.31
아세틸렌	0.02	프로필렌	0.282

발화에너지가 작은 가스가 가장 발화가 잘 일어나는 가스 : 폭발 3등급

83 안전설계의 기초에 있어 기상폭발대책을 예방대책, 긴급대책, 방호대책으로 나눌 때, 다음 중 방호대책과 가장 관계가 깊은 것은?

① 경보
② 발화의 저지
③ 방폭벽과 안전거리
④ 가연조건의 성립저지

해설

기상폭발대책
① 긴급대책 : 경보
② 예방대책 : 발화의 저지, 가연조건의 성립저지
③ 방호대책 : 방폭벽과 안전거리

84 공정안전보고서 중 공정안전자료에 포함하여야 할 세부내용에 해당하는 것은?

① 비상조치계획에 따른 교육계획
② 안전운전지침서
③ 각종 건물 · 설비의 배치도
④ 도급업체 안전관리계획

해설

공정안전자료
① 취급 · 저장하고 있는 유해 · 위험물질의 종류 및 수량
② 유해 · 위험물질에 대한 물질안전보건자료(MSDS)
③ 유해 · 위험설비의 목록 및 사양
④ 운전방법을 알 수 있는 공정도면
⑤ 각종 건물 · 설비의 배치도
⑥ 방폭지역 구분도 및 전기단선도
⑦ 위험설비 안전설계 · 제작 및 설치 관련 지침서

85 다음 중 물질에 대한 저장방법으로 잘못된 것은?

① 나트륨 - 유동 파라핀 속에 저장
② 니트로글리세린 - 강산화제 속에 저장
③ 적린 - 냉암소에 격리 저장
④ 칼륨 - 등유 속에 저장

해설

니트로글리세린은 제5류 위험물로서 알코올에 적셔 보관하여야 한다.

86 화학설비 가운데 분체화학물질 분리장치에 해당하지 않는 것은?

① 건조기　　　　② 분쇄기
③ 유동탑　　　　④ 결정조

해설

분체화학물질 분리장치
① 건조기　　　　② 탈습기
③ 유동탑　　　　④ 결정조

정답　81 ①　82 ①　83 ③　84 ③　85 ②　86 ②

87 특수화학설비를 설치할 때 내부의 이상상태를 조기에 파악하기 위하여 필요한 계측장치로 가장 거리가 먼 것은?

① 압력계   ② 유량계
③ 온도계   ④ 비중계

해설

계측장치
① 압력계
② 유량계
③ 온도계

88 위험물 또는 위험물이 발생하는 물질을 가열·건조하는 경우 내용적이 몇 세제곱미터 이상인 건조설비인 경우 건조실을 설치하는 건축물의 구조를 독립된 단층건물로 하여야 하는가?(단, 건조실을 건축물의 최상층에 설치하거나 건축물이 내화구조인 경우는 제외한다.)

① 1   ② 10
③ 100   ④ 1,000

해설

위험물 건조설비 중 건조실을 설치하는 건축물의 구조

건조실을 독립된 단층구조로 하여야 하는 경우	
① 위험물 또는 위험물이 발생하는 물질을 가열건조하는 경우	내용적이 1m³ 이상인 건조설비
② 위험물이 아닌 물질을 가열건조하는 경우	㉠ 고체 또는 액체연료의 최대 사용량이 시간당 10kg 이상 ㉡ 기체 연료의 최대 사용량이 시간당 1m³ 이상 ㉢ 전기 사용 전격 용량이 10kW 이상

89 공기 중에서 폭발범위가 12.5~74vol%인 일산화탄소의 위험도는 얼마인가?

① 4.92   ② 5.26
③ 6.26   ④ 7.05

해설

$$\frac{74-12.5}{12.5} = 4.92$$

$$위험도 = \frac{폭발상한계 - 폭발하한계}{폭발하한계}$$

90 숯, 코크스, 목탄의 대표적인 연소 형태는?

① 혼합연소   ② 증발연소
③ 표면연소   ④ 비혼합연소

해설

고체연소

표면연소	목재의 연소에서 열분해로 인해 탄화작용이 생겨 탄소의 고체 표면에 공기와 접촉하는 부분에서 착화하는 현상으로 고체 표면에서 반응을 일으키는 연소(금속, 숯, 목탄, 코크스, 알루미늄)
분해연소	목재 석탄 등의 고체 가연물이 열분해로 인하여 가연성 가스가 방출되어 착화 되는 현상(비휘발성 종이, 나무, 석탄)
증발연소	증기가 심지를 타고 올라가는 연소(황, 파라핀촛농, 나프탈렌)
자기연소	(다이나마이트, 니트로화합물)

91 다음 중 자연발화가 가장 쉽게 일어나기 위한 조건에 해당하는 것은?

① 큰 열전도율
② 고온, 다습한 환경
③ 표면적이 작은 물질
④ 공기의 이동이 많은 장소

해설

자연발화 조건
① 표면적이 넓은 것
② 열전도율이 작을 것
③ 발열량이 클 것
④ 주위의 온도가 높을 것(분자운동 활발)

92 위험물에 관한 설명으로 틀린 것은?

① 이황화탄소의 인화점은 0℃ 보다 낮다.

② 과염소산은 쉽게 연소되는 가연성 물질이다.

③ 황린은 물속에 저장한다.

④ 알킬알루미늄은 물과 격렬하게 반응한다.

해설

과염소산은 산화성 액체로서 조연성 물질

93 물과 반응하여 가연성 기체를 발생하는 것은?

① 프크린산   ② 이황화탄소

③ 칼륨   ④ 과산화칼륨

해설

물과 반응하여 가연성 기체를 발생하는 것은 금속성 물질, 금수성 물질, 칼륨, 나트륨, 알킬알루미늄, 알킬리튬, 탄화칼슘, 탄화 알루미늄 등

94 프로판(C_3H_8)의 연소하한계가 2.2vol% 일 때 연소를 위한 최소산소농도(MOC)는 몇 vol%인가?

① 5.0   ② 7.0

③ 9.0   ④ 11.0

해설

1) 공식 : 최소산소농도(MOC) = 연소하한계 × 프로판의 산소몰수

2) 프로판의 완전연소 반응식 : $C_3H_8 + 5O_2 \rightarrow 3CO_2 + 4H_2O$

3) 연소하한계 2.2, 산소몰 수 5이므로: 2.2 × 5 = 11 vol%

95 다음 중 유기과산화물로 분류되는 것은?

① 메틸에틸케톤   ② 과망간산칼륨

③ 과산화마그네슘   ④ 과산화벤조일

해설

유기과산화물 : 메틸에틸케톤, 과산화벤조일

96 연소이론에 대한 설명으로 틀린 것은?

① 착화온도가 낮을수록 연소위험이 크다.

② 인화점이 낮은 물질은 반드시 착화점도 낮다.

③ 인화점이 낮을수록 일반적으로 연소위험이 크다.

④ 연소범위가 넓을수록 연소위험이 크다.

해설

인화점이 낮은 물질이 위험한 물질이지만 반드시 착화점도 낮은 것은 아니다.

97 디에틸에테르의 연소범위에 가장 가까운 값은?

① 2~10.4%   ② 1.9~48%

③ 2.5~15%   ④ 1.5~7.8%

해설

디에틸에테르의 연소범위 : 1.9~48%

98 송풍기의 회전차 속도가 1,300rpm 일 때 송풍량이 분당 300m³였다. 송풍량을 분당 400m³으로 증가시키고자 한다면 송풍기의 회전차 속도는 약 몇 rpm으로 하여야 하는가?

① 1,533   ② 1,733

③ 1,967   ④ 2,167

해설

$$Q' = Q \times (\frac{N'}{N}) = 1,300 \times \frac{400}{300} = 1,733.33 \text{rpm}$$

99 다음 중 물과 반응하였을 때 흡열반응을 나타내는 것은?

① 질산암모늄   ② 탄화칼슘

③ 나트륨   ④ 과산화칼륨

해설

흡열반응 : 물질의 화학반응에서 열을 흡수하는 반응 : 질산암모늄

정답 92 ② 93 ③ 94 ④ 95 ④ 96 ② 97 ② 98 ② 99 ①

100 다음 중 노출기준(TWA)이 가장 낮은 물질은?

① 염소　　　　　　② 암모니아
③ 에탄올　　　　　④ 메탄올

해설

TWA가 가장 낮은 물질(위험도가 가장 높다)
① 불소 : 0.1ppm
② 벤젠, 과산화 수소, 염화수소 : 1ppm
③ 염소, 사염화탄소 : 5ppm
④ 황화수소 : 10ppm
⑤ 암모니아 : 25ppm
⑥ 에탄올 : 100ppm
⑦ 메탄올 : 2,000ppm

6과목　건설안전기술

101 보통 흙의 건지를 다음 그림과 같이 굴착하고자 한다. 굴착면의 기울기를 1 : 0.5로 하고자 할 경우 L의 길이로 옳은 것은?

① 2m　　　　　　② 2.5m
③ 5m　　　　　　④ 10m

해설

기울기 $1 : 0.5 = \dfrac{1}{0.5} = \dfrac{5}{0.5 \times 5}$

따라서, L=2.5(M)]

102 흙막이 지보공을 조립하는 경우 미리 조립도를 작성하여야 하는데 이 조립도에 명시되어야 할 사항과 가장 거리가 먼 것은?

① 부재의 배치　　② 부재의 치수
③ 부재의 긴압정도　④ 설치방법과 순서

해설

조립도에 명시되어야 할 사항 : 흙막이판, 버팀대, 띠장, 말뚝 등 부재의 치수, 배치, 재질, 설치방법, 순서가 명시되어야 한다.

---

103 미리 작업장소의 지형 및 지반상태 등에 적합한 제한속도를 정하지 않아도 되는 차량계 건설기계의 속도 기준은?

① 최대 제한 속도가 10km/h 이하
② 최대 제한 속도가 20km/h 이하
③ 최대 제한 속도가 30km/h 이하
④ 최대 제한 속도가 40km/h 이하

해설

차량계 건설기계의 속도 기준은 최대 제한 속도가 10km/h 이하

104 터널공사에서 발파작업 시 안전대책으로 옳지 않은 것은?

① 발파전 도화선 연결상태, 저항시 조사 등의 목적으로 도통시험 실시 및 발파기의 작동상태에 대한 사전점검 실시
② 모든 동력선은 발원점으로부터 최소한 15m 이상 후방으로 옮길 것
③ 지질, 암의 절리 등에 따라 화약량에 대한 검토 및 시방기준과 대비하여 안전조치 실시
④ 발파용 점화회선은 타동력선 및 조명회선과 한 곳으로 통합하여 관리

해설

발파용 점화회선은 타동력선 및 조명회선과 분리되어야 한다.

105 달비계의 최대 적재하중을 정함에 있어서 활용하는 안전계수의 기준으로 옳은 것은?(단, 곤돌라의 달비계를 제외한다.)

① 달기 와이어로프 : 5 이상
② 달기 강선 : 5 이상
③ 달기 체인 : 3 이상
④ 달기 훅 : 5 이상

달비계 와이어로프 안전계수

달기 와이어로프 및 달기 강선		10 이상
달기 체인, 달기 훅		5 이상
달기 강대와 달비계의 하부 및 상부 지점	강대	2.5 이상
	목재	5 이상

106 다음 보기의 ( ) 안에 알맞은 내용은?

동바리로 사용하는 파이프 서포트의 높이가 ( )m를 초과하는 경우에는 높이 2m 이내마다 수평연결재를 2개 방향으로 만들고 수평연결재의 전위를 방지할 것

① 3　　　　　　　② 3.5
③ 4　　　　　　　④ 4.5

동바리로 사용하는 파이프 서포트조립시 준수사항
① 파이프 서포트를 3개 이상 이어서 사용하지 않도록 할 것
② 파이프 서포트를 이어서 사용하는 경우에는 4개 이상의 볼트 또는 전용철물을 사용하여 이을 것
③ 높이가 3.5미터를 초과하는 경우 높이 2미터 이내마다 수평연결재를 2개 방향으로 만들고 수평연결재의 변위를 방지할 것

107 건립 중 강풍에 의한 풍압 등 외압에 대한 내력이 설계에 고려되었는지 확인하여야 하는 철골 구조물이 아닌 것은?

① 단면이 일정한 구조물
② 기둥이 타이플레이트형인 구조물
③ 이음부가 현장용접인 구조물
④ 구조물의 폭과 높이의 비가 1 : 4 이상인 구조물

강풍에 의한 풍압 등 외압에 대한 내력이 설계에 고려되어야 하는 구조물
① 높이 20m 이상 구조물
② 구조물 폭과 높이에 비가 1대 4 이상의 구조물
③ 연면적당 철골 양이 50kg/m² 이하의 구조물
④ 단면 구조의 현저한 차이가 있는 구조물

⑤ 기둥이 타이플레이트 형인 구조물
⑥ 이음부가 현장용접인 구조물

108 건설업 산업안전보건관리비 중 안전시설비로 사용할 수 없는 것은?

① 안전통로
② 비계에 추가 설치하는 추락방지용 안전난간
③ 사다리 전도방지장치
④ 통로의 낙하물 방호선반

안전통로는 건설업 산업안전보건관리비 중 안전시설비로 사용할 수 없다.

109 터널 등의 건설작업을 하는 경우에 낙반 등에 의하여 근로자가 위험해질 우려가 있는 경우에 필요한 조치와 가장 거리가 먼 것은?

① 터널 지보공을 설치한다.
② 록볼트를 설치한다.
③ 환기, 조명시설을 설치한다.
④ 부석을 제거한다.

갱내에서의 낙반방지
① 터널 지보공을 설치
② 록볼트를 설치
③ 부석의 제거

110 강관을 사용하여 비계를 구성하는 경우 준수해야할 사항으로 옳지 않은 것은?

① 비계기둥의 간격은 띠장 방향에서는 1.85m 이하, 장선 방향에서는 1.5m 이하로 할 것
② 띠장 간격은 2m 이하의 위치에 설치할 것
③ 비계기둥의 제일 윗부분으로부터 31m 되는 지점 밑부분의 비계기둥은 3개의 강관으로 묶어 세울 것

④ 비계기둥 간의 적재하중은 400kg을 초과하지 않
도록 할 것

해설

강관비계 설치구조

① 비계기둥 간격 : 띠장방향에서는 1.85m 이하, 장선방향
에서는 1.5m 이하로 할 것
② 띠장간격 : 2.0m 이하로 설치할 것
③ 비계기둥의 제일 윗부분으로부터 31m 되는 지점 밑 부
분의 비계기둥은 2본의 강관으로 묶어 세울 것
④ 비계기둥 간의 적재하중은 400kg을 초과하지 않도록 할 것

111 이동식 비계 조립 및 사용 시 준수사항으로 옳
지 않은 것은?

① 비계의 최상부에서 작업하는 경우에는 안전난간
을 설치할 것
② 승강용 사다리는 견고하게 설치할 것
③ 작업발판은 항상 수평을 유지하고 작업발판 위
에서 작업을 위한 거리가 부족할 경우에는 받침
대 또는 사다리를 사용할 것
④ 작업발판의 최대적재하중은 250kg을 초과하지
않도록 할 것

해설

이동식비계 조립 및 사용 시 준수사항

① 이동식 비계의 바퀴에는 뜻밖의 갑작스러운 이동 또는
전도를 방지하기 위하여 브레이크 · 쐐기 등으로 바퀴를
고정시킨 다음 비계의 일부를 견고한 시설물에 고정하
거나 아웃트리거(outrigger)를 설치하는 등 필요한 조치
를 할 것
② 승강용 사다리는 견고하게 설치할 것
③ 비계의 최상부에서 작업하는 경우에는 안전난간을 설치
할 것
④ 작업발판은 항상 수평을 유지하고 작업발판 위에서 안
전난간을 딛고 작업을 하거나 받침대 또는 사다리를 사
용하여 작업하지 않도록 할 것
⑤ 작업발판의 최대적재하중은 250kg을 초과하지 않도록 할 것
⑥ 비계의 최대높이는 밑변 최소폭의 4배 이하

112 유해 · 위험 방지를 위한 방호조치를 하지 아
니하고는 양도, 대여, 설치 또는 사용에 제동하거나,
양도 · 대여를 목적으로 진열해서는 아니 되는 기
계 · 기구에 해당하지 않는 것은?

① 지게차   ② 공기압축기
③ 원심기   ④ 덤프트럭

해설

유해 · 위험 방지를 위한 방호조치를 해야 하는 기계기구

대상	방호조치
예초기	날 접촉 예방장치
원심기	회전체 접촉 예방장치
지게차	헤드가드, 백레스트, 전조등, 후미등, 안전벨트
금속 절단기	날 접촉 예방장치
공기 압축기	압력방출장치
포장기계	구동부 방호장치

113 화물운반하역 작업 중 걸이작업에 관한 설명
으로 옳지 않은 것은?

① 와이어로프 등은 크레인의 후크 중심에 걸어야
한다.
② 인양 물체의 안정을 위하여 2줄 걸이 이상을 사용
하여야 한다.
③ 매다는 각도는 60° 이상으로 하여야 한다.
④ 근로자를 매달린 물체 위에 탑승시키지 않아야
한다.

해설

운반하역 작업 중 걸이작업 준수사항

① 와이어로프 등은 크레인의 후크 중심에 걸어야 한다.
② 인양 물체의 안정을 위하여 2줄 걸이 이상을 사용하여야
한다.
③ 매다는 각도는 60° 이내로 하여야 한다.
④ 근로자를 매달린 물체 위에 딥승시키지 않아아 한다.

정답 **111** ③ **112** ④ **113** ③

114 거푸집동바리 등을 조립하는 경우에 준수하여야 할 사항으로 옳지 않은 것은?

① 깔목의 사용, 콘크리트 타설, 말뚝박기 등 동바리의 침하를 방지하기 위한 조치를 할 것
② 개구부 상부에 동바리를 설치하는 경우에는 상부 하중을 견딜 수 있는 견고한 받침대를 설치할 것
③ 거푸집이 곡면인 경우에는 버팀대의 부착등 그 거푸집의 부상을 방지하기 위한 조치를 할 것
④ 동바리의 이음은 맞댄이음이나 장부이음을 피할 것

해설
동바리의 이음은 맞댄이음이나 장부이음을 한다.

115 사업의 종류가 건설업이고, 공사금액이 850억원일 경우 산업안전보건법령에 따른 안전관리자를 최소 몇 명 이상 두어야 하는가?(단, 상시근로자는 600명으로 가정)

① 1명 이상　　　② 2명 이상
③ 3명 이상　　　④ 4명 이상

해설
• 공사금액 120억 이상(토목공사 150억원 이상) 800억 미만 : 1명
• 공사금액이 800억원 이상 1500명 미만 : 2명

116 선박에서 하역작업 시 근로자들이 안전하게 오르내릴 수 있는 현문 사다리 및 안전망을 설치하여야 하는 것은 선박이 최소 몇 톤급 이상일 경우인가?

① 500톤급　　　② 300톤급
③ 200톤급　　　④ 100톤급

해설
선박의 승강설비 설치
① 300톤급 이상의 선박에서 하역작업 : 현문사다리(승강설비)설치 및 안전망 설치
② 현문사다리 구조 : 견고한 재료로서 너비 55cm 이상 양측에 82cm 이상의 높이로 울타리설치 및 미끄러지지 아니하는 재료로 설치

117 타워크레인을 와이어로프로 지지하는 경우에 준수해야 할 사항으로 옳지않은 것은?

① 와이어로프를 고정하기 위한 전용 지지프레임을 사용할 것
② 와이어로프 설치각도는 수평면에서 60° 이상으로 하되, 지지점은 4개소 미만으로 할 것
③ 와이어로프와 그 고정부위는 충분한 강도와 장력을 갖도록 설치할 것
④ 와이어로프가 가공전선에 근접하지 않도록 할 것

해설
와이어로프 설치각도는 수평면에서 60° 이내로 하되, 지지점은 4개소 이상으로 할 것

118 터널붕괴를 방지하기 위한 지보공에 대한 점검사항과 가장 거리가 먼 것은?

① 부재의 긴압 정도
② 부재의 손상 · 변형 · 부식 · 변위 탈락의 유무 및 상태
③ 기둥침하의 유무 및 상태
④ 경보장치의 작동상태

해설
터널붕괴를 방지하기 위한 지보공 점검사항
① 부재의 긴압 정도
② 부재의 손상 · 변형 · 부식 · 변위 탈락의 유무 및 상태
③ 기둥침하의 유무 및 상태
④ 부재의 접속부 교차부의 상태

119 작업 중이던 미장공이 상부에서 떨어지는 공구에 의해 상해를 입었다면 어느 부분에 대한 결함이 있었겠는가?

① 작업대 설치
② 작업방법
③ 낙하물 방지시설 설치
④ 비계설치

낙하물 방지시설이 미설치될 경우 공구낙하에 의해 상해를 입을 수 있다.

120 이동식 크레인을 사용하여 작업을 할 때 작업 시작 전 점검사항이 아닌 것은?

① 주행로의 상측 및 트롤리(trolley)가 횡행하는 레일의 상태
② 권과방지장치 그 밖의 경보장치의 기능
③ 브레이크 · 클러치 및 조정장치의 기능
④ 와이어로프가 통하고 있는 곳 및 작업장소의 지반상태

이동식 크레인 작업시작 전 점검사항
① 권과방지장치 그 밖의 경보장치의 기능
② 브레이크 · 클러치 및 조정장치의 기능
③ 와이어로프가 통하고 있는 곳 및 작업장소의 지반상태

정답 120 ①

산업안전기사(2018년 04월 28일)

1과목 안전관리론

01 6~12명의 구성원으로 타인의 비판 없이 자유로운 토론을 통하여 다량의 독창적인 아이디어를 이끌어내고, 대안적 해결안을 찾기 위한 집단적 사고기법은?

① Role playing
② Brain storming
③ Action playing
④ Fish Bowl playing

해설

브레인스토밍은 자유분방하게 진행하며 토의하는 진행 방식을 말한다.

브레인스토밍(Brain storming)의 4원칙
① 비판금지 : 좋다. 나쁘다고 비평하지 않습니다.
② 자유분방 : 마음대로 편안히 발언합니다.
③ 대량발언 : 무엇이건 좋으니 많이 발언합니다.
④ 수정발언 : 타인의 아이디어에 수정하거나 덧붙여 말하여도 좋습니다.

02 재해의 발생형태 중 다음 그림이 나타내는 것은?

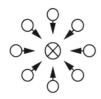

① 1단순연쇄형   ② 2복합연쇄형
③ 단순자극형   ④ 복합형

해설

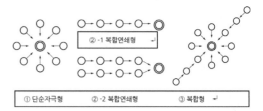

① 단순자극형   ② -2 복합연쇄형   ③ 복합형

03 산업안전보건법령상 근로자에 대한 일반건강진단의 실시 시기 기준으로 옳은 것은?

① 사무직에 종사하는 근로자 : 1년에 1회 이상
② 사무직에 종사하는 근로자 : 2년에 1회 이상
③ 사무직 외의 업무에 종사하는 근로자 : 6월에 1회 이상
④ 사무직 외의 업무에 종사하는 근로자 : 2년에 1회 이상

해설

사무직에 종사하는 근로자 : 2년에 1회 이상 그 밖의 근로자는 1년에 1회

04 재해통계에 있어 강도율이 2.0인 경우에 대한 설명으로 옳은 것은?

① 한 건의 재해로 인해 전제 작업비용의 2.0%에 해당하는 손실이 발생하였다.
② 근로자 1,000명당 2.0건의 재해가 발생하였다.
③ 근로시간 1,000시간당 2.0건의 재해가 발생하였다.
④ 근로시간 1,000시간당 2.0일의 근로손실이 발생하였다.

해설

강도율 : 근로시간 1,000시간당 재해에 의해 발생된 근로손 실일수를 나타내는 것

---

05 산업안전보건법령상 교육대상별 교육내용 중 관리감독자의 정기안전·보건교육 내용이 아닌 것은?(단, 산업안전보건법 및 일반관리에 관한 사항은 제외한다.)

① 산업재해보상보험 제도에 관한 사항
② 산업보건 및 직업병 예방에 관한 사항
③ 유해·위험 작업환경 관리에 관한 사항
④ 표준안전작업방법 및 지도 요령에 관한 사항

해설

관리감독자 정기 안전보건교육 내용
① 산업안전 및 사고 예방에 관한 사항
② 산업보건 및 직업병 예방에 관한 사항
③ 유해, 위험 작업환경 관리에 관한 사항
④ 산업안전보건법령 및 산재보상보험제도에 관한 사항
⑤ 직무 스트레스 예방 및 관리에 관한 사항
⑥ 직장 내 괴롭힘, 고객의 폭언 등으로 인한 건강장해 예방 및 관리에 관한 사항
⑦ 작업공정의 유해, 위험과 재해 예방대책에 관한 사항
⑧ 표준안전작업방법 및 지도 요령에 관한 사항
⑨ 관리감독자의 역할과 임무에 관한 사항
⑩ 안전보건교육 능력 배양에 관한 사항

---

06 Off JT(Off the Job Training)의 특징으로 옳은 것은?

① 훈련에만 전념할 수 있다.
② 상호신뢰 및 이해도가 높아진다.
③ 개개인에게 적절한 지도훈련이 가능하다.
④ 직장의 실정에 맞게 실제적 훈련이 가능하다.

해설

O.J.T.와 OFF.J.T의 특징

OJT 특징	OFF J T 특징
① 개개인에게 적절한 훈련이 가능	① 다수의 근로자에게 훈련을 할 수 있다.
② 직장의 실정에 맞는 훈련이 가능하다.	② 훈련에만 전념할 수 있다.
③ 교육의 효과가 즉시 업무에 연결된다.	③ 특별 설비기구 이용이 가능하다.
④ 상호 신뢰 이해도가 높다.	④ 많은 지식이나 경험을 공유할 수 있다.
⑤ 훈련에 대한 업무의 계속성이 끊어지지 않는다.	⑤ 교육훈련 목표에 대하여 집단적 노력이 흐트러질 수 있다.

---

07 산업안전보건법령상 안전·보건표지의 종류 중 다음 안전·보건 표지의 명칭은?

① 화물적재금지   ② 차량통행금지
③ 물체이동금지   ④ 화물출입금지

해설

안전보건표지

출입금지	보행금지	차량통행금지
사용금지	탑승금지	금연
화기금지	물체이동금지	

---

08 AE형 안전모에 있어 내전압성이란 최대 몇 V 이하의 전압에 견디는 것을 말하는가?

① 750
② 1,000
③ 3,000
④ 7,000

해설

내전압용 안전모(AE, ABE) : 7,000V 이하의 전압에 견디는 것

09 안전점검의 종류 중 태풍, 폭우 등에 의한 침수, 지진 등의 천재지변이 발생한 경우나 이상 사태 발생 시 관리자나 감독자가 기계·기구, 설비 등의 기능상 이상 유무에 대하여 점검하는 것은?

① 일상점검
② 정기점검
③ 특별점검
④ 수시점검

해설

특별점검
① 기계, 기구 설비의 신설, 변경, 고장, 수리 등의 필요한 경우
② 사용하지 않던 기계, 기구를 재사용하는 경우
③ 천재지변, 태풍 등 기후의 이상현상 발생 시

10 재해발생의 직접원인 중 불안전한 상태가 아닌 것은?

① 불안전한 인양
② 부적절한 보호구
③ 결함 있는 기계설비
④ 불안전한 방호장치

해설

불안전한 인양 : 불안전한 행동

11 매슬로(Maslow)의 욕구단계 이론 중 제2단계 욕구에 해당하는 것은?

① 자아실현의 욕구
② 안전에 대한 욕구
③ 사회적 욕구
④ 생리적 욕구

해설

매슬로의 욕구 5단계

5단계	자아실현의 욕구
4단계	존중의 욕구
3단계	소속의 욕구
2단계	안전의 욕구
1단계	생리적 욕구

12 대뇌의 human error로 인한 착오요인이 아닌 것은?

① 인지과정 착오
② 조치과정 착오
③ 판단과정 착오
④ 행동과정 착오

해설

착오요인의 요소
① 인지과정 착오
② 조치(조작)과정 착오
③ 판단과정 착오

13 주의 수준이 Phase 0 인 상태에서의 의식상태로 옳은 것은?

① 무의식 상태
② 의식의 이완 상태
③ 명료한 상태
④ 과긴장 상태

해설

인간의 의식 수준 상태

단계	의식 수준	생리적 상태
0 단계	무의식, 실신	수면, 뇌 발작
I 단계	의식흐림, 의식몽롱	피로, 단조로움
II 단계	정상, 이완상태	안정기거, 휴식 시, 정례작업 시 안정된 행동
III 단계	상쾌한 상태, 정상(Nomal) 분명한 의식	판단을 동반한 행동, 적극 활동 가장 좋은 의식상태
IV 단계	과 긴장 상태	긴급 방위 반응, 당황, 패닉 상태

14 생체리듬의 변화에 대한 설명으로 틀린 것은?

① 야간에는 체중이 감소한다.

② 야간에는 말초 운동 기능 저하된다.

③ 체온, 혈압, 맥박수는 주간에 상승하고 야간에 감소한다.

④ 혈액의 수분과 염분량은 주간에 증가하고 야간에 감소한다.

해설

생체리듬의 변화

① 체중 : 야간에 감소

② 말초운동기능 : 야간에 저하

③ 체온, 혈압, 맥박수 : 주간에 상승, 야간에 감소

④ 혈액의 수분과 염분량 : 주간에 감소, 야간에 증가

15 어떤 사업장의 상시근로자 1000명이 작업 중 2명 사망자와 의사진단에 의한 휴업일수 90일 손실을 가져온 경우의 강도율은?(단, 1일 8시간, 연 300일 근무)

① 7.32   ② 6.28

③ 8.12   ④ 5.92

해설

$$강도율 = \frac{근로손실일수}{연간총 근로시간수} \times 1,000$$

$$= \frac{(7,500 \times 2) + (90 \times \frac{300}{365})}{1,000 \times 8 \times 300} \times 1,000 = 6.28$$

16 교육심리학의 기본이론 중 학습지도의 원리가 아닌 것은?

① 직관의 원리   ② 개별화의 원리

③ 계속성의 원리   ④ 사회화의 원리

해설

학습지도의 원리

① 직관의 원리   ② 개별화의 원리

③ 목적의 원리   ④ 사회화의 원리

⑤ 통합화의 원리   ⑥ 자발성의 원리

17 안전보건교육 계획에 포함하여야 할 사항이 아닌 것은?

① 교육의 종류 및 대상

② 교육의 과목 및 내용

③ 교육장소 및 방법

④ 교육지도안

해설

안전보건교육 계획에 포함하여야 할 사항

① 교육의 종류 및 대상   ② 교육의 과목 및 내용

③ 교육장소 및 방법   ④ 교육목표

⑤ 교육기간 및 시간   ⑥ 교육담당자 및 강사

18 인간관계의 메커니즘 중 다른 사람의 행동양식이나 태도를 투입시키거나 다른 사람 가운데서 자기와 비슷한 것을 발견하는 것은?

① 동일화   ② 일체화

③ 투사   ④ 공감

해설

동일화

다른 사람의 행동양식이나 태도를 투입시키거나 다른 사람 가운데서 자기와 비슷한 것을 발견하는 것

19 유기화합물용 방독마스크 시험가스의 종류가 아닌 것은?

① 염소가스 또는 증기

② 시클로헥산

③ 디메틸에테르

④ 이소부탄

해설

유기화합물용 방독마스크 시험가스

① 이소부탄

② 시클로헥산

③ 디메틸에테르

할로겐용 : 염소가스 및 증기

20 Line-Staff형 안전보건관리조직에 관한 특징이 아닌 것은?

① 조직원 전원을 자율적으로 안전활동에 참여시킬 수 있다.
② 스탭의 월권행위의 경우가 있으며 라인스탭에 의존 또는 활용치 않는 경우가 있다.
③ 생산부문은 안전에 대한 책임과 권한이 없다.
④ 명령계통과 조언 권고적 참여가 혼동되기 쉽다.

해설

라인 스탭형 조직(Line Staff system)

장점	① 안전지식 및 기술 축적 가능 ② 안전지시 및 전달이 신속·정확하다 ③ 안전에 대한 신기술의 개발 및 보급이 용이함 ④ 안전활동이 생산과 분리되지 않으므로 운용이 쉽다.
단점	① 명령계통과 지도·조언 및 권고적 참여가 혼동되기 쉽다. ② 스태프의 힘이 커지면 라인이 무력해진다.
비고	대규모(1,000명 이상) 사업장에 적용

2과목 인간공학 및 시스템안전공학

21 사업장에서 인간공학의 적용분야로 가장 거리가 먼 것은?

① 제품설계
② 설비의 고장률
③ 재해·질병 예방
④ 장비·공구·설비의 배치

해설

인간공학의 적용분야
① 제품설계
② 재해·질병 예방
③ 장비·공구·설비의 배치

22 결함수분석법(FTA)의 특징으로 볼 수 없는 것은?

① Top Down 형식
② 특정사상에 대한 해석
③ 정성적 해석의 불가능
④ 논리기호를 사용한 해석

해설

FTA의 특징
① 연역적(Top Down)이고 정량적인 해석 방법
② 분석에는 게이트, 이벤트 부호 등의 그래픽기호를 사용하여 결합단계를 표현하며 각각의 단계에 확률을 부여하여 어떤 상황의 실패확률 계산 가능
③ 고장을 발생시키는 사상과 원인과의 관계를 논리기호(AND와 OR)를 사용하여 시스템의 고장확률을 구하여 시스템의 신뢰도를 개선하는 정량적 고장해석 및 신뢰성 평가방법
④ 상황에 따라 정성적 분석도 가능하다.

23 음향기기 부품 생산공장에서 안전업무를 담당하는 OOO 대리는 공장 내부에 경보등을 설치하는 과정에서 도움이 될 만한 몇 가지 지식을 적용하고자 한다. 적용 지식 중 맞는 것은?

① 신호 대 배경의 휘도대비가 작을 때는 백색신호가 효과적이다.
② 광원의 노출시간이 1초보다 작으면 광속발산도는 작아야 한다.
③ 표적의 크기가 커짐에 따라 광도의 역치가 안정되는 노출시간은 증가한다.
④ 배경광 중 점멸 잡음광의 비율이 10% 이상이면 점멸등은 사용하지 않는 것이 좋다.

해설

배경 불빛이 신호등과 비슷하면 신호 불빛의 식별이 어려워진다. 따라서 점멸 잡음광의 비율이 10% 이상이면 점멸등은 사용하지 않는 것이 좋다.
① 신호 대 배경의 휘도대비가 작을 때는 적색신호가 효과적이다.
② 광원의 노출시간이 1초보다 작으면 광속발산도는 커야 한다.
③ 표적의 크기가 커짐에 따라 광도의 역치가 안정되는 노출시간은 감소한다.

정답 **20** ① **21** ② **22** ③ **23** ④

24 인간이 기계화 비교하여 정보처리 및 결정의 측면에서 상대적으로 우수한 것은?(단, 인공지능은 제외한다.)

① 연역적 추리
② 정량적 정보처리
③ 관찰을 통한 일반화
④ 정보의 신속한 보관

[해설]

인간 기계 기능 비교

구분	인간이 기계보다 우수한 기능	기계가 인간보다 우수한 기능
감지 기능	• 저 에너지 자극감시 • 복잡 다양한 자극형태 식별 • 갑작스런 이상현상이나 예기치 못한 사건 감지	• 인간의 정상적 감지 범위 밖의 자극감지 • 인간 및 기계에 대한 모니터 기능 • 드물게 발생하는 사상감지
정보 기능	많은 양의 정보 장시간 저장	암호화된 정보를 신속하게 대량 보관
정보 처리 및 결심	• 다양한 문제해결(정성적) • 귀납적 추리 • 원칙 적용 • 관찰을 통해 일반화	• 정량적 정보처리 • 연역적 추리 • 반복작업의 수행에 높은 신뢰성 • 입력신호에 신속하고 일관성 있게 반응
행동 기능	• 과부하 상태에서는 중요한 일에만 전념 • 다양한 종류의 운용 요건에 따라 신체적인 반응을 적용 • 전혀 다른 새로운 해결책을 찾아냄	• 과부화 상태에서도 효율적 작동 • 장시간 중량 작업 • 반복작업, 동시에 여러 가지 작업 기능

25 제한된 실내 공간에서 소음문제의 음원에 관한 대책이 아닌 것은?

① 저소음 기계로 대체한다.
② 소음 발생원을 밀폐한다.
③ 방음 보호구를 착용한다.
④ 소음 발생원을 제거한다.

[해설]

소음문제의 음원에 관한 대책
① 저소음 기계로 대체한다.
② 소음 발생원을 밀폐한다.
③ 차음장치, 흡음재 사용
④ 소음 발생원을 제거한다.

26 인간실수확률에 대한 추정기법으로 가장 적절하지 않은 것은?

① CIT(Critical Incident Technique) : 위급사건기법
② FMEA(Failure Mode and Effect Analysis) : 고장형태 영향분석
③ TCRAM(Task Criticality Rating Analysis Method) : 직무위급도 분석법
④ THERP(Technique for Human Error Rate Prediction) : 인간 실수율 예측기법

[해설]

인간실수 확률 추정기법
① CIT(Critical Incident Technique) : 위급사건기법
② TCRAM(Task Criticality Rating Analysis Method) : 직무위급도 분석법
③ THERP(Technique for Human Error Rate Prediction) : 인간 실수율 예측기법

FMEA(Failure Mode and Effect Analysis) : 고장형태 영향분석 시스템에 미치는 영향요소를 고장형태별로 분석, 그 영향을 검토하는 분석법으로 인간실수 확률 분석법은 아니다.

27 음성통신에 있어 소음환경과 관련하여 성격이 다른 지수는?

① AI(Articulation Index) : 명료도 지수
② MAA(Minimum Audible Angle) : 최소가청 각도
③ PSIL(Preferred−Octave Speech Interference Level) : 음성간섭수준
④ PNC(Preferred Noise Criteria Curves) : 선호 소음판단 기준 곡선

[해설]

음성통신에 있어 소음환경
① AI : 명료도 지수(회화의 정확도를 나타내는 지수로 이해도를 추정)
② PSIL : 음성간섭수준(소음으로 인한 회화방해정도)
③ PNC : 선호 소음판단 기준곡선(음질의 불쾌감 평가)

정답 24 ③ 25 ③ 26 ② 27 ②

28 A 회사에서는 새로운 기계를 설계하면서 레버를 위로 올리면 압력이 올라가도록 하고, 오른쪽 스위치를 눌렀을 때 오른쪽 전등이 커지도록 하였다면, 이것은 각각 어떤 유형의 양립성을 고려한 것인가?

① 레버 – 공간양립성, 스위치 – 개념양립성
② 레버 – 운동양립성, 스위치 – 개념양립성
③ 레버 – 개념양립성, 스위치 – 운동양립성
④ 레버 – 운동양립성, 스위치 – 공간양립성

[해설]

양립성의 종류

공간적 양립성 (spatial)	표시장치나 조종정치가 물리적 형태 및 공간적 배치(조리대)
운동 양립성 (movement)	표시장치의 움직이는 방향과 조정장치의 방향이 사용자의 기대와 일치 ① 눈금과 손잡이가 같은 방향 회전 ② 눈금 수치는 우측으로 증가 ③ 꼭지의 시계방향 회전 지시치 증가
개념적 양립성 (conceptual)	이미 사람들이 학습을 통해 알고 있는 개념적 연상(빨간버튼 – 온수, 파란버튼 – 냉수)
양식 양립성 (modality)	직무에 알맞은 자극과 응답의 양식의 존재에 대한 양립성 ① 소리로 제시된 정보는 말로 반응하게 하고 ② 시각적으로 제시된 정보는 손으로 반응하는 것이 양립성이 높다.

29 압력 B_1과 B_2의 어느 한쪽이 일어나면 출력 A가 생기는 경우를 논리합의 관계라 한다. 이때 입력과 출력 사이에는 무슨 게이트로 연결되는가?

① OR 게이트   ② 억제 게이트
③ AND 게이트   ④ 부정 게이트

[해설]

• AND게이트 : 모든 입력사상이 공존할 때 출력사상 발생
• OR게이트 : 입력사상 중 어느 한 개라도 발생되면 출력사상 발생

30 다음의 FT도에서 사상 A의 발생 확률 값은?

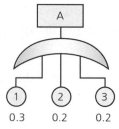

① 게이트 기호가 OR이므로 0.012
② 게이트 기호가 AND이므로 0.012
③ 게이트 기호가 OR이므로 0.552
④ 게이트 기호가 AND이므로 0.552

[해설]

OR 게이트 발생 확률
$$A = \{1 - (1-0.3)(1-0.2)(1-0.2)\} = 0.552$$

31 작업공간의 포락면(包絡面)에 대한 설명으로 맞는 것은?

① 개인이 그 안에서 일하는 일차원 공간이다.
② 작업복 등은 포락면에 영을 미치지 않는다.
③ 가장 작은 포락면은 몸통을 움직이는 공간이다.
④ 작업의 성질에 따라 포락면의 경계가 달라진다.

[해설]

① 포락면 : 한 장소에 앉아서 수행하는 작업에서 사용하는 공간으로 작업의 자세에 따라 포락면의 경계가 달라진다.
② 파악한계 : 앉은 작업자가 특정한 수작업 기능을 수행할 수 있는 공간의 외곽한계

32 안전교육을 받지 못한 신입직원이 작업 중 전극을 반대로 끼우려고 시도했으나, 플러그의 모양이 반대로 끼울 수 없도록 설계되어 있어서 사고를 예방할 수 있었다. 작업자가 범한 오류와 이와 같은 사고 예방을 위해 적용된 안전설계 원칙으로 가장 적합한 것은?

① 누락(omission) 오류, fail safe 설계원칙

② 누락(omission) 오류, fool proof 설계원칙

③ 작위(commission) 오류, fail safe 설계원칙

④ 작위(commission) 오류, fool proof 설계원칙

독립행동에 의한 에러 및 설계원칙

생략 에러 (omission error) 부작위 에러	필요한 작업 또는 절차를 수행하지 않는데 기인한 에러 → 일의 단계를 누락 또는 생략시킬 때 발생(절차 생략)
착각수행에러 (commission error) 작위 에러	필요한 작업 또는 절차의 불확실한 수행으로 인한 에러 → 불확실한 수행 (선택, 순서, 시간 등 착각, 착오)

구분	Fail safe 설계	Fool proof 설계
정의	기계의 고장이 있어도 안전사고를 발생시키지 않도록 2중, 3중 통제를 가하는 설계	사람의 실수가 있어도 안전사고를 발생시키지 않도록 2중, 3중 통제를 가하는 설계

33 FMEA에서 고장 평점을 결정하는 5가지 평가요소에 해당하지 않는 것은?

① 생산능력의 범위

② 고장발생의 빈도

③ 고장방지의 가능성

④ 영향을 미치는 시스템의 범위

고장형태와 영향분석(FMEA)에서 평가요소

① 고장발생의 빈도

② 고장방지의 가능성

③ 기능적 고장 영향의 중요도

34 어떤 소리가 1,000Hz, 60dB인 음과 같은 높이임에도 4배 더 크게 들린다면, 이 소리의 음압수준은 얼마인가?

① 70dB

② 80dB

③ 90dB

④ 100dB

음량수준이 10phone 증가하면 음량(Sone)은 2배로 증가한다. 따라서 4배 더 크게 들리면 20dB

35 작업장 배치 시 유의사항으로 적절하지 않은 것은?

① 작업의 흐름에 따라 기계를 배치한다.

② 생산효율 증대를 위해 기계설비 주위에 재료나 반제품을 충분히 놓아둔다.

③ 공장 내외는 안전한 통로를 두어야 하며, 통로는 선을 그어 작업장과 명확히 구별하도록 한다.

④ 비상시에 쉽게 대비할 수 있는 통로를 마련하고 사고 전압을 위한 활동통로가 반드시 마련되어야 한다.

작업장 배치 시 유의사항

① 보전용 통로 작업장 확보

② 기계는 분해하기 쉽게

③ 부품교환이 용이하게

④ 보수 점검이 용이하게

⑤ 주유방법 쉽게

36 시스템의 수명 및 신뢰성에 관한 설명으로 틀린 것은?

① 병렬설계 및 디레이팅 기술로 시스템의 신뢰성을 증가시킬 수 있다.

② 직렬시스템에서는 부품들 중 최소 수명을 갖는 부품에 의해 시스템 수명이 정해진다.

③ 수리가 가능한 시스템의 평균수명(MTBF)은 평균 고장률(λ)과 정비례관계가 성립한다.

④ 수리가 불가능한 구성요소로 병렬구조를 갖는 실비는 중복도가 늘어날수록 시스템 수명이 길어진다.

33 ① 34 ② 35 ② 36 ③

해설

평균수명(MTBF)은 평균 고장률(λ)과 반비례관계

평균고장시간$(MTBF) = \dfrac{1}{고장율}$

37 스트레스에 반응하는 신체의 변화로 맞는 것은?

① 혈소판이나 혈액응고 인자가 증가한다.

② 더 많은 산소를 얻기 위해 호흡이 느려진다.

③ 중요한 장기인 뇌 · 심장 · 근육으로 가는 혈류가 감소한다.

④ 상황 판단과 빠른 행동 대응을 위해 감각기관은 매우 둔감해진다.

해설

스트레스에 반응하는 신체의 변화

① 혈소판이나 혈액응고 인자가 증가한다.

② 더 많은 산소를 얻기 위해 호흡이 빨라진다.

③ 중요한 장기인 뇌 · 심장 · 근육으로 가는 혈류가 증가한다.

④ 상황 판단과 빠른 행동 대응을 위해 감각기관은 매우 예민해진다.

38 산업안전보건법령에 따라 제조업 등 유해 · 위험 방지계획서를 작성하고자 할 때 관련 규정에 따라 1명 이상 포함시켜야 하는 사람의 자격으로 적합하지 않은 것은?

① 한국산업안전보건공단이 실시하는 관련교육을 8시간 이수한 사람

② 기계, 재료, 화학, 전기, 전자, 안전관리 또는 환경분야 기술사 자격을 취득한 사람

③ 관련분야 기사 자격을 취득한 사람으로서 해당 분야에서 3년 이상 근무한 경력이 있는 사람

④ 기계안전, 전기안전, 화공안전분야의 산업안전지도사 또는 산업보건지도사 자격을 취득한 사람

해설

산업안전보건법령에 따라 제조업 등 유해 · 위험 방지계획서를 작성하고자 할 때 공단이 실시하는 관련교육을 20시간 이상 이수한 사람 중 1명 이상을 포함시켜야 한다

① 한국산업안전보건공단이 실시하는 관련교육을 20시간 이수한 사람

② 기계, 재료, 화학, 전기, 전자, 안전관리 또는 환경분야 기술사 자격을 취득한 사람

③ 관련분야 기사 자격을 취득한 사람으로서 해당 분야에서 3년 이상 근무한 경력이 있는 사람

④ 기계안전, 전기안전, 화공안전분야의 산업안전지도사 또는 산업보건지도사 자격을 취득한 사람

39 다음 그림과 같은 직 · 병렬 시스템의 신뢰도는?(단, 병렬 각 구성요소의 신뢰도는 R이고, 직렬 구성요소의 신뢰도는 M이다.)

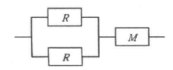

① MR^3

② $R^2(1-MR)$

③ $M(R^2+R)-1$

④ $M(2R-R^2)$

해설

신뢰도

$\{1-(1-R)(1-R) \times M = \{1-(1-2R+R^2)\} \times M$

$=(2R-R2)M$

40 현재 시험문제와 같이 4지택일형 문제의 정보량은 얼마인가?

① 2bit

② 4bit

③ 2byte

④ 4byte

해설

정보량$(H) = \log_2\left(\dfrac{1}{P}\right) = \log_2 4 = 2bit$

41 연삭숫돌의 상부를 사용하는 것을 목적으로 하는 탁상용 연삭기에서 안전덮개의 노출부위 각도는 몇 ° 이내이어야 하는가?

① 90° 이내
② 75° 이내
③ 60° 이내
④ 105° 이내

해설

① 일반 연삭작업 등에 사용하는 것을 목적으로 하는 탁상용 연삭기의 덮개 각도
노출각도 : 125도 이내
주축위 : 65도 이내

② 연삭숫돌의 상부를 사용하는 것을 목적으로 하는 탁상용 연삭기의 덮개 각도
최소덮개각도 : 180도

③ ① 및 ② 이외의 탁상용 연삭기, 기타 이와 유사한 연삭기의 덮개 각도
노출각도 : 60도 이내
최소덮개각도 : 300도

④ 원통연삭기, 센터리스 연삭기, 공구연삭기, 만능 연삭기, 기타 이와 비슷한 연삭기의 덮개 각도
노출각도 : 180도 이내
최소덮개각도 : 180도

⑤ 휴대용 연삭기, 스윙연삭기, 슬라브연삭기, 기타 이와 비슷한 연삭기의 덮개 각도
노출각도 : 80도 이내
최소덮개각도 : 270도

⑥ 평면연삭기, 절단연삭기, 기타 이와 비슷한 연삭기의 덮개 각도
노출각도 : 150도 이내
최소덮개각도 : 210도

42 다음 중 산업안전보건법령상 아세틸렌가스 용접장치에 관한 기준으로 틀린 것은?

① 전용의 발생기실은 건물의 최상층에 위치하여야 하며, 화기를 사용하는 설비로부터 1m를 초과하는 장소에 설치하여야 한다.

② 전용의 발생기실을 옥외에 설치한 경우에는 그 개구부를 다른 건축물로부터 1.5m 이상 떨어지도록 하여야 한다.

③ 아세틸렌 용접장치를 사용하여 금속의 용접·용단 또는 가열작업을 하는 경우에는 게이지 압력이 127kPa을 초과하는 압력의 아세틸렌을 발생시켜 사용해서는 아니된다.

④ 전용의 발생기실을 설치하는 경우 벽은 불연성 재료로 하고 철근 콘크리트 또는 그 밖에 이와 동등 하거나 그 이상의 강도를 가진 구조로 하여야 한다.

해설

아세틸렌 발생기실의 설치장소 및 구조

1) 설치장소
   ① 아세틸렌 용접장치의 아세틸렌 발생기(이하 "발생기")를 설치하는 경우 전용의 발생기실에 설치
   ② 발생기실은 건물 최상층에 위치, 화기를 사용하는 설비로부터 3m를 초과하는 장소에 설치
   ③ 발생기실을 옥외에 설치한 경우 그 개구부를 다른 건축물로부터 1.5m 이상 이격

2) 구조
   ① 벽은 불연성 재료로 하고 철근 콘크리트, 그 밖에 이와 동등 또는 이상의 강도를 가진 구조로 설치
   ② 지붕과 천장에는 얇은 철판이나 가벼운 불연성 재료를 사용
   ③ 바닥면적의 16분의 1 이상의 단면적을 가진 배기통을 옥상으로 돌출시키고 그 개구부를 창이나 출입구로부터 1.5m 이상 떨어지도록 할 것
   ④ 출입구 문은 불연성 재료로 하고 두께 1.5mm 이상의 철판 또는 그 이상의 강도를 가진 구조로 설치
   ⑤ 벽과 발생기 사이는 발생기 조정 또는 카바이드 공급 등 작업을 방해하지 않도록 간격을 확보

43 다음 중 포터블 벨트 컨베이어(potable belt conveyor)의 안전사항과 관련한 설명으로 옳지 않은 것은?

① 포터블 벨트 컨베이어의 차륜 간의 거리는 전도 위험이 최소가 되도록 하여야 한다.
② 기복장치는 포터블 벨트 컨베이어의 옆면에서만 조작하도록 한다.
③ 포터블 벨트 컨베이어를 사용하는 경우는 차륜을 고정하여야 한다.
④ 전동식 포터블 벨트 컨베이어를 이동하는 경우는 먼저 전원을 내린 후 컨베이어를 이동시킨 다음 컨베이어를 최저의 위치로 내린다.

해설

포터블 벨트 컨베이어를 이동하는 경우는 먼저 컨베이어를 최저의 위치로 내리고 전동식의 경우 전원을 차단한 후 이동한다.

44 사람이 작업하는 기계장치에서 작업자가 실수를 하거나 오조작을 하여도 안전하게 유지되게 하는 안전설계방법은?

① Fail Safe
② 다중계화
③ Fool proof
④ Back up

해설

Fool proof
사람이 작업하는 기계장치에서 작업자가 실수를 하거나 오동작을 하여도 안전하게 유지되게 하는 안전설계방법

45 질량 100kg의 화물이 와이어로프에 매달려 2m/s²의 가속도로 권상되고 있다. 이때 와이어로프에 작용하는 장력의 크기는 몇 N인가?(단, 여기서 중력가속도는 10m/s²로 한다.)

① 200N
② 300N
③ 1,200N
④ 2,000N

해설

총하중(W) = 정하중(W1) + 동하중(W2) → $W1 + \left(\dfrac{W1}{g}\right) \times a$

$100 + \dfrac{100}{10} \times 2 = 120$

따라서 120kgf × 10 = 1,200N

46 광전자식 방호장치의 광선에 신체의 일부가 감지된 후로부터 급정지기구가 작동개시 하기까지의 시간이 40ms이고, 광축의 최소설치거리(안전거리)가 200mm일 때 급정지기구가 작동개시한 때로부터 프레스기의 슬라이드가 정지될 때까지의 시간은 약 몇 ms인가?

① 60ms
② 85ms
③ 105ms
④ 130ms

해설

공식 D(mm) = 1,600 × {Tc(초) + Ts(초)}
200 = 1,600 × {(40 × 10⁻³) × Ts}
Ts = 85ms

47 방사선 투과검사에서 투과사진의 상질을 점검할 때 확인해야 할 항목으로 거리가 먼 것은?

① 투과도계의 식별도
② 시험부의 사진농도 범위
③ 계조계의 값
④ 주파수의 크기

해설

방사선 투과검사에서 투과사진의 상질을 점검할 때 확인해야 할 항목
① 투과도계의 식별도
② 시험부의 사진농도 범위
③ 계조계의 값

정답 43 ④ 44 ③ 45 ③ 46 ② 47 ④

48 양중기의 과부하장치에서 요구하는 일반적인 성능기준으로 틀린 것은?

① 과부하방지장치 작동 시 경보음과 경보램프가 작동되어야 하며 양중기는 작동이 되지 않아야 한다.

② 외함의 전선 접촉부분은 고무 등으로 밀폐되어 물과 먼지 등이 들어가지 않도록 한다.

③ 과부하방지장치와 타 방호장치는 기능에 서로 장애를 주지 않도록 부착할 수 있는 구조이어야 한다.

④ 방호장치의 기능을 제거하더라도 양중기는 원활하게 작동시킬 수 있는 구조이여야 한다.

해설

방호장치의 기능을 제거 또는 정지할 경우에는 양중기의 기능도 동시에 정지되어야 한다.

49 프레스 작업에서 제품 및 스크랩을 자동적으로 위험한계 밖으로 배출하기 위한 장치로 볼 수 없는 것은?

① 피더
② 키커
③ 이젝터
④ 공기 분사 장치

해설

피더는 제품을 자동 송급하는 장치이다.

50 용접장치에서 안전기의 설치 기준에 관한 설명으로 옳지 않은 것은?

① 아세틸렌 용접장치에 대하여는 일반적으로 각 취관마다 안전기를 설치하여야 한다.

② 아세틸렌 용접장치의 안전기는 가스용기와 발생기가 분리되어 있는 경우 발생기와 가스용기 사이에 설치한다.

③ 가스집합 용접장치에서는 주관 및 분기관에 안전기를 설치하며, 이 경우 하나의 취관에 2개 이상의 안전기를 설치한다.

④ 가스집합 용접장치의 안전기 설치는 화기사용설비로부터 3m 이상 떨어진 곳에 설치한다.

해설

가스집합 용접장치의 안전기 설치는 화기사용설비로부터 5m 이상 떨어진 곳에 설치한다.

51 산업안전보건법상 보일러의 안전한 가동을 위하여 보일러 규격에 맞는 압력방출장치가 2개 이상 설치된 경우에 최고사용압력 이하에서 1개가 작동되고, 다른 압력방출장치는 최고 사용압력의 몇 배 이하에서 작동되도록 부착하여야 하는가?

① 1.03배
② 1.05배
③ 1.2배
④ 1.5배

해설

보일러의 압력방출 장치

① 보일러 규격에 적합한 압력방출장치를 1개 또는 2개 이상 설치하고 최고사용압력 이하에서 작동되도록 한다.

② 압력방출장치가 2개 이상 설치된 경우 최고사용압력 이하에서 1개가 작동되고 다른 압력방출장치는 최고사용압력 1.05배 이하에서 작동되도록 설치

③ 매년 1회 이상 교정을 받은 압력계를 이용하여 설정 압력에서 압력방출 장치가 적정하게 작동하는지 검사 후 납으로 봉인 공정안전보고서 이행 상태 평가 결과가 우수한 사업장은 4년마다 1회 이상 설정 압력에서 압력방출장치가 적정하게 작동하는지 검사할 수 있다.

④ 스프링식, 중추식, 지렛대식

52 밀링작업에서 주의해야 할 사항으로 옳지 않은 것은?

① 보안경을 쓴다.
② 일감 절삭 중 치수를 측정한다.

③ 커터에 옷이 감기지 않게 한다.

④ 커터는 될 수 있는 한 컬럼에 가깝게 설치한다.

해설

밀링 작업 시 안전대책

① 상하 이송장치의 핸들은 사용 후 반드시 빼둘 것

② 가공물 측정 및 설치 시에는 반드시 기계정지 후 실시

③ 가공 중 손으로 가공면 점검금지 및 장갑착용 금지

④ 밀링 작업의 칩 제거 시 보안경 착용 및 기계정지 후 브러시로 제거

⑤ 커터는 될 수 있는 한 컬럼에서 가깝게 설치한다.

53 작업자의 신체부위가 위험한계 내로 접근하였을 때 기계적인 작용에 의하여 접근을 못하도록 하는 방호장치는?

① 위치제한형 방호장치

② 접근거부형 방호장치

③ 접근반응형 방호장치

④ 감지형 방호장치

해설

신체부위가 위험한계 내로 접근하였을 때 기계적인 작용에 의하여 접근을 못하도록 하는 방호장치는 접근거부형 방호장치

54 사업주가 보일러의 폭발사고예방을 위하여 기능이 정상적으로 작동될 수 있도록 유지, 관리할 대상이 아닌 것은?

① 과부하방지장치

② 압력방출장치

③ 압력제한스위치

④ 고저수위조절장치

해설

보일러의 방호장치

① 고저수위조절장치

② 압력방출장치

③ 압력제한스위치

④ 화염검출기

55 산업안전보건법령에 따라 프레스 등을 사용하여 작업을 하는 경우 작업시작 전 점검사항과 거리가 먼 것은?

① 전단기의 칼날 및 테이블의 상태

② 프레스의 금형 및 고정볼트 상태

③ 슬라이드 또는 칼날에 의한 위험방지 기구의 기능

④ 전자밸브, 압력조정밸브 기타 공압 계통의 이상 유무

해설

프레스의 작업시작전 점검사항

① 클러치 및 브레이크의 기능

② 크랭크축 플라이휠, 슬라이드, 연결봉 및 연결나사의 풀림 여부

③ 1행정 1기구, 급정지장치 및 비상정지장치의 기능

④ 슬라이드 또는 칼날에 의한 위험방지 기구의 기능

⑤ 프레스의 금형 및 고정볼트 상태

⑥ 방호장치의 기능

⑦ 전단기의 칼날 및 테이블의 상태

56 숫돌 바깥지름이 150mm일 경우 평형 플랜지의 지름은 최소 몇 mm 이상이어야 하는가?

① 25mm

② 50mm

③ 75mm

④ 100mm

해설

플랜지의 지름은 연삭기 직경의 1/3 이상

57 다음 중 아세틸렌 용접장치에서 역화의 원인으로 가장 거리가 먼 것은?

① 아세틸렌의 공급 과다

② 토치 성능의 부실

③ 압력조정기의 고장

④ 토치 팁에 이물질이 묻은 경우

정답 53 ② 54 ① 55 ④ 56 ② 57 ①

역화 원인
① 팁 끝이 막혔을 경우
② 팁 끝이 파열되었을 경우
③ 가스압력과 유량이 적당하지 않을 경우
④ 팁의 조임이 풀렸을 경우
⑤ 압력 조정기가 불량일 경우
⑥ 토치 성능이 좋지 않을 경우

58 설비의 고장형태를 크게 초기고장, 우발고장, 마모고장으로 구분할 때 다음 중 마모고장과 가장 거리가 먼 것은?

① 부품, 부재의 마모
② 열화에 생기는 고장
③ 부품, 부재의 반복피로
④ 순간적 외력에 의한 파손

기계설비의 유형 고장

유형	내용
초기고장	• 감소형(DFR : Decreasing Failure Rate) • 설계상 구조상 결함 등의 품질관리 미비로 생기는 고장형태
우발고장	• 일정형(CFR : Constant Failure Rate) • 예측할 수 없을 때 생기는 고장형태로서 고장률이 가장 낮다.
마모고장	• 증가형(IFR : Increasing Failure Rate) • 부품의 마모, 노화로인한 고장률 상승형태

59 와이어로프 호칭이 '6 × 19'라고 할 때 숫자 '6'이 의미하는 것은?

① 소선의 지름(mm)
② 소선의 수량(wire수)
③ 꼬임의 수량(strand수)
④ 로프의 최대인장강도(MPa)

6 × 19
6 : 스트랜드(가닥)수
19 : 소선의 개수

60 목재가공용 둥근톱에서 안전을 위해 요구되는 구조로 옳지 않은 것은?

① 톱날은 어떤 경우에도 외부에 노출되지 않고 덮개가 덮여 있어야 한다.
② 작업 중 근로자의 부주의에도 신체의 일부가 날에 접촉할 염려가 없도록 설계되어야 한다.
③ 덮개 및 지지부는 경량이면서 충분한 강도를 가져야 하며, 외부에서 힘을 가했을 때 쉽게 회전될 수 있는 구조로 설계되어야 한다.
④ 덮개의 가동부는 원활하게 상하로 움직일 수 있고 좌우로 움직일 수 없는 구조로 설계되어야 한다.

덮개 및 지지부는 경량이면서 충분한 강도를 가져야 하며, 외부에서 힘을 가했을 때 쉽게 회전되지 않는 구조로 설계되어야 한다.

4과목 **전기위험방지기술**

61 전기기기의 충격 전압시험 시 사용하는 표준 충격파형(T_f, T_t)은?

① $1.2 \times 50 \mu s$ ② $1.2 \times 100 \mu s$
③ $2.4 \times 50 \mu s$ ④ $2.4 \times 100 \mu s$

충격 전압시험 시 사용하는 표준충격파형(T_f, T_t)
파두장(T_f) : 1.2
파미장(T_t) : $50 \mu s$

정답 58 ④ 59 ③ 60 ③ 61 ①

62 심실세동 전류란?

① 최소 감지전류 ② 치사적 전류

③ 고통 한계전류 ④ 마비 한계전류

해설

심실세동 전류란 심장의 맥동에 영향을 주어 심장마비를 일으키는 전류로서 치사전류이다.

63 인체의 전기저항을 $0.5k\Omega$ 이라고 하면 심실세동을 일으키는 위험한계 에너지는 몇 J인가?(단, 심실세동전류값의 Dalziel의 식을 이용하며, 통전시간은 1초로 한다.)

① 13.6 ② 12.6

③ 11.6 ④ 10.6

해설

$Q = I^2RT$ $I = \dfrac{165}{\sqrt{T}} = mA$

$(\dfrac{165}{\sqrt{T}} \times 10^{-3})^2 \times 500 \times 1 = 13.6J$

64 지구를 고립한 지구도체라 생각하고 1[C]의 전하가 대전되었다면 지구 표면의 전위는 대략 몇 [V]인가?(단, 지구의 반경은 6367km이다.)

① 1,414V ② 2,828V

③ 9×10^4V ④ 9×10^9V

해설

지구표면의 전위

$전위(V) = \dfrac{9 \times 10^9}{6,367 \times 10^3} = 1,413.54$

구도체 전하 공식

$E(V) = \dfrac{Q}{4\pi\varepsilon_0\gamma}$

$E = \dfrac{1}{4 \times 3.14 \times 8.855 \times 10^{-12} \times 6,367 \times 1,000} = 1,411.45(V)$

ε_0 : 엡실론유전율 $= 8.855 \times 10^{-12}$

γ : 반경(m)

Q : 전하(클롱 : C)

65 감전사고로 인한 적격사의 메커니즘으로 가장 거리가 먼 것은?

① 흉부수축에 의한 질식

② 심실세동에 의한 혈액순환기능의 상실

③ 내장파열에 의한 소화기계통의 기능상실

④ 호흡중추신경 마비에 따른 호흡기능 상실

해설

감전에 의한 사망 주요 원인

① 흉부수축에 의한 질식

② 심실세동에 의한 혈액순환기능의 상실

③ 호흡중추신경 마비에 따른 호흡기능 상실

66 조명기구를 사용함에 따라 작업면의 조도가 점차적으로 감소되어가는 원인으로 가장 거리가 먼 것은?

① 점등 광원의 노화로 인한 광속의 감소

② 조명기구에 붙은 먼지, 오물, 반사면의 변질에 의한 광속 흡수율 감소

③ 실내 반사면에 붙은 먼지, 오물, 반사면의 화학적 변질에 의한 광속 반사율 감소

④ 공급전압과 광원의 정격전압의 차이에서 오는 광속의 감소

해설

조도감소 원인

① 점등 광원의 노화로 인한 광속의 감소

② 조명기구에 붙은 먼지, 오물, 반사면의 변질에 의한 광속 흡수율 증가

③ 실내 반사면에 붙은 먼지, 오물, 반사면의 화학적 변질에 의한 광속 반사율 감소

④ 공급전압과 광원의 정격전압의 차이에서 오는 광속의 감소

67 정전작업 시 정전시킨 전로에 잔류전하를 방전할 필요가 있다. 전원차단 이후에도 잔류전하가 남아 있을 가능성이 가장 낮은 것은?

① 방전 코일 ② 전력 케이블

정답 62 ② 63 ① 64 ① 65 ③ 66 ② 67 ①

③ 전력용 콘덴서   ④ 용량이 큰 부하기기

해설

방전 코일은 콘덴서를 회로로부터 개방하였을 때 잔류전하를 짧은 시간 내 방전시킬 목적으로 사용한다.

68 이동식 전기기기의 감전사고를 방지하기 위한 가장 적정한 시설은?

① 접지설비   ② 폭발방지설비
③ 시건장치   ④ 피뢰기설비

해설

이동식 전기기기의 감전사고를 방지 : 접지, 누전차단기 설치

69 인체의 피부 전기저항은 여러 가지의 제반조건에 의해서 변화를 일으키는 제반조건으로써 가장 가까운 것은?

① 피부의 청결   ② 피부의 노화
③ 인가전압의 크기   ④ 통전경로

해설

인체의 피부 전기저항 변화요인
① 전압의 크기
② 전원의 종별
③ 통전시간
④ 접촉점의 상황(물, 습기, 땀)

70 자동차가 통행하는 도로에서 고압의 지중전선로를 직접매설식으로 시설할 때 사용되는 전선으로 가장 적합한 것은?

① 비닐 외장 케이블
② 폴리에틸렌 외장 케이블
③ 클로로프렌 외장 케이블
④ 콤바인 덕트 케이블(combine duct cable)

해설

도로에서 고압의 지중전선로를 직접 매설식으로 시설할 경우 콤바인 덕트 케이블(combine duct cable)을 사용한다.

71 산업안전보건법에는 보호구를 사용 시 안전인증을 받은 제품을 사용토록 하고 있다. 다음 중 안전인증 대상이 아닌 것은?

① 안전화
② 고무장화
③ 안전장갑
④ 감전 위험방지용 안전모

해설

안전인증 대상 보호구
① 추락 및 감전 위험방지용 안전모
② 안전화
③ 안전장갑
④ 방독마스크
⑤ 방진마스크
⑥ 송기마스크
⑦ 전동식 호흡 보호구
⑧ 보호복
⑨ 안전대
⑩ 용접용 보안면
⑪ 차광 및 비산물 위험 방지용 보안경
⑫ 방음용 귀마개 또는 귀덮개

72 감전사고로 인한 호흡 정지 시 구강대 구강법에 의한 인공호흡의 매분 회수와 시간은 어느 정도 하는 것이 가장 바람직한가?

① 매분 5~10회, 30분 이하
② 매분 12~15회, 30분 이상
③ 매분 20~30회, 30분 이하
④ 매분 30회 이상, 20분~30분 정도

해설

감전사고로 인한 호흡 정지 시 응급처치
① 기도확보(입속의 이물질 제거 머리를 뒤로 젖히고 기도확보)
② 인공호흡(매분 12~15회로 30분 이상 실시)
③ 심장 마사지(심폐소생법)

정답   **68** ① **69** ③ **70** ④ **71** ② **72** ②

73 누전차단기의 구성요소가 아닌 것은?

① 누전검출부 ② 영상변류기
③ 차단장치 ④ 전력퓨즈

[해설]

누전차단기의 구성요소
① 누전검출부
② 영상변류기
③ 차단장치

74 1[C]을 갖는 2개의 전하가 공기 중에서 1[m]의 거리에 있을 때 이들 사이에 작용하는 정전력은?

① 8.854×10^{-12}[N] ② 1.0[N]
③ 3×10^3[N] ④ 9×10^9[N]

[해설]

쿨롱의 법칙
2개 이상의 전하가 작용하는 정전력 F(N)는 전하량 q1, q2(C)에 비례하고 양 전하 간의 거리 r(m)의 제곱에 반비례한다.

$F(N) = K(q1 \times q2/r2)$

여기서 K : 비례상수($9 \times 10^9 Nm^2/C^2$)

∴ 전하량이 1C이고 거리가 1m이므로 정전력 $F(N) = 9 \times 10^9(N)$

75 고장전류와 같은 대전류를 차단할 수 있는 것은?

① 차단기(CB) ② 유입 개폐기(OS)
③ 단로기(DS) ④ 선로 개폐기(LS)

[해설]

장전류와 같은 대전류를 차단은 차단기이다.

76 금속제 외함을 가지는 기계기구에 전기를 공급하는 전로에 지락이 발생했을 때 자동적으로 전로를 차단하는 누전차단기 등을 설치하여야 한다. 누전차단기를 설치해야 되는 경우로 옳은 것은?

① 기계기구가 고무, 합성수지 기타 절연물로 피복된 것일 경우
② 기계기구가 유도전동기의 2차측 전로에 접속된 저항기일 경우
③ 대지전압이 150V를 초과하는 전동기계·기구를 시설하는 경우
④ 전기용품안전관리법의 적용을 받는 2중절연구조의 기계기구를 시설하는 경우

[해설]

누전차단기 설치 제외장소
① 2중절연구조 또는 이와 동등 이상으로 보호되는 전기기계기구
② 절연대 위 등과 같이 감전 위험이 없는 장소에서 사용하는 전기기계기
③ 비접지방식 전로에 접속하여 사용되는 전기기계기구
④ 기계기구가 유도전동기의 2차측 전로에 접속된 저항기일 경우

77 전기화재의 경로별 원인으로 거리가 먼 것은?

① 단락 ② 누전
③ 저전압 ④ 접촉부의 과열

[해설]

전기화재의 경로별 원인
① 단락
② 누전
③ 접촉부의 과열

78 내압 방폭구조는 다음 중 어느 경우에 가장 가까운가?

① 점화 능력의 본질적 억제
② 점화원의 방폭적 격리
③ 전기설비의 안전도 증강
④ 전기설비의 밀폐화

정답 73 ④ 74 ④ 75 ① 76 ③ 77 ③ 78 ②

해설

설비의 방폭의 기본

점화원의 방폭적 격리	입력, 유입 방폭구조	점화원을 가연성 물질과 격리
	내압 방폭구조	설비 내부 폭발이 주변 가연물질로 파급되지 않도록 격리
안전도 증강	안전증 방폭구조	안전도를 증가시켜 고장발생률을 제로(0)에 접근
점화능력의 본질적 억제	본질안전 방폭구조	본질적으로 점화능력이 없는 상태로서 사고가 발생하여도 착화위험이 없어야 한다.

79 인입개폐기를 개방하지 않고 전등용 변압기 1차측 COS만 개방 후 전등용 변압기 접속용 볼트 작업 중 동력용 COS에 접촉, 사망한 사고에 대한 원인으로 가장 거리가 먼 것은?

① 안전장구 미사용
② 동력용 변압기 COS 미개방
③ 전등용 변압기 2차측 COS 미개방
④ 인입구 개폐기 미개방한 상태에서 작업

해설

전등용 변압기 1차측 COS만 개방된 상태에서 전등용 변압기 2차측 COS는 관련이 없다.

80 인체 통전으로 인한 전격(electric shock)의 정도를 정함에 있어 그 인자로서 가장 거리가 먼 것은?

① 전압의 크기   ② 통전시간
③ 전류의 크기   ④ 통전경로

해설

감전의 결정적 조건
• 1차적 감전요소 : 전류크기>통전시간>통전경로>전원의 종류
• 2차적 감전 요소 : 인체적 조건, 전압, 계절

5과목 화학설비위험방지기술

81 다음 중 가연성 물질과 산화성 고체가 혼합하고 있을 때 연소에 미치는 현상으로 옳은 것은?

① 착화온도(발화점)가 높아진다.
② 최소점화에너지가 감소하며, 폭발의 위험성이 증가한다.
③ 가스나 가연성 증기의 경우 공기혼합보다 연소범위가 축소된다.
④ 공기 중에서보다 산화작용이 약하게 발생하여 화염온도가 감소하며 연소속도가 늦어진다.

해설

산화성 고체는 불연성 물질로서 다른 물질을 산화시킬 수 있는 산소를 많이 함유하고 있어 산소를 방출하며 가연물과 혼합이 되면 폭발위험성이 아주 높다.

82 다음 중 전기화재의 종류에 해당하는 것은?

① A급   ② B급
③ C급   ④ D급

해설

화재분류 및 소화방법

분류	A급 화재	B급 화재	C급 화재	D급 화재
명칭	일반 화재	유류·가스화재	전기 화재	금속 화재
가연물	목재, 종이, 섬유	유류, 가스 등	전기	Mg분, AL분
주된 소화효과	냉각 효과	질식 효과	질식, 냉각	질식 효과
구분색	백색	황색	청색	무색

83 사업주는 산업안전보건법령에서 정한 설비에 대해서는 과압에 따른 폭발을 방지하기 위하여 안전밸브 등을 설치하여야 한다. 다음 중 이에 해당하는 설비가 아닌 것은?

① 원심펌프
② 정변위 압축기

---

③ 정변위 펌프(토출축에 차단밸브가 설치된 것만 해당한다)
④ 배관(2개 이상의 밸브에 의하여 차단되어 대기온도에서 액체의 열팽창에 의하여 파열될 우려가 있는 것으로 한정한다)

해설

안전밸브 파열판 설치대상
① 압력용기
② 정변위 압축기
③ 정변위 펌프
④ 배관

84 니트로셀룰로오스의 취급 및 저장방법에 관한 설명으로 틀린 것은?

① 저장 중 충격과 마찰 등을 방지하여야 한다.
② 물과 격렬히 반응하여 폭발함으로 습기를 제거하고, 건조 상태를 유지한다.
③ 자연발화 방지를 위하여 안전용제를 사용한다.
④ 화재 시 질식소화는 적응성이 없으므로 냉각소화를 한다.

해설

니트로셀룰로오스의 취급 및 저장방법
건조하면 불에 잘 타며 정전기의 방전에 의해서도 발화 폭발함으로 물 또는 알코올에 적셔 보관해야 한다.

85 위험물을 산업안전보건법령에서 정한 기준량 이상으로 제조하거나 취급하는 설비로서 특수화학설비에 해당되는 것은?

① 가열시켜 주는 물질의 온도가 가열되는 위험물질의 분해온도보다 높은 상태에서 운전되는 설비
② 상온에서 게이지 압력으로 200kPa의 압력으로 운전되는 설비
③ 대기압하에서 섭씨 300℃로 운전되는 설비
④ 흡열반응이 행하여지는 반응설비

해설

특수화학설비
① 발열 반응이 일어나는 반응 장치
② 증류, 정류, 증발. 추출 등 분리를 하는 장치
③ 가열시켜주는 물질의 온도가 가열되는 위험물질의 분해온도 또는 발화점보다 높은 상태에서 운전되는 설비
④ 반응 폭주 등 이상 화학 반응에 의하여 위험물질이 발생할 우려가 있는 설비
⑤ 온도가 350℃ 이상이거나 게이지 압력 이후 980kpa 이상인 상태에서 운전되는 설비
⑥ 가열로 또는 가열기

86 폭발에 관한 용어 중 "BLEVE"가 의미하는 것은?

① 고농도의 분진폭발
② 저농도의 분해폭발
③ 개방계 증기운폭발
④ 비등액 팽창증기폭발

해설

Bleve(boiling liquid expanding vapor explosion)
비등점이 낮은 인화성액체 저장탱크가 화재로 인해 화염에 장시간 노출되어 탱크 내 액체가 급격히 증발하여 비등하고 증기가 팽창하면서 탱크 내 압력이 설계 압력을 초과하여 폭발을 일으키는 현상

87 다음 중 인화점이 가장 낮은 물질은?

① CS_2
② C_2H_5OH
③ CH_3COCH_3
④ $CH_3COOC_2H_5$

해설

인화점 낮은 순서
① 에테르($C_2H_5OC_2H_5$) : $-45℃$
② 아세트알데히드(CH_3CHO) : $-38℃$
③ 이황화탄소(CS_2) : $-30℃$
④ 가솔린 : $-20 \sim -43℃$
⑤ 아세톤(CH_3COCH_3) : $-18℃$
⑥ 아세트산에틸($CH_3COOC_2H_5$) : $-4℃$
⑦ 에탄올(C_2H_5OH) : $13℃$
⑧ 등유 : $38 \sim 40℃$
⑨ 아세트산(CH_3COOH) : 41.7

정답 84 ② 85 ① 86 ④ 87 ①

88 아세틸렌 압축 시 사용되는 희석제로 적당하지 않은 것은?

① 메탄   ② 질소
③ 산소   ④ 에틸렌

해설

아세틸렌 희석제
① 메탄   ② 질소
③ 질소   ④ 에틸렌

89 수분을 함유하는 에탄올에서 순수한 에탄올을 얻기 위해 벤젠과 같은 물질은 첨가하여 수분을 제거하는 증류 방법은?

① 공비증류   ② 추출증류
③ 가압증류   ④ 감압증류

해설

공비증류
일반적인 증류로 순수한 성분을 분리할 수 없는 경우 제3의 성분을 첨가하여 새로운 공비혼합물을 만들어 끓는점이 원 용액의 끓는점보다 충분히 낮아지도록 하여 증류함으로 순수한 성분의 증류물이 되게 하는 증류 방법

90 다음 중 벤젠(C_6H_6)의 공기 중 폭발하한계값 (vol%)에 가장 가까운 것은?

① 1.0   ② 1.5
③ 2.0   ④ 2.5

해설

벤젠의 폭발 하한값
① 화학양론농도를 구한다.

$$Cst = \frac{100}{1+4.773(n+\frac{m}{4})} \times 0.55$$

② 화학양론농도에서 상수 0.55를 곱하여 폭발하한값을 구한다.

$$Cst = \frac{100}{1+4.773(6+\frac{6}{4})} \times 0.55 = 1.49(Vol\%)$$

91 다음 중 퍼지의 종류에 해당하지 않는 것은?

① 압력퍼지   ② 진공퍼지
③ 스위프퍼지   ④ 가열퍼지

해설

퍼지의 종류
① 압력퍼지   ② 진공퍼지
③ 스위프퍼지   ④ 사이폰퍼지

92 공업용 용기의 몸체 도색으로 가스명과 도색명의 연결이 옳은 것은?

① 산소 – 청색
② 질소 – 백색
③ 수소 – 주황색
④ 아세틸렌 – 회색

해설

아세틸렌 : 황색

93 다음 중 분말 소화약제로 가장 적절한 것은?

① 사염화탄소
② 브롬화메탄
③ 수산화암모늄
④ 제1인산암모늄

해설

분말 소화기
① 제1종 분말 소화제(백색 : B, C) : 중탄산나트륨(탄산수소나트륨)
   $2NaHCO_3 \rightarrow Na_2CO_3 + CO_2$(질식) $+ H_2O$(냉각)
② 제2종 분말 소화제(보라색 : B, C) : 중탄산칼륨(탄산수소칼륨)
   $2KHCO_3 \rightarrow K_2CO_3 + CO_2 + H_2O$(냉각)
③ 제3종 분말 소화제(담홍색 : A, B, C) : 제1인산암모늄
   $NH_4H_2PO_4 \rightarrow HPO_3 + NH_3 + H_2O$ (냉각)
④ 제4종 분말 소화제(회백색 : B, C) : (요소＋중탄산칼륨)
   $[(NH_2)_2CO + 2KHCO_3] \rightarrow K_2CO_3 + 2NH_3 + 2CO_2$

정답   88 ③   89 ①   90 ②   91 ④   92 ③   93 ④

94 비중이 1.5이고, 직경이 74㎛인 분체가 종말속도 0.2m/s로 직경 6m의 사일로(silo)에서 질량유속 400kg/h로 흐를 때 평균 농도는 약 얼마인가?

① 10.8mg/L   ② 14.8mg/L
③ 19.8mg/L   ④ 25.8mg/L

해설

$$평균농도 = \frac{분체의\ 질량}{사일로의\ 부피}$$

$$= \frac{분체의\ 질량}{사일로의\ 면적 \times 분체의\ 가라앉은높이}$$

$$\frac{400}{\frac{\pi \times 6^2}{4} \times 720} = 0.01965 kg/m^3$$

$$\frac{0.01965 \times 10^6 mg}{10^3 L} = 19.65 mg/L$$

95 다음 중 분진폭발이 발생하기 쉬운 조건으로 적절하지 않은 것은?

① 발열량이 클 때
② 입자의 표면적이 작을 때
③ 입자의 형상이 복잡할 때
④ 분진의 초기 온도가 높을 때

해설

분진폭발의 영향인자

분진의 화학적 성질과 조성	발열량이 클수록 폭발성이 크다.
입도와 입도분포	① 평균 입자의 직경이 작고 밀도가 작은 것일수록 비표면적은 크게 되고 표면 에너지도 크게 된다. ② 보다 적은 입경에 입자를 함유하는 분진이 폭발성이 높다.
입자의 형상과 표면의 상태	산소에 의한 신선한 표면을 갖고 폭로 시간이 짧은 경우 폭발성은 높게 된다.
수분	① 수분은 분진의 부유성을 억제 ② 마그네슘 알루미늄 등은 물과 반응하여 수소 기체 발생

96 다음 중 폭발 또는 화재가 발생할 우려가 있는 건조설비의 구조로 적절하지 않은 것은?

① 건조설비의 바깥 면은 불연성 재료로 만들 것
② 위험물 건조설비의 열원으로서 직화를 사용하지 아니할 것
③ 위험물 건조설비의 측벽이나 바닥은 견고한 구조로 할 것
④ 위험물 건조설비는 상부를 무거운 재료로 만들고 폭발구를 설치할 것

해설

위험물 건조설비는 상부를 가벼운 재료로 만들고 폭발구를 설치할 것

97 위험물안전관리법령에 의한 위험물의 분류 중 제1류 위험물에 속하는 것은?

① 염소산염류   ② 황린
③ 금속칼륨   ④ 질산에스테르

해설

제1류 위험물(산화성고체)

1. 염소산염류   2. 아염소산염류
3. 과염소산염류   4. 무기과산화물
5. 취소산염류   6. 질산염류
7. 옥소산(요오드산)염류   8. 과망간산염류
9. 중크롬산염류

98 산업안전보건법령상 위험물질의 종류에서 "폭발성 물질 및 유기과산화물"에 해당하는 것은?

① 리튬   ② 아조화합물
③ 아세틸렌   ④ 셀룰로이드류

해설

제5류 위험물

과산화벤조일, 과산화 메틸에틸케톤, 트리니트로셀룰로오즈, 트리니트로글리세린, 니트로글리콜, 트리니트로톨루엔, 트리니트로페놀, 니트로소화합물, 아조화합물, 디아조화합물, 하이드라진유도체, 히드록실아민, 히드록실아민 염류

99 다음 중 축류식 압축기에 대한 설명으로 옳은 것은?

① Casing 내에 1개 또는 수 개의 회전체를 설치하여 이것을 회전시킬 때 Casing과 피스톤 사이의 체적이 감소해서 기체를 압축하는 방식이다.

② 실린더 내에서 피스톤을 왕복시켜 이것에 따라 개폐하는 흡입밸브 및 배기밸브의 작용에 의해 기체를 압축하는 방식이다.

③ Casing 내에 넣어진 날개바퀴를 회전시켜 기체에 작용하는 원심력에 의해서 기체를 압송하는 방식이다.

④ 프로펠러의 회전에 의한 추진력에 의해 기체를 압송하는 방식이다.

해설

축류식 압축기
프로펠러의 회전에 의한 추진력에 의해 기체를 압송하는 방식

100 메탄 50vol%, 에탄 30vol%, 프로판 20vol% 혼합가스의 공기 중 폭발 하한계는?(단, 메탄, 에탄, 프로판의 폭발 하한계는 각각 5.0vol%, 3.0vol%, 2.1vol%이다.)

① 1.6vol% ② 2.1vol%
③ 3.4vol% ④ 4.8vol%

해설

$$\frac{100}{\dfrac{V1}{L1}+\dfrac{V2}{L2}+\dfrac{V3}{L3}}=\frac{100}{\dfrac{50}{5}+\dfrac{30}{3}+\dfrac{20}{2.1}}=3.4\text{vol}\%$$

101 차량계 건설기계를 사용하여 작업할 때에 그 기계가 넘어지거나 굴러떨어짐으로써 근로자가 위험해질 우려가 있는 경우에 조치하여야 할 사항과 거리가 먼 것은?

① 갓길의 붕괴방지
② 작업반경 유지
③ 지반의 부동침하 방지
④ 도로 폭의 유지

해설

차량계 건설기계전도방지조치
① 갓길의 붕괴 방지   ② 유도자 배치
③ 지반의 부동침하 방지   ④ 도로 폭의 유지

102 유해위험방지계획서 제출대상 공사로 볼 수 없는 것은?

① 지상 높이가 31m 이상인 건축물의 건설공사
② 터널건설공사
③ 깊이 10m 이상인 굴착공사
④ 교량의 전체 길이가 40m 이상인 교량공사

해설

유해위험방지계획서 제출 대상 공사
① 지상높이가 31미터 이상인 건축물 또는 인공구조물, 연면적 3만m² 이상인 건축물 또는 연면적 5천m² 이상의 문화 및 집회시설(전시장 및 동물원, 식물원은 제외한다), 판매시설, 운수시설(고속철도의 역사 및 집배송시설은 제외한다), 종교시설, 의료시설 중 종합병원, 숙박시설 중 관광숙박시설, 지하도상가 또는 냉동·냉장창고시설의 건설·개조 또는 해체(이하 "건설등"이라 한다)
② 연면적 5천m² 이상의 냉동·냉장창고시설의 설비공사 및 단열공사
③ 최대 지간길이가 50m 이상인 교량 건설 등 공사
④ 터널 건설등의 공사
⑤ 다목적댐, 발전용댐 및 저수용량 2천만톤 이상의 용수 전용 댐, 지방상수도 전용 댐 건설 등의 공사
⑥ 깊이 10m 이상인 굴착공사

103 건설업 산업안전보건관리비 계상 및 사용기준에 따른 안전관리비의 개인보호구 및 안전장구 구입비 항목에서 안전관리비로 사용이 가능한 경우는?

① 안전·보건관리자가 선임되지 않은 현장에서 안전·보건업무를 담당하는 현장관계자용 무전기, 카메라, 컴퓨터, 프린터 등 업무용 기기
② 혹한·혹서에 장기간 노출로 인해 건강장해를 일으킬 우려가 있는 경우 특정 근로자에게 지급되는 기능성 보호 장구
③ 근로자에게 일률적으로 지급하는 보냉·보온장구
④ 감리원이나 외부에서 방문하는 인사에게 지급하는 보호구

해설

안전관리비 사용 불가
① 안전·보건관리자가 선임되지 않은 현장에서 안전·보건업무를 담당하는 현장관계자, 무전기, 카메라, 컴퓨터, 프린터 등 업무용 기기
③ 근로자 보호 목적으로 보기 어려운 피복, 장구, 용품, 보냉, 보온 장구 등
④ 감리원이나 외부에서 방문하는 인사에게 지급하는 보호구

104 지반에서 나타나는 보일링(boiling) 현상의 직접적인 원인으로 볼 수 있는 것은?

① 굴착부와 배면부의 지하수위의 수두차
② 굴착부와 배면부의 흙의 중량차
③ 굴착부와 배면부의 흙의 함수비차
④ 굴착부와 배면부의 흙의 토압차

해설

보일링(boiling) 현상
투수성이 좋은 사질토 지반의 흙막이 지면에서 수두차로 인한 상향의 침투압이 발생하여 유효응력이 감소하여 전단강도가 상실되는 현상으로 지하수가 모래와 같이 솟아오르는 현상
① 흙막이 근입깊이를 깊게
② Filter 및 차수벽 설치
③ 지하수위 저하
④ 약액주입 등에 굴착면 고결
⑤ 압성토 공법

105 강풍이 불어올 때 타워크레인의 운전작업을 중지하여야 하는 순간풍속의 기준으로 옳은 것은?

① 순간풍속이 초당 10m 초과
② 순간풍속이 초당 15m 초과
③ 순간풍속이 초당 25m 초과
④ 순간풍속이 초당 30m 초과

해설

타워크레인의 강풍 시 작업제한
1) 순간풍속이 매초당 10미터를 초과하는 경우 설치·수리·점검 또는 해체작업을 중지
2) 순간풍속이 매초당 15미터를 초과하는 경우 운전작업을 중지하여야 한다.

106 말비계를 조립하여 사용하는 경우에 지주부재와 수평면의 기울기는 최대 몇 도 이하로 하여야 하는가?

① 30°   ② 45°
③ 60°   ④ 75°

해설

말비계 조립 시 준수사항
① 지주부재(支柱部材)의 하단에는 미끄럼 방지장치를 하고, 근로자가 양측 끝부분에 올라서서 작업하지 않도록 할 것
② 지주부재와 수평면의 기울기를 75° 이하로 하고, 지주부재와 지주부재 사이를 고정시키는 보조부재를 설치할 것
③ 말비계의 높이가 2미터를 초과하는 경우에는 작업발판의 폭을 40cm 이상으로 할 것

107 추락의 위험이 있는 개구부에 대한 방호조치와 거리가 먼 것은?

① 안전난간, 울타리, 수직형 추락방망 등으로 방호조치를 한다.
② 충분한 강도를 가진 구조의 덮개를 뒤집히거나 떨어지지 않도록 설치한다.

③ 어두운 장소에서도 식별이 가능한 개구부 주의 표지를 부착한다.

④ 폭 30cm 이상의 발판을 설치한다.

해설

개구부 등의 방호장치

작업 발판 및 통로의 끝이나 계곡으로 추락위험 장소

① 안전난간 울타리 수직형 추락방망 또는 덮개 등의 방호 조치를 충분한 강도를 가진 구조로 튼튼하게 설치하고, 덮개 설치 시 뒤집어지거나 떨어지지 않도록 설치(어두운 장소에서 알아볼 수 있도록 개구부임을 표시)

② 안전난간 등의 설치가 매우 곤란하거나 작업필요상 임의로 난간 등을 해체하는 경 안전방망 설치(안전방망 설치가 곤란한 경우 안전대 착용 등의 추락위험 방지조치를 할 것)

108 로프길이 2m의 안전대를 착용한 근로자가 추락으로 인한 부상을 당하지 않기 위한 지면으로부터 안전대 고정점가지의 높이(H)의 기준으로 옳은 것은?(단, 로프의 신율 30%, 근로자의 신장 180cm)

① H>1.5m 　　 ② H >2.5m

③ H>3.5m 　　 ④ H >4.5m

해설

최하사점 (단위 : m)

로프의 길이(L)+신장률+근로자 신장의 1/2

$2+(2 \times 0.3)+(1.8m / 2) = 3.5m$

109 가설통로의 설치 기준으로 옳지 않은 것은?

① 추락할 위험이 있는 장소에는 안전난간을 설치할 것

② 경사가 10°를 초과하는 경우에는 미끄러지지 아니하는 구조로 할 것

③ 경사는 30° 이하로 할 것

④ 건설공사에 사용하는 높이 8m 이상인 비계다리에는 7m 이내마다 계단참을 설치할 것

해설

가설통로

① 견고한 구조로 할 것

② 경사는 30° 이하로 할 것. 다만, 계단을 설치하거나 높이 2m 미만의 가설통로로서 튼튼한 손잡이를 설치한 경우에는 그러하지 아니하다.

③ 경사가 15°를 초과하는 경우에는 미끄러지지 아니하는 구조로 할 것

④ 추락할 위험이 있는 장소에는 안전난간을 설치할 것

⑤ 수직갱에 가설된 통로의 길이가 15m 이상인 경우에는 10m 이내마다 계단참을 설치할 것

⑥ 건설공사에 사용하는 높이 8m 이상인 비계다리에는 7m 이내마다 계단참을 설치할 것

110 터널 지보공을 조립하거나 변경하는 경우에 조치하여야 하는 사항으로 옳지 않은 것은?

① 목재의 터널 지보공은 그 터널 지보공의 각 부재에 작용하는 긴압정도를 체크하여 그 정도가 최대한 차이나도록 한다.

② 강(鋼)아치 지보공의 조립은 연결볼트 및 띠장 등을 사용하여 주재 상호간을 튼튼하게 연결할 것

③ 기둥에는 침하를 방지하기 위하여 받침목을 사용하는 등의 조치를 할 것

④ 주재(主材)를 구성하는 1세트의 부재는 동일 평면 내에 배치할 것

해설

터널 지보공을 조립, 변경 시 조치사항

① 목재의 터널 지보공은 그 터널 지보공의 각 부재에 작용하는 긴압정도를 체크하여 그 정도가 균등하게 하도록 한다.

② 강(鋼) 아치 지보공의 조립은 연결볼트 및 띠장 등을 사용하여 주재 상호간을 튼튼하게 연결할 것

③ 기둥에는 침하를 방지하기 위하여 받침목을 사용하는 등의 조치를 할 것

④ 주재(主材)를 구성하는 1세트의 부재는 동일 평면 내에 배치할 것

정답 　108 ③ 　109 ② 　110 ①

111 콘크리트 타설작업 시 안전에 대한 유의사항으로 옳지 않은 것은?

① 콘크리트를 치는 도중에는 지보공·거푸집 등의 이상 유무를 확인한다.
② 높은 곳으로부터 콘크리트를 타설할 때는 호퍼로 받아 거푸집 내에 꽂아 넣는 슈트를 통해서 부어 넣어야 한다.
③ 진동기를 가능한 한 많이 사용할수록 거푸집에 작용하는 측압상 안전하다.
④ 콘크리트를 한 곳에만 치우쳐서 타설하지 않도록 주의한다.

해설

콘크리트 타설 작업 시 준수사항
1) 당일의 작업을 시작하기 전에 해당 작업에 관한 거푸집 동바리 등의 변형·변위 및 지반의 침하 유무 등을 점검하고 이상이 있으면 보수할 것
2) 작업 중에는 거푸집 동바리 등의 변형·변위 및 침하 유무 등을 감시할 수 있는 감시자를 배치하여 이상이 있으면 작업을 중지하고 근로자를 대피시킬 것
3) 콘크리트 타설작업 시 거푸집 붕괴의 위험이 발생할 우려가 있으면 충분한 보강조치를 할 것
4) 설계도상의 콘크리트 양생기간을 준수하여 거푸집 동바리 등을 해체할 것
5) 콘크리트를 타설하는 경우에는 편심이 발생하지 않도록 골고루 분산하여 타설할 것

112 개착식 흙막이벽의 계측 내용에 해당되지 않는 것은?

① 경사측정
② 지하수위 측정
③ 변형률 측정
④ 내공변위 측정

해설

흙막이 계측장치

건물 경사계 (Tilt meter)	지상 인접구조물의 기울기를 측정
지표면 침하계 (Level and staff)	주위 지반에 대한 지표면의 침하량을 측정
지중 경사계 (Inclino meter)	지중 수평 변위를 측정하여 흙막이 기울어진 정도를 파악

지중 침하계 (Extension meter)	수직 변위를 측정하여 지반에 침하 정도를 파악하는 기기
변형계 (Strain gauge)	흙막이 버팀대 변형 정도를 파악하는 기기
하중계 (Load cell)	흙막이 버팀대의 작용하는 토압 어스앵커의 인장력 등을 측정
토압계(Earth pressure meter)	흙막이에 작용하는 토압의 변화를 파악
간극 수압계 (Piezo meter)	굴착으로 인한 지하에 간극 수압을 측정
지하 수위계 (Water level meter)	지하수의 수위 변화를 측정

113 다음은 산업안전보건법령에 따른 달비계를 설치하는 경우에 준수해야 할 사항이다. ( )에 들어갈 내용으로 옳은 것은?

작업발판 폭을 ( ) 이상으로 하고 틈새가 없도록 할 것

① 15cm
② 20cm
③ 40cm
④ 60cm

해설

작업발판

구분	달비계 달대 비계	비계높이 2m 이상 (달비계 달대비계 제외)	말비계 높이 2m 이상	비계 해체, 연결 작업 시	슬레이트 지붕 위 선박, 보트 엔진 협소공간
발판폭	40cm	40cm	40cm	20cm	30cm
틈새	틈새 없어야 함	3cm			3cm

114 강관틀 비계를 조립하여 사용하는 경우 준수해야 하는 사항으로 옳지 않은 것은?

① 길이가 띠장 방향으로 4m 이하이고 높이가 10m를 초과하는 경우에는 10m 이내마다 띠장 방향으로 버팀기둥을 설치할 것
② 높이가 20m를 초과하거나 중량물의 적재를 수반하는 작업을 할 경우에는 주틀 간의 간격을 1.8m

이하로 할 것

③ 주틀 간에 교차가새를 설치하고 최상층 및 10층 이내마다 수평재를 설치할 것

④ 수직방향으로 6m, 수평방향으로 8m 이내마다 벽이음을 할 것

[해설]

강관 틀비계 조립 시 준수사항

① 비계기둥의 밑둥에는 밑받침 철물을 사용하여야 하며 밑받침에 고저차(高低差)가 있는 경우에는 조절형 밑받침 철물을 사용하여 각각의 강관틀비계가 항상 수평 및 수직을 유지하도록 할 것

② 높이가 20m를 초과하거나 중량물의 적재를 수반하는 작업을 할 경우에는 주틀 간의 간격을 1.8m 이하로 할 것

③ 주틀 간에 교차 가새를 설치하고 최상층 및 5층 이내마다 수평재를 설치할 것

④ 수직방향으로 6m, 수평방향으로 8미터 이내마다 벽이음을 할 것

⑤ 길이가 띠장 방향으로 4m 이하이고 높이가 10m를 초과하는 경우에는 10m 이내마다 띠장 방향으로 버팀기둥을 설치할 것

115 철골기둥, 빔 및 트러스 등의 철골구조물을 일체화 또는 지상에서 조립하는 이유로 가장 타당한 것은?

① 고소작업의 감소 ② 화기사용의 감소
③ 구조체 강성 증가 ④ 운반물량의 감소

[해설]

안전 우선 작업 그러므로 고소작업의 감소

116 압쇄기를 사용하여 건물해체 시 그 순서로 가장 타당한 것은?

> A : 보, B : 기둥, C : 슬래브, D : 벽체

① A → B → C → D   ② A → C → B → D
③ C → A → D → B   ④ D → C → B → A

[해설]

해체순서 : 바닥 → 보 → 벽체 → 기둥

117 흙의 간극비를 나타낸 식으로 옳은 것은?

① (공기+물의 체적)/(흙+물의 체적)
② (공기+물의 체적)/흙의 체적
③ 물의 체적/(물+흙의 체적)
④ (공기+물의 체적)/(공기+흙+물의 체적)

[해설]

흙의 간극비 : (공기+물의 체적)/흙의 체적

118 부두 · 안벽 등 하역작업을 하는 장소에서 부두 또는 안벽의 선을 따라 통로를 설치하는 경우에는 그 폭을 최소 얼마 이상으로 하여야 하는가?

① 80cm   ② 90cm
③ 100cm   ④ 120cm

[해설]

부두 등 하역 작업장 조치 사항

① 작업장 및 통로의 위험한 부분에는 안전하게 작업할 수 있는 조명을 유지할 것

② 부두 또는 암벽의 선을 따라 통로를 설치하는 때에는 폭을 90cm 이상으로 할 것

③ 육상에서의 통로 및 작업 장소로서 다리 또는 선거에 관문을 넘는 보도 등의 위험한 부분에는 안전난간 또는 울 등을 설치할 것

119 취급 · 운반의 원칙으로 옳지 않은 것은?

① 곡선 운반을 할 것
② 운반작업을 집중하여 시킬 것
③ 생산을 최고로 하는 운반을 생각할 것
④ 연속 운반을 할 것

[해설]

취급 · 운반의 원칙

1) 3조건
   ① 운반 거리를 단축할 것

정답 115 ① 116 ③ 117 ② 118 ② 119 ①

② 운반 하역을 기계화할 것
③ 손이 많이 가지 않는 운반 하역 방식으로 할 것
2) 5원칙
① 운반은 직선으로 할 것
② 계속적으로 연속 운반을 할 것
③ 운반 하역작업을 집중화 할 것
④ 생산을 향상시킬 수 있는 운반 하역 방법을 고려할 것
⑤ 최대한 수 작업을 생략하여 힘들지 않는 방법을 고려할 것

120 사면 보호 공법 중 구조물에 의한 보호 공법에 해당되지 않는 것은?

① 식생구멍공
② 블럭공
③ 돌쌓기공
④ 현장타설 콘크리트 격자공

해설

식생구멍공
비탈진면에 잔디를 심거나 씨앗을 뿌려 사면을 보호하는 공법으로 구조물 보호공법은 아니다.

산업안전기사(2018년 08월 19일)

1과목 안전관리론

01 집단에서의 인간관계 메커니즘(Mechanism)과 가장 거리가 먼 것은?

① 모방, 암시
② 분열, 강박
③ 동일화, 일체화
④ 커뮤니케이션, 공감

해설

인간관계 매카니즘

동일화	다른 사람의 행동양식이나 태도를 투입하거나 다른 사람 가운데서 자기와 비슷한 것을 발견하게 되는 것(자녀가 부모의 행동양식을 자연스럽게 배우게 되는 것)
투사	자기 마음속의 억압된 것을 다른 사람의 것으로 생각하게 되는 것(대부분 증오, 비난 같은 정서나 감정의 표현으로 자신의 잘못을 남의 탓으로 돌리는 행동)
모방	다른 사람의 행동이나 판단을 표본으로 하여 그것과 같거나 비슷한 행위로 재현, 실행하는 것
암시	다른 사람의 행동이나 판단을 무비판적으로 논리적, 사실적 근거 없이 받아들이는 것
커뮤니케이션	여러 가지 행동 양식이 기호를 매개체로 하여 다른 사람에게 전달되는 과정으로 언어, 손짓, 몸짓, 표정 등을 전달하는 것

02 산업안전보건법령에 따른 안전보건관리규정에 포함되어야 할 세부내용이 아닌 것은?

① 위험성 감소대책 수립 및 시행에 관한 사항
② 하도급 사업장에 대한 안전·보건관리에 관한 사항
③ 질병자의 근로 금지 및 취업 제한 등에 관한 사항
④ 물질안전보건자료에 관한 사항

해설

안전보건관리규정에 포함되어야 할 내용

① 안전·보건 관리조직과 그 직무에 관한 사항
② 안전·보건교육에 관한 사항
③ 작업장 안전 및 보건관리에 관한 사항
④ 사고 조사 및 대책 수립에 관한 사항
⑤ 그 밖에 안전 보건에 관한 사항

03 안전교육 중 프로그램 학습법의 장점이 아닌 것은?

① 학습자의 학습과정을 쉽게 알 수 있다.
② 여러 가지 수업 매체를 동시에 다양하게 활용할 수 있다.
③ 지능, 학습속도 등 개인차를 충분히 고려할 수 있다.
④ 반응마다 피드백이 주어지기 때문에 학습자가 흥미를 가질 수 있다.

해설

프로그램 학습법

학습자가 프로그램 자료를 가지고 단독으로 학습하는 방법

04 산업안전보건법령에 따른 근로자 안전·보건교육 중 근로자 정기 안전·보건교육의 교육내용에 해당하지 않는 것은?(단, 산업안전보건법 및 일반관리에 관한 사항은 제외한다.)

① 건강증진 및 질병 예방에 관한 사항
② 산업보건 및 직업병 예방에 관한 사항
③ 유해·위험 작업환경 관리에 관한 사항
④ 작업공정의 유해·위험과 재해 예방대책에 관한 사항

정답 01 ② 02 ④ 03 ② 04 ④

해설

근로자 정기 안전보건교육 내용
① 산업안전 및 사고 예방에 관한 사항
② 산업보건 및 직업병 예방에 관한 사항
③ 건강증진 및 질병 예방에 관한 사항
④ 유해 위험 작업환경 관리에 관한 사항
⑤ 직무스트레스 예방 및 관리에 관한 사항
⑥ 직장 내 괴롭힘, 고객의 폭언 등으로 인한 건강장해 예방 및 관리에 관한 사항
⑦ 산업안전보건법령 및 산업재해 보상보험 제도에 관한 사항

05 최대사용전압이 교류(실효값) 500V 또는 직류 750V인 내전압용 절연장갑의 등급은?

① 00　　　　　　　② 0
③ 1　　　　　　　 ④ 2

해설

절연장갑(절연장갑의 등급 및 색상)

등급	최대사용 전압		색상
	교류(V, 실효값)	직류(V)	
00	500	750	갈색
0	1,000	1,500	빨간색
1	7,500	11,250	흰색
2	17,000	25,500	노란색
3	26,500	39,500	녹색
4	36,000	54,000	등색

교류×1.5＝직류

06 산업재해 기록·분류에 관한 지침에 따른 분류기준 중 다음의 (　) 안에 알맞은 것은?

재해자가 넘어짐으로 인하여 기계의 동력 전달 부위 등에 끼이는 사고가 발생하여 신체 부위가 절단되는 경우는 (　)으로 분류한다.

① 넘어짐　　　　　② 끼임
③ 깔림　　　　　　④ 절단

해설

07 산업안전보건법령에 따라 사업주가 사업장에서 중대재해가 발생한 사실을 알게 된 경우 관할지방고용노동관서의 장에게 보고하여야 하는 시기로 옳은 것은?(단, 천재지변 등 부득이한 사유가 발생한 경우는 제외한다.)

① 지체 없이
② 12시간 이내
③ 24시간 이내
④ 48시간 이내

해설

중대재해는 지체 없이 보고

08 유기화합물용 방독마스크의 시험가스가 아닌 것은?

① 증기(Cl_2)
② 디메틸에테르(CH_3OCH_3)
③ 시클로헥산(C_6H_{12})
④ 이소부탄(C_4H_{10})

해설

방독 마스크 정화통 외부 측면 표시색

기호	종류	표시색	시험가스	정화통
C	유기화합물용	갈색	시클로 헥산, 이소부탄, 디메틸에테르	활성탄
A	할로겐화합물용	회색	염소가스, 염소증기	소라다임, 활성탄
E	일산화탄소용	적색	일산화탄소가스	호프카 라이트
H	암모니아용	녹색	암모니아가스	큐프라 마이트
I	아황산용	노란색	아황산가스	산화금속 알칼리 제재
J	시안화수소용	회색	시안화수소가스	산화금속 알칼리 제재
K	황화수소용	회색	황화수소가스	금속염류 알칼리 제재

정답　　**05** ①　**06** ②　**07** ①　**08** ①

09 안전교육의 학습경험선정 원리에 해당되지 않는 것은?

① 계속성의 원리
② 가능성의 원리
③ 동기유발의 원리
④ 다목적 달성의 원리

해설

안전교육의 학습경험선정 원리
① 만족의 원리
② 가능성의 원리
③ 동기유발의 원리
④ 다목적 달성의 원리
⑤ 다활동의 원리

10 재해사례연구의 진행순서로 옳은 것은?

① 재해 상황 파악 → 사실의 확인 → 문제점 발견 → 근본적 문제점 결정 → 대책 수립
② 사실의 확인 → 재해 상황 파악 → 문제점 발견 → 근본적 문제점 결정 → 대책 수립
③ 재해 상황 파악 → 사실의 확인 → 근본적 문제점 결정 → 문제점 발견 → 대책 수립
④ 사실의 확인 → 재해 상황 파악 → 근본적 문제점 결정 → 문제점 발견 → 대책 수립

해설

재해사례연구의 진행순서
재해 상황 파악 → 사실의 확인 → 문제점 발견 →근본적 문제점 결정 → 대책 수립

11 산업안전보건법령에 따른 특정행위의 지시 및 사실의 고지에 사용되는 안전·보건표지의 색도기준으로 옳은 것은?

① 2.5G 4/10
② 2.5PB 4/10
③ 5Y 8.5/12
④ 7.5R 4/14

해설

안전·보건표지의 색도기준

색채	색도기준	용도	사용례	형태별 색채가준
빨간색	7.5R 4/14	금지	정지신호, 소화설비 및 그 장소, 유해행위의 금지	바탕 : 흰색 모형 : 빨간색 부호 및 그림 : 검은색
		경고	화학물질 취급장소에서의 유해 위험경고	
노란색	5Y 8.5/12	경고	화학물질 취급장소에서의 유해 위험경고	바탕 : 노란색 모형,그림 : 검은색
			그 밖의 위험경고, 주의표지 또는 기계방호물	
파란색	2.5PB 4/10	지시	특정행위의 지시, 사실의 고지 보호구	바탕 : 파란색 그림 : 흰색
녹색	2.5G 4/10	안내	비상구 피난소, 사람 또는 차량의 통행표지	바탕 : 녹색 관련부호 및 그림 : 흰색
				바탕 : 흰색 그림 관련부호 : 녹색

12 부주의에 대한 사고방지대책 중 기능 및 작업 측면의 대책이 아닌 것은?

① 작업표준의 습관화
② 적성배치
③ 안전의식의 제고
④ 작업조건의 개선

해설

안전의식의 제고는 근로자에 대한 개인적인 측면이다.

13 버드(Bird)의 신연쇄성 이론 중 재해발생의 근원적 원인에 해당하는 것은?

① 상해 발생
② 징후 발생
③ 접촉 발생
④ 관리의 부족

해설

버드의 연쇄성 이론
① 관리의 부족
② 기본원인
③ 직접 원인
④ 사고
⑤ 상해

정답 **09** ① **10** ① **11** ② **12** ③ **13** ④

14 브레인스토밍(Brain-storming) 기법의 4원칙에 관한 설명으로 옳은 것은?

① 주제와 관련이 없는 내용은 발표할 수 없다.
② 동료의 의견에 대하여 좋고 나쁨을 평가한다.
③ 발표 순서를 정하고, 동일한 발표기회를 부여한다.
④ 타인의 의견에 대하여는 수정하여 발표할 수 있다.

해설

브레인스토밍(Brain storming)의 4원칙
① 비판금지 : 좋다. 나쁘다고 비평하지 않습니다.
② 자유분방 : 마음대로 편안히 발언합니다.
③ 대량발언 : 무엇이건 좋으니 많이 발언합니다.
④ 수정발언 : 타인의 아이디어에 수정하거나 덧붙여 말하여도 좋습니다.

15 주의의 특성에 해당되지 않는 것은?

① 선택성　　　　② 변동성
③ 가능성　　　　④ 방향성

해설

인간주의 특성의 종류

선택성	동시에 두 개 이상의 방향에 집중하지 못함(중복 집중 불가)
변동성	주의는 리듬이 있어 일정한 수준을 지키지 못한다.
방향성	한 지점에 주의를 집중하면 주변 다른 곳의 주의는 약해진다.
단속성	고도의 주의는 장시간 지속될 수 없다.

16 OJT(On Job Training)의 특징에 대한 설명으로 옳은 것은?

① 특별한 교재·교구·설비 등을 이용하는 것이 가능하다.
② 외부의 전문가를 위촉하여 전문교육을 실시할 수 있다.
③ 직장의 실정에 맞는 구체적이고 실제적인 지도교육이 가능하다.
④ 다수의 근로자들에게 조직적 훈련이 가능하다.

해설

OJT 특징
① 개개인에게 적절한 훈련이 가능
② 직장의 실정에 맞는 훈련이 가능하다.
③ 교육의 효과가 즉시 업무에 연결된다.
④ 상호신뢰 이해도가 높다.
⑤ 훈련에 대한 업무의 계속성이 끊어지지 않는다.

17 연간 근로자수가 1000명인 공장의 도수율이 10인 경우 이 공장에서 연간 발생한 재해건수는 몇 건인가?

① 20건　　　　② 22건
③ 24건　　　　④ 26건

해설

$$도수율 = \frac{근로손실일수}{연간 총 근로시간수} \times 1,000,000$$

$$10 = \frac{재해건수}{1,000 \times 8 \times 300} \times 1,000,000$$

$$재해건수 = \frac{10 \times (1,000 \times 8 \times 300)}{1,000,000} = 24$$

18 산업안전보건법령상 안전검사 대상 유해·위험 기계 등에 해당하는 것은?

① 정격하중이 2톤 미만인 크레인
② 이동식 국소 배기장치
③ 밀폐형 구조 롤러기
④ 산업용 원심기

해설

안전검사 대상 유해·위험 기계
크레인, 리프트, 곤돌라, 이동식 크레인, 이삿짐운반용, 사출성형기, 고소작업대, 압력용기, 프레스, 롤러기, 컨베이어, 산업용 로봇, 원심기

19 안전교육 방법의 4단계의 순서로 옳은 것은?

① 도입 → 확인 → 적용 → 제시
② 도입 → 제시 → 적용 → 확인

③ 제시 → 도입 → 적용 → 확인

④ 제시 → 확인 → 도입 → 적용

해설

안전교육 방법의 4단계

도입 → 제시 → 적용 → 확인

20 관리 그리드 이론에서 인간관계 유지에는 낮은 관심을 보이지만 과업에 대해서는 높은 관심을 가지는 리더십의 유형은?

① 1.1형　　　　② 1.9형

③ 9.1형　　　　④ 9.9형

해설

관리 그리드 리더의 유형

① 1.1 : 무관심형　　② 5.5 : 타협형

③ 1.9 : 인기형　　　④ 9.1 : 생상지향형

⑤ 9.9 : 이상형

2과목 **인간공학 및 시스템안전공학**

21 고용노동부 고시의 근골격계 부담작업의 범위에서 근골격계 부담작업에 대한 설명으로 틀린 것은?

① 하루에 10회 이상 25kg 이상의 물체를 드는 작업

② 하루에 총 2시간 이상 쪼그리고 앉거나 무릎을 굽힌 자세에서 이루어지는 작업

③ 하루에 총 2시간 이상 집중적으로 자료입력 등을 위해 키보드 또는 마우스를 조작하는 작업

④ 하루에 총 2시간 이상 지지되지 않은 상태에서 4.5kg 이상의 물건을 한 손으로 들거나 동일한 힘으로 쥐는 작업

해설

근골격계 부담작업

하루에 총 2시간 이상 집중적으로 자료입력 등을 위해 키보드 또는 마우스를 조작하는 작업

22 양립성(compatibility)에 대한 설명 중 틀린 것은?

① 개념양립성, 운동양립성, 공간양립성 등이 있다.

② 인간의 기대에 맞는 자극과 반응의 관계를 의미한다.

③ 양립성의 효과가 크면 클수록, 코딩의 시간이나 반응의 시간은 길어진다.

④ 양립성이 인간의 예상과 어느 정도 일치하는 것을 의미한다.

해설

양립성(compatibility)

① 개념양립성, 운동양립성, 공간양립성 등이 있다.

② 인간의 기대에 맞는 자극과 반응의 관계를 의미한다.

③ 양립성의 효과가 크면 클수록, 코딩의 시간이나 반응의 시간은 짧아진다.

④ 양립성이 인간의 예상과 어느 정도 일치하는 것을 의미한다.

23 정보처리과정에서 부적절한 분석이나 의사결정의 오류에 의하여 발생하는 행동은?

① 규칙에 기초한 행동(rule-based behavior)

② 기능에 기초한 행동(skill-based behavior)

③ 지식에 기초한 행동(knowledge-based behavior)

④ 무의식에 기초한 행동(unconsciousness-based behavior)

해설

지식에 기초한 행동

정보처리과정에서 부적절한 분석이나 의사결정의 오류에 의하여 발생하는 행동

24 욕조곡선의 설명으로 맞는 것은?

① 마모고장 기간의 고장형태는 감소형이다.

② 디버깅(Debugging) 기간은 마모고장에 나타난다.

③ 부식 또는 산화로 인하여 초기고장이 일어난다.

④ 우발고장기간은 고장률이 비교적 낮고 일정한 현상이 나타난다.

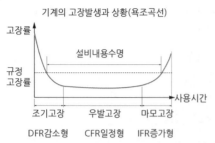

기계의 고장발생과 상황(욕조곡선)

유형	내용	대책
초기 고장	• 감소형(DFR : Decreasing Failure Rate) • 설계상 구조상 결함, 등의 품질관리 미비로 생기는 고장형태	디버깅 기간, 번 인기간, 스크리 닝(초기 점검)
우발 고장	• 일정형(CFR : Constant Failure Rate) • 예측할 수 없을 때 생기는 고장형태 로서 고장률이 가장 낮다.	내용수명 (소집단 활동)
마모 고장	• 증가형(IFR : Increasing Failure Rate) • 부품의 마모, 노화로 인한 고장률 상 승형태	보전사항(PM)정 기진단(정기적 인 안전 검사)

25 시력에 대한 설명으로 맞는 것은?

① 배열시력(vernier acuity) – 배경과 구별하여 탐지할 수 있는 최소의 점
② 동적시력(dynamic visual acuity) – 비슷한 두 물체가 다른 거리에 있다고 느껴지는 시차각의 최소차로 측정되는 시력
③ 입체시력(stereoscopic acuity) – 거리가 있는 한 물체에 대한 약간 다른 상이 두 눈의 망막에 맺힐 때 이것을 구별하는 능력
④ 최소지각시력(minimum perceptible acuity) – 하나의 수직선이 중간에서 끊겨 아래 부분이 옆으로 옮겨진 경우에 탐지할 수 있는 최소 측변방위

입체시력(stereoscopic acuity)
거리가 있는 한 물체에 대한 약간 다른 상이 두 눈의 망막에 맺힐 때 이것을 구별하는 능력

26 인간의 귀의 구조에 대한 설명으로 틀린 것은?

① 외이는 귓바퀴와 외이도로 구성된다.
② 고막은 중이와 내이의 경계부위에 위치해 있으며 음파를 진동으로 바꾼다.
③ 중이에는 인두와 교통하여 고실 내압을 조절하는 유스타키오관이 존재한다.
④ 내이는 신체의 평형감각수용기인 반규관과 청각을 담당하는 전정기관 및 와우로 구성되어 있다.

고막은 외이도와 중이의 경계부위에 위치해 있으며 음파를 진동으로 바꾼다.

27 FTA를 수행함에 있어 기본사상들의 발생이 서로 독립인가 아닌가의 여부를 파악하기 위해서는 어느 값을 계산해 보는 것이 가장 적합한가?

① 공분산   ② 분산
③ 고장률   ④ 발생확률

공분산
두 확률변수가 변화하는 양상을 측정하는 척도로서 기본사상들의 발생이 서로 독립인가 아닌가의 여부를 파악

28 산업안전보건법령에 따라 제출된 유해·위험 방지계획서의 심사 결과에 따른 구분·판정결과에 해당하지 않는 것은?

① 적정
② 일부 적정
③ 부적정
④ 조건부 적정

심사결과 판정
① 적정
② 부적정
③ 조건부 적정

29 일반적으로 기계가 인간보다 우월한 기능에 해당되는 것은?(단, 인공지능은 제외한다.)

① 귀납적으로 추리한다.

② 원칙을 적용하여 다양한 문제를 해결한다.

③ 다양한 경험을 토대로 하여 의사결정을 한다.

④ 명시된 절차에 따라 신속하고, 정량적인 정보처리를 한다.

해설

인간 기계의 기능 비교

구분	인간이 기계보다 우수한 기능	기계가 인간보다 우수한 기능
감지 기능	• 저 에너지 자극감시 • 복잡 다양한 자극형태 식별 • 갑작스런 이상현상이나 예기치 못한 사건 감지	• 인간의 정상적 감지 범위 밖의 자극감지 • 인간 및 기계에 대한 모니터 기능 • 드물게 발생하는 사상감지
정보 기능	많은 양의 정보 장시간 저장	암호화된 정보를 신속하게 대량 보관
정보 처리 및 결심	• 다양한 문제해결(정성적) • 귀납적 추리 • 원칙적용 • 관찰을 통해 일반화	• 정량적 정보처리 • 연역적 추리 • 반복작업의 수행에 높은 신뢰성 • 입력신호에 신속하고 일관성 있게 반응
행동 기능	• 과부하 상태에서는 중요한 일에만 전념 • 다양한 종류의 운용 요건에 따라 신체적인 반응을 적용 • 전혀 다른 새로운 해결책을 찾아냄	• 과부화 상태에서도 효율적 작동 • 장시간 중량 작업 • 반복작업, 동시에 여러 가지 작업 기능

30 섬유유연제 생산 공정이 복잡하게 연결되어 있어 작업자의 불안전한 행동을 유발하는 상황이 발생하고 있다. 이것을 해결하기 위한 위험처리 기술에 해당하지 않는 것은?

① Transfer(위험전가)

② Retention(위험보류)

③ Reduction(위험감축)

④ Rearrange(작업순서의 변경 및 재배열)

해설

위험처리 기술

① Transfer(위험전가)　　② Retention(위험보류)

③ Reduction(위험감축)　　④ avoidance(위험의 회피)

31 다음 그림의 결함수에서 최소 패스셋(minmal path sets)과 그 신뢰도 R(t)는?(단, 각각의 부품 신뢰도는 0.9이다.)

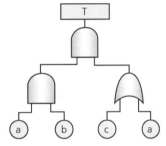

① 최소 패스셋 : {1}, {2}, {3, 4} R(t)=0.9081

② 최소 패스셋 : {1}, {2}, {3, 4} R(t)=0.9981

③ 최소 패스셋 : {1, 2, 3}, {1, 2, 4}R(t)=0.9081

④ 최소 패스셋 : {1, 2, 3}, {1, 2, 4}R(t)=0.9981

해설

최소패스셋을 구할 때는 먼저 도형을 반대로 설정한다.(AND를 OR로 OR를 AND)

T : ①
　　②
　　③④

최소패스셋 : (①), (②), (③④)

신뢰도 : $[1-\{1-(1-0.9)(1-0.9)\}\{1-(1-0.9)(1-0.9)\}]$
　　　　$=0.9981$

32 3개 공정의 소음수준 측정 결과 1공정은 100dB에서 1시간, 2공정은 95dB에서 1시간, 3공정은 90dB에서 1시간이 소요될 때 총 소음량(TND)과 소음설계의 적합성을 맞게 나열한 것은?(단, 90dB에 8시간 노출될 때를 허용기준으로 하며, 5dB증가할 때 허용시간은 1/2로 감소되는 법칙을 적용한다.)

① TND = 0.785, 적합

② TND = 0.875, 적합

③ TND = 0.985, 적합

④ TND = 1.085, 부적합

해설

소음노출수준 $= \dfrac{C1}{T1} + \dfrac{C2}{T2} + \dfrac{C3}{T3}$ ……

C : 실제노출시간

T : 1일 노출기준

$TND = \dfrac{1}{2} + \dfrac{1}{4} + \dfrac{1}{8} = 0.875$

따라서 1 미만이므로 적합

33 인간공학에 있어 기본적인 가정에 관한 설명으로 틀린 것은?

① 인간 기능의 효율은 인간－기계 시스템의 효율과 연계된다.

② 인간에게 적절한 동기부여가 된다면 좀 더 나은 성과를 얻게 된다.

③ 개인이 시스템에서 효과적으로 기능을 하지 못하여도 시스템의 수행도는 변함없다.

④ 장비, 물건, 환경 특성이 인간의 수행도와 인간－기계 시스템의 성과에 영향을 준다.

해설

개인이 시스템에서 효과적으로 기능을 하지 못하여도 시스템의 수행도에 영향을 미친다.

34 안전성 평가의 기본원칙 6단계에 해당되지 않는 것은?

① 안전대책

② 정성적 평가

③ 작업환경 평가

④ 관계 자료의 정비검토

해설

안전성 평가의 기본원칙 6단계

단계		내용
1단계	관계자료의 정비 검토	1. 제조공정 훈련 계획 2. 입지조건 3. 건조물의 도면 4. 기계실, 전기실의 도면 5. 공정계통도
2단계	정성적 평가	1. 설계관계 ① 입지조건 ② 공장 내의 배치 ③건조물 소방설비 2. 운전관계 ① 원재료 ② 중간제품의 위험성 ③ 프로세스 운전조건 ④ 수송 저장 등에 대한 안전대책 ⑤ 프로세스 기기의 선정조건
3단계	정량적 평가	1. 구성요소의 물질 2. 화학설비의 용량, 온도, 압력, 조작 3. 상기 5개 항목에 대해 평가→합산 결과에 의한 위험도 등급
4단계	안전대책 수립	1. 설비대책 2. 관리대책
5단계	재해사례에 의한 평가	재해사례 상호교환
6단계	FTA에 의한 재평가	위험도 등급 Ⅰ에 해당하는 플랜트에 대해 FTA에 의한 재평가하여 개선부분 설계 반영

35 다음 내용의 ( ) 안에 들어갈 내용을 순서대로 정리한 것은?

근섬유의 수축단위는 (A)(이)라 하는데, 이것은 두 가지 기본형의 단백질 필라멘트로 구성되어 있으며, (B)이 (가) (C) 사이로 미끄러져 들어가는 현상으로 근육의 수축을 설명하기도 한다.

① A : 근막, B : 마이오신, C : 액틴

② A : 근막, B : 액틴, C : 마이오신

③ A : 근원섬유, B : 근막, C : 근섬유

④ A : 근원섬유, B : 액틴, C : 마이오신

근섬유

근육을 이루는 근섬유는 다량의 근원섬유로 이루어져 있으며, 근원섬유는 마이오신 단백질로 구성되어 있으며 액틴이 마이오신 사이로 미끄러져 들어가는 현상으로 근육의 수축을 설명하기도 한다.

36 소음 발생에 있어 음원에 대한 대책으로 볼 수 없는 것은?

① 설비의 격리 　② 적절한 재배치
③ 저소음 설비 사용 　④ 귀마개 및 귀덮개 사용

소음통제 방법
① 소음원 제거 : 가장 적극적 대책이 가장 좋은 방법
② 소음원 통제 : 안전설계, 정비 및 주유, 고무 받침대 사용, 소음기 사용
③ 소음의 격리 : 씌우개, 방이나 장벽 이용(창문을 닫으면 10dB 감음효과
④ 차음장치 및 흡음제 사용
⑤ 음향 처리제 사용
⑥ 적절한 배치(lay out)

37 인간공학적 의자 설계의 원리로 가장 적합하지 않은 것은?

① 자세고정을 줄인다.
② 요부측만을 촉진한다.
③ 디스크 압력을 줄인다.
④ 등근육의 정적 부하를 줄인다.

의자 설계 시 고려해야 할 사항
1) 등받이에 굴곡은 요추의 굴곡(전만곡)과 일치해야 한다.
2) 좌면의 높이는 사람의 신상에 따라 조절 가능해야 한다.
3) 정적인 부화 고정된 작업 자세를 피해야 한다.
4) 의자의 높이는 오금의 높이보다 같거나 낮아야 한다.

38 FTA에서 사용되는 논리게이트 중 입력과 반대되는 현상으로 출력되는 것은?

① 부정 게이트
② 억제 게이트
③ 배타적 OR 게이트
④ 우선적 AND 게이트

논리게이트 중 입력과 반대되는 현상으로 출력되는 것은 부정 게이트이다.

39 다음 그림에서 시스템 위험분석 기법 중 PHA(예비위험분석)가 실행되는 사이클의 영역으로 맞는 것은?

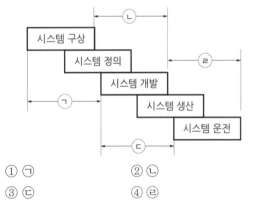

① ㄱ 　② ㄴ
③ ㄷ 　④ ㄹ

PHA는 최초 분석 단계이다.

40 인간과 기계의 신뢰도가 인간 0.40, 기계 0.95인 경우, 병렬작업 시 전체 신뢰도는?

① 0.89 　② 0.92
③ 0.95 　④ 0.97

신뢰도 $= 1 - (1 - 0.40)(1 - 0.95) = 0.97$

3과목 기계위험방지기술

41 어떤 양중기에서 3,000kg의 질량을 가진 물체를 한쪽이 45°인 각도로 그림과 같이 2개의 와이어로프로 직접 들어올릴 때, 안전율이 고려된 가장 적절한 와이어로프 지름을 표에서 구하면?(단, 안전율은 산업안전보건법령을 따르고, 두 와이어로프 지름은 동일하며, 기준을 만족하는 가장 작은 지름을 선정한다.)

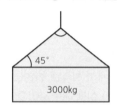

〈와이어로프 지름 및 절단강도〉

와이어로프 지름[mm]	절단강도[kN]
10	56kN
12	88kN
14	110kN
16	144kN

① 10mm ② 12mm
③ 14mm ④ 16mm

해설

1) 한 가닥에 걸리는 하중 공식

$$\frac{W}{2} \div \cos\frac{\theta}{2}$$

2) $\frac{3000}{2} \div \cos\frac{90}{2} = 2,121.64\text{kgf} = 20.791\text{N} = 20.78\text{KN}$
   $= \text{kgf} \times 9.8 = \text{N}$

3) 결론 : 절단하중은 안전율 5임으로
   $20.78 \times 5 = 103.94\text{KN}$

따라서 표에서와 같이 14mm

42 다음 중 금형 설치ㆍ해체작업의 일반적인 안전사항으로 틀린 것은?

① 금형을 설치하는 프레스의 T홈 안길이는 설치 볼트 직경 이하로 한다.

② 금형의 설치 용구는 프레스의 구조에 적합한 형태로 한다.

③ 고정볼트는 고정 후 가능하면 나사산이 3~4개 정도 짧게 남겨 슬라이드 면과의 사이에 협착이 발생하지 않도록 해야 한다.

④ 금형 고정용 브래킷(물림판)을 고정시킬 때 고정용 브래킷은 수평이 되게 하고, 고정볼트는 수직이 되게 고정하여야 한다.

해설

금형 설치 해체 작업 시 안전사항
① 금형의 설치용구는 프레스의 구조에 적합한 형태로 한다.
② 고정볼트는 고정 후 가능한 나사산 3~4개 정도 짧게 남겨 슬라이드 면과의 사이에 협착이 발생되지 않도록 한다.
③ 금형 고정용 브라켓(물림판)을 고정시킬 때는 고정용 브라켓은 수평이 되게 하고 고정볼트는 수직이 되게 고정하여야 한다.
④ 금형을 설치하는 프레스의 T홈 안길이는 설치 볼트 직경의 2배 이상으로 한다.

43 휴대용 동력 드릴의 사용 시 주의해야 할 사항에 대한 설명으로 옳지 않은 것은?

① 드릴 작업 시 과도한 진동을 일으키면 즉시 작업을 중단한다.

② 드릴이나 리머를 고정하거나 제거할 때는 금속성 망치 등을 사용한다.

③ 절삭하기 위하여 구멍에 드릴날을 넣거나 뺄 때는 팔을 드릴과 직선이 되도록 한다.

④ 작업 중에는 드릴을 구멍에 맞추거나 하기 위해서 드릴 날을 손으로 잡아서는 안 된다.

해설

드릴이나 리머를 고정하거나 제거할 때는 금속성 망치를 사용하면 파손 우려가 있으므로 고무망치 등을 사용한다.

44 방호장치를 분류할 때는 크게 위험장소에 대한 방호장치와 위험원에 대한 방호장치로 구분할 수

있는데, 다음 중 위험장소에 대한 방호장치가 아닌 것은?

① 격리형 방호장치　　② 접근거부형 방호장치
③ 접근반응형 방호장치　④ 포집형 방호장치

해설

위험장소에 따른 분류

① 격리형　　　　　　② 접근거부형
③ 접근반응형　　　　④ 접근제한형
위험원에 따른 분류 : 포집형, 감지형

45　다음 (　) 안의 A와 B의 내용을 옳게 나타낸 것은?

> 아세틸렌용접장치의 관리상 발생기에서 (A)미터 이내 또는 발생기실에서 (B)미터 이내의 장소에서의 흡연, 화기의 사용 또는 불꽃이 발생할 위험한 행위를 금지해야 한다.

① A : 7, B : 5　　　　② A : 3, B : 1
③ A : 5, B : 5　　　　④ A : 5, B : 3

해설

① 발생기의 종류, 형식, 제작업체명, 매 시 평균 가스발생량 및 1회 카바이드 공급량을 발생기실 내의 보기 쉬운 장소에 게시
② 발생기실에 관계 근로자가 아닌 사람이 출입하는 것을 금지
③ 발생기에서 5m 이내 또는 발생기실에서 3m 이내의 장소에서 흡연, 화기의 사용 또는 불꽃이 발생할 위험한 행위를 금지

46　크레인의 로프에 질량 100kg인 물체를 5m/s²의 가속도로 감아올릴 때, 로프에 걸리는 하중은 약 몇 N인가?

① 500N　　　　　　② 1,480N
③ 2,540N　　　　　④ 4,900N

해설

총하중＝정하중＋동하중

$$= \frac{w1}{g} \times a = 100 + \frac{100}{9.8} \times 5 = 151.02 \text{kgf}$$

따라서 151.02kgf × 9.8 = 1,480N

47　침투탐상검사에서 일반적인 작업 순서로 옳은 것은?

① 전처리 → 침투처리 → 세척처리 → 현상처리 → 관찰 → 후처리
② 전처리 → 세척처리 → 침투처리 → 현상처리 → 관찰 → 후처리
③ 전처리 → 현상처리 → 침투처리 → 세척처리 → 관찰 → 후처리
④ 전처리 → 침투처리 → 현상처리 → 세척처리 → 관찰 → 후처리

해설

침투탐상검사에서 일반적인 작업 순서

전처리 → 침투처리 → 세척처리 → 현상처리 → 관찰 → 후처리

48　연삭기 덮개의 개구부 각도가 그림과 같이 150° 이하여야 하는 연삭기의 종류로 옳은 것은?

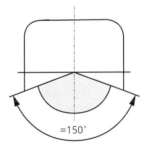

① 센터리스 연삭기　　② 탁상용 연삭기
③ 내면 연삭기　　　　④ 평면 연삭기

49　다음 중 선반에서 사용하는 바이트와 관련된 방호장치는?

① 심압대　　　　　　② 터릿

③ 칩 브레이커   ④ 주축대

[해설]

칩 브레이크 : 선반의 방호장치로서 칩의 길이를 절단해주는 장치

50 프레스기를 사용하여 작업을 할 때 작업시작 전 점검사항으로 틀린 것은?

① 클러치 및 브레이크의 기능
② 압력방출장치의 기능
③ 크랭크축 · 플라이휠 · 슬라이드 · 연결봉 및 연결나사의 풀림 유무
④ 금형 및 고정 볼트의 상태

[해설]

프레스 작업 시작 전 점검사항
① 클러치 및 브레이크의 기능
② 크랭크축 플라이휠, 슬라이드, 연결봉 및 연결나사의 풀림 여부
③ 1행정 1기구, 급정지장치 및 비상정지장치의 기능
④ 슬라이드 또는 칼날에 의한 위험방지 기구의 기능
⑤ 프레스의 금형 및 고정볼트 상태
⑥ 방호장치의 기능
⑦ 전단기의 칼날 및 테이블의 상태

51 다음 중 기계 설비에서 재료 내부의 균열결함을 확인할 수 있는 가장 적절한 검사 방법은?

① 육안검사   ② 초음파탐상검사
③ 피로검사   ④ 액체침투탐상검사

[해설]

비파괴 검사 종류

검사방법		기본원리	검출대상 및 적용	특징
내부 결함 검출	방사선 투과검사 (RT)	투과성 방사선을 시험체에 조사하였을 때 투과한 방사선의 강도 변화 즉, 건전부와 결함부의 투과량 차이에 의한 필름상의 농도차로부터 결함을 검출	용접부, 주조품 등의 내 · 외부 결함 검출	반영구적인 기록가능, 거의 모든 재료에 적용가능 표면 및 내부 결함 검출가능 방사선 안전관리 요구

검사방법		기본원리	검출대상 및 적용	특징
내부 결함 검출	초음파 탐상검사 (UT)	펄스반사법 시험체 내부에 초음파펄스를 입사시켰을 때 결함에 의한 초음파 반사 신호의 해독	용접부, 주조품, 압연품, 단조품 등의 내부 결함 검출, 두께 측정	균열에 높은 감도, 표면 및 내부 결함 검출가능 높은 투과력, 자동화 가능
	침투탐상 검사 (PT)	침투작용 시험체 표면에 개구해 있는 결함에 침투한 침투액을 흡출시켜결함지시모양을 식별	용접부, 단조품 등의 비금속성 재료에 대한 표면개구결함 검출	금속, 비금속 등 거의 모든 재료에 적용 가능, 현장적용이, 제품이 크기 형상에 등에 크게 제한받지 않음
표면 결함 검출	자분탐상 검사 (MT)	자기흡인작용 철강 재료와 같은 강자성체를 자화시키면 결함누설 자장이 형성되며, 이 부위에 자분을 도포하면 자분이 흡착	강자성체 재료 (용접부, 주강품, 단강 품등) 의 표면 및 표면 직하 결함 검출	강자성체에만 적용 가능, 장치 및 방법이 단순, 결함의 육안식별이 가능, 비자성체에는 적용불가, 신속하고 저렴함
	와류탐상 검사 (ET)	전자유도작용 시험체 표층부의 결함에 의해 발생한 와전류의 변화 즉 시험 코일의 임피던스 변화를 측정하여 결함을 식별	철강, 비철재료의 파이프, 와이어 등의 표면 또는 표면근처의 결함검출, 박막두께측정, 재질식별	금비접촉탐상, 고속탐상, 자동탐상 가능, 표면결함 검출능력 우수, 표피효과, 열교환기 튜브의 결함 탐지

52 다음은 프레스 제작 및 안전기준에 따라 높이 2m 이상인 작업용 발판의 설치 기준을 설명한 것이다. ( ) 안에 알맞은 말은?

[안전난간 설치기준]
• 상부 난간대는 바닥면으로부터 (가) 이상 120cm 이하에 설치하고, 중간 난간대는 상부 난간대와 바닥면 등의 중간에 설치할 것
• 발끝막이판은 바닥면 등으로부터 (나) 이상의 높이를 유지할 것

① 가. 90cm, 나. 10cm
② 가. 60cm, 나. 10cm
③ 가. 90cm, 나. 20cm
④ 가. 60cm, 나. 20cm

[정답]   50 ②   51 ②   52 ①

해설

안전난간대

구성	상부난간대 중간난간대 발끝막이판 및 난간 기둥으로 구성 중간난간대 발끝막이판 및 난간 기둥은 이와 비슷한 구조 및 성능을 가진 것으로 대체 가능
상부 난간대	바닥면 발끝 또는 경사로의 표면으로부터 90cm 이상 지점에 치하고 상부난간대를 120cm 이하의 설치하는 경우에는 중간난간대는 상부난간대와 바닥면 등의 중간에 설치하여야 하며 120cm 지점에 설치하는 경우에는 중간 난간대를 2단 이상으로 균등하게 설치하고 난간에 상하간격은 60cm 이하가 되도록 할 것
발끝 막이판	바닥면 등으로부터 10cm 이상의 높이를 유지할 것 물체가 떨어지거나 날아올 위험이 없거나 그 위험을 방지할 수 있는 망을 설치하는 등 필요한 예방조치를 한 장소에는 제외
난간기둥	상부난간대와 중간난간대를 견고하게 떠받칠 수 있도록 적정 간격을 유지할 것
상부 난간대와 중간 난간대	난간 길이 전체에 걸쳐 바닥면 등과 평행을 유지할 것
난간대	지름이 2.7cm 이상의 금속제 파이프나 그 이상의 강도 있는 재료일 것
하중	안전난간은 구조적으로 가장 취약한 지점에서 가장 취약한 방법으로 작용하는 100kg 이상의 하중에 견딜 수 있는 튼튼한 구조일 것

④ 압력용기에서는 이를 식별할 수 있도록 하기 위하여 압력 용기의 최고사용압력, 제조연월일, 제조회사명이 지워지지 않도록 각인(刻印) 표시된 것을 사용하여야 한다.

해설

압력용기의 방호장치(압력 방출 장치)

회전 부위 덮개 또는 울 설치	원동기, 축이음, 밸브, 풀리의 회전부 등 근로자에게 위험을 미칠 우려가 있는 부위
안전밸브 등의 설치 (압력 방출 장치)	① 과압으로 인한 폭발 방지를 위해 설치 ② 다단형 압축기 또는 직렬로 접속된 공기 압축기 각 단 또는 각 공기압축기별로 안전밸브 등을 설치 ③ 안전밸브는 설비의 최고사용압력 이전에 작동되도록 설정 ④ 안전밸브 검사 주기 압력계를 이용하여 설정압력에서 안전밸브가 적정하게 작동하는지 검사 후 납으로 봉인하여 사용 ⓐ 화학공정 유체와 안전밸브의 디스크 또는 시트가 직접 접촉이 가능하도록 설치된 경우는 매년 1회 이상 ⓑ 안전밸브 전단에 파열판이 설치된 경우 2년마다 1회 이상 ⓒ 공정안전보고서이행상태 평가 결과가 우수한 사업장에 안전밸브의 경우 4년마다 1회 이상
최고사용 압력 표시	식별이 가능하도록 최고사용압력, 제조연월일, 제조회사명, 등을 각인 표시된 것 사용

53 다음 중 산업안전보건법령상 보일러 및 압력용기에 관한 사항으로 틀린 것은?

① 공정안전보고서 제출 대상으로서 이행상태 평가 결과가 우수한 사업장의 경우 보일러의 압력방출장치에 대하여 8년에 1회 이상으로 설정압력에서 압력방출장치가 적정하게 작동하는지를 검사할 수 있다.

② 보일러의 안전한 가동을 위하여 보일러 규격에 맞는 압력방출장치를 1개 이상 설치하고 최고 사용압력 이하에서 작동되도록 하여야 한다.

③ 보일러의 과열을 방지하기 위하여 최고사용압력과 상용 압력 사이에서 보일러의 버너 연소를 차단할 수 있도록 압력제한스위치를 부착하여 사용하여야 한다.

54 목재가공용 둥근톱 기계에서 가동식 접촉예방장치에 대한 요건으로 옳지 않은 것은?

① 덮개의 하단이 송급되는 가공재의 상면에 항상 접하는 방식의 것이고 절단작업을 하고 있지 않을 때에는 톱날에 접촉되는 것을 방지할 수 있어야 한다.

② 절단작업 중 가공재의 절단에 필요한 날 이외의 부분을 항상 자동적으로 덮을 수 있는 구조여야 한다.

③ 지지부는 덮개의 위치를 조정할 수 있고 체결볼트에는 이완방지조치를 해야 한다.

④ 톱날이 보이지 않게 완전히 가려진 구조이어야 한다.

정답 53 ① 54 ④

가동식 접촉예방장치

① 덮개의 하단이 송급되는 가공재의 상면에 항상 접하는 방식의 것이고 절단작업을 하고 있지 않을 때에는 톱날에 접촉되는 것을 방지할 수 있어야 한다.

② 절단작업 중 가공재의 절단에 필요한 날 이외의 부분을 항상 자동적으로 덮을 수 있는 구조여야 한다.

③ 지지부는 덮개의 위치를 조정할 수 있고 체결볼트에는 이완방지조치를 해야 한다.

55 다음 중 기계설비에서 반대로 회전하는 두 개의 회전체가 맞닿는 사이에 발생하는 위험점을 무엇이라 하는가?

① 물림점(nip point)

② 협착점(squeeze pint)

③ 접선물림점(tangential point)

④ 회전말림점(trapping point)

물림점(nip point)
반대로 회전하는 두 개의 회전체가 맞닿는 사이에 발생하는 위험점을 말한다.

56 롤러의 가드 설치방법 중 안전한 작업공간에서 사고를 일으키는 공간함정(trap)을 막기위해 확보해야할 신체 부위별 최소 틈새가 바르게 짝지어진 것은?

① 다리 : 240mm

② 발 : 180mm

③ 손목 : 150mm

④ 손가락 : 25mm

가드에 필요한 최소공간(공간 함정(Trap) 방지를 위한 최소 틈새)

몸	다리	발	팔	손	손가락
500mm	180mm	120mm	120mm	100mm	25mm

57 지게차가 부하상태에서 수평거리가 12m이고, 수직높이가 1.5m인 오르막길을 주행할 때 이 지게차의 전후 안정도와 지게차 안정도 기준의 전후 안정도와 지게차 안정도 기준의 만족 여부로 옳은 것은?

① 지게차 전후 안정도는 12.5%이고 안정도 기준을 만족하지 못한다.

② 지게차 전후 안정도는 12.5%이고 안정도 기준을 만족한다.

③ 지게차 전후 안정도는 25%이고 안정도 기준을 만족하지 못한다.

④ 지게차 전후 안정도는 25%이고 안정도 기준을 만족한다.

$$안정도 = \frac{h}{L} \times 100 = \frac{1.5}{12} \times 100 = 12.50\%$$

지게차의 주행 시 전후 안정도는 18% 이내이므로 기준을 만족한다.

58 사출성형기에서 동력작동 시 금형고정장치의 안전사항에 대한 설명으로 옳지 않은 것은?

① 금형 또는 부품의 낙하를 방지하기 위해 기계적 억제장치를 추가하거나 자체 고정장치(self retain clamping unit) 등을 설치해야 한다.

② 자석식 금형 고정장치는 상·하(좌·우) 금형의 정확한 위치가 자동적으로 모니터(monitor) 되어야 한다.

③ 상·하(좌·우)의 두 금형 중 어느 하나가 위치를 이탈하는 경우 플레이트를 작동시켜야 한다.

④ 전자석 금형 고정장치를 사용하는 경우에는 전자기파에 의한 영향을 받지 않도록 전자파 내성 대책을 고려해야 한다.

동력작동 시 금형고정장치

자석식 금형 고정장치는 상·하(좌·우) 금형의 정확한 위치가 자동적으로 모니터(monitor) 되어야 하고, 상·하(좌·우)의 두 금형 중 어느 하나가 위치를 이탈하는 경우 플레이트를 더이상 움직이지 않아야 한다.

59 인장강도가 250N/mm²인 강판의 안전율이 4라면 이 강판의 허용응력(N/mm²)은 얼마인가?

① 42.5   ② 62.5

③ 82.5   ④ 102.5

$$안전율 = \frac{인장강도}{허용응력}$$

$$4 = \frac{250}{허용응력}$$

$$허용응력 = \frac{250}{4} = 62.5 \text{N/mm}^2$$

60 다음 설명 중 ( ) 안에 알맞은 내용은?

롤러기의 급정지장치는 롤러를 무부하로 회전시킨 상태에서 앞면 롤러의 표면속도가 30m/min 미만일 때에는 급정지거리가 앞면 롤러 원주의 ( ) 이내에서 롤러를 정지시킬 수 있는 성능을 보유하여야 한다.

① 1/2   ② 1/4

③ 1/3   ④ 1/2.5

앞면 롤러의 표면 속도(m/분)	급정지거리
30 미만	앞면 롤러 원주의 $1/3(\pi \times D \times \frac{1}{3})$
30 이상	앞면 롤러 원주의 $1/2.5(\pi \times D \times \frac{1}{2.5})$

61 심장의 맥동주기 중 어느 때에 전격이 인가되면 심실세동을 일으킬 확률이 크고, 위험한가?

① 심방의 수축이 있을 때

② 심실의 수축이 있을 때

③ 심실의 수축 종료 후 심실의 휴식이 있을 때

④ 심실의 수축이 있고 심방의 휴식이 있을 때

심장 맥동주기가 전격이 인가되었을 때 심실세동을 일으키는 확률이 가장 높은 부분

T 파 : 심실의 수축 종료 후 심실의 휴식 시 발생하는 파형

62 교류 아크 용접기의 전격방지장치에서 시동감도를 바르게 정의한 것은?

① 용접봉을 모재에 접촉시켜 아크를 발생시킬 때 전격방지 장치가 동작할 수 있는 용접기의 2차측 최대저항을 말한다.

② 안전전압(24V 이하)이 2차측 전압(85~95V)으로 얼마나 빨리 전환되는가 하는 것을 말한다.

③ 용접봉을 모재로부터 분리시킨 후 주접점이 개로 되어 용접기의 2차측 전압이 무부하 전압(25V 이하)으로 될 때까지의 시간을 말한다.

④ 용접봉에서 아크를 발생시키고 있을 때 누설전류가 발생하면 전격방지 장치를 작동시켜야 할지 운전을 계속해야 할지를 결정해야 하는 민감도를 말한다.

전격방지장치에서 시동감도

용접봉을 모재에 접촉시켜 아크를 발생시킬 때 전격방지 장치가 동작할 수 있는 용접기의 2차측 최대저항을 말한다.

63 다음 ( ) 안에 들어갈 내용으로 옳은 것은?

A. 감전 시 인체에 흐르는 전류는 인가전압에 (㉠)하고 인체저항에 (㉡)한다.
B. 인체는 전류의 열작용이 (㉢)×(㉣)이 어느 정도 이상이 되면 발생한다.

① ㉠비례, ㉡반비례, ㉢전류의 세기, ㉣시간
② ㉠반비례, ㉡비례, ㉢전류의 세기, ㉣시간
③ ㉠비례, ㉡반비례, ㉢전압, ㉣시간
④ ㉠반비례, ㉡비례, ㉢전압, ㉣시간

해설

- 옴의 법칙 : 전류는 전압에 비례하고 저항에 반비례한다.
- 줄의 법칙 : 열량은 전류의 제곱, 저항, 세기 시간에 비례한다.

64 폭발 위험장소 분류 시 분진폭발위험장소의 종류에 해당하지 않는 것은?

① 20종 장소   ② 21종 장소
③ 22종 장소   ④ 23종 장소

해설

- 가스폭발 : 0종 장소, 1종 장소, 2종 장소
- 분진폭발 : 20종 장소, 21종 장소, 22종 장소

65 분진폭발 방지대책으로 가장 거리가 먼 것은?

① 작업장 등은 분진이 퇴적하지 않는 형상으로 한다.
② 분진 취급 장치에는 유효한 집진 장치를 설치한다.
③ 분체 프로세스 장치는 밀폐화하고 누설이 없도록 한다.
④ 분진폭발의 우려가 있는 작업장에는 감독자를 상주시킨다.

해설

분진폭발 방지대책
① 작업장 등은 분진이 퇴적하지 않는 형상으로 한다.
② 분진 취급 장치에는 유효한 집진 장치를 설치한다.
③ 분체 프로세스 장치는 밀폐화하고 누설이 없도록 한다.

66 정전유도를 받고 있는 접지되어 있지 않는 도전성 물체에 접촉한 경우 전격을 당하게 되는데 이때 물체에 유도된 전압 V(V)를 옳게 나타낸 것은? (단, E는 송전선의 대지전압, C_1은 송전선과 물체 사이의 정전용량, C_2는 물체와 대지 사이의 정전용량이며, 물체와 대지 사이의 저항은 무시한다.)

① $v = \dfrac{C_1}{C_1 + C_2} \cdot E$

② $v = \dfrac{C_1 + C_2}{C_1} \cdot E$

③ $v = \dfrac{C_1}{C_1 \times C_2} \cdot E$

④ $v = \dfrac{C_1 \times C_2}{C_1} \cdot E$

해설

$v = \dfrac{C_1}{C_1 + C_2} \cdot E$

67 화염일주한계에 대해 가장 잘 설명한 것은?

① 화염이 발화온도로 전파될 가능성의 한계값이다.
② 화염이 전파되는 것을 저지할 수 있는 틈새의 최대 간격치이다.
③ 폭발성 가스와 공기가 혼합되어 폭발한계 내에 있는 상태를 유지하는 한계값이다.
④ 폭발성 분위기가 전기 불꽃에 의하여 화염을 일으킬 수 있는 최소의 전류값이다.

해설

화염주기의 한계
폭발성 분위기에 있는 용기의 접합면 틈새를 통해 화염이 내부에서 외부로 전파되는 것을 저지할 수 있는 틈새의 최대 간격치

정답 63 ① 64 ④ 65 ④ 66 ① 67 ②

68 정전기 발생의 일반적인 종류가 아닌 것은?

① 마찰　　　　　② 중화
③ 박리　　　　　④ 유동

> **해설**
>
> **대전의 종류**
> ① 마찰　　　　　② 충돌
> ③ 박리　　　　　④ 유동
> ⑤ 분출　　　　　⑥ 파괴
> ⑦ 교반

69 전기기계 · 기구의 조작 시 안전조치로서 사업주는 근로자가 안전하게 작업할 수 있도록 전기 기계 · 기구로부터 폭 얼마 이상의 작업공간을 확보하여야 하는가?

① 30cm　　　　　② 50cm
③ 70cm　　　　　④ 100cm

> **해설**
>
> 전기기계 · 기구의 조작 시 안전조치로서 사업주는 근로자가 안전하게 작업할 수 있도록 전기 기계 · 기구로부터 폭 70cm 이상의 작업공간을 확보하여야 한다.

70 가수전류(Let-go Current)에 대한 설명으로 옳은 것은?

① 마이크 사용 중 전격으로 사망에 이른 전류
② 전격을 일으킨 전류가 교류인지 직류인지 구별할 수 없는 전류
③ 충전부로부터 인체가 자력으로 이탈할 수 있는 전류
④ 몸이 물에 젖어 전압이 낮은 데도 전격을 일으킨 전류

> **해설**
>
> 가수전류 : 충전부로부터 인체가 자력으로 이탈할 수 있는 전류

71 정전작업 시 작업 전 안전조치사항으로 가장 거리가 먼 것은?

① 단락 접지
② 잔류 전하 방전
③ 절연 보호구 수리
④ 검전기에 의한 정전확인

> **해설**
>
> **정전작업 시 전로 차단 절차**
> ① 전기기기 등에 공급하는 모든 전원을 관련 도면, 배선도 등으로 확인한다.
> ② 전원을 차단한 후 각 단로기를 개방한다.
> ③ 문서화된 절차에 따라 잠금장치 및 꼬리표를 부착한다.
> ④ 개로된 전로에서 유도전압 또는 전기 에너지의 축적으로 근로자에게 전기위험이 있는 전기기기 등은 접촉하기 전에 접지시켜 완전히 방전시킨다.
> ⑤ 검전기를 이용하여 작업 대상 기기의 충전 여부를 확인한다.
> ⑥ 전기기기 등이 다른 노출 충전부와의 접촉 등으로 인해 전압이 인가될 우려가 있는 경우에는 충분한 용량을 가진 단락 접지기구를 이용하여 접지에 접속한다.

72 감전사고의 방지 대책으로 가장 거리가 먼 것은?

① 전기 위험부의 위험 표시
② 충전부가 노출된 부분에 절연방호구 사용
③ 충전부에 접근하여 작업하는 작업자 보호구 착용
④ 사고발생 시 처리 프로세스 작성 및 조치

> **해설**
>
> **감전사고의 방지 대책**
> ① 전기 위험부의 위험 표시
> ② 충전부가 노출된 부분에 절연방호구 사용
> ③ 충전부에 접근하여 작업하는 작업자 보호구 착용

73 위험방지를 위한 전기기계 · 기구의 설치 시 고려할 사항으로 거리가 먼 것은?

① 전기기계 · 기구의 충분한 전기적 용량 및 기계적 강도

② 전기기계 · 기구의 안전효율을 높이기 위한 시간 가동률

③ 습기 · 분진 등 사용장소의 주위 환경

④ 전기적 · 기계적 방호수단의 적정성

전기기계 · 기구의 설치 시 고려할 사항으로 거리가 먼 것은
① 전기기계 · 기구의 충분한 전기적 용량 및 기계적 강도
② 습기 · 분진 등 사용장소의 주위 환경
③ 전기적 · 기계적 방호수단의 적정성

74 200A의 전류가 흐르는 단상 전로의 한 선에서 누전되는 최소 전류(mA)의 기준은?

① 100   ② 200

③ 10   ④ 20

해설

누설전류 = 최대공급전류/2,000이므로
$200/2,000 = 0.1A \times 1,000 = 100mA$

75 정전기 방전에 의한 폭발로 추정되는 사고를 조사함에 있어서 필요한 조치로서 가장 거리가 먼 것은?

① 가연성 분위기 규명

② 사고현장의 방전 흔적 조사

③ 방전에 따른 점화 가능성 평가

④ 전하발생 부위 및 축적 기구 규명

해설

정전기 방전에 의한 폭발사고 시 조치사항
① 가연성 분위기 규명
② 방전에 따른 점화 가능성 평가
③ 전하발생 부위 및 축적 기구 규명

76 감전 쇼크에 의해 호흡이 정지되었을 경우 일반적으로 약 몇 분 이내에 응급처치를 개시하면 95% 정도를 소생시킬 수 있는가?

① 1분 이내   ② 3분 이내

③ 5분 이내   ④ 7분 이내

해설

인공호흡 소생률

호흡정지에서 인공호흡 게시까지의 시간(분)	소생률(%)	사망률(%)
1	95	5
2	90	10
3	75	25
4	50	50
5	25	75

77 다음 중 방폭구조의 종류가 아닌 것은?

① 본질안전 방폭구조   ② 고압 방폭구조

③ 압력 방폭구   ④ 내압 방폭구조

해설

방폭구조의 종류
① 본질안전 방폭구조   ② 안전증 방폭구조
③ 압력 방폭구조   ④ 내압 방폭구조
⑤ 충전 방폭구조   ⑥ 몰드 방폭구조
⑦ 유입 방폭구조   ⑧ 특수 방폭구조

78 전선의 절연 피복이 손상되어 동선이 서로 직접 접촉한 경우를 무엇이라 하는가?

① 절연   ② 누전

③ 접지   ④ 단락

해설

단락 : 전선의 절연 피복이 손상되어 동선이 서로 직접 접촉

79 이상적인 피뢰기가 가져야 할 성능으로 틀린 것은?

① 제한전압이 낮을 것

② 방전개시전압이 낮을 것

정답   74 ①   75 ②   76 ①   77 ②   78 ④   79 ③

③ 뇌전류 방전능력이 적을 것

④ 속류차단을 확실하게 할 수 있을 것

해설

피뢰기의 일반적 구비성능

① 충격 방전 개시전압이 낮을 것

② 제한 전압이 낮을 것

③ 뇌전류의 방전능력이 크고 속류의 차단이 확실하게 될 것

④ 상용 주파 방전개시 전압이 높아야 할 것

⑤ 구조가 견고하며 특성이 변화하지 않을 것

⑥ 점검 보수가 간단할 것

⑦ 반복동작이 가능할 것

80 인체의 전기저항이 $5,000\,\Omega$ 이고, 세동전류와 통전시간과의 관계를 $I = \dfrac{165}{\sqrt{T}}\,mA$ 라 할 경우, 심실세동을 일으키는 위험 에너지는 약 몇 J인가? (단, 통전시간은 1초로 한다)

① 5   ② 30

③ 136   ④ 825

해설

위험에너지 $Q(J) = I^2 RT$

$(\dfrac{165}{\sqrt{T}} \times 10^{-3})^2 \times 5,000 \times 1 = 136J$

5과목 화학설비위험방지기술

81 사업주는 인화성 액체 및 인화성 가스를 저장 취급하는 화학설비에서 증기나 가스를 대기로 방출하는 경우에는 외부로부터의 화염을 방지하기 위하여 화염방지기를 설치하여야 한다. 다음 중 화염방지기의 설치 위치로 옳은 것은?

① 설비의 상단   ② 설비의 하단

③ 설비의 측면   ④ 설비의 조작부

해설

화염방지기의 설치 위치 : 설비의 상단

82 다음 중 자연발화가 쉽게 일어나는 조건으로 틀린 것은?

① 주위온도가 높을수록

② 열 축적이 클수록

③ 적당량의 수분이 존재할 때

④ 표면적이 작을수록

해설

자연발화의 조건

① 표면적이 넓은 것

② 열전도율이 작을 것

③ 표면적이 클수록

④ 발열량이 클 것

⑤ 주위의 온도가 높을 것(분자운동 활발)

83 8% NaOH 수용액과 5% NaOH 수용액을 반응기에 혼합하여 6% 100kg의 NaOH 수용액을 만들려면 각각 약 몇 kg의 NaOH 수용액이 필요한가?

① 5% NaOH 수용액 : 33.3kg, 8% NaOH 수용액 : 66.7kg

② 5% NaOH 수용액 : 56.8kg, 8% NaOH 수용액 : 43.2kg

③ 5% NaOH 수용액 : 66.7kg, 8% NaOH 수용액 : 33.3kg

④ 5% NaOH 수용액 : 43.2kg, 8% NaOH 수용액 : 56.8kg

해설

[풀이. 1]

1) 8%의 수용액 : X   5%의 수용액 : Y

2) $0.08X + 0.05Y = 0.06 \times 100$

$0.08(100 - Y) + 0.05Y = 6$ $Y = 66.7$

따라서 X = 33.7

정답   80 ③   81 ①   82 ④   83 ③

[풀이. 2]

① 5% NaOH 수용액 : $33.3kg \times 0.05 = 1.66$
   8% NaOH 수용액 : $66.7kg \times 0.08 = 5.336$
   → $1.66 + 5.336 = 6.996$

② 5% NaOH 수용액 : $56.8kg \times 0.05 = 2.84$
   8% NaOH 수용액 : $43.2kg \times 0.08 = 3.456$
   → $2.84 + 3.456 = 6.296$

③ 5% NaOH 수용액 : $66.7kg \times 0.05 = 3.335$
   8% NaOH 수용액 : $33.3kg \times 0.08 = 2.664$
   → $3.335 + 2.664 = 5.999$

④ 5% NaOH 수용액 : $43.2kg \times 0.05 = 2.16$
   8% NaOH 수용액 : $56.8kg \times 0.08 = 4.544$
   → $2.16 + 4.544 = 6.704$

∴ 6%의 수산화나트륨 100kg은 6kg으로 정답은 3번이다.

---

84 사업주는 산업안전보건기준에 관한 규칙에서 정한 위험물을 기준량 이상으로 제조하거나 취급하는 특수화학설비를 설치하는 경우에는 내부의 이상상태를 조기에 파악하기 위하여 필요한 온도계 · 유량계 · 압력계 등의 계측장치를 설치하여야 한다. 이때 위험물질별 기준량으로 옳은 것은?

① 부탄 : $25m^3$
② 부탄 : $150m^3$
③ 시안화수소 : 5kg
④ 시안화수소 : 200kg

해설

위험물질별 기준량
부탄 : $50\ m^3$
시안화수소 : 5kg

---

85 폭발의 위험성을 고려하기 위해 정전에너지 값을 구하고자 한다. 다음 중 정전에너지를 구하는 식은?(단, E는 정전에너지, C는 정전용량, V는 전압을 의미한다)

① $E = \dfrac{1}{2}CV^2$
② $E = \dfrac{1}{2}VC^2$
③ $E = VC^2$
④ $E = \dfrac{1}{4}VC$

해설

정전에너지 공식 $E = \dfrac{1}{2}CV^2$

---

86 다음 중 유류화재에 해당하는 화재의 급수는?

① A급
② B급
③ C급
④ D급

해설

① A급 : 일반화재
② B급 : 유류화재
③ C급 : 전기화재
④ D급 : 금속화재

---

87 할론 소화약제 중 Halon 2402의 화학식으로 옳은 것은?

① $C_2F_4Br_2$
② $C_2H_4Br_2$
③ $C_2Br_4H_2$
④ $C_2Br_4F_2$

해설

C, F, Cl, Br 순서에 따라 개수로 표시
2402 : $C_2F_4Br_2$

---

88 위험물의 저장방법으로 적절하지 않은 것은?

① 탄화칼슘은 물속에 저장한다.
② 벤젠은 산화성 물질과 격리시킨다.
③ 금속나트륨은 석유 속에 저장한다.
④ 질산은 갈색병에 넣어 냉암소에 보관한다.

해설

탄화칼슘은 물과 반응하여 아세틸렌가스를 발생시킨다.
$CaC_2 + 2H_2O \rightarrow Ca(OH)_2 + C_2H_2$

---

89 다음 중 산업안전보건법령상 공정안전 보고서의 안전운전 계획에 포함되지 않는 항목은?

① 안전작업허가
② 안전운전지침서

---

③ 가동 전 점검지침
④ 비상조치계획에 따른 교육계획

해설

공정 안전보고서의 안전운전계획
① 안전운전지침서
② 설비점검, 검사, 보수, 유지계획 및 지침서
③ 안전작업 허가지침
④ 도급업체 안전관리계획
⑤ 근로자 교육계획
⑥ 가동전 점검
⑦ 변경요서 관리계획
⑧ 자체감사 및 사고조사계획

90 마그네슘의 저장 및 취급에 관한 설명으로 틀린 것은?

① 화기를 엄금하고, 가열, 충격, 마찰을 피한다.
② 분말이 비산하지 않도록 밀봉하여 저장한다.
③ 제6류 위험물과 같은 산화제와 혼합되지 않도록 격리, 저장한다.
④ 일단 연소하면 소화가 곤란하지만 초기 소화 또는 소규모 화재 시 물, CO_2 소화설비를 이용하여 소화한다.

해설

마그네슘은 금속화재로서 건조사로 소화해야 한다.
금속은 물을 만나면 수소를 발생시킨다.

91 다음 중 분진이 발화 폭발하기 위한 조건으로 거리가 먼 것은?

① 불연성질
② 미분상태
③ 점화원의 존재
④ 지연성가스 중에서의 교반과 운동

해설

분진폭발
① 금속분진, 알루미늄, 마그네슘 등 소맥분, 분말 등 $100\mu m$ 이하의 가연성 고체를 미분으로 공기 중에 부유시켜 연소 폭발하는 현상
② 불휘발성 액체 또는 고체가 미립자 상태로 공기 중에서 폭발범위 내로 존재할 경우 착화에너지에 의해 일어나는 현상
③ 분진, 미스트 등이 일정농도 이상으로 공기와 혼합 시 발화원에 의해 분진폭발을 일으킨다.
④ 불연성 물질은 분진폭발이 일어나지 않으며 가연성 분진이 폭발을 일으킨다.

92 다음 중 산업안전보건법령상 산화성 액체 또는 산화성 고체에 해당하지 않는 것은?

① 질산
② 중크롬산
③ 과산화수소
④ 질산에스테르

해설

• 산화성 고체는 제1류 위험물
• 산화성 액체는 제6류 위험물
• 질산에스테르는 제5류 위험물

93 열교환기의 열 교환 능률을 향상시키기 위한 방법이 아닌 것은?

① 유체의 유속을 적절하게 조절한다.
② 유체의 흐르는 방향을 병류로 한다.
③ 열교환하는 유체의 온도차를 크게 한다.
④ 열전도율이 높은 재료를 사용한다.

해설

유체의 흐름
병류 : 유체의 흐름이 같은 방향으로 흐름
향류 : 유체의 흐름이 반대 방향으로 흐름
따라서 유체의 흐르는 방향을 향류로 하는 것이 능률을 향상시키는 방법이다.

정답 90 ④ 91 ① 92 ④ 93 ②

94 다음 중 고체의 연소방식에 관한 설명으로 옳은 것은?

① 분해연소란 고체가 표면의 고온을 유지하며 타는 것을 말한다.
② 표면연소란 고체가 가열되어 열분해가 일어나고 가연성 가스가 공기 중의 산소와 타는 것을 말한다.
③ 자기연소란 공기 중 산소를 필요로 하지 않고 자신이 분해되며 타는 것을 말한다.
④ 분무연소란 고체가 가열되어 가연성가스를 발생시키며 타는 것을 말한다.

해설

고체연소

표면연소	목재의 연소에서 열분해로 인해 탄화작용이 생겨 탄소의 고체 표면에 공기와 접촉하는 부분에서 착화하는 현상으로 고체 표면에서 반응을 일으키는 연소 (금속, 숯, 목탄, 코크스, 알루미늄)
분해연소	목재 석탄 등의 고체 가연물이 열분해로 인하여 가연성 가스가 방출되어 착화되는 현상(비휘발성 종이, 나무, 석탄)
증발연소	증기가 심지를 타고 올라가는 연소(황, 파라핀 촛농, 나프탈렌)
자기연소	공기 중 산소를 필요로 하지 않고 자신이 분해되며 타는 것(다이나마이트, 니트로화합물)

95 사업주는 안전밸브 등의 전단 · 후단에 차단밸브를 설치해서는 아니 된다. 다만, 별도로 정한 경우에 해당할 때는 자물쇠형 또는 이에 준하는 형식의 차단밸브를 설치할 수 있다. 이에 해당하는 경우가 아닌 것은?

① 화학설비 및 그 부속설비에 안전밸브 등이 복수방식으로 설치되어 있는 경우
② 예비용 설비를 설치하고 각각의 설비에 안전밸브 등이 설치되어 있는 경우
③ 파열판과 안전밸브를 직렬로 설치한 경우
④ 열팽창에 의하여 상승된 압력을 낮추기 위한 목적으로 안전밸브가 설치된 경우

해설

차단밸브 설치 금지

1) 안전밸브등의 전단 · 후단에 차단밸브를 설치금지
2) 안전밸브 등의 전단 · 후단에 차단밸브를 설치할 수 있는 경우
   ① 인접한 화학설비 및 그 부속설비에 안전밸브 등이 각각 설치되어 있고, 해당 화학설비 및 그 부속설비의 연결배관에 차단밸브가 없는 경우
   ② 안전밸브 등의 배출용량의 1/2 이상에 해당하는 용량의 자동압력조절밸브와 안전밸브 등이 병렬로 연결된 경우
   ③ 화학설비 및 그 부속설비에 안전밸브 등이 복수방식으로 설치되어 있는 경우
   ④ 예비용 설비를 설치하고 각각의 설비에 안전밸브 등이 설치되어 있는 경우
   ⑤ 열팽창에 의하여 상승된 압력을 낮추기 위한 목적으로 안전밸브가 설치된 경우
   ⑥ 하나의 플레어 스택(flare stack)에 둘 이상의 단위공정의 플레어 헤더(flare header)를 연결하여 사용하는 경우로서 각각의 단위공정의 플레어헤더에 설치된 차단밸브의 열림 · 닫힘 상태를 중앙제어실에서 알 수 있도록 조치한 경우

96 위험물안전관리법령에서 정한 제3류 위험물에 해당하지 않는 것은?

① 나트륨
② 알킬알루미늄
③ 황린
④ 니트로글리세린

해설

제3류 위험물

칼륨, 나트륨, 알킬알루미늄, 황린, 금속의 인화물, 금속의 탄화물, 니트로글리세린은 제5류 위험물이다.

97 다음 [표]를 참조하여 메탄 70vol%, 프로판 21vol%, 부탄 9vol%인 혼합가스의 폭발범위를 구하면 약 몇 vol%인가?

가스	폭발하한계(Vol%)	폭발상한계(Vol%)
C_4H_{10}	1.8	8.4
C_8H_8	2.1	9.5
C_2H_6	3.0	12.4
CH_4	5.0	15.0

① 3.45~9.11 ② 3.45~12.58
③ 3.85~9.11 ④ 3.85~12.58

해설

르샤틀리에 법칙

- 폭발하한계 $\dfrac{100}{\dfrac{70}{5}+\dfrac{21}{2.1}+\dfrac{9}{1.8}}=3.45$

- 폭발상한계 $\dfrac{100}{\dfrac{70}{15}+\dfrac{21}{9.5}+\dfrac{9}{8.4}}=12.58$

98 ABC급 분말소화약제의 주성분에 해당하는 것은?

① $NH_4H_2PO_4$ ② Na_2CO_3
③ Na_2SO_3 ④ K_2CO_3

해설

탄산수소나트륨($NaHCO_3$)
탄산수소칼륨($KHCO_3$)
제1인산암모늄($NH_4H_2PO_4$)
요소＋탄산수소칼륨($[(NH_2)2CO+2KHCO_3]$)
ABC 소화제는 제1인산암모늄이다.

99 공기 중 아세톤의 농도가 200ppm(TLV 500 ppm), 메틸에틸케톤(MEK)의 농도가 100ppm(TLV 200ppm)일 때 혼합물질의 허용농도는 약 몇 ppm 인가?(단, 두 물질은 서로 상가작용을 하는 것으로 가정한다.)

① 150 ② 200
③ 270 ④ 333

해설

혼합물의 노출기준 및 허용농도

① 혼합물의 노출기준

$R=\dfrac{C1}{T1}+\dfrac{C2}{T2}$

C : 화학물질 각각의 측정치
T : 화학물질 각각의 노출기준
R : 1이 초과하지 않을 것

$\dfrac{C1}{T1}+\dfrac{C2}{T2}=\dfrac{200}{500}+\dfrac{100}{200}=0.9$

② 혼합물의 허용농도(혼합물의 TLV−TWA)

$TLV-TWA=\dfrac{C1+C2}{R}$

C : 화학물질의 측정치 R : 혼합물의 노출기준

$\dfrac{200+100}{0.9}=333.33$

100 다음의 설명에 해당하는 안전장치는?

> 대형의 반응기, 탑, 탱크 등에서 이상상태가 발생할 때 밸브를 정지시켜 원료공급을 차단하기 위한 안전장치로, 공기압식, 유압식, 전기식 등이 있다.

① 파열판 ② 안전밸브
③ 스팀트랩 ④ 긴급차단장치

해설

긴급차단장치
이상 상태에 발생에 따른 폭발, 화재 또는 위험물 누출방지
① 원재료 공급의 긴급차단(공기압식, 유압식, 전기식)
② 제품 등의 방출
③ 불활성 가스 주입이나 냉각용수 등의 공급 등의 장치 설치

101 단관비계의 도괴 또는 전도를 방지하기 위하여 사용하는 벽이음의 간격기준으로 옳은 것은?

① 수직방향 5m 이하, 수평방향 5m 이하
② 수직방향 6m 이하, 수평방향 6m 이하
③ 수직방향 7m 이하, 수평방향 7m 이하
④ 수직방향 8m 이하, 수평방향 8m 이하

해설

강관비계 설치구조

구분		준수사항
비계기둥	띠장방향	1.85m 이하
	장선방향	1.5m 이하
띠장간격		2.0m 이하로 설치할 것
벽연결		수직으로 5m 이하 수평으로 5m 이내마다 연결
높이제한		비계기둥의 제일 윗부분으로부터 31m 되는 지점 밑 부분의 비계 기둥은 2본의 강관으로 묶어 세울 것
가새		기둥간격 10m마다 45° 각도 처마방향 가새
작업대		안전난간 설치
하단부		깔판 받침목 등 사용 밑둥잡이 설치
적재하중		비계 기둥 간의 적재하중은 400kg을 초과하지 않도록 할 것

102 건설업 산업안전보건관리비 내역 중 계상비용에 해당되지 않는 것은?

① 근로자 건강관리비
② 건설재해예방 기술지도비
③ 개인보호구 및 안전장구 구입비
④ 외부비계, 작업발판 등의 가설구조물 설치 소요비

해설

산업안전관리비의 항목별 사용기준
① 안전관리자 등의 인건비 및 각종 직무수당 등
② 안전시설비 등
③ 개인보호구 및 안전장구 구입비 등
④ 사업장의 안전진단비 등
⑤ 안전보건 교육비 및 행사비 등
⑥ 근로자의 건강관리비 등
⑦ 기술 지도비
⑧ 본사 사용비

103 다음은 산업안전보건법령에 따른 동바리로 사용하는 파이프 서포트에 관한 사항이다. ( ) 안에 들어갈 내용을 순서대로 옳게 나타낸 것은?

> 가. 파이프 서포트를 (A) 이상 이어서 사용하지 않도록 할 것
> 나. 파이프 서포트를 이어서 사용하는 경우에는 (B) 이상의 볼트 또는 전용철물을 사용하여 이을 것

① A : 2개, B : 2개
② A : 3개, B : 4
③ A : 4개, B : 3개
④ A : 4개, B : 4개

해설

거푸집 동바리 조립 시 안전조치 사항
동바리로 사용하는 파이프 서포트에 대해서는 다음 각 목의 사항을 따를 것
① 파이프 서포트를 3개 이상 이어서 사용하지 않도록 할 것
② 파이프 서포트를 이어서 사용하는 경우에는 4개 이상의 볼트 또는 전용철물을 사용하여 이을 것
③ 높이가 3.5미터를 초과하는 경우 높이 2미터 이내마다 수평연결재를 2개 방향으로 만들고 수평연결재의 변위를 방지할 것

104 화물취급 작업 시 준수사항으로 옳지 않은 것은?

① 꼬임이 끊어지거나 심하게 부식된 섬유로프는 화물운반용으로 사용해서는 아니 된다.
② 섬유로프 등을 사용하여 화물취급작업을 하는 경우에 해당 섬유로프 등을 점검하고 이상을 발견한 섬유로프 등을 즉시 교체하여야 한다.
③ 차량 등에서 화물을 내리는 작업을 하는 경우에 해당 작업에 종사하는 근로자에게 쌓여 있는 화물의 중간에서 필요한 화물을 빼낼 수 있도록 허용한다.

④ 하역작업을 하는 장소에서 작업장 및 통로의 위험한 부분에는 안전하게 작업할 수 있는 조명을 유지한다.

해설

차량 등에서 화물을 내리는 작업을 하는 경우에 해당 작업에 종사하는 근로자에게 쌓여 있는 화물의 중간에서 필요한 화물을 빼내서는 아니된다.

105 시스템 비계를 사용하여 비계를 구성하는 경우의 준수사항으로 옳지 않은 것은?

① 수직재 · 수평재 · 가새재를 견고하게 연결하는 구조가 되도록 할 것
② 수평재는 수직재와 직각으로 설치하여야 하며, 체결 후 흔들림이 없도록 견고하게 설치할 것
③ 비계 밑단의 수직재와 받침철물은 밀착되도록 설치하고, 수직재와 받침철물의 연결부의 겹침 길이는 받침철물 전체 길이의 3분의 1 이상이 되도록 할 것
④ 벽 연결재의 설치간격은 시공자가 안전을 고려하여 임의대로 결정한 후 설치할 것

해설

시스템 비계의 구조
① 수직재, 수평재, 가새재를 견고하게 연결하는 구조가 되도록 할 것
② 비계 밑단의 수직재와 받침철물은 밀착되도록 설치하고, 수직재와 받침철물의 연결부의 겹침 길이는 받침철물 전체 길이의 1/3 이상이 되도록 할 것
③ 수평재는 수직재와 직각으로 설치하여야 하며, 체결 후 흔들림이 없도록 견고하게 설치할 것
④ 수직재와 수직재의 연결철물은 이탈되지 않도록 견고한 구조로 할 것
⑤ 벽 연결재의 설치간격은 제조사가 정한 기준에 따라 설치할 것

106 건설공사 위험성평가에 관한 내용으로 옳지 않은 것은?

① 건설물, 기계 · 기구, 설비 등에 의한 유해 · 위험요인을 찾아내어 위험성을 결정하고 그 결과에 따른 조치를 하는 것을 말한다.
② 사업주는 위험성평가의 실시내용 및 결과를 기록 · 보존하여야 한다.
③ 위험성평가 기록물의 보존기간은 2년이다.
④ 위험성평가 기록물에는 평가대상의 유해 · 위험요인, 위험성 결정의 내용 등이 포함된다.

해설

위험성 평가 기록물의 보존기간은 3년이다.

107 철골작업에서의 승강로 설치기준 중 ( ) 안에 알맞은 것은?

사업주는 근로자가 수직방향으로 이동하는 철골부재에는 답단 간격이 ( ) 이내인 고정된 승강로를 설치하여야 한다.

① 20cm   ② 30cm
③ 40cm   ④ 50cm

해설

승강 설비 설치
① 기둥 승강용 트랩은 16mm 철근
② 30cm 이내에 간격
③ 30cm 이상 폭

108 사다리식 통로 등을 설치하는 경우 폭은 최소 얼마 이상으로 하여야 하는가?

① 30cm   ② 40cm
③ 50cm   ④ 60cm

해설

사다리 통로
① 견고한 구조로 할 것
② 심한 손상 · 부식 등이 없는 재료를 사용할 것

정답 105 ④   106 ③   107 ②   108 ①

③ 발판의 간격은 일정하게 할 것
④ 발판과 벽과의 사이는 15cm 이상의 간격을 유지할 것
⑤ 폭은 30cm 이상으로 할 것

109 추락재해에 대한 예방차원에서 고소작업의 감소를 위한 근본적인 대책으로 옳은 것은?

① 방망 설치
② 지붕 트러스의 일체화 또는 지상에서 조립
③ 안전대 사용
④ 비계 등에 의한 작업대 설치

해설

추락재해에 대한 예방차원에서 고소작업의 감소를 위한 근본적인 대책

지붕 트러스의 일체화 또는 지상에서 조립

110 다음 중 건설공사 유해 · 위험방지계획서 제출 대상 공사가 아닌 것은?

① 지상높이가 50m인 건축물 또는 인공구조물 건설 공사
② 연면적이 3,000m²인 냉동 · 냉장창고시설의 설비공사
③ 최대 지간길이가 60m인 교량건설공사
④ 터널건설공사

해설

유해위험 방지계획서 제출대상 사업장의 건설공사
1) 지상높이가 31m 이상인 건축물
2) 연면적 3만 이상인 건축물
3) 연면적 5천m² 이상인 시설로서 다음의 어느 하나에 해당하는 시설
　　① 문화 및 집회시설(전시장 및 동물원 · 식물원은 제외한다)
　　② 판매시설, 운수시설(고속철도의 역사 및 집배송시설은 제외한다)
　　③ 종교시설
　　④ 의료시설 중 종합병원
　　⑤ 숙박시설 중 관광숙박시설

　　⑥ 지하도상가
　　⑦ 냉동 · 냉장 창고시설
4) 연면적 5천m² 이상인 냉동 · 냉장 창고시설의 설비공사 및 단열공사
5) 최대 지간(支間)길이가 50m 이상인 다리의 건설 등 공사
6) 터널의 건설 등 공사
7) 다목적댐, 발전용댐, 저수용량 2천만톤 이상의 용수전용 댐 및 지방상수도 전용 댐의 건설 등 공사
8) 깊이 10m 이상인 굴착공사

111 겨울철 공사 중인 건축물의 벽체 콘크리트 타설 시 거푸집이 터져서 콘크리트 쏟아지는 사고가 발생하였다. 이 사고의 발생 원인으로 추정 가능한 사안 중 가장 타당한 것은?

① 콘크리트의 타설속도가 빨랐다.
② 진동기를 사용하지 않았다.
③ 철근 사용량이 많았다.
④ 콘크리트의 슬럼프가 작았다.

해설

측압이 커지는 조건
① 거푸집 수평 단면이 클수록
② 콘크리트 슬럼프 치가 클수록
③ 거푸집 표면이 평탄할수록
④ 철골 철근 양이 적을수록
⑤ 콘크리트 시공 연도가 좋을수록
⑥ 다짐이 충분할수록
⑦ 외기의 온도가 낮을수록
⑧ 타설 속도가 빠를수록
⑨ 타설 시 상부에서 직접 낙하할 경우
⑩ 부배합일수록
⑪ 콘크리트 비중이(단위중량) 클수록
⑫ 거푸집의 강성이 클수록
⑬ 벽 두께가 얇을수록
⑭ 습도가 낮을수록

정답 　109 ② 　110 ② 　111 ①

112 다음 중 운반작업 시 주의사항으로 옳지 않은 것은?

① 운반 시의 시선은 진행방향을 향하고 뒷걸음 운반을 하여서는 안 된다.
② 무거운 물건을 운반할 때 무게 중심이 높은 화물은 인력으로 운반하지 않는다.
③ 어깨높이보다 높은 위치에서 화물을 들고 운반하여서는 안 된다.
④ 단독으로 긴 물건을 어깨에 메고 운반할 때에는 뒤쪽을 위로 올린 상태로 운반한다.

해설
단독으로 긴 물건을 어깨에 메고 운반할 때에는 뒤쪽을 아래로 내린 상태로 운반한다.

113 다음 중 직접기초의 터파기 공법이 아닌 것은?

① 개착공법
② 시트 파일 공법
③ 트렌치 컷 공법
④ 아일랜드 컷 공법

해설
터파기 공법
① 개착공법
② 역타공법
③ 트렌치 컷 공법
④ 아일랜드 컷 공법

114 건설재해대책의 사면보호공법 중 식물을 생육시켜 그 뿌리로 사면의 표층토를 고정하여 빗물에 의한 침식, 동상, 이완 등을 방지하고, 녹화에 의한 경관조성을 목적으로 시공하는 것은?

① 식생공
② 쉴드공
③ 뿜어붙이기공
④ 블럭공

해설
사면보호공법

식생공법	때붙임공
	식생공
	식수공
	파종공
구조물 보호공법	블록(돌)붙임공
	블록(돌)쌓기공
	콘크리트 블록, 격자공
	뿜어붙이기공

115 훅걸이용 와이어로프 등이 훅으로부터 벗겨지는 것을 방지하기 위한 장치는?

① 해지장치
② 권과방지장치
③ 과부하방지장치
④ 턴버클

해설
훅 해지장치
훅걸이용 와이어로프 등이 훅으로부터 벗겨지는 것을 방지하기 위한 장치

116 장비가 위치한 지면보다 낮은 장소를 굴착하는 데 적합한 장비는?

① 트럭크레인
② 파워셔블
③ 백호우
④ 진폴

해설
백호우 : 장비가 위치한 지면보다 낮은 장소를 굴착

117 추락방지용 방망 중 그물코의 크기가 5cm인 매듭방망 신품의 인장강도는 최소 몇 kg 이상이어야 하는가?

① 60
② 110
③ 150
④ 200

정답   112 ④   113 ②   114 ①   115 ①   116 ③   117 ②

방망사의 인장강도

그물코의 크기 단위 : cm	방망의 종류(kg)			
	매듭 없는 방망		매듭 방망	
	신품	폐기시	신품	폐기시
10cm	240	150	200	135
5cm			110	60

118 잠함, 우물통, 수직갱의 내부에서 굴착작업을 할 때의 준수사항으로 옳지 않은 것은?

① 굴착 깊이가 10m를 초과하는 경우에는 해당 작업장소와 외부와의 연락을 위한 통신설비 등을 설치하여야 한다.

② 산소결핍의 우려가 있는 경우에는 산소의 농도를 측정하는 자를 지명하여 측정하도록 한다.

③ 근로자가 안전하게 승강하기 위한 설비를 설치한다.

④ 측정 결과 산소의 결핍이 인정될 경우에는 송기를 위한 설비를 설치하여 필요한 양의 공기를 공급하여야 한다.

잠함, 우물통, 수직갱, 내부에서 굴착작업 시 준수사항
① 산소결핍 우려가 있는 경우에는 산소의 농도를 측정하는 사람을 지명하여 측정하도록 할 것
② 근로자가 안전하게 오르내리기 위한 승강설비를 설치할 것
③ 굴착 깊이가 20m를 초과하는 경우에는 해당 작업장소와 외부와의 연락을 위한 통신설비 등을 설치할 것
④ 측정 결과 산소결핍이 인정되거나 굴착 깊이가 20m를 초과하는 경우에는 송기를 위한 설비를 설치하여 필요한 양의 공기를 공급해야 한다.

119 이동식 비계를 조립하여 작업을 하는 경우의 준수사항으로 옳지 않은 것은?

① 비계의 최상부에서 작업을 하는 경우에는 안전난간을 설치할 것

② 작업발판은 항상 수평을 유지하고 작업발판 위에서 안전난간을 딛고 작업을 하거나 받침대 또는 사다리를 사용하여 작업하지 않도록 할 것

③ 작업발판의 최대 적재하중은 150kg을 초과하지 않도록 할 것

④ 이동식 비계의 바퀴에는 뜻밖의 갑작스러운 이동 또는 전도를 방지하기 위하여 브레이크·쐐기 등으로 바퀴를 고정시킨 다음 비계의 일부를 견고한 시설물에 고정하거나 아웃트리거(outrigger)를 설치하는 등 필요한 조치를 할 것

이동식비계 작업 시 준수사항
① 이동식 비계의 바퀴에는 뜻밖의 갑작스러운 이동 또는 전도를 방지하기 위하여 브레이크·쐐기 등으로 바퀴를 고정시킨 다음 비계의 일부를 견고한 시설물에 고정하거나 아웃트리거를 설치하는 등 필요한 조치를 할 것
② 승강용 사다리는 견고하게 설치할 것
③ 비계의 최상부에서 작업을 하는 경우에는 안전난간을 설치할 것
④ 작업발판은 항상 수평을 유지하고 작업발판 위에서 안전난간을 딛고 작업을 하거나 받침대 또는 사다리를 사용하여 작업하지 않도록 할 것
⑤ 작업발판의 최대적재하중은 250kg을 초과하지 않도록 할 것
⑥ 비계의 최대높이는 밑변 최소폭의 4배 이하

120 항타기 또는 항발기의 권상장치 드럼축과 권상장치로부터 첫 번째 도르래 간의 거리는 권상장치 드럼 폭의 몇 배 이상으로 하여야 하는가?

① 5배 ② 8배
③ 10배 ④ 15배

항타기 항발기 도르래의 위치
① 권상장치의 드럼축과 권상장치로부터 첫 번째 활차축과의 거리는 권상장치 드럼 폭의 15배 이상으로 하여야 한다.
② 도르래는 권상장치의 드럼의 중심을 지나야 하며 축과 수직면상에 있어야 한다.

정답 118 ① 119 ③ 120 ④

산업안전기사(2019년 03월 03일)

안전관리론

01 제일선의 감독자를 교육대상으로 하고, 작업을 지도하는 방법, 작업개선방법 등의 주요 내용을 다루는 기업 내 교육방법은?

① TWI ② MTP
③ ATT ④ CCS

해설

TWI(Training With Industry)

교육 대상자	교육내용
관리 감독자	① Job Instruction Training : 작업 지도 훈련(JIT) ② Job Methods Training : 작업 방법 훈련(JMT) ③ Job Relation Training : 인간 관계 훈련(JRT) ④ Job Safety Training : 작업 안전 훈련(JST)

02 안전검사기관 및 자율검사프로그램 인정기관은 고용노동부장관에게 그 실적을 보고하도록 관련법에 명시되어 있는데 그 주기로 옳은 것은?

① 매월 ② 격월
③ 분기 ④ 반기

해설

안전검사 실적보고
① 안전검사기관 및 공단은 안전검사 및 심사 실시결과를 전산으로 입력하는 등 검사 대상품에 대한 통계관리를 하여야 한다.
② 안전검사기관은 분기마다 다음 달 10일까지 분기별 실적과 매년 1월 20일까지 전년도 실적을 고용노동부장관에게 제출하여야 하며, 공단은 분기마다 다음 달 10일까지 분기별 실적과 매년 1월 20일까지 전년도 실적을 고용노동부장관에게 제출하여야 한다.

03 다음 재해사례에서 기인물에 해당하는 것은?

기계작업에 배치된 작업자가 반장의 지시를 받기 전에 정지된 선반을 운전시키면서 변속치차의 덮개를 벗겨내고 치차를 저속으로 운전하면서 급유하려고 할 때 오른손이 변속치차에 맞물려 손가락이 절단되었다.

① 덮개 ② 급유
③ 선반 ④ 변속치차

해설

• 기인물 : 선반
• 가해물 : 변속치자

04 보호구 안전인증 고시에 따른 분리식 방진 마스크의 성능기준에서 포집효율이 특급인 경우, 염화나트륨(NaCl) 및 파라핀 오일(Paraffin oil)시험에서의 포집효율은?

① 99.95% 이상 ② 99.9% 이상
③ 99.5% 이상 ④ 99.0% 이상

해설

방진 마스크 포집률

형태 및 등급		염화나트륨(NaCl) 및 파라핀 오일(Paraffin oil) 시험(%)
분리식	특급	99.95 이상
	1급	94.0 이상
	2급	80.0 이상
안면부 여과식	특급	99.0 이상
	1급	94.0 이상
	2급	80.0 이상

정답 01 ① 02 ③ 03 ③ 04 ①

05 산업안전보건법상 특별안전보건교육에서 방사선 업무에 관계되는 작업을 할 때 교육내용으로 거리가 먼 것은?

① 방사선의 유해 · 위험 및 인체에 미치는 영향
② 방사선 측정기기 기능의 점검에 관한 사항
③ 비상 시 응급처리 및 보호구 착용에 관한 사항
④ 산소농도 측정 및 작업환경에 관한 사항

해설

방사선 업무 특별 안전교육 내용
• 방사선의 유해 · 위험 및 인체에 미치는 영향
• 방사선의 측정기기 기능의 점검에 관한 사항
• 방호거리 · 방호벽 및 방사선 물질의 취급요령 관한 사항
• 비상시 응급처치 및 보호구 착용에 관한 사항

06 주의의 수준이 Phase 0인 상태에서의 의식상태는?

① 무의식상태 ② 의식의 이완상태
③ 명료한상태 ④ 과긴장상태

해설

인간의 의식수준 단계

단계	의식수준	주의작용	생리적 상태
0단계	무의식, 실신	0	수면, 뇌 발작
I 단계	의식 흐림, 의식 몽롱	활발치 못함	피로, 단조로움
II 단계	정상, 이완상태	수동적, passive 마음이 왼쪽으로 향함	안정기거, 휴식 시, 정례작업 시 안정된 행동
III 단계	상쾌한 상태 정상(Nomal) 분명한 의식	active 시야 넓다. 능동적	판단을 동반한 행동, 적극 활동, 가장 좋은 의식상태
IV 단계	과 긴장 상태	판단정지 주의의 치우침	긴급 방위 반응, 당황, 패닉 상태

07 한 사람, 한 사람의 위험에 대한 감수성 향상을 도모하기 위하여 삼각 및 원포인트 위험예지훈련을 통합한 활용기법은?

① 1인 위험예지훈련
② TBM 위험예지훈련
③ 자문자답 위험예지훈련
④ 시나리오 역할연기훈련

해설

무재해 소집단 활동의 종류

종류	내용
1인 위험 예지훈련	위험요인에 대한 감수성을 높이기 위해 원포인트 훈련으로 한 사람 한 사람이 4라운드의 순서로 위험예지 훈련을 실시한 후 리더의 지시로 결과에 대하여 서로 발표하고 토론함으로 위험요소를 발견 파악한 후 해결능력을 향상시키는 훈련
터치 앤 콜(Touch & Call)	스킨십(skin ship)을 통한 팀 구성원 간의 일체감을 조성하고 위험요소에 대한 강한 인식과 더불어 사고예방에 도움이 되며 서로 손을 맞잡고 구호를 제창하고 안전에 동참하는 정신을 높일 수 있는 훈련 방법
TBM (Tool Box Meeting)	① 현장에서 그때 그 장소의 상황에 적응하여 실시하는 위험예지 활동으로 즉시 즉응법이라 고도 한다. ② 방법 : 10분 정도의 시간으로 10명 이하(최적 5~7명)

08 재해예방의 4원칙에 관한 설명으로 틀린 것은?

① 재해의 발생에는 반드시 원인이 존재한다.
② 재해의 발생과 손실의 발생은 우연적이다.
③ 재해를 예방할 수 있는 안전대책은 반드시 존재한다.
④ 재해는 원인 제거가 불가능하므로 예방만이 최선이다.

해설

재해예방 4원칙

예방 가능의 원칙	재해는 원칙적으로 예방이 가능하다는 원칙
원인계기의 원칙	재해의 발생은 직접원인 만으로만 일어나는 것이 아니라 간접원인이 연계되어 일어난다는 원칙
손실 우연의 원칙	사고에 의해서 생기는 상해의 종류 및 정도는 우연적이라는 원칙
대책 선정의 원칙	원인의 정확한 분석에 의해 가장 타당한 재해예방 대책이 선정되어야 한다는 원칙

정답 05 ④ 06 ① 07 ① 08 ④

09 적응기제(適應機制, Adjustment Mechanism)의 종류 중 도피적 기제(행동)에 해당하지 않는 것은?

① 고립　　　　　② 퇴행
③ 억압　　　　　④ 합리화

해설

도피적행동(Escap)	환상, 동일화, 퇴행, 억압, 반동형성, 고립 등
방어적 행동(Defence)	승화, 보상, 합리화, 투사, 동일시 등

10 인간오류에 관한 분류 중 독립행동에 의한 분류가 아닌 것은?

① 생략오류　　　② 실행오류
③ 명령오류　　　④ 시간오류

해설

스웨인(A.D Swain)의 독립행동에 의한 분류

생략에러 (omission error) 부작위 에러	필요한 작업 또는 절차를 수행하지 않는데 기인한 에러 → 안전절차 생략
착각수행에러 (commission error) 작위에러	필요한 작업 또는 절차의 불확실한 수행으로 인한 에러 → 불확실한 수행(착각, 착오)
시간적 에러 (time error)	필요한 작업 또는 절차의 수행 지연으로 인한 에러 → 임무수행 지연
순서에러 (sequential error)	필요한 작업 또는 절차의 순서 착오로 인한 에러 → 순서착오
과잉행동에러 (extraneous error)	불필요한 작업 또는 절차를 수행함으로써 기인한 에러 → 불필요한 작업(작업장에서 담배를 피우다 사고)

휴먼에러 원인의 레벨적 분류

primary error (1차 실수)	작업자 자신으로부터 발생한 에러 안전교육으로 예방(사람에러)
secondary error (2차 실수)	작업형태, 작업조건, 중에서 다른 문제가 발생하여 필요한 직무나 절차를 수행할 수 없는 에러(기계, 장비, 설비 에러)
command error (지시과오)	작업자가 움직이려 해도 필요한 물건, 정보, 에너지 등이 공급되지 않아서 작업자가 움직일 수 없는 상황에서 발생한 에러(정전, 원료문제, 재료문제)

11 다음 중 안전·보건교육계획을 수립할 때 고려할 사항으로 가장 거리가 먼 것은?

① 현장의 의견을 충분히 반영한다.
② 대상자의 필요한 정보를 수집한다.
③ 안전교육시행체계와의 연관성을 고려한다.
④ 정부 규정에 의한 교육에 한정하여 실시한다.

해설

정부 규정에 의한 교육에 한정하여 실시해서는 아니된다.

12 사고의 원인분석방법에 해당하지 않는 것은?

① 통계적 원인분석
② 종합적 원인분석
③ 클로즈(close)분석
④ 관리도

해설

재해 통계도표

1) 파레토도(Pareto diagram)
　분류항목을 큰 값에서 작은 값의 순서로 도표화하는데 편리
2) 특성 요인도
　특성과 요인 관계를 어골상으로 세분하여 연쇄 관계를 나타내는 방법
3) 관리도
　재해발생건수 추이 파악, 목표관리 필요한 월별 관리 하한선 상한선으로 관리하는 방법
4) 크로스 분석
　두 가지 이상 그 이상의 요인이 서로 밀접한 상호관계를 유지할 때 사용되는 방법

13 하인리히의 재해 코스트 평가방식 중 직접비에 해당하지 않는 것은?

① 산재보상비　　② 치료비
③ 간호비　　　　④ 생산손실

Heinrich방식(보상비)

재해손실비(5) = 직접손실(1) + 간접손실(4)

- 직접손실 : 재해자에게 지급되는 법에 의한 산업재해 보상비
  (요양급여, 휴업급여, 장해급여, 간병 급여, 유족급여, 상병 보상 연금, 장의비, 특별보상비 등)
- 간접손실 : 재해손실, 생산중단 등으로 기업이 입는 손실
  (인적손실, 물적손실, 생산손실, 임금손실, 시간손실, 기타손실)

14 안전관리조직의 참모식(staff형)에 대한 장점이 아닌 것은?

① 경영자의 조언과 자문역할을 한다.

② 안전정보 수집이 용이하고 빠르다.

③ 안전에 관한 명령과 지시는 생산라인을 통해 신속하게 전달한다.

④ 안전전문가가 안전계획을 세워 문제해결 방안을 모색하고 조치한다.

라인형 조직 (Line System) 직계형	장점	① 안전에 대한 지시 및 전달이 신속·용이하다. ② 명령계통이 간단·명료하다. ③ 참모식보다 경제적이다.
	단점	① 안전에 관한 전문지식이 부족하고 기술의 축적이 미흡하다. ② 안전정보 및 신기술 개발이 어렵다. ③ 라인에 과중한 책임이 물린다.
	비고	① 소규모(100인 미만) 사업장에 적용 ② 모든 명령은 생산계통을 따라 이루어진다.
스태프 형 조직 (Staff System) 참모형	장점	① 안전에 관한 전문지식 및 기술의 축적이 용이하다. ② 경영자의 조언 및 자문역할 ③ 안전정보 수집이 용이하고 신속하다.
	단점	① 생산부서와 유기적인 협조 필요(안전과 생산 별개 취급) ② 생산 부분의 안전에 대한 무책임·무권한 ③ 생산부서와 마찰(권한 다툼)이 일어나기 쉽다.
	비고	① 중규모(100인~1,000인) 사업장에 적용

라인 스텝형 조직 (Line Staff System) 직계참모형	장점	① 안전지식 및 기술 축적 가능 ② 안전지시 및 전달이 신속·정확하다. ③ 안전에 대한 신기술의 개발 및 보급이 용이함 ④ 안전활동이 생산과 분리되지 않으므로 운용이 쉽다.
	단점	① 명령계통과 지도·조언 및 권고적 참여가 혼동되기 쉽다. ② 스태프의 힘이 커지면 라인이 무력해진다.
	비고	① 대규모(1,000명 이상) 사업장에 적용

15 산업안전보건법령상 의무안전인증대상 기계·기구 및 설비가 아닌 것은?

① 연삭기

② 롤러기

③ 압력용기

④ 고소(高所) 작업대

안전인증 대상 기계 기구

기계 및 설비	① 프레스 ③ 크레인 ⑤ 곤돌라 ⑦ 롤러기 ⑨ 고소작업대	② 전단기, 절곡기 ④ 리프트 ⑥ 압력용기 ⑧ 사출성형기
방호장치	① 프레스 및 전단기 방호장치 ②양중기용 과부하방지장치 ③ 보일러 압력방출장치 안전밸브 ④ 압력용기 압력방출장치 안전밸브 ⑤ 압력용기 압력방출장치 파열판 ⑥ 절연용 방호구 및 활선작업용 기구 ⑦ 방폭구조 전기기계기구 및 부품 ⑧ 추락, 낙하, 붕괴 등의 위험방비 보호에 필요한 가설자재로서 고용노동부 장관이 정하여 고시하는 것 ⑨ 충돌 협착 등의 위험방지에 필요한 산업용 로봇 방호장치로서 고용노동부 장관이 정하여 고시하는 것	
보호구	① 추락 및 감전 위험방지용 안전모 ② 안전화 ④ 방독마스크 ⑥ 송기마스크 ⑧ 보호복 ⑩용접용 보안면 ⑪ 차광 및 비산물 위험방지용 보안경 ⑫ 방음용 귀마개 또는 귀덮개	③ 안전장갑 ⑤ 방진마스크 ⑦ 전동식 호흡 보호구 ⑨ 안전대

16 안전교육방법 중 학습자가 이미 설명을 듣거나 시범을 보고 알게 된 지식이나 기능을 강사의 감독 아래 직접적으로 연습하여 적용할 수 있도록 하는 교육방법은?

① 모의법   ② 토의법
③ 실연법   ④ 반복법

교육방법

강의법	안전지식 전달방법으로 초보적인 단계에서 효과적인 방법
시범	기능이나 작업과정을 학습시키기 위해 필요로 하는 분명한 동작을 제시하는 방법
반복법	이미 학습한 내용을 반복해서 말하거나 실연토록 하는 방법
토의법	10~20인 정도로 초보가 아닌 안전지식과 관리에 대한 유경험자에게 적합한 방법
실연법	이미 설명을 듣고 시범을 보아서 알게 된 지식이나 기능을 교사의 지도 아래 직접 연습을 통해 적용해 보는 방법
프로그램 학습법	학습자가 프로그램 자료를 가지고 단독으로 학습하는 방법
모의법	실제의 장면이나 상황을 인위적으로 비슷하게 만들어두고 학습하게 하는 방법
구안법	참가자 스스로 계획을 수립하고 행동하는 실천적인 학습활동 ① 과제에 대한 목표 결정 ② 계획수립 ③ 활동시킨다 ④ 행동 ⑤ 평가

17 산업안전보건법상의 안전·보건표지 종류 중 관계자 외 출입금지표지에 해당되는 것은?

① 안전모 착용
② 폭발성 물질 경고
③ 방사성 물질 경고
④ 석면취급 및 해체·제거

안전·보건표지 종류 중 관계자 외 출입금지표지
① 석면취급 및 해체·제거
② 허가대상 물질 작업장
③ 금지대상물질의 취급 실험실 등

18 국제노동기구(ILO)의 산업재해 정도구분에서 부상 결과 근로자가 신체장해등급 제12급 판정을 받았다면 이는 어느 정도의 부상을 의미하는가?

① 영구 전노동불능   ② 영구 일부노동불능
③ 일시 전노동불능   ④ 일시 일부노동불능

재해분류에 의한 장해등급 및 근로손실일수

재해분류	정의	휴업일수
사망	안전사고로 부상의 결과로 사망한 경우	7,500
영구전노동불능 상해 장해등급(1~3급)	부상의 결과 근로자로서의 근로기능을 완전히 잃은 경우	7,500
영구일부노동불능 상해 장해등급(4~14급)	부상의결과 신체의 일부 즉 근로기능을 일부 잃은 경우	5,500~50
일시전노동불능 상해	의사의 진단에 따라 일정기간 일을 할 수 없는 경우	0
일시일부노동불능 상해	의사의 진단에 따라 부상 다음날 혹은 이후 정규 근로를 할 수 있는 경우	0

19 특정과업에서 에너지 소비수준에 영향을 미치는 인자가 아닌 것은?

① 작업방법   ② 작업속도
③ 작업관리   ④ 도구

특정 과업에서 에너지 소비수준에 영향을 미치는 인자
① 작업방법
② 작업속도
③ 도구

20 사고예방대책의 기본원리 5단계 중 틀린 것은?

① 1단계 : 안전관리계획
② 2단계 : 현상파악
③ 3단계 : 분석평가
④ 4단계 : 대책의 선정

2과목 인간공학 및 시스템안전공학

21 의도는 올바른 것이었지만, 행동이 의도한 것과는 다르게 나타나는 오류를 무엇이라 하는가?

① Slip
② Mistake
③ Lapse
④ Violation

해설

인간의 정보처리 과정에서 발생되는 에러

Mistake (착오, 착각)	인지과정과 의사결정과정에서 발생하는 에러 상황해석을 잘못하거나 틀린 목표를 착각하여 행하는 경우
Lapse(건망증)	어떤 행동을 잊어버리고 하지 않는 경우, 저장단계에서 발생하는 에러
Slip(실수 미끄러짐)	실행단계에서 발생하는 에러 상황, 목표, 해석은 제대로 하였으나 의도와는 다른 행동을 하는 경우
Violation(위반)	알고 있음에도 의도적으로 따르지 않거나 무시한 경우

22 시스템 수명주기 단계 중 마지막 단계인 것은?

① 구상단계
② 개발단계
③ 운전단계
④ 생산단계

해설

시스템의 수면주기 단계별 특성

단계	안전 관련 활동
구상 (concept)	시작 단계로 시스템의 사용 목적과 기능, 기초적인 설계 사항에 구상, 시스템과 관련된 기본적 사항 검토 등
정의 (definition)	시스템 개발의 가능성과 타당성 확인, sspp 수행, 위험성 분석의 종류 결정 및 분석, 생산물의 적합성 검토, 시스템 안전 요구사항 결정 등
개발 (development)	시스템 개발의 시작 단계, 제품 생산을 위한 구체적인 설계사항 결정 및 검토, FMEA 진행 및 신뢰성공학 과외 연계성 검토, 시스템의 안전성 평가 생산 계획 추진 최종 결정 등
생산(제조) (production)	품질관리 부서와의 상호협력, 안전 교육의 시작, 설계 변경에 따른 수정 작업, 이전단계의 안전 수준이 유지되는지 확인 등
배치 및 운용(운전) (deployment)	시스템 운용 및 보전과 관련된 교육 실행, 발생한 사고, 고장 사건 등의 자료 수집 및 조사 운용 활동 및 프로그램 절차에 평가, 실증에 의한 문제점 규명하고 이를 최소화하는 조치를 마련
폐기 (disposal)	정상적 시스템 수명을 폐기절차 와 긴급 폐기 절차의 검토 및 감시 등

23 FT도에 사용되는 다음 게이트의 명칭은?

① 부정 게이트
② 억제 게이트
③ 배타적 OR 게이트
④ 우선적 AND 게이트

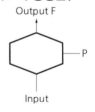

해설

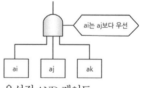

우선적 AND 게이트

배타적 OR 게이트

억제 게이트   부정 게이트

24 FTA에서 시스템의 기능을 살리는데 필요한 최소 요인의 집합을 무엇이라 하는가?

① critical set
② minimal gate
③ minimal path
④ Boolean indicated cut set

FTA에서 시스템의 기능을 살리는데 필요한 최소 요인의 집합
미니멀 패스셋(minimal path)

25 쾌적환경에서 추운 환경으로 변화 시 신체의 조절작용이 아닌 것은?

① 피부온도가 내려간다.
② 직장온도가 약간 내려간다.
③ 몸이 떨리고 소름이 돋는다.
④ 피부를 경유하는 혈액 순환량이 감소한다.

직장온도가 올라가다가 지속적으로 추울 경우는 약간 내려간다.

26 염산을 취급하는 A 업체에서는 신설 설비에 관한 안전성 평가를 실시해야 한다. 정성적 평가단계의 주요 진단 항목에 해당하는 것은?

① 공장 내의 배치
② 제조공정의 개요
③ 재평가 방법 및 계획
④ 안전 · 보건교육 훈련계획

안전성 평가의 정성적 평가 항목
1. 설계관계
　① 입지조건
　② 공장 내의 배치
　③ 건조물 소방설비
2. 운전관계
　① 원재료
　② 중간제품의 위험성
　③ 프로세스 운전조건,
　④ 수송 저장 등에 대한 안전대책
　⑤ 프로세스 기기의 선정조건

27 인간 - 기계 시스템의 설계를 6단계로 구분할 때, 첫 번째 단계에서 시행하는 것은?

① 기본설계
② 시스템의 정의
③ 인터페이스 설계
④ 시스템의 목표와 성능명세 결정

체계설계의 주요 단계(과정)
• 1단계 : 목표 및 성능명세의 결정
• 2단계 : 체계의 정의
• 3단계 : 기본설계(작업설계, 직무분석, 기능할당)
• 4단계 : 계면설계(인터페이스)
• 5단계 : 촉진물 설계
• 6단계 : 시험 및 평가

28 점광원으로부터 0.3m 떨어진 구면에 비추는 광량이 5Lumen일 때, 조도는 약 몇 럭스인가?

① 0.06　　　　② 16.7
③ 55.6　　　　④ 83.4

$$조도 = \frac{5}{(0.3)^2} = 55.55$$

29 음량수준을 측정할 수 있는 3가지 척도에 해당되지 않는 것은?

① sone
② 럭스
③ phon
④ 인식소음 수준

> **해설**
>
> 럭스는 조도 단위이다.

30 실린더 블록에 사용하는 개스킷의 수명은 평균 10,000 시간이며, 표준편차는 200 시간으로 정규분포를 따른다. 사용시간이 9,600 시간일 경우에 신뢰도는 약 얼마인가?(단, 표준정규분포표에서 $u_{0.8413}=1$, $u_{0.9772}=2$이다.)

① 84.13%
② 88.73%
③ 92.72%
④ 97.72%

> **해설**
>
> 1) 기대수명 : 평균수명 − 사용시간 = 10,000 − 9,600 = 400
> 2) 표준편차 : 200임으로
> 3) 표준정규분포 : $u = 400/200 = 2$ $2 = u_{0.9772}$
> 4) 즉, $0.9772 \times 100 = 97.72\%$

31 음압 수준이 70dB인 경우, 1,000Hz에서 순음의 phon 치는?

① 50phon
② 70phon
③ 90phon
④ 100phon

> **해설**
>
> 1,000Hz에서 40dB이 40폰이다. 따라서 70dB인 경우, 1,000Hz는 70폰이다.

32 인체계측자료의 응용원칙 중 조절 범위에서 수용하는 통상의 범위는 얼마인가?

① 5~95%tile
② 20~80%tile
③ 30~70%tile
④ 40~60%tile

> **해설**
>
> **체계측 자료의 응용 3원칙**
>
> 1) 극단치 설계
>   ① 최대 집단치 : 출입문, 통로(정규분포도상 95% 이상의 설계)
>   ② 최소 집단치 : 버스, 지하철의 손잡이(정규분포도상 5% 이하의 설계)
> 2) 조절범위(5~95%tile)
>   ① 가장 좋은 설계
>   ② 첫 번 고려사항 : 자동차 시트(운전석), 측정자료 : 데이터베이스 화
> 3) 평균치를 기준으로 한 설계(정규분포도 상에 5~95% 구간 설계)
>   ① 가계 은행 계산대

33 동작경제 원칙에 해당되지 않는 것은?

① 신체사용에 관한 원칙
② 작업장 배치에 관한 원칙
③ 사용자 요구 조건에 관한 원칙
④ 공구 및 설비 디자인에 관한 원칙

> **해설**
>
> **동작경제의 3원칙**
>
> | 바안즈(Ralph M.Barns) |
> | --- |
> | ① 인체 사용에 관한 원칙 |
> | ② 작업장 배치에 관한 원칙 |
> | ③ 공구 및 설비의 설계에 관한 원칙 |

34 정신적 작업 부하에 관한 생리적 척도에 해당하지 않는 것은?

① 부정맥 지수
② 근전도
③ 점멸융합주파수
④ 뇌파도

> **해설**
>
> 근전도 : 근육의 활동도를 측정하는 신체적 부하의 측정

정답   29 ② 30 ④ 31 ② 32 ① 33 ③ 34 ②

35 FMEA의 장점이라 할 수 있는 것은?

① 분석방법에 대한 논리적 배경이 강하다.
② 물적, 인적요소 모두가 분석대상이 된다.
③ 서식이 간단하고 비교적 적은 노력으로 분석이 가능하다.
④ 두 가지 이상의 요소가 동시에 고장나는 경우에도 분석이 용이하다.

해설

장형태 영향 분석 (FMEA : Failure Mode and Effects Analysis)
1) 정의
   시스템 안전분석에 이용되는 전형적인 정성적, 귀납적 분석방법으로 시스템에 영향을 미치는 전체 요소의 고장을 형태별로 분석하여 그 영향을 검토하는 것으로 각 요소 간 영향 해석이 어려워 2가지 이상 동시 고장은 해석이 곤란하다.
2) 장단점
   • 장점 : 서식이 간단하고 적은 노력으로도 분석이 가능하다.
   • 단점 : 논리성이 부족하다.

36 수리가 가능한 기계의 가용도(availability)는 0.9이고, 평균수리시간(MTTR)이 2시간일 때, 이 기계의 평균수명(MTBF)은?

① 15시간   ② 16시간
③ 17시간   ④ 18시간

해설

$$가용도 = \frac{MTBF}{MTBF + MTTR} \quad 0.9 = \frac{MTBF}{MTBF + 2} \quad MTBF = 18$$

MTBF = 가용도 X (MTBF + MTTR) = 0.9 X (MTBF + 2) = 0.9
MTBF + 0.9 X 2
MTBF - 0.9 MTBF = 1.8,   0.1 MTBF = 1.8
MTBF = 1.8 / 0.1 = 18시간

37 산업안전보건법령에 따라 제조업 중 유해 · 위험방지계획서 제출대상사업의 사업주가 유해 · 위험방지계획서를 제출하고자 할 때 첨부하여야 하는

서류에 해당하지 않는 것은?(단, 기타 고용노동부장관이 정하는 도면 및 서류 등은 제외한다.)

① 공사개요서
② 기계 · 설비의 배치도면
③ 기계 · 설비의 개요를 나타내는 서류
④ 원재료 및 제품의 취급, 제조 등의 작업방법의 개요

해설

제조업의 대상 기계기구 설비 제출서류
제조업 등 유해위험방지계획서, 작업시작 15일 전까지 공단에 2부 제출

① 건축물 각 층의 평면도
② 기계 · 설비의 개요를 나타내는 서류
③ 기계 · 설비의 배치도면
④ 원재료 및 제품의 취급, 제조 등의 작업방법의 개요
⑤ 그 밖에 고용노동부장관이 정하는 도면 및 서류

38 생명유지에 필요한 단위시간당 에너지량을 무엇이라 하는가?

① 기초 대사량   ② 산소소비율
③ 작업 대사량   ④ 에너지 소비율

해설

생명유지에 필요한 단위시간당 에너지량
기초 대사량

39 다음의 각 단계를 결함수분석법(FTA)에 의한 재해사례의 연구 순서대로 나열한 것은?

㉠ 정상사상의 선정   ㉡ FT도 작성 및 분석
㉢ 개선계획의 작성   ㉣ 각 사상의 재해원인의 규명

① ㉠ → ㉡ → ㉢ → ㉣
② ㉠ → ㉣ → ㉢ → ㉡
③ ㉠ → ㉢ → ㉡ → ㉣
④ ㉠ → ㉣ → ㉡ → ㉢

결함수분석법(FTA)에 의한 재해사례의 연구 순서

제1단계	제2단계	제3단계	제4단계
톱사상의 선정	사상마다 재해원인 요인의 규명	FT도의 작성	개선계획의 작성
시스템의 안전보건 문제점 파악	톱사상의 재해 원인의 결정	부분적 FT도를 다시 본다.	안전성이 있는 개선안의 검토
사고, 재해의 모델화	중간사상의 재해 원인의 결정	중간사상의 발생 조건의 재검토	제약의 검토와 타협
문제점의 중요도, 우선순위의 결정	말단 사상까지의 전개	전체의 FT도의 완성	개선안의 결정
해석할 톱 사상의 결정			개선안의 실시 계획

40 인간 – 기계시스템의 연구 목적으로 가장 적절한 것은?

① 정보 지정의 극대화
② 운전시 피로의 평준화
③ 시스템의 신뢰성 극대화
④ 안전의 극대화 및 생산능률의 향상

인간공학의 연구목적(산업현장 및 작업장 측면)
① 안전성 향상 및 사고예방
② 작업능률 및 생산성 증대
③ 작업환경의 쾌적성

3과목 기계위험방지기술

41 휴대용 연삭기 덮개의 개방부 각도는 몇 도(°) 이내여야 하는가?

① 60°
② 90°
③ 125°
④ 180°

연삭기 노출각도

① 일반 연삭작업 등에 사용하는 것을 목적으로 하는 탁상용 연삭기의 덮개 각도

② 연삭숫돌의 상부를 사용하는 것을 목적으로 하는 탁상용 연삭기의 덮개 각도

③ ① 및 ② 이외의 탁상용 연삭기, 기타 이와 유사한 연삭기의 덮개 각도

④ 원통연삭기, 센터리스 연삭기, 공구연삭기, 만능연삭기, 기타 이와 비슷한 연삭기의 덮개 각도

⑤ 휴대용 연삭기, 스윙연삭기, 슬라브연삭기, 기타 이와 비슷한 연삭기의 덮개 각도

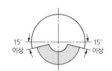

⑥ 평면연삭기, 절단연삭기, 기타 이와 비슷한 연삭기의 덮개 각도

42 롤러기 급정지자치 조작부에 사용하는 로프의 성능 기준으로 적합한 것은?(단, 로프의 재질은 관련 규정에 적합한 것으로 본다.)

① 지름 1mm 이상의 와이어로프
② 지름 2mm 이상의 합성섬유로프
③ 지름 3mm 이상의 합성섬유로프
④ 지름 4mm 이상의 와이어로프

40 ④ 41 ④ 42 ④

구분	보통꼬임(Ordinary lay)	랭꼬임(Lang's lay)
특징	① 소선의 외부길이가 짧아 쉽게 마모 ② 킹크가 잘 생기지 않으며 로프 자체변형이 작다. ③ 하중에 대한 저항성이 크다. ④ 선박, 육상 등에 많이 사용된다. ⑤ 취급이 용이하다.	① 소선의 외부길이가 보통 꼬임에 비해 길다. ② 꼬임이 풀리기 쉽고 킹크가 생기기 쉽다. ③ 내 마모성, 유연성, 내 피로성이 우수하다.

해설

손조작식 로프의 지름 : 지름 4mm 이상의 와이어로프

43 다음 중 공장 소음에 대한 방지계획에 있어 소음원에 대한 대책에 해당하지 않는 것은?

① 해당 설비의 밀폐
② 설비실의 차음벽 시공
③ 작업자의 보호구 착용
④ 소음기 및 흡음장치 설치

해설

소음통제 방법
① 소음원 제거 : 가장 적극적 대책이 가장 좋은 방법
② 소음원 통제 : 안전설계, 정비 및 주유, 고무 받침대 사용, 소음기 사용
③ 소음의 격리 : 씌우개, 방이나 장벽 이용(창문을 닫으면 10dB 감음효과)
④ 차음장치 및 흡음제 사용

44 와이어로프의 꼬임은 일반적으로 특수로프를 제외하고는 보통 꼬임(Ordinary Lay)과 랭 꼬임(Lang's Lay)으로 분류할 수 있다. 다음 중 랭 꼬임과 비교하여 보통 꼬임의 특징에 관한 설명으로 틀린 것은?

① 킹크가 잘 생기지 않는다.
② 내마모성, 유연성, 저항성이 우수하다.
③ 로프의 변형이나 하중을 걸었을 때 저항성이 크다.
④ 스트랜드의 꼬임 방향과 로프의 꼬임 방향이 반대이다.

해설

와이어로프의 꼬임 및 특징

구분	보통꼬임(Ordinary lay)	랭꼬임(Lang's lay)
개념	스트랜드의 꼬임방향과 로프의 꼬임방향이 반대이다.	스트랜드의 꼬임방향과 로프의 꼬임방향이 같은 방향이다.

45 보일러 등에 사용하는 압력방출장치의 봉인은 무엇으로 실시해야 하는가?

① 구리 테이프   ② 납
③ 봉인용 철사   ④ 알루미늄 실(seal)

해설

압력방출장치의 봉인 : 납

46 프레스 및 전단기에 사용되는 손쳐내기식 방호장치의 성능기준에 대한 설명 중 옳지 않은 것은?

① 진동각도·진폭시험 : 행정길이가 최소일 때 진동각도는 60°~90°이다.
② 진동각도·진폭시험 : 행정길이가 최대일 때 진동각도는 30°~60°이다.
③ 완충시험 : 손쳐내기봉에 의한 과도한 충격이 없어야 한다.
④ 무부하 동작시험 : 1회의 오동작도 없어야 한다.

해설

진동각도·진폭시험 : 행정길이가 최대일 때 진동각도는 45°~90°이다.

47 다음 중 산업안전보건법령상 연삭숫돌을 사용하는 작업의 안전수칙으로 틀린 것은?

① 연삭숫돌을 사용하는 경우 작업시작 전과 연삭숫돌을 교체한 후에는 1분 정도 시운전을 통해 이상 유무를 확인한다.

② 회전 중인 연삭숫돌이 근로자에 위험을 미칠 우려가 있는 경우에 그 부위에 덮개를 설치하여야 한다.

③ 연삭숫돌의 최고 사용회전속도를 초과하여 사용하여서는 안 된다.

④ 측면을 사용하는 목적으로 하는 연삭숫돌 이외에는 측면을 사용해서는 안 된다.

해설

연삭숫돌의 안전기준

① 덮개의 설치 기준 : 직경이 50mm 이상인 연삭숫돌
② 작업시작 전에는 1분 이상 시운전, 숫돌의 교체 시에는 3분 이상 시운전 실시
③ 시운전에 사용하는 연삭숫돌은 작업시작 전에 결함 유무 확인
④ 연삭숫돌의 최고 사용회전속도를 초과하여 사용금지
⑤ 측면을 사용하는 것을 목적으로 하는 연삭숫돌 이외에는 측면을 사용금지
⑥ 폭발성 가스가 있는 곳에서는 연삭기 사용금지
⑦ 연삭작업은 숫돌의 측면에서 작업.
⑧ 연삭할 때 방진 마스크, 보안경 착용
⑨ 연삭기의 덮개를 벗긴 채 사용금지

48 다음 중 산업용 로봇에 의한 작업 시 안전조치 사항으로 적절하지 않은 것은?

① 로봇이 운전으로 인해 근로자가 로봇에 부딪칠 위험이 있을 때는 1.8m 이상의 울타리를 설치하여야 한다.

② 작업을 하고 있는 동안 로봇의 기동스위치 등은 작업에 종사하고 있는 근로자가 아닌 사람이 그 스위치 등을 조작할 수 없도록 필요한 조치를 한다.

③ 로봇의 조작작업 및 순서, 작업 주의 매니퓰레이터의 속도 등에 관한 지침에 따라 작업을 하여야 한다.

④ 작업에 종사하는 근로자가 이상을 발견하면, 관리 감독자에게 우선 보고하고, 지시에 따라 로봇의 운전을 정지시킨다.

해설

산업용 로봇의 작업 시 안전 조치사항

① 로봇의 조작방법 및 순서
② 작업 중의 매니플레이트의 속도
③ 2인 이상 근로자에게 작업을 시킬 때의 신호
④ 이상 발견 시 조치
⑤ 이상 발견 시 로봇을 정지시킨 후 이를 재가동시킬 때의 조치

49 프레스 작업 시작 전 점검해야 할 사항으로 거리가 먼 것은?

① 매니퓰레이터 작동의 이상 유무
② 클러치 및 브레이크 기능
③ 슬라이드, 연결봉 및 연결 나사의 풀림 여부
④ 프레스 금형 및 고정볼트 상태

해설

프레스의 작업시작 전 점검사항

① 클러치 및 브레이크의 기능
② 크랭크축 플라이휠, 슬라이드, 연결봉 및 연결나사의 풀림 여부
③ 1행정 1기구, 급정지장치 및 비상정지장치의 기능
④ 슬라이드 또는 칼날에 의한 위험방지 기구의 기능
⑤ 프레스의 금형 및 고정볼트 상태
⑥ 방호장치의 기능
⑦ 전단기의 칼날 및 테이블의 상태

50 압력용기 등에 설치하는 안전밸브에 관련한 설명으로 옳지 않은 것은?

① 안지름이 150mm를 초과하는 압력용기에 대해서는 과압에 따른 폭발을 방지하기 위하여 규정에 맞는 안전밸브를 설치해야 한다.

② 급성 독성물질이 지속적으로 외부에 유출될 수 있는 화학설비 및 그 부속설비에는 파열판과 안전밸브를 병렬로 설치한다.

③ 안전밸브는 보호하려는 설비의 최고사용압력 이하에서 작동되도록 하여야 한다.

④ 안전밸브의 배출용량은 그 작동원인에 따라 각
  각의 소요분출량을 계산하여 가장 큰 수치를 해
  당 안전밸브의 배출용량으로 하여야 한다.

해설

급성 독성물질이 지속적으로 외부에 유출될 수 있는 화학설비 및 그 부속설비에는 파열판과 안전밸브를 직렬로 설치한다.

51 유해 · 위험기계 · 기구 중에서 진동과 소음을 동시에 수반하는 기계설비로 가장 거리가 먼 것은?

① 컨베이어   ② 사출성형기
③ 가스 용접기   ④ 공기압축기

해설

가스 용접기 : 유해관선, 용접 흄 발생

52 기능의 안전화 방안을 소극적 대책과 적극적 대책으로 구분할 때 다음 중 적극적 대책에 해당하는 것은?

① 기계의 이상을 확인하고 급정지시켰다.
② 원활한 작동을 위해 급유를 하였다.
③ 회로를 개선하여 오동작을 방지하도록 하였다.
④ 기계를 볼트 및 너트가 이완되지 않도록 다시 조립하였다.

해설

기능적 안전화
① 전압강하에 따른 오동작 방지
② 정전 및 단락에 따른 오동작 방지
③ 사용압력 변동 시 등의 오동작 방지

53 프레스기의 비상정지 스위치 작동 후 슬라이드가 하사점까지 도달시간이 0.15초 걸렸다면 양수기동식 방호장치의 안전거리는 최소 몇 cm 이상이어야 하는가?

① 24   ② 240
③ 15   ④ 150

해설

$D(mm) = 1.6 \times Tm(ms)$
$D = 1.6 \times (0.15 \times 1,000) = 240mm = 24cm$

54 컨베이어(conveyor) 역전방지장치의 형식을 기계식과 전기식으로 구분할 때 기계식에 해당하지 않는 것은?

① 라쳇식   ② 밴드식
③ 스러스트식   ④ 롤러식

해설

역전 방지장치 및 브레이크
• 기계적인 것 : 라쳇식, 롤러식, 밴드식, 웜기어 등
• 전기적인 것 : 전기 브레이크, 스러스트 브레이크 등

55 재료의 강도시험 중 항복점을 알 수 있는 시험의 종류는?

① 비파괴시험   ② 충격시험
③ 인장시험   ④ 피로시험

해설

강도시험 중 항복점을 알 수 있는 시험 : 인장시험

56 다음 중 프레스를 제외한 사출성형기 · 주형조형기 및 형단조기 등에 관한 안전조치 사항으로 틀린 것은?

① 근로자의 신체 일부가 말려들어갈 우려가 있는 경우에는 양수조작식 방호장치를 설치하여 사용한다.
② 게이트가드식 방호장치를 설치할 경우에는 연동 구조를 적용하여 문을 닫지 않아도 동작할 수 있도록 한다.

③ 사출성형기의 전면에 작업용 발판을 설치할 경우 근로자가 쉽게 미끄러지지 않는 구조여야 한다.
④ 기계의 히터 등의 가열부위, 감전 우려가 있는 부위에는 방호 덮개를 설치하여 사용한다.

해설

게이트가드식 방호장치를 설치할 경우에는 연동구조를 적용하여 문을 닫지 않으면 작동되지 않도록 해야 한다.

57 자분탐상검사에서 사용하는 자화방법이 아닌 것은?

① 축통전법　　　　② 전류 관통법
③ 극간법　　　　　④ 임피던스법

해설

자기탐상시험(Magnetic particle testing, MT)
종류 : 직각 통전법, 극간법, 축 통전법, 전류 관통법

58 다음 중 소성가공을 열간가공과 냉간가공으로 분류하는 가공온도의 기준은?

① 융해점 온도　　　② 공석점 온도
③ 공정점 온도　　　④ 재결정 온도

해설

금속의 온도에 따른 분류
1) 열간가공(hot working)
   • 재결정 온도보다 높은 온도에서 이루어지는 소성가공
   • 소재의 변형이 쉬우므로, 가공에 필요한 힘이 적게 듦
   • 가공물의 치수 정밀도가 상대적으로 낮고 표면이 거칠어질 수 있음
2) 냉간가공(cold working)
   • 재결정 온도보다 낮은 온도에서 이루어지는 소성가공
   • 소재의 변형이 어려우므로, 가공에 필요한 힘이 많이 듦
   • 가공물의 치수 정밀도가 상대적으로 높고 표면이 깨끗함
3) 온간가공 : 열간, 냉간가공 사이의 온도에서 가공하는 것

59 컨베이어 설치 시 주의사항에 관한 설명으로 옳지 않은 것은?

① 컨베이어에 설치된 보도 및 운전실 상면은 가능한 수평이어야 한다.
② 근로자가 컨베이어를 횡단하는 곳에는 바닥면 등으로부터 90cm 이상 120cm 이하에 상부난간대를 설치하고, 바닥면과의 중간에 중간난간대가 설치된 건널다리를 설치한다.
③ 폭발의 위험이 있는 가연성 분진 등을 운반하는 컨베이어 또는 폭발의 위험이 있는 장소에 사용되는 컨베이어의 전기기계 및 기구는 방폭구조이어야 한다.
④ 보도, 난간, 계단, 사다리의 설치 시 컨베이어를 가동시킨 후에 설치하면서 설치상황을 확인한다.

해설

보도, 난간, 계단, 사다리의 설치 시 컨베이어를 정지시키고 설치상황을 확인한다.

60 다음 중 용접 결함의 종류에 해당하지 않는 것은?

① 비드(bead)
② 기공(blow hole)
③ 언더컷(under cut)
④ 용입 불량(incomplete penetration)

해설

용접 결함의 종류
기공, 언더컷, 오버랩, 슬래그 잠입, 크랙, 크레이터, 용입 불량

61 정전작업 시 작업 중의 조치사항으로 옳은 것은?

① 검전기에 의한 정전 확인
② 개폐기의 관리
③ 잔류전하의 방전
④ 단락접지 실시

해설

정전작업 시 전로 차단 절차
① 전기기기 등에 공급하는 모든 전원을 관련 도면, 배선도 등으로 확인한다.
② 전원을 차단한 후 각 단로기를 개방한다.
③ 문서화된 절차에 따라 잠금장치 및 꼬리표를 부착한다.
④ 개로된 전로에서 유도전압 또는 전기 에너지의 축적으로 근로자에게 전기위험이 있는 전기기기 등은 접촉하기 전에 접지시켜 완전히 방전시킨다.
⑤ 검전기를 이용하여 작업 대상 기기의 충전 여부를 확인한다.
⑥ 전기기기 등이 다른 노출 충전부와의 접촉 등으로 인해 전압이 인가될 우려가 있는 경우에는 충분한 용량을 가진 단락 접지기구를 이용하여 접지에 접속한다.

62 자동전격방지장치에 대한 설명으로 틀린 것은?

① 무부하시 전력손실을 줄인다.
② 무부하 전압을 안전전압 이하로 저하시킨다.
③ 용접을 할 때만 용접기의 주회로를 개로(OFF)시킨다.
④ 교류 아크용접기의 안전장치로서 용접기의 1차 또는 2차측에 부착한다.

해설

교류 아크 용접기의 방호장치 성능조건
① 아크 발생을 중지하였을 경우 지동시간이 1.0초 이내에 2차 무부하 전압이 25V 이하로 감압시켜 안전을 유지할 수 있어야 한다.
② 시동시간은 0.04초 이내에서 또한 자동전격방지기를 시동시키는데 필요한 용접봉의 접촉 소요시간은 0.03초 이내일 것

63 인체의 전기저항 R을 $1,000\,\Omega$ 이라고 할 때 위험 한계 에너지의 최저는 약 몇 J인가?(단, 통전 시간은 1초이고, 심실세동전류 $I = \dfrac{165}{\sqrt{T}}\,\mathrm{mA}$ 이다.)

① 17.23 ② 27.23
③ 37.23 ④ 47.23

해설

$Q(J) = I^2 RT = (165 \times 0.001)^2 \times 1,000 = 27.2(\mathrm{J})$

64 다음 그림과 같이 완전 누전되고 있는 전기기기의 외함에 사람이 접촉하였을 경우 인체에 흐르는 전류(I_m)는?(단, E(V)는 전원의 대지전압, $R_2(\Omega)$는 변압기 1선 접지, 제2종 접지저항, $R_3(\Omega)$은 전기기기 외함 접지, 제3종 접지저항, $R_m(\Omega)$은 인체저항이다.)

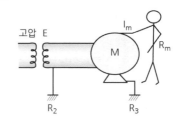

① $\dfrac{E}{R_2 + \left(\dfrac{R_3 \times R_m}{R_3 + R_m}\right)} \times \dfrac{R_3}{R_3 + R_m}$

② $\dfrac{E}{R_2 + \left(\dfrac{R_3 + R_m}{R_3 \times R_m}\right)} \times \dfrac{R_3}{R_3 + R_m}$

③ $\dfrac{E}{R_2 + \left(\dfrac{R_3 \times R_m}{R_3 + R_m}\right)} \times \dfrac{R_m}{R_3 + R_m}$

④ $\dfrac{E}{R_3 + \left(\dfrac{R_2 \times R_m}{R_2 + R_m}\right)} \times \dfrac{R_3}{R_3 + R_m}$

$$\frac{E}{R_2+\left(\dfrac{R_3\times R_m}{R_3+R_m}\right)}\times\frac{R_3}{R_3+R_m}$$

65 전기화재가 발생되는 비중이 가장 큰 발화원은?

① 주방기기
② 이동식 전열기
③ 회전체 전기기계 및 기구
④ 전기배선 및 배선기구

해설

전기화재가 발생되는 비중이 가장 큰 발화원 : 전기배선 및 배선기구

66 역률 개선용 커패시터(capacitor)가 접속되어 있는 전로에서 정전작업을 할 경우 다른 정전작업과는 달리 주의 깊게 할 경우 다른 정전작업과는 달리 주의 깊게 취해야 할 조치사항으로 옳은 것은?

① 안전표지 부착
② 개폐기 전원투입 금지
③ 잔류전하 방전
④ 활선 근접작업에 대한 방호

해설

역률개선용 커패시터(capacitor)가 접속되어있는 전로에서 정전작업을 할 경우 잔류전하방전에 특별히 주의를 요한다.

67 감전사고를 방지하기 위한 방법으로 틀린 것은?

① 전기기기 및 설비의 위험부에 위험표지
② 전기설비에 대한 누전차단기 설치
③ 전기기에 대한 정격표시
④ 무자격자는 전기기계 및 기구에 전기적인 접촉 금지

해설

감전방지대책

① 전기설비의 필요한 부위의 보호접지
② 노출된 충전부에 절연용 방호구 설치 및 충전부 절연, 격리한다.
③ 설비의 전압을 될 수 있는 한 낮춘다.
④ 전기기기에 누전차단기를 설치한다.
⑤ 전기기기설비를 개선한다.
⑥ 전기설비를 적정한 상태로 유지하기 위하여 점검, 보수한다.
⑦ 근로자의 안전교육을 통하여 전기의 위험성을 강조한다.
⑧ 전기 취급근로자에게 절연용 보호구를 착용토록 한다.

68 전기기기 방폭의 기본 개념이 아닌 것은?

① 점화원의 방폭적 격리
② 전기기기의 안전도 증강
③ 점화 능력의 본질적 억제
④ 전기설비 주위 공기의 절연능력 향상

해설

전기기기 방폭의 기본 개념이 아닌 것은 전기설비 주위 공기의 절연능력 향상

69 대전물체의 표면전위를 검출 전극에 의한 용량분할을 통해 측정할 수 있다. 대전 물체의 표면전위 V_s는?(단, 대전물체와 검출전극 간의 정전용량을 C_1, 검출전극과 대지 간의 정전용량을 C_2, 검출전극의 전위를 V_e이다.)

① $V_3=\left(\dfrac{C_1+C_2}{C_1}+1\right)V_e$

② $V_3=\dfrac{C_1+C_2}{C_1}+V_e$

③ $V_3=\dfrac{C_2}{C_1+C_2}+V_e$

④ $V_3=\left(\dfrac{C_1}{C_1+C_2}+1\right)V_e$

해설

$$V_3 = \frac{C_1 + C_2}{C_1} + V_e$$

70 다음 중 불꽃(spark) 방전 발생 시 공기 중에 생성되는 물질은?

① O_2　　　　　② O_3

③ H_2　　　　　④ C

해설

불꽃(spark) 방전 발생 시 공기 중에 생성되는 물질 : 오존 (O_3)

71 감전사고가 발생했을 때 피해자를 구출하는 방법으로 틀린 것은?

① 피해자가 계속하여 전기설비에 접촉되어 있다면 우선 그 설비의 전원을 신속히 차단한다.

② 감전사항을 빠르게 판단하고 피해자의 몸과 충전부가 접촉되어 있는지를 확인한다.

③ 충전부에 감전되어 있으면 몸이나 손을 잡고 피해자를 곧바로 이탈시켜야 한다.

④ 절연 고무장갑, 고무장화 등을 착용한 후에 구원해 준다.

해설

감전사고 시의 응급조치

(1) 구조순서
　① 피재자가 접촉된 충전부나 누전되고 있는 기기의 전원 차단
　② 피재자를 위험지역으로부터 신속히 이탈
　③ 즉시 인공호흡, 병원 후송
　④ 2차 재해 방지조치

(2) 증상의 관찰
　의식의 유무 → 호흡의 유무 → 맥박상태 → (출혈 유무 → 골절상태)

(3) 응급처치
　① 기도확보(입속의 이물질 제거 머리를 뒤로 젖히고 기도확보)
　② 인공호흡(매분 12~15회로 30분 이상 실시)
　③ 심장 마사지(심폐소생법)

72 샤워시설이 있는 욕실에 콘센트를 시설하고자 한다. 이때 설치되는 인체감전보호용 누전차단기의 정격감도전류는 몇 mA 이하인가?

① 5　　　　　② 15

③ 30　　　　　④ 60

해설

설치 장소에 따른 누전차단기 선정 기준

설치장소	선정기준
물기 있는 장소 이외의 장소에 시설하는 저압용 개별 기계기구에 전기를 공급하는 전로	인체 감전 보호용 누전차단기 정격 감도류 30mA 이하 동작시간 0.03초 이하의 전류 동작형
욕조,샤워 실내의 실내 콘센트	인체감전 보호용 누전차단기 정격감도전류 15mA 이하, 동작시간 0.03초 이하의 전류 동작형의 것 또는 절연 변압기(정격용량 3KVA 이하인 것)로 보호된 전로에 접속하거나 인체 감전 보호용 누전차단기가 부착된 콘센트 시설
의료장소 접지	정격감도전류 30mA 이하, 동작시간 0.03초 이내의 누전차단기 설치
주택의 전로 인입구	인체감전 보호용 누전차단기를 시설할 것 다만 전로의 전원측에 정격 용량이 3kVA 이하인 절연변압기(1차 전압이 저압이고 2차 전압이 300V 이하인 것)를 사람이 쉽게 접촉할 우려가 없도록 시설하고 또한 그 절연변압기의 부하측 전로를 접지하지 아니하는 경우에는 그러하지 아니하다.

73 인체의 저항을 $500\,\Omega$ 이라 할 때 단상 440V의 회로에서 누전으로 인한 감전재해를 방지할 목적으로 설치하는 누전차단기의 규격은?

① 30mA, 0.1초　　　　② 30mA, 0.03초

정답　70 ②　71 ③　72 ②　73 ②

③ 50mA, 0.1초　　　　④ 50mA, 0.3초

해설

누전차단기

구분	동작시간	구분	정격감도전류(mA)
고속형	정격감도 전류에서 0.1초 이내 (감전보호용은 0.03초 이내)	고감도형	5, 10, 15, 30
		중감도형	50, 100, 200, 500, 1000
		저감도형	3, 5, 10, 20 (A)

74 접지의 종류와 목적이 바르게 짝지어지지 않은 것은?

① 계통접지 - 고압전로와 저압전로가 혼촉되었을 때의 감전이나 화재 방지를 위하여
② 지락검출용 접지 - 차단기의 동작을 확실하게 하기 위하여
③ 기능용 접지 - 피뢰기 등의 기능손상을 방지하기 위하여
④ 등전위 접지 - 병원에 있어서 의료기기 사용시 안전을 위하여

해설

접지의 종류

계통접지	① 변압기 내부 고장이나 전선의 단선 등의 사고로 고압과 저압 혼촉이 일어나 고압측 전기가 저압 계통으로 들어옴으로써 일어나는 피해를 방지하기 위해 저압 측에 접지하는 것 ② 고압 전로 또는 특고압 전로와 저압전로를 결합하는 변압기의 저압측 중성점에 2종접지공사 시행
기기 접지	기계기구의 철제 및 금속재의 하면은 제1종 제3종 및 특별3종접지공사
낙뢰 방지용 접지	뇌전류를 안전하게 대지로 흘러가도록 하기 위한 접지
정전기 재해 방지용 접지	마찰 등으로 인하여 발생한 정전기를 대지로 안전하게 흐르게 하여 장애를 제거하기 위한 접지
등전위 접지	병원의 의료기기 사용 시의 안전을 위한 접지

75 방폭 기기-일반요구사항(KS C IEC 60079 -0)규정에서 제시하고 있는 방폭기기 설치 시 표준 환경조건이 아닌 것은?

① 압력 : 80~110kpa
② 상대습도 : 40~80%
③ 주위온도 : -20~40℃
④ 산소 함유율 21%v/v의 공기

해설

방폭구조 전기설비 설치시 표준 환경 조건

주변 온도	(-20℃~40℃)
표고	1,000m 이하
상대습도	45~85%
압력	80~110kpa
산소함유율	21%v/v
공해 부식성 가스 등	전기설비에 특별한 고려를 필요로 하는 정도의 공해 부식성 가스 진동 등이 존재하지 않는 환경

76 정격감도전류에서 동작시간이 가장 짧은 누전차단기는?

① 시연형 누전차단기
② 반한시형 누전차단기
③ 고속형 누전차단기
④ 감전보호용 누전차단기

해설

정격감도전류에서 동작시간이 가장 짧은 누전차단기 : 감전보호용 누전차단기

77 방폭지역 구분 중 폭발성 가스 분위기가 정상상태에서 조성되지 않거나 조성된다 하더라도 짧은 기간에만 존재할 수 있는 장소는?

① 0종 장소　　　　② 1종 장소
③ 2종 장소　　　　④ 비방폭 지역

위험장소 분류

분류		적요	예
가스폭발위험장소	0종장소	인화성액체의 증기 또는 가연성가스에 의한 폭발 위험이 지속적 또는 장기간 존재하는 항상 위험한 장소	용기, 장치, 배관 등의 내부 등 zone 0
	1종장소	정상 작동 상태에서 인화성액체의 증기 또는 가연성 가스의 의한 폭발위험 분위기가 존재하기 쉬운 장소	맨홀, 벤트, 피트 등의 주위 zone 1
	2종장소	정상 작동 상태에서 인화성액체의 증기 또는 가연성가스의 의한 폭발위험 분위기가 존재할 우려가 없으나 존재할 경우 그 빈도가 아주 작고 단기간만 존재하는 장소	단기간만 존재할 수 있는 장소 개스킷, 패킹 등의 주위 zone 2

78 전기설비기술기준에서 정의하는 전압의 구분으로 틀린 것은?

① 교류 저압 : 600V 이하
② 직류 저압 : 750V 이하
③ 직류 고압 : 750V 초과 7,000V 이하
④ 특고압 : 7,000V 이상

해설

전압의 구분 [법령개정에 의한 도표만 참고]

전압의 구분	교류(A.C)	직류((D.C)
저압	1,000V 이하	1,500V 이하
고압	1,000V 초과 7,000V 이하	1,500V 초과 7,000V 이하
특고압	7,000V 초과	7,000V 초과

79 피뢰기의 구성요소로 옳은 것은?

① 직렬캡, 특성요소
② 병렬캡, 특성요소
③ 직렬캡, 충격요소
④ 병렬캡, 충격요소

해설

피뢰기의 구성요소
피뢰기는 직렬캡과 특정요소로 구성된다.

(1) 직렬캡 : 정전 시에는 방전을 하지 않고 절연상태를 유지하며 이상 과전압 발생 시에는 신속히 이상전압을 대지로 방전하고 속류를 차단하는 역할을 한다.
(2) 특정요소 : 뇌전류 방전 시 피뢰기 자신의 전위상승을 억제하여 자신의 절연파괴를 방지하는 역할을 한다.

80 내압방폭구조의 필요충분조건에 대한 사항으로 틀린 것은?

① 폭발화염이 외부로 유출되지 않을 것
② 습기침투에 대한 보호를 충분히 할 것
③ 내부에서 폭발한 경우 그 압력에 견딜 것
④ 외함의 표면온도가 외부의 폭발성가스를 점화하지 않을 것

해설

내압(內壓)방폭구조(d)
1) 용기 내부에서 폭발성가스 또는 증기의 폭발시 용기가 그 압력에 견디며, 또한, 접합면, 개구부 등을 통해서 외부의 폭발성 가스에 인화될 우려가 없도록 한 구조
2) 전폐구조의 특수 용기에 넣어 보호한 것으로, 용기 내부에서 발생되는 점화원이 용기 외부의 위험원에 점화되지 않도록 하고, 만약 폭발시에는 이때 발생되는 폭발압력에 견딜 수 있도록 한 구조이다.
3) 폭발 후에는 클리어런스(틈새)가 있어 고온의 가스를 서서히 방출시키므로 냉각

5과목	화학설비위험방지기술

81 위험물 또는 가스에 의한 화재를 경보하는 기구에 필요한 설비가 아닌 것은?

① 간이완강기
② 자동화재감지기
③ 축전지설비
④ 자동화재수신기

해설

간이완강기 : 피난기구

82 산업안전보건기준에 관한 규칙에서 지정한 '화학설비 및 그 부속설비의 종류' 중 화학설비의 부속설비에 해당하는 것은?

① 응축기 · 냉각기 · 가열기 등의 열교환기류
② 반응기 · 혼합조 등의 화학물질 반응 또는 혼합장치
③ 펌프류 · 압축기 등의 화학물질 이송 또는 압축설비
④ 온도 · 압력 · 유량 등을 지시 · 기록하는 자동제어 관련 설비

해설

화학설비의 부속설비
① 배관 · 밸브 · 관 · 부속류 등 화학물질 이송 관련 설비
② 온도 · 압력 · 유량 등을 지시 · 기록 등을 하는 자동제어 관련 설비
③ 안전밸브 · 안전판 · 긴급차단 또는 방출밸브 등 비상조치 관련 설비
④ 가스누출감지 및 경보 관련 설비
⑤ 세정기, 응축기, 벤트스택(Vent stack), 플레어스택(flare stack) 등 폐가스 처리설비
⑥ 사이클론, 백필터(bag filter), 전기집진기 등 분진처리설비
⑦ 상기의 설비를 운전하기 위하여 부속된 전기 관련 설비
⑧ 정전기 제거장치, 긴급 샤워설비 등 안전 관련 설비

화학설비의 종류
① 반응기 혼합조 등 화학물질 반응 또는 혼합장치
② 증류탑 흡수탑 추출탑 감압 탑등 화학물질 분리장치
③ 저장탱크 계량 탱크 호퍼 사일로 등 화학물질 저장설비 또는 계량설비
④ 응축기 냉각기 가열기 증발기 등 열교환기
⑤ 고로 등 전화기를 직접 사용하는 열교환 기류
⑥ 캘린더 혼합기 발포기 인쇄기 압출기 등 화학제품 가공설비
⑦ 분쇄기 분체 분리기 용융기 등 분체 화학물질 분리장치
⑧ 결정조 유동탑 탈습기 건조기 등 분체 화학물질 분리장치
⑨ 펌프류 압축기 이젝터 등의 화학물질 이상 또는 압축설비

83 다음 중 반응기를 조작방식에 따라 분류할 때 이에 해당하지 않는 것은?

① 회분식 반응기   ② 반회분식 반응기
③ 연속식 반응기   ④ 관형식 반응기

해설

조작방식에 의한 분류

회분식 반응기 (batch)	여러 물질을 반응하는 교반을 통하여 새로운 생성물을 회수하는 방식으로 1회로 조작이 완성되는 반응기 소량다품종 생산에 적합
반회분식 반응기 (semi-batch) 반응기	반응물질의 1회 성분을 넣은 다음 다른 성분을 연속적으로 보내 반응을 진행한 후 내용물을 취하는 형식 처음부터 많은 성분을 전부 넣어서 반응에 의한 생성물 한 가지를 연속적으로 빼내면서 종료 후 내용물을 취하는 형식
연속식 반응기	• 원료 액체를 연속적으로 투입하면서 다른 쪽에서 반응생성물 • 액체를 취하는 형식 농도 온도 압력에 시간적인 변화는 없다.

구조 방식에 의한 분류

관형 반응기	반응기 의한 쪽으로 원료를 연속적으로 보내어 반응을 진행시키면서 다른 쪽에서 생성물을 연속적으로 취하는 형식
탑형 반응기 (Tower type reactor)	직립 원통형으로 탑의 위나 아래쪽에서 원료를 보내고 다른 쪽에서 생성물을 연속적으로 취하는 형식 (불완전 합류해서 사용)
교반 조형 반응기 (stirred reactor)	교반기를 부착한 것으로 회분식, 반회분식, 연속식이 있으며 반응물 및 생성물의 농도가 일정하며 단점으로는 반응물 일부가 그대로 유출

84 다음 중 물과 반응하여 수소가스를 발생할 위험이 가장 낮은 물질은?

① Mg   ② Zn
③ Cu   ④ Na

해설

금속의 이온화 경향 세기(물과 반응하여 수소를 발생시키는 순서)

강   약

Li Ba K Ca Na Mg Al Zn Fe Ni Sn Pb (H) Cu Hg Ag Au

85 다음 중 가연성 물질이 연소하기 쉬운 조건으로 옳지 않은 것은?

① 연소 발열량이 클 것
② 점화에너지가 작을 것
③ 산소와 친화력이 클 것
④ 입자의 표면적이 작을 것

해설

가연물의 구비조건
① 산소와 친화력이 좋고 표면적인 넓을 것
② 반응열 (발열량)이 클 것
③ 열전도율이 작을 것
④ 활성화 에너지가 작을 것

86 다음 중 열교환기의 보수에 있어 일상점검항목과 정기적 개방점검항목으로 구분할 때 일상점검 항목으로 가장 거리가 먼 것은?

① 도장의 노후상황
② 부착물에 의한 오염의 상황
③ 보온재, 보냉재의 파손 여부
④ 기초볼트의 체결 정도

해설

열교환기의 일상점검 항목
① 보온재 보냉재 파손 여부 상태
② 도장의 열화 상태(노후상태)
③ 용접부 노출 상태
④ 기초볼트의 풀림 상태(체결상태)

87 헥산 1vol%, 메탄 2vol%, 에틸렌 2vol%, 공기 95vol%로 된 혼합가스의 폭발하한계 값(vol%)은 약 얼마인가?(단, 헥산, 메탄, 에틸렌의 폭발하한계 값은 각각 1.1, 5.0, 2.7vol%이다.)

① 2.44
② 12.89
③ 21.78
④ 48.78

해설

$$L = \frac{100}{\dfrac{V1}{L1} + \dfrac{V2}{L2} + \dfrac{V3}{L3}}$$

$$= \frac{5}{\dfrac{1}{1.1} + \dfrac{2}{5} + \dfrac{2}{2.7}} = 2.44$$

88 이산화탄소 소화약제의 특징으로 가장 거리가 먼 것은?

① 전기절연성이 우수하다.
② 액체로 저장할 경우 자체 압력으로 방사할 수 있다.
③ 기화상태에서 부식성이 매우 강하다.
④ 저장에 의한 변질이 없어 장기간 저장이 용이한 편이다.

해설

이산화탄소 소화약제
(1) 특징
　① 이음매 없는 고압가스 용기 사용
　② 용기 내의 백화 탄산가스를 줄 톰슨 효과에 의해 드라이아이스로 방출
　③ 질식 및 냉각효과이며 전기화재에 가장 적당 유류화재에도 사용
　④ 소화 후 증거보전 용이하나 방사 거리가 짧은 단점
　⑤ 반도체 및 컴퓨터 설비 등의 사용 가능
(2) 성질
　① 더이상 산소와 반응하지 않는 안전한 가스이며 공기보다 무겁다.
　② 전기에 대한 절연성이 우수하다.
　③ 액체로 저장할 경우 자체 압력으로 방사할 수 있다.
　④ 저장에 의한 변질이 없어 장기간 저장이 용이한 편이다.

89 산업안전보건기준에 관한 규칙 중 급성 독성 물질에 관한 기준 중 일부이다. (A)와 (B)에 알맞은 수치를 옳게 나타낸 것은?

- 쥐에 대한 경구투입실험에 의하여 실험동물의 50퍼센트를 사망시킬 수 있는 물질의 양, 즉 LD50(경구, 쥐)이 킬로그램당 (A)밀리그램 − (체중) 이하인 화학물질
- 쥐 또는 토끼에 대한 경피흡수실험에 의하여 실험동물의 50퍼센트를 사망시킬 수 있는 물질의 양, 즉 LD50(경피, 토끼 또는 쥐)이 킬로그램당 (B)밀리그램-(체중) 이하인 화학물질

① A : 1,000, B : 300   ② A : 1,000, B : 1,000
③ A : 300, B : 300   ④ A : 300, B : 1,000

해설

급성독성물질
① 쥐에 대한 경구투입 실험에 의하여 실험동물의 50%를 사망시킬 수 있는 물질의 양, 즉 Ld50 (경구 쥐)이 300mg/kg(체중) 이하인 화학물질
② 쥐 또는 토끼에 대한 경피 흡수 실험에 의하여 실험동물의 50%를 사망시킬 수 있는 물질의 양 Ld50 (경피 토끼 또는 쥐)이 1,000mg/kg(체중) 이하인 화학물질
③ 쥐에 대한 4시간 동안에 흡입 실험에 의하여 실험동물의 50%를 사망시킬 수 있는 물질의 농도, 즉
 - 가스 Lc50(쥐 4시간 흡입)이 2,500ppm 이하인 화학물질
 - 증기 Lc50(쥐 4시간 흡입)이 10mg/ℓ 이하인 화학물질
 - 분진 또는 미스트 1mg/ℓ 이하인 화학물질

90 분진폭발을 방지하기 위하여 첨가하는 불활성 첨가물로 적합하지 않은 것은?

① 탄산칼슘   ② 모래
③ 석분   ④ 마그네슘

해설

마그네슘은 분진폭발을 일으킨다.

91 다음 중 가연성 가스이며 독성 가스에 해당하는 것은?

① 수소   ② 프로판
③ 산소   ④ 일산화탄소

해설

일산화탄소는 가연성 가스, 독성 가스이다.

92 위험물질을 저장하는 방법으로 틀린 것은?

① 황인은 물속에 저장
② 나트륨은 석유 속에 저장
③ 칼륨은 석유 속에 저장
④ 리튬은 물속에 저장

해설

발화성 물질의 저장법
① 나트륨 칼륨 : 석유, 등유/나트륨 : 유동 파라핀 속
② 황린 : 물속(pH 9)
③ 적린, 마그네슘 칼륨 : 격리 저장
④ 질산은($AgNO_3$) 용액 : 차광 저장(광분해 반응)
⑤ 벤젠 : 산화성 물질과 격리
⑥ 탄화칼슘($CaCO_2$ 카바이트) : 건조한 곳
⑦ 니트로셀룰로오스 : 알코올 속에 저장(건조하면 폭발)

93 다음 중 인화성 가스가 아닌 것은?

① 부탄   ② 메탄
③ 수소   ④ 산소

해설

인화성 가스 : 수소, 아세틸렌, 에틸렌, 메탄, 에탄, 프로판, 부탄

94 다음 중 자연발화의 방지법으로 가장 거리가 먼 것은?

① 직접 인화할 수 있는 불꽃과 같은 점화원만 제거하면 된다.
② 저장소 등의 주위온도를 낮게 한다.
③ 습기가 많은 곳에는 저장하지 않는다.
④ 통풍이나 저장법을 고려하여 열의 축척을 방지한다.

정답 90 ④ 91 ④ 92 ④ 93 ④ 94 ①

자연발화

자연발화의 형태	① 산화열에 의한 발열(석탄, 건성유) ② 분해열에 의한 발열(셀룰로이드, 니트로셀 로오스) ③ 흡착열에 의한 발열 활성탄(목탄, 분말) ④ 미생물에 의한 발열(퇴비, 먼지)
자연발화의 조건	① 표면적이 넓은 것 ② 열전도율이 작을 것 ③ 발열량이 클 것 ④ 주위의 온도가 높을 것(분자운동 활발)
자연발화의 인자	① 열의 축적 ② 발열량 ③ 열전도율 ④ 수분 ⑤ 퇴적 방법 ⑥ 공기의 유동
자연발화 방지법	① 통풍이 잘되게 할 것 ② 저장실 온도를 낮출 것 ③ 열이 축적되지 않는 퇴적 방법을 선택할 것 ④ 습도가 높지 않도록 할 것

95 인화성 가스가 발생할 우려가 있는 지하작업장에서 작업을 할 경우 폭발이나 화재를 방지하기 위한 조치사항 중 가스의 농도를 측정하는 기준으로 적절하지 않은 것은?

① 매일 작업을 시작하기 전에 측정한다.

② 가스의 누출이 의심되는 경우 측정한다.

③ 장시간 작업할 때는 8시간마다 측정한다.

④ 가스가 발생하거나 정체할 위험이 있는 장소에 대하여 측정한다.

가스의 농도를 측정기준

① 매일 작업을 시작하기 전

② 가스의 누출이 의심되는 경우

③ 가스가 발생하거나 정체할 위험이 있는 장소가 있는 경우

④ 장시간 작업을 계속하는 경우는 4시간마다 가스 농도를 측정

96 다음 중 가연성 가스가 밀폐된 용기 안에서 폭발할 때 최대폭발압력에 영향을 주는 인자로 가장 거리가 먼 것은?

① 가연성 가스의 농도(몰수)

② 가연성 가스의 초기온도

③ 가연성 가스의 유속

④ 가연성 가스의 초기압력

최대폭발압력에 영향을 주는 인자

① 가연성 가스의 농도(몰수)

② 초기온도가 높을수록

③ 압력이 상승할수록

97 물이 관 속을 흐를 때 유동하는 물속의 어느 부분의 정압이 그때의 물의 증기압보다 낮을 경우 물이 증발하여 부분적으로 증기가 발생되어 배관의 부식을 초래하는 경우가 있다. 이러한 현상을 무엇이라 하는가?

① 서징(surging)

② 공동현상(cavitation)

③ 비말동반(entrainment)

④ 수격작용(water hammering)

펌프 배관의 이상현상

1) 캐비테이션(공동현상)

　① 배관 속에 물속이 기체로 변할 때 공기 방울이 발생하는 현상

　② 물이 관속을 유동하고 있을 때 물속에 어느 부분에 정압이 그때 물의 온도에 해당하는 증기압 이하로 되면서 증기가 발생하는 현상

2) 워터해머(수격현상)

　펌프에서 물을 압송하고 있을 때 정전 등으로 급히 펌프가 멈추거나 유량조절밸브를 급히 폐쇄할 때 관속에 유속이 급속히 변화하면서 압력의 변화가 생기는 현상

3) 서징(맥동현상)

　송출 압력과 송출 유량 사이에 주기적인 변동으로 입구와 출구에 진공계 압력계에 침이 흔들리고 동시에 송출 유량이 변화하는 현상

95 ③ **96** ③ **97** ②

98 메탄이 공기 중에서 연소될 때의 이론혼합비 (화학양론조성)는 약 몇 vol% 인가?

① 2.21　　　　　② 4.03

③ 5.76　　　　　④ 9.50

해설

$$Cst = \frac{100}{1+4.773(n+\frac{m-f-2\lambda}{4})}$$

$$Cst = \frac{100}{1+4.773(1+\frac{4}{4})} = 9.50$$

$$CH_4 + 2O_2 \rightarrow CO_2 + 2H_2O$$

99 고압의 환경에서 장시간 작업하는 경우에 발생할 수 있는 잠함병(潛函病) 또는 잠수병(潛水病)은 다음 중 어떤 물질에 의하여 중독현상이 일어나는가?

① 질소　　　　　② 황화수소

③ 일산화탄소　　④ 이산화탄소

해설

잠함병(潛函病) 또는 잠수병(潛水病)은 질소에 의하여 중독현상이 발생

100 공기 중에서 A 가스의 폭발하한계는 2.2vol% 이다. 이 폭발하한계 값을 기준으로 하여 표준 상태에서 A 가스와 공기의 혼합기체 1m³에 함유되어 있는 A 가스의 질량을 구하면 약 몇 g 인가?(단, A가스의 분자량은 26이다.)

① 19.02　　　　② 25.54

③ 29.02　　　　④ 35.54

해설

1. A가스의 1Mol의 부피는 22.4l이다 즉 26g의 무게를 가진다.
2. A가스와 공기의 혼합기체 1m³ 중 A 가스의 부피
    (1m³ = 1,000l　1,000l에 2.2vol%이므로)

$$1,000 \times \frac{2.2}{100} = 22l$$

표준상태에서 A가스의 분자량이 26g이므로

22.4l : 26g

22l : (x)g

$$(x)g = \frac{22 \times 26}{22.4} = 25.54$$

101 산업안전보건법령에 따른 거푸집동바리를 조립하는 경우의 준수사항으로 옳지 않은 것은?

① 개구부 상부에 동바리를 설치하는 경우에는 상부 하중을 견딜 수 있는 견고한 받침대를 설치할 것

② 동바리의 이음은 맞댄이음이나 장부이음으로 하고 같은 품질의 제품을 사용할 것

③ 강재와 강재의 접속부 및 교차부는 철선을 사용하여 단단히 연결할 것

④ 거푸집이 곡면인 경우에는 버팀대의 부착 등 그 거푸집의 부상(浮上)을 방지하기 위한 조치를 할 것

해설

거푸집동바리를 조립하는 경우의 준수사항

1) 깔목의 사용, 콘크리트 타설, 말뚝박기 등 동바리의 침하를 방지하기 위한 조치를 할 것

2) 개구부 상부에 동바리를 설치하는 경우에는 상부하중을 견딜 수 있는 견고한 받침대를 설치할 것

3) 동바리의 상하 고정 및 미끄러짐 방지조치를 하고, 하중의 지지상태를 유지할

4) 동바리의 이음은 맞댄이음이나 장부이음으로 하고 같은 품질의 재료를 사용할 것

5) 강재와 강재의 접속부 및 교차부는 볼트·클램프 등 전용철물을 사용하여 단단히 연결할 것

6) 거푸집이 곡면인 경우에는 버팀대의 부착 등 그 거푸집의 부상(浮上)을 방지하기 위한 조치를 할 것

7) 동바리로 사용하는 강관 [파이프 서포트(pipe support)는 제외한다]에 대해서는 다음의 사항을 따를 것

　가. 높이 2미터 이내마다 수평연결재를 2개 방향으로 만들고 수평연결재의 변위를 방지할 것

　나. 멍에 등을 상단에 올릴 경우에는 해당 상단에 강재의 단판을 붙여 멍에 등을 고정시킬 것

정답　98 ④　99 ①　100 ②　101 ③

102 타워 크레인(Tower Crane)을 선정하기 위한 사전 검토사항으로서 가장 거리가 먼 것은?

① 붐의 모양
② 인양능력
③ 작업반경
④ 붐의 높이

해설

타워 크레인(Tower Crane)을 선정하기 위한 사전 검토사항
① 붐의 높이
② 인양능력
③ 작업반경

103 건설현장에서 근로자의 추락재해를 예방하기 위한 안전난간을 설치하는 경우 그 구성요소와 거리가 먼 것은?

① 상부난간대
② 중간난간대
③ 사다리
④ 발끝막이판

해설

안전난간대 구성요소
① 상부난간대
② 중간난간대
③ 난간기둥
④ 발끝막이판

104 달비계(곤돌라의 달비계는 제외)의 최대적재하중을 정하는 경우에 사용하는 안전계수의 기준으로 옳은 것은?

① 달기체인의 안전계수 : 10 이상
② 달기강대와 달비계의 하부 및 상부지점의 안전계수(목재의 경우) : 2.5 이상
③ 달기와이어로프의 안전계수 : 5 이상
④ 달기강선의 안전계수 : 10 이상

해설

달비계 와이어로프 안전계수

달기 와이어로프 및 달기 강선		10 이상
달기 체인, 달기 훅		5 이상
달기 강대와 달비계의 하부 및 상부 지점	강대	2.5 이상
	목재	5 이상

105 달비계의 구조에서 달비계 작업발판의 폭은 최소 얼마 이상이어야 하는가?

① 30cm
② 40cm
③ 50cm
④ 60cm

해설

작업발판

구분	달비계 달대 비계	비계높이 2m 이상 (달비계 달대비계 제외)	말비계 높이 2m 이상	비계 해체, 연결 작업 시	슬레이트 지붕 위 선박, 보트 엔진 협소공간
발판폭	40cm	40cm	40cm	20cm	30cm
틈새	틈새 없어야 함	3cm			3cm

106 건설업 중 교량건설 공사의 유해위험방지계획서를 제출하여야 하는 기준으로 옳은 것은?

① 최대 지간길이가 40m 이상인 교량건설등 공사
② 최대 지간길이가 50m 이상인 교량건설등 공사
③ 최대 지간길이가 60m 이상인 교량건설등 공사
④ 최대 지간길이가 70m 이상인 교량건설등 공사

해설

최대 지간길이가 50m 이상인 교량건설등 공사

107 구축물이 풍압·지진 등에 의하여 붕괴 또는 전도하는 위험을 예방하기 위한 조치와 가장 거리가 먼 것은?

① 설계도서에 따라 시공했는지 확인
② 건설공사 시방서에 따라 시공했는지 확인
③ 「건축물의 구조기준 등에 관한 규칙」에 따른 구조기준을 준수했는지 확인
④ 보호구 및 방호장치의 성능검정 합격품을 사용했는지 확인

108 철골건립준비를 할 때 준수하여야 할 사항과 가장 거리가 먼 것은?

① 지상 작업장에서 건립준비 및 기계기구를 배치할 경우에는 낙하물의 위험이 없는 평탄한 장소를 선정하여 정비하고 경사지에는 작업대나 임시발판 등을 설치하는 등 안전조치를 한 후 작업하여야 한다.
② 건립작업에 다소 지장이 있다하더라도 수목은 제거하여서는 안 된다.
③ 사용 전에 기계기구에 대한 정비 및 보수를 철저히 실시하여야 한다.
④ 기계에 부착된 앵커 등 고정장치와 기초구조 등을 확인하여야 한다.

109 건설현장에서 높이 5m 이상인 콘크리트 교량의 설치작업을 하는 경우 재해예방을 위해 준수해야 할 사항으로 옳지 않은 것은?

① 작업을 하는 구역에는 관계 근로자가 아닌 사람의 출입을 금지할 것
② 재료, 기구 또는 공구 등을 올리거나 내릴 경우에는 근로자로 하여금 크레인을 이용하도록 하고, 달줄, 달포대 등의 사용을 금하도록 할 것
③ 중량물 부재를 크레인 등으로 인양하는 경우에는 부재에 인양용 고리를 견고하게 설치하고, 인양용 로프는 부재에 두 군데 이상 결속하여 인양하여야 하며, 중량물이 안전하게 거치되기 전까지는 걸이로프를 해제시키지 아니할 것

④ 자재나 부재의 낙하·전도 또는 붕괴 등에 의하여 근로자에게 위험을 미칠 우려가 있을 경우에는 출입금지구역의 설정, 자재 또는 가설시설의 좌굴(挫屈) 또는 변형 방지를 위한 보강재 부착 등의 조치를 할 것

110 일반건설공사(갑)로서 대상액이 5억원 이상 50억원 미만인 경우에 산업안전보건관리비의 비율(가) 및 기초액(나)으로 옳은 것은?

① (가) 1.86%, (나) 5,349,000원
② (가) 1.99%, (나) 5,499,000원
③ (가) 2.35%, (나) 5,400,000원
④ (가) 1.57%, (나) 4,411,000원

111 중량물을 운반할 때의 바른 자세로 옳은 것은?

① 허리를 구부리고 양손으로 들어올린다.
② 중량은 보통 체중의 60%가 적당하다.
③ 물건은 최대한 몸에서 멀리 떼어서 들어올린다.
④ 길이가 긴 물건은 앞쪽을 높게 하여 운반한다.

정답 108 ② 109 ② 110 ① 111 ④

중량물을 운반할 때의 바른 자세
① 등은 항상 직립 유지 등을 굽히지 말 것 가능한 한 지면과 수직이 되도록 할 것
② 무릎은 직각 자세를 취하고 몸은 가능한 한 인양물에 근접하여 정면에서 인양할 것
③ 팔은 몸에 밀착시키고 끌어당기는 자세를 취하며 가능한 수평거리를 짧게 할 것
④ 체중의 중심은 항상 양다리 중심에 있게 하여 균형을 유지할 것
⑤ 인양하는 최초의 힘은 뒷발 쪽에 두고 인양할 것
⑥ 대퇴부의 부하를 주는 상태에서 무릎을 굽히고 필요한 경우 무릎을 펴서 인양할 것

112 추락방지용 방망의 그물코의 크기가 10cm인 신품 매듭방망사의 인장강도는 몇 킬로그램 이상이어야 하는가?

① 80 ② 110
③ 150 ④ 200

방망사의 인장강도

그물코의 크기 단위 : cm	방망의 종류(kg)			
	매듭 없는 방망		매듭 방망	
	신품	폐기시	신품	폐기시
10cm	240	150	200	135
5cm			110	60

113 다음 중 방망에 표시해야 할 사항이 아닌 것은?

① 방망의 신축성 ② 제조자명
③ 제조년월 ④ 재봉 치수

방망의 표시사항
① 제조자명 ② 제조연월
③ 재봉 치수 ④ 그물코
⑤ 방망의 강도

114 강관비계 조립시의 준수사항으로 옳지 않은 것은?

① 비계기둥에는 미끄러지거나 침하하는 것을 방지하기 위하여 밑받침철물을 사용한다.
② 지상높이 4층 이하 또는 12m 이하인 건축물의 해체 및 조립 등의 작업에서만 사용한다.
③ 교차가새로 보강한다.
④ 외줄비계·쌍줄비계 또는 돌출비계에 대해서는 벽이음 및 버팀을 설치한다.

강관 비계 조립 시 준수사항
① 비계기둥에는 미끄러지거나 침하하는 것을 방지하기 위하여 밑받침 철물을 사용하거나 깔판·깔목 등을 사용하여 밑둥잡이를 설치하는 등의 조치를 할 것
② 강관의 접속부 또는 교차부(交叉部)는 적합한 부속철물을 사용하여 접속하거나 단단히 묶을 것
③ 교차 가새로 보강할 것
④ 외줄비계, 쌍줄비계 또는 돌출비계의 벽이음 및 버팀을 설치
　㉠ 강관비계의 조립 간격은 수직방향에서 5M 이하, 수평방향에서 5m 이하
　㉡ 강관·통나무 등의 재료를 사용하여 견고한 것으로 할 것
　㉢ 인장재와 압축재로 구성된 경우에는 인장재와 압축재의 간격을 1미터 이내로 할 것
⑤ 가공전로(架空電路)에 근접하여 비계를 설치하는 경우에는 가공전로를 이설(移設)하거나 가공전로에 절연용 방호구를 장착하는 등 가공전로와의 접촉을 방지하기 위한 조치를 할 것

115 사다리식 통로 등을 설치하는 경우 고정식 사다리식 통로의 기울기는 최대 몇 도 이하로 하여야 하는가?

① 60도 ② 75도
③ 80도 ④ 90도

사다리 통로

① 견고한 구조로 할 것

② 심한 손상·부식 등이 없는 재료를 사용할 것

③ 발판의 간격은 일정하게 할 것

④ 발판과 벽 사이는 15cm 이상의 간격을 유지할 것

⑤ 폭은 30cm 이상으로 할 것

⑥ 사다리가 넘어지거나 미끄러지는 것을 방지하기 위한 조치를 할 것

⑦ 사다리의 상단은 걸쳐놓은 지점으로부터 60cm 이상 올라가도록 할 것

⑧ 사다리식 통로의 길이가 10m 이상인 경우에는 5m 이내마다 계단참을 설치할 것

⑨ 사다리식 통로의 기울기는 75° 이하로 할 것
다만, 고정식 사다리식 통로의 기울기는 90° 이하로 하고, 높이가 7m 이상인 경우에는 바닥으로부터 높이가 2.5m 되는 지점부터 등받이울을 설치할 것

⑩ 접이식 사다리 기둥은 사용 시 접히거나 펼쳐지지 않도록 철물 등을 사용하여 견고하게 조치할 것

116 부두·안벽 등 하역작업을 하는 장소에서 부두 또는 안벽의 선을 따라 통로를 설치하는 경우에는 폭을 최소 얼마 이상으로 해야 하는가?

① 70cm　　　　② 80cm

③ 90cm　　　　④ 100cm

부두 등 하역 작업장 조치사항

① 작업장 및 통로의 위험한 부분에는 안전하게 작업할 수 있는 조명을 유지할 것

② 부두 또는 암벽의 선을 따라 통로를 설치하는 때에는 폭을 90cm 이상으로 할 것

③ 육상에서의 통로 밑 작업 장소로서 다리 또는 선거에 관문을 넘는 보도 등의 위험한 부분에는 안전난간 또는 울 등을 설치할 것

117 건설작업장에서 근로자가 상시 작업하는 장소의 작업면 조도기준으로 옳지 않은 것은?(단, 갱내 작업장과 감광재료를 취급하는 작업장의 경우는 제외)

① 초정밀 작업 : 600럭스(lux) 이상

② 정밀작업 : 300럭스(lux) 이상

③ 보통작업 : 150럭스(lux) 이상

④ 초정밀, 정밀, 보통작업을 제외한 기타 작업 : 75 럭스(lux) 이상

조도

① 초정밀 작업 : 750럭스(lux) 이상

② 정밀작업 : 300럭스(lux) 이상

③ 보통작업 : 150럭스(lux) 이상

④ 기타 작업 : 75럭스(lux) 이상

118 승강기 강선의 과다감기를 방지하는 장치는?

① 비상정지장치　　② 권과방지장치

③ 해지장치　　　　④ 과부하방지장치

크레인 방호장치

① 권과 방지장치 : 양중기 권상용 와이어로프 또는 기부 등의 붐 권상용 와이어로프 과다감기방지

② 과부하방지장치 : 정격하중 이상의 하중 부하 시 자동으로 상승 정지되면서 경고음이나 경보 등 발생

③ 비상정지 장치 : 돌발사태 발생 시 안전 유기 위한 전원 차단 및 크레인 급정지시키는 장치

④ 제동장치 : 운동 최화정 기체의 기계적 접촉의 의해 운동 채널 정지 상태로 유지하는 기능을 가진 장치

⑤ 기타 방호장치 : 해지장치, 스토퍼(stopper), 이탈 방지 장치, 안전밸브 등

---

　116 ③　117 ①　118 ②

119 흙막이 지보공을 설치하였을 때 정기적으로 점검하여야 할 사항과 거리가 먼 것은?

① 경보장치의 작동상태
② 부재의 손상 · 변형 · 부식 · 변위 및 탈락의 유무와 상태
③ 버팀대의 긴압(緊壓)의 정도
④ 부재의 접속부 · 부착부 및 교차부의 상태

해설

흙막이 지보공 설치 시 점검사항
① 부재의 손상 변형 부식 변위 및 탈락의 유무 상태
② 버팀대의 긴압의 정도
③ 부재의 접속부, 부착부 및 교차부의 상태
④ 침하의 정도

120 사질지반 굴착 시, 굴착부와 지하수위차가 있을 때 수두차에 의하여 삼투압이 생겨 흙막이벽 근입부분을 침식하는 동시에 모래가 액상화되어 솟아오르는 현상은?

① 동상현상
② 연화현상
③ 보일링현상
④ 히빙현상

해설

• 히빙현상 : 연약성 점토지반 굴착 시 굴착외측 토압(흙의 중량)에 의해 굴착 저면의 흙이 활동 전단 파괴되어 굴착 내측으로 부풀어 오르는 현상
• 보일링현상 : 투수성이 좋은 사질토 지반의 흙막이 지면에서 수두차로 인한 상향의 침투압이 발생하여 유효응력이 감소하여 전단강도가 상실되는 현상으로 지하수가 모래와 같이 솟아오르는 현상

산업안전기사(2019년 04월 27일)

1과목 안전관리론

01 연천인율 45인 사업장의 도수율은 얼마인가?

① 10.8
② 18.75
③ 108
④ 187.5

해설

도수율 = 연천인율 / 2.4, $\frac{45}{2.1} = 18.75$

02 다음 중 산업안전보건법상 안전인증대상 기계·기구 등의 안전인증 표시로 옳은 것은?

①
②
③
④

해설

안전인증대상 및 자율안전 확인의 표시

안전인증대상이 아닌 유해위험기계기구 등의 표시

03 불안전상태와 불안전 행동을 제거하는 안전관리의 시책에는 적극적인 대책과 소극적인 대책이 있다. 다음 중 소극적인 대책에 해당하는 것은?

① 보호구의 사용
② 위험공정의 배제
③ 위험물질의 격리 및 대체
④ 위험성 평가를 통한 작업환경 개선

해설

보호구는 최종 수단이다.

04 안전조직 중에서 라인－스태프(Line－Staff) 조직의 특징으로 옳지 않은 것은?

① 라인형과 스탭형의 장점을 취한 절충식 조직형 태이다.
② 중규모 사업장(100명 이상~500명 미만)에 적합하다.
③ 라인의 관리, 감독자에게도 안전에 관한 책임과 권한이 부여된다.
④ 안전활동과 생산업무가 분리될 가능성이 낮기 때문에 균형을 유지할 수 있다.

해설

안전관리 조직의 특징 및 장단점

구분	라인형 조직	스태프형 조직	라인스태프형 조직
특징	• 안전보건관리 업무 : 생산라인을 통하여 이루어지도록 편성된 조직 • 생산라인에 모든 안전 보건 관리 기능을 부여	안전에 관한 계획의 작성, 조사, 점검결과에 의한 조언, 보고의 역할	• 라인형과 스태프형의 장점을 절충한 이상적인 조직 • 안전보건 전담하는 스태프를 두고 생산라인의 부서장으로 하여금 안전보건 담당
대상 사업장	100인 이하 소규모 사업장	100명 이상 1,000명 미만의 중규모 사업장	1,000명 이상의 대규모사업장
장점	• 명령이나 지시가 신속 정확하게 전달되어 개선조치가 빠르게 진행 • 안전과 생산을 동시에 수행 • 명령 보고가 상하 관계뿐이므로 간단명료	• 안전전담부서의 참모인 안전관리자가 안전관리의 계획에서 시행까지 업무시행 • 안전기법 등에 대한교육 훈련을 통해 조직적으로 안전관리 추진 • 안전에 관한 기술, 지식 축적 정보수집이 용이	• 라인에서 안전보건 업무가 수행되어 안전보건에 관한 지시 명령 조치가 신속·정확하게 전달 수행 • 안전보건 직무지식이나 기술축적 용이 • 스태프에서 안전에관한 기획, 조사, 검토 및 연구를 수행

구분	라인형 조직	스태프형 조직	라인스태프형 조직
단점	• 안전보건에 관한 전문지식 부족 • 생산 위주로 안전 소홀 우려	• 안전과 생산을 별개로 취급 • 안전에 대한 이해 부족할 경우 안전대책의 현장 침투 불가	• 라인 스태프 간에 협조문제 발생 시 원활한 업무 추진 불가 • 명령 계통과 조언 권고적 참여가 혼돈된 우려

05 다음 중 브레인스토밍(Brain Storming)의 4원칙을 올바르게 나열한 것은?

① 자유분방, 비판금지, 대량발언, 수정발언
② 비판자유, 소량발언, 자유분방, 수정발언
③ 대량발언, 비판자유, 자유분방, 수정발언
④ 소량발언, 자유분방, 비판금지, 수정발언

해설

브레인스토밍(Brain Storming)의 4원칙 : 자유분방, 비판금지, 대량 발언, 수정 발언

06 매슬로의 욕구단계이론 중 자기의 잠재력을 최대한 살리고 자기가 하고 싶었던 일을 실현하려는 인간의 욕구에 해당하는 것은?

① 생리적 욕구
② 사회적 욕구
③ 자아실현의 욕구
④ 학생의 학습과 과정의 평가를 과학적으로 할 수 있다.

해설

매슬로의 인간욕구 5단계

단계	매슬로의 욕구이론	
5단계	자아실현의 욕구	잠재능력의 극대화, 성취적 욕구
4단계	존중의 욕구	자존심 성취감 승진, 자존의 욕구
3단계	소속의 욕구	소속감, 애정의 욕구
2단계	안전의 욕구	자기존재, 보호 받으려는 욕구
1단계	생리적 욕구	기본작 욕구, 강도가 가장 높은 욕구

07 수업매체별 장·단점 중 '컴퓨터 수업(computer assisted instruction)'의 장점으로 옳지 않은 것은?

① 개인차를 최대한 고려할 수 있다.
② 학습자가 능동적으로 참여하고, 실패율이 낮다.
③ 교사와 학습자가 시간을 효과적으로 이용할 수 없다.
④ 학생의 학습과 과정의 평가를 과학적으로 할 수 있다.

해설

컴퓨터 수업(computer assisted instruction)의 장점
① 개인차를 최대한 고려할 수 있다.
② 학습자가 능동적으로 참여하고, 실패율이 낮다.
③ 교사와 학습자가 시간을 효과적으로 이용할 수 있다.
④ 학생의 학습과 과정의 평가를 과학적으로 할 수 있다.

08 산업안전보건법령상 산업안전보건위원회의 구성에서 사용자 위원 구성원이 아닌 것은?(단, 해당 위원이 사업장에 선임이 되어 있는 경우에 한한다.)

① 안전관리자　　　② 보건관리자
③ 산업보건의　　　④ 명예산업안전감독관

해설

산업안전 보건위원회 구성위원
1. 근로자 대표
   ① 근로자 대표
   ② 명예산업안전감독관
   ③ 근로자 대표가 지명하는 9명 이내의 해당 사업장의 근로자
2. 사용자 대표
   ① 해당 사업의 대표자
   ③ 보건관리자 1명
   ④ 산업보건의
   ⑤ 해당 사업의 대표자가 지명하는 9명 이내의 해당 사업장 부서의 장

09 다음 중 상황성누발자의 재해유발원인으로 옳지 않은 것은?

① 작업이 난이성　　② 기계설비의 결함
③ 도덕성의 결여　　④ 심신의 근심

해설

재해누발자 유형

미숙성 누발자	① 기능 미숙 ② 작업환경 미적응
상황성 누발자	① 작업 자체 어렵기 때문 ② 기계설비의 결함 ③ 주위 환경상 집중력 곤란 ④ 심신에 근심 걱정이 있기 때문
습관성 누발자	① 경험한 재해로 인하여 대응능력의 약화(겁쟁이, 신경과민) ② 여러 가지 원인에 의한 슬럼프 상태
소질성 누발자	① 개인의 소질 중 재해원인 요소를 가진 자 (주의력 부족, 소심한 성격, 저 지능, 흥분, 감각운동 부적합 등) ② 특수성격 소유자로서 재해발생 소질 소유자

10 다음 중 안전 · 보건교육의 단계별 교육과정 순서로 옳은 것은?

① 안전 태도교육 → 안전 지식교육 → 안전 기능교육
② 안전 지식교육 → 안전 기능교육 → 안전 태도교육
③ 안전 기능교육 → 안전 지식교육 → 안전 태도교육
④ 안전 자세교육 → 안전 지식교육 → 안전 기능교육

해설

교육의 단계별 과정
안전 지식교육 → 안전 기능교육 → 안전 태도교육

11 산업안전보건법령상 안전보의 시험성능기준 항목으로 옳지 않은 것은?

① 내열성　　② 턱끈풀림
③ 내관통성　　④ 충격흡수성

해설

항목	성능
내관통성	AE, ABE종 안전모는 관통거리가 9.5mm 이하이고, A, AB종 안전모는 관통거리가 11.1mm 이하이어야 한다.
충격흡수성	최고 전달충격력이 4,450N(1,000Pounds)를 초과해서는 안 되며, 모체와 착장체의 기능이 상실되지 않아야 한다.
내전압성	종류 AE, ABE 종 안전모는 교류 20kV에서 1분간 절연 파괴 없이 견뎌야 하고, 이때 누설되는 충전전류는 10mA 이내이어야 한다.
내수성	종류 AE, ABE종 안전모는 질량증가율이 1% 미만이어야 한다.
난연성	불꽃을 내며 5초 이상 타지 않아야 한다.
턱끈풀림시험	150N 이상 250N 이하에서 턱끈이 풀려야 한다.

12 재해통계에 있어 강도율이 2.0인 경우에 대한 설명으로 옳은 것은?

① 재해로 인해 전체 작업비용의 2.0%에 해당하는 손실이 발생하였다.
② 근로자 100명당 2.0건의 재해가 발생하였다.
③ 근로시간 1,000시간당 2.0건의 재해가 발생하였다.
④ 근로시간 1,000시간당 2.0일의 근로손실일수가 발생하였다.

해설

강도율(SR : Severity Rate) : 1,000 근로시간당 근로손실일수 비율

13 다음 중 산업안전심리의 5대 요소에 포함되지 않는 것은?

① 습관　　② 동기
③ 감정　　④ 지능

해설

안전심리 5대요소 : 동기, 기질, 감정, 습관, 습성

14 교육훈련방법 중 OJT(On the Job Training)의 특징으로 옳지 않은 것은?

정답　　10 ②　11 ①　12 ④　13 ④　14 ①

① 동시에 다수의 근로자들을 조직적으로 훈련이 가능하다.

② 개개인에게 적절한 지도 훈련이 가능하다.

③ 훈련효과에 의해 상호 신뢰 및 이해도가 높아진다.

④ 직장의 실정에 맞게 실제적 훈련이 가능하다.

해설

O.J.T와 OFF.J.T의 특징

OJT 특징	OFF J T 특징
① 개개인에게 적절한 훈련이 가능	① 다수의 근로자에게 훈련을 할 수 있다.
② 직장의 실정에 맞는 훈련이 가능하다.	② 훈련에만 전념할 수 있다.
③ 교육의 효과가 즉시 업무에 연결된다.	③ 특별 설비기구 이용이 가능하다.
④ 상호 신뢰 이해도가 높다.	④ 많은 지식이나 경험을 공유할 수 있다.
⑤ 훈련에 대한 업무의 계속성이 끊어지지 않는다.	⑤ 교육훈련 목표에 대하여 집단적 노력이 흐트러질 수 있다.

15 기술교육의 형태 중 준 듀이(J.Dewey)의 사고과정 5단계에 해당하지 않는 것은?

① 추론한다.

② 시사를 받는다.

③ 가설을 설정한다.

④ 가슴으로 생각한다.

해설

준 듀이(J.Dewey)의 사고과정 5단계

• 1단계 : 문제의 제기(시사를 받는다)

• 2단계 : 문제의 인식(머리로 생각한다)

• 3단계 : 현상분석(가설설정)

• 4단계 : 가설정렬(추론한다)

• 5단계 : 가설검증(가설 검토한다)

16 허츠버그(Herzberg)의 일을 통한 동기부여 원칙으로 틀린 것은?

① 새롭고 어려운 업무의 부여

② 교육을 통한 간접적 정보제공

③ 자기과업을 위한 작업자의 책임감 증대

④ 작업자에게 불필요한 통제를 배제

해설

허츠버그(Herzberg)의 동기 위생 이론

위생요인 (직무환경, 저차적 욕구)	동기유발요인 (직무내용, 고차적 욕구)
조직의 정책과 방침	직무상의 성취
작업조건	인정
대인관계	성장 발전
임금, 신분, 지위	책임의 증대
감독 등	직무내용 자체(보람된 직무 등)
생산능력의 향상 불사	생산능력 향상기대

17 산업안전보건법상 환기가 극히 불량한 좁고 밀폐된 장소에서 용접작업을 하는 근로자 대상의 특별안전보건교육 교육내용에 해당하지 않는 것은? (단, 기타 안전·보건관리에 필요한 사항은 제외한다.)

① 환기설비에 관한 사항

② 작업환경 점검에 관한 사항

③ 질식 시 응급조치에 관한 사항

④ 화재예방 및 초기대응에 관한 사항

해설

밀폐된 장소에서 용접작업 또는 습한 장소에서의 특별안전보건 교육내용

• 작업순서·안전 작업방법 및 수직에 관한 사항

• 환기설비에 관한 사항

• 전격 방지 및 보호구 착용에 관한 사항

• 질식 시 응급조치에 관한 사항

• 작업환경점검에 관한 사항

• 기타 안전보건관리에 필요한 사항

18 다음 무재해운동의 이념 중 "선취의 원칙"에 대한 설명으로 가장 적절한 것은?

① 사고의 잠재요인을 사후에 파악하는 것

② 근로자 전원이 일체감을 조성하여 참여하는 것

③ 위험요소를 사전에 발견, 파악하여 재해를 예방
또는 방지하는 것
④ 관리감독자 또는 경영층에서의 자발적 참여로
안전활동을 촉진하는 것

해설

무재해운동의 3대 원칙
① 무(無)의 원칙
무재해란 단순히 사망재해나 사고만 없으면 된다는 소
극적인 사고(思考)가 아니고 사업장 내에 잠재 위험 요인
을 적극적으로 사전에 발견, 파악, 해결함으로써 근원적
으로 산업재해를 없애자는 것이다.
② 선취(先取)의 원칙(＝안전제일의 원칙)
무재해운동에서 선취란 안전한 사업장을 조성하기 위한
궁극의 목표로서 사업장 내에서 행동하기 전에 잠재위
험 요인을 발견, 파악, 해결하여 재해를 예방하거나 방지
하는 것을 말한다.
③ 참여(參與)의 원칙(＝참가의 원칙)
무재해운동에 있어서 참가란 작업에 따르는 잠재적인
위험요인을 사전에 발견, 파악, 해결하기 위하여 전원이
일치 협력하고 각자의 위치에서 의욕으로 문제점을 해
결하겠다는 것을 말한다.

19 산업안전보건법령상 유기화합물용 방독마스
크의 시험가스로 옳지 않은 것은?

① 이소부탄 ② 시클로헥산
③ 디메틸에테르 ④ 염소가스 또는 증기

해설

방독 마스크 정화통 외부 측면 표시색

기호	종류	표시색	시험가스	정화통
C	유기화합물용	갈색	시클로 핵산, 이소부탄, 디메틸에테르	활성탄
A	할로겐화합물용	회색	염소가스, 염소증기	소라다임, 활성탄
E	일산화탄소용	적색	일산화탄소가스	호프카 라이트
H	암모니아용	녹색	암모니아가스	큐프라 마이트
I	아황산용	노란색	아황산가스	산화금속 알칼리 제재

기호	종류	표시색	시험가스	정화통
J	시안화수소용	회색	시안화수소가스	산화금속 알칼리 제재
K	황화수소용	회색	황화수소가스	금속염류 알칼리 제재

20 산업안전보건법령상 근로자 안전보건교육 중
작업내용 변경 시의 교육을 할 때 일용근로자를 제외
한 근로자의 교육시간으로 옳은 것은?

① 1시간 이상 ② 2시간 이상
③ 4시간 이상 ④ 8시간 이상

해설

근로자 안전보건교육의 교육시간

교육 과정	교육대상		교육시간
정기교육	사무직 종사 근로자		매분 3시간 이상
	사무직 외의 근로자	판매직	매분기 3시간 이상
		판매직 외	매분기 6시간 이상
	관리 감독자		연간 16시간 이상
채용 시 교육	일용근로자		1시간 이상
	일용직 외 근로자		8시간 이상
작업내용 변경 시 교육	일용근로자		1시간 이상
	일용직 외 근로자		2시간 이상
특별교육	일용근로자		2시간 이상
	타워크레인 신호작업에 종사하는 일용근로자		8시간 이상
	일용직 외 근로자		16시간 이상 (최초 작업에 종사하기 전 4시간 이상 실시하고 12시간은 3개월 이내에서 분할하여 실시 가능)
건설업 기초안전 보건교육	건설 일용근로자		4시간

정답 **19** ④ **20** ②

21 화학설비에 대한 안정성 평가(safety assess−ment)에서 정량적 평가 항목이 아닌 것은?

① 습도
② 온도
③ 압력
④ 용량

해설

안전성 평가 6단계

단계		내용
1단계	관계자료의 정비 검토	1. 제조공정 훈련계획 2. 입지조건 3. 건조물의 도면 4. 기계실, 전기실의 도면 5. 공정계통도
2단계	정성적 평가	1. 설계관계 ① 입지조건 ② 공장 내의 배치 ③건조물 소방설비 2. 운전관계 ① 원재료 ② 중간제품의 위험성 ③ 프로세스 운전조건 ④ 수송 저장 등에 대한 안전대책 ⑤ 프로세스 기기의 선정조건
3단계	정량적 평가	1. 구성요소의 물질 2. 화학설비의 용량, 온도, 압력, 조작 3. 상기 5개 항목에 대해 평가 → 합산 결과에 의한 위험도 등급
4단계	안전대책 수립	1. 설비대책 2. 관리대책
5단계	재해사례에 의한 평가	재해사례 상호교환
6단계	FTA에 의한 재평가	위험도 등급 Ⅰ에 해당하는 플랜트에 대해 FTA에 의한 재평가하여 개선부분 설계 반영

22 신체 부위의 운동에 대한 설명으로 틀린 것은?

① 굴곡은 부위 간의 각도가 증가하는 신체의 움직임을 의미한다.

② 외전은 신체 중심선으로부터 이동하는 신체의 움직임을 의미한다.

③ 내전은 신체의 외부에서 중심선으로 이동하는 신체의 움직임을 의미한다.

④ 외선은 신체의 움직임을 의미한다.

해설

신체 부위의 운동

굴곡(flexion 굽히기)	관절각이 감소하는 움직임
신전(extension 펴기)	관절각이 증가하는 움직임
외전(abduction 벌리기)	신체 중심선으로부터 밖으로 이동
내전(adduction 모으기)	신체 중심선으로 이동
외선(external rotation)	신체 중심선으로 향하는 회전
내선(internal rotation)	신체 중심선으로부터 회전

23 n개의 요소를 가진 병렬 시스템에 있어 요소의 수명(MTTF)이 지수분포를 따를 경우 이 시스템의 수명을 구하는 식으로 맞는 것은?

① $MTTF \times n$

② $MTTF \times \dfrac{1}{n}$

③ $MTTF\left(1 + \dfrac{1}{2} + \ldots + \dfrac{1}{n}\right)$

④ $MTTF\left(1 \times \dfrac{1}{2} \times \ldots \times \dfrac{1}{n}\right)$

해설

- 직렬계의 수명 $MTTF(MTBF) \times \dfrac{1}{\text{요소갯수}(n)}$

- 병렬계의 수명 $MTTF(MTBF) \times \left(1 + \dfrac{1}{2} + \dfrac{1}{3} + \ldots \dfrac{1}{n}\right)$

24 인간 전달 함수(Human Transfer Function)의 결점이 아닌 것은?

① 입력의 협소성
② 시점적 제약성
③ 정신운동의 묘사성
④ 불충분한 직무 묘사

해설

인간 전달 함수의 결점
① 입력의 협소성
② 시점적 제약성
③ 정신운동의 묘사성
④ 불충분한 직무 묘사

정답 21 ① 22 ① 23 ③ 24 ③

25 고장형태와 영향분석(FMEA)에서 평가요소로 틀린 것은?

① 고장발생의 빈도

② 고장의 영향 크기

③ 고장방지의 가능성

④ 기능적 고장 영향의 중요도

해설

고장형태와 영향분석(FMEA)에서 평가요소

① 고장발생의 빈도

② 고장방지의 가능성

③ 기능적 고장 영향의 중요도

26 결함수분석의 기대효과와 가장 관계가 먼 것은?

① 시스템의 결함 진단

② 시간에 따른 원인 분석

③ 사고원인 규명의 간편화

④ 사고원인 분석의 정량화

해설

FTA의 장단점

장점	단점
사고원인 규명의 간편화	숙련된 전문가 필요
사고원인 분석의 일반화	시간 및 경비의 소요
사고원인 분석의 정량화	고장률 자료 확보
노력, 시간의 절감	단일 사고의 해석
시스템의 결함 진단	논리게이트 선택의 신중
안전점검 체크리스트 작성	

27 인간공학에 대한 설명으로 틀린 것은?

① 인간이 사용하는 물건, 설비, 환경의 설계에 적용된다.

② 인간을 작업과 기계에 맞추는 설계 철학이 바탕이 된다.

③ 인간－기계 시스템의 안전성과 편리성, 효율성을 높인다.

④ 인간의 생리적, 심리적인 면에서의 특성이나 한계점을 고려한다.

해설

인간공학의 정의

인간이 편리하게 사용할 수 있도록 기계설비 및 환경조건을 인간의 특성에 맞추어 설계하는 과정을 인간공학이라 함

28 빨강, 노랑, 파랑의 3가지 색으로 구성된 교통 신호등이 있다. 신호등은 항상 3가지 색으로 구성된 교통 신호등이 있다. 신호등은 항상 3가지 색 중 하나가 켜지도록 되어 있다. 1시간 동안 조사한 결과, 파란등은 총 30분 동안, 빨간등과 노란등은 각각 총 15분 동안 켜진 것으로 나타났다. 이 신호등의 총 정보량은 몇 bit인가?

① 0.5 ② 0.75

③ 1.0 ④ 1.5

해설

총 정보량$(H) = \Sigma pi \log_2 \left(\dfrac{1}{p} \right)$

파란등 : $30/60 = 0.5$

빨간등 : $15/60 = 0.25$

노란등 : $15/60 = 0.25$

$0.5 \times \log_2 \left(\dfrac{1}{0.5} \right) + 0.25 \times \log_2 \left(\dfrac{1}{0.25} \right) + 0.25 \times \log_2 \left(\dfrac{1}{0.25} \right)$

$(0.5 \times 1) + (0.25 \times 2) + (0.25 \times 2) = 1.5$

∴ 1.5bit

29 다음과 같은 실내 표면에서 일반적으로 추천 반사율의 크기를 맞게 나열한 것은?

㉠ 바닥 ㉡ 천정 ㉢ 가구 ㉣ 벽

① ㉠ < ㉣ < ㉢ < ㉡ ② ㉣ < ㉠ < ㉡ < ㉢

③ ㉠ < ㉢ < ㉣ < ㉡ ④ ㉣ < ㉡ < ㉠ < ㉢

해설

추천반사율 크기 : 천정 > 벽 > 가구 > 바닥

정답 **25** ② **26** ② **27** ② **28** ④ **29** ③

30 어떤 결함수를 분석하여 minimal cut set을 구한 결과 다음과 같았다. 각 기본사상의 발생확률을 q_i, $i = 1, 2, 3$라 할 때, 정상사상의 발생확률함수로 맞는 것은?

$$k_1 = [1, 2] \quad k_2 = [1, 3] \quad k_3 = [2, 3]$$

① $q_1q_2 + q_1q_2 - q_2q_3$

② $q_1q_2 + q_1q_3 - q_1q_2$

③ $q_1q_2 + q_1q_3 + q_1q_2 - q_1q_2q_3$

④ $q_1q_2 + q_1q_3 + q_1q_2 - 2q_1q_2q_3$

해설

정상사상 T가 K1, K2, k3 중간사상 3개를 OR 게이트로 연결되어 있으므로,
T = 1-(1-k1)(1-K2)(1-K3) 공식에 적용
그러므로, K1=(q1.q2), K2=(q1.q3), K3=(q2.q3)을 대입하면,
T = 1-(1-k1)(1-K2)(1-K3)
　= k1+k2+k3-k1.k2-k2.k3-k2.k3+k1.k2.k3
　= (q1.q2) +(q1.q3)+(q2.q3)-(q1.q2.q1.q3)
　　-(q1.q3.q2.q3)-(q1.q2.q2.q3)+(q1.q2.q1.q3.q2.q3)
　=(q1.q2) +(q1.q3)+(q2.q3)-(q1.q2.q3)-(q1.q2.q3)
　　-(q1.q2.q3)+(q1.q2.q3)
　=(q1.q2) +(q1.q3)+(q2.q3)-2(q1.q2.q3

정상사상 발생확률
1-(1-q1q2)(1-q1q3)(1-q2q3)=q1q2+q1q3+q2q3-2q1q2q3

31 산업안전보건법령에 따라 유해위험방지 계획서의 제출대상사업은 해당 사업으로서 전기 계약용량이 얼마 이상이 사업인가?

① 150kW　　　② 200kW

③ 300kW　　　④ 500kW

해설

유해위험 방지계획서 작성 대상사업장
전기계약용량 300kW 이상인 13대 업종으로써 제품생산 공정과 직접적으로 관련된 건설물·기계·기구 및 설비 등 일체를 설치·이전 또는 전기정격용량의 합 100kW 이상 증설·교체·개조·이설하는 경우 유해 위험방지 계획서를 작성 제출해야 함

① 금속가공제품 제조업 : 기계 및 가구 제외

② 비금속 광물제품 제조업

③ 가구 제조업

④ 식료품 제조업

⑤ 반도체 제조업

⑥ 목재 및 나무제품 제조업

⑦ 전자부품 제조업

⑧ 화학물질 및 화학제품 제조업

⑨ 기타 기계 및 장비 제조업

⑩ 고무제품 및 플라스틱제품 제조업

⑪ 자동차 및 트레일러 제조업

⑫ 비금속 광물제품 제조업 가구 제조업

⑬ 1차 금속 제조업

32 음량 수준을 평가하는 척도와 관계없는 것은?

① HIS　　　② phon

③ dB　　　④ sone

해설

소음의 단위

① dB　　　　　　　② 　　phon

③ sone

33 인간의 오류모형에서 "알고 있음에도 의도적으로 따르지 않거나 무시한 경우"를 무엇이라 하는가?

① 실수(Slip)　　　② 착오(Mistake)

③ 건망증(Lapse)　　④ 위반(Violation)

해설

인간의 정보처리 과정에서 발생되는 에러

Mistake (착오, 착각)	인지 과정과 의사결정과정에서 발생하는 에러 상황해석을 잘못하거나 틀린 목표를 착각하여 행하는 경우
Lapse(건망증)	어떤 행동을 잊어버리고 하지 않는 경우, 저장단계에서 발생하는 에러
Slip(실수 미끄러짐)	실행단계에서 발생하는 에러 상황, 목표, 해석은 제대로 하였으나 의도와는 다른 행동을 하는 경우
Violation(위반)	알고 있음에도 의도적으로 따르지 않거나 무시한 경우

34 그림과 같이 7개의 부품으로 구성된 시스템의 신뢰도는 약 얼마인가?(단, 네모 안의 숫자는 각 부품의 신뢰도이다.)

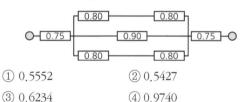

① 0.5552　　　　　② 0.5427
③ 0.6234　　　　　④ 0.9740

해설

$0.75 \times [1-(1-0.80 \times 0.80) \times (1-0.90) \times (1-0.80 \times 0.80)]$
$\times 0.75 = 0.5552$

35 소음방지 대책에 있어 가장 효과적인 방법은?

① 음원에 대한 대책
② 수음자에 대한 대책
③ 전파경로에 대한 대책
④ 거리감쇠와 지향성에 대한 대책

해설

소음방지 대책 : 소음원에 대한 근본적인 대책

36 정성적 표시장치의 설명으로 틀린 것은?

① 정성적 표시장치의 근본 자료 자체는 정량적인 것이다.
② 전력계에서와 같이 기계적 혹은 전자적으로 숫자가 표시된다.
③ 색채 부호가 부적합한 경우에는 계기판 표시 구간을 형상 부호화하여 나타낸다.
④ 연속적으로 변하는 변수의 대략적인 값이나 변화추세, 변화율 등을 알고자 할 때 사용된다.

해설

정성적 표시장치
온도, 압력, 속도처럼 연속적으로 변하는 변수의 대략값인 변화추세율 등을 알고자 할 때

37 FT도에 사용하는 기호에서 3개의 입력현상 중 임의의 시간에 2개가 발생하면 출력이 생기는 기호의 명칭은?

① 억제 게이트
② 조합 AND 게이트
③ 배타적 OR 게이트
④ 우선적 AND 게이트

해설

a_i는 a_j보다 우선 — 우선적 AND 게이트
어느것이나 2개 — 조합 AND 게이트
동시발생이 없음 — 배타적 OR 게이트
위험 지속 시간 — 위험 지속 기호

38 공정안전관리(process safety management : PSM)의 적용대상 사업장이 아닌 것은?

① 복합비료 제조업
② 농약 원제 제조업
③ 차량 등의 운송설비업
④ 합성수지 및 기타 플라스틱 물질 제조업

해설

공정 안전보고서 적용대상 사업장
1) 원유정제 처리업
2) 기타 석유정제물 재처리업
3) 석유화학계 기초화학물 또는 합성수지 및 기타 플라스틱 물질 제조업.
4) 질소 화합물, 질소 인산 및 칼리질 화학비료 제조업 중 질소질 비료 제조
5) 복합비료 및 기타 화학비료 제조업 중 복합비료 제조(단순혼합 또는 배합에 의한 경우는 제외한다)
6) 화학 살균 살충제 및 농업용 약제 제조업[농약 원제(原劑) 제조만 해당한다]
7) 화약 및 불꽃제품 제조업

39 아령을 사용하여 30분간 훈련한 후, 이두군의 근육 수축작용에 대한 전기적인 신호 데이터를 모았다. 이 데이터들을 이용하여 분석할 수 있는 것은 무엇인가?

① 근육의 질량과 밀도
② 근육의 활성도와 밀도
③ 근육의 피로도와 크기
④ 근육의 피로도와 활성도

해설

EMG(electromyogram) : 근전도, 근육활동의 전위차의 기록

40 착석식 작업대의 높이 설계를 할 경우 고려해야 할 사항과 가장 관계가 먼 것은?

① 의자의 높이   ② 대퇴 여유
③ 작업의 성격   ④ 작업대의 형태

해설

착석식 작업대의 높이 설계를 할 경우 고려해야 할 사항
① 의자의 높이   ② 대퇴 여유
③ 작업의 성격   ④ 작업대의 두께

3과목 기계위험방지기술

41 컨베이어 방호장치에 대한 설명으로 맞는 것은?

① 역전방지장치에 롤러식, 라쳇식, 권과방지식, 전기브레이크식 등이 있다.
② 작업자가 임의로 작업을 중단할 수 없도록 비상정지장치를 부착하지 않는다.
③ 구동부 측면에 롤러 안내 가이드 등의 이탈방지장치를 설치한다.
④ 롤러컨베이어의 롤 사이에 방호판을 설지할 때 롤과의 최대간격은 8mm이다.

해설

컨베이어 안전조치 사항

이탈 등의 방지	역전 방지장치 및 브레이크	기계적인 것 : 라쳇식, 롤러식, 밴드식, 웜기어 등
		전기적인 것 : 전기 브레이크, 스러스트 브레이크 등
	화물 또는 운반구의 이탈방지장치	컨베이어 구동부 측면에 롤러형 안내 가이드 설치
	화물 낙하 위험 시	덮개, 낙하 방지 울 설치
비상정지장치 부착		비상시 즉시 정지할 수 있는 장치
낙하물에 의한 위험방지		화물이 떨어져 근로자가 위험해질 우려가 있는 경우 덮개 또는 울 설치
통행의 제한		운전 중인 컨베이어 등의 위로 근로자를 넘어가도록 하는 건널다리 설치 동일선상에 구간별 설치된 컨베이어에 중량물을 운반하는 경우 충돌에 대비한 스토퍼를 설치하거나 작업자를 출입 금지
트롤리 컨베이어		트롤리와 체인 및 행거가 쉽게 벗겨지지 않도록 확실하게 연결

42 가스 용접에 이용되는 아세틸렌가스 용기의 색상으로 옳은 것은?

① 녹색   ② 회색
③ 황색   ④ 청색

해설

충전가스 용기의 색상
① 산소 : 녹색   ② 수소 : 주황색
③ CO_2 : 청색   ④ 암모니아 : 백색
⑤ 아세틸렌 : 황색   ⑥ 염소 : 갈색

43 롤러가 맞물림점의 전방에 개구부의 간격을 30mm로 하여 가드를 설치하고자 한다. 가드의 설치 위치는 맞물림점에서 적어도 얼마의 간격을 유지하여야 하는가?

① 154mm   ② 160mm
③ 166mm   ④ 172mm

정답   39 ④   40 ④   41 ③   42 ③   43 ②

개구부 간격

Y=6+0.15X

y=6+0.15x(x<160mm) (단 x≥160mm일 때, y=30mm)

x : 개구면에서 위험점까지의 최단거리(mm)

y : x에 대한 개구부 간격(mm)

44 비파괴시험의 종류가 아닌 것은?

① 자분탐상시험 ② 침투탐상시험

③ 와류탐상시험 ④ 샤르피 충격시험

비파괴검사의 종류

1) 침투탐상시험(Liquid penetrant testing, PT)

2) 자기탐상시험(Magnetic particle testing, MT)

3) 방사선투과시험(Radiographic testing, RT)

4) 초음파탐상시험(Ultrasonic testing, UT)

5) 와류탐상시험(Eddy current testing, ET) 등

45 소음에 관한 사항으로 틀린 것은?

① 소음에는 익숙해지기 쉽다.

② 소음계는 소음에 한하여 계측할 수 있다.

③ 소음의 피해는 정신적, 심리적인 것이 주가 된다.

④ 소음이란 귀에 불쾌한 음이나 생활을 방해하는 음을 통틀어 말한다.

소음계는 소음 또는 소음이 아닌 음의 레벨을 측정할 수 있다.

46 와이어로프의 꼬임에 관한 설명으로 틀린 것은?

① 보통꼬임에는 S꼬임이나 Z꼬임이 있다.

② 보통꼬임은 스트랜드의 꼬임방향과 로프의 꼬임방향이 반대로 된 것을 말한다.

③ 랭꼬임은 로프의 끝이 자유로이 회전하는 경우나 킹크가 생기기 쉬운 곳에 적당하다.

④ 랭꼬임은 보통꼬임에 비하여 마모에 대한 저항성이 우수하다.

와이어로프의 꼬임 및 특장

구분	보통꼬임(Ordinary lay)	랭꼬임(Lang's lay)
개념	스트랜드의 꼬임방향과 로프의 꼬임방향이 반대로 된 것	스트랜드의 꼬임방향과 로프의 꼬임방향이 같은 방향으로 된 것
특징	① 소선의 외부길이가 짧아 쉽게 마모 ② 킹크가 잘 생기지 않으며 로프 자체변형이 작다. ③ 하중에 대한 저항성이 크다. ④ 선박, 육상 등에 많이 사용된다. ⑤ 취급이 용이하다.	① 소선의 외부길이가 보통꼬임에 비해 길다. ② 꼬임이 풀리기 쉽고 킹크가 생기기 쉽다. ③ 내 마모성, 유연성, 내 피로성이 우수하다.

47 구내운반차의 제동장치 준수사항에 대한 설명으로 틀린 것은?

① 조명이 없는 장소에서 작업 시 전조등과 후미등을 갖출 것

② 운전석이 차 실내에 있는 것은 좌우에 한 개씩 방향지시기를 갖출 것

③ 핸들의 중심에서 차체 바깥측까지의 거리가 70센티미터 이상일 것

④ 주행을 제동하거나 정지상태를 유지하기 위하여 유효한 제동장치를 갖출 것

핸들의 중심에서 차체 바깥측까지의 거리가 65cm 이상일 것

48 프레스의 방호장치 중 광전자식 방호장치에 관한 설명으로 틀린 것은?

① 연속 운전작업에 사용할 수 있다.

② 핀 클러치 구조의 프레스에 사용할 수 있다.

③ 기계적 고장에 의한 2차 낙하에는 효과가 없다.

④ 시계를 차단하지 않기 때문에 작업에 지장을 주지 않는다.

44 ④ 45 ② 46 ③ 47 ③ 48 ②

49 다음 용접 중 불꽃 온도가 가장 높은 것은?

① 산소-메탄 용접

② 산소-수소 용접

③ 산소-프로판 용접

④ 산소-아세틸렌 용접

50 다음 중 선반작업 시 지켜야 할 안전수칙으로 거리가 먼 것은?

① 작업 중 절삭 칩이 눈에 들어가지 않도록 보안경을 착용한다.

② 공작물 세팅에 필요한 공구는 세팅이 끝난 후 바로 제거한다.

③ 상의의 옷자락은 안으로 넣고, 끈을 이용하여 소맷자락을 묶어 작업을 준비한다.

④ 공작물은 전원 스위치를 끄고 바이트를 충분히 멀리 위치시킨 후 고정한다.

⑥ 기계 운전 중 백기어 사용 금지

⑦ 절삭 칩 제거는 반드시 브러시 사용

⑧ 리드 스크루에는 몸의 하부가 걸리기 쉬우므로 조심

상의의 옷자락, 소맷자락을 묶어 작업할 경우 끈이 기계에 말려 들어갈 위험이 존재

51 기계설비 구조의 안전화 중 가공결함 방지를 위해 고려할 사항이 아닌 것은?

① 안전율   ② 열처리

③ 가공경화   ④ 응력집중

52 회전수가 300rpm, 연삭숫돌의 지름이 200mm일 때 숫돌의 원주 속도는 약 몇 m/min인가?

① 60.0   ② 94.2

③ 150.0   ④ 188.5

53 일반적으로 장갑을 착용해야 하는 작업은?

① 드릴작업

② 밀링작업

③ 선반작업

④ 전기용접작업

정답 49 ④ 50 ③ 51 ① 52 ④ 53 ④

54 산업용 로봇에 사용되는 안전 매트의 종류 및 일반구조에 관한 설명으로 틀린 것은?

① 단선 경보장치가 부착되어 있어야 한다.

② 감응시간을 조절하는 장치가 부착되어 있어야 한다.

③ 감응도 조절장치가 있는 경우 봉인되어 있어야 한다.

④ 안전 매트의 종류는 연결사용 가능 여부에 따라 단일 감지기와 복합 감지기가 있다.

> **해설**
> **산업용 로봇에 사용되는 안전 매트의 종류 및 일반구조**
> ① 단선 경보장치가 부착되어 있어야 한다.
> ② 감응시간을 조절하는 장치가 부착되어 있지 않아야 한다.
> ③ 감응도 조절장치가 있는 경우 봉인되어 있어야 한다.
> ④ 안전 매트의 종류는 연결사용 가능 여부에 따라 단일 감지기와 복합 감지기가 있다.

55 지게차의 방호장치인 헤드가드에 대한 설명으로 맞는 것은?

① 상부틀의 각 개구의 폭 또는 길이는 16센티미터 미만일 것

② 운전자가 앉아서 조작하는 방식의 지게차의 경우에는 운전자의 좌석 윗면에서 헤드 가드의 상부틀 아랫면까지의 높이는 1.5미터 이상일 것

③ 지게차에는 최대하중의 2배(5톤을 넘는 값에 대해서는 5톤으로 한다.)에 해당하는 등분포 정하중에 견딜 수 있는 강도의 헤드가드를 설치하여야 한다.

④ 운전자가 서서 조작하는 방식의 지게차의 경우에는 운전석의 바닥면에서 헤드가드의 상부틀 하면까지의 높이는 1.8미터 이상일 것

> **해설**
> **지게차의 헤드가드**
> ① 강도는 지게차의 최대하중의 2배 값(4톤을 넘는 값에 대해서는 4톤으로 한다)의 등분포정하중(等分布靜荷重)에 견딜 수 있을 것
> ② 상부틀의 각 개구의 폭 또는 길이가 16cm 미만
> ③ 운전자가 앉아서 조작하거나 서서 조작하는 지게차의 헤드가드는 좌승식 좌석기준점으로부터 903mm 이상 입승식 조종사가 서 있는 플랫폼으로부터 1,880mm 이상

56 프레스기에 설치하는 방호장치에 관한 사항으로 틀린 것은?

① 수인식 방호장치의 수인끈 재료는 합성섬유로 직경이 4mm 이상이어야 한다.

② 양수조작식 방호장치는 1행정마다 누름 버튼에서 양손을 떼지 않으면 다음 작업의 동작을 할 수 없는 구조이어야 한다.

③ 광전자식 방호장치는 정상동작 표시램프는 적색, 위험표시램프는 녹색으로 하며, 쉽게 근로자가 볼 수 있는 곳에 설치해야 한다.

④ 손쳐내기식 방호장치는 슬라이드 하행정 거리의 3/4위치에서 손을 완전히 밀어내야 한다.

> **해설**
> 광전자식 방호장치는 정상동작 표시램프는 녹색, 위험표시램프는 적색으로 하며, 쉽게 근로자가 볼 수 있는 곳에 설치해야 한다.

57 프레스 금형 부착, 수리 작업 등의 경우 슬라이드의 낙하를 방지하기 위하여 설치하는 것은?

① 슈트   ② 키록

③ 안전블럭   ④ 스트리퍼

> **해설**
> 프레스의 슬라이드 낙하를 방지하기 위하여 설치하는 안전블럭을 설치한다.

정답   54 ②   55 ①   56 ③   57 ③

58 회전 중인 연삭숫돌이 근로자에게 위험을 미칠 우려가 있을 시 덮개를 설치하여야 할 연삭숫돌의 최소 지름은?

① 지름이 5cm 이상인 것
② 지름이 10cm 이상인 것
③ 지름이 15cm 이상인 것
④ 지름이 20cm 이상인 것

해설

연삭숫돌 덮개 설치는 지름이 50mm 이상인 것에 설치한다.

59 다음 중 기계설비의 정비 · 청소 · 급유 · 검사 · 수리 등의 작업 시 근로자가 위험해질 우려가 있는 경우 필요한 조치와 거리가 먼 것은?

① 근로자의 위험방지를 위하여 해당 기계를 정지시킨다.
② 작업지휘자를 배치하여 갑작스러운 기계가동에 대비한다.
③ 기계 내부에 압출된 기체나 액체가 불시에 방출될 수 있는 경우에는 사전에 방출조치를 실시한다.
④ 기계 운전을 정지한 경우에는 기동장치에 잠금장치를 하고 다른 작업자가 그 기계를 임의 조작할 수 있도록 열쇠를 찾기 쉬운 곳에 보관한다.

해설

기계설비의 정비 · 청소 · 급유 · 검사 · 수리 등의 작업 시 기계 운전을 정지하고 기동장치에 잠금장치를 하고 다른 작업자가 그 기계를 임의 조작할 수 없도록 열쇠를 별도의 장소에 보관하여야 한다.

60 아세틸렌 용접 시 역류를 방지하기 위하여 설치하여야 하는 것은?

① 안전기   ② 청정기
③ 발생기   ④ 유량기

해설

아세틸렌 용접 시 역류를 방지하기 위하여 안전기를 설치한다.

4과목 전기위험방지기술

61 교류 아크 용접기의 허용사용률(%)은?(단, 정격사용률은 10%, 2차 정격전류는 500A, 교류 아크 용접기의 사용전류는 250A이다.)

① 30   ② 40
③ 50   ④ 60

해설

$$허용사용률 = \frac{(정격 2차\ 전류)^2}{(실제사용\ 용접전류)^2} \times 정격\ 사용률(\%)$$

$$= \frac{(500)^2}{(250)^2} \times 10(\%) = 40\%$$

62 피뢰기의 여유도가 33%이고, 충격절연강도가 1000kV라고 할 때 피뢰기의 제한전압은 약 몇 kV인가?

① 852   ② 752
③ 652   ④ 552

해설

$$피뢰여유도 = \frac{충격절연강도 - 제한전압}{제한전압} \times 100$$

$$33 = \frac{1,000 - x}{x} \times 100$$

$$33x = 100,000 - 100x \quad 133x = 100,000 \quad x = 752$$

63 전력용 피뢰기에서 직렬 갭의 주된 사용 목적은?

① 방전내량을 크게 하고 장시간 사용 시 열화를 적게 하기 위하여
② 충격방전 개시전압을 높게 하기 위하여
③ 이상전압 발생 시 신속히 대지로 방류함과 동시에 속류를 즉시 차단하기 위하여
④ 충격파 침입 시 대지로 흐르는 방전전류를 크게 하여 제한전압을 낮게 하기 위하여

정답
58 ① 59 ④ 60 ① 61 ② 62 ② 63 ③

피뢰기의 일반적 구비 성능

① 충격 방전 개시전압이 낮을 것
② 제한전압이 낮을 것
③ 뇌전류의 방전능력이 크고 속류의 차단이 확실하게 될 것
④ 상용 주파 방전개시 전압이 높아야 할 것
⑤ 구조가 견고하며 특성이 변화하지 않을 것
⑥ 점검 보수가 간단할 것
⑦ 반복 동작이 가능할 것

64 방전 전극에 약 7,000V의 전압을 인가하면 공기가 전리되어 코로나 방전을 일으킴으로써 발생한 이온으로 대전체의 전하를 중화시키는 방법을 이용한 제전기는?

① 전압인가식 제전기
② 자기방전식 제전기
③ 이온스프레이식 제전기
④ 이온식 제전기

제전기 선정기준

전압 인가식	① 7,000v 정도의 전압으로 코로나방전을 일으키고 발생된 이온을 제전한다. 제전 능력이 크고 적용 범위가 넓어서 많이 사용 ② 방폭 지역에서는 방폭형으로 사용 ③ 대전 물체의 극성이 일정하며 대전 양이 크고 빠른 속도로 움직이는 물체에는 직류형 전압인가식 제전기가 효과적
자기 방전식	① 제전 능력은 보통이며 적용범위가 좁다 ② 상대습도 80% 이상인 곳에 적합 ③ 플라스틱 섬유 필름 공장 등의 적합 ④ 점화원이 될 염려가 없어 안전성이 높은 장점
방사선식	① 제전 능력이 작고 적용 범위도 좁다 ② 상대습도 80% 이상인 곳에 적합 ③ 이동하지 않는 가연성 물질의 제전에 적합
이온 스프레이식	① 코로나 방전에 의해 발생한 이온을 blowe로 대전체레 내뿜는 방식이다. ② 제전효율은 낮으나 폭발 위험이 있는 곳에 적당하다.

65 전류가 흐르는 상태에서 단로기를 끊었을 때 여러 가지 파괴작용을 일으킨다. 다음 그림에서 유입차단기의 차단순위와 투입순위가 안전수칙에 가장 적합한 것은?

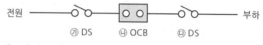

① 차단 : ㉮ → ㉯ → ㉰, 투입 : ㉮ → ㉯ → ㉰
② 차단 : ㉯ → ㉰ → ㉮, 투입 : ㉯ → ㉰ → ㉮
③ 차단 : ㉰ → ㉯ → ㉮, 투입 : ㉰ → ㉮ → ㉯
④ 차단 : ㉯ → ㉰ → ㉮, 투입 : ㉰ → ㉮ → ㉯

차단 투입 순서
• 차단 : ㉯ → ㉰ → ㉮
• 투입 : ㉰ → ㉮ → ㉯

66 내압 방폭구조에서 안전간극(safe gap)을 적게 하는 이유로 옳은 것은?

① 최소점화에너지를 높게 하기 위해
② 폭발화염이 외부로 전파되지 않도록 하기 위해
③ 폭발압력에 견디고 파손되지 않도록 하기 위해
④ 설치류가 전선 등을 훼손하지 않도록 하기 위해

내압 방폭구조에서 안전간극(safe gap)을 적게 하는 이유
폭발화염이 외부로 전파되지 않도록 하기 위해

67 정전작업 시 작업 전 조치하여야 할 실무사항으로 틀린 것은?

① 잔류전하의 방전
② 단락 접지기구의 철거
③ 검전기에 의한 정전확인
④ 개로개폐기의 잠금 또는 표시

정답 **64** ① **65** ④ **66** ② **67** ②

해설
정전작업 시 전로 차단 절차
① 전기기기 등에 공급하는 모든 전원을 관련 도면, 배선도 등으로 확인한다.
② 전원을 차단한 후 각 단로기를 개방한다.
③ 문서화된 절차에 따라 잠금장치 및 꼬리표를 부착한다.
④ 개로된 전로에서 유도전압 또는 전기 에너지의 축적으로 근로자에게 전기위험이 있는 전기기기 등은 접촉하기 전에 접지시켜 완전히 방전시킨다.
⑤ 검전기를 이용하여 작업 대상 기기의 충전 여부를 확인한다.
⑥ 전기기기 등이 다른 노출 충전부와의 접촉 등으로 인해 전압이 인가될 우려가 있는 경우에는 충분한 용량을 가진 단락 접지기구를 이용하여 접지에 접속한다.

68 인체감전보호용 누전차단기의 정격감도전류(mA)와 동작시간(초)의 최대값은?

① 10mA, 0.03초
② 20mA, 0.01초
③ 30mA, 0.03초
④ 50mA, 0.1초

해설
인체감전보호용 누전차단기의 정격감도전류(mA)와 동작시간
30mA, 0.03초

69 방폭전기기기의 온도등급의 기호는?

① E
② S
③ T
④ N

해설
방폭전기기기의 최고표면온도 : T

70 산업안전보건기준에 관한 규칙에서 일반 작업장에 전기위험 방지 조치를 취하지 않아도 되는 전압은 몇 V 이하인가?

① 24
② 30
③ 50
④ 100

해설
한국인의 안전전압은 30V

71 폭발위험장소에서의 본질안전 방폭구조에 대한 설명으로 틀린 것은?

① 본질안전 방폭구조의 기본적 개념은 점화능력의 본질적 억제이다.
② 본질안전 방폭구조는 Exib는 fault에 대한 2중 안전보장으로 0종∼2종 장소에 사용 할 수 있다.
③ 이론적으로는 모든 전기기기를 본질안전 방폭구조를 적용할 수 있으나, 동력을 직접 사용하는 기기는 실제적으로 적용이 곤란하다.
④ 온도, 압력, 액면유량 등의 검출용 측정기는 대표적인 본질 안전 방폭구조의 예이다.

해설
본질안전 방폭구조의 Exib는 2중 안전보장으로 0종 장소에 사용할 수 없다.

72 감전사고를 방지하기 위한 대책으로 틀린 것은?

① 전기설비에 대한 보호접지
② 전기기기에 대한 정격표시
③ 전기설비에 대한 누전차단기 설치
④ 충전부가 노출된 부분에는 절연 방호구 사용

해설
감전방지대책
① 전기설비의 필요한 부위의 보호접지
② 노출된 충전부에 절연용 방호구 설치 및 충전부 절연, 격리한다.
③ 설비의 전압을 될 수 있는 한 낮춘다.
④ 전기기기에 누전차단기를 설치한다.
⑤ 전기기기설비를 개선한다.
⑥ 전기설비를 적정한 상태로 유지하기 위하여 점검, 보수한다.
⑦ 근로자의 안전교육을 통하여 전기의 위험성을 강조한다.
⑧ 전기 취급근로자에게 절연용 보호구를 착용토록 한다.
⑨ 유자격자 이외는 전기기계, 기구의 조작을 금한다.

73 인체 피부의 전기저항에 영향을 주는 주요 인자와 가장 거리가 먼 것은?

① 접촉면적　　　② 인가전압의 크기
③ 통전경로　　　④ 인가시간

> **해설**
>
> **피부의 전기저항에 영향을 주는 인자**
> ① 접촉면적
> ② 인가전압의 크기
> ③ 인가시간

74 다음 중 전동기를 운전하고자 할 때 개폐기의 조작순서로 옳은 것은?

① 메인 스위치 → 분전반 스위치 → 전동기용 개폐기
② 분전반 스위치 → 메인 스위치 → 전동기용 개폐기
③ 전동기용 개폐기 → 분전반 스위치 → 메인 스위치
④ 분전반 스위치 → 전동기용 스위치 → 메인 스위치

> **해설**
>
> **전동기를 운전하고자 할 때 개폐기의 조작순서**
> 메인 스위치 → 분전반 스위치 → 전동기용 개폐기

75 정전기 발생현상의 분류에 해당되지 않는 것은?

① 유체대전　　　② 마찰대전
③ 박리대전　　　④ 교반대전

> **해설**
>
> **정전기 발생현황의 분류**
> ① 마찰대전　　　② 박리대전
> ③ 유동대전　　　④ 분출대전
> ⑤ 충돌대전　　　⑥ 유도대전
> ⑦ 비말대전　　　⑧ 파괴대전

76 전기기기, 설비 및 전선로 등의 충전 유무 등을 확인하기 위한 장비는?

① 위상검출기　　　② 디스콘 스위치
③ COS　　　④ 저압 및 고압용 검전기

> **해설**
>
> 충전 유무 등을 확인하기 위한 장비 : 검전기

77 다음 ( ) 안에 들어갈 내용으로 알맞은 것은?

> 과전류차단장치는 반드시 접지선이 아닌 전로에 ( )로 연결하여 과전류 발생 시 전로를 자동으로 차단하도록 설치할 것

① 직렬　　　② 병렬
③ 임시　　　④ 직병렬

> **해설**
>
> **과전류차단장치**
> ① 과전류차단 장치는 반드시 접지선이 아닌 전로에 직렬로 연결하여 과전류 발생 시 전로를 자동으로 차단하도록 설치할 것
> ② 차단기 퓨즈는 계통에서 발생하는 최대의 과전류에 대하여 충분하게 차단할 수 있는 성능을 가질 것
> ③ 과전류차단 장치가 정상에서 상호협조 포함되어 과전류를 효과적으로 차단하도록 할 것

78 일반 허용접촉 전압과 그 종별을 짝지은 것으로 틀린 것은?

① 제1종 : 0.5V 이하　　　② 제2종 : 25V 이하
③ 제3종 : 50V 이하　　　④ 제4종 : 제한 없음

> **해설**
>
> **허용접촉전압**
>
> | 종별 | 접촉상태 | 허용접촉전압 |
> |------|----------|--------------|
> | 제1종 | 인체의 대부분이 수중에 있는 경우 | 2.5V 이하 |
> | 제2종 | • 인체가 현저하게 젖어 있는 경우
• 금속성의 전기 기계장치나 구조물의 인체의 일부가 상시 접촉되어 있는 경우 | 25V 이하 자동 전격 방지 전압 |
> | 제3종 | 제1종 제2종 이외의 경우로 통상의 인체 상태 있어서 접촉 전압이 가해지면 위험성이 높은 경우 | 50V 이하 |
> | 제4종 | • 제1종 제2종 이외의 경우로 통상의 인체에 상태 있어서 접촉 전압이 가해지더라도 위험성이 낮은 경우
• 접촉 전압이 가해질 우려가 없는 경우 | 제한 없음 |

정답　73 ③　74 ①　75 ①　76 ④　77 ①　78 ①

79 누전된 전동기에 인체가 접촉하여 500mA의 누전전류가 흘렀고 정격감도전류 500mA인 누전차단기가 동작하였다. 이때 인체전류를 약 10mA로 제한하기 위해서는 전동기 외함에 설치할 접지저항의 크기는 약 몇 Ω 인가?(단, 인체저항은 500Ω)

① 5   ② 10

③ 50   ④ 100

해설

옴의 법칙 V＝IR에서

$10 \times 10^{-3}(A) \times 500\Omega = 5V$

전체전류 500mA 중 인체에 흐르는 전류가 10mA이므로 실제 전동기 전류는 490mA

따라서 접지저항의 크기 $R = V/I \to 5(V)/0.49(I) = 10.2\Omega$

80 내부에서 폭발하더라도 틈의 냉각 효과로 인하여 외부의 폭발성 가스에 착화될 우려가 없는 방폭구조는?

① 내압 방폭구조

② 유입 방폭구조

③ 안전증 방폭구조

④ 본질안전 방폭구조

해설

내압방폭구조

1) 용기 내부에서 폭발성가스 또는 증기의 폭발시 용기가 그 압력에 견디며, 또한, 접합면, 개구부 등을 통해서 외부의 폭발성 가스에 인화될 우려가 없도록 한 구조

2) 전폐구조의 특수 용기에 넣어 보호한 것으로, 용기 내부에서 발생되는 점화원이 용기 외부의 위험원에 점화되지 않도록 하고, 만약 폭발시에는 이때 발생되는 폭발압력에 견딜 수 있도록 한 구조이다

5과목   **화학설비위험방지기술**

81 가연성 가스 혼합물을 구성하는 각 성분의 조성과 연소범위가 다음 [표]와 같을 때 혼합가스의 연소하한값은 약 몇 vol%인가?

성분	조성 (vol%)	연소하한값 (vol%)	연소상한값 (vol%)
헥산	1	1.1	7.4
메탄	2.5	5.0	15.0
에틸렌	0.5	2.7	36.0
공기	96	–	–

① 2.51   ② 7.51

③ 12.07   ④ 15.01

해설

$$L = \frac{100}{\dfrac{V_1}{L_1} + \dfrac{V_2}{L_2} + \dfrac{V_3}{L_3}} = \frac{4}{\dfrac{1}{1.1} + \dfrac{2.5}{5} + \dfrac{0.5}{2.7}} = 2.51(Vol\%)$$

82 다음 중 자연발화의 방지법으로 적절하지 않은 것은?

① 통풍을 잘 시킬 것

② 습도가 높은 곳에 저장할 것

③ 저장실의 온도상승을 피할 것

④ 공기가 접촉되지 않도록 불활성물질 중에 저장할 것

해설

자연발화 방지법

① 통풍이 잘되게 할 것

② 저장실 온도를 낮출 것

③ 열이 축적되지 않는 퇴적 방법을 선택할 것

④ 습도가 높지 않도록 할 것

---

83 알루미늄분이 고온의 물과 반응하였을 때 생성되는 가스는?

① 산소   ② 수소
③ 메탄   ④ 에탄

해설

모든 금속은 물을 만나면 수소를 발생시킨다.

$2Al + 6H_2O \rightarrow 2Al(OH)_2 + 3H_2$

84 20℃, 1기압의 공기를 5기압으로 단열압축하면 공기의 온도는 약 몇 ℃가 되겠는가?(단, 공기의 비열비는 1.4이다.)

① 32   ② 191
③ 305   ④ 464

해설

$$\frac{T2}{T1} = \left(\frac{P2}{P1}\right)^{\frac{r-1}{r}}$$

$$\frac{T2}{273+20} = \left(\frac{5}{1}\right)^{\frac{1.4-1}{1.4}} = 464 - 273 = 191.11$$

85 가연성 물질을 취급하는 장치를 퍼지하고자 할 때 잘못된 것은?

① 대상물질의 물성을 파악한다.
② 사용하는 불활성가스의 물성을 파악한다.
③ 퍼지용 가스를 가능한 한 빠른 속도로 단시간에 다량 송입한다.
④ 장치 내부를 세정한 후 퍼지용 가스를 송입한다.

해설

퍼지는 서서히 주입하여야 한다.

86 다음 물질이 물과 접촉하였을 때 위험성이 가장 낮은 것은?

① 과산화칼륨   ② 나트륨
③ 메틸리튬   ④ 이황화탄소

해설

금수성 물질(칼륨, 나트륨, 리튬)은 물을 만나면 수소를 발생한다.

87 폭발원인물질의 물리적 상태에 따라 구분할 때 기상폭발(gas explosion)에 해당되지 않는 것은?

① 분진폭발   ② 응상폭발
③ 분무폭발   ④ 가스폭발

해설

• 기상폭발(기체상태의 폭발) : 가스폭발, 분무폭발, 분진폭발
• 응상폭발(액체, 고체상태의 폭발) : 수증기 폭발, 증기폭발, 전선폭발

88 화염방지기의 설치에 관한 사항으로 ( )에 알맞은 것은?

> 사업주는 인화성 액체 및 인화성 가스를 저장 취급하는 화학설비에서 증기나 가스를 대기로 방출하는 경우에는 외부로부터의 화염을 방지하기 위하여 화염방지기를 그 설비 ( )에 설치하여야 한다.

① 상단   ② 하단
③ 중앙   ④ 무게중심

해설

화염방지기는 탱크 상단에 설치하여야 한다.

89 공정안전보고서에 포함하여야 할 세부내용 중 공정안전자료의 세부내용이 아닌 것은?

① 유해 · 위험설비의 목록 및 사양
② 폭발위험장소 구분도 및 전기단선도

---

③ 유해 · 위험물질에 대한 물질안전보건자료
④ 설비점검 · 검사 및 보수계획, 유지계획 및 지침서

해설

공정안전자료 포함사항
① 취급 · 저장하고 있는 유해 · 위험물질의 종류 및 수량
② 유해 · 위험물질에 대한 물질안전보건자료(MSDS)
③ 유해 · 위험설비의 목록 및 사양
④ 운전방법을 알 수 있는 공정도면
⑤ 각종 건물 · 설비의 배치도
⑥ 방폭지역 구분도 및 전기단선도
⑦ 위험설비 안전설계 · 제작 및 설치 관련 지침서

90 산업안전보건법령상 화학설비와 화학설비의 부속설비를 구분할 때 화학설비에 해당하는 것은?
① 응축기 · 냉각기 · 가열기 · 증발기 등 열 교환기류
② 사이클론 · 백필터 · 전기집진기 등 분진처리설비
③ 온도 · 압력 · 유량 등을 지시 · 기록 등을 하는 자동제어 관련설비
④ 안전밸브 · 안전판 · 긴급차단 또는 방출밸브 등 비상조치 관련설비

해설

화학설비의 부속설비
① 배관 · 밸브 · 관 · 부속류 등 화학물질 이송 관련 설비
② 온도 · 압력 · 유량 등을 지시 · 기록 등을 하는 자동제어 관련 설비
③ 안전밸브 · 안전판 · 긴급차단 또는 방출밸브 등 비상조치 관련 설비
④ 가스누출감지 및 경보 관련 설비
⑤ 세정기, 응축기, 벤트스택(Vent stack), 플레어스택(flare stack) 등 폐가스 처리설비
 • 밴트스택 : 탱크 내의 압력을 정상상태로 유지하기 위한 안전장치
 • 플레어 스택 : 석유화학 공정 운전시 폐가스를 완전 연소시키는 시설물
⑥ 사이클론, 백필터(bag filter), 전기집진기 등 분진처리설비
⑦ 상기의 설비를 운전하기 위하여 부속된 전기 관련 설비
⑧ 정전기 제거장치, 긴급 샤워설비 등 안전 관련 설비

91 산업안전보건법령에 따라 사업주가 특수화학설비를 설치하는 때에 그 내부의 이상상태를 조기에 파악하기 위하여 설치하여야 하는 장치는?
① 자동경보장치
② 긴급차단장치
③ 자동문개폐장치
④ 스크러버개방장치

해설

특수화학설비의 방호장치
① 계측장치
② 자동경보장치
③ 긴급차단장치
④ 예비동력원

92 다음 중 위험물과 그 소화방법이 잘못 연결된 것은?
① 연소산칼륨 – 다량의 물로 냉각소화
② 마그네슘 – 건조사 등에 의한 질식소화
③ 칼륨 – 이산화탄소에 의한 질식소화
④ 아세트알데히드 – 다량의 물에 의한 희석소화

해설

화재분류 및 소화방법

분류	A급 화재	B급 화재	C급 화재	D급 화재
명칭	일반 화재	유류 · 가스화재	전기 화재	금속 화재
가연물	목재, 종이, 섬유	유류, 가스 등	전기	Mg분, Al분
소화효과	냉각 효과	질식 효과	질식, 냉각	질식 효과
적응소화제	• 물 소화기 • 강화액 소화기 • 산, 알칼리 소화기	• 이산화탄소 소화기 • 할로겐화합물 소화기 • 분말 소화기 • 포 소화기	• 이산화탄소 소화기 • 할로겐화합물 소화기 • 분말 소화기 • 무상강화액 소화기	• 건조사 • 팽창 질석 • 팽창 진주암
구분색	백색	황색	청색	무색

93 부탄(C_4H_{10})의 연소에 필요한 최소산소농도(MOC)를 추정하여 계산하면 약 몇 vol%인가?(단, 부탄의 폭발하한계는 공기 중에서 1.6vol%이다.)
① 5.6
② 7.8
③ 10.4
④ 14.1

최소산소농도＝폭발하한계 × 산소몰수

$C_4H_{10} + 6.5O_2 \rightarrow 4CO_2 + 5H_2O$

여기서 산소 몰수는 6.5이므로

폭발하한계 1.6 × 산소몰수 6.5 = 10.4(VoL%)

94 다음 중 산화성 물질이 아닌 것은?

① KNO_3 ② NH_4ClO_3

③ HNO_3 ④ P_4S_3

해설

산화성 물질

1. 염소산염류   2. 아염소산염류
3. 과염소산염류   4. 무기과산화물
5. 질산염류   6. 취소산 염류(브롬산염류)
7. 옥소산(요오드산)염류   8. 과망간산염류
9. 중크롬산염류

95 위험물안전관리법령상 제4류 위험물 중 제2석유류로 분류되는 물질은?

① 실린더유   ② 휘발유

③ 등유   ④ 중유

해설

제2석유류

• 비수용성 : 등유, 경유, 테레핀유, 장뇌유, 송근유, 클로로벤젠(C_6H_5Cl), 크실렌($C_6H_4(CH_3)_2$)

• 수용성 : 의산, 초산

96 산업안전보건법령상 사업주가 인화성 액체 위험물을 액체상태로 저장하는 저장탱크를 설치하는 경우에는 위험물질이 누출되어 확산되는 것을 방지하기 위하여 무엇을 설치하여야 하는가?

① Flame arrester   ② Ventstack

③ 긴급방출장치   ④ 방유제

해설

인화성 액체 위험물을 액체상태로 저장하는 저장탱크를 설치하는 경우에는 위험물질이 누출되어 확산되는 것을 방지하기 위하여 방유제를 설치한다.

97 다음 가스 중 가장 독성이 큰 것은?

① CO   ② $COCl_2$

③ NH_3 ④ H_2

해설

가장 독성이 강한 가스는 포스겐

① CO : 일산화탄소   ② $COCl_2$: 포스겐
③ NH_3 : 암모니아   ④ H_2 : 수소

98 건조설비를 사용하여 작업하는 경우에 폭발이나 화재를 예방하기 위하여 준수하여야 하는 사항으로 틀린 것은?

① 위험물 건조설비를 사용하는 경우에는 미리 내부를 청소하거나 환기할 것

② 위험물 건조설비를 사용하여 가열건조하는 건조물은 쉽게 이탈되도록 할 것

③ 고온으로 가열건조한 인화성 액체는 발화의 위험이 없는 온도로 냉각한 후에 격납시킬 것

④ 바깥 면이 현저히 고온이 되는 건조설비에 가까운 장소에는 인화성 액체를 두지 않도록 할 것

해설

위험물 건조설비 사용 시 화재 예방을 위한 준수사항

1) 위험물 건조설비를 사용하는 경우에는 미리 내부를 청소하거나 환기할

2) 위험물 건조설비를 사용하는 경우에는 그로 인하여 발생하는 가스 증기 또는 분진에 의하여 폭발 화재의 위험이 있는 물질을 안전한 장소로 배출시킬 것

3) 위험물 건조설비를 사용하여 가열건조하는 건조물은 쉽게 이탈되지 않도록 할 것

4) 고온으로 가열 건조한 인화성 액체는 발화의 위험이 없는 온도로 냉각 후에 격납시킬 것

정답   94 ④   95 ③   96 ④   97 ②   98 ②

5) 건조설비에 가까운 장소에서 인화성 액체를 두지 않도록 할 것

99 가솔린(휘발유)의 일반적인 연소범위에 가장 가까운 값은?

① 2.7~27.8vol%
② 3.4~11.8vol%
③ 1.4~7.6vol%
④ 5.1~18.2vol%

해설

가솔린(휘발유)의 일반적인 연소범위 : 1.4~7.6vol%

100 가스 또는 분진폭발 위험장소에 설치되는 건축물의 내화구조를 설명한 것으로 틀린 것은?

① 건축물 기둥 및 보는 지상 1층까지 내화구조로 한다.
② 위험물 저장·취급용기의 지지대는 지상으로부터 지지대의 끝부분까지 내화구조로 한다.
③ 건축물 주변에 자동소화설비를 설치한 경우 건축물 화재 시 1시간 이상 그 안전성을 유지한 경우는 내화구조로 하지 아니할 수 있다.
④ 배관·전선관 등의 지지대는 지상으로부터 1단까지 내화구조로 한다.

해설

건축물의 내화 구조

가스폭발 위험장소 또는 분진폭발 위험장소에 설치되는 건축물 등에 대해서는 다음에 해당하는 부분을 내화구조로 하여야 하며, 그 성능이 항상 유지될 수 있도록 점검·보수 등 적절한 조치를 하여야 한다.

다만, 건축물 등의 주변에 화재에 대비하여 물 분무시설 또는 폼 헤드(foamhead) 설비 등의 자동소화설비를 설치하여 건축물 등이 화재 시에 2시간 이상 그 안전성을 유지할 수 있도록 한 경우에는 내화구조로 하지 아니할 수 있다.

1. 건축물의 기둥 및 보 : 지상 1층의 높이가 6m를 초과하는 경우에는 6m까지
2. 위험물 저장·취급용기의 지지대(높이가 30cm 이하인 것은 제외한다) : 지상으로부터 지지대의 끝부분까지
3. 배관·전선관 등의 지지대 : 지상으로부터 1단(1단의 높이가 6m를 초과하는 경우에는 6m)까지

101 그물코의 크기가 5cm인 매듭 방망사의 폐기 시 인장강도 기준으로 옳은 것은?

① 200kg
② 100kg
③ 60kg
④ 30kg

해설

방망사의 인장강도

그물코의 크기 단위 : cm	방망의 종류(kg)			
	매듭 없는 방망		매듭 방망	
	신품	폐기 시	신품	폐기 시
10cm	240	150	200	135
5cm			110	60

102 크레인 또는 데릭에서 붐 각도 및 작업반경별로 작용시킬 수 있는 최대하중에서 후크(Hook), 와이어로프 등 달기구의 중량을 공제한 하중은?

① 작업하중
② 정격하중
③ 이동하중
④ 적재하중

해설

정격하중

크레인 또는 데릭에서 붐 각도 및 작업반경별로 작용시킬 수 있는 최대하중에서 후크(Hook), 와이어로프 등 달기구의 중량을 공제한 하중

103 차량계 하역운반기계를 사용하는 작업을 할 때 그 기계가 넘어지거나 굴러떨어짐으로써 근로자에게 위험을 미칠 우려가 있는 경우에 우선적으로 조치하여야 할 사항과 가장 거리가 먼 것은?

① 해당 기계에 대한 유도자 배치
② 지반의 부동침하 방지 조치
③ 갓길 붕괴 방지 조치
④ 경보 장치 설치

차량계 하역기계 전도방지조치
① 해당 기계에 대한 유도자 배치
② 지반의 부동침하 방지 조치
③ 갓길 붕괴 방지 조치

104 보통흙의 건조된 지반을 흙막이지보공 없이 굴착하려 할 때 굴착면의 기울기 기준으로 옳은 것은?

① 1 : 1～1 : 1.5   ② 1 : 0.5～1 : 1
③ 1 : 1.8   ④ 1 : 2

굴착면의 기울기 [법령 개정으로 아래 도표만 참고]

구분	보통흙		암반		
지반의 종류	건지	습지	풍화암	연암	경암
기울기	1 : 0.5 ~1 : 1	1 : 1 ~1 : 1.5	1 : 1.0	1 : 1.0	1 : 0.5

105 차량계 하역운반기계 등에 화물을 적재하는 경우에 준수하여야 할 사항으로 옳지 않은 것은?

① 하중이 한쪽으로 치우쳐서 효율적으로 적재되도록 할 것
② 구내운반차 또는 화물자동차의 경우 화물의 붕괴 또는 낙하에 의한 위험을 방지하기 위하여 화물에 로프를 거는 등 필요한 조치를 할 것
③ 운전자의 시야를 가리지 않도록 화물을 적재할 것
④ 최대적재량을 초과하지 않도록 할 것

106 강관비계의 설치기준으로 옳은 것은?

① 비계기둥의 간격은 띠장방향에서는 1.5m 이상 1.8m 이하로 하고, 장선방향에서는 2.0m 이하로 한다.
② 띠장 간격은 1.8m 이하로 설치하되, 첫 번째 띠장은 지상으로부터 2m 이하의 위치에 설치한다.

③ 비계기둥 간의 적재하중은 400kg을 초과하지 않도록 한다.
④ 비계기둥의 제일 윗부분으로부터 21m 되는 지점 밑부분의 비계기둥은 2개의 강관으로 묶어 세운다.

강관비계 설치구조
① 비계기둥 간격 : 띠장 방향에서는 1.85m 이하, 장선 방향에서는 1.5m 이하로 할 것
(다만, 선박 및 보트 건조작업의 경우 안전성에 대한 구조검토를 실시하고 조립도를 작성하면 띠장 방향 및 장선 방향으로 각각 2.7미터 이하로 할 수 있다)
② 띠장 간격 : 2.0미터 이하로 설치할 것
(다만, 작업의 성질상 이를 준수하기가 곤란하여 쌓기둥틀 등에 의하여 해당 부분을 보강한 경우에는 그러하지 아니하다)
③ 비계기둥의 제일 윗부분으로부터 31m 되는 지점 밑 부분의 비계기둥은 2본의 강관으로 묶어 세울 것
(다만, 브래킷(bracket, 까치발) 등으로 보강하여 2개의 강관으로 묶을 경우 이상의 강도가 유지되는 경우에는 그러하지 아니하다)
④ 비계기둥 간의 적재하중은 400kg을 초과하지 않도록 할 것

107 다음 중 유해·위험방지계획서를 작성 및 제출하여야 하는 공사에 해당되지 않는 것은?

① 지상높이가 31m인 건축물의 건설·개조 또는 해체
② 최대 지간길이가 50m인 교량건설 등 공사
③ 깊이가 9m인 굴착공사
④ 터널 건설 등의 공사

유해위험 방지계획서 제출대상 사업장 의 건설공사
1) 지상높이가 31m 이상인 건축물
2) 연면적 3만m² 이상인 건축물
3) 연면적 5천m² 이상인 시설로서 다음의 어느 하나에 해당하는 시설
① 문화 및 집회시설(전시장 및 동물원·식물원은 제외한다)
② 판매시설, 운수시설(고속철도의 역사 및 집배송시설은 제외한다)

③ 종교시설

④ 의료시설 중 종합병원

⑤ 숙박시설 중 관광숙박시설

⑥ 지하도상가

⑦ 냉동·냉장 창고시설

4) 연면적 5천m² 이상인 냉동·냉장 창고시설의 설비공사 및 단열공사

5) 최대 지간(支間)길이가 50m 이상인 다리의 건설 등 공사

6) 터널의 건설 등 공사

7) 다목적댐, 발전용댐, 저수용량 2천만톤 이상의 용수전용 댐 및 지방상수도 전용 댐의 건설 등 공사

8) 깊이 10m 이상인 굴착공사

108 건립 중 강풍에 의한 풍압 등 외압에 대한 내력이 설계에 고려되었는지 확인하여야 하는 철골구조물의 기준으로 옳지 않은 것은?

① 높이 20m 이상의 구조물

② 구조물의 폭과 높이의 비가 1 : 4 이상인 구조물

③ 이음부가 공장 제작인 구조물

④ 연면적당 철골량이 50kg/m² 이하인 구조물

해설

외압(강풍에 의한 풍압)에 대한 내력 설계 고려 확인 구조물

① 높이 20m 이상 구조물

② 구조물 폭과 높이에 비가 1대 4 이상의 구조물

③ 연면적당 철골 양이 50kg/m² 이하의 구조물

④ 단면 구조의 현저한 차이가 있는 구조물

⑤ 기둥이 타이플레이트 형인 구조물

⑥ 이음부가 현장 용접인 구조물

109 흙막이 가시설 공사 시 사용되는 각 계측기 설치 목적으로 옳지 않은 것은?

① 지표침하계 – 지표면 침하량 측정

② 수위계 – 지반 내 지하수위의 변화 측정

③ 하중계 – 상부 적재하중 변화 측정

④ 지중경사계 – 지중의 수평 변위량 측정

해설

토석 붕괴 예측 계측장치의 설치

건물 경사계 (Tilt meter)	지상 인접구조물의 기울기를 측정
지표면 침하계 (Level and staff)	주위 지반에 대한 지표면의 침하량을 측정
지중 경사계 (Inclino meter)	지중 수평 변위를 측정하여 흙막이 기울어진 정도를 파악
지중 침하계 (Extension merter)	수직 변위를 측정하여 지반에 침하 정도를 파악하는 기기
변형계 (Strain gauge)	흙막이 버팀대 변형 정도를 파악하는 기기
하중계 (Load cell)	흙막이 버팀대의 작용하는 토압 어스앵커의 인장력 등을 측정
토압계(Earth pressure meter)	흙막이에 작용하는 토압의 변화를 파악
간극 수압계 (Piezo meter)	굴착으로 인한 지하에 간극 수압을 측정
지하 수위계 (Water level meter)	지하수의 수위 변화를 측정

110 건설현장의 가설단계 및 계단참을 설치하는 경우 얼마 이상의 하중에 견딜 수 있는 강도를 가진 구조로 설치하여야 하는가?

① 200kg/m²

② 300kg/m²

③ 400kg/m²

④ 500kg/m²

해설

계단

1	계단의 폭 계단의 난간	① 폭이 1m 이상이며 손잡이 외 다른 물건 설치, 적재 금지 ② 높이 1m 이상인 계단의 개방된 측면에 안전 난간대를 설치
2	천장의 높이	바닥면으로부터 높이 2m 이내의 장애물이 없을 것
3	계단참의 높이	높이가 3m를 초과하는 계단에 높이 3m 이내마다 너비 1.2m 이상의 계단참을 설치
4	안전율	안전율은 4 이상
5	계단 및 계단참의 강도	① 매 m² 당 500kg 이상의 하중에 견딜 수 있는 강도를 가진 구조로 설치 ② 계단 승강구 바닥을 구멍이 있는 재료로 만드는 경우 렌치나 그 밖의 공구 등이 낙하할 위험이 없는 구조로 할 것

111 터널굴착작업을 하는 때 미리 작성하여야 하는 작업계획서에 포함되어야 할 사항이 아닌 것은?

① 굴착의 방법

② 암석의 분할방법

③ 환기 또는 조명시설을 설치할 때는 그 방법

④ 터널지보공 및 복공의 시공방법과 용수의 처리방법

해설

터널 굴착작업계획서 포함사항

① 굴착의 방법

② 환기 또는 조명시설을 설치할 때는 그 방법

③ 터널지보공 및 복공의 시공방법과 용수의 처리방법

112 근로자에게 작업 중 또는 통행 시 전락(轉洛)으로 인하여 근로자가 화상·질식 등의 위험에 처할 우려가 있는 케틀(kettle), 호퍼(hopper), 피트(pit) 등이 있는 경우에 그 위험을 방지하기 위하여 최소 높이 얼마 이상의 울타리를 설치하여야 하는가?

① 80cm 이상

② 85cm 이상

③ 90cm 이상

④ 95cm 이상

해설

울타리의 최소 높이 : 90cm를 설치

113 거푸집 해체작업 시 유의사항으로 옳지 않은 것은?

① 일반적으로 수평부재의 거푸집은 연직 부재의 거푸집보다 빨리 떼어낸다.

② 해체된 거푸집이나 각목 등에 박혀있는 못 또는 날카로운 돌출물은 즉시 제거하여야 한다.

③ 상하 동시 작업은 원칙적으로 금지하여 부득이한 경우에는 긴밀히 연락을 위하여 작업하여야 한다.

④ 거푸집 해체작업장 주위에는 관계자를 제외하고는 출입을 금지시켜야 한다.

해설

거푸집 해체작업 시 유의사항

① 안전담당자를 배치한다.

② 해체된 거푸집이나 각목 등에 박혀있는 못 또는 날카로운 돌출물은 즉시 제거하여야 한다.

③ 상하 동시 작업은 원칙적으로 금지하여 부득이한 경우에는 긴밀히 연락을 위하여 작업하여야 한다.

④ 거푸집 해체작업장 주위에는 관계자를 제외하고는 출입을 금지시켜야 한다.

114 비계(달비계, 달대비계 및 말비계는 제외한다.)의 높이가 2m 이상인 작업장소에 설치하여야 하는 작업발판의 기준으로 옳지 않은 것은?

① 작업발판의 폭은 40cm 이상으로 하고, 발판재료 간의 틈은 3cm 이하로 할 것

② 추락의 위험이 있는 장소에는 안전난간을 설치할 것

③ 작업발판의 지지물은 하중에 의하여 파괴될 우려가 없는 것을 사용할 것

④ 작업발판 재료는 뒤집히거나 떨어지지 않도록 1개 이상의 지지물에 연결하거나 고정시킬 것

해설

작업발판 설치기준

(1) 발판재료는 작업할 때의 하중에 견딜 수 있도록 견고한 것으로 할 것

(2) 작업발판의 지지물은 하중에 의하여 파괴될 우려가 없는 것을 사용하여야 한다.

(3) 작업발판의 폭은 40cm 이상, 두께는 3.5cm 이상, 길이는 3.6m 이내 발판의 틈은 3cm 이하이어야 한다.

(다만 선박 및 보트 건조작업의 경우 선박블록 또는 엔진실 등의 좁은 공간에 작업발판을 설치하기 위하여 필요하면 작업발판의 폭을 30cm 이상으로 할 수 있고 걸침비계의 경우 강관 기둥 때문에 발판 재료 간의 틈을 3cm 이하로 유지하기 곤란한 경우 5cm로 할 수 있다.)

(4) 작업발판 1개당 최소 3개소 이상 장선에 지지하여 전위하거나 탈락하지 않도록 철선 등으로 고정하여야 한다.

(5) 발판 끝부분의 돌출길이는 10cm 이상 20cm 이하가 되도록 한다.

정답 111 ② 112 ③ 113 ① 114 ④

(6) 추락의 위험이 있는 장소에는 안전난간을 설치하여야 한다. (90~120cm)
다만 작업여건상 안전난간을 설치하는 것이 곤란한 경우 작업의 필요상 임시로 안전난간 해체 시 안전방망 또는 안전대 사용 등 추락에 의한 위험방지조치를 해야 한다.
(7) 작업발판을 작업에 따라 이동시킬 때에는 위험방지에 필요한 조치를 하여야 한다.

115 안전대의 종류는 사용구분에 따라 벨트식과 안전그네식으로 구분되는데 이 중 안전그네식에만 적용하는 것은?

① 추락방지대, 안전블록
② 1개 걸이용, U자 걸이용
③ 1개 걸이용, 추락방지대
④ U자 걸이용, 안전블록

해설

안전그네에만 적용 : 추락방지대, 안전블록

116 다음은 달비계 또는 높이 5m 이상의 비계를 조립·해체하거나 변경하는 작업을 하는 경우에 대한 내용이다. ( )에 알맞은 숫자는?

> 비계재료의 연결·해체작업을 하는 경우에는 폭 ( )cm 이상의 발판을 설치하고 근로자로 하여금 안전대를 사용하도록 하는 등 추락을 방지하기 위한 조치를 할 것

① 15
② 20
③ 25
④ 30

해설

비계를 조립·해체하거나 변경하는 작업을 하는 경우 폭 20cm 이상의 발판을 설치한다.

117 다음은 사다리식 통로 등을 설치하는 경우의 준수사항이다. ( ) 안에 들어갈 숫자로 옳은 것은?

> 사다리의 상단은 걸쳐놓은 지점으로부터 ( )cm 이상 올라가도록 할 것

① 30
② 40
③ 50
④ 60

해설

사다리 통로
① 견고한 구조로 할 것
② 심한 손상·부식 등이 없는 재료를 사용할 것
③ 발판의 간격은 일정하게 할 것
④ 발판과 벽과의 사이는 15cm 이상의 간격을 유지할 것
⑤ 폭은 30cm 이상으로 할 것
⑥ 사다리가 넘어지거나 미끄러지는 것을 방지하기 위한 조치를 할 것
⑦ 사다리의 상단은 걸쳐놓은 지점으로부터 60cm 이상 올라가도록 할 것
⑧ 사다리식 통로의 길이가 10m 이상인 경우에는 5m 이내마다 계단참을 설치할 것
⑨ 사다리식 통로의 기울기는 75° 이하로 할 것
다만, 고정식 사다리식 통로의 기울기는 90도 이하로 하고, 높이가 7m 이상인 경우에는 바닥으로부터 높이가 2.5m 되는 지점부터 등받이 울을 설치할 것
⑩ 접이식 사다리 기둥은 사용 시 접혀지거나 펼쳐지지 않도록 철물 등을 사용하여 견고하게 조치할 것

118 다음은 가설통로를 설치하는 경우의 준수사항이다. ( ) 안에 들어갈 숫자로 옳은 것은?

> 건설공사에 사용하는 높이 8m 이상인 비계다리에는 ( )m 이내마다 계단참을 설치할 것

① 7
② 6
③ 5
④ 4

해설

가설통로
① 견고한 구조로 할 것
② 경사는 30° 이하로 할 것. 다만, 계단을 설치하거나 높이 2m 미만의 가설통로로서 튼튼한 손잡이를 설치한 경우에는 그러하지 아니하다.
③ 경사가 15°를 초과하는 경우에는 미끄러지지 아니하는 구조로 할 것
④ 추락할 위험이 있는 장소에는 안전난간을 설치할 것

정답 115 ① 116 ② 117 ④ 118 ①

⑤ 수직갱에 가설된 통로의 길이가 15m 이상인 경우에는 10m 이내마다 계단참을 설치할 것
⑥ 건설공사에 사용하는 높이 8m 이상인 비계다리에는 7m 이내마다 계단참을 설치할 것

119 건설업산업안전 보건관리비의 사용 내역에 대하여 수급인 또는 자기공사자는 공사 시작 후 몇 개월마다 1회 이상 발주자 또는 감리원의 확인을 받아야 하는가?

① 3개월   ② 4개월
③ 5개월   ④ 6개월

해설

건설업산업안전 보건관리비의 사용 내역에 대하여 수급인 또는 자기공사자는 공사 시작 후 6개월마다 1회 이상 발주자 또는 감리원의 확인을 받아야 한다.

120 터널 지보공을 설치한 경우에 수시로 점검하여 이상을 발견 시 즉시 보강하거나 보수해야 할 사항이 아닌 것은?

① 부재의 손상 · 변형 · 부식 · 변위 · 탈락의 유무 및 상태
② 부재의 긴압의 정도
③ 부재의 접속부 및 교차부의 상태
④ 기둥 침하 유무 및 상태

해설

터널지보공 전도 방지기준
① 부재의 손상 · 변형 · 부식 · 변위 · 탈락의 유무 및 상태
② 부재의 긴압의 정도
③ 부재의 접속부 및 교차부의 상태
④ 기둥 침하 유무 및 상태

정답   119 ④   120 ④

1과목 안전관리론

01 적성요인에 있어 직업적성을 검사하는 항목이 아닌 것은?

① 지능
② 촉각 적응력
③ 형태식별능력
④ 운동속도

해설

직업적성을 검사하는 항목

① 운동속도
② 촉각 적응력
③ 형태식별능력

02 라인(Line)형 안전관리조직에 대한 설명으로 옳은 것은?

① 명령계통과 조언이나 권고적 참여가 혼동되기 쉽다.
② 생산부서와의 마찰이 일어나기 쉽다.
③ 명령계통이 간단명료하다.
④ 생산부분에는 안전에 대한 책임과 권한이 없다.

해설

라인형 조직 (Line System) 직계형	장점	① 안전에 대한 지시 및 전달이 신속·용이하다. ② 명령계통이 간단·명료하다. ③ 참모식보다 경제적이다.
	단점	① 안전에 관한 전문지식이 부족하고 기술의 축적이 미흡하다. ② 안전정보 및 신기술 개발이 어렵다. ③ 라인에 과중한 책임이 물린다.
	비고	① 소규모(100인 미만) 사업장에 적용 ② 모든 명령은 생산계통을 따라 이루어진다.

스태프형 조직 (Staff System) 참모형	장점	① 안전에 관한 전문지식 및 기술의 축적이 용이하다. ② 경영자의 조언 및 자문역할 ③ 안전정보 수집이 용이하고 신속하다.
	단점	① 생산부서와 유기적인 협조 필요(안전과 생산 별개 취급) ② 생산부분의 안전에 대한 무책임·무권한 ③ 생산부서와 마찰(권한다툼)이 일어나기 쉽다.
	비고	① 중규모(100인~1,000인) 사업장에 적용
라인 스태프형 조직 (Line Staff System) 직계참모형	장점	① 안전지식 및 기술 축적 가능 ② 안전지시 및 전달이 신속·정확하다. ③ 안전에 대한 신기술의 개발 및 보급이 용이함 ④ 안전활동이 생산과 분리되지 않으므로 운용이 쉽다.
	단점	① 명령계통과 지도·조언 및 권고적 참여가 혼동되기 쉽다. ② 스태프의 힘이 커지면 라인이 무력해진다.
	비고	① 대규모(1,000명 이상) 사업장에 적용

03 새로 손을 얹고 팀의 행동구호를 외치는 무재해운동 추진 기법의 하나로, 스킨십에 바탕을 두고 팀 전원의 일체감, 연대감을 느끼게 하며, 대뇌피질에 안전태도 형성에 좋은 이미지를 심어주는 기법은?

① Touch and call
② Brain Storming
③ Error cause removal
④ Safety training observation program

무재해 실천 기법(위험예지)

종류	내용
1인 위험 예지훈련	위험요인에 대한 감수성을 높이기 위해 원포인트 훈련으로 한 사람 한 사람이 4라운드의 순서로 위험예지 훈련을 실시한 후 리더의 지시로 결과에 대하여 서로 발표하고 토론함으로 위험요소를 발견 파악한 후 해결능력을 향상시키는 훈련
터치 앤 콜(Touch & Call)	스킨십을 통한 팀 구성원 간의 일체감을 조성하고 위험 요소에 대한 강한 인식과 더불어 사고예방에 도움이 되며 서로 손을 맞잡고 구호를 제창하고 안전에 동참하는 정신을 높일 수 있는 훈련 방법
지적확인	① 작업공정이나 상황 속에 위험요인이나 작업의 중요 포인트에 대해 자신의 행동을 통하여 '~좋아!'라고 큰소리로 제창하는 방법 ② 인간의 감각기관을 최대한 활용함으로 위험요소에 대한 긴장을 유발하고 불안전 행동이나 상태를 사전에 방지하는 효과 ③ 인간의 부주의, 착각, 방심 등으로 인한 오조작이나 착오에 의한 사고를 예방하기 위해 실시하는 방법 ④ 인간의 의식을 강화하고 오류를 감소하며, 신속정확한 판단과 대책을 수립할 수 있으며 대뇌활동에도 영향을 미쳐 작업의 정확도를 향상시키는 훈련 방법
TBM (Tool Box Meeting)	① 현장에서 그때 그 장소의 상황에 적응하여 실시하는 위험예지 활동으로 즉시 즉응법이라고도 한다. ② 방법 : 10분 정도의 시간으로 10명 이하(최적 5~7명) ③ 5단계 진행 요령 : 도입, 점검 정비, 작업지시, 위험예측, 확인
원포인트 위험예지 훈련	위험예지훈련 4라운드 중 1R을 제외한 2R, 3R, 4R을 원포인트로 요약하여 실시하는 방법으로 2~3분 내에 실시하는 현장 활동

04 안전점검의 종류 중 태풍이나 폭우 등의 천재지변이 발생한 후에 실시하는 기계, 기구 및 설비 등에 대한 점검의 명칭은?

① 정기점검

② 수시점검

③ 특별점검

④ 임시점검

안전점검의 종류

일상점검 (수시점검)	① 작업시작 전 또는 작업 중 일상적으로 실시하는 점검 ② 작업담당자, 관리감독자가 실시 그 결과를 담당 책임자가 확인
정기점검 (계획점검)	① 계획점검으로 일, 월, 년 단위로 정기적으로 점검 ② 기계, 장비의 외관, 구조, 기능의 검사 및 분해 검사
임시점검	① 갑작스러운 이상상황 발생시 임시로 점검 실기 ② 기계, 기구, 장비의 갑작스러운 이상 발생 시 실시
특별점검	① 기계, 기구 설비의 신설, 변경, 고장, 수리 등의 필요한 경우 ② 사용하지 않던 기계, 기구를 재사용하는 경우 ③ 천재지변, 태풍 등 기후의 이상현상 발생 시

05 하인리히 안전론에서 ( ) 안에 들어갈 단어로 적합한 것은?

- 안전은 사고예방
- 사고예방은 ( )와(과) 인간 및 기계의 관계를 통제하는 과학이다 기술이다.

① 물리적 환경

② 화학적 요소

③ 위험요인

④ 사고 및 재해

사고예방은 물리적 환경과 인간 및 기계의 관계를 통제하는 과학이자 기술이다.

06 1년간 80건의 재해가 발생한 A사업장은 1000명의 근로자가 1주일당 48시간, 1년간 52주를 근무하고 있다. A사업장의 도수율은?(단, 근로자들은 재해와 관련 없는 사유로 연간 노동시간의 3%를 결근하였다.)

① 31.06

② 32.05

③ 33.04

④ 34.03

도수율＝재해건수 / 연간 총 근로시간수 $\times 10^6$

$80 / (1{,}000 \times 48 \times 52 \times 0.97) \times 10^6 = 33.04$

07 안전보건교육의 단계에 해당하지 않는 것은?

① 지식교육
② 기초교육
③ 태도교육
④ 기능교육

해설

안전보건교육의 3단계
① 지식교육
② 태도교육
③ 기능교육

08 위험예지훈련의 문제해결 4라운드에 속하지 않는 것은?

① 현상파악
② 본질추구
③ 원인결정
④ 대책수립

해설

위험예지훈련의 문제해결 4라운드
① 현상파악
② 본질추구
③ 대책수립
④ 목표설정

09 산소결핍이 예상되는 맨홀 내에서 작업을 실시할 때의 사고 방지 대책으로 적절하지 않은 것은?

① 작업 시작 전 및 작업 중 충분한 환기 실시
② 작업장소의 입장 및 퇴장 시 인원점검
③ 방진 마스크의 보급과 착용 철저
④ 작업장과 외부와의 상시 연락을 위한 설비 설치

해설

밀폐구역 작업 시 안전조치사항
① 작업할 장소의 적정공기상태가 유지되도록 환기를 하여야 한다.
② 작업자의 투입, 퇴장 인원 점검을 하여야 한다.
③ 관계작업자 외 출입금지시키고 준수사항을 게시하여야 한다.
④ 외부 감시인과 상호 연락을 하도록 설비를 갖추어야 한다.
⑤ 산소결핍이 우려되거나 폭발 우려가 발생 시 즉시 작업을 중단시키고 해당 근로자를 대피시켜야 한다.

⑥ 송기 마스크, 들것, 섬유 로프, 도르래, 사다리 등 구조장비를 대기시켜야 한다.
⑦ 구출작업자도 송기 마스크를 착용하여야 한다.

10 안전교육방법 중 강의법에 대한 설명으로 옳지 않은 것은?

① 단기간의 교육시간 내에 비교적 많은 내용을 전달할 수 있다.
② 다수의 수강자를 대상으로 동시에 교육할 수 있다.
③ 다른 교육방법에 비해 수강자의 참여가 제약된다.
④ 수강자 개개인의 학습진도를 조절할 수 있다.

해설

강의법의 특징
안전지식 전달방법으로 초보적인 단계에서 효과적인 방법
① 단기간의 교육시간 내에 비교적 많은 내용을 전달할 수 있다.
② 교사 중심으로 진행되며, 다른 교육방법에 비해 참여가 제약된다.
③ 체계적인 교육과 개념정리에 유리하다.

11 적응기제(適應機制)의 형태 중 방어적 기제에 해당하지 않는 것은?

① 고립
② 보상
③ 승화
④ 합리화

해설

적응기제

도피적 행동(Escap)	환상, 동일화, 퇴행, 억압, 반동형성, 고립 등
방어적 행동(Defence)	승화, 보상, 합리화, 투사, 동일시 등

12 부주의의 발생 원인에 포함되지 않는 것은?

① 의식의 단절
② 의식의 우회
③ 의식수준의 저하
④ 의식의 지배

부주의의 발생 원인
① 의식의 단절
② 의식의 우회
③ 의식수준의 저하
④ 의식의 혼란 및 과잉

13 안전교육 훈련에 있어 동기부여 방법에 대한 설명으로 가장 거리가 먼 것은?

① 안전목표를 명확히 설정한다.
② 안전활동의 결과를 평가, 검토하도록 한다.
③ 경쟁과 협동을 유발시킨다.
④ 동기유발 수준을 과도하게 높인다.

안전교육 훈련에 있어 동기부여 방법
① 안전목표를 명확히 설정한다.
② 안전활동의 결과를 평가, 검토하도록 한다.
③ 경쟁과 협동을 유발시킨다.

14 산업안전보건법령상 유해위험 방지계획서 제출 대상 공사에 해당하는 것은?

① 깊이가 5m 이상인 굴착공사
② 최대지간거리 30m 이상인 교량건설 공사
③ 지상 높이 21m 이상인 건출물 공사
④ 터널 건설공사

유해위험 방지계획서 제출대상 사업장의 건설공사
1) 지상높이가 31m 이상인 건축물
2) 연면적 3만m² 이상인 건축물
3) 연면적 5천m² 이상인 시설로서 다음의 어느 하나에 해당하는 시설
   ① 문화 및 집회시설(전시장 및 동물원·식물원은 제외한다)
   ② 판매시설, 운수시설(고속철도의 역사 및 집배송시설은 제외한다)
   ③ 종교시설
   ④ 의료시설 중 종합병원
   ⑤ 숙박시설 중 관광숙박시설
   ⑥ 지하도상가
   ⑦ 냉동·냉장 창고시설
4) 연면적 5천m² 이상인 냉동·냉장 창고시설의 설비공사 및 단열공사
5) 최대 지간(支間)길이가 50m 이상인 다리의 건설 등 공사
6) 터널의 건설 등 공사
7) 다목적댐, 발전용댐, 저수용량 2천만톤 이상의 용수전용 댐 및 지방상수도 전용 댐의 건설 등 공사
8) 깊이 10m 이상인 굴착공사

15 스트레스의 요인 중 외부적 자극 요인에 해당하지 않는 것은?

① 자존심의 손상   ② 대인관계 갈등
③ 가족의 죽음, 질병   ④ 경제적 어려움

스트레스의 요인 중 외부적 자극 요인에 해당하는 것
① 대인관계 갈등
② 가족의 죽음, 질병
③ 경제적 어려움

16 하인리히 방식의 재해 코스트 산정에서 직접비에 해당되지 않은 것은?

① 휴업보상비   ② 병상위문금
③ 장해특별보상비   ④ 상병보상연금

Heinrich방식(보상비)
재해손실비(5) = 직접손실(1) + 간접손실(4)
• 직접손실 : 재해자에게 지급되는 법에 의한 산업재해 보상비(요양급여, 휴업급여, 장해급여, 간병급여, 유족급여, 상병 보상 연금, 장의비, 특별보상비 등)
• 간접손실 : 재해손실, 생산중단 등으로 기업이 입는 손실(인적손실, 물적손실, 생산손실, 임금손실, 시간손실, 기타 손실)

정답 13 ④   14 ④   15 ①   16 ②

17 산업안전보건법령상 관리감독자 대상 정기안전보건 교육의 교육내용으로 옳은 것은?

① 작업 개시 전 점검에 관한 사항
② 정리정돈 및 청소에 관한 사항
③ 작업공정의 유해 · 위험과 재해 예방대책에 관한 사항
④ 기계 · 기구의 위험성과 작업의 순서 및 동선에 관한 사항

해설

관리감독자 정기 안전보건교육 내용
① 산업안전 및 사고 예방에 관한 사항
② 산업보건 및 직업병 예방에 관한 사항
③ 유해, 위험 작업환경 관리에 관한 사항
④ 산업안전보건법령 및 산재보상보험제도에 관한 사항
⑤ 직무스트레스 예방 및 관리에 관한 사항
⑥ 직장 내 괴롭힘, 고객의 폭언 등으로 인한 건강장해 예방 및 관리에 관한 사항
⑦ 작업공정의 유해, 위험과 재해 예방대책에 관한 사항
⑧ 표준안전작업방법 및 지도 요령에 관한 사항
⑨ 관리감독자의 역할과 임무에 관한 사항
⑩ 안전보건교육 능력 배양에 관한 사항

18 산업안전보건법령상 (　)에 알맞은 기준은?

안전 · 보건표지의 제작에 있어 안전 · 보건표지 속의 그림 또는 부호의 크기는 안전 · 보건표지의 크기와 비례하여야 하며, 안전 · 보건표지 전체 규격의 (　) 이상이 되어야 한다.

① 20%　　　　　② 30%
③ 40%　　　　　④ 50%

해설

안전보건표지 속의 그림 또는 부호의 크기
안전보건표지 전체 규격의 30% 이상이 되어야 한다.

19 산업안전보건법령상 주로 고음을 차음하고, 저음은 차음하지 않는 방음보호구의 기호로 옳은 것은?

① NRR　　　　　② EM
③ EP－1　　　　④ EP－2

해설

방음용 귀마개 귀덮개

종류	등급	기호	성능
귀마개	1종	EP1	저음에서 고음까지 차음하는 것
	2종	EP2	주로 고음만 차음 저음은 차음하지 않는 것
귀덮개		EM	

20 산업재해의 기본원인 중 "작업정보, 작업방법 및 작업환경" 등이 분류되는 항목은?

① Man　　　　　② Machine
③ Media　　　　④ Management

해설

인간에러(휴먼에러)의 배후요인 4M

1	Man	인간	본인 외의 사람, 직장의 인간관계
2	Machine	기계	기계, 장치 등의 물적 요인
3	Media	매체	작업정보, 작업방법 등
4	Management	관리	작업관리, 법규준수, 단속, 점검 등

2과목　인간공학 및 시스템안전공학

21 작업의 강도는 에너지대사율(RMR)에 따라 분류된다. 분류 기간 중, 중(中)작업(보통작업)의 에너지 대사율은?

① 0~1RMR　　　② 2~4RMR
③ 4~7RMR　　　④ 7~9RMR

해설

작업의 강도는 에너지대사율(RMR)

RMR	0~2	2~4	4~7	7 이상
작업	경작업	보통작업(中)	무거운작업(重)	초중(무거운작업)

22 산업안전보건법령상 유해·위험방지계획서의 제출 시 첨부하는 서류에 포함되지 않는 것은?

① 설비 점검 및 유지계획
② 기계·설비의 배치도면
③ 건축물 각 층의 평면도
④ 원재료 및 제품의 취급, 제조 등의 작업방법의 개요

해설

유해·위험방지계획서의 제출 시 포함사항
(제조업 등 유해위험방지계획서, 작업시작 15일 전까지 공단에 2부 제출)
① 건축물 각 층의 평면도
② 기계·설비의 개요를 나타내는 서류
③ 기계·설비의 배치도면
④ 원재료 및 제품의 취급, 제조 등의 작업방법의 개요

23 인간의 실수 중 수행해야 할 작업 및 단계를 생략하여 발생하는 오류는?

① omission error
② commission error
③ sequence error
④ timing error

해설

스웨인(A.D Swain)의 독립행동에 의한 분류(휴먼에러의 심리적 분류)

생략에러 (omission error) 부작위 에러	필요한 작업 또는 절차를 수행하지 않는데 기인한 에러 → 안전절차 생략
착각수행에러 (commission error) 작위에러	필요한 작업 또는 절차의 불확실한 수행으로 인한 에러 → 불확실한 수행(착각, 착오)
시간적 에러 (time error)	필요한 작업 또는 절차의 수행 지연으로 인한 에러 → 임무수행 지연
순서에러 (sequential error)	필요한 작업 또는 절차의 순서 착오로 인한 에러 → 순서착오
과잉행동에러 (extraneous error)	불필요한 작업 또는 절차를 수행함으로서 기인한 에러 → 불필요한 작업(작업장에서 담배를 피우다 사고)

24 초기고장과 마모고장 각각의 고장형태와 그 예방대책에 관한 연결로 틀린 것은?

① 초기고장 – 감소형 – 번인(Burn in)
② 마모고장 – 증가형 – 예방보전(PM)
③ 초기고장 – 감소형 – 디버깅(debugging)
④ 마모고장 – 증가형 – 스크리닝(screening)

해설

기계설비 고장 유형(욕조곡선)

유형	내용	대책
초기 고장	• 감소형(DFR : Decreasing Failure Rate) • 설계상 구조상 결함, 등의 품질관리 미비로 생기는 고장형태	디버깅 기간, 번인기간, 스크리닝 (초기 점검)
우발 고장	• 일정형(CFR : Constant Failure Rate) • 예측할 수 없을 때 생기는 고장형태로서 고장률이 가장 낮다.	내용수명 (소집단 활동)
마모 고장	• 증가형(IFR : Increasing Failure Rate) • 부품의 마모, 노화로인한 고장률 상승형태	보전사항(PM) 정기진단 (정기적인 안전 검사)

25 작업개선을 위하여 도입되는 원리인 ECRS에 포함되지 않는 것은?

① Combine
② Standard
③ Eliminate
④ Rearrange

해설

ECRS
① Eliminate
② Combine
③ Rearrange
④ Simplify

26 온도와 습도 및 공기 유동이 인체에 미치는 열효과를 하나의 수치로 통합한 경험적 감각지수로, 상대습도 100%일 때의 건구 온도에서 느끼는 것과 동일한 온감을 의미하는 온열조건의 용어는?

① Oxford 지수
② 발한율
③ 실효온도
④ 열압박지수

실효온도(체감온도, 감각온도)

영향 인자 : 온도, 습도, 공기의 유동(바람)

상대습도 100%일 때 건구온도에서 느끼는 것과 동일한 온감(기준값)

oxford 지수(습건지수) : 습건(WD)지수라고도 하며, 습구온도(W)와 건구온도(D)의 가중 평균치로 정의

$WD = 0.85W + 0.15D$

27 화학설비의 안전성 평가 5단계 중 4단계에 해당하는 것은?

① 안전대책　　　　② 정성적 평가

③ 정량적 평가　　　④ 재평가

안전성 평가 6단계

단계		내용
1단계	관계자료의 정비 검토	1. 제조공정 훈련 계획　2. 입지조건 3. 건조물의 도면 4. 기계실, 전기실의 도면　5. 공정계통도
2단계	정성적 평가	1. 설계관계 　① 입지조건 ② 공장 내의 배치 　③건조물 소방설비 2. 운전관계 　① 원재료 　② 중간제품의 위험성 　③ 프로세스 운전조건 　④ 수송 저장 등에 대한 안전대책 　⑤ 프로세스 기기의 선정조건
3단계	정량적 평가	1. 구성요소의 물질 2. 화학설비의 용량, 온도, 압력, 조작 3. 상기 5개 항목에 대해 평가→합산 결과에 　의한 위험도 등급
4단계	안전대책 수립	1. 설비대책　2. 관리대책
5단계	재해사례에 의한 평가	재해사례 상호교환
6단계	FTA에 의한 재평가	위험도 등급 Ⅰ에 해당하는 플랜트에 대해 FTA에 의한 재평가하여 개선부분 설계 반영

28 양립성의 종류에 포함되지 않는 것은?

① 공간 양립성　　　② 형태 양립성

③ 개념 양립성　　　④ 운동 양립성

양립성의 종류

① 공간 양립성

② 양식 양립성

③ 개념 양립성

④ 운동 양립성

29 다음 설명에 해당하는 설비보전방식의 유형은?

> 설비보전 정보와 신기술을 기초로 신뢰성, 조작성, 보전성, 안전성, 경제성 등이 우수한 설비의 선정, 조달 또는 설계를 통하여 궁극적으로 설비의 설계, 제작 단계에서 보전활동이 불필요한 체제를 목표로 한 설비보전 방법을 말한다.

① 개량보전　　　　② 보전예방

③ 사후보전　　　　④ 일상보전

궁극적 설비보전은 보전의 예방이다.

30 원자력 산업과 같이 상당한 안전이 확보되어 있는 장소에서 추가적인 고도의 안전 달성을 목적으로 하고 있으며, 관리, 설계, 생산, 보전 등 광범위한 안전을 도모하기 위하여 개발된 분석기법은?

① DT　　　　　　② FTA

③ THERP　　　　④ MORT

MORT(Management Oversight and Risk Tree)

① 1970년 미국에너지 연구 개발청에 의해 개발, 원자력 산업

② 관리, 설계, 생산, 보전 등의 광범위한 안전을 도모하기 위한 연역적이고 정량적인 분석법

27 ①　**28** ②　**29** ②　**30** ④

31 결함수분석(FTA)에 관한 설명으로 틀린 것은?

① 연역적 방법이다.

② 버텀 – 업(Bottom – Up) 방식이다.

③ 기능적 결함의 원인을 분석하는데 용이하다.

④ 정량적 분석이 가능하다.

해설

FTA(Fault Tree Analysis)

(1) 정의 : 결함수법, 결함관련수법, 고장의 나무 해석법 등으로 사고의 원인이 되는 장치의 이상이나 고장의 다양한 조합 및 작업자의 실수 원인을 분석하는 방법이다.

(2) 특징

　① 연역적(Top Down)이고 정량적인 해석 방법

　② 분석에는 게이트, 이벤트 부호 등의 그래픽기호를 사용하여 결함단계를 표현하며 각각의 단계에 확률을 부여하여 어떤 상황의 실패 확률 계산 가능

　③ 고장을 발생시키는 사상과 원인과의 관계를 논리기호(AND와 OR)를 사용하여 시스템의 고장 확률을 구하여 시스템의 신뢰도를 개선하는 정량적 고장해석 및 신뢰성 평가방법

32 조종 – 반응비(Control – Response Ratio, C/R비)에 대한 설명 중 틀린 것은?

① 조종장치와 표시장치의 이동 거리 비율을 의미한다.

② C/R비가 클수록 조종장치는 민감하다.

③ 최적 C/R비는 조정시간과 이동시간의 교점이다.

④ 이동시간과 조정시간을 감안하여 최적 C/R비를 구할 수 있다.

해설

조종 반응비가 작을수록 민감하다.

33 다음 FT 도에서 최소 컷셋(Minimal cut set)으로만 올바르게 나열한 것은?

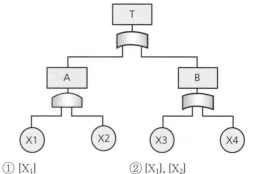

① [X_1]

② [X_1], [X_2]

③ [X_1, X_2, X_3]

④ [X_1, X_2], [X_1, X_3]

해설

$T = A \times B$

X_1　X_1

X_2　X_2

따라서 미니멀컷셋 : X_1

34 인간의 정보처리 과정 3단계에 포함되지 않는 것은?

① 인지 및 정보처리단계

② 반응단계

③ 행동단계

④ 인식 및 감지단계

해설

정보처리단계

① 정보감지

② 정보보관

③ 의사결정 및 정보처리

④ 행동단계

35 시각 표시장치보다 청각 표시장치의 사용이 바람직한 경우는?

① 전언이 복잡한 경우

② 전언이 재참조되는 경우

③ 전언이 즉각적인 행동을 요구하는 경우

④ 직무상 수신자가 한곳에 머무는 경우

청각, 시각표시장치

번호	청각장치 사용	시각장치 사용
①	전언이 간단하다.	전언이 복잡하다.
②	전언이 짧다.	전언이 길다.
③	전언이 후에 재 참조되지 않는다.	전언이 후에 재 참조된다.
④	전언이 시간적 사상을 다룬다.	전언이 공간적 위치를 다룬다.
⑤	전언이 즉각적 행동을 요구한다.	전언이 즉각적 행동을 요구하지 않는다.
⑥	수신장소가 너무 밝거나 암조응 유지가 필요시	수신장소가 너무 시끄러울 때
⑦	직무상 수신자가 자주 움직일 때	직무상 수신자가 한곳에 머물 때
⑧	수신자가 시각계통이 과부하일 때	수신자가 청각계통이 과부하일 때

36 FTA에서 사용하는 수정 게이트의 종류 중 3개의 입력현상 중 2개가 발생한 경우에 출력이 생기는 것은?

① 위험지속기호　　　② 조합 AND 게이트
③ 배타적 OR 게이트　④ 억제 게이트

해설

수정 게이트

우선적 AND 게이트	입력사상 중 어떤 사상이 다른 사상보다 먼저 일어날 때 출력사상이 발생
조합 AND 게이트	3개의 입력사상 중 어느 것이나 2개가 일어나면 출력사상이 발생
배타적 OR 게이트	입력사상 중 2개 이상이면 출력사상이 발생하지 않음
위험지속기호	입력사상이 생겨 어떤 일정한 시간이 지속했을 경우만 출력사상이 발생

37 인간의 신뢰도가 0.6, 기계의 신뢰도가 0.9이다. 인간과 기계가 직렬체제로 작업할 때의 신뢰도는?

① 0.32　　　　　　② 0.54
③ 0.75　　　　　　④ 0.96

해설

인간 기계 체계의 신뢰도
시스템의 신뢰도＝인간의 신뢰도×기계의 신뢰도
① 직렬 $Rs = r1 \times r2$
② 병렬 : $Rs = r1 + r2(1-r2)$
따라서 $0.6 \times 0.9 = 0.54$

38 8시간 근무를 기준으로 남성 작업자 A의 대사량을 측정한 결과, 산소소비량이 1.3L/min으로 측정되었다. Murrell 방법으로 계산 시, 8시간의 총 근로시간에 포함되어야 할 휴식시간은?

① 124분　　　　　② 134분
③ 144분　　　　　④ 154분

해설

Murrell 방법
최대신체 작업 능력(mpwc : maximum physical work caoacity)
8시간 계속 작업시 최대신체 작업능력은
성인 남자 : 5kcal/min
성인 여자 : 3.5kcal/min
따라서 작업 시 평균 에너지 소비는 1.3L/min×5＝6.5
$$R = \frac{60(E-5)}{E-1.5}(분) \qquad R = \frac{480(6.5-5)}{6.5-1.5}144(분)$$

39 국소진동에 지속적으로 노출된 근로자에게 발생할 수 있으며, 말초혈관장해로 손가락이 창백해지고 동통을 느끼는 질환의 명칭은?

① 레이노병(Raynaud's phenomenon)
② 파킨슨병(Parkinson's disease)
③ 규폐증
④ C5-dip 현상

해설

국소진동에 의한 혈관신경계 이상으로 혈액순환 및 말초혈관장해로 손가락이 창백해지고 동통을 느끼는 직업병으로 레이노드병이라 함. (백납병)

정답 　36 ② 　37 ② 　38 ③ 　39 ①

40 암호체계의 사용상에 있어서, 일반적인 지침에 포함되지 않는 것은?

① 암호의 검출성   ② 부호의 양립성
③ 암호의 표준화   ④ 암호의 단일 차원화

해설

암호체계의 일반적 사항
① 암호의 검출성 : 암호한 자극은 검출이 가능할 것 (감지 장치로 검출)
② 암호의 변별성 : 다른 암호와 구별될 수 있을 것
③ 암호의 양립성 : 자극과 반응이 인간의 기대와 모순되지 않는 것
④ 암호의 표준화

3과목   기계위험방지기술

41 연삭기에서 숫돌의 바깥지름이 180mm일 경우 숫돌 고정용 평형 플랜지의 지름으로 적합한 것은?

① 30mm 이상   ② 40mm 이상
③ 50mm 이상   ④ 60mm 이상

해설

플랜지의 크기는 연마석 지름의 1/3 이상
∴ 180/3 = 60

42 산업안전보건법령에 따라 산업용 로봇의 작동 범위에서 교시 등의 작업을 하는 경우에 로봇에 의한 위험을 방지하기 위한 조치사항으로 틀린 것은?

① 2명 이상의 근로자에게 작업을 시킬 경우의 신호 방법을 정한다.
② 작업 중의 매니플레이터 속도에 관한 지침을 정하고 그 지침에 따라 작업한다.
③ 작업하는 동안 다른 작업자가 작동시킬 수 없도록 기동스위치에 작업 중 표시를 한다.

④ 작업에 종사하고 있는 근로자가 이상을 발견하면 즉시 안전담당자에게 보고하고 계속해서 로봇을 운전한다.

해설

작업에 종사하고 있는 근로자가 이상을 발견하면 즉시 기계를 정지하는 조치를 해야 한다.

43 기분무부하 상태에서 지게차 주행 시의 좌우 안정도 기준은?(단, V는 구내최고속도(km/h)이다.)

① (15 + 1.1 × V)% 이내
② (15 + 1.5 × V)% 이내
③ (20 + 1.1 × V)% 이내
④ (20 + 1.5 × V)% 이내

해설

지게차의 안정도
1) 하역작업 시 안정도 전후 : 4% 좌우 안정도 : 6%
2) 주행 시 안정도 전후 : 18% 좌우 : 15 + 1.1V%

44 산업안전보건법령에 따라 사다리식 통로를 설치하는 경우 준수해야 할 기준으로 틀린 것은?

① 사다리식 통로의 기울기는 60° 이하로 할 것
② 발판과 벽과의 사이는 15cm 이상의 간격을 유지할 것
③ 사다리의 상단은 걸쳐놓은 지점으로부터 60cm 이상 올라가도록 할 것
④ 사다리식 통로의 길이가 10m 이상인 경우에는 5m 이내마다 계단참을 설치할 것

해설

사다리식 통로 설치기준
① 견고한 구조로 할 것
② 심한 손상·부식 등이 없는 재료를 사용할 것
③ 발판의 간격은 일정하게 할 것
④ 발판과 벽과의 사이는 15cm 이상의 간격을 유지할 것
⑤ 폭은 30cm 이상으로 할 것

⑥ 사다리가 넘어지거나 미끄러지는 것을 방지하기 위한 조치를 할 것
⑦ 사다리의 상단은 걸쳐놓은 지점으로부터 60cm 이상 올라가도록 할 것
⑧ 사다리식 통로의 길이가 10m 이상인 경우에는 5m 이내마다 계단참을 설치할 것
⑨ 사다리식 통로의 기울기는 75° 이하로 할 것
　다만, 고정식 사다리식 통로의 기울기는 90° 이하로 하고, 높이가 7m 이상인 경우에는 바닥으로부터 높이가 2.5m 되는 지점부터 등받이울을 설치할 것

45 산업안전보건법령에 따른 승강기의 종류에 해당하지 않는 것은?

① 리프트
② 승용 승강기
③ 에스컬레이터
④ 화물용 승강기

해설

승강기의 종류에 해당하지 않는 것
① 인화공용 승강기
② 승용 승강기
③ 에스컬레이터
④ 화물용 승강기

46 재료가 변형 시에 외부응력이나 내부의 변형과정에서 방출되는 낮은 응력파(stress wave)를 감지하여 측정하는 비파괴시험은?

① 와류탐상시험
② 침투탐상시험
③ 음향탐상시험
④ 방사선투과시험

해설

재료가 변형 시에 외부응력이나 내부의 변형과정에서 방출되는 낮은 응력파(stress wave)를 감지하여 측정하는 비파괴시험은 음향탐상시험

47 산업안전보건법령에 따라 다음 괄호 안에 들어갈 내용으로 옳은 것은?

사업주는 바닥으로부터 짐 윗면까지의 높이가 (　) 이상인 화물자동차에 짐을 싣는 작업 또는 내리는 작업을 하는 경우 근로자가 추락위험을 방지하기 위하여 해당 작업에 종사하는 근로자가 바닥과 적재함의 짐 윗면 간을 안전하게 오르내리기 위한 설비를 설치하여야 한다.

① 1.5
② 2
③ 2.5
④ 3

해설

사업주는 바닥으로부터 짐 윗면까지의 높이가 2미터 이상인 화물자동차에 짐을 싣는 작업 또는 내리는 작업을 하는 경우 근로자가 추락위험을 방지하기 위하여 해당 작업에 종사하는 근로자가 바닥과 적재함의 짐 윗면 간을 안전하게 오르내리기 위한 설비를 설치하여야 한다.

48 진동에 의한 1차 설비진단법 중 정상, 비정상, 악화의 정도를 판단하기 위한 방법에 해당하지 않는 것은?

① 상호 판단
② 비교 판단
③ 절대 판단
④ 평균 판단

해설

진동에 의한 1차 설비진단법 중 정상, 비정상, 악화의 정도를 판단하기 위한 방법에는 ① 상호 판단, ② 비교 판단, ③ 절대 판단이 있다.

49 둥근톱 기계의 방호장치에서 분할날과 톱날 원주면과의 거리는 몇 mm 이내로 조정, 유지할 수 있어야 하는가?

① 12
② 14
③ 16
④ 18

해설

분할날과 톱날 원주면과의 거리 : 12mm

50 산업안전보건법령에 따라 사업주가 보일러의 폭발 사고를 예방하기 위하여 유지·관리 하여야 할 안전장치가 아닌 것은?

① 압력방호판　　　② 화염 검출기
③ 압력방출장치　　④ 고저수위 조절장치

해설

보일러의 방호장치
① 압력제한 스위치　　② 화염 검출
③ 압력방출장치　　　④ 고저수위 조절장치

51 질량이 100kg인 물체를 그림과 같이 길이가 같은 2개의 와이어로프로 매달아 옮기고자 할 때 와이어로프 Ta에 걸리는 장력은 약 몇 N인가?

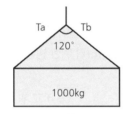

① 200　　　② 400
③ 490　　　④ 980

해설

한 가닥에 걸리는 하중
① $\frac{W}{2} \div \cos\frac{\theta}{2}$, $\frac{100}{2} \div \cos\frac{120}{2} = 100Kg$
② 단위를 N으로 변경해야 하므로 100kg×9.8＝980N

52 다음 중 드릴 작업의 안전수칙으로 가장 적합한 것은?

① 손을 보호하기 위하여 장갑을 착용한다.
② 작은 일감은 양손으로 견고히 잡고 작업한다.
③ 정확한 작업을 위하여 구멍에 손을 넣어 확인한다.
④ 작업 시작 전 척 렌치(chuck wrench)를 반드시 제거하고 작업한다.

53 산업안전보건법령에 따라 레버풀러 또는 체인블럭을 사용하는 경우 훅의 입구 간격이 제조된 때의 제품사양 기준으로 몇 % 이상 벌어진 것은 폐기하여야 하는가?

① 3　　　② 5
③ 7　　　④ 10

해설

레버풀러 또는 체인블럭을 사용하는 경우 훅의 입구 간격이 제조된 때의 제품사양 기준으로 10% 이상 벌어진 것은 폐기하여야 한다.

54 금형의 설치, 해체, 운반 시 안전사항에 관한 설명으로 틀린 것은?

① 운반을 위하여 관통 아이볼트가 사용될 때는 구멍 틈새가 최소화되도록 한다.
② 금형을 설치하는 프레스의 T홈 안길이는 설치 볼트 지름의 1/2배 이하로 한다.
③ 고정볼트는 고정 후 가능하면 나사산이 3~4개 정도 짧게 남겨 설치 또는 해체 시 슬라이드 면과의 사이에 협착이 발생하지 않도록 해야 한다.
④ 운반 시 상부금형과 하부금형이 닿을 위험이 있을 때는 고정 패드를 이용한 스트랩, 금속재질이나 우레탄 고무의 블록 등을 사용한다.

해설

② 금형을 설치하는 프레스의 T홈 안길이는 설치 볼트 지름의 2배 이상으로 한다.

55 밀링작업의 안전조치에 대한 설명으로 적절하지 않은 것은?

① 절삭 중의 칩 제거는 칩 브레이커로 한다.
② 공작물을 고정할 때에는 기계를 정지시킨 후 작업한다.

③ 강력절삭을 할 경우에는 공작물을 바이스에 깊게 물려 작업한다.
④ 가공 중 공작물의 치수를 측정할 때에는 기계를 정지시킨 후 측정한다.

해설

밀링 작업 시 안전대책
① 상하 이송장치의 핸들은 사용 후 반드시 빼둘 것
② 가공물 측정 및 설치 시에는 반드시 기계정지 후 실시
③ 가공 중 손으로 가공면 점검금지 및 장갑착용 금지
④ 밀링 작업의 칩은 보안경 착용 및 기계정지 후 브러시로 제거

56 산업안전보건법령에 따라 아세틸렌 용접장치의 아세틸렌 발생기를 설치하는 경우, 발생기실의 설치장소에 대한 설명 중 A, B에 들어갈 내용으로 옳은 것은?

• 발생기실은 건물의 최상층에 위치하여야 하며, 화기를 사용하는 설비로부터 (A)를 초과하는 장소에 설치하여야 한다.
• 발생기실을 옥외에 설치한 경우에는 그 개구부를 다른 건축물로부터 (B) 이상 떨어지도록 하여야 한다.

① A : 1.5m, B : 3m
② A : 2m, B : 4m
③ A : 3m, B : 1.5m
④ A : 4m, B : 2m

해설

아세틸렌 발생기실의 설치장소 및 구조
① 아세틸렌 용접장치의 아세틸렌 발생기(이하 "발생기")를 설치하는 경우 전용의 발생기실에 설치
② 발생기실은 건물 최상층에 위치, 화기를 사용하는 설비로부터 3m를 초과하는 장소에 설치
③ 발생기실을 옥외에 설치한 경우 그 개구부를 다른 건축물로부터 1.5m 이상 이격

57 프레스기의 방호장치 중 위치제한형 방호장치에 해당되는 것은?

① 수인식 방호장치
② 광전자식 방호장치
③ 손쳐내기식 방호장치
④ 양수조작식 방호장치

해설

프레스기의 방호장치 중 위치제한형 방호장치 : 양수조작식

58 프레스 방호장치 중 수인식 방호장치의 일반 구조에 대한 사항으로 틀린 것은?

① 수인끈의 재료는 합성섬유로 지름이 4mm 이상이어야 한다.
② 수인끈의 길이는 작업자에 따라 임의로 조정할 수 없도록 해야 한다.
③ 수인끈의 안내통은 끈의 마모와 손상을 방지할 수 있는 조치를 해야 한다.
④ 손목밴드(wrist band)의 재료는 유연한 내유성 피혁 또는 이와 동등한 재료를 사용해야 한다.

해설

수인식 방호장치의 구비조건
① 수인 끈의 길이는 작업자에 따라 임의로 조정할 수 있어야 한다.
② 수인 끈의 안내통은 끈의 마모와 손상을 방지할 수 있는 조치를 해야 한다
③ 손목밴드(wrist band)의 재료는 유연한 내유성 피혁 또는 이와 동등한 재료를 사용해야 한다.
④ 손목밴드는 착용감이 좋으며 쉽게 착용할 수 있는 구조이어야 한다.
⑤ 수인 끈은 합성섬유이며 직경이 4mm 이상

59 산업안전보건법령에 따라 원동기·회전축 등의 위험방지를 위한 설명 중 괄호 안에 들어갈 내용은?

사업주는 회전축 · 기어 · 풀리 및 플라이휠 등에 부속되는 키 · 핀 등의 기계요소는 ( )으로 하거나 해당 부위에 덮개를 설치하여야 한다.

① 개방형   ② 돌출형
③ 묻힘형   ④ 고정형

해설

회전축, 기어, 풀리 및 플라이휠 등에 부속되는 키, 핀 등의 기계요소는 묻힘형으로 하거나 해당 부위에 덮개를 설치하여야 한다.

60 공기압축기의 방호장치가 아닌 것은?

① 언로드 밸브   ② 압력방출장치
③ 수봉식 안전기   ④ 회전부의 덮개

해설

공기압축기의 방호장치
① 언로드 밸브
② 압력방출장치
③ 회전부의 덮개

4과목 전기위험방지기술

61 아래 그림과 같이 인체가 전기설비의 외함에 접촉하였을 때 누전사고가 발생하였다. 인체통과전류(mA)는 약 얼마인가?   [법 개정으로 삭제]

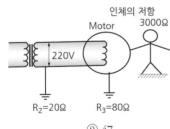

① 35   ② 47
③ 58   ④ 66

해설

$$I = \frac{E(V)}{Rm(1 + \frac{R2}{R3})}$$

$$I = \frac{220}{3000(1 + \frac{20}{80})} = 0.058A = 58mA$$

62 전기화재 발생 원인으로 틀린 것은?

① 발화원   ② 내화물
③ 착화물   ④ 출화의 경과

해설

전기화재 발생 원인 3요소
① 발화원
② 착화물
③ 출화의 경과

63 사용전압이 380V인 전동기 전로에서 절연저항은 몇 MΩ 이상이어야 하는가?

① 0.1   ② 0.2
③ 0.3   ④ 0.4

해설

전로의 절연저항 [법령 개정에 의한 도표만 참고]

전로의 사용전압 구분	DC시험전압	절연저항
SELV(Safety Extra Low Voltage =특별안전저압) 비접지회로 (2차 전압이 AC 50V, DC 120V 이하)	250V	0.5MΩ
PELV(Protective Extra Low Voltage = 특별보호저압) 접지회로 (1차와 2차 절연된 회로)		
FELV (Functional Extra Low Voltage = 특별저전압) 500V 이하	500V	1MΩ
500V 초과	1000V	1MΩ

64 정전 에너지를 나타내는 식으로 알맞은 것은? (단, Q는 대전 전하량, C는 정전용량이다.)

① $\dfrac{Q}{2C}$ ② $\dfrac{Q}{2C^2}$

③ $\dfrac{Q^2}{2C}$ ④ $\dfrac{Q^2}{2C^2}$

해설

$E(J) = \dfrac{1}{2}CV^2 = \dfrac{1}{2}QV = \dfrac{Q^2}{2C}$

65 누전차단기의 설치가 필요한 것은?

① 이중절연 구조의 전기기계·기구
② 비접지식 전로의 전기기계·기구
③ 절연대 위에서 사용하는 전기기계·기구
④ 도전성이 높은 장소의 전기기계·기구

해설

누전차단기 설치대상 장소 및 기계기구
① 대지전압이 150V를 초과하는 이동형 또는 휴대형 전기기계·기구
② 물 등 도전성이 높은 액체가 있는 습윤장소에서 사용하는 저압용 전기기계·기구
③ 철판·철골 위 등 도전성이 높은 장소에서 사용하는 이동형 또는 휴대형 전기기계·기구
④ 임시배선의 전로가 설치되는 장소에서 사용하는 이동형 또는 휴대형 전기기계·기구

66 동작 시 아크를 발생하는 고압용 개폐기·차단기·피뢰기 등은 목재의 벽 또는 천장 기타의 가연성 물체로부터 몇 m 이상 떼어놓아야 하는가?

① 0.3 ② 0.5
③ 1.0 ④ 1.5

해설

아크를 발생하는 기구의 시설(격리거리)
목재의 벽 또는 천장 기타의 가연성 물체로부터
① 고압용의 것은 1m 이상
② 특별고압용의 것은 2m 이상

67 6,600/100V, 15kVA의 변압기에서 공급하는 저압 전선로의 허용 누설전류는 몇 A를 넘지 않아야 하는가?

① 0.025 ② 0.045
③ 0.075 ④ 0.085

해설

누설전류(A) = 최대공급전류 $\times \dfrac{1}{2,000}$

전력 : $W = V(전압) \times A(전류)$ $A = W/V$

$\dfrac{15,000}{100} \times \dfrac{1}{2,000} = 0.075$

68 [법 개정으로 삭제]

정답 64 ③ 65 ④ 66 ③ 67 ③ 68 ×

69 정전기 발생에 대한 방지대책의 설명으로 틀린 것은?

① 가스용기, 탱크 등의 도체부는 전부 접지한다.
② 배관 내 액체의 유속을 제한한다.
③ 화학섬유의 작업복을 착용한다.
④ 대전 방지제 또는 제전기를 사용한다.

해설

대전 방지 대책
① 접지
② 습기 부여(공기 중 습도 60~70% 유지)
③ 도전성 재료 사용
④ 대전방지제 사용
⑤ 제전기 사용
⑥ 유속 조절(석유류 제품 1m/s 이하)

70 정전기의 유동대전에 가장 크게 영향을 미치는 요인은?

① 액체의 밀도
② 액체의 유동속도
③ 액체의 접촉면적
④ 액체의 분출온도

해설

유동대전 관속의 액체의 유동속도

71 과전류에 의해 전선의 허용전류보다 큰 전류가 흐르는 경우 절연물이 화구가 없더라도 자연히 발화하고 심선이 용단되는 발화단계의 전선 전류밀도(A/mm²)는?

① 10~20
② 30~50
③ 60~120
④ 130~200

해설

과전류의 단계별 밀도

단계	인화단계	착화단계	발화단계	순시 용단 단계
전류밀도 A/mm²	40~43	43~60	60~120	120 이상

72 방폭구조에 관계있는 위험 특성이 아닌 것은?

① 발화 온도
② 증기 밀도
③ 화염 일주한계
④ 최소 점화전류

해설

방폭구조 위험 특성
① 발화 온도
② 화염 일주한계
③ 최소 점화전류

73 금속관의 방폭형 부속품에 대한 설명으로 틀린 것은?

① 재료는 아연도금을 하거나 녹이 스는 것을 방지하도록 한 강 또는 가단주철일 것
② 안쪽 면 및 끝부분은 전선의 피복을 손상하지 않도록 매끈한 것일 것
③ 전선관과의 접속부분의 나사는 5턱 이상 완전히 나사결합이 될 수 있는 길이일 것
④ 완성품은 유입방폭구조의 폭발압력시험에 적합할 것

해설

완성품은 일반용 전기기기의 방폭구조 통칙의 용기의 강도에 적합한 것일 것

74 접지의 목적과 효과로 볼 수 없는 것은?

① 낙뢰에 의한 피해방지
② 송배전선에서 지락사고의 발생 시 보호계전기를 신속하게 작동시킴
③ 설비의 절연물이 손상되었을 때 흐르는 누설전류에 의한 감전방지
④ 송배전선로의 지락사고 시 대지전위의 상승을 억제하고 절연강도를 상승시킴

해설

송배전선로의 지락사고 시 대지전위의 상승을 억제하고 절연강도를 저하시킴

75 방폭전기설비의 용기 내부에 보호가스를 압입하여 내부압력을 외부 대기 이상의 압력으로 유지함으로써 용기 내부에 폭발성 가스 분위기가 형성되는 것을 방지하는 방폭구조는?

① 내압 방폭구조
② 압력 방폭구조
③ 안전증 방폭구조
④ 유입 방폭구조

해설

압력 방폭구조

방폭전기설비의 용기 내부에 보호가스를 압입하여 내부압력을 외부 대기 이상의 압력으로 유지함으로써 용기 내부에 폭발성 가스 분위기가 형성되는 것을 방지하는 방폭구조

76 1종 위험장소로 분류되지 않는 것은?

① 탱크류의 벤트(Vent) 개구부 부근
② 인화성 액체 탱크 내의 액면 상부의 공간부
③ 점검수리 작업에서 가연성 가스 또는 증기를 방출하는 경우의 밸브 부근
④ 탱크롤리, 드럼관 등이 인화성 액체를 충전하고 있는 경우의 개구부 부근

해설

위험장소의 분류

분류		적요	예
가스 폭발 위험 장소	0종 장소	인화성 액체의 증기 또는 가연성 가스에 의한 폭발 위험이 지속적 또는 장기간 존재하는 항상 위험한 장소	탱크용기, 장치, 배관 등의 내부 등 zone 0
	1종 장소	정상 작동 상태에서 인화성 액체의 증기 또는 가연성 가스의 의한 폭발위험 분위기가 존재하기 쉬운 장소	맨홀, 벤트, 피트 등의 주위 zone 1
	2종 장소	정상 작동상태에서 인화성 액체의 증기 또는 가연성 가스의 의한 폭발위험 분위기가 존재할 우려가 없으나 존재할 경우 그 빈도가 아주 작고 단기간만 존재하는 장소	단기간만 존재할 수 있는 장소개스킷, 패킹 등의 주위 zone 2

분류		적요	예
분진 폭발 위험 장소	20종 장소	분진 운 형태의 가연성 분진이 폭발 농도를 생성할 정도로 충분한 양의 정상 작동 중에 연속적으로 또는 자주 존재하거나 제어할 수 없을 정도의 양 및 두께의 분진 층이 형성될 수 있는 장소	호퍼, 분진 저장소, 집진장치 필터 등의 내부
	21종 장소	20종 장소 외의 장소로서 분진운 형태의 가연성 분진이 폭발 농도를 형성할 정도의 충분한 양의 정상작동 중에 존재할 수 있는 장소	집진장치, 백필터, 배기구 등의 주위, 이송 벨트 샘플링 지역
	22종 장소	21종장소 외에 장소로서 가연성 분진 형태가 드물게 발생 또는 단기간 존재할 우려가 있거나 이상 작동상태 하에서 가연성 분진 층이 형성될 수 있는 장소	21종 장소에서 예방조치가 취하여 진 지역환기설비 등과 같은 안전장치 배출구 주위

77 기중 차단기의 기호로 옳은 것은?

① VCB
② MCCB
③ OCB
④ ACB

해설

차단기의 종류

종류	특성
OCB : 유입 차단기 (Oil Circuit Breaker)	전로의 차단이 절연유를 매질로 하여 동작하는 차단기
GCB : 가스 차단기 (Gas Circuit Breaker)	전로의 차단이 6불화유황(SF6 : Sulfar Hexafluoride)과 같은 특수한 기체 즉, 불활성 Gas를 매질로 하여 동작하는 차단기를 말함
ABB : 공기 차단기 (Air–Blast Circuit Breaker), ACB	공기차단기는 전로의 차단이 압축공기를 매질로 하여 동작하는 차단기를 말한다. 즉, 압축공기를 소호매체로 하는 것으로 그 특성은 압축공기에 의해 결정된다.
NFB : 배선용 차단기 (NO Fuse Breaker) (MCCB, Molded Case Circuit Breaker)	전류 이상을 감지하여 선로가 열에 의해 타서 손상되기 전, 선로를 차단하여 주는 배선 보호용 기기 · 전자 기기가 정상적으로 작동하고 있을 때 흐르는 전류의 값을 '정격 전류' 이 전류가 흐를 때에는 작동되지 않지만 정격전류가 아닌 이상 상태에서는 위험을 감지하고 전자기기들을 보호하기 위해 전류를 차단하는 장치
VCB : 진공 차단기 (Vacuum Circuit Breaker)	진공 중의 높은 절연내력을 이용 아크 생성물을 급속한 확산을 이용하여 소호하는 차단기로서 차단시간이 짧고 구조가 간단하여 보수가 용이하다. 소호 후의 절연회복이 빠르다.
ELB : 누전 차단기 (Earth Leakage Circuit Breaker)	부하단의 누전에 의하여 지락전류가 발생할 때, 이를 검출하여 회로를 차단하는 방식의 전류동작형 누전차단기
ACB : 기중차단기 Air Circuit Breaker	공기 중에서 아크를 자연 방전으로 소멸하는 차단기

정답 75 ② 76 ② 77 ④

78 누전사고가 발생될 수 있는 취약 개소가 아닌 것은?

① 나선으로 접속된 분기회로의 접속점

② 전선의 열화가 발생한 곳

③ 부도체를 사용하여 이중절연이 되어 있는 곳

④ 리드선과 단자와의 접속이 불량한 곳

해설

부도체는 전기가 잘 전달되지 않으므로 취약개소가 아니다.

---

79 지락전류가 거의 0에 가까워서 안정도가 양호하고 무정전의 송전이 가능한 접지방식은?

① 직접접지방식　　② 리액터접지방식

③ 저항접지방식　　④ 소호리액터접지방식

해설

접지방식

직접접지	변압기의 중성점을 직접 도체로 접지시키는 방식으로 이상전압 발생이 가장 적은 접지방식
저항접지	중성점에 저항기를 삽입하여 접지하는 방식 저항 값의 대·소에 따라 고·저 저항접지 방식으로 나눈다.
소호리액터 접지	변압기의 중성점을 대지 정전용량과 공진하는 리액턴스를 갖는 리액터를 통해서 접지하는 방식 지락 고장이 발생해도 무정전으로 송전을 계속 할 수 있는 지락전류가 거의 '0'에 가까워 안정도가 높다.
리액터접지	접지용의 리액터 또는 변압기를 통하여 접지하는 방식

---

80 피뢰기가 갖추어야 할 특성으로 알맞은 것은?

① 충격방전 개시전압이 높을 것

② 제한 전압이 높을 것

③ 뇌전류의 방전 능력이 클 것

④ 속류를 차단하지 않을 것

해설

피뢰기의 일반적 구비성능

① 충격 방전 개시전압이 낮을 것

② 제한 전압이 낮을 것

③ 뇌전류의 방전능력이 크고 속류의 차단이 확실하게 될 것

④ 상용 주파 방전개시 전압이 높아야 할 것

⑤ 구조가 견고하며 특성이 변화하지 않을 것

⑥ 점검 보수가 간단할 것

⑦ 반복 동작이 가능할 것

5과목　화학설비위험방지기술

81 고체의 연소형태 중 증발연소에 속하는 것은?

① 나프탈렌　　　② 목재

③ TNT　　　　　④ 목탄

해설

가연물의 연소(화재) 형태

기체 연소	확산연소	가스와 공기가 확산에 의해 혼합되어 연소범위 농도에 이르러 연소하는 현상(발염연소)
	예혼합연소	수소
	폭발연소	
액체 연소	증발연소 액적연소	알코올 에테르 등에 인화성 액체가 증발하여 증기를 생성한 후 공기와 혼합하여 연소하게 되는 현상(알코올)
고체 연소	표면연소	목재의 연소에서 열분해로 인해 탄화작용이 생겨 탄소의 고체 표면에 공기와 접촉하는 부분에서 착화하는 현상으로 고체 표면에서 반응을 일으키는 연소 (금속, 숯, 목탄, 코크스, 알루미늄)
	분해연소	목재 석탄 등의 고체 가연물이 열분해로 인하여 가연성 가스가 방출되어 착화되는 현상(비휘발성 종이, 나무, 석탄)
	증발연소	증기가 심지를타고 올라가는 연소(황, 파라핀 촛농, 나프탈렌)
	자기연소	공기 중 산소를 필요로 하지 않고 자신이 분해되며 타는 것(다이나마이트, 니트로 화합물)

---

82 산업안전보건법령상 "부식성 산류"에 해당하지 않는 것은?

① 농도 20%인 염산　　② 농도 40%인 인산

③ 농도 50%인 질산　　④ 농도 60%인 아세트산

정답　78 ③　79 ④　80 ③　81 ①　82 ②

부식성 물질
- 부식성 산류
  농도가 20% 이상인 염산 황산 질산
  농도가 60% 이상인 인산 아세트산 불산
- 부식성 염기류
  농도가 40% 이상인 수산화나트륨 수산화칼륨 그 밖의 이와
  같은 정도 이상의 부식성을 가지는 염기류

83 뜨거운 금속에 물이 닿으면 튀는 현상과 같이 핵비등(nucleate boiling) 상태에서 막비등(film boiling)으로 이행하는 온도를 무엇이라 하는가?

① Burn－out point

② Leidenfrost point

③ Entrainment point

④ Sub－cooling boiling point

- 핵비등
  발포점(nucleation center)을 핵으로 하여 기포(bubble)가 발생하면서 비등하는 현상

- 막비등
  열전달이 상승하면 기포발생점은 매우 많아져 그 결과 기포가 합체하여 국소적으로 전열면을 덮어 증기막이 형성되기 직전에 열전달이 최대점을 나타내며 이후 열전달은 저하하여 절연면을 덮는 연속된 막을 막비등이라 한다.

- 달궈진 프라이팬에 물방울을 떨어트려 보는 것으로 확인할 수 있다. 처음에 프라이팬의 온도는 100℃ 직전이면 물은 퍼지면서 천천히 증발하며, 100℃에서 많이 낮은 경우에는 물은 액체상태를 유지하고 있다. 프라이팬의 온도가 100℃를 넘어서면 팬에 물방울이 닿을 때마다 쉬익 소리를 내면서 재빨리 증발한다. 이후, 팬의 온도가 라이덴프로스트 지점을 돌파하는 순간 라이덴프로스트 효과가 나타난다. 팬과 접촉한 물은 작은 공 모양으로 변하면서 주변으로 빠르게 움직이며, 이보다 낮은 온도에 있을 때보다 더 오랫동안 액체상태로 머무르게 된다. 이 효과는 너무 높은 온도에 노출된 물이 너무 빨리 증발하여 물방울 모양을 오랫동안 유지하게 되는 원리이다.

84 위험물의 취급에 관한 설명으로 틀린 것은?

① 모든 폭발성 물질은 석유류에 침지시켜 보관해야 한다.

② 산화성 물질의 경우 가연물과의 접촉을 피해야 한다.

③ 가스 누설의 우려가 있는 장소에서는 점화원의 철저한 관리가 필요하다.

④ 도전성이 나쁜 액체는 정전기 발생을 방지하기 위한 조치를 취한다.

① 금수성 물질은 물 접촉 금지
② 금속류(K, Na)는 석유, 등유 속에 저장한다.

85 이상반응 또는 폭발로 인하여 발생되는 압력의 방출장치가 아닌 것은?

① 과열판   ② 폭압방산구

③ 화염방지기   ④ 가용합금안전밸브

화염방지기(Flame arrest)의 설치
사업주는 인화성 액체 및 인화성 가스를 저장 취급하는 화학 설비에서 증기나 가스를 대기로 방출하는 경우에는 외부로부터의 화염을 방지하기 위하여 화염방지기를 그 설비 상단에 설치하여야 한다.

86 분진폭발의 특징으로 옳은 것은?

① 연소속도가 가스폭발보다 크다.

② 완전연소로 가스중독의 위험이 작다.

③ 화염의 파급속도보다 압력의 파급속도가 크다.

④ 가스 폭발보다 연소시간은 짧고 발생에너지는 작다.

가스폭발과 분진폭발의 비교
가) 가스폭발
　　① 화염이 크다.
　　② 연소속도가 빠르다.

나) 분진폭발
  ① 폭발압력, 에너지가 크다.
  ② 연소시간이 길다.
  ③ 불완전연소로 인한 일산화탄소가 발생한다.

87 독성가스에 속하지 않은 것은?

① 암모니아
② 황화수소
③ 포스겐
④ 질소

해설

질소 : 질식성 가스

88 Burgess-Wheeler의 법칙에 따르면 서로 유사한 탄화수소계의 가스에서 폭발하한계의 농도(vol%)와 연소열(kcal/mol)의 곱의 값은 약 얼마 정도인가?

① 1,100
② 2,800
③ 3,200
④ 3,800

해설

폭발하한계의 농도(vol%)와 연소열(kcal/mol)의 곱의 값 = 1100kcal

89 위험물안전관리법령상 제3류 위험물 중 금수성 물질에 대하여 적응성이 있는 소화기는?

① 포소화기
② 이산화탄소소화기
③ 할로겐화합물소화기
④ 탄산수소염류분말소화기

해설

제3류 금수성 물질에 대하여 적응성이 있는 소화기 : 탄산수소염류분말소화기

90 공기 중에서 이황화탄소(CS_2)의 폭발한계는 하한값이 1.25vol%, 상한값이 44vol%이다. 이를 20℃ 대기압 하에서 mg/L의 단위로 환산하면 하한

값과 상한값은 각각 약 얼마인가?(단, 이황화탄소의 분자량은 76.1이다.)

① 하한값 : 61, 상한값 : 640
② 하한값 : 39.6, 상한값 : 1393
③ 하한값 : 146, 상한값 : 860
④ 하한값 : 55.4, 상한값 : 1642

해설

• 공식

$$\frac{농도(ppm) \times 분자량(g)}{부피(mol)22.4l} \times \frac{절대온도(273)}{절대온도(273) + ℃}$$

• 하한값

$$\frac{0.0125 \times 76.1}{22.4l} \times \frac{(273)}{273 + 20} = 0.0396mg/m^3 = 39.6mg/l$$

$$1m^3 = 1,000l$$

• 상한값

$$\frac{0.44 \times 76.1}{22.4l} \times \frac{(273)}{273 + 20} = 1.393mg/m^3 = 1,393mg/l$$

91 일산화탄소에 대한 설명으로 틀린 것은?

① 무색·무취의 기체이다.
② 염소와 촉매 존재 하에 반응하여 포스겐이 된다.
③ 인체 내의 헤모글로빈과 결합하여 산소운반기능을 저하시킨다.
④ 불연성 가스로서, 허용농도가 10ppm이다.

해설

일산화탄소의 허용농도는 30ppm

92 금속의 용접·용단 또는 가열에 사용되는 가스 등의 용기를 취급할 때의 준수사항으로 틀린 것은?

① 전도의 위험이 없도록 한다.
② 밸브를 서서히 개폐한다.
③ 용해 아세틸렌의 용기는 세워서 보관한다.
④ 용기의 온도를 섭씨 65도 이하로 유지한다.

해설

금속의 용접 용단 또는 가열에 사용되는 가스 용기 취급 시 준수 사항

정답 87 ④ 88 ① 89 ④ 90 ② 91 ④ 92 ④

① 아래 장소에서는 사용하거나 해당장소에 설치, 저장 또는 방치하지 아니하도록 할 것
   ㉠ 통풍이나 환기가 불충분한 장소
   ㉡ 화기를 사용하는 장소 및 그 부근
   ㉢ 위험물 또는 인화성 액체를 취급하는 장소 및 그 부근
② 용기의 온도를 섭씨 40℃ 이하로 유지할 것 전도의 위험이 없도록 할 것
③ 충격을 가하지 않도록 할 것
④ 운반하는 경우에는 캡을 울 것
⑤ 사용하는 경우에는 용기의 마개에 부착되어 있는 유류 및 먼지를 제거할 것
⑥ 밸브의 개폐는 서서히 할 것
⑦ 용해 아세틸렌의 용기는 세워둘 것
⑧ 사용 전 또는 사용 중인 용기와 그 밖의 용기를 명확히 구별하여 보관할 것
⑨ 용기의 부식 마모 또는 변형 상태를 점검한 후 사용할 것

93 산업안전보건법령상 건조설비를 사용하여 작업을 하는 경우 폭발 또는 화재를 예방하기 위하여 준수하여야 하는 사항으로 적절하지 않은 것은?

① 위험물 건조설비를 사용하는 때에는 미리 내부를 청소하거나 환기할 것
② 위험물 건조설비를 사용하는 때에는 건조로 인하여 발생하는 가스·증기 또는 분진에 의하여 폭발·화재의 위험이 있는 물질을 안전한 장소로 배출시킬 것
③ 위험물 건조설비를 사용하여 가열건조하는 건조물은 쉽게 이탈되도록 할 것
④ 고온으로 가열건조한 가연성 물질은 발화의 위험이 없는 온도로 냉각한 후에 격납시킬 것

해설

위험물 건조설비 사용 시 화재 예방을 위한 준수사항
1) 위험물 건조설비를 사용하는 경우에는 미리 내부를 청소하거나 환기할 것
2) 위험물 건조설비를 사용하는 경우에는 그로 인하여 발생하는 가스 증기 또는 분진에 의하여 폭발 화재의 위험이 있는 물질을 안전한 장소로 배출시킬 것
3) 위험물 건조설비를 사용하여 가열건조하는 건조물은 쉽게 이탈되지 않도록 할 것

4) 고온으로 가열 건조한 인화성 액체는 발화의 위험이 없는 온도로 냉각 후에 격납시킬 것
5) 건조설비에 가까운 장소에서 인화성 액체를 두지 않도록 할 것

94 유류저장탱크에서 화염의 차단을 목적으로 외부에 증기를 방출하기도 하고 탱크 내 외기를 흡입하기도 하는 부분에 설치하는 안전장치는?

① vent stack
② safety valve
③ gate valve
④ flame arrester

해설

Flame arrester(인화 방지, 화염 차단)
가연성 증기가 발생하는 유류저장탱크에서 증기를 방출하거나 외기를 흡입하는 부분에 설치하는 안전장치로서 화염의 차단을 목적으로 하며 40mesh 이상의 가는 눈금의 금망이 여러 개 겹쳐져 있다.

95 다음 중 공기와 혼합 시 최소착화 에너지 값이 가장 작은 것은?

① CH_4
② C_3H_8
③ C_6H_6
④ H_2

해설

최소착화 에너지 값이 가장 적은 것이 착화하기 가장 쉽다.

구분	안전간격	대상가스
1급	0.6mm 초과	일산화탄소, 에탄, 메탄, 암모니아, 프로판, 부탄
2급	0.4mm 초과 0.6mm 이하	에틸렌, 석탄가스
3급	0.4mm 이하	수소, 아세틸렌, 이황화탄소

96 펌프의 사용 시 공동현상(cavitation)을 방지하고자 할 때의 조치사항으로 틀린 것은?

① 펌프의 회전수를 높인다.
② 흡입비 속도를 작게 한다.
③ 펌프의 흡입관의 두(head) 손실을 줄인다.
④ 펌프의 설치높이를 낮추어 흡입양정을 짧게 한다.

펌프의 사용 시 공동현상(cavitation)을 방지
① 펌프의 설치 높이를 낮추어 흡입 양정을 짧게
② 펌프 임펠러를 수중에 완전히 잠기게 한다.
③ 흡입 배관의 관지름을 굵게 하거나 굽힘을 적게 한다.
④ 펌프 회전수를 낮추어 흡입 비교 회전도를 적게
⑤ 양 흡입펌프 사용 또는 두 대 이상의 펌프 사용
⑥ 펌프 흡입관의 마찰손실 및 저항을 작게
⑦ 유효 흡입 헤드를 크게

97 다음 중 연소속도에 영향을 주는 요인으로 가장 거리가 먼 것은?

① 가연물의 색상　　　② 촉매
③ 산소와의 혼합비　　④ 반응계의 온도

연소속도에 영향을 주는 요인
① 반응계의 온도
② 촉매
③ 산소와의 혼합비

98 기체의 자연발화온도 측정법에 해당하는 것은?

① 중량법　　　② 접촉법
③ 예열법　　　④ 발열법

기체의 자연발화온도 측정법 : 예열법

99 디에틸에테르와 에틸알코올이 3 : 1로 혼합증기의 몰비가 각각 0.75, 0.25이고, 디에틸에테르와 에틸알코올의 폭발하한값이 각각 1.9vol%, 4.3vol%일 때 혼합가스의 폭발하한값은 약 몇 vol%인가?

① 2.2　　　② 3.5
③ 22.0　　④ 34.7

$$L = \frac{100}{\dfrac{V1}{L1} + \dfrac{V2}{L2}} = \frac{1}{\dfrac{0.75}{1.9} + \dfrac{0.25}{4.3}} = 2.2$$

100 프로판가스 1m³를 완전 연소시키는데 필요한 이론 공기량은 몇 m³인가?(단, 공기 중의 산소농도는 20vol%이다.)

① 20　　　② 25
③ 30　　　④ 35

프로판의 완전 연소식
$C_3H_8 + 5O_2 \rightarrow 3CO_2 + 4H_2O$
프로판 1몰(1m³)을 완전 연소하는데 산소 5몰(5m³)이 필요
$\therefore$ 공기 이론량 $= \dfrac{\text{이론산소량}}{\text{공기중 산소의 농도(vol\%)}} = \dfrac{5}{0.2} = 25$

6과목　건설안전기술

101 다음은 동바리로 사용하는 파이프 서포트의 설치기준이다. (　) 안에 들어갈 내용으로 옳은 것은?

파이프 서포트를 (　) 이상 이어서 사용하지 않도록 할 것

① 2개　　　② 3개
③ 4개　　　④ 5개

동바리의 파이프 서포트는 3개 이상 이어서 사용해서는 아니된다.

102 콘크리트 타설 시 거푸집 측압에 관한 설명으로 옳지 않은 것은?

① 타설속도가 빠를수록 측압이 커진다.
② 거푸집의 투수성이 낮을수록 측압은 커진다.
③ 타설높이가 높을수록 측압이 커진다.
④ 콘크리트의 온도가 높을수록 측압이 커진다.

측압이 커지는 조건
① 거푸집 수평 단면이 클수록
② 콘크리트 슬럼프 치가 클수록

③ 거푸집 표면이 평탄할수록
④ 철골 철근 양이 적을수록
⑤ 콘크리트 시공 연도가 좋을수록
⑥ 다짐이 충분할수록
⑦ 외기의 온도가 낮을수록
⑧ 타설 속도가 빠를수록
⑨ 타설 시 상부에서 직접 낙하할 경우
⑩ 부배합일수록
⑪ 콘크리트 비중이(단위중량) 클수록
⑫ 거푸집의 강성이 클수록
⑬ 벽 두께가 얇을수록
⑭ 습도가 낮을수록

103 권상용 와이어로프의 절단하중이 200ton일 때 와이어로프에 걸리는 최대하중은?(단, 안전계수는 5임)

① 1,000ton
② 400ton
③ 100ton
④ 40ton

해설

안전계수 = 절단하중 / 최대하중
5 = 200/최대하중, 따라서 최대하중 = 40

104 터널지보공을 설치한 경우에 수시로 점검하고, 이상을 발견한 경우에는 즉시 보강하거나 보수해야 할 사항이 아닌 것은?

① 부재의 긴압 정도
② 기둥침하의 유무 및 상태
③ 부재의 접속부 및 교차부 상태
④ 부재를 구성하는 재질의 종류 확인

해설

터널지보공을 설치한 경우에 수시로 점검
① 부재의 긴압 정도
② 기둥침하의 유무 및 상태
③ 부재의 접속부 및 교차부 상태
④ 부재의 손상, 변형, 변위, 탈락, 부식 정도의 유무 상태

105 선창의 내부에서 화물취급작업을 하는 근로자

가 안전하게 통행할 수 있는 설비를 설치하여야 하는 기준은 갑판의 윗면에서 선창 밑바닥까지의 깊이가 최소 얼마를 초과할 때인가?

① 1.3m
② 1.5m
③ 1.8m
④ 2.0m

해설

항만 하역작업 시 통행 설비 설치
갑판의 윗면에서 선창 밑바닥까지 깊이가 1.5m 초과하는 선창 내부에서 화물 취급 작업할 경우 통행 설비 설치

106 굴착기계의 운행 시 안전대책으로 옳지 않은 것은?

① 버킷에 사람의 탑승을 허용해서는 안 된다.
② 운전반경 내에 사람이 있을 때 회전은 10rpm 정도의 느린 속도로 하여야 한다.
③ 장비의 주차 시 경사지나 굴착작업장으로부터 충분히 이격시켜 주차한다.
④ 전선이나 구조물 등에 인접하여 붐을 선회해야 할 작업에는 사전에 회전반경, 높이 제한 등 방호조치를 강구한다.

해설

운전반경 내에 사람이 있을 때 작업을 중지해야 한다.

107 폭우 시 옹벽 배면의 배수시설이 취약하면 옹벽 저면을 통하여 침투수(seepage)의 수위가 올라간다. 이 침투수가 옹벽의 안정에 미치는 영향이 아닌 것은?

① 옹벽 배면토의 단위수량 감소로 인한 수직 저항력 증가
② 옹벽 바닥면에서의 양압력 증가
③ 수평 저항력(수동토압)의 감소
④ 포화 또는 부분 포화에 따른 뒤채움용 흙무게의 증가

해설

침투수가 옹벽에 미치는영향

① 옹벽 배면토의 지하수위상승으로 인한 수직 저항력 감소하여 옹벽이 전도된다.
② 옹벽 바닥면에서의 양압력 증가하고 수평 저항력이 감소
③ 수평 저항력(주동토압)의 감소
④ 포화 또는 부분 포화에 따른 뒤채움용 흙무게의 증가

108 그물코의 크기가 5cm인 매듭방망일 경우 방망사의 인장강도는 최소 얼마 이상이어야 하는가? (단, 방망사는 신품인 경우이다.)

① 50kg
② 100kg
③ 110kg
④ 150kg

해설

방망사의 인장강도

그물코의 크기 단위 : cm	방망의 종류(kg)			
	매듭 없는 방망		매듭 방망	
	신품	폐기시	신품	폐기시
10cm	240	150	200	135
5cm			110	60

109 부두 등의 하역작업장에서 부두 또는 안벽의 선에 따라 통로를 설치하는 경우, 최소 폭 기준은?

① 90cm 이상
② 75cm 이상
③ 60cm 이상
④ 45cm 이상

해설

부두 등 하역 작업장 조치사항
① 작업장 및 통로의 위험한 부분에는 안전하게 작업할 수 있는 조명을 유지할 것
② 부두 또는 암벽의 선을 따라 통로를 설치하는 때에는 폭을 90cm 이상으로 할 것
③ 육상에서의 통로 및 작업 장소로서 다리 또는 선거에 관문을 넘는 보도 등의 위험한 부분에는 안전난간 또는 울 등을 설치할 것

110 건설업 산업안전보건관리비 계상 및 사용기준 (고용노동부 고시)은 산업재해보상보험법의 적용을 받는 공사 중 총 공사금액이 얼마 이상인 공사에 적용

하는가?

① 4천만원
② 3천만원
③ 2천만원
④ 1천만원

해설

산업안전 관리비
건설업은 산업재해 보상 보험법의 적용을 받는 공사 중 총 공사금액 2천만원 이상인 공사에 적용

111 가설통로를 설치하는 경우 준수하여야 할 기준으로 옳지 않은 것은?

① 경사는 30°이하로 할 것
② 경사가 15°를 초과하는 경우에는 미끄러지지 아니하는 구조로 할 것
③ 수직갱에 가설된 통로의 길이가 15m 이상인 때에는 15m 이내마다 계단참을 설치할 것
④ 건설공사에 사용하는 높이 8m 이상의 비계다리에는 7m 이내마다 계단참을 설치할 것

해설

가설통로
① 견고한 구조로 할 것
② 경사는 30°이하로 할 것. 다만, 계단을 설치하거나 높이 2m 미만의 가설통로로서 튼튼한 손잡이를 설치한 경우에는 그러하지 아니하다.
③ 경사가 15°를 초과하는 경우에는 미끄러지지 아니하는 구조로 할 것
④ 추락할 위험이 있는 장소에는 안전난간을 설치할 것
⑤ 수직갱에 가설된 통로의 길이가 15m 이상인 경우에는 10m 이내마다 계단참을 설치할 것
⑥ 건설공사에 사용하는 높이 8m 이상인 비계다리에는 7m 이내마다 계단참을 설치할 것

112 온도가 하강함에 따라 토중수가 얼어 부피가 약 9% 정도 증대하게 됨으로써 지표면이 부풀어오르는 현상은?

① 동상현상
② 연화현상

③ 리칭현상 　　　　　④ 액상화현상

해설

동상현상 : 흙속의 공극수가 동결되어 부피가 약 9% 팽창되기 때문에 지표면이 부풀어 오른다.

113 강관틀비계를 조립하여 사용하는 경우 준수해야 할 기준으로 옳지 않은 것은?

① 높이가 20m를 초과하거나 중량물의 적재를 수반하는 작업을 할 경우에는 주틀 간의 간격을 2.4m 이하로 할 것
② 수직방향으로 6m, 수평방향으로 8m 이내마다 벽이음을 할 것
③ 길이가 띠장 방향으로 4m 이하이고 높이가 10m를 초과하는 경우에는 10m 이내마다 띠장 방향으로 버팀기둥을 설치할 것
④ 주틀 간에 교차 가새를 설치하고 최상층 및 5층 이내마다 수평재를 설치할 것

114 근로자의 추락 등의 위험을 방지하기 위한 안전난간의 구조 및 설치요건에 관한 기준으로 옳지 않은 것은?

① 상부난간대는 바닥면 · 발판 또는 경사로의 표면으로부터 90cm 이상 지점에 설치할 것
② 발끝막이판은 바닥면 등으로부터 10cm 이상의 높이를 유지할 것
③ 난간대는 지름 1.5cm 이상의 금속제 파이프나 그 이상의 강도를 가진 재료일 것
④ 안전난간은 구조적으로 가장 취약한 지점에서 가장 취약한 방향으로 작용하는 100kg 이상의 하중에 견딜 수 있는 튼튼한 구조일 것

해설

강관 틀비계 조립 시 준수사항
① 비계기둥의 밑둥에는 밑받침 철물을 사용하여야 하며 밑받침에 고저차(高低差)가 있는 경우에는 조절형 밑받침 철물을 사용하여 각각의 강관틀비계가 항상 수평 및

수직을 유지하도록 할 것
② 높이가 20m를 초과하거나 중량물의 적재를 수반하는 작업을 할 경우에는 주틀 간의 간격을 1.8m 이하로 할 것
③ 주틀 간에 교차 가새를 설치하고 최상층 및 5층 이내마다 수평재를 설치할 것
④ 수직방향으로 6m, 수평방향으로 8미터 이내마다 벽이음할 것
⑤ 길이가 띠장 방향으로 4m 이하이고 높이가 10m를 초과하는 경우에는 10m 이내마다 띠장 방향으로 버팀기둥을 설치할 것

115 건설공사 유해 · 위험방지계획서를 제출해야 할 대상공사에 해당하지 않는 것은?

① 깊이 10m인 굴착공사
② 다목적댐 건설공사
③ 최대 지간길이가 40m인 교량건설 공사
④ 연면적 5,000m²인 냉동 · 냉장창고시설의 설비공사

해설

유해위험 방지계획서 제출대상 사업장의 건설공사
1) 지상높이가 31m 이상인 건축물
2) 연면적 3만m² 이상인 건축물
3) 연면적 5천m² 이상인 시설로서 다음의 어느 하나에 해당하는 시설
　① 문화 및 집회시설(전시장 및 동물원 · 식물원은 제외한다)
　② 판매시설, 운수시설(고속철도의 역사 및 집배송시설은 제외한다)
　③ 종교시설
　④ 의료시설 중 종합병원
　⑤ 숙박시설 중 관광숙박시설
　⑥ 지하도 상가
　⑦ 냉동 · 냉장 창고시설
4) 연면적 5천m² 이상인 냉동 · 냉장 창고시설의 설비공사 및 단열공사
5) 최대 지간(支間) 길이가 50m 이상인 다리의 건설 등 공사
6) 터널의 건설 등 공사
7) 다목적댐, 발전용댐, 저수용량 2천만톤 이상의 용수전용댐 및 지방상수도 전용 댐의 건설 등 공사
8) 깊이 10m 이상인 굴착공사

정답　113 ① 　114 ③ 　115 ③

116 건설현장에 달비계를 설치하여 작업 시 달비계에 사용 가능한 와이어로프로 볼 수 있는 것은?

① 이음매가 있는 것
② 와이어로프의 한 꼬임에서 끊어진 소선의 수가 5%인 것
③ 지름의 감소가 공칭지름의 10%인 것
④ 열과 전기충격에 의해 손상된 것

해설

양중기 와이어로프
① 이음매가 있는 것
② 와이어로프의 한 꼬임(스트랜드)에서 끊어진 소선의 수가 10% 이상인 것
③ 지름의 감소가 공칭지름의 7%를 초과한 것
④ 꼬인 것
⑤ 심하게 변형 또는 부식된 것
⑥ 열과 전기충전에 손상된 것

117 토질시험(soil test)방법 중 전단시험에 해당하지 않는 것은?

① 1면 전단시험
② 베인 테스트
③ 일축 압축시험
④ 투수시험

해설

흙의 전단시험(soil test)
(1) 정의 : 흙쌓기의 설계나 안전계산 또는 지반 위에 구조물이 재하 되었을 때 지반의 안전성 저항각을 알아보기 위한 시험방법 (흙의 힘을 받고 파괴될 때의 세기)
(2) 시험방법의 종류(교재삽입)
　① 베인테스트　　② 1축 압축시험
　③ 3축 압축시험　④ 압밀시험
　⑤ 1면 전단시험

118 철골 건립기계 선정 시 사전 검토사항과 가장 거리가 먼 것은?

① 건립기계의 소음영향
② 건립기계로 인한 일조권 침해
③ 건물형태

④ 작업반경

해설

철골 건립기계 선정 시 사전 검토사항
① 건립기계의 소음영향
② 건립기계의 출입로, 설치장소, 면적, 주행통로의 유무, 기초구조물 설치공간 및 면적
③ 건물형태
④ 작업반경

119 감전재해의 직접적인 요인으로 가장 거리가 먼 것은?

① 통전전압의 크기
② 통전전류의 크기
③ 통전시간
④ 통전경로

해설

감전위험 인자
• 1차적 감전요소 : 통전전류크기 › 통전시간 › 통전경로 › 전원의 종류
• 2차적 감전요소 : 인체적 조건, 계절, 전압

120 클램셸(Clam shell)의 용도로 옳지 않은 것은?

① 잠함 안의 굴착에 사용된다.
② 수면 아래의 자갈, 모래를 굴착하고 준설선에 많이 사용된다.
③ 건축구조물의 기초 등 정해진 범위의 깊은 굴착에 적합하다.
④ 단단한 지반의 작업도 가능하며 작업속도가 빠르고 특히 암반굴착에 적합하다.

해설

클램셸(Clam shell)
① 지반 아래 협소하고 깊은 수직굴착에 주로 사용
② 수면 아래 수중굴착 및 구조물의 기초바닥. 자갈 모래 굴착
③ 건축구조물의 기초 등 정해진 범위의 깊은 굴착에 적합하다.
④ 우물통(잠함내) 기초의 내부 굴착 등

정답 　116 ② 　117 ④ 　118 ② 　119 ① 　120 ④

1과목 안전관리론

01 산업안전보건법령상 안전보건표지의 종류 중 경고표지에 해당하지 않는 것은?

① 레이저광선 경고
② 급성독성물질 경고
③ 매달린 물체 경고
④ 차량통행 경고

해설

안전보건표지의 종류와 형태

02 몇 사람의 전문가에 의하여 과제에 관한 견해를 발표한 뒤에 참가자로 하여금 의견이나 질문을 하게 하여 토의하는 방법을 무엇이라 하는가?

① 심포지움(symposium)
② 버즈 세션(buzz session)
③ 케이스 메소드(case method)
④ 패널 디스커션(panel discussion)

해설

패널 디스커션 (panel discussion)	한두 명의 발제자가 주제에 대한 발표를 하고 4~5명의 패널이 참석자 앞에서 자유롭게 논의하고, 사회자에 의해 참가자의 의견을 들으면서 상호 토의하는 것 패널 길이 먼저 토론 논의한 후 청중에게 상호토론하는 방식
심포지움 (symposium)	발제자 없이 몇 사람의 전문가가 과제에 대한 견해를 발표한 뒤 참석자들로부터 질문이나 의견을 제시하도록 하는 방법
포럼(forum) 공개토론회	사회자의 진행으로 몇 사람이 주제에 대해 발표한 후 참석자가 질문을 하고 토론회 나가는 방법으로 새로운 자료나 주제를 내보이거나 발표한 후 참석자로부터 문제나 의견을 제시하고 다시 깊이 있게 토론의 나가는 방법
버즈 세션 (Buzz session)	사회자와 기록계를 지정하여 6명씩 소집단을 구성하여 소집단별 사회자를 선정한 후 6분간 토론 결과를 의견 정리하는 방식

03 작업을 하고 있을 때 긴급 이상상태 또는 돌발 사태가 되면 순간적으로 긴장하게 되어 판단능력의 둔화 또는 정지상태가 되는 것은?

① 의식의 우회
② 의식의 과잉
③ 의식의 단절
④ 의식의 수준저하

해설

의식의 단절	의식수준의 0단계의 상태(특수한 질병의 경우 졸도)
의식의 우회	의식수준의 0단계의 상태(걱정, 고뇌, 욕구불만, 딴 생각 등)
의식수준의 저하	의식수준의 1단계 이하의 상태(심신피로, 단조로운 작업 시)
의식의 혼란	외적 조건의 문제로 의식이 혼란되고 분산되어 작업에 잠재된 위험요인에 대응할 수 없는 상태 (자극이 애매하거나 너무 강하거나 약할 때)
의식의 과잉	의식수준의 4단계(돌발사태 및 긴급 이상상태로 주의 일점 집중현상 발생)

04 A사업장의 2019년 도수율이 10이라 할 때 연천인율은 얼마인가?

① 2.4 　　　　　　② 5

③ 12 　　　　　　④ 24

해설

$$연천인율 = \frac{(연간\ 재해자수)}{(연\ 평균근로자수)} \times 1,000$$

근로자 1,000명 당 1년간에 발생한 재해자 수 비율

연천인율 = 도수율 × 2.4

---

05 산업안전보건법령상 산업안전보건위원회의 사용자위원에 해당되지 않는 사람은?(단, 각 사업장은 해당하는 사람을 선임하여야 하는 대상사업장으로 한다.)

① 안전관리자

② 산업보건의

③ 명예산업안전감독관

④ 해당 사업장 부서의 장

해설

산업안전보건위원회 구성위원

1. 근로자 대표
   ① 근로자 대표
   ② 명예산업안전감독관이 위촉된 사업장의 경우 근로자 대표가 지명하는 1명 이상의 명예감독관
   ③ 근로자 대표가 지명하는 9명 이내의 해당 사업장의 근로자

2. 사용자 대표
   ① 해당 사업의 대표자
   ② 안전관리자 1명(안전관리 전문기관에 위탁한 경우 그 기관의 해당 사업장 담당자)
   ③ 보건관리자 1명(보건관리 전문기관에 위탁한 경우 그 기관의 해당 사업장담당자)
   ④ 산업보건의(해당사업장에 선임되어 있는 경우로 한정)
   ⑤ 해당사업의 대표자가 지명하는 9명 이내의 해당 사업장 부서의 장

---

06 산업안전보건법상 안전관리자의 업무는?

① 직업성 질환 발생의 원인조사 및 대책수립

② 해당 사업장 안전교육계획의 수립 및 안전교육 실시에 관한 보좌 조언·지도

③ 근로자의 건강장해의 원인조사와 재발방지를 위한 의학적 조치

④ 당해 작업에서 발생한 산업재해에 관한 보고 및 이에 대한 응급조치

해설

안전관리자의 업무

① 산업안전보건위원회 따른 안전 및 보건에 관한 노사협의체에서 심의 의결한 업무와 해당 사업장의 따른 안전보건관리규정 및 취업규칙에서 정한 업무

② 위험성 평가에 관한 보좌 및 지도 조언

③ 안전인증대상기계 자율안전확인 대상기계 구입 시 적격품의 선정에 관한 보좌 및 지도·조언

④ 해당 사업장 안전교육계획의 수립 및 안전교육실시에 관한 보좌 및 지도 조언

⑤ 사업장 순회점검, 지도 및 조치 건의

⑥ 산업재해 발생의 원인조사 분석 및 재발 방지를 위한 기술적 보좌 및 지도 조언

⑦ 산업재해에 관한 통계의 유지 관리 분석을 위한 보좌 및 지도 조언

⑧ 안전에 관한 사항의 이행에 관한 보좌 및 지도 조언

⑨ 업무수행 내용의 기록 유지

---

07 어느 사업장에서 물적 손실이 수반된 무상해 사고가 180건 발생하였다면 중상은 몇 건이나 발생할 수 있는가?(단, 버드의 재해구성 비율법칙에 따른다.)

① 6건 　　　　　　② 18건

③ 20건 　　　　　　④ 29건

해설

버드의 법칙 = 1(중상, 사망) : 10(경상) : 30(무상해 물적 사고) : 600(무상해 무사고)

08 안전보건교육 계획에 포함해야 할 사항이 아닌 것은?

① 교육지도안
② 교육장소 및 교육방법
③ 교육의 종류 및 대상
④ 교육의 과목 및 교육내용

해설

안전보건교육 계획에 포함해야 할 사항
① 교육의 종류 및 대상
② 교육장소 및 교육방법
③ 교육의 과목 및 교육내용

09 Y·G 성격검사에서 "안전, 적응, 적극형"에 해당하는 형의 종류는?

① A형
② B형
③ C형
④ D형

해설

1) Y-G 성격검사 프로필의 유형(Yatabe Gilford personality test 야타베길포드 성격검사)

① A형 (평균형)	조화적, 적응적
② B형 (우편형)	정서불안적, 활동적, 외향적
③ C형 (좌편형)	안전 소극형(온순, 소극적, 안정, 내향적, 비활동)
④ D형 (우하형)	안정, 적응, 적극형(정서안정, 활동적, 사회적응, 대인관계 양호)
⑤ E형 (좌하형)	불안정, 부적응, 수동형

2) Y.K 성격검사(Yutaca Kohata 유타카 코하타)

작업성격 유형	작업성격 인자	적성 직종의 일반적 경향
C,C형 담즙질 (진공성형)	① 운동, 결단, 기민 빠르다 ② 적응 빠름 ③ 세심하지 않음 ④ 내구 집념 부족 ⑤ 자신감 강함	대인적 작업, 창조적 관리작업, 변화 있는 기술적 가공작업, 물품을 대상으로 하는 불연속 작업
M,M형 흑 담즙질 (신경질형)	① 운동성 느림, 지속성 풍부 ② 적응력 느림 ③ 세심, 억제, 정확함 ④ 집념, 지속성, 담력 ⑤ 담력 자신감 강함	연속적, 신중적 인내적 작업, 연구개발적 과학적 작업, 정밀 복잡성 작업

작업성격 유형	작업성격 인자	적성 직종의 일반적 경향
S,S형 (다형질) 운동성형	①,②,③,④는 C.C형과 동일 ⑤ 담력 자신감 약하다.	변화하는 불연속적 작업, 사람 상대 상업적 작업, 기민한 동작을 요하는 작업
P,P형 점액질 (평범수동 성형)	①,②,③,④는 M,M형과 동일 ⑤ 담력 자신감 약하다.	경리사무, 흐름작업 계기관리 연속작업 지속적 단순작업
Am형 (이상질)	① 극도로 나쁨 ② 극도로 느림 ③ 극도로 결핍 ④ 극도로 강하거나 약함	위험을 수반하지 않은 단순한 기술적 작업, 작업상 부적응적인 성격자는 정신 위생적 치료 요함

10 안전교육에 대한 설명으로 옳은 것은?

① 사례중심과 실연을 통하여 기능적 이해를 돕는다.
② 사무직과 기능직은 그 업무가 판이하게 다르므로 분리하여 교육한다.
③ 현장 작업자는 이해력이 낮으므로 단순반복 및 암기를 시킨다.
④ 안전교육에 건성으로 참여하는 것을 방지하기 위하여 인사고과에 필히 반영한다.

해설

사무직과 기능직의 안전교육은 구분하여서는 아니된다.

11 산업안전보건법령에 따라 환기가 극히 불량한 좁은 밀폐된 장소에서 용접작업을 하는 근로자를 대상으로 한 특별안전·보건교육 내용에 포함되지 않는 것은?(단, 일반적인 안전·보건에 필요한 사항은 제외한다.)

① 환기설비에 관한 사항
② 질식 시 응급조치에 관한 사항
③ 작업순서, 안전작업방법 및 수칙에 관한 사항
④ 폭발 한계점, 발화점 및 인화점 등에 관한 사항

용접작업을 하는 근로자를 대상으로 한 특별안전 · 보건교육 내용

밀폐된 장소에서 행하는 용접작업 또는 습한 장소에서 행하는 전기용접장치
- 작업순서 · 안전 작업방법 및 수직에 관한 사항
- 환기설비에 관한 사항
- 전격 방지 및 보호구 착용에 관한 사항
- 질식 시 응급조치에 관한 사항
- 작업환경점검에 관한 사항
- 기타 안전보건관리에 필요한 사항

12 크레인, 리프트 및 곤돌라는 사업장에 설치가 끝난 날부터 몇 년 이내에 최초의 안전검사를 실시해야 하는가?(단, 이동식 크레인, 이삿짐운반용 리프트는 제외한다.)

① 1년　　　　② 2년
③ 3년　　　　④ 4년

안전검사 대상 유해 위험 기계 및 검사 주기

안전검사대상	안전검사
크레인 리프트 곤돌라	사업장에 설치가 끝난 날부터 3년 이내에 최초 안전검사를 실시, 그 이후부터 2년마다 실시 ※ 건설현장에서 사용하는 것은 최초로 설치한 날부터 6개월마다 실시
이동식 크레인 이삿짐운반용 리프트 고소작업대	신규등록 이후 3년 이내에 최초 안전검사를 실시하되, 그 이후부터 2년마다 실시
압력용기, 프레스, 롤러기 컨베이어, 산업용 로봇 사출성형기, 원심기 국소배기장치 화학설비, 건조설비	사업장에 설치가 끝난 날부터 3년 이내에 최초 안전검사를 실시하되, 그 이후부터 2년마다 실시 ※ 공정안전보고서를 제출하여 확인을 받은 압력용기는 4년마다 실시

13 재해 코스트 산정에 있어 시몬즈(R.H. Simonds) 방식에 의한 재해코스트 산정법으로 옳은 것은?

① 직접비＋간접비
② 간접비＋비보험코스트
③ 보험코스트＋비보험코스트
④ 보험코스트＋사업부보상금 지급액

시몬스 보험금

보험(산재보험)＋비보험(휴업상해, 통원상해응급처지, 무상해 사고)

14 다음 중 맥그리거(McGregor)의 Y이론과 가장 거리가 먼 것은?

① 성선설　　　　② 상호신뢰
③ 선진국형　　　　④ 권위주의적 리더십

맥그리거의 X, Y 이론

X이론	Y이론
성악설	성선설
명령통제에 의한 관리	목표통합과 자기통제에 의한 관리
권위주의적 리더십	민주적 리더십
저개발국형	선진국형
인간은 본래 게으르고 태만 수동적	인간은 본래 부지런하고 근면, 적극적
남의 지배를 받기 바란다.	스스로 일을 자기 책임하에 자주적
부수적, 자기본위, 자기방어적 어리석기 때문에 선동되고 변화와 혁신을 거부	자아실현을 위해 스스로 목표를 달성하려고 노력
조직의 욕구에 무관심	조직의 방향에 적극적으로 관여하고 노력

15 생체 리듬(Bio Rhythm) 중 일반적으로 28일을 주기로 반복되며, 주의력 · 창조력 · 예지력 및 통찰력 등을 좌우하는 리듬은?

① 육체적 리듬   ② 지성적 리듬
③ 감성적 리듬   ④ 정신적 리듬

해설

바이오리듬 주기

리듬 종류	신체적 상태	주기
육체적 리듬 (신체적 리듬) (physical cycle)	몸의 물리적 상태를 나타내는 리듬으로 몸의 질병에 저항하는 면역력, 각종 체내 기관의 기능, 외부환경에 대한 신체 반사작용 등을 알아볼 수 있는 척도	23일
감성적 리듬 (sensitivity cycle)	기분이나 신경계통의 상태를 나타내는 리듬으로 정보력, 대인관계, 감정의 기복 등을 알아볼 수 있는 척도	28일
지성적 리듬 (intellectual cycle)	집중력, 기억력, 논리적인 사고력, 분석력 등의 기복을 나타내는 리듬 주로 두뇌활동과 관련된 리듬	33일

16 재해예방의 4원칙에 해당하지 않는 것은?

① 예방가능의 원칙   ② 손실가능의 원칙
③ 원인연계의 원칙   ④ 대책선정의 원칙

해설

재해예방 4원칙(산업재해 예방의 4원칙)

예방 가능의 원칙	재해는 원칙적으로 예방이 가능하다는 원칙
원인계기의 원칙	재해의 발생은 직접 원인 만으로만 일어나는 것이 아니라 간접 원인이 연계되어 일어난다는 원칙
손실 우연의 원칙	사고에 의해서 생기는 상해의 종류 및 정도는 우연적이라는 원칙
대책 선정의 원칙	원인의 정확한 분석에 의해 가장 타당한 재해 예방 대책이 선정되어야 한다는 원칙

17 관리감독자를 대상으로 교육하는 TWI의 교육내용이 아닌 것은?

① 문제해결훈련   ② 작업지도훈련
③ 인간관계훈련   ④ 작업방법훈련

해설

종류	교육 대상자	교육내용
TW (Training With Industry)	관리 감독자	① Job Instruction Training : 작업 지도 훈련(JIT) ② Job Methods Training : 작업방법 훈련(JMT) ③ Job Relation Training : 인간관계 훈련(JRT) ④ Job Safety Training : 작업 안전 훈련(JST)

18 위험예지훈련 4R(라운드) 기법의 진행방법에서 3R에 해당하는 것은?

① 목표설정   ② 대책수립
③ 본질추구   ④ 현상파악

해설

1라운드	현상 파악	어떠한 위험이 있는가?	현상을 파악하는 단계
2라운드	본질 추구	이것이 위험의 포인트	문제점 발견 및 중요 문제를 결정하는 단계
3라운드	대책 수립	당신이라면 어떻게 하겠는가?	문제점에 대한 대책을 수립하는 단계
4라운드	목표 설정	우리는 이렇게 하자	대책에 대한 개선목표를 설정하는 단계

19 무재해운동의 기본이념 3원칙 중 다음에서 설명하는 것은?

> 직장 내의 모든 잠재위험요인을 적극적으로 사전에 발견, 파악, 해결함으로써 뿌리에서부터 산업재해를 제거하는 것

① 무의 원칙
② 선취의 원칙
③ 참가의 원칙
④ 확인의 원칙

무재해운동의 3대 원칙

① 무(無)의 원칙

　무재해란 단순히 사망재해나 사고만 없으면 된다는 소극적인 사고(思考)가 아니고　사업장 내에 잠재위험 요인을 적극적으로 사전에 발견, 파악, 해결함으로써 근원적으로 산업재해를 없애자는 것이다.

② 선취(先取)의 원칙(＝안전제일의 원칙)

　무재해운동에서 선취란 안전한 사업장을 조성하기 위한 궁극의 목표로서 사업장 내에서 행동하기 전에 잠재위험 요인을 발견, 파악, 해결하여 재해를 예방하거나 방지하는 것을 말한다.

③ 참여(參與)의 원칙(＝참가의 원칙)

　무재해운동에 있어서 참가란 작업에 따르는 잠재적인 위험요인을 사전에 발견, 파악, 해결하기 위하여 전원이 일치 협력하고 각자의 위치에서 의욕으로 문제점을 해결하겠다는 것을 말한다.

20 방진 마스크의 사용 조건 중 산소농도의 최소 기준으로 옳은 것은?

① 16%　　　　　　　　② 18%

③ 21%　　　　　　　　④ 23.5%

방진 마스크의 사용 조건 : 산소농도 18% 이상

2과목　**인간공학 및 시스템안전공학**

21 인체 계측 자료의 응용 원칙이 아닌 것은?

① 기존 동일 제품을 기준으로 한 설계

② 최대치수와 최소치수를 기준으로 한 설계

③ 조절범위를 기준으로 한 설계

④ 평균치를 기준으로 한 설계

인체계측 자료의 응용 3원칙

1) 극단치 설계

　① 최대 집단치 : 출입문, 통로(정규분포도상 95% 이상의 설계)

　② 최소 집단치 : 버스, 지하철의 손잡이(정규분포도상 5% 이하의 설계)

2) 조절범위(5~95%tile)

　① 가장 좋은 설계

　② 첫 번 고려사항 자동차 시트(운전석) 측정자료 : 데이터베이스화

3) 평균치를 기준으로 한 설계(정규분포도상에 5~95% 구간 설계)

　① 가계 은행 계산대(5~95%tile)

22 인체에서 뼈의 주요 기능이 아닌 것은?

① 인체의 지주　　　　② 장기의 보호

③ 골수의 조혈　　　　④ 근육의 대사

인체 뼈의 주요 기능

① 인체의 지주

② 장기의 보호

③ 골수의 조혈

23 각 부품의 신뢰도가 다음과 같을 때 시스템의 전체 신뢰도는 약 얼마인가?

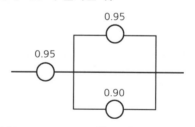

① 0.8123　　　　　　② 0.9453

③ 0.9553　　　　　　④ 0.9953

$0.95 \times [1 - (1 - 0.95)(1 - 0.9)] = 0.9453$

---

24 손이나 특정 신체부위에 발생하는 누적손상장애(CTD)의 발생인자와 가장 거리가 먼 것은?

① 무리한 힘   ② 다습한 환경

③ 장시간의 진동   ④ 반복도가 높은 작업

해설

누적손상장애(CTD)의 발생인자

㉠ 부적절한 자세

㉡ 무리한 힘의 사용

㉢ 과도한 반복작업,

㉣ 연속작업(비휴식)

㉤ 낮은 온도 등

25 인간공학 연구조사에 사용되는 기준의 구비조건과 가장 거리가 먼 것은?

① 다양성   ② 적절성

③ 무오염성   ④ 기준 척도의 신뢰성

해설

체계 기준의 요건(인체공학 실험에서)

적절성	기준이 의도된 목적에 적합하다고 판단되는 정도
무오염성	• 측정변수가 다른 외적 변수에 영향을 받지 않도록 하는 요건을 의미하는 특성 • 측정하고자 하는 변수 외의 다른 변수의 영향을 받아서는 안 된다(통제 변위).
기준척도의 신뢰성	반복실험 시 재현성이 있어야 한다(척도의 신뢰성 =반복성).
민감도	예상 차이점에 비례하는 단위로 측정하여야 한다.

26 의자 설계 시 고려해야 할 일반적인 원리와 가장 거리가 먼 것은?

① 자세고정을 줄인다.

② 조정이 용이해야 한다.

③ 디스크가 받는 압력을 줄인다.

④ 요추 부위의 후만곡선을 유지한다.

해설

의자 설계 시 고려사항

1) 등받이에 굴곡은 요추의 굴곡(전만곡)과 일치해야

2) 좌면의 높이는 사람의 신장에 따라 조절 가능해야 한다.

3) 정적인 부화 고정된 작업 자세를 피해야 한다.

4) 의자의 높이는 오금의 높이보다 같거나 낮아야 한다.

27 다음 FT도에서 시스템에 고장이 발생할 확률은 약 얼마인가?(단, X_1과 X_2의 발생확률은 각각 0.05, 0.03이다.)

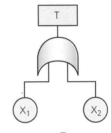

① 0.0015   ② 0.0785

③ 0.9215   ④ 0.9985

해설

$1-(0.05)(1-0.03)=0.0785$

28 반사율이 85%, 글자의 밝기가 400cd/m²인 VDT 화면에 350lux의 조명이 있다면 대비는 약 얼마인가?

① −6.0   ② −5.0

③ −4.2   ④ −2.8

해설

대비에 관한 계산

1) 배경의 휘도 $=\dfrac{반사율 \times 조도}{\pi}=\dfrac{350 \times 0.85}{3.14}$

$=94.75\text{cd/m}^2$

2) 글자의 밝기=조명에 의한 밝기(휘도)+글자의 밝기

$94.75+400=494.75\text{cd/m}^2$

3) 대비 $=\dfrac{배경휘도-글자휘도}{배경의 휘도}=\dfrac{94.75-494.75}{94.75}=-4.22$

정답   **24** ②   **25** ①   **26** ④   **27** ②   **28** ③

29 화학설비에 대한 안전성 평가 중 정량적 평가 항목에 해당되지 않는 것은?

① 공정
② 취급물질
③ 압력
④ 화학설비용량

해설

정량적 평가항목
① 구성요소의 물질
② 화학설비의 용량, 온도, 압력, 조작

30 시각장치와 비교하여 청각장치 사용이 유리한 경우는?

① 메시지가 길 때
② 메시지가 복잡할 때
③ 정보 전달 장소가 너무 소란할 때
④ 메시지에 대한 즉각적인 반응이 필요할 때

해설

청각장치 사용	시각장치 사용
• 전언이 간단하다.	• 전언이 복잡하다.
• 전언이 짧다.	• 전언이 길다.
• 전언이 후에 재 참조되지 않는다.	• 전언이 후에 재 참조된다.
• 전언이 시간적 사상을 다룬다.	• 전언이 공간적 위치를 다룬다.
• 전언이 즉각적 행동을 요구한다.	• 전언이 즉각적 행동을 요구하지 않는다.
• 수신장소가 너무 밝거나 암조응 유지가 필요시	• 수신장소가 너무 시끄러울 때
• 직무상 수신자가 자주 움직일 때	• 직무상 수신자가 한곳에 머물 때
• 수신자가 시각계통이 과부하일 때	• 수신자가 청각계통이 과부하일 때

31 산업안전보건법령상 사업주가 유해위험방지 계획서를 제출할 때에는 사업장 별로 관련 서류를 첨부하여 해당 작업 시작 며칠 전까지 해당 기관에 제출하여야 하는가?

① 7일
② 15일
③ 30일
④ 60일

해설

유해위험방지 계획서를 제출시기 : 작업 시작 15일 전 단, 건설업은 착공 전날

32 인간－기계 시스템을 설계할 때에는 특정기능을 기계에 할당하거나 인간에게 할당하게 된다. 이러한 기능할당과 관련된 사항으로 옳지 않은 것은?(단, 인공지능과 관련된 사항은 제외한다.)

① 인간은 원칙을 적용하여 다양한 문제를 해결하는 능력이 기계에 비해 우월하다.
② 일반적으로 기계는 장시간 일관성이 있는 작업을 수행하는 능력이 인간에 비해 우월하다.
③ 인간은 소음, 이상온도 등의 환경에서 작업을 수행하는 능력이 기계에 비해 우월하다.
④ 일반적으로 인간은 주위가 이상하거나 예기치 못한 사건을 감지하여 대처하는 능력이 기계에 비해 우월하다.

해설

인간 기계의 기능 비교

인간이 기계보다 우수한 기능	기계가 인간보다 우수한 기능
• 저 에너지 자극감시 • 복잡 다양한 자극형태 식별 • 갑작스러운 이상현상이나 예기치 못한 사건 감지 • 많은 양의 정보 장시간 저장 • 다양한 문제해결(정성적) • 귀납적 추리 • 원칙 적용 • 관찰을 통해 일반화 다양한 문제해결 • 과부하 상태에서는 중요한 일에만 전념 • 다양한 종류의 운용 요건에 따라 신체적인 반응을 적용 • 전혀 다른 새로운 해결책을 찾아냄	• 인간의 정상적 감지 범위 밖의 자극감지 • 인간 및 기계에 대한 모니터 기능 • 드물게 발생하는 사상감지 • 암호화된 정보를 신속하게 대량 보관 • 정량적 정보처리 • 연역적 추리 • 반복작업의 수행에 높은 신뢰성 • 입력신호에 신속하고 일관성 있게 반응 • 과부화 상태에서도 효율적 작동 • 장시간 중량 작업 • 반복작업, 동시에 여러 가지 작업 기능

정답 29 ① 30 ④ 31 ② 32 ③

33 모든 시스템 안전분석에서 제일 첫번째 단계의 분석으로, 실행되고 있는 시스템을 포함한 모든 것의 상태를 인식하고 시스템의 개발단계에서 시스템 고유의 위험상태를 식별하여 예상되고 있는 재해의 위험수준을 결정하는 것을 목적으로 하는 위험분석 기법은?

① 결함위험분석(FHA : Fault Hazard Analysis)
② 시스템위험분석(SHA : System Hazard Analysis)
③ 예비위험분석(PHA : Preliminary Hazard Analysis)
④ 운용위험분석(OHA : Operating Hazard Analysis)

해설

예비위험분석(PHA : Preliminary Hazard Analysis)
모든 시스템 안전 프로그램의 최초단계의 분석법으로 시스템 내의 위험요소가 얼마나 위험한 상태에 있는가를 정성적으로 평가하는 것이다.

34 컷셋(cut set)과 패스셋(pass set)에 관한 설명으로 옳은 것은?

① 동일한 시스템에서 패스셋의 개수와 컷셋의 개수는 같다.
② 패스셋은 동시에 발생했을 때 정상사상을 유발하는 사상들의 집합이다.
③ 일반적으로 시스템에서 최소 컷셋의 개수가 늘어나면 위험 수준이 높아진다.
④ 최소 컷셋은 어떤 고장이나 실수를 일으키지 않으면 재해는 일어나지 않는다고 하는 것이다.

해설

1) 컷셋(cut set) : 결함 발생이 일어나는 것
    ① 정상사상을 발생시키는 기본사상의 집합으로 그 안에 포함되는 모든 기본사상이 발생할 때 정상사상을 발생시킬 수 있는 기본사상의 집합
    ② 정상적으로 발생시키는 것
    ③ 일어났을 때 일어나는 것
2) 패스셋(path set) : 결함 발생이 일어나지 않도록 하는 것
    ① 그 안에 포함되는 모든 기본사상이 일어나지 않을 때 처음으로 정상사상이 일어나지 않는 기본사상의 집합

② 안 일어나면 안 일어난다.
③ 안 일어나는 것이 정상이다.
3) 미니멀 컷셋(Minimal cut set)
    ① 컷셋의 집합 중에서 정상사상을 일으키기 위하여 필요한 최소집합(시스템의 위험성 또는 안전성을 나타냄)
    ② 일반적으로 시스템에서 최소 컷셋의 개수가 늘어나면 위험 수준이 높아진다.
    ③ 일반적으로 Fussel algorithm을 이용한다.
    ④ 컷셋 중 다른 컷셋을 포함하고 있는 것을 배제하고 남은 컷셋들을 말함
4) 미니멀 패스셋(Minimal path set)
    그 안에 포함되는 모든 기본사상이 일어나지 않을 때 처음으로 정상사상이 일어나지 않는 기본사상의 집합의 패스셋에서 필요한 최소한의 것을 미니멀 패스셋이라 한다(시스템의 신뢰성을 나타냄).

35 조종장치를 촉각적으로 식별하기 위하여 사용되는 촉각적 코드화의 방법으로 옳지 않은 것은?

① 색감을 활용한 코드화
② 크기를 이용한 코드화
③ 조종장치의 형상 코드화
④ 표면 촉감을 이용한 코드화

해설

색감은 시각장치이며 촉각적 장치는 아니다.

36 FT도에서 사용하는 기호 중 다음 그림과 같이 OR 게이트이지만 2개 또는 그 이상의 입력이 동시에 존재할 때 출력이 생기지 않는 경우 사용하는 것은?

① 부정 OR 게이트
② 배타적 OR 게이트
③ 억제 게이트
④ 조합 OR 게이트

해설

이 문제는 출제 오류로 전체 정답 처리되었던 문제임

37 휴먼 에러(Human Error)의 요인을 심리적 요인과 물리적 요인으로 구분할 때, 심리적 요인에 해당하는 것은?

① 일이 너무 복잡한 경우

② 일의 생산성이 너무 강조될 경우

③ 동일 형상의 것이 나란히 있을 경우

④ 서두르거나 절박한 상황에 놓여있을 경우

해설

심리적 요인 : 서두르거나 절박한 상황

38 적절한 온도의 작업환경에서 추운 환경으로 온도가 변할 때 우리의 신체가 수행하는 조절작용이 아닌 것은?

① 발한(發汗)이 시작된다.

② 피부의 온도가 내려간다.

③ 직장(直腸) 온도가 약간 올라간다.

④ 혈액의 많은 양이 몸의 중심부를 위주로 순환한다.

해설

발한(發汗)은 더운 환경에서 시작된다.

39 시스템 안전 MIL-STD-882B 분류기준의 위험성 평가 매트릭스에서 발생빈도에 속하지 않는 것은?

① 거의 발생하지 않는(remote)

② 전혀 발생하지 않는(impossible)

③ 보통 발생하는(reasonably probable)

④ 극히 발생하지 않을 것 같은(extremely improbable)

해설

시스템 안전 MIL-STD-882B 분류기준의 위험성 평가 발생빈도 매트릭스

구분	발생빈도	발생 주기
6	자주, 빈번히 발생(Frequent)	주 단위
5	발생 가능성이 있다(Probable)	월 단위
4	가끔 발생(Occassional)	6개월 단위
3	거의 발생되지 않음. 보통 발생(Remote)	연간 단위
2	발생 빈도가 낮음(improbable)	10년 이내
1	극히 발생하지 않음(Extremely improbable)	10년 이상~100년

40 FTA에 의한 재해사례 연구순서 중 2단계에 해당하는 것은?

① FT 도의 작성

② 톱 사상의 선정

③ 개선계획의 작성

④ 사상의 재해원인을 규명

해설

제1단계	제2단계	제3단계	제4단계
톱사상의 선정	사상마다 재해원인 요인의 규명	FT도의 작성	개선계획의 작성

3과목 기계위험방지기술

41 산업안전보건법령상 로봇에 설치되는 제어장치의 조건에 적합하지 않은 것은?

① 누름버튼은 오작동 방지를 위한 가드를 설치하는 등 불시기동을 방지할 수 있는 구조로 제작·설치되어야 한다.

② 로봇에는 외부 보호 장치와 연결하기 위해 하나 이상의 보호정지회로를 구비해야 한다.

③ 전원공급램프, 자동운전, 결함검출 등 작동제어의 상태를 확인할 수 있는 표시장치를 설치해야 한다.

정답 37 ④ 38 ① 39 ② 40 ④ 41 ②

④ 조작버튼 및 선택스위치 등 제어장치에는 해당 기능을 명확하게 구분할 수 있도록 표시해야 한다.

해설

가. 누름버튼은 오작동 방지를 위한 가드가 설치되어 있는 등 불시기동을 방지할 수 있는 구조일 것
나. 전원공급 램프, 자동운전, 결함검출 등 작동제어의 상태를 확인할 수 있는 표시장치가 설치되어 있을 것
다. 조작버튼 및 선택스위치 등 제어장치에는 해당 기능을 명확하게 구분할 수 있도록 표시되어 있을 것
(2번 사항은 해당이 없음)

42 컨베이어의 제작 및 안전기준 상 작업구역 및 통행구역에 덮개, 울 등을 설치해야 하는 부위에 해당하지 않는 것은?

① 컨베이어의 동력전달 부분
② 컨베이어의 제동장치 부분
③ 호퍼, 슈트의 개구부 및 장력 유지장치
④ 컨베이어 벨트, 풀리, 롤러, 체인, 스프로킷, 스크루 등

해설

제동장치에는 덮개 울 등의 방호장치는 필요 없다.

43 산업안전보건법령상 탁상용 연삭기의 덮개에는 작업 받침대와 연삭숫돌과의 간격을 몇 mm 이하로 조정할 수 있어야 하는가?

① 3
② 4
③ 5
④ 10

해설

44 다음 중 회전축, 커플링 등 회전하는 물체에 작업복 등이 말려드는 위험을 초래하는 위험점은?

① 협착점
② 접선물림점
③ 절단점
④ 회전말림점

해설

기계설비에 의해 형성되는 위험점

위험점	정의	해당기계
협착점	왕복운동을 하는 동작 부분과 움직임이 없는 고정부분 사이에 형성되는 위험점	① 프레스, 금형조립 부위 ② 전단기 누름판 및 칼날 부위 ③ 선반 및 평삭기의 베드 끝 부위
끼임점	고정부분과 회전부분이 함께 만드는 위험점	① 회전풀리와 고정베드 사이 ② 연삭숫돌과 작업대 사이 ③ 교반기의 교반날개와 몸체 사이
절단점	회전하는 운동부분 자체의 위험이나 운동하는 기계부분 자체의 위험에서 초래되는 위험점	① 목공용 띠톱 부분 ② 밀링커터 부분 ③ 둥근톱 날
물림점	회전하는 두 개의 회전체가 서로 반대방향으로 맞물려 축에 의해 형성되는 위험점	① 기어와 피니언 ② 롤러의 회전
접선물림점	회전하는 운동부의 접선방향으로 물려 들어가는 위험점	① 벨트와 풀리 ② 기어와 랙
회전말림점	회전하는 물체에 작업복이 말려 들어가는 위험점	① 회전축 ② 드릴축

45 가공기계에 쓰이는 주된 풀프루프(Fool Proof) 가드(Guard)의 형식으로 틀린 것은?

① 인터록 가드(Interlock Guard)
② 안내 가드(Guide Guard)
③ 조정 가드(Adjustable Guard)
④ 고정 가드(Fixed Guard)

가드(Guard)

형식	기능
고정 가드	개구부로부터 가공물과 공구 등을 넣어도 손은 위험영역에 머무르지 않는 형태
조정 가드	가공물과 공구에 맞도록 형상과 크기를 조절하는 형태
경고 가드	손이 위험영역에 들어가기 전에 경고를 하는 형태
인터록 가드	기계가 작동 중에 개폐되는 경우 정지하는 형태

46 밀링작업 시 안전수칙으로 틀린 것은?

① 보안경을 착용한다.
② 칩은 기계를 정지시킨 다음에 브러시로 제거한다.
③ 가공 중에는 손으로 가공면을 점검하지 않는다.
④ 면장갑을 착용하여 작업한다.

작업 시 안전대책
① 상하 이송장치의 핸들은 사용 후 반드시 빼둘 것
② 가공물 측정 및 설치 시에는 반드시 기계정지 후 실시
③ 가공 중 손으로 가공면 점검금지 및 장갑착용 금지
④ 밀링 작업의 칩은 가장 가늘고 예리하므로 보안경 착용 및 기계정지 후 브러시로 제거
⑤ 커터는 될 수 있는 한 컬럼에서 가깝게 설치한다.

47 크레인의 방호장치에 해당되지 않은 것은?

① 권과방지장치
② 과부하방지장치
③ 비상정지장치
④ 자동보수장치

크레인의 방호장치
① 권과방지장치
② 과부하방지장치
③ 비상정지장치

48 무부하 상태에서 지게차로 20km/h의 속도로 주행할 때, 좌우 안정도는 몇 % 이내이어야 하는가?

① 37%
② 39%
③ 41%
④ 43%

주행 시 좌우안정도 $= 15 + 1.1V(\%) = 15 + (1.1 \times 20) = 37(\%)$

49 반가공 시 연속적으로 발생되는 칩으로 인해 작업자가 다치는 것을 방지하기 위하여 칩을 짧게 절단시켜주는 안전장치는?

① 커버
② 브레이크
③ 보안경
④ 칩 브레이커

칩 브레이커
선반가공 시 연속적으로 발생되는 칩으로 인해 작업자가 다치는 것을 방지하기 위하여 칩을 짧게 절단시켜주는 안전장치

50 아세틸렌 용접장치에 관한 설명 중 틀린 것은?

① 아세틸렌발생기로부터 5m 이내, 발생기실로부터 3m 이내에는 흡연 및 화기사용을 금지한다.
② 발생기실에는 관계 근로자가 아닌 사람이 출입하는 것을 금지한다.
③ 아세틸렌 용기는 뉘어서 사용한다.
④ 건식안전기의 형식으로 소결금속식과 우회로식이 있다.

아세틸렌 용기는 세워서 사용한다.

51 산업안전보건법령상 프레스의 작업시작 전 점검사항이 아닌 것은?

① 금형 및 고정볼트 상태
② 방호장치의 기능

③ 전단기의 칼날 및 테이블의 상태

④ 트롤리(trolley)가 횡행하는 레일의 상태

해설

프레스 작업 시작 전 점검사항

① 클러치 및 브레이크의 기능

② 크랭크축 플라이휠, 슬라이드, 연결봉 및 연결나사의 풀림 여부

③ 1행정 1기구, 급정지장치 및 비상정지장치의 기능

④ 슬라이드 또는 칼날에 의한 위험방지 기구의 기능

⑤ 프레스의 금형 및 고정볼트 상태

⑥ 방호장치의 기능

⑦ 전단기의 칼날 및 테이블의 상태

52 프레스 양수조작식 방호장치 누름 버튼의 상호간 내측 거리는 몇 mm 이상인가?

① 50 　　　　　　② 100

③ 200 　　　　　　④ 300

해설

양수조작식 방호장치 누름 버튼의 상호 간 내측거리 : 300mm

53 산업안전보건법령상 승강기의 종류에 해당하지 않는 것은?

① 리프트

② 에스컬레이터

③ 화물용 엘리베이터

④ 승객용 엘리베이터

해설

승강기의 종류

① 인화공용 승강기

② 에스컬레이터

③ 화물용 엘리베이터

④ 승객용 엘리베이터

54 롤러기의 앞면 롤의 지름이 300mm, 분당회전수가 30회일 경우 허용되는 급정지장치의 급정지 거리는 약 몇 mm 이내이어야 하는가?

① 37.7 　　　　　　② 31.4

③ 377 　　　　　　④ 314

해설

롤러의 표면속도에 따른 급정지거리

앞면 롤러의 표면 속도(m/분)	급정지거리
30 미만	앞면 롤러 원주의 $1/3(\pi \times D \times \frac{1}{3})$
30 이상	앞면 롤러 원주의 $1/2.5(\pi \times D \times \frac{1}{2.5})$

표면속도 : $V = \dfrac{\pi DN}{1,000}$ (m/min)

$V = \dfrac{3.14 \times 300 \times 30}{1,000} = 28.26$ (m/min)

급정지거리 : 표면속도가 30m/min 미만이므로

$\pi D \times \dfrac{1}{3}$ 　 $\dfrac{3.14 \times 300}{3} = 314$mm

55 어떤 로프의 최대하중이 700N이고, 정격하중은 100N이다. 이때 안전계수는 얼마인가?

① 5 　　　　　　② 6

③ 7 　　　　　　④ 8

해설

안전계수 $= \dfrac{최대하중}{정격하중}$, $\dfrac{700}{100} = 7$

56 다음 중 설비의 진단방법에 있어 비파괴시험이나 검사에 해당하지 않는 것은?

① 피로시험

② 음향탐상검사

③ 방사선투과시험

④ 초음파탐상검사

정답　52 ④　53 ①　54 ④　55 ③　56 ①

해설

비파괴검사의 종류

1) 침투탐상시험(Liquid penetrant testing, PT)

   [액체 침투 탐상제]

   ① 침투액 1개(450cc)

   ② 세척액 3개(450cc)

   ③ 현상액 2개(450cc)

   검사 순서 : 1차 세척 후 ① 침투액 ② 세척액 ③ 현상액

   ④ 관찰 ⑤ 후처리

2) 자기탐상시험(Magnetic particle testing, MT)

   종류 : 직각 통전법, 극간법, 축 통전법, 전류 관통법

3) 방사선투과시험(Radiographic testing, RT)

4) 초음파탐상시험(Ultrasonic testing, UT)

5) 와류탐상시험(Eddy current testing, ET) 등

57 지름 5cm 이상을 갖는 회전중인 연삭숫돌이 근로자들에게 위험을 미칠 우려가 있는 경우에 필요한 방호장치는?

① 받침대   ② 과부하 방지장치

③ 덮개   ④ 프레임

해설

연삭기 방호장치 : 덮개

58 프레스 금형의 파손에 의한 위험방지 방법이 아닌 것은?

① 금형에 사용하는 스프링은 반드시 인장형으로 할 것

② 작업 중 진동 및 충격에 의해 볼트 및 너트의 헐거워짐이 없도록 할 것

③ 금형의 하중 중심은 원칙적으로 프레스 기계의 하중 중심과 일치하도록 할 것

④ 캠, 기타 충격이 반복해서 가해지는 부분에는 완충장치를 설치할 것

해설

금형에 사용하는 스프링은 반드시 압축형으로 할 것

59 기계설비의 작업능률과 안전을 위해 공장의 설비 배치 3단계를 올바른 순서대로 나열한 것은?

① 지역배치 → 건물배치 → 기계배치

② 건물배치 → 지역배치 → 기계배치

③ 기계배치 → 건물배치 → 지역배치

④ 지역배치 → 기계배치 → 건물배치

해설

공장의 설비 배치 3단계 : 지역배치 → 건물배치 → 기계배치

60 다음 중 연삭숫돌의 파괴원인으로 거리가 먼 것은?

① 플랜지가 현저히 클 때

② 숫돌에 균열이 있을 때

③ 숫돌의 측면을 사용할 때

④ 숫돌의 치수 특히 내경의 크기가 적당하지 않을 때

해설

플랜지가 현저히 크면 안정적이다.

4과목 전기위험방지기술

61 충격전압시험 시의 표준충격 파형을 1.2×50 μs로 나타내는 경우 1.2와 50이 뜻하는 것은?

① 파두장 – 파미장

② 최초섬락시간 – 최종섬락시간

③ 라이징타임 – 스테이블타임

④ 라이징타임 – 충격전압인가시간

해설

충격전압시험 시의 표준충격 파형 $1.2 \times 50\mu$s의 의미

1.2 : 파두장 50μs : 파미장

62 폭발위험장소의 분류 중 인화성 액체의 증기 또는 가연성 가스에 의한 폭발위험이 지속적으로 또는 장기간 존재하는 장소는 몇 종 장소로 분류되는가?

① 0종 장소　　　　② 1종 장소
③ 2종 장소　　　　④ 3종 장소

해설

가스폭발 위험장소 분류

0종 장소	인화성 액체의 증기 또는 가연성 가스에 의한 폭발 위험이 지속적 또는 장기간 존재하는 항상 위험한 장소	용기, 장치, 배관 등의 내부 등 zone 0
1종 장소	정상 작동상태에서 인화성 액체의 증기 또는 가연성가스의 의한 폭발위험 분위기가 존재하기 쉬운 장소	맨홀, 벤트, 피트 등의 주위 zone1
2종 장소	정상 작동상태에서 인화성 액체의 증기 또는 가연성가스의 의한 폭발위험 분위기가 존재할 우려가 없으나 존재할 경우 그 빈도가 아주 작고 단기간만 존재하는 장소	단기간만 존재할 수 있는 장소 개스킷, 패킹등의 주위 zone2

63 활선 작업 시 사용할 수 없는 전기작업용 안전장구는?

① 전기안전모　　　② 절연장갑
③ 검전기　　　　　④ 승주용 가제

해설

전기작업용 안전장구
① 전기안전모　　② 절연장갑　　③ 검전기

64 인체의 전기저항을 $500\,\Omega$ 이라 한다면 심실세동을 일으키는 위험에너지(J)는?(단, 심실세동전류 $I=\dfrac{165}{\sqrt{T}}\text{mA}$, 통전시간은 1초이다.)

① 13.61　　　　　② 23.21
③ 33.42　　　　　④ 44.63

해설

$$Q(\text{J}) = I^2 \times R \times T = (I = \frac{165}{\sqrt{T}}\text{mA}^2) \times 500 \times 1$$

$$= (165 \times 10^{-3})^2 \times 500 = 13.6\text{J}$$

65 피뢰침의 제한전압이 800kV, 충격절연강도가 1,000kV라 할 때, 보호여유도는 몇 %인가?

① 25　　　　　　　② 33
③ 47　　　　　　　④ 63

해설

$$보호여유도 = \frac{충격절연강도 - 제한전압}{제한전압} \times 100$$

$$여유도 = \frac{1000 - 800}{800} \times 100 = 25(\%)$$

66 감전사고를 일으키는 주된 형태가 아닌 것은?

① 충전전로에 인체가 접촉되는 경우
② 이중절연 구조로 된 전기 기계·기구를 사용하는 경우
③ 고전압의 전선로에 인체가 근접하여 섬락이 발생된 경우
④ 충전 전기회로에 인체가 단락회로의 일부를 형성하는 경우

해설

이중절연 구조는 누전이 잘 발생되지 않으며 감전사고를 방지할 수 있다.

67 화재가 발생하였을 때 조사해야 하는 내용으로 가장 관계가 먼 것은?

① 발화원　　　　　② 착화물
③ 출화의 경과　　　④ 응고물

해설

화재 발생 시 조사해야 하는 내용
① 발화원　　　　　　②　　착화물
③ 출화의 경과

정답 62 ① 63 ④ 64 ① 65 ① 66 ② 67 ④

68 정전기에 관한 설명으로 옳은 것은?

① 정전기는 발생에서부터 억제 – 축적방지 – 안전한 방전이 재해를 방지할 수 있다.

② 정전기 발생은 고체의 분쇄공정에서 가장 많이 발생한다.

③ 액체의 이송시는 그 속도(유속)를 7(m/s) 이상 빠르게 하여 정전기의 발생을 억제한다.

④ 접지 값은 $10(\Omega)$ 이하로 하되 플라스틱 같은 절연도가 높은 부도체를 사용한다.

해설

② 정전기 발생은 분진 취급공정에서 가장 많이 발생한다.

③ 액체의 이송 시는 유속을 1(m/s) 이하로 하여 정전기의 발생을 억제한다.

④ 접지 값은 $10^6(\Omega)$ 이하로 하되 도전성이 높은 도체를 사용한다.

69 전기설비의 필요한 부분에 반드시 보호접지를 실시하여야 한다. 접지공사의 종류에 따른 접지저항과 접지선의 굵기가 틀린 것은? [법 개정으로 삭제]

① 제1종 : $10\,\Omega$ 이하, 공칭단면적 $6\,mm^2$ 이상의 연동선

② 제2종 : $\dfrac{150}{1선지락전류}\,\Omega$ 이하, 공칭단면적 $2.5\,mm^2$ 이상의 연동선

③ 제3종 : $100\,\Omega$ 이하, 공칭단면적 $2.5\,mm^2$ 이상의 연동선

④ 특별 제3종 : $10\,\Omega$ 이하, 공칭단면적 $2.5\,mm^2$ 이상의 연동

해설

접지공사

접지공사의 종류	접지대상 예	접지 저항치	접지선의 굵기
제1종 접지공사 (기기접지)	① 피뢰기 ② 고압 또는 특고압 기기의 철대 및 금속재의 외함	$10\,\Omega$ 이하	공칭 단면적 $6\,mm^2$ 이상의 연동성

접지공사의 종류	접지대상 예	접지 저항치	접지선의 굵기
제2종 접지공사 (계통접지)	고압 또는 특고압과 저압의 저압전로를 결합하는 변압기의 저압측의 중성점	변압기의 고압측 또는 특별고압측 전로의 1선 지락 전류(A)수로 150을 나눈 값과 같은 Ω 이하 150 / 1선지락전류 Ω 이하	공칭단면적 $16\,mm^2$ 이상의 연동선(고압전로 또는 특고압 공 전선로의 전로와 저압전로를 변압기에 의하여 결합하는 경우에는 공칭단면적 $6\,mm^2$ 이상의 연동선)
제3종 접지공사 (기기접지)	전로에 시설하는 기계기구의 철대 및 금속재 외함 중에서 400v 미만인 저압용일 것	$100\,\Omega$ 이하	공칭 단면적 $2.5\,mm^2$ 이상의 연동선
특별제3종 접지공사 (기기접지)	전로에 시설하는 기계기구의 철대 및 금속재 외함 중에서 400v 이상의 저압용 일 것	$10\,\Omega$ 이하	공칭 단면적 $2.5\,mm^2$ 이상의 연동선

70 교류아크 용접기에 전격 방지기를 설치하는 요령 중 틀린 것은?

① 이완 방지 조치를 한다.

② 직각으로만 부착해야 한다.

③ 동작 상태를 알기 쉬운 곳에 설치한다.

④ 테스트 스위치는 조작이 용이한 곳에 위치시킨다.

해설

자동전격방지기 설치 방법

① 직각(불가피한 경우는 연직에서 20도 이내)으로 설치할 것

② 용접기의 이동, 전자접촉기의 작동 등으로 인한 진동, 충격에 견딜 수 있도록 할 것

③ 표시등은 보기 쉬운 곳에 설치할 것

④ 테스트 스위치는 조작하기 쉬운 곳에 설치할 것

⑤ 접속부분을 절연테이프, 절연 커버 등으로 절연시킬 것

⑥ 전격방지기의 외함은 접지시킬 것

71 전기기기의 Y종 절연물의 최고 허용온도는?

① 80℃
② 85℃
③ 90℃
④ 105℃

해설

절연물의 종류와 최고 허용온도

Y종	A종	E종	B종	F종	H종	C종
90℃	105℃	120℃	130℃	155℃	180℃	180℃ 초과

정답 68 ① 69 ② 70 ② 71 ③

72 내압방폭구조의 기본적 성능에 관한 사항으로 틀린 것은?

① 내부에서 폭발할 경우 그 압력에 견딜 것
② 폭발화염이 외부로 유출되지 않을 것
③ 습기침투에 대한 보호가 될 것
④ 외함 표면온도가 주위의 가연성 가스에 점화하지 않을 것

해설

방폭구조의 종류

방폭구조	정의
내압 방폭구조	점화원에 의해 용기 내부에서 폭발이 발생할 경우 용기가 폭발 압력에 견딜 수 있고 화염의 용기 외부의 폭발성 분위기로 전파 되지 않도록 한 방폭구조
압력 방폭구조	용기 내부에 보호가스(공기, 질소, 탄산가스 등의 불연성 가스)를 압입하여 내부압력을 외부압력보다 높게 유지함으로 폭발성 가스 또는 증기가 용기내부로 유입되지 않도록 한 구조 (전폐형 구조).
안전증 방폭구조	전기기기의 과도한 온도 상승 아크 또는 스파크 발생 위험을 방지하기 위해 추가적인 안전조치를 통한 안전도를 증가시키는 방폭구조
유입 방폭구조	유채 상부 또는 용기 외부에 존재할 수 있는 폭발성 분위기가 발화할 수 없도록 전기설비 또는 전기설비의 부품을 보호액에 함침시키는 방법구조의 형식 (변압기)
비점화 방폭구조	전기기기가 정상 작동과 규정된 특정한 비정상 상태에서 주위의 폭발성가스 분위기를 점화시키지 못하도록 만든 방폭 구조로서 nA(스파크를 발생하지 않는 장치) nC(장치와 부품) nL(에너지 제한 기기) 등에 해당하는 것
몰드 방폭구조	전기기기의 스파크 또는 열로 인해 폭발성 위험 분위기에 점화 되지 않도록 컴파운드를 충전해서 보호한 방폭 구조를 말한다
충전 방폭구조	폭발성 가스 분위기를 점화시킬 수 있는 부품을 고정하여 설치하고 그 주위를 충전제로 완전히 둘러쌈으로써 외부에의 폭발성가스 분위기를 점화시키지 않도록 하는 방폭 구조
특수 방폭구조	기타의 방법으로 폭발성 가스 또는 증기에 인화를 방지시킨 구조
본질안전 방폭구조	정상 작동 및 고장 상태에서 발생한 불꽃이나 고온 부분이 해당 폭발성가스 분위기에 점화를 발생시킬 수 없는 회로 본안회로

73 온도조절용 바이메탈과 온도 퓨즈가 회로에 조합되어 있는 다리미를 사용한 가정에서 화재가 발생했다. 다리미에 부착되어 있던 바이메탈과 온도퓨즈를 대상으로 화재사고를 분석하려 하는데 논리기호를 사용하여 표현하고자 한다. 어느 기호가 적당한가?(단, 바이메탈의 작동과 온도 퓨즈가 끊어졌을 경우를 0, 그렇지 않을 경우를 1이라 한다.)

해설

온도조절용 바이메탈과 온도 퓨즈가 고온에서 끊어졌을 경우 화재가 발생하지 않으며 다리미에 부착되어 있던 바이메탈과 온도 퓨즈 둘 다 고장일 경우에만 화재가 발생함으로 이는 AND 게이트이다.

74 화염일주한계에 대한 설명으로 옳은 것은?

① 폭발성 가스와 공기의 혼합기에 온도를 높인 경우 화염이 발생할 때까지의 시간 한계치
② 폭발성 분위기에 있는 용기의 접합면 틈새를 통해 화염이 내부에서 외부로 전파되는 것을 저지할 수 있는 틈새의 최대간격치
③ 폭발성 분위기 속에서 전기불꽃에 의하여 폭발을 일으킬 수 있는 화염을 발생시키기에 충분한 교류파형의 1주기치
④ 방폭설비에서 이상이 발생하여 불꽃이 생성된 경우에 그것이 점화원으로 작용하지 않도록 화염의 에너지를 억제하여 폭발하한계로 되도록 화염 크기를 조정하는 한계치

해설

화염일주한계
폭발성 분위기에 있는 용기의 접합면 틈새를 통해 화염이 내부에서 외부로 전파되는 것을 저지할 수 있는 틈새의 최대간격치

75 폭발위험이 있는 장소의 설정 및 관리와 가장 관계가 먼 것은?

① 인화성 액체의 증기 사용

② 가연성 가스의 제조

③ 가연성 분진 제조

④ 종이 등 가연성 물질 취급

폭발위험이 있는 장소의 설정 및 관리
① 인화성 액체의 증기 사용
② 가연성 가스의 제조
③ 가연성 분진 제조

76 인체의 표면적이 $0.5m^2$이고 정전용량은 0.02 pF/cm^2이다. 3,300V의 전압이 인가되어 있는 전선에 접근하여 작업할 때 인체에 축적되는 정전기 에너지(J)는?

① 5.445×10^{-2} ② 5.445×10^{-4}

③ 2.723×10^{-2} ④ 2.723×10^{-4}

공식 $E = \frac{1}{2}CV^2$ $2E = CV^2$

$2E = 0.02 \times 10^{-12} \times (0.5 \times 100^2) \times (3,300)^2$
$= 2 \times 10^{-14} \times 5,000 \times 10,890,000$
$= 1.089 \times 10^{-3}$
$= 1.089 \times 10^{-3}/2$
$= 5.445 \times 10^{-4}$

77 제3종 접지공사를 시설하여야 하는 장소가 아닌 것은?

① 금속몰드 배선에 사용하는 몰드

② 고압계기용 변압기의 2차측 전로

③ 고압용 금속제 케이블트레이 계통의 금속트레이

④ 400V 미만의 저압용 기계기구의 철대 및 금속제 외함

고압용 금속제 케이블 트레이 계통의 금속 트레이는 제2종 접지공사

78 전자파 중에서 광량자 에너지가 가장 큰 것은?

① 극저주파 ② 마이크로파

③ 가시광선 ④ 적외선

빛을 입자로 보았을 때 그 빛의 입자가 가지는 에너지의 크기(광량자 에너지)
자외선 > 가시광선 > 적외선 > 마이크로파

79 다음 중 폭발위험장소에 전기설비를 설치할 때 전기적인 방호조치로 적절하지 않은 것은?

① 다상 전기기기는 결상운전으로 인한 과열방지 조치를 한다.

② 배선은 단락·지락 사고 시의 영향과 과부하로부터 보호한다.

③ 자동차단이 점화의 위험보다 클 때는 경보장치를 사용한다.

④ 단락보호장치는 고장상태에서 자동복구 되도록 한다.

단락보호장치, 지락보호장치는 고장상태에서 자동복구 되지 않아야 한다.

80 감전사고 방지대책으로 틀린 것은?

① 설비의 필요한 부분에 보호접지 실시

② 노출된 충전부에 통전망 설치

③ 안전전압 이하의 전기기기 사용

④ 전기기기 및 설비의 정비

75 ④ **76** ② **77** ③ **78** ③ **79** ④ **80** ②

감전방지대책
① 전기설비의 필요한 부위의 보호접지
② 노출된 충전부에 절연용 방호구 설치 및 충전부 절연, 격리한다.
③ 설비의 전압을 될 수 있는 한 낮춘다.
④ 전기기기에 누전차단기를 설치한다.
⑤ 전기기기설비를 개선한다.
⑥ 전기설비를 적정한 상태로 유지하기 위하여 점검, 보수한다.
⑦ 근로자의 안전교육을 통하여 전기의 위험성을 강조한다.
⑧ 전기 취급근로자에게 절연용 보호구를 착용토록 한다.
⑨ 유자격자 이외는 전기기계, 기구의 조작을 금한다.

5과목　화학설비위험방지기술

81 다음 관(pipe) 부속품 중 관로의 방향을 변경하기 위하여 사용하는 부속품은?

① 니플(nipple)
② 유니온(union)
③ 플랜지(flange)
④ 엘보(elbow)

피팅류

두 개의 관을 연결할 때	플랜지(flange), 유니온(union), 커플링(coupling), 니플(nipple), 소켓(socket)
관로의 방향을 바꿀 때	엘보(elbow), Y지관, T관(tee), 십자관(cross)
관로의 크기를 바꿀 때	축소관(reducer), 부싱(bushing)
가지관을 설치할 때	Y지관, T관(tee), 십자관(cross)
유로를 차단할 때	플러그(plug), 캡(cap)
유량조절	밸브(valve)

82 산업안전보건기준에 관한 규칙상 국소배기장치의 후드 설치기준이 아닌 것은?

① 유해물질이 발생하는 곳마다 설치할 것
② 후드의 개구부 면적은 가능한 한 크게 할 것

③ 외부식 또는 리시버식 후드는 해당 분진 등의 발산원에 가장 가까운 위치에 설치할 것
④ 후드 형식은 가능하면 포위식 또는 부스식 후드를 설치할 것

국소배기장치의 후드 및 닥터 설치 요령

후드	① 유해 물질이 발생하는 곳마다 설치 ② 유해인자의 발생 형태와 비중 작업 방법 등을 고려하여 당해 분진 등의 발산을 제어할 수 있는 구조로 설치할 것 ③ 후드 형식은 가능하면 포위식 또는 부스식 후드를 설치할 것 ④ 외부식 또는 리시버식 후드는 해당 분진 등의 발산원에 가장 가까운 위치에 설치할 것
덕트	① 가능하면 길이는 짧게 하고 굴곡부의 수는 적게 할 것 ② 접속부의 안쪽은 돌출된 부분이 없도록 할 것 ③ 청소구를 설치하는 등 청소하기 쉬운 구조로 할 것 ④ 덕트 내부의 오염물질이 쌓이지 않도록 이송속도를 유지할 것 ⑤ 연결 부위 등은 외부공기가 들어오지 않도록 할 것

83 산업안전보건기준에 관한 규칙에 따르면 쥐에 대한 경구투입실험에 의하여 실험동물의 50퍼센트를 사망시킬 수 있는 물질의 양, 즉 LD_{50}(경구, 쥐)이 킬로그램당 몇 밀리그램－(체중) 이하인 화학물질이 급성 독성 물질에 해당하는가?

① 25
② 100
③ 300
④ 500

급성독성물질
① 쥐에 대한 경구투입 실험에 의하여 실험동물의 50%를 사망시킬 수 있는 물질의 양 즉 $Ld50$(경구 쥐)이 300mg/kg(체중) 이하인 화학물질
② 쥐 또는 토끼에 대한 경피 흡수 실험에 의하여 실험동물의 50%를 사망시킬 수 있는 물질의 양 $Ld50$(경피 토끼 또는 쥐)이 1,000mg/kg(체중) 이하인 화학물질
③ 쥐에 대한 4시간 동안에 흡입 실험에 의하여 실험동물의 50%를 사망시킬 수 있는 물질의 농도 즉
　가스 $Lc50$ (쥐 4시간 흡입)이 2,500ppm 이하인 화학물질
　증기 $Lc50$ (쥐 4시간 흡입)이 10mg/ℓ 이하인 화학물질
　분진 또는 미스트 1mg/ℓ 이하인 화학물질

84 반응성 화학물질의 위험성은 실험에 의한 평가 대신 문헌조사 등을 통해 계산에 의해 평가하는 방법을 사용할 수 있다. 이에 관한 설명으로 옳지 않은 것은?

① 위험성이 너무 커서 물성을 측정할 수 없는 경우 계산에 의한 평가방법을 사용할 수도 있다.
② 연소열, 분해열, 폭발열 등의 크기에 의해 그 물질의 폭발 또는 발화의 위험예측이 가능하다.
③ 계산에 의한 평가를 하기 위해서는 폭발 또는 분해에 따른 생성물의 예측이 이루어져야 한다.
④ 계산에 의한 위험성 예측은 모든 물질에 대해 정확성이 있으므로 더 이상의 실험을 필요로 하지 않는다.

해설

계산에 의한 위험성 예측은 모든 물질에 대해 정확성이 있는 것이 아니므로 실험은 계속 되어야 한다.

85 압축기와 송풍의 관로에 심한 공기의 맥동과 진동을 발생하면서 불안정한 운전이 되는 서징(surging) 현상의 방지법으로 옳지 않은 것은?

① 풍량을 감소시킨다.
② 배관의 경사를 완만하게 한다.
③ 교축밸브를 기계에서 멀리 설치한다.
④ 토출가스를 흡입측에 바이패스시키거나 방출밸브에 의해 대기로 방출시킨다.

해설

서징 (맥동현상)
(1) 원인 : 송출 압력과 송출 유량 사이에 주기적인 변동으로 입구와 출구에 진공계 압력계에 침이 흔들리고 동시에 송출 유량이 변화하는 현상
(2) 방지법
  ① 풍량 감소
  ② 배관의 경사를 완만하게 한다.
  ③ 교축밸브를 기계에서 근접하게 설치한다.
  ④ 토출가스를 흡입측에 by-pass 시키거나 방출밸브에 의해 대기로 방출시킨다.

86 다음 중 독성이 가장 강한 가스는?

① NH_3 ② $COCl_2$
③ $C_6H_5CH_3$ ④ H_2S

해설

독성이 강한 가스 : 포스겐($COCl_2$)

87 다음 중 분해폭발의 위험성이 있는 아세틸렌의 용제로 가장 적절한 것은?

① 에테르 ② 에틸알코올
③ 아세톤 ④ 아세트알데히드

해설

아세틸렌 용제 : 아세톤

88 분진폭발의 발생 순서로 옳은 것은?

① 비산 → 분산 → 퇴적분진 → 발화원 → 2차폭발 → 전면폭발
② 비산 → 퇴적분진 → 분산 → 발화원 → 2차폭발 → 전면폭발
③ 퇴적분진 → 발화원 → 분산 → 비산 → 전면폭발 → 2차폭발
④ 퇴적분진 → 비산 → 분산 → 발화원 → 전면폭발 → 2차폭발

해설

분진폭발의 순서
퇴적분진 → 비산 → 분산 → 발화원 → 전면폭발 → 2차폭발

89 폭발방호대책 중 이상 또는 과잉압력에 대한 안전장치로 볼 수 없는 것은?

① 안전 밸브(safety valve)

② 릴리프 밸브(relief valve)

③ 파열판(bursting disk)

④ 플레임 어레스터(flame arrester)

해설

화염 방지기(flame arrester)

인화성 액체 및 인화성 가스를 저장 취급하는 화학설비에서 증기나 가스를 대기로 방출하는 경우에는 외부로부터 화염을 방지하기 위하여 화염방지기를 탱크 상단에 설치한다.

90 다음 인화성 가스 중 가장 가벼운 물질은?

① 아세틸렌   ② 수소

③ 부탄   ④ 에틸렌

해설

지구상에서 가장 가벼운 물질은 수소이다.

91 가연성 가스 및 증기의 위험도에 따른 방폭전기기기의 분류로 폭발등급을 사용하는데, 이러한 폭발등급을 결정하는 것은?

① 발화도   ② 화염일주한계

③ 폭발한계   ④ 최소발화에너지

해설

안전간격 = 최대안전틈새 = 화염일주한계

대상으로 하는 가스 또는 증기와 공기와의 혼합가스에 대하여 화염주기가 일어나지 않는 틈새의 최대치로 폭발등급을 결정한다.

92 다음 중 메타인산(HPO_3)에 의한 소화효과를 가진 분말소화약제의 종류는?

① 제1종 분말소화약제

② 제2종 분말소화약제

③ 제3종 분말소화약제

④ 제4종 분말소화약제

해설

분말 소화기

① 제1종 분말소화제(백색 : B, C) : 중탄산나트륨(탄산수소나트륨)

$2NaHCO_3 \rightarrow Na_2CO_3 + CO_2$(질식) $+ H_2O$(냉각)

② 제2종 분말 소화제 (보라색 : B, C) : 중탄산칼륨(탄산수소칼륨)

$2KHCO_3 \rightarrow K_2CO_3 + CO_2 + H_2O$(냉각)

③ 제3종 분말 소화제 (담홍색 : A, B, C) : 제1인산 암모늄

$NH_4H_2PO_4 \rightarrow HPO_3 + NH_3 + H_2O$(냉각)

④ 제4종 분말 소화제(회백색 : B, C) : (요소 + 중탄산 칼륨)

$[(NH_2)_2CO + 2KHCO_3] \rightarrow K_2CO_3 + 2NH_3 + 2CO_2$

93 다음 중 파열판에 관한 설명으로 틀린 것은?

① 압력 방출속도가 빠르다.

② 한번 파열되면 재사용할 수 없다.

③ 한번 부착한 후에는 교환할 필요가 없다.

④ 높은 점성의 슬러리나 부식성 유체에 적용할 수 있다.

해설

용기 내의 압력상승이 급격히 변화하거나 방출속도가 빠를 경우 가스를 배출하여 폭발을 방지한다. 이 경우 한번 작동이 되면 즉시 교체하여야 하며 또한 주기적인 점검도 필요하다.

94 공기 중에서 폭발범위가 12.5~74vol%인 일산화탄소의 위험도는 얼마인가?

① 4.92   ② 5.26

③ 6.26   ④ 7.05

해설

위험도(H) $= \dfrac{(폭발상한계 - 폭발하한계)}{폭발하한계}$

$\dfrac{74 - 12.5}{12.5} = 4.92$

95 산업안전보건법령에 따라 유해하거나 위험한 설비의 설치 · 이전 또는 주요 구조부분의 변경공사 시 공정안전보고서의 제출시기는 착공일 며칠 전까지 관련기관에 제출하여야 하는가?

① 15일   ② 30일
③ 60일   ④ 90일

해설

공정안전보고서의 제출시기 : 30일 전

96 소화약제 IG−100의 구성성분은?

① 질소   ② 산소
③ 이산화탄소   ④ 수소

해설

할로겐 화합물 청정 소화약제 종류

Freon N	상품명	화학식(성분)
1G−01	Argotec	Ar(Argon)
1G−100	NN100	N_2(Nitrogen)
1G−541	Inergen	N_2(Nitrogen) : 52% Ar(Argon) : 40% CO_2(Carbon dioxide) : 8%
1G−55	Argonite	N_2(Nitrogen) : 50% Ar(Argon) : 50%

97 프로판(C_3H_8)의 연소에 필요한 최소 산소농도의 값은 약 얼마인가?(단, 프로판의 폭발하한은 Jone식에 의해 추산한다.)

① 8.1%v/v   ② 11.1%v/v
③ 15.1%v/v   ④ 20.1%v/v

해설

계산 순서
① 화학양론농도를 구한다.
② 화학양론농도값에 폭발 하한계 0.55를 곱한다.
③ 폭발 하한값에 프로판의 산소몰수를 곱한다.
④ 프로판의 화학식 $C_3H_8 + 5O_2 \rightarrow 3CO_2 + 4H_2O$

$$\frac{100}{1+4.773(n+\frac{m}{4})} = \frac{100}{1+4.773(n+\frac{8}{4})} = 4.02$$

프로판의 연소 시 산소 몰수는 5몰이므로,
$4.02 \times 0.55 = 2.21 \times 5mol = 11.1\%v/v$

98 다음 중 물과 반응하여 아세틸렌을 발생시키는 물질은?

① Zn   ② Mg
③ Al   ④ CaC_2

해설

탄화칼슘 CaC_2은 물과 반응하여 아세틸렌을 발생시킨다.
$CaC_2 + 2H_2O = Ca(OH)_2 + C_2H_2$

99 메탄 1vol%, 헥산 2vol%, 에틸렌 2vol%, 공기 95vol%로 된 혼합가스의 폭발하한계값(vol%)은 약 얼마인가?(단, 메탄, 헥산, 에틸렌의 폭발하한계 값은 각각 5.0, 1.1, 2.7vol%이다.)

① 1.8   ② 3.5
③ 12.8   ④ 21.7

해설

$$L = \frac{100}{\frac{V_1}{L_1}+\frac{V_2}{L_2}+\frac{V_3}{L_3}} \qquad L = \frac{5}{\frac{1}{5}+\frac{2}{11}+\frac{2}{2.7}} = 1.8(Vol\%)$$

100 가열 · 마찰 · 충격 또는 다른 화학물질과의 접촉 등으로 인하여 산소나 산화제의 공급이 없더라도 폭발 등 격렬한 반응을 일으킬 수 있는 물질은?

① 에틸알코올
② 인화성 고체
③ 니트로화합물
④ 테레핀유

해설

제5류 위험물

101 사업주가 유해위험방지 계획서 제출 후 건설
공사 중 6개월 이내마다 안전보건공단의 확인을 받
아야 할 내용이 아닌 것은?

① 유해위험방지 계획서의 내용과 실제공사 내용이
   부합하는지 여부
② 유해위험방지 계획서 변경 내용의 적정성
③ 자율안전관리 업체 유해·위험방지 계획서 제
   출·심사 면제
④ 추가적인 유해·위험요인의 존재 여부

해설

**유해위험방지 계획서 제출 후 건설공사 중 6개월 이내마다 안전
보건공단의 확인을 받아야 할 내용**
① 유해위험방지 계획서의 내용과 실제공사 내용이 부합하
   는지 여부
② 유해위험방지 계획서 변경 내용의 적정성
③ 추가적인 유해·위험요인의 존재 여부

102 철골공사 시 안전작업방법 및 준수사항으로
옳지 않은 것은?

① 강풍, 폭우 등과 같은 악천우 시에는 작업을 중지
   하여야 하며 특히 강풍 시에는 높은 곳에 있는 부
   재나 공구류가 낙하비래하지 않도록 조치하여야
   한다.
② 철골부재 반입 시 시공순서가 빠른 부재는 상단
   부에 위치하도록 한다.
③ 구명줄 설치 시 마닐라 로프 직경 10mm를 기준
   하여 설치하고 작업방법을 충분히 검토하여야
   한다.
④ 철골보의 두 곳을 매어 인양시킬 때 와이어로프
   의 내각은 60° 이하이어야 한다.

해설

철골공사 시 안전작업 방법 및 준수사항
① 강풍, 폭우 등과 같은 악천우 시에는 작업을 중지하여야

하며 특히 강풍 시에는 높은 곳에 있는 부재나 공구류가 낙
하비래하지 않도록 조치하여야 한다.
② 철골부재 반입 시 시공순서가 빠른 부재는 상단부에 위
   치하도록 한다.
③ 구명줄 설치 시 마닐라 로프 직경 16mm를 기준하여 설
   치하고 작업방법을 충분히 검토하여야 한다.
④ 철골보의 두 곳을 매어 인양시킬 때 와이어로프의 내각
   은 60° 이하이어야 한다.

103 지면보다 낮은 땅을 파는 데 적합하고 수중굴
착도 가능한 굴착기계는?

① 백호   ② 파워셔블
③ 가이데릭   ④ 파일드라이버

해설

셔블계 굴삭기
① 파워셔블(Power shovel) : 굴착공사와 싣기에 많이 사용
   버킷이 외측으로 움직여 기계위치보다 높은 지반굴착에
   적합
   작업대가 견고하여 굳은 토질의 굴착에도 용이
② 드래그 셔블 (백호 Back hoe) : 버킷이 내측으로 움켜서
   기계위치보다 낮은 지반, 기초 굴착, 파워셔블의 몸체에 앞
   을 긁을 수 있는 arm, bucket을 달고 굴착 기초굴착, 수중
   굴착, 좁은 도랑 및 비탈면 절취 등의 작업 등에 사용됨
③ 클램 쉘(Clam shell) : 지반 아래 협소하고 깊은 수직굴착
   에 주로 사용
   수중굴착 및 구조물의 기초바닥, 우물통 기초의 내부 굴
   착 등
④ 드래그 라인(Drag line) : 연약한 토질을 광범위하게 굴착
   할 때 사용되며 굳은 지반의 굴착에는 부적합
   골재채취 등에 사용되며 기계의 위치보다 낮은 곳 또는 높
   은 곳도 가능

104 산업안전보건법령에 따른 지반의 종류별 굴착
면의 기울기 기준으로 옳지 않은 것은?

① 보통흙 습지－1 : 1～1 : 1.5
② 보통흙 건지－1 : 0.3～1 : 1
③ 풍화암－1 : 0.8

④ 연암 – 1 : 0.5

굴착면의 기울기 [법령 개정으로 아래 도표만 참고]

구분	보통흙		암반		
지반의 종류	건지	습지	풍화암	연암	경암
기울기	1 : 0.5 ~1 : 1	1 : 1 ~1 : 1.5	1 : 1.0	1 : 1.0	1 : 0.5

105 콘크리트 타설 시 거푸집 측압에 관한 설명으로 옳지 않은 것은?

① 기온이 높을수록 측압은 크다.
② 타설속도가 클수록 측압은 크다.
③ 슬럼프가 클수록 측압은 크다.
④ 다짐이 과할수록 측압은 크다.

측압이 커지는 조건
① 거푸집 수평 단면이 클수록
② 콘크리트 슬럼프 치가 클수록
③ 거푸집 표면이 평탄할수록
④ 철골 철근 양이 적을수록
⑤ 콘크리트 시공 연도가 좋을수록
⑥ 다짐이 충분할수록
⑦ 외기의 온도가 낮을수록
⑧ 타설 속도가 빠를수록
⑨ 타설 시 상부에서 직접 낙하할 경우
⑩ 부배합일수록
⑪ 콘크리트 비중이(단위중량) 클수록
⑫ 거푸집의 강성이 클수록
⑬ 벽 두께가 얇을수록
⑭ 습도가 낮을수록

106 강관비계의 수직 방향 벽이음 조립간격(m)으로 옳은 것은?(단, 틀비계이며 높이가 5m 이상일 경우)

① 2m   ② 4m
③ 6m   ④ 9m

비계 벽이음 간격

구분	통나무비계	강관비계	틀비계
수직 방향	5.5	5	6
수평 방향	7.5	5	8

107 굴착과 싣기를 동시에 할 수 있는 토공기계가 아닌 것은?

① Power shovel   ② Tractor shovel
③ Back hoe   ④ Motor grader

굴착과 싣기를 동시에 할 수 있는 장비는 드래그쇼밸(백호)이다.

108 구축물에 안전진단 등 안전성 평가를 실시하여 근로자에게 미칠 위험성을 미리 제거하여야 하는 경우가 아닌 것은?

① 구축물 또는 이와 유사한 시설물의 인근에서 굴착·항타작업 등으로 침하·균열 등이 발생하여 붕괴의 위험이 예상될 경우
② 구조물, 건축물, 그 밖의 시설물이 그 자체의 무게·적설·풍압 또는 그 밖에 부가되는 하중 등으로 붕괴 등의 위험이 있을 경우
③ 화재 등으로 구축물 또는 이와 유사한 시설물의 내력(耐力)이 심하게 저하되었을 경우
④ 구축물의 구조체가 안전측으로 과도하게 설계가 되었을 경우

구축물의 구조체가 안전측으로 과도하게 설계가 되었을 경우는 더욱 안전하다.

109 다음 중 방망사의 폐기 시 인장강도에 해당하는 것은?(단, 그물코의 크기는 10cm이며 매듭 없는

방망의 경우임)

① 50kg   ② 100kg

③ 150kg   ④ 200kg

방망사의 인장강도

그물코의 크기 단위 : cm	방망의 종류(kg)			
	매듭 없는 방망		매듭 방망	
	신품	폐기시	신품	폐기시
10cm	240	150	200	135
5cm			110	60

110 작업장에 계단 및 계단참을 설치하는 경우 매 제곱미터 당 최소 몇 킬로그램 이상의 하중에 견딜 수 있는 강도를 가진 구조로 설치하여야 하는가?

① 300kg   ② 400kg

③ 500kg   ④ 600kg

계단의 계단참 강도는 500kg이다.

111 굴착공사에서 비탈면 또는 비탈면 하단을 성토하여 붕괴를 방지하는 공법은?

① 배수공

② 배토공

③ 공작물에 의한 방지공

④ 압성토공

비탈면 하단을 성토하여 붕괴를 방지하는 공법은 압성토공이다.

112 공정률이 65%인 건설현장의 경우 공사 진척에 따른 산업안전보건관리비의 최소 사용기준으로 옳은 것은?(단, 공정률은 기성공정률을 기준으로 함)

① 40% 이상   ② 50% 이상

③ 60% 이상   ④ 70% 이상

공사진척에 따른 안전관리비 사용기준

공정률	50퍼센트 이상 70퍼센트 미만	70퍼센트 이상 90퍼센트 미만	90퍼센트 이상
사용기준	50퍼센트 이상	70퍼센트 이상	90퍼센트 이상

113 해체공사 시 작업용 기계기구의 취급 안전기준에 관한 설명으로 옳지 않은 것은?

① 철제 해머와 와이어로프의 결속은 경험이 많은 사람으로서 선임된 자에 한하여 실시하도록 하여야 한다.

② 팽창제 천공 간격은 콘크리트 강도에 의하여 결정되나 70~120cm 정도를 유지하도록 한다.

③ 쐐기타입으로 해체 시 천공구멍은 타입기 삽입 부분의 직경과 거의 같아야 한다.

④ 화염방사기로 해체작업 시 용기 내 압력은 온도에 의해 상승하기 때문에 항상 40℃ 이하로 보존해야 한다.

팽창제 : 광물의 수화반응에 의한 팽창압을 이용하여 파쇄하는 공법

① 천공 직경은 30~50mm 정도 유지

② 천공 간격은 30~70cm

③ 개봉된 팽창제(화학류는 아님)는 사용 금지

114 가설통로의 설치에 관한 기준으로 옳지 않은 것은?

① 경사는 30° 이하로 한다.

② 건설공사에 사용하는 높이 8m 이상인 비계다리에는 7m 이내마다 계단참을 설치한다.

③ 작업상 부득이한 경우에는 필요한 부분에 한하

여 안전난간을 임시로 해체할 수 있다.

④ 수직갱에 가설된 통로의 길이가 10m 이상인 경우에는 5m 이내마다 계단참을 설치한다.

해설

가설통로 설치기준

① 견고한 구조로 할 것

② 경사는 30° 이하로 할 것. 다만, 계단을 설치하거나 높이 2m 미만의 가설통로로서 튼튼한 손잡이를 설치한 경우에는 그러하지 아니하다.

③ 경사가 15°를 초과하는 경우에는 미끄러지지 아니하는 구조로 할 것

④ 추락할 위험이 있는 장소에는 안전난간을 설치할 것

⑤ 수직갱에 가설된 통로의 길이가 15m 이상인 경우에는 10m 이내마다 계단참을 설치할 것

⑥ 건설공사에 사용하는 높이 8m 이상인 비계다리에는 7m 이내마다 계단참을 설치할 것

115 작업으로 인하여 물체가 떨어지거나 날아올 위험이 있는 경우 필요한 조치와 가장 거리가 먼 것은?

① 투하설비 설치

② 낙하물 방지망 설치

③ 수직보호망 설치

④ 출입금지구역 설정

해설

물체의 낙하에 위험방비

대상 : 높이 3m 이상인 장소에서 물체 투하설비 설치

116 다음은 안전대와 관련된 설명이다. 아래 내용에 해당되는 용어로 옳은 것은?

로프 또는 레일 등과 같은 유연하거나 단단한 고정줄로서 추락발생 시 추락을 저지시키는 추락방지대를 지탱해 주는 줄 모양의 부품

① 안전블록　　　　② 수직구명줄

③ 죔줄　　　　　　④ 보조죔줄

해설

추락방지대를 잡아주는 줄은 수직구명줄이다.

117 크레인의 운전실 또는 운전대를 통하는 통로의 끝과 건설물 등의 벽체의 간격은 최대 얼마 이하로 하여야 하는가?

① 0.2m　　　　　　② 0.3m

③ 0.4m　　　　　　④ 0.5m

해설

크레인의 이격거리

다음 사항의 간격은 0.3m 이하로 하여야 한다.

1. 크레인의 운전실 또는 운전대를 통하는 통로의 끝과 건설물 등의 벽체의 간격

2. 크레인 거더(girder)의 통로 끝과 크레인 거더의 간격

3. 크레인 거더의 통로로 통하는 통로의 끝과 건설물 등의 벽체의 간격

118 달비계의 최대 적재하중을 정하는 경우 그 안전계수 기준으로 옳지 않은 것은?

① 달기 와이어로프 및 달기강선의 안전계수 : 10 이상

② 달기 체인 및 달기 훅의 안전계수 : 5 이상

③ 달기 강대와 달비계의 하부 및 상부지점의 안전계수 : 강재의 경우 3 이상

④ 달기 강대와 달비계의 하부 및 상부지점의 안전계수 : 목재의 경우 5 이상

해설

달비계 와이어로프 안전계수

달기 와이어로프 및 달기 강선		10 이상
달기 체인, 달기 훅		5 이상
달기 강대와 달비계의 하부 및 상부 지점	강대	2.5 이상
	목재	5 이상

119 달비계에 사용이 불가한 와이어로프의 기준으로 옳지 않은 것은?

① 이음매가 있는 것
② 와이어로프의 한 꼬임에서 끊어진 소선의 수가 7% 이상인 것
③ 지름의 감소가 공칭지름의 7%를 초과하는 것
④ 심하게 변형되거나 부식된 것

해설

와이어로프를 달비계에 사용금지사항

가. 이음매가 있는 것
나. 와이어로프의 한 꼬임[(스트랜드(strand)를 말한다.]에서 끊어진 소선의 수가 10% 이상인 것
다. 지름의 감소가 공칭지름의 7%를 초과하는 것
라. 꼬인 것
마. 심하게 변형되거나 부식된 것
바. 열과 전기충격에 의해 손상된 것

120 흙막이 지보공을 설치하였을 때 정기적으로 점검하여 이상 발견 시 즉시 보수하여야 할 사항이 아닌 것은?

① 굴착 깊이의 정도
② 버팀대의 긴압의 정도
③ 부재의 접속부·부착부 및 교차부의 상태
④ 부재의 손상·변형·부식·변위 및 탈락의 유무와 상태

해설

흙막이 지보공 설치 시 점검 항목

① 부재의 손상·변형·부식·변위 탈락의 유무 및 상태
② 부재의 긴압 정도
③ 부재의 접속부 및 교차부의 상태
④ 침하의 유무 및 상태

정답 119 ② 120 ①

산업안전기사(2020년 08월 22일)

1과목 안전관리론

01 레빈(Lewin)의 인간 행동 특성을 다음과 같이 표현하였다. 변수 'E'가 의미하는 것은?

$$B = f(P \cdot E)$$

① 연령　　　　② 성격
③ 환경　　　　④ 지능

해설

레빈(K. Lewin)의 행동법칙(인간의 행동법칙)
B = F(P × E)
B : Behavior(인간의 행동)
F : Function(함수관계), P × E에 영향을 줄 수 있는 조건
P : Person(연령, 경험, 심신상태, 성격, 지능 등)
E : Environment(심리적 환경 – 인간관계, 작업환경, 설비적 결함 등)

02 다음 중 안전교육의 형태 중 OJT(On The Job of training) 교육에 대한 설명과 거리가 먼 것은?

① 다수의 근로자에게 조직적 훈련이 가능하다.
② 직장의 실정에 맞게 실제적인 훈련이 가능하다.
③ 훈련에 필요한 업무의 지속성이 유지된다.
④ 직장의 직속상사에 의한 교육이 가능하다.

해설

O.J.T.와 OFF.J.T의 특징
1) OJT 특징
　① 개개인에게 적절한 훈련이 가능
　② 직장의 실정에 맞는 훈련이 가능하다.
　③ 교육의 효과가 즉시 업무에 연결된다.
　④ 상호 신뢰 이해도가 높다.
　⑤ 훈련에 대한 업무의 계속성이 끊어지지 않는다.

2) OFF J T 특징
　① 다수의 근로자에게 훈련을 할 수 있다.
　② 훈련에만 전념할 수 있다.
　③ 특별 설비기구 이용이 가능하다.
　④ 많은 지식이나 경험을 공유할 수 있다.
　⑤ 교육훈련 목표에 대하여 집단적 노력이 흐트러질 수 있다.

03 다음 중 안전교육의 기본 방향과 가장 거리가 먼 것은?

① 생산성 향상을 위한 교육
② 사고사례중심의 안전교육
③ 안전작업을 위한 교육
④ 안전의식 향상을 위한 교육

해설

안전교육의 기본 방향
① 안전의식 향상
② 사고사례중심
③ 안전작업

04 다음 설명의 학습지도 형태는 어떤 토의법 유형인가?

6–6 회의라고도 하며, 6명씩 소집단으로 구분하고, 집단별로 각각의 사회자를 선발하여 6분간씩 자유토의를 행하여 의견을 종합하는 방법

① 포럼(Forum)
② 버즈세션(Buzz session)
③ 케이스 메소드(case method)
④ 패널 디스커션(Pr무디 Discussion)

정답　01 ③　02 ①　03 ①　04 ②

버즈세션 : 6-6회의

패널 디스커션 (panel discussion)	한두 명의 발제자가 주제에 대한 발표를 하고 4~5명의 패널이 참석자 앞에서 자유롭게 논의하고, 사회자에 의해 참가자의 의견을 들으면서 상호 토의하는 것 패널 길이 먼저 토론 논의한 후 청중에게 상호토론 하는 방식
심포지움 (symposium)	발제자 없이 몇 사람의 전문가가 과제에 대한 견해를 발표한 뒤 참석자들로부터 질문이나 의견을 제시하도록 하는 방법
포럼(forum) 공개토론회	사회자의 진행으로 몇 사람이 주제에 대해 발표한 후 참석자가 질문을 하고 토론회 나가는 방법으로 새로운 자료나 주제를 내보이거나 발표한 후 참석자로부터 문제나 의견을 제시하고 다시 깊이 있게 토론의 나가는 방법
버즈 세션 (Buzz session)	사회자와 기록계를 지정하여 6명씩 소집단을 구성하여 소집단별 사회자를 선정한 후 6분간 토론 결과를 의견 정리하는 방식

05 안전점검의 종류 중 태풍, 폭우 등에 의한 침수, 지진 등의 천재지변이 발생한 경우나 이상사태 발생시 관리자나 감독자가 기계, 기구, 설비 등의 기능상 이상 유무에 대하여 점검하는 것은?

① 일상점검   ② 정기점검
③ 특별점검   ④ 수시점검

06 다음 중 산업재해의 원인으로 간접적 원인에 해당되지 않는 것은?

① 기술적 원인   ② 물적 원인
③ 관리적 원인   ④ 교육적 원인

해설

산업재해의 원인으로 간접적 원인에 해당되지 않는 것
① 기술적 원인
② 교육적 원인
③ 관리적 원인

07 산업안전보건법령상 안전보건관리책임자 등에 대한 교육시간 기준으로 틀린 것은?

① 보건관리자, 보건관리전문기관의 종사자 보수교육 : 24시간 이상
② 안전관리자, 안전관리전문기관의 종사자 신규교육 : 34시간 이상
③ 안전보건관리책임자 보수교육 : 6시간 이상
④ 건설재해예방전문지도기관의 종사자 신규교육 : 24시간 이상

해설

안전보건 관리 책임자 등에 관한 교육

교육대상	교육시간	
	신규	보수
안전보건관리 책임자	6시간 이상	6시간 이상
안전보건관리 담당자		8시간 이상
안전관리자, 안전관리 전문기관의 종사자	34시간 이상	24시간 이상
보건관리자, 보건관리 전문기관의 종사자	34시간 이상	24시간 이상
재해예방전문지도기관의 종사자	34시간 이상	24시간 이상
석면조사기관의 종사자	34시간 이상	24시간 이상
안전검사기관, 자율안전검사기관 종사자	34시간 이상	24시간 이상
검사원 양성교육 과정(성능검사교육)	28시간 이상	

08 매슬로(Maslow)의 욕구단계 이론 중 제2단계 욕구에 해당하는 것은?

① 자아실현의 욕구   ② 안전에 대한 욕구
③ 사회적 욕구   ④ 생리적 욕구

해설

매슬로 인간 욕구 5단계

5단계	자아실현의 욕구
4단계	존중의 욕구
3단계	소속의 욕구
2단계	안전의 욕구
1단계	생리적 욕구

09 다음 중 재해예방의 4원칙과 관련이 가장 적은 것은?

① 모든 재해의 발생 원인은 우연적인 상황에서 발생한다.

② 재해손실은 사고가 발생할 때 사고 대상의 조건에 따라 달라진다.

③ 재해예방을 위한 가능한 안전대책은 반드시 존재한다.

④ 재해는 원칙적으로 원인만 제거되면 예방이 가능하다.

해설

재해예방 4원칙

예방 가능의 원칙	재해는 원칙적으로 예방이 가능하다는 원칙
원인 계기의 원칙	재해의 발생은 직접원인 만으로만 일어나는 것이 아니라 간접 원인이 연계되어 일어난다는 원칙
손실 우연의 원칙	사고에 의해서 생기는 상해의 종류 및 정도는 우연적이라는 원칙
대책 선정의 원칙	원인의 정확한 분석에 의해 가장 타당한 재해예방 대책이 선정되어야 한다는 원칙

10 파블로프(Pavlov)의 조건반사설에 의한 학습이론의 원리가 아닌 것은?

① 일관성의 원리 ② 계속성의 원리
③ 준비성의 원리 ④ 강도의 원리

해설

자극과 반응 이론(Stimulus Respons) = S.R 이론

종류	학습의 원리 및 법칙	내용
파블로프 (Pavlov) 조건반사설	① 일관성의 원리 ② 강도의 원리 ③ 시간의 원리 ④ 계속성의 원리	행동의 성립을 조건화에 의해 설명, 즉 일정한 훈련을 통하여 반응이나 새로운 행동의 반응을 가져올 수 있다.
손다이크 (Thondike) 시행착오설	① 효과의 법칙 ② 연습의 법칙 ③ 준비성의 법칙	학습이란 시행착오의 과정을 통하여 선택되고 결집되는 것 (성공한 행동은 각인되고 실패한 행동은 배제된다.)
스키너 (Skinner) 조직적 조건 형성이론	① 강화의 원리 ② 소거의 원리 ③ 조형의 원리 ④ 자발적 회복의 원리 ⑤ 변별의 원리	어떤 반응에 대해 체계적이고 선택적으로 강화를 주어 그 반응이 반복해서 일어날 확률을 증가시키는 것

11 인간의 동작특성 중 판단과정의 착오요인이 아닌 것은?

① 합리화 ② 정서불안정
③ 작업조건불량 ④ 정보부족

해설

인간의 착오요인

인지과정의 착오	① 생리적, 심리적 능력의 한계 : 착시현상 ② 정보량 저장의 한계 : 처리 가능한 정보량 ③ 감각 차단 현상(감성차단) : 정보량 부족으로 유사한 자극 반복(계기비행 단독비행) ④ 심리적 요인 : 정서불안정, 불안, 공포
판단과정의 착오	① 합리화 ② 능력부족 ③ 정보부족 ④ 환경 조건 불비
조작과정의 착오	작업자의 기술능력이 미숙하거나 경험 부족에서 발생
심리적 기타 요인	불안 공포 과로 수면부족

12 산업안전보건법령상 안전/보건표지의 색채와 사용사례의 연결로 틀린 것은?

① 노란색 – 정지신호, 소화설비 및 그 장소, 유해행위의 금지

② 파란색 – 특정 행위의 지시 및 사실의 고지

③ 빨간색 – 화학물질 취급장소에서의 유해/위험 경고

④ 녹색 – 비상구 및 피난소, 사람 또는 차량의 통행 표지

해설

안전 · 보건표지의 색채, 색도기준 및 용도

색채	색도기준	용도	사용례	형태별 색채가준
빨간색	7.5R 4/14	금지	정지신호, 소화설비 및 그 장소, 유해행위의 금지	바탕 : 흰색 모형 : 빨간색 부호 및 그림 : 검은색
		경고	화학물질 취급장소에서의 유해 위험경고	
노란색	5Y 8.5/ 12	경고	화학물질 취급장소에서의 유해 위험경고	바탕 : 노란색 모형 · 그림 : 검은색
			그 밖의 위험경고, 주의표지 또는 기계방호물	

색채	색도기준	용도	사용례	형태별 색채기준
파란색	2.5PB 4/10	지시	특정 행위의 지시, 사실의 고지 보호구	바탕 : 파란색 그림 : 흰색
녹색	2.5G 4/10	안내	비상구 피난소, 사람 또는 차량의 통행표지	바탕 : 녹색 관련부호 및 그림 : 흰색 바탕 : 흰색 그림 관련부호 : 녹색
흰색	N9.5			파란색, 녹색에 대한 보조색
검은색	N0.5			문자, 빨간색, 노란색의 보조색

13 산업안전보건법령상 안전/보건표지의 종류 중 다음 표지의 명칭은?(단, 마름모 테두리는 빨간색이며, 안의 내용은 검은색이다.)

① 폭발성물질 경고　　② 산화성물질 경고
③ 부식성물질 경고　　④ 급성독성물질 경고

14 하인리히의 재해발생 이론이 다음과 같이 표현될 때, α가 의미하는 것으로 옳은 것은?

재해의 발생＝설비적 결함＋관리적 결함＋α

① 노출된 위험의 상태
② 재해의 직접적인 원인
③ 물적 불안전 상태
④ 잠재된 위험의 상태

해설

하인리히의 재해발생 이론
• 물적 불안전 상태＋인적 불안전한 행동＋잠재된 위험의 상태
• 설비적 결함＋관리적 결함＋잡재된 위험의 상태

15 허즈버그(Herzberg)의 위생－동기 이론에서 동기요인에 해당하는 것은?

① 감독　　　　　　② 안전
③ 책임감　　　　　④ 작업조건

해설

허즈버그 동기 위생 이론

위생요인 (직무환경, 저차적 욕구)	동기유발요인 (직무내용, 고차적 욕구)
조직의 정책과 방침	직무상의 성취
작업조건	인정
대인관계	성장 발전
임금, 신분, 지위	책임의 증대
감독 등	직무내용 자체(보람된 직무 등)
생산능력의 향상 불사	생산능력 향상기대

16 재해분석도구 중 재해발생의 유형을 어골상(魚骨像)으로 분류하여 분석하는 것은?

① 파레토도　　　　② 특성요인도
③ 관리도　　　　　④ 클로즈 분석

해설

재해 통계 분석기법
1) 파레토도(Pareto diagram)
   분류항목을 큰 값에서 작은 값의 순서로 도표화하는데 편리
2) 특성 요인도
   특성과 요인 관계를 어골상으로 세분하여 연쇄 관계를 나타내는 방법
3) 관리도
   재해발생건수 추이 파악, 목표관리 필요한 월별 관리 하한선 상한선으로 관리하는 방법
4) 크로스 분석
   두 가지 이상 그 이상의 요인이 서로 밀접한 상호관계를 유지할 때 사용되는 방법

17 다음 중 안전모의 성능시험에 있어서 AE, ABE종에만 한하여 실시하는 시험은?

① 내관통성시험, 충격흡수성시험
② 난연성시험, 내수성시험
③ 난연성시험, 내전압성시험
④ 내전압성시험, 내수성시험

해설

안전모의 성능시험에 있어서 AE, ABE종에만 한하여 실시하는 시험은 감전 위험 방지용 안전모로서 내전압성시험, 내수성시험이다.

18 플리커 검사(flicker test)의 목적으로 가장 적절한 것은?

① 혈중 알코올 농도 측정
② 체내 산소량 측정
③ 작업강도 측정
④ 피로의 정도 측정

해설

생리학적 측정방법 : 감각기능, 반사기능, 대사기능 등을 이용한 측정법
① EMG(electromyogram) : 근전도, 근육활동의 전위차의 기록
② ECG(electrocardiogram) : 심전도, 심장근 활동 전위차의 기록
③ ENG, EEG(electroencophalogram) : 뇌전도, 신경활동 전위차의 기록
④ EOG(electrooculogram) : 안전도, 안구운동 전위차의 기록
⑤ 산소소비량
⑥ RMR : 에너지 소비량
⑦ GSR : 피부전기반사
⑧ 점멸 융합 주파수(플리커법, 어른거림 검사)

19 강도율에 관한 설명 중 틀린 것은?

① 사망 및 영구 전노동불능(신체장해등급 1~3급)의 근로손실일수는 7,500일로 환산한다.

② 신체장해등급 중 제14급은 근로손실일수를 50일로 환산한다.
③ 영구일부노동불능은 신체 장해등급에 따른 근로손실일수에 300/365를 곱하여 환산한다.
④ 일시전노동불능은 휴업일수에 300/365를 곱하여 근로손실일수를 환산한다.

해설

재해분류별 근로손실일수

재해분류	정의	손실일수
사망	안전사고로 부상의 결과로 사망한 경우	7,500
영구전노동불능상해	부상의결과 근로자로서의 근로기능을 완전히 잃은 경우	7,500
영구일부노동불능상해	부상의결과 신체의 일부 즉 근로기능을 일부 잃은 경우	5,500~50
일시전노동불능상해	의사의 진단에 따라 일정기간 일을 할 수 없는 경우	0
일시일부노동불능 상해	의사의 진단에 따라 부상 다음날 혹은 이후 정규 할 수 있는 경우	0

20 다음 중 브레인스토밍의 4원칙과 가장 거리가 먼 것은?

① 자유로운 비평
② 자유분방한 발언
③ 대량적인 발언
④ 타인 의견의 수정 발언

해설

브레인스토밍의 4원칙
① 비판금지
② 자유분방한 발언
③ 대량적인 발언
④ 수정 발언

21 화학설비의 안전성 평가에서 정량적 평가의 항목에 해당되지 않는 것은?

① 훈련 　　　　　 ② 조작
③ 취급물질 　　　 ④ 화학설비용량

해설

안전성 평가 6단계

단계		내용
1단계	관계자료의 정비 검토	1. 제조공정 훈련 계획 2. 입지조건 3. 건조물의 도면 4. 기계실, 전기실의 도면 5. 공정계통도
2단계	정성적 평가	1. 설계관계 　① 입지조건 ② 공장 내의 배치 　③건조물 소방설비 2. 운전관계 　① 원재료 　② 중간제품의 위험성 　③ 프로세스 운전조건 　④ 수송 저장 등에 대한 안전대책 　⑤ 프로세스 기기의 선정조건
3단계	정량적 평가	1. 구성요소의 물질 2. 화학설비의 용량, 온도, 압력, 조작 3. 상기 5개 항목에 대해 평가→합산 결과에 의한 위험도 등급
4단계	안전대책 수립	1. 설비대책 2. 관리대책
5단계	재해사례에 의한 평가	재해사례 상호교환
6단계	FTA에 의한 재평가	위험도 등급 Ⅰ에 해당하는 플랜트에 대해 FTA에 의한 재평가하여 개선부분 설계 반영

22 인간 에러(human error)에 관한 설명으로 틀린 것은?

① omission error : 필요한 작업 또는 절차를 수행하지 않는데 기인한 에러
② commission error : 필요한 작업 또는 절차의 수행지연으로 인한 에러

③ extraneous error : 불필요한 작업 또는 절차를 수행함으로써 기인한 에러
④ sequential error : 필요한 작업 또는 절차의 순서 착오로 인한 에러

해설

스웨인(A.D Swain)의 독립행동에 의한 분류(휴먼에러의 심리적 분류)

생략에러 (omission error) 부작위 에러	필요한 작업 또는 절차를 수행하지 않는데 기인한 에러 → 안전절차 생략
착각수행에러 (commission error) 작위에러	필요한 작업 또는 절차의 불확실한 수행으로 인한 에러 → 불확실한 수행(착각, 착오)
시간적 에러 (time error)	필요한 작업 또는 절차의 수행 지연으로 인한 에러 → 임무수행 지연
순서에러 (sequential error)	필요한 작업 또는 절차의 순서 착오로 인한 에러 → 순서착오
과잉행동에러 (extraneous error)	불필요한 작업 또는 절차를 수행함으로서 기인한 에러 → 불필요한 작업(작업장에서 담배를 피우다 사고)

23 다음은 유해위험방지계획서의 제출에 관한 설명이다. (　) 안의 들어갈 내용으로 옳은 것은?

산업안전보건법령상 "대통령령으로 정하는 사업의 종류 및 규모에 해당하는 사업으로서 해당 제품의 생산공정과 직접적으로 관련된 건설물·기계·기구 및 설비 등 일체를 설치·이전하거나 그 주요 구조 부분을 변경하려는 경우"에 해당하는 사업주는 유해위험방지계획서에 관련 서류를 첨부하여 해당 작업 시작 (㉠)까지 공단에 (㉡)부를 제출하여야 한다.

① ㉠ : 7일전, ㉡ : 2
② ㉠ : 7일전, ㉡ : 4
③ ㉠ : 15일전, ㉡ : 2
④ ㉠ : 15일전, ㉡ : 4

해설

유해위험방지계획서는 작업시작 15일전까지 공단에 2부 제출하여야 한다.

24 그림과 같이 FTA로 분석된 시스템에서 현재 모든 기본사상에 대한 부품이 고장난 상태이다. 부품 X_1부터 부품 X_5까지 순서대로 복구한다면 어느 부품을 수리 완료하는 시점에서 시스템이 정상가동 되는가?

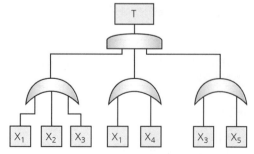

① 부품 X_2 ② 부품 X_3
③ 부품 X_4 ④ 부품 X_5

해설

부품 X_3을 수리하는 순간부터 OR게이트가 모두 정상으로 된다.

25 눈과 물체의 거리가 23cm, 시선과 직각으로 측정한 물체의 크기가 0.03cm일 때 시각(분)은 얼마인가?(단, 시각은 600 이하이며, radian 단위를 분으로 환산하기 위한 상수값은 57.3과 60을 모두 적용하여 계산하도록 한다.)

① 0.001   ② 0.007
③ 4.48   ④ 24.55

해설

$$시각 = \frac{57.3 \times 60 \times L}{D} \qquad \frac{57.3 \times 60 \times 0.03}{23} = 4.48$$

26 Sanders와 McCormick의 의자 설계의 일반적인 원칙으로 옳지 않은 것은?

① 요부 후반을 유지한다.
② 조정이 용이해야 한다.

③ 등근육의 정적부하를 줄인다.
④ 디스크가 받는 압력을 줄인다.

해설

Sanders 와 McCormick의 의자설계 시 고려사항
1) 등받이에 굴곡은 요추의 굴곡(전만곡)과 일치해야
2) 좌면의 높이는 사람의 신장에 따라 조절 가능해야 한다.
3) 정적인 부화 고정된 작업 자세를 피해야 한다.
4) 의자의 높이는 오금의 높이보다 같거나 낮아야 한다.

27 후각적 표시장치(olfactory display)와 관련된 내용으로 옳지 않은 것은?

① 냄새의 확산을 제어할 수 없다.
② 시각적 표시장치에 비해 널리 사용되지 않는다.
③ 냄새에 대한 민감도의 개별적 차이가 존재한다.
④ 경보장치로서 실용성이 없기 때문에 사용되지 않는다.

해설

• 후각적 표시장치는 다른 표시장치의 보조수단으로 활용된다.
• 경보장치는 후각적 표시장치의 냄새를 통하여 위험을 알리는 표시장치이다.

28 그림과 같은 FT도에서 $F_1 = 0.015$, $F_2 = 0.02$, $F_3 = 0.05$이면, 정상사상 T가 발생할 확률은 약 얼마인가?

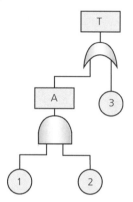

정답   **24** ②   **25** ③   **26** ①   **27** ④   **28** ③

① 0.0002 ② 0.0283
③ 0.0503 ④ 0.9500

해설

$[1-\{1-(1-0.015\times0.02)\times(1-0.05)\}]=0.0503$

29 NOISH lifting guideline에서 권장무게한계(RWL) 산출에 사용되는 계수가 아닌 것은?

① 휴식 계수 ② 수평 계수
③ 수직 계수 ④ 비대칭 계수

해설

들기 작업 시 권장무게한계(RWL) 평가요소

정의	수평 계수	수직 계수	거리 계수	비대칭 계수	빈도 계수	커플링 계수
기호	HM	VM	DM	AM	FM	CM

30 인간공학을 기업에 적용할 때의 기대효과로 볼 수 없는 것은?

① 노사 간의 신뢰 저하
② 작업손실시간의 감소
③ 제품과 작업의 질 향상
④ 작업자의 건강 및 안전 향상

해설

노사문제와 인간공학과는 무관하다.

31 THERP(Technique for Human Error Rate Prediction)의 특징에 대한 설명으로 옳은 것을 모두 고른 것은?

㉠ 인간-기계 계(SYSTEM)에서 여러 가지 인간의 에러와 이에 의해 발생할 수 있는 위험성의 예측과 개선을 위한 기법
㉡ 인간의 과오를 정상적으로 평가하기 위하여 개발된 기법
㉢ 가지처럼 갈라지는 형태의 논리구조와 나무형태의 그래프를 이용

① ㉠, ㉡ ② ㉠, ㉢
③ ㉡, ㉢ ④ ㉠, ㉡, ㉢

해설

THERP(인간 실수 예측 기법)(예측된 인적 오류 확률기법)
① 시스템에서 인간의 과오를 정량적으로 평가하기 위해 개발된 기법
② 인간 기계시스템에서 여러 가지의 인간의 실수에 의해 발생되는 위험성의 예측과 개선을 위한 기법
③ 시스템의 국부적인 상세한 분석으로 나뭇가지처럼 갈라지는 형태의 논리구조

32 차폐효과에 대한 설명으로 옳지 않은 것은?

① 차폐음과 배음의 주파수가 가까울 때 차폐효과가 크다.
② 헤어드라이어 소음 때문에 전화 음을 듣지 못한 것과 관련이 있다.
③ 유의적 신호와 배경 소음의 차이를 신호/소음(S/N) 비로 나타낸다.
④ 차폐효과는 어느 한 음 때문에 다른 음에 대한 감도가 증가되는 현상이다.

해설

은폐(Masking) 효과
① 음의 한 성분이 다른 성분에 대한 귀의 감수성을 감소시키는 상황으로 한쪽 음의 강도가 약할 때 강한 음에 가로막혀 들리지 않게 되는 현상
② 복합소음(두 음의 수준차가 10dB 이내일 때)
 같은 소음 수준의 기계가 2대일 때 : 3dB 소음이 증가하는 현상
 (0~3) : 3dB (3~6) : 2dB (6~10) : 1dB 증가
③ 두 음의 차이가 10dB 이상일 경우 Masking 효과가 발생한다.

33 산업안전보건기준에 관한 규칙상 '강렬한 소음 작업'에 해당하는 기준은?

① 85데시벨 이상의 소음이 1일 4시간 이상 발생하는 작업

정답 29 ① 30 ① 31 ② 32 ④ 33 ④

② 85데시벨 이상의 소음이 1일 8시간 이상 발생하는 작업

③ 90데시벨 이상의 소음이 1일 4시간 이상 발생하는 작업

④ 90데시벨 이상의 소음이 1일 8시간 이상 발생하는 작업

해설

구분	강렬한 소음작업						충격소음작업		
소음기준 (db)	90 이상	95	100	105	110	115	120	130	140
1일 발생횟수							1만회 이상	1천회	1백회
OSHA허용 노출시간	8시간 이상	4	2	1	0.5	0.25	0.125	0.063	0.031

34 HAZOP 기법에서 사용하는 가이드 워드와 의미가 잘못 연결된 것은?

① No/Not – 설계 의도의 완전한 부정

② More/Less – 정량적인 증가 또는 감소

③ Part of – 성질상의 감소

④ Other than – 기타 환경적인 요인

해설

Guide Word	의미
NO 혹은 NOT	설계의도의 완전한 부정
MORE LESS	양의 증가 혹은 감소(정량적)
AS WELL AS	성질상의 증가(정성적 증가)
PART OF	성질상의 감소(정성적 감소)
REVERSE	설계의도의 논리적인 역(설계의도와 반대 현상)
OTHER THAN	완전한 대체의 필요

35 그림과 같이 신뢰도가 95%인 펌프 A가 각각 신뢰도 90%인 밸브 B와 밸브 C의 병렬밸브계와 직렬계를 이룬 시스템의 실패확률은 약 얼마인가?

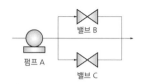

① 0.0091   ② 0.0595

③ 0.9405   ④ 0.9811

해설

$0.95 \times \{1 - (1 - 0.90)(1 - 0.90)\} = 0.0595$

36 인간이 기계보다 우수한 기능으로 옳지 않은 것은?(단, 인공지능은 제외한다.)

① 암호화된 정보를 신속하게 대량으로 보관할 수 있다.

② 관찰을 통해서 일반화하여 귀납적으로 추리한다.

③ 항공사진의 피사체나 말소리처럼 상황에 따라 변화하는 복잡한 자극의 형태를 식별할 수 있다.

④ 수신 상태가 나쁜 음극선관에 나타나는 영상과 같이 배경 잡음이 심한 경우에도 신호를 인지할 수 있다.

해설

인간 기계의 기능 비교

구분	인간이 기계보다 우수한 기능	기계가 인간보다 우수한 기능
감지 기능	• 저 에너지 자극감시 • 복잡 다양한 자극형태 식별 • 갑작스런 이상 현상이나 예기치 못한 사건 감지	• 인간의 정상적 감지 범위 밖의 자극감지 • 인간 및 기계에 대한 모니터 기능 • 드물게 발생하는 사상감지
정보 기능	많은 양의 정보 장시간 저장	암호화된 정보를 신속하게 대량 보관
정보 처리 및 결심	• 다양한 문제해결(정성적) • 귀납적 추리 • 원칙적용 • 관찰을 통해 일반화	• 정량적 정보처리 • 연역적 추리 • 반복작업의 수행에 높은 신뢰성 • 입력신호에 신속하고 일관성 있게 반응
행동 기능	• 과부하 상태에서는 중요한 일에만 전념 • 다양한 종류의 운용 요건에 따라 신체적인 반응을 적용 • 전혀 다른 새로운 해결책을 찾아냄	• 과부하 상태에서도 효율적 작동 • 장시간 중량 작업 • 반복작업, 동시에 여러 가지 작업 기능

37 FTA에서 사용되는 최소 컷셋에 대한 설명으로 옳지 않은 것은?

① 일반적으로 Fussell Algorithm을 이용한다.
② 정상사상(Top event)을 일으키는 최소한의 집합이다.
③ 반복되는 사건이 많은 경우 Limnios와 Ziani Algorithm을 이용하는 것이 유리하다.
④ 시스템에 고장이 발생하지 않도록 하는 모든 사상의 집합이다.

해설

FTA의 최소 컷셋과 관련이 있는 알고리즘
① Fussell Algorithm : 정상사상의 사고 확률을 계산하고 미니멀 컷셋을 자동으로 계산하기 위해 알고리즘을 (minimal cut sets) Fussel을 적용한다.
② Boolean Algorithm : 참, 거짓의 정수나 문자와 같이 하나의 데이터 값으로 비교연산결과를 나타내는 것에 사용 불 대수
③ Limnios & Ziani Algorithm : 반복되는 사건이 많은 경우 사용하는 것이 유리한 경우

38 직무에 대하여 청각적 자극 제시에 대한 음성 응답을 하도록 할 때 가장 관련 있는 양립성은?

① 공간적 양립성
② 양식 양립성
③ 운동 양립성
④ 개념적 양립성

해설

양립성의 종류
1) 공간적 양립성(spatial)
표시장치나 조종정치가 물리적 형태 및 공간적 배치(조리대)
2) 운동 양립성(movement)
표시장치의 움직이는 방향과 조정장치의 방향이 사용자의 기대와 일치
[운동 양립성이 큰 경우 동목형 표시장치]
① 눈금과 손잡이가 같은 방향 회전
② 눈금 수치는 우측으로 증가
③ 꼭지의 시계방향 회전 지시치 증가
3) 개념적 양립성(conceptual)
이미 사람들이 학습을 통해 알고 있는 개념적 연상
(빨간 버튼 : 온수 파란 버튼 : 냉수)
4) 양식 양립성(modality)
① 소리로 제시된 정보는 말로 반응하게 하고
② 시각적으로 제시된 정보는 손으로 반응하는 것이 양립성이 높다.

39 컴퓨터 스크린 상에 있는 버튼을 선택하기 위해 커서를 이동시키는데 걸리는 시간을 예측하는 가장 적합한 법칙은?

① Fitts의 법칙
② Lewin의 법칙
③ Hick의 법칙
④ Weber의 법칙

해설

동작의 속도와 정확성 관계
1) 피츠(Fitts)의 법칙
떨어진 영역을 클릭하는데 걸리는 시간은 영역의 거리, 폭에 따라 달라지며 멀리 있을수록, 버튼이 작을수록 시간이 더 걸린다는 이론
2) Hick의 법칙
사람이 어떤 물건을 선택하는데 걸리는 시간은 선택하려는 종류에 따라 결정된다는 법칙
3) Weber의 법칙
물건의 구매에 따른 판매자와 구매자와의 심리를 나타내는 가격을 결정하는 법칙

40 설비의 고장과 같이 발생확률이 낮은 사건의 특정시간 또는 구간에서의 발생횟수를 측정하는 데 가장 적합한 확률분포는?

① 이항분포(Binomial distribution)
② 푸아송분포(Poisson distribution)
③ 와이블분포(Weibulll distribution)
④ 지수분포(Exponential distribution)

해설

① 푸아송분포(Poisson distribution) : 설비의 고장과 같이

발생확률이 낮은 사건의 특정시간 또는 구간에서의 발생횟수를 측정하는 데 가장 적합한 확률분포

② 지수분포(Exponential distribution) : 연속확률분포의 일종으로 어떤 사건이 일어나는 시간 간격의 분포 관계가 있다.

③ 이항분포(Binomial distribution) : n회의 베르누이 시행에서 성공의 횟수를 X로 표시할 때, X의 확률분포를 이항분포라고 한다. 베르누이 시행의 결과는 오직 두 가지(성공과 실패) 중 한 가지로 나타나 각 시행마다 성공의 확률은 p로서 일정하며, n회의 시행은 독립을 이룬다.

④ 와이블분포(Weibulll distribution) : 산업현장에서 부품의 수명을 추정하는데 사용되며, 고장날 확률이 시간이 지나면서 높아지는 경우와 줄어드는 경우와 일정한 경우 모두 추정 할 수 있다. 고장날 확률 시간에 따라 일정한 경우는 지수분포와 같다.

3과목 기계위험방지기술

41 산업안전보건법령상 양중기를 사용하여 작업하는 운전자 또는 작업자가 보기 쉬운 곳에 해당 양중기에 대해 표시하여야 할 내용으로 가장 거리가 먼 것은?(단, 승강기는 제외한다.)

① 정격하중　　　　② 운전 속도
③ 경고 표시　　　　④ 최대 인양 높이

해설

양중기에 대해 표시하여야 할 내용으로 최대 인양 높이와는 무관하다.

42 롤러기의 급정지장치에 관한 설명으로 가장 적절하지 않은 것은?

① 복부 조작식은 조작부 중심점을 기준으로 밑면으로부터 1.2~1.4m 이내의 높이로 설치한다.
② 손 조작식은 조작부 중심점을 기준으로 밑면으로부터 1.8m 이내의 높이로 설치한다.
③ 급정지장치의 조작부에 사용하는 줄은 사용 중에 늘어져서는 안 된다.
④ 급정지장치의 조작부에 사용하는 줄은 충분한

인장강도를 가져야 한다.

해설

조작부 위치

조작부의 종류	설치 위치	비고
손 조작식	밑면에서 1.8M 이내	위치는 급정지장치의 조작부 중심에서 기준함
복부 조작식	밑면에서 0.8M 이상 1.1M 이내	
무릎 조작식	밑면에서 0.6M 이내	

43 연삭기의 안전작업수칙에 대한 설명 중 가장 거리가 먼 것은?

① 숫돌의 정면에 서서 숫돌 원주면을 사용한다.
② 숫돌 교체시 3분 이상 시운전을 한다.
③ 숫돌의 회전은 최고 사용원주속도를 초과하여 사용하지 않는다.
④ 연삭숫돌에 충격을 가하지 않는다.

해설

연삭숫돌 작업안전수칙

① 덮개의 설치기준 : 직경이 50mm 이상인 연삭숫돌
② 작업시작 전에는 1분 이상 시운전, 숫돌의 교체 시에는 3분 이상 시운전 실시
③ 시운전에 사용하는 연삭숫돌은 작업시작 전에 결함유무 확인
④ 연삭숫돌의 최고 사용회전속도를 초과하여 사용 금지
⑤ 측면을 사용하는 것을 목적으로 하는 연삭숫돌 이외에는 측면을 사용 금지
⑥ 폭발성 가스가 있는 곳에서는 연삭기 사용금지
⑦ 연삭작업은 숫돌의 측면에서 작업
⑧ 연삭할 때 방진마스크, 보안경 착용
⑨ 연삭기의 덮개를 벗긴 채 사용 금지

44 롤러기의 가드와 위험점검 간의 거리가 100mm일 경우 ILO 규정에 의한 가득 개구부의 안전간격은?

① 11mm　　　　② 21mm
③ 26mm　　　　④ 31mm

45 지게차의 포크에 적재된 화물이 마스트 후방으로 낙하함으로써 근로자에게 미치는 위험을 방지하기 위하여 설치하는 것은?

① 헤드가드
② 백레스트
③ 낙하방지장치
④ 과부하방지장치

해설

헤드가드

지게차의 포크에 적재된 화물이 마스트 후방으로 낙하함으로써 근로자에게 미치는 위험을 방지하기 위하여 설치

46 산업안전보건법령상 프레스 및 전단기에서 안전 블록을 사용해야 하는 작업으로 가장 거리가 먼 것은?

① 금형 가공작업
② 금형 해체작업
③ 금형 부착작업
④ 금형 조정작업

해설

안전 블록을 설치해야 하는 경우

① 금형 조정작업 ② 금형 해체작업
③ 금형 부착작업

47 다음 중 기계설비의 안전조건에서 안전화의 종류로 가장 거리가 먼 것은?

① 재질의 안전화
② 작업의 안전화
③ 기능의 안전화
④ 외형의 안전화

해설

기계설비의 안전조건(근원적 안전)

① 외관상 안전화
② 기능적 안전화
③ 구조의 안전화
④ 작업의 안전화
⑤ 보수유지의 안전화
⑥ 표준화

48 다음 중 비파괴검사법으로 틀린 것은?

① 인장검사
② 자기탐상검사
③ 초음파탐상검사
④ 침투탐상검사

해설

• 비파괴검사는 재료, 기능의 변화를 주지 않는 검사방법이다.
• 인장검사는 비파괴검사가 아니다.

49 산업안전보건법령상 아세틸렌 용접장치를 사용하여 금속의 용접·용단 또는 가열작업을 하는 경우 게이지 압력은 얼마를 초과하는 압력의 아세틸렌을 발생시켜 사용하면 안 되는가?

① 98kPa
② 127kPa
③ 147kPa
④ 196kPa

해설

아세틸렌 용접장치의 압력 제한

금속의 용접 용단 또는 가열작업을 하는 경우에는 게이지 압력이 127kpa을 초과하는 압력의 아세틸렌을 발생시켜 사용해서는 아니된다. (127킬로 파스칼 = 1.3bar = 1.3kg/cm²)

50 산업안전보건법령상 산업용 로봇으로 인하여 근로자에게 발생할 수 있는 부상 등의 위험이 있는 경우 위험을 방지하기 위하여 울타리를 설치할 때 높이는 최소 몇 m 이상으로 해야 하는가?(단, 산업표준화법 및 국제적으로 통용되는 안전기준은 제외한다.)

① 1.8
② 2.1
③ 2.4
④ 1.2

해설

로봇의 방책 높이 : 1.8m 이상

51 크레인의 사용 중 하중이 정격을 초과하였을 때 자동적으로 상승이 정지되는 장치는?

① 해지장치   ② 이탈방지장치
③ 아우트리거   ④ 과부하방지장치

해설

크레인 방호장치
① 권과 방지장치 : 양중기 권상용 와이어로프 또는 기부 등의 붐 권상용 와이어로프 과다감기방지
② 과부하방지장치 : 정격하중 이상의 하중 부하 시 자동으로 상승 정지되면서 경고음이나 경보 등 발생
③ 비상정지 장치 : 돌발사태 발생 시 안전 유지를 위한 전원 차단 및 크레인 급정지시키는 장치
④ 제동장치 : 운동 최화정 기체의 기계적 접촉의 의해 운동 채널 정지 상태로 유지하는 기능을 가진 장치
⑤ 혹 해지장치 : 와이어로프의 이탈을 방지하기 위한 장치
⑥ 기타 방호장치 : 스토퍼(stopper), 이탈 방지장치, 안전밸브 등

52 인간이 기계 등의 취급을 잘못해도 그것이 바로 사고나 재해와 연결되는 일이 없는 기능을 의미하는 것은?

① fail safe   ② fail active
③ fail operational   ④ fool proof

해설

Fail safe와 Fool proof

Fail safe 설계	Fool proof 설계
① 기계 조작상의 과오로 기기의 일부에 고장이 발생해도 다른 부분의 고장이 발생하는 것을 방지하거나 어떤 사고를 사전에 방지하고 안전 측으로 작동하도록 설계하는 방법 ② 기계의 고장이 있어도 안전사고를 발생시키지 않도록 2중, 3중 통제하는 설계	① 바보 같은 행동을 방지한다는 뜻으로 사용자가 비록 잘못된 조작을 하더라도 이로 인해 전체의 고장이 발생되지 아니하도록 하는 설계방법 ② 사람의 실수가 있어도 안전사고를 발생시키지 않도록 2중, 3중 통제를 가하는 설계

Fail Safe의 기능면에서의 분류 3단계
1) Fail Passive : 부품이 고장 났을 경우 통상 기계는 정지하는 방향으로 이동
2) Fail Active : 부품이 고장 났을 경우 기계는 경보를 울리며 짧은 시간 동안 운전 가능

3) Fail Operational : 부품이 고장이 있어도 기계는 추후 보수가 이루어질 때까지 안전기능 유지병렬구조 등으로 되어있으며 운전상 가장 선호하는 방법이다.

53 산압안전보건법령상 컨베이어를 사용하여 작업을 할 때 작업 시작 전 점검사항으로 가장 거리가 먼 것은?

① 원동기 및 풀리(pulley) 기능의 이상 유무
② 이탈 등의 방지장치 기능의 이상 유무
③ 유압장치의 기능의 이상 유무
④ 비상정지장치 기능의 이상 유무

해설

작업 시작하기 전 점검사항
① 원동기 및 풀리(pulley) 기능의 이상 유무
② 이탈 등의 방지장치 기능의 이상 유무
③ 비상정지장치 기능의 이상 유무
④ 원동기 · 회전축 · 기어 및 풀리 등의 덮개 또는 울 등의 이상 유무

54 다음 중 기계설비에서 반대로 회전하는 두 개의 회전체가 맞닿는 사이에 발생하는 위험점으로 가장 적절한 것은?

① 물림점
② 협착점
③ 끼임점
④ 절단점

위험점의 분류

위험점	정의	해당기계
협착점	왕복운동을 하는 동작부분과 움직임이 없는 고정부분 사이에 형성되는 위험점	① 프레스, 금형조립 부위 ② 전단기 누름판 및 칼날 부위 ③ 선반 및 평삭기의 베드 끝 부위
끼임점	고정부분과 회전부분이 함께 만드는 위험점	① 회전풀리와 고정 베드 사이 ② 연삭숫돌과 작업대 사이 ③ 교반기의 교반날개와 몸체 사이
절단점	회전하는 운동부분 자체의 위험이나 운동하는 기계부분 자체의 위험에서 초래되는 위험점	① 목공용 띠톱 부분 ② 밀링 컷터 부분 ③ 둥근톱 날
물림점	회전하는 두 개의 회전체가 서로 반대방향으로 맞물려 축에 의해 형성되는 위험점	① 기어와 피니언 ② 롤러의 회전
접선 물림점	회전하는 운동부의 접선방향으로 물려 들어가는 위험점	① 벨트와 풀리 ② 기어와 랙
회전 말림점	회전하는 물체에 작업복이 말려 들어가는 위험점	① 회전축 ② 드릴축

55 선반 작업 시 안전수칙으로 가장 적절하지 않은 것은?

① 기계에 주유 및 청소 시 반드시 기계를 정지시키고 한다.
② 칩 제거 시 브러시를 사용한다.
③ 바이트에는 칩 브레이커를 설치한다.
④ 선반의 바이트는 끝을 길게 장치한다.

선반의 바이트는 끝을 짧게 장치한다.

56 산업안전보건법령상 산업용 로봇의 작업 시작 전 점검사항으로 가장 거리가 먼 것은?

① 외부 전선의 피복 또는 외장의 손상 유무
② 압력방출장치의 이상 유무
③ 매니퓰레이터 작동 이상 유무
④ 제동장치 및 비상정지 장치의 기능

로봇의 작업 시작 전 점검사항
① 외부 전선의 피복 및 외장의 손상 유무
② 매니플레이트 작동의 이상 유무
③ 제동장치 및 비상정지장치의 기능 이상 유무

57 산업안전보건법령상 보일러의 과열을 방지하기 위하여 최고사용압력과 상용압력 사이에서 보일러의 버너 연소를 차단하여 정상 압력으로 유도하는 방호장치로 가장 적절한 것은?

① 압력방출장치
② 고저수위조절장치
③ 언로우드밸브
④ 압력제한스위치

보일러의 방호장치

고저 수위 조절 장치	① 고저 수위 지점을 알리는 경보등 경고음 장치 등을 설치 ② 자동으로 급수 또는 단수되도록 설치 ③ 플로트, 전극식, 차압식 등
압력 방출장치	① 보일러 규격에 적합한 압력방출장치를 1개 또는 2개 이상 설치하고 최고사용압력 이하에서 작동되도록 한다. ② 압력방출장치가 2개 이상 설치된 경우 최고사용압력 이하에서 1개가 작동되고 다른 압력방출장치는 최고사용압력 1.05배 이하에서 작동되도록 설치 ③ 매년 1회 이상 교정을 받은 압력계를 이용하여 설정압력에서 압력방출 장치가 적정하게 작동하는지 검사 후 납으로 봉인 공정안전보고서 이행상태 평가 결과가 우수한 사업장은 4년마다 1회 이상 설정 압력에서 압력방출장치가 적정하게 작동하는지 검사할 수 있다 ④ 스프링식, 중추식, 지렛대식
압력제한 스위치	보일러의 과열방지를 위해 최고사용압력과 상용 압력 사이에서 버너 연소를 차단할 수 있도록 압력 제한 스위치 부착 사용
화염 검출기	연소 상태를 항상 감시하고 그 신호를 프레임 릴레이가 받아서 연소 차단 밸브 개폐를 통한 폭발사고를 막아주는 안전장치

58 프레스 작동 후 슬라이드가 하사점에 도달할 때까지의 소요시간이 0.5s일 때 양수기동식 방호장치의 안전거리는 최소 얼마인가?

① 200mm
② 400mm
③ 600mm
④ 800mm

해설

1) Dm = 1.6Tm
   Dm : 안전거리(mm)
   Tm : 양손으로 누름단추 누르기 시작할 때부터 슬라이드가 하사점에 도달하기까지 소요시간(ms)
2) Dm = 1.6Tm   1.6 × (0.5 × 1,000) = 800mm

*단위 1s = 1,000ms

59 둥근톱기계의 방호장치 중 반발예방장치의 종류로 틀린 것은?

① 분할날
② 반발방지 기구(finger)
③ 보조 안내판
④ 안전덮개

해설

반발예방장치의 종류
㉠ 분할날
㉡ 반발방지 기구
㉢ 반발방지 롤러
㉣ 밀대
㉤ 평행 조정기
㉥ 직각 정규
㉦ 보조 안내판

60 산업안전보건법령상 형삭기(slotter, shaper)의 주요 구조부로 가장 거리가 먼 것은?(단, 수치제어식은 제외)

① 공구대
② 공작물 테이블
③ 램
④ 아버

해설

형삭기(slotter, shaper)의 주요 구조
① 공구대
② 공작물 테이블
③ 아버(밀링 커터 도구이름)

4과목	전기위험방지기술

61 피뢰기가 구비하여야 할 조건으로 틀린 것은?

① 제한전압이 낮아야 한다.
② 상용 주파 방전 개시 전압이 높아야 한다.
③ 충격방전 개시전압이 높아야 한다.
④ 속류 차단 능력이 충분하여야 한다.

해설

피뢰기의 일반적 구비성능
① 충격 방전 개시전압이 낮을 것
② 제한 전압이 낮을 것
③ 뇌전류의 방전능력이 크고 속류의 차단이 확실하게 될 것
④ 상용 주파 방전개시 전압이 높아야 할 것
⑤ 구조가 견고하며 특성이 변화하지 않을 것
⑥ 점검 보수가 간단할 것
⑦ 반복동작이 가능할 것

62 다음 중 정전기의 발생 현상에 포함되지 않는 것은?

① 파괴에 의한 발생
② 분출에 의한 발생
③ 전도 대전
④ 유동에 의한 대전

해설

정전기 발생 현상의 분류

구분	내용
마찰 대전	두 물체에 마찰이나 마찰에 의한 접촉위치의 이동으로 전하의 분리 및 재배열이 일어나서 정전기가 발생하는 현상을 말하며 접촉과 분리의 과정을 거쳐 정전기가 발생
박리 대전	서로 밀착되어 있는 물체가 떨어질 때 전하의 분리가 일어나 정전기가 발생하는 현상
유동 대전	액체류를 파이프 등 내부에서 유동할 때 액체와 관벽 사이에 정전기가 발생한다. 액체류의 유동속도가 정전기 발생에 큰 영향을 준다.
분출 대전	분체류, 액체류, 기체류가 단면적이 작은 분출구를 통해 공기 중으로 분출될 때 분출하는 물질과 분출구와의 마찰로 인해 정전기가 발생
충돌 대전	분체류와 같은 입자상호 간이나 입자와 고체와의 충돌에 의해 빠른 접촉, 분리가 행하여 짐으로써 정전기가 발생하는 현상

정답 58 ④ 59 ④ 60 ④ 61 ③ 62 ③

구분	내용
유도 대전	유도대전은 대전물에 가까이 대전될 물체가 있을 때 이것이 정전유도를 받아 전하의 분포가 불균일하게 되며 대전된 것이 등가로 되는 현상
비말 대전	비말(물보라, Spray)은 공간에 분출한 액체류가 가늘게 비산해서 분리되고, 많은 물방울이 될 때 새로운 표면을 형성하기 위해 정전기가 발생하는 현상
파괴 대전	고체, 분체류와 같은 물체가 파괴되었을 때 전하분리 또는 전하의 균형이 깨지면서 정전기가 발생

63 방폭기기에 별도의 주위온도 표시가 없을 때 방폭기기의 주위 온도 범위는?(단, 기호 "X"의 표시가 없는 기기이다.)

① 20~40℃
② −20~40℃
③ 10~50℃
④ −10~50℃

해설

방폭구조 전기설비 설치 시 표준 환경 조건

주변 온도	(−20~40℃)
표고	1,000m 이하
상대습도	45~85%
압력	80~110kpa
산소함유율	21%v/v
공해 부식성 가스 등	전기설비에 특별한 고려를 필요로 하는 정도의 공해 부식성 가스 진동 등이 존재하지 않는 환경

64 정전기로 인한 화재 및 폭발을 방지하기 위하여 조치가 필요한 설비가 아닌 것은?

① 드라이클리닝 설비
② 위험물 건조설비
③ 화약류 제조설비
④ 위험기구의 제전설비

해설

위험기구 제전설비는 정전기의 방폭을 제거하기 위한 설비이다.

65 300A의 전류가 흐르는 저압 가공전선로의 1선에서 허용 가능한 누설전류(mA)는?

① 600
② 450
③ 300
④ 150

해설

$$누설전류 = 최대공급전류 \times \frac{1}{2,000}$$
$$= 300 \times \frac{1}{2,000}$$
$$= 0.15(A) = 150mA$$

66 감전될 우려가 있는 장소에서 작업을 하기 위해서는 전로를 차단하여야 한다. 전로 차단을 위한 시행 절차 중 틀린 것은?

① 전기기기 등에 공급되는 모든 전원을 관련 도면, 배선도 등으로 확인
② 각 단로기를 개방한 후 전원 차단
③ 단로기 개방 후 차단장치나 단로기 등에 잠금장치 및 꼬리표를 부착
④ 잔류전하 방전 후 검전기를 이용하여 작업 대상 기기가 충전되어 있는지 확인

해설

① 전기기기 등에 공급하는 모든 전원을 관련 도면, 배선도 등으로 확인한다.
② 전원을 차단한 후 각 단로기를 개방한다.
③ 문서화된 절차에 따라 잠금장치 및 꼬리표를 부착한다.
④ 개로된 전로에서 유도전압 또는 전기 에너지의 축적으로 근로자에게 전기위험이 있는 전기기기 등은 접촉하기 전에 접지시켜 완전히 방전시킨다.
⑤ 검전기를 이용하여 작업 대상 기기의 충전 여부를 확인한다.
⑥ 전기기기 등이 다른 노출 충전부와의 접촉 등으로 인해 전압이 인가될 우려가 있는 경우에는 충분한 용량을 가진 단락 접지기구를 이용하여 접지에 접속한다.

정답 63 ② 64 ④ 65 ④ 66 ②

67 유자격자가 아닌 근로자가 방호되지 않은 충전전로 인근의 높은 곳에서 작업할 때에 근로자의 몸은 충전전로에서 몇 cm 이내로 접근할 수 없도록 하여야 하는가?(단, 대지전압이 50kV이다.)

① 50
② 100
③ 200
④ 300

해설

유자격자가 아닌 근로자가 충전전로 인근의 높은 곳에서 작업할 때에 근로자의 몸 또는 긴 도전성 물체가 방호되지 않은 충전전로에서 대지전압이 50kv 이하인 경우에는 300cm 이내로, 대지전압이 50kv를 넘는 경우에는 10kv당 10cm씩 더한 거리 이내로 각각 접근할 수 없도록 할 것

68 다음 중 정전기의 재해방지대책으로 틀린 것은?

① 설비의 도체 부분을 접지
② 작업자는 정전화를 착용
③ 작업장의 습도를 30% 이하로 유지
④ 배관 내 액체의 유속제한

해설

대전 방지대책

① 접지
② 습기부여 (공기 중 습도 60~70% 유지)
③ 도전성 재료 사용
④ 대전방지제 사용
⑤ 제전기 사용
⑥ 유속 조절(석유류 제품 1m/s 이하)

인체에 대전된 정전기위험 방지 대책

① 정전기용 안전화 착용
② 제전복 착용
③ 정전기 제전용구 착용
④ 작업장 바닥 도전성 재료를 갖추도록 하는 등의 조치

69 가스(발화온도 120℃)가 존재하는 지역에 방폭기기를 설치하고자 한다. 설치가 가능한 기기의 온도 등급은?

① T2
② T3
③ T4
④ T5

해설

최고표면온도

최고표면 온도등급	T1	T2	T3	T4	T5	T6
최고 표면온도(℃)	450~ 300	300~ 200	200~ 135	135~ 100	100~ 85	85 미만

70 법령 개정으로 문제 삭제

71 제전기의 종류가 아닌 것은?

① 전압인가식 제전기
② 정전식 제전기
③ 방사선식 제전기
④ 자기방전식 제전기

전압 인가식	① 7,000v 정도의 전압으로 코로나방전을 일으키고 발생된 이온을 제전한다. 제전 능력이 크고 적용 범위가 넓어서 많이 사용 ② 방폭 지역에서는 방폭형으로 사용 ③ 대전 물체의 극성이 일정하며 대전 양이 크고 빠른 속도로 움직이는 물체에는 직류형 전압인가식 제전기가 효과적
자기 방전식	① 제전 능력은 보통이며 적용범위가 좁다. ② 상대습도 80% 이상인 곳에 적합 ③ 플라스틱 섬유 필름 공장 등의 적합 ④ 점화원이 될 염려가 없어 안전성이 높은 장점
방사선식	① 제전 능력이 작고 적용범위도 좁다. ② 상대습도 80% 이상인 곳에 적합 ③ 이동하지 않는 가연성 물질의 제전에 적합
이온 스프레이식	① 코로나 방전에 의해 발생한 이온을 blowe로 대전체에 내뿜는 방식이다. ② 제전 효율은 낮으나 폭발 위험이 있는 곳에 적당하다.

72 정전기 방전현상에 해당되지 않는 것은?

① 연면방전 ② 코로나 방전
③ 낙뢰방전 ④ 스팀방전

방전의 종류

코로나 방전 (corona)	① 일반적으로 대기 중에서 발생하는 방전으로 방전 물체에 날카로운 돌기 부분이 있는 경우 이 선단 부분에서 '쉿' 하는 소리와 함께 미약한 발광이 일어나는 방전 현상으로 공기 중에서 오존(O_3)을 생성한다. ② 방전 에너지의 밀도가 작아서 장해나 재해의 원인이 될 가능성이 비교적 작다.
스트리머 방전 (Streamer)	① 비교적 대전 양이 큰 대전 물체 부도체와 비교적 평활한 형상을 가진 접지 도체와의 사이에서 강한 파괴음과 수지상에 발광을 동반하는 방전현상 ② 코로나 방전에 비해 방전 에너지 밀도가 높기 때문에 착화원으로 될 확률과 장해 및 재해의 원인이 될 가능성이 크다.
불꽃 방전 (spark)	① 대전 물체와 접지 도체의 형태가 비교적 평활하고 간격이 좁을 경우 강한 발광과 파괴음을 동반하며 발생하는 방전현상 오존생성 ② 접지 불량으로 절연된 대전 물체 또는 인체에서 발생하는 불꽃 방전은 방전 에너지 밀도가 높아 장해 및 재해의 원인이 되기 쉽다.

연면 방전 (surface)	① 정전기가 대전된 부도체에 접지 도체가 접근할 경우 대전 물체와 접지 도체 사이에서 발생하는 방전과 동시에 부도체의 표면을 따라 수지상의 발광을 동반하여 발생하는 방전현상(star-check mark) ② 부도체의 대전 양이 매우 클 경우와 대전된 부도체의 표면과 접지 차이가 매우 가까운 경우 발생 접지된 도체상에 대전 가능한 물체가 엷은 층을 생성할 경우 ③ 옆면 방전은 방전 에너지 밀도가 높아 불꽃 방전처럼 착화원이 되거나 장해 및 재해의 원인이 될 확률이 높다.
브러시 방전 (brush)	① 비교적 평활한 대전 물체가 만드는 불평등 전계 중에서 발생하는 나뭇가지 모양의 방전 ② 코로나 방전 일종으로 국부적인 절연 파괴이지만 방전 에너지는 통상의 코로나 방전보다 크고 가연성 가스나 증기 등의 착화원이 될 확률이 높다.
뇌상 방전	방전 에너지가 높아 화폭의 원인이 되며 공기 중 뇌상으로 부유하는 대전입자가 커졌을 때 대전운에서 발을 수반하는 방전
낙뢰 방전	뇌구름 상하부에 분리된 전하 분포군이 도중에 공기층의 절연 파괴를 매개로 방전을 일으키면서 중화되는 방전

73 전로에 지락이 생겼을 때에 자동적으로 전로를 차단하는 장치를 시설해야 하는 전기기계의 사용전압 기준은?(단, 금속제 외함을 가지는 저압의 기계 기구로서 사람이 쉽게 접촉할 우려가 있는 곳에 시설되어 있다.)

① 30V 초과 ② 50V 초과
③ 90V 초과 ④ 150V 초과

전로에 지락이 생겼을 때 자동적으로 전로를 차단하는 장치를 시설해야 하는 전기기계의 사용전압 기준은 50V이다.
금속제 외함을 가지는 사용전압 50V를 초과하는 저압의 기계기구로 접촉할 우려가 있는 전로에는 자기가 생겼을 때 자동으로 전로를 차단하는 장치를 설치하여야 한다.

74 정전용량 C=20 μF, 방전 시 전압 V=2kV일 때 정전 에너지(J)는 얼마인가?

① 40

② 80

③ 400

④ 800

해설

$$E(J) = \frac{1}{2}CV^2 = \frac{1}{2} \times 20 \times 10^{-6} \times 2,000^2 = 40(J)$$

75 전로에 시설하는 기계기구의 금속제 외함에 접지공사를 하지 않아도 되는 경우로 틀린 것은?

① 저압용의 기계기구를 건조한 목재의 마루 위에서 취급하도록 시설한 경우

② 외함 주위에 적당한 절연대를 설치한 경우

③ 교류 대지 전압이 300V 이하인 기계기구를 건조한 곳에 시설한 경우

④ 전기용품 및 생활용품 안전관리법의 적용을 받는 2중 절연구조로 되어 있는 기계기구를 시설하는 경우

해설

접지를 하지 않아도 되는 안전한 부분

(1) 이중절연구조 또는 이와 동등 이상으로 보호되는 전기기계기구

(2) 절연대 위 등과 같이 감전 위험이 없는 장소에서 사용하는 전기기계기구

(3) 비접지방식 전로에 접속하여 사용되는 전기기계기구

76 Dalziel에 의하여 동물 실험을 통해 얻어진 전류값을 인체에 적용했을 때 심실세동을 일으키는 전기 에너지(J)는 약 얼마인가?(단, 인체 전기저항은 500Ω으로 보며, 흐르는 전류 $I = \frac{165}{\sqrt{T}}$ mA로 한다.)

① 9.8

② 13.6

③ 19.6

④ 27

해설

$$Q(J) = I^2RT = (165 \times 0.001)^2 \times 500 = 13.6(J)$$

77 전기설비의 방폭구조의 종류가 아닌 것은?

① 근본 방폭구조

② 압력 방폭구조

③ 안전증 방폭구조

④ 본질안전 방폭구조

해설

방폭구조

내압	압력	안전증	유입	본질안전	비점화	충격	몰드	특수
d	p	e	o	ia, ib	n	q	m	s

78 작업자가 교류전압 7,000V 이하의 전로에 활선 근접작업 시 감전사고 방지를 위한 절연용 보호구는?

① 고무절연관

② 절연시트

③ 절연커버

④ 절연안전모

해설

교류전압 7,000V 이하의 근접작업 시 보호구 : 감전위험 방지용 안전모

79 방폭전기기기에 "Ex ia ⅡC T4 Ga"라고 표시되어 있다. 해당 기기에 대한 설명으로 틀린 것은?

① 정상 작동, 예상된 오작동에 또는 드문 오작동 중에 점화원이 될 수 없는 "매우 높은" 보호등급의 기기이다.

② 온도등급이 T4이므로 최고표면온도가 150℃를 초과해서는 안 된다.

③ 본질안전 방폭구조로 0종 장소에서 사용이 가능하다.

④ 수소 및 아세틸렌 등의 가스가 존재하는 곳에 사용이 가능하다.

방폭 표기의 의미

Ex	d	Ⅱ	B	T4	IP44
방폭기기	방폭구조	기기분류	가스등급	온도등급	보호등급
방폭기기	내압방폭구조	산업용	가스등급B	최고표면온도 100℃ 초과 135℃ 이하	ϕ1mm의 고체와 튀기는 물에 대해 보호

KS C IES 60079 – 0 방폭 기기 설명

- Equipment Protection Level은 EPL로 표기되며 점화원이 될 수 있는 가능성에 기초하여 기기에 부여된 보호등급이다.
- EPL의 등급 중 EPL Ga는 정상 작동, 예상된 오작동, 드문 오작동 중에 점화원이 될 수 없는 "매우 높은" 보호등급의 기기이다.

80 전기기계 · 기구의 기능 설명으로 옳은 것은?

① CB는 부하전류를 개폐시킬 수 있다.

② ACB는 진공 중에서 차단동작을 한다.

③ DS는 회로의 개폐 및 대용량 부하를 개폐시킨다.

④ 피뢰침은 뇌나 계통의 개폐에 의해 발생하는 이상 전압을 대지로 방전시킨다.

해설

피뢰침

① CB는 부하전류를 개폐시킬 수 있는 차단기이다.

② ACB는 기중차단기로 공기 중에서 아크를 자연 소호하는 차단기이다.

③ DS는 단로기로서 반드시 무부하 상태에서 작동이 되어야 한다.

④ 피뢰침은 뇌격전류를 안전하게 대지로 방전시킨다.

5과목 화학설비위험방지기술

81 다음 중 압축기 운전 시 토출압력이 갑자기 증가하는 이유로 가장 적절한 것은?

① 윤활유의 과다

② 피스톤 링의 가스 누설

③ 토출관 내에 저항 발생

④ 저장조 내 가스압의 감소

해설

토출압력이 증가하는 이유는 토출관 내에 저항이 발생하기 때문이다.

82 진한 질산이 공기 중에서 햇빛에 의해 분해되었을 때 발생하는 갈색 증기는?

① N_2

② NO_2

③ NH_3

④ NH_2

해설

① N_2(질소)

② NO_2(질산은)

③ NH_3(암모니아)

④ NH_2(아미노기)

질산은 빛에 의해 광분해 작용으로 이산화질소를 발생시키며 갈색 유리병에 보관한다.

83 고온에서 완전 열분해하였을 때 산소를 발생하는 물질은?

① 황화수소

② 과염소산칼륨

③ 메틸리튬

④ 적린

해설

과염소산칼륨은 열분해 하였을 때 산소를 발생시킨다.

$KClO_4$(과염소산칼륨) → $KCl + O_2$

---

84 다음 중 분진폭발에 관한 설명으로 틀린 것은?

① 폭발한계 내에서 분진의 휘발성분이 많으면 폭발 위험성이 높다.

② 분진이 발화 폭발하기 위한 조건은 가연성, 미분 상태, 공기 중에서의 교반과 유동 및 점화원의 존재이다.

③ 가스폭발과 비교하여 연소의 속도나 폭발의 압력이 크고, 연소시간이 짧으며, 발생에너지가 작다.

④ 폭발한계는 입자의 크기, 입도분포, 산소농도, 함유수분, 가연성가스의 혼입 등에 의해 같은 물질의 분진에서도 달라진다.

해설

가스폭발과 분진폭발의 비교
가) 가스폭발
　① 화염이 크다.
　② 연소속도가 빠르다.
나) 분진폭발
　① 폭발압력, 에너지가 크다.
　② 연소시간이 길다.
　③ 불완전연소로 인한 일산화탄소가 발생한다.

85 다음 중 유류화재의 화재급수에 해당하는 것은?

① A급　　　　② B급
③ C급　　　　④ D급

해설

분류	A급 화재	B급 화재	C급 화재	D급 화재
명칭	일반 화재	유류·가스화재	전기 화재	금속 화재
가연물	목재, 종이, 섬유	유류, 가스 등	전기	Mg분, AL분
주된 소화효과	냉각 효과	질식 효과	질식, 냉각	질식 효과

86 증기 배관 내에 생성하는 응축수를 제거할 때 증기가 배출되지 않도록 하면서 응축수를 자동적으로 배출하기 위한 장치를 무엇이라 하는가?

① Vent stack　　　② Steam trap
③ Blow down　　　④ Relief valve

해설

- 밴트스택(Vent stack) : 탱크 내의 압력을 정상상태로 유지하기 위한 안전장치
- 스팀 트랩(Steam trap) : 증기 배관 내에 생성하는 응축수를 제거할 때 증기가 배출되면 열효율이 나빠지게 됨으로 증기가 배출되지 않도록 하면서 응축수를 자동적으로 배출하기 위한 장치
- 블로다운(Blow down) : 배기밸브 또는 배기구가 열리고 실린더 내의 가스가 뿜어 나오는 현상
- 릴리프 밸브(Relief valve) : 회로의 압력이 설정압력에 도달하면 유체의 일부 또는 전량을 배출시켜 회로 내의 압력을 설정값 이하로 유지하는 압력제어 밸브
- 플레어 스택(flare stack) : 석유화학 공정 운전시 폐가스를 완전 연소시키는 시설물

87 다음 중 수분(H_2O)과 반응하여 유독성 가스인 포스핀이 발생되는 물질은?

① 금속나트륨
② 알루미늄 분발
③ 인화칼슘
④ 수소화리튬

해설

금속의 인화물
- 인화 알루미늄 : $AlP + 3H_2O \longrightarrow Al(OH)_3 + PH3 \uparrow$ (포스핀)
- 인화칼슘 : $Ca2P_3 + 6HCl \longrightarrow 3CaCl_2 + 2PH3$(포스핀) $\uparrow$

88 대기압에서 사용하나 증발에 의한 액체의 손실을 방지함과 동시에 액면 위의 공간에 폭발성 위험 가스를 형성할 위험이 적은 구조의 저장탱크는?

① 유동형 지붕 탱크
② 원추형 지붕 탱크
③ 원통형 저장 탱크
④ 구형 저장탱크

정답 84 ③　85 ②　86 ②　87 ③　88 ①

석유류 저장탱크의 종류

1) 원추형(Cone Roof Tank)
   원추형의 고정지붕을 가진 Tank로 설치비가 싸고 가장 많이 이용하는 형태
2) 유동형(Floating Roof Tank)
   상부 탱크에 고정된 지붕이 없어 액표면 위에 액위와 같이 움직이는 부유 지붕을 설치하여 탱크 내부의 증기공간을 없앰으로써 제품의 증기손실을 줄일 수 있도록 한 형태
3) 복합형(Internal Floating Roof Tank)
   원추형 내부 액표면 위에 액위와 같이 움직이는 부유 지붕을 설치한 것
4) 구형탱크(Spherical Tank)
   • 높은 압력에 견딜 수 있도록 두꺼운 철판을 이용하며 구형으로 만들어진다.
   • 압축가스 혹은 액화가스 같은 압력을 필요로 하는 유체 저장에 많이 사용되고 주로 LPG를 저장한다.
   • 그리고 이 Tank는 열을 받는 면적이 적어 고압가스 저장에 용이하다.
   • 저장 유종은 Propane, Butane 등 고압가스다.

89 자동화재탐지설비의 감지기 종류 중 열감지기가 아닌 것은?

① 차동식   ② 정온식
③ 보상식   ④ 광전식

• 열감지 : 차동식 정온식, 보상식
• 연기감지 : 광전식, 이온화식

90 산업안전보건법령에서 규정하고 있는 위험물질의 종류 중 부식성 염기류로 분류되기 위하여 농도가 40% 이상이어야 하는 물질은?

① 염산   ② 아세트산
③ 불산   ④ 수산화칼륨

위험물의 분류 중 부식성 물질

㉠ 부식성 산류
   • 농도가 20% 이상인 염산 황산 질산
   • 농도가 60% 이상인 인산 아세트산 불산
㉡ 부식성 염기류
   농도가 40% 이상인 수산화나트륨 수산화칼륨 그 밖의 이와 같은 정도 이상의 부식성을 가지는 염기류

91 인화점이 각 온도 범위에 포함되지 않는 물질은?

① −30℃ 미만 : 디에틸에테르
② −30℃ 이상 0℃ 미만 : 아세톤
③ 0℃ 이상 30℃ 미만 : 벤젠
④ 30℃ 이상 65℃ 이하 : 아세트산

벤젠의 인화점 : −11.1℃

92 다음 중 아세틸렌을 용해가스로 만들 때 사용되는 용제로 가장 적합한 것은?

① 아세톤   ② 메탄
③ 부탄   ④ 프로판

아세틸렌을 용해가스로 만들 때 사용되는 용제 : 아세톤

93 다음 중 산업안전보건법령상 화학설비의 부속설비로만 이루어진 것은?

① 사이클론, 백필터, 전기집진기 등 분진처리설비
② 응축기, 냉각기, 가열기, 증발기 등 열교환기류
③ 고로 등 점화기를 직접 사용하는 열교환기류
④ 혼합기, 발포기, 압출기 등 화학제품 가공설비

화학설비의 부속설비

① 배관 · 밸브 · 관 · 부속류 등 화학물질 이송 관련 설비

② 온도 · 압력 · 유량 등을 지시 · 기록 등을 하는 자동제어 관련 설비

③ 안전밸브 · 안전판 · 긴급차단 또는 방출밸브 등 비상조치 관련 설비

④ 가스누출감지 및 경보 관련 설비

⑤ 세정기, 응축기, 벤트스택(Vent stack), 플레어스택(flare stack) 등 폐가스 처리설비
  - 밴트스택 : 탱크 내의 압력을 정상상태로 유지하기 위한 안전장치
  - 플레어 스택 : 석유화학 공정 운전 시 폐가스를 완전 연소시키는 시설물

⑥ 사이클론, 백필터(bag filter), 전기집진기 등 분진처리설비

⑦ 상기의 설비를 운전하기 위하여 부속된 전기 관련 설비

⑧ 정전기 제거장치, 긴급 샤워설비 등 안전 관련 설비

94 다음 중 밀폐 공간 내 작업 시의 조치사항으로 가장 거리가 먼 것은?

① 산소결핍이나 유해가스로 인한 질식의 우려가 있으면 진행 중인 작업에 방해되지 않도록 주의하면서 환기를 강화하여야 한다.

② 해당 작업장을 적정한 공기상태로 유지되도록 환기하여야 한다.

③ 그 장소에 근로자를 입장시킬 때와 퇴장시킬 때마다 인원을 점검하여야 한다.

④ 그 작업장과 외부의 감시인 간에 항상 연락을 취할 수 있는 설비를 설치하여야 한다.

밀폐공간 작업 시 안전조치사항

① 작업할 장소의 적정공기상태가 유지되도록 환기를 하여야 한다.

② 작업자의 투입, 퇴장 인원 점검을 하여야 한다.

③ 관계작업자 외 출입금지시키고 준수사항을 게시하여야 한다.

④ 외부 감시인과 상호 연락을 하도록 설비를 갖추어야 한다.

⑤ 산소결핍이 우려되거나 폭발 우려가 발생시 즉시 작업을 중단시키고 해당 근로자를 대피시켜야 한다.

⑥ 송기마스크, 들것, 섬유 로프, 도르래, 사다리 등 구조장비를 대기시켜야 한다.

⑦ 구출작업자도 송기마스크를 착용하여야 한다.

95 산업안전보건법령상 폭발성 물질을 취급하는 화학설비를 설치하는 경우에 단위공정설비로부터 다른 단위공정설비 사이의 안전거리는 설비 바깥 면으로부터 몇 m 이상이어야 하는가?

① 10 ② 15
③ 20 ④ 30

화학설비의 안전거리

구분	안전거리
단위공정 시설 및 설비로부터 다른 단위공정 시설 및 설비의 사이	설비의 바깥면으로부터 10m 이상
플레어스택으로부터 단위공정 시설 및 설비 위험물질 저장탱크 또는 위험물질 하역 설비의 사이	플레어스택으로부터 반경 20m 이상
위험물질 저장 탱크로부터 단위공정 시설 및 설비 보일러 또는 가열로의 사이	저장탱크의 바깥면으로 부터 20미터 이상
사무실, 연구실, 실험실, 정비실 또는 식당으로부터 단위공정 시설 및 설비, 위험물질 저장탱크, 위험물질 하역설비, 보일러 또는 가열로의 사이	사무실 등의 바깥면으로부터 20미터 이상

96 탄화수소 증기의 연소하한값 추정식은 연료의 양론 농도(C_{st})의 0.55배이다. 프로판 1몰의 연소 반응식이 다음과 같을 때 연소하한값은 약 몇 vol% 인가?

$$C_3H_8 + 5O_2 \rightarrow 3CO_2 + 4H_2O$$

① 2.22 ② 4.03
③ 4.44 ④ 8.06

$$Cst = \frac{100}{1 + 4.773(n + \frac{m - f - 2\lambda}{4})}$$

$$= \frac{100}{1 + 4.773(3 + \frac{8}{4})} \times 0.55 = 2.21$$

97 에틸알코올(C_2H_5OH) 1몰이 완전연소할 때 생성되는 CO_2의 몰수로 옳은 것은?

① 1   ② 2
③ 3   ④ 4

$C_2H_5OH + 3O_2 \rightarrow 2CO_2 + 3H_2O$

98 프로판과 메탄의 폭발하한계가 각각 2.5, 5.0vol% 이라고 할 때 프로판과 메탄이 3 : 1의 체적비로 혼합되어 있다면 이 혼합가스의 폭발하한계는 약 몇 vol%인가?(단, 상온, 상압상태이다.)

① 2.9   ② 3.3
③ 3.8   ④ 4.0

$$L = \frac{100}{\frac{V1}{L1} + \frac{V2}{L2}} \qquad L = \frac{4}{\frac{3}{2.5} + \frac{1}{5.0}} = 2.9$$

99 다음 중 소화약제로 사용되는 이산화탄소에 관한 설명으로 틀린 것은?

① 사용 후에 오염의 영향이 거의 없다.
② 장시간 저장하여도 변화가 없다.
③ 주된 소화효과는 억제소화이다.
④ 자체 압력으로 방사가 가능하다.

주된 소화제는 질식 소화제이다.

100 다음 중 물질의 자연발화를 촉진시키는 요인으로 가장 거리가 먼 것은?

① 표면적이 넓고, 발열량이 클 것
② 열전도율이 클 것
③ 주위온도가 높을 것
④ 적당한 수분을 보유할 것

자연발화

자연발화의 형태	① 산화열에 의한 발열 (석탄, 건성유) ② 분해열에 의한 발열 (셀룰로이드, 니트로셀룰로오스) ③ 흡착열에 의한 발열 활성탄. (목탄, 분말) ④ 미생물에 의한 발열 (퇴비, 먼지)
자연발화의 조건	① 표면적이 넓은 것 ② 열전도율이 작을 것 ③ 발열량이 클 것 ④ 주위의 온도가 높을 것(분자운동 활발)
자연발화의 인자	① 열의 축적 ② 발열량 ③ 열전도율 ④ 수분 ⑤ 퇴적 방법 ⑥ 공기의 유동
자연발화 방지법	① 통풍이 잘되게 할 것 ② 저장실 온도를 낮출 것 ③ 열이 축적되지 않는 퇴적 방법을 선택할 것 ④ 습도가 높지 않도록 할 것

6과목   **건설안전기술**

101 콘크리트 타설을 위한 거푸집 동바리의 구조 검토 시 가장 선행되어야 할 작업은?

① 각 부재에 생기는 응력에 대하여 안전한 단면을 산정한다.
② 가설물에 작용하는 하중 및 외력의 종류, 크기를 산정한다.
③ 하중 및 외력에 의하여 각 부재에 생기는 응력을 구한다.
④ 사용할 거푸집동바리의 설치간격을 결정한다.

거푸집 동바리의 구조검토

1) 하중계산 : 거푸집 동바리에 작용하는 하중 및 외력의 종류, 크기를 산정해야 한다.

2) 응력계산 : 하중, 외력에 의한 각 부재에 발생되는 응력을 구한다.

3) 단면, 배치 간격 : 각 부재에 발생하는 응력에 대하여 단면 배치 간격을 결정한다.

102 다음 중 해체작업용 기계 기구로 가장 거리가 먼 것은?

① 압쇄기 ② 핸드 브레이커
③ 철제 해머 ④ 진동롤러

해체작업용 기계 기구

① 압쇄기
② 핸드 브레이커
③ 철제 해머

103 거푸집동바리 등을 조립하는 경우에 준수하여야 할 안전조치기준으로 옳지 않은 것은?

① 동바리로 사용하는 강관은 높이 2m 이내마다 수평연결재를 2개 방향으로 만들고 수평연결재의 변위를 방지할 것
② 동바리로 사용하는 파이프 서포트는 3개 이상이어서 사용하지 않도록 할 것
③ 동바리로 사용하는 파이프 서포트를 이어서 사용하는 경우에는 3개 이상의 볼트 또는 전용철물을 사용하여 이을 것
④ 동바리로 사용하는 강관틀과 강관틀 사이에는 교차가새를 설치할 것

동바리로 사용하는 파이프 서포트를 이어서 사용하는 경우 4개 이상의 볼트 또는 전용철물을 사용하여 이을 것

104 다음은 말비계를 조립하여 사용하는 경우에 관한 준수사항이다. ( ) 안에 들어갈 내용으로 옳은 것은?

> − 지주부재와 수평면의 기울기를 (A)° 이하로 하고 지주부재와 지주부재 사이를 고정시키는 보조부재를 설치할 것
> − 말비계의 높이가 2m를 초과하는 경우에는 작업발판의 폭을 (B)cm 이상으로 할 것

① A : 75, B : 30 ② A : 75, B : 40
③ A : 85, B : 30 ④ A : 85, B : 40

말비계 조립 시 준수사항

① 지주부재(支柱部材)의 하단에는 미끄럼 방지장치를 하고, 근로자가 양측 끝부분에 올라서서 작업하지 않도록 할 것
② 지주부재와 수평면의 기울기를 75° 이하로 하고, 지주부재와 지주부재 사이를 고정시키는 보조부재를 설치할 것
③ 말비계의 높이가 2미터를 초과하는 경우에는 작업발판의 폭을 40cm 이상으로 할 것

105 산업안전보건관리비계상 기준에 따른 일반건설공사(갑), 대상액 「5억원 이상~50억원 미만」의 안전관리비 비율 및 기초액으로 옳은 것은?

① 비율 : 1.86%, 기초액 : 5,349,000원
② 비율 : 1.99%, 기초액 : 5,499,000원
③ 비율 : 2.35%, 기초액 : 5,400,000원
④ 비율 : 1.57%, 기초액 : 4,411,000원

공사종류 및 규모별 안전관리비 계상 기준표

구분 / 공사 종류	대상액 5억원 미만	대상액 5억원 이상 50억원 미만		대상액 50억원 이상
		비율(X)	기초액(C)	
일반건설 공사(갑)	2.93%	1.86%	5,349,000	1.97%

106 터널작업 시 자동경보장치에 대하여 당일의 작업시작 전 점검하여야 할 사항으로 옳지 않은 것은?

① 검지부의 이상 유무
② 조명시설의 이상 유무
③ 경보장치의 작동상태
④ 계기의 이상 유무

해설

자동경보장치에 대하여 당일의 작업시작 전 점검
① 검지부의 이상 유무
② 조명시설의 이상 유무
③ 경보장치의 작동상태

107 다음은 강관틀비계를 조립하여 사용하는 경우 준수해야 할 기준이다. (   ) 안에 알맞은 숫자를 나열한 것은?

> 길이가 띠장 방향으로 (A) 미터 이하이고 높이가 (B) 미터를 초과하는 경우에는 (C) 미터 이내마다 띠장방향으로 버팀기둥을 설치할 것

① A : 4, B : 10, C : 5
② A : 4, B : 10, C : 10
③ A : 5, B : 10, C : 5
④ A : 5, B : 10, C : 10

해설

강관 틀비계 조립 시 준수사항
① 비계기둥의 밑둥에는 밑받침 철물을 사용하여야 하며 밑받침에 고저차(高低差)가 있는 경우에는 조절형 밑받침 철물을 사용하여 각각의 강관틀비계가 항상 수평 및 수직을 유지하도록 할 것
② 높이가 20m를 초과하거나 중량물의 적재를 수반하는 작업을 할 경우에는 주틀 간의 간격을 1.8m 이하로 할 것
③ 주틀 간에 교차 가새를 설치하고 최상층 및 5층 이내마다 수평재를 설치할 것
④ 수직 방향으로 6m, 수평 방향으로 8미터 이내마다 벽이음을 할 것
⑤ 길이가 띠장 방향으로 4m 이하이고 높이가 10m를 초과하는 경우에는 10m 이내마다 띠장 방향으로 버팀기둥을 설치할 것

108 지반의 종류가 다음과 같을 때 굴착면의 기울기 기준으로 옳은 것은?

보통흙의 습지

① 1 : 0.5~1 : 1
② 1 : 1~1 : 1.5
③ 1 : 0.8
④ 1 : 0.5

해설

굴착면의 기울기 [법령 개정으로 아래 도표만 참고]

구분	보통흙		암반		
지반의 종류	건지	습지	풍화암	연암	경암
기울기	1 : 0.5 ~1 : 1	1 : 1 ~1 : 1.5	1 : 1.0	1 : 1.0	1 : 0.5

109 동력을 사용하는 항타기 또는 항발기에 대하여 무너짐을 방지하기 위하여 준수하여야 할 기준으로 옳지 않은 것은?

① 연약한 지반에 설치하는 경우에는 각부(脚部)나 가대(架臺)의 침하를 방지하기 위하여 깔판·깔목 등을 사용할 것
② 각부나 가대가 미끄러질 우려가 있는 경우에는 말뚝 또는 쐐기 등을 사용하여 각부나 가대를 고정시킬 것
③ 버팀대만으로 상단부분을 안정시키는 경우에는 버팀대는 3개 이상으로 하고 그 하단 부분은 견고한 버팀·말뚝 또는 철골 등으로 고정시킬 것
④ 버팀줄만으로 상단 부분을 안정시키는 경우에는 버팀줄을 2개 이상으로 하고 같은 간격으로 배치할 것

해설

버팀줄만으로 상단 부분을 안정시키는 경우에는 버팀줄을 3개 이상으로 하고 같은 간격으로 배치할 것

110 운반작업을 인력운반작업과 기계운반작업으로 분류할 때 기계운반작업으로 실시하기에 부적당한 대상은?

① 단순하고 반복적인 작업
② 표준화되어 있어 지속적이고 운반량이 많은 작업
③ 취급물의 형상, 성질, 크기 등이 다양한 작업
④ 취급물이 중량인 작업

해설

취급물의 형상, 성질, 크기 등이 다양한 작업은 인력작업이 적합하다.

111 터널 등의 건설작업을 하는 경우에 낙반 등에 의하여 근로자가 위험해질 우려가 있는 경우에 필요한 직접적인 조치사항과 거리가 먼 것은?

① 터널지보공 설치   ② 부석의 제거
③ 울 설치   ④ 록볼트 설치

해설

터널 등의 건설작업을 하는 경우에 낙반에 대한 조치사항
① 터널지보공 설치
② 부석의 제거
③ 록볼트 설치

112 장비 자체보다 높은 장소의 땅을 굴착하는데 적합한 장비는?

① 파워 셔블(Power Shovel)
② 불도저(Bulldozer)
③ 드래그라인(Drag line)
④ 클램셸(Clam Shell)

해설

셔블계 굴착기계 종류
① 파워 셔블(Power shovel)
   • 굴착공사와 싣기에 많이 사용
   • 버킷이 외측으로 움직여 기계위치보다 높은 지반굴착에 적합

• 작업대가 견고하여 굳은 토질의 굴착에도 용이
② 드래그 셔블(백호 Back hoe)
   • 버킷이 내측으로 움켜서 기계 위치보다 낮은 지반, 기초굴착
   • 파워셔블의 몸체에 앞을 긁을 수 있는 arm, bucket을 달고 굴착
   • 기초굴착, 수중굴착, 좁은 도랑 및 비탈면 절취 등의 작업 등에 사용됨
③ 클램셸(Clam shell)
   • 지반 아래 협소하고 깊은 수직굴착에 주로 사용
   • 수중굴착 및 구조물의 기초바닥. 우물통 기초의 내부 굴착 등
④ 드래그 라인(Drag line)
   • 연약한 토질을 광범위하게 굴착 할 때 사용되며 굳은 지반의 굴착에는 부적합
   • 골재채취 등에 사용되며 기계의 위치보다 낮은 곳 또는 높은 곳도 가능

113 사다리식 통로의 길이가 10m 이상일 때 얼마 이내마다 계단참을 설치하여야 하는가?

① 3m 이내마다
② 4m 이내마다
③ 5m 이내마다
④ 6m 이내마다

해설

사다리식 통로의 길이가 10m 이상인 경우에는 5m 이내마다 계단참을 설치할 것

114 추락방지망 설치 시 그물코의 크기가 10cm인 매듭 있는 방망의 신품에 대한 인장강도 기준으로 옳은 것은?

① 100kgf 이상
② 200kgf 이상
③ 300kgf 이상
④ 400kgf 이상

해설

방망사의 인장강도

그물코의 크기 단위 : cm	방망의 종류(kg)			
	매듭 없는 방망		매듭 방망	
	신품	폐기시	신품	폐기시
10cm	240	150	200	135
5cm			110	60

115 타워크레인을 자립고(自立高) 이상의 높이로 설치할 때 지지 벽체가 없어 와이어로프로 지지하는 경우의 준수사항으로 옳지 않은 것은?

① 와이어로프를 고정하기 위한 전용 지지프레임을 사용할 것

② 와이어로프 설치각도는 수평면에서 60° 이내로 하되, 지지점은 4개소 이상으로 하고, 같은 각도로 설치할 것

③ 와이어로프와 그 고정부위는 충분한 강도와 장력을 갖도록 설치하되, 와이어로프를 클립·샤클(shackle) 등의 기구를 사용하여 고정하지 않도록 유의할 것

④ 와이어로프가 가공전선에 근접하지 않도록 할 것

해설

와이어로프와 그 고정부위는 충분한 강도와 장력을 갖도록 설치하되, 와이어로프를 클립·샤클(shackle) 등의 기구를 사용하여 고정하여야 한다.

116 토질시험 중 연약한 점토 지반의 점착력을 판별하기 위하여 실시하는 현장시험은?

① 베인테스트(Vane Test)

② 표준관입시험(SPT)

③ 하중재하시험

④ 삼축압축시험

해설

연약한 점토 지반의 토질시험은 베인테스트이다.

117 비계의 부재 중 기둥과 기둥을 연결시키는 부재가 아닌 것은?

① 띠장   ② 장선

③ 가새   ④ 작업발판

해설

비계의 부재 중 기둥과 기둥을 연결시키는 부재

① 띠장

② 장선

③ 가새

118 항만하역작업에서의 선박 승강설비 설치기준으로 옳지 않은 것은?

① 200톤급 이상의 선박에서 하역작업을 하는 경우에 근로자들이 안전하게 오르내릴 수 있는 현문(舷門) 사다리를 설치하여야 하며, 이 사다리 밑에 안전망을 설치하여야 한다.

② 현문 사다리는 견고한 재료로 제작된 것으로 너비는 55cm 이상이어야 한다.

③ 현문 사다리의 양측에는 82cm 이상의 높이로 울타리를 설치하여야 한다.

④ 현문 사다리는 근로자의 통행에만 사용하여야 하며, 화물용 발판 또는 화물용 보판으로 사용하도록 해서는 아니 된다.

해설

선박 승강 설비의 설치

① 300톤급 이상의 선박에서 하역작업을 하는 경우에 근로자들이 안전하게 오르내릴 수 있는 현문(舷門) 사다리를 설치하여야 하며, 이 사다리 밑에 안전망을 설치하여야 한다.

② 현문 사다리는 견고한 재료로 제작된 것으로 너비는 55cm 이상이어야 하고, 높이는 양측에 82cm 이상의 방책을 설치하여야 하며, 바닥은 미끄러지지 않도록 적합한 재질로 처리되어야 한다.

③ 현문 사다리는 근로자의 통행에만 사용하여야 하며, 화물용 발판 또는 화물용 보판으로 사용하도록 해서는 아니 된다.

정답 115 ③ 116 ① 117 ④ 118 ①

119 다음 중 유해위험방지계획서 제출대상 공사가 아닌 것은?

① 지상높이가 30m인 건축물 건설공사
② 최대지간길이가 50m인 교량건설공사
③ 터널 건설공사
④ 깊이가 11m인 굴착공사

해설

건설공사의 유해위험 방지계획서 제출 대상 사업장
1) 지상높이가 31미터 이상인 건축물
2) 연면적 3만제곱미터 이상인 건축물
3) 연면적 5천제곱미터 이상인 시설로서 다음의 어느 하나에 해당하는 시설
   ① 문화 및 집회시설(전시장 및 동물원·식물원은 제외한다)
   ② 판매시설, 운수시설(고속철도의 역사 및 집배송시설은 제외한다)
   ③ 종교시설
   ④ 의료시설 중 종합병원
   ⑤ 숙박시설 중 관광숙박시설
   ⑥ 지하도상가
   ⑦ 냉동·냉장 창고시설
4) 연면적 5천제곱미터 이상인 냉동·냉장 창고시설의 설비공사 및 단열공사
5) 최대 지간(支間) 길이가 50미터 이상인 다리의 건설 등 공사
6) 터널의 건설 등 공사
7) 다목적댐, 발전용댐, 저수용량 2천만 톤 이상의 용수전용 댐 및 지방상수도 전용 댐의 건설 등 공사
8) 깊이 10미터 이상인 굴착공사

120 본 터널(main tunnel)을 시공하기 전에 터널에서 약간 떨어진 곳에 지질조사, 환기, 배수, 운반 등의 상태를 알아보기 위하여 설치하는 터널은?

① 프리패브(prefab) 터널
② 사이드(side) 터널
③ 쉴드(shield) 터널
④ 파일럿(pilot) 터널

해설

본 터널 굴착 전에 여러 가지 다양한 조사를 목적으로 Pilot 터널을 선시공(선진 도갱 공법이라 한다)

정답 119 ① 120 ④

01 라인(Line)형 안전관리 조직의 특징으로 옳은 것은?

① 안전에 관한 기술의 축적이 용이하다.

② 안전에 관한 지시나 조치가 신속하다.

③ 조직원 전원을 자율적으로 안전활동에 참여시킬 수 있다.

④ 권한 다툼이나 조정 때문에 통제 수속이 복잡해지며, 시간과 노력이 소모된다.

해설

안전보건조직

라인형 조직 (Line System) 직계형	특징	① 안전보건관리 업무를 생산 라인을 통하여 이루어지도록 편성된 조직 ② 생산라인에 모든 안전보건 관리 기능을 부여
	장점	① 안전에 대한 지시 및 전달이 신속·용이하다. ② 명령계통이 간단·명료하다. ③ 참모식보다 경제적이다.
	단점	① 안전에 관한 전문지식이 부족하고 기술의 축적이 미흡하다. ② 안전정보 및 신기술 개발이 어렵다. ③ 라인에 과중한 책임이 물린다.
	비고	① 소규모(100인 미만) 사업장에 적용 ② 모든 명령은 생산계통을 따라 이루어진다.
스태프형 조직 (Staff System) 참모형	특징	① 안전에 관한 계획의 작성, 조사, 점검 결과에 의한 조언, 보고의 역할
	장점	① 안전에 관한 전문지식 및 기술의 축적이 용이. ② 경영자의 조언 및 자문역할 ③ 안전정보 수집이 용이하고 신속하다.
	단점	① 생산부서와 유기적인 협조 필요(안전과 생산 별개 취급) ② 생산부분의 안전에 대한 무책임·무권한 ③ 생산부서와 마찰(권한 다툼)이 일어나기 쉽다.
	비고	① 중규모(100인~1,000인) 사업장에 적용
라인 스태프형 조직 (Line Staff System) 직계참모형	특징	① 라인형과 스태프형 장점을 절충한 이상적인 조직 ② 안전보건 전담하는 스텝을 두고 생산라인의 부서장으로 하여금 안전보건 담당
	장점	① 안전지식 및 기술축적 가능 ② 안전지시 및 전달이 신속·정확하다. ③ 안전에 대한 신기술의 개발 및 보급이 용이함 ④ 안전활동이 생산과 분리되지 않으므로 운용이 쉽다.
	단점	① 명령 계통과 지도·조언 및 권고적 참여가 혼동되기 쉽다. ② 스태프의 힘이 커지면 라인이 무력해진다.
	비고	① 대규모(1,000명 이상) 사업장에 적용

02 레빈(Lewin)의 인간 행동 특성을 다음과 같이 표현하였다. 변수 'P'가 의미하는 것은?

$$B = f(P \cdot E)$$

① 행동　　　　　　② 소질

③ 환경　　　　　　④ 함수

해설

- B : Behavior(인간의 행동)
- F : Function(함수관계), P×E에 영향을 줄 수 있는 조건
- P : Person(연령, 경험, 심신상태, 성격, 지능, 소질 등)
- E : Environment(심리적 환경 – 인간관계, 작업환경, 설비적 결함 등)

03 Y–K(Yutaka–Kohate) 성격검사에 관한 사항으로 옳은 것은?

① C, C'형은 적응이 빠르다.

② M, M'형은 내구성, 집념이 부족하다.

③ S, S'형은 담력, 자신감이 강하다.

④ P, P'형은 운동, 결단이 빠르다.

해설

Y.K 성격검사(Yutaca Kohata 유타카 코하타)

작업성격 유형	작업성격 인자	적성 직종의 일반적 경향
C,C형 담즙질 (진공성형)	① 운동, 결단, 기민, 빠르다. ② 적응 빠름 ③ 세심하지 않음 ④ 내구 집념 부족 ⑤ 자신감 강함	대인적 작업, 창조적 관리적 작업, 변화 있는 기술적 가공 작업, 물품을 대상으로 하는 불연속 작업
M,M형 흑 담즙질 (신경질형)	① 운동성느림, 지속성풍부 ② 적응력 느림 ③ 세심, 억제, 정확함 ④ 집념, 지속성, 담력, ⑤ 담력 자신감 강함	연속적, 신중적, 인내적 작업, 연구개발적, 과학적 작업, 정밀 복잡성 작업
S,S형 (다형질) 운동성형	①,②,③,④는 C,C형과 동일 ⑤ 담력 자신감 약하다.	변화하는 불연속 작업, 사람 상대 상업적 작업, 기민한 동작을 요하는 작업
P,P형 점액질 (평범 수동성형)	①②,③,④는 M,M형과 동일 ⑤ 담력 자신감이 약하다.	경리사무, 흐름작업 계기관리 연속작업 지속적 단순작업
Am형 (이상질)	① 극도로 나쁨 ② 극도로 느림 ③ 극도로 결핍 ④ 극도로 강하거나 약함	위험을 수반하지 않은 단순한 기술적 작업 작업상 부적응성적 성격자는 정신 위생적 치료 요함

04 재해예방의 4원칙이 아닌 것은?

① 손실우연의 원칙
② 사전준비의 원칙
③ 원인계기의 원칙
④ 대책선정의 원칙

해설

재해예방 4원칙

예방가능의 원칙	재해는 원칙적으로 예방이 가능하다는 원칙
원인계기의 원칙	재해의 발생은 직접원인 만으로만 일어나는 것이 아니라 간접 원인이 연계되어 일어난다는 원칙
손실우연의 원칙	사고에 의해서 생기는 상해의 종류 및 정도는 우연적이라는 원칙
대책선정의 원칙	원인의 정확한 분석에 의해 가장 타당한 재해예방 대책이 선정되어야 한다는 원칙

05 재해의 발생확률은 개인적 특성이 아니라 그 사람이 종사하는 작업의 위험성에 기초한다는 이론은?

① 암시설　　　　② 경향설
③ 미숙설　　　　④ 기회설

해설

재해 빈발설

기회설	개인의 문제가 아니라 작업 자체의 위험성이 많기 때문(교육훈련실시, 작업환경개선대책)
암시설	재해를 한번 경험한 사람은 정신적으로나 심리적으로 압박을 받게 되어 상황에 대한 대응능력이 떨어져 재해가 빈발한다.(자기 스스로 심리적 압박)
경향설 (빈발 경향자설)	재해를 자주 일으키는 소질적 결함요소를 가진 근로자가 있다는 설(유전적 인자를 갖고 있는 자)

06 타인의 비판 없이 자유로운 토론을 통하여 다량의 독창적인 아이디어를 이끌어내고, 대안적 해결안을 찾기 위한 집단적 사고기법은?

① Role playing　　② Brain storming
③ Action playing　　④ Fish Bowl playing

해설

브레인스토밍(Brain storming)의 4원칙

① 비판금지 : 좋다. 나쁘다고 비평하지 않습니다.
② 자유분방 : 마음대로 편안히 발언합니다.
③ 대량발언 : 무엇이건 좋으니 많이 발언합니다.
④ 수정발언 : 타인의 아이디어에 수정하거나 덧붙여 말하여도 좋습니다.

07 강도율 7인 사업장에서 한 작업자가 평생동안 작업을 한다면 산업재해로 인한 근로손실 일수는 며칠로 예상되는가?(단, 이 사업장의 연근로시간과 한 작업자의 평생근로시간은 100,000시간으로 가정한다.)

① 500　　　　② 600
③ 700　　　　④ 800

정답　04 ②　05 ④　06 ②　07 ③

- 환산강도율 $=$ 강도율 $\times \dfrac{100,000}{1,000} =$ 강도율 $\times 100$

- 환산강도율 $= 7 \times \dfrac{100,000}{1,000} = 700$

따라서 근로손실일수 $= 700$

08 산업안전보건법령상 유해·위험 방지를 위한 방호조치가 필요한 기계·기구가 아닌 것은?

① 예초기　　　　② 지게차
③ 금속절단기　　④ 금속탐지기

유해 위험한 기계, 기구 등의 방호 장치

대상	방호조치
예초기	날 접촉 예방장치
원심기	회전체 접촉 예방장치
지게차	헤드가드, 백레스트, 전조등, 후미등, 안전벨트
금속 절단기	날 접촉 예방장치
공기 압축기	압력 방출 장치
포장기계	구동부 방호장치

방호조치 없이 양도, 대여, 설치, 사용금지 및 양도 대여 목적으로 진열 금지

09 산업안전보건법령상 안전·보건표지의 색채와 사용사례의 연결로 틀린 것은?

① 노란색 – 화학물질 취급장소에서의 유해·위험 경고 이외의 위험경고
② 파란색 – 특정 행위의 지시 및 사실의 고지
③ 빨간색 – 화학물질 취급장소에서의 유해·위험 경고
④ 녹색 – 정지신호, 소화설비 및 그 장소, 유해행위의 금지

안전보건표지의 색체, 색도기준 및 용도

색채	색도기준	용도	사용례	형태별 색채기준
빨간색	7.5R 4/14	금지	정지신호, 소화설비 및 그 장소, 유해행위의 금지	바탕 : 흰색 모형 : 빨간색 부호 및 그림 : 검은색
		경고	화학물질 취급장소에서의 유해 위험경고	
노란색	5Y 8.5/ 12	경고	화학물질 취급장소에서의 유해 위험경고	바탕 : 노란색 모형, 그림 : 검은색
			그 밖의 위험경고, 주의표지 또는 기계방호물	
파란색	2.5PB 4/10	지시	특정 행위의 지시, 사실의 고지 보호구	바탕 : 파란색 그림 : 흰색
녹색	2.5G 4/10	안내	비상구 피난소, 사람 또는 차량의 통행표지	바탕 : 녹색 관련부호 및 그림 : 흰색
				바탕 : 흰색 그림 관련부호 : 녹색
흰색	N9.5			파란색, 녹색에 대한 보조색
검정색	N0.5			문자, 빨간색, 노란색의 보조색

10 재해의 발생형태 중 다음 그림이 나타내는 것은?

① 단순연쇄형　　② 복합연쇄형
③ 단순자극형　　④ 복합형

재해의 발생형태

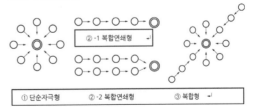

① 단순자극형　　② -1 복합연쇄형 ② -2 복합연쇄형 ③ 복합형

11 생체리듬의 변화에 대한 설명으로 틀린 것은?

① 야간에는 체중이 감소한다.

② 야간에는 말초운동 기능이 증가된다.

③ 체온, 혈압, 맥박수는 주간에 상승하고 야간에 감소한다.

④ 혈액의 수분과 염분량은 주간에 감소하고 야간에 상승한다.

생체리듬의 변화

① 야간에는 체중이 감소한다.

② 야간에는 말초운동 기능이 저하된다.

③ 체온, 혈압, 맥박수는 주간에 상승하고 야간에 감소한다.

④ 혈액의 수분과 염분량은 주간에 감소하고 야간에 상승한다.

12 무재해운동을 추진하기 위한 조직의 세 기둥으로 볼 수 없는 것은?

① 최고경영자의 경영자세

② 소집단 자주활동의 활성화

③ 전 종업원의 안전요원화

④ 라인관리자에 의한 안전보건의 추진

무재해운동의 3요소(3기둥)

① 최고경영자의 경영자세

② 관리감독자의 안전보건 추진

③ 직장 소집단의 자율 활동의 활성화

13 안전인증 절연장갑에 안전인증 표시 외에 추가로 표시하여야 하는 등급별 색상의 연결로 옳은 것은?(단, 고용노동부 고시를 기준으로 한다.)

① 00등급 : 갈색

② 0등급 : 흰색

③ 1등급 : 노란색

④ 2등급 : 빨간색

절연장갑(절연장갑의 등급 및 색상)

등급	최대사용 전압		색상
	교류(V, 실효값)	직류(V)	
00	500	750	갈색
0	1,000	1,500	빨간색
1	7,500	11,250	흰색
2	17,000	25,500	노란색
3	26,500	39,500	녹색
4	36,000	54,000	등색

교류×1.5＝직류

14 안전교육방법 중 구안법(Project Method)의 4단계의 순서로 옳은 것은?

① 계획수립 → 목적결정 → 활동 → 평가

② 평가 → 계획수립 → 목적결정 → 활동

③ 목적결정 → 계획수립 → 활동 → 평가

④ 활동 → 계획수립 → 목적결정 → 평가

구안법(Project Method)의 4단계 : 목적결정 → 계획수립 → 활동 → 평가

15 산업안전보건법령상 사업 내 안전보건교육 중 관리감독자 정기교육의 내용이 아닌 것은?

① 유해 · 위험 작업환경 관리에 관한 사항

② 표준안전작업방법 및 지도 요령에 관한 사항

③ 작업공정의 유해 · 위험과 재해 예방대책에 관한 사항

④ 기계 · 기구의 위험성과 작업의 순서 및 동선에 관한 사항

관리감독자 정기 안전보건교육 내용

① 작업공정의 유해, 위험과 재해 예방대책에 관한 사항

② 표준안전작업방법 및 지도 요령에 관한 사항

③ 관리감독자의 역할과 임무에 관한 사항

정답 11 ② 12 ③ 13 ① 14 ③ 15 ④

④ 안전보건교육 능력 배양에 관한 사항
⑤ 산업보건 및 직업병 예방에 관한 사항
⑥ 직무 스트레스 예방 및 관리에 관한 사항
⑦ 유해, 위험 작업환경 관리에 관한 사항
⑧ 산재보상보험제도에 관한 사항
⑨ 산업안전보건법령 및 일반관리에 관한 사항

16 다음 재해원인 중 간접원인에 해당하지 않는 것은?

① 기술적 원인 ② 교육적 원인
③ 관리적 원인 ④ 인적 원인

해설

재해의 직, 간접 원인
1) 직접원인
  ① 인적원인(불안전 행동)
  ② 물적원인(불안전 상태)
2) 직접원인
  ① 기술적 원인
  ② 교육적 원인
  ③ 관리적 원인

17 재해원인 분석방법의 통계적 원인분석 중 사고의 유형, 기인물 등 분류항목을 큰 순서대로 도표화한 것은?

① 파레토도 ② 특성요인도
③ 크로스도 ④ 관리도

해설

재해 통계 분석기법
1) 파레토도 : 분류항목을 큰 값에서 작은 값의 순서로 도표화하는데 편리
2) 특성 요인도 : 특성과 요인 관계를 어골상으로 세분하여 연쇄 관계를 나타내는 방법
3) 관리도 : 재해발생건수 추이 파악, 목표관리 필요한 월별 관리 하한선 상한선으로 관리하는 방법
4) 크로스 분석 : 두 가지 이상의 요인이 서로 밀접한 상호 관계를 유지할 때 사용되는 방법

18 다음 중 헤드십(headship)에 관한 설명과 가장 거리가 먼 것은?

① 권한의 근거는 공식적이다.
② 지휘의 형태는 민주주의적이다.
③ 상사와 부하와의 사회적 간격은 넓다.
④ 상사와 부하와의 관계는 지배적이다.

해설

헤드십과 리더십의 구분

구분	권한 부여 및 행사	권한 근거	상관과의 부하와의 관계	부하와의 사회적 관계	지휘 행태
헤드십	위에서 위임 임명	법적 공식적	지배적 상사	넓다	권위적
리더십	아래로부터의 동의에 의한 선출	개인 능력	개인적인 경향 상사와 부하	좁다	민주적

19 다음 설명에 해당하는 학습 지도의 원리는?

학습자가 지니고 있는 각자의 요구와 능력 등에 알맞은 학습활동의 기회를 마련해주어야 한다는 원리

① 직관의 원리
② 자기활동의 원리
③ 개별화의 원리
④ 사회화의 원리

해설

개별화의 원리
학습자가 지니고 있는 각자의 요구와 능력 등에 알맞은 학습활동의 기회를 마련해 주어야 하는 원리

20 안전교육의 단계에 있어 교육대상자가 스스로 행함으로써 습득하게 하는 교육은?

① 의식교육 ② 기능교육
③ 지식교육 ④ 태도교육

정답 16 ④ 17 ① 18 ② 19 ③ 20 ②

교육의 구분	교육특징
1단계 지식교육	① 강의 시청각교육 등 지식의 전달 이해 ② 다수인원에 대한 교육 가능 ③ 광범위한 지식의 전달 가능 ④ 안전의식의 제고용이 ⑤ 피교육자의 이해도 측정 곤란 ⑥ 교사의 학습방법에 따라 차이 발생
2단계 기능교육	① 시범, 견학, 현장실습을 통한 경험체득 이해 ② 작업능력 및 기술능력 부여 ③ 작업동작의 표준화 ④ 교육기간의 장기화 ⑤ 다수인원 교육 곤란
3단계 태도교육	① 생활지도 작업동작지도 안전의 습관화 일체감 ② 자아실현욕구의 충족기회 제공 ③ 상사 부하 간의 목표설정을 위한 대화 ④ 작업자의 능력을 초월하는 구체적, 정량적 목표 설정

2과목 인간공학 및 시스템안전공학

21 결함수 분석의 기호 중 입력사상이 어느 하나라도 발생할 경우 출력사상이 발생하는 것은?

① NOR GATE

② AND GATE

③ OR GATE

④ NAND GATE

AND 게이트 : 모든 입력사상이 공존할 때만이 출력사상이 발생한다.

OR 게이트 : 입력사상 중 어느 하나라도 발생할 경우 출력사상이 발생한다.

22 가스밸브를 잠그는 것을 잊어 사고가 발생했다. 작업자는 어떤 인적오류를 범한 것인가?

① 생략 오류(omission error)

② 시간지연 오류(time error)

③ 순서 오류(sequential error)

④ 작위적 오류(commission error)

스웨인(A.D Swain)의 독립행동에 의한 분류(휴먼에러의 심리적 분류)

생략에러 (omission error) 부작위 에러	필요한 작업 또는 절차를 수행하지 않는데 기인한 에러 → 안전절차 생략
착각수행에러 (commission error) 작위에러	필요한 작업 또는 절차의 불확실한 수행으로 인한 에러 → 불확실한 수행(착각, 착오)
시간적 에러 (time error)	필요한 작업 또는 절차의 수행 지연으로 인한 에러 → 임무수행 지연
순서 에러 (sequential error)	필요한 작업 또는 절차의 순서 착오로 인한 에러 → 순서착오
과잉행동에러 (extraneous error)	불필요한 작업 또는 절차를 수행함으로써 기인한 에러 → 불필요한 작업(작업장에서 담배를 피우다 사고)

23 어떤 소리가 1,000Hz, 60dB인 음과 같은 높이임에도 4배 더 크게 들린다면, 이 소리의 음압수준은 얼마인가?

① 70dB

② 80dB

③ 90dB

④ 100Db

$$S = 2^{\frac{(P-40)}{10}}$$

※ 음량수준이 10phone 증가하면 음량(sone)은 2배로 증가, 즉 음량이 4배 증가한다면 20dB이 되어야 한다.
  따라서 문제의 60dB인 경우는 80dB이 되어야 한다.

24 시스템 안전분석 방법 중 예비위험분석(PHA) 단계에서 식별하는 4가지 범주에 속하지 않는 것은?

① 위기상태 ② 무시가능상태
③ 파국적상태 ④ 예비조처상태

위험성의 분류(미국방성 MIL – STD – 882B, PHA 분류)

범주 I	파국적 (catastrophic : 대재앙)	인원의 사망, 중상, 또는 완전한 시스템 손상
범주 II	위험 (critical : 심각한)	인원의 상해, 중대한 시스템의 손상으로 인원이나 시스템 생존을 위해 즉시 시정 조치 필요
범주 III	한계적 (marginal : 경미한)	인원의 상해 또는 중대한 시스템의 손상 없이 배제 또는 제어 가능
범주 IV	무시 (negligible : 무시 할만한)	인원의 손상이나 시스템의 손상은 초래하지 않는다.

25 다음은 불꽃놀이용 화학물질 취급설비에 대한 정량적 평가이다. 해당 항목에 대한 위험등급이 올바르게 연결된 것은?

항목	A (10점)	B (5점)	C (2점)	E (0점)
취급물질	○	○	○	
조작		○		○
화학설비의 용량	○		○	
온도	○	○		
압력		○	○	○

① 취급물질 – I 등급, 화학설비의 용량 – I 등급
② 온도 – I 등급, 화학설비의 용량 – II 등급
③ 취급물질 – I 등급, 조작 – IV등급
④ 온도 – II 등급, 압력 – III등급

정량적 평가 위험도 등급

등급	점수	내용
I 등급	16점 이상	FTA 재평가 위험도 높다.
II 등급	11~15점 이하	
III 등급	10점 이하	다른 설비와 관련해서 위험도가 낮다.

26 산업안전보건법령상 유해위험방지계획서의 제출 대상 제조업은 전기 계약 용량이 얼마 이상인 경우에 해당되는가?(단, 기타 예외사항은 제외한다)

① 50kW ② 100k
③ 200kW ④ 300KW

유해위험방지계획서의 제출 대상 제조업전기 계약 용량이 300kW

27 인간 – 기계 시스템에서 시스템의 설계를 다음과 같이 구분할 때 제3단계인 기본설계에 해당되지 않는 것은?

- 1단계 : 시스템의 목표와 성능 명세 결정
- 2단계 : 시스템의 정의
- 3단계 : 기본설계
- 4단계 : 인터페이스설계
- 5단계 : 보조를 설계
- 6단계 : 시험 및 평가

① 화면 설계 ② 작업 설계
③ 직무 분석 ④ 기능 할당

기본설계
① 기능 할당
② 작업 설계
③ 직무 분석

28 결함수분석법에서 Path set에 관한 설명으로 옳은 것은?

① 시스템의 약점을 표현한 것이다.
② Top 사상을 발생시키는 조합이다.
③ 시스템이 고장 나지 않도록 하는 사상의 조합이다.
④ 시스템 고장을 유발시키는 필요불가결한 기본사상들의 집합이다.

패스셋

시스템이 고장 나지 않도록 하는 사상의 조합이다.

29 연구 기준의 요건과 내용이 옳은 것은?

① 무오염성 : 실제로 의도하는 바와 부합해야 한다.
② 적절성 : 반복 실험 시 재현성이 있어야 한다.
③ 신뢰성 : 측정하고자 하는 변수 이외의 다른 변수의 영향을 받아서는 안 된다.
④ 민감도 : 피실험자 사이에서 볼 수 있는 예상 차이점에 비례하는 단위로 측정해야 한다.

해설

체계 기준의 요건(인체공학 연구조사의 기준조건)

적절성	기준이 의도된 목적에 적합하다고 판단되는 정도
무오염성	• 측정변수가 다른 외적 변수에 영향을 받지 않도록 하는 요건을 의미하는 특성 • 측정하고자 하는 변수 외의 다른 변수의 영향을 받아서는 안 된다(통제 변위).
기준척도의 신뢰성	반복실험 시 재현성이 있어야 한다(척도의 신뢰성 =반복성).
민감도	예상 차이점에 비례하는 단위로 측정하여야 한다.

30 FTA결과 다음과 같은 패스셋을 구하였다. 최소 패스셋(Minimal path sets)으로 옳은 것은?

$$\{X_2, X_3, X_4\}$$
$$\{X_1, X_3, X_4\}$$
$$\{X_3, X_4\}$$

① $\{X_3, X_4\}$
② $\{X_1, X_3, X_4\}$
③ $\{X_2, X_3, X_4\}$
④ $\{X_2, X_3, X_4\}$와 $\{X_3, X_4\}$

해설

미니멀 패스셋

시스템의 기능을 살리는 최소한의 집합으로 세 집합의 부분집합이다.

31 인체측정에 대한 설명으로 옳은 것은?

① 인체측정은 동적측정과 정적측정이 있다.
② 인체측정학은 인체의 생화학적 특징을 다룬다.
③ 자세에 따른 인체지수의 변화는 없다고 가정한다.
④ 측정항목에 무게, 둘레, 두께, 길이는 포함되지 않는다.

해설

인체측정은 동적측정과 정적측정이 있다.

32 실린더 블록에 사용하는 개스킷의 수명 분포는 X~N(10,000, 200²)인 정규분포를 따른다. t= 9,600시간일 경우에 신뢰도(R(t))는?(단, P(Z≤1) =0.8413, P(Z≤1.5)=0.9332, P(Z≤2)=0.9772, P(Z≤3)=0.9987이다.)

① 84.13%
② 93.32%
③ 97.72%
④ 99.87%

해설

① 평균수명 10,000시간 사용시간이 9,600시간이므로
② 평균 기대수명은 $10,000-9,600=400$
   따라서 $Z=400 / 200=2$
③ 표준 정규분포이고 Z=2이므로 $P(Z≤2)=0.9772$
④ $0.9772×100=97.72\%$
⑤ (사용시간 - 평균수명) ÷ 표준편차 = $z_{[x]}$
⑥ $(9600 -10000) ÷ 200 = -2 = z_{[-2]}$ 정규분포상 -2 ~ 2범위
   • $z_{[-2]} = 0.9772 = 97.72\%$

33 다음 중 열 중독증(heat illness)의 강도를 올바르게 나열한 것은?

ⓐ 열소모(Heat exhaustion) ⓑ 열반진(Heat rash)
ⓒ 열경련(Heat cramp) ⓓ 열사병(Heat stroke)

① ⓒ < ⓑ < ⓐ < ⓓ
② ⓒ < ⓑ < ⓓ < ⓐ
③ ⓑ < ⓒ < ⓐ < ⓓ
④ ⓑ < ⓓ < ⓐ < ⓒ

정답 29 ④ 30 ① 31 ① 32 ③ 33 ③

34 사무실 의자나 책상에 적용할 인체측정 자료의 설계 원칙으로 가장 적합한 것은?

① 평균치 설계 ② 조절식 설계
③ 최대치 설계 ④ 최소치 설계

해설

인체 측정 자료의 설계 원칙

1) 극단치 설계
   ① 최대 집단치 : 출입문, 통로(정규분포도상 95% 이상의 설계)
   ② 최소 집단치 : 버스, 지하철의 손잡이(정규분포도상 5% 이하의 설계)
2) 조절범위(5~95%tile)
   ① 가장 좋은 설계
   ② 첫 번 고려사항 : 자동차 시트(운전석), 측정자료 : 데이터베이스 화
3) 평균치를 기준으로 한 설계(정규분포도상에 5%~95% 구간 설계)
   가계 은행 계산대(5~95 %tile)

35 암호체계의 사용 시 고려해야 될 사항과 거리가 먼 것은?

① 정보를 암호화한 자극은 검출이 가능하여야 한다.
② 다차원의 암호보다 단일 차원화된 암호가 정보 전달이 촉진된다.
③ 암호를 사용할 때는 사용자가 그 뜻을 분명히 알 수 있어야 한다.
④ 모든 암호 표시는 감지장치에 의해 검출될 수 있고, 다른 암호 표시와 구별될 수 있어야 한다.

해설

암호체계의 일반적 사항

① 암호의 검출성 : 암호화한 자극은 검출이 가능할 것 (감지장치로 검출)

② 암호의 변별성 : 다른 암호와 구별될 수 있을 것
③ 암호의 양립성 : 자극과 반응이 인간의 기대와 모순되지 않는 것
④ 암호의 표준화 : 암호를 표준화

단일차원보다 다차원의 암호가 정보전달이 잘 된다.

36 신호검출이론(SDT)의 판정결과 중 신호가 없었는데도 있었다고 말하는 경우는?

① 긍정(hit) ② 누락(miss)
③ 허위(false alarm) ④ 부정(correct rejection)

해설

신호 검출 이론(Signal Detection Theory : SDT)

판정 자극	신호 발생(S)	신호 없음(N)
소음 (Noise) 신호 (Signal)	P(S/S) 자극 : 신호를 주었고 판정 : 신호음으로 판정 결론 : 맞음 (긍정, 적중 : Hit)	P(S/N) 자극 : 신호를 주었다 판정 : 신호가 없다 결론 : 틀렸다 (허위, 거짓 : False alarm)
소음 (Noise)	P(N/S) 자극 : 소음을 주었다 판정 : 신호로 판정 결론 : 누락, 잘못 판정 (Miss)	P(N/N) 자극 : 소음을 주었다. 판정 : 신호가 없음으로 판정 결론 : 소음으로 알아차렸다. 정기각 (부정 : Correct rejection)

37 촉감의 일반적인 척도의 하나인 2점 문턱값 (two-point Threshold)이 감소하는 순서대로 나열된 것은?

① 손가락 → 손바닥 → 손가락 끝
② 손바닥 → 손가락 → 손가락 끝
③ 손가락 끝 → 손가락 → 손바닥
④ 손가락 끝 → 손바닥 → 손가락

해설

• 문턱값 : 감지가 가능한 가장 작은 자극의 크기
• 2 문턱값 : 손가락 끝으로 갈수록 감소한다.
손바닥 → 손가락 → 손가락 끝

38 시스템 안전분석 방법 중 HAZOP에서 "완전 대체"를 의미하는 것은?

① NOT　　　　　② REVERSE
③ PART OF　　　④ OTHER THAN

해설

유인어의 의미

Guide Word	의미	해설
NO 혹은 NOT	설계 의도의 완전한 부정	설계의도의 어떤 부분도 성치되지 않으며 아무것도 일어나지 않음
MORE LESS	양의 증가 혹은 감소(정량적)	가압, 반응, 등과 같은 행위뿐만 아니라 Flow rate 그리도 온도 등과 같은 양과 성질을 함께 나타낸다.
AS WELL AS	성질상의 증가 (정성적 증가)	모든 설계의도와 운전조건이 어떤 부가적인 행위와 함께 일어남
PART OF	성질상의 감소	어떤 의도는 성취되나 어떤 의도는 성취되지 않음
REVERSE	설계의도의 논리적인 역 (설계의도와 반대 현상)	이것은 주로 행위로 일어남 역반응이나 역류 등 물질에도 적용될 수 있음, 예) 해독제 대신 독물
OTHER THAN	완전한 대체 필요	설계의도의 어느 부분도 성취되지 않고 전혀 다른 것이 일어남

39 어느 부품 1,000개를 100,000시간 동안 가동하였을 때 5개의 불량품이 발생하였을 경우 평균 동작시간(MTTF)은?

① 1×10^6 시간
② 2×10^7 시간
③ 1×10^8 시간
④ 2×10^9 시간

해설

- 고장률 $= \dfrac{\text{고장갯수}}{\text{총 가동시간수}} = \dfrac{5}{1,000 \times 100,000} = 5 \times 10^{-5}$
- MTTF $= \dfrac{1}{\text{고장률}} = \dfrac{1}{5 \times 10^{-8}} = 2 \times 10^7$

40 신체활동의 생리학적 측정법 중 전신의 육체적인 활동을 측정하는데 가장 적합한 방법은?

① Flicker 측정
② 산소 소비량 측정
③ 근전도(EMG) 측정
④ 피부전기반사(GSR) 측정

해설

생리학적 측정법
① 플리커법(flicker test : 심적 측정법(피로측정법)으로 점멸 융합 주파수
② 산소 소비량 측정 : 생리학적 측정법으로 전신의 육체적인 활동을 측정
③ 근전도(EMG) 측정 : 근육활동의 전위차의 기록
④ 피부전기반사(GSR) 측정

3과목　기계위험방지기술

41 산업안전보건법령상 롤러기의 방호장치 중 롤러의 앞면 표면 속도가 30m/min 이상일 때 무부하 동작에서 급정지거리는?

① 앞면 롤러 원주의 1/2.5 이내
② 앞면 롤러 원주의 1/3 이내
③ 앞면 롤러 원주의 1/3.5 이내
④ 앞면 롤러 원주의 1/5.5 이내

해설

롤러의 표면속도에 따른 급정지거리

앞면 롤러의 표면 속도(m/분)	급정지거리
30 미만	앞면 롤러 원주의 1/3($\pi \times D \times \dfrac{1}{3}$)
30 이상	앞면 롤러 원주의 1/2.5($\pi \times D \times \dfrac{1}{2.5}$)

42 극한하중이 600N인 체인에 안전계수가 4일 때 체인의 정격하중(N)은?

① 130 ② 140
③ 150 ④ 160

해설

$$안전율 = \frac{극한하중}{정격하중}$$

$$4 = \frac{600}{정격하중}$$

정격하중 = 150

43 연삭작업에서 숫돌의 파괴원인으로 가장 적절하지 않은 것은?

① 숫돌의 회전속도가 너무 빠를 때
② 연삭작업 시 숫돌의 정면을 사용할 때
③ 숫돌에 큰 충격을 줬을 때
④ 숫돌의 회전중심이 제대로 잡히지 않았을 때

해설

숫돌의 파괴원인
① 숫돌의 회전속도가 너무 빠를 때
② 숫돌 자체 균열이 있을 때
③ 숫돌에 과격한 충격을 가할 때
④ 숫돌의 측면을 사용하여 작업할 때
⑤ 숫돌의 불균형이나 베어링마모에 약한 진동이 있을 때
⑥ 숫돌 반경 방형의 온도 변화가 심할 때
⑦ 플랜지가 현저히 작을 때
⑧ 작업에 부적당한 숫돌을 사용할 때
⑨ 숫돌의 치수가 부적당할 때

44 산업안전보건법령상 용접장치의 안전에 관한 준수사항으로 옳은 것은?

① 아세틸렌 용접장치의 발생기실을 옥외에 설치한 경우에는 그 개구부를 다른 건축물로부터 1m 이상 떨어지도록 하여야 한다.
② 가스집합장치로부터 7m 이내의 장소에서는 화기의 사용을 금지시킨다.

③ 아세틸렌 발생기에서 10m 이내 또는 발생기실에서 4m 이내의 장소에서는 화기의 사용을 금지시킨다.
④ 아세틸렌 용접장치를 사용하여 용접작업을 할 경우 게이지 압력이 127kPa을 초과하는 압력의 아세틸렌을 발생시켜 사용해서는 아니 된다.

해설

설치장소
① 아세틸렌 용접장치의 아세틸렌 발생기(이하 "발생기")를 설치하는 경우 전용의 발생기실에 설치
② 발생기실은 건물 최상층에 위치, 화기를 사용하는 설비로부터 3m를 초과하는 장소에 설치
③ 발생기실을 옥외에 설치한 경우 그 개구부를 다른 건축물로부터 1.5m 이상 이상격리
④ 발생기에서 5m 이내 또는 발생기실에서 3m 이내의 장소에서 흡연, 화기의 사용 또는 불꽃이 발생할 위험한 행위를 금지
⑤ 아세틸렌 용접장치를 사용하여 용접작업을 할 경우 게이지 압력이 127kPa을 초과하는 압력의 아세틸렌을 발생시켜 사용해서는 아니 된다.

45 500rpm으로 회전하는 연삭숫돌의 지름이 300mm일 때 원주속도(m/min)는?

① 약 748 ② 약 650
③ 약 532 ④ 약 471

해설

$$원주속도 \ V = \frac{\pi DN \, (m/min)}{1000},$$

$$V = \frac{3.14 \times 300 \times 500}{1,000} = 471 \, (m/min)$$

D : 롤러 원통의 직경(mm), N : rpm

46 산업안전보건법령상 로봇을 운전하는 경우 근로자가 로봇에 부딪칠 위험이 있을 때 높이는 최소 얼마 이상의 울타리를 설치하여야 하는가?(단, 로봇의 가동범위 등을 고려하여 높이로 인한 위험성이 없

는 경우는 제외)

① 0.9m　　　　② 1.2m

③ 1.5m　　　　④ 1.8m

산업용 로봇의 방책 높이 : 1.8m 이상

47 일반적으로 전류가 과대하고, 용접속도가 너무 빠르며, 아크를 짧게 유지하기 어려운 경우 모재 및 용접부의 일부가 녹아서 홈 또는 오목한 부분이 생기는 용접부 결함은?

① 잔류응력　　　　② 융합불량

③ 기공　　　　④ 언더컷

언더컷

전류가 과대하고, 용접속도가 너무 빠를 경우 모재 및 용접부의 일부가 녹아서 홈 또는 오목한 부분이 생기는 용접부 결함

48 산업안전보건법령상 승강기의 종류로 옳지 않은 것은?

① 승객용 엘리베이터

② 리프트

③ 화물용 엘리베이터

④ 승객화물용 엘리베이터

승강기의 종류

① 승객용 엘리베이터

② 에스컬레이트

③ 화물용 엘리베이터

④ 승객화물용 엘리베이터

49 다음 중 선반의 방호장치로 가장 거리가 먼 것은?

① 쉴드(Shield)　　　　② 슬라이딩

③ 척 커버　　　　④ 칩 브레이커

선반의 방호장치

실드	공작물의 칩이 비산되어 발생하는 위험을 방지하기 위해 사용하는 덮개
척 커버	척에 고정시킨 가공물의 돌출부에 작업자가 접촉하여 발생하는 위험을 방지하기 위하여 설치하는 것으로 인터록 시스템으로 연결
칩 브레이크	길게 형성되는 절삭 칩을 바이트를 사용하여 절단해 주는 장치
브레이크	작업 중인 선반에 위험 발생 시 급정지시키는 장치 (비상정지장치)

50 산업안전보건법령상 목재가공용 둥근톱 작업에서 분할날과 톱날 원주면과의 간격은 최대 얼마 이내가 되도록 조정하는가?

① 10mm　　　　② 12mm

③ 14mm　　　　④ 16mm

분할날과 톱날 원주면과의 간격은 12mm 이내이다.

51 기계설비에서 기계 고장률의 기본 모형으로 옳지 않은 것은?

① 조립 고장　　　　② 초기 고장

③ 우발 고장　　　　④ 마모 고장

기계설비의 고장 욕조곡선

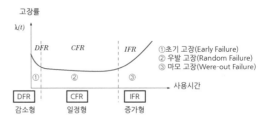

52 산업안전보건법령상 화물의 낙하에 의해 운전자가 위험을 미칠 경우 지게차의 헤드가드(head guard)는 지게차의 최대하중의 몇 배가 되는 등분포 정하중에 견디는 강도를 가져야 하는가?(단, 4톤을 넘는 값은 제외)

① 1배   ② 1.5배
③ 2배   ④ 3배

해설
지게차의 헤드가드(head guard)는 지게차의 최대하중의 2배

53 다음 중 컨베이어의 안전장치로 옳지 않은 것은?

① 비상정지장치   ② 반발예방장치
③ 역회전방지장치   ④ 이탈방지장치

해설
컨베이어의 안전장치
① 비상정지장치
② 이탈방지장치
③ 역회전방지장치

54 크레인에 돌발 상황이 발생한 경우 안전을 유지하기 위하여 모든 전원을 차단하여 크레인을 급정지시키는 방호장치는?

① 호이스트   ② 이탈방지장치
③ 비상정지장치   ④ 아우트리거

해설
크레인, 이동식 크레인, 간이 리프트, 곤돌라
① 과부하 방지장치
② 권과방지장치
③ 비상정지장치
④ 제동장치
⑤ 훅해지장치

55 산업안전보건법령상 프레스 등을 사용하여 작업할 때에 작업시작 전 점검 사항으로 가장 거리가 먼 것은?

① 압력방출장치의 기능
② 클러치 및 브레이크의 기능
③ 프레스의 금형 및 고정볼트 상태
④ 1행정 1정지기구 · 급정지장치 및 비상정지장치의 기능

해설
프레스의 작업시작 전 점검사항
① 클러치 및 브레이크의 기능
② 크랭크축 플라이휠, 슬라이드, 연결봉 및 연결나사의 풀림 여부
③ 1행정 1기구, 급정지장치 및 비상정지장치의 기능
④ 슬라이드 또는 칼날에 의한 위험방지 기구의 기능
⑤ 프레스의 금형 및 고정볼트 상태
⑥ 방호장치의 기능
⑦ 전단기의 칼날 및 테이블의 상태

56 다음 중 프레스 방호장치에서 게이트 가드식 방호장치의 종류를 작동방식에 따라 분류할 때 가장 거리가 먼 것은?

① 경사식   ② 하강식
③ 도립식   ④ 횡 슬라이드 식

해설
게이트 가드식 방호장치의 종류
① 횡 슬라이드
② 하강식
③ 도립식

57 선반작업의 안전수칙으로 가장 거리가 먼 것은?

① 기계에 주유 및 청소를 할 때는 저속회전에서 한다.
② 일반적으로 가공물의 길이가 지름의 12배 이상일 때는 방진구를 사용하여 선반작업을 한다.

③ 바이트는 가급적 짧게 설치한다.

④ 면장갑을 사용하지 않는다.

해설

선반 작업 시 유의사항(선반의 안전작업 방법)

① 긴 물건 가공 시 주축대 쪽으로 돌출된 회전가공물에 덮개설치

② 바이트(컷트 날)는 짧게 장치하고 일감의 길이가 직경의 12배 이상일 때 방진구 사용

③ 작업중 면장갑 사용금지

④ 바이트에 칩 브레이크를 설치하고 보안경 착용

⑤ 치수 측정 시 및 주유, 청소시 반드시 기계정지

⑥ 기계 운전 중 백기어 사용금지

⑦ 절삭 칩 제거는 반드시 브러시 사용

58 다음 중 보일러 운전 시 안전수칙으로 가장 적절하지 않은 것은?

① 가동 중인 보일러에는 작업자가 항상 정위치를 떠나지 아니할 것

② 보일러의 각종 부속장치의 누설상태를 점검할 것

③ 압력방출장치는 7년마다 정기적으로 작동시험을 할 것

④ 노 내의 환기 및 통풍장치를 점검할 것

해설

보일러의 압력방출장치

매년 1회 이상 교정을 받은 압력계를 이용하여 설정 압력에서 압력방출 장치가 적정하게 작동하는지 검사 후 납으로 봉인 공정안전보고서 이행상태 평가 결과가 우수한 사업장은 4년마다 1회 이상

59 산업안전보건법령상 크레인에서 권과방지장치의 달기구 윗면이 권상장치의 아랫면과 접촉할 우려가 있는 경우 최소 몇 m 이상 간격이 되도록 조정하여야 하는가?(단, 직동식 권과방지장치의 경우는 제외)

① 0.1

② 0.15

③ 0.25

④ 0.3

해설

권과방지장치 위치

달기구 윗면이 권상장치의 아랫면과 접촉할 우려가 있는 경우 최소 0.25m 이상 간격이 되도록 하여야 한다.

60 슬라이드가 내려옴에 따라 손을 쳐내는 막대가 좌우로 왕복하면서 위험한계에 있는 손을 보호하는 프레스 방호장치는?

① 수인식

② 게이트 가드식

③ 반발예방장치

④ 손쳐내기식

해설

손쳐내기식 : 슬라이드가 내려옴에 따라 손을 쳐내는 방호장치

| 4과목 | 전기위험방지기술 |

61 KS C IEC 60079−0에 따른 방폭기기에 대한 설명이다. 다음 빈칸에 들어갈 알맞은 용어는?

(ⓐ)은 EPL로 표현되며 점화원이 될 수 있는 가능성에 기초하여 기기에 부여된 보호등급이다. EPL의 등급 중 (ⓑ)는 정상 작동, 예상된 오작동, 드문 오작동 중에 점화원이 될 수 없는 "매우 높은" 보호 등급의 기기이다.

① ⓐ Explosion Protection Level, ⓑ EPL Ga

② ⓐ Explosion Protection Level, ⓑ EPL Gc

③ ⓐ Equipment Protection Level, ⓑ EPL Ga

④ ⓐ Equipment Protection Level, ⓑ EPL Gc

해설

KS C IES 60079−0 방폭기기 설명

Equipment Protection Level은 EPL로 표기되며 점화원이 될 수 있는 가능성에 기초하여 기기에 부여된 보호등급이다. EPL의 등급 중 EPL Ga는 정상 작동, 예상된 오작동, 드문 오작동 중에 점화원이 될 수 없는 "매우 높은" 보호등급의 기기이다.

정답 58 ③ 59 ③ 60 ④ 61 ③

62 접지계통 분류에서 TN접지방식이 아닌 것은?

① TN-S 방식　　　② TN-C 방식

③ TN-T 방식　　　④ TN-C-S 방식

[해설]

접지계통 분류에서 TN 접지방식

(1) TN 방식

　전력공급측을 계통접지하고 설비 측은 PE로 연접시키는 시스템으로 과전류 차단기

　간접접촉보호가 가능하며 누전차단기가 필요 없으며, 주로 전위상승이 적어 저압간선에 사용함

　① TN-S 방식 : 계통전체를 중성선과 접지선 (PE)로 분리하는

　② TN-C 방식 : 계통전체에 걸쳐 중성선과 보호도체를 하나의 도선으로 결합시킨 방식

　③ TN-C-S 방식 : 계통이 일부분은 C 방식 일부는 S 방식을 말하며, 누전차단기 사용 시 TN-C는 TN-S 뒤에 사용할 수 없음

(2) TT 방식

　전력공급측을 계통접지하여 설비의 노출도전성 부분을 계통접지와 전기적으로 독립접지 하는 방식

(3) IT 방식

　충전부 전체를 대지로 절연하고 한 점에 임피던스를 삽입하여 대지에 접속시키고 노출도전성 부분을 단독 또는 일괄 접지하는 방식

63 접지공사의 종류에 따른 접지선(연동선)의 굵기 기준으로 옳은 것은?

① 제1종 : 공칭단면적 6mm² 이상

② 제2종 : 공칭단면적 12mm² 이상

③ 제3종 : 공칭단면적 5mm² 이상

④ 특별 제3종 : 공칭단면적 3.5mm² 이상

[해설]

접지공사의 종류 [법령 개정으로 폐기된 문제]

접지공사의 종류	접지대상예	접지 저항치	접지선의 굵기
제1종 접지공사 (기기접지)	① 피뢰기 ② 전로에 시설하는 기계 기구의 절대 및 금속재 외함 중에서 고압용 또는 특고압용의 것	10Ω 이하	공칭 단면적 6mm² 이상의 연동성

접지공사의 종류	접지대상예	접지 저항치	접지선의 굵기
제2종 접지공사 (계통접지)	고압전로 또는 특고압 전로와 저압전로를 결합하는 변압기의 저압 측의 중성점	1선 지락 전류의 (A)수로 150을 나눈 값과 같은 Ω 이하	공칭단면적 16mm² 이상의 연동선
제3종 접지공사 (기기접지)	전로에 시설하는 기계 기구의 철대 및 금속재 외함 중에서 400v 미만인 저압용일 것	100Ω 이하	공칭 단면적 2.5mm² 이상의 연동선
특별제3종 접지공사 (기기접지)	전로에 시설하는기계기구의 절대및 금속재 외함 중에서 400v 이상의 저압용일 것	10Ω 이하	공칭 단면적 2.5mm² 이상의 연동선

64 최소 착화 에너지가 0.26mJ인 가스에 정전용량이 100pF인 대전 물체로부터 정전기 방전에 의하여 착화할 수 있는 전압은 약 몇 V인가?

① 2,240　　　② 2,260

③ 2,280　　　④ 2,300

[해설]

$$E(J) = \frac{1}{2} CV^2$$

$$2E = CV^2,\ V = \sqrt{\frac{2E}{C}},\ V = \sqrt{\frac{2 \times (0.26 \times 10^{-3})}{100 \times 10^{-12}}} = 2,280V$$

65 누전차단기의 구성요소가 아닌 것은?

① 누전검출부　　　② 영상변류기

③ 차단장치　　　④ 전력퓨즈

[해설]

누전차단기 구성요소 및 기본원리

1) 구성요소

　누전검출부, 영상변류기, 차단장치

2) 기본원리

　① 전압 동작형

　　부하 기기의 절연상태에 따라 기계 자체가 충전되면 대지와의 사이에 접지선을 통하여 전압이 발생하며 이것을 입력신호로 전로를 차단하는 방식

② 전류 동작형
　지락전류를 영상변류기로 직 검출하고 검출한 것을
　입력신호로 하여 전로를 차단하는 방식

66 우리나라의 안전전압으로 볼 수 있는 것은 약 몇 V인가?

① 30 　　　　　② 50
③ 60 　　　　　④ 70

해설

한국의 안전전압은 30V

67 산업안전보건기준에 관한 규칙에 따라 누전에 의한 감전의 위험을 방지하기 위하여 접지를 하여야 하는 대상의 기준으로 틀린 것은?(단, 예외조건은 고려하지 않는다)

① 전기기계 · 기구의 금속제 외함
② 고압 이상의 전기를 사용하는 전기기계 · 기구 주변의 금속제 칸막이
③ 고정배선에 접속된 전기기계 · 기구 중 사용전압이 대지 전압 100V를 넘는 비충전 금속체
④ 코드와 플러그를 접속하여 사용하는 전기기계 · 기구 중 휴대형 전동기계 · 기구의 노출된 비충전 금속체

해설

고정배선에 접속된 전기기계 · 기구 중 사용전압이 대지 전압 150V를 넘는 비충전 금속체

68 정전유도를 받고 있는 접지되어 있지 않은 도전성 물체에 접촉한 경우 전격을 당하게 되는데 이때 물체에 유도된 전압 V(V)를 옳게 나타낸 것은?(단, E는 송전선의 대지전압, C_1은 송전선과 물체 사이의 정전용량, C_2는 물체와 대지 사이의 정전용량이며, 물체와 대지 사이의 저항은 무시한다.)

① $V = \dfrac{C_1}{C_1 + C_2} \times E$

② $V = \dfrac{C_1 + C_2}{C_1} \times E$

③ $V = \dfrac{C_1}{C_1 \times C_2} \times E$

④ $V = \dfrac{C_1 \times C_2}{C_1} \times E$

해설

비중이 낮은 문제로 공식으로 암기 $V = \dfrac{C_1}{C_1 + C_2} \times E$

69 교류 아크 용접기의 자동전격방지장치는 전격의 위험을 방지하기 위하여 아크 발생이 중단된 후 약 1초 이내에 출력 측 무부하 전압을 자동적으로 몇 V 이하로 저하시켜야 하는가?

① 85 　　　　　② 70
③ 50 　　　　　④ 25

해설

교류 아크 용접기의 자동전격방지장치는 전격의 위험을 방지하기 위하여 아크 발생이 중단된 후 약 1초 이내에 출력 측 무부하 전압을 25V 이하로 저하시켜는 장치

70 정전기 발생에 영향을 주는 요인으로 가장 적절하지 않은 것은?

① 분리속도 　　　② 물체의 질량
③ 접촉면적 및 압력　④ 물체의 표면상태

해설

정전기 발생에 영향을 주는 요인
① 분리속도
② 물체의 표면상태
③ 접촉면적 및 압력
④ 물체의 이력

정답　66 ① 　67 ③ 　68 ① 　69 ④ 　70 ②

71 다음에서 설명하고 있는 방폭구조는?

> 전기기기의 정상 사용 조건 및 특정 비정상 상태에서 과도한 온도 상승, 마크 또는 스파크 발생위험을 방지하기 위해 추가적인 안전 조치를 취한 것으로 Ex e라고 표시한다.

① 유입 방폭구조 ② 압력 방폭구조
③ 내압 방폭구조 ④ 안전증 방폭구조

해설

안전증 방폭구조(e)
정상운전 중에 폭발성 가스 또는 증기에 점화원이 될 전기 불꽃, 아크 또는 과도한 온도상승 발생을 방지하기 위하여 기계적, 전기적인 구조상 또는 온도상승에 대해서 특히 안전도를 증가시킨 구조

72 KS C IEC 60079 – 6에 따른 유입방폭구조 "o" 방폭장비의 최소 IP 등급은?

① IP44 ② IP54
③ IP55 ④ IP66

해설

유입방폭구조 "o" 방폭장비의 최소 IP등급은 IP66이다.

73 20 Ω 의 저항 중에 5A의 전류를 3분간 흘렸을 때의 발열량(cal)은?

① 4,320 ② 90,000
③ 21,600 ④ 376,560

해설

열량의 단위(J) = I^2RT 1J ≒ 0.24cal
$5^2 \times 20 \times 180$초 = 90,000(J) × 0.24 = 21,600(cal)

74 다음은 어떤 방전에 대한 설명인가?

> 정전기가 대전되어 있는 부도체에 접지체가 접근한 경우 대전물체와 접지체 사이에 발생하는 방전과 거의 동시에 부도체의 표면을 따라서 발생하는 나뭇가지 형태의 발광을 수반하는 방전

① 코로나 방전 ② 뇌상 방전
③ 연면방전 ④ 불꽃 방전

해설

문제의 내용은 연면방전의 설명이다.

75 가연성 가스가 있는 곳에 저압 옥내전기설비를 금속관 공사에 의해 시설하고자 한다. 관 상호 간 또는 관과 전기기계기구와는 몇 턱 이상 나사조임으로 접속하여야 하는가?

① 2턱 ② 3턱
③ 4턱 ④ 5턱(5턱 = 나사선)

해설

저압 옥내전기설비를 금속관 공사에 의해 시설하고자 하는 경우 관 상호 간 또는 관과 전기기계기구와는 5턱 이상 나사 조임으로 접속하여야 한다.

76 전기시설의 직접 접촉에 의한 감전방지 방법으로 적절하지 않은 것은?

① 충전부는 내구성이 있는 절연물로 완전히 덮어 감쌀 것
② 충전부가 노출되지 않도록 폐쇄형 외함이 있는 구조로 할 것
③ 충전부에 충분한 절연효과가 있는 방호망 또는 절연 덮개를 설치할 것
④ 충전부는 출입이 용이한 전개된 장소에 설치하고, 위험표시 등의 방법으로 방호를 강화할 것

해설

직접접촉에 의한 감전방지 대책
① 충전부가 노출되지 않도록 폐쇄형 외함(外函)이 있는 구조로 할 것
② 충전부에 충분한 절연효과가 있는 방호망이나 절연덮개를 설치할 것
③ 충전부는 내구성이 있는 절연물로 완전히 덮어 감쌀 것

정답 71 ④ 72 ④ 73 ③ 74 ③ 75 ④ 76 ④

④ 발전소 · 변전소 및 개폐소 등 구획되어 있는 장소로서 관계 근로자가 아닌 사람의 출입이 금지되는 장소에 충전부를 설치하고, 위험표시 등의 방법으로 방호를 강화할 것
⑤ 전주 위 및 철탑 위 등 격리되어 있는 장소로서 관계 근로자가 아닌 사람이 접근할 우려가 없는 장소에 충전부를 설치할 것

77 심실세동을 일으키는 위험한계 에너지는 약 몇 J인가?(단, 심실세동 전류 $I = \dfrac{165}{\sqrt{T}} mA$, 인체의 전기저항 $R = 800\,\Omega$, 통전시간 $T = 1$초이다.)

① 12　　　　　　② 22
③ 32　　　　　　④ 42

해설

$Q(J) = I^2\,R\,T = (165 \times 10^{-3})^2 \times 800 \times 1 = 22$

78 전기기계 · 기구에 설치되어 있는 감전방지용 누전차단기의 정격감도전류 및 작동시간으로 옳은 것은?(단, 정격전부하전류가 50A 미만이다.)

① 15mA 이하, 0.1초 이내
② 30mA 이하, 0.03초 이내
③ 50mA 이하, 0.5초 이내
④ 100mA 이하, 0.05초 이내

해설

누전차단기의 정격감도전류 및 작동시간 : 30mA 이하, 0.03초 이내

79 피뢰레벨에 따른 회전구체 반경이 틀린 것은?

① 피뢰레벨 Ⅰ : 20m
② 피뢰레벨 Ⅱ : 30m
③ 피뢰레벨 Ⅲ : 50m
④ 피뢰레벨 Ⅳ : 60m

해설

피뢰 시스템의 레벨별 회전구체 반경

피뢰 시스템의 레벨	보호법		
	회전구체 반경r(M)	메시치수W(m)	보호각(α°)
Ⅰ (원자력, 화학공장)	20	5 × 5	
Ⅱ (주유소, 정유공장)	30	10 × 10	
Ⅲ (발전소)	45	15 × 15	
Ⅳ (일반건축물)	60	20 × 20	

80 지락사고 시 1초를 초과하고 2초 이내에 고압전로를 자동차단하는 장치가 설치되어 있는 고압전로에 제2종 접지공사를 하였다. 접지저항은 몇 Ω 이하로 유지해야 하는가?(단, 변압기의 고압측 전로의 1선 지락전류는 10A이다.)

① $10\,\Omega$　　　　　② $20\,\Omega$
③ $30\,\Omega$　　　　　④ $40\,\Omega$

해설

2종은 150 · 300 · 600 이렇게 있어요.
일반적인 경우(문제에서 언급 없을 시) 150
• 2초 이내에 차단하는 장치가 있을 때 300
• 1초 이내에 차단하는 장치가 있을 때 600
따라서 300 / 1선지락 전류 10A = $30\,\Omega$

정답　77 ② 78 ② 79 ③ 80 ③

81 사업주는 가스폭발 위험장소 또는 분진폭발 위험장소에 설치되는 건축물 등에 대해서는 규정에서 정한 부분을 내화구조로 하여야 한다. 다음 중 내화구조로 하여야 하는 부분에 대한 기준이 틀린 것은?

① 건축물의 기둥 : 지상 1층(지상 1층의 높이가 6미터를 초과하는 경우에는 6미터)까지

② 위험물 저장·취급용기의 지지대(높이가 30센티미터 이하인 것은 제외) : 지상으로부터 지지대의 끝부분까지

③ 건축물의 보 : 지상2층(지상 2층의 높이가 10미터를 초과하는 경우에는 10미터)까지

④ 배관·전선관 등의 지지대 : 지상으로부터 1단(1단의 높이가 6미터를 초과하는 경우에는 6미터)까지

해설

위험물 건조설비 중 건조실을 설치하는 건축물의 내화구조

① 위험물 또는 위험물이 발생하는 물질을 가열건조하는 경우 내용적이 $1m^3$ 이상인 건조 설비

② 위험물이 아닌 물질을 가열건조하는 경우로서 다음에 해당하는 건조설비

  ㉠ 고체 또는 액체연료의 최대 사용량이 시간 당 10kg 이상

  ㉡ 기체 연료의 최대 사용량이 시간당 $1m^3$ 이상

  ㉢ 전기 사용 전격 용량이 10kW 이상

82 다음 물질 중 인화점이 가장 낮은 물질은?

① 이황화탄소   ② 아세톤
③ 크실렌   ④ 경유

해설

① 이황화탄소($-20℃$)

② 아세톤($-17℃$)

③ 크실렌($27℃$)

④ 경유($50℃$)

83 물의 소화력을 높이기 위하여 물에 탄산칼륨(K_2CO_3)과 같은 염류를 첨가한 소화약제를 일반적으로 무엇이라 하는가?

① 포 소화약제   ② 분말 소화약제
③ 강화액 소화약제   ④ 산알칼리 소화약제

해설

강화액 소화약제 : $K_2CO_3 + H_2SO_4 \rightarrow K_2SO_4 + CO_2 + H_2O$

물에 탄산칼륨(K_2CO_3)과 같은 염류를 첨가한 소화약제

탄산칼슘으로 빙점을 $-30℃ \sim -25℃$까지 낮춘 한냉지 또는 겨울철 사용 소화기

84 다음 중 분진의 폭발위험성을 증대시키는 조건에 해당하는 것은?

① 분진의 온도가 낮을수록
② 분위기 중 산소농도가 작을수록
③ 분진 내의 수분농도가 작을수록
④ 분진의 표면적이 입자체적에 비교하여 작을수록

해설

분진폭발의 영향인자

분진의 화학적 성질과 조성	발열량이 클수록 폭발성이 크다.
입도와 입도분포	① 평균 입자의 직경이 작고 밀도가 작은 것일수록 비표면적은 크게 되고 표면 에너지도 크게 된다. ② 보다 적은 입경에 입자를 함유하는 분진이 폭발성이 높다.
입자의 형상과 표면의 상태	산소에 의한 신선한 표면을 갖고 폭로 시간이 짧은 경우 폭발성은 높게 된다.
수분	① 수분은 분진의 부유성을 억제 ② 마그네슘 알루미늄 등은 물과 반응하여 수소 기체 발생

85 다음 중 관의 지름을 변경하는데 사용되는 관의 부속품으로 가장 적절한 것은?

① 엘보(Elbow)   ② 커플링(Coupling)
③ 유니온(Union)   ④ 리듀서(Reducer)

해설

피팅류

두 개의 관을 연결할 때	플랜지(flange), 유니온(union), 커플링(coupling), 니플(nipple), 소켓(socket)
관로의 방향을 바꿀 때	엘보(elbow), Y지관, T관(tee) 십자관(cross)
관로의 크기를 바꿀 때	축소관(reducer), 부싱(bushing),
가지관을 설치할 때	Y지관, T관(tee) 십자관(cross)
유로를 차단할 때	플러그(plug), 캡(cap),
유량조절	밸브(valve)

86 가연성 물질의 저장 시 산소농도를 일정한 값 이하로 낮추어 연소를 방지할 수 있는데 이때 첨가하는 물질로 적합하지 않은 것은?

① 질소
② 이산화탄소
③ 헬륨
④ 일산화탄소

해설

일산화탄소는 인화성 물질로서 연소 방지제로 사용할 수 없다.

87 다음 중 물과의 반응성이 가장 큰 물질은?

① 니트로글리세린
② 이황화탄소
③ 금속나트륨
④ 석유

해설

3류 위험물

88 산업안전보건법령상 위험물질의 종류에서 폭발성 물질에 해당하는 것은?

① 니트로화합물
② 등유
③ 황
④ 질산

해설

5류 위험물

89 어떤 습한 고체재료 10kg을 완전 건조 후 무게를 측정하였더니 6.8kg이었다. 이 재료의 건량 기준 함수율은 몇 kg·H_2O/kg인가?

① 0.25
② 0.36
③ 0.47
④ 0.58

해설

$10 - 6.8 = 3.2$ $3.2 / 6.8 = 0.47$

90 대기압하에서 인화점이 0℃ 이하인 물질이 아닌 것은?

① 메탄올
② 이황화탄소
③ 산화프로필렌
④ 디에틸에테르

해설

① 메탄올(13℃)
② 이황화탄소(-20℃)
③ 산화프로필렌(-37.2℃)
④ 디에틸에테르(-45℃)

91 가연성가스의 폭발범위에 관한 설명으로 틀린 것은?

① 압력 증가에 따라 폭발 상한계와 하한계가 모두 현저히 증가한다.
② 불활성가스를 주입하면 폭발범위는 좁아진다.
③ 온도의 상승과 함께 폭발범위는 넓어진다.
④ 산소 중에서 폭발범위는 공기 중에서 보다 넓어진다.

해설

가스압력이 높아지면 하한값은 큰 변화가 없으나 상한값은 높아진다.

92 열교환기의 정기적 점검을 일상점검과 개방점검으로 구분할 때 개방점검 항목에 해당하는 것은?

① 보냉재의 파손 상황
② 플랜지부나 용접부에서의 누출 여부
③ 기초볼트의 체결 상태
④ 생성물, 부착물에 의한 오염 상황

해설

열교환기의 일상점검 항목
① 보온재 보냉재 파손 여부 상태
② 도장의 열화 상태(노후상태)
③ 용접부 노출 상태
④ 기초볼트의 풀림 상태(체결상태)

93 다음 중 분진폭발을 일으킬 위험이 가장 높은 물질은?

① 염소
② 마그네슘
③ 산화칼슘
④ 에틸렌

해설

분진폭발을 일으킬 위험이 가장 높은 물질 : 금속분(마그네슘, 아연, 철분 등)

94 산업안전보건법령에서 인화성 액체를 정의할 때 기준이 되는 표준압력은 몇 kPa 인가?

① 1
② 100
③ 101.3
④ 273.15

해설

인화성 액체 : 표준압력은 101.3kPa에서 인화점이 93℃ 이하인 액체

95 다음 중 C급 화재에 해당하는 것은?

① 금속화재
② 전기화재
③ 일반화재
④ 유류화재

해설

화재분류 및 소화 방법

분류	A급 화재	B급 화재	C급 화재	D급 화재
명칭	일반 화재	유류·가스화재	전기 화재	금속 화재
가연물	목재, 종이, 섬유	유류, 가스 등	전기	Mg분, AL분
주된 소화효과	냉각 효과	질식 효과	질식, 냉각	질식 효과
적응 소화제	① 물 소화기 ② 강화액 소화기 ③ 산, 알칼리 소화기	① 이산화탄소 소화기 ② 할로겐화합물 소화기 ③ 분말 소화기 ④ 포 소화기	① 이산화탄소 소화기 ② 할로겐화합물 소화기 ③ 분말 소화기 ④ 무상강화액 소화기	① 건조사 ② 팽창 질석 ③ 팽창 진주암
구분색	백색	황색	청색	무색

96 액화 프로판 310kg을 내용적 50L 용기에 충전할 때 필요한 소요 용기의 수는 몇 개인가?(단, 액화 프로판의 가스 정수는 2.35이다.)

① 15
② 17
③ 19
④ 21

해설

저장능력 산정식

$$\text{용기의수} = \frac{\text{가스질량(kg)} \times \text{가스의 정수}}{\text{내용적부피(L)}} = \frac{310 \times 2.35}{50} = 14.57$$

97 다음 중 가연성 가스의 연소형태에 해당하는 것은?

① 분해연소
② 증발연소
③ 표면연소
④ 확산연소

해설

가연물의 연소형태

기체 연소	확산연소	가스와 공기가 확산에 의해 혼합되어 연소범위 농도에 이르러 연소하는 현상(발염연소)
	예혼합연소	수소
	폭발연소	
액체 연소	증발연소 액적연소	알코올 에테르 등에 인화성 액체가 증발하여 증기를 생성한 후 공기와 혼합하여 연소하게 되는 현상(알코올)

	표면연소	목재의 연소에서 열분해로 인해 탄화작용이 생겨 탄소의 고체 표면에 공기와 접촉하는 부분에서 착화하는 현상으로 고체 표면에서 반응을 일으키는 연소 (금속, 숯, 목탄, 코크스, 알루미늄)
고체 연소	분해연소	목재 석탄 등의 고체 가연물이 열분해로 인하여 가연성 가스가 방출되어 착화되는 현상(비휘발성 종이, 나무, 석탄)
	증발연소	증기가 심지를타고 올라가는 연소(황, 파라핀 촛농, 나프탈렌)
	자기연소	공기 중 산소를 필요로 하지 않고 자신이 분해되며 타는 것(다이나마이트, 니트로화합물)

98 다음 중 산업안전보건법령상 위험물질의 종류에 있어 인화성 가스에 해당하지 않는 것은?

① 수소
② 부탄
③ 에틸렌
④ 과산화수소

해설

인화성 가스의 종류
수소, 아세틸렌, 에틸렌, 메탄, 에탄, 프로판, 부탄

99 반응 폭주 등 급격한 압력상승의 우려가 있는 경우에 설치하여야 하는 것은?

① 파열판
② 통기밸브
③ 체크밸브
④ Flame arrester

해설

파열판을 설치해야 하는 경우
① 반응폭주 등 급격한 압력 상승의 우려가 있는 경우
② 급성독성물질의 누출로 인하여 주위에 작업환경을 오염시킬 우려가 있는 경우
③ 운전 중 안전밸브의 이상물질이 누적되어 안전밸브가 작동되지 아니할 우려가 있는 경우

100 다음 중 응상폭발이 아닌 것은?

① 분해폭발
② 수증기폭발
③ 전선폭발
④ 고상간의 전이에 의한 폭발

해설

폭발의 종류

공정별 분류	핵폭발	원자핵의 분열이나 융합에 의한 강렬한 에너지의 방출
	물리적 폭발	화학적 변화 없이 물리 변화를 주체로 한 폭발
	화학적 폭발	분해폭발, 산화폭발, 중합폭발
물리적 상태	기상폭발	가스폭발, 분무폭발, 분진폭발
	응상폭발	수증기폭발, 증기폭발, 전선폭발

101 건설재해대책의 사면보호공법 중 식물을 생육시켜 그 뿌리로 사면의 표층토를 고정하여 빗물에 의한 침식, 동상, 이완 등을 방지하고, 녹화에 의한 경관조성을 목적으로 시공하는 것은?

① 식생공
② 쉴드공
③ 뿜어 붙이기공
④ 블록공

해설

식생공
사면보호공법 중 식물을 생육시켜 그 뿌리로 사면의 표층토를 고정하여 빗물에 의한 침식, 동상, 이완 등을 방지하는 공법

102 산업안전보건법령에 따른 양중기의 종류에 해당하지 않는 것은?

① 곤돌라
② 리프트
③ 클램셸
④ 크레인

해설

양중기의 종류
① 크레인(호이스트 포함)
② 이동식 크레인
③ 리프트(이삿짐 운반용 리프트의 경우 적재하중 0.1톤 이상인 것)
④ 곤돌라
⑤ 승강기

정답 98 ④ 99 ① 100 ① 101 ① 102 ③

103 화물취급작업과 관련한 위험방지를 위해 조치하여야 할 사항으로 옳지 않은 것은?

① 하역작업을 하는 장소에서 작업장 및 통로의 위험한 부분에는 안전하게 작업할 수 있는 조명을 유지할 것

② 하역작업을 하는 장소에서 부두 또는 안벽의 선을 따라 통로를 설치하는 경우에는 폭을 50cm 이상으로 할 것

③ 차량 등에서 화물을 내리는 작업을 하는 경우에 해당 작업에 종사하는 근로자에게 쌓여 있는 화물 중간에서 화물을 빼내도록 하지 말 것

④ 꼬임이 끊어진 섬유로프 등을 화물운반용 또는 고정용으로 사용하지 말 것

해설

하역작업을 하는 장소에서 부두 또는 안벽의 선을 따라 통로를 설치하는 경우에는 폭을 90cm 이상으로 할 것

104 표준관입시험에 관한 설명으로 옳지 않은 것은?

① N치(N – value)는 지반을 30cm 굴진하는데 필요한 타격횟수를 의미한다.

② N치 4~10일 경우 모래의 상대밀도는 매우 단단한 편이다.

③ 63.5kg 무게의 추를 76cm 높이에서 자유낙하하여 타격하는 시험이다.

④ 사질지반에 적용하며, 점토지반에서는 편차가 커서 신뢰성이 떨어진다.

해설

시추공을 먼저 굴착 후 분리형 원통 샘플러를 시추공 바닥까지 밀어 넣는다. 샘플러에 연결된 ROD상단을 63,5Kg의 해머로 75cm에서 낙하, 타격하여 마지막 30cm 관입에 필요한 타격횟수를 구하여 표준관입 시험치(N값)으로 한다.

타격횟수(N)	상대밀도
4 이하	몹시 느슨하다.
4~10 이하	느슨하다.
10~30 이하	중간 정도
30~50 이하	치밀하다.
50 이상	매우 치밀하다.

105 근로자의 추락 등의 위험을 방지하기 위한 안전난간의 설치요건에서 상부난간대를 120cm 이상 지점에 설치하는 경우 중간난간대를 최소 몇 단 이상 균등하게 설치하여야 하는가?

① 2단
② 3단
③ 4단
④ 5단

해설

난간대 설치 기준

구성	상부난간대 중간난간대 발끝막이판 및 난간 기둥으로 구성 중간난간대 발끝막이판 및 난간 기둥은 이와 비슷한 구조 및 성능을 가진 것으로 대체 가능
상부난간대	바닥면 발끝 또는 경사로의 표면으로부터 90cm 이상 지점에 설치하고 상부난간대를 120cm 이하의 설치하는 경우에는 중간난간대는 상부난간대와 바닥면 등의 중간에 설치하여야 하며 120 cm 지점에 설치하는 경우에는 중간 난간대를 2단 이상으로 균등하게 설치하고 난간에 상하간격은 60cm 이하가 되도록 할 것
발끝막이판	바닥면 등으로부터 10cm 이상의 높이를 유지할 것 물체가 떨어지거나 날아올 위험이 없거나 그 위험을 방지할 수 있는 망을 설치하는 등 필요한 예방조치를 한 장소에는 제외
난간기둥	상부난간대와 중간난간대를 견고하게 떠받칠 수 있도록 적정 간격을 유지할 것
상부 난간대와 중간 난간대	난간 길이 전체에 걸쳐 바닥면 등과 평행을 유지할 것
난간대	지름이 2.7cm 이상의 금속제 파이프나 그 이상의 강도 있는 재료 일 것
하중	안전난간은 구조적으로 가장 취약한 지점에서 가장 취약한 방법으로 작용하는 100kg 이상의 하중에 견딜 수 있는 튼튼한 구조일 것

106 건설현장에 설치하는 사다리식 통로의 설치기준으로 옳지 않은 것은?

① 발판과 벽과의 사이는 15cm 이상의 간격을 유지할 것
② 발판의 간격은 일정하게 할 것
③ 사다리의 상단은 걸쳐놓은 지점으로부터 60cm 이상 올라가도록 할 것
④ 사다리식 통로의 길이가 10m 이상인 경우에는 3m 이내마다 계단참을 설치할 것

해설

사다리 통로 구조
① 견고한 구조로 할 것
② 심한 손상·부식 등이 없는 재료를 사용할 것
③ 발판의 간격은 일정하게 할 것
④ 발판과 벽과의 사이는 15cm 이상의 간격을 유지할 것
⑤ 폭은 30cm 이상으로 할 것
⑥ 사다리가 넘어지거나 미끄러지는 것을 방지하기 위한 조치를 할 것
⑦ 사다리의 상단은 걸쳐놓은 지점으로부터 60cm 이상 올라가도록 할 것
⑧ 사다리식 통로의 길이가 10m 이상인 경우에는 5m 이내마다 계단참을 설치할 것
⑨ 사다리식 통로의 기울기는 75° 이하로 할 것
   다만, 고정식 사다리식 통로의 기울기는 90도 이하로 하고, 높이가 7m 이상인 경우에는 바닥으로부터 높이가 2.5m 되는 지점부터 등받이울을 설치할 것
⑩ 접이식 사다리 기둥은 사용 시 접혀지거나 펼쳐지지 않도록 철물 등을 사용하여 견고하게 조치할 것

107 불도저를 이용한 작업 중 안전조치사항으로 옳지 않은 것은?

① 작업종료와 동시에 삽날을 지면에서 띄우고 주차 제동장치를 건다.
② 모든 조종간은 엔진 시동 전에 중립 위치에 놓는다.
③ 장비의 승차 및 하차 시 뛰어내리거나 오르지 말고 안전하게 잡고 오르내린다.
④ 야간작업 시 자주 장비에서 내려와 장비 주위를 살피며 점검하여야 한다.

해설

작업종료와 동시에 삽날을 지면에서 내려놓고 주차 제동장치를 건다.

108 건설공사의 산업안전보건관리비 계상 시 대상액이 구분되어 있지 않은 공사는 도급계약 또는 자체 사업 계획상의 총 공사금액 중 얼마를 대상액으로 하는가?

① 50% ② 60%
③ 70% ④ 80%

해설

공사진척에 따른 안전관리비 사용기준

공정률	50% 이상 70% 미만	70% 이상 90% 미만	90% 이상
사용기준	50% 이상	70% 이상	90% 이상

109 도심지 폭파해체공법에 관한 설명으로 옳지 않은 것은?

① 장기간 발생하는 진동, 소음이 적다.
② 해체 속도가 빠르다.
③ 주위의 구조물에 끼치는 영향이 적다.
④ 많은 분진 발생으로 민원을 발생시킬 우려가 있다.

해설

주위의 구조물에 끼치는 영향이 크다.

110 NATM공법 터널공사의 경우 록 볼트 작업과 관련된 계측결과에 해당되지 않은 것은?

① 내공변위 측정 결과
② 천단침하 측정 결과
③ 인발시험 결과
④ 진동 측정 결과

터널굴착작업 계측의 종류

① 내공변위측정
② 천단침하측정
③ 지표침하측정
④ 록볼트 인발시험

111 거푸집동바리 등을 조립하는 경우에 준수하여야 할 사항으로 옳지 않은 것은?

① 깔목의 사용, 콘크리트 타설, 말뚝박기 등 동바리의 침하를 방지하기 위한 조치를 할 것
② 개구부 상부에 동바리를 설치하는 경우에는 상부 하중을 견딜 수 있는 견고한 받침대를 설치할 것
③ 거푸집이 곡면인 경우에는 버팀대의 부착 등 그 거푸집의 부상(浮上)을 방지하기 위한 조치를 할 것
④ 동바리의 이음은 맞댄이음이나 장부이음을 피할 것

거푸집 동바리 조립 시 안전조치사항

1) 깔목의 사용, 콘크리트 타설, 말뚝박기 등 동바리의 침하를 방지하기 위한 조치를 할 것
2) 개구부 상부에 동바리를 설치하는 경우에는 상부하중을 견딜 수 있는 견고한 받침대를 설치할 것
3) 동바리의 상하 고정 및 미끄러짐 방지 조치를 하고, 하중의 지지상태를 유지할 것
4) 동바리의 이음은 맞댄이음이나 장부이음으로 하고 같은 품질의 재료를 사용할 것
5) 강재와 강재의 접속부 및 교차부는 볼트·클램프 등 전용철물을 사용하여 단단히 연결할 것
6) 거푸집이 곡면인 경우에는 버팀대의 부착 등 그 거푸집의 부상을 방지하기 위한 조치를 할 것
7) 동바리로 사용하는 강관에 대해서는 다음의 사항을 따를 것
　가. 높이 2미터 이내마다 수평연결재를 2개 방향으로 만들고 수평연결재의 변위를 방지할 것
　나. 멍에 등을 상단에 올릴 경우에는 해당 상단에 강재의 단판을 붙여 멍에 등을 고정시킬 것

112 비계의 높이가 2m 이상인 작업장소에 설치하는 작업발판의 설치기준으로 옳지 않은 것은?(단, 달비계, 달대비계 및 말비계는 제외)

① 작업발판의 폭은 40cm 이상으로 한다.
② 작업발판재료는 뒤집히거나 떨어지지 않도록 하나 이상의 지지물에 연결하거나 고정시킨다.
③ 발판재료 간의 틈은 3cm 이하로 한다.
④ 작업발판의 지지물은 하중에 의하여 파괴될 우려가 없는 것을 사용한다.

작업발판재료는 뒤집히거나 떨어지지 않도록 둘 이상의 지지물에 연결하거나 고정시킨다.

113 흙막이 지보공을 설치하였을 경우 정기적으로 점검하고 이상을 발견하면 즉시 보수하여야 하는 사항과 가장 거리가 먼 것은?

① 부재의 접속부·부착부 및 교차부의 상태
② 버팀대의 긴압(緊壓)의 정도
③ 부재의 손상·변형·부식·변위 및 탈락의 유무와 상태
④ 지표수의 흐름 상태

흙막이 지보공 설치 시 점검 항목

① 부재의 손상·변형·부식·변위 탈락의 유무 및 상태
② 부재의 긴압 정도
③ 부재의 접속부 및 교차부의 상태
④ 침하의 유무 및 상태

114 말비계를 조립하여 사용하는 경우 지주부재와 수평면의 기울기는 얼마 이하로 하여야 하는가?

① 65°
② 70°
③ 75°
④ 80°

말비계 조립 시 준수사항
① 지주부재(支柱部材)의 하단에는 미끄럼 방지장치를 하고, 근로자가 양측 끝부분에 올라서서 작업하지 않도록 할 것
② 지주부재와 수평면의 기울기를 75° 이하로 하고, 지주부재와 지주부재 사이를 고정시키는 보조부재를 설치할 것
③ 말비계의 높이가 2미터를 초과하는 경우에는 작업발판의 폭을 40cm 이상으로 할 것

115 지반 등의 굴착 시 위험을 방지하기 위한 연암지반 굴착면의 기울기 기준으로 옳은 것은?

① 1 : 0.3
② 1 : 0.4
③ 1 : 0.5
④ 1 : 0.6

굴착면의 기울기 [법령 개정으로 아래 도표만 참고]

구분	보통흙		암반		
지반의 종류	건지	습지	풍화암	연암	경암
기울기	1 : 0.5 ~1 : 1	1 : 1 ~1 : 1.5	1 : 1.0	1 : 1.0	1 : 0.5

116 작업발판 및 통로의 끝이나 개구부로서 근로자가 추락할 위험이 있는 장소에서 난간등의 설치가 매우 곤란하거나 작업의 필요상 임시로 난간등을 해체하여야 하는 경우에 설치하여야 하는 것은?

① 구명구
② 수직보호망
③ 석면포
④ 추락방호망

작업발판 및 통로의 끝이나 개구부로서 근로자가 추락할 위험이 있는 장소에 추락방호망을 설치한다.

117 흙막이 공법을 흙막이 지지방식에 의한 분류와 구조방식에 의한 분류로 나눌 때 다음 중 지지방식에 의한 분류에 해당하는 것은?

① 수평 버팀대식 흙막이 공법
② H-Pile 공법
③ 지하연속벽 공법
④ Top down method 공법

흙막이 공법의 지지방법
1) 지지방식에 의한 분류
  ① 자립공법
  ② 버팀대공법(경사버팀대, 수평버팀대)
  ③ 어스앵커공법
  ④ 타이로드공법
2) 구조방식에 의한 분류
  ① 널말뚝 공법
  ② H-Pile 공법
  ③ 지하연속벽 공법
  ④ Top down method 공법

118 철골용접부의 내부결함을 검사하는 방법으로 가장 거리가 먼 것은?

① 알칼리 반응 시험
② 방사선 투과시험
③ 자기분말 탐상시험
④ 침투 탐상시험

내부결함을 검사하는 방법
① 침투탐상시험
② 방사선 투과시험
③ 자기분말 탐상시험
④ 침투탐상시험

119 유해위험방지 계획서를 제출하려고 할 때 그 첨부서류와 가장 거리가 먼 것은?

① 공사개요서
② 산업안전보건관리비 작성요령
③ 전체 공정표
④ 재해 발생 위험 시 연락 및 대피방법

유해위험방지 계획서 제출 시 첨부서류
① 공사 개요서
② 공사현장의 주변 현황 및 주변과의 관계를 나타내는 도면(매설물 현황 포함)
③ 건설물, 사용 기계설비 등의 배치를 나타내는 도면
④ 전체 공정표
⑤ 산업안전보건관리비 사용계획
⑥ 안전관리 조직표
⑦ 재해 발생 위험 시 연락 및 대피방법

120 콘크리트 타설작업과 관련하여 준수하여야 할 사항으로 가장 거리가 먼 것은?

① 당일의 작업을 시작하기 전에 해당 작업에 관한 거푸집 동바리 등의 변형 · 변위 및 지반의 침하 유무 등을 점검하고 이상이 있으면 보수할 것
② 콘크리트를 타설하는 경우에는 편심이 발생하지 않도록 골고루 분산하여 타설할 것
③ 진동기의 사용은 많이 할수록 균일한 콘크리트를 얻을 수 있으므로 가급적 많이 사용할 것
④ 설계도서상의 콘크리트 양생기간을 준수하여 거푸집동바리 등을 해체할 것

콘크리트 타설 작업 시 준수사항
① 당일의 작업을 시작하기 전에 해당 작업에 관한 거푸집 동바리 등의 변형 · 변위 및 지반의 침하 유무 등을 점검하고 이상이 있으면 보수할 것
② 콘크리트를 타설하는 경우에는 편심이 발생하지 않도록 골고루 분산하여 타설할 것
③ 콘크리트 타설작업 시 거푸집 붕괴의 위험이 발생할 우려가 있으면 충분한 보강조치를 할 것
④ 설계도서상의 콘크리트 양생기간을 준수하여 거푸집동바리 등을 해체할 것
⑤ 작업 중에는 거푸집 동바리 등의 변형 · 변위 및 침하 유무 등을 감시할 수 있는 감시자를 배치하여 이상이 있으면 작업을 중지하고 근로자를 대피시킬 것
진동기의 다짐이 지나치게 많이 하면 측압이 커진다.

정답 120 ③

1과목 안전관리론

01 참가자에게 일정한 역할을 주어 실제적으로 연기를 시켜봄으로써 자기의 역할을 보다 확실히 인식할 수 있도록 체험학습을 시키는 교육방법은?

① Symposium
② Brain Storming
③ Role Playing
④ Fish Bowl Playing

해설

role playing(역할 연기법)	case method(사례연구법)
참석자가 정해진 역할을 직접 연기해 본 후 함께 토론해 보는 방법(흥미 유발, 태도변화에 도움)	사례해결에 직접 참가하여 해결해 가는 과정에서 판단력을 개발하고 관련 사실의 분석방법이나 종합적인 상황 판단 및 대책 입안 등에 효과적인 방법

02 일반적으로 시간의 변화에 따라 야간에 상승하는 생체리듬은?

① 혈압
② 맥박수
③ 체중
④ 혈액의 수분

해설

야간에 상승하는 생체리듬 : 혈액의 수분

03 하인리히의 재해구성비율 "1 : 29 : 300"에서 "29"에 해당되는 사고발생 비율은?

① 8.8%
② 9.8%
③ 10.8%
④ 11.8%

해설

$(\frac{29}{330}) \times 100 = 8.8\%$

04 무재해운동의 3원칙에 해당되지 않는 것은?

① 무의 원칙
② 참가의 원칙
③ 선취의 원칙
④ 대책선정의 원칙

해설

무재해운동의 3원칙
① 무의 원칙 ② 참가의 원칙 ③ 선취의 원칙

05 안전보건관리조직의 형태 중 라인 – 스태프 (Line – Staff)형에 관한 설명으로 틀린 것은?

① 조직원 전원을 자율적으로 안전활동에 참여시킬 수 있다.
② 라인의 관리, 감독자에게도 안전에 관한 책임과 권한이 부여된다.
③ 중규모 사업장(100명 이상~500명 미만)에 적합하다.
④ 안전활동과 생산업무가 유리될 우려가 없기 때문에 균형을 유지할 수 있어 이상적인 조직형태이다.

해설

(2020년 9월 26일) 1과목 01번 문제 해설 참고

06 브레인스토밍 기법에 관한 설명으로 옳은 것은?

① 타인의 의견을 수정하지 않는다.
② 지정된 표현방식에서 벗어나 자유롭게 의견을 제시한다.
③ 참여자에게는 동일한 횟수의 의견제시 기회가 부여된다.
④ 주제와 내용이 다르거나 잘못된 의견은 지적하여 조정한다.

브레인스토밍(Brain storming)의 4원칙

① 비판금지 : 좋다, 나쁘다고 비평하지 않는다.

② 자유분방 : 마음대로 편안히 발언한다.

③ 대량발언 : 무엇이건 좋으니 많이 발언하다.

④ 수정발언 : 타인의 아이디어를 수정하거나 덧붙여 말하여도 좋다.

---

07 산업안전보건법령상 안전인증 대상기계 등에 포함되는 기계, 설비, 방호장치에 해당하지 않는 것은?

① 롤러기

② 크레인

③ 동력식 수동대패용 칼날 접촉 방지장치

④ 방폭구조 전기기계 · 기구 및 부품

안전인증 대상 기계 기구 등

기계 및 설비	① 프레스 ② 전단기, 절곡기 ③ 크레인 ④ 리프트 ⑤ 곤돌라 ⑥ 압력용기 ⑦ 롤러기 ⑧ 사출성형기 ⑨ 고소작업대
방호장치	① 프레스 및 전단기 방호장치 ② 양중기용 과부하방지장치 ③ 보일러 압력방출장치 안전밸브 ④ 압력용기 압력방출장치 안전밸브 ⑤ 압력용기 압력방출장치 파열판 ⑥ 절연용 방호구 및 활선작업용 기구 ⑦ 방폭구조 전기기계기구 및 부품 ⑧ 추락, 낙하, 붕괴 등의 위험방비 및 보호에 필요한 가설자재로서 고용노동부 장관이 정하여 고시하는 것 ⑨ 충돌 협착 등의 위험방지에 필요한 산업용 로봇 방호장치로서 고용노동부 장관이 정하여 고시하는 것
보호구	① 추락 및 감전 위험방지용 안전모 ② 안전화 ③ 안전장갑 ④ 방독마스크 ⑤ 방진마스크 ⑥ 송기마스크 ⑦ 전동식 호흡 보호구 ⑧ 보호복 ⑨ 안전대 ⑩ 용접용 보안면 ⑪ 차광 및 비산물 위험 방지용 보안경 ⑫ 방음용 귀마개 또는 귀덮개

---

08 안전교육 중 같은 것을 반복하여 개인의 시행착오에 의해서만 점차 그 사람에게 형성되는 것은?

① 안전기술의 교육

② 안전지식의 교육

③ 안전기능의 교육

④ 안전태도의 교육

교육의 구분	교육 특징
1단계 지식교육	① 강의 시청각교육 등 지식의 전달 이해 ② 다수인원에 대한 교육 가능 ③ 광범위한 지식의 전달 가능 ④ 안전의식의 제고용이 ⑤ 피교육자의 이해도 측정 곤란 ⑥ 교사의 학습방법에 따라 자이 발생
2단계 기능교육	① 시범, 견학, 현장실습을 통한 경험체득 이해 ② 작업능력 및 기술능력부여 ③ 작업동작의 표준화 ④ 교육기간의 장기화 ⑤ 다수인원 교육 곤란
3단계 태도교육	① 생활지도 작업동작지도 안전의 습관화 일체감 ② 자아실현 욕구의 충족기회 제공 ③ 상사 부하 간의 목표설정을 위한 대화 ④ 작업자의 능력을 초월하는 구체적, 정량적 목표 설정

---

09 상황성 누발자의 재해 유발원인과 가장 거리가 먼 것은?

① 작업이 어렵기 때문이다.

② 심신에 근심이 있기 때문이다.

③ 기계설비의 결함이 있기 때문이다.

④ 도덕성이 결여되어 있기 때문이다.

재해 누발자 유형(상.습.미.소)

상황성 누발자	① 작업 자체가 어렵기 때문 ② 기계설비의 결함 ③ 주위 환경상 집중력 곤란 ④ 심신에 근심 걱정이 있기 때문
습관성 누발자	① 경험한 재해로 인하여 대응 능력의 약화(겁쟁이, 신경과민) ② 여러 가지 원인에 의한 슬럼프 상태
미숙성 누발자	① 기능 미숙 ② 작업환경 미적응

소질성 누발자	① 개인의 소질 중 재해원인 요소를 가진 자 (주의력 부족, 소심한 성격, 저 지능, 흥분, 감각 운동 부적합 등) ② 특수성격 소유자로서 재해발생 소질 소유자

10 작업자 적성의 요인이 아닌 것은?

① 지능　　　　　② 인간성
③ 흥미　　　　　④ 연령

해설

작업자 적성의 요인
① 지능
② 인간성
③ 흥미

11 재해로 인한 직접비용으로 8,000만원의 산재 보상비가 지급되었을 때, 하인리히 방식에 따른 총 손실비용은?

① 16,000만원　　　② 24,000만원
③ 32,000만원　　　④ 40,000만원

해설

하인리히의 보상금 : 직접비(1) : 간접비(4)
8,000만 + 8,000 × 4 = 40,000만원

12 재해조사의 목적과 가장 거리가 먼 것은?

① 재해예방 자료수집
② 재해관련 책임자 문책
③ 동종 및 유사재해 재발방지
④ 재해발생 원인 및 결함 규명

해설

재해조사의 목적
① 재해예방 자료수집
② 동종 및 유사재해 재발방지
③ 재해발생 원인 및 결함 규명

13 교육훈련기법 중 Off.J.T(Off the Job Train-ing)의 장점이 아닌 것은?

① 업무의 계속성이 유지된다.
② 외부의 전문가를 강사로 활용할 수 있다.
③ 특별교재, 시설을 유효하게 사용할 수 있다.
④ 다수의 대상자에게 조직적 훈련이 가능하다.

해설

OJT 특징	OFF J T 특징
① 개개인에게 적절한 훈련이 가능	① 다수의 근로자에게 훈련을 할 수 있다.
② 직장의 실정에 맞는 훈련이 가능하다.	② 훈련에만 전념할 수 있다.
③ 교육의 효과가 즉시 업무에 연결된다.	③ 특별 설비기구 이용이 가능하다.
④ 상호신뢰 이해도가 높다.	④ 많은 지식이나 경험을 공유할 수 있다.
⑤ 훈련에 대한 업무의 계속성이 끊어지지 않는다.	⑤ 교육훈련 목표에 대하여 집단적 노력이 흐트러질 수 있다.

14 산업안전보건법령상 중대재해의 범위에 해당하지 않는 것은?

① 1명의 사망자가 발생한 재해
② 1개월의 요양을 요하는 부상자가 동시에 5명 발생한 재해
③ 3개월의 요양을 요하는 부상자가 동시에 2명 발생한 재해
④ 10명의 직업성 질병자가 동시에 발생한 재해

해설

중대재해
① 사망자가 1인 이상 발생한 재해
② 3개월 이상의 요양을 요하는 부상자가 동시에 2인 이상 발생한 재해
③ 직업병의 질병자가 동시에 10명 이상 발생한 재해

15 Thorndike의 시행착오설에 의한 학습의 원칙이 아닌 것은?

① 연습의 원칙　　　② 효과의 원칙
③ 동일성의 원칙　　　④ 준비성의 원칙

정답　10 ④　11 ④　12 ②　13 ①　14 ②　15 ③

해설

종류	학습의 원리 및 법칙	내용
파블로프 (Pavlov) 조건반사설	① 일관성의 원리 ② 강도의 원리 ③ 시간의 원리 ④ 계속성의 원리	행동의 성립을 조건화에 의해 설명, 즉 일정한 훈련을 통하여 반응이나 새로운 행동의 반응을 가져올 수 있다.
손다이크 (Thondike) 시행착오설	① 효과의 버칙 ② 연습의 법칙 ③ 준비성의 법칙	학습이란 시행착오의 과정을 통하여 선택되고 결집되는 것(성공한 행동은 각인되고 실패한 행동은 배제된다.)
스키너 (Skinner) 조직적 조건 형성이론	① 강화의 원리 ② 소거의 원리 ③ 조형의 원리 ④ 자발적 회복의 원리 ⑤ 변별의 원리	어떤 반응에 대해 체계적이고 선택적으로 강화를 주어 그 반응이 반복해서 일어날 확률을 증가시키는 것

16 산업안전보건법령상 보안경 착용을 포함하는 안전보건표지의 종류는?

① 지시표지 ② 안내표지

③ 금지표지 ④ 경고표지

해설

안전보건표지의 종류와 형태

17 보호구에 관한 설명으로 옳은 것은?

① 유해물질이 발생하는 산소결핍지역에서는 필히 방독마스크를 착용하여야 한다.

② 차광용 보안경의 사용구분에 따른 종류에는 자외선용, 적외선용, 복합용, 용접용이 있다.

③ 선반작업과 같이 손에 재해가 많이 발생하는 작업장에서는 장갑 착용을 의무화한다.

④ 귀마개는 처음에는 저음만을 차단하는 제품부터 사용하며, 일정 기간이 지난 후 고음까지 모두 차단하는 제품을 사용한다.

해설

① 유해물질이 발생하는 산소결핍지역에서는 필히 송기마스크를 착용하여야 한다.

② 차광용 보안경의 사용구분에 따른 종류에는 자외선용, 적외선용, 복합용, 용접용이 있다.

③ 선반작업에서 손에 재해가 많이 발생하는 작업장에서는 장갑착용을 해서는 아니된다.

④ 귀마개는 종류에 따라 저음 고음으로 구별된다.

18 산업안전보건법령상 사업 내 안전보건교육의 교육시간에 관한 설명으로 옳은 것은?

① 일용근로자의 작업내용 변경 시의 교육은 2시간 이상이다.

② 사무직에 종사하는 근로자의 정기교육은 매분기 3시간 이상이다.

③ 일용근로자를 제외한 근로자의 채용 시 교육은 4시간 이상이다.

④ 관리감독자의 지위에 있는 사람의 정기교육은 연간 8시간 이상이다.

해설

교육 과정	교육 대상		교육 시간
정기교육	사무직 종사 근로자		매분 3시간 이상
	사무직 외의 근로자	판매직	매분기 3시간 이상
		판매직 외	매분기 6시간 이상
	관리 감독자		연간 16시간 이상

교육 과정	교육대상	교육시간
채용 시 교육	일용근로자	1시간 이상
	일용직 외 근로자	8시간 이상
작업내용 변경 시 교육	일용근로자	1시간 이상
	일용직 외 근로자	2시간 이상
특별교육	일용근로자	2시간 이상
	타워크레인 신호작업에 종사하는 일용근로자	8시간 이상
	일용직 외 근로자	16시간 이상 (최초 작업에 종사하기 전 4시간 이상 실시하고 12시간은 3개월 이내에서 분할하여 실시 가능)
건설업 기초안전 보건교육	건설 일용근로자	4시간

19 집단에서의 인간관계 메커니즘(Mechanism)과 가장 거리가 먼 것은?

① 분열, 강박
② 모방, 암시
③ 동일화, 일체화
④ 커뮤니케이션, 공감

해설

인간관계 매커니즘 유형

도피적 행동(Escap)	환상, 동일화, 퇴행, 억압, 반동형성, 고립 등
방어적 행동(Defence)	승화, 보상, 합리화, 투사, 동일시 등
대표적 적응기제	억압, 반동형성, 공격, 동일시, 합리화, 퇴행, 투사, 도피, 보상, 승화
공격적 행동(Aggressive)	책임전가, 자살 등

분열 강박은 거리가 멀다.

20 재해의 빈도와 상해의 강약도를 혼합하여 집계하는 지표로 옳은 것은?

① 강도율
② 종합재해지수
③ 안전활동률
④ Safe－T－Score

해설

- 연천인율 : 근로자 1,000명 당 1년간에 발생한 재해자 수 비율
- 도수율 : 1,000,000 근로시간당 재해 발생 건수 비율
- 강도율 : 1,000 근로시간당 근로손실일수 비율
- 안전활동률 : (1,000,000시간당 안전활동 건수)
- Safe－T－Score : 과거의 안전성적과 현재의 안전성적을 비교하는 방식
- 종합재해지수 : 재해의 빈도와 상해의 강약도를 혼합하여 집계

2과목 인간공학 및 시스템안전공학

21 인체측정 자료를 장비, 설비 등의 설계에 적용하기 위한 응용 원칙에 해당하지 않는 것은?

① 조절식 설계
② 극단치를 이용한 설계
③ 구조적 치수 기준의 설계
④ 평균치를 기준으로 한 설계

해설

인체측정 응용 3원칙
① 조절식 설계
② 극단치를 이용한 설계
③ 평균치를 기준으로 한 설계

22 컷셋(Cut Sets)과 최소 패스셋(Minimal Path Sets)의 정의로 옳은 것은?

① 컷셋은 시스템 고장을 유발시키는 필요 최소한의 고장들의 집합이며, 최소 패스셋은 시스템의 신뢰성을 표시한다.
② 컷셋은 시스템 고장을 유발시키는 기본고장들의 집합이며, 최소 패스셋은 시스템의 불신뢰도를 표시한다.

③ 컷셋은 그 속에 포함되어 있는 모든 기본사상이 일어났을 때 정상사상을 일으키는 기본사상의 집합이며, 최소 패스셋은 시스템의 신뢰성을 표시한다.

④ 컷셋은 그 속에 포함되어 있는 모든 기본사상이 일어났을 때 정상사상을 일으키는 기본사상의 집합이며, 최소 패스셋은 시스템의 성공을 유발하는 기본사상의 집합이다.

해설

- 컷셋 : 정상사상을 발생시키는 기본사상의 집합으로 그 안에 포함되는 모든 기본사상이 발생할 때 정상사상을 발생 시킬 수 있는 기본사상의 집합
- 미니멀 패스셋(Minimal path set) : 그 안에 포함되는 모든 기본사상이 일어나지 않을 때 처음으로 정상사상이 일어나지 않는 기본사상의 집합의 패스셋에서 필요한 최소한의 것을 미니멀 패스셋이라 한다.(시스템의 신뢰성을 나타냄)

---

23 작업공간의 배치에 있어 구성요소 배치의 원칙에 해당하지 않는 것은?

① 기능성의 원칙 ② 사용빈도의 원칙
③ 사용순서의 원칙 ④ 사용방법의 원칙

해설

부품배치의 원칙
① 기능성의 원칙 ② 사용빈도의 원칙
③ 사용순서의 원칙 ④ 중요성의 원칙

---

24 시스템의 수명 및 신뢰성에 관한 설명으로 틀린 것은?

① 병렬설계 및 디레이팅 기술(신뢰도를 높이려는 기술)로 시스템의 신뢰성을 증가시킬 수 있다.
② 직렬시스템에서는 부품들 중 최소 수명을 갖는 부품에 의해 시스템 수명이 정해진다.
③ 수리가 가능한 시스템의 평균수명(MTBF)은 평균 고장률(λ)과 정비례 관계가 성립한다.

④ 수리가 불가능한 구성요소로 병렬구조를 갖는 설비는 중복도가 늘어날수록 시스템 수명이 길어진다.

해설

MTBF : 고장률과 정비례 관계가 아니고 역치 관계이다.

---

25 자동차를 생산하는 공장의 어떤 근로자가 95dB(A)의 소음수준에서 하루 8시간 작업하며 자동차를 생산하는 공장의 어떤 근로자가 95dB(A)의 소음수준에서 하루 8시간 작업하며 매시간 20분 휴식을 취하였다면 이 경우 시간가중평균(TWA)은?(측정기로 측정하였으며, OSHA에서 정한 95dB(A)의 허용시간은 4시간이라 가정한다.)

① 약 91dB(A) ② 약 92dB(A)
③ 약 93dB(A) ④ 약 94dB(A)

해설

$TWA = 16.61 \log (D / 100) + 90$
TWA : 시간가중평균 소음수준[dB(A)]
D : 누적소음노출량(%)
누적소음노출량(D) = 가동시간(95dB) / 기준시간 = 8시간
$\times (60 - 20) / 60 / 4 = 133\%$
시간가중 평균(TWA) $= 16.61 \log (D / 100) + 90$
$= 16.61 \times \log(133/100) + 90 = 92.06$

---

26 화학설비에 대한 안정성 평가 중 정성적 평가방법의 주요 진단 항목으로 볼 수 없는 것은?

① 건조물 ② 취급물질
③ 입지 조건 ④ 공장 내 배치

해설

안전성 평가 6단계
1) 1단계 : 관계자료의 정비 검토
  ① 제조공정 훈련계획
  ② 입지 조건
  ③ 건조물의 평면도
  ④ 단면도 계통도

2) 2단계 : 정성적 평가
   • 설계조건
      ① 입지 조건
      ② 공장 내의 배치
      ③ 건조물 소방용 설비
   • 운전조건
      ① 원재료, 중간제품의 위험성
      ② 프로세스의 운전조건 수송
      ③ 저장 등에 대한 안전대책
      ④ 프로세스 기기의 선정요건
3) 3단계 : 정량적 평가(구성요소의 물질, 화학설비의 ① 용량 ② 압력 ③ 온도 ④ 조작)
4) 4단계 : 안전대책
      ① 설비 대책   ② 관리적인 대책
5) 5단계 : 재해정보에 의한 재평가
      ① 재해사례   ② 상호교환
6) 6단계 : FTA에 의한 재평가
      위험도의 등급이 1에 해당하는 플랜트에 대해 FTA에 의한 재평가

27 작업면상의 필요한 장소만 높은 조도를 취하는 조명은?

① 완화조명   ② 전반조명
③ 투명조명   ④ 국소조명

해설
작업면상의 필요한 장소만 높은 조도를 취하는 조명은 국소조명이다.

28 동작경제의 원칙에 해당하지 않는 것은?

① 공구의 기능을 각각 분리하여 사용하도록 한다.
② 두 팔의 동작은 동시에 서로 반대방향으로 대칭적으로 움직이도록 한다.
③ 공구나 재료는 작업동작이 원활하게 수행되도록 그 위치를 정해준다.
④ 가능하다면 쉽고도 자연스러운 리듬이 작업동작에 생기도록 작업을 배치한다.

해설
① 인체 사용에 관한 원칙
② 작업장 배치에 관한 원칙
③ 공구 및 설비의 설계에 관한 원칙

29 인간이 기계보다 우수한 기능이라 할 수 있는 것은?(단, 인공지능은 제외한다.)

① 일반화 및 귀납적 추리
② 신뢰성 있는 반복 작업
③ 신속하고 일관성 있는 반응
④ 대량의 암호화된 정보의 신속한 보관

해설

인간이 기계보다 우수한 기능	기계가 인간보다 우수한 기능
• 저 에너지 자극감시 • 복잡 다양한 자극형태 식별 • 갑작스러운 이상현상이나 예기치 못한 사건 감지 • 많은 양의 정보 장시간 저장 • 다양한 문제해결(정성적) • 귀납적 추리 • 원칙 적용 • 관찰을 통해 일반화 다양한 문제해결 • 과부하 상태에서는 중요한 일에만 전념 • 다양한 종류의 운용 요건에 따라 신체적인 반응을 적용 • 전혀 다른 새로운 해결책을 찾아냄	• 인간의 정상적 감지 범위 밖의 자극감지 • 인간 및 기계에 대한 모니터 기능 • 드물게 발생하는 사상감지 • 암호화된 정보를 신속하게 대량 보관 • 정량적 정보처리 • 연역적 추리 • 반복작업의 수행에 높은 신뢰성 • 입력 신호에 신속하고 일관성 있게 반응 • 과부하 상태에서도 효율적 작동 • 장시간 중량 작업 • 반복작업, 동시에 여러 가지 작업기능

30 시각적 표시장치보다 청각적 표시장치를 사용하는 것이 더 유리한 경우는?

① 정보의 내용이 복잡하고 긴 경우
② 정보가 공간적인 위치를 다룬 경우
③ 직무상 수신자가 한곳에 머무르는 경우
④ 수신장소가 너무 밝거나 암조응이 요구될 경우

31 다음 시스템의 신뢰도 값은?

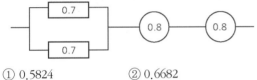

① 0.5824
② 0.6682
③ 0.7855
④ 0.8642

32 다음 현상을 설명한 이론은?

인간이 감지할 수 있는 외부의 물리적 자극 변화의 최소 범위는 표준 자극의 크기에 비례한다.

① 피츠(Fitts) 법칙
② 웨버(Weber) 법칙
③ 신호검출이론(SDT)
④ 힉 – 하이만(Hick – Hyman) 법칙

2) Hick의 법칙
   사람이 어떤 물건을 선택하는데 걸리는 시간은 선택하려는 종류에 따라 결정된다는 법칙
3) Weber의 법칙
   물건의 구매에 따른 판매자와 구매자와의 심리를 나타내는 가격을 결정하는 법칙
   (1) 변화 감지역
      ① 특정 감각의 감지능력은 두 자극 사이의 차이를 알아낼 수 있는 변화 감지역으로 표현
      ② 변화 감지역이 작을수록 변화를 검출하기 쉽다.
   (2) 웨버의 법칙
      ① 감각기관의 기준자극과 변화 감지역의 연관관계
      ② 변화 감지역은 사용되는 기준자극의 크기에 비례

33 그림과 같은 FT도에서 정상사상 T의 발생확률은?(단, X_1, X_2, X_3의 발생확률은 각각 0.1, 0.15, 0.1이다.)

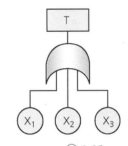

① 0.3115
② 0.35
③ 0.496
④ 0.9985

34 산업안전보건법령상 해당 사업주가 유해위험방지계획서를 작성하여 제출해야 하는 대상은?

① 시 · 도지사
② 관할구청장
③ 고용노동부장관
④ 행정안전부장관

정답 31 ① 32 ② 33 ① 34 ③

35 인간의 위치 동작에 있어 눈으로 보지 않고 손을 수평면상에서 움직이는 경우 짧은 거리는 지나치고, 긴 거리는 못 미치는 경향이 있는데 이를 무엇이라고 하는가?

① 사정효과(range effect)
② 반응효과(reaction effect)
③ 간격효과(distance effect)
④ 손동작효과(hand action effect)

해설

사정효과

인간의 위치 동작에 있어 눈으로 보지 않고 손을 수평면상에서 움직이는 경우 짧은 거리는 지나치고, 긴 거리는 못 미치는 현상

36 전신작업 부하를 측정하는 척도를 크게 4가지로 분류할 때 심박수의 변동, 뇌 전위, 동공 반응 등 정보처리에 중추신경계 활동이 관여하고 그 활동이나 징후를 측정하는 것은?

① 주관적(subjective) 척도
② 생리적(physiological) 척도
③ 주 임무(primary task) 척도
④ 부 임무(secondary task) 척도

해설

전신작업 부하를 측정하는 척도를 크게 4가지로 분류할 때 심박수의 변동, 뇌 전위, 동공 반응 등 정보처리에 중추신경계 활동이 관여하고 그 활동이나 징후를 측정하는 것은 생리적(physiological) 척도이다.

37 서브시스템, 구성요소, 기능 등의 잠재적 고장형태에 따른 시스템의 위험을 파악하는 위험 분석 기법으로 옳은 것은?

① ETA(Event Tree Analysis)
② HEA(Human Error Analysis)
③ PHA(Preliminary Hazard Analysis)
④ FMEA(Failure Mode and Effect Analysis)

해설

고장형태 영향 분석(FMEA : Failure Mode and Effects Analysis)
시스템 안전분석에 이용되는 전형적인 정성적, 귀납적 분석방법으로 시스템에 영향을 미치는 전체 요소의 고장을 형태별로 분석하여 그 영향을 검토하는 것

ETA (Event Tree Analysis) : 사건 수 분석법
① 사상의 안전도를 사용한 시스템의 안전도를 나타내는 시스템 모델의 하나로 정량적 귀납적 해석기법
② 특정한 장치의 이상 또는 운전자의 실수에 의해 발생되는 잠재적인 사고결과를 정량적으로 평가 분석하는 기법

HEA (Human Error Analysis) : 인적 오류 분석
공장의 운전자 정비원 기술자 등 작업에 영향을 미치는 영향 요소를 평가하는 방법

PHA (Preliminary Hazard Analysis) : 예비위험분석
모든 시스템 안전 프로그램의 최초 단계의 분석으로 시스템 내의 위험요소가 얼마나 위험한 상태에 있는가를 정성적으로 평가하는 것이다.

38 불필요한 작업을 수행함으로써 발생하는 오류로 옳은 것은?

① Command error
② Extraneous error
③ Secondary error
④ Commission error

해설

스웨인의 독립행동에 의한 분류

생략에러 (omission error) 부작위 에러	필요한 작업 또는 절차를 수행하지 않는데 기인한 에러 → 안전절차 생략
착각수행에러 (commission error) 작위에러	필요한 작업 또는 절차의 불확실한 수행으로 인한 에러 → 불확실한 수행(착각, 착오)
시간적 에러 (time error)	필요한 작업 또는 절차의 수행 지연으로 인한 에러 → 임무수행 지연
순서에러 (sequential error)	필요한 작업 또는 절차의 순서 착오로 인한 에러 → 순서착오
과잉행동에러 (extraneous error)	불필요한 작업 또는 절차를 수행함으로써 기인한 에러 → 불필요한 작업(작업장에서 담배를 피우다 사고)

39 불(Boole) 대수의 정리를 나타낸 관계식으로 틀린 것은?

① $A \cdot A = A$　　　　② $A + \overline{A} = 0$

③ $A + AB = A$　　　　④ $A + A = A$

불(Boole) 대수의 법칙

동정법칙	• $A+A=A$	• $A \cdot A = A$
교환법칙	• $AB=BA$	• $A+B=B+A$
흡수법칙	• $A(AB)=(AA)B=AB$ • $A+AB=A \cup (A \cap B)=(A \cup A) \cap (A \cup B)=A \cap (A \cup B)$ $=A$ • $A(A+B)=(AA)+AB=A+AB=A$	
분배법칙	• $A(B+C)=AB+AC,$ • $A+(BC)=(A+B) \cdot (A+C)$	
결합법칙	• $A(BC)=(AB)C$	• $A+(B+C)=(A+B)+C$
논리의 합	• $A+0=A$　• $A+A=A$　• $A+1=1$　• $A+\overline{A}=1$	
논리의 곱	• $A(BC)=(AB)C$　• $A+(B+C)=(A+B)+C$	
	$\overline{A}=A$	

40 Chapanis가 정의한 위험의 확률 수준과 그에 따른 위험발생률로 옳은 것은?

① 전혀 발생하지 않는(impossible) 발생빈도 : 10^{-8} /day

② 극히 발생할 것 같지 않는(extremely unlikely) 발생빈도 : 10^7/day

③ 거의 발생하지 않은(remote) 발생빈도 : 10^{-6} /day

④ 가끔 발생하는(occasional) 발생빈도 : 10^{-5}/day

전혀 발생하지 않는(impossible) 발생빈도 : 10^{-8}/day

3과목　기계위험방지기술

41 휴대형 연삭기 사용 시 안전사항에 대한 설명으로 가장 적절하지 않은 것은?

① 잘 안 맞는 장갑이나 옷은 착용하지 말 것

② 긴 머리는 묶고 모자를 착용하고 작업할 것

③ 연삭숫돌을 설치하거나 교체하기 전에 전선과 압축공기 호스를 설치할 것

④ 연삭작업 시 클램핑 장치를 사용하여 공작물을 확실히 고정할 것

연삭숫돌을 설치하거나 교체한 후에 전선과 압축공기 호스를 설치해야 한다.

42 선반 작업에 대한 안전수칙으로 가장 적절하지 않은 것은?

① 선반의 바이트는 끝을 짧게 장치한다.

② 작업 중에는 면장갑을 착용하지 않도록 한다.

③ 작업이 끝난 후 절삭 칩의 제거는 반드시 브러시 등의 도구를 사용한다.

④ 작업 중 일감의 치수 측정 시 기계 운전 상태를 저속으로 하고 측정한다.

작업 중에는 기계의 점검, 주유, 측정, 이물질제거 등의 일을 해서는 아니된다.

43 다음 중 금형을 설치 및 조정할 때 안전수칙으로 가장 적절하지 않은 것은?

① 금형을 체결할 때에는 적합한 공구를 사용한다.

② 금형의 설치 및 조정은 전원을 끄고 실시한다.

③ 금형을 부착하기 전에 하사점을 확인하고 설치한다.

④ 금형을 체결할 때에는 안전 블럭을 잠시 제거하고 실시한다.

금형을 체결할 때에는 안전블럭을 설치하고 실시한다.

정답　39 ② 40 ① 41 ③ 42 ④ 43 ④

44 지게차의 방호장치에 해당하는 것은?

① 버킷 ② 포크

③ 마스트 ④ 헤드가드

지게차의 방호장치

① 헤드가드 ② 백레스트

③ 전조등, 후미등 ④ 안전벨트

45 다음 중 절삭가공으로 틀린 것은?

① 선반 ② 밀링

③ 프레스 ④ 보링

프레스는 성형장비이다.

46 산업안전보건법령상 롤러기의 방호장치 설치 시 유의해야 할 사항으로 가장 적절하지 않은 것은?

① 손으로 조작하는 급정지장치의 조작부는 롤러기의 전면 및 후면에 각각 1개씩 수평으로 설치하여야 한다.

② 앞면 롤러의 표면속도가 30m/min 미만인 경우 급정지 거리는 앞면 롤러 원주의 1/2.5 이하로 한다.

③ 급정지장치의 조작부에 사용하는 줄은 사용 중 늘어져서는 안 된다.

④ 급정지장치의 조작부에 사용하는 줄은 충분한 인장강도를 가져야 한다.

앞면 롤러의 표면 속도(m/분)	급정지거리
30 미만	앞면 롤러 원주의 1/3($\pi \times D \times \frac{1}{3}$)
30 이상	앞면 롤러 원주의 1/2.5($\pi \times D \times \frac{1}{2.5}$)

47 보일러 부하의 급변, 수위의 과상승 등에 의해 수분이 증기와 분리되지 않아 보일러 수면이 심하게 솟아올라 올바른 수위를 판단하지 못하는 현상은?

① 프라이밍 ② 모세관

③ 워터해머 ④ 역화

보일러 취급 시 이상현상

프라이밍 (priming)	보일러 수가 극심하게 끓어서 수면에서 계속하여 수분이 증기와 분리되지 않아 물방울이 비산하고 증기부가 물방울로 충만하여 수위가 불안정하게 되는 현상 (비수현상)
포밍 (foaming)	보일러 수의 불순물이 많이 포함되었을 경우 보일러 수의 비등과 함께 수면 부위에 거품층을 형성하여 수위가 불안정하게 되는 현상
캐리오버 (carry over)	보일러에서 증기관 쪽에 보내는 증기에 대량의 물방울이 포함되는 경우로 프라이밍이나 포밍이 생기면 필연적으로 발생 캐리오버는 과열기 또는 터빈날개에 불순물을 퇴적 시켜 부식 및 과열의 원인으로 증기과열기 및 터빈의 고장 원인이 된다.
워터해머 (water hammer) (수격운동)	증기기관 내에서 증기를 보내기 시작할 때 해머로 치는 듯한 소리를 내며 관이 진동하는 현상 워터 해머는 캐리오버에 기인한다. (영향 요소 : 관내의 유동,압력 파동, 밸브의 개폐, 캐리오버)

48 자동화 설비를 사용하고자 할 때 기능의 안전화를 위하여 검토할 사항으로 거리가 가장 먼 것은?

① 재료 및 가공결함에 의한 오동작

② 사용압력 변동 시의 오동작

③ 전압강하 및 정전에 따른 오동작

④ 단락 또는 스위치 고장 시의 오동작

기능적 안전화(자동화된 기계설비)

① 전압강하에 따른 오동작 방지

② 정전 및 단락에 따른 오동작 방지

③ 사용압력 변동 시의 오동작 방지

49 산업안전보건법령상 금속의 용접, 용단에 사용하는 가스 용기를 취급할 때 유의사항으로 틀린 것은?

① 밸브의 개폐는 서서히 할 것
② 운반하는 경우에는 캡을 벗길 것
③ 용기의 온도는 40℃ 이하로 유지할 것
④ 통풍이나 환기가 불충분한 장소에는 설치하지 말 것

용기취급 시 준수사항
① 용기의 온도를 40℃ 이하로 유지
② 전도의 위험이 없도록 할 것
③ 충격을 가하지 않도록 할 것
④ 운반하는 경우 캡을 씌울 것
⑤ 밸브의 개폐는 서서히 열 것
⑥ 용해 아세틸렌의 용기는 세워둘 것

50 크레인 로프에 질량 2,000kg의 물건을 10 m/s²의 가속도로 감아올릴 때, 로프에 걸리는 총 하중(kN)은?(단, 중력가속도는 9.8m/s²)

① 9.6
② 19.6
③ 29.6
④ 39.6

총하중＝정하중＋동하중
동하중＝정하중 / 9.8 × 가속도
　　　＝2,000 / 9.8 × 10 = 2,040.81(kgf)
따라서
2,000 + 2,040.81 = 4,040.81 × 9.8
　　　　　　＝39,609.78(N) / 1,000
　　　　　　＝39.6(KN)

51 산업안전보건법령상 보일러에 설치해야 하는 안전장치로 거리가 가장 먼 것은?

① 해지장치
② 압력방출장치
③ 압력제한스위치
④ 고 · 저수위조절장치

보일러 방호장치
① 화염검출기
② 압력방출장치
③ 압력제한스위치
④ 고 · 저수위조절장치

52 프레스 작동 후 작업점까지의 도달시간이 0.3 초인 경우 위험한계로부터 양수조작식 방호장치의 최단 설치 거리는?

① 48cm 이상
② 58cm 이상
③ 68cm 이상
④ 78cm 이상

양수조작식
D＝1,600 × (Tc＋Ts)＝1,600 × 0.3＝480mm

53 산업안전보건법령상 고속회전체의 회전시험을 하는 경우 미리 회전축의 재질 및 형상 등에 상응하는 종류의 비파괴검사를 해서 결함 유무를 확인해야 한다. 이때 검사 대상이 되는 고속회전체의 기준은?

① 회전축의 중량이 0.5톤을 초과하고, 원주속도가 100m/s 이내인 것
② 회전축의 중량이 0.5톤을 초과하고, 원주속도가 120m/s 이상인 것
③ 회전축의 중량이 1톤을 초과하고, 원주속도가 100m/s 이내인 것
④ 회전축의 중량이 1톤을 초과하고, 원주속도가 120m/s 이상인 것

고속회전체의 회전시험을 하는 경우 회전축의 중량이 1톤을 초과하고, 원주속도가 120m/s 이상인 것

정답 49 ② 50 ④ 51 ① 52 ① 53 ④

54 프레스의 손쳐내기식 방호장치 설치기준으로 틀린 것은?

① 방호판의 폭이 금형 폭의 1/2 이상이어야 한다.
② 슬라이드 행정수가 300SPM 이상의 것에 사용한다.
③ 손쳐내기봉의 행정(Stroke) 길이를 금형의 높이에 따라 조정할 수 있고 진동폭은 금형폭 이상이어야 한다.
④ 슬라이드 하행정거리의 3/4 위치에서 손을 완전히 밀어내야 한다.

해설

손쳐내기식 방호장치 설치기준
① 방호판의 폭이 금형 폭의 1/2 이상이어야 한다.
② 슬라이드 행정수가 120SPM 이상의 것에 사용한다.
③ 손쳐내기봉의 행정(Stroke) 길이를 금형의 높이에 따라 조정할 수 있고 진동폭은 금형폭 이상이어야 한다.
④ 슬라이드 하행정거리의 3/4 위치에서 손을 완전히 밀어내야 한다.

55 산업안전보건법령상 컨베이어에 설치하는 방호장치로 거리가 가장 먼 것은?

① 건널다리   ② 반발예방장치
③ 비상정지장치   ④ 역주행방지장치

해설

컨베이어 방호장치
① 건널다리   ② 비상정지장치
③ 역주행방지장치   ④ 이탈방지장치

56 산업안전보건법령상 숫돌 지름이 60cm인 경우 숫돌 고정 장치인 평형 플랜지의 지름은 최소 몇 cm 이상인가?

① 10   ② 20
③ 30   ④ 60

해설

플랜지는 숫돌 직경의 1/3 이상이어야 한다.

57 기계설비의 위험점 중 연삭숫돌과 작업받침대, 교반기의 날개와 하우스 등 고정부분과 회전하는 동작 부분 사이에서 형성되는 위험점은?

① 끼임점   ② 물림점
③ 협착점   ④ 절단점

해설

위험점	정의
협착점 (squeeze point)	왕복운동하는 동작부분과 고정부분 사이에 형성되는 위험점
끼임점 (shear point)	고정부분과 회전부분이 함께 만드는 위험점
절단점 (cutting point)	① 회전하는 운동부분 자체 ② 운동하는 기계자체의 위험에서 초래되는 위험점
물림점 (Nip point)	회전하는 두 개의 회전체가 서로 반대방향으로 맞물려 축에 의해 형성되는 위험점
접선 물림점 (Tangentialnip point)	회전하는 운동부의 접선방향으로 물려 들어가는 위험점
회전 말림점 (Trapping point)	회전하는 물체에 작업복이 말려 들어가는 위험점

58 500rpm으로 회전하는 연삭숫돌의 지름이 300mm일 때 회전속도(m/min)는?

① 471   ② 551
③ 751   ④ 1,025

해설

회전속도
$$V = \frac{\pi DN}{1,000} \text{ (m/분)}$$
$V = (3.14 \times 300 \times 500) / 1,000 = 471$

59 산업안전보건법령상 정상적으로 작동될 수 있도록 미리 조정해 두어야 할 이동식 크레인의 방호장치로 가장 적절하지 않은 것은?

① 제동장치   ② 권과방지장치
③ 과부하방지장치   ④ 파이널 리미트 스위치

승강기 방호장치
① 파이널 리미트 스위치
② 속도조절기
③ 출입문 인터록

60 비파괴검사방법으로 틀린 것은?

① 인장 시험
② 음향 탐상 시험
③ 와류 탐상 시험
④ 초음파 탐상 시험

해설

검사방법		기본원리	검출대상 및 적용	특징
내부 결함 검출	방사선 투과검사 (RT)	투과성 방사선을 시험체에 조사하였을 때 투과한 방사선의 강도의 변화 즉, 건전부와 결함부의 투과선량의 차에 의한 필름상의 농도차로부터 결함을 검출	용접부, 주조품 등의 내·외부 결함 검출	반영구적인 기록 가능, 거의 모든 재료에 적용 가능, 표면 및 내부결함 검출가능 방사선 안전관리 요구
	초음파 탐상검사 (UT)	펄스반사법 시험체 내부에 초음파펄스를 입사시켰을 때 결함에 의한 초음파 반사 신호의 해독	용접부, 주조품, 압연품, 단조품 등의 내부결함 검출, 두께측정	균열에 높은 감도, 표면 및 내부결함 검출가능 높은 투과력, 자동화 가능
표면 결함 검출	침투탐상 검사 (PT)	침투작용 시험체 표면에 개구해 있는 결함에 침투한 침투액을 흡출시켜 결함지시모양을 식별	용접부, 단조품 등의 비기공성 재료에 대한 표면 개구결함 검출	금속, 비금속 등거의 모든 재료에 적용 가능, 현장적용이, 제품이 크기 형상에 등에 크게 제한받지 않음
	자분탐상 검사 (MT)	자기흡인작용 철강 재료와 같은 강자성체를 자화시키면 결함누설자장이 형성되며, 이 부위에 자분을 도포하면 자분이 흡착	강자성체 재료 (용접부, 주강품, 단강 품 등)의 표면 및 표면직하 결함 검출	강자성체에만 적용 가능, 장치 및 방법이 단순, 결함의 육안식별이 가능, 비자성체에는 적용 불가, 신속하고 저렴함
	와류탐상 검사 (ET)	전자유도작용 시험체 표층부의 결함에 의해 발생한 와전류의 변화 즉 시험 코일의 임피던스 변화를 측정하여 결함을 식별	철강, 비철재료의 파이프, 와이어 등의 표면 또는 표면 근처의 결함검출, 박막두께 측정, 재질 식별	금 비 접촉 탐상, 고속탐상, 자동 탐상 가능, 표면결함 검출능력 우수, 표피효과, 열교환기 튜브의 결함 탐지
	육안검사			

4과목 전기위험방지기술

61 속류를 차단할 수 있는 최고의 교류전압을 피뢰기의 정격전압이라고 하는데 이 값은 통상적으로 어떤 값으로 나타내고 있는가?

① 최대값
② 평균값
③ 실효값
④ 파고값

해설

- 실효값 : 피뢰기에서 속류를 차단할 수 있는 최고의 상용 주파수의 교류전압을 통상적으로 실효값이라 한다.
- 속류 : 방전현상이 실질적으로 끝난 후 계속하여 전력계통에서 공급되어 피뢰기에 흐르는 전류를 속류라 한다.

62 전로에 시설하는 기계기구의 철대 및 금속제 외함에 접지공사를 생략할 수 없는 경우는?

① 30V 이하의 기계기구를 건조한 곳에 시설하는 경우
② 물기 없는 장소에 설치하는 저압용 기계기구를 위한 전로에 정격감도전류 40mA 이하, 동작시간 2초 이하의 전류동작형 누전차단기를 시설하는 경우
③ 철대 또는 외함의 주위에 적당한 절연대를 설치하는 경우
④ 「전기용품 및 생활용품 안전관리법」의 적용을 받는 이중절연구조로 되어 있는 기계기구를 시설하는 경우

해설

접지를 하지 않아도 되는 안전한 부분
(1) 이중절연구조 또는 이와 동등 이상으로 보호되는 전기기계기구
(2) 절연대 위 등과 같이 감전 위험이 없는 장소에서 사용하는 전기기계기구
(3) 비접지방식 전로에 접속하여 사용되는 전기기계기구
(4) 30V 이하의 기계기구를 건조한 곳에 시설하는 경우

63 인체의 전기저항을 $500\,\Omega$ 으로 하는 경우 심실세동을 일으킬 수 있는 에너지는 약 얼마인가?(단, 심실세동전류 $I = \dfrac{165}{\sqrt{T}}\,mA$로 한다.)

② 13.6J

② 19.0J

③ 13.6mJ

④ 19.0Mj

해설

$Q(J) = I2RT, \ (I = \dfrac{165}{\sqrt{T}}\,mA \times 10^{-3})500 \times 1 = 13.6(J)$

64 전기설비에 접지를 하는 목적으로 틀린 것은?

① 누설전류에 의한 감전방지

② 낙뢰에 의한 피해방지

③ 지락사고 시 대지전위 상승유도 및 절연강도 증가

④ 지락사고 시 보호계전기 신속 동작

해설

전기설비에 접지하는 목적

① 누설전류에 의한 감전방지

② 낙뢰에 의한 피해방지

③ 지락사고 시 보호계전기 신속 동작

④ 전기설비의 신뢰도 향상.

65 한국전기설비규정에 따라 과전류차단기로 저압전로에 사용하는 범용 퓨즈(gG)의 용단전류는 정격전류의 몇 배인가?(단, 정격전류가 4A 이하인 경우이다.)

① 1.5배

② 1.6배

③ 1.9배

④ 2.1배

해설

과전류 차단기로 저압전로에 사용하는 범용 퓨즈(gG)의 용단전류는 정격전류의 2.1배

과전류 차단기의 저압전로에 사용하는 퓨즈의 용단 특성

정격전류의 구분	시 간	정격전류의 배수	
		불용단전류	용단전류
4 A 이하	60분	1.5배	2.1배
4 A 초과 16 A 미만	60분	1.5배	1.9배
16 A 이상 63 A 이하	60분	1.25배	1.6배
63 A 초과 160 A 이하	120분	1.25배	1.6배
160 A 초과 400 A 이하	180분	1.25배	1.6배
400 A 초과	240분	1.25배	1.6배

66 정전기가 대전된 물체를 제전시키려고 한다. 다음 중 대전된 물체의 절연저항이 증가되어 제전의 효과를 감소시키는 것은?

① 접지

② 건조

③ 도전성 재료 첨가

④ 주위를 가습

해설

정전기 재해방지대책

① 접지

② 습기부여(공기 중 습도 60~70% 유지)

③ 도전성 재료 사용

④ 대전방지제 사용

⑤ 제전기 사용

⑥ 유속 조절(석유류 제품 1m/s 이하)

67 감전 등의 재해를 예방하기 위하여 특고압용 기계 · 기구 주위에 관계자 외 출입을 금하도록 울타리를 설치할 때, 울타리의 높이와 울타리로부터 충전부분까지의 거리의 합이 최소 몇 m 이상이 되어야 하는가?(단, 사용전압이 35kV 이하인 특고압용 기계 기구이다.)

① 5m

② 6m

③ 7m

④ 9m

정답 63 ① 64 ③ 65 ④ 66 ② 67 ①

울타리, 담 등으로부터 거리

사용전압의 구분	울타리 · 담 등의 높이와 울타리 · 담 등으로부터 충전부분까지의 거리의 합계
35,000V 이하	5m
35,000V 초과 160,000V 이하	6m

68 개폐기로 인한 발화는 스파크에 의한 가연물의 착화 화재가 많이 발생한다. 이를 방지하기 위한 대책으로 틀린 것은?

① 가연성 증기, 분진 등이 있는 곳은 방폭형을 사용한다.
② 개폐기를 불연성 상자 안에 수납한다.
③ 비포장 퓨즈를 사용한다.
④ 접속부분의 나사풀림이 없도록 한다.

개폐기 스파크에 의한 가연물의 착화화재 방지대책
① 가연성 증기, 분진 등이 있는 곳은 방폭형을 사용한다.
② 개폐기를 불연성 상자 안에 수납한다.
③ 접속부분의 나사풀림이 없도록 한다.
④ 포장 퓨즈를 사용할 것

69 극간 정전용량이 1,000pF이고, 착화 에너지가 0.019mJ인 가스에서 폭발한계 전압(V)은 약 얼마인가?(단, 소수점 이하는 반올림한다.)

① 3,900
② 1,950
③ 390
④ 195

$E(J) = 1/2 CV^2$ $2E = CV^2$
$2 \times 0.019 \times 0.001 = 1,000 \times 10^{-12} \times V^2$
$V^2 = 2 \times 0.019 \times 0.001 / 1,000 \times 10^{-12}$
$V = \sqrt{2 \times 0.019 \times 0.001 / 1,000 \times 10^{-12}} = 195$

70 개폐기, 차단기, 유도 전압조정기의 최대 사용 전압이 7kV 이하인 전로의 경우 절연 내력 시험은 최대 사용전압의 1.5배의 전압을 몇 분간 가하는가?

① 10
② 15
③ 20
④ 25

개폐기 · 차단기 · 전력용 콘덴서 · 유도 전압조정기 · 계기용 변성기 기타의 기구의 전로 및 발전소 · 변전소 · 개폐소 또는 이에 준하는 곳에 시설하는 기계 기구의 접속선 및 모선은 시험전압을 충전 부분과 대지 간에 연속하여 10분간 인가하여 절연내력을 시험하였을 때에 이에 견디어야 한다.
① 시험전압 : 1.5배(최저 500V)
② 시험방법 : 권선과 대지 간에 연속하여 10분간 인가

71 한국전기설비규정에 따라 욕조나 샤워시설이 있는 욕실 등 인체가 물에 젖어 있는 상태에서 전기를 사용하는 장소에 인체감전보호용 누전차단기가 부착된 콘센트를 시설하는 경우 누전차단기의 정격감도전류 및 동작시간은?

① 15mA 이하, 0.01초 이하
② 15mA 이하, 0.03초 이하
③ 30mA 이하, 0.01초 이하
④ 30mA 이하, 0.03초 이하

설치 장소에 따른 누전차단기 선정기준

설치장소	선정기준
물기 있는 장소 이외의 장소에 시설하는 저압용의 개별 기계기구에 전기를 공급하는 전로	인체감전 보호용 누전차단기 정격 감도전류 30mA 이하 동작시간 0.03초 이하의 전류 동작형
욕조, 샤워실 내의 실내 콘센트	인체감전 보호용 누전차단기 정격감도전류 15mA 이하, 동작시간 0.03초 이하의 전류동작형의 것 또는 절연 변압기(정격용량 3KVA 이하인 것)로 보호된 전로에 접속하거나 인체 감전보호용 누전차단기가 부착된 콘센트 시설

68 ③ **69** ④ **70** ① **71** ②

설치장소	선정기준
의료장소 접지	정격감도전류 30mA 이하, 동작시간 0.03초 이내의 누전차단기 설치
주택의 전로 인입구	인체감전 보호용 누전차단기를 시설할 것 다만 전로의 전원측에 정격용량이 3kVA 이하인 절연변압기(1차 전압이 저압이고 2차 전압이 300V 이하인 것)를 사람이 쉽게 접촉할 우려가 없도록 시설하고 또한 그 절연변압기의 부하측 전로를 접지하지 아니하는 경우에는 그러하지 아니하다.

72 탱크롤리 등에 위험물을 주입하는 배관은 정전기 재해방지를 위하여 배관 내 액체의 유속제한을 한다. 배관 내 유속제한에 대한 설명으로 틀린 것은?

① 물이나 기체를 혼합하는 비수용성 위험물의 배관 내 유속은 1m/s 이하로 할 것
② 저항률이 $10^{10}\,\Omega \cdot cm$ 미만의 도전성 위험물의 배관 내 유속은 7m/s 이하로 할 것
③ 저항률이 $10^{10}\,\Omega \cdot cm$ 이상인 위험물의 배관 내 유속은 관내경이 0.05m이면 3.5m/s 이하로 할 것
④ 이황화탄소 등과 같이 유동대전이 심하고 폭발위험성이 높은 것은 배관 내 유속을 3m/s 이하로 할 것

해설

배관 내 유속제한
① 도전성 물질로서 저항률이 $10^{10}(\Omega cm)$ 미만의 배관 유속을 7m/s 이하
② 비수용성이면서 물기가 기체를 혼합한 위험물은 1m/s 이하
③ 저항률이 $10^{10}(\Omega cm)$ 이상 위험물의 배관 내 유속은 주입구가 액면 아래로 충분히 침하 될 때까지 배관 내 유속은 1m/s 이하
④ 에테르, 이황화탄소 등과 같이 유동대전이 심하고, 폭발위험성이 높은 것은 1 m/s 이하
⑤ 최대 유속제한 : 어떠한 경우라도 최대 유속은 10m/s 이하로 제한한다.

73 절연물의 절연계급을 최고허용온도가 낮은 온도에서 높은 온도 순으로 배치한 것은?

① Y종 → A종 → E종 → B종
② A종 → B종 → E종 → Y종
③ Y종 → E종 → B종 → A종
④ B종 → Y종 → A종 → E종

해설

절연계급

절연계급	최고허용온도	사용재료
Y	90℃	면, 견, 종이, 요소수지, 폴리아미드섬유 등
A	105℃	상기 재료와 절연유 혼합
E	120℃	에폭시수지, 폴리우레탄, 합성수지 등
B	130℃	유리, 마이카, 석면 등과 바니스 조합
F	155℃	상기재료와 에폭시수지 등과 조합
H	180℃	상기재료와 실리콘수지 등과의 조합
C	180℃ 이상	열 안정 유기재료(200℃ 이상)

74 다른 두 물체가 접촉할 때 접촉 전위차가 발생하는 원인으로 옳은 것은?

① 두 물체의 온도 차   ② 두 물체의 습도 차
③ 두 물체의 밀도 차   ④ 두 물체의 일함수 차

해설

• 접속전위차 : 다른 종류의 물질을 접촉시켰을 때 접촉면에 나타나는 미소전위차를 말하며 금속의 경우, 접촉전위차는 두 금속의 일함수의 차와 같다.
• 일함수 : 전극에서 전자 하나를 외부로 끌어내는데 필요한 최소한의 작업량이나 에너지를 말한다.

75 방폭인증서에서 방폭 부품을 나타내는 데 사용되는 인증번호의 접미사는?

① "G"   ② "X"
③ "D"   ④ "U"

해설

• "U" 기호(symbol "U")란 방폭 부품을 나타내는데 사용하는 기호

- "X" 기호(symbol "X")란 안전한 사용을 위한 특별한 조건을 나타내는 기호

76 고압 및 특고압 전로에 시설하는 피뢰기의 설치장소로 잘못된 곳은?

① 가공전선로와 지중전선로가 접속되는 곳
② 발전소, 변전소의 가공전선 인입구 및 인출구
③ 고압 가공전선로에 접속하는 배전용 변압기의 저압측
④ 고압 가공전선로로부터 공급을 받는 수용장소의 인입구

해설

피뢰기의 설치 장소(고압 및 특고압에 전로 중)

(1) 발전소 변전소 또는 이에 준하는 장소의 가공전선 인입구 및 인출구
(2) 가공전선로에 접속하는 배전용 변압기의 고압측 및 특별 고압측
(3) 고압 또는 특고압의 가공전선로로부터 공급을 받는 수전 전력의 용량이 500kw 이상의 수용장소의 인입구
(4) 특고압 가공전선로로부터 공급을 받는 수용장소의 인입구
(5) 배선전로 차단기, 개폐기의 전원측 및 부하측
(6) 콘덴서의 전원측

77 산업안전보건기준에 관한 규칙 제319조에 의한 정전전로에서의 정전 작업을 마친 후 전원을 공급하는 경우에 사업주가 작업에 종사하는 근로자 및 전기기기와 접촉할 우려가 있는 근로자에게 감전의 위험이 없도록 준수해야 할 사항이 아닌 것은?

① 단락 접지기구 및 작업기구를 제거하고 전기기기 등이 안전하게 통전될 수 있는지 확인한다.
② 모든 작업자가 작업이 완료된 전기기기에서 떨어져 있는지 확인한다.
③ 잠금장치와 꼬리표를 근로자가 직접 설치한다.
④ 모든 이상 유무를 확인한 후 전기기기 등의 전원을 투입한다.

해설

잠금장치와 꼬리표는 설치한 근로자가 직접 제거한다.

78 변압기의 최소 IP 등급은?(단, 유입 방폭구조의 변압기이다.)

① IP55 ② IP56
③ IP65 ④ IP66

해설

유입방폭구조인 전기기기의 성능기준

구분	내용
구조요건	보호액은 외부에서 유입되는 먼지나 습기로 인해 보호액의 품질이 저하되지 않도록 다음 각 세목과 같은 방법으로 기기를 제작해야 한다. 1) 밀봉기기는 다음과 같이 할 것 　가) 밀봉기기는 압력완화장치가 설치되어 있을 것 　나) 압력완화장치는 최대허용보호액 수준에서 최소 1.1배의 압력이 가해진 상태에서 작동하도록 장치를 설정 및 밀폐할 것 　다) 기기의 보호등급은 KS C IEC 60529에 따라 최소 IP 66에 적합해야 하며, 압력완화장치 배출구의 보호등급은 최소 IP 23에 적합할 것
적용기준	폭발성가스 분위기에서 사용하는 유입방폭구조(Oil immersion, o) 전기기기에 대하여 적용한다.
인용규격	필요할 경우 KS C IEC 60079－6(유입방폭구조)에서 인용한 관련규격을 적용할 수 있다.

79 가스그룹이 ⅡB인 지역에 내압방폭구조 "d"의 방폭기기가 설치되어 있다. 기기의 플랜지 개구부에서 장애물까지의 최소 거리(mm)는?

① 10 ② 20
③ 30 ④ 40

해설

내압방폭구조 기기의 플랜지 개구부에서 장애물까지의 최소 거리

가스그룹	최소이격거리(mm)
ⅡA	10
ⅡB	30
ⅡC	40

80 방폭전기설비의 용기 내부에서 폭발성가스 또는 증기가 폭발하였을 때 용기가 그 압력에 견디고 접합면이나 개구부를 통해서 외부의 폭발성가스나 증기에 인화되지 않도록 한 방폭구조는?

① 내압 방폭구조 ② 압력 방폭구조
③ 유입 방포구조 ④ 본질안전 방폭구조

해설

내압(內壓) 방폭구조(d)
(1) 용기 내부에서 폭발성가스 또는 증기의 폭발시 용기가 그 압력에 견디며, 또한, 접합면, 개구부 등을 통해서 외부의 폭발성가스에 인화될 우려가 없도록 한 구조
(2) 전폐구조의 특수 용기에 넣어 보호한 것으로, 용기 내부에서 발생되는 점화원이 용기 외부의 위험원에 점화되지 않도록 하고, 만약 폭발 시에는 이때 발생되는 폭발압력에 견딜 수 있도록 한 구조이다
(3) 폭발 후에는 클리어런스(틈새)가 있어 고온의 가스를 서서히 방출시키므로 냉각

5과목 화학설비위험방지기술

81 포스겐 가스 누설검지의 시험지로 사용되는 것은?

① 연당지 ② 염화팔라듐지
③ 하리슨시험지 ④ 초산벤젠지

해설

포스겐가스 누설검지의 시험지 : 하리슨 시험지

---

82 안전밸브 전단 · 후단에 자물쇠형 또는 이에 준하는 형식의 차단밸브 설치를 할 수 있는 경우에 해당하지 않는 것은?

① 자동압력 조절밸브와 안전밸브 등이 직렬로 연결된 경우
② 화학설비 및 그 부속설비에 안전밸브 등이 복수방식으로 설치되어 있는 경우

③ 열팽창에 의하여 상승된 압력을 낮추기 위한 목적으로 안전밸브가 설치된 경우
④ 인접한 화학설비 및 그 부속설비에 안전밸브 등이 각각 설치되어 있고, 해당 화학설비 및 그 부속설비의 연결배관에 차단밸브가 없는 경우

해설

안전밸브 등의 전단 · 후단에 차단밸브를 설치해서는 아니 된다.
다음에 해당하는 경우에는 자물쇠형 또는 이에 준하는 형식의 차단밸브를 설치할 수 있다.
1. 인접한 화학설비 및 그 부속설비에 안전밸브 등이 각각 설치되어 있고, 해당 화학설비 및 그 부속설비의 연결배관에 차단밸브가 없는 경우
2. 안전밸브 등의 배출용량의 2분의 1 이상에 해당하는 용량의 자동압력 조절밸브와 안전밸브 등이 병렬로 연결된 경우
3. 화학설비 및 그 부속설비에 안전밸브 등이 복수방식으로 설치되어 있는 경우
4. 예비용 설비를 설치하고 각각의 설비에 안전밸브 등이 설치되어 있는 경우
5. 열팽창에 의하여 상승된 압력을 낮추기 위한 목적으로 안전밸브가 설치된 경우
6. 하나의 플레어 스택(flare stack)에 둘 이상의 단위공정의 플레어 헤더(flare header)를 연결하여 사용하는 경우로서 각각의 단위공정의 플레어 헤더에 설치된 차단밸브의 열림 · 닫힘 상태를 중앙제어실에서 알 수 있도록 조치한 경우

---

83 압축하면 폭발할 위험성이 높아 아세톤 등에 용해시켜 다공성 물질과 함께 저장하는 물질은?

① 염소 ② 아세틸렌
③ 에탄 ④ 수소

해설

아세틸렌은 용해가스로 압축하면 폭발의 위험성이 높기 때문에 아세톤 등에 용해시켜 저장한다.

84 산업안전보건법령상 대상 설비에 설치된 안전밸브에 대해서는 경우에 따라 구분된 검사주기마다 안전밸브가 적정하게 작동하는지 검사하여야 한다. 화학공정 유체와 안전밸브의 디스크 또는 시트가 직접 접촉될 수 있도록 설치된 경우의 검사주기로 옳은 것은?

① 매년 1회 이상
② 2년마다 1회 이상
③ 3년마다 1회 이상
④ 4년마다 1회 이상

해설

안전밸브 검사 주기
① 화학 공정 유체와 안전밸브의 디스크 또는 시트가 직접 접촉이 가능하도록 설치된 경우는 매년 1회 이상
② 안전밸브 전단에 파열판의 설치된 경우 2년마다 1회 이상
③ 공정안전보고서 이행상태 평가 결과가 우수한 사업장에 안전밸브의 경우 4년마다 1회 이상

85 위험물을 산업안전보건법령에서 정한 기준량 이상으로 제조하거나 취급하는 설비로서 특수화학 설비에 해당되는 것은?

① 가열시켜 주는 물질의 온도가 가열되는 위험물질의 분해온도보다 높은 상태에서 운전되는 설비
② 상온에서 게이지 압력으로 200kPa의 압력으로 운전되는 설비
③ 대기압 하에서 300℃로 운전되는 설비
④ 흡열반응이 행하여지는 반응설비

해설

특수화학설비
위험물을 기준량 이상으로 제조 또는 취급하는 화학설비이다.
① 발열 반응이 일어나는 반응 장치
② 증류, 정류, 증발, 추출 등 분리 하는 장치
③ 가열시켜주는 물질의 온도가 가열되는 위험물질의 분해 온도 또는 발화점보다 높은 상태에서 운전되는 설비
④ 반응 폭주 등 이상 화학 반응에 의하여 위험물질이 발생할 우려가 있는 설비
⑤ 온도가 350℃ 이상이거나 게이지 압력 이후 980kpa 이상인 상태에서 운전되는 설비
⑥ 가열로 또는 가열기

86 산업안전보건법령상 다음 내용에 해당하는 폭발위험장소는?

> 20종 장소 밖으로서 분진운 형태의 가연성 분진이 폭발농도를 형성할 정도의 충분한 양이 정상 작동 중에 존재할 수 있는 장소를 말한다.

① 21종 장소
② 22종 장소
③ 0종 장소
④ 1종 장소

해설

폭발위험장소

분류		적요
가스 폭발 위험 장소	0종 장소	인화성 액체의 증기 또는 가연성가스에 의한 폭발 위험이 지속적 또는 장기간 존재하는 항상 위험한 장소
	1종 장소	정상 작동 상태에서 인화성 액체의 증기 또는 가연성 가스의 의한 폭발위험 분위기가존재하기 쉬운 장소
	2종 장소	정상 작동 상태에서 인화성 액체의 증기 또는 가연성가스의 의한 폭발위험 분위기가 존재할 우려가 없으나 존재할 경우 그 빈도가 아주 작고 단기간만 존재하는 장소
분진 폭발 위험 장소	20종 장소	분진 운 형태의 가연성 분진이 폭발 농도를 생성할 정도로 충분한 양의 정상 작동 중에 연속적으로 또는 자주 존재하거나 제어할 수 없을 정도의 양 및 두께의 분진 층이 형성될 수 있는 장소
	21종 장소	20종 장소 외의 장소로서 분진운 형태의 가연성 분진이 폭발농도를 형성할 정도의 충분한 양의 정상 작동 중에 존재할 수 있는 장소
	22종 장소	21종 장소 외에 장소로서 가연성 분진 형태가 드물게 발생 또는 단기간 존재할 우려가 있거나 이상 작동 상태하에서 가연성 분진 층이 형성될 수 있는 장소

87 Li과 Na에 관한 설명으로 틀린 것은?

① 두 금속 모두 실온에서 자연발화의 위험성이 있으므로 알코올 속에 저장해야 한다.
② 두 금속은 물과 반응하여 수소기체를 발생한다.
③ Li은 비중 값이 물보다 작다.
④ Na는 은백색의 무른 금속이다.

해설

금속류는 물에 저장하면 수소를 발생하여 폭발위험이 있다. 제5류 위험물질인 니트로글리세린, 니트로셀룰로오즈는 알코올에 적셔 보관할 수 있다.

88 다음 중 누설 발화형 폭발재해의 예방 대책으로 가장 거리가 먼 것은?

① 발화원 관리
② 밸브의 오동작 방지
③ 가연성 가스의 연소
④ 누설물질의 검지 경보

해설

폭발재해의 예방 대책으로 가장 거리가 먼 것
① 발화원 관리
② 밸브의 오동작 방지
③ 누설물질의 검지 경보

89 수분을 함유하는 에탄올에서 순수한 에탄올을 얻기 위해 벤젠과 같은 물질은 첨가하여 수분을 제거하는 증류 방법은?

① 공비증류
② 추출증류
③ 가압증류
④ 감압증류

해설

공비
두 액상 성분으로 이루어진 용액이 끓을 때 기상과 액상이 동일한 성분비가 되는 현상을 말한다.

90 다음 중 인화점에 관한 설명으로 옳은 것은?

① 액체의 표면에서 발생한 증기농도가 공기 중에서 연소하한 농도가 될 수 있는 가장 높은 액체온도
② 액체의 표면에서 발생한 증기농도가 공기 중에서 연소상한 농도가 될 수 있는 가장 낮은 액체온도
③ 액체의 표면에 발생한 증기농도가 공기 중에서 연소하한 농도가 될 수 있는 가장 낮은 액체온도
④ 액체의 표면에서 발생한 증기농도가 공기 중에서 연소상한 농도가 될 수 있는 가장 높은 액체온도

해설

인화점
기체 또는 휘발성 액체에서 발생하는 증기가 공기와 섞여서 연소될 수 있는 연소하한농도로서 섬광을 내면서 착화원에 의하여 인화하는 최저 온도를 말한다.

91 분진폭발의 특징에 관한 설명으로 옳은 것은?

① 가스폭발보다 발생에너지가 작다.
② 폭발압력과 연소속도는 가스폭발보다 크다.
③ 입자의 크기, 부유성 등이 분진폭발에 영향을 준다.
④ 불완전연소로 인한 가스중독의 위험성은 작다.

해설

분진폭발
① 폭발압력, 발생에너지가 크다.
② 연소시간이 길다.
③ 불완전연소로 인한 일산화탄소가 발생한다.

92 위험물안전관리법령상 제1류 위험물에 해당하는 것은?

① 과염소산나트륨   ② 과염소산
③ 과산화수소   ④ 과산화벤조일

해설

제1류 위험물
1. 염소산염류 : 염소산 칼륨, 염소산 나트륨, 염소산 암모늄
2. 아염소산염류 : 아염소산 칼륨, 아염소산 나트륨, 아염소산 암모늄
3. 과염소산염류 : 과염소산 칼륨, 과염소산 나트륨, 과염소산 암모늄
4. 무기과산화물 : 과산화 마그네슘, 과산화 칼슘, 과산화 바륨
5. 취소산염류
6. 질산염류
7. 옥소산(요오드산)염류
8. 과망간산염류
9. 중크롬산염류

정답   88 ③   89 ①   90 ③   91 ③   92 ①

93 다음 중 질식 소화에 해당하는 것은?

① 가연성 기체의 분출화재 시 주 밸브를 닫는다.
② 가연성 기체의 연쇄반응을 차단하여 소화한다.
③ 연료 탱크를 냉각하여 가연성 가스의 발생속도를 작게 한다.
④ 연소하고 있는 가연물이 존재하는 장소를 기계적으로 폐쇄하여 공기의 공급을 차단한다.

해설

질식 소화
공기 중의 산소농도 21%를 15% 이하로 낮추어 즉 공기의 공급을 차단하여 탄산가스 또는 거품 등으로 연소하는 근원과 공기를 차단해서 소화하는 것이다.

94 산업안전보건기준에 관한 규칙에서 정한 위험물질의 종류에서 "물반응성 물질 및 인화성 고체"에 해당하는 것은?

① 질산에스테르류   ② 니트로화합물
③ 칼륨 · 나트륨   ④ 니트로소화합물

해설

• 물반응성 물질 : 칼륨 · 나트륨
• 폭발성 물질 : 질산에스테르류, 니트로화합물, 니트로소화합물

95 공기 중 아세톤의 농도가 200ppm(TLV 500 ppm), 메틸에틸케톤(MEK)의 농도가 100ppm(TLV 200ppm)일 때 혼합물질의 허용농도(ppm)는?(단, 두 물질은 서로 상가작용을 하는 것으로 가정한다.)

① 150   ② 200
③ 270   ④ 333

해설

혼합물질의 허용기준 및 허용농도

허용노출기준$(R) = \dfrac{C1}{T1} + \dfrac{C2}{T2} = \dfrac{200}{500} + \dfrac{100}{200} = 0.9$

허용농도(혼합물의 TLV − TWL) = 측정치(C1 + C2) / 노출기준에서 혼합물비의 허용농도 = 300 / 0.9 = 333.33(ppm)

96 다음 중 분진이 발화 폭발하기 위한 조건으로 거리가 먼 것은?

① 불연성질   ② 미분상태
③ 점화원의 존재   ④ 산소 공급

해설

분진폭발의 성립조건
① 미분상태 : 입자들이 주어진 최소크기 이하여야 한다.
② 점화원존재 : 부유된 입자 농도가 어떤 한계 범위에 존재해야 한다.
③ 산소공급이 되어야 한다.

97 다음 중 폭발한계(vol%)의 범위가 가장 넓은 것은?

① 메탄   ② 부탄
③ 톨루엔   ④ 아세틸렌

해설

폭발한계(vol%)의 범위
① 메탄 : 5~15%   ② 부탄 : 1.8~8.4%
③ 톨루엔 : 1.3~6.7   ④ 아세틸렌 : 2.5~81%

98 다음 중 최소발화에너지(E[J])를 구하는 식으로 옳은 것은?(단, I는 전류[A], R은 저항[Ω], V는 전압[V], C는 콘덴서 용량[F], T는 시간[초]이라 한다.)

① $E = IRT$ ② $E = 0.24 I^2 \sqrt{R}$
③ $E = \dfrac{1}{2}CV^2$ ④ $E = \dfrac{1}{2}\sqrt{C^2 V}$

해설

$E(J) = \dfrac{1}{2}CV^2$

99 공기 중에서 A 물질의 폭발하한계가 4vol%, 상한계가 75vol%라면 이 물질의 위험도는?

① 16.75   ② 17.75
③ 18.75   ④ 19.75

위험도

공식 : 폭발상한계 – 폭발하한계 / 폭발하한계

$$\frac{75-4}{4} = 17.75$$

100 다음 중 관의 지름을 변경하고자 할 때 필요한 관 부속품은?

① elbow   ② reducer

③ plug   ④ valve

해설

관의 피팅류

두 개의 관을 연결할 때	플랜지(flange), 유니온(union), 커플링(coupling), 니플(nipple), 소켓(socket)
관로의 방향을 바꿀 때	엘보(elbow), Y지관, T관(tee), 십자관(cross)
관로의 크기를 바꿀 때	축소관(reducer), 부싱(bushing)
가지관을 설치할 때	Y지관, T관(tee), 십자관(cross)
유로를 차단할 때	플러그(plug), 캡(cap)
유량조절	밸브(valve)

6과목   건설안전기술

101 다음 중 지하수위 측정에 사용되는 계측기는?

① Load Cell(하중계)

② Inclino meter(경사계)

③ Extension meter(지중침하계)

④ Water level meter(지하수위계)

해설

지반굴착작업계측장치

건물 경사계 (Tilt meter)	지상 인접구조물의 기울기를 측정
지표면 침하계 (Level and staff)	주위 지반에 대한 지표면의 침하량을 측정
지중 경사계 (Inclino meter)	지중 수평 변위를 측정하여 흙막이 기울어진 정도를 파악
지중 침하계 (Extension merter)	수직 변위를 측정하여 지반에 침하 정도를 파악하는 기기
변형계 (Strain gauge)	흙막이 버팀대 변형 정도를 파악하는 기기
하중계 (Load cell)	흙막이 버팀대의 작용하는 토압 어스앵커의 인장력 등을 측정
토압계 (Earth pressure meter)	흙막이에 작용하는 토압의 변화를 파악
간극 수압계 (Piezo meter)	굴착으로 인한 지하에 간극 수압을 측정
지하 수위계 (Water level meter)	지하수의 수위 변화를 측정

102 이동식 비계를 조립하여 작업을 하는 경우에 준수하여야 할 기준으로 옳지 않은 것은?

① 승강용 사다리는 견고하게 설치할 것

② 비계의 최상부에서 작업을 하는 경우에는 안전난간을 설치할 것

③ 작업발판의 최대적재하중은 400kg을 초과하지 않도록 할 것

④ 작업발판은 항상 수평을 유지하고 작업발판 위에서 안전난간을 딛고 작업을 하거나 받침대 또는 사다리를 사용하여 작업하지 않도록 할 것

해설

이동식 비계조립 작업시 준수사항

① 이동식 비계의 바퀴에는 뜻밖의 갑작스러운 이동 또는 전도를 방지하기 위하여 브레이크·쐐기 등으로 바퀴를 고정시킨 다음 비계의 일부를 견고한 시설물에 고정하거나 아웃트리거(outrigger)를 설치하는 등 필요한 조치를 할 것

② 승강용 사다리는 견고하게 설치할 것

③ 비계의 최상부에서 작업하는 경우에는 안전난간을 설치할 것

④ 작업발판은 항상 수평을 유지하고 작업발판 위에서 안전난간을 딛고 작업을 하거나 받침대 또는 사다리를 사용하여 작업하지 않도록 할 것

정답   100 ②   101 ④   102 ③

⑤ 작업 발판의 최대적재하중은 250kg을 초과하지 않도록 할 것
⑥ 비계의 최대높이는 밑변 최소폭의 4배 이하
⑦ 최대 적재하중 표시

103 터널 지보공을 조립하거나 변경하는 경우에 조치하여야 하는 사항으로 옳지 않은 것은?

① 목재의 터널 지보공은 그 터널 지보공의 각 부재에 작용하는 긴압 정도를 체크하여 그 정도가 최대한 차이나도록 할 것
② 강(鋼)아치 지보공의 조립은 연결볼트 및 띠장 등을 사용하여 주재 상호간을 튼튼하게 연결할 것
③ 기둥에는 침하를 방지하기 위하여 받침목을 사용하는 등의 조치를 할 것
④ 주재(主材)를 구성하는 1세트의 부재는 동일 평면 내에 배치할 것

해설

터널 지보공 조립 또는 변경 시의 조치사항
1. 주재(主材)를 구성하는 1세트의 부재는 동일 평면 내에 배치할 것
2. 목재의 터널 지보공은 그 터널 지보공의 각 부재의 긴압 정도가 균등하게 되도록 할 것
3. 기둥에는 침하를 방지하기 위하여 받침목을 사용하는 등의 조치를 할 것
4. 강(鋼)아치 지보공의 조립은 다음 각 목의 사항을 따를 것
   ① 조립간격은 조립도에 따를 것
   ② 주재가 아치작용을 충분히 할 수 있도록 쐐기를 박는 등 필요한 조치를 할 것
   ③ 연결볼트 및 띠장 등을 사용하여 주재 상호간을 튼튼하게 연결할 것
   ④ 터널 등의 출입구 부분에는 받침대를 설치할 것
   ⑤ 낙하물이 근로자에게 위험을 미칠 우려가 있는 경우에는 널판 등을 설치할 것
5. 목재 지주식 지보공은 다음 각 목의 사항을 따를 것
   ① 주기둥은 변위를 방지하기 위하여 쐐기 등을 사용하여 지반에 고정시킬 것
   ② 양끝에는 받침대를 설치할 것
   ③ 터널 등의 목재 지주식 지보공에 세로방향의 하중이 걸림으로써 넘어지거나 비틀어질 우려가 있는 경우에는 양끝 외의 부분에도 받침대를 설치할 것
   ④ 부재의 접속부는 꺾쇠 등으로 고정시킬 것
6. 강아치 지보공 및 목재지주식 지보공 외의 터널 지보공에 대해서는 터널 등의 출입구 부분에 받침대를 설치할 것

104 거푸집동바리 등을 조립하는 경우에 준수하여야 하는 기준으로 옳지 않은 것은?

① 동바리로 사용하는 파이프 서포트를 이어서 사용하는 경우에는 3개 이상의 볼트 또는 전용철물을 사용하여 이을 것
② 동바리로 사용하는 강관은 높이 2m이내마다 수평연결재를 2개 방향으로 만들 것
③ 깔목의 사용, 콘크리트 타설, 말뚝박기 등 동바리의 침하를 방지하기 위한 조치를 할 것
④ 동바리로 사용하는 파이프 서포트를 3개 이상 이어서 사용하지 않도록 할 것

해설

동바리로 사용하는 파이프 서포트에 대해서는 다음 각 목의 사항을 따를 것
① 파이프 서포트를 3개 이상 이어서 사용하지 않도록 할 것
② 파이프 서포트를 이어서 사용하는 경우에는 4개 이상의 볼트 또는 전용철물을 사용하여 이을 것
③ 높이가 3.5미터를 초과하는 경우 높이 2미터 이내마다 수평연결재를 2개 방향으로 만들고 수평연결재의 변위를 방지할 것

105 가설통로를 설치하는 경우 준수하여야 할 기준으로 옳지 않은 것은?

① 경사는 30° 이하로 할 것
② 경사가 15°를 초과하는 경우에는 미끄러지지 아니하는 구조로 할 것
③ 추락할 위험이 있는 장소에는 안전난간을 설치할 것
④ 수직갱에 가설된 통로의 길이가 15m 이상인 경우에는 7m 이내마다 계단참을 설치할 것

수직갱에 가설된 통로의 길이가 15m 이상인 경우에는 10m 이내마다 계단참을 설치할 것

106 사면 보호 공법 중 구조물에 의한 보호 공법에 해당되지 않는 것은?

① 블록공
② 식생구멍공
③ 돌쌓기공
④ 현장타설 콘크리트 격자공

식생공법은 식물재배공법이다.

107 안전계수가 4이고 2,000MPa의 인장강도를 갖는 강선의 최대허용응력은?

① 500MPa   ② 1,000MPa
③ 1,500MPa   ④ 2,000MPa

안전계수 = 인장강도 / 최대허용응력
4 = 2,000MPa / 500MPa

108 터널공사의 전기발파작업에 관한 설명으로 옳지 않은 것은?

① 전선은 점화하기 전에 화약류를 충진한 장소로부터 30m 이상 떨어진 안전한 장소에서 도통시험 및 저항시험을 하여야 한다.
② 점화는 충분한 허용량을 갖는 발파기를 사용하고 규정된 스위치를 반드시 사용하여야 한다.
③ 발파 후 발파기와 발파모선의 연결을 유지한 채 그 단부를 절연시킨 후 재점화가 되지 않도록 한다.
④ 점화는 선임된 발파책임자가 행하고 발파기의 핸들을 점화할 때 이외는 시건장치를 하거나 모선을 분리하여야 하며 발파책임자의 엄중한 관

리하에 두어야 한다.

발파 후 즉시 발파모선을 발파기에서 분리하여 단락시켜 두고 재점화가 되지 않도록 조치하여야 한다.

109 화물을 적재하는 경우의 준수사항으로 옳지 않은 것은?

① 침하 우려가 없는 튼튼한 기반 위에 적재할 것
② 건물의 칸막이나 벽 등이 화물의 압력에 견딜 만큼의 강도를 지니지 아니한 경우에는 칸막이나 벽에 기대어 적재하지 않도록 할 것
③ 불안정한 정도로 높이 쌓아 올리지 말 것
④ 하중을 한쪽으로 치우치더라도 화물을 최대한 효율적으로 적재할 것

화물적재시 준수사항
① 침하에 무리가 없는 튼튼한 기반 위에 적재할 것
② 건물의 칸막이나 벽 등이 화물의 압력에 견딜 만큼의 강도를 지내지 아니한 때는 칸막이나 벽에 기대어 적재하지 아니하도록 할 것
③ 불안정할 정도로 높이 쌓아 올리지 말 것
④ 편하중이 생기지 아니하도록 적재할 것

110 발파구간 인접구조물에 대한 피해 및 손상을 예방하기 위한 건물기초에서의 허용진동치(cm/sec) 기준으로 옳지 않은 것은?(단, 기존 구조물에 금이 가 있거나 노후구조물 대상일 경우 등은 고려하지 않는다.)

① 문화재 : 0.2cm/sec
② 주택, 아파트 : 0.5cm/sec
③ 상가 : 1.0cm/sec
④ 철골콘크리트 빌딩 : 0.8~1.0cm/sec

정답   106 ②   107 ①   108 ③   109 ④   110 ④

해설

발파허용 진동치

건물분류	문화재	주택 아파트	상가	철골콘크리트 빌딩 및 상가
건물기초에서 허용진동치(cm/sec)	0.2	0.5	1	1.0~4.0

111 거푸집동바리 등을 조립 또는 해체하는 작업을 하는 경우의 준수사항으로 옳지 않은 것은?

① 재료, 기구 또는 공구 등을 올리거나 내리는 경우에는 근로자로 하여금 달줄 · 달포대 등의 사용을 금하도록 할 것

② 낙하 · 충격에 의한 돌발적 재해를 방지하기 위하여 버팀목을 설치하고 거푸집동바리 등을 인양장비에 매단 후에 작업을 하도록 하는 등 필요한 조치를 할 것

③ 비, 눈, 그 밖의 기상상태의 불안정으로 날씨가 몹시 나쁜 경우에는 그 작업을 중지할 것

④ 해당 작업을 하는 구역에는 관계 근로자가 아닌 사람의 출입을 금지할 것

해설

재료, 기구 또는 공구 등을 올리거나 내리는 경우에는 근로자로 하여금 달줄 · 달포대 등을 사용한다.

112 강관을 사용하여 비계를 구성하는 경우 준수하여야 할 기준으로 옳지 않은 것은?

① 비계기둥의 간격은 띠장 방향에서는 1.85m 이하, 장선(長線) 방향에서는 1.5m 이하로 할 것

② 띠장 간격은 2.0m 이하로 할 것

③ 비계기둥의 제일 윗부분으로부터 31m 되는 지점 밑부분의 비계기둥은 3개의 강관으로 묶어세울 것

④ 비계기둥 간의 적재하중은 400kg을 초과하지 않도록 할 것

해설

113 지하수위 상승으로 포화된 사질토 지반의 액상화 현상을 방지하기 위한 가장 직접적이고 효과적인 대책은?

① 웰포인트 공법 적용

② 동다짐 공법 적용

③ 입도가 불량한 재료를 입도가 양호한 재료로 치환

④ 밀도를 증가시켜 한계간극비 이하로 상대밀도를 유지하는 방법 강구

해설

웰포인트 공법

투수성이 좋은 사질토, 모래 지반에서 사용하는 가장 경제적인 지하수위 저하 공법으로, 중력 배수가 유효하지 않은 경우에 널리 사용

114 크레인 등 건설장비의 가공전선로 접근 시 안전대책으로 옳지 않은 것은?

① 안전 이격거리를 유지하고 작업한다.

② 장비를 가공전선로 밑에 보관한다.

③ 장비의 조립, 준비 시부터 가공전선로에 대한 감전방지 수단을 강구한다.

④ 장비 사용 현장의 장애물, 위험물 등을 점검 후 작업계획을 수립한다.

해설

장비를 가공전선로 밑에 보관해서는 감전의 위험이 있다.

115 흙의 투수계수에 영향을 주는 인자에 관한 설명으로 옳지 않은 것은?

① 포화도 : 포화도가 클수록 투수계수도 크다.

② 공극비 : 공극비가 클수록 투수계수는 작다.

③ 유체의 점성계수 : 점성계수가 클수록 투수계수
는 작다.
④ 유체의 밀도 : 유체의 밀도가 클수록 투수계수
는 크다.

해설

공극비가 클수록 투수계수도 크다.

116 산업안전보건법령에서 규정하는 철골작업을 중지하여야 하는 기후조건에 해당하지 않는 것은?

① 풍속이 초당 10m 이상인 경우
② 강우량이 시간당 1mm 이상인 경우
③ 강설량이 시간당 1cm 이상인 경우
④ 기온이 영하 5℃ 이하인 경우

해설

철골작업의 작업중지사항은 풍속, 강우량, 강설량이다.

117 차량계 건설기계를 사용하여 작업을 하는 경우 작업계획서 내용에 포함되지 않는 사항은?

① 사용하는 차량계 건설기계의 종류 및 성능
② 차량계 건설기계의 운행경로
③ 차량계 건설기계에 의한 작업방법
④ 차량계 건설기계 유도자 배치 위치

해설

차량계 건설기계 사용 시 유도자 배치는 차량계 전도방지조치사항이다.

118 유해위험방지계획서를 고용노동부장관에게 제출하고 심사를 받아야 하는 대상 건설공사 기준으로 옳지 않은 것은?

① 최대 지간길이가 50m 이상인 다리의 건설 등 공사
② 지상높이 25m 이상인 건축물 또는 인공구조물의 건설 등 공사

③ 깊이 10m 이상인 굴착공사
④ 다목적댐, 발전용댐, 저수용량 2천만톤 이상의 용수 전용 댐 및 지방상수도 전용 댐의 건설 등 공사

해설

지상높이 31m 이상인 건축물 또는 인공구조물의 건설 등 공사

119 공사진척에 따른 공정률이 다음과 같을 때 안전관리비 사용기준으로 옳은 것은?(단, 공정률은 기성공정률을 기준으로 함)

> 공정률 : 70퍼센트 이상, 90퍼센트 미만

① 50퍼센트 이상　② 60퍼센트 이상
③ 70퍼센트 이상　④ 80퍼센트 이상

해설

공정률	50퍼센트 이상 70퍼센트 미만	70퍼센트 이상 90퍼센트 미만	90퍼센트 이상
사용기준	50퍼센트 이상	70퍼센트 이상	90퍼센트 이상

120 미리 작업장소의 지형 및 지반상태 등에 적합한 제한속도를 정하지 않아도 되는 차량계 건설기계의 속도 기준은?

① 최대 제한속도가 10km/h 이하
② 최대 제한속도가 20km/h 이하
③ 최대 제한속도가 30km/h 이하
④ 최대 제한속도가 40km/h 이하

해설

차량계 건설기계의 속도 기준
최대 제한속도가 10km/h 이하

산업안전기사(2021년 05월 15일)

1과목 안전관리론

01 학습자가 자신의 학습속도에 적합하도록 프로그램 자료를 가지고 단독으로 학습하도록 하는 안전교육 방법은?

① 실연법
② 모의법
③ 토의법
④ 프로그램 학습법

해설

안전교육 실시방법

강의법	안전지식 전달방법으로 초보적인 단계에서 효과적인 방법
시범	기능이나 작업과정을 학습시키기 위해 필요로 하는 분명한 동작을 제시하는 방법
반복법	이미 학습한 내용을 반복해서 말하거나 실연토록 하는 방법
토의법	10~20인 정도로 초보가 아닌 안전지식과 관리에 대한 유경험자에게 적합한 방법
실연법	이미 설명을 듣고 시범을 보아서 알게 된 지식이나 기능을 교사의 지도 아래 직접 연습을 통해 적용해 보는 방법
프로그램 학습법	학습자가 프로그램 자료를 가지고 단독으로 학습하는 방법
모의법	실제의 장면이나 상황을 인위적으로 비슷하게 만들어두고 학습하게 하는 방법
구안법	참가자 스스로 계획을 수립하고 행동하는 실천적인 학습활동 ① 과제에 대한 목표 결정 ② 계획수립 ③ 활동시킨다 ④ 행동 ⑤ 평가

02 헤드십의 특성이 아닌 것은?

① 지휘형태는 권위주의적이다.
② 권한행사는 임명된 헤드이다.
③ 구성원과의 사회적 간격은 넓다.
④ 상관과 부하와의 관계는 개인적인 영향이다.

해설

헤드십과 리더십의 구분

구분	권한부여 및 행사	권한근거	상관과의 부하와의 관계	부하와의 사회적 관계	지휘 행태
헤드십	위에서 위임 임명	법적 공식적	지배적 상사	넓다	권위적
리더십	아래로부터의 동의에 의한 선출	개인 능력	개인적인 경향 상사와 부하	좁다	민주적

03 산업안전보건법령상 특정행위의 지시 및 사실의 고지에 사용되는 안전 · 보건표지의 색도기준으로 옳은 것은?

① 2.5G 4/10
② 5Y 8.5/12
③ 2.5PB 4/10
④ 7.5R 4/14

해설

안전보건표지의 색채, 색도기준 및 용도

색채	색도기준	용도	사용례	형태별 색채기준
빨간색	7.5R 4/14	금지	정지신호, 소화설비 및 그 장소, 유해행위의 금지	바탕 : 흰색 모형 : 빨간색 부호 및 그림 : 검은색
		경고	화학물질 취급장소에서의 유해 위험경고	
노란색	5Y 8.5/12	경고	화학물질 취급장소에서의 유해 위험경고	바탕 : 노란색 모형, 그림 : 검은색
			그 밖의 위험경고, 주의표지 또는 기계방호물	
파란색	2.5PB 4/10	지시	특정 행위의 지시, 사실의 고지 보호구	바탕 : 파란색 그림 : 흰색

정답 **01** ④ **02** ④ **03** ③

색채	색도기준	용도	사용례	형태별 색채가준
녹색	2.5G 4/10	안내	비상구 피난소, 사람 또는 차량의 통행표지	바탕 : 녹색 관련부호 및 그림 : 흰색
				바탕 : 흰색 그림 관련부호 : 녹색
흰색	N9.5			파란색, 녹색에 대한 보조색
검은색	N0.5			문자, 빨간색, 노란색의 보조색

04 인간관계의 메커니즘 중 다른 사람의 행동 양식이나 태도를 투입시키거나 다른 사람 가운데서 자기와 비슷한 것을 발견하는 것은?

① 공감
② 모방
③ 동일화
④ 일체화

해설

동일화
다른 사람의 행동양식이나 태도를 투입하거나 다른 사람 가운데서 자기와 비슷한 것을 발견하게 되는 것(자녀가 부모의 행동양식을 자연스럽게 배우게 되는 것)

05 다음의 교육내용과 관련 있는 교육은?

- 작업 동작 및 표준작업방법의 습관화
- 공구 · 보호구 등의 관리 및 취급태도의 확립
- 작업 전후의 점검, 검사요령의 정확화 및 습관화

① 지식교육
② 기능교육
③ 태도교육
④ 문제해결교육

해설

교육 구분	교육특징	교육 단계 및 순서
1단계 지식 교육	① 강의 시청각교육 등 지식의 전달이해 ② 다수인원에 대한 교육가능 ③ 광범위한 지식의 전달가능 ④ 안전의식의 제고용이 ⑤ 피교육자의 이해도 측정곤란 ⑥ 교사의 학습방법에 따라 차이 발생	지식교육의 4단계 ① 도입 ② 제시 ③ 적용 ④ 확인
2단계 기능 교육	① 반복, 시범, 견학, 시행착오, 현장실습을 통한 경험체득 이해 ② 작업능력 및 기술능력부여 ③ 작업동작의 표준화 ④ 교육기간의 장기화 ⑤ 다수인원 교육 곤란	기능 교육의 단계 ① 학습준비 ② 작업설명 ③ 실습 ④ 결과 시찰 기능교육의 3원칙 ① 준비 ② 위험작업의 규제 ③ 안전작업의 표준화
3단계 태도 교육	① 생활지도 작업동작지도 안전의 습관화 일체감 ② 공구 보호구 등의 관리 및 취급태도의 확립 ③ 상사 부하간의 목표설정을 위한 대화 ④ 작업자의 능력을 초월하는 구체적, 정량적 목표설정	기본과정(순서) ① 청취 ② 이해 납득 ③ 모범 ④ 평가 ⑤ 장려 및 처벌 치관

06 데이비스(K. Davis)의 동기부여 이론에 관한 등식에서 그 관계가 틀린 것은?

① 지식×기능=능력
② 상황×능력=동기유발
③ 능력×동기유발=인간의 성과
④ 인간의 성과×물질의 성과=경영의 성과

해설

데이비스의 동기부여 이론
인간의 성과 × 물적인 성과=경영의 성과
① 인간의 성과(human performance)=능력(ability) × 동기 유발(motivation)
② 능력(ability)=지식(knowledge) × 기능(skill)
③ 동기유발(motivation)=상황(situation) × 태도(attitude)

07 산업안전보건법령상 보호구 안전인증 대상 방독마스크의 유기화합물용 정화통 외부 측면 표시 색으로 옳은 것은?

① 갈색   ② 녹색

③ 회색   ④ 노란색

해설

기호	종류	표시색	시험가스	정화통
C	유기화합물용	갈색	시클로 헥산, 이소부탄, 디메틸에테르	활성탄
A	할로겐화합물용	회색	염소가스, 염소증기	소라다임, 활성탄
E	일산화탄소용	적색	일산화탄소 가스	호프카라이트
H	암모니아용	녹색	암모니아가스	큐프라마이트
I	아황산용	노란색	아황산가스	산화금속 알칼리 제재
J	시안화수소용	회색	시안화수소 가스	산화금속 알칼리 제재
K	황화수소용	회색	황화수소가스	금속염류 알칼리 제재

08 재해원인 분석기법의 하나인 특성요인도의 작성 방법에 대한 설명으로 틀린 것은?

① 큰뼈는 특성이 일어나는 요인이라고 생각되는 것을 크게 분류하여 기입한다.

② 등뼈는 원칙정에서 우측에서 좌측으로 향하여 가는 화살표를 기입한다.

③ 특성의 결정은 무엇에 대한 특성요인도를 작성할 것인가를 결정하고 기입한다.

④ 중뼈는 특성이 일어나는 큰뼈의 요인마다 다시 미세하게 원인을 결정하여 기입한다.

해설

화살표는 좌에서 우측으로 기입한다.

09 TWI의 교육 내용 중 인간관계 관리방법 즉 부하 통솔법을 주로 다루는 것은?

① JST(Job Safety Training)

② JMT(Job Method Training)

③ JRT(Job Relation Training)

④ JIT(Job Instruction Training)

해설

TWI의 교육

① Job Instruction Training : 작업 지도 훈련(JIT)

② Job Methods Training : 작업 방법 훈련(JMT)

③ Job Relation Training : 인간 관계 훈련(JRT)

④ Job Safety Training : 작업 안전 훈련(JST)

10 산업안전보건법령상 안전보건관리규정에 반드시 포함되어야 할 사항이 아닌 것은?(단, 그 밖에 안전 및 보건에 관한 사항은 제외한다.)

① 재해 코스트 분석방법

② 사고 조사 및 대책 수립

③ 작업장 안전 및 보건관리

④ 안전 및 보건 관리조직과 그 직무

해설

안전보건 관리 규정

① 안전 · 보건 관리조직과 그 직무에 관한 사항

② 안전 · 보건교육에 관한 사항

③ 작업장 안전 및 보건관리에 관한 사항

④ 사고 조사 및 대책 수립에 관한 사항

⑤ 그 밖에 안전 보건에 관한 사항

11 재해조사에 관한 설명으로 틀린 것은?

① 조사목적에 무관한 조사는 피한다.

② 조사는 현장을 정리한 후에 실시한다.

③ 목격자나 현장 책임자의 진술을 듣는다.

④ 조사자는 객관적이고 공정한 입장을 취해야 한다.

정답   **07** ①   **08** ②   **09** ③   **10** ①   **11** ②

해설

재해조사는 현장을 보존한 상태에서 실시한다.

---

12 산업안전보건법령상 안전보건표지의 종류 중 경고표지의 기본모형(형태)이 다른 것은?

① 고압전기 경고
② 방사성 물질 경고
③ 폭발성 물질 경고
④ 매달린 물체 경고

해설

경고의 기본모형은 삼각형이나 폭발성 물질 경고의 모형은 마름모형이다.

---

13 무재해운동 추진의 3요소에 관한 설명이 아닌 것은?

① 안전보건은 최고경영자의 무재해 및 무질병에 대한 확고한 경영자세로 시작된다.
② 안전보건을 추진하는 데에는 관리감독자들의 생산 활동 속에 안전보건을 실천하는 것이 중요하다.
③ 모든 재해는 잠재요인을 사전에 발견·파악·해결함으로써 근원적으로 산업재해를 없애야 한다.
④ 안전보건은 각자 자신의 문제이며, 동시에 동료의 문제로서 직장의 팀 멤버와 협동 노력하여 자주적으로 추진하는 것이 필요하다.

해설

무재해 운동의 3요소
① 최고경영자의 경영자세
② 관리감독자의 안전보건 추진
③ 직장 소집단의 자율 활동의 활성화

---

14 헤링(Hering)의 착시현상에 해당하는 것은?

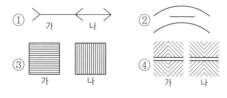

해설

Müler · Lyer의 착시 (뮬러 라이어)	⟩―――⟨ 가 나 ⟨―――⟩	(가)가 (나)보다 길게 보인다.
Helmholz의 착시 (헬호츠)	가 나	(가)는 세로로 길어 보이고 (나)는 가로로 길어 보인다.
Herling의 착시 (헤링)	가 나	(가)는 양단이 벌어져 보이고 (나)는 중앙이 벌어져 보인다.
Poggendorff의 착시 (포갠도프)	가 다 나	(가)와 (다)가 일직선으로 보인다. (실제는 (가)와 (나)가 일직선)
Köhler의 착시 (쾰러)		우선 평행의 호를 보고, 바로 직선을 본 경우 직선은 호와의 반대방향으로휘어져 보인다(윤곽 착시)
Zöller의 착시 (츌러)		세로의 선이 수직선인데 휘어져 보인다.

---

15 도수율이 24.50이고, 강도율이 1.15인 사업장에서 한 근로자가 입사하여 퇴직할 때까지의 근로손실 일수는?

① 2.45일
② 115일
③ 215일
④ 245일

해설

$$환산강도율 = 강도율 \times \frac{100,000}{1,000} = 강도율 \times 100$$

$$1.15 \times \frac{100,000}{1,000} = 115$$

---

16 학습을 자극(Stimulus)에 의한 반응(Response)으로 보는 이론에 해당하는 것은?

① 장설(Field Theory)
② 통찰설(Insight Theory)
③ 기호형태설(Sign-gestalt Theory)
④ 시행착오설(Trial and Error Theory)

정답 12 ③ 13 ③ 14 ④ 15 ② 16 ④

자극과 반응 이론

종류	학습의 원리 및 법칙	내용
파블로프 (Pavlov) 조건반사설	① 일관성의 원리 ② 강도의 원리 ③ 시간의 원리 ④ 계속성의 원리	행동의 성립을 조건화에 의해 설명, 즉 일정한 훈련을 통하여 반응이나 새로운 행동의 반응을 가져올 수 있다.
손다이크 (Thondike) 시행착오설	① 효과의 버칙 ② 연습의 법칙 ③ 준비성의 법칙	학습이란 시행착오의 과정을 통하여 선택되고 결집되는 것 (성공한 행동은 각인되고 실패한 행동은 배제된다.)
스키너 (Skinner) 조직적 조건 형성이론	① 강화의 원리 ② 소거의 원리 ③ 조형의 원리 ④ 자발적 회복의 원리 ⑤ 변별의 원리	어떤 반응에 대해 체계적이고 선택적으로 강화를 주어 그 반응이 반복해서 일어날 확률을 증가시키는 것

인지이론(Sign Signlfication) : S.R의 부정이론

종류	학습원리 및 법칙	내용
퀼러 (Kohler) 통찰성	• 문제해결은 갑자기 일어나며 완전하다. • 통찰에 의한 수행은 원활하며 오류가 없다. • 통찰에 의한 문제해결은 상당기간 유지된다. • 통찰에 의한 원리는 쉽게 다른 문제에 적용된다.	문제해결의 목적과 수단의 관계에서 통찰이 성립되어 일어나는 것이다.
레윈 (Lewin) 장이론	장이란 역동적인 상호관련 체제 형태 자체 및 인지된 환경은 장으로 생각할 수 있다.	학습에 해당하는 인지구조의 성립 및 변화는 심리적 생활공간에 의한다. (환경영역, 개인적 영역, 내적 욕구 동기 등)
톨만 (Tolman) 기호 형태설	학습은 환경에 대한 인지지도를 신경조직 속에 형성시키는 것이다. 형태주의 이론과 행동주의 이론의 혼합	어떤 구체적인 자극(기호)은 유기체의 측면에서 일정한 형의 행동결과로서의 자극대상을 도출한다.

17 하인리히의 사고방지 기본원리 5단계 중 시정방법의 선정 단계에 있어서 필요한 조치가 아닌 것은?

① 인사조정
② 안전행정의 개선
③ 교육 및 훈련의 개선
④ 안전점검 및 사고조사

하인리히 사고방지 5단계

1	안전조직	1) 안전목표 선정 2) 안전관리자의 선임 3) 안전조직 구성 4) 안전활동 방침 및 계획수립 5) 조직을 통한 안전 활동 전개
2	사실의 발견 (현상파악)	1) 작업분석 및 불안전 요소 발견 2) 안전점검 및 사고조사 3) 안전사고 및 활동기록검토 4) 관찰 및 보고서의 연구
3	평가 및 분석	1) 작업공정분석 2) 사고원인 및 경향성 분석 3) 사고기록 및 관계자료 분석 4) 인적 물적 환경 조건 분석
4	시정방법 선정	1) 기술적 개선 2) 안전운동 전개 3) 교육훈련의 분석 4) 안전행정의 분석 5) 인사 및 배치 조정 6) 규칙 및 수칙 제도의 개선
5	시정책 적용	1) 교육적 대책(Education) 2) 기술적 대책(Engineering) 3) 규제적 대책(Enforcement)

18 산업안전보건법령상 안전보건교육 교육대상별 교육내용 중 관리감독자 정기교육의 내용으로 틀린 것은?

① 정리정돈 및 청소에 관한 사항
② 유해 · 위험 작업환경 관리에 관한 사항
③ 표준안전작업방법 및 지도 요령에 관한 사항
④ 작업공정의 유해 · 위험과 재해 예방대책에 관한 사항

관리감독자 정기 안전 보건교육 내용

① 산업안전 및 사고 예방에 관한 사항
② 산업보건 및 직업병 예방에 관한 사항
③ 유해, 위험 작업환경 관리에 관한 사항
④ 산업안전보건법령 및 산재보상보험제도에 관한 사항
⑤ 직무 스트레스 예방 및 관리에 관한 사항
⑥ 직장 내 괴롭힘, 고객의 폭언 등으로 인한 건강장해 예방 및 관리에 관한 사항
⑦ 작업공정의 유해, 위험과 재해 예방대책에 관한 사항

⑧ 표준안전작업방법 및 지도 요령에 관한 사항

⑨ 관리감독자의 역할과 임무에 관한 사항

⑩ 안전보건교육 능력 배양에 관한 사항

19 산업안전보건법령상 협의체 구성 및 운영에 관한 사항으로 ( )에 알맞은 내용은?

> 도급인은 관계수급인 근로자가 도급인의 사업장에서 작업을 하는 경우 도급인과 수급인을 구성원으로 하는 안전 및 보건에 관한 협의체를 구성 및 운영하여야 한다. 이 협의체는 ( ) 정기적으로 회의를 개최하고 그 결과를 기록 · 보존해야 한다.

① 매월 1회 이상   ② 2개월마다 1회

③ 3개월마다 1회   ④ 6개월마다 1회

해설

도급인 협의체 정기적 회의는 매월 1회 이상 실시한다.

20 산업안전보건법령상 프레스를 사용하여 작업을 할 때 작업시작 전 점검사항으로 틀린 것은?

① 방호장치의 기능

③ 언로드밸브의 기능

③ 금형 및 고정볼트 상태

④ 클러치 및 브레이크의 기능

해설

프레스 작업시작 전 점검사항

① 클러치 및 브레이크의 기능

② 크랭크축 플라이휠, 슬라이드, 연결봉 및 연결나사의 풀림 여부

③ 1행정 1기구, 급정지장치 및 비상정지장치의 기능

④ 슬라이드 또는 칼날에 의한 위험방지 기구의 기능

⑤ 프레스의 금형 및 고정볼트 상태

⑥ 방호장치의 기능

⑦ 전단기의 칼날 및 테이블의 상태

21 일반적으로 은행의 접수대 높이나 공원의 벤치를 설계할 때 가장 적합한 인체 측정 자료의 응용 원칙은?

① 조절식 설계

② 평균치를 이용한 설계

③ 최대치수를 이용한 설계

④ 최소치수를 이용한 설계

해설

인체 측정 자료의 응용 3원칙

① 조절식 설계

② 평균치를 이용한 설계

③ 최대치수를 이용한 설계

④ 최소치수를 이용한 설계

22 위험분석기법 중 고장이 시스템의 손실과 인명의 사상에 연결되는 높은 위험도를 가진 요소나 고장의 형태에 따른 분석법은?

① CA   ② ETA

③ FHA   ④ FTA

해설

1) CA(Criticality Analysis) 치명도 해석

  ① 위험성이 높은 요소 특히 고장의 직접 시스템의 손실과 인명의 사상에 연결되는 높은 위험도를 가진 요소나 고장의 형태에 따른 분석법

  ② 고장이 시스템에 얼마나 치명적인 영향을 끼치는지에 대한 고장을 정량적으로 분석하는 기법이다.

2) ETA(Event Tree Analysis) : 사건 수 분석법

  ① 사상의 안전도를 사용한 시스템의 안전도를 나타내는 시스템 모델의 하나로 정량적 귀납적 해석 기법

  ② 특정한 장치의 이상 또는 운전자의 실수에 의해 발생되는 잠재적인 사고결과를 정량적으로 평가 분석하는 기법

3) FHA : (Fault Hazard Analysis) 결함(고장)위험분석 서브 시스템의 분석에 사용되는 것으로 고장난 경우에 직접 재해 발생으로 연결되는 것밖에 없다는 것이다.

정답   19 ①   20 ②   21 ②   22 ①

4) FTA(Fault Tree Analysis)
  ① 결함수법, 결함관련수법, 고장의 나무 해석법 등으로 사고의 원인이 되는 장치의 이상이나 고장의 다양한 조합 및 작업자의 실수 원인을 분석하는 방법이다.
  ② 연역적(Top Down)이고 정량적인 해석 방법

23 작업장의 설비 3대에서 각각 80dB, 86dB, 78dB의 소음이 발생되고 있을 때 작업장의 음압 수준은?

① 약 81.3Db
② 약 85.5dB
③ 약 87.5dB
④ 약 90.3dB

해설

합성소음 공식

$$SPL = 10\log\left[\sum_{i=1}^{n} 10^{spi/10}\right]$$

$10\log[10^{80/10} + 10^{86/10} + 10^{78/10}] = 87.49$dB

24 일반적인 화학설비에 대한 안전성 평가(safe-ty assessment) 절차에 있어 안전대책 단계에 해당되지 않는 것은?

① 보전
② 위험도 평가
③ 설비적 대책
④ 관리적 대책

해설

화학설비에 대한 안전성 평가

단계		내용
1단계	관계자료의 정비 검토	1. 제조공정 훈련계획 2. 입지조건 3. 건조물의 도면 4. 기계실, 전기실의 도면 5. 공정계통도

2단계	정성적 평가	1. 설계관계
		  ① 입지조건
		  ② 공장 내의 배치
		  ③ 건조물 소방설비
		2. 운전관계
		  ① 원재료
		  ② 중간제품의 위험성
		  ③ 프로세스 운전조건
		  ④ 수송 저장 등에 대한 안전대책
		  ⑤ 프로세스 기기의 선정조건

단계		내용
3단계	정량적 평가	1. 구성요소의 물질 2. 화학설비의 용량, 온도, 압력, 조작 3. 상기 5개 항목에 대해 평가 → 합산 결과에 의한 위험도 등급
4단계	안전대책 수립	1. 설비대책 2. 관리대책 3. 보전
5단계	재해사례에 의한 평가	재해사례 상호교환
6단계	FTA에 의한 재평가	위험도 등급 Ⅰ에 해당하는 플랜트에 대해 FTA에 의한 재평가하여 개선부분 설계 반영

25 욕조곡선에서의 고장 형태에서 일정한 형태의 고장률이 나타나는 구간은?

① 초기 고장구간
② 마모 고장구간
③ 피로 고장구간
④ 우발 고장구간

해설

기계고장의 욕조곡선

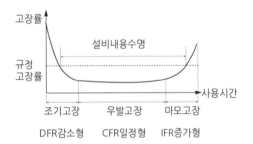

유형	내용
초기고장	• 감소형(DFR : Decreasing Failure Rate) • 설계상 구조상 결함 등의 품질관리 미비로 생기는 고장형태
우발고장	• 일정형(CFR : Constant Failure Rate) • 예측할 수 없을 때 생기는 고장형태로서 고장률이 가장 낮다.
마모고장	• 증가형(IFR : Increasing Failure Rate) • 부품의 마모, 노화로 인한 고장률 상승형태

26 음량 수준을 평가하는 척도와 관계없는 것은?

① dB   ② HSI
③ phon   ④ sone

> **해설**
>
> **음량 수준 척도 단위**
> ① dB
> ② phon
> ③ sone

27 실효 온도(effective temperature)에 영향을 주는 요인이 아닌 것은?

① 온도   ② 습도
③ 복사열   ④ 공기 유동

> **해설**
>
> **실효 온도(effective temperature)에 영향 인자**
> ① 온도
> ② 습도
> ③ 공기 유동

28 FT도에서 시스템의 신뢰도는 얼마인가?(단, 모든 부품의 발생확률은 0.1이다.)

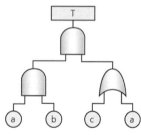

① 0.0033   ② 0.0062
③ 0.9981   ④ 0.9936

> **해설**
>
> $(0.1 \times 0.1) \times \{1 - (1 - 0.1)(1 - 0.1)\} = 0.0019$
> 신뢰도＝1－불신뢰도이므로
> $1 - 0.0019 = 0.9981$

29 인간공학 연구방법 중 실제의 제품이나 시스템이 추구하는 특성 및 수준이 달성되는지를 비교하고 분석하는 연구는?

① 조사연구   ② 실험연구
③ 분석연구   ④ 평가연구

> **해설**
>
> **평가연구**
> 인간공학 연구방법 중 실제의 제품이나 시스템이 추구하는 특성 및 수준이 달성되는지를 비교하고 분석하는 연구

30 어떤 설비의 시간당 고장률이 일정하다고 할 때 이 설비의 고장 간격은 다음 중 어떤 확률분포를 따르는가?

① t분포
② 와이블 분포
③ 지수분포
④ 아이링(Eyring) 분포

> **해설**
>
> 지수분포 : 어떤 설비의 시간당 고장률이 일정하다고 할 때 이 설비의 고장간격

31 시스템 수명주기에 있어서 예비위험분석(PHA)이 이루어지는 단계에 해당하는 것은?

① 구상단계   ② 점검단계
③ 운전단계   ④ 생산단계

> **해설**
>
> **예비위험분석(PHA : Preliminary Hazard Analysis)**
> 모든 시스템 안전 프로그램의 최초 단계의 분석법으로 시스템 내의 위험요소가 얼마나 위험한 상태에 있는가를 정성적으로 평가하는 것으로 구상단계이다.

정답   26 ②   27 ③   28 ③   29 ④   30 ③   31 ①

32 FTA에서 사용하는 다음 사상기호에 대한 설명으로 맞는 것은?

① 시스템 분석에서 좀 더 발전시켜야 하는 사상
② 시스템의 정상적인 가동상태에서 일어날 것이 기대되는 사상
③ 불충분한 자료로 결론을 내릴 수 없어 더이상 전개할 수 없는 사상
④ 주어진 시스템의 기본사상으로 고장원인이 분석되었기 때문에 더이상 분석할 필요가 없는 사상

해설

생략사상의 기호로서 불충분한 자료로 결론을 내릴 수 없어 더이상 전개할 수 없는 사상기호이다.

33 정보를 전송하기 위해 청각적 표시장치보다 시각적 표시장치를 사용하는 것이 더 효과적인 경우는?

① 정보의 내용이 간단한 경우
② 정보가 후에 재참조되는 경우
③ 정보가 즉각적인 행동을 요구하는 경우
④ 정보의 내용이 시간적인 사건을 다루는 경우

해설

청각장치 사용	시각장치 사용
• 전언이 간단하다. • 전언이 짧다. • 전언이 후에 재 참조되지 않는다. • 전언이 시간적 사상을 다룬다. • 전언이 즉각적 행동을 요구한다. • 수신장소가 너무 밝거나 암조응 유지가 필요시 • 직무상 수신자가 자주 움직일 때 • 수신자가 시각계통이 과부하일 때	• 전언이 복잡하다. • 전언이 길다. • 전언이 후에 재 참조된다. • 전언이 공간적 위치를 다룬다. • 전언이 즉각적 행동을 요구하지 않는다. • 수신장소가 너무 시끄러울 때 • 직무상 수신자가 한곳에 머물 때 • 수신자가 청각계통이 과부하일 때

34 감각저장으로부터 정보를 작업기억으로 전달하기 위한 코드화 분류에 해당되지 않는 것은?

① 시각코드 ② 촉각코드
③ 음성코드 ④ 의미코드

해설

인간 기계 통합시스템 체계의 기본기능 및 업무에서 정보보관(정보기억)의 저장방법 : 부호화 암호화, 코드화(시각코드, 음성코드, 의미코드)

35 인간 – 기계시스템 설계과정 중 직무분석을 하는 단계는?

① 제1단계 : 시스템의 목표와 성능명세 결정
② 제2단계 : 시스템의 정의
③ 제3단계 : 기본 설계
④ 제4단계 : 인터페이스 설계

해설

체계설계의 주요 단계(과정)
• 1단계 : 목표 및 성능명세의 결정
• 2단계 : 체계의 정의
• 3단계 : 기본설계(작업설계, 직무분석, 기능할당)
• 4단계 : 계면설계(인터페이스)
• 5단계 : 촉진물 설계
• 6단계 : 시험 및 평가

36 중량물 들기 작업 시 5분간의 산소소비량을 측정한 결과 90L의 배기량 중에 산소가 16%, 이산화탄소가 4%로 분석되었다. 해당 작업에 대한 산소소비량(L/min)은 약 얼마인가?(단, 공기 중 질소는 79vol%, 산소는 21vol%이다.)

① 0.948 ② 1.948
③ 4.74 ④ 5.74

해설

※ 산소소비량 = (흡기 시 산소농도(%) × 흡기량) − (배기 시 산소농도(%) × 배기량)

① 흡기량＝배기량×(분당 배기량－배기 시 산소량－배기 시 이산화탄소 소비량)/79
② 흡기 시 산소농도＝0.21×{90/5×(1－0.16－0.04)}/79 ＝3.3278
③ 배기 시 산소농도＝0.16×90/5＝2.88
④ 산소소비량 : ②－③에서 3.3278－2.88＝0.948

37 의도는 올바른 것이었지만, 행동이 의도한 것과는 다르게 나타나는 오류는?

① Slip ② Mistake
③ Lapse ④ Violation

해설

인간의 정보처리 과정에서 발생되는 에러

Mistake (착오, 착각)	인지과정과 의사결정과정에서 발생하는 에러 상황해석을 잘못하거나 틀린 목표를 착각하여 행하는 경우
Lapse(건망증)	어떤 행동을 잊어버리고 하지 않는 경우, 저장단계에서 발생하는 에러
Slip(실수 미끄러짐)	• 실행단계에서 발생하는 에러 • 상황, 목표, 해석은 제대로 하였으나 의도와는 다른 행동을 하는 경우
Violation(위반)	알고 있음에도 의도적으로 따르지 않거나 무시한 경우

38 동작경제의 원칙과 가장 거리가 먼 것은?

① 급작스런 방향의 전환은 피하도록 할 것
② 가능한 관성을 이용하여 작업하도록 할 것
③ 두손의 동작은 같이 시작하고 같이 끝나도록 할 것
④ 두 팔의 동작은 동시에 같은 방향으로 움직일 것

해설

두 팔의 동작이 동시에 같은 방향으로 움직이며 작업을 할 수가 없다.

39 두 가지 상태 중 하나가 고장 또는 결함으로 나타나는 비정상적인 사건은?

① 톱사상 ② 결함사상

③ 정상적인 사상 ④ 기본적인 사상

해설

결함사상 : 두 가지 상태 중 하나가 고장 또는 결함으로 나타나는 비정상적인 사상

40 설비보전 방법 중 설비의 열화를 방지하고 그 진행을 지연시켜 수명을 연장하기 위한 점검, 청소, 주유 및 교체 등의 활동은?

① 사후 보전 ② 개량 보전
③ 일상 보전 ④ 보전 예방

해설

보전의 분류

예방보전(PM)	계획적으로 일정한 사용 시간마다 실시하는 보전으로 항상 사용 가능한 상태로 유지
사후보전(BM)	기계설비의 고장이나 결함 등이 발생했을 경우 이를 수리 또는 보수하여 회복시키는 활동
계량보전(CM)	설비를 안정적으로 가동하기 위해 고장이 발생한 후 설비 자체의 체질을 개선하는 보전
보전예방(MP)	설비의 계획단계 및 설치 시부터 고장 예방을 위한 여러 가지 연구가 필요하다는 보전
일상보전(RM)	수명연장을 위하여 매일 설비의 점검, 청소, 주유 등 행하는 보전 활동

3과목 기계위험방지기술

41 산업안전보건법령상 보일러 수위가 이상현상으로 인해 위험수위로 변하면 작업자가 쉽게 감지할 수 있도록 경보등, 경보음을 발하고 자동적으로 급수 또는 단수되어 수위를 조절하는 방호장치는?

① 압력방출장치
② 고저수위 조절장치
③ 압력제한 스위치
④ 과부하방지장치

보일러 안전장치의 종류(방호장치)

고저수위 조절 장치	① 고저 수위 지점을 알리는 경보등 경고음 장치 등을 설치 – 동작 상태 쉽게 감시 ② 자동으로 급수 또는 단수되도록 설치 ③ 플로트, 전극식, 차압식 등
압력 방출장치	① 보일러 규격에 적합한 압력방출장치를 1개 또는 2개 이상 설치하고 최고사용압력 이하에서 작동되도록 한다. ② 압력방출장치가 2개 이상 설치된 경우 최고사용압력 이하에서 1개가 작동되고 다른 압력방출장치는 최고사용압력 1.05배 이하에서 작동되도록 설치 ③ 매년 1회 이상 교정을 받은 압력계를 이용하여 설정 압력에서 압력방출장치가 적정하게 작동하는지 검사 후 납으로 봉인 공정안전보고서 이행상태 평가 결과가 우수한 사업장은 4년마다 1회 이상 설정 압력에서 압력방출장치가 적정하게 작동하는지 검사 할 수 있다. ④ 스프링식, 중추식, 지렛대식
압력제한 스위치	보일러의 과열 방지를 위해 최고사용압력과 상용압력 사이에서 버너 연소를 차단할 수 있도록 압력제한 스위치 부착 사용
화염 검출기	연소 상태를 항상 감시하고 그 신호를 프레임 릴레이가 받아서 연소 차단 밸브개폐를 통한 폭발사고를 막아주는 안전장치

---

42 프레스 작업에서 제품 및 스크랩을 자동적으로 위험한계 밖으로 배출하기 위한 장치로 틀린 것은?

① 피더
② 키커
③ 이젝터
④ 공기 분사 장치

• 피더 : 스크랩을 배출하는 장치가 아니라 공급장치이다.
• 키커 : 프레스에서 스크랩의 상승을 방지하는 것

---

43 산업안전보건법령상 로봇의 작동범위 내에서 그 로봇에 관하여 교시 등 작업을 행하는 때 작업시작 전 점검사항으로 옳은 것은?(단, 로봇의 동력원을 차단하고 행하는 것은 제외)

① 과부하방지장치의 이상 유무
② 압력제한스위치의 이상 유무
③ 외부 전선의 피복 또는 외장의 손상 유무
④ 권과방지장치의 이상 유무

로봇의 작업 시작 전 점검사항
① 외부 전선의 피복 및 외장의 손상 유무
② 매니플레이트 작동의 이상 유무
③ 제동장치 및 비상정지장치의 기능 이상 유무

---

44 산업안전보건법령상 지게차 작업 시작 전 점검사항으로 거리가 가장 먼 것은?

① 제동장치 및 조종장치 기능의 이상 유무
② 압력방출장치의 작동 이상 유무
③ 바퀴의 이상 유무
④ 전조등·후미등·방향지시기 및 경보장치 기능의 이상 유무

지게차의 작업 시작 전 점검사항
① 제동 장치 및 조정 장치 기능에 이상 유무
② 하역 장치 및 유압장치 기능의 이상 유무
③ 바퀴의 이상 유무
④ 전조등 후미등 방향 지시기 및 경보장치 기능이 이상 유무

---

45 다음 중 가공재료의 칩이나 절삭유 등이 비산되어 나오는 위험으로부터 보호하기 위한 선반의 방호장치는?

① 바이트
② 권과방지장치
③ 압력제한 스위치
④ 실드(shield)

42 ①   43 ③   44 ②   45 ④

해설

선반의 방호 장치

실드 (shield)	공작물의 칩이 비산되어 발생하는 위험을 방지하기 위해 사용하는 덮개
척 커버 (chuck cover)	척에 고정시킨 가공물의 돌출부에 작업자가 접촉하여 발생하는 위험을 방지하기 위하여 설치하는 것으로 인터록 시스템으로 연결
칩 브레이크	길게 형성되는 절삭 칩을 바이트를 사용하여 절단해 주는 장치
브레이크	작업 중인 선반에 위험 발생 시 급정지시키는 장치 (비상정지장치)

46 산업안전보건법령상 보일러의 압력방출장치가 2개 설치된 경우 그중 1개는 최고사용압력 이하에서 작동된다고 할 때 다른 압력방출장치는 최고사용압력의 최대 몇 배 이하에서 작동되도록 하여야 하는가?

① 0.5 ② 1
③ 1.05 ④ 2

해설

보일러의 압력방출장치

① 보일러 규격에 적합한 압력방출장치를 1개 또는 2개 이상 설치하고 최고사용압력 이하에서 작동되도록 한다.
② 압력방출장치가 2개 이상 설치된 경우 최고사용압력 이하에서 1개가 작동되고 다른 압력방출장치는 최고사용압력 1.05배 이하에서 작동되도록 설치
③ 매년 1회 이상 교정을 받은 압력계를 이용하여 설정 압력에서 압력방출 장치가 적정하게 작동하는지 검사 후 납으로 봉인, 공정안전보고서 이행상태 평가 결과가 우수한 사업장은 4년마다 1회 이상 설정 압력에서 압력방출장치가 적정하게 작동하는지 검사할 수 있다.
④ 스프링식, 중추식, 지렛대식

47 상용운전압력 이상으로 압력이 상승할 경우 보일러의 파열을 방지하기 위하여 버너의 연소를 차단하여 정상압력으로 유도하는 장치는?

① 압력방출장치 ② 고저수위 조절장치

③ 압력제한 스위치 ④ 통풍제어 스위치

해설

압력제한 스위치
보일러의 과열 방지를 위해 최고사용압력과 상용 압력 사이에서 버너 연소를 차단할 수 있도록 압력제한 스위치 부착 사용

48 용접부 결함에서 전류가 과대하고, 용접속도가 너무 빨라 용접부의 일부가 홈 또는 오목하게 생기는 결함은?

① 언더컷 ② 기공
③ 균열 ④ 융합 불량

해설

언더컷 현상
전류가 과대하고, 용접속도가 너무 빨라 용접부의 일부가 홈 또는 오목하게 생기는 결함

49 물체의 표면에 침투력이 강한 적색 또는 형광성의 침투액을 표면 개구 결함에 침투시켜 직접 또는 자외선 등으로 관찰하여 결함장소와 크기를 판별하는 비파괴시험은?

① 피로시험 ② 음향탐상시험
③ 와류탐상시험 ④ 침투탐상시험

해설

비파괴검사

침투탐상검사 (PT)	침투작용(모세관, 지각현상) 시험체 표면에 개구해 있는 결함에 침투한 침투액을 흡출시켜 결함 직접 결함의 위치와 크기를 식별
와류탐상검사 (ET)	전자유도작용 시험체 표층부의 결함에 의해 발생한 와전류의 변화, 즉 시험 코일의 임피던스 변화를 측정하여 결함을 식별
음향방출시험 (AE)	고체가 변형 또는 파괴 시에 발생하는 음을 탄성파로 방출하는 현상이며, 이 탄성파를 AE 센서로 검출하고 평가하는 방법을 AE법이라고 한다. AE는 재료가 파괴되기 이전부터 작은 변형이나 균열(Crack)의 진행과정에서 발생하기 때문에 AE의 발생 경향을 진단하여 재료와 구조물의 결함 및 파괴를 발견 및 예상할 수 있다.

46 ③ 47 ③ 48 ① 49 ④

50 연삭숫돌의 파괴원인으로 거리가 가장 먼 것은?

① 숫돌이 외부의 큰 충격을 받았을 때
② 숫돌의 회전속도가 너무 빠를 때
③ 숫돌 자체에 이미 균열이 있을 때
④ 플랜지 직경이 숫돌 직경의 1/3 이상일 때

해설

연삭숫돌의 파괴원인
① 숫돌의 회전속도가 너무 빠를 때
② 숫돌 자체 균열이 있을 때
③ 숫돌에 과격한 충격을 가할 때
④ 숫돌의 측면을 사용하여 작업할 때
⑤ 숫돌의 불균형이나 베어링 마모에 약한 진동이 있을 때
⑥ 숫돌 반경 방형의 온도 변화가 심할 때
⑦ 플랜지가 현저히 작을 때
⑧ 작업에 부적당한 숫돌을 사용할 때
⑨ 숫돌의 치수가 부적당할 때

51 산업안전보건법령상 프레스 등 금형을 부착·해체 또는 조정하는 작업을 할 때, 슬라이드가 갑자기 작동함으로써 근로자에게 발생할 우려가 있는 위험을 방지하기 위해 사용해야 하는 것은?(단, 해당 작업에 종사하는 근로자의 신체가 위험한계 내에 있는 경우)

① 방진구   ② 안전블록
③ 시건장치   ④ 날접촉예방장치

해설

프레스의 안전 블럭 사용
프레스 등 금형을 부착·해체 또는 조정하는 작업을 할 때, 슬라이드가 갑자기 작동함으로써 근로자에게 발생할 우려가 있는 위험을 방지하기 위해 사용

52 페일 세이프(fail safe)의 기능적인 면에서 분류할 때 거리가 가장 먼 것은?

① Fool proof   ② Fail passive
③ Fail active   ④ Fail operational

해설

세이프(fail safe)의 기능적 분류
① Fail passive
② Fail active
③ Fail operational

53 산업안전보건법령상 크레인에서 정격하중에 대한 정의는?(단, 지브가 있는 크레인은 제외)

① 부하할 수 있는 최대하중
② 부하할 수 있는 최대하중에서 달기기구의 중량에 상당하는 하중을 뺀 하중
③ 짐을 싣고 상승할 수 있는 최대하중
④ 가장 위험한 상태에서 부하할 수 있는 최대하중

해설

정격하중 : 부하할 수 있는 최대하중에서 달기기구의 중량에 상당하는 하중을 뺀 하중

54 기계설비의 안전조건인 구조의 안전화와 거리가 가장 먼 것은?

① 전압강하에 따른 오동작 방지
② 재료의 결함 방지
③ 설계상의 결함 방지
④ 가공 결함 방지

해설

기계설비의 안전조건 중 구조 부분의 안전화
① 설계상의 안전화
② 재료의 안전화
③ 가공의 안전화

55 공기압축기의 작업안전수칙으로 가장 적절하지 않은 것은?

① 공기압축기의 점검 및 청소는 반드시 전원을 차단한 후에 실시한다.

정답 50 ④ 51 ② 52 ① 53 ② 54 ① 55 ③

② 운전 중에 어떠한 부품도 건드려서는 안 된다.

③ 공기압축기 분해 시 내부의 압축공기를 이용하여 분해한다.

④ 최대공기압력을 초과한 공기압력으로는 절대로 운전하여서는 안 된다.

해설

공기압축기 분해 시 내부의 압축공기를 이용하여 분해해서는 아니된다.

56 산업안전보건법령상 컨베이어, 이송용 롤러 등을 사용하는 경우 정전·전압강하 등에 의한 위험을 방지하기 위하여 설치하는 안전장치는?

① 권과방지장치

② 동력전달장치

③ 과부하방지장치

④ 화물의 이탈 및 역주행 방지장치

해설

컨베이어 이탈방지장치

이탈 등의 방지 (정전, 전압강하 등에 의한 화물 또는 운반구의 이탈 및 역주행 방지장치)	역전 방지장치 및 브레이크
	화물 또는 운반구의 이탈방지장치
	화물 낙하 위험 시

57 회전하는 동작부분과 고정부분이 함께 만드는 위험점으로 주로 연삭숫돌과 작업대, 교반기의 교반날개와 몸체 사이에서 형성되는 위험점은?

① 협착점 　　　② 절단점

③ 물림점 　　　④ 끼임점

해설

기계의 위험점

위험점	정의
협착점	왕복운동을 하는 동작부분과 움직임이 없는 고정부분 사이에 형성되는 위험점
끼임점	고정부분과 회전부분이 함께 만드는 위험점

위험점	정의
절단점	회전하는 운동부분 자체의 위험이나 운동하는 기계부분 자체의 위험에서 초래되는 위험점
물림점	회전하는 두 개의 회전체가 서로 반대방향으로 맞물려 축에 의해 형성되는 위험점
접선 물림점	회전하는 운동부의 접선방향으로 물려 들어가는 위험점
회전 말림점	회전하는 물체에 작업복이 말려 들어가는 위험점

58 다음 중 드릴 작업의 안전사항으로 틀린 것은?

① 옷소매가 길거나 찢어진 옷은 입지 않는다.

② 작고, 길이가 긴 물건은 손으로 잡고 뚫는다.

③ 회전하는 드릴에 걸레 등을 가까이 하지 않는다.

④ 스핀들에서 드릴을 뽑아낼 때는 드릴 아래에 손을 내밀지 않는다.

해설

드릴 작업의 안전준수사항

① 일감은 견고하게 고정 손으로 잡고 하는 작업 금지

② 드릴 끼운 후 척 렌치는 반드시 빼둘 것

③ 칩은 브러시로 제거, 장갑 착용 금지

④ 구멍이 관통된 후에는 기계정지 후, 손으로 돌려서 드릴을 빼낼 것

⑤ 보안경 착용 안전덮개 설치

⑥ 큰 구멍은 작은 구멍을 뚫은 후 작업

⑦ 이동식 드릴은 반드시 접지할 것. 회전 중 이동 금지

⑧ 일감설치, 테이블 고정 및 조정은 기계 정지 후 실시

59 산업안전보건법령상 양중기의 과부하방지장치에서 요구하는 일반적인 성능기준으로 가장 적절하지 않은 것은?

① 과부하방지장치 작동 시 경보음과 경보램프가 작동되어야 하며 양중기는 작동이 되지 않아야 한다.

② 외함의 전선 접촉부분은 고무 등으로 밀폐되어 물과 먼지 등이 들어가지 않도록 한다.

③ 과부하방지장치와 타 방호장치는 기능에 서로 장애를 주지 않도록 부착할 수 있는 구조이어야 한다.

④ 방호장치의 기능을 정지 및 제거할 때 양중기의 기능이 동시에 원활하게 작동하는 구조이며 정지해서는 안 된다.

> **해설**
>
> **양중기의 과부하방지장치에서 요구하는 일반적인 성능 기준**
> 방호장치의 기능을 정지 및 제거할 때 사업주에게 신고하여야 하며 즉시 원상복구 하여야 한다.

60 프레스기의 SPM(stroke per minute)이 200이고, 클러치의 맞물림 개소수가 6인 경우 양수기동식 방호장치의 안전거리는?

① 120mm ② 200mm
③ 320mm ④ 400mm

> **해설**
>
> $Dm = 1.6Tm$
> Dm : 안전거리(mm)
> Tm : 양손으로 누름단추 누르기 시작할 때부터 슬라이드가 하사점에 도달하기까지 소요시간(ms)
>
> $Tm = (\dfrac{1}{클러치\ 맞물림\ 개소수} + \dfrac{1}{2}) \times \dfrac{60,000}{매분행정\ 수}$ (ms)
>
> $Tm = (\dfrac{1}{6} + \dfrac{1}{2}) \times \dfrac{60,000}{200}$ (ms)
>
> 따라서 $1.6 \times 200 = 320$(mm)

4과목 전기위험방지기술

61 폭발한계에 도달한 메탄가스가 공기에 혼합되었을 경우 착화한계전압(V)은 약 얼마인가?(단, 메탄의 착화 최소 에너지는 0.2mJ, 극간 용량은 10pF으로 한다.)

① 6,325 ② 5,225
③ 4,135 ④ 3,035

> **해설**
>
> $V^2 = 2 \times 0.2 \times \dfrac{0.001}{(10 \times 10^{-12})}$
>
> $V = \sqrt{\dfrac{4 \times 10^{-4}}{10 \times 10^{-12}}}$
>
> $V = 6,325$

62 $Q = 2 \times 10^{-7}C$으로 대전하고 있는 반경 25cm 도체구의 전위(kV)는 약 얼마인가?

① 7.2 ② 12.5
③ 14.4 ④ 25

> **해설**
>
> **도체구의 전위**
> $V = (Q/r) \times 9 \times 10^9 = (2 \times 10^{-7}/25) \times 9 \times 10^{09} = 7.2kV$

63 다음 중 누전차단기를 시설하지 않아도 되는 전로가 아닌 것은?(단, 전로는 금속제 외함을 가지는 사용전압이 50V를 초과하는 저압의 기계기구에 전기를 공급하는 전로이며, 기계기구에는 사람이 쉽게 접촉할 우려가 있다.)

① 기계기구를 건조한 장소에 시설하는 경우

② 기계기구가 고무, 합성수지, 기타 절연물로 피복된 경우

③ 대지전압 200V 이하인 기계기구를 물기가 있는 곳 이외의 곳에 시설하는 경우

④ 「전기용품 및 생활용품 안전관리법」의 적용을 받는 이중절연구조의 기계기구를 시설하는 경우

> **해설**
>
> 대지전압이 150V 이상인 곳, 물 등 도전성이 높은 습윤한 장소에는 누전차단기를 설치하여야 한다.

64 고압전로에 설치된 전동기용 고압전류 제한 퓨즈의 불용단 전류의 조건은?

① 정격전류 1.3배의 전류로 1시간 이내에 용단되지 않을 것
② 정격전류 1.3배의 전류로 2시간 이내에 용단되지 않을 것
③ 정격전류 2배의 전류로 1시간 이내에 용단되지 않을 것
④ 정격전류 2배의 전류로 2시간 이내에 용단되지 않을 것

해설

퓨즈 종류 및 용단 시간

퓨즈 종류	정격 용량	용단 시간
저압용 포장 퓨즈	정격전류의 1.1배	30A 이하 : 2배의 전류로 2분
		30~60A 이하 : 2배의 전류로 4분
		60~100A 이하 : 2배의 전류로 6분
고압용 포장 퓨즈	정격전류의 1.3배	2배의 전류로 120분
고압용 비포장 퓨즈	정격전류의 1.25배	2배의 전류로 2분

65 누전차단기의 시설방법 중 옳지 않은 것은?

① 시설장소는 배전반 또는 분전반 내에 설치한다.
② 정격전류용량은 해당 전로의 부하전류 값 이상 이어야 한다.
③ 정격감도전류는 정상의 사용상태에서 불필요하게 동작하지 않도록 한다.
④ 인체감전보호형은 0.05초 이내에 동작하는 고감도고속형이어야 한다.

해설

인체감전보호형은 0.03초 이내에 동작하는 고감도 고속형이어야 한다.

66 정전기 방지대책 중 적합하지 않은 것은?

① 대전서열이 가급적 먼 것으로 구성한다.
② 카본 블랙을 도포하여 도전성을 부여한다.
③ 유속을 저감 시킨다.
④ 도전성 재료를 도포하여 대전을 감소시킨다.

해설

대전서열에서 멀리 있는 두 물체를 마찰할수록 대전이 잘된다.
(+)털가죽 유리 명주 나무 고무 플라스틱 에보나이트(−)

67 다음 중 방폭전기기기의 구조별 표시방법으로 틀린 것은?

① 내압방폭구조 : p
② 본질안전방폭구조 : ia, ib
③ 유입방폭구조 : o
④ 안전증방폭구조 : e

해설

방폭구조

내압	압력	안전증	유입	본질안전	비점화	충격	몰드	특수
d	p	e	o	ia, ib	n	q	m	s

68 내접압용 절연장갑의 등급에 따른 최대사용전압이 틀린 것은?(단, 교류전압은 실효값이다.)

① 등급 00 : 교류 500V
② 등급 1 : 교류 7,500V
③ 등급 2 : 직류 17,000V
④ 등급 3 : 직류 39,750V

해설

절연장갑(절연장갑의 등급 및 색상)

등급	최대사용 전압		색상
	교류(V, 실효값)	직류(V)	
00	500	750	갈색
0	1,000	1,500	빨간색
1	7,500	11,250	흰색

등급	최대사용 전압		색상
	교류(V, 실효값)	직류(V)	
2	17,000	25,500	노란색
3	26,500	39,500	녹색
4	36,000	54,000	등색

교류×1.5＝직류

69 저압전로의 절연성능에 관한 설명으로 적합하지 않은 것은?

① 전로의 사용전압이 SELV 및 PELV일 때 절연저항은 0.5MΩ 이상이어야 한다.
② 전로의 사용전압이 FELV일 때 절연저항은 1MΩ 이상이어야 한다.
③ 전로의 사용전압이 FELV일 때 DC 시험 전압은 500V이다.
④ 전로의 사용전압이 600V일 때 절연저항은 1MΩ 이상이어야 한다.

해설

저압전로의 절연성능

전로의 사용전압	DC 시험전압	절연저항
SELV(Safety Extra Low Voltage =특별안전저압) 비접지회로(2차 전압이 AC 50V, DC 120V 이하)	250V	0.5MΩ 이상
PELV(Protective Extra Low Voltage =특별보호저압) 접지회로(1차와 2차 절연된 회로)		
FELV(Functional Extra Low Voltage =특별저전압) 500V 이하	500V	1MΩ 이상
500V 초과	1,000V	1MΩ 이상

70 다음 중 0종 장소에 사용될 수 있는 방폭구조의 기호는?

① Ex ia   ② Ex ib
③ Ex d   ④ Ex e

해설

가스폭발 위험장소	0종장소	본질안전 방폭구조 ia
	1종장소	내압방폭구조(d) 압력방폭구조(p) 유입방폭구조(o) 안전증 방폭구조(e) 특별방폭구조(s) 충전방폭구조(q) 본질안전 방폭구조(ia,ib)
	2종장소	0종, 1종 장소 가능한 방폭구조 비범화 방폭구조(n)

71 다음 중 전기화재의 주요 원인이라고 할 수 없는 것은?

① 절연전선의 열화
② 정전기 발생
③ 과전류 발생
④ 절연저항값의 증가

해설

전기화재의 주요 원인

1) 단락   2) 누전
3) 과전류   4) 스파크
5) 접촉부 과열   6) 절연열화에 의한 발열
7) 지락   8) 낙뢰
9) 정전기 스파크

72 배전선로에 정전작업 중 단락 접지기구를 사용하는 목적으로 가장 적합한 것은?

① 통신선 유도 장해 방지
② 배전용 기계 기구의 보호
③ 배전선 통전 시 전위경도 저감
④ 혼촉 또는 오동작에 의한 감전방지

해설

배전선로에 정전작업 중 단락 접지기구를 사용하는 목적으로 가장 적합한 것은 혼촉 또는 오동작에 의한 감전방지이다.

정답 69 ④   70 ①   71 ④   72 ④

73 어느 변전소에서 고장전류가 유입되었을 때 도전성 구조물과 그 부근 지표상의 점과의 사이(약 1m)의 허용접촉전압은?(단, 심실세동전류 : $\frac{0.165}{\sqrt{t}}$A, 인체의 저항 : $1{,}000\,\Omega$, 지표면의 저항률 : $150\,\Omega \cdot$m, 통전시간을 1초로 한다.)

① 164   ② 186

③ 202   ④ 228

해설

허용접촉 전압$(E) = (Rb + \frac{3Rs}{2}) \times Ik$

$1{,}000 + (\frac{3 \times 150}{2} \times 0.165) = 202.15$

74 방폭기기 그룹에 관한 설명으로 틀린 것은?

① 그룹 Ⅰ, 그룹 Ⅱ, 그룹 Ⅲ가 있다.

② 그룹 Ⅰ의 기기는 폭발성 갱내 가스에 취약한 광산에서의 사용을 목적으로 한다.

③ 그룹 Ⅱ의 세부 분류로 ⅡA, ⅡB, ⅡC가 있다.

④ ⅡA로 표시된 기기는 그룹 ⅡB기기를 필요로 하는 지역에 사용할 수 있다.

해설

폭발성 분위기에서 사용되는 전기기기의 그룹

그룹	Ⅰ	폭발성 분위기가 존재하는 광산에서 사용할 수 있는 전기기기
그룹	Ⅱ	광산 외에 폭발성 가스 분위기가 존재하는 장소에서 사용할 수 있는 전기기기
그룹	Ⅲ	폭발성 분진 분위기가 존재하는 장소에서 사용할 수 있는 전기기기

가스 및 증기 그룹에 따른 기기선정

가스 및 증기그룹	허용 전기기기 그룹
ⅡA	Ⅱ, ⅡA, ⅡB 또는 ⅡC
ⅡB	Ⅱ, ⅡB 또는 ⅡC
ⅡC	Ⅱ 또는 ⅡC

정답 : ⅡA로 표시된 기기는 그룹 ⅡB기기를 필요로 하는 지역에 사용해서는 아니된다.

75 한국전기설비규정에 따라 피뢰설비에서 외부 피뢰시스템의 수뢰부 시스템으로 적합하지 않은 것은?

① 돌침   ② 수평도체

③ 메시도체   ④ 환상도체

해설

피뢰시스템의 수뢰부 시스템

① 돌침   ② 수평도체

③ 메시도체   ④ 조합방식

76 정전기 재해의 방지를 위하여 배관 내 액체의 유속제한이 필요하다. 배관의 내경과 유속제한 값으로 적절하지 않은 것은?

① 관내경(mm) : 25, 제한유속(m/s) : 6.5

② 관내경(mm) : 50, 제한유속(m/s) : 3.5

③ 관내경(mm) : 100, 제한유속(m/s) : 2.5

④ 관내경(mm) : 200, 제한유속(m/s) : 1.8

해설

배관과 관경의 유속관계

관내경(mm)	유속((m/s)
12,5	8
25	4.9
50	3.5
100	2.5
200	1.8
400	1.3
600	1.0

77 지락이 생긴 경우 접촉상태에 따라 접촉전압을 제한할 필요가 있다. 인체의 접촉상태에 따른 허용접촉전압을 나타낸 것으로 다음 중 옳지 않은 것은?

① 제1종 : 2.5V 이하   ② 제2종 : 25V 이하

③ 제3종 : 35V 이하   ④ 제4종 : 제한 없음

종별	접촉상태	허용접촉전압
제1종	인체의 대부분이 수중에 있는 경우	2.5V 이하
제2종	인체가 현저하게 젖어있는 경우 금속성의 전기 기계장치나 구조물의 인체의 일부가 상시 접촉되어 있는 경우	25V 이하 자동 전격 방지 전압
제3종	제1종 제2종 이외의 경우로 통상의 인체상태 있어서 접촉전압이 가해지면 위험성이 높은 경우	50V 이하

78 계통접지로 적합하지 않은 것은?

① TN 계통 ② TT 계통
③ IN 계통 ④ IT 계통

해설

KEC 계통 접지
① TT SYSTEM
② TN SYSTEM(TN−C, TN−S, TN−C−S)
③ IT SYSTEM

79 정전기 방생에 영향을 주는 요인이 아닌 것은?

① 물체의 분리속도 ② 물체의 특성
③ 물체의 접촉시간 ④ 물체의 표면상태

해설

정전기 발생에 영향을 미치는 요소
① 물질의 특성 ② 물질의 표면상태
③ 물질의 이력 ④ 접촉면적과 압력
⑤ 분리속도

80 정전기재해의 방지대책에 대한 설명으로 적합하지 않은 것은?

① 접지의 접속은 납땜, 용접 또는 멈춤나사로 실시한다.
② 회전부품의 유막저항이 높으면 도전성의 윤활제를 사용한다.

③ 이동식의 용기는 절연성 고무제 바퀴를 달아서 폭발위험을 제거한다.
④ 폭발의 위험이 있는 구역은 도전성 고무류로 바닥 처리를 한다.

해설

정전기 재해의 방지대책
① 접지
② 습기부여(공기 중 습도 60~70% 유지)
③ 도전성 재료 사용
④ 대전방지제 사용
⑤ 제전기 사용
⑥ 유속 조절(석유류 제품 1 m/s 이하)

5과목 **화학설비위험방지기술**

81 산업안전보건법령상 특수화학설비를 설치할 때 내부의 이상상태를 조기에 파악하기 위하여 필요한 계측장치를 설치하여야 한다. 이러한 계측장치로 거리가 먼 것은?

① 압력계 ② 유량계
③ 온도계 ④ 비중계

해설

계측장치계측
① 압력계
② 유량계
③ 온도계

82 불연성이지만 다른 물질의 연소를 돕는 산화성 액체 물질에 해당하는 것은?

① 히드라진 ② 과염소산
③ 벤젠 ④ 암모니아

해설

산화성 액체(제6류 위험물) : 과염소산, 과산화수소, 질산

83 아세톤에 대한 설명으로 틀린 것은?

① 증기는 유독하므로 흡입하지 않도록 주의해야 한다.

② 무색이고 휘발성이 강한 액체이다.

③ 비중이 0.79이므로 물보다 가볍다.

④ 인화점이 20℃이므로 여름철에 인화 위험이 더 높다.

해설

아세톤
① 증기는 유독하므로 흡입하지 않도록 주의해야 한다.
② 무색이고 휘발성이 강한 액체이다.
③ 비중이 0.79이므로 물보다 가볍다.
④ 인화점이 −20℃이므로 여름철에 인화 위험이 더 높다.

84 화학물질 및 물리적 인자의 노출기준에서 정한 유해인자에 대한 노출기준의 표시단위가 잘못 연결된 것은?

① 에어로졸 : ppm

② 증기 : ppm

③ 가스 : ppm

④ 고온 : 습구흑구온도지수(WBGT)

해설

에어로졸 : 마이크로미터(μm)

85 다음 [표]를 참조하여 메탄 70vol%, 프로판 21vol%, 부탄 9vol%인 혼합가스의 폭발범위를 구하면 약 몇 vol%인가?

가스	폭발하한계(Vol%)	폭발상한계(Vol%)
C_4H_{10}	1.8	8.4
C_8H_8	2.1	9.5
C_2H_6	3.0	12.4
CH_4	5.0	15.0

① 3.45~9.11   ② 3.45~12.58

③ 3.85~9.11   ④ 3.85~12.58

해설

$$L = \frac{100}{\dfrac{V1}{L1} + \dfrac{V2}{L2} + \dfrac{V3}{L3}}$$

• 폭발 하한계 $\dfrac{100}{\dfrac{70}{5} + \dfrac{21}{2.1} + \dfrac{9}{1.8}} = 3.45$

• 폭발 상한계 $\dfrac{100}{\dfrac{70}{15} + \dfrac{21}{9.5} + \dfrac{9}{8.4}} = 12.58$

86 산업안전보건법령상 위험물질의 종류를 구분할 때 다음 물질들이 해당하는 것은?

리튬, 칼륨 · 나트륨, 황, 황린, 황화인 · 적린

① 폭발성 물질 및 유기과산화물

② 산화성 액체 및 산화성 고체

③ 물반응성 물질 및 인화성 고체

④ 급성 독성 물질

해설

제1류	산화성 고체 (강 산화제)	1. 염소산염류 3. 과염소산염류 5. 취소산 염류(브롬산염류) 6. 질산염류 7. 옥소산(요오드산)염류 8. 과망간산염류 9. 중크롬산염류	2. 아염소산염류 4. 무기과산화물
제2류	가연성 고체 (환원제)	1. 황화린 3. 유황 5. 마그네슘 7. 인화성 고체	2. 적린 4. 철분 6. 금속분
제3류	금수성 물질 자연 발화성 물질 물 반응성 물질 (공기 물 접촉 금지)	1. 칼륨 3. 알킬알루미늄 5. 황린 6. 알칼리금속(Li, Na, K)(칼륨 및 나트륨제외) 및 알칼리 토금속(Be, Mg, Ca) 7. 유기금속화합물(알킬알루미늄 및 알킬리튬 제외) 8. 금속의 수소화물 9. 금속의 인화물(인화칼슘, 인화 알루미늄) 10. 금속의 탄화물(탄화칼슘, 탄화 알루미늄)	2. 나트륨 4. 알킬리튬

제4류	인화성 액체	1. 특수인화물 2. 제1석유류 3. 알코올류(매탄올, 에탄올) 4. 제2석유류 5. 제3석유류 6. 제4석유류 7. 동식물유류
제5류	자기연소성 물질 폭발성 물질	1. 유기과산화물 2. 질산에스테르류 3. 니트로화합물 4. 니트로소화합물 5. 아조화합물 6. 디아조화합물 7. 하이드라진유도체 8. 히드록실아민 9. 히드록실아민염류
제6류	산화성 액체	1. 과염소산 2. 과산화수소 3. 질산

87 제1종 분말소화약제의 주성분에 해당하는 것은?

① 사염화탄소

② 브롬화메탄

③ 수산화암모늄

④ 탄산수소나트륨

해설

분말 소화기(축압식, 가스 가압식)

① 제1종 분말 소화제(백색 : B, C) : 중탄산나트륨(탄산수소나트륨)

$2NaHCO_3 \rightarrow Na_2CO_3 + CO_2$(질식) $+ H_2O$(냉각)

② 제2종 분말 소화제 (보라색 : B, C) : 중탄산칼륨(탄산수소칼륨)

$2KHCO_3 \rightarrow K_2CO_3 + CO_2 + H_2O$(냉각)

③ 제3종 분말 소화제(담홍색 : A, B, C) : 제1인산 암모늄

$NH_4H_2PO_4 \rightarrow HPO_3 + NH_3 + H_2O$(냉각)

④ 제4종 분말 소화제(회백색 : B, C) : (요소 + 중탄산칼륨)

$[(NH_2)_2CO + 2KHCO_3] \rightarrow K_2CO_3 + 2NH_3 + 2CO_2$

88 탄화칼슘이 물과 반응하였을 때 생성물을 옳게 나타낸 것은?

① 수산화칼슘 + 아세틸렌

② 수산화칼슘 + 수소

③ 염화칼슘 + 아세틸렌

④ 염화칼슘 + 수소

해설

$CaC_2 + 2H_2O = Ca(OH)_2 + C_2H_2$

89 다음 중 분진폭발의 특징으로 옳은 것은?

① 가스폭발보다 연소시간이 짧고, 발생에너지가 작다.

② 압력의 파급속도보다 화염의 파급속도가 빠르다.

③ 가스폭발에 비하여 불완전연소의 발생이 없다.

④ 주의의 분진에 의해 2차, 3차의 폭발로 파급될 수 있다.

해설

가스폭발

① 화염이 크다.

② 연소속도가 빠르다.

분진폭발

① 폭발압력, 발생에너지가 크다.

② 연소시간이 길다.

③ 불완전연소로 인한 일산화탄소가 발생한다.

90 가연성 가스 A의 연소범위를 $2.2 \sim 9.5$vol% 라 할 때 가스 A의 위험도는 얼마인가?

① 2.52

② 3.32

③ 4.91

④ 5.64

해설

위험도 = (폭발상한계 - 폭발 하한계) / 폭발하한계

$H = (9.5 - 2.2) / 2.2 = 3.32$

91 다음 중 증기배관 내에 생성된 증기의 누설을 막고 응축수를 자동적으로 배출하기 위한 안전장치는?

① Steam trap

② Vent stack

③ Blow down

④ Flame arrester

정답 87 ④ 88 ① 89 ④ 90 ② 91 ①

해설

- 밴트스택(Vent stack) : 탱크 내의 압력을 정상상태로 유지하기 위한 안전장치
- 스팀트랩(Steam trap) : 증기 배관 내에 생성하는 응축수를 제거할 때 증기가 배출되면 열효율이 나빠지게 되므로 증기가 배출되지 않도록 하면서 응축수를 자동적으로 배출하기 위한 장치
- 블로다운(Blow down) : 배기밸브 또는 배기구가 열리고 실린더 내의 가스가 뿜어 나오는 현상
- 릴리프 밸브(Relief valve) : 회로의 압력이 설정 압력에 도달하면 유체의 일부 또는 전량을 배출시켜 회로 내의 압력을 설정값 이하로 유지하는 압력제어 밸브
- 플레어스택(flare stack) : 석유화학 공정 운전시 폐가스를 완전 연소시키는 시설물

92 CF3Br 소화약제의 하론 번호를 옳게 나타낸 것은?

① 하론 1031 ② 하론 1311
③ 하론 1301 ④ 하론 1310

해설

하론 소화약제의 원소기호

C, F, CL, Br : CF3Br

93 산업안전보건법령에 따라 공정안전보고서에 포함해야 할 세부내용 중 공정안전자료에 해당하지 않는 것은?

① 안전운전지침서
② 각종 건물·설비의 배치도
③ 유해하거나 위험한 설비의 목록 및 사양
④ 위험설비의 안전설계·제작 및 설치관련 지침서

해설

공정 안전 자료 내용

① 취급·저장하고 있는 유해·위험물질의 종류 및 수량
② 유해·위험물질에 대한 물질안전보건자료(MSDS)
③ 유해·위험설비의 목록 및 사양
④ 운전방법을 알 수 있는 공정도면

94 산업안전보건법령상 단위공정시설 및 설비로부터 다른 단위공정 시설 및 설비 사이의 안전거리는 설비의 바깥 면부터 얼마 이상이 되어야 하는가?

① 5m ② 10m
③ 15m ④ 20m

해설

구분	안전거리
단위공정 시설 및 설비로부터 다른 단위공정 시설 및 설비의 사이	설비의 바깥면으로부터 10m 이상
플레어스택으로부터 단위공정 시설 및 설비 위험물질 저장탱크 또는 위험물질 하역 설비의 사이	플레어스택으로부터 반경 20m 이상
위험물질 저장 탱크로부터 단위공정 시설 및 설비 보일러 또는 가열로의 사이	저장탱크의 바깥면으로부터 20미터 이상
사무실, 연구실, 실험실, 정비실 또는 식당으로부터 단위공정 시설 및 설비, 위험물질 저장탱크, 위험물질 하역설비, 보일러 또는 가열로의 사이	사무실 등의 바깥면으로부터 20미터 이상

95 자연발화 성질을 갖는 물질이 아닌 것은?

① 질화면 ② 목탄분말
③ 아마인유 ④ 과염소산

해설

과염소산은 6류 위험물로서 산화성 물질이다.

96 다음 중 왕복펌프에 속하지 않는 것은?

① 피스톤 펌프 ② 플런저 펌프
③ 기어 펌프 ④ 버킷 펌프

왕복펌프

원통형 실린더 내의 피스톤의 왕복운동에 의해서 직접 액체에 압력을 주는 펌프로 플런저형 · 버킷형 · 피스톤형이 있다.

97 두 물질을 혼합하면 위험성이 커지는 경우가 아닌 것은?

① 이황화탄소 + 물
② 나트륨 + 물
③ 과산화나트륨 + 염산
④ 염소산칼륨 + 적린

해설

- 이황화탄소(CS_2)는 제4류 위험물로서 물속에 보관한다.
- 나트륨은 물과 반응하면 수소를 발생함으로 폭발의 위험이 있다.
- 과산화나트륨은 물과 반응하면 산소를 발생함으로 위험하다.
- 염소산칼륨과 황 종류인 적린과 만나면 폭발위험이 있다.

98 5% NaOH 수용액과 10% NaOH 수용액을 반응기에 혼합하여 6% 100kg의 NaOH 수용액을 만들려면 각각 몇 kg의 NaOH 수용액이 필요한가?

① 5% NaOH 수용액 : 33.3, 10% NaOH 수용액 : 66.7
② 5% NaOH 수용액 : 50, 10% NaOH 수용액 : 50
③ 5% NaOH 수용액 : 66.7, 10% NaOH 수용액 : 33.3
④ 5% NaOH 수용액 : 80, 10% NaOH 수용액 : 20

해설

① 5% NaOH 수용액 : 33.3kg × 0.05 = 1.66
  10% NaOH 수용액 : 66.7kg × 0.1 = 6.67
② 5% NaOH 수용액 : 50.1kg × 0.05 = 2.50
  10% NaOH 수용액 : 50kg × 0.1 = 5.0
③ 5% NaOH 수용액 : 66.7kg × 0.05 = 3.335
  10% NaOH 수용액 : 33.3kg × 0.1 = 3.33

④ 5% NaOH 수용액 : 80.1kg × 0.05 = 4
  10% NaOH 수용액 : 20kg × 0.1 = 2

99 다음 중 노출기준(TWA, ppm) 값이 가장 작은 물질은?

① 염소
② 암모니아
③ 에탄올
④ 메탄올

해설

- 염소 : 5ppm
- 암모니아 : 25ppm
- 에탄올 : 1,000ppm
- 메탄올 : 200ppm

100 산업안전보건법령에 따라 위험물 건조설비 중 건조실을 설치하는 건축물의 구조를 독립된 단층 건물로 하여야 하는 건조설비가 아닌 것은?

① 위험물 또는 위험물이 발생하는 물질을 가열 · 건조하는 경우 내용적이 2m³인 건조설비
② 위험물이 아닌 물질을 가열 · 건조하는 경우 액체연료의 최대사용량이 5kg/h인 건조설비
③ 위험물이 아닌 물질을 가열 · 건조하는 경우 기체연료의 최대사용량이 2m³/h인 건조설비
④ 위험물이 아닌 물질을 가열 · 건조하는 경우 전기사용 정격용량이 20kW인 건조설비

해설

건축물의 구조를 독립된 단층 건물로 하여야 하는 건조설비
① 위험물 또는 위험물이 발생하는 물질을 가열건조하는 경우 : 내용적이 1m³ 이상인 건조설비
② 위험물이 아닌 물질을 가열건조하는 경우로서 다음에 해당하는 건조설비
  ㉠ 고체 또는 액체연료의 최대 사용량이 시간 당 10kg 이상
  ㉡ 기체 연료의 최대 사용량이 시간당 1m³ 이상
  ㉢ 전기사용 전격 용량이 10kW 이상

101 부두·안벽 등 하역작업을 하는 장소에서 부두 또는 안벽의 선을 따라 통로를 설치하는 경우에는 폭을 최소 얼마 이상으로 하여야 하는가?

① 85cm

② 90cm

③ 100cm

④ 120cm

해설

부두 등 하역 작업장 조치사항

① 작업장 및 통로의 위험한 부분에는 안전하게 작업할 수 있는 조명을 유지

② 부두 또는 암벽의 선을 따라 통로를 설치하는 때에는 폭을 90cm 이상으로 할 것

③ 육상에서의 통로 밑 작업 장소로서 다리 또는 선거에 관문을 넘는 보도 등의 위험한 부분에는 안전난간 또는 울 등을 설치할 것

102 다음은 산업안전보건법령에 따른 산업안전보건관리비의 사용에 관한 규정이다. ( ) 안에 들어갈 내용을 순서대로 옳게 작성한 것은?

> 건설공사도급인은 고용노동부장관이 정하는 바에 따라 해당 건설공사를 위하여 계상된 산업안전보건관리비를 그가 사용하는 근로자와 그의 관계수급인이 사용하는 근로자의 산업재해 및 건강장해 예방에 사용하고, 그 사용명세서를 ( ) 작성하고 건설공사 종료 후 ( )간 보존해야 한다.

① 매월, 6개월

② 매월, 1년

③ 2개월마다, 6개월

④ 2개월마다, 1년

해설

산업안전관리비의 사용명세서 작성 및 보존기간

매월 작성하고 공사 완료 후 1년간 보존

103 지반의 굴착 작업에 있어서 비가 올 경우를 대비한 직접적인 대책으로 옳은 것은?

① 측구 설치

② 낙하물 방지망 설치

③ 추락 방호망 설치

④ 매설물 등의 유무 또는 상태 확인

해설

지반의 굴착 작업에 있어서 비가 올 경우를 대비하여 측구를 설치한다.

104 강관틀비계(높이 5m 이상)의 넘어짐을 방지하기 위하여 사용하는 벽이음 및 버팀의 설치간격 기준으로 옳은 것은?

① 수직방향 5m, 수평방향 5m

② 수직방향 6m, 수평방향 7m

③ 수직방향 6m, 수평방향 8m

④ 수직방향 7m, 수평방향 8m

해설

통나무비계		
기둥	비계기둥 간격	2.5m 이하
	첫 번째 띠장	3m 이하
벽 연결	수직방향	5.5m 이하
	수평방향	7.5m 이하
강관비계		
띠장간격, 방향 비계기둥 간격	띠장방향 띠장간격	1.85 이하 2m 이하
	장선방향	1.5m 이하
조립간격	수직방향	5m
	수평방향	5m
강관틀비계		
주틀간격	높이 20m 초과 시 1.8m 이하	
벽 이음	수직방향	6m
	수평방향	8m 이내마다

105 굴착공사에 있어서 비탈면붕괴를 방지하기 위하여 실시하는 대책으로 옳지 않은 것은?

① 지표수의 침투를 막기 위해 표면배수공을 한다.
② 지하수위를 내리기 위해 수평배수공을 설치한다.
③ 비탈면 하단을 성토한다.
④ 비탈면 상부에 토사를 적재한다.

해설

비탈면 상부에 토사를 적재할 경우 중량의 과부하로 붕괴의 원인이 된다.

106 강관을 사용하여 비계를 구성하는 경우 준수해야할 사항으로 옳지 않은 것은?

① 비계기둥의 간격은 띠장 방향에서는 1.85m 이하, 장선(長線) 방향에서는 1.5m 이하로 할 것
② 띠장 간격은 2.0m 이하로 할 것
③ 비계기둥의 제일 윗부분으로부터 31m 되는 지점 밑부분의 비계기둥은 3개의 강관으로 묶어 세울 것
④ 비계기둥 간의 적재하중은 400kg을 초과하지 않도록 할 것

해설

강관비계의 구조

구분		준수사항
비계 기둥	띠장방향	1.85m 이하
	장성방향	1.5m 이하
띠장 간격		2.0m 이하로 설치할 것
벽 연결		수직으로 5m 이하 수평으로 5m 이내마다 연결
높이 제한		비계기둥의 제일 윗부분으로부터 31m 되는 지점 밑 부분의 비계 기둥은 2본의 강관으로 묶어 세울 것
가새		기둥간격 10m마다 45° 각도 처마방향 가새
작업대		안전난간 설치
하단부		깔판 받침목 등 사용 밑둥잡이 설치
적재 하중		비계 기둥 간의 적재하중은 400kg을 초과하지 않도록 할 것

107 다음은 산업안전보건법령에 따른 시스템 비계의 구조에 관한 사항이다. ( ) 안에 들어갈 내용으로 옳은 것은?

비계 밑단의 수직재와 받침철물은 밀착되도록 설치하고, 수직재와 받침철물의 연결부의 겹침길이는 받침철물 전체 길이의 (   ) 이상이 되도록 할 것

① 2분의 1
② 3분의 1
③ 4분의 1
④ 5분의 1

해설

시스템 비계의 구조
① 수직재, 수평재, 가새재를 견고하게 연결하는 구조가 되도록 할 것
② 비계 밑단의 수직재와 받침철물은 밀착되도록 설치하고, 수직재와 받침철물의 연결부의 겹침길이는 받침철물 전체길이의 3분의 1 이상이 되도록 할 것
③ 수평재는 수직재와 직각으로 설치하여야 하며, 체결 후 흔들림이 없도록 견고하게 설치할 것
④ 수직재와 수직재의 연결철물은 이탈되지 않도록 견고한 구조로 할 것
⑤ 벽 연결재의 설치간격은 제조사가 정한 기준에 따라 설치할 것

108 건설현장에서 작업으로 인하여 물체가 떨어지거나 날아올 위험이 있는 경우에 대한 안전조치에 해당하지 않는 것은?

① 수직보호망 설치
② 방호선반 설치
③ 울타리설치
④ 낙하물 방지망 설치

해설

울타리 설치는 개구부, 부두 등에 설치한다.

109 흙막이 가시설 공사 중 발생할 수 있는 보일링 (Boiling) 현상에 관한 설명으로 옳지 않은 것은?

① 이 현상이 발생하면 흙막이 벽의 지지력이 상실된다.
② 지하수위가 높은 지반을 굴착할 때 주로 발생된다.
③ 흙막이벽의 근입장 깊이가 부족할 경우 발생한다.
④ 연약한 점토지반에서 굴착면의 융기로 발생한다.

해설

보일링 현상
투수성이 좋은 사질토 지반의 흙막이 지면에서 수두차로 인한 상향의 침투압이 발생하여 유효 응력이 감소하여 전단강도가 상실되는 현상으로 지하수가 모래와 같이 솟아오르는 현상

110 거푸집동바리 등을 조립하는 경우에 준수해야 할 기준으로 옳지 않은 것은?

① 동바리의 상하 고정 및 미끄러짐 방지조치를 하고, 하중의 지지상태를 유지한다.
② 강재와 강재의 접속부 및 교차부는 볼트·클램프 등 전용철물을 사용하여 단단히 연결한다.
③ 파이프서포트를 제외한 동바리로 사용하는 강관은 높이 2m마다 수평연결재를 2개 방향으로 만들고 수평연결재의 변위를 방지할 것
④ 동바리로 사용하는 파이프서포트는 4개 이상이어서 사용하지 않도록 할 것

해설

거푸집동바리 등을 조립하는 경우에 준수사항
1) 깔목의 사용, 콘크리트 타설, 말뚝박기 등 동바리의 침하를 방지하기 위한 조치를 할 것
2) 개구부 상부에 동바리를 설치하는 경우에는 상부하중을 견딜 수 있는 견고한 받침대를 설치할 것
3) 동바리의 상하 고정 및 미끄러짐 방지조치를 하고, 하중의 지지상태를 유지할 것
4) 동바리의 이음은 맞댄이음이나 장부이음으로 하고 같은 품질의 재료를 사용할 것
5) 강재와 강재의 접속부 및 교차부는 볼트·클램프 등 전용철물을 사용하여 단단히 연결할 것

6) 거푸집이 곡면인 경우에는 버팀대의 부착 등 그 거푸집의 부상(浮上)을 방지하기 위한 조치를 할 것
7) 동바리로 사용하는 강관 [파이프 서포트(pipe support)는 제외한다]에 대해서는 다음 각 목의 사항을 따를 것
8) 동바리로 사용하는 파이프 서포트에 대해서는 다음 각 목의 사항을 따를 것
   ① 파이프 서포트를 3개 이상 이어서 사용하지 않도록 할 것
   ② 파이프 서포트를 이어서 사용하는 경우에는 4개 이상의 볼트 또는 전용철물을 사용하여 이을 것
   ③ 높이가 3.5미터를 초과하는 경우 높이 2미터 이내마다 수평연결재를 2개 방향으로 만들고 수평연결재의 변위를 방지할 것
      가. 높이 2미터 이내마다 수평연결재를 2개 방향으로 만들고 수평연결재의 변위를 방지할 것
      나. 멍에 등을 상단에 올릴 경우에는 해당

111 장비가 위치한 지면보다 낮은 장소를 굴착하는 데 적합한 장비는?

① 트럭크레인　　② 파워셔블
③ 백호　　　　　④ 진폴

해설

쇼벨계 굴착기
① 파워셔블(Power shovel)
   • 굴착공사와 신기에 많이 사용
   • 버킷이 외측으로 움직여 기계위치보다 높은 지반굴착에 적합
   • 작업대가 견고하여 굳은 토질의 굴착에도 용이
② 드래그셔블(백호 Back hoe)
   • 버킷이 내측으로 움켜서 기계위치보다 낮은 지반, 기초 굴착
   • 파워셔블의 몸체에 앞을 긁을 수 있는 arm, bucket을 달고 굴착
   • 기초굴착, 수중굴착, 좁은 도랑 및 비탈면 절취 등의 작업 등에 사용됨
③ 클램셸(Clam shell)
   • 지반 아래 협소하고 깊은 수직굴착에 주로 사용
   • 수중굴착 및 구조물의 기초바닥. 우물통 기초의 내부 굴착 등

④ 드래그 라인(Drag line)
- 연약한 토질을 광범위하게 굴착 할 때 사용되며 굳은 지반의 굴착에는 부적합
- 골재채취 등에 사용되며 기계의 위치보다 낮은 곳 또는 높은 곳도 가능

112 건설공사도급인은 건설공사 중에 가설구조물의 붕괴 등 산업재해가 발생할 위험이 있다고 판단되면 건축·토목 분야의 전문가의 의견을 들어 건설공사 발주자에게 해당 건설공사의 설계변경을 요청할 수 있는데, 이러한 가설구조물의 기준으로 옳지 않은 것은?

① 높이 20m 이상인 비계
② 작업발판 일체형 거푸집 또는 높이 5m 이상인 거푸집 동바리
③ 터널의 지보공 또는 높이 2m 이상인 흙막이 지보공
④ 동력을 이용하여 움직이는 가설구조물

해설

건설공사의 설계변경요청대상 및 가설 구조물기준 [법령 개정 건진법, 산안법]
① 높이 31m 이상인 비계
② 작업발판 일체형 거푸집 또는 높이 5m 이상인 거푸집 동바리
③ 터널의 지보공 또는 높이 2m 이상인 흙막이 지보공
④ 동력을 이용하여 움직이는 가설구조물(ILM, FCM)

113 콘크리트 타설 시 안전수칙으로 옳지 않은 것은?

① 타설순서는 계획에 의하여 실시하여야 한다.
② 진동기는 최대한 많이 사용하여야 한다.
③ 콘크리트를 치는 도중에는 거푸집, 지보공 등의 이상유무를 확인하여야 한다.
④ 손수레로 콘크리트를 운반할 때에는 손수레를 타설하는 위치까지 천천히 운반하여 거푸집에 충격을 주지 아니하도록 타설하여야 한다.

해설

콘크리트 타설 시 안전수칙
① 타설 순서는 계획에 의하여 실시하여야 한다.
② 콘크리트를 치는 도중에는 거푸집, 지보공 등의 이상 유무를 확인하여야 한다.
③ 손수레로 콘크리트를 운반할 때에는 손수레를 타설하는 위치까지 천천히 운반하여 거푸집에 충격을 주지 아니하도록 타설하여야 한다.
④ 손수레로 콘크리트를 운반할 때는 적당한 간격을 유지하여야 한다.
⑤ 운반통로에 방해가 되는 것은 즉시 제거하여야 한다.
[참고] 진동을 많이 하면 측압이 커진다.

114 산업안전보건법령에 따른 작업발판 일체형 거푸집에 해당되지 않는 것은?

① 갱 폼(Gang Form)
② 슬립 폼(Slip Form)
③ 유로 폼(Euro Form)
④ 터널 라이닝 폼(Tunnel lining Form)

해설

거푸집의 종류
① 갱 폼
② 슬립 폼
④ 클라이밍 폼
④ 터널 라이닝 폼

115 터널 지보공을 조립하는 경우에는 미리 그 구조를 검토한 후 조립도를 작성하고, 그 조립도에 따라 조립하도록 하여야 하는데 이 조립도에 명시하여야 할 사항과 가장 거리가 먼 것은?

① 이음 방법
② 단면규격
③ 재료의 재질
④ 재료의 구입처

정답 **112** ① **113** ② **114** ③ **115** ④

터널 지보공을 조립하는 경우에는 미리 그 구조를 검토한 후 조립도를 작성하고, 그 조립도에 따라 조립하도록 하여야 하는데 이 조립도에 명시하여야 할 사항
① 이음 방법
② 단면규격
③ 재료의 재질

116 산업안전보건법령에 따른 건설공사 중 다리건설공사의 경우 유해위험방지계획서를 제출하여야 하는 기준으로 옳은 것은?

① 최대 지간길이가 40m 이상인 다리의 건설등 공사
② 최대 지간길이가 50m 이상인 다리의 건설등 공사
③ 최대 지간길이가 60m 이상인 다리의 건설등 공사
④ 최대 지간길이가 70m 이상인 다리의 건설등 공사

해설

유해위험 방지계획서 제출 대상 사업장의 건설공사
1) 지상높이가 31미터 이상인 건축물
2) 연면적 3만제곱미터 이상인 건축물
3) 연면적 5천제곱미터 이상인 시설로서 다음의 어느 하나에 해당하는 시설
　① 문화 및 집회시설(전시장 및 동물원·식물원은 제외한다)
　② 판매시설, 운수시설(고속철도의 역사 및 집배송시설은 제외한다)
　③ 종교시설
　④ 의료시설 중 종합병원
　⑤ 숙박시설 중 관광숙박시설
　⑥ 지하도상가
　⑦ 냉동·냉장 창고시설
4) 연면적 5천제곱미터 이상인 냉동·냉장 창고시설의 설비공사 및 단열공사
5) 최대 지간(支間)길이가 50미터 이상인 다리의 건설 등 공사
6) 터널의 건설 등 공사
7) 다목적댐, 발전용댐, 저수용량 2천만톤 이상의 용수 전용 댐 및 지방상수도 전용 댐의 건설 등 공사
8) 깊이 10미터 이상인 굴착공사

117 가설통로 설치에 있어 경사가 최소 얼마를 초과하는 경우에는 미끄러지지 아니하는 구조로 하여야 하는가?

① 15도
② 20도
③ 30도
④ 40도

해설

가설통로 설치 기준
① 견고한 구조로 할 것
② 경사는 30° 이하로 할 것. 다만, 계단을 설치하거나 높이 2m 미만의 가설통로로서 튼튼한 손잡이를 설치한 경우에는 그러하지 아니하다.
③ 경사가 15°를 초과하는 경우에는 미끄러지지 아니하는 구조로 할 것
④ 추락할 위험이 있는 장소에는 안전난간을 설치할 것.
⑤ 수직갱에 가설된 통로의 길이가 15m 이상인 경우에는 10m 이내마다 계단참을 설치할 것
⑥ 건설공사에 사용하는 높이 8m 이상인 비계다리에는 7m 이내마다 계단참을 설치할 것

118 굴착과 싣기를 동시에 할 수 있는 토공기계가 아닌 것은?

① 트랙터 셔블(tractor shovel)
② 백호(back hoe)
③ 파워셔블(power shovel)
④ 모터 그레이더(motor grader)

해설

모터 그레이더(Motor grader)
• 구성 : 앞, 뒷바퀴의 중앙부에 흙을 깎고 미는 배토판을 장착한 것
• 적용 : 운동장 및 광장의 정지작업, 도로변의 끝손질, 옆 도랑 파기, 사면 끝손질, 잔디 벗기기 등 끝마무리작업에 사용

119 강관틀 비계를 조립하여 사용하는 경우 준수하여야 할 사항으로 옳지 않은 것은?

① 비계기둥의 밑둥에는 밑받침 철물을 사용할 것
② 높이가 20m를 초과하거나 중량물의 적재를 수반하는 작업을 할 경우에는 주틀 간의 간격을 1.8m 이하로 할 것
③ 주틀 간에 교차 가새를 설치하고 최하층 및 3층 이내마다 수평재를 설치할 것
④ 길이가 띠장 방향으로 4m 이하이고 높이가 10m를 초과하는 경우에는 10m 이내마다 띠장 방향으로 버팀기둥을 설치할 것

해설

강관 틀비계 조립 시 준수사항
① 비계기둥의 밑둥에는 밑받침 철물을 사용하여야 하며 밑받침에 고저차(高低差)가 있는 경우에는 조절형 밑받침 철물을 사용하여 각각의 강관틀비계가 항상 수평 및 수직을 유지하도록 할 것
② 높이가 20미터를 초과하거나 중량물의 적재를 수반하는 작업을 할 경우에는 주틀 간의 간격을 1.8미터 이하로 할 것
③ 주틀 간에 교차 가새를 설치하고 최상층 및 5층 이내마다 수평재를 설치할 것
④ 수직방향으로 6미터, 수평방향으로 8미터 이내마다 벽이음을 할 것
⑤ 길이가 띠장 방향으로 4미터 이하이고 높이가 10미터를 초과하는 경우에는 10미터 이내마다 띠장 방향으로 버팀기둥을 설치할 것

120 산업안전보건법령에 따른 양중기의 종류에 해당하지 않는 것은?

① 고소작업차
② 이동식 크레인
③ 승강기
④ 리프트(Lift)

해설

양중기의 종류
크레인, 이동식 크레인, 리프트, 곤돌라, 승강기

정답 119 ③ 120 ①

산업안전기사(2021년 08월 14일)

1과목 안전관리론

01 안전점검표(체크리스트) 항목 작성 시 유의사항으로 틀린 것은?

① 정기적으로 검토하여 설비나 작업방법이 타당성 있게 개조된 내용일 것
② 사업장에 적합한 독자적 내용을 가지고 작성할 것
③ 위험성이 낮은 순서 또는 긴급을 요하는 순서대로 작성할 것
④ 점검항목을 이해하기 쉽게 구체적으로 표현할 것

해설

안전점검 체크리스트에 작성 시 유의사항
① 사업장에 적합한 내용이며 독자적일 것
② 내용은 구체적이며 재해 예방에 실효가 있을 것
③ 중요도가 높은 순으로 작성할 것
④ 일정 양식 및 점검대상을 정하여 작성할 것
⑤ 가급적 쉬운 표현으로 작성할 것

02 안전교육에 있어서 동기부여방법으로 가장 거리가 먼 것은?

① 책임감을 느끼게 한다.
② 관리감독을 철저히 한다.
③ 자기 보존본능을 자극한다.
④ 물질적 이해관계에 관심을 두도록 한다.

해설

관리감독 철저는 안전교육의 동기부여와 관계가 없다.

03 교육과정 중 학습경험조직의 원리에 해당하지 않는 것은?

① 기회의 원리
② 계속성의 원리
③ 계열성의 원리
④ 통합성의 원리

해설

학습지도의 원리

자발성의 원리	학습자의 내적 동기유발을 위한 학습을 해야 된다는 원리
계별화의 원리	학습자의 개별능력에 맞도록 지도해야 한다는 원리
사회화의 원리	공동체의 사회화를 도와주는 함께하는 학습을 해야 한다는 원리
통합의 원리	학습자의 제반 능력을 발달시켜 전인교육을 위한 원리

그 외 직관의 원리, 목적 원리, 생활화의 원리, 자연화의 원리, 과학성의 원리 등

04 근로자 1,000명 이상의 대규모 사업장에 적합한 안전관리 조직의 유형은?

① 직계식 조직
② 참모식 조직
③ 병렬식 조직
④ 직계참모식 조직

해설

안전조직

라인형 조직 (Line System) 직계형	특징	① 안전보건관리 업무를 생산 라인을 통하여 이루어지도록 편성된 조직 ② 생산라인에 모든 안전보건 관리 기능을 부여
	장점	① 안전에 대한 지시 및 전달이 신속·용이하다. ② 명령계통이 간단·명료하다. ③ 참모식보다 경제적이다.
	단점	① 안전에 관한 전문지식이 부족하고 기술의 축적이 미흡하다. ② 안전정보 및 신기술 개발이 어렵다. ③ 라인에 과중한 책임이 물린다.
	비고	① 소규모(100인 미만) 사업장에 적용 ② 모든 명령은 생산계통을 따라 이루어진다.

정답   01 ③   02 ②   03 ①   04 ④

	특징	① 안전에 관한 계획의 작성, 조사, 점검 결과에 의한 조언, 보고의 역할		
스태프형 조직 (Staff System) 참모형	장점	① 안전에 관한 전문지식 및 기술의 축적이 용이. ② 경영자의 조언 및 자문역할 ③ 안전정보 수집이 용이하고 신속하다.		
	단점	① 생산부서와 유기적인 협조 필요(안전과 생산 별개 취급) ② 생산부분의 안전에 대한 무책임 · 무권한 ③ 생산부서와 마찰(권한 다툼)이 일어나기 쉽다.		
	비고	① 중규모(100인~1,000인) 사업장에 적용		
라인 스태프형 조직 (Line Staff System) 직계참모형	특징	① 라인형과 스태프형 장점을 절충한 이상적인 조직 ② 안전보건 전담하는 스텝을 두고 생산라인의 부서장으로 하여금 안전보건 담당		
	장점	① 안전지식 및 기술축적 가능 ② 안전지시 및 전달이 신속 · 정확하다. ③ 안전에 대한 신기술의 개발 및 보급이 용이함 ④ 안전활동이 생산과 분리되지 않으므로 운용이 쉽다.		
	단점	① 명령 계통과 지도 · 조언 및 권고적 참여가 혼동되기 쉽다. ② 스태프의 힘이 커지면 라인이 무력해진다.		
	비고	① 대규모(1,000명 이상) 사업장에 적용		

05 산업안전보건법령상 안전보건표지의 종류와 형태 중 관계자 외 출입금지에 해당하지 않는 것은?

① 관리대상물질 작업장
② 허가대상물질 작업장
③ 석면취급 · 해체 작업장
④ 금지대상물질의 취급 실험실

해설

안전보건표지의 표지 형태 중 관계자 외 출입금지 사항
① 허가대상물질 작업장
② 석면취급 · 해체 작업장
③ 금지대상물질의 취급 실험실

06 산업안전보건법령상 명시된 타워크레인을 사용하는 작업에서 신호업무를 하는 작업 시 특별교육 대상 작업별 교육 내용이 아닌 것은?(단, 그 밖에 안전 · 보건관리에 필요한 사항은 제외한다.)

① 신호방법 및 요령에 관한 사항
② 걸고리 · 와이어로프 점검에 관한 사항
③ 화물의 취급 및 안전작업방법에 관한 사항
④ 인양물이 적재될 지반의 조건, 인양하중, 풍압 등이 인양물과 타워크레인에 미치는 영향

해설

타워크레인 특별안전교육 내용
• 붕괴 · 추락 및 재해방지에 관한 사항
• 화물의 취급 및 안전작업방법에 관한 사항
• 부재의 구조 · 재질 및 특성에 관한 사항
• 신호방법 및 요령에 관한 사항
• 이상 시 응급조치에 관한 사항
• 인양물이 적재될 지반의 조건, 인양하중, 풍압 등이 인양물과 타워크레인에 미치는 영향

07 보호구 안전인증 고시상 추락방지대가 부착된 안전대 일반구조에 관한 내용 중 틀린 것은?

① 죔줄은 합성섬유로프를 사용해서는 안 된다.
② 고정된 추락방지대의 수직구명줄은 와어로프 등으로 하며 최소지름이 8mm 이상이어야 한다.
③ 수직구명줄에서 걸이설비와의 연결부위는 훅 또는 카라비너 등이 장착되어 걸이설비와 확실히 연결되어야 한다.
④ 추락방지대를 부착하여 사용하는 안전대는 신체지지의 방법으로 안전그네만을 사용하여야 하며 수직구명줄이 포함되어야 한다.

해설

추락방지대가 부착된 안전대의 구조
① 추락방지대를 부착하여 사용하는 안전대는 신체지지의 방법으로 안전그네만을 사용하여야 하며 수직 구명줄이 포함되어야 한다.
② 추락방지대와 안전그네 간의 연결, 죔줄은 가능한 짧고 로프, 웨빙, 체인 등이어야 한다.
③ 수직구명줄에서 걸이 설비와의 연결 부위는 훅 또는 카라비나 등이 장착되어 걸이 설비와 확실히 연결되어야 한다.
④ 수직구명줄은 유연한 로프 등이어야 하며 구명줄이 고정되지 않아 흔들림에 의한 추락방지대의 오작동을 막기

위하여 적절한 방법을 이용하여 팽팽히 당겨져야 한다. 수직구명줄은 와이어로프 등으로 하며 최소지름은 8mm 이상일 것

⑤ 죔줄의 재료는 합성섬유 로프, 비닐론 로프, 나일론 로프 등을 사용할 수 있다.

08 하인리히 재해구성 비율 중 무상해사고가 600건이라면 사망 또는 중상 발생 건수는?

① 1   ② 2
③ 29   ④ 58

해설

하인리히 법칙 = 1(중상, 사망) : 29(경상) : 300(무상해사고)

09 재해사례연구 순서로 옳은 것은?

> 재해 상황의 파악 → (㉠) → (㉡) → 근본적 문제점의 결정 → (㉢)

① ㉠ 문제점의 발견, ㉡ 대책수립, ㉢ 사실의 확인
② ㉠ 문제점의 발견, ㉡ 사실의 확인, ㉢ 대책수립
③ ㉠ 사실의 확인, ㉡ 대책수립, ㉢ 문제점의 발견
④ ㉠ 사실의 확인, ㉡ 문제점의 발견, ㉢ 대책수립

해설

재해사례 연구순서

재해상황 파악 → 사실의 확인 → 문제점 발견 → 근본문제점의 결정(3E) → 대책수립

10 강의식 교육지도에서 가장 많은 시간을 소비하는 단계는?

① 도입   ② 제시
③ 적용   ④ 확인

해설

안전교육 지도 단계별 시간 배분(단위시간 1시간 경우)

구분	도입	제시	적용	확인
강의식	5분	40분	10분	5분
토의식	5분	10분	40분	5분

11 위험예지훈련 4단계의 진행순서를 바르게 나열한 것은?

① 목표설정 → 현상파악 → 대책수립 → 본질추구
② 목표설정 → 현상파악 → 본질추구 → 대책수립
③ 현상파악 → 본질추구 → 대책수립 → 목표설정
④ 현상파악 → 본질추구 → 목표설정 → 대책수립

해설

위험예지훈련 4단계의 진행순서

① 1라운드 : 현상파악   ② 2라운드 : 본질추구
③ 3라운드 : 대책수립   ④ 4라운드 : 목표설정

12 레빈(Lewin.K)에 의하여 제시된 인간의 행동에 관한 식을 올바르게 표현한 것은?(단, B는 인간의 행동, P는 개체, E는 환경, f는 함수관계를 의미한다.)

① $B = f(P \cdot E)$ ② $B = f(P + 1)E$
③ $P = E \cdot f(B)$ ④ $E = f(P \cdot B)$

해설

레빈의 인간행동 $B = f(P \cdot E)$

13 산업안전보건법령상 근로자에 대한 일반 건강진단의 실시 시기 기준으로 옳은 것은?

① 사무직에 종사하는 근로자 : 1년에 1회 이상
② 사무직에 종사하는 근로자 : 2년에 1회 이상
③ 사무직 외의 업무에 종사하는 근로자 : 6월에 1회 이상
④ 사무직 외의 업무에 종사하는 근로자 : 2년에 1회 이상

해설

일반건강진단

• 일반건강진단은 상시 사용하는 근로자의 건강관리를 위하여 사업주가 주기적으로 실시하는 건강진단

• 사무직 근로자는 2년에 1회 이상, 그 밖의 근로자는 1년에 1회 이상 건강진단을 주기적으로 받아야 한다.

정답   08 ②   09 ④   10 ②   11 ③   12 ①   13 ②

14 매슬로(Maslow)의 욕구 5단계 이론 중 안전 욕구의 단계는?

① 제1단계 ② 제2단계
③ 제3단계 ④ 제4단계

매슬로의 인간 욕구 5단계

단계	매슬로의 욕구이론	
5단계	자아실현의 욕구	잠재능력의 극대화, 성취적 욕구
4단계	존중의 욕구	자존심 성취감 승진, 자존의 욕구
3단계	소속의 욕구	소속감, 애정의 욕구
2단계	안전의 욕구	자기 존재, 보호 받으려는 욕구
1단계	생리적 욕구	기본적 욕구, 강도가 가장 높은 욕구

15 교육계획 수립 시 가장 먼저 실시하여야 하는 것은?

① 교육내용의 결정
② 실행교육계획서 작성
③ 교육의 요구사항 파악
④ 교육실행을 위한 순서, 방법, 자료의 검토

교육 계획 수립의 절차 및 고려사항

계획수립(단계) 순서 절차	① 교육의 요구사항 파악 ② 교육내용 및 교육방법 결정 ③ 교육의 준비 및 심사 ④ 교육의 성과평가
계획 수립 시 고려사항	① 교육목표 ② 교육의 종류 및 대상 ③ 교육 과목 및 내용 ④ 교육 장소 및 교육방법 ⑤ 교육기간 및 시간 ⑥ 교육담당자 및 강사

16 상황성 누발자의 재해유발원인이 아닌 것은?

① 심신의 근심 ② 작업의 어려움
③ 도덕성의 결여 ④ 기계설비의 결함

재해 누발자 유형

미숙성 누발자	① 기능 미숙 ② 작업환경 미적응
상황성 누발자	① 작업 자체 어렵기 때문 ② 기계설비의 결함 ③ 주위 환경상 집중력 곤란 ④ 심신에 근심 걱정이 있기 때문
습관성 누발자	① 경험한 재해로 인하여 대응 능력의 약화(겁쟁이, 신경과민) ② 여러 가지 원인에 의한 슬럼프 상태
소질성 누발자	① 개인의 소질 중 재해원인 요소를 가진 자 (주의력 부족, 소심한 성격, 저 지능, 흥분, 감각운동 부적합 등) ② 특수성격 소유자로서 재해발생 소질 소유자

17 인간의 의식 수준을 5단계로 구분할 때 의식이 몽롱한 상태의 단계는?

① Phase Ⅰ
② Phase Ⅱ
③ Phase Ⅲ
④ Phase Ⅳ

인간의 의식수준 5단계

단계	의식수준	주의작용	생리적 상태
Phase 0	무의식, 실신	0	수면, 뇌 발작
Phase Ⅰ	의식 흐림, 의식 몽롱	활발치 못함	피로, 단조로움
Phase Ⅱ	정상, 이완상태	수동적, passive 마음이 왼쪽으로 향함	안정 기거 휴식 시, 정례작업 시 안정된 행동
Phase Ⅲ	상쾌한 상태 정상(Nomal) 분명한 의식	active 시야 넓다 능동적	판단을 동반한 행동 적극 활동 가장 좋은 의식상태
Phase Ⅳ	과 긴장 상태	판단정지 주의의 치우침	긴급 방위 반응·당황 패닉 상태

14 ② 15 ③ 16 ③ 17 ①

18 산업안전보건법령상 사업장에서 산업재해 발생 시 사업주가 기록 · 보존하여야 하는 사항을 모두 고른 것은?(단, 산업재해조사표와 요양신청서의 사본은 보존하지 않았다.)

> ㄱ. 사업장의 개요 및 근로자의 인적 사항
> ㄴ. 재해 발생의 일시 및 장소
> ㄷ. 재해 발생의 원인 및 과정
> ㄹ. 재해 재발방지 계획

① ㄱ, ㄹ   ② ㄴ, ㄷ, ㄹ
③ ㄱ, ㄴ, ㄷ   ④ ㄱ, ㄴ, ㄷ, ㄹ

해설

산업재해 발생 시 사업주가 기록 · 보존하여야 하는 사항
① 사업장의 개요 및 근로자의 인적 사항
② 재해발생 일시 및 장소
③ 재해발생 원인 및 과정
④ 재해 재발 방지계획

19 A사업장의 조건이 다음과 같을 때 A사업장에서 연간재해발생으로 인한 근로손실일수는?

- 강도율 : 0.4
- 근로자 수 : 1,000명
- 연근로시간수 : 2,400시간

① 480   ② 720
③ 960   ④ 1,440

해설

$$강도율 = \frac{총\ 근로손실일수(요양)}{연간\ 총근로시간\ 수} \times 1,000$$

근로손실일수 $= (0.4 \times 1,000 \times 2,400) / 1,000 = 960(일)$

20 무재해운동의 이념 중 선취의 원칙에 대한 설명으로 옳은 것은?

① 사고의 잠재요인을 사후에 파악하는 것
② 근로자 전원이 일체감을 조성하여 참여하는 것

③ 위험요소를 사전에 발견, 파악하여 재해를 예방 또는 방지하는 것
④ 관리감독자 또는 경영층에서의 자발적 참여로 안전활동을 촉진하는 것

해설

선취(先取)의 원칙
무재해운동에서 선취란 안전한 사업장을 조성하기 위한 궁극의 목표로서 사업장 내에서 행동하기 전에 잠재위험 요인을 발견, 파악, 해결하여 재해를 예방하거나 방지하는 것을 말한다.

---

21 다음 상황은 인간실수의 분류 중 어느 것에 해당하는가?

> 전자기기 수리공이 어떤 제품의 분해 · 조립 과정을 거쳐서 수리를 마친 후 부품 하나가 남았다.

① time error
② omission error
③ command error
④ extraneous error

해설

스웨인의 독립적 행동분류에 의한 휴먼 에러

생략 에러 (omission error) 부작위 에러	필요한 작업 또는 절차를 수행하지 않는데 기인한 에러 → 안전절차 생략
착각수행 에러 (commission error) 작위 에러	필요한 작업 또는 절차의 불확실한 수행으로 인한 에러 → 불확실한 수행(착각, 착오)
시간적 에러 (time error)	필요한 작업 또는 절차의 수행 지연으로 인한 에러 → 임무수행 지연
순서 에러 (sequencial error)	필요한 작업 또는 절차의 순서 착오로 인한 에러 → 순서착오
과잉행동 에러 (extraneous error)	불필요한 작업 또는 절차를 수행함으로써 기인한 에러 → 불필요한 작업(작업장에서 담배를 피우다 사고)

정답   18 ④   19 ③   20 ③   21 ②

22 스트레스의 영향으로 발생된 신체 반응의 결과인 스트레인(strain)을 측정하는 척도가 잘못 연결된 것은?

① 인지적 활동 – EEG
② 육체적 동적 활동 – GSR
③ 정신 운동적 활동 – EOG
④ 국부적 근육 활동 – EMG

해설

EMG (electromyogram) : 근전도	근육활동, 맥박수, 호흡량 등 전위차의 기록
ECG (electrocardiogram) : 심전도	심장근 활동 전위차의 기록
ENG, EEG (electroencephalogram) : 뇌전도	인지적, 신경활동 전위차의 기록
EOG (electrooculogram) : 안전도	안구운동, 정신운동 전위차의 기록
RMR (Relative Metabolic Rate) 에너지 소비량	가장 기본적인 에너지 소비량과 특정 작업 시 소비된 에너지의 비율
GSR (grivanic skin reflex) : 피부전기반사	작업부하의 정신적 부담이 피로와 함께 증가하는 현상을 전기저항의 변화로서 측정하는 것으로 정신 잔류현상이다.
플리커값	정신적 부담이 대뇌피질에 미치는 영향을 측정한 값

23 일반적인 시스템의 수명곡선(욕조곡선)에서 고장형태 중 증가형 고장률을 나타내는 기간으로 옳은 것은?

① 우발 고장기간
② 마모 고장기간
③ 초기 고장기간
④ Burn – in 고장기간

해설

기계고장의 욕조곡선

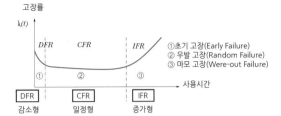

※ 욕조 모양 고장률(BTR; Bath-Tub failure Rate)

24 청각적 표시장치의 설계 시 적용하는 일반 원리에 대한 설명으로 틀린 것은?

① 양립성이란 긴급용 신호일 때는 낮은 주파수를 사용하는 것을 의미한다.
② 검약성이란 조작자에 대한 입력신호는 꼭 필요한 정보만을 제공하는 것이다.
③ 근사성이란 복잡한 정보를 나타내고자 할 때 2단계의 신호를 고려하는 것이다.
④ 분리성이란 두 가지 이상의 채널을 듣고 있다면 각 채널의 주파수가 분리되어 있어야 한다는 의미이다.

해설

청각적 표시장치의 설계 시 적용하는 일반 원리

양립성	긴급용 신호일 때는 높은 주파수를 사용하는 것을 의미한다.
근사성	복잡한 정보를 나타내고자 할 때 2단계의 신호를 고려하는 것이다.
분리성	두 가지 이상의 채널을 듣고 있다면 각 채널의 주파수가 분리되어야 한다.
검약성	조작자에 대한 입력신호는 꼭 필요한 정보만을 제공한다.
불변성	동일한 신호는 항상 동일한 정보를 지정하도록 한다.

25 FTA에 대한 설명으로 가장 거리가 먼 것은?

① 정성적 분석만 가능
② 하향식(top – down) 방법

③ 복잡하고 대형화된 시스템에 활용

④ 논리게이트를 이용하여 도해적으로 표현하여 분석하는 방법

해설

FTA(Fault Tree Analysis)

(1) 정의 : 결함수법, 결함관련수법, 고장의 나무 해석법 등으로 사고의 원인이 되는 장치의 이상이나 고장의 다양한 조합 및 작업자의 실수 원인을 분석하는 방법이다.

(2) 특징

① 연역적(Top Down)이고 정량적인 해석 방법

② 분석에는 게이트, 이벤트 부호 등의 그래픽 기호를 사용하여 결함단계를 표현하며 각각의 단계에 확률을 부여하여 어떤 상황의 실패 확률 계산 가능

③ 고장을 발생시키는 사상과 원인과의 관계를 논리기호(AND와 OR)를 사용하여 시스템의 고장 확률을 구하여 시스템의 신뢰도를 개선하는 정량적 고장해석 및 신뢰성 평가방법

---

26 발생 확률이 동일한 64가지의 대안이 있을 때 얻을 수 있는 총 정보량은?

① 6bit
② 16bit
③ 32bit
④ 64bit

해설

$$정보량(H) = \log_2\left(\frac{1}{P}\right)$$

발생확률이 동일한 대안이 64가지 즉 1/64이므로
$\log_2\{1/(1/64)\} = Log64/Log2 = 6(bit)$

---

27 인간－기계 시스템의 설계 과정을 [보기]와 같이 분류할 때 다음 중 인간, 기계의 기능을 할당하는 단계는?

1단계 : 시스템의 목표와 성능명세 결정
2단계 : 시스템의 정의
3단계 : 기본 설계
4단계 : 인터페이스 설계
5단계 : 보조물 설계 혹은 편의수단 설계
6단계 : 평가

① 기본 설계
② 인터페이스 설계
③ 시스템의 목표와 성능명세 결정
④ 보조물 설계 혹은 편의수단 설계

해설

체계 설계의 주요 단계(인간 기계시스템의 설계 6단계)

1단계 : 목표 및 성능명세의 결정
2단계 : 체계의 정의
3단계 : 기본설계(작업설계, 직무분석, 인간기계의 기능할당)
4단계 : 계면설계(인터페이스)
5단계 : 촉진물 설계
6단계 : 시험 및 평가

---

28 FT도에서 최소 컷셋을 올바르게 구한 것은?

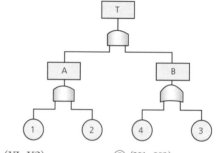

① (XI, X2)
② (X1, X3)
③ (X2, X3)
④ (X1, X2, X3)

해설

T＝A1. A2
   X1,X2 (X1)
     (X3)
따라서 미니멀 컷셋은 (X1, X2)

---

29 일반적으로 인체측정치의 최대 집단치를 기준으로 설계하는 것은?

① 선반의 높이
② 공구의 크기
③ 출입문의 크기
④ 안내데스크의 높이

인체 계측 응용 3원칙

극단치 설계	① 최대 집단치 : 출입문, 통로, (정규분포도상 95% 이상의 설계) ② 최소 집단치 : 버스, 지하철의 손잡이(정규분포도상 5% 이하의 설계)
조절범위	① 가장 좋은 설계(5~95%tile) ② 첫 번째 고려사항 : 자동차 시트(운전석) 측정 자료 : 데이터베이스화
평균치 설계	(정규분포도 상에 5~95% 구간 설계) ① 가계 은행 계산대

30 인간공학의 궁극적인 목적과 가장 관계가 깊은 것은?

① 경제성 향상
② 인간 능력의 극대화
③ 설비의 가동률 향상
④ 안전성 및 효율성 향상

인간공학의 궁극적인 목적

1) 사회적 인간적 측면
   ① 사용상의 효율성 및 편리성 향상
   ② 안정감 만족도 증강시켜 인간의 가치 기준을 향상
   ③ 인간 기계 시스템에 대하여 인간의 복지, 안락함, 효율을 향상시키는 것
2) 인간공학의 연구목적(산업현장 및 작업장 측면)
   ① 안전성 향상 및 사고 예방
   ② 작업능률 및 생산성 증대
   ③ 작업환경의 쾌적성

31 '화재 발생'이라는 시작(초기) 사상에 대하여, 화재감지기, 화재 경보, 스프링클러 등의 성공 또는 실패 작동 여부와 그 확률에 따른 피해 결과를 분석하는데 가장 적합한 위험 분석기법은?

① FTA
② ETA
③ FHA
④ THERP

ETA(Event Tree Analysis) : 사건 수 분석법

(1) 정의
   ① 사상의 안전도를 사용한 시스템의 안전도를 나타내는 시스템 모델의 하나로 정량적 귀납적 해석 기법
   ② 특정한 장치의 이상 또는 운전자의 실수에 의해 발생되는 잠재적인 사고결과를 정량적으로 평가 분석하는 기법
(2) 작성 방법
   ① 시스템 다이어그램에서 좌에서 우로 진행
   ② 각 요소를 나타내는 시점에 있어서 통상 성공사상은 위에 실패사상은 아래에 분기한다.
   ③ 분기마다 그 발생 확률을 표시
   ④ 최후에 각각의 곱의 합으로 해서 시스템의 신뢰도를 계산한다.
   ⑤ 분기된 각 사상의 확률의 합은 항상 "1"이다.

32 여러 사람이 사용하는 의자의 좌판 높이 설계 기준으로 옳은 것은?

① 5% 오금높이
② 50% 오금높이
③ 75% 오금높이
④ 95% 오금높이

의자 설계의 원칙

항목	원칙
체중 분포	① 의자에 앉을 때 체중이 주로 좌골 결절에 실려야 한다. ② 체중분포는 등압선으로 표시
좌판의 높이	① 좌판 앞부분이 대퇴를 압박하지 않도록 오금 높이보다 높지 않게 설계(치수는 5% 오금 높이로 한다) ② 좌판의 높이는 개인별로 조절할 수 있도록 하는 것이 바람직 ③ 사무실 의자에 좌판과 등판 각도 • 좌판의 각도 : 3° • 등판의 각도 : 100° • 등판의 굴곡 : 전만곡
좌판의 길이와 폭	① 좌판의 폭은 큰사람에게 맞도록 설계 ② 길이는 대퇴를 압박하지 않도록 작은 사람에게 맞도록 설계 의자가 길거나 옆으로 붙어있는 경우 팔꿈치 폭 고려 – 95%치 적용(콩나물 효과)

30 ④ **31** ② **32** ①

항목	원칙
몸통의 안전	① 등판의 지지가 미흡하면 압력이 한쪽에 치우쳐 척추병의 원인이 된다. ② 좌판과 등판의 각도와 등판의 굴곡 시 중요

33 FTA에서 사용되는 사상기호 중 결함사상을 나타낸 기호로 옳은 것은?

①

②

③

④

해설

논리기호 및 사상기호

번호	기호	명칭	설명
1		결함사상 (사상기호)	개별적 결함 사상
2		기본사상 (사상기호)	더이상 전개되지 않는 기본적인 사상
3		생략사상 (사상기호)	정보 부족, 해석기술 불충분으로 더이상 전개할 수 없는 사상
4		통상사상 (사상기호)	통상 발생이 예상되는 사상
5	IN	이행(전이) 기호	FT도 상에서 다른 부분에의 이행 또는 연결을 나타냄
6	OUT	이행(전기) 기호	5와 동일 옆선은 정보의 전출을 나타냄
7		AND 게이트(논리기호)	모든 입력 사상이 공존할 때만이 출력 사상이 발생한다(논리의 곱) 결함의 원인을 찾는 것
8		OR 게이트(논리기호)	입력사상 중 어느 것이나 존재할 때 출력사상이 발생한(논리의합)

번호	기호	명칭	설명
9	조건	억제(제약) 게이트 논리 기호	입력사상 중 어느 것이나 이 게이트로 나타내는 조건이 만족하는 경우에만 출력사상이 발생한다(조건부 확률)
10		우선적 AND 게이트	OR 게이트의 특별한 경우로서 입력사상 중 오직 한 개의 발생으로만 출력사상이 발생하는 논리 게이트
11		배타적 OR 게이트	AND 게이트의 특별한 경우로서 입력사상 중 오직 한 개의 발생으로만 출력사상이 발생하는 논리 게이트
12		공사상	한국산업표준상 결함 나무 분석(FTA) 시 사용되는 사상기호

34 기술개발과정에서 효율성과 위험성을 종합적으로 분석·판단할 수 있는 평가방법으로 가장 적절한 것은?

① Risk Assessment

② Risk Management

③ Safety Assessment

④ Technology Assessment

해설

기술개발과정에서 효율성과 위험성을 종합적으로 분석·판단할 수 있는 평가방법 Technology Assessment

35 자동차를 타이어가 4개인 하나의 시스템으로 볼 때, 타이어 1개가 파열될 확률이 0.01이라면, 이 자동차의 신뢰도는 약 얼마인가?

① 0.91

② 0.93

③ 0.96

④ 0.99

해설

파열 확률(불신뢰도)=0.01
신뢰도는 $1-0.01=0.99$
타이어 4개가 하나의 시스템 즉 직렬이므로
$0.99 \times 0.99 \times 0.99 \times 0.99 = 0.96$

36 다음 그림에서 명료도 지수는?

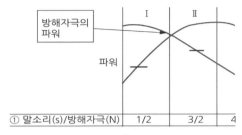

| ① 말소리(s)/방해자극(N) | 1/2 | 3/2 | 4 |

① 0.38   ② 0.68

③ 1.38   ④ 5.68

해설

명료도 지수＝(Log(S/N) × 가중치) 곱의 합으로
$(-0.7 \times 1) + (0.18 \times 1) + (0.6 \times 2) + (0.7 \times 1) = 1.38$

37 정보수용을 위한 작업자의 시각 영역에 대한 설명으로 옳은 것은?

① 판별시야 – 안구운동만으로 정보를 주시하고 순간적으로 특정정보를 수용할 수 있는 범위

② 유효시야 – 시력, 색판별 등의 시각 기능이 뛰어나며 정밀도가 높은 정보를 수용할 수 있는 범위

③ 보조시야 – 머리부분의 운동이 안구운동을 돕는 형태로 발생하며 무리 없이 주시가 가능한 범위

④ 유도시야 – 제시된 정보의 존재를 판별할 수 있는 정도의 식별능력 밖에 없지만 인간의 공간좌표 감각에 영향을 미치는 범위

해설

정보수용을 위한 작업자의 시각 범위

정보수용	시각 범위
판별 시야	시력, 색 판별 등의 시각 기능이 뛰어나며 정밀도가 높은 정보를 수용할 수 있는 범위
유효 시야	안구운동만으로 정보를 주시하고 순간적으로 특정 정보를 수용할 수 있는 범위
보조 시야	정보수용능력이 극도로 떨어지며, 머리를 움직여야 식별이 가능한 범위
유도 시야	제시된 정보의 존재를 판별할 수 있는 정도의 식별 능력 밖에 없지만 인간의 공간좌표 감각에 영향을 미치는 범위

38 FMEA 분석 시 고장평점법의 5가지 평가요소에 해당하지 않는 것은?

① 고장발생의 빈도

② 신규설계의 가능성

③ 기능적 고장 영향의 중요도

④ 영향을 미치는 시스템의 범위

해설

시스템 안전분석에 이용되는 전형적인 정성적, 귀납적 분석 방법으로 시스템에 영향을 미치는 전체 요소의 고장을 형태별로 분석하여 그 영향을 검토하는 것

고장형태와 영향분석(FMEA)에서 평가요소
① 고장발생의 빈도
② 고장방지의 가능성
③ 기능적 고장 영향의 중요도
④ 영향을 미치는 시스템의 범위
⑤ 신규설계의 정도

39 건구온도 30℃, 습구온도 35℃일 때의 옥스퍼드(Oxford) 지수는?

① 20.75   ② 24.58

③ 30.75   ④ 34.25

해설

$WD = 0.85W + 0.15D$
$(0.85 \times 35) + (0.15 \times 30) = 34.25$

40 설비보전에서 평균수리시간을 나타내는 것은?

① MTBF   ② MTTR

③ MTTF   ④ MTBP

해설

1) MTBF (mean time between failure / 평균고장간격)
평균수명으로 시스템을 수리해 가면서 사용하는 경우 한번 고장난 후 다음 고장이 날 때까지 평균적으로 얼마나 걸리는지를 나타내는 것으로 동작의 평균치이다.

2) MTTF (mean time to failure / 평균고장수명)
평균수명으로 시스템을 수리하여 사용할 수 없는 경우 사용 시작으로부터 고장이 날 때까지의 동작시간의 평균치

3) MTTR (mean time to repair /평균수리시간)
설비의 고장이 발생한 시점부터 다시 운영 가능한 상태로 회복시킬 때까지 수리에 소요되는 시간

3과목　기계위험방지기술

41 산업안전보건법령상 사업장 내 근로자 작업환경 중 '강렬한 소음작업'에 해당하지 않는 것은?

① 85데시벨 이상의 소음이 1일 10시간 이상 발생하는 작업

② 90데시벨 이상의 소음이 1일 8시간 이상 발생하는 작업

③ 95데시벨 이상의 소음이 1일 4시간 이상 발생하는 작업

④ 100데시벨 이상의 소음이 1일 2시간 이상 발생하는 작업

해설

소음작업장 기준

소음작업 1일 8시간 작업을 기준으로 85dB 이상의 소음이 발생하는 작업을 말한다.

구분	소음	강렬한 소음작업						충격소음작업		
소음기준(dB)	85	90	95	100	105	110	115	120	130	140
1일 발생횟수								1만회 이상	1천회	1백회
OSHA 허용노출시간	16	8	4	2	1	0.5	0.25	0.125	0.063	0.031

42 산업안전보건법령상 프레스의 작업 시작 전 점검사항이 아닌 것은?

① 슬라이드 또는 칼날에 의한 위험방지 기구의 기능

② 프레스의 금형 및 고정볼트 상태

③ 전단기의 칼날 및 테이블의 상태

④ 권과방지장치 및 그밖의 경보장치 기능

해설

프레스의 작업시작 전 점검사항

① 클러치 및 브레이크의 기능

② 크랭크축 플라이휠, 슬라이드, 연결봉 및 연결나사의 풀림 여부

③ 1행정 1기구, 급정지장치 및 비상정지장치의 기능

④ 슬라이드 또는 칼날에 의한 위험방지 기구의 기능

⑤ 프레스의 금형 및 고정볼트 상태

⑥ 방호장치의 기능

⑦ 전단기의 칼날 및 테이블의 상태

43 동력전달 부분의 전방 35cm 위치에 일반 평형 보호망을 설치하고자 한다. 보호망의 최대 구멍의 크기는 몇 mm인가?

① 41　　　　　　② 45

③ 51　　　　　　④ 55

해설

가드	$x < 160mm$	$y = 6 + 0.15x (mm)$
	$x \geq 160mm$	$y = 30mm$
대형기계의 동력전달 부분	$x < 760mm$	$y = 6 + (0.1x)mm$
일반 평형 보호망 위험점이 전동체 경우		$y = 6 + 0.1x (mm)$

개구부(y) = 6 + (0.1×350) = 41(mm)

44 다음 연삭숫돌의 파괴원인 중 가장 적절하지 않은 것은?

① 숫돌의 회전속도가 너무 빠른 경우

② 플랜지의 직경이 숫돌 직경의 1/3 이상으로 고정된 경우

③ 숫돌 자체에 균열 및 파손이 있는 경우

④ 숫돌에 과대한 충격을 준 경우

숫돌의 파괴원인
① 숫돌의 회전속도가 너무 빠를 때
② 숫돌 자체 균열이 있을 때
③ 숫돌에 과격한 충격을 가할 때
④ 숫돌의 측면을 사용하여 작업할 때
⑤ 숫돌의 불균형이나 베어링마모에 약한 진동이 있을 때
⑥ 숫돌 반경 방형의 온도 변화가 심할 때
⑦ 플랜지가 현저히 작을 때
⑧ 작업에 부적당한 숫돌을 사용할 때
⑨ 숫돌의 치수가 부적당할 때

45 화물 중량이 200kgf, 지게차의 중량이 400kgf, 앞바퀴에서 화물의 무게중심까지의 최단거리가 1m일 때 지게차가 안정되기 위하여 앞바퀴에서 지게차의 무게중심까지 최단거리는 최소 몇 m를 초과해야 하는가?

① 0.2m
② 0.5m
③ 1m
④ 2m

$Wa \leq Gb$
W : 화물의 중량
G : 지게차의 중량
a : 앞바퀴부터 화물의 중심까지의 거리
b : 앞바퀴부터 차의 중심까지의 거리
$200 \times 1 = 400 \times (b) b = 0.5m$

46 산업안전보건법령상 압력용기에서 안전인증된 파열판에 안전인증 표시 외에 추가로 나타내어야 하는 사항이 아닌 것은?

① 분출차(%)
② 호칭지름
③ 용도(요구성능)
④ 유체의 흐름방향 지시

파열판의 추가 표시 사항
① 호칭지름
② 요구성능(용도)
③ 설정 파열 압력(Mpa) 및 설정온도(℃)
④ 파열판의 재질
⑤ 유체의 흐름 방향 지시

47 선반에서 일감의 길이가 지름에 비하여 상당히 길 때 사용하는 부속품으로 절삭 시 절삭저항에 의한 일감의 진동을 방지하는 장치는?

① 칩 브레이커
② 척 커버
③ 방진구
④ 실드

방호장치

실드 (shield)	공작물의 칩이 비산되어 발생하는 위험을 방지하기 위해 사용하는 덮개
척 커버 (chuck cover)	척에 고정시킨 가공물의 돌출부에 작업자가 접촉하여 발생하는 위험을 방지하기 위하여 설치하는 것으로 인터록 시스템으로 연결
칩 브레이크	길게 형성되는 절삭 칩을 바이트를 사용하여 절단해 주는 장치
방진구	선반에서 일감의 길이가 지름에 12배 이상 길 때 사용하는 부속품으로 절삭 시 절삭저항에 의한 일감의 진동을 방지하는 장치

48 산업안전보건법령상 프레스를 제외한 사출성형기·주형조형기 및 형단조기 등에 관한 안전조치 사항으로 틀린 것은?

① 근로자의 신체 일부가 말려들어갈 우려가 있는 경우에는 양수조작식 방호장치를 설치하여 사용한다.
② 게이트 가드식 방호장치를 설치할 경우에는 연동구조를 적용하여 문을 닫지 않아도 동작할 수 있도록 한다.

③ 사출성형기의 전면에 작업용 발판을 설치할 경우 근로자가 쉽게 미끄러지지 않는 구조여야 한다.
④ 기계의 히터 등의 가열 부위, 감전 우려가 있는 부위에는 방호덮개를 설치하여 사용한다.

[해설]

게이트 가드식(C)
① 슬라이드의 하강 중에 안으로 손이 들어가지 못하도록 하여야 하며 가드를 닫지 않으면 슬라이드를 작동시킬 수 없는 구조 (인터록 연동구조)
② 작동방식에 따라 하강식, 상승식, 도립식, 횡슬라이드식이 있다.

49 연강의 인장강도가 420MPa이고, 허용응력이 140MPa이라면 안전율은?

① 1   ② 2
③ 3   ④ 4

[해설]

안전율 = 인장강도 / 허용응력
420/140 = 3

50 밀링 작업 시 안전수칙에 관한 설명으로 틀린 것은?

① 칩은 기계를 정지시킨 다음에 브러시 등으로 제거한다.
② 일감 또는 부속장치 등을 설치하거나 제거할 때는 반드시 기계를 정지시키고 작업한다.
③ 면장갑을 반드시 끼고 작업한다.
④ 강력 절삭을 할 때는 일감을 바이스에 깊게 물린다.

[해설]

밀링 작업의 안전조치
(1) 밀링 커터의 회전으로 작업자의 소매가 감겨 들어가거나 칩이 비산하여 작업자의 눈에 들어갈 수 있으므로 상부의 암(ARM)에 적합한 덮개를 설치한다.

(2) 작업 시 안전대책
① 상하 이송장치의 핸들은 사용 후 반드시 빼둘 것
② 가공물 측정 및 설치 시에는 반드시 기계정지 후 실시
③ 가공 중 손으로 가공면 점검금지 및 장갑 착용 금지
④ 밀링 작업의 칩은 가장 가늘고 예리하므로 보안경 착용 및 기계정지 후 브러시로 제거
⑤ 급송 이송은 백래시(back lash) 제거장치가 작동하지 않음을 확인한 후 실시

51 다음 중 프레스기에 사용되는 방호장치에 있어 원칙적으로 급정지 기구가 부착되어야만 사용할 수 있는 방식은?

① 양수조작식   ② 손쳐내기식
③ 가드식   ④ 수인식

[해설]

급정지 기구가 부착되어야 만 사용할 수 있는 방식
양수조작식, 광전자식

52 산업안전보건법령상 지게차의 최대하중의 2배 값이 6톤일 경우 헤드가드의 강도는 몇 톤의 등분포정하중에 견딜 수 있어야 하는가?

① 4   ② 6
③ 8   ④ 10

[해설]

헤드가드
헤드가드(head guard)를 갖추지 아니한 지게차를 사용해서는 아니 된다.
① 강도는 지게차의 최대하중의 2배 값(4톤을 넘는 값에 대해서는 4톤으로 한다)의 등분포정하중에 견딜 수 있을 것
② 상부틀의 각 개구의 폭 또는 길이가 16cm 미만
③ 운전자가 앉아서 조작하거나 서서 조작하는 지게차의 헤드가드는 좌승식 좌석기준점으로부터 903mm 이상 입승식 조종사가 서 있는 플랫폼으로부터 1,880mm 이상

53 강자성체를 자화하여 표면의 누설자속을 검출하는 비파괴검사 방법은?

① 방사선 투과 시험
② 인장 시험
③ 초음파 탐상 시험
④ 자분 탐상 시험

해설

비파괴검사

검사방법	기본원리	검출대상 및 적용	특징
방사선 투과검사 (RT)	투과성 방사선을 시험체에 조사하였을 때 투과한 방사선의 강도의 변화 즉, 건전부와 결함부의 투과선량의 차에 의한 필름상의 농도차로부터 결함을 검출	용접부, 주조품 등의 내·외부 결함 검출	반영구적인 기록가능, 거의 모든 재료에 적용 가능, 표면 및 내부 결함 검출가능 방사선 안전관리 요구
초음파 탐상검사 (UT)	펄스반사법 시험체 내부에 초음파펄스를 입사시키었을 때 결함에 의한 초음파 반사 신호의 해독	용접부, 주조품, 단조품 등의 내부 결함 검출, 두께측정	균열에 높은 감도, 표면 및 내부 결함 검출가능 높은 투과력, 자동화 가능
침투탐상검사 (PT)	침투작용 시험체 표면에 개구해 있는 결함에 침투한 침투액을 흡출시켜 결함지시 모양을 식별	용접부, 단조품 등의 비기공성 재료에 대한 표면개구 결함 검출	금속, 비금속 등 거의 모든 재료에 적용 가능, 현장적용이, 제품이 크기 형상에 등에 크게 제한받지 않음
자분탐상검사 (MT)	자기흡인작용 철강 재료와 같은 강자성체를 자화시키면 결함누설 자장이 형성되며, 이 부위에 자분을 도포하면 자분이 흡착	강자성체 재료 (용접부, 주강품, 단강품 등)의 표면 및 표면 직하 결함 검출	강자성체에만 적용가능, 장치 및 방법이 단순, 결함의 육안식별이 가능, 비자성체에는 적용 불가, 신속하고 저렴함
외류탐상검사 (ET)	전자유도작용 시험체 표층부의 결함에 의해 발생한 와전류의 변화 즉 시험 코일의 임피던스 변화를 측정하여 결함을 식별	철강, 비철재료의 파이프, 와이어 등의 표면 또는 표면 근처의 결함검출	금비접촉탐상, 고속탐상, 자동탐상 가능, 표면결함 검출능력 우수, 표피효과, 박막 두께측정, 재질식별 열교환기 튜브의 결함 탐지

54 산업안전보건법령상 보일러 방호장치로 거리가 가장 먼 것은?

① 고저수위 조절장치
② 아우트리거
③ 압력방출장치
④ 압력제한스위치

해설

보일러 방호장치

① 고저수위 조절장치
② 화염검출기
③ 압력방출장치
④ 압력제한스위치

55 산업안전보건법령상 아세틸렌 용접장치에 관한 설명이다. ( ) 안에 공통으로 들어갈 내용으로 옳은 것은?

- 사업주는 아세틸렌 용접장치의 취관마다 ( )를 설치하여야 한다.
- 사업주는 가스용기가 발생기와 분리되어 있는 아세틸렌 용접장치에 대하여 발생기와 가스용기 사이에 ( )를 설치하여야 한다.

① 분기장치
② 자동발생 확인장치
③ 유수 분리장치
④ 안전기

해설

안전기 설치 방법

아세틸렌 용접장치	① 취관마다 안전기를 설치 다만, 주관 및 취관에 가장 가까운 분기관(分岐管)마다 안전기를 부착한 경우에는 그러하지 아니하다. ② 가스 용기가 발생기와 분리되어 있는 아세틸렌 용접장치에 대하여 발생기와 가스 용기 사이에 안전기를 설치하여야 한다.
가스집합 용접장치의 배관	① 플랜지·밸브·콕 등의 접합부에는 개스킷을 사용하고 접합면을 상호 밀착시키는 등의 조치를 할 것 ② 주관 및 분기관에는 안전기를 설치할 것 이 경우 하나의 취관에 2개 이상의 안전기를 설치하여야 한다.

56 프레스기의 안전대책 중 손을 금형 사이에 집어넣을 수 없도록 하는 본질적 안전화를 위한 방식 (no-hand in die)에 해당하는 것은?

① 수인식
② 광전자식
③ 방호울식
④ 손쳐내기식

프레스의 본질안전 조건

금형 안에 손이 들어가지 않는 구조 (No Hand In die TYPE)	금형 안에 손이 들어가는 구조 (Hand In die TYPE)
1. 안전 울이 부착된 프레스 2. 안전 금형을 부착한 프레스 3. 전용 프레스 4. 자동 송급, 배출기구가 있는 프레스 5. 자동 송급, 배출장치를 부착한 프레스	1. 프레스기의 종류, 압력능력, SPM 행정길이, 작업방법에 상응하는 방호장치 가) 가드식 나) 수인식 다) 손쳐내기식 2. 정지 성능에 상응하는 방호장치(급정지 기구 : 센서장치) 가) 양수 조작식 나) 감응식, 광전자식 (비접촉)
개구부의틈새간격 : 8mm 이하유지	접촉(Inter Lock)

57 회전하는 부분의 접선 방향으로 몰려 들어갈 위험이 존재하는 점으로 주로 체인, 풀리, 벨트, 기어와 랙 등에서 형성되는 위험점은?

① 끼임점   ② 협착점
③ 절단점   ④ 접선물림점

해설

기계의 위험요인

위험점	정의	해당기계
협착점 (squeeze point)	왕복운동을 하는 동작 부분과 움직임이 없는 고정 부분 사이에 형성되는 위험점	① 프레스, 금형 조립 부위 ② 전단기 누름판 및 칼날 부위 ③ 선반 및 평삭기의 베드 끝 부위
끼임점 (shear point)	고정부분과 회전부분이 함께 만드는 위험점	① 회전풀리와 고정 베드사이 ② 연삭숫돌과 작업대 사이 ③ 교반기의 교반날개와 몸체사이
절단점 (cutting point)	회전하는 운동부분 자체의 위험이나 운동하는 기계부분자체의 위험에서 초래되는 위험점	① 목공용 띠톱 부분 ② 밀링 컷터 부분 ③ 둥근톱 날
물림점 (Nip point)	회전하는 두 개의 회전체가 서로 반대 방향으로 맞물려 축에 의해 형성되는 위험점	① 기어와 피니언 ② 롤러의 회전
접선 물림점 (Tangential nip point)	회전하는 운동부의 접선 방향으로 물려 들어가는 위험점	① 벨트와 풀리 ② 기어와 랙
회전 말림점 (Trapping point)	회전하는 물체에 작업복이 말려 들어가는 위험점	① 회전축 ② 드릴축

58 산업안전보건법령상 양중기에 해당하지 않는 것은?

① 곤돌라
② 이동식 크레인
③ 적재하중 0.05톤의 이삿짐운반용 리프트 화물용 엘리베이터
④ 화물용 엘리베이터

해설

양중기의 종류

		설명
크레인(호이스트 포함)		동력을 이용하여 중량물을 상하좌우로 운반하는 것
이동식 크레인		원동기를 내장하고 있는 것으로 불특정 장소에 스스로 이동하면서 중량물을 상하좌우 운반하는 것
리프트	건설작업용	동력을 사용하여 가이드레일(운반구를 지지하여 상승 및 하강 동작을 안내하는 레일)을 따라 상하로 움직이는 운반구를 매달아 사람이나 화물을 운반할 수 있는 설비 또는 이와 유사한 구조 및 성능을 가진 것으로 건설현장에서 사용하는 것을 말한다.
	산업용	동력을 사용하여 가드레일을 따라 상하로 움직이는 운반구를 매달아 사람이 탑승하지 않고 화물을 운반할 수 있는 설비 또는 이와 유사한 구조 및 성능을 가진 것으로 건설현장 외의 장소에서 사용하는 것을 말한다.
	자동차 정비용	동력을 사용하여 가이드레일을 따라 움직이는 지지대로 자동차 등을 일정한 높이로 올리거나 내리는 구조의 리프트로서 자동차 정비에 사용하는 것을 말한다.
	이삿짐 운반용	연장 축소가 가능하고 사다리형 붐을 따라 동력으로 움직이는 운반구를 사용하는 기계로서 적재하중이 0.1톤 이상인 것으로 한정
곤도라		달기발판 또는 운반구, 승강장치 그 밖의 장치 및 이들에 부속된 기계부품에 의하여 와이어로프 달기 강선에 의하여 달기발판 또는 운반구가 전용의 승강장치에 의하여 오르내리는 설비
승강기	승용 승강기	사람 전용
	인화 공용 승강기	사람, 화물 공용
	화물용 승강기	화물전용
	에스컬레이터	동력에 의하여 운반되는 것으로 사람을 운반하는 연속계단이나 보도상태의 승강기

정답   57 ④   58 ③

59 다음 설명 중 ( ) 안에 알맞은 내용은?

산업안전보건법령상 롤러기의 급정지장치는 롤러를 무부하로 회전시킨 상태에서 앞면 롤러의 표면속도가 30m/min 미만일 때에는 급정지거리가 앞면 롤러 원주의 ( ) 이내에서 롤러를 정지시킬 수 있는 성능을 보유해야 한다.

① 1/4 ② 1/3
③ 1/2.5 ④ 1/2

해설

앞면 롤러의 표면 속도(m/분)	급정지거리
30 미만	앞면 롤러 원주의 1/3($\pi \times D \times \frac{1}{3}$)
30 이상	앞면 롤러 원주의 1/2.5($\pi \times D \times \frac{1}{2.5}$)

60 산업안전보건법령상 지게차에서 통상적으로 갖추고 있어야 하나, 마스트의 후방에서 화물이 낙하함으로써 근로자에게 위험을 미칠 우려가 없는 때에는 반드시 갖추지 않아도 되는 것은?

① 전조등 ② 헤드가드
③ 백레스트 ④ 포크

61 피뢰시스템의 등급에 따른 회전구체의 반지름으로 틀린 것은?

① Ⅰ등급 : 20m
② Ⅱ등급 : 30m
③ Ⅲ등급 : 40m
④ Ⅳ등급 : 60m

해설

피뢰시스템의 등급에 따른 회전구체의 반지름

피뢰시스템의 레벨	보호법		
	회전구체 반경r(M)	메시 치수W (m)	보호각(α°)
Ⅰ (원자력, 화학공장)	20	5 × 5	
Ⅱ (주유소, 정유공장)	30	10 × 10	
Ⅲ (발전소)	45	15 × 15	
Ⅳ (일반건축물)	60	20 × 20	

62 전류가 흐르는 상태에서 단로기를 끊었을 때 여러 가지 파괴작용을 일으킨다. 다음 그림에서 유입 차단기의 차단순서와 투입순서가 안전수칙에 가장 적합한 것은?

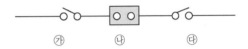

㉮ ㉯ ㉰

① 차단 : ㉮ → ㉯ → ㉰, 투입 : ㉮ → ㉯ → ㉰
② 차단 : ㉯ → ㉰ → ㉮, 투입 : ㉯ → ㉰ → ㉮
③ 차단 : ㉰ → ㉯ → ㉮, 투입 : ㉰ → ㉮ → ㉯
④ 차단 : ㉯ → ㉰ → ㉮, 투입 : ㉰ → ㉮ → ㉯

해설

유입차단기 개폐기 작동 순서

① DS 단로기   ③ DS 단로기
② 유압 차단기

투입순서 ③ ① ②   차단순서 ② ③ ①

63 다음은 무슨 현상을 설명한 것인가?

전위차가 있는 2개의 대전체가 특정 거리에 접근하게 되면 등전위가 되기 위하여 전하가 절연공간을 깨고 순간적으로 빛과 열을 발생하며 이동하는 현상

① 대전 ② 충전

③ 방전　　　　　　　④ 열전

[해설]

대전	서로 다른 두 물체를 마찰하면 각각의 물체에서 전하분리 현상이 일어나서 같은 종류의 전기 사이에는 반발력이 다른 종류의 전기 사이에는 흡입력이 발생하여 각각 정과 부의 전기를 띠게 되는데 이렇게 발생한 전기를 마찰전기라 하며 물체가 전기를 띠게 되는 현상을 대전이라 한다.
방전	전위차가 있는 2개의 대전체가 특정거리에 접근하게 되면 등전위가 되기 위하여 전하가 절연공간을 깨고 순간적으로 빛과 열을 발생하여 이동하는 현상
충전	축전지(蓄電池)나 축전기(蓄電器)에 전기 에너지를 축적하는 일
전하	전자기장내에서 전기현상을 일으키는 주체적인 원인으로, 특히 공간에 있는 가상의 점이 갖는 전하를 점전하라고 하고, 전하의 양을 전하량(Q)이라고 한다. 전하의 국제단위는 쿨롱이며, 단위기호는 "C"이다.
열전	고체상태에서 열과 전기 사이의 가역적, 직접적인 에너지 변환 현상이다. 열을 전기로 전기를 열로 변환되는 현상

64 정전기 재해를 예방하기 위해 설치하는 제전기의 제전효율은 설치 시에 얼마 이상이 되어야 하는가?

① 40% 이상　　　　② 50% 이상
③ 70% 이상　　　　④ 90% 이상

[해설]

정전기 재해를 예방하기 위해 설치하는 제전기의 제전효율은 설치 시 90% 이상이 되어야 한다.

65 정전기 화재폭발 원인으로 인체 대전에 대한 예방대책으로 옳지 않은 것은?

① Wrist Strap을 사용하여 접지선과 연결한다.
② 대전방지제를 넣은 제전복을 착용한다.
③ 대전방지 성능이 있는 안전화를 착용한다.
④ 바닥 재료는 고유저항이 큰 물질로 사용한다.

[해설]

인체에 대전된 정전기위험 방지 대책
① 정전기용 안전화 착용
② 제전복 착용
③ 정전기 제전용구 착용
④ 작업장 바닥 도전성 재료를 갖추도록 하는 등의 조치

66 정격사용률이 30%, 정격2차 전류가 300A인 교류아크 용접기를 200A로 사용하는 경우의 허용사용률(%)은?

① 13.3　　　　　② 67.5
③ 110.3　　　　④ 157.5

[해설]

$$허용사용률(\%) = \frac{(정격2차전류)^2}{(실제용접전류)^2} \times 정격사용률(\%)$$

$$\frac{(300)^2}{(200)^2} \times 30(\%) = 67.5(\%)$$

67 피뢰기의 제한 전압이 752kV이고 변압기의 기준충격 절연강도가 1050kV이라면, 보호 여유도(%)는 약 얼마인가?

① 18　　　　　② 28
③ 40　　　　　④ 43

[해설]

$$피뢰기 보호 여유도 = \frac{충격절연강도 - 제한전압}{제한전압} \times 100$$

$$보호 여유도 = \frac{1,050 - 752}{752} \times 100 = 40$$

68 절연물의 절연불량 주요 원인으로 거리가 먼 것은?

① 진동, 충격 등에 의한 기계적 요인
② 산화 등에 의한 화학적 용인
③ 온도상승에 의한 열적 요인
④ 정격전압에 의한 전기적 요인

해설

절연물의 절연불량 주요 원인
① 진동, 충격 등에 의한 기계적 요인
② 산화 등에 의한 화학적 용인
③ 온도상승에 의한 열적 요인

69 고장전류를 차단할 수 있는 것은?

① 차단기(CB)　　　② 유입 개폐기(OS)
③ 단로기(DS)　　　④ 선로 개폐기(LS)

해설

전류를 차단하는 장치는 차단기이다.

70 주택용 배선차단기 B타입의 경우 순시 동작범위는?(단, In는 차단기 정격전류이다.)

① 3In 초과~5In 이하
② 5In 초과 ~ 10In 이하
③ 10In 초과~15In 이하
④ 10In 초과~20In 이하

해설

주택용 배선차단기 순시작동범위
고장전류 및 차단기 정격전류에 따라 보호 협조를 검토하여 적용

순시트립 전류에 따른 차단기 분류

타입	순시트립 범위
B	3In 초과~5In 이하
C	5In 초과~10In 이하
D	10In 초과~20In 이하

단, In는 차단기 정격전류이다.

71 다음 중 방폭 구조의 종류가 아닌 것은?

① 유압 방폭구조(k)
② 내압 방폭구조(d)
③ 본질안전 방폭구조(i)
④ 압력 방폭구조(p)

해설

방폭구조

내압	압력	안전증	유입	본질안전	비점화	충격	몰드	특수
d	p	e	o	ia, ib	n	q	m	s

72 동작 시 아크가 발생하는 고압 및 특고압용 개폐기·차단기의 이격거리(목재의 벽 또는 천장, 기타 가연성 물체로부터의 거리)외 기준으로 옳은 것은? (단, 사용전압이 35kV 이하의 특고압용의 기구 등으로서 동작할 때에 생기는 아크의 방향과 길이를 화재가 발생할 우려가 없도록 제한하는 경우가 아니다.)

① 고압용 : 0.8m 이상, 특고압용 : 1.0m 이상
② 고압용 : 1.0m 이상, 특고압용 : 2.0m 이상
③ 고압용 : 2.0m 이상, 특고압용 : 3.0m 이상
④ 고압용 : 3.5m 이상, 특고압용 : 4.0m 이상

해설

아크를 발생하는 기구의 시설(격리 거리)
목재의 벽 또는 천장 기타의 가연성 물체로부터
① 고압용의 것은 1m 이상
② 특별고압용의 것은 2m 이상

73 3300/220V, 20kVA인 3상 변압기로부터 공급받고 있는 저압 전선로의 절연 부분의 전선과 대지 간의 절연저항의 최소값은 약 몇 Ω 인가?(단, 변압기의 저압 측 중성점에 접지가 되어 있다.)

① 1,240　　　② 2,794
③ 4,840　　　④ 8,383

해설

[풀이 1]

$$R(\Omega) = \frac{V}{I(A)}$$

$20kVA = 20,000VA = 20kW, \ W = VA, \ A = W/V$

$$\frac{220}{\frac{20,000}{220 \times \sqrt{3}} \times \frac{1}{2,000}}$$

누설전류$(A) = 최대공급전류 \times \frac{1}{2,000}$

정답 　69 ① 　70 ① 　71 ① 　72 ② 　73 ④

[풀이2]

1) 절연저항 = $\dfrac{\text{전압}}{\text{누설전류}}$

2) 누설전류(A) = 최대공급전류 $\times \dfrac{1}{2,000}$

3) 20kVA = 20,000VA = 20kW

   W = VA, A = W/V

4) A = $\dfrac{20,000W}{V}$ = $\dfrac{20,000}{220}$ = 90.91

5) 절연저항(Ω) = $\dfrac{220}{90.90 \times \dfrac{1}{2,000}}$ = 4,839.95

따라서 3상이므로 4,839.95 $\times \sqrt{3}$ = 8,383.04(Ω)

74 감전사고로 인한 전격사의 메커니즘으로 가장 거리가 먼 것은?

① 흉부수축에 의한 질식
② 심실세동에 의한 혈액순환기능의 상실
③ 내장파열에 의한 소화기계통의 기능상실
④ 호흡중추신경 마비에 따른 호흡 기능 상실

해설

감전 재해의 특징
① 심실세동(심장마비) 의한 혈액순환기능의 상실
② 쇼크
③ 근육수축
④ 호흡중추신경 마비에 따른 호흡 기능 상실
⑤ 화상
⑥ 신체의 기능장해와 추락 등의 2차 재해 유발

75 욕조나 샤워시설이 있는 욕실 또는 화장실에 콘센트가 시설되어 있다. 해당 전로에 설치된 누전차단기의 정격감도전류와 동작시간은?

① 정격감도전류 15mA 이하, 동작시간 0.01초 이하
② 정격감도전류 15mA 이하, 동작시간 0.03초 이하
③ 정격감도전류 30mA 이하, 동작시간 0.01초 이하
④ 정격감도전류 30mA 이하, 동작시간 0.03초 이하

해설

설치장소에 따른 누전차단기 선정기준

설치장소	선정기준
물기 있는 장소 이외의 장소에 시설하는 저압용의 개별 기계기구에 전기를 공급하는 전로	인체감전 보호용 누전차단기 정격 감도전류 30mA 이하 동작시간 0.03초 이하의 전류 동작형
욕조, 샤워실 내의 실내 콘센트	인체감전 보호용 누전차단기 정격감도전류 15mA 이하, 동작시간 0.03초 이하의 전류동작형의 것 또는 절연 변압기(정격용량 3KVA 이하인 것)로 보호된 전로에 접속하거나 인체 감전보호용 누전차단기가 부착된 콘센트 시설
의료장소 접지	정격감도전류 30mA 이하, 동작시간 0.03초 이내의 누전차단기 설치
주택의 전로 인입구	인체감전 보호용 누전차단기를 시설할 것 다만 전로의 전원측에 정격용량이 3kVA 이하인 절연변압기(1차 전압이 저압이고 2차 전압이 300V 이하인 것)를 사람이 쉽게 접촉할 우려가 없도록 시설하고 또한 그 절연변압기의 부하측 전로를 접지하지 아니하는 경우에는 그러하지 아니하다.

76 50kW, 60Hz 3상 유도전동기가 380V 전원에 접속된 경우 흐르는 전류(A)는 약 얼마인가?(단, 역률은 80%이다.)

① 82.24   ② 94.96
③ 116.30   ④ 164.47

해설

전력(W) = V $\times$ A
전류(A) = W/V
(3상 유도 전동기) 역률 0.8
50,000 / 380 $\times$ 0.8 = 94.96

77 인체저항을 500Ω 이라 한다면, 심실세동을 일으키는 위험한계 에너지는 약 몇 J인가?(단, 심실세동전류값 I = $\dfrac{165}{\sqrt{T}}$[mA]의 Dalziel의 식을 이용하며, 통전시간은 1초로 한다.)

① 11.5   ② 13.6

③ 15.3   ④ 16.2

해설

$Q(J) = I^2RT = (165 \times 0.001)^2 \times 500 = 13.6(J)$

78 내압방폭용기 "d"에 대한 설명으로 틀린 것은?

① 원통형 나사 접합부의 체결 나사산 수는 5산 이상 이어야 한다.

② 가스/증기 그룹이 ⅡB일 때 내압 접합면과 장애물과의 최소 이격거리는 20mm이다.

③ 용기 내부의 폭발이 용기 주위의 폭발성 가스 분위기로 화염이 전파되지 않도록 방지하는 부분은 내압방폭 접합부이다.

④ 가스/증기 그룹이 ⅡC일 때 내압 접합면과 장애물과의 최소 이격거리는 40mm이다.

해설

내압방폭구조(d)

1) 용기 내부에서 폭발성가스 또는 증기의 폭발시 용기가 그 압력에 견디며, 또한, 접합면, 개구부 등을 통해서 외부의 폭발성 가스에 인화될 우려가 없도록 한 구조

2) 전폐구조의 특수 용기에 넣어 보호한 것으로, 용기 내부에서 발생되는 점화원이 용기 외부의 위험원에 점화되지 않도록 하고, 만약 폭발 시에는 이때 발생되는 폭발압력에 견딜 수 있도록 한 구조이다.

3) 원통형 나사 접합부의 체결 나사산 수는 5산 이상이어야 한다.

내압 접합면과 장애물과의 최소 이격거리

가스 그룹	최소 이격거리(mm)
ⅡA	10
ⅡB	30
ⅡC	40

79 KS C IEC 60079−0의 정의에 따라 '두 도전부 사이의 고체 절연물 표면을 따른 최단거리'를 나타내는 명칭은?

① 전기적 간격   ② 절연공간거리

③ 연면거리   ④ 충전물 통과거리

해설

연면거리

KS C IEC 60079−0의 정의에 따라 '두 도전부 사이의 고체 절연물 표면을 따른 최단거리를 나타내는 명칭

80 접지 목적에 따른 분류에서 병원설비의 의료용 전기전자(M · E)기기와 모든 금속부분 또는 도전바닥에도 접지하여 전위를 동일하게 하기 위한 접지를 무엇이라 하는가?

① 계통 접지

② 등전위 접지

③ 노이즈방지용 접지

④ 정전기 장해받이 이용 접지

해설

접지의 분류

계통접지	① 변압기 내부 고장이나 전선의 단선 등의 사고로 고압과 저압 혼촉이 일어나 고압측 전기가 저압 계통으로 들어옴으로써 일어나는 피해를 방지하기 위해 저압 측에 접지하는 것 ② 고압 전로 또는 특고압 전로와 저압전로를 결합하는 변압기의 저압측 중성점에 2종접지공사 시행
기기 접지	기계기구의 철제 및 금속재의 하면은 제1종 제3종 및 특별3종접지공사
낙뢰 방지용 접지	뇌전류를 안전하게 대지로 흘러가도록 하기 위한 접지
정전기재해 방지용 접지	마찰 등으로 인하여 발생한 정전기를 대지로 안전하게 흐르게 하여 장애를 제거하기 위한 접지
등전위 접지	병원의 의료기기 사용 시의 안전을 위한 접지

81 다음 중 고체연소의 종류에 해당하지 않는 것은?

① 표면연소 　　② 증발연소
③ 분해연소 　　④ 예혼합연소

해설

연소형태의 분류

기체연소	확산연소	가스와 공기가 확산에 의해 혼합되어 연소범위 농도에 이르러 연소하는 현상(발염연소)
	예혼합연소	수소
	폭발연소	
액체연소	증발연소 액적연소	알코올 에테르 등에 인화성 액체가 증발하여 증기를 생성한 후 공기와 혼합하여 연소하게 되는 현상(알코올)
고체연소	표면연소	목재의 연소에서 열분해로 인해 탄화작용이 생겨 탄소의 고체 표면에 공기와 접촉하는 부분에서 착화하는 현상으로 고체 표면에서 반응을 일으키는 연소 (금속, 숯, 목탄, 코크스, 알루미늄)
	분해연소	목재 석탄 등의 고체 가연물이 열분해로 인하여 가연성 가스가 방출되어 착화되는 현상(비휘발성 종이, 나무, 석탄)
	증발연소	증기가 심지를 타고 올라가는 연소(황, 파라핀 촛농, 나프탈렌)
	자기연소	공기 중 산소를 필요로 하지 않고 자신이 분해되며 타는 것(다이나마이트, 니트로화합물)

82 가연성물질을 취급하는 장치를 퍼지하고자 할 때 잘못된 것은?

① 대상물질의 물성을 파악한다.
② 사용하는 불활성가스의 물성을 파악한다.
③ 퍼지용 가스를 가능한 한 빠른 속도로 단시간에 다량 송입한다.
④ 장치 내부를 세정한 후 퍼지용 가스를 송입한다.

해설

가연성 물질을 취급하는 장치를 퍼지방법
① 대상물질의 물성을 파악한다.
② 사용하는 불활성가스의 물성을 파악한다.

③ 퍼지용 가스를 서서히 송입한다.
④ 장치 내부를 세정한 후 퍼지용 가스를 송입한다.

83 위험물질에 대한 설명 중 틀린 것은?

① 과산화나트륨에 물이 접촉하는 것은 위험하다.
② 황린은 물속에 저장한다.
③ 염소산나트륨은 물과 반응하여 폭발성의 수소기체를 발생한다.
④ 아세트알데히드는 0℃ 이하의 온도에서도 인화할 수 있다.

해설

제1류 위험물로서 염소산나트륨은 물에 잘 녹으며, 물과 반응하여 산소를 발생한다

84 공정안전보고서 중 공정안전자료에 포함하여야 할 세부내용에 해당하는 것은?

① 비상조치계획에 따른 교육계획
② 안전운전지침서
③ 각종 건물·설비의 배치도
④ 도급업체 안전관리계획

해설

공정안전자료에 포함할 사항
① 취급·저장하고 있는 유해·위험물질의 종류 및 수량
② 유해·위험물질에 대한 물질안전보건자료(MSDS)
③ 유해·위험설비의 목록 및 사양
④ 운전방법을 알 수 있는 공정도면
⑤ 각종 건물·설비의 배치도
⑥ 방폭지역 구분도 및 전기단선도
⑦ 위험설비 안전설계·제작 및 설치 관련 지침서
⑧ 기타 노동부장관이 필요하다고 인정하는 서류

85 디에틸에테르의 연소범위에 가장 가까운 값은?

① 2~10.4%　　② 1.9~48%
③ 2.5~15%　　④ 1.5~7.8%

정답　81 ④　82 ③　83 ③　84 ③　85 ②

디에틸에테르의 연소범위 : 1.9∼48%

86 공기 중에서 A 가스의 폭발하한계는 2.2vol% 이다. 이 폭발하한계 값을 기준으로 하여 표준 상태 에서 A 가스와 공기의 혼합기체 $1m^3$에 함유되어 있 는 A 가스의 질량을 구하면 약 몇 g인가?(단, A 가스 의 분자량은 26이다.)

① 19.02　　　　② 25.54
③ 29.02　　　　④ 35.54

A가스의 1Mol의 부피는 22.4ℓ이다 즉 26g의 무게를 가진다.

A가스와 공기의 혼합기체 $1m^3$ 중 A 가스의 부피
($1m^3 = 1,000ℓ$　$1,000ℓ$에 2.2vol%이므로)
$1,000 × (2.2 / 100) = 22ℓ$
표준상태에서 A가스의 분자량이 26g이므로
$22.4ℓ : 26g = 22ℓ$: A가스의 질량
따라서 A가스의 질량 = $(22 × 26) / 22.4 = 25.54$

87 다음 물질 중 물에 가장 잘 융해되는 것은?

① 아세톤　　　　② 벤젠
③ 톨루엔　　　　④ 휘발유

아세톤은 물에 잘 용해된다.

88 가스 누출감지 경보기 설치에 관한 기술상의 지침으로 틀린 것은?

① 암모니아를 제외한 가연성가스 누출감지경보기 는 방폭 성능을 갖는 것이어야 한다.
② 독성가스 누출감지경보기는 해당 독성가스 허용 농도의 25% 이하에서 경보가 울리도록 설정하여 야 한다.

③ 하나의 감지대상가스가 가연성이면서 독성인 경 우에는 독성가스를 기준하여 가스누출감지경보 기를 선정하여야 한다.
④ 건축물 안에 설치되는 경우, 감지대상가스의 비 중이 공기보다 무거운 경우에는 건축물 내의 하 부에 설치하여야 한다.

가스 누출감지 경보기 설치
1. 가스누출감지 경보기의 선정기준
　① 가스누출감지 경보기를 설치할 때에는 감지대상 가 스의 특성을 충분히 고려하여 가장 적절한 것을 선정 하여야 한다.
　② 하나의 감지대상 가스가 가연성이면서 독성인 경우 에는 독성가스를 기준하여 가스누출감지 경보기를 선정하여야 한다.
2. 가스누출감지 경보기의 설치하여야 할 장소
　① 건축물 내·외에 설치되어 있는 가연성 및 독성물질 을 취급하는 압축기, 밸브, 반응기, 배관 연결부위 등 가스의 누출이 우려되는 화학설비 및 부속설비 주
　② 가열로 등 발화원이 있는 제조설비 주위에 가스가 체 류하기 쉬운 장소
　③ 가연성 및 독성물질의 충진용 설비의 접속부의 주위
　④ 방폭지역 안에 위치한 변전실, 배전반실, 제어실 등
　⑤ 그 밖에 가스가 특별히 체류하기 쉬운 장소
3. 가스누출감지 경보기의 설치 위치
　① 가스누출감지 경보기는 가능한 한 가스의 누출이 우 려되는 누출부위 가까이 설치하여야 한다. 다만, 직 접적인 가스누출은 예상되지 않으나 주변에서 누출 된 가스가 체류하기 쉬운 곳은 다음 각호와 같은 지점 에 설치하여야 한다.
　　가) 건축물 밖에 설치되는 가스누출감지 경보기는 풍 향, 풍속 및 가스의 비중 등을 고려하여 가스가 체 류하기 쉬운 지점에 설치한다.
　　나) 건축물 안에 설치되는 가스누출감지 경보기는 감지 대상가스의 비중이 공기보다 무거운 경우에는 건축 물 내의 하부에, 공기보다 가벼운 경우에는 건축물 의 환기구 부근 또는 해당 건축물 내의 상부에 설 치하여야 한다.
　② 가스누출감지 경보기의 경보기는 근로자가 상주하는 곳에 설치하여야 한다.

4. 가스누출 경보기의 경보 설정치
　① 가연성 가스누출감지 경보기 : 감지대상 가스의 폭발
　　하한계 25% 이하
　② 독성가스 누출감지경보기 : 해당 독성가스의 허용농
　　도 이하에서 경보가 울리도록 설정하여야 한다.
　③ 가스누출감지경보의 정밀도는 경보 설정치에 대하여
　　가) 가연성 가스 누출감지경보기 : ±25% 이하
　　나) 독성가스 누출감지경보기 : ±30% 이하

89 폭발을 기상폭발과 응상폭발로 분류할 때 기상폭발에 해당되지 않는 것은?

① 분진 폭발　　　　② 혼합가스폭발
③ 분무폭발　　　　④ 수증기폭발

해설

폭발의 종류

화학적 폭발	폭발성 혼합가스에 점화할 경우 또는 화약의 폭발
산화폭발	연소가 비정상적 상태로 되는 경우로서 가연성 가스, 증기, 분진, 미스트 등이 공기와 혼합이 되어 발생
중합폭발	염화비닐, 초산비닐, 시안화수소 등이 폭발적으로 중합이 발생되면 격렬하게 발열하여 압력이 급상승하며 폭발을 일으킨다.
촉매폭발	촉매에 의해 폭발하는 것으로 수소 – 산소, 수소 – 염소에 빛을 쐬면 폭발하는 것에 해당
분해폭발 (압력폭발)	가스분자의 분해에 의해 폭발을 일으킨다(보일러폭발, 고압가스용기).

폭발의 분류

공정별 분류	핵폭발	원자핵의 분열이나 융합에 의한 강열한 에너지의 방출
	물리적 폭발	화학적 변화없이 물리 변화를 주체로 한 폭발
	화학적 폭발	분해폭발, 산화폭발, 중합폭발,
물리적 상태	기상폭발	가스폭발, 분무폭발, 분진폭발
	응상폭발	수증기폭발, 증기폭발, 전선폭발

90 다음 가스 중 가장 독성이 큰 것은?

① CO　　　　　　② $COCl_2$
③ NH_3　　　　　　④ H_2

해설

독성이 가장 강한 가스 : ($COCl_2$)

91 처음 온도가 20℃인 공기를 절대압력 1기압에서 3기압으로 단열압축하면 최종온도는 약 몇 도인가?(단, 공기의 비열비 1.40이다.)

① 68℃　　　　　　② 75℃
③ 128℃　　　　　④ 164℃

해설

단열압축

$$\frac{T2}{T1} = \left(\frac{P2}{P1}\right)^{\frac{r-1}{r}}$$

$$\rightarrow \frac{T2}{273+20} = \left(\frac{3}{1}\right)^{\frac{1.4-1}{1.4}} \rightarrow \frac{T2}{293} = (3)^{0.2857}$$

$$\rightarrow T2 = 293 \times 1.3687 = 401.03$$

$$\therefore 401.03 - 273 = 128.03$$

92 물질의 누출방지용으로서 접합면을 상호 밀착시키기 위하여 사용하는 것은?

① 개스킷
② 체크밸브
③ 플러그
④ 코크

해설

플랜지 · 밸브 · 콕 등의 접합부에는 개스킷을 사용하고 접합면을 상호 밀착시키는 등의 조치를 할 것

93 건조설비의 구조를 구조부분, 가열장치, 부속설비로 구분할 때 다음 중 "부속설비"에 속하는 것은?

① 보온판
② 열원장치
③ 소화장치
④ 철골부

건조설비의 구조

구조부분	몸체(철골부, 보온판, shell부 등), 내부구조, 내부 구동장치 등
가열장치	열원장치, 순환용 송풍기 등
부속설비	환기장치, 온도조절장치, 안전장치, 소화장치, 전기설비 등

94 에틸렌(C_2H_4)이 완전연소하는 경우 다음의 Jones식을 이용하여 계산할 경우 연소하한계는 약 몇 vol%인가?

Jones식 : $LFL = 0.55 \times Cst$

① 0.55 ② 3.6
③ 6.3 ④ 8.5

$$Cst = \frac{100}{1 + 4.773(n + \frac{m - f - 2\lambda}{4})} \times 0.55$$

$$Cst = \frac{100}{1 + 4.773(1 + \frac{4}{4})} \times 0.55 = 3.6$$

95 [보기]의 물질을 폭발범위가 넓은 것부터 좁은 순서로 옳게 배열한 것은?

H_2 C_3H_8 CH_4 CO

① $CO > H_2 > C_3H_8 > CH_4$

② $H_2 > CO > CH_4 > C_3H_8$

③ $C_3H_8 > CO > CH_4 > H_2$

④ $CH_4 > H_2 > CO > C_3H_8$

가연성 가스의 폭발범위

가스	폭발 하한값(%)	폭발 상한값(%)
프로판(C_3H_8)	2.1	9.5
메탄(CH_4)	5	15
일산화탄소	12.5	74
수소	4	75

96 산업안전보건법령상 위험물질의 종류에서 "폭발성 물질 및 유기과산화물"에 해당하는 것은?

① 디아조화합물 ② 황린
③ 알킬알루미늄 ④ 마그네슘 분말

제5류 위험물(폭발성 물질)

1. 유기과산화물
2. 질산에스테르류
3. 니트로화합물
4. 니트로소화합물
5. 아조화합물
6. 디아조화합물
7. 하이드라진유도체
8. 히드록실아민
9. 히드록실아민염류

97 화염방지기의 설치에 관한 사항으로 ( )에 알맞은 것은?

사업주는 인화성 액체 및 인화성 가스를 저장ㆍ취급하는 화학설비에서 증기나 가스를 대기로 방출하는 경우에는 외부로부터의 화염을 방지하기 위하여 화염방지기를 그 설비 ( )에 설치하여야 한다.

① 상단 ② 하단
③ 중앙 ④ 무게중심

화염방지기(Flame arrest)의 설치 등
사업주는 인화성 액체 및 인화성 가스를 저장 취급하는 화학설비에서 증기나 가스를 대기로 방출하는 경우에는 외부로부터의 화염을 방지하기 위하여 화염방지기를 그 설비 상단에 설치하여야 한다.

98 다음 중 인화성 가스가 아닌 것은?

① 부탄 ② 메탄
③ 수소 ④ 산소

인화성 가스
수소, 아세틸렌, 에틸렌, 메탄, 에탄, 프로판, 부탄

정답 94 ② 95 ② 96 ① 97 ① 98 ④

99 반응기를 조작방식에 따라 분류할 때 해당되지 않는 것은?

① 회분식 반응기
② 반회분식 반응기
③ 연속식 반응기
④ 관형식 반응기

해설

반응기 조작방식에 의한 분류

회분식 반응기 (batch)	여러 물질을 반응하는 교반을 통하여 새로운 생성물을 회수하는 방식으로 1회로 조작이 완성되는 반응기 소량다품종 생산에 적합
반회분식 반응기 (semi-batch) 반응기	반응물질의 1회 성분을 넣은 다음 다른 성분을 연속적으로 보내 반응을 진행한 후 내용물을 취하는 형식 처음부터 많은 성분을 전부 넣어서 반응에 의한 생성물 한 가지를 연속적으로 빼내면서 종료 후 내용물을 취하는 형식
연속식 반응기 (continuous)	• 원료 액체를 연속적으로 투입하면서 다른 쪽에서 반응생성물 • 액체를 취하는 형식 농도 온도 압력에 시간적인 변화는 없다.

100 다음 중 가연성 물질과 산화성 고체가 혼합하고 있을 때 연소에 미치는 현상으로 옳은 것은?

① 착화온도(발화점)가 높아진다.
② 최소점화에너지가 감소하며, 폭발의 위험성이 증가한다.
③ 가스나 가연성 증기의 경우 공기혼합보다 연소범위가 축소된다.
④ 공기 중에서보다 산화작용이 약하게 발생하여 화염온도가 감소하며 연소속도가 늦어진다.

해설

가연성 물질과 산화성 고체가 혼합할 경우 최소점화에너지가 감소하며, 폭발의 위험성이 증가한다.

101 건설현장에서 사용되는 작업발판 일체형 거푸집의 종류에 해당되지 않는 것은?

① 갱폼(gang form)
② 슬립폼(slip form)
③ 클라이밍 폼(climbing form)
④ 유로폼(euro form)

해설

거푸집의 종류
① 갱폼(gang form)
② 슬립폼(slip form)
③ 클라이밍 폼(climbing form)
④ 터널 라이닝 폼(tunnel lining form)

102 콘크리트 타설작업을 하는 경우 준수하여야 할 사항으로 옳지 않은 것은?

① 당일의 작업을 시작하기 전에 해당 작업에 관한 거푸집동바리 등의 변형·변위 및 지반의 침하 유무 등을 점검하고 이상이 있으면 보수할 것
② 콘크리트를 타설하는 경우에는 편심이 발생하지 않도록 골고루 분산하여 타설할 것
③ 설계도서상의 콘크리트 양생기간을 준수하여 거푸집동바리 등을 해체할 것
④ 작업 중에는 거푸집동바리 등의 변형·변위 및 침하 유무 등을 감시할 수 있는 감시자를 배치하여 이상이 있으면 작업을 중지하지 아니하고, 즉시 충분한 보강조치를 실시할 것

해설

콘크리트 타설 작업 시 준수사항
① 당일의 작업을 시작하기 전에 해당 작업에 관한 거푸집동바리 등의 변형·변위 및 지반의 침하 유무 등을 점검하고 이상이 있으면 보수할 것
② 작업 중에는 거푸집동바리 등의 변형·변위 및 침하 유무 등을 감시할 수 있는 감시자를 배치하여 이상이 있으면 작업을 중지하고 근로자를 대피시킬 것

정답 　99 ④　100 ②　101 ④　102 ④

③ 콘크리트 타설작업 시 거푸집 붕괴의 위험이 발생할 우려가 있으면 충분한 보강조치를 할 것
④ 설계도상의 콘크리트 양생기간을 준수하여 거푸집 동바리 등을 해체할 것
⑤ 콘크리트를 타설하는 경우에는 편심이 발생하지 않도록 골고루 분산하여 타설할 것

103 버팀보, 앵커 등의 축하중 변화상태를 측정하여 이들 부재의지지 효과 및 그 변화 추이를 파악하는 데 사용되는 계측기기는?

① water level meter
② load cell
③ piezo meter
④ strain gauge

해설

지반굴착작업계측

건물 경사계 (Tilt meter)	지상 인접구조물의 기울기를 측정하는 기기
지표면 침하계 (Level and staff)	주위 지반에 대한 지표면의 침하량을 측정하는 기기
지중 경사계 (Inclino meter)	지중 수평 변위를 측정하여 흙막이 기울어진 정도를 파악하는 기기
지중 침하계 (Extension merter)	수직 변위를 측정하여 지반에 침하 정도를 파악하는 기기
변형계 (Strain gauge)	흙막이 버팀대 변형 정도를 파악하는 기기
하중계(Load cell)	흙막이 버팀대의 작용하는 토압 어스앵커의 인장력 등을 측정하는 기기
토압계 (Earth pressure meter)	흙막이에 작용하는 토압의 변화를 파악하는 기기
간극 수압계 (Piezo meter)	굴착으로 인한 지하에 간극 수압을 측정하는 기기
지하 수위계 (Water level meter)	지하수의 수위 변화를 측정하는 기기

104 차량계 건설기계를 사용하여 작업을 하는 경우 작업계획서 내용에 포함되지 않는 것은?

① 사용하는 차량계 건설기계의 종류 및 성능
② 차량계 건설기계의 운행경로
③ 차량계 건설기계에 의한 작업방법
④ 차량계 건설기계의 유지보수방법

해설

차량계 건설기계 작업계획서

① 사용하는 차량계 건설기계의 종류 및 성능
② 차량계 건설기계의 운행경로
③ 차량계 건설기계에 의한 작업방법

105 근로자의 추락 등의 위험을 방지하기 위한 안전난간의 설치기준으로 옳지 않은 것은?

① 상부 난간대와 중간 난간대는 난간 길이 전체에 걸쳐 바닥면 등과 평행을 유지할 것
② 발끝막이판은 바닥면 등으로부터 20cm 이상의 높이를 유지할 것
③ 난간대는 지름 2.7cm 이상의 금속제 파이프나 그 이상의 강도가 있는 재료일 것
④ 안전난간은 구조적으로 가장 취약한 지점에서 가장 취약한 방향으로 작용하는 100kg 이상의 하중에 견딜 수 있는 튼튼한 구조일 것

해설

안전난간 설치 기준

구성	• 상부난간대, 중간난간대, 발끝막이판 및 난간 기둥으로 구성 • 중간난간대, 발끝막이판, 및 난간 기둥은 이와 비슷한 구조 및 성능을 가진 것으로 대체 가능
상부난간대	바닥면 발끝 또는 경사로의 표면으로부터 90cm 이상 지점에 설치하고 상부난간대를 120cm 이하의 설치하는 경우에는 중간난간대는 상부난간대와 바닥면 사이의 중간에 설치하여야 하며 120cm 지점에 설치하는 경우에는 중간 난간대를 2단 이상으로 균등하게 설치하고 난간에 상하 간격은 60cm 이하가 되도록 할 것
발끝 막이판	바닥면 등으로부터 10cm 이상의 높이를 유지할 것 물체가 떨어지거나 날아올 위험이 없거나 그 위험을 방지할 수 있는 망을 설치하는 등 필요한 예방조치를 한 장소에는 제외
난간기둥	상부난간대와 중간난간대를 견고하게 떠받칠 수 있도록 적정 간격을 유지할 것
상부난간대와 중간난간대	난간 길이 전체에 걸쳐 바닥면 등과 평행을 유지할 것
난간대	지름이 2.7cm 이상의 금속제 파이프나 그 이상의 강도 있는 재료 일 것
하중	안전 난간은 구조적으로 가장 취약한 지점에서 가장 취약한 방법으로 작용하는 100kg 이상의 하중에 견딜 수 있는 튼튼한 구조일 것

정답　103 ②　104 ④　105 ②

106 흙 속의 전단응력을 증대시키는 원인에 해당하지 않는 것은?

① 자연 또는 인공에 의한 지하공동의 형성
② 함수비의 감소에 따른 흙의 단위체적 중량의 감소
③ 지진, 폭파에 의한 진동 발생
④ 균열내에 작용하는 수압증가

해설

전단응력을 증대시키는 원인
① 자연 또는 인공에 의한 지하공동의 형성
② 지진, 폭파에 의한 진동 발생
③ 균열 내에 작용하는 수압증가

107 다음은 산업안전보건법령에 따른 항타기 또는 항발기에 권상용 와이어로프를 사용하는 경우에 준수하여야 할 사항이다. ( ) 안에 알맞은 내용으로 옳은 것은?

> 권상용 와이어로프는 추 또는 해머가 최저의 위치에 있을 때 또는 널말뚝을 빼내기 시작할 때를 기준으로 권상장치의 드럼에 적어도 ( ) 감기고 남을 수 있는 충분한 길이일 것

① 1회   ② 2회
③ 4회   ④ 6회

해설

항타기 항발기 와이어로프 사용상 준수사항
① 권상용 와이어로프는 낙추 또는 해머가 최저의 위치에 있는 때 또는 널말뚝을 빼어내기 시작한 때를 기준으로 하여 권상장치의 권동에 적어도 2회 이상 감기고 남을 수 있는 충분한 길이일 것
② 권상용 와이어로프는 권상장치의 권동에 클램프, 클립 등을 사용하여 견고하게 고정할 것
③ 항타기의 권상용 와이어로프에 있어서 낙추, 해머 등과의 부착은 클램프, 클립 등을 사용하여 견고하게 할 것

108 산업안전보건법령에 따른 유해위험방지계획서 제출 대상 공사로 볼 수 없는 것은?

① 지상 높이가 31m 이상인 건축물의 건설공사
② 터널 건설공사
③ 깊이 10m 이상인 굴착공사
④ 다리의 전체 길이가 40m 이상인 건설공사

해설

유해위험 방지계획서 제출 대상 사업장의 건설공사
1) 지상높이가 31미터 이상인 건축물
2) 연면적 3만제곱미터 이상인 건축물
3) 연면적 5천제곱미터 이상인 시설로서 다음의 어느 하나에 해당하는 시설
   ① 문화 및 집회시설(전시장 및 동물원·식물원은 제외한다)
   ② 판매시설, 운수시설(고속철도의 역사 및 집배송시설은 제외한다)
   ③ 종교시설
   ④ 의료시설 중 종합병원
   ⑤ 숙박시설 중 관광숙박시설
   ⑥ 지하도상가
   ⑦ 냉동·냉장 창고시설
4) 연면적 5천제곱미터 이상인 냉동·냉장 창고시설의 설비공사 및 단열공사
5) 최대 지간(支間)길이가 50미터 이상인 다리의 건설 등 공사
6) 터널의 건설 등 공사
7) 다목적댐, 발전용댐, 저수용량 2천만톤 이상의 용수 전용 댐 및 지방상수도 전용 댐의 건설 등 공사
8) 깊이 10미터 이상인 굴착공사

109 사다리식 통로 등을 설치하는 경우 고정식 사다리식 통로의 기울기는 최대 몇 도 이하로 하여야 하는가?

① 60도   ② 75도
③ 80도   ④ 90도

해설

사다리 통로
① 견고한 구조로 할 것
② 심한 손상·부식 등이 없는 재료를 사용할 것

정답   106 ②   107 ②   108 ④   109 ④

③ 발판의 간격은 일정하게 할 것
④ 발판과 벽과의 사이는 15cm 이상의 간격을 유지할 것
⑤ 폭은 30cm 이상으로 할 것
⑥ 사다리가 넘어지거나 미끄러지는 것을 방지하기 위한 조치를 할 것
⑦ 사다리의 상단은 걸쳐놓은 지점으로부터 60cm 이상 올라가도록 할 것
⑧ 사다리식 통로의 길이가 10m 이상인 경우에는 5m 이내마다 계단참을 설치할
⑨ 사다리식 통로의 기울기는 75° 이하로 할 것. 다만, 고정식 사다리식 통로의 기울기는 90° 이하로 하고, 높이가 7m 이상인 경우에는 바닥으로부터 높이가 2.5m 되는 지점부터 등받이울을 설치할 것
⑩ 접이식 사다리 기둥은 사용 시 접히거나 펼쳐지지 않도록 철물 등을 사용하여 견고하게 조치할 것

110 거푸집동바리 구조에서 높이가 l=3.5m인 파이프서포트의 좌굴하중은?(단, 상부받이판과 하부받이판은 힌지로 가정하고, 단면2차 모멘트 I=8.31cm⁴, 탄성계수 E=2.1×105MPa)

① 14,060N
② 15,060N
③ 16,060N
④ 17,060N

해설

좌굴 하중(PB)

$PB = n\pi^2 E \times I / \ell^2$

n : 단말계수   E : 탄성계수   I : 단면 2차 모멘트 ℓ : 길이

$(3.14 \times 3.14 \times 8.31 \times 2.1 \times 105) / 3,500 \times 3,500$
$= 14.046(Mpa) \times 1,000,000 = 14,046(N)$

$1N = 10^6 Mpa$

111 하역작업 등에 의한 위험을 방지하기 위하여 준수하여야 할 사항으로 옳지 않은 것은?

① 꼬임이 끊어진 섬유 로프를 화물운반용으로 사용해서는 안 된다.
② 심하게 부식된 섬유 로프를 고정용으로 사용해서는 안 된다.

③ 차량 등에서 화물을 내리는 작업 시 해당 작업에 종사하는 근로자에게 쌓여 있는 화물 중간에서 화물을 빼내도록 할 경우에는 사전 교육을 철저히 한다.
④ 부두 또는 안벽의 선을 따라 통로를 설치하는 경우에는 폭을 90cm 이상으로 한다.

해설

하역작업 시 안전수칙

1) 섬유 로프의 사용금지 조건
   ① 꼬임이 끊어진 것
   ② 심하게 손상 또는 부식된 것
2) 하적단 중간에서 화물 빼내기 금지
3) 하적단 붕괴에 대한 위험방지 하적단 로프로 묶기 망 설치
4) 관계 근로자의 출입금지 조치 및 필요한 조명 유지
5) 바닥으로부터 높이 2m 이상인 하적단 위에서 작업 시 추락재해 방지를 위해 안전모 등 필요한 보호구 착용
6) 부두 등 하역 작업장 조치사항
   ① 작업장 및 통로의 위험한 부분에는 안전하게 작업할 수 있는 조명을 유지할 것
   ② 부두 또는 암벽의 선을 따라 통로를 설치하는 때에는 폭을 90cm 이상으로 할 것
   ③ 육상에서의 통로 밑 작업 장소로서 다리 또는 선거에 관문을 넘는 보도 등의 위험한 부분에는 안전난간 또는 울 등을 설치할 것

112 추락방지용 방망 중 그물코의 크기가 5cm인 매듭 방망 신품의 인장강도는 최소 몇 kg 이상이어야 하는가?

① 60
② 110
③ 150
④ 200

해설

방망사 인장강도

그물코의 크기 단위 : cm	방망의 종류(kg)			
	매듭 없는 방망		매듭 방망	
	신품	폐기시	신품	폐기시
10cm	240	150	200	135
5cm			110	60

113 단관비계의 도괴 또는 전도를 방지하기 위하여 사용하는 벽이음의 간격기준으로 옳은 것은?

① 수직방향 5m 이하, 수평방향 5m 이하
② 수직방향 6m 이하, 수평방향 6m 이하
③ 수직방향 7m 이하, 수평방향 7m 이하
④ 수직방향 8m 이하, 수평방향 8m 이하

해설

강관(단관)비계의 구조

구분		준수사항
비계 기둥	띠장 방향	1.85m 이하
	장성 방향	1.5m 이하
띠장 간격		2.0m 이하로 설치할 것
벽 연결		수직으로 5m 이하 수평으로 5m 이내마다 연결
높이 제한		비계 기둥의 제일 윗부분으로부터 31m 되는 지점 밑 부분의 비계 기둥은 2본의 강관으로 묶어 세울 것
가새		기둥간격 10m마다 45° 각도 처마방향 가새
작업대		안전난간 설치
하단부		깔판 받침목 등 사용 밑둥잡이 설치
적재 하중		비계 기둥 간의 적재하중은 400kg을 초과하지 않도록 할 것

114 인력으로 하물을 인양할 때의 몸의 자세와 관련하여 준수하여야 할 사항으로 옳지 않은 것은?

① 한쪽 발은 들어올리는 물체를 향하여 안전하게 고정시키고 다른 발은 그 뒤에 안전하게 고정시킬 것
② 등은 항상 직립한 상태와 90도 각도를 유지하여 가능한 한 지면과 수평이 되도록 할 것
③ 팔은 몸에 밀착시키고 끌어당기는 자세를 취하며 가능한 한 수평거리를 짧게 할 것
④ 손가락으로만 인양물을 잡아서는 아니 되며 손바닥으로 인양물 전체를 잡을 것

해설

인력운반 인양할 때 몸의 자세
① 등은 항상 직립 유지 등을 굽히지 말 것 가능한 한 지면과 수직이 되도록 할 것
② 무릎은 직각 자세를 취하고 몸은 가능한 한 인양물에 근접하여 정면에서 인양할 것
③ 팔은 몸에 밀착시키고 끌어당기는 자세를 취하며 가능한 한 수평거리를 짧게 할 것
④ 체중의 중심은 항상 양다리 중심에 있게 하여 균형을 유지할 것
⑤ 인양하는 최초의 힘은 뒷발 쪽에 두고 인양할 것
⑥ 대퇴부의 부하를 주는 상태에서 무릎을 굽히고 필요한 경우 무릎을 펴서 인양할 것

115 산업안전보건관리비 항목 중 안전시설비로 사용 가능한 것은?

① 원활한 공사수행을 위한 가설시설 중 비계설치 비용
② 소음 관련 민원예방을 위한 건설현장 소음방지용 방음시설 설치 비용
③ 근로자의 재해 예방을 위한 목적으로만 사용하는 CCTV에 사용되는 비용
④ 기계·기구 등과 일체형 안전장치의 구입비용

해설

안전시설비 사용가능
각종 안전표지·경보 및 유도시설, 감시 시설, 방호장치, 안전·보건 시설 및 그 설치 비용

사용불가항목
공사목적물의 품질 확보 또는 건설장비 자체의 운행감시 공사 진척상황 확인, 방범 등의 목적을 가진 CCTV 등 감시용 장비는 사용 불가이다.

116 유한사면에서 원형 활동면에 의해 발생하는 일반적인 사면 파괴의 종류에 해당하지 않는 것은?

① 사면내 파괴(Slope failure)
② 사면선단 파괴(Toe failure)

정답 113 ① 114 ② 115 ③ 116 ③

③ 사면인장 파괴(Tension failure)

④ 사면저부 파괴(Base failure)

해설

붕괴형태 : 토사의 미끄러져 내림은 광범위한 붕괴현상으로 이어진다.

1) 유한사면 활동 : 비교적 급경사에서 급격히 변형하여 붕괴가 일어나는 현상(사면선단 붕괴, 사면저부 붕괴, 사면내 붕괴)

　① 원호 활동
　　• 사면선단 파괴(Toe failure) : 경사가 급하고 비 점착성 토질
　　• 사면저부(바닥) 파괴(Base failure) : 견고한 지층이 얕은 경우
　　• 사면내 파괴(Slope failure) : 경사가 완만하고 점착성인 경우
　② 대수나선활동 : 토층이 불균일할 때
　③ 복합곡선 활동 : 연약한 토층이 얕은 곳에 존재할 때

2) 무한사면 활동 : 완만한 사면에 이동이 서서히 일어나는 활동

117 강관비계를 사용하여 비계를 구성하는 경우 준수해야 할 기준으로 옳지 않은 것은?

① 비계기둥의 간격은 띠장 방향에서는 1.85m 이하, 장선(長線) 방향에서는 1.5m 이하로 할 것

② 띠장 간격은 2.0m 이하로 할 것

③ 비계기둥의 제일 윗부분으로부터 31m 되는 지점 밑부분의 비계기둥은 2개의 강관으로 묶어 세울 것

④ 비계기둥 간의 적재하중은 600kg을 초과하지 않도록 할 것

해설

강관비계 설치구조(강관을 이용한 단관비계의 구조)

① 비계기둥 간격 : 띠장 방향에서는 1.85m 이하, 장선 방향에서는 1.5m 이하로 할 것(다만, 선박 및 보트 건조작업의 경우 안전성에 대한 구조 검토를 실시하고 조립도를 작성하면 띠장 방향 및 장선 방향으로 각각 2.7미터 이하로 할 수 있다)

② 띠장 간격 : 2.0미터 이하로 설치할 것(다만, 작업의 성질상 이를 준수하기가 곤란하여 쌍기둥 틀 등에 의하여 해

당 부분을 보강한 경우에는 그러하지 아니하다)

③ 비계기둥의 제일 윗부분으로부터 31m 되는 지점 밑 부분의 비계기둥은 2본의 강관으로 묶어 세울 것(다만, 브라켓(bracket, 까치발) 등으로 보강하여 2개의 강관으로 묶을 경우 이상의 강도가 유지되는 경우에는 그러하지 아니하다)

④ 비계기둥 간의 적재하중은 400kg을 초과하지 않도록 할 것

118 다음은 산업안전보건법령에 따른 화물자동차의 승강설비에 관한 사항이다. ( ) 안에 알맞은 내용으로 옳은 것은?

사업주는 바닥으로부터 짐 윗면까지의 높이가 ( ) 이상인 화물자동차에 짐을 싣는 작업 또는 내리는 작업을 하는 경우에는 근로자의 추가 위험을 방지하기 위하여 해당 작업에 종사하는 근로자가 바닥과 적재함의 짐 윗면 간을 안전하게 오르내리기 위한 설비를 설치하여야 한다.

① 2m　　　　　② 4m

③ 6m　　　　　④ 8m

해설

화물자동차 승강설비 설치

바닥으로부터 짐 윗면까지의 높이가 2m 이상인 화물자동차에 짐을 싣는 작업 또는 내리는 작업을 하는 경우 근로자의 추락위험을 방지하기 위해 근로자가 바닥과 적재함의 짐 윗면을 오르내리기를 위한 설비를 설치

119 달비계의 최대 적재하중을 정함에 있어서 활용하는 안전계수의 기준으로 옳은 것은?(단, 곤돌라의 달비계를 제외한다.)

① 달기 혹 : 5 이상

② 달기 강선 : 5 이상

③ 달기 체인 : 3 이상

④ 달기 와이어로프 : 5 이상

달비계 와이어로프 안전계수

달기 와이어로프 및 달기 강선		10 이상
달기 체인, 달기 훅		5 이상
달기 강대와 달비계의 하부 및 상부 지점	강대	2.5 이상
	목재	5 이상

120 발파작업 시 암질변화 구간 및 이상 암질의 출현 시 반드시 암질 판별을 실시하여야 하는데, 이와 관련된 암질판별기준과 가장 거리가 먼 것은?

① R.Q.D(%)
② 탄성파 속도(m/sec)
③ 전단강도(kg/cm²)
④ R.M.R

발파 시 암질 판별 기준

1) RMR(Rock Mass Rating)
   암반의 단단함을 나타내는 암질상태 파악 기준
2) RQD(Rock Quality Designation, 암질지수) : 10cm 이상 코어의 길이의 합을 백분율로 표시한 것
   • 장점 : 신속하고 적은 비용 소요
   • 단점 : 절리의 방향성, 밀착성, 충전물 고려 못함
3) 탄성파 속도(m/sec)
4) 일축 압축 강도(kgf/cm²)
5) 진동치 속도(cm/sec)

정답 **120** ③

산업안전기사(2022년 03월 05일)

1과목 안전관리론

01 산업안전보건법령상 산업안전보건위원회의 구성·운영에 관한 설명 중 틀린 것은?

① 정기회의는 분기마다 소집한다.

② 위원장은 위원 중에서 호선(互選)한다.

③ 근로자대표가 지명하는 명예산업안전감독관은 근로자 위원에 속한다.

④ 공사금액 100억원 이상의 건설업의 경우 산업안전보건위원회를 구성·운영해야 한다.

해설

노사협의화 위원 및 회의 사항

근로자 위원	사용자 위원
① 근로자 대표 ② 명예산업안전감독관이 위촉된 사업장의 경우 근로자 대표가 지명하는 1명 이상의 명예감독관 ③ 근로자 대표가 지명하는 9명 이내의 해당 사업장의 근로자	① 해당 사업의 대표자 ② 안전관리자 1명 ③ 보건관리자 1명 ④ 산업보건의 ⑤ 해당 사업의 대표자가 지명하는 9명 이내의 해당 사업장 부서의 장

※ 위원장은 위원 중에서 호선할 수 있다.(이 경우 근로자 위원과 사용자 위원 중 각 1명을 공동 위원장으로 선출할 수 있다.)

회의	산업안전 보건위원회의 운영	노사협의체의 운영
정기회의	분기마다	2개월마다
임시회의	위원장이 필요하다 인정할 경우	위원장이 필요하다 인정할 경우

02 산업안전보건법령상 잠함(潛函) 또는 잠수 작업 등 높은 기압에서 작업하는 근로자의 근로시간 기준은?

① 1일 6시간, 1주 32시간 초과금지

② 1일 6시간, 1주 34시간 초과금지

③ 1일 8시간, 1주 32시간 초과금지

④ 1일 8시간, 1주 34시간 초과금지

해설

잠함(潛函) 또는 잠수 작업의 근로시간

1. 유해·위험작업으로서 잠함·잠수작업 등 고기압 하에서 행하는 작업에 종사하는 근로자에 대하여는 1일 6시간, 1주 34시간을 초과하여 근로하게 할 수 없다.

2. 연소근로자(15세 이상 18세 미만자)의 근로시간은 1일에 7시간, 1주일에 40시간을 초과하지 못한다.

03 산업현장에서 재해 발생 시 조치 순서로 옳은 것은?

① 긴급처리 → 재해조사 → 원인분석 → 대책수립

② 긴급처리 → 원인분석 → 대책수립 → 재해조사

③ 재해조사 → 원인분석 → 대책수립 → 긴급처리

④ 재해조사 → 대책수립 → 원인분석 → 긴급처리

해설

재해발생 조치 순서

04 산업재해보험적용근로자 1000명인 플라스틱 제조 사업장에서 작업 중 재해 5건이 발생하였고, 1명이 사망하였을 때 이 사업장의 사망만인율은?

① 2 ② 5

③ 10 ④ 20

심포지움 (symposium)	발제자 없이 몇 사람의 전문가가 과제에 대한 견해를 발표한 뒤 참석자들로부터 질문이나 의견을 제시하도록 하는 방법
포럼(forum) 공개토론회	사회자의 진행으로 몇 사람이 주제에 대해 발표한 후 참석자가 질문을 하고 토론회 나가는 방법으로 새로운 자료나 주제를 내보이거나 발표한 후 참석자로부터 문제나 의견을 제시하고 다시 깊이 있게 토론의 나가는 방법
버즈세션 (Buzz session)	사회자와 기록계를 지정하여 6명씩 소집단을 구성하여 소집단별 사회자를 선정한 후 6분간 토론 결과를 의견 정리하는 방식

05 안전 · 보건 교육계획 수립 시 고려사항 중 틀린 것은?

① 필요한 정보를 수집한다.
② 현장의 의견을 고려하지 않는다.
③ 지도안은 교육대상을 고려하여 작성한다.
④ 법령에 의한 교육에만 그치지 않아야 한다.

해설

계획수립(단계) 절차	① 교육의 요구사항 파악 ② 교육내용 및 교육방법 결정 ③ 교육의 준비 및 심사 ④ 교육의 성과평가
계획 수립 시 고려사항	① 교육목표 ② 교육의 종류 및 대상 ③ 교육 과목 및 내용 ④ 교육 장소 및 교육방법 ⑤ 교육기간 및 시간 ⑥ 교육담당자 및 강사

06 학습지도의 형태 중 몇 사람의 전문가가 주제에 대한 견해를 발표하고 참가자로 하여금 의견을 내거나 질문을 하게 하는 토의방식은?

① 포럼(Forum)
② 심포지엄(Symposium)
③ 버즈세션(Buzz session)
④ 자유토의법(Free discussion method)

해설

토의법

패널 디스커션 (panel discussion)	한두 명의 발제자가 주제에 대한 발표를 하고 4~5명의 패널이 참석자 앞에서 자유롭게 논의하고, 사회자에 의해 참가자의 의견을 들으면서 상호 토의하는 것 패널끼리 먼저 토론 논의한 후 청중에게 상호토론하는 방식

07 산업안전보건법령상 근로자 안전보건교육 대상에 따른 교육시간 기준 중 틀린 것은?(단, 상시작업이며, 일용근로자는 제외한다.)

① 특별교육 – 16시간 이상
② 채용 시 교육 – 8시간 이상
③ 작업내용 변경 시 교육 – 2시간 이상
④ 사무직 종사 근로자 정기교육 – 매분기 1시간 이상

해설

산업안접 보건법정 교육시간

교육과정	교육대상		교육시간
정기교육	사무직 종사 근로자		매분기 3시간 이상
	사무직 외의 근로자	판매직	매분기 3시간 이상
		판매직 외	매분기 6시간 이상
	관리감독자		연간 16시간 이상
채용 시 교육	일용근로자		1시간 이상
	일용직 외 근로자		8시간 이상
작업내용 변경 시 교육	일용근로자		1시간 이상
	일용직 외 근로자		2시간 이상
특별교육	일용근로자		2시간 이상
	타워크레인 신호작업에 종사하는 일용 근로자		8시간 이상
	일용직 외 근로자		16시간 이상 (최초 작업에 종사하기 전 4시간 이상 실시하고 12시간은 3개월 이내에 서 분할하여 실시 가능)
건설업 기초안전 보건교육	건설 일용 근로자		4시간

사망 만인율 해설

사망 만인율 $= \dfrac{\text{사망자수}}{\text{연 평균 근로자수}} \times 10,000$

사망 만인율 $= \dfrac{1}{1,000} \times 10,000 = 10$

08 버드(Bird)의 신 도미노이론 5단계에 해당하지 않는 것은?

① 제어부족(관리)   ② 직접원인(징후)
③ 간접원인(평가)   ④ 기본원인(기원)

사고발생 도미노(연쇄성) 이론

단계		1단계	2단계	3단계	4단계	5단계
하인리히	1 : 29 : 300 = 330 중상 : 경상 : 무상해사고	사회적 환경 유전적 요인	개인적 결함	불안전한 행동 불안전한 상태	사고	재해
버드	1 : 10 : 30 : 600 =641 중상 : 경상 : 무상해사고 (물적사고) : 무상해 무사고(앗차사고)	제어 부족 (관리 부재)	기본 원인	직접 원인	사고	상해
아담스		관리 구조	작전적 에러	전술적 에러	사고	상해

09 재해예방의 4원칙에 해당하지 않는 것은?

① 예방가능의 원칙
② 손실우연의 원칙
③ 원인연계의 원칙
④ 재해 연쇄성의 원칙

재해예방 4원칙

1	예방 가능의 원칙	재해는 원칙적으로 예방이 가능하다는 원칙
2	원인 계기의 원칙	재해의 발생은 직접 원인으로만 일어나는 것이 아니라 간접 원인이 연계되어 일어난다는 원칙
3	손실 우연의 원칙	사고에 의해서 생기는 상해의 종류 및 정도는 우연적이라는 원칙
4	대책 선정의 원칙	원인의 정확한 분석에 의해 가장 타당한 재해 예방 대책이 선정되어야 한다는 원칙

10 안전점검을 점검 시기에 따라 구분할 때 다음에서 설명하는 안전점검은?

> 작업담당자 또는 해당 관리감독자가 맡고 있는 공정의 설비, 기계, 공구 등을 매일 작업 전 또는 작업 중에 일상적으로 실시하는 안전점검

① 정기점검   ② 수시점검
③ 특별점검   ④ 임시점검

안전점검의 종류

점검 주기에 의한 분류	일상점검 (수시점검)	① 작업시작 전 또는 작업 중 일상적으로 실시하는 점검 ② 작업담당자, 관리감독자가 실시 그 결과를 담당 책임자가 확인
	정기점검 (계획점검)	① 계획점검으로 일, 월, 년 단위로 정기적으로 점검 ② 기계, 장비의 외관, 구조, 기능의 검사 및 분해 검사
	임시점검	① 갑작스런 이상 상황 발생 시 임시로 점검 실기 ② 기계, 기구, 장비의 갑작스런 이상 발생 시 실시
	특별점검	① 기계, 기구 설비의 신설, 변경, 고장, 수리 등의 필요한 경우 ② 사용하지 않던 기계, 기구를 재사용하는 경우 ③ 천재지변, 태풍 등 기후의 이상현상 발생 시
점검 방법에 의한 분류	외관점검	장비 기계의 배치, 부착상태, 변형, 균열, 손상, 부식, 볼트의 풀림 등의 유무를 시각, 촉각 등으로 조사 점검확인
	기능점검	간단한 조작으로 기능의 이상 유무 점검
	작동점검	방호장치, 누전차단기 등을 정해진 순서에 의해 작동시켜 그 결과를 관찰하는 점검 방법
	종합점검	정해진 기준에 따라 측정검사를 실시하고 정해진 조건하에서 운전시험을 실시하여 기계 설비의 종합적인 판단을 하는 시험

11 타일러(Tyler)의 교육과정 중 학습경험선정의 원리에 해당하는 것은?

① 기회의 원리   ② 계속성의 원리
③ 계열성의 원리   ④ 통합성의 원리

08 ③ 09 ④ 10 ② 11 ①

해설

- Tyler(타일러)의 학습경험 선정의 원리
  ① 기회의 원리　　② 만족의 원리
  ③ 가능성의 원리　④ 다경험의 원리
  ⑤ 다성과의 원리　⑥ 행동의 원리
- 타일러의 학습경험 조직의 원리
  ① 수직적　　　　② 수평적
- 타일러의 학습경험 조직원리의 특성
  ① 계속성　② 계열성(위계성)　③ 통합성

12 주의(Attention)의 특성에 관한 설명 중 틀린 것은?

① 고도의 주의는 장시간 지속하기 어렵다.
② 한 지점에 주의를 집중하면 다른 곳의 주의는 약해진다.
③ 최고의 주의 집중은 의식의 과잉 상태에서 가능하다.
④ 여러 자극을 지각할 때 소수의 현란한 자극에 선택적 주의를 기울이는 경향이 있다.

해설

주의의 특성

선택성	• 동시에 두 개 이상의 방향에 집중하지 못하며 선택한다.(중복 집중 불가) • 여러 종류의 자극을 지각할 때 소수의 현란한 자극에 선택적 주의를 기울이는 경향이 있다.
변동성	주의는 리듬이 있어 일정한 수순을 지키지 못한다.
방향성	한 지점에 주의를 집중하면 주변 다른 곳의 주의는 약해진다.
단속성	고도의 주의는 장시간 지속될 수 없다

13 산업재해보상보험법령상 보험급여의 종류가 아닌 것은?

① 장례비　　　　　② 간병급여
③ 직업재활급여　　④ 생산손실비용

해설

보험급여의 종류

구분	정의	항목
직접 손실	재해자에게 지급되는 법에 의한 산업재해 보상비	요양급여, 휴업급여, 장해급여, 직업재활급여, 간병급여, 유족급여, 상병 보상 연금, 장의비, 특별보상비
간접 손실	재해손실, 생산중단 등으로 기업이 입는 손실	인적손실, 물적손실, 생산손실, 임금손실, 시간손실 등

14 산업안전보건법령상 그림과 같은 기본 모형이 나타내는 안전·보건표시의 표시사항으로 옳은 것은?(단, L은 안전·보건표시를 인식할 수 있거나 인식해야 할 안전거리를 말한다.)

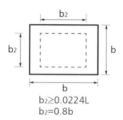

$b_2 \geq 0.0224L$
$b_2 = 0.8b$

① 금지　　　　　② 경고
③ 지시　　　　　④ 안내

해설

안전보건표지의 기본모형

번호	기본모형	규격비율 (크기)	표시사항
1		$d \geq 0.025L$ $d_1 = 0.8d$ $0.7d < d_2 < 0.8d$ $d_3 = 0.1d$	금지
2		$a \geq 0.034L$ $a_1 = 0.8a$ $0.7a < a_2 < 0.8a$	경고
		$a \geq 0.025L$ $a_1 = 0.8a$ $0.7a < a_2 < 0.8a$	

정답 12 ③　13 ④　14 ④

번호	기본모형	규격비율 (크기)	표시사항
3		$d \geq 0.025L$ $d_1 = 0.8d$	지시
4		$b \geq 0.0224L$ $b_2 = 0.8b$	안내

15 기업 내의 계층별 교육훈련 중 주로 관리감독자를 교육대상자로 하며 작업을 가르치는 능력, 작업방법을 개선하는 기능 등을 교육 내용으로 하는 기업 내 정형 교육은?

① TWI(Training Within Industry)
② ATT(American Telephone Telegram)
③ MTP(Management Training Program)
④ ATP(Administration Training Program)

해설

기업 내의 계층별 교육훈련

종류	교육대상자	교육내용
TWI (Training With Industry) (기업 내 산업 훈련)	관리감독자	① Job Instruction Training : 작업 지도 훈련(JIT) ② Job Methods Training : 작업방법 훈련(JMT) ③ Job Relation Training : 인간관계 훈련(JRT) ④ Job Safety Training : 작업 안전 훈련(JST)

16 사회 행동의 기본 형태가 아닌 것은?

① 모방　　　　② 대립
③ 도피　　　　④ 협력

해설

기본유형

도피적 행동(Escap)	환상, 동일화, 퇴행, 억압, 반동형성, 고립 등
방어적 행동(Defence)	승화, 보상, 합리화, 투사, 동일시 등
사회 행동의 기본 형태	① 협력 ② 대립 ③ 도피 ④ 융합

17 위험예지훈련의 문제해결 4라운드에 해당하지 않는 것은?

① 현상파악　　　　② 본질추구
③ 대책수립　　　　④ 원인결정

해설

위험예지훈련의 문제해결 4라운드

① 1라운드	현상파악
② 2라운드	본질추구
③ 3라운드	대책수립
④ 4라운드	목표설정

18 바이오리듬(생체리듬)에 관한 설명 중 틀린 것은?

① 안정기(＋)와 불안정기(－)의 교차점을 위험일이라 한다.
② 감성적 리듬은 33일을 주기로 반복하며, 주의력, 예감 등과 관련되어 있다.
③ 지성적 리듬은 "I"로 표시하며 사고력과 관련이 있다.
④ 육체적 리듬은 신체적 컨디션의 율동적 발현, 즉 식욕·활동력 등과 밀접한 관계를 갖는다.

해설

바이오 리듬의 종류

리듬 종류	신체적 상태	주기
육체적 리듬 (신체적 리듬) (physical cycle)	① 신체적 컨디션의 율동적, 발현적, 식욕 활동과 밀접한 관계 ② 몸의 물리적 상태를 나타내는 리듬으로 몸의 질병에 저항하는 면역력, 각종 체내 기관의 기능, 외부환경에 대한 신체 반사작용 등을 알아볼 수 있는 척도	23일
감성적 리듬 (sensitivity cycle)	① 기분이나 신경계통의 상태를 나타내는 리듬 ② 정보력, 대인관계, 감정의 기복 등을 알아볼 수 있는 척도	28일
지성적 리듬 (intellectual cycle)	① 집중력, 기억력, 논리적인 사고력, 분석력 등의 기복을 나타내는 리듬 ② 주로 두뇌활동과 관련된 리듬	33일

19 운동의 시지각(착각현상) 중 자동운동이 발생하기 쉬운 조건에 해당하지 않는 것은?

① 광점이 작은 것
② 대상이 단순한 것
③ 광의 강도가 큰 것
④ 시야의 다른 부분이 어두운 것

해설

자동 운동	암실에서 수 미터 거리에 정지된 광점을 놓고 그것을 한동안 응시하면 광점이 움직이는 것처럼 보이는 것을 말한다. [발생하기 쉬운 조건] ① 광점이 작을수록 ② 시야의 다른 부분이 어두울수록 ③ 광의 강도가 작을수록 ④ 대상이 단순할수록
유도 운동	실제로는 정지해 있는 것을 움직이는 것으로 느끼거나 반대로 운동하는 것을 정지해 있는 것으로 느끼는 현상을 말한다.
가현 운동	정지하고 있는 대상물이 빠르게 나타나거나 사라지는 현상으로 한 개의 대상이 이동한 것처럼 보이는 운동현상을 말한다. ▶ 영화 영상 기법, β운동

20 보호구 안전인증 고시상 안전인증 방독마스크의 정화통 종류와 외부 측면의 표시 색이 잘못 연결된 것은?

① 할로겐용 – 회색
② 황화수소용 – 회색
③ 암모니아용 – 회색
④ 시안화수소용 – 회색

해설

방독마스크 정화통 외부 측면 표시 색

기호	종류	표시 색	시험가스	정화통
C	유기화합물용	갈색	시클로핵산 이소부탄 디메틸에테르	활성탄
A	할로겐화합물용	회색	염소가스 염소증기	소라다임, 활성탄
E	일산화탄소용	적색	일산화탄소가스	호프카라이트
H	암모니아용	녹색	암모니아가스	큐프라마이트

21 인간공학적 연구에 사용되는 기준 척도의 요건 중 다음 설명에 해당하는 것은?

> 기준 척도는 측정하고자 하는 변수 외의 다른 변수들의 영향을 받아서는 안 된다.

① 신뢰성
② 적절성
③ 검출성
④ 무오염성

해설

인간공학적 연구에 사용되는 기준 요건(체계 기준 요건)

적절성	기준이 의도된 목적에 적합하다고 판단되는 정도
무오염성	• 측정변수가 다른 외적 변수에 영향을 받지 않도록 하는 요건을 의미하는 특성 • 측정하고자 하는 변수 외의 다른 변수의 영향을 받아서는 안 된다. (통제 변위)
기준 척도의 신뢰성	반복실험 시 재현성이 있어야 한다. (척도의 신뢰성 = 반복성)
민감도	예상 차이점에 비례하는 단위로 측정하여야 한다.

22 그림과 같은 시스템에서 부품 A, B, C, D의 신뢰도가 모두 r로 동일할 때 이 시스템의 신뢰도는?

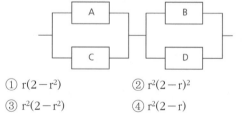

① $r(2-r^2)$
② $r^2(2-r)^2$
③ $r^2(2-r^2)$
④ $r^2(2-r)$

$$1 - (1-r)(1-r) \times 1 - (1-r)(1-r) = r^2(2-r)^2$$

23 서브 시스템 분석에 사용되는 분석방법으로 시스템 수명주기에서 ㉠에 들어갈 위험분석기법은?

① PHA ② FHA
③ FTA ④ ETA

결함(고장)위험분석(FHA : Fault Hazard Analysis)
서브 시스템의 분석에 사용되는 것으로 고장난 경우에 직접 재해 발생으로 연결되는 것밖에 없다는 것이다.

24 정신적 작업 부하에 관한 생리적 척도에 해당하지 않는 것은?

① 근전도
② 뇌파도
③ 부정맥 지수
④ 점멸융합주파수

작업부하 : 동적 · 정적 · 정신적 작업부하
1) 정신적 작업부하 객관적 평가도구
EEG(Electro encephalo graphy) : 뇌전계로 뇌파 측정
ECG(Electro cardio graphy) : 심전계로 심장활동 측정
FFF(Flicker Fusion Frequency) : 정신피로척도, 호흡수
2) 신체적 작업 부하의 측정
EMG(electro myogram) 근전도 : 근육의 활동도를 측정하는 것

25 A사의 안전관리자는 자사 화학 설비의 안전성 평가를 실시하고 있다. 그중 제2단계인 정성적 평가를 진행하기 위하여 평가항목을 설계단계 대상과 운전관계 대상으로 분류하였을 때 설계관계 항목이 아닌 것은?

① 건조물 ② 공장 내 배치
③ 입지조건 ④ 원재료, 중간제품

안전성 평가

단계		내용
1단계	관계자료의 정비 검토	1. 제조공정 훈련 계획 2. 입지조건 3. 건조물의 도면 4. 기계실, 전기실의 도면 5. 공정계통도
2단계	정성적 평가	1. 설계관계 : ① 입지조건 ② 공장 내의 배치 ③ 건조물 소방설비 2. 운전관계 : ① 원재료, ② 중간제품의 위험성, ③ 프로세스 운전조건, ④ 수송 저장 등에 대한 안전대책, ⑤ 프로세스 기기의 선정조건
3단계	정량적 평가	1. 구성요소의 취급물질 2. 화학설비의 용량, 온도, 압력, 조작 3. 상기 5개 항목에 대해 평가 → 합산 결과에 의한 위험도 등급
4단계	안전대책 수립	1. 설비대책 2. 관리대책 3. 보전
5단계	재해사례에 의한 평가	재해사례 상호교환
6단계	FTA에 의한 재평가	위험도 등급 Ⅰ에 해당하는 플랜트에 대해 FTA에 의한 재평가하여 개선부분 설계 반영

26 불(Boole) 대수의 관계식으로 틀린 것은?

① $A + \overline{A} = 1$
② $A + AB = A$
③ $A(A+B) = A + B$
④ $A + \overline{A}B = A + B$

불(Boole) 대수법칙

동정법칙	• A+A=A	• A·A=A
교환법칙	• AB=BA	• A+B=B+A
흡수법칙	• A(AB)=(AA)B=AB • A+AB=AU(A∩B)=(AUA)∩(AUB)=A∩(AUB) 　=A • A(A+B)=(AA)+AB=A+AB=A	
분배법칙	• A(B+C)=AB+AC • A+(BC)=(A+B)·(A+C)	
결합법칙	• A(BC)=(AB)C	• A+(B+C)=(A+B)+C
	• A(AB)=$\overline{A}$ • A+$\overline{A}$B=A+BB=A+B • A+$\overline{A}$=A+B=1 • $\overline{A}$=B	• A(A+B)=A(1)=A

27 인간공학의 목표와 거리가 가장 먼 것은?

① 사고 감소　　　　② 생산성 증대
③ 안전성 향상　　　④ 근골격계 질환 증가

인간공학의 연구목적
① 안전성 향상 및 사고예방
② 작업능률 및 생산성 증대
③ 작업환경의 쾌적성

28 통화이해도 척도로서 통화이해도에 영향을 주는 잡음의 영향을 추정하는 지수는?

① 명료도 지수　　　② 통화 간섭 수준
③ 이해도 점수　　　④ 통화 공진 수준

음성통신과 소음환경 관련
① AI(Articulation Index) : 명료도 지수(회화의 정확도를 나타내는 지수로 이해도를 추정)
　음성을 아주 작은 주파수 대역폭의 성분으로 나누고 각각 음절 명료도에 공헌하는 정도를 명확히 하여 여러 가지 경우의 음절 명료도를 계산할 수 있게 하도록 고안된 것

명료도 계산 : 옥타브 대의 음성과 잡음의 dB 값에 가중치를 곱하여 합계를 내는 방법
② MAA(Minimum Audible Angle) : 최소가청각도
　음향의 속도에 의해 영향을 받으며 소음의 환경보다는 소리의 방위각과 관련이 있다.(위치가 정면으로 갈수록 작아지고 측면으로 갈수록 둔감해진다.)
③ PSIL(Preferred-Octave Speech Interference Level) : 음성간섭수준(=통화간섭수준) 옥타브밴드로 측정된 음압레벨(dB)에서 계산된 음향 매개변수로 통화 이해도에 끼치는 잡음의 영향을 추정하는 지수
④ PNC(Preferred Noise Criteria Curves) : 선호 소음판단 기준곡선 소음을 1/1옥타브 밴드로 분석한 결과에 따라 실내소음(회의실, 사무실, 공장)을 평가하는 지표

29 예비위험분석(PHA)에서 식별된 사고의 범주가 아닌 것은?

① 중대(critical)
② 한계적(marginal)
③ 파국적(catastrophic)
④ 수용가능(acceptable)

위험성의 분류

범주 I	파국적 (catastrophic : 대재앙)	인원의 사망, 중상, 또는 완전한 시스템 손상
범주 II	위험적, 중대한 (critical)	인원의 상해, 중대한 시스템의 손상으로 인원이나 시스템 생존을 위해 즉시 시정 조치 필요
범주 III	한계적 (marginal : 경미한)	인원의 상해 또는 중대한 시스템의 손상 없이 배제 또는 제어 가능
범주 IV	무시적 (negligible : 무시 할만한)	인원의 손상이나 시스템의 손상은 초래하지 않는다.

30 어떤 결함수를 분석하여 minimal cut set을 구한 결과 다음과 같았다. 각 기본사상의 발생확률은 qi, i=1, 2, 3라 할 때, 정상사상의 발생확률함수로 맞는 것은?

$$k_1 = [1,2], \ k_2 = [1,3], \ k_3 = [2,3]$$

① $q_1q_2 + q_1q_2 - q_2q_3$

② $q_1q_2 + q_1q_3 - q_2q_3$

③ $q_1q_2 + q_1q_3 + q_2q_3 - q_1q_2q_3$

④ $q_1q_2 + q_1q_3 + q_2q_3 - 2q_1q_2q_3$

해설

정상사상 T가 K1, K2, k3 중간사상 3개를 OR 게이트로 연결되어 있으므로,

T = 1 − (1−k1)(1−K2)(1−K3) 공식에 적용

그러므로, K1 = (q1.q2), K2 = (q1.q3), K3 = (q2.q3)을 대입하면,

$$
\begin{aligned}
T &= 1 - (1-k1)(1-K2)(1-K3) \\
&= k1 + k2 + k3 - k1.k2 - k2.k3 - k2.k3 + k1.k2.k3 \\
&= (q1.q2) + (q1.q3) + (q2.q3) - (q1.q2.q1.q3) \\
&\quad - (q1.q3.q2.q3) - (q1.q3.q2.q3) \\
&\quad + (q1.q2.q1.q3.q2.q3) \\
&= (q1.q2) + (q1.q3) + (q2.q3) - (q1.q2.q3) - (q1.q2.q3) \\
&\quad - (q1.q2.q3) + (q1.q2.q3) \\
&= (q1.q2) + (q1.q3) + (q2.q3) - 2(q1.q2.q3)
\end{aligned}
$$

---

31 반사경 없이 모든 방향으로 빛을 발하는 점광원에서 3m 떨어진 곳의 조도가 300lux라면 2m 떨어진 곳에서 조도(lux)는?

① 375 ② 675

③ 875 ④ 975

해설

1) 3M에서의 광도를 구한다. $300 = \dfrac{광도(fc)}{(3)^2}$

광도 $= 300 \times 9 = 2{,}700$

2) 2M에서의 조도를 구한다.

조도(lux) $= \dfrac{2700}{(2)^2} = 675$

---

32 근골격계 부담작업의 범위 및 유해요인조사 방법에 관한 고시상 근골격계 부담작업에 해당하지 않는 것은?(단, 상시작업을 기준으로 한다.)

① 하루에 10회 이상 25kg 이상의 물체를 드는 작업

② 하루에 총 2시간 이상 쪼그리고 앉거나 무릎을 굽힌 자세에서 이루어지는 작업

③ 하루에 총 2시간 이상 시간당 5회 이상 손 또는 무릎을 사용하여 반복적으로 충격을 가하는 작업

④ 하루에 4시간 이상 집중적으로 자료입력 등을 위해 키보다 또는 마우스를 조작하는 작업

해설

근골격계 부담 작업

① 하루에 4시간 이상 집중적으로 자료입력 등을 위해 키보드 또는 마우스를 조작하는 작업

② 하루에 총 2시간 이상 목, 어깨, 팔꿈치, 손목 또는 손을 사용하여 같은 동작을 반복하는 작업

③ 하루에 총 2시간 이상 머리 위에 손이 있거나, 팔꿈치가 어깨 위에 있거나, 팔꿈치를 몸통으로부터 들거나, 팔꿈치를 몸통 뒤쪽에 위치하도록 하는 상태에서 이루어지는 작업

④ 지지되지 않은 상태이거나 임의로 자세를 바꿀 수 없는 조건에서, 하루에 총 2시간 이상 목이나 허리를 구부리거나 트는 상태에서 이루어지는 작업

⑤ 하루에 총 2시간 이상 쪼그리고 앉거나 무릎을 굽힌 자세에서 이루어지는 작업

⑥ 하루에 총 2시간 이상 지지되지 않은 상태에서 1kg 이상의 물건을 한 손의 손가락으로 집어 옮기거나, 2kg 이상에 상응하는 힘을 가하여 한 손의 손가락으로 물건을 쥐는 작업

⑦ 하루에 총 2시간 이상 지지되지 않은 상태에서 4.5kg 이상의 물건을 한 손으로 들거나 동일한 힘으로 쥐는 작업

⑧ 하루에 10회 이상 25kg 이상의 물체를 드는 작업

⑨ 하루에 25회 이상 10kg 이상의 물체를 무릎 아래에서 들거나, 어깨 위에서 들거나, 팔을 뻗은 상태에서 드는 작업

⑩ 하루에 총 2시간 이상, 분당 2회 이상 4.5kg 이상의 물체를 드는 작업

⑪ 하루에 총 2시간 이상 시간당 10회 이상 손 또는 무릎을 사용하여 반복적으로 충격을 가하는 작업

---

33 시각적 식별에 영향을 주는 각 요소에 대한 설명 중 틀린 것은?

① 조도는 광원의 세기를 말한다.

② 휘도는 단위 면적당 표면에 반사 또는 방출되는 광량을 말한다.

③ 반사율은 물체의 표면에 도달하는 조도와 광도의 비를 말한다.

④ 광도 대비란 표적의 광도와 배경의 광도의 차이를 배경 광도로 나눈 값을 말한다.

용어 정의

- 반사율 : 물체의 표면에 도달하는 조도와 광도의 비율
- 조도 : 물체의 표면에 도달하는 빛의 밀도(표면 밝기의 정도로서 광원의 세기는 아니다.)
- 광도 : 대비란 표적의 광도와 배경의 광도와의 차이를 배경 광도로 나눈 값을 말한다.
- 휘도 : 단위 면적당 표면에 반사 또는 방출되는 광량을 말한다.

34 부품 배치의 원칙 중 기능적으로 관련된 부품들을 모아서 배치한다는 원칙은?

① 중요성의 원칙
② 사용 빈도의 원칙
③ 사용 순서의 원칙
④ 기능별 배치의 원칙

부품 배치의 원칙

①	중요성의 원칙	목표달성의 긴요한 정도에 따른 우선순위
②	사용 빈도의 원칙	사용되는 빈도에 따른 우선순위
③	기능별 배치의 원칙	기능적으로 관련된 부품을 모아서 배치
④	사용 순서의 원칙	순서적으로 사용되는 장치들을 순서에 맞게 배치

35 HAZOP 분석기법의 장점이 아닌 것은?

① 학습 및 적용이 쉽다.
② 기법 적용에 큰 전문성을 요구하지 않는다.
③ 짧은 시간에 저렴한 비용으로 분석이 가능하다.
④ 다양한 관점을 가진 팀 단위 수행이 가능하다.

HAZOP의 장단점

장점	단점
① 학습 및 적용이 쉽다. ② 기법 적용에 전문성을 요구하지 않는다. ③ 다양한 관점을 가진 팀 단위 수행이 가능하다. ④ 체계적인 검토로 위험요소를 확인할 수 있다. ⑤ 공정안전에 대한 근로자에게 신뢰성을 제공한다. ⑥ 공정의 운전정지시간을 단축 ⑦ 생산물의 품질 향상 및 폐기물 발생을 줄일 수 있다.	① 팀구성 검토 등 소요시간이 많이 걸린다. ② 접근방법이 오래 걸린다. ③ 위험과 무관한 잠재적인 위험요소를 확인하는 공정이 발생

36 태양광이 내리쬐지 않는 옥내의 습구흑구 온도지수(WBGT) 산출 식은?

① 0.6 × 자연습구온도 + 0.3 × 흑구온도
② 0.7 × 자연습구온도 + 0.3 × 흑구온도
③ 0.6 × 자연습구온도 + 0.4 × 흑구온도
④ 0.7 × 자연습구온도 + 0.4 × 흑구온도

습구흑구온도(WBGT : Wet Bulb Globe Temperature) 지수
(NWB는 자연습구, GT는 흑구온도, DB는 건구온도)

① 옥외 태양광선이 내리는 장소
   옥외 : WBGT(℃) = 0.7NWB + 0.2GT + 0.1DB
② 옥내 또는 옥외 태양광선이 내려지지 않는 장소
   옥내 : WBGT(℃) = 0.7NWB + 0.3GT

37 FTA에서 사용되는 논리 게이트 중 입력과 반대되는 현상으로 출력되는 것은?

① 부정 게이트
② 억제 게이트
③ 배타적 OR 게이트
④ 우선적 AND 게이트

부정 게이트 : 입력과 반대되는 현상으로 출력

논리 게이트	
우선적 AND 게이트	입력사상 중 어떤 사상이 다른 사상보다 먼저 일어날 때 출력사상이 발생
조합 AND 게이트	3개의 입력사상 중 어느 것이나 2개가 일어나면 출력사상이 발생
배타적 OR 게이트	입력사상 중 2개 이상이면 출력사상이 발생하지 않음
위험지속기호	입력사상이 생겨 어떤 일정한 시간이 지속했을 경우만 출력 사상이 발생
부정 게이트	입력사상의 반대사상 현상으로 출력

38 부품고장이 발생하여도 기계가 추후 보수될 때까지 안전한 기능을 유지할 수 있도록 하는 기능은?

① fail－soft
② fail－active
③ fail－operational
④ fail－passive

페일 세이프

Fail passive	부품의 고장 시 기계는 정지상태로 돌아간다.
Fail active	부품이 고장 나면 경보음을 울리며 짧은 시간 운전이 가능하다.
Fail operational	부품에 고장이 있어도 다음 점검까지 운전이 가능하다.

39 양립성의 종류가 아닌 것은?

① 개념의 양립성
② 감성의 양립성
③ 운동의 양립성
④ 공간의 양립성

양립성의 종류

공간적 양립성 (spatial)	표시장치나 조종정치가 물리적 형태 및 공간적 배치(주방의 조리대)
운동 양립성 (movement)	표시장치의 움직이는 방향과 조정장치의 방향이 사용자의 기대와 일치 ① 눈금과 손잡이가 같은 방향 회전(자동차의 핸들) ② 눈금 수치는 우측으로 증가 ③ 꼭지의 시계방향 회전지시치 증가(수도꼭지)
개념적 양립성 (conceptual)	이미 사람들이 학습을 통해 알고 있는 개념적 연상(빨간버튼 온수, 파란버튼 냉수)
양식 양립성 (modality)	직무에 알맞은 자극과 응답 양식의 존재에 대한 양립성 ① 소리로 제시된 정보는 말로 반응하게 하고 ② 시각적으로 제시된 정보는 손으로 반응하는 것이 양립성이 높다.

40 James Reason의 원인적 휴먼에러 종류 중 다음 설명의 휴먼에러 종류는?

자동차가 우측 운행하는 한국의 도로에 익숙해진 운전자가 좌측 운행을 해야 하는 일본에서 우측 운행을 하다가 교통사고를 냈다.

① 고의 사고(Violation)
② 숙련 기반 에러(Skill based error)
③ 규칙 기반 착오(Rule based mistake)
④ 지식 기반 착오(Knowledge based mistake)

James Reason의 원인적 휴먼에러 종류

① 숙련기반 에러
  • 실수(slip) : 자동차에서 내릴 때 마음이 급해 창문 닫는 것을 잊고 내리는 경우
  • 망각(lapse) : 전화 통화 중에 상대의 전화번호를 기억했으나 전화를 끊은 후 옮겨 적으려고 펜을 찾는 중에 기억을 잃어버리는 것
② 규칙기반 에러
  자동차는 우측 운행한다는 규칙을 가지고, 좌측 운행하는 일본에서 우측 운행을 하다 사고를 낸 경우

③ 지식기반 착오

외국에서 자동차를 운전할 때 그 나라의 교통 표지판의 문자를 몰라서 교통 규칙을 위반하게 되는 경우

④ 고의사고

정상인임에도 고의로 장애인 주차 구역에 주차를 시켜 벌금을 문 경우

3과목　기계위험방지기술

41 산업안전보건법령상 사업주가 진동 작업을 하는 근로자에게 충분히 알려야 할 사항과 거리가 가장 먼 것은?

① 인체에 미치는 영향과 증상
② 진동기계ㆍ기구 관리방법
③ 보호구 선정과 착용방법
④ 진동재해 시 비상연락체계

해설

소음 및 진동에 의한 근로자의 건강장해 예방사항
① 인체에 미치는 영향과 증상
② 보호구의 선정과 착용방법
③ 진동 기계ㆍ기구관리방법
④ 진동 장해 예방방법

42 산업안전보건법령상 크레인에 전용탑승설비를 설치하고 근로자를 달아 올린 상태에서 작업에 종사시킬 경우 근로자의 추락 위험을 방지하기 위하여 실시해야 할 조치 사항으로 적합하지 않은 것은?

① 승차석 외의 탑승 제한
② 안전대나 구명줄의 설치
③ 탑승설비의 하강 시 동력하강방법을 사용
④ 탑승설비가 뒤집히거나 떨어지지 않도록 필요한 조치

해설

크레인에 전용 탑승설비를 설치하고 추락 위험을 방지하기 위하여 다음의 조치를 한 경우
① 탑승설비가 뒤집히거나 떨어지지 않도록 필요한 조치를 할 것
② 안전대나 구명줄을 설치하고, 안전난간을 설치할 수 있는 구조인 경우에는 안전난간을 설치할 것
③ 탑승설비를 하강시킬 때에는 동력하강방법으로 할 것
→ 크레인 등은 원칙적으로는 근로자를 운반하는 용도가 아니므로 승차석이 없음. 승차석이 있는 기계는 차량계임
사업주는 차량계 하역운반기계(화물자동차는 제외한다)를 사용하여 작업을 하는 경우 승차석이 아닌 위치에 근로자를 탑승시켜서는 아니 된다.

43 연삭기에서 숫돌의 바깥지름이 150mm 일 경우 평형 플랜지 지름은 몇 mm 이상이어야 하는가?

① 30 　　　　② 50
③ 60 　　　　④ 90

해설

플랜지는 연삭숫돌지름의 1/3 크기

44 플레이너 작업 시의 안전대책이 아닌 것은?

① 베드 위에 다른 물건을 올려놓지 않는다.
② 바이트는 되도록 짧게 나오도록 설치한다.
③ 프레임 내의 피트(pit)에는 뚜껑을 설치한다.
④ 칩 브레이커를 사용하여 칩이 길게 되도록 한다.

해설

칩 브레이커는 칩을 짧게 하기 위해 사용한다.

45 양중기 과부하방지장치의 일반적인 공통사항에 대한 설명 중 부적합한 것은?

① 과부하방지장치와 타 방호장치는 기능에 서로 장애를 주지 않도록 부착할 수 있는 구조이어야 한다.

② 방호장치의 기능을 변형 또는 보수할 때 양중기의 기능도 동시에 정지할 수 있는 구조이어야 한다.

③ 과부하방지장치에는 정상동작상태의 녹색램프와 과부하 시 경고 표시를 할 수 있는 붉은색램프와 경보음을 발하는 장치 등을 갖추어야 하며, 양중기 운전자가 확인할 수 있는 위치에 설치해야 한다.

④ 과부하방지장치 작동 시 경보음과 경보램프가 작동되어야 하며 양중기는 작동이 되지 않아야 한다. 다만, 크레인은 과부하 상태 해지를 위하여 권상된 만큼 권하시킬 수 있다.

해설

양중기과부하장치의 일반 공통사항

① 과부하방지장치 작동 시 경보음과 경보램프가 작동되어야 하며 양중기는 작동이 되지 않아야 한다.
   다만, 크레인은 과부하 상태 해지를 위하여 권상된 만큼 권하시킬 수 있다.

② 외함은 납봉인 또는 시건할 수 있는 구조이어야 한다.

③ 외함의 전선 접촉 부분은 고무 등으로 밀폐되어 물과 먼지 등이 들어가지 않도록 한다.

④ 과부하방지장치와 타 방호장치는 기능에 서로 장애를 주지 않도록 부착할 수 있는 구조이어야 한다.

⑤ 방호장치의 기능을 제거 또는 정지할 때 양중기의 기능도 동시에 정지할 수 있는 구조이어야 한다.

⑥ 과부하방지장치는 별표 2의2 각 호의 시험 후 정격하중의 1.1배 권상 시 경보와 함께 권상동작이 정지되고 횡행과 주행동작이 불가능한 구조이어야 한다. 다만, 타워크레인은 정격하중의 1.05배 이내로 한다.

⑦ 과부하방지장치에는 정상동작상태의 녹색램프와 과부하 시 경고 표시를 할 수 있는 붉은색램프와 경보음을 발하는 장치 등을 갖추어야 하며, 양중기 운전자가 확인할 수 있는 위치에 설치해야 한다.

46 산업안전보건법령상 프레스 작업시작 전 점검해야 할 사항에 해당하는 것은?

① 와이어로프가 통하고 있는 곳 및 작업장소의 지반상태

② 하역장치 및 유압장치 기능

③ 권과방지장치 및 그 밖의 경보장치의 기능

④ 1행정 1정지기구·급정지장치 및 비상정지 장치의 기능

해설

프레스의 작업 시작 전 점검사항

① 클러치 및 브레이크의 기능

② 크랭크축 플라이휠, 슬라이드, 연결봉 및 연결나사의 풀림 여부

③ 1행정 1기구, 급정지장치 및 비상정지장치의 기능

④ 슬라이드 또는 칼날에 의한 위험방지 기구의 기능

⑤ 프레스의 금형 및 고정볼트 상태

⑥ 방호장치의 기능

⑦ 전단기의 칼날 및 테이블의 상태

47 방호장치를 분류할 때는 크게 위험장소에 대한 방호장치와 위험원에 대한 방호장치로 구분할 수 있는데, 다음 중 위험장소에 대한 방호장치가 아닌 것은?

① 격리형 방호장치

② 접근거부형 방호장치

③ 접근반응형 방호장치

④ 포집형 방호장치

해설

위험장소, 위험원에 대한 방호장치

1) 위험장소
   ① 격리형   ② 접근반응형
   ③ 위치제한형   ④ 접근거부형

2) 위험원
   ① 포집형   ② 감지형

48 산업안전보건법령상 목재가공용 기계에 사용되는 방호장치의 연결이 옳지 않은 것은?

① 둥근톱기계 : 톱날접촉예방장치

② 띠톱기계 : 날접촉예방장치

③ 모떼기기계 : 날접촉예방장치

④ 동력식 수동대패기계 : 반발예방장치

목재가공용 톱의 방호장치

1) 목재 가공용 둥근톱 기계 방호장치 : 톱날 접촉 예방장치, 반발 예방장치

[반발예방장치]
① 분할날 ② 반발 방지기구 ③ 반발 방지 롤
④ 밀대   ⑤ 평행 조정기   ⑥ 직각정규
⑦ 보조 안내판

2) 원형톱기계 방호장치 : 톱날 접촉예방장치
3) 대패기계 : 날 접촉 예방장치
4) 동력식 수동대패 : 칼날 접촉방지 장치
5) 띠톱기계 : 덮개, 울, 날접촉예방장치
6) 모떼기기계 : 날 접촉예방장치

---

49 다음 중 금속 등의 도체에 교류를 통한 코일을 접근시켰을 때, 결함이 존재하면 코일에 유기되는 전압이나 전류가 변하는 것을 이용한 검사방법은?

① 자분탐상검사   ② 초음파탐상검사
③ 와류탐상검사   ④ 침투형광탐상검사

비파괴검사

검사방법	기본원리	검출대상 및 적용	특징
침투탐상검사 (PT)	침투작용(모세관, 지각현상) 시험체 표면에 개구 해 있는 결함에 침투한 침투액을 흡출시켜 결함지시 모양을 식별	용접부, 단조품 등의 비기공성 재료에 대한 표면개구 결함 검출	금속, 비금속 등 거의 모든 재료에 적용 가능, 현장적용 이용이, 제품의 크기 형상에 등에 크게 제한받지 않음
자분탐상검사 (MT)	자기 흡인작용 철강 재료와 같은 강 자성체를 자화시키면 결함 누설 자장에, 이 부위에 자분을 도포하면 자분이 흡착	강자성체 재료(용접부, 주강품, 단강품 등)의 표면 및 표면 직하 결함 검출	강자성체에만 적용 가능, 장치 및 방법이 단순, 결함의 육안식별이 가능, 비자성체에는 적용 불가, 신속하고 저렴함
와류탐상검사 (ET)	전자유도작용 시험체 표층부의 결함에 의해 발생한 와전류의 변화 즉 시험 코일의 임피던스 변화를 측정하여 결함을 식별	철강, 비철재료의 파이프, 와이어 등의 표면 또는 표면 근처의 결함검출, 박막두께 측정, 재질식별	금속의 비접촉 탐상, 고속탐상, 자동탐상 가능, 표면결함 검출능력 우수, 표피효과, 열교환기 튜브의 결함 탐상
누설검사	기밀성 평가(암모니아 할로겐 이용)	압력용기, 저장탱크 파이프라인	관통된 불연속만 탐지 가능

---

50 산업안전보건법령상에서 정한 양중기의 종류에 해당하지 않는 것은?

① 크레인[호이스트(hoist)를 포함한다]
② 도르래
③ 곤돌라
④ 승강기

양중기의 종류
① 크레인(호이스트를 포함한다)
② 리프트(이삿짐 리프트는 적재하중이 0.1톤 이상)
③ 곤돌라
④ 승강기

---

51 롤러의 급정지를 위한 방호장치를 설치하고자 한다. 앞면 롤러 직경이 36cm이고, 분당 회전속도가 50rpm이라면 급정지거리는 약 얼마 이내이어야 하는가?(단, 무부하동작에 해당한다.)

① 45cm   ② 50cm
③ 55cm   ④ 60cm

$$V = \frac{\pi D N}{1,000} \ (\text{m/min})$$

$$V = \frac{3.14 \times 360 \times 50}{1,000} = 56.52 \,(\text{m/min})$$

원주 속도가 30m/min 이상이므로 급정지거리는

$$D = \frac{3.14 \times 360}{2.5} = 452.16 \,(\text{mm}) = 45.2 \,(\text{cm})$$

---

52 다음 중 금형 설치·해체작업의 일반적인 안전사항으로 틀린 것은?

① 고정볼트는 고정 후 가능하면 나사산이 3~4개 정도 짧게 남겨 슬라이드 면과의 사이에 협착이 발생하지 않도록 해야 한다.
② 금형 고정용 브래킷(물림판)을 고정시킬 때 고정용 브래킷은 수평이 되게 하고, 고정볼트는 수직이 되게 고정하여야 한다.

---

③ 금형을 설치하는 프레스의 T홈 안길이는 설치 볼트 직경 이하로 한다.

④ 금형의 설치용구는 프레스의 구조에 적합한 형태로 한다.

해설

금형 설치 해체작업 시 안전사항

① 금형의 설치용구는 프레스의 구조에 적합한 형태로 한다.

② 고정볼트는 고정 후 가능하면 나사산이 3~4개 정도 짧게 남겨 슬라이드 면과의 사이에 협착이 발생되지 않도록 해야 한다.

③ 금형 고정용 브라켓(물림판)을 고정시킬 때에는 고정용 브라켓은 수평이 되게 하고 고정볼트는 수직이 되게 고정하여야 한다.

④ 금형을 설치하는 프레스의 T홈 안길이는 설치 볼트 직경의 2배 이상으로 한다.

53 산업안전보건법령상 보일러에 설치하는 압력 방출장치에 대하여 검사 후 봉인에 사용되는 재료에 가장 적합한 것은?

① 납 ② 주석
③ 구리 ④ 알루미늄

해설

압력방출장치에 대하여 검사 후 봉인에 사용되는 재료는 납이다.

54 슬라이드가 내려옴에 따라 손을 쳐내는 막대가 좌우로 왕복하면서 위험점으로부터 손을 보호하여 주는 프레스의 안전장치는?

① 수인식 방호장치
② 양손조작식 방호장치
③ 손쳐내기식 방호장치
④ 게이트가드식 방호장치

해설

1) 수인식 방호장치 : 슬라이드와 작업자 손을 끈으로 연결하여 슬라이드 하강 시 작업자 손을 당겨 위험영역에서

빼낼 수 있도록 한 방호장치

2) 양손조작식 방호장치 : 1행정 1정지식 프레스에 사용되는 것으로서 누름버튼을 양손으로 동시에 조작하지 않으면 기계가 동작하지 않으며, 한 손이라도 떼어내면 기계를 정지시키는 방호장치

3) 손쳐내기식 방호장치 : 손을 쳐내는 막대가 좌우로 왕복하면서 위험점으로부터 손을 보호

4) 게이트가드식 방호장치 : 가드가 열려 있는 상태에서는 기계의 위험부분이 동작되지 않고 기계가 위험한 상태일 때에는 가드를 열 수 없도록 한 방호장치

55 산업안전보건법령에 따라 사업주는 근로자가 안전하게 통행할 수 있도록 통로에 얼마 이상의 채광 또는 조명시설을 하여야 하는가?

① 50럭스 ② 75럭스
③ 90럭스 ④ 100럭스

해설

작업면의 조도 기준

① 초정밀 작업 750lux 이상

② 정밀 작업 300lux 이상

③ 보통 작업 150lux 이상

④ 그 밖(통로 등) 75lux 이상

56 산업안전보건법령상 다음 중 보일러의 방호장치와 가장 거리가 먼 것은?

① 언로드밸브
② 압력방출장치
③ 압력제한스위치
④ 고저수위 조절장치

해설

보일러의 방호장치

① 화염검출기

② 압력방출장치

③ 압력제한스위치

④ 고저수위조절장치

57 다음 중 롤러기 급정지장치의 종류가 아닌 것은?

① 어깨조작식 ② 손조작식
③ 복부조작식 ④ 무릎조작식

58 산업안전보건법령에 따라 레버풀러(lever pull-er) 또는 체인블록(chain block)을 사용하는 경우 훅의 입구(hook mouth) 간격이 제조자가 제공하는 제품사양서 기준으로 몇 % 이상 벌어진 것은 폐기하여야 하는가?

① 3 ② 5
③ 7 ④ 10

59 컨베이어(conveyor) 역전방지장치의 형식을 기계식과 전기식으로 구분할 때 기계식에 해당하지 않는 것은?

① 라쳇식 ② 밴드식
③ 스러스트식 ④ 롤러식

60 다음 중 연삭숫돌의 3요소가 아닌 것은?

① 결합제 ② 입자
③ 저항 ④ 기공

4과목 전기위험방지기술

61 다음 ( ) 안의 알맞은 내용을 나타낸 것은?

폭발성 가스의 폭발등급 측정에 사용하는 표준용기는 내용적이 (㉮)㎤, 반구상의 플랜지 접합면의 안길이 (㉯)mm의 구상 용기의 틈새를 통과시켜 화염일주한계를 측정하는 장치이다.

① ㉮ 600, ㉯ 0.4 ② ㉮ 1800, ㉯ 0.6
③ ㉮ 4500, ㉯ 8 ④ ㉮ 8000, ㉯ 25

62 다음 차단기는 개폐기구가 절연물의 용기 내에 일체로 조립한 것으로 과부하 및 단락사고 시에 자동적으로 전로를 차단하는 장치는?

① OS
② VCB
③ MCCB
④ ACB

MCCB (배선용 차단기)
부하전류를 개폐하는 전원스위치의 역할을 하며 과전류 및 단락시 전기사고를 예방하기 위해 자동으로 회로를 차단해 주는 역할의 차단기

63 한국전기설비규정에 따라 보호등전위본딩 도체로서 주접지 단자에 접속하기 위한 등전위본딩 도체(구리도체)의 단면적은 몇 mm² 이상이어야 하는가?(단, 등전위본딩 도체는 설비 내에 있는 가장 큰 보호접지 도체 단면적의 1/2 이상의 단면적을 가지고 있다.)

① 2.5
② 6
③ 16
④ 50

보호등전위본딩 도체
주접지 단자에 접속하기 위한 등전위본딩 도체는 설비 내에 있는 가장 큰 보호접지 도체 단면적의 1/2 이상의 단면적을 가져야 하고 다음의 단면적 이상이어야 한다.
  ① 구리 도체 6mm²
  ② 알루미늄 도체 16mm²
  ③ 강철 도체 50mm²

64 저압전로의 절연성능 시험에서 전로의 사용전압이 380V인 경우 전로의 전선 상호간 및 전로와 대지 사이의 절연저항은 최소 몇 MΩ 이상이어야 하는가?

① 0.1
② 0.3
③ 0.5
④ 1

저압전로의 절연저항(절연성능)

전로의 사용전압	DC 시험전압	절연저항
SELV(Safety Extra Low Voltage =특별안전저압) 비접지회로(2차 전압이 AC 50V, DC 120V 이하)	250V	0.5MΩ
PELV(Protective Extra Low Voltage =특별보호저압) 접지회로(1차와 2차 절연된 회로)		
FELV(Functional Extra Low Voltage =특별저전압) 500V 이하	500V	1MΩ
500V 초과	1000V	1MΩ

65 전격의 위험을 결정하는 주된 인자로 가장 거리가 먼 것은?

① 통전전류
② 통전시간
③ 통전경로
④ 접촉전압

전격의 위험을 결정하는 주된 인자
• 1차적 감전요소 : 통전전류크기 > 통전시간 > 통전경로 > 전원의 종류(직류보다 교류가 더 위험)
• 2차적 감전요소 : 인체의 조건, 전압, 계절

66 교류 아크 용접기의 허용사용률(%)은?(단, 정격사용률은 10%, 2차 정격전류는 500A, 교류 아크 용접기의 사용전류는 250A이다.)

① 30
② 40
③ 50
④ 60

$$허용 \cdot 사용률 = \frac{(정격2차전류)^2}{(실제용접전류)^2} \times 정격사용률(\%)$$

$$허용 \cdot 사용률 = \frac{(500)^2}{(250)^2} \times 10(\%) = 40$$

67 내압방폭구조의 필요충분조건에 대한 사항으로 틀린 것은?

① 폭발화염이 외부로 유출되지 않을 것
② 습기침투에 대한 보호를 충분히 할 것
③ 내부에서 폭발한 경우 그 압력에 견딜 것
④ 외함의 표면온도가 외부의 폭발성가스를 점화되지 않을 것

해설

내압 방폭구조(d)
아크를 발생시키는 전기설비를 전폐용기에 넣고 용기 내부에 폭발이 일어날 경우에 용기가 폭발 압력에 견뎌 외부의 폭발성가스에 인화될 위험이 없도록 한 구조의 방폭구조

68 다음 중 전동기를 운전하고자 할 때 개폐기의 조작순서로 옳은 것은?

① 메인 스위치 → 분전반 스위치 → 전동기용 개폐기
② 분전반 스위치 → 메인 스위치 → 전동기용 개폐기
③ 전동기용 개폐기 → 분전반 스위치 → 메인 스위치
④ 분전반 스위치 → 전동기용 스위치 → 메인 스위치

해설

전동기 계폐기의 조작순서
메인 스위치→ 분전반 스위치→ 전동기용 개폐기

69 다음 빈칸에 들어갈 내용으로 알맞은 것은?

교류 특고압가공전선로에서 발생하는 극저주파 전자계는 지표상 1m에서 전계가(ⓐ) 자계가(ⓑ)가 되도록 시설하는 등 상시 정전유도 및 전자유도 작용에 의하여 위험을 줄 우려가 없도록 시설하여야 한다.

① ⓐ 0.35kV/m 이하, ⓑ 0.833μT 이하
② ⓐ 3.5kV/m 이하, ⓑ 8.33μT 이하
③ ⓐ 3.5kV/m 이하, ⓑ 83.3μT 이하
④ ⓐ 35kV/m 이하, ⓑ 833μT 이하

해설

유도장해 방지
① 교류 특고압가공전선로에서 발생하는 극저주파전자계는 지표상 1m에서 전계가 3.5kV/m 이하, 자계가 83.3μT 이하가 되도록 시설하고
② 직류 특고압가공전선로에서 발생하는 직류전계는 지표면에서 25kV/m 이하, 직류자계는 지표상 1m에서 400,000 μT 이하가 되도록 시설하는 등 상시 정전유도(靜電誘導) 및 전자유도(電磁誘導) 작용에 의하여 사람에게 위험을 줄 우려가 없도록 시설하여야 한다.(산업통상자원부 전기설비기술기준 제17조)

70 감전사고를 방지하기 위한 방법으로 틀린 것은?

① 전기기기 및 설비의 위험부에 위험표지
② 전기설비에 대한 누전차단기 설치
③ 전기기에 대한 정격표시
④ 무자격자는 전기계 및 기구에 전기적인 접촉 금지

해설

감전방지대책
① 전기설비의 필요한 부위의 보호접지
② 노출된 충전부에 절연용 방호구 설치 및 충전부 절연, 격리한다.
③ 설비의 전압을 될 수 있는 한 낮춘다.
④ 전기기기에 누전차단기를 설치한다.
⑤ 전기기기설비를 개선한다.
⑥ 전기설비를 적정한 상태로 유지하기 위하여 점검, 보수한다.
⑦ 근로자의 안전교육을 통하여 전기의 위험성을 강조한다.
⑧ 전기 취급근로자에게 절연용 보호구를 착용토록 한다.
⑨ 유자격자 이외는 전기기계, 기구의 조작을 금한다.

71 외부 피뢰시스템에서 접지극은 지표면에서 몇 m 이상 깊이로 매설하여야 하는가?(단, 동결심도는 고려하지 않는 경우이다.)

① 0.5
② 0.75
③ 1
④ 1.25

접지극의 매설
① 접지극은 매설하는 토양을 오염시키지 않아야 하며, 가능한 다습한 부분에 설치한다.
② 접지극은 동결 깊이를 감안하여 시설하되 고압 이상의 전기설비와 변압기 중성점접지에 시설하는 접지극의 매설 깊이는 지표면으로부터 지하 0.75m 이상으로 한다.

72 정전기의 재해방지 대책이 아닌 것은?

① 부도체에는 도전성을 향상 또는 제전기를 설치 운영한다.
② 접촉 및 분리를 일으키는 기계적 작용으로 인한 정전기 발생을 적게 하기 위해서는 가능한 접촉 면적을 크게 하여야 한다.
③ 저항률이 1010Ω·cm 미만의 도전성 위험물의 배관유속은 7m/s 이하로 한다.
④ 생산공정에 별다른 문제가 없다면, 습도를 70% 정도 유지하는 것도 무방하다.

정전기 재해방지 대책(정전기대전 방지대책)
① 접지
② 습기부여(공기 중 습도 60~70% 유지)
③ 도전성 재료 사용
④ 대전방지제 사용
⑤ 제전기 사용
⑥ 유속 조절(석유류 제품 1m/s 이하)
⑦ 도전성 물질로서 저항률이 10^{10}(Ωcm) 미만의 배관 유속을 7m/s 이하

73 어떤 부도체에서 정전용량이 10pF이고, 전압이 5kV일 때 전하량(C)은?

① 9×10^{-12} ② 6×10^{-10}
③ 5×10^{-8} ④ 2×10^{-6}

전하량 : $Q = C \times V$
$= (10 \times 10^{-12}) \times 5000 = 5 \times 10^{-8}$

74 KS C IEC 60079−0에 따른 방폭에 대한 설명으로 틀린 것은?

① 기호 "X"는 방폭기기의 특정사용조건을 나타내는 데 사용되는 인증번호의 접미사이다.
② 인화하한(LFL)과 인하상한(UFL) 사이의 범위가 클수록 폭발성 가스 분위기 형성 가능성이 크다.
③ 기기그룹에 따라 폭발성가스를 분류할 때 ⅡA의 대표 가스로 에틸렌이 있다.
④ 연면거리는 두 도전부 사이의 고체 절연물 표면에 따른 최단거리를 말한다.

방폭 부품의 인증번호의 접미사
① U기호 : 방폭용 장비가 아닌 장비의 부품(구성품)으로서만 사용 가능한 경우
② X기호 : 사용상 설치 조건 등이 어떤 부가조건이 특정된 경우의 방폭형 장비의 인증번호의 접미사
③ 접미사가 없는 경우 : 제품이 그 자체로 인증되어 추가 검사 없이 그대로 위험지역에서 사용 가능한 방폭형 장비
④ ⅡA의 대표 가스 : 암모니아, 일산화탄소, 벤젠, 아세톤, 에탄올, 메탄올, 프로판
⑤ ⅡB의 대표 가스 : 에틸렌, 부타디엔, 에틸렌옥사이드, 도시가스

75 다음 중 활선근접 작업시의 안전조치로 적절하지 않은 것은?

① 근로자가 절연용 방호구의 설치·해체작업을 하는 경우에는 절연용 보호구를 착용하거나 활선 작업용 기구 및 장치를 사용하도록 하여야 한다.
② 저압인 경우에는 해당 전기작업자가 절연용 보호구를 착용하되, 충전전로에 접촉할 우려가 없는 경우에는 절연용 방호구를 설치하지 아니할 수 있다.
③ 유자격자가 아닌 근로자가 근로자의 몸 또는 긴 도전성 물체가 방호되지 않은 충전전로에서 대지전압이 50kV 이하인 경우에는 400cm 이내로 접근할 수 없도록 하여야 한다.

④ 고압 및 특별고압의 전로에서 전기작업을 하는 근로자에게 활선작업용 기구 및 장치를 사용하여야 한다.

[해설]

충전전로에서의 전기작업 활선작업 안전조치
① 충전전로를 정전시키는 경우에는 충전전로에서의 전기작업에 따른 조치를 할 것
② 충전전로를 방호, 차폐하거나 절연 등의 조치를 하는 경우에는 근로자의 신체가 전로와 직접 접촉하거나 도전재료, 공구 또는 기기를 통하여 간접 접촉되지 않도록 할 것
③ 충전전로를 취급하는 근로자에게 그 작업에 적합한 절연용 보호구를 착용시킬 것
④ 충전전로에 근접한 장소에서 전기작업을 하는 경우에는 해당 전압에 적합한 절연용 방호구를 설치할 것
⑤ 고압 및 특별고압의 전로에서 전기작업을 하는 근로자에게 활선작업용 기구 및 장치를 사용하도록 할 것
⑥ 근로자가 절연용 방호구의 설치·해체작업을 하는 경우에는 절연용 보호구를 착용하거나 활선 작업용 기구 및 장치를 사용하도록 할 것
⑦ 유자격자가 아닌 근로자가 충전전로 인근의 높은 곳에서 작업할 때에 근로자의 몸 또는 긴 도전성 물체가 방호되지 않은 충전전로에서 대지전압이 50kV 이하인 경우에는 300cm 이내로, 대지전압이 50를 넘는 경우에는 10kV 당 10cm씩 더한 거리 이내로 각각 접근할 수 없도록 할 것

76 밸브 저항형 피뢰기의 구성요소로 옳은 것은?

① 직렬갭, 특성요소 ② 병렬갭, 특성요소
③ 직렬갭, 충격요소 ④ 병렬갭, 충격요소

[해설]

피뢰기의 구비 성능
피뢰기는 직렬갭과 특성요소로 구성된다.

77 정전기 제거 방법으로 가장 거리가 먼 것은?

① 작업장 바닥을 도전처리한다.
② 설비의 도체 부분은 접지시킨다.
③ 작업자는 대전방지화를 신는다.
④ 작업장을 항온으로 유지한다.

[해설]

1) 정전기 재해방지 대책(정전기대전 방지대책)
   ① 접지
   ② 습기부여(공기 중 습도 60~70% 유지)
   ③ 도전성 재료 사용
   ④ 대전방지제 사용
   ⑤ 제전기 사용(제전효율 90% 이상)
   ⑥ 유속 조절(석유류 제품 1m/s 이하)
2) 인체에 대전된 정전기위험 방지 대책
   ① 정전기용 안전화 착용
   ② 제전복 착용
   ③ 정전기 제전용구 착용
   ④ 작업장 바닥 도전성 재료를 갖추도록 하는 등의 조치

78 인체의 전기저항을 $0.5k\Omega$ 이라고 하면 심실세동을 일으키는 위험한계 에너지는 몇 J인가?(단, 심실세동전류값 $I = \dfrac{165}{\sqrt{T}}[mA]$ 의 Dalziel의 식을 이용하며, 통전시간은 1초로 한다.)

① 13.6 ② 12.6
③ 11.6 ④ 10.6

[해설]

$Q(J) = I^2 R T = (165 \times 0.001)^2 \times 500 = 13.6(J)$
전류 : I(A) 심신세동전류 : I(mA)
따라서 1A = 1000mA 이므로 ($10^{-3} = 0.001$)

79 다음 중 전기설비기술기준에 따른 전압의 구분으로 틀린 것은?

① 저압 : 직류 1kV 이하
② 고압 : 교류 1kV를 초과, 7kV 이하
③ 특고압 : 직류 7kV 초과
④ 특고압 : 교류 7kV 초과

[해설]

전압의 구분	교류(A.C)	직류((D.C)
저압	1000V 이하	1500V 이하
고압	1000V 초과 7000V 이하	1500V 초과 7000V 이하
특고압	7000V 초과	7000V 초과

정답 76 ① 77 ④ 78 ① 79 ①

80 가스 그룹 ⅡB 지역에 설치된 내압방폭구조 "d" 장비의 플랜지 개구부에서 장애물까지의 최소 거리(mm)는?

① 10 ② 20
③ 30 ④ 40

해설

최대 안전의 틈새 한계 (MESG : Maximum Experimental SafeGap) (내압방폭구조의 폭발등급)(KSCIEC)		내압방폭구조의 플랜지 접합부와 장애물의 이격거리
가스 및 증기그룹 ⅡA	0.9mm 이상	10mm
가스 및 증기그룹 ⅡB	0.5mm 초과 0.9mm 미만	30mm
가스 및 증기그룹 ⅡC	0.5mm 이하	40mm

5과목 화학설비위험방지기술

81 다음 설명이 의미하는 것은?

온도, 압력 등 제어상태가 규정의 조건을 벗어나는 것에 의해 반응속도가 지수함수적으로 증대되고, 반응용기 내의 온도, 압력이 급격히 이상 상승되어 규정 조건을 벗어나고 반응이 과격화 되는 현상

① 비등 ② 과열·과압
③ 폭발 ④ 반응폭주

해설

① 비등 : 액체가 끓어오름. 액체가 어느 온도 이상으로 가열되어, 그 증기압이 주위의 압력보다 커져서 액체의 표면뿐만 아니라 내부에서도 기화하는 현상을 이른다.
② 과열 : 지나치게 뜨거워짐. 또는 그런 열
  과압 : 지나치게 높은 압력
③ 폭발 : 물질이 급격한 화학 변화나 물리 변화를 일으켜 부피가 몹시 커져 폭발음이나 파괴 작용이 따름. 또는 그런 현상

82 다음 중 전기화재의 종류에 해당하는 것은?

① A급 ② B급
③ C급 ④ D급

해설

분류	A급 화재	B급 화재	C급 화재	D급 화재
명칭	일반 화재	유류·가스화재	전기 화재	금속 화재
가연물	목재, 종이, 섬유등	유류, 가스 등	전기	Mg분, AL분
적응 소화제	① 물 소화기 ② 강화액 소화기 ③ 산, 알칼리 소화기	① 이산화탄소 소화기 ② 할로겐화합 물 소화기 ③ 분말 소화기 ④ 포 소화기	① 이산화탄소 소화기 ② 할로겐화합 물 소화기 ③ 분말 소화기 ④ 무상강화액 소화기	① 건조사 ② 팽창 질석 ③ 팽창 진주암
구분색	백색	황색	청색	무색

83 다음 중 폭발범위에 관한 설명으로 틀린 것은?

① 상한값과 하한값이 존재한다.
② 온도에는 비례하지만 압력과는 무관하다.
③ 가연성 가스의 종류에 따라 각각 다른 값을 갖는다.
④ 공기와 혼합된 가연성 가스의 체적 농도로 나타낸다.

해설

압력과 무관한 것이 아니라 압력은 상한계를 상승시켜 가스의 폭발범위가 넓어진다.

84 다음 표와 같은 혼합가스의 폭발범위(vol%)로 옳은 것은?

가스	용적비율 (Vol%)	폭발하한계 (Vol%)	폭발상한계 (Vol%)
CH_4	70	5	15
C_2H_6	15	3	12.5
C_8H_8	5	2.1	9.5
C_4H_{10}	10	1.9	8.5

① 3.75~13.21 ② 4.33~13.21
③ 4.33~15.22 ④ 3.75~15.22

$$L = \frac{100}{\dfrac{V1}{L1} + \dfrac{V2}{L2} + \dfrac{V3}{L3} + \dfrac{V4}{L4}}$$

$$L = \frac{100}{\dfrac{70}{5} + \dfrac{15}{3} + \dfrac{5}{2.1} + \dfrac{10}{1.9}} = 3.75$$

$$L = \frac{100}{\dfrac{70}{15} + \dfrac{15}{12.5} + \dfrac{5}{9.5} + \dfrac{10}{8.5}} = 13.2$$

85 위험물을 저장 · 취급하는 화학설비 및 그 부속설비를 설치할 때 '단위공정시설 및 설비로부터 다른 단위공정시설 및 설비의 사이'의 안전거리는 설비의 바깥 면으로부터 몇 m 이상이 되어야 하는가?

① 5   ② 10

③ 15   ④ 20

해설

화학설비 및 부속설비의 안전거리

구분	안전거리
단위공정 시설 및 설비로부터 다른 단위공정 시설 및 설비의 사이	설비의 바깥면으로부터 10m 이상
플레어스택으로부터 단위공정 시설 및 설비 위험물질 저장탱크 또는 위험물질 하역설비의 사이	플레어스택으로부터 반경 20m 이상
위험물질 저장 탱크로부터 단위공정 시설 및 설비 보일러 또는 가열로의 사이	저장탱크의 바깥면으로부터 20미터 이상
사무실, 연구실, 실험실, 정비실 또는 식당으로부터 단위공정 시설 및 설비 위험물질 저장탱크, 위험물질 하역설비, 보일러 또는 가열로의 사이	사무실 등의 바깥면으로부터 20미터 이상

86 열교환기의 열교환 능률을 향상시키기 위한 방법으로 거리가 먼 것은?

① 유체의 유속을 적절하게 조절한다.

② 유체의 흐르는 방향을 병류로 한다.

③ 열교환기 입구와 출구의 온도차를 크게 한다.

④ 열전도율이 좋은 재료를 사용한다.

해설

열교환기의 병류와 향류

• 병류 : 고온 유체와 저온 유체가 같은 방향으로 흐르는 것

• 향류 : 고온 유체와 저온 유체가 반대 방향으로 흐르는 것으로 열효율을 향상시킨다.

87 다음 중 인화성 물질이 아닌 것은?

① 디에틸에테르   ② 아세톤

③ 에틸알코올   ④ 과염소산칼륨

해설

과염소산은 1류 위험물로서 산화성 고체이다.

88 산업안전보건법령상 위험물질의 종류에서 "폭발성 물질 및 유기과산화물"에 해당하는 것은?

① 리튬   ② 아조화합물

③ 아세틸렌   ④ 셀룰로이드류

해설

폭발성 물질 및 유기과산화물

1. 유기과산화물
2. 질산에스테르류
3. 니트로화합물
4. 니트로소화합물
5. 아조화합물
6. 디아조화합물
7. 하이드라진유도체
8. 히드록실아민
9. 히드록실아민염류

89 건축물 공사에 사용되고 있으나, 불에 타는 성질이 있어서 화재 시 유독한 시안화수소 가스가 발생되는 물질은?

① 염화비닐   ② 염화에틸렌

③ 메타크릴산메틸   ④ 우레탄

정답   85 ②   86 ②   87 ④   88 ②   89 ④

① 우레탄은 단열재로서 화재시 유독한 시안화수소(청산)가 발생한다.
② 염화비닐 : 중합하면 폴리염화비닐(염화비닐수지)이 된다. 폴리염화비닐은 공업재료로 많이 사용되어 플라스틱 폐기물로서 공해의 원인이 되고 있다. 염화비닐과 폴리염화비닐은 혼용하여 사용하는 경우가 많다.
③ 염화에틸렌 : 염화비닐의 다른 이름
④ 메타크릴산메틸 : 메타크릴산과 메타놀의 에스테르 화합물. 무색의 맑은 액체로 중합하여 유기 유리를 만든다.

90 반응기를 설계할 때 고려하여야 할 요인으로 가장 거리가 먼 것은?

① 부식성
② 상의 형태
③ 온도 범위
④ 중간생성물의 유무

반응기 설계 시 주요사항(반응을 위한 조건)
① 온도
② 압력
③ 부식성
④ 상의 형태
⑤ 체류시간

91 에틸알코올 1몰이 완전 연소 시 생성되는 CO_2와 H_2O의 몰수로 옳은 것은?

① CO_2 : 1, H_2O : 4
② CO_2 : 2, H_2O : 3
③ CO_2 : 3, H_2O : 2
④ CO_2 : 4, H_2O : 1

에틸알콜
$$C_2H_5OH + 3O_2 \rightarrow 2CO_2 + 3H_2O$$

92 산업안전보건법령상 각 물질이 해당하는 위험물질의 종류를 옳게 연결한 것은?

① 아세트산(농도 90%) – 부식성 산류
② 아세톤(농도 90%) – 부식성 염기류

③ 이황화탄소 – 인화성 가스
④ 수산화칼륨 – 인화성 가스

부식성 물질
1) 부식성 산류
   농도가 20% 이상인 염산 황산 질산
   농도가 60% 이상인 인산 아세트산 불산
2) 부식성 염기류
   농도가 40% 이상인 수산화나트륨 수산화칼륨

93 물과의 반응으로 유독한 포스핀 가스를 발생하는 것은?

① HC
② NaCl
③ Ca_3P_2
④ $Al(OH)_3$

금속의 인화물
• 인화 알루미늄 : $AlP + 3H_2O \rightarrow Al(OH)_3 + PH_3 \uparrow$ (포스핀)
• 인화칼슘 : $Ca_3P_2 + 6HCl \rightarrow 3CaCl_2 + 2PH_3$(포스핀) $\uparrow$

94 분진폭발의 요인을 물리적 인자와 화학적 인자로 분류할 때 화학적 인자에 해당하는 것은?

① 연소열
② 입도분포
③ 열전도율
④ 입자의 형성

물리적 인자
① 입도분포
② 열전도율
③ 입자의 형상

95 메탄올에 관한 설명으로 틀린 것은?

① 무색투명한 액체이다.
② 비중은 1보다 크고, 증기는 공기보다 가볍다.
③ 금속나트륨과 반응하여 수소를 발생한다.
④ 물에 잘 녹는다.

96 다음 중 자연발화가 쉽게 일어나는 조건으로 틀린 것은?

① 주위온도가 높을수록
② 열 축적이 클수록
③ 적당량의 수분이 존재할 때
④ 표면적이 작을수록

해설

자연발화의 조건
① 표면적이 넓은 것
② 열전도율이 작을 것
③ 발열량이 클 것
④ 주위의 온도가 높을 것(분자운동 활발)

97 다음 중 인화점이 가장 낮은 것은?

① 벤젠   ② 메탄올
③ 이황화탄소   ④ 경유

해설

물질의 인화점
① 벤젠($-11℃$)
② 에탄올($11℃$)
③ 이황화탄소($-38℃$)
④ 경유($30\sim60℃$)

98 자연발화성을 가진 물질이 자연발화를 일으키는 원인으로 거리가 먼 것은?

① 분해열   ② 증발열
③ 산화열   ④ 중합열

해설

자연발화의 형태
① 산화열에 의한 발열(석탄, 건성유)
② 분해열에의한 발열(셀룰로이드, 니트로셀룰로오스)

③ 흡착열에 의한 발열 활성탄(목탄, 분말)
④ 미생물에 의한 발열(퇴비, 먼지)

99 비점이 낮은 가연성 액체 저장탱크 주위에 화재가 발생했을 때 저장탱크 내부의 비등현상으로 인한 압력 상승으로 탱크가 파열되어 그 내용물이 증발, 팽창하면서 발생되는 폭발현상은?

① Back Draft   ② BLEVE
③ Flash Over   ④ UVCE

해설

정의	Bleve(boiling, liquid, expanding, vapor, explosion) 　　　 비등　 액체　 팽창　 증기　 폭발 비등점이 낮은 인화성 액체저장탱크가 화재로 인해 화염에 장시간 노출되어 탱크 내 액체가 급격히 증발하여 비등하고 증기가 팽창하면서 탱크 내 압력이 설계 압력을 초과하여 폭발을 일으키는 현상

100 사업주는 산업안전보건법령에서 정한 설비에 대해서는 과압에 따른 폭발을 방지하기 위하여 안전밸브 등을 설치하여야 한다. 다음 중 이에 해당하는 설비가 아닌 것은?

① 원심펌프
② 정변위 압축기
③ 정변위 펌프(토출축에 차단밸브가 설치된 것만 해당한다)
④ 배관(2개 이상의 밸브에 의하여 차단되어 대기온도에서 액체의 열팽창에 의하여 파열될 우려가 있는 것으로 한정한다)

해설

안전밸브 파열판설치 대상
① 압력용기 : 안지름이 150mm 이하인 압력용기는 제외 관형 열교환기는 관의 파열로 인하여 상승압력이 압력용기의 최고사용압력 초과할 우려가 있는 경우
② 정변위압축기
③ 정변위펌프(토출축에 차단밸브가 설치된 것)

④ 배관(2개 이상의 밸브에 의하여 차단되어 대기 온도에서 액체의 열팽창에 의하여 파열될 것이 우려되는 것)
⑤ 그 밖의 화학 설비 및 그 부속설비로서 해당 설비의 최고 사용압력을 초과할 우려가 있는 것

6과목 건설안전기술

101 유해 · 위험방지계획서 제출 시 첨부서류로 옳지 않은 것은?

① 공사현장의 주변 현황 및 주변과의 관계를 나타내는 도면
② 공사개요서
③ 전체공정표
④ 작업인부의 배치를 나타내는 도면 및 서류

해설

유해 위험 방지계획서 제출 시 첨부서류
① 공사 개요서
② 공사현장의 주변 현황 및 주변과의 관계를 나타내는 도면(매설물 현황 포함)
③ 건설물, 사용 기계설비 등의 배치를 나타내는 도면
④ 전체 공정표
⑤ 산업안전보건관리비 사용계획
⑥ 안전관리 조직표
⑦ 재해 발생 위험 시 연락 및 대피방법

102 거푸집 해체작업 시 유의사항으로 옳지 않은 것은?

① 일반적으로 수평부재의 거푸집은 연직부재의 거푸집보다 빨리 떼어낸다.
② 해체된 거푸집이나 각목 등에 박혀있는 못 또는 날카로운 돌출물은 즉시 제거하여야 한다.
③ 상하 동시 작업은 원칙적으로 금지하여 부득이한 경우에는 긴밀히 연락을 위하며 작업을 하여야 한다.

④ 거푸집 해체작업장 주위에는 관계자를 제외하고는 출입을 금지시켜야 한다.

해설

거푸집 해체 시 주의사항
① 거푸집 설치의 역순으로 순차적으로 실시
② 거푸집 해체작업장 주위에는 관계자를 제외하고는 출입을 금지
③ 강풍, 폭우, 폭설 등 악천후 때문에 작업실시에 위험이 예상될 때에는 해체작업을 중지
④ 해체된 거푸집 기타 각목 등을 올리거나 내릴 때는 달줄 또는 달포대 등을 사용
⑤ 해체된 거푸집 또는 각목 등에 박혀있는 못 또는 날카로운 돌출물을 즉시 제거
⑥ 해체된 거푸집 또는 각목은 선별, 분류하고 적치하고 정리정돈
⑦ 해체시 안전모와 안전화를 착용 토록하고, 고소에서 해체할 때에는 안전대를 반드시 착용
⑧ 거푸집 해체 작업계획을 수립 · 작성 · 검토 · 승인 및 위험성 평가, 교육 후 작업을 실시
⑨ 거푸집 해체가 용이하지 않다고 주조체에 무리한 충격 또는 큰 힘에 의한 지렛대 사용은 금지
⑩ 상 · 하에서 동시 작업할 때에는 상 · 하간 긴밀히 연락 거푸집 해체순서는 수평부재보다 연직부재를 먼저 떼어 낸다.

103 사다리식 통로 등을 설치하는 경우 통로 구조로서 옳지 않은 것은?

① 발판의 간격은 일정하게 한다.
② 발판과 벽과의 사이는 15cm 이상의 간격을 유지한다.
③ 사다리의 상단은 걸쳐놓은 지점으로부터 60cm 이상 올라가도록 한다.
④ 폭은 40cm 이상으로 한다.

해설

사다리 통로
① 견고한 구조로 할 것
② 심한 손상 · 부식 등이 없는 재료를 사용할 것
③ 발판의 간격은 일정하게 할 것

정답 101 ④ 102 ① 103 ④

④ 발판과 벽과의 사이는 15cm 이상의 간격을 유지할 것
⑤ 폭은 30cm 이상으로 할 것
⑥ 사다리가 넘어지거나 미끄러지는 것을 방지하기 위한 조치를 할 것
⑦ 사다리의 상단은 걸쳐놓은 지점으로부터 60cm 이상 올라가도록 할 것
⑧ 사다리식 통로의 길이가 10m 이상인 경우에는 5m 이내마다 계단참을 설치할 것
⑨ 사다리식 통로의 기울기는 75° 이하로 할 것. 다만, 고정식 사다리식 통로의 기울기는 90도 이하로 하고, 높이가 7m 이상인 경우에는 바닥으로부터 높이가 2.5m 되는 지점부터 등받이울을 설치할 것
⑩ 접이식 사다리 기둥은 사용 시 접혀지거나 펼쳐지지 않도록 철물 등을 사용하여 견고하게 조치할 것

104 추락 재해방지 설비 중 근로자의 추락재해를 방지할 수 있는 설비로 작업발판 설치가 곤란한 경우에 필요한 설비는?

① 경사로
② 추락방호망
③ 고장사다리
④ 달비계

해설

추락에 의한 위험의 방지(건설재해예방 중에서)
1) 추락의 방지
   가. 근로자가 추락하거나 넘어질 위험이 있는 장소 또는 기계·설비·선박 블록 등에서 작업을 할 때 근로자가 위험해질 우려가 있는 경우 비계를 조립하는 등의 방법으로 작업발판을 설치하여야 한다.
   나. 작업발판을 설치하기가 곤란한 경우 기준에 맞는 추락 방호망을 설치하여야 한다. 다만, 추락 방호망을 설치하기가 곤란한 경우에는 근로자에게 안전대를 착용하도록 하는 등 추락위험을 방지하기 위하여 필요한 조치를 하여야 한다.

105 콘크리트 타설작업을 하는 경우에 준수해야 할 사항으로 옳지 않은 것은?

① 당일의 작업을 시작하기 전에 해당 작업에 관한 거푸집동바리 등의 변형·변위 및 지반의 침하 유무 등을 점검하고 이상이 있으면 보수한다.

② 작업 중에는 거푸집동바리 등의 변형·변위 및 침하 유무 등을 감시할 수 있는 감시자를 배치하여 이상이 있으면 작업을 빠른 시간내 우선 완료하고 근로자를 대피시킨다.
③ 콘크리트 타설작업 시 거푸집붕괴의 위험이 발생할 우려가 있으면 충분한 보강조치를 한다.
④ 콘크리트를 타설하는 경우에는 편심이 발생하지 않도록 골고루 분산하여 타설한다.

해설

콘크리트 타설작업 시 준수사항
① 당일의 작업을 시작하기 전에 해당 작업에 관한 거푸집 동바리 등의 변형·변위 및 지반의 침하 유무 등을 점검하고 이상이 있으면 보수할 것
② 작업 중에는 거푸집 동바리 등의 변형·변위 및 침하 유무 등을 감시할 수 있는 감시자를 배치하여 이상이 있으면 작업을 중지하고 근로자를 대피시킬 것
③ 콘크리트 타설작업 시 거푸집 붕괴의 위험이 발생할 우려가 있으면 충분한 보강조치를 할 것
④ 설계도서상의 콘크리트 양생기간을 준수하여 거푸집 동바리 등을 해체할 것
⑤ 콘크리트를 타설하는 경우에는 편심이 발생하지 않도록 골고루 분산하여 타설할 것

106 작업장 출입구 설치 시 준수해야 할 사항으로 옳지 않은 것은?

① 출입구의 위치·수 및 크기가 작업장의 용도와 특성에 맞도록 한다.
② 출입구에 문을 설치하는 경우에는 근로자가 쉽게 열고 닫을 수 있도록 한다.
③ 주된 목적이 하역운반기계용인 출입구에는 보행자용 출입구를 따로 설치하지 않는다.
④ 계단이 출입구와 바로 연결된 경우에는 작업자의 안전한 통행을 위하여 그 사이에 1.2m 이상 거리를 두거나 안내표지 또는 비상벨 등을 설치한다.

107 건설작업장에서 근로자가 상시 작업하는 장소의 작업면 조도기준으로 옳지 않은 것은?(단, 갱내작업장과 감광재료를 취급하는 작업장의 경우는 제외)

① 초정밀작업 : 600럭스(lux) 이상

② 정밀작업 : 300럭스(lux) 이상

③ 보통작업 : 150럭스(lux) 이상

④ 초정밀, 정밀, 보통작업을 제외한 기타 작업 : 75럭스(lux) 이상

해설

작업의 종류	작업면조명도
초정밀 작업	750lux 이상
정밀 작업	300lux 이상
보통 작업	150lux 이상
통로, 기타 작업	75lux 이상

108 건설업 산업안전보건관리비 계상 및 사용기준에 따른 안전관리비의 개인보호구 및 안전장구 구입비 항목에서 안전관리비로 사용이 가능한 경우는?

① 안전·보건관리자가 선임되지 않은 현장에서 안

전·보건업무를 담당하는 현장관계자용 무전기, 카메라, 컴퓨터, 프린터 등 업무용 기기

② 혹한·혹서에 장기간 노출로 인해 건강장해를 일으킬 우려가 있는 경우 특정 근로자에게 지급되는 기능성 보호 장구

③ 근로자에게 일률적으로 지급하는 보냉·보온장구

④ 감리원이나 외부에서 방문하는 인사에게 지급하는 보호구

109 옥외에 설치되어 있는 주행 크레인에 대하여 이탈방지장치를 작동시키는 등 그 이탈을 방지하기 위한 조치를 하여야 하는 순간풍속에 대한 기준으로 옳은 것은?

① 순간풍속이 초당 10m를 초과하는 바람이 불어올 우려가 있는 경우

② 순간풍속이 초당 20m를 초과하는 바람이 불어올 우려가 있는 경우

③ 순간풍속이 초당 30m를 초과하는 바람이 불어올 우려가 있는 경우

④ 순간풍속이 초당 40m를 초과하는 바람이 불어올 우려가 있는 경우

해설

풍속 영향에 따른 작업 관계

철골 작업	풍속이 초당 10m 이상인 경우	철골작업 제한 작업 중지
	강우량이 시간당 1mm 이상인 경우	
	강설량이 시간당 1cm 이상인 경우	
타워 크레인 작업	순간풍속이 초당 10m 초과 시	설치 수리 점검 및 해체작업 중지
	순간풍속이 초당 15m 초과 시	타워크레인의 운전작업 중지

| 기타 장비 | 순간풍속이 매초 당 30m 초과 시 | ① 바람이 예상될 경우 주행 크레인 이탈 방지 장치 작동 점검
② 바람이 불어온 후
㉠ 작업 전 크레인의 이상 유무 점검
㉡ 건설용 리프트에 이상 유무 점검 |
| | 순간풍속이 매초 당 35m 초과 시 | ① 바람이 불어올 우려가 있을 시
㉠ 건설용 리프트의 받침 수증가 등 붕괴 방지 조치
㉡ 옥외용 승강기에 받침 수증가 등 도괴방지 조치 |

110 지반 등의 굴착작업 시 연암의 굴착면 기울기로 옳은 것은?

① 1 : 0.3
② 1 : 0.5
③ 1 : 0.8
④ 1 : 1.0

해설

굴착면의 기울기(2021.11.9 개정)

구분	보통흙		암반		
지반의 종류	건지	습지	풍화암	연암	경암
기울기	1 : 05~1 : 1	1 : 1~1 : 1.5	1 : 1.0	1 : 1.0	1 : 0.5

111 철골작업 시 철골부재에서 근로자가 수직방향으로 이동하는 경우엔 설치하여야 하는 고정된 승강로의 최대 답단간격은 얼마 이내인가?

① 20cm
② 25cm
③ 30cm
④ 40cm

해설

근로자가 수직방향으로 이동하는 철골부재에는 답단간격이 30cm 이내인 고정된 승강로를 설치하여야 하며, 수평방향 철골과 수직방향 철골이 연결되는 부분에는 연결작업을 위하여 작업발판 등을 설치하여야 한다.

112 흙막이벽 근입깊이를 깊게 하고, 전면의 굴착부분을 남겨두어 흙의 중량으로 대항하게 하거나, 굴착 예정부분의 일부를 미리 굴착하여 기초콘크리트를 타설하는 등의 대책과 가장 관계가 깊은 것은?

① 파이핑 현상이 있을 때
② 히빙 현상이 있을 때
③ 지하수위가 높을 때
④ 굴착깊이가 깊을 때

해설

지반의 이상현상 및 안전대책(흙막이 굴착 시 주의사항)

구분	정의	방지대책
히빙 현상 (Heaving)	연약성 점토지반 굴착 시 굴착외측 토압(흙의 중량)에 의해 굴착 저면의 흙이 활동 전단 파괴되어 굴착 내측으로 부풀어 오르는 현상	① 흙막이 근입깊이를 깊게 ② 표토제거 하중 감소 ③ 지반개량 굴착면 하중 증가 ④ 어스앵커 설치 등
보일링 현상 (boiling)	투수성이 좋은 사질토 지반의 흙막이 지면에서 수두차로 인한 상향의 침투압이 발생하여 유효응력이 감소하여 전단강도가 상실되는 현상으로 지하수가 모래와 같이 솟아오르는 현상	① 흙막이 근입깊이를 깊게 ② Filter 및 차수벽 설치 ③ 지하수위 저하 ④ 약액주입 등에 굴착면 고결 ⑤ 압성토 공법

113 재해사고를 방지하기 위하여 크레인에 설치된 방호장치로 옳지 않은 것은?

① 공기정화장치
② 비상정지장치
③ 제동장치
④ 권과방지장치

해설

크레인 방호장치
① 과부하방지장치
② 정격하중표시
③ 권과방지장치
④ 비상정지장치
⑤ 훅 해지장치

114 가설구조물의 문제점으로 옳지 않은 것은?

① 도괴재해의 가능성이 크다.

② 추락재해 가능성이 크다.

③ 부재의 결합이 간단하나 연결부가 견고하다.

④ 구조물이라는 통상의 개념이 확고하지 않으며 조립의 정밀도가 낮다.

해설

가설구조물의 문제점

1) 설치상의 문제점
    ① 연결재가 적은 구조로 되기 쉽다.
    ② 부재의 결합이 간단하여 불완전한 결합이 많다.
    ③ 구조물이라는 통상의 개념이 확고하지 않으며 조립의 정밀도가 낮다.
    ④ 부재가 과소단면이거나 결함재가 되기 쉽다.
    ⑤ 전체 구조에 대한 구조계산 기준이 부족하다.

2) 시공상의 문제점
    ① 숙련공 부족 및 고령화 : 작업능률 및 품질저하, 중대재해 발생
    ② 자재 수급 및 구조물 형태의 어려움
    ③ 가설기자재의 자체중량 과다
    ④ 가설공사 계획이 시공단계에서 결정
    ⑤ 가설공사 시 건설공해 발생
    ⑥ 거푸집 전용횟수 감소에 따른 경제성 감소
    ⑦ 재래식 설치방법 : 현장 제작 및 조립

3) 초고층화의 문제점
    ① 고층화될수록 기상(비, 바람 등) 변화의 영향을 더욱 많이 받아 재해발생의 위험이 크다.
    ② 강관 및 틀 비계의 제한 높이 : 지상에서 45m
    ③ 추락 및 낙하, 비래의 위험이 크다.
    ④ 고소작업에 따른 심리적, 육체적 부담감이 가중되어 재해발생의 위험이 크다.

115 강관틀비계를 조립하여 사용하는 경우 준수해야할 기준으로 옳지 않은 것은?

① 수직방향으로 6m, 수평방향으로 8m 이내마다 벽이음을 할 것

② 높이가 20m를 초과하거나 중량물의 적재를 수반하는 작업을 할 경우에는 주틀 간의 간격을 2.4m 이하로 할 것

③ 길이가 띠장 방향으로 4m 이하이고 높이가 10m를 초과하는 경우에는 10m 이내마다 띠장 방향으로 버팀기둥을 설치할 것

④ 주틀 간에 교차 가새를 설치하고 최상층 및 5층 이내마다 수평재를 설치할 것

해설

강관틀비계 조립 시 준수사항

① 비계기둥의 밑둥에는 밑받침 철물을 사용하여야 하며 밑받침에 고저차(高低差)가 있는 경우에는 조절형 밑받침철물을 사용하여 각각의 강관틀비계가 항상 수평 및 수직을 유지하도록 할 것

② 높이가 20미터를 초과하거나 중량물의 적재를 수반하는 작업을 할 경우에는 주틀 간의 간격을 1.8미터 이하로 할 것

③ 주틀 간에 교차 가새를 설치하고 최상층 및 5층 이내마다 수평재를 설치할 것

④ 수직방향으로 6미터, 수평방향으로 8미터 이내마다 벽이음을 할 것

⑤ 길이가 띠장방향으로 4미터 이하이고 높이가 10미터를 초과하는 경우에는 10미터 이내마다 띠장방향으로 버팀기둥을 설치할 것

116 비계의 높이가 2m 이상인 작업장소에 작업발판을 설치할 경우 준수하여야 할 기준으로 옳지 않은 것은?

① 작업발판의 폭은 30cm 이상으로 한다.

② 발판재료간의 틈은 3cm 이하로 한다.

③ 추락의 위험성이 있는 장소에는 안전난간을 설치한다.

④ 발판재료는 뒤집히거나 떨어지지 않도록 2개 이상의 지지물에 연결하거나 고정시킨다.

해설

작업발판을 설치할 경우 준수사항

① 작업발판의 폭은 40cm 이상으로 한다.

② 발판재료간의 틈은 3cm 이하로 한다.

③ 추락의 위험성이 있는 장소에는 안전난간을 설치한다.

④ 발판재료는 뒤집히거나 떨어지지 않도록 2개 이상의 지지물에 연결하거나 고정시킨다.

정답   **114** ③   **115** ②   **116** ①

117 사면지반 개량공법으로 옳지 않은 것은?

① 전기 화학적 공법

② 석회 안정처리 공법

③ 이온 교환 방법

④ 옹벽 공법

해설

① 사면보강공법 : 누름성토공법, 옹벽공법, 보강토공법, 미끄럼 방지 말뚝 공법, 앵커공법 등

② 사면지반개량공법 : 주입공법, 이온교환공법, 전기화학적 공법, 시멘트 안정 처리공법, 석회안정처리 공법, 소결공법 등

118 법면 붕괴에 의한 재해 예방조치로서 옳은 것은?

① 지표수와 지하수의 침투를 방지한다.

② 법면의 경사를 증가한다.

③ 절토 및 성토높이를 증가한다.

④ 토질의 상태에 관계없이 구배조건을 일정하게 한다.

해설

법면 붕괴에 의한 재해 예방조치

법면 : 절토 또는 성토에 의해 이루어진 인위적인 사면(斜面)

토석 붕괴 원인

내적 원인	① 절토사면의 토질·암질 ② 성토사면의 토질구성 ③ 토석의 강도저하
외적 원인	① 사면 법면의 경사 및 기울기 증가 ② 절토 및 성토의 높이증가 ③ 공사에 의한 진동 및 반복 하중의 증가 ④ 지표 및 지하수 침투에 의한 토사 중량의 증가 ⑤ 지진, 차량 구조물의 하중 증가 ⑥ 토사 및 암반층의 혼합층 두께

119 취급·운반의 원칙으로 옳지 않은 것은?

① 운반 작업을 집중하여 시킬 것

② 생산을 최고로 하는 운반을 생각할 것

③ 곡선 운반을 할 것

④ 연속 운반을 할 것

해설

취급 운반의 원칙

1) 3조건

　① 운반 거리를 단축할 것

　② 운반 하역을 기계화할 것

　③ 손이 많이 가지 않는 운반하역방식으로 할 것

2) 5원칙

　① 운반은 직선으로 할 것

　② 계속적으로 연속 운반을 할 것

　③ 운반 하역작업을 집중화할 것

　④ 생산을 향상시킬 수 있는 운반하역방법을 고려할 것

　⑤ 최대한 수작업을 생략하여 힘들지 않는 방법을 고려할 것

120 가설통로의 설치기준으로 옳지 않은 것은?

① 경사가 15°를 초과하는 때에는 미끄러지지 않는 구조로 한다.

② 건설공사에 사용하는 높이 8m 이상인 비계다리에는 7m 이내마다 계단참을 설치한다.

③ 수직갱에 가설된 통로의 길이가 15m 이상일 경우에는 15m 이내마다 계단참을 설치한다.

④ 추락의 위험이 있는 장소에는 안전난간을 설치한다.

해설

가설통로 설치기준

① 견고한 구조로 할 것

② 경사는 30° 이하로 할 것. 다만, 계단을 설치하거나 높이 2m 미만의 가설통로로서 튼튼한 손잡이를 설치한 경우에는 그러하지 아니하다.

③ 경사가 15°를 초과하는 경우에는 미끄러지지 아니하는 구조로 한다.

④ 추락할 위험이 있는 장소에는 안전난간을 설치한다.

⑤ 수직갱에 가설된 통로의 길이가 15m 이상인 경우에는 10m 이내마다 계단참을 설치한다.

⑥ 건설공사에 사용하는 높이 8m 이상인 비계다리에는 7m 이내마다 계단참을 설치한다.

정답　117 ④　118 ①　119 ③　120 ③

1과목 **안전관리론**

01 매슬로우(Maslow)의 인간의 욕구단계 중 5번째 단계에 속하는 것은?

① 안전 욕구
② 존경의 욕구
③ 사회적 욕구
④ 자아실현의 욕구

해설

단계	매슬로우의 욕구이론	
5단계	자아실현의 욕구	잠재능력의 극대화 성취적 욕구
4단계	존중의 욕구	자존심 성취감 승진 자존의 욕구
3단계	소속(사회적)의 욕구	소속감 애정의 욕구
2단계	안전의 욕구	자기존재 보호받으려는 욕구
1단계	생리적 욕구	기본적 욕구 강도가 가장 높은 욕구

02 A사업장의 현황이 다음과 같을 때 이 사업장의 강도율은?

- 근로자수 : 500명
- 연근로시간수 : 2400시간
- 신체장해등급
  - 2급 : 3명
  - 10급 : 5명
- 의사 진단에 의한 휴업일수 : 1500일

① 0.22
② 2.22
③ 22.28
④ 222.88

해설

$$강도율 = \frac{총\ 근로손실일수(요양)}{연간\ 총\ 근로시간\ 수} \times 1,000$$

$$강도율 = \frac{(7500 \times 3) + (600 \times 5) + (1500 \times \frac{300}{365})}{500 \times 8 \times 300} \times 1,000$$

$$= 22.28$$

03 보호구 자율안전확인 고시상 자율안전확인 보호구에 표시하여야 하는 사항을 모두 고른 것은?

ㄱ. 모델명   ㄴ. 제조 번호
ㄷ. 사용 기한   ㄹ. 자율안전확인 번호

① ㄱ, ㄴ, ㄷ
② ㄱ, ㄴ, ㄹ
③ ㄱ, ㄷ, ㄹ
④ ㄴ, ㄷ, ㄹ

해설

안전인증 및 안전검사의 합격표시에 표시할 사항

안전인증(자율안전확인)	안전검사
① 형식 또는 모델명	① 검사대상 유해 위험 기계명
② 규격 또는 등급	② 신청인
③ 제조사명	③ 형식번호(기호)
④ 제조번호 및 제조년월일	④ 합격번호
⑤ 안전인증 번호	⑤ 검사유효기간
(자율안전확인 인증번호)	⑥ 검사기관

04 학습지도의 형태 중 참가자에게 일정한 역할을 주어 실제적으로 연기를 시켜봄으로서 자기의 역할을 보다 확실히 인식시키는 방법은?

① 포럼(Forum)
② 심포지엄(Symposium)
③ 롤 플레잉(Role playing)
④ 사례연구법(Case study method)

정답 **01 ④ 02 ③ 03 ② 04 ③**

회의방법 운용

	role playing(역할 연기법)	case method(사례연구법)
특징	참석자가 정해진 역할을 직접 연기해 본후 함께 토론해 보는 방법(흥미유발, 태도 변화에 도움)	사례해결에 직접 참가하여 해결해 가는 과정에서 판단력을 개발하고 관련사실의 분석방법이나 종합적인 상황판단 및 대책 입안 등에 효과적인 방법

토의법의 유형

패널 디스커션 (panel discussion)	한두 명의 발제자가 주제에 대한 발표를 하고 4~5명의 패널이 참석자 앞에서 자유롭게 논의하고, 사회자에 의해 참가자의 의견을 들으면서 상호 토의하는 것 패널끼리 먼저 토론 논의한 후 청중에게 상호토론하는 방식
심포지움 (symposium)	발제자 없이 몇 사람의 전문가가 과제에 대한 견해를 발표한 뒤 참석자들로부터 질문이나 의견을 제시하도록 하는 방법
포럼(forum) 공개토론회	사회자의 진행으로 몇 사람이 주제에 대해 발표한 후 참석자가 질문을 하고 토론회 나가는 방법으로 새로운 자료나 주제를 내보이거나 발표한 후 참석자로부터 문제나 의견을 제시하고 다시 깊이 있게 토론의 나가는 방법
버즈세션 (Buzz session)	사회자와 기록계를 지정하여 6명씩 소집단을 구성하여 소집단별 사회자를 선정한 후 6분간 토론 결과를 의견 정리하는 방식

05 보호구 안전인증 고시상 전로 또는 평로 등의 작업 시 사용하는 방열두건의 차광도 번호는?

① #2~#3
② #3~#5
③ #6~#8
④ #9~#11

방열두건의 차광도

차광도 번호	사용구분
#2~#3	고로강판가열로, 조괴 등의 작업
#3~#5	전로 또는 평로 등의 작업
#6~#8	전기로 작업

06 산업재해의 분석 및 평가를 위하여 재해발생 건수 등의 추이에 대해 한계선을 설정하여 목표 관리를 수행하는 재해통계 분석기법은?

① 관리도
② 안전 T점수
③ 파레토도
④ 특성 요인도

재해통계 분석 도구

① 관리도
② 크로스 분석
③ 파레토도
④ 특성요인도

07 산업안전보건법령상 안전보건관리규정 작성 시 포함되어야 하는 사항을 모두 고른 것은?(단, 그 밖에 안전 및 보건에 관한 사항은 제외한다.)

ㄱ. 안전보건교육에 관한 사항
ㄴ. 재해사례 연구·토의결과에 관한 사항
ㄷ. 사고 조사 및 대책수립에 관한 사항
ㄹ. 작업장의 안전 및 보건관리에 관한 사항
ㅁ. 안전 및 보건에 관한 관리조직과 그 직무에 관한 사항

① ㄱ, ㄴ, ㄷ, ㄹ
② ㄱ, ㄴ, ㄹ, ㅁ
③ ㄱ, ㄷ, ㄹ, ㅁ
④ ㄴ, ㄷ, ㄹ, ㅁ

안전보건관리규정에 포함되어야 할 내용

① 안전·보건 관리조직과 그 직무에 관한 사항
② 안전·보건교육에 관한 사항
③ 작업장 안전 및 보건관리에 관한 사항
④ 사고 조사 및 대책수립에 관한 사항
⑤ 그 밖에 안전 보건에 관한 사항

08 억측판단이 발생하는 배경으로 볼 수 없는 것은?

① 정보가 불확실할 때
② 타인의 의견에 동조할 때
③ 희망적인 관측이 있을 때
④ 과거에 성공한 경험이 있을 때

정답 05 ② 06 ① 07 ③ 08 ②

억측판단이 발생하는 배경

① 과거의 성공한 경험

② 희망적 관측

③ 불확실한 정보나 지식

④ 초조한 심경(복권을 사면서 가지는 심리들을 모두 포함)

억측판단

과거의 성공한 경험, 주관적인 판단, 희망적인 관찰 등으로 이렇게 하여도 괜찮을 것이라는 생각으로 확인하지 않고 행동으로 옮기는 판단을 억측판단이라 한다.

09 하인리히의 사고예방원리 5단계 중 교육 및 훈련의 개선, 인사조정, 안전관리규정 및 수칙의 개선 등을 행하는 단계는?

① 사실의 발견   ② 분석 평가

③ 시정방법의 선정   ④ 시정책의 적용

하인리히의 사고예방원리 5단계

안전조직	1) 안전목표 선정 2) 안전관리자의 선임 3) 안전조직 구성 4) 안전활동 방침 및 계획수립 5) 조직을 통한 안전활동 전개
사실의 발견 (현상파악)	1) 작업분석 및 불안전 요소 발견 2) 안전점검 및 사고조사 3) 안전사고 및 활동기록검토 4) 관찰 및 보고서의 연구
분석 및 평가	1) 작업공정분석 2) 사고원인 및 경향성 분석 3) 사고기록 및 관계자료분석 4) 인적 물적 환경 조건 분석
시정방법 선정 (대책의 선정)	1) 기술적 개선 2) 안전운동 전개 3) 교육훈련의 분석 개선 4) 안전 행정의 분석 5) 인사 및 배치 조정 6) 규칙 및 수칙 제도의 개선
시정책 적용 (3E 적용)	1) 교육적 대책(Education) 2) 기술적 대책(Engineering) 3) 규제적 대책(Enforcement)

10 재해예방의 4원칙에 대한 설명으로 틀린 것은?

① 재해발생은 반드시 원인이 있다.

② 손실과 사고와의 관계는 필연적이다.

③ 재해는 원인을 제거하면 예방이 가능하다.

④ 재해를 예방하기 위한 대책은 반드시 존재한다.

재해예방의 4원칙

예방 가능의 원칙	재해는 원칙적으로 예방이 가능하다는 원칙
원인 계기의 원칙	재해의 발생은 직접원인으로만 일어나는 것이 아니라 간접원인이 연계되어 일어난다는 원칙
손실 우연의 원칙	사고에 의해서 생기는 상해의 종류 및 정도는 우연적이라는 원칙
대책 선정의 원칙	원인의 정확한 분석에 의해 가장 타당한 재해예방 대책이 선정되어야 한다는 원칙

11 산업안전보건법령상 안전보건진단을 받아 안전보건개선계획의 수립 및 명령을 할 수 있는 대상이 아닌 것은?

① 유해인자의 노출기준을 초과한 사업장

② 산업재해율이 같은 업종 평균 산업재해율의 2배 이상인 사업장

③ 사업주가 필요한 안전조치 또는 보건조치를 이행하지 아니하여 중대재해가 발생한 사업장

④ 상시근로자 1천 명 이상인 사업장에서 직업성 질병자가 연간 2명 이상 발생한 사업장

안전보건개선계획의 수립대상 사업장

안전보건 개선계획 수립작성대상 사업장	① 산업재해율이 같은 업종의 규모별 평균 산업재해율보다 높은 사업장 ② 사업주가 안전보건조치 의무를 이행하지 아니하여 중대재해가 발생한 사업장 ③ 직업성 질병자가 년간 2명 이상 발생한 사업장 ④ 유해인자의 노출기준을 초과한 사업장

   09 ③   **10** ②   **11** ④

안전보건진단을 받아 안전보건 개선계획을 수립하여야 할 대상사업장	① 산업재해율이 같은 업종 평균 산업재해율의 2배 이상인 사업장 ② 사업주가 안전보건조치 의무를 이행하지 아니하여 중대재해가 발생한 사업장 ③ 직업성 질병자가 연간 2명 이상 발생한 사업장(상시근로자 1천 명 이상 사업장의 경우 3명 이상) ④ 그 밖에 작업환경 불량, 화재 · 폭발 또는 누출 사고 등으로 사업장 주변까지 피해가 확산된 사업장

12 버드(Bird)의 재해분포에 따르면 20건의 경상(물적, 인적상해)사고가 발생했을 때 무상해 · 무사고(위험순간) 고장 발생 건수는?

① 200

② 600

③ 1200

④ 12000

해설

버드의 법칙
- 1(중상, 사망)
- 10(경상)
- 30(무상해사고(물적사고))
- 600(무상해 무사고)

문제에서 경상이 20건인 경우 무상해 무사고는 600 × 2 = 1200건

13 산업안전보건법령상 거푸집 동바리의 조립 또는 해체작업 시 특별교육 내용이 아닌 것은?(단, 그 밖에 안전 · 보건관리에 필요한 사항은 제외한다.)

① 비계의 조립순서 및 방법에 관한 사항

② 조립 해체 시의 사고 예방에 관한 사항

③ 동바리의 조립방법 및 작업 절차에 관한 사항

④ 조립재료의 취급방법 및 설치기준에 관한 사항

해설

거푸집 동바리의 조립 또는 해체작업 시 특별교육 사항
- 동바리의 조립방법 및 작업 절차에 관한 사항
- 조립재료의 취급방법 및 설치기준에 관한 사항
- 조립 해체 시의 사고 예방에 관한 사항
- 보호구 착용 및 점검에 관한 사항
- 그 밖에 안전 · 보건관리에 필요한 사항

14 산업안전보건법령상 다음의 안전보건표지 중 기본모형이 다른 것은?

① 위험장소 경고

② 레이저 광선 경고

③ 방사성 물질 경고

④ 부식성 물질 경고

해설

안전보건표지 경고표지

15 학습정도(Level of learning)의 4단계를 순서대로 나열한 것은?

① 인지 → 이해 → 지각 → 적용

② 인지 → 지각 → 이해 → 적용

③ 지각 → 이해 → 인지 → 적용

④ 지각 → 인지 → 이해 → 적용

학습정도(Level of leaning)의 4단계
① 인지 → ② 지각 → ③ 이해 → ④ 적용

16 기업 내 정형교육 중 TWI(Training Within Industry)의 교육내용이 아닌 것은?

① Job Method Training
② Job Relation Training
③ Job Instruction Training
④ Job Standardization Training

해설

TWI

종류	교육대상자	교육내용
TWI (Training With Industry) (기업 내 산업 훈련)	관리감독자	① Job Instruction Training : 작업 지도 훈련(JIT) ② Job Methods Training : 작업방법 훈련(JMT) ③ Job Relation Training : 인간관계 훈련(JRT) ④ Job Safety Training : 작업 안전 훈련(JST)

17 레빈(Lewin)의 법칙 B=f(P · E) 중 B가 의미하는 것은?

① 행동   ② 경험
③ 환경   ④ 인간관계

해설

레빈(Lewin)의 법칙
• B : Behavior(인간의 행동)
• F : Function(함수관계), P · E에 영향을 줄 수 있는 조건
• P : Person(연령, 경험, 심신상태, 성격, 지능, 소질 등)
• E : Environment(심리적 환경 – 인간관계, 작업환경, 설비적 결함 등)

18 재해원인을 직접원인과 간접원인으로 분류할 때 직접원인에 해당하는 것은?

① 물적 원인   ② 교육적 원인
③ 정신적 원인   ④ 관리적 원인

해설

재해원인
1) 재해의 직접 원인
   ① 인적원인(불안전 행동)
   ② 물적원인(불안전 상태)
2) 재해의 간접 원인
   ① 기술적 원인
   ② 교육적 원인
   ③ 관리적 원인

19 산업안전보건법령상 안전관리자의 업무가 아닌 것은?(단, 그 밖에 고용노동부장관이 정하는 사항은 제외한다.)

① 업무 수행 내용의 기록
② 산업재해에 관한 통계의 유지 · 관리 · 분석을 위한 보좌 및 지도 · 조언
③ 안전교육계획의 수립 및 안전교육실시에 관한 보좌 및 지도 · 조언
④ 작업장 내에서 사용되는 전체 환기장치 및 국소 배기장치 등에 관한 설비의 점검

해설

안전관리자의 업무
① 산업안전보건위원회에 따른 안전 및 보건에 관한 노사협의체에서 심의의 결한 업무와 해당 사업장의 따른 안전보건관리규정 및 취업규칙에서 정한 업무
② 위험성평가에 관한 보좌 및 지도조언
③ 안전인증대상기계 자율안전확인대상기계 구입 시 적격품의 선정에 관한 보좌 및 지도. 조언
④ 해당 사업장 안전교육계획의 수립 및 안전교육실시에 관한 보좌 및 지도조언
⑤ 사업장 순회점검, 지도 및 조치 건의
⑥ 산업재해 발생의 원인 조사분석 및 재발 방지를 위한 기술적 보좌 및 지도조언
⑦ 산업재해에 관한 통계의 유지관리분석을 위한 보좌 및 지도조언
⑧ 안전에 관한 사항의 이행에 관한 보좌 및 지도조언

정답   16 ④   17 ①   18 ①   19 ④

⑨ 업무 수행 내용의 기록유지
⑩ 그 밖에 안전에 관한 사항으로서 고용노동부장관이 정하는 사항

20 헤드십(headship)의 특성에 관한 설명으로 틀린 것은?

① 지휘형태는 권위주의적이다.
② 상사의 권한 증거는 비공식적이다.
③ 상사와 부하의 관계는 지배적이다.
④ 상사와 부하의 사회적 간격은 넓다.

해설

헤드십과 리더십의 구분

구분	권한 부여 및 행사	권한 근거	상관과의 부하와의 관계	부하와의 사회적 관계	지휘 행태
헤드십	위에서 위임 임명	법적 공식적	지배적 상사	넓다	권위주 의적
리더십	아래로부터의 동의에 의한 선출	개인 능력	개인적인 경향 상사와 부하	좁다	민주주 의적

21 위험분석 기법 중 시스템 수명주기 관점에서 적용 시점이 가장 빠른 것은?

① PHA
② FHA
③ OHA
④ SHA

해설

- PHA : Preliminary Hazard Analysis(예비위험분석)
모든 시스템 안전 프로그램의 최초단계(구상단계)분석법으로 시스템 내의 위험요소가 얼마나 위험한 상태에 있는가를 정성적으로 평가하는 것이다.
- FHA : Fault Hazard Analysis(결함위험분석)
서브 시스템의 분석에 사용되는 것으로 고장난 경우에 직접 재해 발생으로 연결되는 것밖에 없다는 것이다.

- OSHA : Operation and Support Hazard Analysis(운용 및 지원 위험 해석) 시스템의 모든 사용단계에서 생산, 보전, 시험, 저장, 운전, 비상탈출, 구조, 훈련 및 폐기 등에 사용되는 인원, 순서, 설비에 관하여 위험을 동정하고 제어하며 그들의 안전 요건을 결정하기 위하여 실시하는 해석

22 상황해석을 잘못하거나 목표를 잘못 설정하여 발생하는 인간의 오류 유형은?

① 실수(Slip)
② 착오(Mistake)
③ 위반(Violation)
④ 건망증(Lapse)

해설

인간의 정보처리 과정에서 발생되는 오류

Mistake(착오, 착각)	인지과정과 의사결정과정에서 발생하는 에러 상황해석을 잘못하거나 틀린 목표를 착각하여 행하는 경우
Lapse(망각, 건망증)	어떤 행동을 잊어버리고 하지 않는 경우, 저장단계에서 발생하는 에러
Slip(실수)	실행단계에서 발생하는 에러 상황, 목표, 해석은 제대로 하였으나 의도와는 다른 행동을 하는 경우
Violation(위반)	알고 있음에도 의도적으로 따르지 않거나 무시한 경우

23 A작업의 평균 에너지 소비량이 다음과 같을 때, 60분간의 총 작업시간 내에 포함되어야 하는 휴식시간(분)은?

- 휴식 중 에너지소비량 : 1.5kcal/min
- A작업 시 평균 에너지소비량 : 6kcal/min
- 기초대사를 포함한 작업에 대한 평균 에너지소비량 상한 : 5kcal/min

① 10.3
② 11.3
③ 12.3
④ 13.3

해설

$$R(분) = \frac{60(E-5)}{E-1.5}$$
$$R = \frac{60(6-5)}{6-1.5} = 13.33(분)$$

24 시스템의 수명곡선(욕조곡선)에 있어서 디버깅(Debugging)에 관한 설명으로 옳은 것은?

① 초기 고장의 결함을 찾아 고장률을 안정시키는 과정이다.

② 우발 고장의 결함을 찾아 고장률을 안정시키는 과정이다.

③ 마모 고장의 결함을 찾아 고장률을 안정시키는 과정이다.

④ 기계 결함을 발견하기 위해 동작시험을 하는 기간이다.

해설

디버깅 (Debugging)	초기 고장 경감을 위해 아이템 구성품을 사용 전 또는 사용개시 후 초기에 동작시켜 결함을 검출 제거하여 바로 잡는 것
번인 (Burn in)	장시간 모의상태 하에서 많은 구성품을 동작시켜 통과한 구성품만을 장치의 조립에 사용하는 것
에이징 (Aging)	사전 시운전으로 결함을 잡는 것(비행기에서 3년 시운전)
스크리닝 (Screening)	기기의 신뢰성을 높이기 위해 품질이 떨어지거나 고장발생 초기의 것을 선별 제거하는 것

25 밝은 곳에서 어두운 곳으로 갈 때 망막에 시홍이 형성되는 생리적 과정인 암조응이 발생하는데 완전 암조응(Dark adaptation)이 발생하는데 소요되는 시간은?

① 약 3~5분 ② 약 10~15분

③ 약 30~40분 ④ 약 60~90분

해설

• 암조응(Adaptation) : 눈이 어두움에 적응하는 시간. 밝은 곳에서 어두운 곳으로 갈 때 보통 30~40분 소요

• 명조응 : 눈이 빛에 적응하는 시간으로 수초 내지 1~3분 소요

26 인간공학에 대한 설명으로 틀린 것은?

① 인간 – 기계 시스템의 안전성, 편리성, 효율성을 높인다.

② 인간을 작업과 기계에 맞추는 설계 철학이 바탕이 된다.

③ 인간이 사용하는 물건, 설비, 환경의 설계에 적용된다.

④ 인간의 생리적, 심리적인 면에서의 특성이나 한계점을 고려한다.

해설

1. 인간공학의 정의
   인간이 편리하게 사용할 수 있도록 기계설비 및 환경 조건을 인간의 특성에 맞추어 설계하는 과정을 인간공학이라 함
2. 인간공학의 목적
   1) 사회적 인간적 측면
      ① 사용상의 효율성 및 편리성 향상
      ② 안정감 만족도 증강 시켜 인간의 가치 기준을 향상
      ③ 인간 기계 시스템에 대하여 인간의 복지, 안락함, 효율을 향상시키는 것
   2) 인간공학의 연구목적 (산업현장 및 작업장 측면)
      ① 안전성 향상 및 사고예방
      ② 작업능률 및 생산성 증대
      ③ 작업환경의 쾌적성

27 HAZOP 기법에서 사용하는 가이드 워드와 그 의미가 잘못 연결된 것은?

① Part of : 성질상의 감소

② As well as : 성질상의 증가

③ Other than : 기타 환경적인 요인

④ More/Less : 정량적인 증가 또는 감소

해설

Guide Word	의미	해설
NO 혹은 NOT	설계 의도의 완전한 부정	설계 의도의 어떤 부분도 성취되지 않으며 아무것도 일어나지 않음

Guide Word	의미	해설
MORE LESS	양의 증가, 감소 (정량적)	가압, 반응, 등과 같은 행위뿐만 아니라 Flow rate 그리고 온도 등과 같은 양과 성질을 함께 나타낸다.
AS WELL AS	성질상의 증가 (정성적 증가)	모든 설계 의도와 운전조건이 어떤 부가적인 행위와 함께 일어남
PART OF	성질상의 감소 (정성적 감소)	어떤 의도는 성취되나 어떤 의도는 성취되지 않음
REVERSE	설계의도의 논리적인 역(설계의도와 반대 현상)	이것은 주로 행위로 일어남 역반응이나 역류 등 물질에도 적용될 수 있음, 예) 해독제 대신 독물
OTHER THAN	완전한 대체의 필요	설계 의도의 어느 부분도 성취되지 않고 전혀 다른 것이 일어남

28 그림과 같은 FT도에 대한 최소 컷셋(minmal cut sets)으로 옳은 것은?(단, Fussell의 알고리즘을 따른다.)

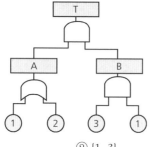

① {1, 2}
② {1, 3}
③ {2, 3}
④ {1, 2, 3}

해설

T → A B → ① ③ ①
②
미니멀 컷을 구하면 (① ③)

29 경계 및 경보신호의 설계지침으로 틀린 것은?

① 주의를 환기시키기 위하여 변조된 신호를 사용한다.
② 배경소음의 진동수와 다른 진동수의 신호를 사용한다.

③ 귀는 중음역에 민감하므로 500~3000Hz의 진동수를 사용한다.
④ 300m 이상의 장거리용으로는 1000Hz를 초과하는 진동수를 사용한다.

해설

경계 및 경보신호 선택 시 설계 지침
① 귀는 중음역에 가장 민감하므로 500~3000Hz의 진동수를 사용
② 고음은 멀리 가지 못하므로 300m 이상 장거리용으로는 1000Hz 이하의 진동수 사용
③ 신호가 장애물을 돌아가거나 칸막이를 통과해야 할 때는 500Hz 이하의 진동수 사용
④ 주변소음에 대한 은폐 효과를 막기 위해 500~1000Hz 신호를 사용하여 30dB 이상 차이가 나야 함
⑤ 배경소음의 진동수와 다른 신호를 사용하고 신호는 최소한 0.5~1초 동안 지속
⑥ 주의를 환기시키기 위하여 변조된 신호를 사용한다.

30 FTA(Fault Tree Analysis)에서 사용되는 사상 기호 중 통상의 작업이나 기계의 상태에서 재해의 발생 원인이 되는 요소가 있는 것은?

①   ②

③   ④

해설

번호	기호	명칭	설명
1		결함사상 (사상기호)	개별적 결함 사상
2		기본사상 (사상기호)	더이상 전개되지 않는 기본적인 사상
3		생략사상 (사상기호)	정보 부족, 해석기술 불충분으로 더이상 전개할 수 없는 사항
4		통상사상 (사상기호)	통상 발생이 예상되는 사상

31 불(Bool) 대수의 정리를 나타낸 관계식 중 틀린 것은?

① $A \cdot 0 = 0$ ② $A + 1 = 1$
③ $A \cdot \overline{A} = 1$ ④ $A(A + B) = A$

- 논리의 합
  $A + 0 = A$ $A + 1 = 1$ $A + A = A$ $A + AB = A$ $A + \overline{A} = 1$
- 논리의 곱
  $A \times 0 = 0$ $A \times 1 = A$ $A \times A = A$ $A \times \overline{A} = 0$ $\overline{\overline{A}} = A$

32 근골격계 질환 작업분석 및 평가 방법인 OWAS의 평가요소를 모두 고른 것은?

ㄱ. 상지	ㄴ. 무게(하중)
ㄷ. 하지	ㄹ. 허리

① ㄱ, ㄴ ② ㄱ, ㄷ, ㄹ
③ ㄴ, ㄷ, ㄹ ④ ㄱ, ㄴ, ㄷ, ㄹ

OWAS(Ovako Working Posture Analysis System) 기법
OWAS 기법은 프랑스 철강회사 Ovako사에서 작업자들의 부적절한 작업 자세를 정의하고 평가하기 위해 개발한 대표적인 작업 자세 평가 기법이다.
작업 자세 평가요소 : 허리, 상지(팔), 하지(다리), 하중(무게)

33 다음 중 좌식작업이 가장 적합한 작업은?

① 정밀 조립 작업
② 4.5kg 이상의 중량물을 다루는 작업
③ 작업장이 서로 떨어져 있으며 작업장 간 이동이 작은 작업
④ 작업자의 정면에서 매우 높거나 낮은 곳으로 손을 자주 뻗어야 하는 작업

앉아서 할 수 있는 작업은 정밀작업 뿐이다.

34 n개의 요소를 가진 병렬 시스템에 있어 요소의 수명(MTTF)이 지수 분포를 따를 경우, 이 시스템의 수명으로 옳은 것은?

① $MTTF \times n$

② $MTTF \times \dfrac{1}{n}$

③ $MTTF \left(1 + \dfrac{1}{2} + \ldots + \dfrac{1}{n} \right)$

④ $MTTF \left(1 \times \dfrac{1}{2} \times \ldots \times \dfrac{1}{n} \right)$

n개의 요소를 가진 병렬 시스템

$MTTF \left(1 + \dfrac{1}{2} + \dfrac{1}{3} + \ldots \dfrac{1}{n} \right)$

35 인간-기계 시스템에 관한 설명으로 틀린 것은?

① 자동 시스템에서는 인간요소를 고려하여야 한다.
② 자동차 운전이나 전기 드릴 작업은 반자동 시스템의 예시이다.
③ 자동 시스템에서 인간은 감시, 정비유지, 프로그램 등의 작업을 담당한다.
④ 수동 시스템에서 기계는 동력원을 제공하고 인간의 통제하에서 제품을 생산한다.

인간 기계 통합시스템의 유형

수동 시스템	① 사람의 힘을 이용 작업통제(동력원 제어방법 : 수공구, 보조물) ② 가장 다양성 있는 체계로 역할 할 수 있는 능력 발휘 ③ (장인과 공구)
반자동 시스템	① 반자동 시스템, 고도로 통합된 시스템으로 변화가 적은 기능들을 수행 ② (융통성 없는 체계) ③ 동력은 기계가 제공 조정장치를 사용한 통제는 인간이 담당 ④ (자동차, 공작기계)
자동 시스템	① 기계가 감지, 정보처리 및 의사결정 행동을 포함한 모든 임무 수행 ② 대부분 폐회로 체계 ③ 신뢰성이 완전하지 못하여 감시, 프로그램 작성 및 수정, 감독, 보전정비유지 등은 인간이 담당(20% 담당) ④ (컴퓨터, 자동교환대)

36 양식 양립성의 예시로 가장 적절한 것은?

① 자동차 설계 시 고도계 높낮이 표시

② 방사능 사업장에 방사능 폐기물 표시

③ 청각적 자극 제시와 이에 대한 음성 응답

④ 자동차 설계 시 제어장치와 표시장치의 배열

해설

양립성의 종류

공간적 양립성 (spatial)	표시장치나 조종정치가 물리적 형태 및 공간적 배치(주방의 조리대)
운동 양립성 (movement)	표시장치의 움직이는 방향과 조정장치의 방향이 사용자의 기대와 일치 ① 눈금과 손잡이가 같은 방향 회전(자동차의 핸들) ② 눈금 수치는 우측으로 증가 ③ 꼭지의 시계방향 회전지시치 증가(수도꼭지)
개념적 양립성 (conceptual)	이미 사람들이 학습을 통해 알고 있는 개념적 연상(빨간버튼 온수, 파란버튼 냉수)
양식 양립성 (modality)	직무에 알맞은 자극과 응답 양식의 존재에 대한 양립성 ① 소리(청각적)로 제시된 정보는 말로 반응하게 하고 ② 시각적으로 제시된 정보는 손으로 반응하는 것이 양립성이 높다.

37 다음에서 설명하는 용어는?

유해 위험요인을 파악하고 해당 유해 위험요인에 의한 부상 또는 질병의 발생 가능성(빈도)과 중대성(강도)을 추정 결정하고 감소대책을 수립하여 실행하는 일련의 과정을 말한다.

① 위험성 결정

② 위험성 평가

③ 위험빈도 추정

④ 유해 · 위험요인 파악

해설

위 문제의 설명은 위험성 평가의 설명이다.

38 태양광선이 내리쬐는 옥외장소의 자연습구온도 20℃, 흑구온도 18℃, 건구온도 30℃일 때 습구흑구온도지수(WBGT)는?

① 20.6℃ ② 22.5℃

③ 25.0℃ ④ 28.5℃

해설

옥외 태양광선이 내리는 장소

$$WBGT(℃) = 0.7NWB + 0.2GT + 0.1DB$$
$$= (0.7 \times 자연\ 습구온도) + (0.2 \times 흑구온도)$$
$$+ (0.1 \times 건구온도)$$
$$= (0.7 \times 20) + (0.2 \times 18) + (0.1 \times 30) = 20.6$$

39 FTA(Fault Tree Analysis)에 관한 설명으로 옳은 것은?

① 정성적 분석만 가능하다.

② 복잡하고 대형화된 시스템의 신뢰성 분석 및 안정성 분석에 이용되는 기법이다.

③ FT에 동일한 사건이 중복되어 나타나는 경우 상향식(Bottom-up)으로 정상 사건 T의 발생 확률을 계산할 수 있다.

④ 기초사건과 생략사건의 확률값이 주어지게 되더라도 정상 사건의 최종적인 발생확률을 계산할 수 없다.

해설

FTA(Fault Tree Analysis)

(1) 정의 : 결함수법, 결함관련수법, 고장의 나무 해석법 등으로 사고의 원인이 되는 장치의 이상이나 고장의 다양한 조합 및 작업자의 실수 원인을 분석하는 방법이다.

(2) 특징

　① 연역적(Top Down)이고 정량적인 해석 방법

　② 분석에는 게이트, 이벤트 부호 등의 그래픽기호를 사용하여 결함단계를 표현하며 각각의 단계에 확률을 부여하여 어떤 상황의 실패 확률 계산 가능

　③ 고장을 발생시키는 사상과 원인과의 관계를 논리기호(AND와 OR)를 사용하여 시스템의 고장 확률을 구하여 시스템의 신뢰도를 개선하는 정량적 고장해석 및 신뢰성 평가 방법

④ 상황에 따라 정성적 분석도 가능하다.

40   1 sone에 관한 설명으로 (   )에 알맞은 수치는?

1 sone : (ㄱ)Hz, (ㄴ)dB의 음압수준을 가진 순음의 크기

① ㄱ : 1000, ㄴ : 1   ② ㄱ : 4000, ㄴ : 1
③ ㄱ : 1000, ㄴ : 40   ④ ㄱ : 4000, ㄴ : 40

해설

Phone과 Sone
(1) Phone의 음량수준
   ① 정량적 평가를 위한 음량 수준 척도
   ② 어떤 음의 phone 값으로 표시한 음량 수준은 이음과 같은 크기로 들리는 1000Hz 순음의 음압수준(1dB)
(2) Sone의 음량수준
   ① 다른 음의 상대적인 주관적 크기 비교
   ② 40dB의 1000Hz 순음의 크기(= 40phone)를 1sone
   ③ 기준음보다 10배 크게 들리는 음은 10sone의 음량

3과목   기계위험방지기술

41   다음 중 와이어로프의 구성요소가 아닌 것은?

① 클립   ② 소선
③ 스트랜드   ④ 심강

해설

42   산업안전보건법령상 산업용 로봇에 의한 작업 시 안전조치 사항으로 적절하지 않은 것은?

① 로봇의 운전으로 인해 근로자가 로봇에 부딪칠 위험이 있을 때는 높이 1.8m 이상의 울타리를 설치하여야 한다.
② 작업을 하고 있는 동안 로봇의 기동스위치 등은 작업에 종사하고 있는 근로자가 아닌 사람이 그 스위치 등을 조작할 수 없도록 필요한 조치를 한다.
③ 로봇의 조작방법 및 순서, 작업 중의 매니퓰레이터의 속도 등에 관한 지침에 따라 작업을 하여야 한다.
④ 작업에 종사하는 근로자가 이상을 발견하면, 관리 감독자에게 우선 보고하고, 지시가 나올 때 까지 작업을 진행한다.

해설

작업에 종사하고 있는 근로자 또는 그 근로자를 감시하는 사람은 이상을 발견하면 즉시 로봇의 운전을 정지시키기 위한 조치를 할 것

43   밀링 작업 시 안전수칙으로 옳지 않은 것은?

① 테이블 위에 공구나 기타 물건 등을 올려놓지 않는다.
② 제품 치수를 측정할 때는 절삭 공구의 회전을 정지한다.
③ 강력 절삭을 할 때는 일감을 바이스에 짧게 물린다.
④ 상 · 하, 좌 · 우 이송장치의 핸들은 사용 후 풀어 둔다.

해설

밀링작업 시 안전대책
① 상하 이송장치의 핸들은 사용 후 반드시 빼둘 것
② 가공물 측정 및 설치 시에는 반드시 기계정지 후 실시
③ 가공 중 손으로 가공면 점검 금지 및 장갑착용 금지
④ 밀링작업의 칩은 가장 가늘고 예리하므로 보안경 착용 및 기계정지 후 브러시로 제거
⑤ 커터는 될 수 있는 한 가깝게 설치한다.

44 다음 중 지게차의 작업 상태별 안정도에 관한 설명으로 틀린 것은?(단, V는 최고속도(km/h)이다.)

① 기준 부하상태의 하역작업 시의 전후 안정도는 20% 이내이다.

② 기준 부하상태의 하역작업 시의 좌우 안정도는 6% 이내이다.

③ 기준 무부하상태에서 주행 시의 전후 안정도는 18% 이내이다.

④ 기준 무부하상태의 주행 시의 좌우 안정도는 (15 + 1.1V)% 이내이다.

해설

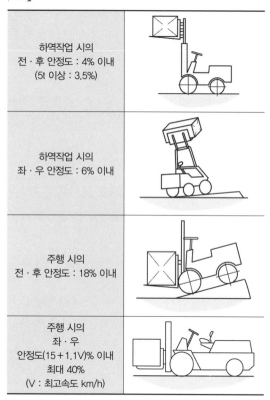

하역작업 시의 전·후 안정도 : 4% 이내 (5t 이상 : 3.5%)	
하역작업 시의 좌·우 안정도 : 6% 이내	
주행 시의 전·후 안정도 : 18% 이내	
주행 시의 좌·우 안정도(15+1.1V)% 이내 최대 40% (V : 최고속도 km/h)	

45 산업안전보건법령상 보일러의 안전한 가동을 위하여 보일러 규격에 맞는 압력방출장치가 2개 이상 설치된 경우에 최고사용압력 이하에서 1개가 작동되고, 다른 압력방출장치는 최고사용압력의 몇 배 이하에서 작동되도록 부착하여야 하는가?

① 1.03배　　　　② 1.05배

③ 1.2배　　　　④ 1.5배

해설

보일러의 압력방출장치

① 보일러 규격에 적합한 압력방출장치를 1개 또는 2개 이상 설치하고 최고사용압력 이하에서 작동되도록 한다.

② 압력방출장치가 2개 이상 설치된 경우 최고사용압력 이하에서 1개가 작동되고 다른 압력 방출장치는 최고사용압력 1.05배 이하에서 작동되도록 설치

③ 매년 1회 이상 교정을 받은 압력계를 이용하여 설정 압력에서 압력방출 장치가 적정하게 작동하는지 검사 후 납으로 봉인 공정안전보고서 이행상태 평가 결과가 우수한 사업장은 4년마다 1회 이상 설정 압력에서 압력방출장치가 적정하게 작동하는지 검사할 수 있다.

46 금형의 설치, 해체, 운반 시 안전사항에 관한 설명으로 틀린 것은?

① 운반을 통하여 관통 아이볼트가 사용될 때는 구멍 틈새가 최소화되도록 한다.

② 금형을 설치하는 프레스의 T홈 안길이는 설치 볼트 지름의 1/2 이하로 한다.

③ 고정볼트는 고정 후 가능하면 나사산을 3~4개 정도 짧게 남겨 설치 또는 해체 시 슬라이드 면과의 사이에 협착이 발생하지 않도록 해야 한다.

④ 운반 시 상부금형과 하부금형이 닿을 위험이 있을 때는 고정 패드를 이용한 스트랩, 금속재질이나 우레탄 고무의 블록 등을 사용한다.

47 선반에서 절삭 가공 시 발생하는 칩을 짧게 끊어지도록 공구에 설치되어 있는 방호장치의 일종인 칩 제거 기구를 무엇이라 하는가?

① 칩 브레이커   ② 칩 받침
③ 칩 쉴드   ④ 칩 커터

48 다음 중 산업안전보건법령상 안전인증대상 방호장치에 해당하지 않는 것은?

① 연삭기 덮개
② 압력용기 압력방출용 파열판
③ 압력용기 압력방출용 안전밸브
④ 방폭구조(防爆構造) 전기기계 · 기구 및 부품

49 인장강도가 250N/mm²인 강판에서 안전율이 4라면 이 강판의 허용응력(N/mm²)은 얼마인가?

① 42.5   ② 62.5
③ 82.5   ④ 102.5

50 산업안전보건법령상 강렬한 소음작업에서 데시벨에 따른 노출시간으로 적합하지 않은 것은?

① 100데시벨 이상의 소음이 1일 2시간 이상 발생하는 직업

② 110데시벨 이상의 소음이 1일 30분 이상 발생하는 직업

③ 115데시벨 이상의 소음이 1일 15분 이상 발생하는 직업

④ 120데시벨 이상의 소음이 1일 7분 이상 발생하는 직업

해설

OSHA 허용 소음노출

음압수준 (dB)	80	85	90	95	100	105	110	115	120	125	130
허용시간	32	16	8	4	2	1	0.5	0.25	0.125	0.063	0.031

51 방호장치 안전인증 고시에 따라 프레스 및 전단기에 사용되는 광전자식 방호장치의 일반구조에 대한 설명으로 가장 적절하지 않은 것은?

① 정상동작표시램프는 녹색, 위험표시램프는 붉은색으로 하며, 근로자가 쉽게 볼 수 있는 곳에 설치해야 한다.

② 슬라이드 하강 중 정전 또는 방호장치의 이상 시에 정지할 수 있는 구조이어야 한다.

③ 방호장치는 릴레이, 리미트 스위치 등의 전기부품의 고장, 전원전압의 변동 및 정전에 의해 슬라이드가 불시에 동작하지 않아야 하며, 사용전원 전압의 ±(100분의 10)의 변동에 대하여 정상으로 작동되어야 한다.

④ 방호장치의 감지기능은 규정한 검출영역 전체에 걸쳐 유효하여야 한다.(다만, 블랭킹 기능이 있는 경우 그렇지 않다.)

해설

광전자식 방호장치(A)

① 정상 동작 표시램프는 녹색, 위험 표시램프는 붉은색으로 하며, 쉽게 근로자가 볼 수 있는 곳에 설치해야 한다.

② 슬라이드 하강 중 정전 또는 방호장치의 이상 시에 정지할 수 있는 구조이어야 한다.

③ 방호장치는 릴레이, 리미트스위치 등의 전기부품의 고장, 전원전압의 변동 및 정전에 의해 슬라이드가 불시에 동작하지 않아야 하며, 사용전원 전압의 ±(100분의 20)의 변동에 대하여 정상으로 작동되어야 한다.

④ 방호장치의 정상 작동 중에 감지가 이루어지거나 공급전원이 중단되는 경우 적어도 두 개 이상의 독립된 출력신호 개폐장치가 꺼진 상태로 돼야 한다.

⑤ 방호장치의 감지 기능은 규정한 검출영역 전체에 걸쳐 유효하여야 한다.

⑥ 방호장치에 제어기가 포함되는 경우에는 이를 연결한 상태에서 모든 시험을 한다.

⑦ 방호장치를 무효화하는 기능이 있어서는 안 된다.

52 산업안전보건법령상 연삭기 작업 시 작업자가 안심하고 작업을 할 수 있는 상태는?

① 탁상용 연삭기에서 숫돌과 작업 받침대의 간격이 5mm이다.

② 덮개 재료의 인장강도는 224MPa이다.

③ 숫돌 교체 후 2분 정도 시험운전을 실시하여 해당 기계의 이상 여부를 확인하였다.

④ 작업 시작 전 1분 정도 시험운전을 실시하여 해당 기계의 이상 여부를 확인하였다.

해설

연삭기구조면에 있어서의 안전대책

① 덮개의 설치기준 : 직경이 50mm 이상인 연삭숫돌

② 플랜지의 직경은 숫돌직경의1/3 이상인 것을 사용하며 양쪽을 모두 같은 크기로 할 것

③ 작업시작 전에는 1분이상시운전, 숫돌의 교체 시에는 3분 이상 시운전 실시

④ 탁상용 연삭기는 워크레스트(작업대)와 조정편을 설치할 것(워크레스트와 숫돌의 간격은 1~3mm 이내)

⑤ 숫돌과 조정편과의 거리
숫돌의 절단면과 가드 사이의 거리가 5mm 이내이고 측면과의 간격은 10mm 이내가 되도록 조정한 것

정답 **51** ③ **52** ④

53 보기와 같은 기계요소가 단독으로 발생시키는 위험점은?

밀링커터, 둥근톱날

① 협착점 ② 끼임점
③ 절단점 ④ 물림점

해설

기계설비에 의해 형성되는 위험점

위험점	정의	해당기계
협착점 (squeeze point)	왕복운동하는동작부분과 고정 부분 사이에 형성되는 위험점	① 프레스, 금형조립부위 ② 전단기 누름판 및 칼날 부위 ③ 선반 및 평삭기의 베드 끝 부위
끼임점 (shear point)	고정부분과 회전부분이 함께 만드는 위험점	① 회전풀리와 고정베드 사이 ② 연삭숫돌과작업대 사이 ③ 교반기의 교반날개와 몸체 사이
절단점 (cutting point)	① 회전하는 운동부분 자체 ② 운동하는 기계 자체의 위험에서 초래되는 위험점	① 목공용 띠톱 부분 ② 밀링컷터 부분 ③ 둥근톱 날
물림점 (Nip point)	회전하는 두 개의 회전체가 서로 반대방향으로 맞물려 축에 의해 형성되는 위험점	① 기어와 피니언 ② 롤러의 회전
접선 물림점 (Tangential nip point)	회전하는 운동부의 접선방향으로 물려 들어가는 위험점	① 벨트와 풀리 ② 기어와 랙
회전 말림점 (Trapping point)	회전하는 물체에 작업복이 말려들어가는 위험점	① 회전축 ② 드릴축

54 다음 중 크레인의 방호장치로 가장 거리가 먼 것은?

① 권과방지장치
② 과부하방지장치
③ 비상정지장치
④ 자동보수장치

해설

양중기 방호장치
1) 크레인, 이동식 크레인
   ① 과부하 방지장치
   ② 권과방지장치
   ③ 비상정지장치
   ④ 제동장치
   ⑤ 혹 해지장치
   ⑥ 안전밸브(유압식)
2) 승강기
   ① 파이널리미트스위치
   ② 속도 조절기
   ③ 출입문 인터록
3) 리프트
   ① 과부하 방지장치
   ② 권과방지장치
   ③ 비상정지장치
   ④ 제동장치
   ⑤ 조작반잠금장치
4) 곤돌라
   ① 과부하 방지장치
   ② 권과방지장치
   ③ 비상정지장치
   ④ 제동장치

55 산업안전보건법령상 프레스기를 사용하여 작업을 할 때 작업시작 전 점검사항으로 틀린 것은?

① 클러치 및 브레이크의 기능
② 압력방출장치의 기능
③ 크랭크축 · 플라이휠 · 슬라이드 · 연결봉 및 연결나사의 풀림 유무
④ 프레스의 금형 및 고정볼트의 상태

해설

프레스의 작업 시작 전 점검사항
① 클러치 및 브레이크의 기능
② 크랭크축 플라이휠, 슬라이드, 연결봉 및 연결나사의 풀림 여부
③ 1행정 1기구, 급정지장치 및 비상정지장치의 기능
④ 슬라이드 또는 칼날에 의한 위험방지 기구의 기능

정답 53 ③ 54 ④ 55 ②

⑤ 프레스의 금형 및 고정볼트 상태
⑥ 방호장치의 기능
⑦ 전단기의 칼날 및 테이블의 상태

56 설비보전은 예방보전과 사후보전으로 대별된다. 다음 중 예방보전의 종류가 아닌 것은?

① 시간계획보전
② 개량보전
③ 상태기준보전
④ 적응보전

해설

예방보전의 종류
① 시간계획보전
② 적용보전
③ 상태기준보전

57 천장크레인에 중량 3kN의 화물을 2줄로 매달았을 때 매달기용 와이어(sling wire)에 걸리는 장력은 약 몇 kN인가?(단, 매달기용 와이어(sling wire) 2줄 사이의 각도는 55°이다.)

① 1.3
② 1.7
③ 2.0
④ 2.3

해설

한 가닥에 걸리는 하중

$$\frac{W}{2} \div \cos\frac{\theta}{2} \qquad \frac{3}{2} \div \cos\frac{55}{2}$$

58 다음 중 롤러의 급정지 성능으로 적합하지 않은 것은?

① 앞면 롤러 표면 원주속도가 25m/min, 앞면 롤러의 원주가 5m일 때 급정지거리 1.6m 이내
② 앞면 롤러 표면 원주속도가 35m/min, 앞면 롤러의 원주가 7m일 때 급정지거리 2.8m 이내
③ 앞면 롤러 표면 원주속도가 30m/min, 앞면 롤러의 원주가 6m일 때 급정지거리 2.6m 이내
④ 앞면 롤러 표면 원주속도가 20m/min, 앞면 롤러의 원주가 8m일 때 급정지거리 2.6m 이내

해설

1) 표면속도를 구한다.

$$V = \frac{\pi DN}{1,000} \text{ (m/min)}$$

2) 롤러의 표면속도에 따른 급정지거리를 구한다.

앞면 롤러의 표면 속도(m/분)	급정지거리
30 미만	앞면 롤러 원주의 1/3($\pi \times D \times \frac{1}{3}$)
30 이상	앞면 롤러 원주의 1/2.5($\pi \times D \times \frac{1}{2.5}$)

59 조작자의 신체부위가 위험한계 밖에 위치하도록 기계의 조작 장치를 위험구역에서 일정거리 이상 떨어지게 하는 방호장치는?

① 덮개형 방호장치
② 차단형 방호장치
③ 위치제한형 방호장치
④ 접근반응형 방호장치

해설

기계 방호장치의 분류

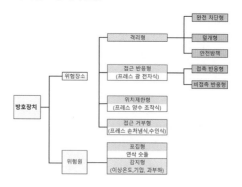

60 산업안전보건법령상 아세틸렌 용접장치의 아세틸렌 발생기실을 설치하는 경우 준수하여야 하는 사항으로 옳은 것은?

① 벽은 가연성 재료로 하고 철근 콘크리트 또는 그 밖에 이와 동등하거나 그 이상의 강도를 가진 구조로 할 것
② 바닥면적의 16분의 1 이상의 단면적을 가진 배기통을 옥상으로 돌출시키고 그 개구부를 창이나 출입구로부터 1.5미터 이상 떨어지도록 할 것
③ 출입구의 문은 불연성 재료로 하고 두께 1.0 밀리미터 이하의 철판이나 그 밖에 그 이상의 강도를 가진 구조로 할 것
④ 발생기실을 옥외에 설치한 경우에는 그 개구부를 다른 건축물로부터 1.0미터 이내 떨어지도록 할 것

해설

아세틸렌 발생기실을 설치 및 구조
① 벽은 불연성 재료로 하고 철근 콘크리트, 그 밖에 이와 동등 또는 이상의 강도를 가진 구조로 설치
② 지붕과 천장에는 얇은 철판이나 가벼운 불연성 재료를 사용
③ 바닥면적의 16분의 1 이상의 단면적을 가진 배기통을 옥상으로 돌출시키고 그 개구부를 창이나 출입구로부터 1.5m 이상 떨어지도록 할 것
④ 출입구 문은 불연성 재료로 하고 두께 1.5mm 이상의 철판 또는 그 이상의 강도를 가진 구조로 설치
⑤ 발생기실을 옥외에 설치한 경우 그 개구부를 다른 건축물로부터 1.5m 이상 이격

4과목 전기위험방지기술

61 대지에서 용접작업을 하고 있는 작업자가 용접봉에 접촉한 경우 통전전류는?(단, 용접기의 출력측 무부하전압 : 90V, 접촉저항(손, 용접봉 등 포함) : 10kΩ, 인체의 내부저항 : 1kΩ, 발과 대지의 접촉저항 : 20kΩ이다.)

① 약 0.19mA ② 약 0.29mA
③ 약 1.96mA ④ 약 2.90mA

해설

$$I = \frac{V}{R} \quad I = \frac{90}{10+1+30} = 2.90$$

62 KS C IEC 60079-10-2에 따라 공기 중에 분진운의 형태로 폭발성 분진 분위기가 지속적으로 또는 장기간 또는 빈번히 존재하는 장소는?

① 0종 장소 ② 1종 장소
③ 20종 장소 ④ 21종 장소

해설

분진폭발위험장소

분류		적요	예
분진 폭발 위험 장소	20종 장소	분진 운 형태의 가연성 분진이 폭발 농도를 생성할 정도로 충분한 양의 정상 작동 중에 연속적으로 또는 자주 존재하거나 제어할 수 없을 정도의 양 및 두께의 분진 층이 형성될 수 있는 장소	호퍼, 분진 저장소, 집진장치 필터 등의 내부
	21종 장소	20종 장소 외의 장소로서 분진 운 형태의 가연성 분진이 폭발 농도를 형성할 정도의 충분한 양의 정상작동 중에 존재할 수 있는 장소	집진장치, 백필터, 배기구 등의 주위, 이송벨트 샘플링 지역 등
	22종 장소	21종장소 외에 장소로서 가연성 분진 형태가 드물게 발생 또는 단기간 존재할 우려가 있거나 이상 작동 상태 하에서 가연성 분진 층이 형성될 수 있는 장소	21종 장소에서 예방조치가 취하여진 지역 환기설비 등과 같은 안전장치 배출구 주위

63 설비의 이상현상에 나타나는 아크(Arc)의 종류가 아닌 것은?

① 단락에 의한 아크
② 지락에 의한 아크
③ 차단기에서의 아크
④ 전선저항에 의한 아크

설비의 이상현상에 나타나는 아크(Arc)의 종류
① 단락에 의한 아크　② 지락에 의한 아크
③ 차단기에 의한 아크　④ 정전기에 의한 아크

64 정전기 재해방지에 관한 설명 중 틀린 것은?

① 이황화탄소의 수송 과정에서 배관 내의 유속을 2.5m/s 이상으로 한다.
② 포장 과정에서 용기를 도전성 재료에 접지한다.
③ 인쇄 과정에서 도포량을 소량으로 하고 접지한다.
④ 작업장의 습도를 높여 전하가 제거되기 쉽게 한다.

정전기 재해방지 대책
① 접지
② 습기부여(공기 중 습도 60~70% 유지)
③ 도전성 재료 사용
④ 대전방지제 사용
⑤ 제전기 사용
⑥ 에테르, 이황화탄소 등과 같이 유동대전이 심하고, 폭발 위험성이 높은 것은 1 m/s 이하

65 한국전기설비규정에 따라 사람이 쉽게 접촉할 우려가 있는 곳에 금속제 외함을 가지는 저압의 기계 기구가 시설되어 있다. 이 기계기구의 사용전압이 몇 V를 초과할 때 전기를 공급하는 전로에 누전차단기를 시설해야 하는가?(단, 누전차단기를 시설하지 않아도 되는 조건은 제외한다.)

① 30V　　　　② 40V
③ 50V　　　　④ 60V

누전차단기 접속 시 준수사항
① 전기기계·기구에 설치되어 있는 누전차단기는 정격감도전류가 30mA 이하이고 작동시간은 0.03초 이내일 것 다만, 정격전부하전류가 50A 이상인 전기기계·기구에 접속되는 누전차단기는 오작동을 방지하기 위하여 정격감도전류는 200mA 이하로, 작동시간은 0.1초 이내로 할 수 있다.

② 분기회로 또는 전기기계·기구마다 누전차단기를 접속할 것
③ 누전차단기는 배전반 또는 분전반 내에 접속하거나 꽂음 접속형누전차단기를 콘센트에 접속하는 등 파손이나 감전사고를 방지할 수 있는 장소에 접속할 것
④ 지락보호전용기능만 있는 누전차단기는 과전류를 차단하는 퓨즈나 차단기 등과 조합하여 접속할 것
⑤ 금속제 외함을 가지는 사용전압이 50V를 초과하는 저압의 기계 기구로서 사람이 쉽게 접촉할 우려가 있는 곳에 시설하는 것에 전기를 공급하는 전로에는 지락차단장치(누전차단기 등)를 설치해야 한다.

66 다음 중 방폭설비의 보호등급(IP)에 대한 설명으로 옳은 것은?

① 제1 특성 숫자가 "1"인 경우 지름 50mm 이상의 외부 분진에 대한 보호
② 제1 특성 숫자가 "2"인 경우 지름 10mm 이상의 외부 분진에 대한 보호
③ 제2 특성 숫자가 "1"인 경우 지름 50mm 이상의 외부 분진에 대한 보호
④ 제2 특성 숫자가 "2"인 경우 지름 10mm 이상의 외부 분진에 대한 보호

방폭설비의 보호등급(IP)

제1 특성 숫자	외부 분진에 대한 보호 등급	
	간단한 설명	정의
0	비보호	–
1	지름 50mm 이상의 외부 분진에 대한 보호 / 손등	지름이 50mm인 구 모양의 분진 검사용 프로브는 완전히 통과하지 않아야 한다.
2	지름 12.5mm 이상의 외부 분진에 대한 보호 / 핑거	지름이 12.5mm인 구 모양의 분진 검사용 프로브는 완전히 통과하지 않아야 한다.
3	지름 2.5mm 이상의 외부 분진에 대한 보호 / 공구	지름이 2.5mm인 구 모양의 분진 검사용 프로브는 조금도 통과하지 않아야 한다.
4	지름 1.0mm 이상의 외부 분진에 대한 보호 / 전선	지름이 1.0mm인 분진 검사용 프로브는 조금도 통과하지 않아야 한다.

제1 특성 숫자	외부 분진에 대한 보호 등급	
	간단한 설명	정의
5	먼지 보호 / 전선	먼지 침투를 완전히 막는 것은 아니나, 기기의 만족스러운 운전을 방해하거나 안전을 해치는 양의 먼지는 통과시키지 않는다.
6	방진 / 전선	먼지 침투 없음

67 정전기 발생에 영향을 주는 요인에 대한 설명으로 틀린 것은?

① 물체의 분리속도가 빠를수록 발생량은 적어진다.

② 접촉면적이 크고 접촉압력이 높을수록 발생량이 많아진다.

③ 물체 표면이 수분이나 기름으로 오염되면 산화 및 부식에 의해 발생량이 많아진다.

④ 정전기의 발생은 처음 접촉, 분리할 때가 최대로 되고 접촉, 분리가 반복됨에 따라 발생량은 감소한다.

해설

정전기 발생의 영향 요인

물체의 특성	① 접촉 분리하는 두 가지 물체의 상호 특성에 의해 결정 ② 대전열 ㉠ 물체를 마찰시킬 때 전자를 잃기 쉬운 순서대로 나열한 것 ㉡ 대전서열에서 멀리 있는 두 물체를 마찰할수록 대전이 잘 된다. (＋)털가죽 유리 명주 나무 고무 플라스틱 에보나이트(－)
물체의 표면상태	① 표면이 매끄러운 것보다 거칠수록 정전기가 크게 발생한다. ② 표면이 수분 기름 등의 오염되거나 산화 부식되어 있으면 정전기가 크게 발생한다.
물체의 이력	물체가 이미 대전된 이력이 있을 경우 정전기 발생의 영향이 작아지는 경향이 있다.(처음 접촉, 분리일 때가 최고이며 반복될수록 감소)
접촉면적 및 압력	접촉 면적과 압력이 클수록 정전기 발생량이 증가하는 경향이 있다.
분리속도	분리속도가 클수록 주어지는 에너지가 크게 되므로 정전기 발생량도 증가하는 경향이 있다.
완화시간	완화시간이 길면 길수록 정전기 발생량은 증가한다.

68 전기기기, 설비 및 전선로 등의 충전 유무 등을 확인하기 위한 장비는?

① 위상검출기

② 디스콘 스위치

③ COS

④ 저압 및 고압용 검전기

해설

전기기기, 설비 및 전선로 등의 충전 유무 확인 → 검전기

69 피뢰기로서 갖추어야 할 성능 중 틀린 것은?

① 충격 방전 개시전압이 낮을 것

② 뇌전류 방전 능력이 클 것

③ 제한전압이 높을 것

④ 속류 차단을 확실하게 할 수 있을 것

해설

피뢰기의 일반적 구비 성능

① 충격 방전 개시전압이 낮을 것

② 제한전압이 낮을 것

③ 상용 주파 방전개시 전압이 높아야 할 것.

④ 뇌전류의 방전능력이 크고 속류의 차단이 확실하게 될 것

⑤ 구조가 견고하며 특성이 변화하지 않을 것

⑥ 점검 보수가 간단할 것

70 접지저항 저감 방법으로 틀린 것은?

① 접지극의 병렬 접지를 실시한다.

② 접지극의 매설 깊이를 증가시킨다.

③ 접지극의 크기를 최대한 작게 한다.

④ 접지극 주변의 토양을 개량하여 대지 저항률을 떨어뜨린다.

해설

접지저항을 감소시키는 방법

(1) 약품법 : 도전성 물질을 접지극 주변 토양의 주입

(2) 병렬법 : 접지 수를 증가하여 병렬접속

(3) 심타매설 : 접지 전극을 대지에 깊이 박는 방법 (75cm 이상 깊이)

(4) 접지극의 규격을 크게

71 교류 아크용접기의 사용에서 무부하 전압이 80V, 아크 전압 25V, 아크 전류 300A일 경우 효율은 약 몇 % 인가?(단, 내부손실은 4kW이다.)

① 65.2 　　　　② 70.5

③ 75.3 　　　　④ 80.6

전력(W) = V × A = 25 × 300 = 7500

총전력 = 7500 + 4000 = 11500

$$효율 = \frac{사용전력}{총전력} \times 100(\%)$$

$$효율 = \frac{7500}{11500} \times 100 = 65.22$$

72 아크방전의 전압전류 특성으로 가장 옳은 것은?

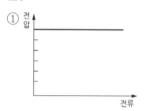

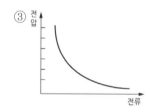

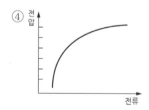

아크방전에서 전류가 높으면 전압은 낮아진다.

73 다음 중 기기보호등급(EPL)에 해당하지 않는 것은?

① EPL Ga 　　　② EPL Ma

③ EPL Dc 　　　④ EPL Mc

기기보호 등급에 해당되는 것

① EPL Ga ② EPL Ma ③EPL Dc

74 다음 중 산업안전보건기준에 관한 규칙에 따라 누전차단기를 설치하지 않아도 되는 곳은?

① 철판·철골 위 등 도전성이 높은 장소에서 사용하는 이동형 전기기계·기구

② 대지전아이 220V인 휴대형 전기기계·기구

③ 임시배선이 전로가 설치되는 장소에서 사용하는 이동형 전기기계·기구

④ 절연대 위에서 사용하는 전기기계·기구

누전차단기 설치 적용 제외

① 전기용품 안전관리법에 따른 이중절연 또는 이와 같은 수준 이상으로 보호되는 전기기계·기구

② 절연대위 등과 같이 감전 위험이 없는 장소에서 사용하는 전기기계·기구

③ 비접지방식의 전로에 접속하여 사용되는 전기기계, 기구

누전차단기 설치대상 장소 및 기계기구

① 대지전압이 150V를 초과하는 이동형 또는 휴대형 전기기계·기구

② 물 등 도전성이 높은 액체가 있는 습윤장소에서 사용하는 저압용 전기기계·기구(1500V 이하 직류전압이나 1000V 이하의 교류전압을 말한다)

③ 철판·철골 위 등 도전성이 높은 장소에서 사용하는 이동형 또는 휴대형 전기기계·기구

④ 임시배선의 전로가 설치되는 장소에서 사용하는 이동형 또는 휴대형 전기기계·기구

정답 　71 ①　72 ③　73 ④　74 ④

⑤ 감전방지용 누전차단기를 설치하기 어려운 경우에는 작업시작 전에 접지선의 연결 및 접속부 상태 등이 적합한지 확실하게 점검하여야 한다.

75 다음 설명이 나타내는 현상은?

전압이 인가된 이극 도체간의 고체절연물 표면에 이물질이 부착되면 미소방전이 일어난다. 이 미소방전이 반복되면서 절연물 표면에 도전성 통로가 형성되는 현상이다.

① 흑연화현상   ② 트래킹현상
③ 반단선현상   ④ 절연이동현상

해설

트래킹현상
충전 전극 사이의 고체절연물 표면에 습기, 수분, 먼지 등 오염 물질 등으로 유기절연체의 표면에 발생하는 미소방전(미소한 불꽃)에 의해 탄화경로(도전성 통로)가 생기는 현상

76 다음 중 방폭구조의 종류가 아닌 것은?

① 본질안전 방폭구조   ② 고압 방폭구조
③ 압력 방폭구조   ④ 내압 방폭구조

해설

방폭구조

내압	압력	안전증	유입	본질안전	비점화	충격	몰드	특수
d	p	e	o	ia,ib	n	q	m	s

77 심실세동 전류 $I = \dfrac{165}{\sqrt{T}} \, mA$ 라면 심실세동 시 인체에 직접 받는 전기에너지(cal)는 약 얼마인가?(단, t는 통전시간으로 1초이며, 인체의 저항은 $500\,\Omega$ 으로 한다.)

① 0.52   ② 1.35
③ 2.14   ④ 3.27

해설

$$Q(J) = I^2 \times R \times T$$
$$= (\frac{165}{\sqrt{T}} \times 10^{-3})^2 \times R \times T$$
$$= (165 \times 0.001)^2 \times 500 \times 1 = 13.6(J) \times 0.24$$
$$= 3.27(cal)$$

78 산업안전보건기준에 관한 규칙에 따른 전기기계·기구에 설치 시 고려할 사항으로 거리가 먼 것은?

① 전기기계·기구의 충분한 전기적 용량 및 기계적 강도
② 전기기계·기구의 안전효율을 높이기 위한 시간 가동률
③ 습기·분진 등 사용장소의 주위 환경
④ 전기적·기계적 방호수단의 적정성

해설

전기기계기구의 안전효율을 높이기 위한 시간 가동률은 전기기계 기구의 설치 시 고려사항으로는 적절하지 않다.

79 정전작업 시 조치사항으로 틀린 것은?

① 작업 전 전기설비의 잔류 전하를 확실히 방전한다.
② 개로된 전로의 충전 여부를 검전기구에 의하여 확인한다.
③ 개폐기에 잠금장치를 하고 통전금지에 관한 표지판은 제거한다.
④ 예비 동력원의 역송전에 의한 감전의 위험을 방지하기 위해 단락접지 기구를 사용하여 단락 접지를 한다.

해설

정전 전로에서의 전기작업
① 전기기기 등에 공급하는 모든 전원을 관련 도면, 배선도 등으로 확인한다.
② 전원을 차단한 후 각 단로기를 개방한다.
③ 문서화된 절차에 따라 잠금장치 및 꼬리표를 부착한다.

정답 75 ②   76 ②   77 ④   78 ②   79 ③

④ 개로된 전로에서 유도전압 또는 전기 에너지의 축적으로 근로자에게 전기위험이 있는 전기기기 등은 접촉하기 전에 접지시켜 완전히 방전시킨다.

⑤ 검전기를 이용하여 작업 대상 기기의 충전 여부를 확인한다.

⑥ 전기기기 등이 다른 노출 충전부와의 접촉 등으로 인해 전압이 인가될 우려가 있는 경우에는 충분한 용량을 가진 단락 접지기구를 이용하여 접지에 접속한다.

80 정전기로 인한 화재 폭발의 위험이 가장 높은 것은?

① 드라이클리닝 설비
② 농작물 건조기
③ 가습기
④ 전동기

해설

드라이크리닝 설비는 습기를 제거 및 열의 마찰로 인하여 정전기 발생을 증가시킨다.

5과목 **화학설비위험방지기술**

81 산업안전보건법에서 정한 위험물질을 기준량 이상 제조하거나 취급하는 화학설비로서 내부의 이상상태를 조기에 파악히기 위하여 필요한 온도계 · 유량계 · 압력계 등의 계측장치를 설치하여야 하는 대상이 아닌 것은?

① 가열로 또는 가열기
② 증류 · 정류 · 증발 · 추출 등 분리를 하는 장치
③ 반응폭주 등 이상 화학반응에 의하여 위험물질이 발생할 우려가 있는 설비
④ 흡열반응이 일어나는 반응장치

해설

특수화학설비

사업주는 위험물을 기준량 이상으로 제조하거나 취급하는 다음 각 호의 어느 하나에 해당하는 화학설비(이하 "특수화학설비"라한다)를 설치하는 경우에는 내부의 이상상태를 조기에 파악하기 위하여 필요한 온도계 · 유량계 · 압력계등의 계측장치를 설치하여야 하는 화학설비

① 발열 반응이 일어나는 반응 장치
② 증류,정류, 증발. 추출 등 분리를 하는 장치
③ 가열 시켜주는 물질의 온도가 가열되는 위험물질의 분해 온도 또는 발화점 보다 높은 상태에서 운전되는 설비
④ 반응 폭주 등 이상 화학 반응에 의하여 위험물질이 발생할 우려가 있는 설비
⑤ 온도가 350℃ 이상이거나 게이지 압력 이후 980kpa이상인 상태에서 운전되는 설비
⑥ 가열로 또는 가열기

82 다음 중 퍼지(purge)의 종류에 해당하지 않는 것은?

① 압력퍼지　　　　② 진공퍼지
③ 스위프퍼지　　　④ 가열퍼지

해설

퍼지(Purge)의 종류

① 압력퍼지
② 진공퍼지
③ 스위퍼퍼지
④ 사이폰퍼지

83 폭발한계와 완전 연소 조정 관계인 Jones식을 이용하여 부탄(C_4H_{10})의 폭발하한계를 구하면 몇 vol% 인가?

① 1.4　　　　　　② 1.7
③ 2.0　　　　　　④ 2.3

해설

먼저 화학양론농도를 구한다.

$$Cst = \frac{100}{1 + 4.773\left(n + \frac{m}{4}\right)}$$

$$Cst = \frac{100}{1 + 4.773\left(4 + \frac{10}{4}\right)} = 3.13$$

따라서 폭발하한계 : $3.13 \times 0.55 = 1.72$

84 가스를 분류할 때 독성가스에 해당하지 않는 것은?

① 황화수소   ② 시안화수소
③ 이산화탄소   ④ 산화에틸렌

해설
독성가스
① 황화수소
② 시안화수소
③ 산화에틸렌

85 다음 중 폭발 방호 대책과 가장 거리가 먼 것은?

① 불활성화   ② 억제
③ 방산   ④ 봉쇄

해설
폭발 방호 대책
① 억제   ②방산   ③ 봉쇄

86 질화면(Nitrocellulose)은 저장 · 취급 중에는 에틸알코올 등으로 습면상태를 유지해야 한다. 그 이유를 옳게 설명한 것은?

① 질화면은 건조 상태에서는 자연적으로 분해하면서 발화할 위험이 있기 때문이다.
② 질화면은 알코올과 반응하여 안정한 물질을 만들기 때문이다.
③ 질화면은 건조 상태에서 공기 중의 산소와 환원반응을 하기 때문이다.

④ 질화면은 건조 상태에서 유독한 중합물을 형성하기 때문이다.

해설
니트로셀룰로오즈는 건조상태에서는 자연적으로 분해하면서 발화할 위험이 있기 때문에 알코올 등에 적셔 보관하여야 한다.

87 분진폭발의 특징으로 옳은 것은?

① 연소속도가 가스폭발보다 크다.
② 완전연소로 가스중독의 위험이 작다.
③ 화염의 파급속도보다 압력의 파급속도가 빠르다.
④ 가스폭발보다 연소시간은 짧고 발생에너지는 작다.

해설
• 가스폭발
  ① 화염이 크다.
  ② 연소속도가 빠르다.
• 분진폭발
  ① 폭발 압력, 발생에너지가 크다.
  ② 연소시간이 길다.
  ③ 불완전연소로 인한 일산화탄소가 발생한다.

88 크롬에 대한 설명으로 옳은 것은?

① 은백색 광택이 있는 금속이다.
② 중독 시 미나마타병이 발병한다.
③ 비중이 물보다 작은 값을 나타낸다.
④ 3가 크롬이 인체에 가장 유해하다.

해설
① 은백색 광택이 있는 금속이다.
② 미나마타병은 수은중독에서 발생한다.
③ 비중은 7.1
④ 3가 크롬이 인체에 유해하지 않다.

89 사업주는 인화성 액체 및 인화성 가스를 저장 취급하는 화학설비에서 증기나 가스를 대기로 방출하는 경우에는 외부로부터의 화염을 방지하기 위하여 화염방지기를 설치하여야 한다. 다음 중 화염방지기의 설치 위치로 옳은 것은?

① 설비의 상단 ② 설비의 하단
③ 설비의 측면 ④ 설비의 조작부

해설

화염방지기는 설비의 상단에 설치한다.

90 열교환탱크 외부를 두께 0.2m의 단열재(열전도율 k = 0.037 kcal/m·h·℃)로 보온하였더니 단열재 내면은 40℃, 외면은 20℃이었다. 면적 1m² 당 1시간에 손실되는 열량(kcal)은?

① 0.0037 ② 0.037
③ 1.37 ④ 3.7

해설

공식에 대입

열교환기 손실열량(열 유동량)
A : 단면적(m²) ΔX : 두께(m)
ΔT : 온도변화량(온도차℃) Q : 열량(Kcal/m²hr℃)
열교환기 손실열량(Q) = 전열계수(K) × 면적(A) × $\frac{온도변화량(\Delta T)}{두께(\Delta X)}$

$(Q) = 0.037 \times 1 \times \frac{(40-20)}{0.2} = 3.7 kcal/m^2 hr$

91 산업안전보건법령상 다음 인화성 가스의 정의에서 ( ) 안에 알맞은 값은?

> "인화성 가스"란 인화한계 농도의 최저한도가 (㉠)% 이하 또는 최고한도와 최저한도의 차가 (㉡)% 이상인 것으로서 표준압력(101.3kPa), 20℃에서 가스 상태인 물질을 말한다.

① ㉠ 13, ㉡ 12 ② ㉠ 13, ㉡ 15
③ ㉠ 12, ㉡ 13 ④ ㉠ 12, ㉡ 15

해설

인화성 가스란 인화한계 농도의 최저한도가 13% 이하 또는 최고한도와 최저한도의 차가 12% 이상인 것으로서 표준압력(101.3)kpa, 20℃에서 가스 상태인 물질을 말한다.

92 액체 표면에서 발생한 증기농도가 공기 중에서 연소하한농도가 될 수 있는 가장 낮은 액체온도를 무엇이라 하는가?

① 인화점 ② 비등점
③ 연소점 ④ 발화온도

해설

인화점
액체 표면에서 발생한 증기농도가 공기 중에서 연소하한농도가 될 수 있는 최저온도

93 위험물의 저장방법으로 적절하지 않은 것은?

① 탄화칼슘은 물속에 저장한다.
② 벤젠은 산화성 물질과 격리시킨다.
③ 금속나트륨은 석유 속에 저장한다.
④ 질산은 갈색병에 넣어 냉암소에 보관한다.

해설

위험물 취급 및 저장방법
① 대상(금수성 물질) : 발화성물질 중 물과 접촉하여 쉽게 발화되고 가연성 가스를 발생할 수 있는 물질
  ㉠ 석유(등유) 속에 저장 : 금속 칼륨 (K), 금속 나트륨 (Na) (유동 파라핀에 저장)
  ㉡ 벤젠(C_6H_6)(조혈 기능 장애), 핵산 등에 희석제 사용 : 알킬알루미늄 산화성 물질과 격리저장
  ㉢ 발화성물질인 황린(P_4) : 물에 녹지 않으므로 ph 9 정도의 물속에 저장
  ㉣ 적린(P), 마그네슘(Mg), 칼륨(k) : 격리저장, 적린 : 냉암소 격리 저장
  ㉤ 질산은($AgNO_3$) : 갈색 유리병에 보관
  ㉥ 탄화칼슘(CaC_2 : 카비이트) : 물과 격렬한 반응으로 건조한 곳에 보관

ⓐ 질산(NO₃) : 통풍이 잘되는 곳(물접촉금지) KNO₃(질 산칼륨) : 흑색화약의 원료

ⓞ 니트로셀룰로오즈($C_6H_7O_2(ONO_2)$) : 건조하면 분해폭 발 함으로 알코올에 적셔 보관

ⓩ 니트로글리세린($C_3H_5(ONO_2)$) : 알코올에 적셔 보관, 주수소화

94 다음 중 열교환기의 보수에 있어 일상점검항목과 정기적 개방점검항목으로 구분할 때 일상점검 항목으로 거리가 먼 것은?

① 도장의 노후상황
② 부착물에 의한 오염의 상황
③ 보온재, 보냉재의 파손 여부
④ 기초볼트의 체결 정도

해설

열교환기의 일상점검 항목
① 보온재 보냉재 파손 여부 상태
② 도장의 열화 상태(노후상태)
③ 용접부 노출 상태
④ 기초볼트의 풀림 상태 (체결상태)

95 다음 중 반응기의 구조 방식에 의한 분류에 해 당하는 것은?

① 탑형 반응기
② 연속식 반응기
③ 반회분식 반응기
④ 회분식 균일상 반응기

해설

1) 반응기의 조작방식에 의한 분류
　① 회분식 반응기
　② 연속식 반응기
　③ 반회분식 반응기
2) 반응기의 구조방식에 의한 분류
　① 관형 반응기
　② 교반조형 반응기
　③ 탑형 반응기

96 다음 중 공기 중 최소 발화 에너지 값이 가장 작은 물질은?

① 에틸렌
② 아세트알데히드
③ 메탄
④ 에탄

해설

① 에틸렌(C_2H_4) : 0.07
② 아세트알데히드(CH_3CHO) : 0.36
③ 메탄(CH_4) : 0.28
④ 에탄(C_2H_6) : 0.24

97 다음 표의 가스(A~D)를 위험도가 큰 것부터 작은 순으로 나열한 것은?

	폭발하한값	폭발상한값
A	4.0vol%	75.0vol%
B	3.0vol%	80.0vol%
C	1.25vol%	44.0vol%
D	2.5vol%	81.0vol%

① D − B − C − A
② D − B − A − C
③ C − D − A − B
④ C − D − B − A

해설

공식에 따라 각각 대입하여 큰 값부터 작은 값으로 나열하 면 된다.

$$위험도(H) = \frac{폭발상한계(UFL) - 폭발하한계(LFL)}{폭발하한계(LFL)}$$

(A) 위험도 $= \dfrac{7.5 - 4}{4} = 0.875$

(B) 위험도 $= \dfrac{80 - 3}{3} = 25.66$

(C) 위험도 $= \dfrac{44 - 12.5}{12.5} = 34.2$

(D) 위험도 $= \dfrac{81 - 2.5}{2.5} = 31.4$

98 알루미늄분이 고온의 물과 반응하였을 때 생성되는 가스는?

① 이산화탄소　　　② 수소
③ 메탄　　　　　　④ 에탄

알루미늄(금속)은 물을 만나면 수소발생

99 메탄, 에탄, 프로판의 폭발하한계가 각각 5vol%, 2vol%, 2.1vol%일 때 다음 중 폭발하한계가 가장 낮은 것은?(단, Le Chatelier의 법칙을 이용한다.)

① 메탄 20vol%, 에탄 30vol%, 프로판 50vol%의 혼합가스
② 메탄 30vol%, 에탄 30vol%, 프로판 40vol%의 혼합가스
③ 메탄 40vol%, 에탄 30vol%, 프로판 30vol%의 혼합가스
④ 메탄 50vol%, 에탄 30vol%, 프로판 20vol%의 혼합가스

르샤틀리에 공식으로 각각 대입하여 계산하여 가장 낮은 값을 구한다.

$$L = \frac{100}{\dfrac{V1}{L1} + \dfrac{V2}{L2} + \dfrac{V3}{L3}}$$

100 고압가스 용기 파열사고의 주요 원인 중 하나는 용기의 내압력(耐壓力, capacity to resist pressure) 부족이다. 다음 중 내압력 부족의 원인으로 거리가 먼 것은?

① 용기 내벽의 부식
② 강재의 피로
③ 과잉 충전
④ 용접 불량

용기 내압 부족으로 인한 파열사고 시 주요 원인
①구조상의 결함(설계, 강도)
②구성 재료의 결함,
③장치 및 부품의 부식
④ 용접 불량

6과목　건설안전기술

101 건설현장에 거푸집동바리 설치 시 준수사항으로 옳지 않은 것은?

① 파이프서포트 높이가 4.5m를 초과하는 경우에는 높이 2m 이내마다 2개 방향으로 수평 연결재를 설치한다.
② 동바리의 침하 방지를 위해 깔목의 사용, 콘크리트 타설, 말뚝박기 등을 실시한다.
③ 강재와 강재의 접속부는 볼트 또는 클램프 등 전용철물을 사용한다.
④ 강관틀 동바리는 강관틀과 강관틀 사이에 교차가새를 설치한다.

거푸집 동바리 설치 시 준수사항
1) 깔목의 사용, 콘크리트 타설, 말뚝박기 등 동바리의 침하를 방지하기 위한 조치를 할 것
2) 개구부 상부에 동바리를 설치하는 경우에는 상부 하중을 견딜 수 있는 견고한 받침대를 설치할 것
3) 동바리의 상하 고정 및 미끄러짐 방지 조치를 하고, 하중의 지지상태를 유지할 것
4) 동바리의 이음은 맞댄이음이나 장부이음으로 하고 같은 품질의 재료를 사용할 것
5) 강재와 강재의 접속부 및 교차부는 볼트·클램프 등 전용철물을 사용하여 단단히 연결할 것
6) 거푸집이 곡면인 경우에는 버팀대의 부착 등 그 거푸집의 부상(浮上)을 방지하기 위한 조치를 할 것
7) 높이가 3.5미터를 초과하는 경우 높이 2미터 이내마다 수평연결재를 2개 방향으로 만들고 수평연결재의 변위를 방지할 것

102 고소작업대를 설치 및 이동하는 경우에 준수하여야 할 사항으로 옳지 않은 것은?

① 와이어로프 또는 체인의 안전율은 3 이상일 것
② 붐의 최대 지면 경사각을 초과 운전하여 전도되지 않도록 할 것
③ 고소작업대를 이동하는 경우 작업대를 가장 낮게 내릴 것
④ 작업대에 끼임 · 충돌 등 재해를 예방하기 위한 가드 또는 과상승방지장치를 설치할 것

고소작업대 설치 및 이동 시 준수하여야 할 사항
1) 고소작업대 이동 시 준수사항
　① 작업대를 가장 낮게 내릴 것
　② 이동 통로에 요철 상태 또는 장애물의 유무 등을 확인할 것
　③ 작업대를 올린 상태에서 작업자를 태우고 이동하지 말 것
2) 고소작업대 설치 시 준수사항
　① 와이어로프 또는 체인의 안전율은 5 이상일 것
　② 권과 방지 장치를 갖추거나 압력에 이상 상승을 방지할 수 있는 구조일 것
　③ 붐에 최대지면 경사각을 초과 운전하여 전도되지 않도록 할 것
　④ 작업대에 정격하중 안전율 5 이상을 표시할 것
　⑤ 작업대에 충돌 등 재해를 예방하기 위한 가드 또는 과상승 방지장치를 설치할 것
　⑥ 조작판의 스위치는 눈으로 확인할 수 있도록 명칭 및 방향 표시를 유지할 것

103 건설공사의 유해위험방지계획서 제출 기준일로 옳은 것은?

① 당해공사 착공 1개월 전까지
② 당해공사 착공 15일 전까지
③ 당해공사 착공 전날까지
④ 당해공사 착공 15일 후까지

유해 위험방지계획서 제출 기준일
1) 건설업 : 착공당일
2) 제조업 : 착공 15일 전
3) 기계 설비 : 착공 15일 전

104 철골건립준비를 할 때 준수하여야 할 사항으로 옳지 않은 것은?

① 지상 작업장에서 건립준비 및 기계기구를 배치할 경우에는 낙하물의 위험이 없는 평탄한 장소를 선정하여 정비하여야 한다.
② 건립작업에 다소 지장이 있다하더라도 수목은 제거하거나 이설하여서는 안 된다.
③ 사용 전에 기계기구에 대한 정비 및 보수를 철저히 실시하여야 한다.
④ 기계에 부착된 앵커 등 고정장치와 기초구조 등을 확인하여야 한다.

철골 건립준비 시 준수사항
① 지상 작업장에서 건립준비 및 기계기구를 배치할 경우에는 낙하물의 위험이 없는 평탄한 장소를 선정하여 정비하고 경사지에서는 작업대나 임시발판 등을 설치하는 등 안전하게 한 후 작업하여야 한다.
② 건립작업에 지장이 되는 수목은 제거하거나 이설하여야 한다.
③ 인근에 건축물 또는 고압선 등이 있는 경우에는 이에 대한 방호조치 및 안전조치를 하여야 한다.
④ 사용 전에 기계기구에 대한 정비 및 보수를 철저히 실시하여야 한다.
⑤ 기계가 계획대로 배치되어 있는가, 윈치는 작업구역을 확인할 수 있는 곳에 위치하였는가, 기계에 부착된 앵커 등 고정장치와 기초구조 등을 확인하여야 한다.

105 가설공사 표준안전 작업지침에 따른 통로 발판을 설치하여 사용함에 있어 준수사항으로 옳지 않은 것은?

102 ① 103 ③ 104 ② 105 ④

① 추락의 위험이 있는 곳에는 안전난간이나 철책을 설치하여야 한다.
② 작업발판의 최대폭은 1.6m 이내이어야 한다.
③ 비계발판의 구조에 따라 최대 적재하중을 정하고 이를 초과하지 않도록 하여야 한다.
④ 발판을 겹쳐 이음하는 경우 장선 위에서 이음을 하고 겹침길이는 10cm 이상으로 하여야 한다.

해설

통로발판 설치 시 준수사항
1) 근로자가 작업 및 이동하기에 충분한 넓이가 확보되어야 한다.
2) 추락의 위험이 있는 곳에는 안전난간이나 철책을 설치하여야 한다.
3) 발판을 겹쳐 이음하는 경우 장선 위에서 이음을 하고 겹침 길이는 20cm 이상으로 하여야 한다.
4) 발판 1개에 대한 지지물은 2개 이상이어야 한다.
5) 작업발판의 최대폭은 1.6m 이내이어야 한다.
6) 작업발판 위에는 돌출된 못, 옹이, 철선 등이 없어야 한다.
7) 비계발판의 구조에 따라 최대 적재하중을 정하고 이를 초과하지 않도록 하여야 한다.

106 항타기 또는 항발기의 사용 시 준수사항으로 옳지 않은 것은?

① 증기나 공기를 차단하는 장치를 작업관리자가 쉽게 조작할 수 있는 위치에 설치한다.
② 해머의 운동에 의하여 증기호스 또는 공기호스와 해머의 접속부가 파손되거나 벗겨지는 것을 방지하기 위하여 그 접속부가 아닌 부위를 선정하여 증기호스 또는 공기호스를 해머에 고정시킨다.
③ 항타기나 항발기의 권상장치의 드럼에 권상용 와이어로프가 꼬인 경우에는 와이어로프에 하중을 걸어서는 안 된다.
④ 항타기나 항발기의 권상장치에 하중을 건 상태로 정지하여 두는 경우에는 쐐기장치 또는 역회전방지용 브레이크를 사용하여 제동하는 등 확실하게 정지시켜 두어야 한다.

해설

항타기 항발기사용 시의 조치
증기 또는 압축공기를 동력원으로 하는 항타기 또는 항발기를 사용하는 때에는 다음의 사항을 준수하여야 한다.
① 해머의 운동에 의하여 증기호스 또는 공기호스와 해머와의 접속부가 파손되거나 벗겨지는 것을 방지하기 위하여 당해 접속부 외의 부위를 선정하여 증기호스 또는 공기호스를 해머에 고정시킬 것
② 증기 또는 공기를 차단하는 장치를 해머의 운전자가 쉽게 조작할 수 있는 위치에 설치할 것
③ 꼬인 때의 조치
항타기 또는 항발기의 권상장치의 드럼에 권상용 와이어로프가 꼬인 때에는 와이어로프에 하중을 걸어서는 아니 된다.
④ 권상장치 정지 시의 조치
항타기 또는 항발기의 권상장치에 하중을 건 상태로 정지하여 두는 때에는 쐐기장치 또는 역회전방지용 브레이크를 사용하여 제동하여 두는 등 확실하게 정지시켜 두어야 한다.

107 건설업 중 유해위험방지계획서 제출 대상 사업장으로 옳지 않은 것은?

① 지상높이가 31m 이상인 건축물 또는 인공구조물, 연면적 30000m² 이상인 건축물 또는 연면적 5000m² 이상의 문화 및 집회시설의 건설공사
② 연면적 3000m² 이상의 냉동·냉장 창고시설의 설비공사 및 단열공사
③ 깊이 10m 이상인 굴착공사
④ 최대 지간길이가 50m 이상인 다리의 건설공사

해설

건설업 유해위험 방지계획서 제출 대상 사업장
1) 지상높이가 31미터 이상인 건축물
2) 연면적 3만 제곱미터 이상인 건축물
3) 연면적 5천 제곱미터 이상인 시설로서 다음의 어느 하나에 해당하는 시설
   ① 문화 및 집회시설(전시장 및 동물원·식물원은 제외한다)

② 판매시설, 운수시설(고속철도의 역사 및 집배송시설은 제외한다)
③ 종교시설
④ 의료시설 중 종합병원
⑤ 숙박시설 중 관광숙박시설
⑥ 지하도상가
⑦ 냉동·냉장 창고시설

4) 연면적 5천제곱미터 이상인 냉동·냉장 창고시설의 설비공사 및 단열공사

5) 최대 지간(支間)길이가 50미터 이상인 다리의 건설 등 공사

6) 터널의 건설 등 공사

7) 다목적댐, 발전용댐, 저수용량 2천만톤 이상의 용수 전용댐 및 지방상수도 전용 댐의 건설 등 공사

8) 깊이 10미터 이상인 굴착공사

108 건설작업용 타워크레인의 안전장치로 옳지 않은 것은?

① 권과 방지장치　　　② 과부하 방지장치
③ 비상정지 장치　　　④ 호이스트 스위치

해설

건설작업용 타워크레인의 안전장치
① 권과방지장치　② 과부하방지장치　③ 비상정지장치

109 이동식 비계를 조립하여 작업을 하는 경우의 준수기준으로 옳지 않은 것은?

① 비계의 최상부에서 작업할 때는 안전난간을 설치하여야 한다.
② 작업발판의 최대적재하중은 400kg을 초과하지 않도록 한다.
③ 승강용 사다리는 견고하게 설치하여야 한다.
④ 작업발판은 항상 수평을 유지하고 작업발판 위에서 안전난간을 딛고 작업을 하거나 받침대 또는 사다리를 사용하여 작업하지 않도록 한다.

해설

이동식 비계
① 이동식 비계의 바퀴에는 뜻밖의 갑작스러운 이동 또는

전도를 방지하기 위하여 브레이크·쐐기 등으로 바퀴를 고정시킨 다음 비계의 일부를 견고한 시설물에 고정하거나 아웃트리거(outrigger)를 설치하는 등 필요한 조치를 할 것
② 승강용 사다리는 견고하게 설치할 것
③ 비계의 최상부에서 작업하는 경우에는 안전난간을 설치할 것
④ 작업발판은 항상 수평을 유지하고 작업발판 위에서 안전난간을 딛고 작업을 하거나 받침대 또는 사다리를 사용하여 작업하지 않도록 할 것
⑤ 작업발판의 최대적재하중은 250kg을 초과하지 않도록 할 것
⑥ 비계의 최대높이는 밑변 최소폭의 4배 이하
⑦ 최대적재하중 표시

110 토사 붕괴 원인으로 옳지 않은 것은?

① 경사 및 기울기 증가
② 성토 높이의 증가
③ 건설기계 등 하중작용
④ 토사 중량의 감소

해설

토석붕괴원인

내적원인	① 절토사면의 토질·암질 ② 성토사면의 토질 구성 ③ 토석의 강도 저하
외적원인	① 사면 법면의 경사 및 기울기 증가 ② 절토 및 성토의 높이 증가 ③ 공사에 의한 진동 및 반복 하중의 증가 ④ 지표 및 지하수 침투에 의한 토사 중량의 증가 ⑤ 지진, 차량 구조물의 하중 증가 ⑥ 토사 및 암반층의 혼합층 두께

111 건설용 리프트의 붕괴 등을 방지하기 위해 받침의 수를 증가시키는 등 안전조치를 하여야 하는 순간풍속 기준은?

① 초당 15미터 초과　② 초당 25미터 초과
③ 초당 35미터 초과　④ 초당 45미터 초과

풍속에 따른 조치사항

순간 풍속이 매초 당 30m 초과 시	① 바람이 예상될 경우 : 주행 크레인 이탈 방지 장치 작동 점검 ② 바람이 불어온 후 ㉠ 작업 전 크레인의 이상 유무 점검 ㉡ 건설용 리프트에 이상 유무 점검
순간 풍속이 매초 당 35m 초과 시	① 바람이 불어올 우려가 있을 시 ㉠ 건설용 리프트의 받침 수 증가 등 붕괴방지 조치 ㉡ 옥외용 승강기에 받침 수 증가 등 도괴방지 조치

112 토사붕괴에 따른 재해를 방지하기 위한 흙막이 지보공 부재로 옳지 않은 것은?

① 흙막이판   ② 말뚝
③ 턴버클   ④ 띠장

해설

흙막이 지보공부재 : ① 흙막이판   ② 말뚝   ③ 띠장

113 가설구조물의 특징으로 옳지 않은 것은?

① 연결재가 적은 구조로 되기 쉽다.
② 부재 결합이 간략하여 불안전 결합이다.
③ 구조물이라는 개념이 확고하여 조립의 정밀도가 높다.
④ 사용부재는 과소단면이거나 결함재가 되기 쉽다.

해설

가설구조물의 특징
① 연결재가 부족한 구조가 되기 쉽다.
② 부재의 결합이 간단하여 불안전 결합이 되기 쉽다.
③ 구조물이라는 개념이 확고하지 않아 조립의 정밀도가 낮다.
④ 부재는 과소 단면이거나 결함이 있는 재료가 사용되기 쉽다.

114 사다리식 통로 등의 구조에 대한 설치기준으로 옳지 않은 것은?

① 발판의 간격은 일정하게 할 것
② 발판과 벽과의 사이는 15cm 이상의 간격을 유지할 것
③ 사다리식 통로의 길이가 10m 이상인 때에는 7m 이내마다 계단참을 설치할 것
④ 사다리의 상단은 걸쳐놓은 지점으로부터 60m 이상 올라가도록 할 것

해설

사다리식 통로 등의 구조에 대한 설치기준
① 견고한 구조로 할 것
② 심한 손상·부식 등이 없는 재료를 사용할 것
③ 발판의 간격은 일정하게 할 것
④ 발판과 벽과의 사이는 15cm 이상의 간격을 유지할 것
⑤ 폭은 30cm 이상으로 할 것
⑥ 사다리가 넘어지거나 미끄러지는 것을 방지하기 위한 조치를 할 것
⑦ 사다리의 상단은 걸쳐놓은 지점으로부터 60cm 이상 올라가도록 할 것
⑧ 사다리식 통로의 길이가 10m 이상인 경우에는 5m 이내마다 계단참을 설치할 것
⑨ 사다리식 통로의 기울기는 75° 이하로 할 것. 다만, 고정식 사다리식 통로의 기울기는 90도 이하로 하고, 높이가 7m 이상인 경우에는 바닥으로부터 높이가 2.5m 되는 지점부터 등받이울을 설치할 것
⑩ 접이식 사다리 기둥은 사용 시 접혀지거나 펼쳐지지 않도록 철물 등을 사용하여 견고하게 조치할 것

115 가설통로를 설치하는 경우 준수해야 할 기준으로 옳지 않은 것은?

① 경사는 30° 이하로 할 것
② 경사가 25°를 초과하는 경우에는 미끄러지지 아니하는 구조로 할 것
③ 건설공사에 사용하는 높이 8m 이상인 비계다리에는 7m 이내마다 계단참을 설치할 것

④ 수직갱에 가설된 통로의 길이가 15m 이상인 때에는 10m 이내마다 계단참을 설치할 것

해설

가설통로
① 견고한 구조로 할 것
② 경사는 30° 이하로 할 것. 다만, 계단을 설치하거나 높이 2m 미만의 가설통로로서 튼튼한 손잡이를 설치한 경우에는 그러하지 아니하다.
③ 경사가 15°를 초과하는 경우에는 미끄러지지 아니하는 구조로 한다.
④ 추락할 위험이 있는 장소에는 안전난간을 설치한다.
⑤ 수직갱에 가설된 통로의 길이가 15m 이상인 경우에는 10m 이내마다 계단참을 설치한다.
⑥ 건설공사에 사용하는 높이 8m 이상인 비계다리에는 7m 이내마다 계단참을 설치한다.

116 터널공사에서 발파작업 시 안전대책으로 옳지 않은 것은?

① 발파 전 도화선 연결상태, 저항치 조사 등의 목적으로 도통시험 실시 및 발파기의 작동상태에 대한 사전점검 실시
② 모든 동력선은 발원점으로부터 최소한 15m 이상 후방으로 옮길 것
③ 지질, 암의 절리 등에 따라 화약량에 대한 검토 및 시방기준과 대비하여 안전조치 실시
④ 발파용 점화회선은 타 동력선 및 조명회선과 한 곳으로 통합하여 관리

해설

(발파작업) 사업주는 발파작업시 다음의 사항을 준수하여야 한다.
① 발파는 선임된 발파책임자의 지휘에 따라 시행하여야 한다.
② 발파작업에 대한 특별 시방을 준수하여야 한다.
③ 굴착단면 경계면에는 모암에 손상을 주지 않도록 시방에 명기된 정밀폭약(FINEX Ⅰ, Ⅱ) 등을 사용하여야 한다.
④ 지질, 암의 절리 등에 따라 화약량을 충분히 검토하여야 하며 시방기준과 대비하여 안전조치를 하여야 한다.
⑤ 발파책임자는 모든 근로자의 대피를 확인하고 지보공 및 복공에 대하여 필요한 조치의 방호를 한 후 발파하도록 하여야 한다.

⑥ 발파 시 안전한 거리 및 위치에서의 대피가 어려울 때는 전면과 상부를 견고하게 방호한 임시대피 장소를 설치하여야 한다.
⑦ 화약류를 장진하기 전에 모든 동력선 및 활선은 장진기기로부터 분리시키고 조명회선을 포함한 모든 동력선은 발원점으로부터 최소한 15m 이상 후방으로 옮겨 놓도록 하여야 한다.
⑧ 발파용 점화회선은 타 동력선 및 조명회선으로부터 분리되어야 한다.
⑨ 발파 전 도화선 연결상태, 저항치 조사 등의 목적으로 도통시험을 실시하여야 하며 발파기 작동상태를 사전 점검하여야 한다.
⑩ 발파 후에는 충분한 시간이 경과한 후 접근하도록 하여야 하며 다음 각 목의 조치를 취한 후 다음 단계의 작업을 행하도록 하여야 한다.
   가. 유독가스의 유무를 재확인하고 신속히 환풍기, 송풍기 등을 이용 환기시킨다.
   나. 발파책임자는 발파 후 가스배출 완료 즉시 굴착면을 세밀히 조사하여 붕락 가능성의 뜬돌을 제거하여야 하며 용출수 유무를 동시에 확인하여야 한다.
   다. 발파단면을 세밀히 조사하여 필요에 따라 지보공, 록볼트, 철망, 뿜어 붙이기 콘크리트 등으로 보강하여야 한다.
   라. 불발화약류의 유무를 세밀히 조사하여야 하며 발견 시 국부 재발파, 수압에 의한 제거방식 등으로 잔류화약을 처리하여야 한다.

117 건설업 산업안전보건관리비 계상 및 사용기준은 산업재해보상보험법의 적용을 받는 공사 중 총 공사금액이 얼마 이상인 공사에 적용하는가?(단, 전기공사업법, 정보통신공사업법에 의한 공사는 제외)

① 4천만원
② 3천만원
③ 2천만원
④ 1천만원

해설

적용 범위
① 산업재해 보상 보험법의 적용을 받는 공사 중 총공사금액 2천만원 이상인 공사에 적용
② 다음의 단가 계약에 의하여 행하는 공사에 대하여는 총 계약금액을 기준으로 적용한다.

⊙ 전기공사로서 저압·고압 또는 특별고압 작업으로 이루어지는 공사

ⓛ 정보통신 공사법에 따른 정보통신공사

③ 재해예방 전문기관의 지도를 받아 안전관리비를 사용해야 하는 사업

⊙ 공사금액 1억원 이상 120억 미만 공사 토목공사는 150억원

118 건설업의 공사금액이 850억 원일 경우 산업안전보건법령에 따른 안전관리자의 수로 옳은 것은? (단, 전체 공사기간을 100으로 할 때 공사 전·후 15에 해당하는 경우는 고려하지 않는다.)

① 1명 이상   ② 2명 이상

③ 3명 이상   ④ 4명 이상

해설

건설업의 안전관리자 수

공사금액 800억원 미만은 1명 이상, 800억원 이상은 2명 이상

119 거푸집 동바리의 침하를 방지하기 위한 직접적인 조치로 옳지 않은 것은?

① 수평연결재 사용   ② 깔목의 사용

③ 콘크리트의 타설   ④ 말뚝박기

해설

거푸집 동바리의 침하를 방지

① 말뚝박기   ② 깔목의 사용   ③ 콘크리트의 타설

120 달비계에 사용하는 와이어로프의 사용금지 기준으로 옳지 않은 것은?

① 이음매가 있는 것

② 열과 전기 충격에 의해 손상된 것

③ 지름의 감소가 공칭지름의 7%를 초과하는 것

④ 와이어로프의 한 꼬임에서 끊어진 소선의 수가 7% 이상인 것

해설

양중기 와이어로프 사용 금지조건

1) 양중 양중기 와이어로프
   ① 이음매가 있는 것
   ② 와이어로프의 한 꼬임(스트랜드)에서 끊어진 소선의 수가 10% 이상인 것
   (비 자전로프의 경우에는 끊어진 소선의 수가 와이어로프 호칭지름의 6배 길이 이내에서 4개 이상이거나 호칭지름 30배 길이 이내에서 8개 이상)인 것
   ③ 지름의 감소가 공칭지름의 7%를 초과한 것
   ④ 꼬인 것
   ⑤ 심하게 변형 또는 부식된 것
   ⑥ 열과 전기충격에 의해 손상된 것

2) 달기 체인을 달비계에 사용금지 조건
   ① 달기 체인의 길이가 달기 체인이 제조된 때의 길이의 5%를 초과한 것
   ② 링의 단면지름이 달기 체인이 제조된 때의 해당 링의 지름의 10%를 초과하여 감소한 것
   ③ 균열이 있거나 심하게 변형된 것

1) 국가 법령 정보센터 – 산업안전보건법

　• 산업안전보건법 시행령, 시행규칙, 기준에 관한 규칙

　• 전기관련 법령, 시행령, 시행규칙

2) 그림 : 한국산업안전보건공단

3) 한국전기설비규정 (산업통상자원부 공고 제2021-36호)

4) 기출문제 : 전자문제집 CBT

5) NCS 국가직무능력표준 학습모듈

▪ 배 희 연

[경력사항]
- 현) ㈜지행재직업전문학교 학교장 겸 교사(2020. 7 ~ 현재)
- 현) ㈜지행재직업전문학교 강사(2017. 10 ~ 2020. 6)
- 전) 울산 데크노파크 전문위원(2019. 3~2020. 1)
- 전) 한국조선해양플랜트협회 기술자문위원(2017. 3 ~ 2020. 2)
- 전) 중소조선 기술자문 위원(2018. 3 ~ 2018. 12))
- 전) 현대중공업 근무(1977. 10 ~ 2016. 6)

[자격사항][
- 직업훈련교사(고용노동부)
- 직업훈련강사(한국기술교육대학교)
- 기술평가사 / 기술경영사(한국 기술사업화 진흥협회)
- 산업안전기사 / 산업안전산업기사(한국 산업인력 관리공단)
- 소방안전 관리자(한국 소방 안전 협회)
- 위험물산업기사(한국 산업인력 관리공단)
- 트리즈Level1st(국제 트리즈협회)
- TPS 생산시스템 지도강사(KAIS)

[연락처]
E.mail : baehy0927@hanmail.net

▪ 조 준 식

[경력사항]
- 동아대학교 법학박사(재난안전정책 전공)
- 공인노무사/노무사 사무소 법과 안전 대표
- 대구대학교·청암대학교 겸임교수
- 대구보건대학교·포항대학교 강사
- (사)대한산업보건협회 안전관리감독자교육 위촉강사
- (사)울산안전생활실천시민연합 부대표
- 산업안전기사소방안전교육사직업훈련교사

[주요 논문]
- 근로자대표의 역할 제고에 관한 법적 연구: 산업안전보건법상 근로자대표를 중심으로(법학박사 학위논문)
- 경비업법상 집단민원현장의 안전규정 개선방안: 노사분규현장을 중심으로(한국민간경비학회)

[주요 저서]
- 직업계고 실험 · 실습실 안전보건관리매뉴얼(2020.7. 교육부/한국공인노무사회)
- 직업계고 현장실습 산업안전매뉴얼(2019.5. 교육부/한국공인노무사회)

[연락처]
E.mail : cpla2350@daum.net

[최신판]

산업안전(산업)기사 필기

발　　행 | 2022년 2월 10일　초판1쇄
　　　　　 2023년 1월 10일　개정1쇄

저　　자 | 지행재직업전문학교 배희연 · 조준식
발 행 인 | 최영민
발 행 처 | ⓒ 피앤피북
주　　소 | 경기도 파주시 신촌로 16
전　　화 | 031-8071-0088
팩　　스 | 031-942-8688
전자우편 | pnpbook@naver.com
출판등록 | 2015년 3월 27일
등록번호 | 제406-2015-31호

정가 : 34,000원

ISBN　979-11-92520-13-1　(13500)